U0643040

国家电网
STATE GRID

国家电网公司
生产技能人员职业能力培训专用教材

变电检修 上

国家电网公司人力资源部 组编

王树声 主编

中国电力出版社
CHINA ELECTRIC POWER PRESS

内 容 提 要

《国家电网公司生产技能人员职业能力培训教材》是按照国家电网公司生产技能人员模块化培训课程体系的要求，依据《国家电网公司生产技能人员职业能力培训规范》（简称《培训规范》），结合生产实际编写而成。

本套教材作为《培训规范》的配套教材，共 72 册。本册为专用教材部分的《变电检修》，全书共 10 个部分 37 章 129 个模块，主要内容包括机械基础，变电检修常用材料和试验仪器，高压设备的原理，变电设备的状态检修，倒闸操作，35kV 及以下隔离开关的检修、安装和调试，66kV 及以上隔离开关的检修及故障处理，断路器检修、调试和故障处理，其他变电设备的检修与故障处理，互感器、电抗器、消弧线圈和接地变压器的维护、检修技能。

本书可作为供电企业变电检修工作人员的培训教学用书，也可作为电力职业院校教学参考书。

图书在版编目（CIP）数据

变电检修.上/国家电网公司人力资源部组编. —北京：中国电力出版社，2010.12（2025.11 重印）
国家电网公司生产技能人员职业能力培训专用教材
ISBN 978–7–5123–0857–2

Ⅰ. ①变…　Ⅱ. ①国…　Ⅲ. ①变电所–检修–技术培训–教材　Ⅳ. ①TM63

中国版本图书馆 CIP 数据核字（2010）第 189283 号

中国电力出版社出版、发行

（北京市东城区北京站西街 19 号　100005　http://www.cepp.sgcc.com.cn）
北京铭成印刷有限公司印刷
各地新华书店经售

*

2010 年 12 月第一版　　2025 年 11 月北京第十六次印刷
880 毫米×1230 毫米　16 开本　41.125 印张　1294 千字
定价 **150.00** 元（上、下册）

《国家电网公司生产技能人员职业能力培训专用教材》

编 委 会

国家电网公司
生产技能人员职业能力培训专用教材

前　言

为大力实施"人才强企"战略，加快培养高素质技能人才队伍，国家电网公司按照"集团化运作、集约化发展、精益化管理、标准化建设"的工作要求，充分发挥集团化优势，组织公司系统一大批优秀管理、技术、技能和培训教学专家，历时两年多，按照统一标准，开发了覆盖电网企业输电、变电、配电、营销、调度等34个职业种类的生产技能人员系列培训教材，形成了国内首套面向供电企业一线生产人员的模块化培训教材体系。

本套培训教材以《国家电网公司生产技能人员职业能力培训规范》（Q/GDW 232—2008）为依据，在编写原则上，突出以岗位能力为核心；在内容定位上，遵循"知识够用、为技能服务"的原则，突出针对性和实用性，并涵盖了电力行业最新的政策、标准、规程、规定及新设备、新技术、新知识、新工艺；在写作方式上，做到深入浅出，避免烦琐的理论推导和验证；在编写模式上，采用模块化结构，便于灵活施教。

本套培训教材涵盖34个职业的通用教材和专用教材，共72个分册、5018个模块，每个培训模块均配有详细的模块描述，对该模块的培训目标、内容、方式及考核要求进行了说明。其中：通用教材涵盖了供电企业多个职业种类共同使用的基础、专业基础、基本技能及职业素养等知识，包括《电工基础》、《电力安全生产及防护》等38个分册、1705个模块，主要作为供电企业员工全面系统学习基础理论和基本技能的自学教材；专用教材涵盖了单一职业种类专用的所有专业知识和专业技能，按照供电企业生产模式分职业单独成册，每个职业分为Ⅰ、Ⅱ、Ⅲ等3个级别，包括《变电检修》、《继电保护》等34个分册、3313个模块，可以分别作为供电企业生产一线辅助作业人员、熟练作业人员和高级作业人员的岗位技能培训教材，也可作为电力职业院校的教学参考书。

本套培训教材的出版是贯彻落实国家人才队伍建设总体战略，充分发挥企业培养高技能人才主体作用的重要举措，是加快推进国家电网公司发展方式和电网发展方式转变的迫切要求，也是有效开展电网企业教育培训和人才培养工作的重要基础，必将对改进生产技能人员培训模式，推进培训工作由理论灌输向能力培养转型，提高培训的针对性和有效性，全面提升员工队伍素质，保证电网安全稳定运行、支撑和促进国家电网公司可持续发展起到积极的推动作用。

本套教材共72个分册，本册为专用教材部分的《变电检修》。

本书中第一部分机械基础，由江苏省电力公司徐卫东编写；第二部分变电检修常用材料和试验仪器，由吉林省电力有限公司孙兴成编写；第三部分高压设备的原理，由吉林省电力有限公司孙兴成编写；第四部分变电设备的状态检修，由宁夏电力公司康文军编写；第五部分倒闸操作，由江苏省电力公司徐卫东、安徽省电力公司汤静编写；第六部分35kV及以下隔离开关的检修、安装和调试，由重庆市电力公司唐继跃编写；第七部分66kV及以上隔离开关的检修及故障处理，由吉林省电力有限公司贾宏智、张军编写；第八部分断路器检修、调试和故障处理，由华北电网有限公司吴刚、重庆市电力公司唐继跃、吉林省电力有限公司张军编写；第九部分其他变电设备的检修与故障处理，由重庆市电力公司唐继跃、江苏省电力公司徐卫东、宁夏电力公司康文军编写；第十部分互感器、电抗器的维护、检修，由江西省电力公司邹志坚、江苏省电力公司朱金花编写。全书由吉林省电力有限公司王树声担任主编。山东电力集团公司逯怀东担任主审，国家电网公司生产技术部彭江，山东电力集团公司刘朝阳、高洪雨、翟季青参审。

由于编写时间仓促，本套教材难免存在疏漏之处，恳请各位专家和读者提出宝贵意见，使之不断完善。

目　录

第三部分　高压设备的原理

第四部分　变电设备的状态检修

下　　册

第七部分　66kV 及以上隔离开关的检修及故障处理

第八部分 断路器检修、调试和故障处理

第九部分　其他变电设备的检修与故障处理

第十部分　互感器、电抗器的维护、检修

第一部分

机械基础

第一章　公差与配合

模块1　公差与配合基本概念（ZY1400101001）

【模块描述】本模块介绍公差与配合的概念及基本术语定义。通过定义讲解、图例分析，了解零部件的互换性及加工误差的概念，熟悉公差与配合的标准。

【正文】

一、基本概念

1. 互换性的概念

组成电气设备的各零部件是按照专业化、协作化组织生产的。为了保证电气设备的顺利安装，按专业化、协作化组织生产出来的零部件都必须具有互换性，不仅要保证零件在装配过程中能顺利地装入，还要保证电气设备在运行过程中，一旦某零部件发生损坏，便可用相同规格的零部件进行调换。

所谓互换性就是指相同规格的零部件，任取其中一件，不需作任何挑选、修配，就能进行装配，并能满足设备使用性能要求的一种特性。高压开关设备的零部件基本上都是按照互换性原则生产的，可以按专业化分工，采用高效率的自动化生产线生产加工，给高压开关设备的制造和维修带来了很大的便利。

2. 加工误差及公差

高压开关设备中有许多机械零件，要使得这些零件具有互换性，就必须保证零件几何参数的准确性。但在实际生产过程中，由于设备精度、刀具的磨损、测量误差，以及工人的操作水平等因素的影响，相同规格零件的几何参数不可能绝对准确、一致。把零件加工后几何参数（尺寸、形状和位置）所产生的差异称为加工误差。而要使得零件具有互换性，就必须允许零件的几何参数有一个变动量，也就是允许加工误差有一个范围，这个允许的变动量称为公差，包括尺寸公差和几何公差。

不同的两个零件装配在一起，有不同的配合要求。例如，相同尺寸的轴和孔的装配，有的要求松一点，有的要求紧一点，这种松紧程度的要求就是一种配合关系。公差与配合是相互联系的。

二、公差与配合标准简介

1. 基本术语及定义

根据 GB/T 1800.1～1800.2—2009《产品几何技术规范（GPS）极限与配合》中的定义，先来了解一些基本术语及其定义。

（1）尺寸——以特定单位表示的线性数值。尺寸由特定数字和长度单位组成，包括直径、半径、宽度和中心距等，但不包括用角度表示的角度量。

（2）公称尺寸——由设计人员根据零件使用要求，通过计算或结构等方面的要求确定的尺寸，也是由图样规定所确定的理想形状要素的尺寸。通过公称尺寸，应用上下极限偏差可计算出零件的极限尺寸，如图 ZY1400101001-1 所示的 $\phi30$mm 为公称尺寸。

（3）实际尺寸——通过测量后获得的某一零件的尺寸称为实际尺寸。在测量过程中总有测量误差存在，因此实际尺寸并不一定是尺寸的真值。另外，由于零件的几何形状误差等影响，不同部位的实际尺寸也不一定相等。

（4）极限尺寸——尺寸要素允许的尺寸的两个极端。为了保证零件在生产加工过程中误差尽量小，设计人员规定了实际尺寸的变动范围，这个允许变动范围的两个界限值就称为极限尺寸。其中较大的尺寸称为上极限尺寸，较小的尺寸称为下极限尺寸。零件任一位置的实际尺寸都应在这两个极限尺寸所限制的尺寸范围内。如图 ZY1400101001-1 所示，孔的上极限尺寸是 $\phi30.021$mm，下极限尺寸是

4

$\phi30mm$，轴的上极限尺寸是$\phi29.98mm$，下极限尺寸是$\phi29.967mm$。如果加工出的孔的实际尺寸是$\phi30mm$，轴的实际尺寸是$\phi29.97mm$，则零件合格。

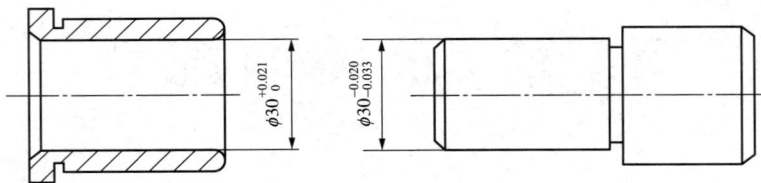

图 ZY1400101001-1　孔、轴的公称尺寸和极限尺寸

（5）偏差——某一尺寸（实际尺寸或极限尺寸）减其公称尺寸所得到的代数差。偏差可能为正、负和零值。实际尺寸减其公称尺寸所得到的代数差称为实际偏差。极限尺寸减其公称尺寸的代数差称为极限偏差。由于极限尺寸有两个，所以极限偏差也有两个：

1）上极限偏差——上极限尺寸减其公称尺寸所得到代数差。孔用 ES 表示，轴用 es 表示。

2）下极限偏差——下极限尺寸减其公称尺寸所得到代数差。孔用 EI 表示，轴用 ei 表示。

图 ZY1400101001-1 中孔的上极限偏差 $ES=+0.021mm$，下极限偏差 $EI=0$；轴的上极限偏差 $es=-0.020mm$，下极限偏差 $ei=-0.033mm$。

零件的实际偏差只要在两个极限偏差范围内，该零件就是合格品。在实际生产中，零件图样上通常不标注零件的极限尺寸，只标注公称尺寸和上、下极限偏差。例如，图 ZY1400101001-1 中导套孔尺寸可写成 $\phi30^{+0.021}_{0}$ mm，轴可写成 $\phi30^{-0.020}_{-0.033}$ mm。国家标准规定"0"不可省略，偏差值前面的正负号也不可省略或遗漏。

（6）尺寸公差——上极限尺寸与下极限尺寸的差值或上极限偏差与下极限偏差的差值，简称公差。公差值是允许尺寸的变动量，是一个没有符号的绝对值，也不可能为零。如图 ZY1400101001-2 所示为公差配合示意图，该图表示了公称尺寸、极限尺寸、极限偏差和尺寸公差之间的关系。

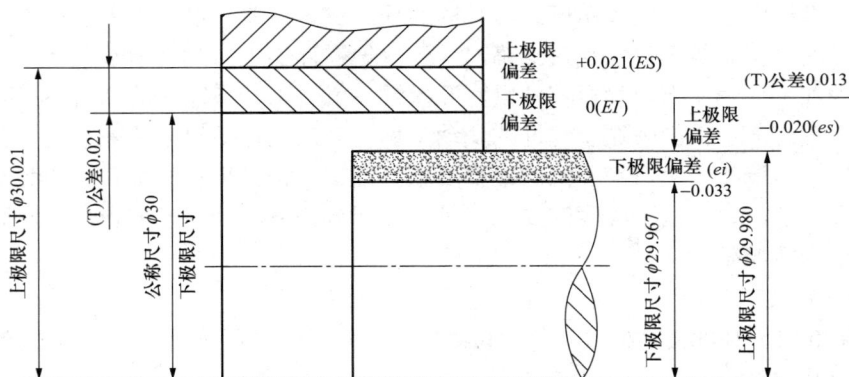

图 ZY1400101001-2　公差配合示意图

（7）公差带图——用图形来表示的公差带，孔轴公差带图如图 ZY1400101001-3 所示。而公差带是指零件的尺寸相对其公称尺寸所允许的变动范围，即在图中由代表上极限偏差和下极限偏差或上极限尺寸和下极限尺寸的两条直线所限定的区域。公差带图中的零线是表示公称尺寸的一条直线，可以它为基准来确定偏差和公差。公差带图比较简单、实用。

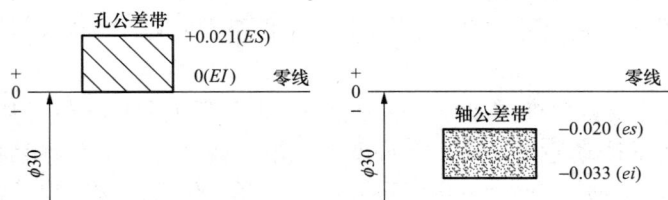

图 ZY1400101001-3　孔、轴公差带图

2．标准公差和基本偏差

（1）标准公差和标准公差等级。为了解决机械零件使用要求与制造工艺及成本之间的矛盾，GB/T 1800—2009 中用表格形式列出各种公称尺寸下的标准公差等级及标准公差的尺寸。标准公差数值是按一定公式计算出来的，代号是 IT。实际工作中，可运用查表法来获得某一公称尺寸下某标准公差等级所对应的标准公差值。

（2）基本偏差。基本偏差是指在标准极限与配合制中，确定公差带相对零线位置的那个极限偏差，一般为靠近零线的那个偏差。当公差带位于零线上方时，基本偏差为下极限偏差；反之，当公差带位于零线下方时，基本偏差为上极限偏差。基本偏差位置图如图 ZY1400101001-4 所示。

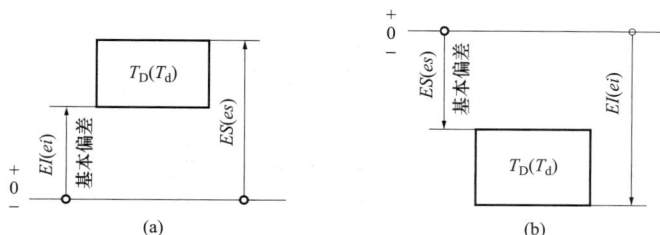

图 ZY1400101001-4　基本偏差位置图

（a）基本偏差为下极限偏差；（b）基本偏差为上极限偏差

从图 ZY1400101001-4 可以看出，基本偏差用来确定公差带的位置，标准公差用来确定公差带的大小，知道了公差带的大小、位置，公差带也就定下来了，尺寸的上、下极限偏差可以根据计算公式得到。基本偏差值可以从 GB/T 1800—2009 中根据公称尺寸和基本偏差代号查表得到。

3．公差代号

孔、轴的公差带代号由基本偏差代号和公差等级代号组成。例如：$\phi50H7$、$\phi60f6$ 等。即

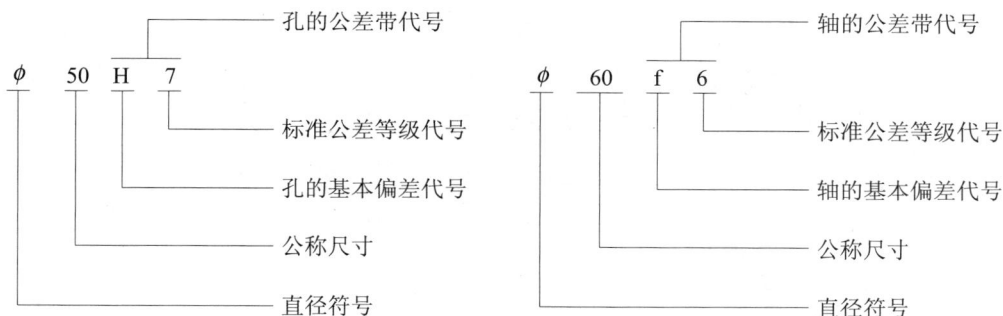

在实际应用中，如果零件图上给出了公差代号，可先根据公称尺寸查 GB/T 1800.2—2009《产品几何技术规范（GPS）　极限与配合　第 2 部分：标准公差等级和孔、轴极限偏差表》表 1 得出轴或孔的基本偏差值，然后再查表得出标准公差值，再用公式计算出另一个极限偏差。

4．基准制

相互配合的零件在生产制造过程中，为了便于加工和刀具、量具的配备，在制定配合零件的公差带时，可以把其中一个零件作为基准件，通过改变另一个非基准件的公差带位置来达到不同配合的要求。国家标准规定配合有两种基准制，即基孔制配合和基轴制配合。

（1）基孔制配合。基孔制配合是指基本偏差为一定的孔的公差带，与不同基本偏差的轴的公差带所形成各种配合的一种制度。基孔制配合中的孔称为基准孔，用 H 表示。基准孔下偏差为基本偏差，且数值为零。

（2）基轴制配合。基轴制配合是指基本偏差为一定的轴的公差带，与不同基本偏差的孔的公差带所形成各种配合的一种制度。基轴制配合中的轴称为基准轴，用 h 表示。基准轴的上偏差为基本偏差，而且数值等于零。

5．配合及其类别

（1）配合。在机械装配中，公称尺寸相同的相互结合的孔和轴公差带之间的关系称为配合。配合

的前提必须是孔和轴的公称尺寸相同。

（2）间隙与过盈。机器设备中的两个零件配合在一起时，会有松紧程度的要求。国家标准规定，孔径尺寸减去相配合的轴的尺寸所得到的代数差，如果为正值时称为间隙，如果差值为负值称为过盈。例如，如图 ZY1400101001-5（a）所示，如果把ϕ65mm 孔加工到最小极限尺寸ϕ65.000mm，轴是最大极限尺寸ϕ64.970mm 时，65.000mm–64.970mm=+0.030mm，所以是间隙配合。而图 ZY1400101001-5（b）所示的ϕ60mm 孔的最大极限尺寸是ϕ60.030mm，而ϕ60mm 轴的最小极限尺寸是ϕ60.032mm，则60.030mm–60.032mm=–0.002mm，因此是过盈配合。

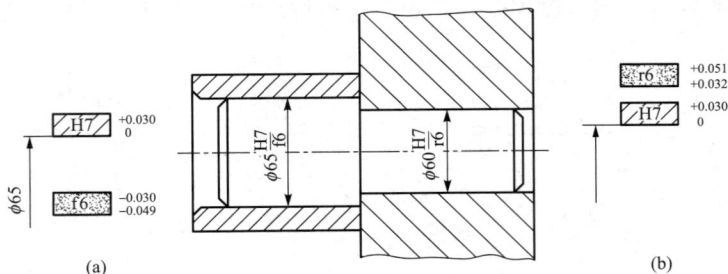

图 ZY1400101001-5　间隙与过盈
（a）间隙配合；（b）过盈配合

（3）配合种类。有了孔和轴的公差之后，保证了零件加工后的互换性。而不同零件装配之后的松紧程度则是靠配合来保证的，国家标准将配合分为三类。

1）间隙配合——具有间隙（包括最小间隙等于零）的配合。间隙配合时孔的公差带完全在轴的公差带之上，孔的实际尺寸总是大于轴的实际尺寸，如图 ZY1400101001-6 所示。

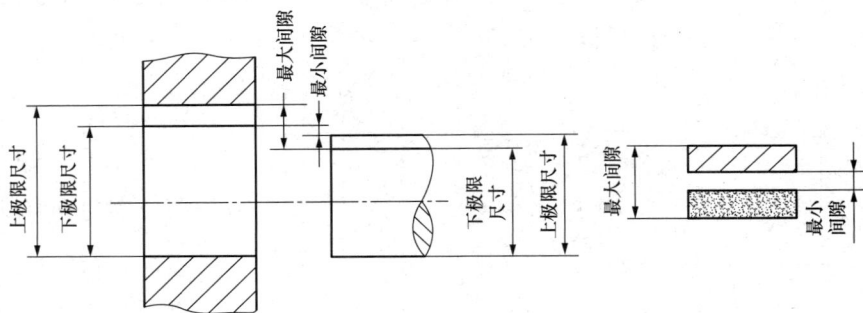

图 ZY1400101001-6　间隙配合

2）过盈配合——具有过盈（包括最小过盈等于零）的配合。过盈配合时，孔的公差带完全在轴的公差带之下，孔的实际尺寸总是小于轴的实际尺寸，如图 ZY1400101001-7 所示。

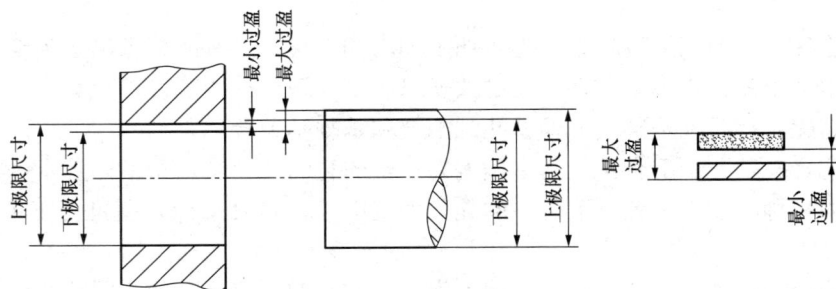

图 ZY1400101001-7　过盈配合

3）过渡配合——可能具有间隙或者过盈的配合。此时孔的公差带与轴的公差带交叉重叠，如图 ZY1400101001-8 所示。过渡配合的定心精度比间隙配合高，而装拆又比过盈配合容易。

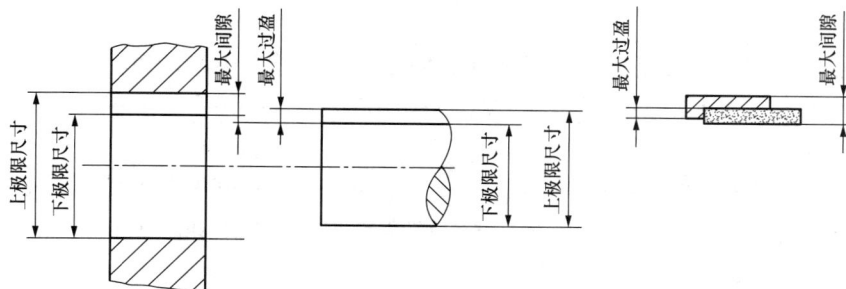

图 ZY1400101001-8 过渡配合

（4）配合代号。配合代号在图样上的表示是用孔、轴公差带的代号组成，写成分数形式。分子为孔的公差带代号，分母为轴的公差带代号，例如，$\phi 65 \dfrac{\mathrm{H7}}{\mathrm{f6}}$ 或 $\phi 65\mathrm{H7/f6}$。

【思考与练习】

1. 尺寸公差、上下极限偏差、实际偏差的含义是什么？有何区别和联系？

2. 什么叫基本偏差？为什么要规定基本偏差？

3. 公差代号由哪些部分组成？试写出公差代号 $\phi 60\mathrm{f6}$ 中各部分的含义。

4. 什么是配合？配合有哪几种类型？开关设备中操动机构和传动系统中各使用了哪些配合？

模块 2 公差与配合的标注（ZY1400101002）

【模块描述】 本模块介绍公差与配合的标注。通过要点归纳、图例分析，熟悉零件图和装配图上的公差与配合标注方法。

【正文】

一、零件图上的标注方法

1. 极限偏差标注方法

极限偏差标注法在工厂的实际生产图样中常见，例如，$\phi 18^{+0.018}_{0}\,\mathrm{mm}$，$\phi 68^{+0.034}_{+0.023}\,\mathrm{mm}$ 等。当偏差不为零时，必须标注正负号，如图 ZY1400101002-1（a）所示。在标注时还要注意以下几点：

（1）当上极限偏差或下极限偏差为"零"时，要用数字"0"标出，并与下极限偏差或上极限偏差的小数点前的个位数对齐。

（2）上极限偏差应注在公称尺寸的右上方，下极限偏差应注在公称尺寸的同一底线上。

（3）上下极限偏差的小数点必须对齐，小数点后的位数必须相同。

（4）小数点后不起作用的零可不写，但当需要用零来补位，使小数点后的位数相同时除外。

（5）当上下极限偏差值相同时，偏差只需注写一次，并应在偏差与公称尺寸之间注出符号"±"，且使其与数字高度相同。

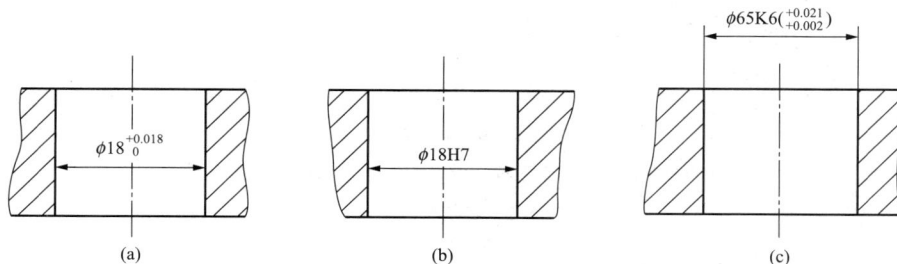

图 ZY1400101002-1 零件图上的标注方法

（a）极限偏差标注方法；（b）标注公差带代号；（c）同时标注公差带代号和极限偏差

2. 标注公差带代号

标注公差带代号标注法一般采用专用量具（如塞规、环规等）检验，以适应大批量生产的需要，因此不需标注偏差数值，例如$\phi18H7$，如图 ZY1400101002-1（b）所示。

3. 同时标注公差代号和极限偏差

同时标注公差代号和极限偏差一般适用于产量不定的情况，它既便于专用量具检验，又便于通用量具检验。这时极限偏差应加上圆括号，如$\phi65K6(^{+0.004}_{-0.019})$，如图 ZY1400101002-1（c）所示。

二、装配图上的标注方法

在装配图中标注配合代号时，必须在公称尺寸的右边用分数的形式注出，分子为孔的公差代号，分母为轴的公差代号，如图 ZY1400101002-2（a）所示。必要时也允许按图 ZY1400101002-2（b）和图 ZY1400101002-2（c）的形式标注。在配合代号中，只要出现"H"时即为基孔制配合，出现"h"时即为基轴制配合。

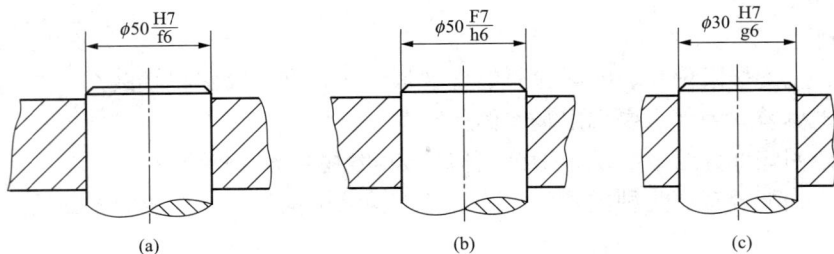

图 ZY1400101002-2　装配图的标注方法

（a）基孔制配合；（b）基轴制配合；（c）基孔制配合的另一种写法

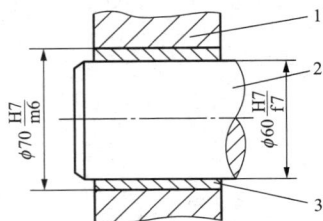

图 ZY1400101002-3　基孔制配合图

1—机座；2—轴；3—衬套

1. 基孔制的标注方法

如图 ZY1400101002-3 所示，衬套外表面与机座孔的配合为过渡配合$\phi70H7/m6$，衬套内表面与轴的配合为间隙配合$\phi60H7/f7$。

2. 基轴制的标注方法

如图 ZY1400101002-4 所示，活塞轴销与活塞上的孔相对静止，配合要求紧些，为过渡配合$\phi30M6/h5$；活塞轴销与连杆孔要有小角度的相对移动，要求小间隙配合$\phi30G6/h5$。如果采用基孔制，则活塞轴销就需加工成阶梯轴，既不利于加工也不利于装配，所以用基轴制配合较为合理。

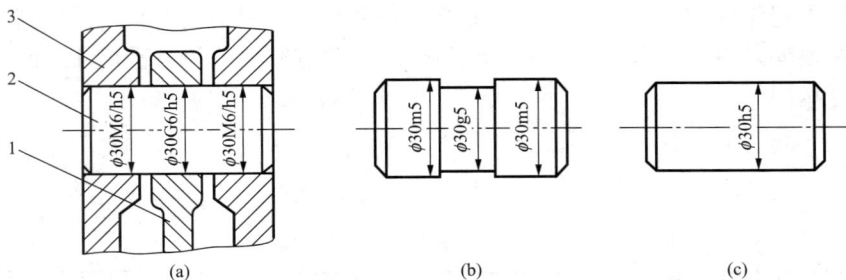

图 ZY1400101002-4　基轴制配合图

（a）基轴制配合；（b）阶梯轴销；（c）基轴制配合的活塞轴销

1—连杆；2—活塞轴销；3—活塞

【思考与练习】

1. 零件图上的公差标注有几种形式？

2. 试举例说明装配图上的配合代号应如何标注？

第二章 几 何 公 差

模块 1　几何公差的基本概念（ZY1400102001）

【模块描述】 本模块介绍几何公差的要素及项目种类与意义。通过要点归纳、图表归类，了解几何公差的基本概念、分类、项目、名称和符号意义。

【正文】

一、基本概念

1. 零件的要素

机械零件的形体都是由若干个点、线、面构成的，这些构成零件的点、线、面等特定部位统称为零件的几何要素，如图 ZY1400102001-1 所示。

根据要素在形体中的作用，又有以下一些名称：

（1）理想要素和实际要素。理想要素是具有几何学意义的绝对正确的要素。如点、线、平面、球等。它不存在任何形状误差，是处于理想状态的。实际要素是零件上实际存在的由加工形成的要素，它通常由测量得到的要素代替。由于加工和测量误差的存在，点、线、面的实际形状和位置不可能具有理想的形状和位置。

（2）被测要素和基准要素。被测要素是图样上给出几何公差的要素，它是检测的对象，如图 ZY1400102001-2 中的箭头所指是孔内壁的平行度。基准要素是用来确定被测要素的方向和位置的要素，如图 ZY1400102001-2 中的平面 B 就是用基准符号标注的基准要素。

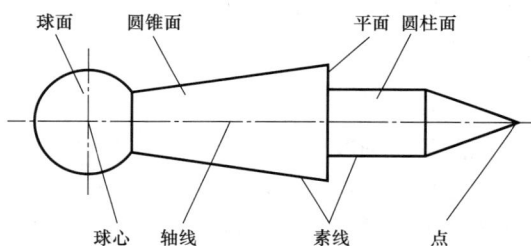

图 ZY1400102001-1　零件的几何要素

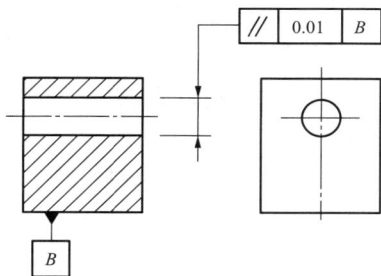

图 ZY1400102001-2　被测要素和基准要素

（3）单一要素和关联要素。单一要素是指在图样上仅对要素提出形状公差要求，而没有位置公差等要求的要素。关联要素是指被测要素与其他要素有功能关系的要素，如在图样上给出方向或位置公差要求的要素属于关联要素。功能关系是指要素之间的方位关系，如垂直、平行、同轴、对称等。

2. 几何公差的种类

GB/T 1182—2008《产品几何技术规范（GPS）　几何公差　形状、方向、位置和跳动公差标注》规定几何公差有四大类，十九个项目，其中形状公差有六个项目，方向公差有五个项目，位置公差有六个项目，跳动公差有两个项目。几何公差的类型、几何特征项目和符号以及标注时其他有关要求见表 ZY1400102001-1。

表 ZY1400102001-1　几何公差的类型、几何特征项目和符号以及标注时其他有关要求

公 差 类 型	几 何 特 征	符　号	有 无 基 准
形状公差	直线度	——	无
	平面度	▱	无

续表

公 差 类 型	几 何 特 征	符 号	有 无 基 准
形状公差	圆度	○	无
	圆柱度	⌀	无
	线轮廓度	⌒	无
	面轮廓度	⌓	无
方向公差	平行度	∥	有
	垂直度	⊥	有
	倾斜度	∠	有
	线轮廓度	⌒	有
	面轮廓度	⌓	有
位置公差	位置度	⊕	有或无
	同心度 （用于中心点）	◎	有
	同轴度 （用于轴线）	◎	有
	对称度	═	有
	线轮廓度	⌒	有
	面轮廓度	⌓	有
跳动公差	圆跳动	↗	有
	全跳动	↗↗	有

二、几何公差项目的意义

1. 几何公差带

几何公差带和尺寸公差带一样，是由一个或几个理想的几何线或面所限定的，由线性公差值表示其大小的区域，是限定工件几何误差变动的区域。构成零件形状的点、线、面必须处于公差带的区域内。所不同的是，尺寸公差是一个平面区域，而几何公差通常是一个空间区域，有时也可能是一个平面区域，即变动区域是由点、线、面组成的区域。几何公差带通常包括公差带的大小、公差带的形状、公差带的方向和公差带的位置四个因素。

2. 几何公差主要项目的意义

（1）形状公差。当零件的实际要素对理想要素产生了偏离，则表明有形状误差，偏离量即表示对其理想要素的变动量。形状公差是单一要素的形状所允许的变动全量。形状公差各项目都是以形状公差带来控制零件实际要素在一个限定区域内变动。形状公差带的具体形状和大小由零件的功能要求和互换性要求来决定。形状公差包括六个项目，其含义如下：

1）直线度——是限制实际直线变动量的一项指标。其被测要素有轴线、平面上的直线、圆柱和圆锥体的素线等。

2）平面度——是限制实际平面对理想平面变动量的一项指标，它是实际平面对理想平面所允许的变动全量，它用来限制加工平面的不平程度。

3）圆度——是实际圆对理想圆变动量的一项指标。圆度公差带是在同一正截面上半径差为公差值 t 的两同心圆之间的区域，它是用来限制零件的圆柱面、圆锥面的径向截面轮廓的形状误差。

4）圆柱度——是限制实际圆柱面对理想圆柱面变动量之间的一项指标。圆柱度公差带是半径差

为公差值 t 的两同轴圆柱面之间的区域，它是用于限制圆柱表面的综合形状误差。

5）线轮廓度——用于控制非圆曲线的形状误差。例如，零件的平面曲线和曲面轮廓的形状误差。

6）面轮廓度——是限制实际曲面对理想曲面变动量的一项指标。它是用于限制除平面、圆柱面和圆锥面以外的空间曲面的形状误差。

（2）位置公差。位置公差是关联实际要素的位置对基准所允许的变动全量。理想位置是由基准或理论正确尺寸确定的，这样，位置公差就限制了加工零件上被测要素的实际位置对理想位置的变动量。位置公差的各项目是以位置公差带将零件实际要素限制在一定区域内变动，位置公差带除限制被测要素的位置误差外，同时也限制了该要素的形状误差。与形状公差带不同的是位置公差带必须与基准发生相应关系。基准对被测要素的位置公差带起着定向和定位的作用。形状与位置公差带的具体定义、标注和解释可以查阅 GB/T 1182—2008《产品几何技术规范（GPS）　几何公差　形状、方向、位置和跳动公差标注》。

【思考与练习】

1. 写出几何公差的项目并对应画出符号。

2. 几何公差带通常包含哪些因素？

模块 2　几何公差的标注（ZY1400102002）

【模块描述】本模块介绍几何公差的标注。通过概念描述、图形展示，掌握几何公差的代号、几何公差的标注方法。

【正文】

一、几何公差代号

几何公差代号包括几何公差特征符号、几何公差框格和指引线、几何公差数值和其他有关符号、基准代号。

几何公差框格由两格或多格组成，公差要求注写在这些矩形框格内。在图样中框格一律水平放置。框格中的内容从左到右依次填写：第一格为几何特征符号；第二格为几何公差数值和有关符号；第三格以后为基准代号的字母和有关符号。例如，如图 ZY1400102002-1 所示，公差数值为线性值，若公差带为圆柱形，则在公差值前加注"ϕ"；若为球形，则加注"$S\phi$"。

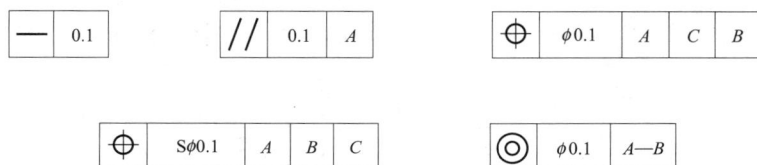

图 ZY1400102002-1　几何公差框格

二、几何公差的标注方法

1. 被测要素的标注方法

被测要素标注时，用指引线连接被测要素和公差框格。指引线引自框格的任意一侧，终端带一箭头。当公差涉及轮廓线或轮廓面时，箭头指向该要素的轮廓线或其延长线，但应与尺寸线明显错开。如图 ZY1400102002-2（a）和图 ZY1400102002-2（b）所示。箭头也可指向引出线的水平线，引出线引自被测面，如图 ZY1400102002-2（c）所示。当公差涉及要素的中心线、中心面或中心点时，箭头应位于相应尺寸线的延长线上，如图 ZY1400102002-2（d）～图 ZY1400102002-2（f）所示。

2. 基准要素的标注方法

（1）基准代号的组成。与被测要素相关的基准用一个大写字母表示。字母标注在基准方格内，与一个涂黑的或空白的三角形相连接以表示基准，如图 ZY1400102002-3 所示。无论基准的方向如何，字母都应水平书写。为了不至引起误解，字母 E、F、I、J、L、M、O、P、R 不采用。

图 ZY1400102002-2 被测要素的标注

（a）、（b）公差涉及轮廓线或轮廓面时的标注方法；（c）箭头可指向引出线的水平线；

（d）～（f）公差涉及要素的中心线、中心面或中心点时的标注方法

（2）基准要素的标注方法。当基准要素是轮廓线或轮廓面时，基准三角形放置在要素的轮廓线或其延长线上（与尺寸线明显错开），如图 ZY1400102002-4 所示。

图 ZY1400102002-3　基准代号

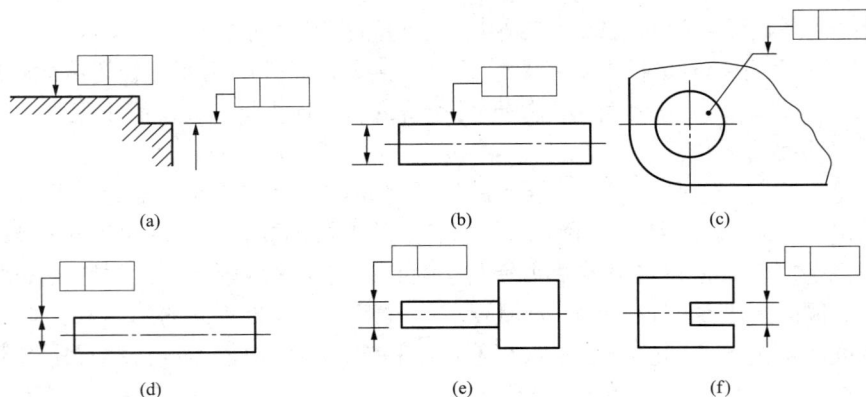

图 ZY1400102002-4　基准要素的标注方法示例一

基准三角形也可放置在该轮廓面引出线的水平线上，如图 ZY1400102002-5 所示。

当基准是尺寸要素确定的轴线、中心平面或中心点时，基准三角形应放置在其相应组成（轮廓）要素的尺寸线的延长线上。如果没有足够的位置标注基准的相应轮廓要素尺寸的两个尺寸箭头，则其中一个箭头可用基准三角形代替，如图 ZY1400102002-6 所示。

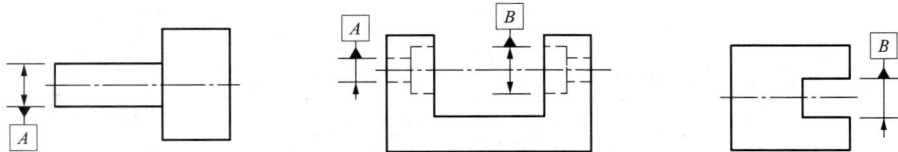

图 ZY1400102002-5　基准要素的标注方法示例二

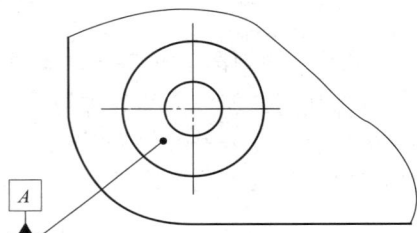

图 ZY1400102002-6　中心平面的标注方法

三、公差原则

零件的几何要素有尺寸公差和几何公差的要求，因此在检验时，判断是否合格，就必须明确几何公差和尺寸公差的关系。确定、处理几何公差和尺寸公差之间关系的原则称为公差原则。

1. 独立原则

图样给定的几何公差与尺寸公差之间相互无关系，各自独立，分别满足要求的公差原则称为独立原则。独立原则主要是用来保证机器的特征要求，如运转特性、啮合特性、密封性能等，它是标注几何公差和尺寸公差相互关系遵循的基本原则。当零件的尺寸公差与几何公差相互独立时，可以分别检验，互不影响，所以设计中大多数采用独立原则。

2. 相关要求

图样上给定的几何公差和尺寸公差相互有联系，在一定的条件下可以相互转化和补偿的公差要求，

称为相关要求。按联系形式不同，相关要求可分为最大实体要求、最小实体要求和包容要求三种。

公差原则的图样标注可参见 GB/T 4249—2009《产品几何技术规范（GPS）　公差原则》。

【思考与练习】

1. 几何公差在图上如何标注？其规则如何？
2. 公差原则中独立原则的含义是什么？简述其适用范围。

第三章 表面粗糙度

模块 1 表面粗糙度基本概念 (ZY1400103001)

【模块描述】本模块介绍表面粗糙度定义、术语及评定参数。通过概念描述、定义讲解，了解表面粗糙度对机械零件使用性能的影响。

【正文】

一、基本概念

1. 表面粗糙度的定义

表面粗糙度是指零件被加工表面上具有的较小间距和峰谷组成的微观几何形状误差，一般是由所采用的加工方法和其他因素形成的。在零件同一表面上，除微观几何形状误差（即表面粗糙度）外，还有宏观几何形状误差（即形状误差）和中间几何形状误差（即表面波纹度）。它们的形状一般呈波浪形，常以波距的大小来划分这三类误差。

（1）波距大于 10mm 的属于形状误差范围。

（2）波距在 1～10mm 之间的属于表面波纹度范围。

（3）波距小于 1mm 的属于表面粗糙度范围。

2. 表面粗糙度对零件使用性能的影响

表面粗糙度虽然只是十分微小的加工痕迹，但它与机器零件的耐磨性、配合性质和耐腐蚀等均有密切关系。

（1）对摩擦和耐磨性的影响。零件实际表面越粗糙，摩擦因素就越大，两表面间的磨损就越快。

（2）对配合性质的影响。表面越粗糙的零件，在间隙配合中，由于微观不平度的波峰会加快磨损而使间隙增大；对于过盈配合，由于压入装配时，粗糙表面的波峰被挤平填入波谷，造成实际过盈小于要求的过盈量，以至降低连接强度。

（3）对耐腐蚀性能的影响。粗糙的表面易使腐蚀物质附着于表面的微观凹谷，并渗入到金属内层，造成表面腐蚀。

此外，表面粗糙度对疲劳强度、接触刚度、结合面密封性能、外观质量和表面涂层的质量等都有很大的影响。

二、表面粗糙度的术语及评定参数

1. 常用基本术语及其定义

（1）取样长度 L_r——用于判别具有表面粗糙度特征的一段基准线长度。规定取样长度是为了限制和减弱表面波纹度对表面粗糙度测量结果的影响，其数值要与表面粗糙度的要求相适应，在取样长度范围内，一般应包含至少 5 个波峰和波谷。

（2）评定长度 L_n——评定轮廓所必须的一段长度。它可以包括一个或几个取样长度，即 $L_n=nL_r$，一般取 $L_n=5L_r$。若被测表面均匀性较好，可以选用 $L_n<5L_r$；反之可选用 $L_n>5L_r$。

（3）基准线——用于评定表面粗糙度参数给定的线。GB/T 1031—2009《产品几何技术规范（GPS）表面结构　轮廓法　表面粗糙度参数及其数值》采用中线制（轮廓法），它有两种确定方法。

1）轮廓的最小二乘中线（简称中线），是在取样长度内，使轮廓上各点至一条假想线距离的平方和为最小，这条假想线被称为最小二乘中线，如图 ZY1400103001-1（a）所示。

2）轮廓的算术平均中线，是具有几何轮廓形状，在取样长度内与轮廓走向一致的基准线。在取样长度内，采用一条假想的轮廓算术平均中线将实际轮廓划分成上下两部分，使上部分面积之和等于下部分面积之和，如图 ZY1400103001-1（b）所示。

　　在轮廓图形上确定最小二乘中线的位置比较困难，故较少使用；而轮廓算术平均中线的位置可用目测估计确定，比较简便，是确定基准线的一种常用方法。

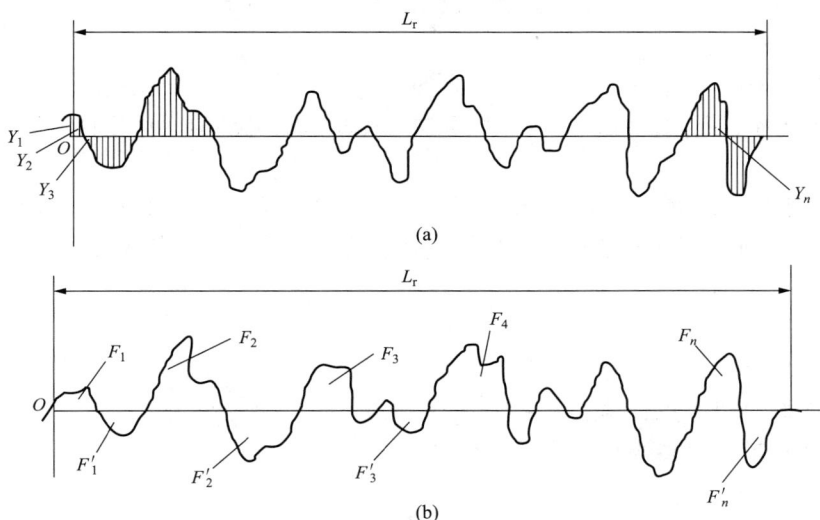

图 ZY1400103001-1　表面粗糙度的基准线

（a）最小二乘中线；（b）算术平均中线

　　2. 评定表面粗糙度参数

　　（1）轮廓算术平均偏差 R_a——在取样长度 L_r 内轮廓偏距绝对值的算术平均值，如图 ZY1400103001-2 所示，轮廓偏距是指表面轮廓线上各点到基准线 X 之间的距离，R_a 参数越大，表面越粗糙；R_a 参数越小，表面越平整。

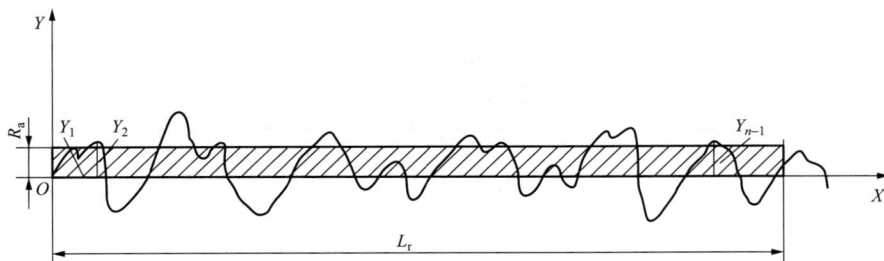

图 ZY1400103001-2　轮廓算术平均偏差

　　（2）轮廓最大高度 R_z——在一个取样长度内，最大轮廓峰高 R_p 和最大轮廓谷深 R_v 之和，如图 ZY1400103001-3 所示。R_z 值越大，表面越粗糙，反之就越平整。

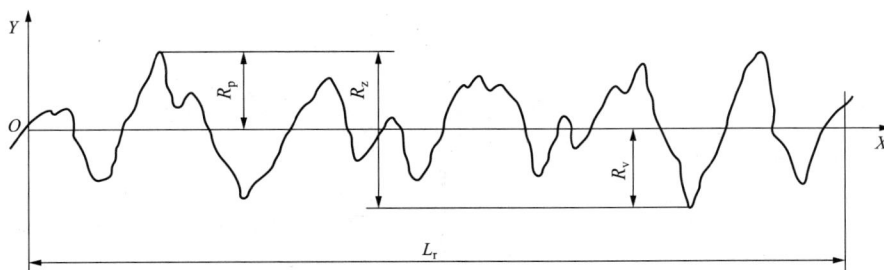

图 ZY1400103001-3　轮廓最大高度

　　在 GB/T 1031—2009 中对以上两个评定参数 R_a 和 R_z 的值都有具体规定。在使用中，一般优先选用评定参数 R_a，因为它能较客观地反映表面微观几何形状特性，而且测量方法简单、效率高。这些评定参数可采用表面粗糙度测量仪器测量得到。

三、表面粗糙度的测量简介

1. 比较法

比较法是将被测量表面对比表面粗糙度样板，借助于人的视觉（目测）、感觉（手指触摸）进行比较，来判断其表面粗糙度值的大小。

表面粗糙度样板是用不同加工方法加工出来的，并经测量，其表面粗糙度数值大小已确定。这种方法的优点是使用简便、迅速；缺点是可靠性取决于检验人员的经验，精度较差。

2. 光切法

光切法是利用光切原理测量表面粗糙度的一种方法。光切法所用测量仪器叫做光切显微镜（又名双管显微镜），通过这种仪器测量零件表面粗糙度时，可以得出评定参数 R_a 和 R_z。具体原理在此不作专门介绍。

【思考与练习】

1. 表面粗糙度对零件使用性能有什么影响？
2. 表面粗糙度的评定参数有哪些？
3. 零件的表面粗糙度可用哪些方法测量？

模块 2 表面粗糙度的标注（ZY1400103002）

【模块描述】本模块介绍表面粗糙度的标注。通过图表归纳、要点讲解、图例展示，掌握表面粗糙度的符号、代号和表面粗糙度在图样上的标注方法及其测量要求。

【正文】

一、表面粗糙度符号

按照 GB/T 131—2006《产品几何技术规范（GPS） 技术产品文件中表面结构的表示法》的规定，表面粗糙度在图样上的表示符号有五种，各符号及其意义见表 ZY1400103002-1。

表 ZY1400103002-1 　　　　　　　　　表面粗糙度符号及解释

符　号	意　义　及　说　明	符　号	意　义　及　说　明
	基本图形符号，未指定工艺方法的表面，当通过一个注释解释时可单独使用		在上述三个符号的长边上均可加一横线，用于标注表面结构特征的补充信息
	基本符号加一短划，表示用去除材料的工艺获得的表面。例如车、铣、钻、磨、剪切、抛光、腐蚀、电火花加工、气割等		在上述三个符号上均可加一小圆。表示所有表面具有相同的表面粗糙度要求
	基本符号加一小圆，表示不去除材料的工艺获得的表面，例如铸、锻、冲压变形、热轧、冷轧、粉末冶金等，也可用于表示保持上道工序形成的表面		

模块 2 ZY1400103002

二、表面粗糙度代号

按照 GB/T 131—2006 的规定，表面粗糙度代号由基本符号、表面粗糙度参数及数值、取样长度、加工要求、加工纹理方向符号和加工余量等组成，其注写的位置如图 ZY1400103002-1 所示。

图 ZY1400103002-1 中：

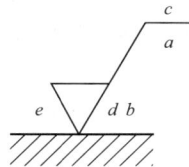

图 ZY1400103002-1　表面粗糙度代号注写的位置

a、*b*——分别表示表面结构的第一个要求和第二个要求，表面结构要求包括取样长度、表面结构参数代号和极限值，如 R_a 参数或 R_z 参数的极限值，μm；

c——加工方法、表面处理、涂层或其他加工工艺要求等，如车、磨、镀等加工表面；

d——所要求的表面纹理和方向，如"="、"X"、"M"；

e——所要求的加工余量，mm。

三、表面粗糙度在图样上的标注方法

图样上，工件的表面粗糙度对每一表面一般只标注一次，并尽可能注在相应的尺寸及其公差的同一视图上。除非另有说明，所标注的表面结构要求是对完工零件表面的要求。

1. 规定标注

（1）在图样中，应使表面粗糙度的注写和读取方向与尺寸的注写和读取方向一致。表面粗糙度可标注在轮廓线上，其符号应从材料外指向并接触表面。必要时，表面粗糙度符号可用带箭头或黑点的指引线引出标注，如图 ZY1400103002-2 所示。也可以将表面粗糙度标注在给定的零件尺寸线上、形位公差框格的上方以及延长线上，如图 ZY1400103002-3 和图 ZY1400103002-4 所示。

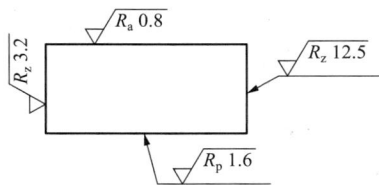

图 ZY1400103002-2　表面粗糙度的注写方向

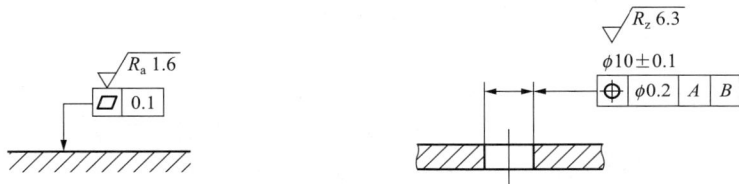

图 ZY1400103002-3　表面粗糙度标注在形位公差框格上方

（2）对于圆柱和棱柱的表面粗糙度要求只标注一次。如果每个棱柱表面有不同的表面粗糙度要求，则应分别单独标注，如图 ZY1400103002-5 所示。

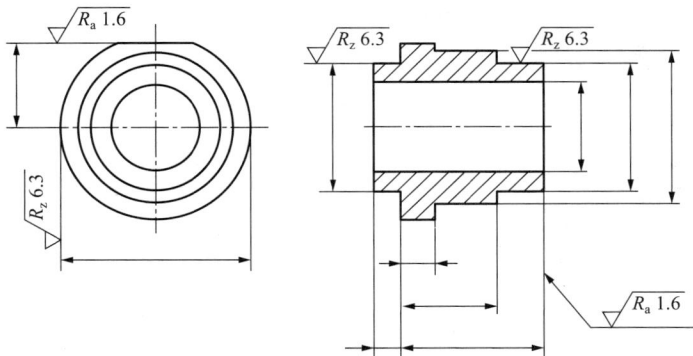

图 ZY1400103002-4　表面粗糙度标注在圆柱特征的延长线上

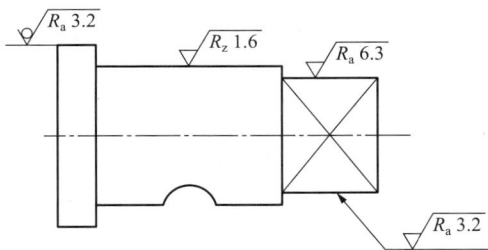

图 ZY1400103002-5　圆柱和棱柱的表面粗糙度要求的标注

2. 简化标注法

以下几种情况下可采用表面粗糙度要求的简化标注方法。

（1）如果在工件的多数或全部表面具有相同的表面粗糙度要求时，则可统一标注在图样的标题栏附近。此时，表面粗糙度符号后面应在圆括号内给出无任何其他标注的基本符号或给出不同的表面结构要求（不同的表面结构要求应直接标注在图形中），如图 ZY1400103002-6 和图 ZY1400103002-7 所示。

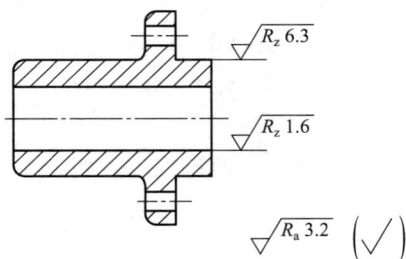

图 ZY1400103002-6　表面粗糙度简化标注法之一

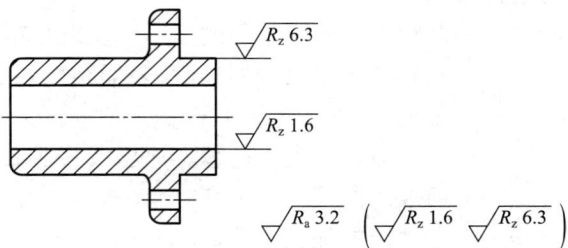

图 ZY1400103002-7　表面粗糙度简化标注法之二

（2）当多个表面具有相同的表面粗糙度要求或图纸空间有限时，可用带字母的完整符号，以等式的形式在图形或标题栏附近，对有相同表面粗糙度的表面进行简化标注，如图 ZY1400103002-8 所示。

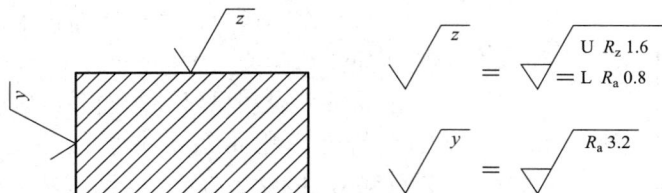

图 ZY1400103002-8　在图纸空间有限时的简化标注

对于多个表面共同的表面粗糙度要求时也可以用下列等式的简化形式给出，如图 ZY1400103002-9 所示。

图 ZY1400103002-9　多个表面共同表面粗糙度要求时的简化注法

【思考与练习】

1. 请说明表面粗糙度代号 $\sqrt{R_a 3.2}$ 的含义。

2. 零件的表面粗糙度要求的简化标注方法有哪些？

第四章 量具的使用及维护

模块 1 常用量具（ZY1400104001）

【模块描述】本模块介绍游标卡尺、千分尺等常用量具。通过定义讲解、要点归纳、图例展示，了解长度和平面角单位概念，熟悉游标卡尺、千分尺的结构、规格。掌握正确使用及维护保养方法并掌握其读数方法。

【正文】

一、长度和平面角度的单位

1. 长度单位

（1）我国法定长度计量单位。目前我国采用的长度单位制为国际单位制，米制为我国的基本计量制度。长度的基本单位为米（m），其他常用单位为厘米（cm）、毫米（mm）、微米（μm）等。1 米（m）$=10^2$ 厘米（cm）$=10^3$ 毫米（mm）$=10^6$ 微米（μm）。但是，在机械制造图样上所标注的法定长度单位是毫米（mm），并规定在图样上不标注单位符号。

（2）英制单位。在生产实践中，有时会遇到英制单位，它的进位关系为：1 英尺（ft）=12 英寸（in），在图样中所标注的英制尺寸是以英寸为基本单位的，英制单位与米制单位的换算关系是：1 英寸（in）=25.4 毫米（mm）。

2. 平面角单位

（1）平面角的定义。从一个平面内的任意一点引出两条射线，所组成的图形称为平面角或称为角。

（2）平面角的计量单位及换算。平面角的计量单位有弧度制和角度制两种。

1）弧度制。圆周上等于半径长的弧叫做含有 1 个弧度（rad）的弧，而 1 弧度的弧所对的圆心角叫做 1 弧度的角，用弧度做单位来度量角和弧的制度叫做弧度制。由于整个圆周的长度为 $2\pi R$（R 为圆的半径），所以整个圆周的圆心角为 2π 弧度。

2）角度制。等于整个圆的三百六十分之一的弧叫做含有 1 度的弧，而 1 度的弧所对的圆心角叫做 1 度的角，用度做单位来度量角和弧的制度叫做角度制。角度制的单位是度、分、秒，符号分别为（°）、（′）、（″）。其换算关系为：$1° = 60′$，$1′ = 60″$。

度和弧度的换算关系如下

$$1° = \pi/180\,\mathrm{rad} \approx 0.017\,453\,\mathrm{rad}$$

$$1\,\mathrm{rad} = (180/\pi) \approx 57°17′45″$$

二、游标卡尺

游标卡尺是一种较精密的量具，它利用游标和尺身相互配合进行测量和读数。游标卡尺的优点是结构简单、使用方便、测量范围大、用途广泛、保养方便，可以直接测量出各种工件的内径、外径、中心距、宽度、厚度、深度和孔距等。

1. 游标卡尺的结构和规格

游标卡尺根据其结构的不同一般可分为三用游标卡尺、双面量爪游标卡尺和单面量爪游标卡尺三种形式。在变电设备检修中，常用三用游标卡尺。

如图 ZY1400104001-1 所示为三用游标卡尺，它的测量范围有 0～125mm 和 0～150mm 两种，其结构比较简单，主要由尺身、游标和深度尺三部分组成。在尺身上刻有间距 1mm 的刻度，当松开紧固螺钉时，即可进行测量。下测量爪是用来测量各种外尺寸，上测量爪则是用来测量各种内尺寸的；而测深尺的一端因固定在游标内可随游标在尺身背部的导向槽内移动，另一端是测量面，通常用于测量深度。

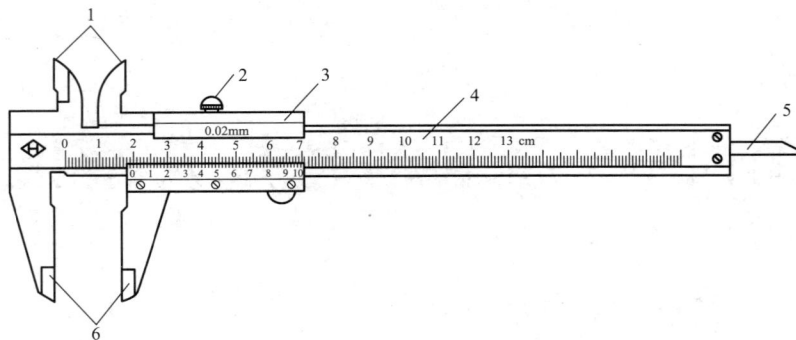

图 ZY1400104001-1　三用游标卡尺

1、6—量爪；2—紧固螺钉；3—游标；4—尺身；5—深度尺

2. 游标卡尺的读数

游标卡尺的读数精度有 0.1mm、0.05mm 和 0.02mm 三种，这三种游标卡尺的尺身刻度是相同的，即每格 1mm，每大格 10mm，但它们的游标与尺身相对应的刻线宽度是不同的，其中 0.02mm 的读数精度最高。

使用游标卡尺测量时，应先弄清游标的读数值和测量范围，游标卡尺上的零线是读数的基准，在读数时，要同时看清尺身和游标的刻线，两者应结合起来读。具体步骤如下：

（1）读整数时，读出游标零线左边尺身上最接近零线的刻线数值，该数就是被测件测量尺寸的整数值。

（2）读小数时，找出游标零线右边与尺身刻线相重合的刻线，将该线的顺序数乘以游标的读数所得的积，即为被测件测量尺寸的小数值。

（3）求和时，将上述两次读数相加即为被测件测量尺寸的整个数值。

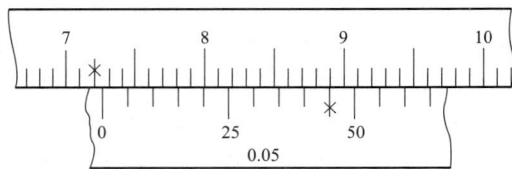

图 ZY1400104001-2　读数精度为 0.05mm
游标卡尺的测量实例

【例 ZY1400104001-1】试读出图 ZY1400104001-2 所示读数精度为 0.05mm 游标卡尺的测量数值。

（1）读整数：整数是 72mm，因为游标线左边最接近零线尺身的刻线为第 72 条刻线。

（2）读小数：游标上的第 9 条刻线正好与尺身的一根刻线对齐，所以小数是 0.45mm（0.05mm× 9=0.45mm）。

（3）求和 72mm+0.45mm=72.45mm。

3. 游标卡尺的使用和维护

（1）游标卡尺的正确使用。游标卡尺的正确使用对保证测量数值的准确性非常重要，因此必须做到：

1）正确合理选择游标卡尺的种类和规格。一般情况下，读数值 0.02mm 的游标卡尺用于测量公差等级 IT12～IT16 的外尺寸和公差等级 IT14～IT15 的内尺寸。而读数值 0.05mm 的游标卡尺用于测量公差等级为 IT14～IT16 的内、外尺寸。

2）在使用游标卡尺之前，要对卡尺进行检查，使尺身和游标的零位对齐，观察两量爪测量面的间隙，一般情况下，读数值为 0.02mm 的游标卡尺的间隙应不大于 0.006mm；读数值为 0.05mm 和 0.1mm 游标卡尺的间隙应不大于 0.01mm，若不符合要求应送检。

3）当测量工件的两平行平面之间的距离时，游标卡尺的测量爪应在被测表面的整个长度上相接触，如果测量爪与被测表面歪斜，那么所得的数值就会大于实际数据。

4）测量圆柱形工件外径尺寸时，必须在垂直于轴线的截面处进行，且测量爪上测量面的整个宽度和被测圆柱体相接触。

5）测量内孔直径和孔距时，应使两爪的测量线通过孔心，并轻轻摆动找出最大值，如图 ZY1400104001-3（a）和图 ZY1400104001-3（b）所示。如果使用双面量爪游标卡尺和单面量爪游标卡尺测量内径，此时应将游标卡尺上所得的读数加上两量爪的宽度 b 才是被测体的实际尺寸，如图

ZY1400104001-3（b）和图 ZY1400104001-3（c）所示。

6）用带深度尺的游标卡尺测量孔深或高度时，应使深度尺的测量面紧贴孔底，而游标卡尺的端面则应与被测件的表面接触，且深度尺要垂直，不可前后左右倾斜。

7）用带微动装置的游标卡尺测量零件时，可先通过微调螺母使量爪接触工件表面，再用紧固螺钉紧固游标，然后再取出卡尺进行读数。

（2）游标卡尺的维护保养。为保持游标卡尺的测量精度，并延长其使用寿命，必须合理维护和保养。

1）不准把游标卡尺的量爪当做划针、圆规和螺钉旋具等使用。

2）不准把游标卡尺放在强磁场附近，也不要和其他工具堆放在一起。

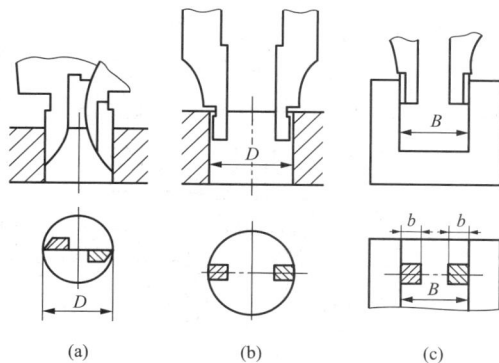

图 ZY1400104001-3　游标卡尺的正确使用方法

（a）、（b）测量内孔直径和孔距的方法；

（c）实际内径 B 等于读数加 2b

3）测量结束后要将游标卡尺平放，尤其是大尺寸游标卡尺更应注意，否则会造成弯曲变形。

4）发现游标卡尺受到损伤后应及时送计量部门修理，不得自行拆修。

5）游标卡尺使用完毕后，要擦净涂油，放在专用盒内，避免生锈。

4. 其他游标卡尺简介

（1）深度游标卡尺。深度游标卡尺用来测量孔深、槽深以及阶梯高度等。

深度游标卡尺由尺身、尺框、紧固螺钉和微动装置等组成，如图 ZY1400104001-4 所示，其测量范围有 0～150mm、0～200mm、0～300mm、0～500mm 等。游标读数值分别为 0.1mm、0.05mm 和 0.02mm。

深度游标卡尺的读数原理与游标卡尺相同。

测量时，应将尺框的测量面贴住被测件的平面，轻推尺身向下，当尺身下端面与被测面接触后，即可进行读数，也可以用微动装置来测量。

（2）高度游标卡尺。高度游标卡尺由底座、尺身、紧固螺钉、尺框、微调手柄、划线量爪等组成，如图 ZY1400104001-5 所示，其测量范围有 0～200mm、0～300mm、0～500mm、0～1000mm 等，读数值有 0.1mm、0.05mm、0.02mm 三种。高度游标卡尺可用来测量高度或对工件划线，其读数原理与游标卡尺相同。

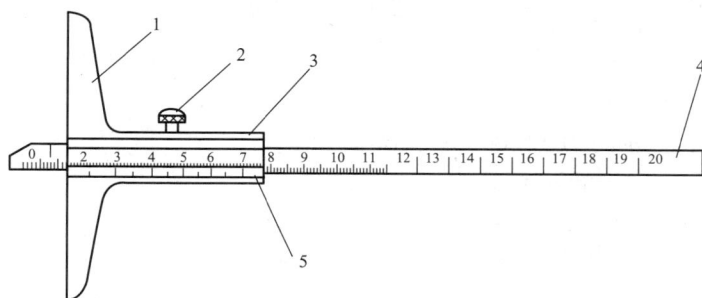

图 ZY1400104001-4　深度游标卡尺

1—测量基座；2—紧固螺钉；3—尺框；4—尺身；5—游标

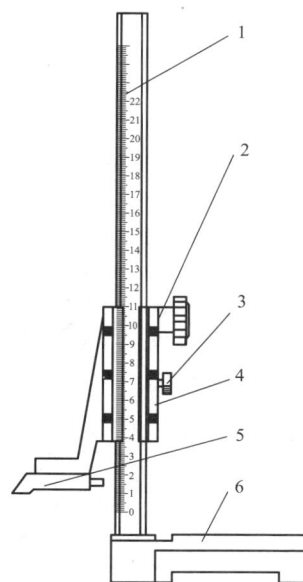

图 ZY1400104001-5　高度游标卡尺

1—尺身；2—微调手柄；3—紧固螺钉；

4—尺框；5—划线量爪；6—底座

　　上述各种游标卡尺，都存在着一种共同的缺点，就是长期使用后刻度及数字不清晰，容易读错。为了解决这个问题，目前已有数字显示和带有指示表的游标卡尺，如图 ZY1400104001-6 所示。在测量时，数值可直接显示出来，但因其价格较高，目前还未普及。

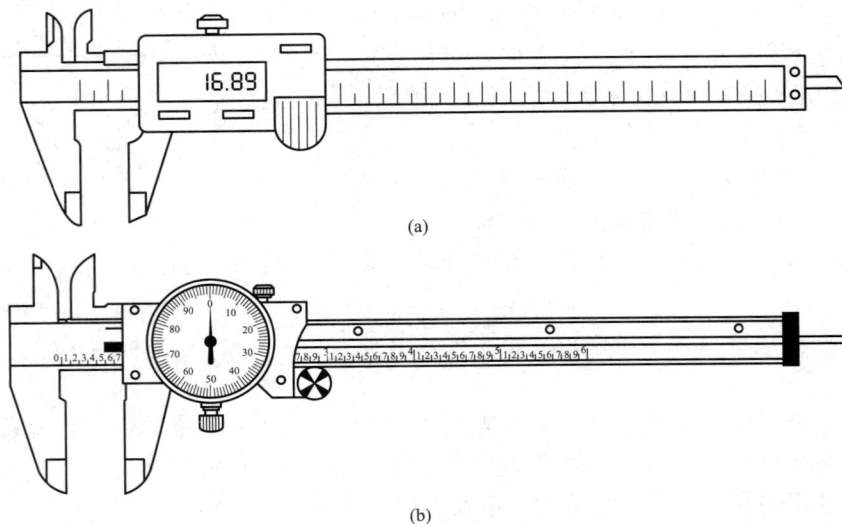

(a)

(b)

图 ZY1400104001-6　带有数字装置的游标卡尺

（a）数字式；（b）指针式

三、千分尺

　　千分尺是一种应用广泛的精密量具，其测量精确度比游标卡尺高。千分尺的形式和规格繁多，按其用途和结构可分为外径千分尺、内径千分尺、深度千分尺、公法线千分尺、尖头千分尺和壁厚千分尺等，下面以外径千分尺为例进行说明。

　　1. 外径千分尺的结构和规格

　　常用外径千分尺的结构如图 ZY1400104001-7 所示。外径千分尺的规格如按测量范围划分，在500mm 以内时，每 25mm 为一挡，如 0～25mm、25～50mm 等。在 500mm 以上至 1000mm 时，每 100mm 为一挡，如 500～600mm、600～700mm 等。外径千分尺按制造精度可分为 0 级和 1 级，0 级最高，1级次之。

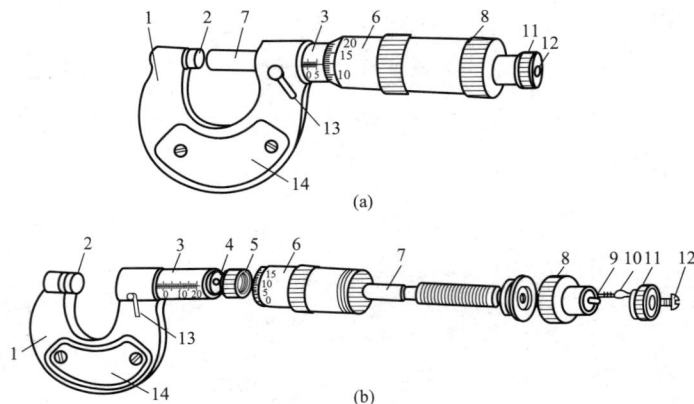

(a)

(b)

图 ZY1400104001-7　外径千分尺的结构

（a）外形图；（b）部件图

1—尺架；2—测砧；3—固定套筒；4—衬套；5—螺母；6—微分筒；7—测微螺杆；8—罩壳；

9—弹簧；10—棘爪；11—棘轮；12—螺钉；13—手柄；14—隔热装置

　　2. 外径千分尺的读数原理和读法

　　（1）外径千分尺的读数原理。外径千分尺利用螺旋传动原理，将角位移变成直线位移来进行长度测量。由外径千分尺结构可知，微分筒 6 与测微螺杆 7 连成一体，且上面刻有 50 条等分刻线。由于测微螺杆 7 的螺距一般为 0.5mm，当微分筒旋转一格时，测微螺杆轴向移动距离为 0.5mm/50=0.01mm。这就是千分尺的读数装置能读出 0.01mm 的原理，而 0.01mm 就是外径千分尺的读数值（测量误差值）。

（2）外径千分尺的读数方法。外径千分尺的读数部分由固定套筒和微分筒组成。固定套筒上的纵刻线是微分筒读数值的基准线，而微分筒锥面的端面是固定套筒读数值的指示线。

固定套筒纵刻线的两侧各有一排均匀刻线，刻线的间距都是 1mm 且相互错开 0.5mm，标出数字的一侧表示 1mm 数，未标数字的一侧即为 0.5mm 数。

用外径千分尺进行测量时，其读数步骤为以下三步：

1）读整数。微分筒 6 端面是读整数值的基准。读整数时，看微分筒端面左边固定套筒上露出的刻线数值，该数值就是整数值。

2）读小数。固定套筒 3 上的基线是读小数的基准。读小数时，看微分筒上哪一根刻线与基线重合。如果固定套筒上的 0.5mm 刻线没有露出来，那么微分筒上与基线重合的那根线的数目即是所求的小数。如果 0.5mm 刻线已露出来，那么从微分筒上读得的数还要加上 0.5mm 后，才是小数。

当微分筒上没有任何一根刻线与基线恰好重合时，应该进行估读到小数点后第三位数。

3）整个读数。将上面两次读数值相加，就是被测件的整个读数值。如图 ZY1400104001-8 所示为外径千分尺的读数方法示例。

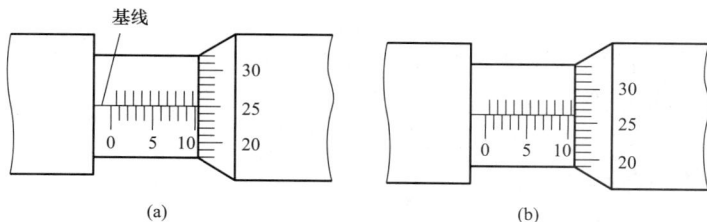

图 ZY1400104001-8　外径千分尺的读数方法

（a）10mm+0.25mm=10.25mm；　（b）10.5mm+0.26mm=10.76mm

3．千分尺的使用与保养

（1）千分尺的合理使用。只有正确合理地使用千分尺，才能保证测量的准确性，因此在使用时应注意以下几点：

1）根据工件的不同公差等级，合理地选用千分尺。一般情况下，0 级千分尺适用于测量 IT8 级公差等级以下的工件，1 级千分尺适用于测量 IT9 级公差等级以下的工件。

2）使用前，先用清洁纱布将千分尺擦干净，然后检查其各活动部分是否灵活可靠。在全行程内活动套管转动要灵活，轴杆的移动要平稳。锁紧装置的作用要可靠。

3）检查零位时应使两测量面轻轻接触，并无漏出间隙，这时微分筒上的零线应对准固定套筒上的纵刻线，微分筒锥面的端面应与固定套筒零刻线相吻合。

4）在测量前必须先把工件的被测量表面擦干净，以免脏物影响测量精度。

5）测量时，要使测微螺杆轴线与工件的被测尺寸方向一致，不要倾斜。转动微分筒，当测量面将与工件表面接触时，应改为转动棘轮，直到棘轮发出"咔咔"的响声后，方能进行读数，这时最好在被测件上直接读数，如图 ZY1400104001-9 所示。如果必须取下千分尺读数时，应用锁紧装置把测微螺杆锁住再轻轻滑出千分尺。注意绝对不能在工件转动时去测量。

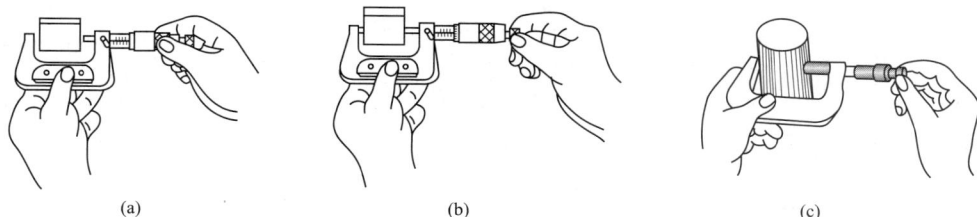

图 ZY1400104001-9　外径千分尺测量工件

（a）转动微分筒；（b）转动棘轮测出尺寸；（c）测出工件外径

6）测量较大工件时，有条件的可把工件放在 V 形块或平板上，采用双手操作法，左手拿住尺架的隔热装置，右手用两指旋转测量装置的棘轮。

7）测量中要注意温度的影响，防止手温或其他热源的影响。使用大规格的千分尺时，更要严格进行等温处理。

8）不允许测量带有研磨剂的表面和粗糙表面，更不能测量运动着的工件。

（2）千分尺的维护保养。千分尺在使用中要经常维护保养，长期保持其精度，因此必须做到以下几点：

1）测量时，不能使劲拧千分尺的微分筒。

2）不许把千分尺当卡规用。

3）不要拧松后盖，否则会造成零位改变，如果后盖松动，必须校对零位。

4）不许手握千分尺的微分筒旋转晃动，以防止螺杆磨损或测量面互相撞击。

5）不允许在千分尺的固定套筒和微分筒之间加进酒精、煤油、柴油、凡士林和普通机油等；不准把千分尺浸入上述油类和切削液里。

6）要经常保持千分尺的清洁，使用完毕后擦干净，同时还要在两测量面上涂一层防锈油并让两测量面互相离开一些，然后放在专用盒内，并保存在干燥的地方。

【思考与练习】

1. 根据结构形式不同，游标卡尺可分为几种形式？

2. 试述游标卡尺的读数原理。

3. 试述外径千分尺的工作原理和读数方法。

4. 如何正确使用外径千分尺？

第五章　金属材料与热处理

模块 1　金属材料（ZY1400105001）

【模块描述】本模块介绍铁碳合金、合金钢、铸铁以及非铁金属材料的性能。通过定义讲解、要点归纳，熟悉常用金属材料的牌号、性能和选用原则。

【正文】

变电检修工在工作中经常要接触到金属材料，有时需要对变电设备的金属材料构件进行选材和加工，对金属零部件进行修理或更换，所以很有必要了解常用金属材料的性能、分类、牌号和选用原则等知识。

一、金属材料的性能

1. 金属材料的力学性能

任何机械零件在工作时都会受到外力的作用，例如用吊车吊运电气设备时，钢丝绳会受到设备重物拉力的作用；断路器操动机构的连杆在分、合闸操作过程中会受到拉力、压力和冲击力的作用等。在这些外力作用下，材料所表现出来的一系列特性和抵抗能力称为力学性能。

按作用形式不同，外力常分为静载荷、冲击载荷和交变载荷等。材料的力学性能也分为强度、塑性、硬度、冲击韧度和疲劳强度等。

（1）强度。强度是指材料在外力作用下抵抗永久变形和断裂的能力。强度用应力表示，其符号为σ，单位为 MPa，$1MPa=1N/mm^2$。常用来衡量金属材料强度的指标有屈服点σ_s和抗拉强度σ_b等。

（2）塑性。塑性是指金属材料在外力作用下产生塑性变形而不破坏的能力。衡量金属材料塑性也有两个指标：断面伸长率δ和断面收缩率Φ。

（3）硬度。硬度是指金属材料抵抗硬物压入其表面的能力。

（4）冲击韧度。在高压开关电器中，有许多零件在分、合闸操作时要受到冲击作用，例如拐臂、轴销、连杆等。要求材料应具有抵抗冲击载荷而不破坏的能力，这就是冲击韧度α_k。α_k值大，表示韧性好；α_k值小，表示脆性大。

（5）疲劳强度。在高压开关电器中有许多零件，如齿轮、弹簧等，是在交变载荷作用下工作的。在这种受力状态下工作的零件，断裂时的应力远低于该材料的抗拉强度，甚至低于屈服强度，这种现象称为金属的疲劳，这时的最大应力值称疲劳强度，用σ_{-1}表示。

影响疲劳强度的因素很多，通常内在因素有材料本身的强度、塑性、组织结构、纤维方向和材料内部缺陷等，外界因素主要为零件的工作条件、表面粗糙度等。提高材料的疲劳强度，可通过改善零件的结构形状、避免应力集中、进行表面热处理等措施来实现。

2. 金属材料的物理、化学及工艺性能

（1）物理性能。金属材料的物理性能包括密度、熔点、热膨胀性、导热性和导电性等。

（2）化学性能。金属材料的化学性能是指金属材料在化学作用下表现的性能，它包括耐腐蚀性和抗氧化性。

（3）工艺性能。工艺性能是指金属材料是否易于加工成形的性能，包括铸造性、可锻性、焊接性和切削加工性等。

二、铁碳合金

在现代工业中，钢铁是应用最广泛的金属材料。尽管其品种繁多，成分各不相同，但都是以铁和碳两种元素为主组成的合金。铁碳合金碳的质量分数最高可达$w(C)=6.69\%$，其中$w(C)<2.11\%$的称为

钢，而 $w(C)>2.11\%$ 的称为生铁或铸铁。

铁和碳无论在液体和固体状态下，均可发生相互作用。碳可溶解于铁中形成的一种叫做固溶体的组织，又可与铁发生化学作用形成一种叫碳化铁的化合物，在钢铁中，常见的有铁素体、奥氏体、渗碳体、珠光体和莱氏体五种铁碳合金的基本组织。

三、碳素钢

碳素钢简称碳钢，是碳的质量分数大于 0.021 8% 且小于 2.11%，并含有少量锰、硅、磷、硫等元素的铁碳合金，它们对碳素钢的性能产生不同程度的影响。在钢铁材料中，碳素钢占有很大的比重，与合金钢相比，碳素钢冶炼简便，加工容易，价格低廉，并且在一般情况下能满足使用要求，所以应用非常广泛。

1. 碳素钢的分类

碳素钢有多种分类方法，常用的分类方法如下：

（1）按碳的质量分数分类，可分为低碳钢、中碳钢、高碳钢三类。

1）低碳钢——$w(C)\leqslant0.25\%$。

2）中碳钢——$w(C)$ 在 0.25%～0.60% 之间。

3）高碳钢——$w(C)>0.60\%$。

（2）按钢的质量分类，即根据钢中有害杂质硫、磷的质量分数来划分，可分为普通碳素钢、优质碳素钢和高级优质碳素钢三类。

1）普通碳素钢——钢中硫、磷含量较高，其中 $w(S)=0.035\%\sim0.050\%$，$w(P)=0.035\%\sim0.045\%$。

2）优质碳素钢——钢中硫、磷含量较低，其中 $w(S)\leqslant0.035\%$，$w(P)\leqslant0.035\%$。

3）高级优质碳素钢——钢中含有硫、磷杂质很低，其中 $w(S)=0.020\%\sim0.030\%$，$w(P)=0.025\%\sim0.030\%$。

（3）按用途分，可分为碳素结构钢和碳素工具钢两类。

1）碳素结构钢——用于制造机械零件和工程结构的碳钢，其碳的质量分数大多在 0.70% 以下。

2）碳素工具钢——用于制造各种工具（如刃具、模具及其他工具等）用的碳钢，其碳的质量分数大多在 0.07% 以上。

2. 常用碳素钢

（1）碳素结构钢，它的钢号是由屈服点字母、屈服点数值、质量等级、脱氧方法四部分按顺序组成。其中屈服点的数值以钢材厚度（或直径）不大于 16mm 钢的屈服点表示；质量等级分 A、B、C、D 四级，A 级质量最低，D 级质量最高；屈服点的字母以"Q"表示；沸腾钢、镇静钢分别以字母"F"、"Z"表示；半镇静钢用字母"b"表示。例如，Q235-AF 表示屈服点 $\sigma_s=235\text{MPa}$ 的 A 级碳素结构钢，F 表示沸腾钢。

碳的质量分数为 0.06%～0.38% 的碳素结构钢，属于低中碳的亚共析钢，室温组织为大量铁素体块与珠光体块均匀分布。碳素结构钢塑性、韧性好。适于制作钢筋、钢板等建筑用材料和一般机械构件。

（2）优质碳素结构钢，它的钢号由数字构成，数字表示钢的平均碳质量分数的万分之几。例如 45 钢，表示平均碳质量分数为 0.45% 的优质碳素结构钢。若钢中锰含量较高，但不是特意加入的，则在两位数字之后加"Mn"。如 65Mn 钢表示平均碳的质量分数为 0.65% 且锰含量较高的优质碳素结构钢。若为沸腾钢，则在钢号的两位数字之后加上"F"，如 08F 表示平均碳的质量分数为 0.08% 的优质碳素结构沸腾钢。

10、15、20 等钢属于低碳钢，具有良好的冷冲压性能及焊接性，常用来制造受力不大、韧性要求高的机械零件，如螺钉、螺母、法兰盘、拉杆等。经过渗碳淬火处理后，其表面硬而耐磨，心部保持高的塑性和韧性，常用于制造承受冲击载荷的耐磨零件，如凸轮、摩擦片等。

30、45、50 等钢属于中碳钢，经调质处理（即淬火后高温回火）后，有良好的综合力学性能，是受力较大的机器零件理想的原材料。主要用来制造截面尺寸不大的齿轮、连杆及轴类零件。

60 以上的钢属于高碳钢，经热处理后，有高强度和良好的弹性，适于制造弹簧、钢绳、轧辊等弹性零件及耐磨零件。

易切削钢也是结构钢的一种。其特点是易于切削加工。这种材料适用于自动机床上加工。它是向钢中加入一种或几种易生成脆性夹杂物的元素（硫和磷等），使钢中形成有利于断屑的夹杂物，从而改善了钢的切削加工性能。

（3）碳素工具钢，它的钢号以字母"T"后面加上一组数字组成，数字表示钢中平均碳的质量分数为千分之几。含锰较高的在数字后面标注"Mn"，高级优质钢在钢号后标注"A"。如 T10A 表示平均碳的质量分数为 1.0% 的高级优质碳素工具钢。

碳素工具钢随着碳的质量分数的增加，其硬度和耐磨性渐增，而韧性则逐渐下降，应用场合也因之不同。T7、T8 一般用于要求韧性稍高的工具，如冲头、錾子、简单模具、木工工具等。T9、T10、T11 用于要求中等韧性、高硬度的工具，如手用锯条、丝锥、板牙等，也可用做要求不高的模具。T12、T13 具有高的硬度及耐磨性，但韧性低，用于制造量具、锉刀、钻头、刮刀等。

（4）铸钢，它的钢号用字母"ZG"加两组数字表示，这两组数字分别表示最低屈服点和最低抗拉强度的值，单位是 MPa。如 ZG200-400，表示屈服点不小于 200MPa，抗拉强度不小于 400MPa 的铸钢。

实际生产中，许多形状复杂的零件，很难用锻压等方法成形，用铸铁又难以满足性能要求，这时常需要选用铸钢，采用铸造的方法来获得铸钢件。因此，铸钢在机械制造中，尤其是在重型机械制造业中应用非常广泛。

四、合金钢

合金钢就是在碳素钢的基础上，为了改善钢的性能，在冶炼时有目的地加入一些元素的钢，加入的元素称为合金元素。合金钢常用的合金元素有锰、硅、铬、镍、钨、钒、钛、硼和稀土等。

（1）合金钢的特点。与碳素钢相比，合金钢具有以下特点：

1）力学性能好。碳的质量分数相同的碳素钢与合金钢，经同样的热处理，其力学性能区别较大。

2）具有较好的淬透性。工件淬火时，若能完全淬透，则经高温回火后，工件整个截面上都能获得良好的综合力学性能。

3）某些合金钢还具有特殊的物理、化学性能。如大量的镍、锰加入钢中，能使钢在室温下保持奥氏体组织，消失磁性成为无磁钢。

但是，合金钢冶炼较困难、价格较高，且容易产生冶金缺陷，所以只有当碳素钢不能满足要求时才使用。

（2）分类。合金钢的种类繁多，按用途可分为合金结构钢、合金工具钢和特殊性能钢。按合金元素的含量分为低合金钢［$w(Me) \leqslant 5\%$］、中合金钢［$w(Me)=5\% \sim 10\%$］和高合金钢［$w(Me)>10\%$］。

（3）合金钢钢号的表示方法。合金钢的钢号是采用"二位数字+化学元素符号+数字"的方法来表示的。前面的数字表示钢中碳的平均质量分数的万分之几，合金元素直接用化学元素符号表示，后面的数字表示合金元素平均质量分数的百分之几。凡合金元素平均质量分数 $w(Me) \leqslant 1.5\%$ 时，钢号中只标明元素，一般不标明质量分数；如果平均质量分数 $w(Me) \geqslant 1.5\%$、2.5%、$3.5\% \cdots$，则相应地以 2、3、4…表示。如果为高级优质钢，则在钢号后加"A"。

五、铸铁

铸铁具有良好的铸造性、减震性和切削加工性等特点，在机械制造中应用很广，常见的机床床身、工作台、箱体等形状复杂或受压力及摩擦作用的零件大多用铸铁制成。

工业上常用铸铁的碳的质量分数一般为 2.5% ～ 4.0%，此外，还含有较多的硅、锰、硫、磷等杂质。有时为了提高力学性能或物理、化学性能，还可以加入一定量的合金元素，得到合金铸铁。

铸铁按其碳的存在形式和石墨的形状分为白口铸铁、灰铸铁、可锻铸铁、球墨铸铁和蠕墨铸铁。此外还有含合金元素的合金铸铁。

六、非铁金属材料

在工业生产中通常称钢铁为黑色金属材料，而把所有钢铁以外的其他金属材料称为非铁金属材料。非铁金属材料的种类较多，它们常具有某些独特的性能和优点，如银、铜、铝及其合金具有良好的导电和导热性；铝、镁、钛等及其合金密度小；钨、钼、钽及其合金能耐高温。因此，非铁金属材料是现代工业中不可缺少的金属材料。在电能的生产、输送和使用过程中，常用的非铁金属材料，主要有铝及铝合金、铜及铜合金、钨、银以及轴承合金等。

1. 铝及铝合金

纯铝的密度小（$\rho=2.7\times10^3\text{kg/m}^3$），熔点低（660℃），具有较好的导电和导热性。纯铝的强度和硬度都很低，但塑性好。铝在大气中容易氧化，使表面生成一层致密的三氧化二铝保护薄膜，能阻止铝继续氧化，故铝在大气中具有良好的抗蚀能力。通常用做架空导线和电缆导体等。

纯铝的强度很低，不适宜作承受载荷的结构零件。而在纯铝中加入适量的硅、铜、镁、锰等合金元素后得到的铝合金，则可大大提高其力学性能，并且仍保持其密度小、耐腐蚀的优点。许多铝合金还可通过热处理使其强化。铝合金可分为变形铝合金和铸造铝合金两大类。

（1）变形铝合金根据其主要性能特点，分为防锈铝合金、硬铝合金、超硬铝合金和锻造铝合金。它们常由冶金厂加工成各种规格的型材、板、带、线管等供应。

1）防锈铝合金属于铝—锰系或铝—镁系合金。它的塑性和焊接性能很好，但切削加工性较差。主要用于制造各种高耐蚀性的薄板容器、管道、窗框等承力小、质轻的制品与结构件。

2）硬铝合金属于铝—铜—镁系三元合金，可以通过时效强化获得较高的强度和硬度，也可以变形强化。硬铝合金主要用于制造中等载荷、形状复杂的结构零件，如骨架、螺旋桨叶片、螺栓等。

3）超硬铝合金属于铝—铜—镁—锌系四元合金，在时效强化后具有比硬铝更高的强度和硬度。超硬铝合金的抗拉强度σ_b可达600MPa，但其耐蚀性较差，常用包铝法来提高耐蚀性，它主要用于制作受力较大的结构零件。

4）锻造铝合金多数为铝—铜—镁—硅系四元合金，具有良好的热塑性，适于锻造，主要用于制造航空及仪表工业中各种复杂、受力较大的锻件或模锻件，如各种叶轮、框架、支杆等。

（2）铸造铝合金的种类较多，但应用最广的是铝—硅合金，它具有良好的铸造性能和耐蚀性，常用来制造内燃机活塞、汽缸盖、汽缸体、气缸散热套等。

2. 铜及铜合金

纯铜具有良好的导电导热性，其熔点为1038℃，密度为$8.93\times10^3\text{kg/m}^3$，有很好的塑性和抗蚀性。铜的合金材料有黄铜和青铜。

（1）黄铜。黄铜是铜和锌的合金，它的颜色随锌的质量分数的增加，由黄色变到淡黄色。它分普通黄铜和特殊黄铜两大类。

1）普通黄铜为简单的铜锌合金。当锌的质量分数$w(\text{Zn})=30\%\sim32\%$时，塑性最好，$w(\text{Zn})=39\%\sim40\%$时，塑性下降，而强度增加；$w(\text{Zn})=45\%\sim47\%$时，强度也要下降。因此常用黄铜中锌的质量分数不超过47%。

2）特殊黄铜是在普通黄铜中另加铝、锰、锡、铁、镍等元素，以提高强度。铝、镍、硅、锰等还可提高黄铜的耐蚀性。

（2）青铜。青铜是指黄铜、白铜（铜镍合金）以外的其他铜合金。其中铜锡合金称锡青铜，其他青铜称特殊青铜。

1）锡青铜的特点是具有高的耐磨性和良好的铸造性能。合金中锡的质量分数一般不超过10%。锡的质量分数过高会降低塑性。锡含量低的锡青铜适于压力加工，锡含量较高的锡青铜适于铸造。锡青铜一般多用于耐磨零件和酸、碱、蒸汽等腐蚀性气体接触的零件，如蜗轮、衬套、轴瓦等。

2）特殊青铜有铝青铜和铍青铜等。铝青铜是以铝为主加合金元素的铜合金，具有高的强度、耐蚀性和抗磨性，适于制作涡轮等零件。铍青铜是以铍为主加合金元素的铜合金，具有高的弹性极限，主要用于制作各种精密仪器、仪表的重要弹性元件，如钟表齿轮、高温高速下工作的轴承等。

3. 滑动轴承合金

用来制造滑动轴承中的轴瓦及轴承衬的合金称为滑动轴承合金。当轴旋转时，轴颈和轴瓦之间有剧烈的摩擦，因此轴承合金必须具备下列特性：

（1）足够的强度，以便承受载荷。

（2）足够的硬度和耐磨性，以免过早磨损而失效。

（3）良好的减摩性、耐磨性。

（4）良好的耐蚀性和导热性。

（5）足够的韧性、塑性，以抵抗冲击和振动。

为了满足这些要求，轴承合金组织通常是软的基体上均匀地分布着硬质点组成。或者反过来，由硬基体加软质点组成。

4. 硬质合金

硬质合金是用粉末冶金工艺制成的一种工具材料。它是将一些难熔的碳化钨（WC）、碳化钛（TiC）化合物粉末和黏结剂金属钴（Co）相混合，经加压成形、烧结而成的。其特点是具有很高的硬度和热硬性、良好的耐磨性并具有较高的抗压强度。它可以加工高速钢刀具所不能加工的材料，能成倍地提高切削速度，延长刀具寿命。由于硬质合金的硬度高、性脆，故经常制成一定规格的刀片，镶焊在刀体上使用。

【思考与练习】

1. 什么是金属材料的强度和塑性？常用的指标有哪些？

2. 金属的工艺性能包括哪些内容？

3. 碳含量对铁碳合金组织及性能有哪些影响？

4. 什么是合金钢？合金钢中常见的合金元素有哪些？

5. 什么叫铸铁？根据碳在铸铁中存在形态的不同，铸铁可分为哪几类？

6. 试述纯铝的特性、用途及铝合金的分类。

模块 2　钢的热处理（ZY1400105002）

【模块描述】本模块介绍钢的普通热处理、钢的表面热处理、钢的表面处理。通过概念描述、要点归纳，了解钢铁热处理的方法、工艺特点和应用范围。

【正文】

一、概述

钢的热处理是通过钢在固态下的加热、保温和冷却，改变钢的内部组织，从而得到所需要性能的工艺方法。热处理在机械制造中应用十分广泛，它不仅能提高材料的使用性能，以充分发挥其潜力，还能提高机械零件的寿命，并能提高产品质量，节约金属材料。此外，热处理还可用来改善工件的加工工艺性能，提高劳动生产率。

热处理工艺过程中有加热、保温和冷却三个阶段，如图 ZY1400105002-1 所示是用温度—时间坐标图形表示的热处理工艺曲线。由于加热温度、保温时间和冷却速度的不同，使得钢产生不同的组织转变，所以根据加热、保温和冷却的方法不同，热处理可分为退火、正火、淬火、回火及化学热处理等基本方法。

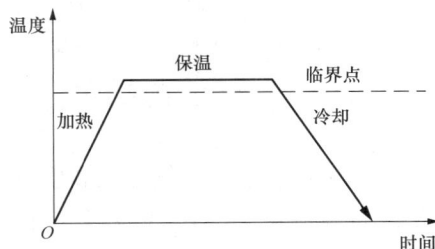

图 ZY1400105002-1　热处理工艺曲线

1. 钢在加热时的组织转变

在前面介绍过铁碳合金的一种基本组织珠光体是由铁素体和渗碳体混合而成的，一般共析钢在温度较低情况下的组织为珠光体，它的强度较好，硬度适中，并且有一定的塑性。当被加热到较高温度时，由于碳的扩散，促使铁素体向奥氏体转变以及渗碳体的溶解，以至珠光体组织全部转变成奥氏体组织。此时，它的硬度、强度较低，而塑性较高，具有良好的塑性变形能力。

钢在加热后要有一定的保温时间，保温不仅是为了把工件热透，使其心部达到与表面同样的温度，还为了获得均匀一致的奥氏体组织，以便在冷却后得到良好的组织与性能。一般碳钢的保温时间比较短，合金钢的保温时间较长，其原因是合金元素充分溶解需要一定的时间。

2. 钢在冷却时的组织和性能

冷却是钢热处理过程中，继加热、保温后的重要工序，它往往决定钢热处理后的组织和性能。

（1）冷却目的。冷却目的是将加热到高温奥氏体状态的钢，冷却到低温，使钢中奥氏体发生转变，变成人们预期的组织和性能，以满足加工和使用的要求。如工具钢退火时需缓慢冷却，目的是降低硬度，便于切削加工。当加工成零件或工具后淬火时，又需急剧冷却，目的是提高硬度和耐磨性，延长使用寿命。

（2）钢热处理的冷却方式。钢热处理的冷却方式有等温冷却和连续冷却两种。

1）等温冷却，是将钢加热到奥氏体状态后，以较快的速度冷却到727℃以下的某一温度，保持一段时间，促使奥氏体转变，然后再冷却到室温的冷却方式。

2）连续冷却，是将钢加热到奥氏体状态后，以一定的速度连续地冷却到室温的冷却方式，其转变是在一个温度范围内连续进行的。在生产中，因连续冷却方式比等温冷却方式操作简单，所以使用较广泛。

（3）钢在冷却时的转变。钢在冷却时所发生的转变以及转变后的组织和力学性能，主要取决于钢的冷却速度和转变温度。

二、钢的普通热处理

1. 退火

退火是将钢加热到工艺预定的某一温度，经保温后缓慢冷却下来的热处理方法。常用的退火方法有完全退火、球化退火和去应力退火等。

（1）完全退火。完全退火是指将钢完全奥氏体化，随之缓慢冷却，获得接近平衡组织的退火工艺。它主要用于亚共析钢件，目的是细化晶粒、改善组织和提高力学性能。

（2）球化退火。球化退火是将钢加热到工艺预定的温度，经长时间保温，钢中片状渗碳体自发地转变为颗粒状（球状）渗碳体，然后以缓慢的速度冷却到室温的工艺方法。主要用于共析钢和过共析钢件，目的是降低硬度、改善切削加工性能，为淬火做好组织准备，防止淬火加热时的变形和开裂。

（3）去应力退火。去应力退火是将钢加热到600～650℃，保温一段时间，然后缓慢冷却到室温的工艺方法。它主要用于消除铸件、锻件、焊接结构的内应力，以稳定尺寸，减少变形。

2. 正火

正火是将钢加热到工艺规定的某一温度，使钢的组织完全转变为奥氏体，经保温一段时间后，在空气中冷却到室温的工艺方法。正火的冷却速度比退火稍快，过冷度稍大。因此，正火后所获得的组织较细，强度、硬度较高。

正火与退火的工艺和目的相似，在实际生产中，正火主要应用于下列几个方面：

（1）凡碳的质量分数低于0.45%的碳钢，都用正火替代退火。

（2）过共析钢常用正火来消除网状渗碳体，给球化退火作组织上的准备。

（3）对使用性能要求不高的工件，常用正火代替调质。

3. 淬火

淬火是将钢加热到临界温度以上，保温一段时间，然后快速冷却下来的一种热处理方法，其目的是提高钢的硬度和耐磨性，使结构零件获得良好的综合力学性能。

各种钢的淬火加热温度主要由其组织的类型及临界温度来确定。淬火加热后保温的目的是为了热透工件，使组织转变一致，化学成分均匀。淬火是使钢获得马氏体的过程，其冷却速度必须大于临界冷却速度。获得该速度的方法，是把工件放在淬火介质中冷却。目前工厂常用冷却介质有水、盐水和油类。

4. 回火

钢件淬火后必须经过回火。回火就是将淬火钢重新加热到工艺预定的某一温度（低于临界温度），经保温后再冷却到室温的热处理工艺。淬火钢回火的目的在于消除内应力，调整钢的力学性能，稳定钢件的组织和尺寸。根据零件的力学性能要求和回火温度不同，回火方法分为以下三种：

（1）低温回火。低温回火的温度为150～250℃，得到的组织为回火马氏体。目的是降低淬火钢的脆性及内应力，保持高硬度和高磨性。低温回火适用于量具、切削工具、冲模等以及滚动轴承和渗碳淬火零件。

（2）中温回火。中温回火的温度为350～450℃，得到的组织为回火托氏体。这种组织不仅具有一定的韧性和硬度，而且具有高的弹性和屈服强度。中温回火常用于各种弹簧和锻模的回火。

（3）高温回火。高温回火的温度为 $500\sim650℃$，得到的组织为回火索氏体，它具有较高的强度和冲击韧度的力学性能。高温回火常用于传动件和重要的紧固件，如曲轴、连杆、气缸、螺栓等。在生产中常把淬火后进行高温回火的热处理，称为调质处理。

回火是热处理的最后一道工序，它直接影响成品的质量，因此回火温度必须严格控制。

三、钢的表面热处理

许多零件，如齿轮、凸轮、曲轴等，不仅要求表面具有高的硬度和耐磨性，还要求心部具有足够的韧性。若要满足这些要求，仅仅依靠选材和采用一般热处理方法是难以实现的，而采用表面热处理工艺则能满足上述要求。表面热处理是仅对工件表面进行热处理，以改善其组织和力学性能的工艺，它包括表面淬火和化学热处理两类。

1. 表面淬火

表面淬火是指工件表面迅速加热到淬火温度，而不等热量传到中心就迅速冷却。表面淬火后，工件的表层获得硬而耐磨的马氏体组织，而心部仍保持原来韧性较好的组织。为了使淬火工件的表面耐磨，钢中的碳的质量分数应大于 0.3%。表面淬火用钢一般是中碳钢或中碳合金钢。表面淬火中加热工件的方法主要有感应加热和火焰加热两种。

2. 化学热处理

化学热处理是将工件置于化学介质中加热保温，使工件表面渗入某种元素以改变其化学成分组织和力学性能的热处理工艺。最常用的化学热处理方法有渗碳和渗氮两种。

（1）渗碳是使介质分解出的活性碳原子渗入工件表面，提高表面组织中碳的质量分数，使工件表面层具有高的硬度和耐磨性，而心部仍保持原来的组织和性能。

（2）渗氮是使化学介质分解出的活性氮原子，渗入工件表面形成氮化层。工件表面生成的氮化物，由于结构致密、硬度高，所以能抵抗化学介质的侵蚀，并具有比渗碳更高的表面硬度、耐磨性、热硬性和疲劳强度，不再需要淬火强化。

四、钢的表面处理

在生产实际中，许多零件和工具为了防止其使用时表面产生腐蚀及增加表面的美观，常对其进行适当的处理，使零件和工具的表面生成一层均匀而致密的氧化膜。这不仅提高了表面的抗蚀性能，而且氧化膜的光泽也增加了美观。目前常用的表面处理方法有氧化、发黑和磷化等。

1. 氧化

氧化是一种表面处理方法。其基本原理是将工件置于浓碱（NaOH）和氧化剂亚硝酸钠（$NaNO_2$）或硝酸钠（$NaNO_3$）的溶液中加热。如需改善表面质量和色泽，可适量增加一些磷酸三钠（Na_3PO_4），使零件表面很快生成一层均匀而致密的氧化膜，其颜色随氧化膜的加厚，由初现时的黄色转变为橙色、红色、紫红色、紫色、蓝色到黑色。

若使用的氧化剂是亚硝酸钠，得到的氧化膜呈蓝褐色，光泽较好，俗称发蓝。若使用的氧化剂是硝酸钠，得到的氧化膜呈深黑色，俗称发黑。

2. 磷化

磷化是把工件置于磷酸盐溶液中进行处理，使金属表面生成一层不溶于水的磷酸盐薄膜的过程。由于磷化层有微孔，能促使清漆、切削液和润滑油的浸润，而且磷化层和油漆有很强的结合力，可作油漆的底层。磷化层的抗蚀能力很强，并且有一定的抗氧化能力，可抵抗多种介质的侵蚀，电绝缘性也很高。所以在机械制造中可以用它作为机械零件的防护层。

【思考与练习】

1. 什么是钢的热处理？其作用是什么？

2. 什么是退火？常用的退火方法有哪几种？

3. 什么叫淬火？淬火的目的是什么？

4. 什么叫回火？回火的目的是什么？按回火温度不同，回火可分为哪几种？

5. 什么叫表面淬火？其目的是什么？常用的表面淬火方法有哪两种？

国家电网公司
生产技能人员职业能力培训专用教材

第六章 机 械 传 动

模块 1 机械传动基础知识（ZY1400106001）

【模块描述】本模块介绍变电设备中常用到的机械传动的原理与应用。通过原理讲解、要点归纳、图形展示，了解常用的传动方式及机械传动在机器中的运用，熟悉带传动、链传动、齿轮传动、螺旋传动、液压传动的组成、特点及应用场合。

【正文】

一、机械传动的概念

1. 常用的传动方式

为了适应生活和生产的需要，人类制造出各种各样的机器来代替或减轻人的劳动。在机械、电气装置中，通常工作部分的转速不等于动力部分的转速（或速度），运动形式往往也不同，所以要将动力部分的动力和运动传到工作部分，就离不开两者之间的传动部分（也称为传动装置）。例如，断路器的操动机构与触头之间需要用连杆机构来传递运动和动力。

在现代工业中，主要采用下列四种传动方式：

（1）机械传动。机械传动是采用带轮、齿轮、链轮、轴、蜗轮与蜗杆、螺母与螺杆等机械零件组成传动装置，即采用带传动、链传动、齿轮传动、蜗杆传动和螺旋传动等装置来进行功率和运动的传递。

（2）液压传动。液压传动是采用液压元件，利用液体（油或水）作为工作介质，以其压力进行功率和运动的传递。目前在交通工具、建筑机械、机床以及其他机器上得到广泛的应用。特别是断路器的液压操动机构，为了获得较大的输出功率，采用液压传动系统。

（3）气压传动。气压传动是采用气动元件，利用压缩空气作为工作介质，以其压力进行运动和功率的传递。气压传动一般多用于控制流水线和自动线的生产过程，也应用在断路器、隔离开关的操作传动系统中。

（4）电气传动。电气传动是采用电力设备和电气元件，利用调整其电参数（电压、电流和电阻），来实现运动或改变运动速度。如异步电动机、直流电动机和用于典型机床上的电气控制装置。

上述四种基本传动方式中，机械传动和液压传动在变配电装置中应用较多，所以本模块将重点介绍这两种传动方式。

2. 机械传动在机器中的运用

（1）改变运动速度。变配电开关设备的操动机构中，有些机构的动力来源于电动机，但电动机的转速比较高，必须通过带传动、链传动或齿轮传动转变为几种不同的转速输出，从而带动泵体转动或弹簧储能。

（2）改变运动方式。例如隔离开关操动机构的动力部分，如果采用电动机作为动力，其输出的运动形式是回转运动，经过拐臂、连杆系统输出成直线运动，水平连杆的直线往复移动又可以牵动本体绝缘子旋转，从而带动隔离开关分合闸。

（3）传递动力。在断路器的操动机构中，由电动机或者电磁铁输出的动力通过链传动、齿轮传动和平面连杆机构等传到断路器本体上，完成分合闸操作。

二、机械传动

（一）带传动

带传动的组成如图 ZY1400106001-1 所示，带传动由主动带轮 1、从动带轮 2 和紧套在两轮上的环形带 3 所组成。由于环形带是紧套在带轮上，故在带与带轮的接触面上产生一定的正压力。在未承受负载时，带的两边都受到相同的初拉力作用。当主动轮旋转时，在带与带轮的接触面上便产生摩擦力，主动轮通过摩擦力使带运动，同时带作用于从动轮的摩擦力使从动轮旋转。此时带两边的预紧力发生了改变，进入主动轮的一边被进一步拉紧，称为紧边；进入从动轮的一边被放松，称为松边。

由于带传动存在传动效率较低、瞬时传动比不恒定和使用寿命短等缺点，故一般不用于变配电设备的传动系统。

（二）链传动

1. 链传动的组成和特点

（1）链传动的组成。链传动的组成如图 ZY1400106001-2 所示，链传动由两轴线平行的主动链轮 1、从动链轮 2 和连接它们的链条 3 以及机架组成。工作时，靠链与链轮齿轮的啮合来传动，而不是靠摩擦力来传动，可见链传动是以链条作为中间挠性件的啮合传动。在高压断路器的储能机构中常用到链传动。

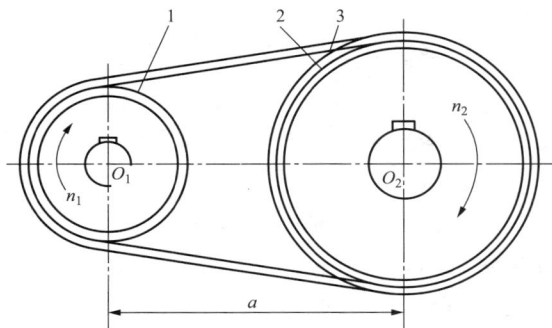

图 ZY1400106001-1 带传动的组成
1—主动带轮；2—从动带轮；3—环形带

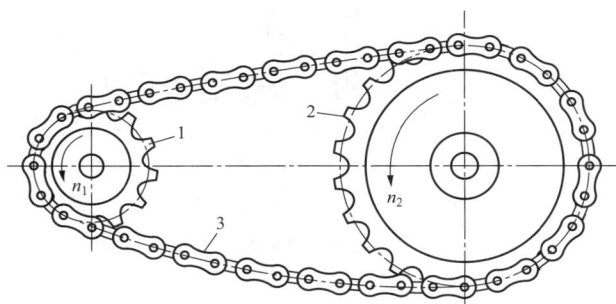

图 ZY1400106001-2 链传动的组成
1—主动链轮；2—从动链轮；3—链条

模块 1
ZY1400106001

（2）链传动的优点和缺点。

链传动的优点如下：

1）由于链传动是有中间挠性件的啮合传动，没有弹性滑动及打滑现象，所以平均传动比恒定不变。

2）链条装在链轮上不需要很大的张紧力，对轴的压力小。

3）链传动中两轴的中心距较大，最大可达 5～6m。

4）链传动能在较恶劣的环境（如油污、高温、多尘、潮湿、泥沙、易燃及有腐蚀性的条件）下工作。

链传动的缺点如下：

1）由于链条绕上链轮后形成折线，因此链传动相当于一对多边形的间接传动，其瞬时传动比是变化的，所以在传动平稳性要求高的场合不能采用。

2）链条与链轮工作时磨损较快，使用寿命较短，磨损后引起的链条节距增大、链轮齿形变瘦从而极易造成跳齿甚至脱链。

3）链传动由于平稳性差，故有噪声。

4）安装时对两轮轴线的平行度要求较高。

5）无过载保护作用。

2. 链传动的类型

最常用的链传动有滚子链和齿形链两种。

（1）滚子链。如图 ZY1400106001-3 所示为滚子链的结构图，它由内链板 1、滚子 2、套筒 3、外链板 4 和轴销 5 组成。为了使链板各截面上抗拉强度大致相等并能减小链条质量的惯性力，链板都制成"8"字形。链条中相邻两销轴中心的距离称为节距，用 p 表示，它是链传动的主要参数。节距越大，链的各元件尺寸也越大，链传递的功率也越大，但传动平稳性变差。故在设计时如果要求传动平稳，则应尽量选取较小的节距。若需传动较大功率，则可考虑用双排链或多排链。

（2）齿形链。齿形链如图 ZY1400106001-4 所示，齿形链是由一组齿形链板并列铰接而成的。图

ZY1400106001-4（a）中，齿形链板两侧为直线，其夹角为 60°。根据导片位置不同有内导片齿形链和外导片齿形链两种，如图 ZY1400106001-4（b）和图 ZY1400106001-4（c）所示。

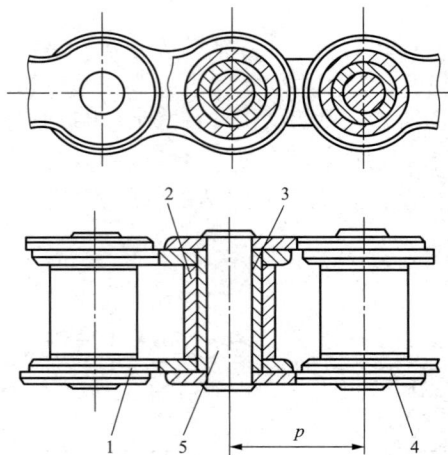

图 ZY1400106001-3　滚子链结构

1—内链板；2—滚子；3—套筒；4—外链板；5—销轴

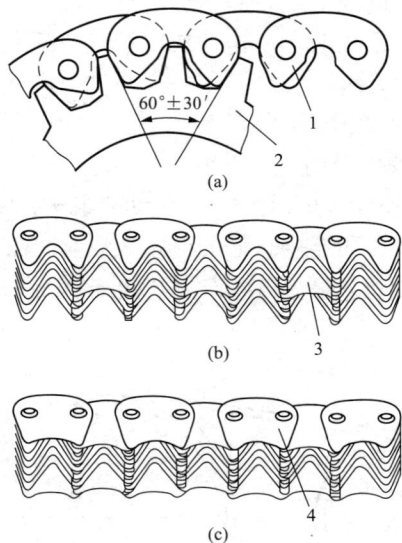

图 ZY1400106001-4　齿形链

（a）齿形链板结构；（b）内导片齿形链；（c）外导片齿形链

1—齿形链板；2—链轮；3—内导片；4—外导片

与滚子链传动相比，齿形链的特点是传动稳定、噪声小（又称无声链）、允许链速较高（$v \leqslant 30\text{m/s}$）、承受冲击能力较强、工作可靠，但结构复杂、价格较高。所以常用于高速或者平稳性、运动精度要求较高的传动中。

3. 链传动的应用

链传动主要用于两轴相距较远、传动功率较大且平均传动比又要求保持不变、工作条件恶劣的场合。

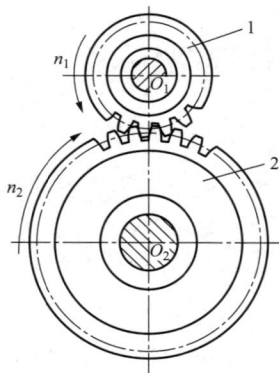

图 ZY1400106001-5　齿轮传动

1—主动齿轮；2—从动齿轮

（三）齿轮传动

1. 齿轮传动的组成

齿轮传动如图 ZY1400106001-5 所示，齿轮传动由主动齿轮 1、从动齿轮 2 和机架组成。齿轮传动在机械传动中应用最广，在高压隔离开关的传动系统中常用。

2. 齿轮传动的优点和缺点

齿轮传动的优点如下：

（1）由于采用合理的齿形曲线，所以齿轮传动能保证两轮瞬时传动比恒定，传递运动准确可靠。

（2）适用的传动功率和圆周速度范围较大。

（3）传动效率较高，一般圆柱齿轮的传动效率可达 98%，使用寿命也较长。

（4）结构紧凑、体积小。

齿轮传动的缺点如下：

（1）当两传动轴之间的距离较大时，若采用齿轮传动结构就会复杂，所以齿轮传动不适用于距离较远的传动。

（2）没有过载保护作用。

（3）在传递直线运动时，不如液压传动和螺旋传动平稳。

（4）制造和安装精度要求较高、成本也高。

3. 齿轮传动的分类及应用场合

齿轮传动的种类很多，一般按齿轮形状和齿轮工作条件进行分类：

（1）按齿轮形状分类。

1）圆柱齿轮传动。圆柱齿轮传动如图 ZY1400106001-6（a）～图 ZY1400106001-6（c）所示，均用于两平行轴间的传动。若要将回转运动变为直线运动时可用齿轮齿条啮合传动，如图 ZY1400106001-6（e）所示，在 GW23-126 型隔离开关中就是采用这种传动。对于要求结构紧凑的可采用内啮合传动，如图 ZY1400106001-6（d）所示。要求传动较稳定、承载能力较大的，可采用图 ZY1400106001-6（b）和图 ZY1400106001-6（c）所示的圆柱斜齿轮和人字齿轮。

2）锥齿轮传动。锥齿轮（又称伞齿轮）传动，如图 ZY1400106001-6（f）所示，这种情形常用于两轴相交的齿轮传动，其中两轴垂直相交的较为常见。例如，中置式开关柜接地开关和隔离开关等的传动系统中常用到锥齿轮传动。

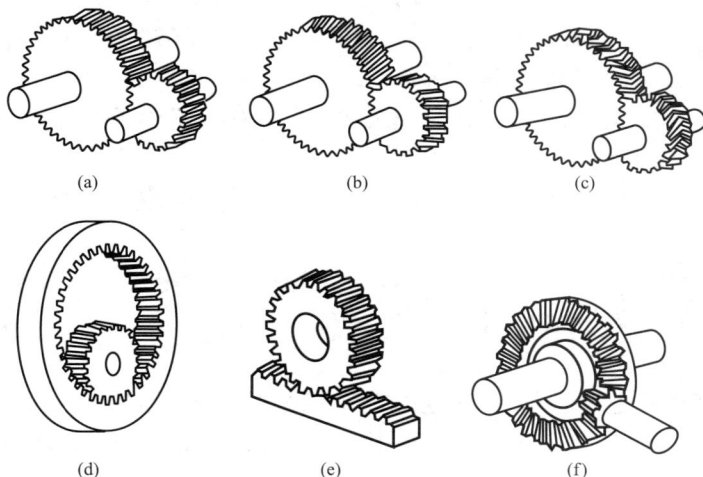

（a）　　　　　　　　（b）　　　　　　　　（c）

（d）　　　　　　　　（e）　　　　　　　　（f）

图 ZY1400106001-6　齿轮传动分类

（a）圆柱直齿轮；（b）圆柱斜齿轮；（c）圆柱人字齿轮；（d）内啮合齿轮；
（e）齿轮齿条啮合传动；（f）锥齿轮

（2）按齿轮传动的工作条件分类。

1）闭式齿轮传动。闭式齿轮传动是指齿轮安装在封闭的刚性相体内，因此润滑及维护条件较好，齿轮精度较高。重要的齿轮传动都采用闭式传动，如减速器齿轮、机床变速箱中的齿轮。

2）开式齿轮传动。开式齿轮传动的齿轮一般都是外露的，支承系统（即轴承支架）的刚性较差，且工作时易落入灰尘杂质，润滑不良，齿轮易磨损。故只适于低速或不太重要的传动及需要经常拆卸更换的场合。如高压断路器和隔离开关操动机构中用的齿轮一般都是开式齿轮传动。

3）半开式齿轮传动。半开式齿轮传动介于闭式齿轮传动和开式齿轮传动之间，一般将传动齿轮浸入油池内，上面仅装有简单的防护罩。

（四）螺旋传动

利用螺旋副将主动件的回转运动转变为从动件的直线运动，称为螺旋传动。例如，图 ZY1400106001-7所示为中置式高压开关柜断路器小车底盘，当小车底盘中的螺杆旋转时，可以带动断路器小车移动到试验位置或工作位置。

1. 螺旋传动的组成和特点

（1）螺旋传动的组成。螺旋传动主要由螺杆、螺母

图 ZY1400106001-7　小车底盘中的螺旋传动

和机架组成。

（2）螺旋传动的特点。螺旋传动具有结构简单、工作连续、平稳、无噪声、承载能力大、传动精度高、易于自锁等优点，故在机械传动中应用广泛。其缺点是磨损大，效率低。但近年来由于滚动螺旋的应用，使磨损和效率问题得到了极大的改善。

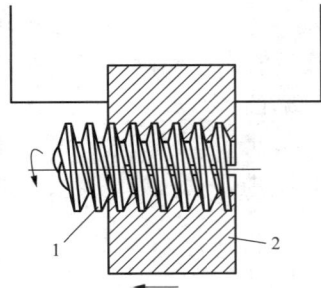

图 ZY1400106001-8　滑动螺旋

1—螺杆；2—螺母

2. 螺旋传动的类型

（1）按螺旋副摩擦性质不同，螺旋传动可分为滑动螺旋和滚动螺旋两种。

1）滑动螺旋。如图 ZY1400106001-8 所示为滑动螺旋。由于螺母与螺杆间的摩擦为滑动摩擦，故称为滑动螺旋。其特点有：螺杆与螺母之间的摩擦大、易磨损，且传动效率低，可设计成具有自锁特性的传动，结构简单，制造方便。

2）滚动螺旋。为了减少螺旋副之间的摩擦，提高传动效率，在螺杆与螺母间的滚道中添加滚珠，当螺杆与螺母相对转动时，滚珠沿螺杆滚道滚动。

（2）按使用要求不同，螺旋机构可分为传动螺旋、传力螺旋和调整螺旋三种类型。

1）传动螺旋。传动螺旋主要用来传递运动，常要求具有较高的传动精度。例如，机床工作台的螺旋传动机构。

2）传力螺旋。传力螺旋主要用来传递动力，当以较小的力转动螺杆（或螺母），使其产生轴向运动和大的轴向力，完成举起重物或加压于工件的工作。例如，螺旋千斤顶和螺旋压力机就是传力螺旋的应用示例。

3）调整螺旋。调整螺旋主要用来调整和固定零件的相对位置。这种螺旋机构在高压隔离开关中的水平连杆上常用到，为了调节方便，连杆两头焊接的是反向螺纹的螺杆，当转动连杆时，可实现两边构件的相对位置同步移动。

三、液压传动

液压传动是靠封闭容器内的液体压力能，进行能量转换、传递与控制的传动方式。在高压断路器液压操动机构中运用液压传动方式。

1. 液压传动的工作原理

液压千斤顶是一种常见的起重工具，它是最简单的液压传动，现以液压千斤顶为例介绍液压传动的基本工作原理。如图 ZY1400106001-9 所示为液压千斤顶的工作原理图。

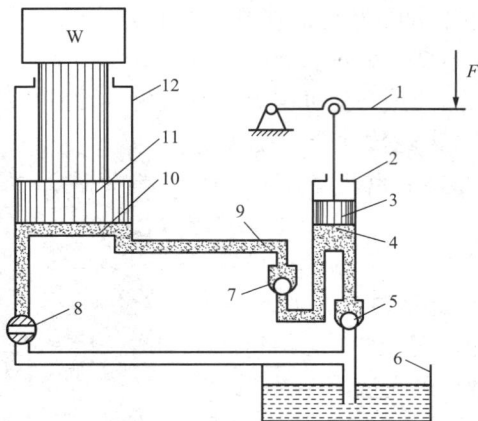

图 ZY1400106001-9　液压千斤顶工作原理

1—手柄；2—小液压缸；3—小活塞；4—小液压缸下腔；5、7—单向阀；6—油箱；8—放油阀；

9—管道；10—大液压缸下腔；11—大活塞；12—大液压缸

液压千斤顶的结构中有两个液压缸，其中小液压缸完成吸油、压油动作，大液压缸则在液压油的压力作用下，把重物顶起。动作过程如下：当向上扳动手柄 1，与小液压缸 2 配合的小活塞 3 就向上移动，活塞下腔密封容积增大形成局部真空，压力下降，产生抽吸作用。油从油箱 6 经吸油管进入单向阀 5（只准液压油单方向流动的阀）进入小液压缸下腔。当压下手柄，小活塞下移时其下腔密封容积减少，压力升高，就将吸入小液压缸下腔的油经单向阀 7 压入大液压缸 12 下腔。此时单向阀 5 关闭，就迫使大活塞 11 向上顶起重物。这样不断地上下操动手柄，就能将液压油间歇地压入大液压缸下腔，使重物慢慢地上升。由于单向阀 7 的存在，使进入大液压缸的液压油不能倒流出来。而且由于液压油的不可压缩性，故可以随时保持重物的上升位置。工作完毕，若要取出千斤顶，则可拧开放油阀 8，大液压缸的液压油就经管道回到油箱，大活塞可以在外力和自重的作用下下移，脱离重物后取出千斤顶。

综上所述，液压传动系统的工作原理是以液压油作为工作介质，依靠密封容积的变化来传递运动的，依靠液压油内部的压力来传递作用力。

2. 液压传动的组成

液压传动系统除了工作介质液压油外，应有以下四部分组成。

（1）动力元件。各种类型的液压泵（齿轮泵、柱塞泵和叶片泵等）和储压筒为液压传动系统的动力元件，它将机械能转换成液压能。

（2）执行元件。各种类型的液压缸（作直线运动）为液压传动系统中的执行元件，它将液压能转换成机械能。

（3）控制调节元件。溢流阀、流量阀、换向阀等为液压传动系统的控制调节元件，它是控制液压系统的压力、流量、方向。

（4）辅助元件。油箱、滤油器、压力表、管道等，是组成液压系统必不可少的辅助元件。

3. 液压传动的优点和缺点

（1）液压传动与机械传动相比的优点。

1）可进行无级调速，调速方便且调速范围大。

2）运动比较平稳，反应快，冲击小，能快速启动、制动和换向。

3）控制调节元件操作简便、省力，容易实现自动化。

4）能自动防止过载，实现安全保护；液压元件能够自动润滑，故使用寿命长。

5）在传递相同功率的情况下，液压传动装置的体积小、重量轻、结构紧凑。

（2）液压传动的缺点。

1）由于液体容易泄漏，因而对液压元件的制造精度要求较高。

2）由于液体容易泄漏，故难以保证严格的传动比。

3）在工作过程中能量损失较大，系统效率较低，故不宜作远距离传动。

4）对油温变化比较敏感，故不宜在很高和很低的温度下工作。

5）出现故障时，不易查出原因。

4. 液压传动在变电开关设备操动机构中的应用

如图 ZY1400106001-10 所示是在 SW2-220 型少油断路器中应用的 CY5、CY5-Ⅱ型液压操动机构，图中由一级阀和二级阀控制油路方向，将高压油传递到工作缸，使得工作缸活塞带动拉杆运动来完成断路器的分、合闸操作。详细的结构和工作原理参见液压操动机构（模块 ZY1400304001）。

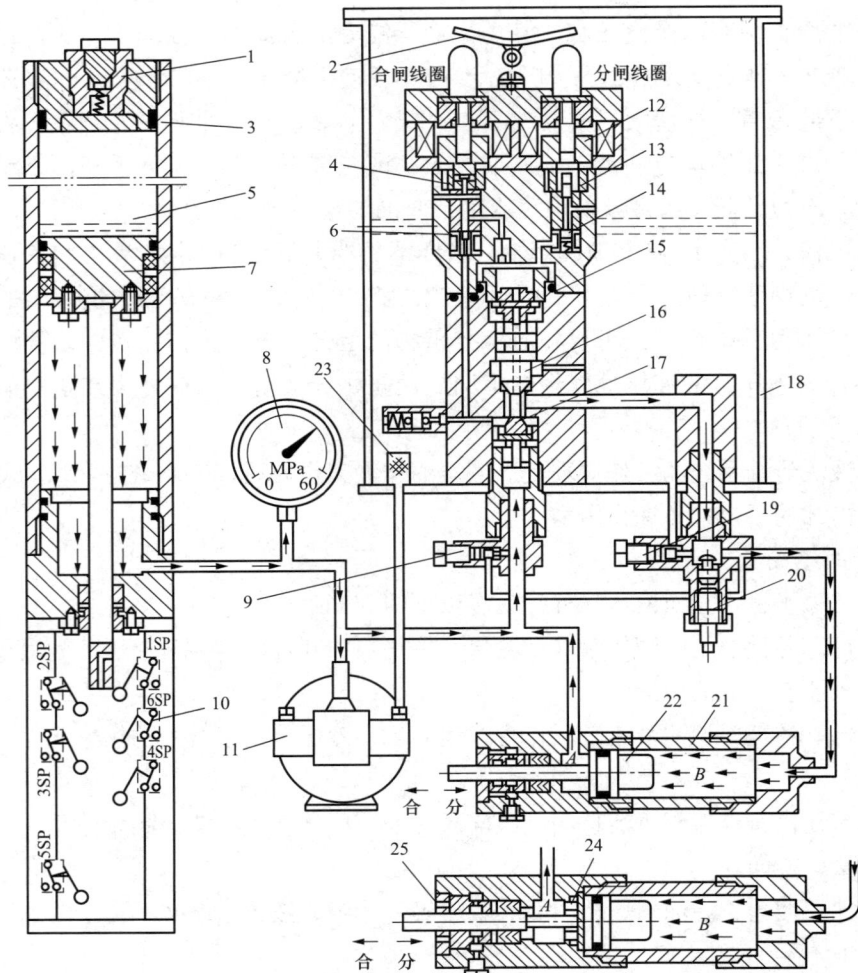

图 ZY1400106001-10　CY5、CY5-Ⅱ型液压操动机构

1—充气阀；2—手动分、合装置；3—储压筒；4—合闸一级阀；5—氮气；6—合闸一级阀球；7—活塞；8—压力表；

9—慢合兼高压释放阀；10—限位开关；11—液压泵；12—分合闸电磁铁；13—分闸一级阀杆；

14—分闸一级阀钢球；15—防慢分闭锁装置；16—二级阀杆；17—二级锥阀；

18—油箱；19—慢分兼高压释放阀；20—截流阀；21—工作缸；

22—活塞；23—滤油器；24—阀片；25—固紧套

【思考与练习】

1. 常用的传动方式有哪几种？

2. 机械传动在机器中的应用有哪几种？

3. 链传动有什么特点？

4. 齿轮传动分为哪几种？齿轮传动有什么特点？齿轮传动的基本要求是什么？

5. 螺旋传动的特点是什么？螺旋传动分为哪几种？

6. 液压传动由哪几部分组成？各有什么作用？

第二部分

变电检修常用材料和试验仪器

第七章 绝 缘 材 料

模块1 绝缘材料的概述 (ZY1400201001)

【模块描述】本模块介绍绝缘材料的概念、作用及分类、电气性能、耐热性能与老化、理化性能和绝缘材料的机械性能。通过定义讲解、要点归纳,掌握绝缘材料的基本特性。

【正文】

一、绝缘材料的概念、作用及分类

1. 绝缘材料的概念

绝缘材料又称电介质,它是电阻率很大(大于$1 \times 10^7 \Omega \cdot m$)、导电能力很差物质的总称。在直流电压作用下,只有极其微弱的电流通过,一般情况下可忽略绝缘材料微弱的导电性,而把它看成理想的绝缘体。

2. 绝缘材料的作用

绝缘材料是用来隔离带电体或不同电位的导体,以保证电气安全。

3. 绝缘材料的种类

绝缘材料种类繁多,一般按照材料的物理形态分为气体绝缘材料、液体绝缘材料和固体绝缘材料。

二、绝缘材料的电气性能

1. 绝缘材料的导电特性

绝缘材料并非绝对不导电,当对绝缘材料施加一定的直流电压后,绝缘材料中会流过极其微弱的电流。在固体绝缘材料中,它由以下三部分组成。

(1)瞬时充电电流。这时的绝缘材料相当于一个电容器,在开始施加直流电瞬间,电容器相当于短路,电流初始值较大,随时间增加而逐渐衰减为零。

(2)吸收电流。由电介质极化等原因产生,随时间增加而衰减为零。

(3)泄漏电流。由材料内部带电质点导电而产生,是一个流过电介质稳定不变的电流。

2. 绝缘材料的电阻率

泄漏电流由沿电介质表面流过的电流和由电介质内部流过的电流两部分组成,电阻率也相应分为表面电阻率和体积电阻率两部分。

表面电阻率反映电介质表面的导电能力,其值较小,易受环境影响。

体积电阻率反映电介质内部的导电能力,其值较大,通常所说电阻率是指体积电阻率。

影响绝缘材料电阻率的因素主要有温度、湿度、杂质和电场强度。

3. 电介质的极化与相对介电系数

(1)电介质的极化。电介质在无外电场作用时,不呈现电的极性,而在外电场作用下,电介质沿场强方向在两端出现了等量的不能自由移动的束缚电荷,我们把这种现象称之为电介质的极化。

(2)相对介电系数。设电容器极板间以真空为介质时的电容为C_0,极板间填充某种电介质时,其电容为C,则电容C与C_0的比值叫做电介质的相对介电系数ε_r,即$\varepsilon_r = C/C_0$。

影响绝缘材料相对介电系数ε_r的主要因素有频率、温度和湿度。

4. 电介质的介质损耗和介损因数

(1)介质损耗。在交流电压作用下,电介质把部分电能转变成热能,这部分能量叫电介质的介质损耗,简称介损。它主要由两部分组成:一部分是由泄漏电流引起的电阻损耗;另一部分是极化过程中，介质分子交变定向排列时相互碰撞而引起的极化损耗，介质损耗使介质发热，如介损过大，将产生高温，易削弱介质的绝缘性能，缩短使用寿命，甚至导致热击穿，所以要尽量降低绝缘材料的介损。

（2）介损因数。对电介质施加电压，流过电介质的电流和电压的相角差的余角 δ 称为介损角，其正切 $\tan\delta$ 称为介损因数。

在电气设备的绝缘预防性试验中，对某些设备中介质的 $\tan\delta$ 测试是主要的测试项目之一，介质的 $\tan\delta$ 越小，介损就越小，品质就越好。

（3）影响介损的主要因素。影响介损的主要因素有频率、温度、湿度、场强。

5. 电介质的击穿和击穿强度

当施加于电介质的电场强度高于临界值时，会使通过电介质的电流急剧增加，使电介质完全失去绝缘性能，这种现象称为电介质的击穿。电介质发生击穿时的电压称为击穿电压，电介质发生击穿时的电场强度称为击穿强度，单位为 kV/mm。

影响电介质击穿的因素很多，在工程上常用以下方法来提高固体介质的击穿强度：

（1）通过精选材料、改善工艺、真空干燥、强化浸渍等方法，清除固体介质中的杂质、气泡、水分，并使电介质尽量均匀密实。

（2）改进绝缘设计，采用合理的绝缘结构，改善电极形状及表面粗糙度，尽量使电场分布均匀。

（3）用液体电介质浸渍固体绝缘材料，这样既能改善电场分布，又可以改善散热条件。

（4）改善运行条件，注意防潮、防污、加强散热冷却等。

三、绝缘材料的耐热性能与老化问题

1. 绝缘材料的耐热性

绝缘材料的耐热性是指绝缘材料及其制品承受高温而不致损坏的能力。绝缘材料过热时，介质电导增加，绝缘强度降低，介损加大。因此，绝缘材料的耐热性对产品设计、制造及使用特性具有重要意义和影响。

绝缘材料的耐热性按其在长期正常工作条件下的最高允许工作温度（极限工作温度）可分为 Y、A、E、B、F、H、C 等级别，具体见表 ZY1400201001-1。

表 ZY1400201001-1　　　　　　　绝缘材料的耐热等级及极限工作温度

极限工作温度（℃）	相应的耐热等级	极限工作温度（℃）	相应耐热等级
90	Y	155	F
105	A	180	H
120	E	180 以上	C
130	B		

2. 绝缘材料的老化

电气设备中的绝缘材料在运行过程中，由于各种因素的长期作用，会发生一系列不可逆的物理、化学变化，从而导致其电气性能和机械性能的下降，通称为老化。

影响绝缘材料老化的因素很多，主要有热、电、光照、氧化、机械作用、辐射、微生物等。绝缘材料的老化过程十分复杂，主要的老化形式有环境老化、热老化与电老化三种。

3. 绝缘材料的防老化措施

（1）在绝缘材料制作过程中加入防老化剂，一般常用的为酚类和胺类，其中酚类使用的更为普遍。

（2）户外使用的绝缘材料，可添加紫外线吸收剂，以吸收紫外线，或用隔层隔离，以避免强阳光直接照射。

（3）在湿热带使用的绝缘材料，可加入防霉剂。

（4）加强高压电气设备的防电晕、防局部放电措施。

导致老化的各个因素是互相联系、彼此影响的，在实际工作中要具体问题具体分析，分清主次，采取相应措施，以延缓绝缘材料的老化过程。

四、绝缘材料的机械性能

1. 硬度

硬度是指材料抵抗其他更硬物体压入其表面的能力。对于涂层和漆膜，让标准重锤从规定的高度落到材料的涂层或漆膜上，由重锤回弹的高度表示硬度的大小；对于柔韧和可塑材料（如沥青），以针入度的多少作为硬度指标。针入度是对标准针施加一定的压力，使它在规定时间内刺入材料，刺入深度称为针入度。

2. 抗拉、抗压、抗弯强度

抗拉、抗压、抗弯强度分别表示在静态下单位面积的固体绝缘材料，承受逐渐增大的拉力、压力、弯矩直到破坏时的最大负荷。

3. 延伸率

延伸率表示材料受力后，开始断裂时的最大伸长与原长之比的百分数，它是衡量材料塑性好坏的一个重要指标。

4. 抗劈强度

抗劈强度是指层压制品材料的层间黏合的牢固程度。抗劈强度高的材料，不易开裂、起层，可加工性好。

5. 抗冲击强度

抗冲击强度表示材料承受冲击载荷的能力。抗冲击强度大的材料称为韧性材料，抗冲击强度小的材料称为脆性材料。

五、绝缘材料的理化性能

1. 熔点、软化点

熔点是指材料由固体状态变为液体状态的温度值。有些材料没有显著的熔化温度，它们是由固体状态逐渐转变为液体状态的，因此无法测出它们的熔点，把它们开始变软的温度称为软化点。在选用绝缘材料时，一般要求其具有较高的熔点或软化点，以保证绝缘结构的强度和硬度。

2. 固体含量

固体含量表示树脂溶液、绝缘漆、涂料中的溶剂或稀释剂挥发后遗留下来的物质质量。固体含量还代表漆基的实际质量。

3. 灰分

灰分表示绝缘材料内部所含不燃物的数量。

4. 黏度

黏度是液体绝缘材料和各种绝缘漆、胶类材料的重要性质之一，它表示液体流动的难易程度，在绝缘漆、胶类材料中，黏度还用来表示其适用性及工艺特性。黏度的计量方法有许多，常采用以下几种：

（1）相对黏度，是指某种液体在相同温度下与水黏度的比值。

（2）条件黏度，是指在规定的条件下，测定某液体在标准容器内，流经规定孔眼所需要的时间来表示黏度的大小，单位 s。绝缘漆、胶类材料多用这种表示方法。

（3）绝对黏度，又叫动力黏度，由测量液体分子间的摩擦力来确定。

（4）运动黏度，是指液体的绝对黏度与其密度之比，单位 m^2/s。

5. 吸湿性

绝缘材料在潮湿的空气中或多或少都有吸湿现象，这是因为水分子尺寸和黏度都很小，对绝缘材料几乎是无孔不入，水分子能渗入各种绝缘材料的缝隙、毛细孔和针孔，溶解于各种绝缘油、绝缘漆中，所以吸湿现象是非常普遍的。

材料的吸湿性是指材料在温度 20℃和相对湿度为 97%～100%的空气中的吸湿程度。实际工作中以材料放在底部有水、相对湿度接近 100%，温度 20℃的严密封闭的容器中，24h 后所增加质量的百分数，作为吸湿性的指标。

6. 吸水性

吸水性表示材料在 20℃的水中浸没 24h 后，材料质量增加的百分数。

7. 耐油性

耐油性表示绝缘材料耐受变压器油和其他矿物油浸蚀的能力。

8. 流动性

流动性是表示材料在压模内加热、加压下，能够流动并充填模内空隙的能力，在压制外形复杂和壁高而薄的绝缘零部件时，应采用流动性好的材料。

9. 溶解度

溶解度表示在一定温度和压力下，物质在一定量的溶剂中所溶解的最大量。固体或液体溶质的溶解度，常以在 0.1kg 溶剂中所溶解的溶质克数表示。气体的溶解度，常以每毫升溶剂中所溶解的气体毫升数表示。

10. 化学稳定性

化学稳定性表示材料抵抗和它接触的物质（如氧、臭氧及酸、碱、盐溶液等）浸蚀的能力。也就是材料在这些介质中，其表面颜色、质量和原有特性不发生或只有轻微变化的性质。

11. 酸值

酸值是指单位质量或体积的酸或碱性溶液中所含有的酸或碱的量（质量或体积分数）。

【思考与练习】

1. 什么是绝缘材料？影响绝缘材料电阻率的主要因素有哪些？

2. 什么是相对介电系数？

3. 什么是电介质的介质损耗？影响介质损耗的主要因素有哪些？

4. 绝缘材料分哪几个耐热等级？极限温度各为多少？

5. 什么是绝缘材料的老化？影响绝缘材料老化的主要因素有哪些？

模块 2 气体和液体绝缘材料（ZY1400201002）

【模块描述】本模块介绍常用气体绝缘材料和液体绝缘材料。通过定义讲解、要点归纳，掌握气体绝缘材料和液体绝缘材料的特性。

【正文】

一、气体绝缘材料

在通常情况下，常温、常压的干燥气体一般都具有良好的绝缘性能，空气就是最常见的气体绝缘材料，它存在于载流裸导体周围，起着绝缘的作用。在高压电器中工作的气体则要求具有的特点为：较高的电离强度和击穿强度，并且击穿后能迅速自动恢复绝缘性能；化学稳定性好、不燃、不爆、不老化，在放电过程中不易被分解；对电气设备中的金属和其他绝缘材料不腐蚀、无毒性，对人体无害或不需要复杂的防护措施；热稳定性好、热容量大、导热性好、流动性好等。

1. 空气

空气是一种混合气体，主要由氮气（占 78.09%）、氧气（占 20.95%）、氩气（占 0.93%）、二氧化碳（占 0.03%）和少量的尘埃、水蒸气等组成。在电力工业中，空气是一种最常用的气体绝缘材料。

空气具有良好的绝缘性能，击穿后绝缘性能可瞬时自动恢复，电气、物理性能稳定，空气的击穿电压相对来说较低，特别是在不均匀电场中，由于电极各部分电场强度不同，空气在电场强度最大处出现放电而击穿。另外，电极尖锐，电极距离较近，电压波形陡，空气温度高、湿度大等均可降低其击穿电压。增加气体压力可提高空气的击穿电压（如压缩空气断路器）；降低空气的压力其击穿电压也可大大提高，且介质恢复快，设备体积小，动作快，无燃烧与爆炸危险，适宜频繁操作（如真空断路器）。所以，真空绝缘在电气、电子工业中得到广泛应用。

2. SF_6 气体

正常工作状态下，SF_6 是一种无色无臭、不燃不爆的惰性气体。SF_6 具有优良的绝缘性能和灭弧性能，SF_6 具有较高的热稳定性和化学稳定性，其具体性能见 SF_6 气体性能模块。

二、液体绝缘材料（绝缘油）

1. 液体绝缘材料的分类及应用

液体绝缘材料主要有矿物绝缘油、合成绝缘油和植物绝缘油，其中矿物绝缘油使用最广泛。绝缘油主要用于以下电气设备：

（1）用于电力变压器，起绝缘和冷却的双重作用。

（2）用于少油断路器，起灭弧和冷却触头的作用。

（3）用于高压电缆，起填充、浸渍作用，以清除电缆内部的气体，提高绝缘能力。

（4）用于油浸纸电容器，用油浸润电容纸，填充绝缘间隙，提高绝缘强度和电容量。

2. 电气设备对液体电介质的要求

电气设备对液体电介质的要求是电气性能好、闪点高、凝固点低，在氧、高温、强电场作用下性能稳定，无毒、无腐蚀性。除变压器外，其他电气设备还要求其黏度小，且不随温度而明显变化；油断路器还要求其灭弧性能好，在电弧作用下分解出来的炭粒少；电容器还要求其相对介电系数较大。

3. 常用绝缘油

（1）矿物绝缘油。矿物绝缘油是从石油原油中经不同程度的精制提炼而得到的一种中性液体，呈金黄色，具有很好的化学稳定性和电气稳定性。按其用途分为断路器油、变压器油、电容器油和电缆油等。

1）断路器油。断路器油的主要作用是用做油断路器的灭弧介质和绝缘介质，具有电流断开时能有效地灭弧、化学性能稳定、在电弧作用下生成的炭粒少且沉降快，在保证闪点要求的情况下黏度小、凝点低等特点。

2）变压器油和超高压变压器油。变压器油和超高压变压器油是以石油为原料精制而成，变压器油有 10 号、25 号和 45 号三个牌号，适用于 300kV 及以下的变压器和有类似要求的设备。超高压变压器油有 25 号和 45 号两个牌号，适用于 500kV 变压器和有类似要求的电气设备。10 号油常用于平均气温低于−10℃的地区，25 号油用于寒区，45 号油用于寒区和严寒区。

3）电容器油。国产电容器油有 1 号和 2 号两个牌号，1 号电容器油为电力电容器油，适用于高、低压移相电容器、中频电容器、串联电容器和直流电容器；2 号电容器油为电信电容器油，用于电信工业用纸质电容器。

4）电缆油。国产矿物质电缆油分为高压充油电缆油和 35kV 电缆油。高压充油电缆油主要用于 330kV 以下自容式充油电缆。35kV 电缆油用做实芯电缆的浸渍剂，使用时混入松香。

（2）合成油。合成油是指用化学合成方法制成的一类绝缘油，常用的有十二烷基苯、硅油、聚异丁烯和三氯联苯等。

1）十二烷基苯。十二烷基苯具有很好的热稳定性和介电稳定性，介损因数很小，击穿强度较高，在强电场作用下，不但不放出气体，而且还能吸收气体。十二烷基苯来源广，价格低，毒性小，特别适用于自容式充油电缆。

2）硅油。硅油的耐热性好、闪点高、不易燃，长期工作温度可达 200℃，对酸、碱、盐的作用稳定，不腐蚀金属；黏度随温度的变化小；耐电弧、电晕，相对介电系数和介损因数稳定不变。此外，还具有挥发性小、凝固点低、导热性好、无毒性等特点，硅油可用于移相电容器、串联电容器和高温工作的电子设备等。

3）聚异丁烯。聚异丁烯的特点是高温下的电气性能好，相对介电系数随温度变化很小，介损因数很小，抗析气性好，主要用做电容器、钢管式充油电缆和压力电缆的浸渍介质。

4）三氯联苯。三氯联苯的特点是相对介电系数大，化学稳定性和抗析气性好，但它有毒，高温时对金属和许多有机材料腐蚀性较大，使用时应有严密的防毒措施，用于直流电场时需加稳定剂，三氯联苯可用于电容器。

（3）植物绝缘油。作为液体电介质使用的植物油主要是蓖麻油，适用于作为直流和脉冲电容器的浸渍剂。

【思考与练习】

1. 液体绝缘材料有哪几类？

2. 绝缘油主要用于哪些电气设备？

3. 变压器油和超高压变压器油有哪些牌号？各适用于什么条件？

模块 3　绝缘树脂、绝缘漆和浇注胶（ZY1400201003）

【模块描述】本模块介绍绝缘树脂、各类绝缘漆与浇注胶的性能。通过概念描述、要点归纳，掌握绝缘树脂、各类绝缘漆与浇注胶的特性。

【正文】

一、绝缘树脂

绝缘树脂一般为无定形半固体或固体有机高分子化合物，分天然树脂和合成树脂两大类。天然树脂大都取于植物或动物，如虫胶、松香等；合成树脂是由各种单体聚合或由天然高分子化合物经化学加工而得，主要有酚醛树脂、环氧树脂、聚酯树脂、苯胺甲醛树脂、有机硅树脂等多种。有的树脂可溶于有机溶剂，如醇、醚、酮等。

二、绝缘漆

绝缘漆主要由漆基（合成树脂或天然树脂）、溶剂、稀释剂、填料等组成，它是一种能在一定条件下固化成绝缘硬膜或绝缘整体的重要绝缘材料。漆基在常温下黏度很大或是固体，溶剂和稀释剂用来溶解漆基，调节漆的黏度和固体含量，它们在漆的成膜和固化过程中逐渐挥发，或成为绝缘体的组成部分。

绝缘漆按用途可分为浸渍漆、漆包线漆、覆盖漆、硅钢片漆和防电晕漆等几类。

1. 浸渍漆

浸渍漆分为有溶剂漆和无溶剂漆两大类，主要用于浸渍电机或其他电器的线圈和绝缘零部件，以填充其间隙。浸渍漆固化后能在浸渍物表面形成连续平整的漆膜，并使线圈等黏结成一个结实的整体，从而提高了绝缘结构的耐潮性、导热性、击穿强度及力学性能。工业中对浸渍漆的基本要求是：

（1）黏度低、流动性好、固体含量高，便于渗透和填充被浸渍物。

（2）固化快、干燥性能好、黏结力强、有弹性、固化后能承受电机运转时的振动和冲击。

（3）具有较高的电气性能和化学稳定性，耐潮、耐热、耐油。

（4）对导体和其他材料具有良好的相容性。

2. 漆包线漆

漆包线漆主要用于漆包线芯的涂覆绝缘。因漆包线在绕制线圈、嵌线及工作过程中，将受到热、化学和机械力的作用，所以要求漆包线漆具有良好的涂覆性，漆膜附着力强，柔软而富有耐挠曲性，有一定的耐磨性和弹性，电气性能好，耐热、耐溶，对导体无腐蚀等特性。

3. 覆盖漆

覆盖漆用于涂覆经浸渍处理的线圈和绝缘零部件，在其表面形成厚度均匀的绝缘漆膜保护层，以防受机械损伤和大气、润滑油、化工材料等的腐蚀，提高表面绝缘强度。因此，要求覆盖漆具有干燥快、附着力强、漆膜坚硬、机械强度高、耐潮、耐油和耐腐蚀等特性。覆盖漆按树脂类型分为醇酸漆、环氧漆和有机硅漆；按是否含有填料或颜料分为清漆和瓷漆两类，不含填料或颜料的称为清漆；否则称为瓷漆；覆盖漆按干燥方式分为晾干和烘干两类。

4. 硅钢片漆

硅钢片漆用于涂覆硅钢片，以降低铁芯的涡流损耗，增强防锈和耐腐蚀能力，硅钢片漆涂覆后需要经高温短时烘干。硅钢片漆的特点是涂层薄、附着力强、坚硬光滑、厚度均匀，并有较好的耐油性、耐潮性和电气性能。

5. 防电晕漆

防电晕漆一般由绝缘清漆和非金属导体（如炭黑、石墨等）粉末混合而成，主要用做高压线圈防电晕的涂层，如用于大型高压电机中电压较高的线圈的端部。对防电晕漆的要求是电阻率稳定、附着力强、耐磨性好、干燥速度快、耐储存。

三、浇注胶

浇注绝缘的特点是对被浇注结构的适应性强，整体性好，耐潮、导热、电气性能优异，浇注工艺简单，易实现自动化生产。浇注胶黏度较大，一般加有填料，主要用于浇注电缆接头、套管、20kV 及以下电流互感器、10kV 及以下电压互感器、某些干式变压器及密封电子元件。浇注胶按用途分为电器浇注胶和电缆浇注胶。

1. 电器浇注胶

电器浇注用胶由浇注胶用树脂加固化剂和其他添加剂配制而成。

电器浇注胶用树脂要求黏度小、流动性好；成型后收缩率小、挥发物少，固化快且能低压成型；并具有良好的电气性能、机械性能及化学稳定性。环氧树脂除耐热性、韧性与黏度等性能稍差外，其他方面均能满足上述要求，其不足之处可通过技术措施加以改进。

（1）固化剂。固化剂和固化条件对电器浇注胶的影响非常大，一般要求固化剂的固化温度低，固化物耐热性、韧性好，且要有足够的电气性能和机械性能；还要求固化剂的毒性小，固化工艺简单。常用的固化剂有酸酐类和胺类。

1）酸酐类固化剂毒性小，固化时挥发物少，电气、机械及耐热性能较好，固化时不会产生应力开裂，特别是液体酸酐使用方便，应用较广泛。

2）胺类固化剂的固化速度快，但其毒性大，胶的使用期短，固化物易产生应力开裂，实际应用时应进行适当的技术处理。胺类固化剂中硼胺络合物是一种广泛采用的固化剂，它是一种潜伏性固化剂，可延长胶的使用寿命。

（2）添加剂。常用的添加剂有增塑剂和填充剂等，最常用的增塑剂是聚酯树脂，一般用量为 15%～20%，它可以降低脆性，提高抗弯和抗冲击强度。最常用的填充剂是石英粉，它可以减少固化物的收缩率，提高其导热性和浇注件的形状稳定性，并且能提高其耐热性、耐腐蚀性和机械强度，降低生产成本。

2. 电缆浇注胶

常用的电缆浇注胶有松香脂型、沥青型和环氧树脂型三类，对应产品有黄电缆胶、黑电缆胶和环氧电缆胶。

黄电缆胶主要成分是松香或松香甘油酯、机油，其电气性能好，抗冻裂性好。适用于浇注 10kV 以上电缆接线盒和终端盒。

黑电缆胶主要成分是石油沥青或石油沥青、机油，耐潮性好，适于浇注 10kV 以下电缆接线盒和终端盒。

环氧电缆胶主要成分是环氧树脂、石英粉、聚酰胺树脂，密封性好，电气性能和机械性能高，适于浇注户内 10kV 以下电缆终端盒，用它浇注的终端盒结构简单，体积小。

【思考与练习】

1. 绝缘漆按用途可分为哪几类？

2. 浸渍漆的主要作用是什么？

3. 覆盖漆的主要作用是什么？

4. 硅钢片漆的主要作用是什么？有何特点？

模块 4　绝缘纤维制品、浸渍纤维制品和电工层压制品（ZY1400201004）

【模块描述】本模块介绍绝缘纤维制品、浸渍纤维制品、电工层压制品的基本性能和主要用途。通过概念描述、要点归纳，掌握绝缘纤维制品、浸渍纤维制品、电工层压制品的特性。

【正文】

一、绝缘纤维制品

绝缘纤维制品是指绝缘纸、绝缘纸板、纸管和各种纤维织物等绝缘材料，制造这类制品常用的纤维有植物纤维、无碱纤维和合成纤维。植物纤维是多孔性物质，其制品具有一定的机械性能，但吸湿性强、耐热性差，很容易极化，所以使用时常需与绝缘油组合或经一定的浸渍处理，以提高其电气性能、抗热老化性、耐油性及导热性；无碱纤维是指不含钾、钠氧化物的玻璃纤维，它具有耐热性、耐腐蚀性好、吸湿性小、抗拉强度高等优点，但较脆、柔性较差、密度大、伸缩性差、对人体皮肤有刺激；合成纤维是指用化合物合成高聚物制成的化学纤维，其制品兼备了植物纤维制品和无碱纤维制品的优点。

1. 绝缘纸

绝缘纸主要分为植物纤维纸和合成纤维纸两大类，按用途可分为电缆纸、电话纸、电容器纸、聚酯纤维纸和耐高温合成纤维纸等。

（1）电缆纸。电缆纸分为低压电缆纸、高压电缆纸和绝缘皱纹纸。低压电缆纸主要用做 35kV 及以下的电力电缆、控制电缆和通信电缆的绝缘，主要牌号有 DLZ-08、DLZ-12 等；高压电缆纸的介损因数小，适用于 110kV 及以上的高压电缆绝缘，主要牌号有 GDL-045、GDL-075、GDL-125、GDL-175 等。绝缘皱纹纸用做高压充油电缆的各种接头盒绝缘。

（2）电话纸。电话纸主要用于电信电缆绝缘，也可和云母箔结合用于电机绝缘，其颜色有本色、红、蓝、绿四种，主要牌号有 DH-50、DH-75 等。

（3）电容器纸。电容器纸的特点是紧度大、厚度薄而偏差小。按使用情况电容器纸可分为 A、B 两类。A 类主要在电子工业中用做电容器的极间介质，其型号为 A-Ⅱ；B 类主要用做电力电容器的极间介质，其主要型号有 B-Ⅰ、B-Ⅱ、BD-Ⅰ、BD-Ⅱ等。

（4）聚酯纤维纸。聚酯纤维纸又称聚酯无纺布，可与聚酯薄膜制成复合制品，用于 B 级电机绝缘。

（5）耐高温合成纤维纸。耐高温合成纤维纸主要有芳香族聚酰胺纤维纸、芳香族聚砜酰胺纤维纸和恶二唑纤维纸等，这类纤维纸在未经轧光前疏松多孔，轧光后可提高其电气性能和机械性能。它们常与聚酯薄膜、聚酰亚胺薄膜组合成复合制品，主要用于 F、H 级电机槽绝缘和导线换位绝缘。

2. 绝缘纸板和纸管

（1）绝缘纸板。绝缘纸板由木质纤维或掺有适量棉纤维的混合纸浆制成，掺有棉纤维的绝缘纸板的机械性能和吸油性较好。绝缘纸板可在空气中或温度不高于 90℃ 的变压器油中做绝缘材料和做保护材料。根据原材料的成分配比不同，绝缘纸板分为 50/50 型和 100/00 型两种；50/50 型绝缘纸板的木质纤维和棉纤维各占一半，其特点是具有良好的耐弯曲性和耐热性，适用于电机及其他电器的绝缘和做保护材料；100/00 型绝缘纸板不掺棉纤维，其中薄型纸板（通常称青壳纸或黄壳纸）可与聚酯薄膜制成复合制品，用做 E 级电机槽绝缘，也可单独作为绕线绝缘保护层，厚型纸板可制作某些绝缘零件和做保护层用。

（2）硬钢纸板。硬钢纸板由无胶的棉纤维厚纸板经一定化学工艺处理后，再经热压而成，其特点是组织紧密，有良好的机械加工性能，适于作小型低压电机槽楔和其他支撑绝缘零件。

（3）硬钢纸管。硬钢纸管由无胶棉纤维纸经卷绕后采用专门工艺制成，它具有良好的机械加工性能，在 100℃ 以下长期工作，其外形和理化性能无明显变化，吸油性小，灭弧性强，适用于熔断器、避雷器的管芯和电机用线路和套管。主要牌号有一号和二号。

（4）玻璃钢复合钢纸管。玻璃钢复合钢纸管又称高压消弧管，它是用浸有树脂的无捻玻璃纤维缠绕在硬钢纸管上制成，其优点是灭弧性能优越、电气性能好、机械强度高，耐热、耐寒、耐潮、耐日光照射。玻璃钢复合钢纸管可用做 10～110kV 熔断器和避雷器的消弧管。

3. 绝缘纱、带、绳和套管

绝缘纱、带、绳和套管主要由玻璃纤维和合成纤维两种材料制成。

（1）玻璃纤维纱、带和套管。玻璃纤维具有电绝缘性能良好、化学性能稳定、机械强度高、耐高温等特点。

1）玻璃纤维纱。由于无碱玻璃纤维纱的电气性能好，常用做电绝缘材料，如用于玻璃丝包线和安装线的绝缘；中碱玻璃纤维纱用做 X 光电缆和某些电线电缆的编织保护层。

2）玻璃纤维带。无碱玻璃纤维带用无碱玻璃纤维纱编织而成，在使用时可经过预浸渍或直接绕包绝缘，适用做电机、电器的绑扎和绝缘材料。

3）玻璃纤维套管。玻璃纤维套管主要有无碱玻璃纤维套管和定纹玻璃套管。无碱玻璃纤维套管采用无碱玻璃纤维纱编织而成，适用做电机、电器和仪表等的绝缘材料，或作为绝缘漆管的基材；定纹玻璃套管由玻璃纤维套管经高温脱蜡、定纹并浸渍硅烷偶联剂制成，它具有良好的弹性，剪口不散，在 800℃ 下灼烧不冒烟、不硬化，可用做导线的绝缘护套。

（2）合成纤维丝、带和绳。

1）合成纤维丝。电气工程中常用的合成纤维丝有聚酰胺 6 纤维丝和聚酯纤维丝。聚酰胺 6（又称尼龙 6 或锦纶）纤维丝的特点是：抗拉强度高、弹性好、耐磨、耐腐蚀、耐霉、不怕虫蛀、着色好，但耐光、耐热性较差，易变形；聚酯（又称涤纶）纤维丝的特点是耐光性和耐热性比聚酰胺 6 纤维丝好，耐霉、耐酸蚀、不怕虫蛀，但抗拉强度比聚酰胺 6 纤维丝稍差，密度较大，主要用于电线电缆的绝缘。

2）合成纤维带。合成纤维带有聚酯纤维带、聚酯纤维（经向）与合成纤维（纬向）交织带两种，这两种带耐热性较好，延伸率比玻璃布带大，主要用做电机线圈的绑扎。

3）合成纤维绳。合成纤维绳主要指涤纶护套玻璃丝绳（简称涤玻绳）。其耐热性好、强度大，可用做 B 级电机线圈的端部绑扎。

二、浸渍纤维制品

浸渍纤维制品以绝缘纤维制品为底材，浸以绝缘漆制成，有漆布、漆管和绑扎带三类。因用漆填充了绝缘材料的毛孔和空隙，在制品表面形成了一层光滑的漆膜，从而使制品具有一定的机械强度、电气性能和较好的耐潮性、柔软性，以及防霉、防电晕、防辐射等性能。

1. 漆布

漆布按底材分为棉漆布、漆绸、玻璃漆布、玻璃纤维与合成纤维交织漆布。

2. 绝缘漆管

绝缘漆管有棉漆管、涤纶漆管、玻璃纤维漆管等类型，它们是由相应的纤维管浸以不同的绝缘漆经烘干而成。

3. 绑扎带

绑扎带是以经过硅烷处理的长玻璃纤维，经过整纱并浸渍热固性树脂而制成的半固化带状材料，主要用于绑扎变压器铁芯和电机转子。绑扎带按所用树脂种类分为聚酯型、环氧型、聚芳烷基醚酚型和聚胺—酰亚胺型等。

三、电工层压制品

绝缘电工层压制品是以有机纤维或无机纤维做底材，浸（或涂）以不同的胶黏剂，经热压或卷制而成的层状结构绝缘材料。其性能取决于底材和胶黏剂的性质及其成型工艺，根据使用要求，层压制品可制成具有优良电气性能、机械性能和耐热、耐油、耐霉、耐电弧、防电晕等特性的制品。

常用的有机纤维底材有木质纤维纸、棉纤维纸和棉布等，无机纤维多用无碱玻璃布。木质纤维浸渍性好，适用于压制层压纸板、棒和卷制层压纸管和电容套管芯等。无碱玻璃布耐高温，电气性能、机械性能和化学稳定性好，但浸渍性差，与胶黏剂的黏结力小，须采用脱蜡和表面化学处理，以提高制品的黏结强度与抗剪性能，可用做 B，F，H 耐热等级的层压制品的底材。不同耐热等级及机械、电气性能的制品，选用的胶黏剂种类及含量也不同，常用胶黏剂有酚醛树脂、环氧酚醛树脂、有机硅树脂等。

电工层压制品可分为层压板、层压管和棒、电容套管芯三类。

1. 层压板

层压板包括层压纸板、层压布板、层压玻璃布板及其他特种层压板（如覆铜箔板和防电晕层压板等）。

2. 层压管和棒

层压管和棒按底材分为纸、布和玻璃布三类。

3. 电容套管芯

电容套管芯由单面涂胶绝缘卷绕纸每隔一定卷绕厚度夹入一层铝箔电极，经加热加压卷制和浸漆处理而成，它是高压电器出线套管的重要组成部分，其主要品种有 9711、9712、9716、9717、9718（用于 35kV 高压油断路器的接线套管），9713、9714（用于 35kV SF$_6$ 断路器），9719、9720、9721（用于多油户外高压开关高压引线与箱体间的绝缘等）。

【思考与练习】

1. 常用的绝缘纤维制品有哪几种？电缆纸的主要作用是什么？

2. 常用电工层压制品分为哪几类？有何用途？

3. 举例说明电工层压制品在电气设备中的应用。

模块 5　电工用橡胶、塑料、绝缘薄膜及其制品（ZY1400201005）

【模块描述】本模块介绍电工用橡胶、塑料、绝缘薄膜及其制品基本性能及主要用途。通过概念描述、要点归纳，掌握电工用橡胶、塑料、绝缘薄膜及其制品的特性。

【正文】

一、电工用橡胶

橡胶是一种高弹性的高分子化合物，具有良好的绝缘性能，分为天然橡胶和合成橡胶两大类。天然橡胶是由橡胶树或橡胶草取得的胶乳经加工而得；合成橡胶是由单体二烯烃和烯烃在一定条件下聚合而成。

橡胶要进行硫化处理，即在橡胶中加入硫化剂，以改善橡胶的性能，根据需要还需添加其他配合剂，如添加促进剂加速硫化过程；添加硫化剂改善硫化程度；添加防老剂改善热老化性，延长使用寿命；添加补强剂提高物理、机械性能；添加软化剂改进橡胶的柔软性、耐寒性和工艺性能等。

1. 天然橡胶

天然橡胶的主要成分是聚异戊二烯，它属于非极性橡胶，其抗拉强度、抗撕性和回弹性比多数合成橡胶好，但耐热老化和耐大气老化性能差，不耐臭氧、不耐油和有机溶剂，易燃。

天然橡胶适宜制作柔软性、弯曲性和弹性要求较高的电线电缆的绝缘层和护套，其长期使用温度为 60～65℃，工作电压可达 6kV，但天然橡胶不能用于直接接触矿物油或有机溶剂的场合，也不宜用于户外。天然橡胶用做电线电缆的绝缘时，铜导体中的铜离子会促进天然橡胶的热老化，而使橡胶发黏、铜导体变黑，因此用于工作温度较高的电线，铜导体应镀锡或加其他隔离层。而铝导体对天然橡胶的热老化影响很小。

2. 合成橡胶

由于合成橡胶的单体和聚合条件不同、合成的高分子聚合物也不一样，因此合成橡胶的种类也很多，有极性合成橡胶、非极性合成橡胶。常用的极性合成橡胶有氯丁橡胶、丁腈橡胶、氯磺化聚乙烯、氯化聚乙烯、氯醚橡胶和氟橡胶等，主要用于电线电缆的外护层；常用的非极性橡胶主要有丁苯橡胶、丁基橡胶、三元乙丙橡胶和硅橡胶等，主要用于电线电缆的绝缘。

二、电工用塑料

电工用塑料一般是由合成树脂、填料和各种添加剂等配制而成的高分子材料，它可以在一定的温度和压力下用模具加工成各种形状。电工用塑料质量轻，电气性能优良，有足够的硬度和机械强度。常用于制造电气设备中的各种绝缘零部件，以及作为电线电缆的绝缘和护套材料。

按照树脂类型，电工用塑料可分为热固性塑料和热塑性塑料两大类。热固性塑料是指由热固性合成树脂、填料及其他添加剂配成的材料，在热压成型后成为不溶的固化物，如酚醛塑料、三聚氰胺甲醛塑料等；热塑性塑料是指由热塑性树脂、填料及添加剂经混溶加工成的塑料，按用途可分为电工热塑性硬塑料和电线电缆用热塑性软塑料（简称电工软塑）。

1. 热固性塑料

热固性塑料的制品，在成型后尺寸稳定性好、表面光亮坚硬，具有优良的机械、电气性能，主要用来制造电气产品的绝缘零部件。热固性塑料主要有酚醛塑料、氨基塑料、不饱和聚酯塑料、密胺聚酯塑料、邻苯二甲酸二烯丙酯塑料、聚胺—酰亚胺塑料、环氧塑料及有机硅石棉塑料等。本模块介绍几种常见类型：

（1）酚醛塑料。酚醛塑料有通用型、耐热型、电气型、无氨型、玻璃纤维增强型等品种。通用型适合制造低压电器、仪器仪表等的绝缘零部件；耐热型适宜制造热继电器等耐热、耐水的低压电器绝缘零部件；电气型适宜制造高频下（如电信、无线电）的绝缘零部件。

（2）氨基塑料。氨基塑料有脲醛塑料和三聚氰胺塑料两大类。以 α—纤维素为填料的脲甲醛塑料具有较好的机械、电气性能，但吸湿性大、耐热性差，主要适于制造低压电器、插头插座、仪器仪表、照明器材等的绝缘零部件；以石棉、玻璃纤维为主要填料的三聚氰胺甲醛塑料具有优良的耐电弧性、耐漏电起痕性，适于制造防爆电机电器、电动工具、高低压电器的绝缘零部件，以及灭弧罩等耐弧部件。

（3）不饱和聚酯塑料。不饱和聚酯塑料分湿式不饱和聚酯塑料和干式不饱和聚酯塑料。湿式不饱和聚酯塑料具有优异的机械性能、电气性能和耐电弧性，制件尺寸稳定、吸水性小，适于制造开关外壳、高低压电器耐电弧部件、电机换向器等绝缘结构件，但储存期短、耐磨性差，不适于制造动作部件；干式不饱和聚酯塑料具有优良的电气性能，耐电弧，易于注射成型，可用于制造电器开关和防爆电器、汽车电器等绝缘结构件，不宜制造摩擦部件。

2. 热塑性塑料

（1）电工热塑性硬塑料。电工热塑性硬塑料的刚性大，力学性能优异，制品尺寸稳定性好，适于制造各种电器和机械零部件。常用的电工热塑性硬塑料如下：

1）聚酰胺塑料，又称尼龙，品种较多。其中尼龙6、尼龙66和尼龙1010具有耐寒、耐燃、耐磨、耐冲击性能，力学、电气性能优异，可用于制造低压电器的壳体、线圈骨架、底板，调谐器和发动机部件、各种电器连接件、方轴绝缘套、仪表齿轮等。

2）聚酯塑料。聚酯塑料可分为聚对苯二甲酸乙二酯（Poleyethylene Terephthalate，PETP）、聚对苯二甲酸丁二酯（Polyethylene Terephthalate，PBTP）。玻璃纤维增强的PETP和玻璃纤维增强的PBTP可在14℃下长期使用，其力学、电气性能优异，刚性大、收缩率小、吸水性小，PBTP耐化学性好。聚酯塑料可用于制造调谐器、端子盘、接插件、低压电器线圈骨架、防护板及耐电弧、耐化学腐蚀的电器绝缘结构。

3）聚碳酸酯塑料。聚碳酸酯塑料吸水性小，尺寸稳定，抗弯强度高，耐热、耐寒性好，在较宽的温度范围内电气性能优良，但耐碱性差、耐磨性差。适于制造电器、仪表的支架和线圈骨架、插接件和计时器外壳等绝缘零部件。

4）聚苯硫醚塑料（Polypenylene Sulfide，PPS）。聚苯硫醚塑料抗蠕变和电绝缘性优良，难燃、耐焊锡、热稳定性突出、吸水性小、尺寸稳定性好、熔融流动性好、易加工。玻璃纤维增强的PPS抗冲击能力显著提高，适于制造高温电器元件、电子仪表、汽车等部件。

其他常用的热塑性塑料还有聚砜塑料、ABS塑料、改性聚苯醚塑料、聚苯乙烯塑料、有机玻璃和聚甲醛等。

（2）电线电缆用热塑性软塑料。电线电缆用热塑性软塑料，主要有聚氯乙烯、聚乙烯、聚丙烯、氟塑料、聚酰胺、氯化聚醚、聚氨酯弹性体、乙烯—丙烯酸乙酯共聚物（EEA）和乙烯—醋酸乙烯酯共聚物等。它们主要用于各种电线电缆的绝缘层和外护套层。

1）聚氯乙烯。聚氯乙烯软塑料力学性能优越，电气性能良好，有较好的耐酸、耐碱、耐化学药品和耐潮性，不延燃，成本较低，大量用于电线电缆的绝缘和护套。

2）聚乙烯。聚乙烯电气性能优越，其相对介电系数和介损因数随频率变化甚微，耐潮、耐寒性较好，主要用做通信电缆绝缘和护套、光缆护套；交联聚乙烯（Cross-Linked Polyethylene，XLPE）主要用于电力和控制电缆绝缘。

3）聚丙烯。聚丙烯的电气性能与聚乙烯相当，物理、机械性能优于聚乙烯，主要用于通信电缆和油井电缆绝缘。

4）氟塑料。氟塑料是目前耐热和耐溶剂性最好的塑料，阻燃，品种较多。其中辐照交联 F-40 绝缘电线电缆是性能优良、价格低廉的代表品种。氟塑料在航空、油井、机车、汽车、计算机、家用电器等方面得到广泛应用。

三、绝缘薄膜及其制品

1. 电工绝缘薄膜

电工绝缘薄膜是指厚度小于 0.5mm、宽度大于 76mm 的塑料薄片材料。薄膜分切后，宽度小于 15mm 的称薄膜带。电工绝缘薄膜有 30 多个品种，常用的有聚丙烯薄膜、聚酯薄膜、聚酰亚胺薄膜和氟塑料薄膜等。电工绝缘薄膜的特点是厚度薄，机械、电气性能优良，质地柔软，使用方便，广泛用做电机和变压器的层间或相间绝缘材料、电容器的介质材料及电缆的绕包材料等，对实现电气设备和器件的小型化起到重要作用。

（1）聚丙烯薄膜（BOPP）。BOPP 具有较好的电气、机械性能，介质损耗小，是目前最理想的电容器介质材料。电工用聚丙烯薄膜有普通型、粗化型和金属化型三种。普通型薄膜与电容器纸合用制造电力电容器；粗化型薄膜是在拉膜过程中，对薄膜进行单面或双面表面粗化处理，以易于浸渍液体介质，粗化型薄膜适用于油浸全膜电力电容器；金属化型薄膜是在普通型薄膜上真空镀铝，主要用于制造各类低压电容器。

（2）聚酯薄膜（BOPET）。BOPET 具有较好的电气、力学和物理性能，耐溶剂性、耐酸性、耐氟利昂性较好，但耐碱性、耐电晕性差。聚酯薄膜长期在水和醇的作用下，易发生水解而降低薄膜性能。聚酯薄膜主要用于电机、电器绝缘，在复合制品和黏带、磁带中作基材。薄膜经浸渍处理与氧和水蒸气隔离后，可用做 B 级电机绝缘，其复合材料可用至 F 级。

（3）聚酰亚胺薄膜（P1）。P1 除具有较好的电气、机械性能外，还具有优异的耐辐照、耐高温、耐深冷、不燃烧、不软化等特性，可长期工作在 −269～+250℃ 的温度下。主要用于电机、电器绝缘，绕包导线绝缘，也可作为复合制品、黏带、柔性印刷电路板的基材。

（4）氟塑料薄膜。氟塑料薄膜的种类很多，主要有聚四氟乙烯薄膜（PTEE）、全氟乙丙烯薄膜（FEP）、聚偏二氟乙烯薄膜（PVDF）、乙烯—四氟乙烯共聚物薄膜等。主要用于高温电线电缆的绕包绝缘，特种电机线圈的相间和对地绝缘、电容器介质、挠性印制电路板和扁型电缆基材，压敏黏带底材和高温脱膜带。

2. 绝缘薄膜复合制品

绝缘薄膜复合制品又称为柔软复合材料。电工用柔软复合材料绝大多数是以聚酯薄膜、聚酰亚胺薄膜和天然纤维绝缘纸、合成纤维绝缘纸为主要原料，经浸渍压合制成的。复合材料具有薄膜材料和纤维材料的综合特性，明显地改善了绝缘材料的抗撕性、浸渍性，比单一材料性能好。

（1）聚酯薄膜绝缘纸复合材料主要用做 E 级电机槽绝缘和端部绝缘，长期工作温度为 120℃。

（2）聚酯薄膜聚酯纤维纸复合材料（DMD）主要用做 B 级或 F 级电机槽绝缘和端部绝缘，长期工作温度为 130℃ 或 155℃。

（3）聚酯薄膜聚芳酰胺纤维纸复合材料（NMN）主要用做 F 级电机槽绝缘和端部绝缘。

（4）聚酰亚胺薄膜聚芳酰胺纤维纸复合材料（NHN）。主要用做 H 级电机绝缘、干式变压器绝缘，长期工作温度为 180℃。

3. 绝缘黏带

绝缘黏带是由薄片基材涂布黏合剂，经烘焙、分切而成。改变底材和黏合剂的种类，可制成不同耐热等级和性能的电工黏带，以满足不同的使用要求，广泛用于电机、电器、电子设备、仪器仪表、家用电器和宇航设备，起绝缘、密封和保护作用。

【思考与练习】

1. 电工用橡胶分哪几类？天然橡胶有何优缺点？

2. 电工用塑料有何特点？分哪几类？各类的主要用途是什么？

3. 电工用绝缘薄膜及其复合制品有哪些品种？各用在什么场合？

模块6　电工用玻璃、陶瓷、云母和石棉（ZY1400201006）

【模块描述】本模块介绍电工用玻璃、陶瓷、云母和石棉的基本性能和主要用途。通过概念描述、要点归纳，掌握电工用玻璃、陶瓷、云母和石棉的特性。

【正文】

一、电工用玻璃

玻璃一般是由石英砂、石灰石、纯碱等混合后，在高温下熔化、冷却成型后制成的硬而脆的透明物体。玻璃是优良的绝缘材料，其绝缘性能比陶瓷好，介电系数较大，常温下具有极好的绝缘性能，但随温度升高，其绝缘电阻明显下降。玻璃不易传热，当其各部温差较大时极易破裂，玻璃的抗压强度高于抗拉强度，抗弯强度差，所以玻璃制品都硬脆易裂。电工用玻璃按其用途可分为绝缘子玻璃、电真空玻璃、玻璃陶瓷和低熔点玻璃等。

1. 绝缘子玻璃

制造绝缘子用的玻璃有高碱玻璃（含碳金属氧化物＞5%）、硼硅酸玻璃和铝镁质玻璃，后两种为低碱玻璃（含碱金属氧化物≤5%）。绝缘子玻璃的性能取决于玻璃的组成和热加工程序。

2. 电真空玻璃

电真空玻璃主要用于制造电真空器件、灯泡和灯管等，主要品种有硼硅酸盐玻璃、铝硅酸盐玻璃、钠玻璃和石英玻璃等。

3. 玻璃陶瓷

玻璃陶瓷是由某种玻璃经适当热处理而制成的陶瓷状材料，玻璃陶瓷表面平滑、有玻璃光泽，抗折强度和硬度比普通陶瓷大，可制成大型的、厚的或薄的制品。

4. 低熔点玻璃

低熔点玻璃又称玻璃焊药，可在较低的温度下用来焊接金属、陶瓷、玻璃，适于做电子和半导体器件的密封或焊封材料。

二、电工用陶瓷

电工用陶瓷（简称电瓷）是以黏土、石英、长石等天然硅酸盐矿物为原料，经过粉碎、加工成型、烧结等工序制成的多晶无机绝缘材料。电瓷具有很好的耐辐射性、耐冷热急变性、化学稳定性和较高的机械强度。某些特种电瓷在高温高频下介损因数相当小，或在某一温度下介电系数特别高，使得电工用陶瓷得到广泛应用。电工用陶瓷主要有高低压电瓷、高频瓷、电容器介质瓷和电热高温瓷。

1. 高低压电瓷

高低压电瓷通常在工频下使用，又称工频瓷或低频瓷，主要用于制造高低压输电线路和变配电装置中的绝缘子和绝缘瓷部件。额定电压高于1kV者称为高压电瓷，低于1kV者称为低压电瓷。主要品种有普通长石瓷、高硅质瓷和高铝质瓷。长石瓷价格较低，容易制造，适于做一般绝缘子和绝缘套管，但机械强度较低。高硅质瓷和高铝质瓷的机械强度和冲击韧性高，适于做超高压输电线路用的高强度悬式绝缘子和高压配电绝缘子。

2. 高频瓷

高频瓷是指无线电和电子设备中用于高频条件下的电绝缘结构件或电绝缘零部件的陶瓷制品。主要品种有滑石瓷、镁橄榄石瓷、高铝瓷、氮化硼瓷和氧化铍瓷。

（1）滑石瓷价格便宜、介损因数小，可用于高频绝缘子和线圈架等。

（2）镁橄榄石瓷介质损耗小、高温绝缘电阻高、表面光滑，适于做薄膜电阻芯体。

（3）高铝瓷的高温绝缘性能优异、高频特性好、机械强度高、硬度大、耐磨性和耐腐蚀性优良，大量用做电子管座、半导体封装和各种基片材料。

（4）氮化硼瓷的高温绝缘电阻大，微波损耗小，可用做微波用散热板和高频绝缘材料。

（5）氧化铍瓷的电绝缘性和高频特性优异，导热性极好，适于做高频封装材料。

3. 电容器介电瓷

电容器介电瓷主要用做电容器介质，又称介电瓷。常用品种有高钛氧瓷、钛酸镁瓷和钛酸钡瓷等。高钛氧瓷的相对介电常数约为 80，主要用做电容器介质；钛酸镁瓷的介电温度系数很低，可用做补偿电容器的介质；钛酸钡瓷常温下相对介电常数可达 1000～3000，用做电容器介质。

4. 电热高温瓷

电热高温瓷是指在高温下能保持电绝缘特性的陶瓷，电热高温瓷熔点和硬度高、线膨胀系数小，热稳定性、化学稳定性和耐弧性好，高温下电阻率高。品种主要有堇青石瓷、锆英石瓷。堇青石瓷适用于电热器散热板和断路器灭弧片，锆英石瓷适用于断路器灭弧片和绕线式电阻芯体。

三、云母及其制品

云母有天然云母和合成云母，天然云母中适合用做电介质的是白云母和金云母。白云母一般为白色或乳白色玻璃光泽的片状晶体，它具有很高的耐热性和电气绝缘性，有良好的耐电晕和耐化学性；金云母一般为琥珀色半透明油脂光泽的片状晶体，其耐热性比白云母好，电气性能略低于白云母。合成云母为白色玻璃光泽的片状晶体，其耐热性高于天然云母，电气性能与白云母相似。

通常将云母材料加工成云母片、云母纸等云母绝缘制品，用于高压电机、电热设备和防火电缆等的绝缘材料及电子元器件的电介质材料。

1. 云母片

云母片有工业原料云母、厚片云母、薄片云母、电容器用云母片、电子管用云母片、锅炉水位计云母和垫片等。

2. 粉云母纸

粉云母纸是将云母碎料经机械或热化学处理，粉碎制浆后制成纸状的绝缘材料，粉云母纸的强度较低，很少直接用做电气设备的绝缘材料，通常加工成各种制品，如用于制成粉云母带、粉云母板、粉云母箔等。

3. 云母带

云母带由云母薄片或粉云母纸和补强材料（云母带纸、绝缘绸、电工用无碱玻璃布等）用胶黏剂黏合、烘焙而成。云母带在室温下具有柔软性和可挠性，在冷热态下力学、电气性能好，耐电晕性好，主要用于高压大中型电机主绝缘和耐火电缆绝缘。

4. 软质云母板

（1）柔软云母板。柔软云母板是由片云母或粉云母加上补强材料和云母胶黏剂，经烘焙热注而成的板状绝缘材料。柔软云母板在室温下具有良好的柔软性，电气性能较好，主要用于中小型电机槽绝缘和端部层间绝缘。

（2）云母箔。云母箔是由热固性胶黏剂把云母薄片或粉云母纸黏合在单面补强材料上，经烘焙或烘焙热压而成的箔状绝缘材料。云母箔在常温下为硬质板状，加热后具有可塑性，冷却成型后形状固定，适用于电机、电器的卷烘式绝缘及电机转子铜排绝缘。

5. 硬质云母板

（1）塑型云母板。塑型云母板是用热固性胶黏剂黏合云母片或粉云母纸，在低温低压下压制成的硬质板材。在加热、加压后可按需要塑成各种形状的绝缘构件，冷却成型后不再变形。塑型云母板的电气、机械性能好，可塑性好，主要用于塑制换向器 V 形绝缘环和其他成型绝缘件。

（2）衬垫云母板。衬垫云母板的组成和特性与塑型云母板基本相同，主要特性为胶黏剂含量大，不易起层和分裂，可加工性能好，主要用于加工电气设备垫片、垫圈等绝缘件。

（3）换向器云母板。换向器云母板的胶含量少，热收缩率小，机械、电气性能好，厚度均匀，主要用于直流电机换向器的换向铜片间的绝缘垫片。

（4）耐热粉云母板。耐热粉云母板是用磷酸盐或特殊有机硅胶黏剂黏合粉云母纸，在高温高压下成型的硬质板材。耐热粉云母板胶含量少、耐热性好、耐潮耐水性好、耐化学性好、可加工性好，主要用做耐高温电气设备和家用电器的绝缘。

ZY140020l006

四、石棉及其制品

石棉是纤维状硅酸盐矿物，按成分可分为角闪石石棉和蛇纹石石棉（即温石棉）。绝缘材料通常用除去 Fe_3O_4 的温石棉。石棉具有劈分性、柔韧性、耐热性、不燃性、绝缘性、抗拉性、弹性、耐磨性、耐酸碱性和电绝缘性。但电绝缘性不高、吸湿性较大。温石棉呈浅绿、白、黄等色，半透明，有丝绢光泽，其纤维劈分性极好，且极柔韧，可纺纱、编绳、织布、造纸等。

1. 石棉纸

石棉纸由石棉纤维加入少量的玻璃纤维或有机纤维制成，通常用树脂或漆浸渍后使用。石棉纸柔软且不燃，Ⅰ号石棉纸能承受高压，故用于大型电机磁极线圈的匝间绝缘；Ⅱ号石棉纸用做仪表等低压电器的隔离电弧绝缘材料。

2. 石棉纺织品

石棉纺织品主要有石棉纱、线、带、布、管等，石棉纱、线是石棉带、布、管的原材料，也可用做电线电缆的绝缘和电热器的绝缘。石棉带主要用做电机线圈绕包绝缘材料，石棉布用做电热器热绝缘及层压塑料的底材，石棉管主要用做热电偶的绝缘套管。

3. 石棉水泥制品

石棉水泥制品有石棉板和异型压制件，主要用做开关的绝缘底座或灭弧罩及其他绝缘结构件。

【思考与练习】

1. 电工用玻璃按照用途分为哪几种？各有什么特点？

2. 电工用陶瓷主要有哪些？各有什么特点？

3. 白云母和金云母各有哪些优异的性能？

4. 各举出两个玻璃、陶瓷、云母和石棉在电气设备中应用的例子。

第八章 其 他 材 料

模块 1　润滑材料（ZY1400202001）

【模块描述】本模块介绍润滑油和润滑脂基本性能及主要用途。通过概念描述、图表归纳，掌握润滑油和润滑脂的特性。

【正文】

电机中的轴承及某些电器的机械装置都需要润滑，良好的润滑可以降低摩擦力，减少磨损，还可以防锈、降噪、减振，并利于散热。常用的润滑剂有润滑油、润滑脂等。

一、润滑油

润滑油的内摩擦力小，高温高速下仍有良好的润滑作用，电力工业常用的润滑油有全损耗系统用油、齿轮油、压缩机油等。常用润滑油的品种、性能及用途见表 ZY1400202001-1。

表 ZY1400202001-1　　　　　　　　常用润滑油的品种、性能及用途

组别代号	润滑油名称	品种代号	黏度等级或牌号	性　能	用　途
A	全损耗系统用油	AN	5，7	良好的润滑性；无水分、机械杂质和水溶性脂或碱	转速较高或间隙较小的机床主轴
			10，15	适当的黏度；良好的润滑性；强的抗泡沫性和抗乳化性；低的残炭、酸值、灰分、机械杂质、水分等	高速轻载机械的轴承，小功率电动机、鼓风机轴承
			22		中型电动机轴承，风动工具
			32		中型中、低速运转的电动机、鼓风机、水泵等，中型机床的主轴箱、齿轮箱及轴承
			46，68		低速大型设备、蒸汽机、中型矿山机械、铸造机械
			100，150		重型机床、矿山机械、造纸机械、锻压机械、卷板机
C	齿轮油（车辆齿轮油）	CLC		适当的黏度、极压性；良好的抗氧化性、抗乳化性的防锈性	中等速度和负荷比较苛刻的手动变速器和弧齿锥齿轮的驱动桥
		CLD			在低速高转矩、高速低转矩下工作的各种齿轮
		CLE			在高速冲击负荷、高速低转矩和低速高转矩下工作的各种齿轮
D	压缩机油			良好的抗氧化性、抗乳化性；较好的黏温特性；形成积炭的倾向低	用于压缩机、冷冻机和真空泵

二、润滑脂

润滑脂俗称黄油，它的流动性差，不易流失或飞溅，设备在工作中不用频繁加注，大大减少了维护工作量，同时具有一定的密封作用，可防止外界灰尘进入摩擦，因此，润滑脂应用非常普遍，特别在是滚动轴承中，但润滑脂散热能力、输送能力差，受污染后不易净化。

1．润滑脂的组成

润滑脂是由润滑油、稠化剂、稳定剂（胶溶剂）再加入可改善性能的添加剂所制成的一种半固体润滑剂（通常为油膏状），其性质主要决定于稠化剂和润滑油。

（1）润滑油。润滑油是润滑脂的主要成分，占润滑脂质量分数的 70%～90%，润滑脂的润滑性能

主要取决于润滑油的性质。

（2）稠化剂。稠化剂占润滑脂的质量分数为 10%～30%，润滑油中加入稠化剂后就成为润滑脂。

（3）稳定剂。稳定剂又称为胶溶剂，是润滑油和皂类稠化剂的结合剂，起着稳定油、皂结构的作用。

（4）添加剂。在润滑脂中加入添加剂用以改善润滑脂的某些性能。例如：加入二苯胺可提高润滑脂的抗氧化安定性；加入石墨或二硫化钼锂能提高润滑脂的耐磨耐压性。

2．润滑脂的特性

润滑脂具有以下优点。

（1）在摩擦面上加以润滑脂后可不再经常加润滑油即可充满间隙，且起密封作用。

（2）具有良好的填充能力，可作填充材料。润滑油温度上升 25℃时，黏度会降低 80%，故温度上升时流失严重，而润滑脂则不同，在温度升高到滴点温度之前，黏度变化极小。

（3）有良好的黏附性，可防锈。

（4）有减振、降低噪声和振动的作用。

润滑脂的缺点是黏性大、启动阻力大，不能起冷却作用。

3．润滑脂的类型、主要品种及用途

润滑脂通常是以稠化剂来分类的，各类润滑脂大多数按稠化剂的名称命名，例如钙基润滑脂、钠基润滑脂、锂基润滑脂、烃基润滑脂、膨润土润滑脂等。稠化剂大致分为皂基、烃基、无机型和有机型 4 种类型。

润滑脂按其基础油分为两类，即矿油润滑脂和合成（油）润滑脂。

（1）矿油润滑脂。矿油润滑脂的品种较多。

（2）合成（油）润滑脂。合成（油）润滑脂是以合成油做基础油，加稠化剂和添加剂等组合制成的润滑脂，统称合成润滑脂，属于特殊性能的润滑脂。

常用润滑脂的种类和适用范围见表 ZY1400202001-2。

表 ZY1400202001-2　　　　　常用润滑脂的种类和适用范围

润滑脂种类	适用范围
钙基润滑脂 合成钙基润滑脂	具有良好的抗水性，用于工业、农业和交通运输等机械设备的润滑，使用温度不高于 55～65℃
复合钙基润滑脂 合成复合钙基润滑脂	用于高温（150～200℃）和潮湿条件下工作的轴承，以及其他摩擦部件的润滑
钠基润滑脂	用于 -10～+110℃温度范围内一般中等负荷机械设备的润滑，但不适用于与水相接触的润滑部位
锂基润滑脂	具有良好的抗水性、机械安定性、防锈性和抗氧化性，用于 -20～+120℃温度范围内各种机械设备的轴承及其他摩擦部位的润滑
铝基润滑脂	有良好的抗水性，用于航运机器（如推进器主轴等）摩擦部件的润滑及金属表面的防锈
复合铝基润滑脂	机械安定性好，用于 120℃以下高温和潮湿条件下工作的各种机械设备的润滑
二硫化钼锂基润滑脂 二硫化钼合成锂基润滑脂	具有良好的极压性能，用于高负荷、高温下操作的冶金、矿山、化工等机械设备的润滑，使用温度不高于 145℃。对于东北等寒冷地区的隔离开关应采用 -60～+120℃低温 2 号润滑脂
二硫化钼复合铝基润滑脂	具有良好的极压性能，用于高负荷、高温和潮湿条件下工作的冶金、化学等工业中机械设备的润滑
膨润土润滑脂	具有良好的极压性、抗水性和机械安定性。可用于 200℃以下的高温机械设备的润滑
高温润滑脂	用于 200℃以下工作的滚动和滑动轴承及齿轮等摩擦部位的润滑
仪表润滑脂	用于 -60～+55℃温度范围内工作仪器的润滑

【思考与练习】

1．润滑脂的作用是什么？

2．润滑脂具有哪些优点？

3．在东北等寒冷地区的隔离开关为什么要使用 -60～+120℃低温 2 号润滑脂？

模块 2　导体材料（ZY1400202002）

【模块描述】本模块介绍铜、铝、复合金属导体、电热材料、触头材料和熔体材料的基本性能及主要用途。通过概念描述、要点讲解、图表归纳，掌握铜、铝和复合金属导体特性，熟悉电热材料、触头材料和熔体材料的特性。

【正文】

金属材料在电力工业中应用广泛，主要用来制作导线、电刷、电阻材料、电热材料、触头材料、熔体材料和仪器仪表等。导电金属是指专门用于传导电流的金属材料。依据电气工程的实际需要，导电金属应具有电导率高、力学强度高、不易氧化和腐蚀、容易加工和焊接等特性。同时还价格便宜、资源丰富。最常用的导电金属是铜和铝，其他金属只用于特殊用途。本模块主要对电力工业中经常使用的导体材料进行介绍。

一、铜

在电力工业中铜是应用最广泛的导电材料，它具有很好的导电性和导热性，足够的力学强度，良好的耐蚀性，无低温脆性，便于焊接，易于加工成型特性。导电用铜一般选用含铜量（质量分数）大于 99.90% 的工业纯铜。

1. 导电用铜的品种、成分和主要用途

导电用铜材的主要品种有普通纯铜、无氧铜和无磁性高纯铜。

（1）一号铜。含铜量为 99.95%，各种电线电缆用导体。

（2）二号铜。含铜量为 99.9%，用于开关和一般导电零部件。

（3）一号无氧铜。含铜量为 99.97%，用于电真空器件、电子管和电子仪器零件，以及真空断路器触头等。

（4）二号无氧铜。含铜量为 99.95%，用于电真空器件、电子管和电子仪器零件，以及真空断路器触头等。

（5）无磁性高纯铜。含铜量为 99.95%，作无磁性漆包线的导体，用于制造高精密电器仪表的动圈。

2. 影响铜性能的主要因素

（1）杂质。铜的导电性能与铜的纯度有关，熔于铜的杂质能不同程度地降低铜的导电性和导热性，可提高铜的强度和硬度，但对塑性影响不大。其中，磷对铜的导电性能影响最显著；几乎不熔于铜的杂质可使铜产生热脆性，如铅、锑、铋等。各种杂质对铜电导率的影响，如图 ZY1400202002-1 所示。

（2）冷变形。铜受冷变形后，会产生冷作硬化现象，冷变形度在 90% 以上时，抗拉强度可提高 80%，电导率仅降低 2.5%，被称之为硬铜，适用做输电线、整流子片和开关零件等。经 450～600℃ 退火后的铜，称为软铜，适用做各种电线、电缆的线芯。

（3）温度。在熔点以下，铜的电阻率随温度升高而增加，当温度降低时，其抗拉强度、延伸率等随之增高，铜无低温脆性，适用做低温导体。铜的长期工作温度不宜超过 110℃，短

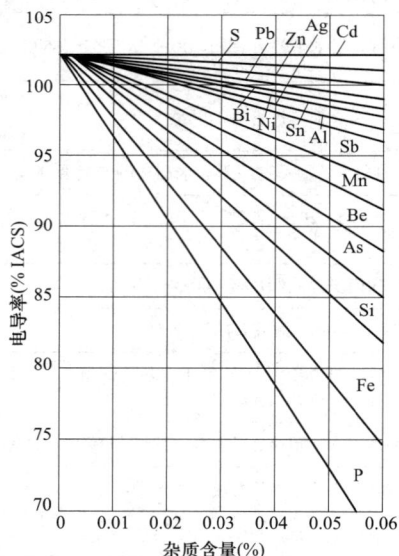

图 ZY1400202002-1　杂质对铜电导率的影响

期工作温度不宜超过 300℃。

（4）耐蚀性。在室温干燥的空气中，铜几乎不氧化，100℃时表面生成黑色氧化铜膜，为防止氧化可在铜导体上镀一层锡、铬、镍等金属。在大气中铜的耐蚀性也很好，它与大气中的硫化物作用生成一层绿色的保护膜能降低腐蚀速度，但在含有大量二氧化硫、硫化氢、硝酸、氨和氯等气体的场合腐蚀较为强烈，其中氯的腐蚀尤为严重。

3．铜合金

导电用铜合金不但具有良好的导电性能，而且某些铜合金，还具有独特的特性，可用于不同要求的场合，如接触导线、换向器、集电环、刀开关和导电嘴等。常用导电铜合金的品种及用途，见表ZY1400202002-1。

表 ZY1400202002-1　　　　　　　　　　　　　常用导电铜合金的品种及用途

品种	主要用途
银铜	换向器片、点焊电极、电机绕组、通信线、引线、导线、高热应力下焊低碳钢用电极轮
镉铜	电阻焊电极、零件、架空导线、高强度绝缘线、通信线、滑接导线
镧铜	电机换向器、导线
锆铜	高速电机换向器、深井油井电缆芯、二极管引线、导线、开关零件
铬铜	电阻焊电极、电极支撑座、开关零件、凸焊的大型模具
镍硅铜	闪光焊焊块、电极握杆、轴、臂、滑环、衬套、导电弹簧、输电线路耐蚀紧固件
镍锡铜	继电器、电位器、微动开关、接插件、传感器敏感元件
镍磷铜	导电弹簧、接线柱、接线夹、高强度导电零件
铁铜	电真空器件结构材料、电器接触触桥

二、铝

铝是一种广泛推广使用的导电材料，铝的导电性仅次于铜，力学强度为铜的一半，密度为铜的30%，导热性和耐蚀性好，易于加工，无低温脆性，资源丰富，价格便宜。

1．导电用铝的品种、成分和主要用途

制造电线电缆等导电用铝，其铝的含量（质量分数）必须在99.5%以上。特一号铝（含铝量≥99.7%）用于特殊要求用铝。特二号铝（含铝量≥99.6%）用于电线电缆、导电体，一号铝（含铝量≥99.5%）用于电线电缆、导电体。

2．影响铝性能的主要因素

（1）杂质。铝的导电和机械性能与纯度有关，铁和硅是导电用铝的主要杂质，其含量和相对比例能显著影响铝的性能，如使铝的电导率、塑性和耐蚀性降低，抗拉强度增加等。

（2）冷变形。铝经冷变形后，也会产生冷作硬化现象，当冷变形度在90%以上时，抗拉强度可提高到176.5MPa，而电导率只降低约1.5%。

（3）温度。温度对铝的影响与铜相似，在熔点以下，铝的电阻与温度呈近似线性关系。在低温时，抗拉强度、疲劳强度、硬度、弹性模量、延伸率和冲击值都能升高，无低温脆性，因此，铝适用做低温导体。但铝的热稳定性差，蠕变极限和抗拉强度受温度影响大。因此，长期使用时的工作温度要控制在90℃以下，短时使用时的工作温度不宜超过120℃。

（4）耐蚀性。铝在大气中有良好的耐蚀性，在室温下，铝的表面易生成一层极薄的氧化膜，能阻止继续氧化。但如大气中含有大量的二氧化硫、硫化氢、酸或碱等气体，在潮湿的条件下，铝表面易形成电解液，引起电化学腐蚀。此外，铝的纯度对耐蚀性的影响也较为显著，其中铜和铁的影响最大。

3．铝合金

在铝中添加镁、硅、铁、铬、铜、锆等元素制成的导电铝合金，可在很少降低电导率的前提下，提高其耐热性和力学强度。常用于制造导线和电工产品的导电铸件及外壳、极板等，如耐热铝合金及高强度耐热铝合金导线，用于大容量和远距离的架空电力线路。常用导电铝合金的品种和用途，见表ZY1400202002-2。

表 ZY1400202002-2　　　　　　　　　　　　　常用导电铝合金的品种和用途

类别	名称	状态	主要特征及用途
热处理型	铝镁硅	硬	高强度，用于架空线

类别	名称	状态	主要特征及用途
非热处理型	铝镁	硬	中强度，用于架空线和接触线；软线也可用于电线电缆的线芯
	铝镁铁 铝镁铁铜 铝镁硅铁	软	电线电缆线芯和电磁线
	铝锆	硬	耐热，用于架空线和汇流排
	铝硅	硬	加工特性好，可拉制成特细线，用于电子工业连接线
	铝稀土	硬	普铝中加入少量稀土，以满足电工铝性能要求

4. 铝和铝合金的焊接

铝及铝合金表面因形成氧化膜而不易焊接，常用的焊接方式有氩弧焊、气焊、冷压焊和钎焊等。铝和铜的焊接易形成脆性 $CuAl_2$ 化合物，其焊接可采用电容储能焊、冷压焊、摩擦压接焊和钎焊等。

三、复合金属导体

复合金属导体是两种或多种金属，采用热轧、冷轧、爆炸复合、粉末冶金、喷涂等工艺方法复合而成的具有耐热、耐蚀、高导电或高强度等特性的金属导体，有线、棒、带、板、片等各种型材。常用复合金属导体的品种和用途，见表 ZY1400202002-3。

表 ZY1400202002-3　　　　常用复合金属导体的品种和用途

分类	品种	主要用途
高强度	铝包钢线	输配电线、载波避雷线、通信线、大跨越架空导线
	钢铝接触线	接触线
	铜包钢线	高频通信线，大跨越及特殊地区架空导线
	镀锡铜包钢线	高频通信线，大跨越及特殊地区架空导线
	铜包钢排	小型电机整流子片、直流电机电刷弹簧、汇流排、拦条等
耐高温	铅覆铁	电子管阳极
	铝黄铜覆铜	高温大电流导体（如电炉配电用汇流排）
	镍包铜	400～650℃范围高温导线
	镍包银	400（10%镍层）～650℃（20%镍层）范围高温导线
	耐热合金包银	650～800℃范围高温导线
高导电	铜包铝线和排	高频通信线和屏蔽配电线、电视电缆、电磁线；整流子片导电排等
	银覆铝	航空导线、波导管
耐腐蚀	银包或镀银铜线	高温导线线芯及线圈、雷达电缆用编织导体
	镀银铜包钢线	射频电缆及高温导线线芯
	镀锡铜包钢线、镀锡铜线	橡皮绝缘电线电缆、仪器仪表连接线、编织线和软接线等
高弹性	铜覆铍铜	导电弹簧

四、电热材料

电热材料在电气设备中能将电能转变成热能，既可以是金属材料（纯金属或合金），也可以是非金属材料，广泛应用于各种工业加热电炉和家用电器中，其主要性能有：耐热性好，能承受冷热变化；在高温下抗氧化性好，强度高；电阻率高，电阻温度系数小且稳定；不与炉衬反应，耐腐蚀性能好，能在不同的环境中使用。

1. 电热合金

电热合金的性能是由其成分决定的，按成分电热合金可分为镍铬系合金、镍铬铁系合金、铁铬铝系合金和铜基合金等，其主要性能如下：

（1）镍铬系电热合金。主要牌号有 Cr20Ni80 和 Cr30Ni70 两种。它们无磁性，不生锈，高温强度优于其他系列，高温使用后，其常温力学性能不发生大变化，适用于移动加热设备。

（2）镍铬铁系电热合金。主要牌号有 Cr15Ni60、Cr20Ni35 和 Cr20Ni30 等。它们基本无磁性，加工性能良好，电阻率比镍铬系大，适用于 1000℃ 以下的中低温加热设备和家用电器。

（3）铁铬铝系电热合金。主要牌号有 1Cr13A14、0Cr13A16Mo2、0Cr21A16、0Cr25A15 和 0Cr27A17Mo2 等。它们有磁性，易生锈，与镍铬系合金相比，电阻率和抗氧化性均较高，但加工性能稍差，高温强度低，且用后发脆，适用于加热温度高的固定加热设备。

（4）镍铁系电热合金。主要牌号有 Ni45Fe 和 Ni55Fe 两种。它们的电阻率属中等范畴，有弱磁性，电阻温度系数较大，具有功率自控作用，抗腐蚀性较差。漆覆绝缘层的镍铁系电热合金适用于电热编织物作低温发热元件或用于快热式设备中。

（5）铜基合金。多数为中低电阻合金，加工性能相当好。常用牌号有 BZn15～20（锌白铜），主要用于电热毯及其他柔性电热器具。

2．其他电热材料

电热材料除电热合金外，还有少数纯金属、非金属以及某些半导体材料。

（1）高熔点纯金属材料（如钨、钼）。它的工作温度比合金高，但需在一定的保护条件下应用，而且价格很高，主要适用于实验室及特殊要求的设备。

（2）非金属电热材料。主要是硅碳棒和硅钼棒，适用于电热合金不能达到的高温炉（1300℃ 以上）。

（3）半导体电热材料。它也称热敏垫子材料，常作为新型电热元件应用于家用电器中。

五、触头材料

触头材料是指电器开关、仪器仪表等的接触元件接触处所使用的材料。在各类开关、继电器中，有大量的应用。

1．触头材料的基本要求

触头是电器中的重要元件，其性能的好坏对电器整体性能起着关键的作用。为此，对触头材料的基本要求如下：

（1）触头材料的电阻率要小，硬度适中，能承受较大的接触压力以减小接触电阻。

（2）触头材料的化学性质要稳定，表面不易生成化合物，耐电弧性能好，触头分合时由放电引起的磨损变形小。

（3）应尽量选用熔点高或升华性好的材料，以防止触头闭合时因高温而导致熔焊。

2．常用触头材料的品种、性能及用途

（1）银基合金和银氧化物触头材料。

1）纯银触头材料。银具有良好的导电、导热性能及韧性，室温下不易氧化，但易硫化，抗熔焊能力差，硬度低，不耐磨等特性，广泛使用于小电流电器。

2）银基合金触头材料。在银中添加其他金属制成银基合金可改善其性能，如细晶银（AgNi）的力学强度与耐热性能都优于纯银，可在较高工作温度下取代银作为触头材料，银铜合金的力学强度、耐磨性、抗熔焊性都比纯银好，广泛用做继电器与开关触头、极化继电器的簧片、微电机的换相器和旋转开关的滑动触头等。

3）银氧化物触头材料。在银中添加少量的氧化镉、氧化铜等氧化物，可制成各种性能不同的银氧化物触头材料，如银氧化镉触头材料比纯银触头材料的灭弧性能好，抗熔焊性能和抗电磨损性能强，使用寿命是纯银的 5 倍。

（2）粉末冶金触头材料。

粉末冶金触头材料是采用粉末冶金工艺方法制作的触头材料。材料中含有两种或两种以上不相容的金属（并不合金化，只是一种机械混合物），其中各元素物质可根据要求比例组合，且分布均匀。粉末冶金触头材料综合了各纯组元的特性。根据不同的性能要求，可制造各种粉末冶金触头材料。

（3）其他触头材料。

1）真空断路器用触头材料。真空断路器触头是一种特殊性能的强电触头，应有足够高的耐电压强度、较小的截止电流和极低的含气量，抗熔焊性要特别好。主要品种有铜铋铈合金、铜铋银合金等，适用于10kV的真空断路器。

2）滑动触头材料。滑动触头为机械滑动接触，要求触头材料的耐磨性和滑动性好。常用的材料有贵金属合金等。

3）双金属触头材料。它是一种把贵金属触头材料和廉价金属材料结合成一体的复合触头材料，这种材料可十分方便地冲裁成各种触头元件。

六、熔体材料

熔体是熔断器的主要部件，当通过熔断器的电流大于规定值时，熔体熔断，自动断开电路，从而达到保护电力线路和电气设备的目的。

熔体的熔断时间不仅与电流的大小有关，还与熔体材料的特性有关。高熔点的熔体，熔断时间短，称为快速熔体，如银线熔体，快速熔体常用做短路保护；低熔点的熔体熔断时间长，称为慢速熔体，如铅锡合金熔体，慢速溶体一般用做电机的过载保护；将快速熔体与慢速熔体串联起来，组成复合熔体，如银、铜和锡所制成的熔体互相串联在一起，制成的复合熔体可用做延时熔断器的熔体，它兼有短路保护和过载保护的双重作用。

1. 常用熔体材料的品种、特性及用途

熔体材料基本上可分为纯金属熔体材料和合金熔体材料两大类。

（1）纯金属熔体材料。

1）银。具有电导率和热导率高、耐腐蚀、机械加工性和焊接性好等优点，可制成尺寸精确和外形复杂的熔体。从性能上讲，银是最好的熔体材料，但价格昂贵，多用做电力及通信系统中的高质量、高性能熔断器的熔体。

2）铜。具有力学强度高，熔化时间短，金属蒸气少，易于灭弧等优点，但熔断特性不稳定，高温下易氧化，主要用做要求不高的一般电力线路保护用熔断器的熔体。

3）铝。具有熔断特性稳定、不易氧化等特点，在某些场合可部分代替纯银作熔断器的熔体，是用得较多的一种熔体材料，适用做一般线路保护用熔断器的熔体。

4）铅、锌和锡。具有力学强度较低、热导率小、熔化时间长等特点，适用做保护小型电机等用的慢速熔体，也可焊在银或铜丝上做成复合熔体用于延时熔断器。

（2）合金熔体材料。

1）铅合金熔体材料。一般多制成低压熔丝，如铅锡合金丝等，广泛应用于照明及其他小容量、低压用电场合。

2）低熔点合金熔体材料。由铅、锡、铋、镉等组成的不同成分的低熔点合金，对周围温度变化反应敏感，常用做锅炉或电热设备过热保护的温度熔断器的熔体。

2. 熔体的选用

熔体选用是由电器的电压高低、负荷性质和负荷电流大小及熔断器类型等多种因素共同确定的，通常按电气工程的实际要求选择。选择的一般原则是：当通过熔体的电流等于或低于额定电流时，熔体将长期工作而不熔断；当电流超过电气设备正常值时，在规定时间内，熔体应熔断；在电气设备正常短时过电流时，熔体则不应熔断（如电机启动）。

常用的熔体选择实例如下：

（1）照明及电热设备线路上的熔体选择。装在线路上总熔体的额定电流应等于电能表额定电流的0.9～1倍，且熔体额定电流稍大于或等于所有用电器具的额定电流之和。装在支路上的熔体额定电流应等于支线上所有电气设备额定电流之和。

（2）交流电机线路上的熔体选择。单台电机线路上熔体的额定电流等于1.5～2.5倍该电机额定电流。多台电机线路上熔体的额定电流，等于线路上最大一台电机额定电流的1.5～2.5倍，再加上其余电机额定电流之和。

（3）交流电焊机线路上的熔体选择。单台电焊机熔体额定电流按电焊机功率（kW）数估算：电源电压220V时，熔体额定电流等于电焊机功率（kW）数值的6倍；电源电压380V时，熔体额定电流等于电焊机功率（kW）数值的 4 倍。

【思考与练习】

1. 铜和铝的主要特性有哪些？影响其性能的主要因素是什么？

2. 电热材料的主要作用是什么？电热合金有哪几种？各适用于什么场合？

3. 对触头材料的基本要求是什么？

4. 常用的触头材料有哪些？各有何特点？

5. 常用的熔体材料有哪些品种？各有何特点？

模块 3 磁性材料（ZY1400202003）

【模块描述】 本模块介绍磁性材料的基本特性、分类、影响磁性能的外在因素、软磁材料、硬磁材料。通过概念描述、要点讲解，掌握软磁材料和硬磁材料的特性。

【正文】

一、磁性材料的基本特性和分类

磁性是物质的一种基本属性，在外磁场的作用下，各种物质都呈现不同的磁性。按其在外磁场中表现的不同磁性可分为顺磁物质、反磁物质和铁磁物质。顺磁物质的相对磁导率稍大于 1，如空气、铝、锡等；反磁物质的相对磁导率小于 1，如铜、银等；铁磁物质的相对磁导率远远大于 1，如铁、镍、钴等。铁磁物质为强磁物质，工程上用的磁性材料，均系指铁磁物质而言。磁性材料按矫顽力的大小分为软磁材料、硬磁材料和特殊性能的磁性材料三大类。

二、影响磁性能的外在因素

影响磁性能的外在因素很多，其中温度和频率是最主要的。

1. 温度

温度对磁性材料的磁性能影响特别显著，一般金属类磁性材料的磁导率和饱和磁感应强度随温度的升高而降低。当温度超过某一数值时，磁性材料将失去磁性，而成为顺磁物质。磁性材料失去磁性的这一临界温度，被称为居里温度（或居里点），如铁的居里点为 770℃，镍为 358℃ 等。居里温度的应用实例之一是家用电饭煲的温度控制。

2. 频率

频率的变化对磁性能也有一定影响，频率升高会使材料的导磁性能降低，铁芯损耗增加。此外，磁性材料的磁性能，不仅取决于其化学成分，还与机械加工的方法和热处理条件有关。在对金属磁性材料进行机械加工时会产生内应力，此力能使材料的磁导率下降、矫顽力加大和损耗增加，为消除应力、恢复磁性，必须进行退火处理。

三、软磁材料

（一）软磁材料的特点及分类

软磁材料是指磁滞回线很窄、矫顽力 $H_c \leq 10^3 A/m$ 的铁磁材料。它具有磁导率高、剩磁和矫顽力低、容易磁化和去磁、磁滞损耗小等磁特征，在工程上主要用来减小磁路磁阻和增大磁通量，适于制作传递、转换能量和电信号的磁性零部件或器件。

通常软磁材料分为金属软磁材料和铁氧体软磁材料两大类，其中金属软磁材料的品种主要包括电工用纯铁、电工用硅钢片、铁镍合金、铁铝合金和铁钴合金等；金属软磁材料与铁氧体软磁材料相比，具有饱和磁感应强度高、矫顽力低、电阻率低等特点。

（二）在不同条件下对软磁材料的性能要求

1. 强磁场条件下的性能要求

在强磁场下使用的软磁材料应具有低的铁损和高的磁感应强度，在一定的频率和磁感应强度下，低铁损可降低设备的总损耗，提高设备的效率。在一定的磁场强度下，高的磁感应强度可缩小铁芯的体积，降低设备质量，或者节约导线，减少导体电阻引起的损耗，如用做发电机、变压器、电动机等各种电气设备的铁芯材料。

2. 弱磁场条件下的性能要求

在弱磁场下使用的软磁材料应具有高的磁导率和低的矫顽力等磁性能。高的磁导率,可在绕组匝数一定时,通以较小的激磁电流产生较高的磁感应强度。材料的矫顽力低,磁滞回线的面积小,铁损就小。因此,利用高磁导率、低矫顽力的材料制成的铁芯有助于缩小产品的体积,如用做高灵敏度继电器、电工仪表、零序电流互感器、小功率变压器等各种电器中电磁元件铁芯材料。

3. 高频条件下的性能要求

在高频条件下使用的软磁材料,除要求具有磁导率高和矫顽力低之外,还应具有高的电阻率,以降低涡流损耗。如用做电视机的中周变压器、短波天线棒、调谐电感电抗器以及磁饱和放大器等的磁芯材料。

4. 特殊条件下的性能要求

在某些特殊条件下使用的软磁材料,应满足其不同的特殊要求。如恒导磁软磁材料要求在一定的磁感应强度范围内,材料的磁导率基本保持不变,可用做恒电感和脉冲变压器的铁芯材料;矩磁材料要求在很小的外磁场作用下,就能被磁化,并达到饱和,当撤销外磁后,磁性仍然与饱和一样,可用做制造计算机存储元件中的环形磁芯材料。

(三)常用软磁材料简介

1. 电工用纯铁

电工用纯铁是一种纯度在 98% 以上、含碳量不大于 0.04%、具有优良磁性能的软铁。它具有饱和磁感应强度高、磁导率高和矫顽力低等优良的软磁特性,是可在恒定磁场中工作的优质软磁材料。但因其电阻率很低,在交变磁场中的涡流损耗很大,故不适用于交流场合。

电工用纯铁可分为原料纯铁、电子管纯铁和电磁纯铁三种,其中在电气工业中应用最广的是电磁纯铁。电磁纯铁的磁化特性优良,具有饱和磁感应强度高、磁导率高、矫顽力低、居里温度高、冷加工性好等特点。但电阻率太低,在交流磁场中,铁损太大,因此只适宜作直流磁路的材料,主要用做电磁铁、直流电动机和小型异步电动机的导磁材料,继电器铁芯和直流磁屏蔽材料等。

2. 电工用硅钢片

电工用硅钢片是一种含硅量为 0.5%～4.8% 的铁硅合金板材和带材,它与电工用纯铁相比,磁导率明显升高,电阻率增大,磁滞损耗减小,磁老化现象也得到显著改善。但其饱和磁感应强度和导热系数降低,硬度升高,脆性增大。适用做工频交流电磁器件,如电机、变压器、互感器、继电器等的铁芯,是电工产品中应用最广、用量最大的磁性材料。

电工用硅钢片按其制造工艺的不同可分为热轧和冷轧两种,按晶粒取向分为取向硅钢片和无取向硅钢片两大类。

(1)热轧硅钢片。热轧硅钢片是一种磁性能在板材平面上呈各向同性的硅钢片,有以下两种:

1)低硅钢片。硅的含量为 1%～2%,具有饱和磁感应强度高、力学性能好等特点。厚度一般为 0.5mm,主要用于发电机和电动机的转动部件,又称热轧电机硅钢片。

2)高硅钢片。硅的含量为 3%～5%,具有损耗低、磁导率高等特点。厚度多为 0.35mm,主要用于变压器铁芯材料,又称为变压器硅钢片。

(2)冷轧硅钢片。冷轧硅钢片有无取向硅钢片和取向硅钢片两种。

1)冷轧无取向硅钢片。硅的含量为 0.5%～3.0%,经冷轧达到成品厚度,然后通过冷轧与热处理的相互配合,破坏其晶粒取向,使材料基本上各向同性。由于含硅量低于取向硅钢片,其饱和磁感应强度更高,材料厚度有 0.35mm 和 0.5mm 两种,主要用于电机铁芯,又称为冷轧电机硅钢片。

2)冷轧取向硅钢片。含硅量为 2.5%～3.5%,具有磁导率高、磁感应强度高、铁损低且磁性具有方向性等特点。主要用做电力变压器和大型变流发电机的铁芯。

硅钢片的分类及用途,见表 ZY1400202003-1。

表 ZY1400202003-1　　　　　　　　　硅钢片的分类和用途

分　类			牌　号	厚度（mm）	应 用 范 围
热轧硅钢片	热轧电机钢片		DR1200–100，DR740–50	1.0 0.50	中小型发电机和电动机
			DR1100–100，DR650–50		
			DR610–50，DR530–50	0.5	要求损耗小的发电机和电动机
			DR510–50，DR490–50		
			DR440–50，DR400–50	0.5	中小型发电机和电动机
			DR360–50，DR315–50	0.5	控制微电机、大型汽轮发电机
			DR290–50，DR265–50		
	热轧变压器钢片		DR360–35，DR320–35	0.35	电焊变压器、扼流圈
			DR360–50，DR320–35	0.35 0.50	电抗器和电感线圈
			DR315–50，DR290–35		
			DR280–35，DR250–35		
冷扎硅钢片	无取向	电机用	DW530–50，DW470–50	0.50	大型直流电机、大中小型交流电机
			DW360–50，DW330–50	0.50	大型交流电机
		变压器用	DW530–50，DW470–50	0.50	电焊变压器、扼流圈
			DW360–50，DW330–50	0.35 0.50	电力变压器、电抗器
			DW310–35，DW270–35		
	单取向	电机用	DQ350–50，DQ320–50	0.35 0.50	大型发电机
			DQ290–50，DQ260–50		
			DQ230–35，DQ200–35		
			DQ170–35，DQ151–35		
		变压器用	DQ230–35，DQ200–35	0.35	电力变压器、高频变压器
			DQ170–35，DQ151–35		
			DQ290–35，DQ260–35	0.35	电抗器、互感器
			DQ230–35，DQ200–35		

3. 铁镍合金

铁镍合金通常称为坡莫合金，一般指含镍量为30%～90%的二元或多元铁镍合金。它具有起始磁导率和最大磁导率都非常高、矫顽力小、低磁场下磁滞损耗相当低、电阻率比硅钢高等特点，其磁性能可以通过改变其组成成分及热处理工艺等进行调整，易加工成薄带、细丝或薄膜。可用做在弱磁场下要求具有很高磁导率的铁芯材料和磁屏蔽材料，也可用做要求低剩磁和恒磁导率的脉冲变压器材料，还可用做各种矩磁合金、热磁合金以及磁致伸缩合金等。

（1）铁镍二元坡莫合金。铁镍合金的磁性能与含镍量有关，按含镍量的多少分为以下三种。

1）含镍量为36%左右的铁镍合金软磁材料。具有饱和磁感应强度和磁导率低、电阻率很高、膨胀系数极低等特点，且价格较低，适用于继电器、高频变压器和电感器等。

2）含镍量为50%左右的铁镍合金软磁材料。具有饱和磁感应强度很大、磁导率高、耐腐蚀性好等特点，并且在直流磁场极化的很大范围内磁导率增量高，适用于扼流圈、继电器和小型电机等。

3）含镍量为80%左右的铁镍合金软磁材料。具有磁导率极高、矫顽力小、饱和磁感应强度低等特点，主要适用于小型化和轻量化的场合，如弱磁场下使用的高灵敏度小型继电器、小功率变压器、扼流圈等。

（2）多元坡莫合金。具有电阻率特别高、饱和磁感应强度低等特点，主要用于灵敏继电器、脉冲和宽频带变压器等。

4. 铁铝合金

铁铝合金是一种含铝量约为 6%～16% 的铁合金，具有较高的起始磁导率和很高的电阻率，硬度高、耐磨性好、矫顽力较低、磁滞损耗比硅钢片低，性能接近低镍含量的铁镍合金，价格低、抗振动、抗冲击等特点，在某些场合可以替代铁镍合金。但加工性能较差，当含铝量超过 10% 时，合金变脆，塑性降低。主要用来制作在弱磁场中工作的音频变压器、脉冲变压器、灵敏继电器、磁放大器和电机的磁屏蔽等。

软磁材料一般是在交变磁场下使用，选择时应考虑的主要因素有工作磁通密度、磁导率、损耗及价格等。在强磁场下，最常用的软磁材料是硅钢片，在低频弱磁场下，常选用铁镍合金、铁铝合金及冷轧单取向硅钢薄带，在高频下一般选用铁氧体软磁材料。

四、硬磁材料

（一）硬磁材料的特点及分类

硬磁材料又称永磁材料，是一种磁滞回线很宽、矫顽力 $H_c > 1 \times 10^4 \text{A/m}$ 的铁磁材料，特点是必须用较强的外磁场才能使其磁化，经强磁场饱和磁化后，具有较高的剩磁和矫顽力，即使将外磁场去掉，在较长时间内仍能保持强而稳定的磁性。永磁体均在开路状态下使用，作为磁场源和动作源，能在一定的空间内形成一定强度的磁场。常制成永久磁铁，广泛用于磁电系测量仪表、扬声器、永磁发电机及通信装置中。

硬磁材料按制造工艺和应用特点，可分为铸造铝镍钴系永磁材料、粉末烧结铝镍钴系永磁材料、铁氧体永磁材料、稀土钴永磁材料和塑性变形永磁材料等。

（二）常用硬磁材料简介

1. 铝镍钴合金

铝镍钴合金是一种由 Al、Ni、Co 和 Fe 组成的金属硬磁材料，优点是组织结构稳定，剩磁较大，磁感应温度系数小，居里点高，其矫顽力和最大磁能积值在永磁材料中居中等水平。但材质脆硬，不易加工成形状复杂、尺寸精确的磁体。铝镍钴合金是电机、电器、仪器、仪表等工业中应用较多的永磁材料。按制造工艺可分为铸造铝镍钴合金和粉末烧结铝镍钴合金两类。

（1）铸造铝镍钴合金。由铸造法制备而成，其生产工艺简单，产品性能好，目前绝大部分铝镍钴合金均属铸造铝镍钴合金。按合金成分的不同，分为铝镍型、铝镍钴型和铝镍钴钛型三类。按结构形态的不同又分为各向同性、各向异性和定向结晶各向异性合金三种。

（2）粉末烧结铝镍钴合金。采用粉末冶金工艺方法制造铝镍钴合金，可制成体积小、几何形状复杂的永磁体。它的优点是尺寸精确、表面光洁程度较好，加工量小且磁性均匀，力学强度高，主要用于制作小型仪表或精密电器中复杂形状的永磁体。

2. 铁氧体硬磁材料

它是铁与二价重金属钡或锶的氧化物的混合物，属非金属硬磁材料，它与铝镍钴合金相比，具有矫顽力高、磁性和化学稳定性好、剩磁感应强度小、温度系数大、时效变化小、电阻率高、密度小、不含镍和钴元素、制造简单、原料丰富、价格便宜等特点，常用于微电机、微波器件、磁疗片和拾音器、扬声器、电话机等电信器件。

3. 稀土钴硬磁材料

稀土钴硬磁材料是钴与稀土元素的金属间化合物。在现有产品中该类材料的磁性能较高，常见的材料主要有钐钴、镨钴、镨钐钴和铈钴铜等，其特点是剩磁与铝镍钴合金相当，矫顽力是铁氧体的 3～4 倍，不易受外磁场的影响，主要用于微电机、传感器和磁性轴承等。

4. 塑性变形硬磁材料

塑性变形硬磁材料主要有永磁钢、铁钴钼型、铁钴钒型、铂钴、铜镍铁和铁铬钴型等合金，是一种金属硬磁材料。该材料经过适当的热处理之后，具有良好的塑性，易于进行机械加工，可加工成棒、带或薄板材、线材，适用于对磁性和机械性能有特殊要求及特殊形状的永磁体。

【思考与练习】

1. 影响磁性能最主要的外在因素有哪些？各有什么影响？

2. 在不同使用条件下对软磁材料的性能有哪些要求？

3. 硬磁材料有什么特点？常用硬磁材料分哪几大类？

4. 举出软磁材料和硬磁材料在电气设备中应用的例子各两个。

国家电网公司
生产技能人员职业能力培训专用教材

第九章 变电检修试验仪器

模块 1 高压开关机械特性测试仪的 使用与维护（ZY1400203001）

【模块描述】 本模块介绍开关机械特性测试仪的使用维护要求。通过要点归纳、典型装置举例、操作技能训练，掌握开关机械特性测试仪测试开关特性参数的方法及其使用维护注意事项。

【正文】

一、开关机械特性测试仪介绍

开关机械特性测试仪是变电检修工作中使用比较多的一种仪器，型号比较多。目前所使用的开关机械特性测试仪具有操作简单、接线方便、抗干扰能力强、测量过程全自动等优点，适用于各种断路器的机械特性测量。

二、开关机械特性测试仪测试项目及目的

1. 断路器低电压动作特性

根据 DL/T 596—1996《电力设备预防性试验规程》规定，断路器低电压动作电压不得低于额定操作电压的 30%，不得高于额定操作电压的 65%。如果断路器动作电压过高或过低，就会引起断路器误分闸和误合闸，以及在断路器发生故障时拒绝分闸，造成事故。

断路器低电压动作特性在断路器检修时都要进行测试。

2. 断路器动作时间、速度的测试

断路器动作时间、速度是保证断路器正常工作和系统安全运行的主要参数，断路器动作过快，易造成断路器部件的损坏，缩短断路器的使用寿命，甚至造成事故；断路器动作过慢，则会加长灭弧时间、烧坏触头（增高内压，引起爆炸）、造成越级跳闸（扩大停电范围），加重设备的损坏和影响电力系统的稳定。

断路器动作时间、速度的测试在下列情况下要进行：

（1）断路器大修后。

（2）机构主要部件更换后。

（3）真空断路器的真空灭弧室调换后。

（4）断路器传动部分部件更换后。

（5）断路器安装后。

（6）必要时。

三、开关机械特性测试仪测试前的准备

由于机械特性测试仪的型号较多，因此在使用不同型号的测试仪前，应先做好以下工作：

（1）仔细阅读该型号测试仪的使用说明书，掌握测试仪的使用方法。

（2）按照随机清单，检查所配测试线及其附件是否齐全、完好。

（3）检查打印纸是否足够。

（4）检查测试仪电源工作是否正常。

（5）核查被测设备参数标准。

四、开关机械特性测试仪测试的注意事项

（1）在使用前，将机械特性测试仪接上接地线，防止机械特性测试仪漏电，危及人身安全。

（2）使用时，根据测试的项目选择正确的挡位，防止测试仪损坏。

（3）在接入断路器操作回路时，应断开断路器的操作电源，防止在测试时损坏二次设备。

（4）输出电源严禁短路。

（5）一般情况下，测试仪尽可能使用外接电源作为测试电源，防止由于内部电源电力不足，造成测试数据错误，影响检修人员的判断。

五、测试步骤及要求

不同测试仪的测试步骤及要求是不同的，应参照使用说明书进行。某型号的高压开关综合测试仪的测试步骤及要求，详见附录1。

六、测试结果分析及报告编写

将测试结果打印出来，与被测试断路器的技术参数进行对比，测试结果如不合格，根据实际情况进行调试合格。测试结束后将数据填到相关记录内，并把打印纸粘贴在检修记录上，工作结束后上交主管部门审核。

七、开关机械特性测试仪的维护

（1）开关机械特性测试仪属于精密仪器，不要擅自打开机壳。

（2）仪器存放时不能受潮，搬运时注意小心轻放，尽量减少振动。

（3）在使用过程中出现问题，先检查控制线、信号线是否接触良好，如果解决不了，必须和厂家联系，由生产厂家处理。

（4）开关机械特性测试仪应定期进行校验，保证精确度。

【思考与练习】

1. 开关机械特性测试仪的测试项目有哪些？每项测试的目的是什么？

2. 开关机械特性测试仪测试前的准备工作有哪些？

3. 开关机械特性测试仪使用注意事项是什么？

4. 利用开关机械特性测试仪对 SF_6 断路器的特性参数（同期、行程、超程、低电压等）进行测试。

附录1　　　　　　某型号的高压开关综合测试仪的测试步骤及要求

一、开关机械特性测试仪面板

某厂生产的开关机械特性测试仪面板如图 ZY1400203001-1 所示。

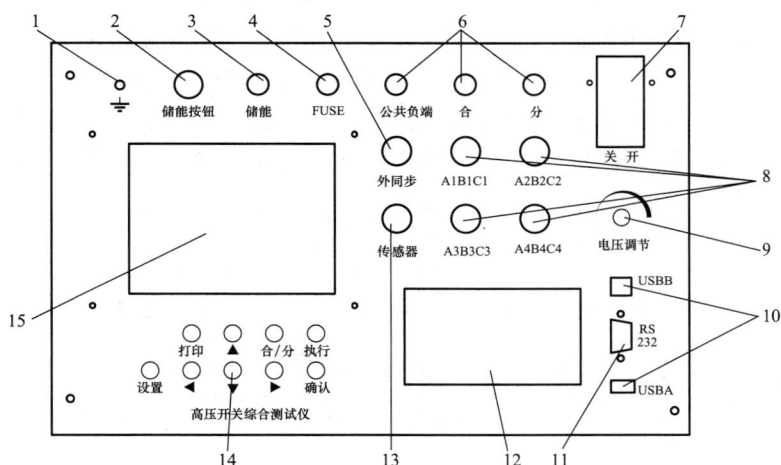

图 ZY1400203001-1　开关机械特性测试仪面板

1—接地柱；2—储能按钮；3—储能；4—直流操作电源输出熔断器（8A）；5—外同步接口；

6—直流操作电源输出接口（红色为合闸正电源，绿色为分闸正电源，黑色为负公共端）；

7—交流220V电源插座，熔断器及电源开关；8—断口测试线输入接口；

9—操作电源输出电压调节旋钮；10—USB接口；11—RS232通信接口；

12—打印机；13—传感器接口；14—按键；15—液晶显示屏

二、开关机械特性测试仪按键说明

（1）〖打印〗键。在数据画面中，按此键，将打印电流曲线、行程—断口曲线及测试数据。

（2）〖合/分〗键。在准备测试画面中，用于选择操作命令，在其他画面中按此键将返回准备测试画面。

（3）〖执行〗键。在准备测试画面中，用于执行由〖合/分〗键设定的操作命令。

（4）〖设置〗键。在准备测试画面中，按此键进入参数设置画面。

（5）〖确认〗键。在设置画面中，按此键将修改的参数保存后返回准备测试画面，在数据画面中，本键在存储、读取、删除中用于功能确认。

（6）〖▲〗〖▼〗〖◄〗〖►〗用于光标移动或参数设定。

（7）〖储能〗键（在面板左上角）。按下储能键，在储能输出端和负公共端之间输出所需的恒定直流源，给高压开关直流电机供电，高压开关储能。储能结束时，弹起该按键关断储能电源。

三、画面说明与按键操作

1. 准备测试画面

准备测试画面如图 ZY1400203001-2 所示，仪器开机后显示此画面。

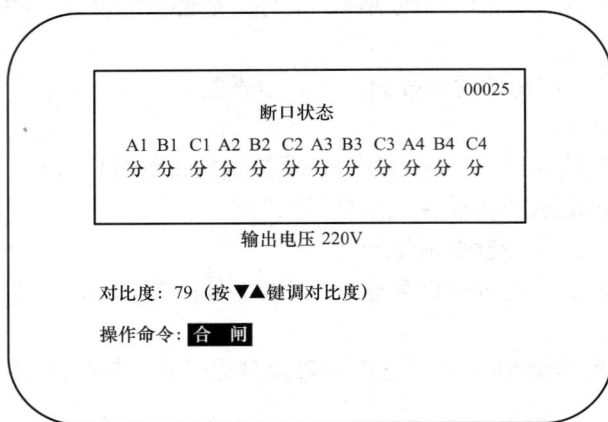

图 ZY1400203001-2　准备测试画面

（1）断口状态。用于判断开关的合、分状态，及断口线是否连接好。

（2）输出电压。调节操作电源输出调节旋钮可改变输出电压值，调节范围为 30～270V。

（3）对比度。显示屏的对比度，按"〖▲〗、〖▼〗"可调节对比度的大小，调节范围 0～100。

（4）操作命令。如果在断口状态中的 A1 为分时，按"〖合/分〗"键，屏幕的反白条中将顺序显示下列选项中的一项。t 表示两次操作之间的时间间隔，按"〖▲〗〖▼〗"键可调节它的大小。

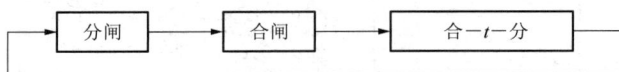

在断口状态中的 A1 为合时，每按一次"〖合/分〗"键，显示以下内容：t 一般为 0.3 秒（s）。

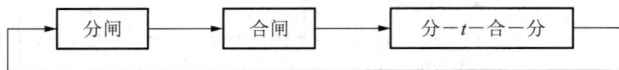

2. 数据画面

在准备测试画面状态下，按"〖执行〗"键，测试开始。测试完成后，显示此画面。数据画面如图 ZY1400203001-3 所示。

受屏幕的限制只显示 A1、B1、C1，A2、B2、C2 断口的数据。其他断口的数据，可用打印的方式打印出来。各时间数据的单位为毫秒（ms）。画面的左下方和右下方各有一个操作提示符。按"〖▼〗"键，进入数据曲线显示画面，可显示时间—行程—断口曲线、时间—断口弹跳特性及时间—电流曲线。按"〖►〗"键时，将进入数据管理画面，可执行数据的存储、读取、删除等功能。

图 ZY1400203001-3 数据画面

（1）时间—行程—断口特性曲线画面。时间—行程—断口特性曲线画面如图 ZY1400203001-4 所示。全自动波形显示，根据行程的大小、合（分）闸时间的长短，自动设置合适的 X 轴、Y 轴的坐标刻度。通过此功能曲线能观察到动触头运动过程中的所有细节。受屏幕的限制只显示 A1、B1、C1 断口曲线，其他断口的曲线请选用电脑软件在电脑上进行分析。图中一格点为 0.5ms，详细的弹跳分析看时间断口弹跳特性画面。

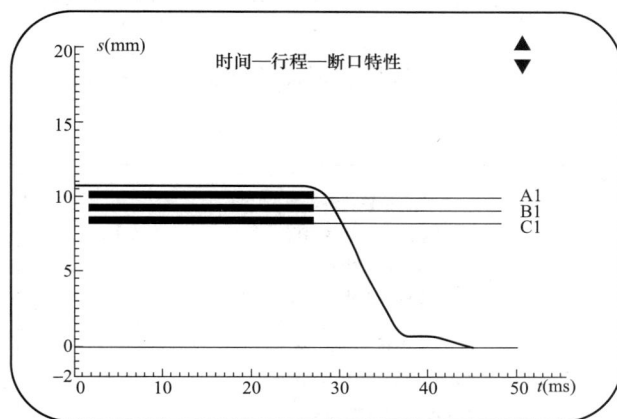

图 ZY1400203001-4 时间—行程—断口特性曲线

（2）时间断口弹跳特性画面。时间—断口弹跳特性画面如图 ZY1400203001-5 所示。图中一点的间隔为 0.1ms，明显弹跳间隔大于 0.5ms。右上方有操作按键提示符〖▲〗、〖▼〗，当按"〖▲〗"键时，返回时间—行程—断口特性曲线画面；当按"〖▼〗"键时，进入浏览电流时间特性画面。

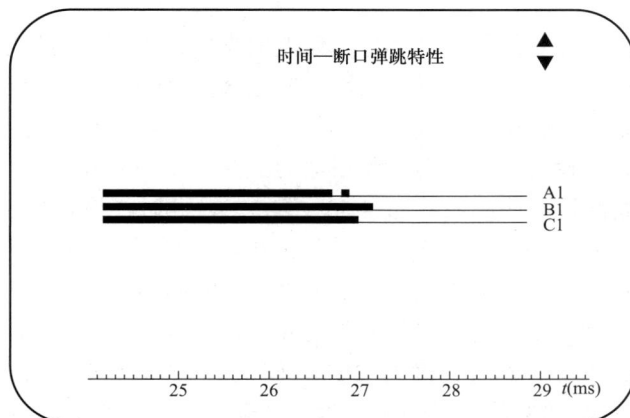

图 ZY1400203001-5 时间—断口弹跳特性

（3）时间—电流曲线画面。时间—电流曲线如图 ZY1400203001-6 所示。此画面显示仪器控制合（分）闸操作时，合（分）闸线圈的电流曲线：它反映了合（分）闸电磁铁本身以及所控制的锁闩或阀门以及连锁触头在操作过程中的工作情况。

图 ZY1400203001-6　时间—电流曲线

（4）数据管理画面。数据的存储、读取、删除画面，这些画面显示屏上都有操作提示。

（5）测试结果的打印。按"〖打印〗"键，将打印电流曲线、行程断口曲线及测试数据等内容。

（6）返回准备测试画面。在任何画面中，按"〖合/分〗"键将返回准备测试画面。

3. 参数设置画面

在准备测试画面状态下，按"〖设置〗"键，将显示设置画面，参数设置画面如图 ZY1400203001-7 所示。

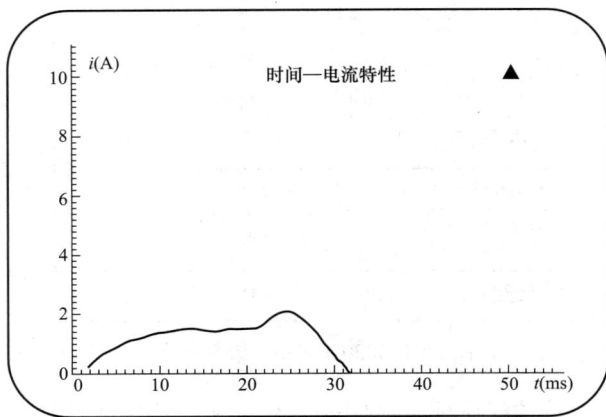

图 ZY1400203001-7　参数设置

（1）操作说明。图中带下划线的数字，都是可修改的参数，下划线的长度表示可修改参数位数的多少，按"〖▲〗〖▼〗"键，可选择要修改的参数；按"〖◄〗〖►〗"键，参数加1或减1。

（2）设置位移比例系数。可使用两种位移传感器，分别为直线位移传感器及角位移传感器两种，仪器会自动识别。比例系数的设置，假设有一断路器的触头开距为99mm，当比例系数为1.00时，测出的开距为22mm，则此断路器的比例系数为 4.50（99/22），此时在设置画面中将比例系数改为 4.50 并储存后，比例系数即设置完毕。以上位移比例系数的修改，对两种位移传感器都有效。

（3）设置外同步测试时间。外同步测试时间范围为1～200s，可根据实际需要，设置此值的大小。将外同步线插入外同步接口后，仪器自动选择为外同步测试方式。

（4）速度定义的设置。刚分、刚合速度通常定义为特定行程段或时间段的平均速度。GB/T 3309《高压开关设备常温下的机械试验》的推荐性定义为"刚分后、刚合前10ms的平均速度，刚分、刚合点的位置由超行程或名义超行程确定"。但不少高压断路器并不遵循此定义，仪器的设置项目中不少设置都和速度有关，因此，适用于所有高压断路器的速度测试。当测试真空断路器时，根据不同型号的真空断路器，可修改"真空断路器刚合速度"及"真空断路器刚分速度"两项设置，一般以 6mm 或 5mm 用得较多。当测试油断路器或者 SF_6 断路器时，根据不同型号的断路器，可修改"选择油断路器 SF_6 断路器速度定义"，可选 1、2 或 3，其中定义 1 为 GB/T 3309 的推荐性定义，定义 2 用于一部分油断路器，定义 3 多用于 SF_6 断路器。根据不同的 SF_6 断路器可分别修改分后、合前的距离定义。以上速度定义的设定对直线位移传感器及角位移传感器都同样有效。

（5）返回准备测试画面。按"〖合/分〗"键，参数不储存，直接返回准备测试画面，按"〖确认〗"键，将修改的参数保存后，返回准备测试画面。

四、控制线、信号线的连接与传感器的安装

1. 分、合闸控制线（红、绿、黑线）的连接

分、合闸控制线（红、绿、黑线）的连接如图 ZY1400203001-8 所示。

2. 外同步信号采样线（红、红、绿、绿线）的连接

外同步信号采样线（红、红、绿、绿线）的连接如图 ZY1400203001-9 所示。

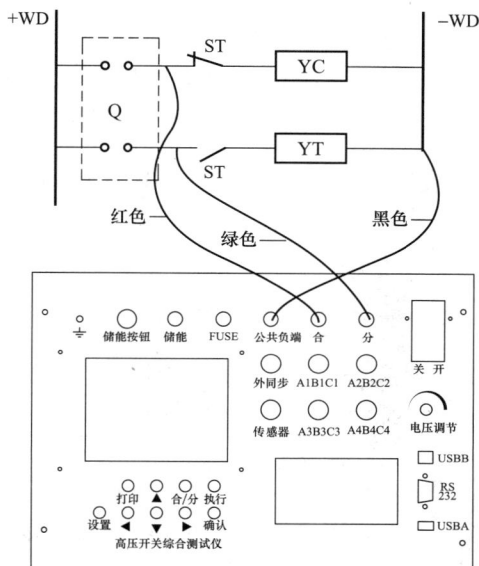

图 ZY1400203001-8　分、合闸控制线
（红、绿、黑线）的连接图

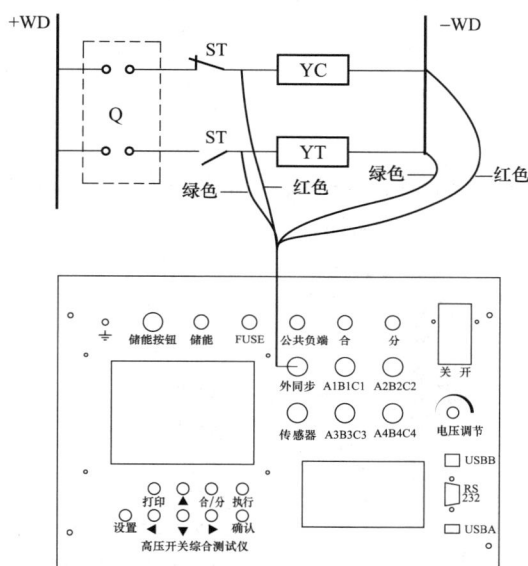

图 ZY1400203001-9　外同步信号采样线
（红、红、绿、绿线）的连接图

Q—低压断路器；ST—辅助开关；YC—合闸线圈；YT—分闸线圈　　　Q—低压断路器；ST—辅助开关；YC—合闸线圈；YT—分闸线圈

（1）按图 ZY1400203001-9 中的接线方法，将线连接好，连接时不需要区分正、负，交、直流。

（2）外同步的默认采样时间为 6s，可在设置画面中修改采样时间，采样时间修改的范围为 1～200s。

（3）在准备测试画面状态下，根据开关将要进行的操作，选择合闸或分闸操作命令。

（4）在外部对开关控制前按"执行"键，然后在外部对开关进行合（分）闸操作。

3. 断口测试线（也称断口线）的连接

接线中，A1、A2、A3、A4 接断口线黄线，B1、B2、B3、B4 接断口线绿线，C1、C2、C3、C4 接断口线红线，A1、B1、C1 及 A2、B2、C2 断口线的黑线为第一公共地 GND1，A3、B3、C3 及 A4、B4、C4 断口线的黑线为第二公共地 GND2。

（1）三断口信号线的连接。三断口信号线的连接图如图 ZY1400203001-10 所示。

（2）六断口信号线的连接。六断口信号线的连接图

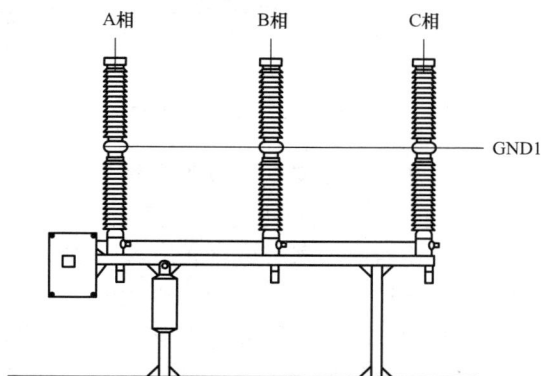

图 ZY1400203001-10　三断口信号线的连接图

如图 ZY1400203001-11 所示。

（3）真空断路器传感器的安装简图。真空高压断路器机械特性测试示意图如图 ZY1400203001-12 所示。

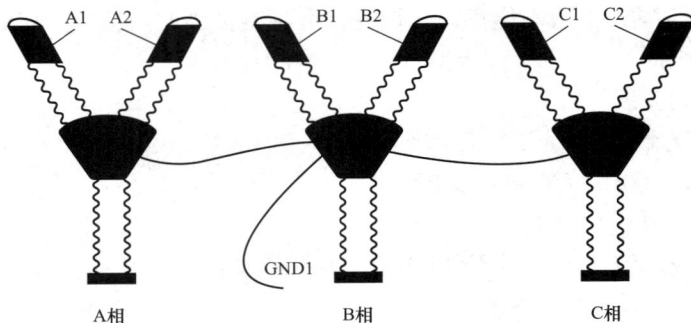

图 ZY1400203001-11 六断口信号线的连接图

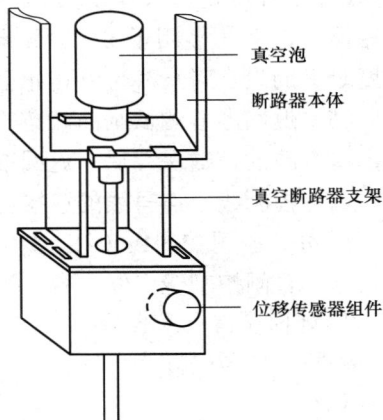

图 ZY1400203001-12 真空高压断路器
机械特性测试示意图

（4）SF₆ 断路器传感器的安装简图。SF₆ 断路器传感器的安装示意图如图 ZY1400203001-13 和图 ZY1400203001-14 所示。

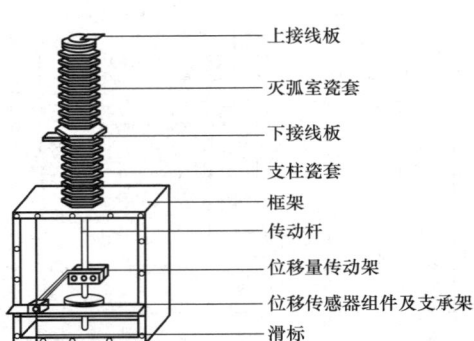

图 ZY1400203001-13 SF$_6$ 断路器传感器的安装示意图（一）

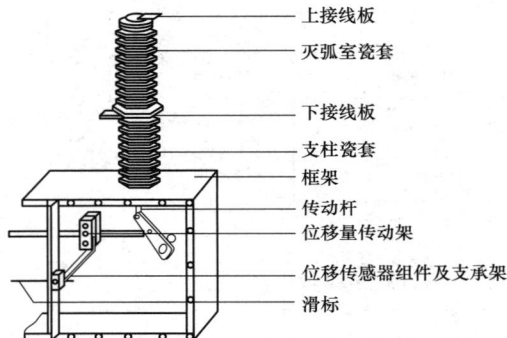

图 ZY1400203001-14 SF$_6$ 断路器传感器的安装示意图（二）

（5）角位移传感器的安装简图。角位移传感器的安装简图如图 ZY1400203001-15 所示。

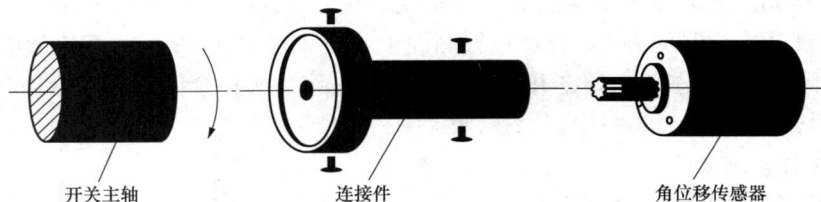

图 ZY1400203001-15 角位移传感器的安装简图

五、测试操作实例（以重合闸为例）

1. 使用机内操作电源，时间、速度、电流曲线的测试

（1）连接断口测试线（黄、绿、红、黑线），安装传感器（只测试时间时，不需安装传感器），连接分、合闸控制线（红、绿、黑线）。

（2）按"〖合/分〗"键选择操作命令，调节操作电源的电压值至被测开关的额定电压；选择重合闸命令时，因仪器要根据 A1 断口的分、合状态来选择合—分循环命令，是合—t—分（C—t—O）还是重合闸命令分—t—合—分（O—t—CO），以排除错误的命令。因此，做重合闸操作时应连接 A1 断口的测试线，并将断路器合闸，否则，不会出现分—t—合—分（O—t—CO）命令。进行自动重合闸等两个以上命令的操作时，分、合闸控制线不能跃过辅助开关而直接与操作线圈连接。这是因为在重合闸测试中在某段时间内，分、合闸输出端是同时输出的。

（3）按"执行"键，显示屏将显示所选择的操作命令，如作"分—合—分"操作时将显示"分—合—分"画面，约 3s 后显示数据画面。

按"〖▼〗"进入时间—行程—断口曲线画面。

按"〖▼〗"进入时间—电流曲线画面。由显示数据画面按"〖◀〗"键进入存储数据画面，再按"〖◀〗"键进入读取数据画面。

用"〖▲〗、〖▼〗"键移动光标条选择需要读取的记录，按"〖确认〗"键，即可将存储的记录调入内存中打开。

再按"〖◀〗"键进入删除存储数据画面。

按"〖确认〗"键，将删除已存储的所有记录，显示的剩余记录空间将为 10 条，表示删除成功。

（4）准备再作一次试验时，按"〖合/分〗"键，将返回准备测试画画，然后，重复上述步骤进行操作。

（5）打印测试报告。按"〖打印〗"键，打印测试报告。

2. 使用外部操作电源，时间、速度、电流曲线的测试

（1）连接断口测试线（黄、绿、红、黑线），安装传感器与外同步采样线（红、红、绿、绿线）。

（2）按实际情况设置外同步采样时间。

（3）按"执行"键，等待开关分合。

（4）在设置的外同步采样时间内操作开关，测试完后打印结果。

3. 低电压动作试验

将仪器返回至测试画面，调节机内电源至需要的电压值，然后按"执行"键操作开关，再逐步降低或升高操作电压，直至把所需的电压值全部测出。

模块 2 回路电阻测试仪的使用与维护（ZY1400203002）

【模块描述】本模块介绍回路电阻测试仪的使用维护要求。通过要点归纳、典型装置举例、操作技能训练，掌握回路电阻测试仪测试回路电阻的方法及其使用维护注意事项。

【正文】

一、回路电阻测试仪介绍

回路电阻测试仪是测量断路器、隔离开关和其他流经大电流接点的导电回路电阻的通用测量仪器，也是变电检修工作中使用比较多的一种仪器。随着电子技术的发展，回路电阻测试仪广泛采用了高频开关恒流源、高精度 A/D 采样板、高集成度微处理器单元、微型打印机单元、大字符液晶显示器等新技术。具有测试数据稳定、精度高、抗干扰能力强等特点。输出电流有 DC 100A、DC 200A、DC 400A 等不同等级。

二、回路电阻测试目的

在电气设备的导电回路中常有两个金属面接触，其接触面（尤其是两种不同金属的接触面）会出现氧化、接触紧固不良等各种原因导致的接触电阻增大，在大电流通过时接触点温度升高，加速接触面氧化，使接触电阻进一步增大，持续下去将产生严重的故障。电气设备中回路电阻的测试能为检修人员提供数据依据，使检修人员能够依靠这些数据的大小和变化情况判断设备导电回路各接触部位接触的状态，确保电力系统安全、稳定的运行。所以在变电检修工作中必须定期对接触电阻进行测量。

在下列情况下要进行回路电阻的测试：

（1）断路器、隔离开关大修后。

（2）断路器灭弧室更换后。

（3）断路器传动部分部件更换后。

（4）断路器、隔离开关安装后。

（5）必要时。

三、回路电阻测试仪测试前的准备

由于回路电阻测试仪的型号较多，生产厂家也比较多，使用方法稍有不同，在使用不同型号的回路电阻测试仪前，应先做好以下工作：

（1）仔细阅读该型号测试仪的使用说明书，掌握测试仪的使用方法。

（2）按照随机清单，检查所配测试线及其附件是否齐全、完好。

（3）检查打印纸是否足够。

（4）检查测试仪电源工作是否正常。

（5）核查设备技术参数。

四、回路电阻测试仪测试注意事项

（1）测量前，先接好所有测量线后，方可开机，测试过程中不能断开测量线。

（2）不能用于测试带电导体和有电感元器件的回路电阻值。

（3）测试高、低压开关时，被测开关必须充分放电后方可接线，以确保安全。

（4）测试电流线不可随意更改。如更改，必须保证导线电阻值与原配线相等。

（5）测试夹子不宜任意更改。若需换夹子时，容量必须符合要求。

（6）测试时应将电压夹接在电流夹内侧。

五、回路电阻测试仪测试步骤及要求

不同回路电阻测试仪的测试步骤及要求是有所不同的，应参照使用说明书进行。某型号的回路电阻测试仪的测试步骤及要求，详见附录1。

六、回路电阻测试仪测试结果分析及报告编写

将测试结果打印出来，与被测试设备的技术参数进行对比，测试结果如在合格范围内，即在相应的检修记录上填上数据，并把打印纸粘贴在检修记录上，工作结束后上交主管部门审核；测试结果如不合格，根据实际情况进行相应的处理。

七、回路电阻测试仪的维护

（1）回路电阻测试仪属于精密仪器，不要擅自打开机壳。

（2）仪器存放时不能受潮，搬运时注意小心轻放，尽量减少振动。

（3）回路电阻测试仪应定期进行校验，保证精确度。

（4）若开机后无反应，液晶显示屏无显示，可检查有无交流电源，检查电源电缆，检查熔断器座内熔丝是否烧断。

（5）若测试时，液晶显示屏显示不正常。检查电流输出线有没有接好，是否接触不良或被测件接头有否被氧化；检查电流输出线与电压输入线极性是否接反。

（6）若测试时，液晶显示屏显示的电阻值与被测阻值相差很大，检查电压测试接线是否接在电流输出线内侧；检查电压输入接线是否氧化，接触不良；检查电流输出线是否被更换。

（7）若测试时，液晶显示屏显示电流值正常，电阻显示不正常，检查电压输入线有没有接好、接头是否氧化以及接触不良；检查电流输出接线与电压输入线的极性没有没接反；检查被测电阻是否超过测量范围。

（8）若测试时，打印机不打印，可检查打印机供电及自检是否正常。

【思考与练习】

1. 在变电检修工作中，在什么情况下需要对开关设备进行回路电阻的测试？

2. 回路电阻测试仪测试注意事项有哪些？

3. 利用回路电阻测试仪对隔离开关导电回路的回路电阻进行测试。

附录1　　　　　　　　　　某型号的回路电阻测试仪的测试步骤及要求

本附录以某生产厂家的某型号回路电阻测试仪为例进行介绍。

一、回路电阻测试仪的面板

回路电阻测试仪的面板如图 ZY1400203002-1 所示。

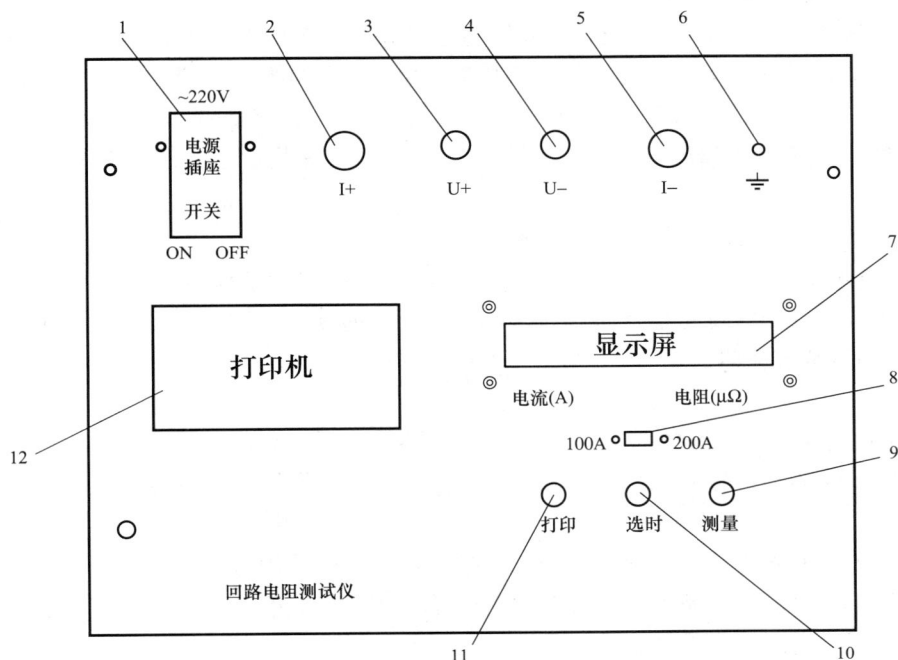

图 ZY1400203002-1　回路电阻测试仪的面板

1—AC 220V 电源插座及开关带熔断器（8A）；2—电流输出接线端子 I+；3—电压输入接线端子 U+；

4—电压输入接线端子 U−；5—电流输出接线端子 I−；6—接地柱；7—液晶屏；

8—100A 和 200A 转换开关；9—测量键；10—选时键；11—打印键；12—打印机

二、回路电阻测试仪的使用方法

（1）确认被测物已断电并处于闭合（接触）状态。

（2）仪器处于断电状态，按照面板上功能标记将交流工作电源线、输出电流线（10m 长，30mm² 多股铜芯导线）、测量电压线分别接好（包括地线）。注意电压测量接线夹 U+ 与 U− 必须接于电流输出接线夹 I+ 与 I− 的内侧，U+ 与 I+、U− 与 I− 相距在 1cm 左右，两者极性不能接错。

（3）打开电源开关，液晶显示屏显示 12 个"8"，1s 后消失，此时测试仪进入自检，等待显示"200.0　2000.0"时，则表明自检正常，可以开始测试。

（4）先用转换开关选择测试电流，再按"选时"键，选择测量时间。接着按"测量"键，测试开始，测试结束自动显示输出电流值和被测电阻值。需要打印时，按"打印"键，打印测试结果及测试信息（每打印三次测试结果为一组，同时打印开头信息）。

模块 3　SF₆ 检漏仪的使用与维护（ZY1400203003）

【模块描述】本模块介绍 SF₆ 检漏仪的使用维护要求。通过要点归纳、典型装置举例、操作技能训练，掌握 SF₆ 检漏仪进行检漏的方法及其使用维护注意事项。

【正文】

一、SF₆ 检漏仪介绍

SF₆ 检漏仪分为定性检漏仪和定量检漏仪两种。定性检漏仪只能确定 SF₆ 电气设备是否漏气，判断是大漏还是小漏，不能确定漏气量，也不能判断年漏气率是否合格，但价格便宜，操作简单，在不需要测量准确的泄漏量的情况下使用非常方便，一般用于日常维护，目前在变电检修工作中使用比较多。定量检漏仪可以测量 SF_6 气体的含量，通过测量和相应的计算可以确定年漏气率的大小，从而判断产品是否合格，主要用于设备制造、安装、大修和验收，但价格相对较高。不同型号的 SF_6 检漏仪的结构及特点是不同的。

二、SF_6 检漏仪测试的目的

电力系统中很多设备都是采用 SF_6 气体作为绝缘介质和灭弧介质的，这些设备对其气室内 SF_6 气体的压力要求非常严格。当 SF_6 气体压力降低时，SF_6 气体的绝缘性能和灭弧性能都大大下降，保证不了设备的安全，严重时可导致设备爆炸，所以，对于充 SF_6 气体的电气设备，最基本条件是具有良好的密封性能，不产生泄漏。在变电检修工作中需要对这些设备的密封点利用 SF_6 检漏仪进行检测。

下列情况下需要对 SF_6 电气设备进行检测：

（1）SF_6 电气设备安装完毕，在投运前（充气 24h 后）应对设备检漏。

（2）新设备投运后一般每三个月检漏一次，亦可一年内复校一次。稳定后，每 1～3 年检漏一次。

（3）SF_6 压力降低较快时。

（4）必要时。

三、SF_6 检漏仪使用前的准备

由于 SF_6 检漏仪的型号较多，生产厂家也比较多，在使用不同型号的测试仪前，应先做好以下工作：

（1）仔细阅读该型号检漏仪的使用说明书，掌握检漏仪的使用方法。

（2）按照随机清单，检查所配测试线及其附件是否齐全、完好。

（3）检查检漏仪电源工作是否正常。

四、SF_6 检漏仪测试的注意事项

（1）SF_6 电气设备充气至额定压力，经过 12～24h 之后方可进行气体泄漏检测。

（2）为了消除环境中残余的 SF_6 气体的影响，检测前应该吹净设备周围的 SF_6 气体，双道密封圈之间残余的气体也要排尽。

（3）采用包扎法检漏时，包扎腔尽量采用规则的形状，如方形、柱形等，使易于估算包扎腔的体积。在包扎的每一部位，应进行多点检测，取检测的平均值作为测量结果。

（4）采用扣罩法检漏时，由于扣罩体积较大，应特别注意扣罩的密封，防止收集气体的外泄。检测时应在扣罩内上下、左右、前后多点测量，以检测的平均值作为测量结果。

（5）只有不能找到泄漏点时才把灵敏度向上调整。只有复位装置不允许"自动寻找"泄漏点时才把灵敏度向下调整。

（6）在被气体严重污染的地方，可把装置复位，以隔断四周气体的浓度。装置复位时，不要移动探头。

（7）在风大的地方即使是大的泄漏也难找到。这种情况，最好把可能泄漏的地方屏蔽起来。

（8）如果传感头接触到水分或溶剂，可使检漏仪报警，所以在检漏时要防止接触这些东西。

（9）更换传感头前必须把装置断开，否则，可引起轻度电击。

（10）检测现场不能使用汽油、松节油、矿质油漆等物质，因为这些残留物会降低装置的灵敏度。

五、SF_6 检漏仪测试步骤及要求

不同型号的 SF_6 气体检漏仪的测试步骤及要求是不同的，应参照使用说明书进行。例如某型号的 SF_6 检漏仪的测试步骤及要求，详见附录1。

六、SF_6 检漏仪测试结果分析及报告编写

将测试结果填写在相应的检修记录上，工作结束后上交主管部门审核。测试结果如不合格，根据实际情况进行相应的处理。扣罩法、局部包扎法、挂瓶法、压力降法测得的结果与实际泄漏值都有一定的误差，引起误差的主要原因有：

（1）收集泄漏 SF_6 气体的腔体不可能做到绝对密封，泄漏气体有外泄的可能。

（2）扣罩法、局部包扎法在估算收集腔体积时存在误差，包扎腔不规则，估算体积不准确。

（3）环境中残余的 SF_6 气体带来影响。

（4）检漏仪的精度影响造成检测误差。

七、SF_6 检漏仪的维护

SF_6 检漏仪的维护工作主要是针对传感头进行，分为保持传感头清洁和更换传感头。

1. 保持传感头清洁

充分利用所提供的头保护套，以防止灰尘、水分及油脂的聚集。不能使用未装好头保护套的装置。在使用装置前，检查头及保护套，看看是否有污物或油脂。污物清洗的方法如下：

（1）握紧并拉出（传感）头把保护套取下。

（2）用毛巾或压缩空气清洗保护套。

（3）传感头脏污可浸在温和的溶剂（如酒精）中清洗几秒钟，然后用压缩空气或毛巾清洁。

2. 更换传感头

传感头的寿命与工作环境及使用频率有关，因此很难确定更换周期。只要传感头变得反常，比如在清洁纯净的空气环境中报警，就要更换传感头。

【思考与练习】

1. SF_6 电气设备为什么要进行检漏？什么情况下需要对 SF_6 电气设备进行检测？

2. SF_6 检漏仪使用注意事项是什么？

3. 用 SF_6 检漏仪对 SF_6 断路器进行检漏。

附录1　　　　　　　　某型号的 SF_6 检漏仪的测试步骤及要求

本附录以某厂生产的 LD2000 型的 SF_6 定性检测仪（即 SF_6 检漏仪）为例介绍使用方法。

一、LD2000 型 SF_6 定性检测仪面板

LD2000 型 SF_6 定性检测仪面板如图 ZY1400203003-1 所示。

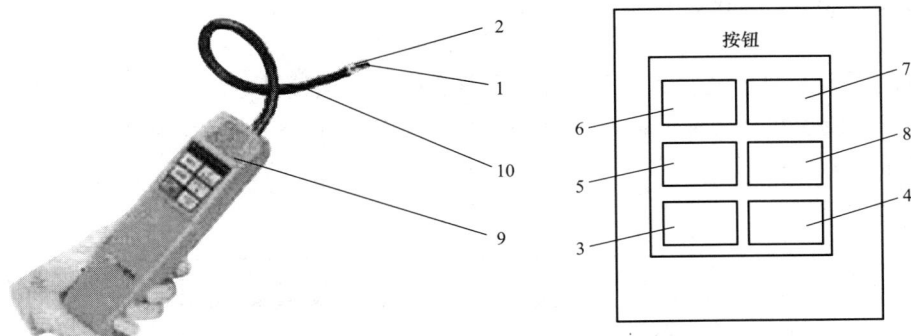

图 ZY1400203003-1　LD2000 型 SF_6 定性检测仪面板

1—传感器；2—头的保护；3—电源接通/断开；4—电池测试；5—复位按钮；6—声音抑制；

7—灵敏度增；8—灵敏度降；9—发光二极管（LED）泄漏指示器；10—可弯曲探头

二、LD2000 型 SF_6 定性检测仪的使用方法

1. 准备工作

（1）安装电池。在使用之前安装电池，将位于仪表底部电池间隔（小室）的门向上滑动取下，装入电池，正极（性）朝外（向电池的门）。LD2000 型 SF_6 定性检测仪提供两种电池电压状态的指示，一种是固定电功率指示（最左的 LED 发光二极管）；另一种是电池测试功能。

固定电功率指示可以在任何时候了解电池的电压状态，一旦装置的电源接通，LED 发光二极管就一直发亮。显示下面三种颜色中的一种。

绿色——电池电压正常，足以正确工作。

橙色——电池电压正接近工作下限，需尽快更换。

红色——电池电压低于工作水平。

（2）电池测试。按"电池测试"键来启动其功能。按键时，LED 将对实际的电池电压显示一个三色条形图指示。各 LED 所对应的电压如图 ZY1400203003-2 所示。

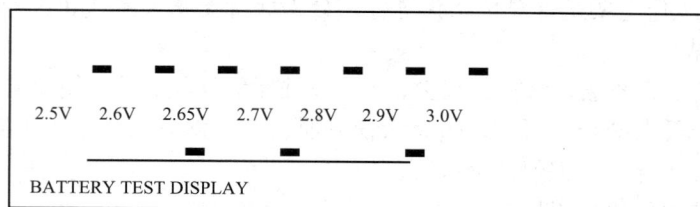

图 ZY1400203003-2 电池测试画面

发亮的 LED 数量指示电压的大小，按"电池测试"键电池电压显示就将保持，松开"电池测试"键回到正常工作状态，在工作期间，此功能可随时启动，并且不会中断报警信号。

2. 功能特点

（1）自动化电路/复位特点。LD2000 型 SF_6 定性检测仪具有自动化电路及复位功能的特点，能使装置忽略周围制冷剂的浓度。

1）自动化电路。一旦电源接通，装置就自动忽略位于传感头的制冷剂。当浓度大于此时，将引发警报（一旦电源接通，装置忽略任何存在于其周围的制冷剂。换言之，断开装置后，即使把传感头放到一个已知泄漏处并接通装置，仪器也将无泄漏指示）。

2）复位特点。工作期间按"复位"键可运行相似的功能，当按"复位"键时，它使电路按程序工作而忽略存在于传感头的制冷剂，能"自动寻找"泄漏源（较高的浓度）。同样地，可以把装置移到新鲜空气处并复位以得到最大的灵敏度。在无制冷剂（新鲜空气）的情况下，复位装置可查到任何高于零位的泄漏。一旦把装置复位，各发光二极管（除了最左边的电功率指示器）将变为橙色 1s，为复位动作提供一个目视的确认。

（2）灵敏度调整。LD2000 型 SF_6 检漏仪提供 7 种灵敏度的级别，当接通装置时，它被设定在 5 级灵敏度。

按压灵敏度"↑"键或灵敏度"↓"键可调整灵敏度。当按键时，显示器显示的发光二极管为红色，发亮的发光二极管数目表示灵敏度级别，如图 ZY1400203003-3 所示，最左边的发光二极管表示 1 级（最低的灵敏度）。从左数起，2~7 级分别以相应的红色发光二极管数目来表示，如 7 级以上所有发光二极管都亮。

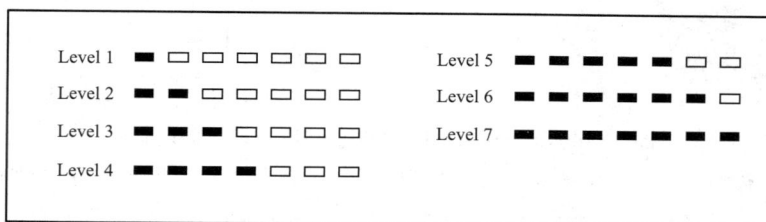

图 ZY1400203003-3 灵敏度调整画面

按灵敏度"↑"或灵敏度"↓"键时，将改变灵敏度。这两个键可间断地按压，以便一次改变 1 级，或者保持按压，以便迅速地通过几级级别。每一次增高或减低级别，相应的灵敏度就加倍或减半。换言之，2 级是 1 级灵敏度的 2 倍，3 级是 1 级灵敏度的 4 倍，以此类推。灵敏度最多可增加到 64 倍。

（3）警报指示。LD2000 型 SF_6 检漏仪具有 18 种警报级别的特点，能清楚地指示相对的泄漏大小及强度。可以用渐进的指示器在一个泄漏处自动寻找。因为警报级别的增加表示正在接近某一泄漏源（最高浓度）。由逐一增加绿、橙或红三色的发光二极管来表示每个级别，如图 ZY1400203003-4 所示。

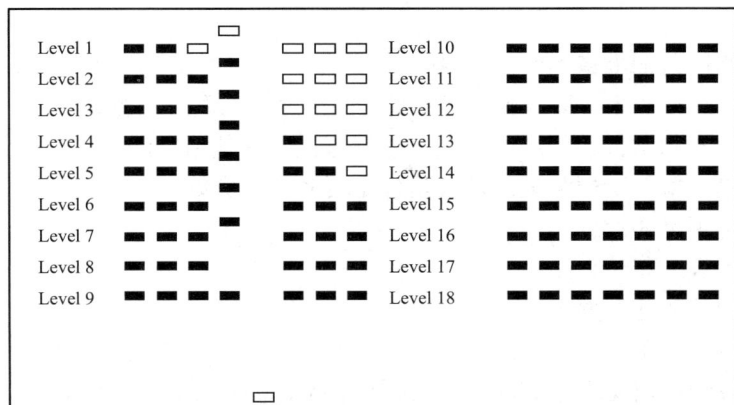

图 ZY1400203003-4　警报指示画面

首先，显示器将显示绿色灯亮，从左到右。然后，发光二极管将显示橙色灯亮，从左到右，一次取代一个绿色灯。最后，发光二极管将显示红色灯亮，从左到右，一次取代一个橙色灯。

3. LD2000 型 SF$_6$ 定性检测仪使用方法

（1）按"ON/OFF"键接通装置。显示器将用复位指示（左面发光二极管成绿色，所有其他二极管成橙色）将持续发亮 2s。

（2）观察固定电功率指示器，检验电池的水平。

（3）接通时，装置设定在灵敏度 5 级，听到快速而稳定的嘟嘟声。如有需要，可按灵敏度"↑"键或灵敏度"↓"键来调整灵敏度。

（4）开始寻找泄漏点。当检测到制冷剂时，声调将变成警笛式声音，明显不同于低音的嘟嘟声速率。另外，可视指示器将按顺序发亮。

（5）使用时，随时可用灵敏度"↑"键或灵敏度"↓"键来调整灵敏度。此项调整将不中断泄漏检测。

（6）在准确定位泄漏点前，如发生泄漏的警报，可按"复位"键，使电路复位到零基准。

模块 4　微水测试仪的使用与维护（ZY1400203004）

【模块描述】本模块介绍微水测试仪的使用维护要求。通过要点归纳、典型装置举例、操作技能训练，掌握微水测试仪测量微水的方法及其使用维护注意事项。

【正文】

一、SF$_6$微水测试仪介绍

SF$_6$ 气体微水量检测方法主要有电解法、阻容法和露点法，不同测量方法的仪器的结构和原理不同。目前国内外普遍采用数字智能露点仪作为 SF$_6$ 气体湿度测量的标准仪器，广泛应用于电力、气象、冶金、电子、空调、航空航天等领域，也可以作为在线监测仪器。数字智能露点仪融合了信号检测技术、模糊控制及数据处理技术，主要有光路系统、制冷系统、气路系统、电控系统四个部分组成，具有准确度高、测量范围宽、无滞后、使用方便等特点，适用于充有 SF$_6$ 气体设备的微水测量。

二、微水测试仪测试目的

SF$_6$ 断路器、组合电器等设备中 SF$_6$ 气体若含有水分会对设备产生多种危害，主要有：水解反应生成氢氟酸和亚硫酸等会腐蚀电气设备，水会加剧低氟化物的分解，水使金属氟化物水解腐蚀固体零件，水在设备内部结露易产生沿面放电（闪络）而引起事故。SF$_6$ 气体中含水过大将导致电气设备运行可靠性降低，寿命缩短。所以，在电气设备运行及检修过程中必须对含水量进行监测和控制。各种设备的检测标准和周期是不同的，可根据相关标准和规定要求执行。下列情况需要进行微水测试：

（1）SF$_6$ 电气设备新安装、大修后，在投入运行前应对设备进行微水测量。

（2）设备投入运行后需要定期进行微水测量。

（3）必要时。

三、微水测试仪测试前的准备

由于微水测试仪生产厂家多，型号也较多，因此在使用不同型号的测试仪前，应先做好以下工作：

（1）仔细阅读该型号测试仪的使用说明书，掌握测试仪的使用方法。

（2）按照随机清单，检查所配测试线及其附件是否齐全、完好。

（3）检查打印纸是否足够。

（4）检查测试仪电源工作是否正常。

四、微水测试仪测试的注意事项

（1）使用前对仪器进行干燥时，注意气体流量不要太大，否则会损坏内部的流量传感器。

（2）不能使用橡胶管、尼龙管和 PVC 管，主要由于其具有渗透性和吸湿性。

（3）气源如果是压缩气源（如 SF_6 气瓶、N_2 气瓶），必须通过连接减压阀后才能通过样气接头，通过样气接头的压力不能超过 1MPa。

（4）在大气压力下测量时，测量后屏幕上显示的微水含量 μL/L 值有效，可以直接读取；在系统压力下测量时，测量后需要对屏幕上显示的微水含量进行换算。

（5）光强度值不要随意更改，以免导致测量的不准确和加快发光器件的老化，应优先考虑其他因素。

（6）多点测量中，为避免环境影响，在更换测量点时，进样管道必须和环境隔绝。

（7）光源和接收管只能用吹扫球吹拭的方法进行清洁。

（8）样气进样管应尽可能短。在任何情况下，管道温度不得低于被测气体的露点温度。

五、微水测试仪测试步骤及要求

不同微水测试仪的测试步骤及要求是不同的，应参照使用说明书进行。某型号的微水测试仪的测试步骤及要求，详见附录1。

六、微水测试仪测试结果分析及报告编写

将测试结果打印出来，与标准值进行对比，测试结果如在合格范围内，即在相应的记录上填上数据，并把打印纸粘贴在记录上，工作结束后上交主管部门审核。测试结果如不合格，在相应的记录上填上数据，把打印纸粘贴在记录上并及时上报，并根据实际情况作出相应的处理。

测试结果的主要影响因素：① 相关标准规定的开关设备中的 SF_6 气体湿度值是指环境温度为 20℃ 时的数值，实际测试时的环境温度可能高于或低于 20℃，造成测得的微水量结果超标；② SF_6 气体中存在杂质（水分和粉尘等）会影响测试结果。

七、微水测试仪的维护

1. 清洁

冷镜必须进行周期性（工作时间约 20h）清洁，当仪器警告需要进行清洁时，可用干净的棉花或脱脂棉轻轻擦拭，禁止使用渗渍过的纸。如有可能，可用渗过无水酒精的棉花擦拭。

2. 可能遇到的异常问题及解决办法

（1）在低温环境，仪器内部有凝结现象。用干燥气体冲洗仪器，当待测气体的露点温度高于环境温度时，不能测量。

（2）两次测量结果偏差较大。可能是进样管路潮湿，在使用之前，用干燥气体冲洗仪器至少 10min。

（3）油或油脂污染了样气管。可用溶剂清洗管道和接头，再用压缩空气吹干。

（4）系统漏气。检查系统的气密性，使用检漏仪或肥皂液。

（5）气体流量变化。气体流量的轻微变化 20～40L/h，不会影响测量结果；如果气体流量过高，压差会导致测量结果不精确；如果气体流量过低，精确测量会耗费很长时间。

（6）露点温度不稳定。如有可能，在大气压下测量，尽可能的干燥连接管路与接头。

（7）管道方面。当被测露点在-40℃以上时，可以使用聚乙烯管（PE）和铜管；当被测露点在-40℃以下时，只能使用氟化乙丙烯管（FEP），聚四氟乙烯管（PTFE）或不锈钢管。

【思考与练习】

1. 为什么要对 SF_6 断路器、组合电器等设备中 SF_6 气体进行微水测试？哪些情况下需要对 SF_6 设

备进行微水测试？

    2. 微水测试仪使用注意事项有哪些？

    3. 利用微水测试仪对断路器内部 SF_6 气体的含水量进行测试。

附录 1　　　　　　　　某型号的微水测试仪的测试步骤及要求

本附录以 DP99-Ⅲ型数字智能露点仪（即微水测试仪）为例进行介绍。

一、DP99-Ⅲ型数字智能露点仪面板

1. DP99-Ⅲ型数字智能露点仪前面板

DP99-Ⅲ型数字智能露点仪前面板如图 ZY1400203004-1 所示。

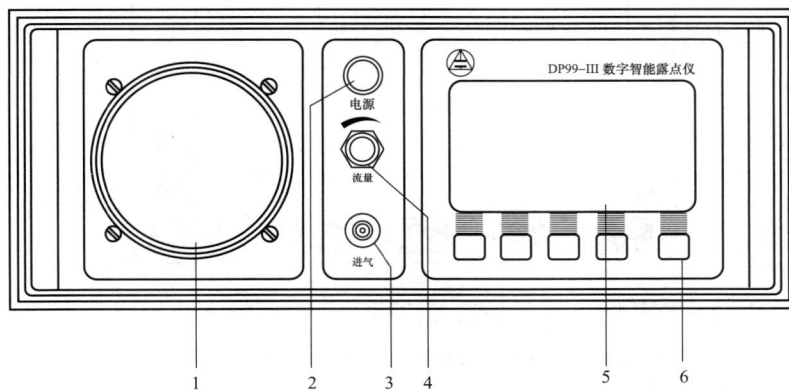

图 ZY1400203004-1　DP99-Ⅲ型数字智能露点仪前面板

1—测试头；2—电源按钮；3—样气入口；4—流量调节阀；5—液晶显示屏；6—按键

    （1）测试头。逆时针旋转测试头的压紧盖可以打开测试头，内部的测试探头可以取下，测试探头的内部装有接收管、发光管。冷镜位于样气入口（上）和出口（下）的中央。

    （2）电源按钮。按下按钮，打开仪器，指示灯亮。

    （3）样气入口。仪器的样气入口为快速接头，通过气路连接管与设备连接。

    （4）流量调节阀。通过调节流量调节阀可以调节气体流量，在液晶显示屏上可以观察气体流量的变化，顺时针方向旋转流量减少。

    （5）液晶显示屏。采用 240×128 点阵大屏幕液晶显示屏。

    （6）按键。仪器设有五个功能键，各键的功能在液晶显示屏上显示。

2. DP99-Ⅲ型数字智能露点仪后面板

DP99-Ⅲ型数字智能露点仪后面板如图 ZY1400203004-2 所示。

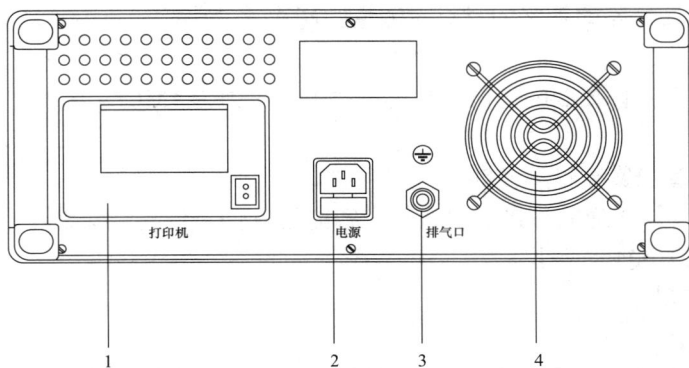

图 ZY1400203004-2　DP99-Ⅲ型数字智能露点仪后面板

1—打印机；2—电源插座；3—样气出口；4—风扇

（1）打印机。打印机可输出测试条件、测试结果数据和温度曲线。

（2）电源插座。连接电源［220（1±10%）V，50Hz］，内置 2A 熔断器。

（3）样气出口。当测量空气或无毒气体时，样气可通过样气出口直接排出，当测量腐蚀性或有毒气体时，最好在封闭的回路中进行，该气样出口可连接相应的导管。

（4）风扇。内置风扇用来冷却测试室，仪器一打开，风扇就开始转动。

二、DP99-Ⅲ型数字智能露点仪主界面

DP99-Ⅲ型数字智能露点仪主界面如图 ZY1400203004-3 所示。

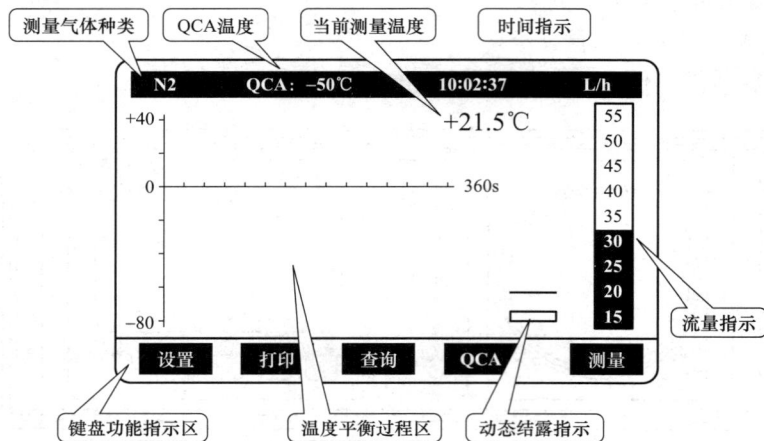

图 ZY1400203004-3　DP99-Ⅲ型数字智能露点仪主界面

设置：进入设置界面，设置各个测量参数；

打印：打印当前测试报告，在开机后第一次测量之前，按键无效；

查询：进入查询界面，查询测量历史记录；

QCA：设置快速结露加速器（Quick Condensation Accelerator，QCA）的启动温度值；

测量：开始测量。

三、DP99-Ⅲ型数字智能露点仪的使用方法

1. 使用前的准备

（1）仪器干燥。如果仪器停用一段时间，在使用前必须对仪器的气路进行干燥，所有的管道和接头，若没有储存在装有干燥剂密封的容器中，必须用干燥的 N_2H 或 SF_6 冲洗 10min（最大压力 1MPa），调节流量调节阀，使气体流量在 40L/h，潮湿的接头烘干即可。

（2）检查镜面。使用前，必须检查镜面是否干净，其过程如下：拧开测试头压紧盖，取出测试探头，观察冷镜镜面是否干净。如不干净，必须用中性的绵纸或脱脂棉擦拭干净，然后将测试探头装在仪器上，拧好压紧盖。

（3）管路连接。连接气路的管路的材料对测量会产生重要影响，不合适的材料会影响样气湿度，导致测量不准确。

PE、FEP 和 PTFE 管（直径 6mm×4mm）的最大工作压力为 1MPa（10bar），不锈钢管的最大工作压力为 25MPa（250bar）。

2. DP99-Ⅲ型数字智能露点仪与被测气源的连接

通过样气导管、各种接头等将 DP99-Ⅲ型数字智能露点仪与被测气源进行连接，SF_6 气体测量的典型装配图如图 ZY1400203004-4 所示。

3. 微水测试仪的使用

（1）准备。

1）开机。DP99-Ⅲ型数字智能露点仪与被测气源连接好后，接上电源，打开仪器电源开关，进入开机界面。

2）选择待测气体种类。开机界面持续大约 3s 后，进入选择测量气体界面，选择待测气体种类。

3）选择测量方式。测量方式有两种，在大气压力下测量，首先完全关闭外部流量调节阀，完全打开 DP99-III 型数字智能露点仪上流量调节阀，打开待测气源，然后慢慢打开外部流量调节阀，直到流量在 30L/h 左右。在系统压力下测量：首先完全关闭 DP99-III 型数字智能露点仪上流量调节阀，完全打开外部流量调节阀，打开待测气源，然后慢慢打开 DP99-III 型数字智能露点仪上流量调节阀，直到流量在 30L/h 左右。

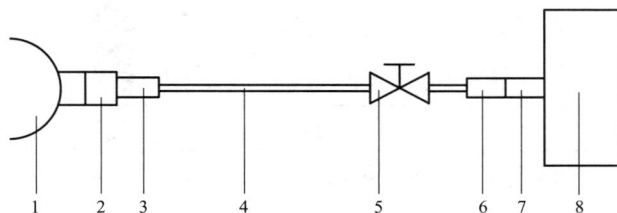

图 ZY1400203004-4　SF$_6$ 气体测量的典型装配图

1—气源；2—样气接头；3—转换接头；4—样气导管；5—外部流量调节阀；6—快速接头（活动部分）；

7—快速接头（固定部分）；8—DP99-III 型数字智能露点仪

4）预热。仪器预热 10min。

5）仪器自动镜面检查。仪器开机后会自动检查镜面，在仪器预热后，根据屏幕上动态结露指示，按下列方法处理：① 光能量正常时可正常使用，光能量不足时镜面不清洁，就需要擦拭镜面。② 露点室压盖没旋紧，将压盖旋紧。③ 光探头的发射孔或接收孔有污染，需要清洗。④ 光源老化，发光能力减弱，可调整发光强度。⑤ 光能量过强，外部环境条件变化导致的可调整发光强度。

（2）设置。在主菜单中按下"设置"键，进入设置画面，设置完成后，仪器自动存储，重新开机不会改变设置内容。DP99-III 型数字智能露点仪设置界面如图 ZY1400203004-5 所示。

1）设置 QCA 的加速挡位。QCA 加速挡分为四个挡位，由低到高分别为 1、2、3、4，应根据当地的气候环境选择适当的加速挡，通常夏季应选用低速挡，冬季应选用高速挡。

图 ZY1400203004-5 中按"退出"键返回主界面，

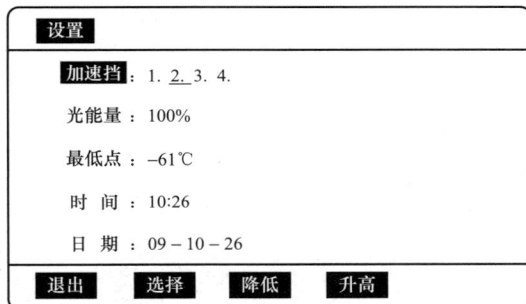

图 ZY1400203004-5　DP99-III 型数字智能露点仪设置界面

按"选择"键依次选择各个设置项目，被选中的设置项目反色；按"降低"键降低加速挡位；按"升高"键升高加速挡位。

2）光能量。当光能量不足或者过强时，需要重新设置光能量。按下"调节"键，屏幕提示"检查镜面"，此时应检查镜面是否干净，然后按"确认"键，仪器自动将光能量调整为 100%。

3）最低点。设置温度的最低点，设置范围在 −59～−62℃。在测量 SF$_6$ 气体时，应防止气体液化。

4）日期、时间。设置系统内部的日期、时间，仪器记录测量日期和时间，以备以后进行查询。

（3）加速装置 QCA。装置内置加速结露用加速器（QCA），能在非常低的温度下快速稳定露点，当镜面温度达到设定的 QCA 温度时，少量湿气被注入导气管，它加速镜面表层的结露，从而缩短了响应时间。为了得到最佳的结果，QCA 温度必须设置在仪器的工作范围内。在主界面按下"QCA"键，进入 QCA 设置界面，设定 QCA 的温度范围为 −31～+79℃。超过此范围，QCA 关闭，仪器将不再启动 QCA。一般设置在 −40℃，在夏季使用时，可升高几摄氏度，加速效果会更好。

（4）测量。在所有测量参数设置完成后，完全开启仪器面板上的流量调节阀，完全关闭外部流量调节阀，打开电力设备阀门，慢慢调节外部流量调节阀，避免大气流冲击仪器内部的流量计，使进气流量显示为 25L/h 或 30L/h。DP99-III 型数字智能露点仪测量界面如图 ZY1400203004-6 所示，在主界面按下"测量"键，开始测量。当柱状图停止滚动，表示温度开始平衡，此时屏幕显示当前水分含量。待温度相对稳定没有波动，按"停止"键，结束测量，此时屏幕显示测量结果。测量完成后，关闭气源，同时关闭仪器面板上的流量调节阀，然后关闭电源。

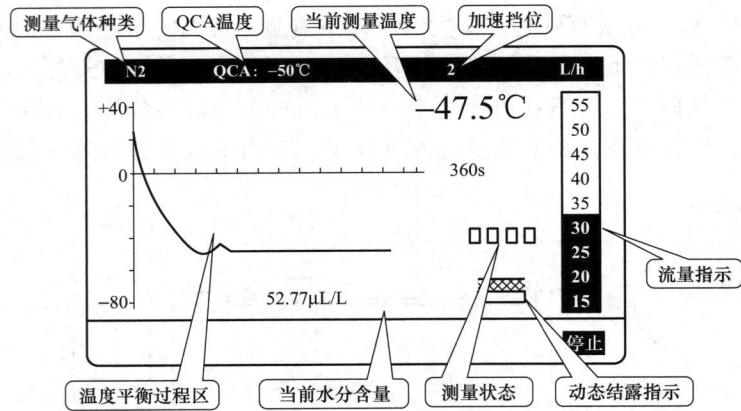

图 ZY1400203004-6　DP99-Ⅲ型数字智能露点仪测量界面

（5）存储查询。在主界面按"查询"键，进入存储查询界面。可以查询以前测量的记录值。

（6）打印测试报告。按"打印"键，可直接打印测试报告。

第三部分

高压设备的原理

第十章　断路器的基本理论

模块 1　电弧理论（ZY1400301001）

【模块描述】本模块介绍电弧的基本特性，直流电弧、交流电弧的定义及熄灭条件与熄灭电弧的基本方法。通过原理讲解、要点归纳、图形展示，掌握各类电弧的基本特性及熄灭电弧的基本方法。

【正文】

当开关开断电路时，只要电流达到几百毫安，电源电压有几十伏，在开关的触头间就会出现电弧。由于电弧是导电体，只有将电弧熄灭才能实现电路的开断。因此电弧燃烧和熄灭过程是开关电器最重要的内容。

一、电弧的基本特性

1. 电弧放电

电弧放电现象是气体自持放电的一种形式。所谓自持放电，即两电极间的导电质点不断产生和消失，处于一种动平衡状态，它的条件是电源的能量足以维持电弧的燃烧。实践证明，当开关电器切断有电流的电路时，如果触头（电极）间的电压大于 10～20V，电流大于 80～100mA，在瞬间断开的触头间便产生强烈的白光，这种白光即称为电弧。此时，触头虽已分开，但是电流以电弧的形态维持，电路仍处于接通状态。只有在触头分开到足够的距离，电弧熄灭后，电路才被断开。电弧是开关电器在断开过程中不可避免的现象。

2. 电弧的形成过程

开关电器中电弧的形成是触头间具有电压以及气体分子被游离的结果，其过程是：当开关电器用来断开电路时，在触头的分离过程中，由于动、静触头间的接触压力和接触面积不断下降和减少，接触电阻迅速增大，接触处的温度将急剧升高；另外，在触头初分瞬间，由于触头间的距离很小，其间电场强度很高，作为阴极的触头在高温和强电场的作用下，将发生热电子发射和强电场发射，由阴极发射出的电子在电场力的作用下，逐渐加速运动，迅速奔向阳极，在高速运动的电子奔向阳极的过程中，不断与气体分子碰撞，当积累足够大的动能时，可使中性气体分子分离成自由电子和正离子，这一过程称为碰撞游离。新产生的电子将和原有的电子一起以极高的速度向阳极运动，当它们和其他中性气体分子相碰撞时，再次发生碰撞游离，由此连续不断的碰撞游离，气体介质中的带电质点大量增加，在外加电压作用下，气体介质开始被击穿，形成弧光放电。

弧光放电时，弧柱温度可高达 5000～13 000℃，弧柱中的气体分子在高温作用下产生剧烈的热运动，且动能很大，使气体分子间相互撞击，分离出新的自由电子和正离子，这种现象称为热游离。弧柱的导电就是靠热游离来维持的。热游离形成的带电质点分别向阴极和阳极移动。正离子向阴极移动的过程中受阴极压降区强电场的作用，不断撞击阴极，保持阴极的电子连续发射，于是电流就以电弧的形态在已分开的触头间持续流通。由于电弧放电主要靠热游离维持，因此，维持电弧稳定燃烧的电压就不需要很高。

电弧的形成过程实际上是一个连续的过程。最初，由阴极借强电场和热电子发射提供起始自由电子，然后，由碰撞游离而导致介质击穿，产生电弧，最后靠热游离来维持。

3. 电弧的去游离及影响去游离的因素

以上所述是形成电弧的基本游离形式，然而在游离的同时还存在着一种与游离现象相反的过程，即带电质点互相中和为不导电的中性质点，使带电质点大大减少，这种现象称为去游离。去游离的强弱是能否熄灭电弧的主要因素。电弧的形成过程中，游离和去游离过程是同时存在的，当游离作用大于去游离作用时，电弧电流越来越大；如两者作用平衡，则电弧稳定燃烧；游离作用小于去游离时，则电弧电流减小，直至熄灭。因此，要使电弧迅速熄灭，就应人为地创造条件，加强去游离作用。开关电器中的灭弧装置就是在这一理论基础上实现的。

（1）电弧的去游离方式。

电弧的去游离方式有复合和扩散两种。

1）复合。异号带电质点的电荷彼此中和成为中性质点的现象称为复合。两异号带电质点须在一定的时间内处于相近的距离才能完成复合，由于电子运动速度约为离子运动速度的 100 倍，所以，正、负离子间的复合要比电子和正离子的复合容易得多。通常，电子在碰撞时，有些电子附在中性质点上，形成负离子后，再与正离子复合。

另外，电弧与固体物质表面接触，也可以加强复合，其原理是电子首先附在固体介质表面上，然后再把正离子吸引到固体介质表面上进行中和。

2）扩散。弧柱中的带电质点，由于热运动而从弧柱内部逸出，进入周围介质的一种现象称为扩散。电弧中发生扩散是由于电弧与周围介质的温度相差很大，以及弧柱内与周围介质中的离子浓度相差很大的缘故。扩散作用的存在，使弧柱内的带电质点减少，有助于电弧的熄灭。

（2）影响去游离的因素。

影响去游离的因素主要有介质特性、冷却电弧、气体介质的压力和触头材料。

1）介质特性。电弧中去游离的强度，在很大程度上决定于电弧燃烧所处介质的特性。如气体介质的导热系数、介电强度、热游离温度和热容量等。若上述各项数值越大，则去游离过程越强烈，电弧越容易熄灭。气体介质中，氢气具有良好的灭弧性能和导热性能，其灭弧能力约为空气的 7.5 倍，水蒸气、二氧化碳和空气次之，六氟化硫（SF_6）气体的灭弧能力更强，约为空气的 100 倍。

2）冷却电弧。电弧是由热游离维持的，降低电弧温度就可以减弱热游离，减少新带电质点的形成，同时使带电质点运动速度减小，复合作用加强。迅速拉长电弧，用气体或油吹动电弧，使电弧与固体介质表面接触等，都可以加强电弧的冷却。

3）气体介质的压力。电弧在气体介质中燃烧时，气体介质的压力对电弧去游离的影响很大。气体的压力越大，则单位体积中的质点数量就越多，质点间的距离就越小，复合作用越强。因此，增加气体介质的压力，电弧就容易熄灭。开关电器的灭弧装置中，广泛利用了这一特性。

4）触头材料。触头材料对去游离也有一定的影响。触头应采用熔点高、导热能力强和热容量大的耐高温金属，以减少热电子发射和电弧中的金属蒸气。

综上所述，触头间电弧的形成与熄灭决定于游离和去游离的强弱。触头间的电压和电场强度是碰撞游离的主要条件，而电弧的温度是影响游离和去游离的重要因素。电弧的温度一方面决定于电弧的能量；另一方面又决定于电弧的冷却情况。当电弧能量一定时，电弧的熄灭决定于电弧被冷却后的去游离作用。

4. 开关电弧的主要外部特征

（1）电弧是强功率的放电现象。在开断几十千安短路电流时，以焦耳热形式发出的功率可达 10000kW。电弧可具有上万摄氏度或更高的温度及强辐射，在电弧区的任何固体、液体或气体在电弧作用下都会产生强烈的物理及化学变化。

（2）电弧是一种自持放电现象。不用很高的电压就能维持相当长的电弧稳定燃烧而不熄灭。如在大气中，每厘米长电弧的维持电压只有 15V 左右。在大气中，在 100kV 电压下开断仅 5A 的电流时，电弧长度可达 7m。电流更大时，可达 30m。因此，单纯采用拉长电弧来熄灭电弧的方法是不可取的。

（3）电弧是等离子体，质量极轻，极容易改变形状。电弧区内气体的流动，包括自然对流以及外界甚至电弧电流本身产生的磁场都会使电弧受力，改变形状，有的时候运动速度可达每秒几百米。设计人员可以利用这一特点来快速熄弧并预防电弧的不利影响及破坏作用。

二、直流电弧

1. 直流电弧的特性

直流电路中产生的电弧叫直流电弧，直流电弧稳定燃烧时，所测得的电弧电压和电弧电流的关系曲线称为电弧的静态伏安特性。直流电弧的伏安特性如图 ZY1400301001-1 所示，图中曲线 ab 具有下降的形式。当流经弧柱的电流增大时，弧道电阻减小，电弧电压下降；当流经弧柱的电流减小时，电弧电压升高。这和普通电路的情况正好相反，在普通电路中，当电流增加时，电阻压降也增加，这是因为电路中电阻值不变的缘故，但在电弧中，由于电弧电流的增大及热游离的加剧使电弧电阻的变化与电流的平方成反比。

曲线 ab 与纵轴相交点 a 的电压 u_{fl} 称为发弧电压。所谓发弧电压，是指产生电弧所必需的最小电压值。小于此值的电压就不能点燃电弧。发弧电压的大小与触头间的距离、触头的温度、触头间压力和触头材料等有关。

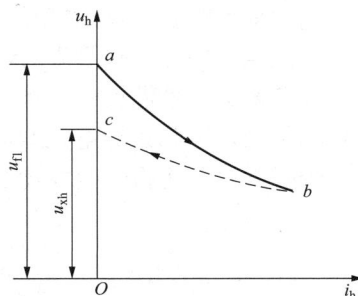

图 ZY1400301001-1 直流电弧的伏安特性

静态伏安特性曲线 ab 上的每一点都表示电弧能稳定地燃烧，这是指电弧电流变化速率不大的情况而言。如果改变电弧电流的变化速度，将会得到与曲线 ab 不重合的某条曲线。曲线 cb 是从曲线 ab 的 b 点以很快的速度减小电弧电流而获得，它略低于曲线 ab，这是由于电弧电流减小的速度很快，使去游离作用来不及跟上电流的变化所致。所以曲线 cb 称为动特性曲线，它与电流的增加或减小的速度有关。曲线 cb 在纵轴上的交点 c，称为熄弧电压 u_{xh}。所谓熄弧电压，系指熄灭电弧时，电弧两端承受的最大电压值。电压大于此值的电弧就不能熄灭，熄弧电压总是小于发弧电压的。实际上，发弧电压和熄弧电压都表征电弧中介质强度、游离和去游离的作用。不过发弧电压对应于产生电弧电流前的状态，熄弧电压对应于电弧电流消失后的状态。

2. 直流电弧熄灭的条件

在稳定燃烧着的直流电弧中，游离质点数是保持不变的，因而电弧电流为一常数。要使电弧熄灭，必须使电弧电压大于电源电压与电路的负载电阻电压降之差。其物理意义是，当电源电压不足以维持稳态电弧电压及电路的负载电阻电压降时，将引起电弧电流的减小，于是电弧开始不稳定燃烧，电流将继续减小直到零，电弧即自行熄灭。在直流电路中，负载电流越大，触头断开时产生的电弧越不容易熄灭。

在直流电路中，总存在有电感，所以当断开直流电路时，由于电流的迅速减小，必然要在电路中产生自感电动势。此电动势加到电源电压上，将会引起操作过电压，过电压值的大小决定于电感的大小和电流的变化率。

电弧的去游离越强，则电流的变化率越大，操作过电压值也就越高。因此，断开直流电路用的开关电器，不宜采用灭弧能力特别强的灭弧装置。

三、交流电弧

1. 交流电弧的特性

交流电弧的特点是电弧电压和电弧电流的大小及相位都是随时间作周期性变化的，每一周期内有两次过零值。电流过零时电弧自动熄灭，而后随着电压的增大电弧又重新点燃，故交流电弧的伏安特性为动特性。一周期内交流电弧电压和电弧电流的变化曲线如图 ZY1400301001-2 所示。

图中 u_{fl} 为发弧电压，发弧后电弧电流增大，电弧温度升高，热游离加强，弧内电导增大，电弧电压开始下降。以后电弧电流由最大值减小至零，电弧电压随电弧电流的减小反而逐渐上升，这是因为供给电弧的能量减小了，去游离的作用增强，直至电弧熄灭。电压 u_{xh} 称为熄弧电压。

交流电弧每半个周期自然过零一次，从熄弧角度来看，电流过零时电弧自动熄灭，只要使过零后的电弧不再重燃，则交流电弧就熄灭了。因此，对交流电弧来说不是电弧能否熄灭，而是电流过零后，弧隙是否会再击穿而重新燃弧的问题。

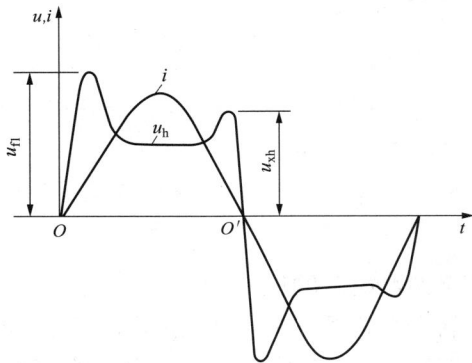

图 ZY1400301001-2 一周期内交流电弧电压和
电弧电流的变化曲线

2. 交流电弧的熄灭条件

交流电弧是否重燃决定于弧隙内介质电强度和加在弧隙上的电压。在交流电弧中，电流自然过零时，弧中有两个相联系的过程同时存在，即电压恢复过程与介质电强度恢复过程。一方面弧隙介质电强度随去游离的加强而逐渐恢复，所谓介质电强度，是指弧中介质所能承受而不被击穿的最大外加电压，在交流电弧的电流接近零时，由于电流变小，使弧隙温度急剧下降，过零瞬间输入能量为零，弧隙热量继续散失，使温度进一步下降，当温度低于热游离的温度时，热游离停止，原来的游离质点继续复合和扩散，弧隙由导电状态逐渐恢复到不导电状态，这一过程称为介质电强度恢复过程；另一方面，加于弧隙电压将按一定规律由熄弧电压恢复到电源电压，这一过程中弧隙两端的电压叫做恢复电

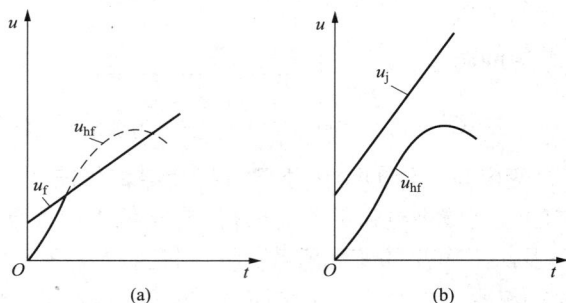

图 ZY1400301001-3　交流电弧过零值后的重燃与熄灭
（a）重燃；（b）熄灭

压。恢复电压值的变化过程称为弧隙电压恢复过程。它的存在将使游离作用加强。

因此，比较电流过零后，通过弧隙的介质电强度和恢复电压值的大小就可判断电弧是否重燃和熄灭。只要电流过零后，弧隙介质电强度 u_j 永远大于恢复电压 u_{hf}，弧隙就不会再次被击穿。否则，电弧将重燃。图 ZY1400301001-3 所示为交流电弧过零值后的恢复电压与介质电强度的恢复情况。因此，交流电弧的熄灭条件是，电流过零后弧隙的介质电强度恢复曲线始终高于电压恢复曲线。

四、熄灭电弧的基本方法

在高、低压开关电器中，广泛采用的基本灭弧方法有下列几种。

1. 迅速拉长电弧

拉长电弧有利于散热和带电质点的复合和扩散，具体方法如下：

（1）加快触头的分离速度，如采用强力断路弹簧等。目前，高压断路器的分闸速度已经从 1m/s 提高到 16m/s。

（2）采用多断口。在触头行程、分闸速度相同的情况下，多一个或几个断口总比单个断口的电弧长，电弧被拉长的速度也成倍增加，因而能提高灭弧能力。一相内有几个断开点时的触头示意图如图 ZY1400301001-4 所示。

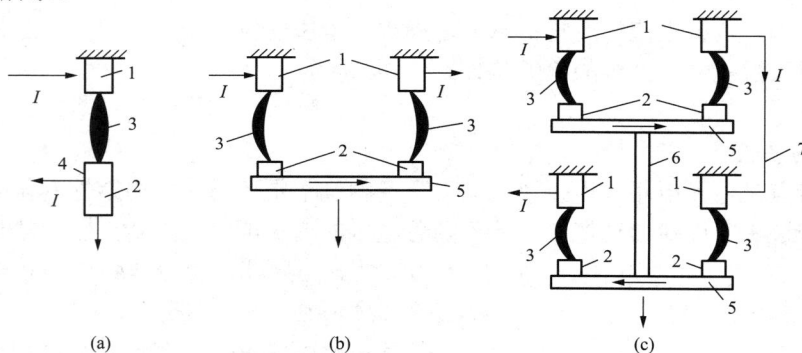

图 ZY1400301001-4　一相内有几个断开点时的触头示意图
（a）一个断开点；（b）两个断开点；（c）四个断开点
1—固定触头；2—可动触头；3—电弧；4—滑动触头；5—触头的横担；6—绝缘杆；7—载流连接条

2. 将长弧分成几个短弧

将长弧分成几个短弧的方法常用于低压开关电器中，如图 ZY1400301001-5 所示。

在触头间发生的电弧进入与电弧垂直放置的金属栅片内，将一个长弧分成一串短弧。在交流电路中，利用近阴极效应，即当电流过零时，所有短弧同时熄灭，在每一短弧的阴极附近立即出现 150～250V 的介质电强度，所有电弧阴极的介质电强度的总和永远大于触头间的外加电压，电弧就不再重燃。

在直流电路中，利用所有短弧上的阴极和阳极电压降的总和大于触头上的外加电压，使电弧迅速熄灭。此外，金属栅片也有冷却电弧的作用。

3. 吹弧

吹弧广泛应用于高压断路器中。例如在油断路器中，利用油在电弧高温作用下分解出的大量高压

气体，强烈吹动电弧。在压缩空气断路器中利用压缩空气吹动电弧。吹弧作用使电弧强烈冷却和拉长，加速扩散，促使电弧迅速熄灭。

吹弧方式有纵吹和横吹两种基本类型，如图 ZY1400301001-6 所示。

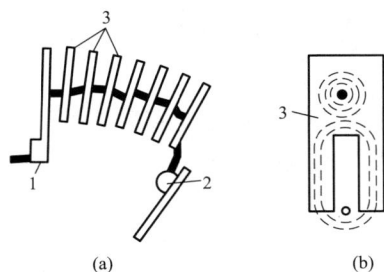

图 ZY1400301001-5　将长电弧分成几个短电弧

（a）金属灭弧栅；（b）缺口钢片

1—静触头；2—动触头；3—栅片

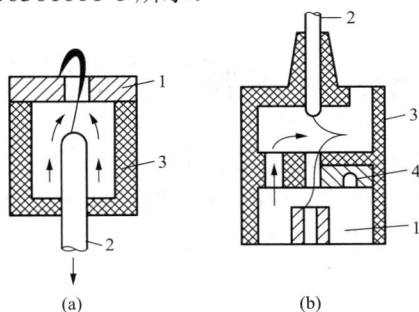

图 ZY1400301001-6　吹弧方式

（a）纵吹；（b）横吹

1—定触头；2—动触头；3—灭弧室；4—缓冲室

横吹比纵吹更有利于拉长电弧和增大散热面积，因而灭弧性能好。纵吹也有它的优点，只要使用得当，其效果也很好，而且灭弧装置的结构比较简单，一般断路器广泛采用横、纵联合吹弧方式。凡利用电弧本身能量来灭弧的称为自能灭弧，其吹弧能力与开断电流的大小有关。压缩空气断路器的吹弧能量是来源于压缩空气，这种情况称为外能灭弧，其吹弧能力与开断电流的大小无关。现在国内外生产的各电压等级的 SF_6 断路器，主要采用变开距灭弧室和定开距灭弧室的结构，以及在变开距灭弧室基础上进一步改进的，代表着最新发展和研究成就的"自能"式灭弧室。

4. 使电弧在周围介质中移动

这种方法常用于低压开关电器中，电弧在周围介质中移动，也能得到与气体吹弧同样的效果。使电弧在周围介质中移动的方法有电动力、磁力和磁吹动三种，如图 ZY1400301001-7 所示。

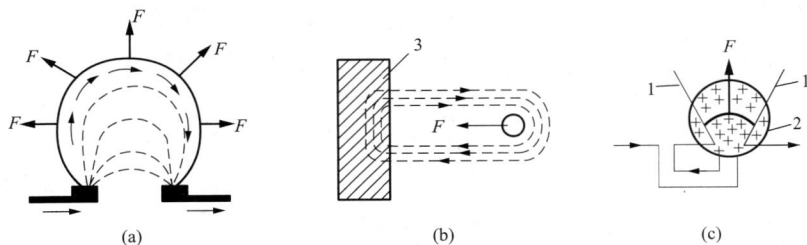

图 ZY1400301001-7　电弧在周围介质中的移动

（a）电动力；（b）磁力；（c）磁吹动

1—吹弧角；2—磁吹线圈；3—磁性材料

5. 利用固体介质的狭缝或狭沟灭弧

电弧与固体介质紧密接触时，固体介质在电弧高温的作用下分解而产生气体，狭缝或狭沟中的气体因受热膨胀而压力增大，同时由于附着在固体介质表面的带电质点强烈复合和固体介质对电弧的冷却，使去游离作用显著增大。绝缘灭弧栅和细粒填料形成的狭沟灭弧如图 ZY1400301001-8 所示。

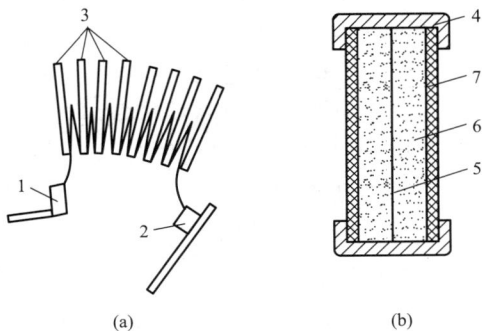

图 ZY1400301001-8　狭缝或狭沟灭弧

（a）绝缘灭弧栅；（b）细粒填料形成的狭沟灭弧

1—固定触头；2—可动触头；3—绝缘灭弧栅片；4—铜帽；

5—熔体；6—石英砂；7—瓷管

【思考与练习】

1. 开关电弧的主要外部特征是什么？

2. 熄灭直流电弧的条件是什么？

3. 熄灭交流电弧的条件是什么？

4. 熄灭电弧的基本方法有哪些？

模块 2　高压断路器短路电流的开合（ZY1400301002）

【模块描述】本模块介绍短路故障的关合、恢复电压的基本概念、单相电路开断时的恢复电压和三相电路开断时的恢复电压。通过概念描述、原理讲解，掌握短路故障的关合、恢复电压的基本概念，熟悉高压断路器在开合短路电流时的电压恢复过程。

【正文】

高压断路器在电力系统中开断电路时，总会出现电弧，开断的电流愈大，电弧愈难熄灭，其工作条件也愈严酷。在电力系统发生短路故障时，短路电流比正常负荷电流大得多，因而关合与开断短路故障是高压断路器最基本也是最困难的任务。

恢复电压对开断过程有着决定性的影响，本模块将重点分析短路故障的电压恢复过程。

一、短路故障的关合

高压断路器在电力系统中的关合有两种类型：① 正常关合，指关合前线路和电气设备不存在绝缘故障；② 短路故障的关合，指关合前线路或电气设备已存在绝缘故障，甚至处于短路状态。后一种关合大部分出现在线路发生短路故障，断路器由继电保护控制跳闸后，进行自动重合而短路故障并未消除时，也可能出现在电力系统投入运行前已存在未被发现的"预伏故障"时。由于在各种关合中短路故障的关合最危险，因此具有足够的关合短路故障的能力是对断路器的一项基本要求，也是国家标准中规定的型式试验考核项目。标志这一能力的参数是断路器的额定短路关合电流。

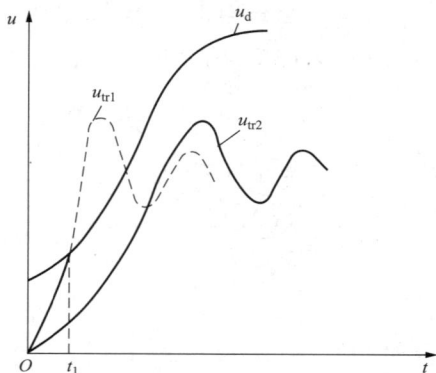

图 ZY1400301002-1　弧隙介质强度和恢复电压

二、恢复电压的基本概念

交流电弧过零后能否熄灭，除与弧隙介质恢复过程有关外，还与弧隙的电压恢复过程有关。当恢复电压高于介质强度，电弧重燃；当恢复电压低于介质强度，电弧熄灭。弧隙介质强度和恢复电压如图 ZY1400301002-1 所示。图中 u_d 为弧隙介质强度恢复曲线，当恢复电压按曲线 u_{tr1} 变化时，在 t_1 后电弧重燃；而当恢复电压按曲线 u_{tr2} 变化时，电弧就熄灭。

由此可见，要研究灭弧问题必须弄清楚电压的恢复过程。对于断路器来说，开断短路故障是一项严重的任务。因此，分析断路器开断短路故障时的电压恢复过程尤为重要。

电压恢复过程中，首先出现在弧隙两端的是具有瞬态特性的电压，称为瞬态恢复电压。瞬态恢复电压存在的时间很短，只有几十微秒至几毫秒。瞬态恢复电压消失后，弧隙两端出现的是由工频电源决定的电压，称为工频恢复电压。工频恢复电压也可以说是电弧熄灭后，弧隙两端恢复电压的稳态值，瞬态恢复电压与工频恢复电压统称恢复电压。

从灭弧角度看，在开断短路故障时，瞬态恢复电压具有决定性的意义，是分析研究的主要方面，而且许多场合下提到的恢复电压往往就是指瞬态恢复电压。瞬态恢复电压的变化取决于：

（1）工频恢复电压的大小。

（2）电路中电感、电容和电阻的数值以及它们的分布情况。实际电网中，这些参数的差别很大，因此瞬态恢复电压的波形也会有很大的差别。

（3）断路器的电弧特性。交流电流过零时，特别在开断大电流时，弧隙不可能由原来的导电状态立刻转变为绝缘介质，也即电流过零时，弧隙有一定的电阻。断路器的开断性能不同，电流过零时弧隙电阻值的差别很大。显然，弧隙电阻对瞬态恢复电压会带来很大的影响。

电流过零时，弧隙电阻能立即变成无限大的断路器称为理想断路器。因此，理想断路器的瞬态恢复电压只取决于电网参数（电源电压、电感、电容和电阻等），而与断路器的开断性能无关。称理想断路器开断无直流分量的交流电流时的瞬态恢复电压为电网的固有瞬态恢复电压或预期瞬态恢复电压。在断路器标准中规定的瞬态恢复电压都指的是电网固有瞬态恢复电压。

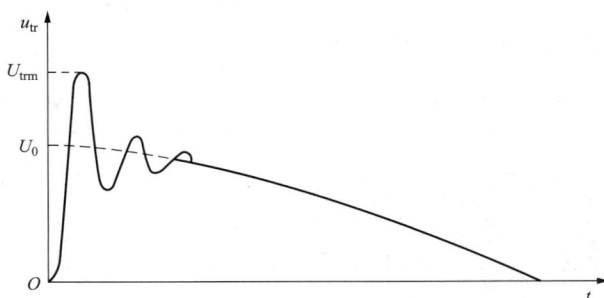

图 ZY1400301002-2　单相电路开断时恢复电压波形

三、单相电路开断时的恢复电压

单相电路开断时的恢复电压波形如图 ZY1400301002-2 所示。

从图 ZY1400301002-2 中可以看出，瞬态恢复电压中含有高频振荡，其振荡频率 f_0 与电源侧 L、C 有关，但衰减很快。当 t 接近 $\dfrac{1}{2f_0}$ 时，瞬态恢复电压到达最大值 U_{trm}，U_{trm} 一般为工频恢复电压 U_0 的 1.4～1.5 倍，即

$$U_{trm} = (1.4 \sim 1.5)U_0 \qquad (\text{ZY}1400301002\text{-}1)$$

电流过零时，工频电压瞬时值为

$$U_0 = U_m \sin\varphi \qquad (\text{ZY}1400301002\text{-}2)$$

式中　U_m——交流电源电压峰值；

　　　φ——功率因数角，由 L、R 值确定。

通常短路故障时，功率因数很低，许多情况下 $\cos\varphi < 0.15$，$\sin\varphi \approx 1$，此时

$$U_0 \approx U_m \qquad (\text{ZY}1400301002\text{-}3)$$

四、三相电路开断时的恢复电压

三相电路开断时的工频恢复电压，随系统的接地方式与短路故障方式的不同有很大差别。本模块讨论以下三种情况。

1. 中性点不直接接地系统的三相短路故障

我国 60kV 及以下的电力系统（包括部分 110kV 电力系统），都采用中性点不直接接地方式。这种系统可能出现三相不接地短路和三相接地短路两种情况。

三相不接地短路故障时，三相短路电流不同时过零，三相电弧也不会同时熄灭。假定 U 相短路电流先过零，U 相电弧先熄灭，此时，V、W 相形成两相短路，流经 V、W 两相的短路电流为 $0.866 I_U$。U 相开断时断路器触头两端的工频恢复电压为相电压的 1.5 倍，或称首开极（相）系数为 1.5。

U 相电流过零电弧熄灭后，V、W 两相的短路电流 I_{VW} 经过 5ms（90° 电角度）也过零。电源电压 U_{VW} 将加在 V、W 两相的触头上。如果电压均匀分配，V、W 两相触头上的工频恢复电压只有相电压的 0.866 倍，比 U 相的工频恢复电压低很多。

由此可见，开断三相短路故障的困难和关键在于首相。首相如能灭弧，后两相一般均能顺利灭弧，但燃弧时间比首开相延长 5ms，电弧能量较大，因此触头烧损、喷油、喷气等情况比首相要严重些。

中性点不直接接地系统中发生三相接地短路故障时，短路电流与恢复电压的情况与三相不接地短路故障相同。

2. 中性点直接接地系统的三相接地短路故障

我国 220kV 及以上电力系统（包括部分 110kV 电力系统），采用中性点直接接地方式。中性点直接接地系统发生三相接地短路故障时，设 U 相电流先过零，电弧先熄灭，U 相开断时工频恢复电压为相电压的 1.3 倍，即首开极（相）系数为 1.3。U 相电弧熄灭后，V 相电流经 76° 电角度（4.22ms）后，电流过零，电弧熄灭。V 相开断时工频恢复电压为相电压的 1.25 倍，燃弧时间延长 4.22ms。V 相电弧熄灭后，W 相短路电流再经 44° 电角度（2.44ms）后，电流过零，电弧熄灭。W 相开断时工频恢复电压即为相电压，燃弧时间再延长 2.44ms。

中性点直接接地系统发生三相接地短路故障各相短路电流的开断次序、工频恢复电压、燃弧时间的数据见表 ZY1400301002-1。

表 ZY1400301002-1　　　　　　　　　工频恢复电压与燃弧时间

开断次序	1	2	3
相　　别	U	V	W
工频恢复电压	$1.3\,U_{ph}$	$1.25\,U_{ph}$	U_{ph}
燃弧时间（ms）	t_a	$t_a +4.22$	$t_a +6.66$

注　U_{ph} 为相电压。

中性点直接接地系统中，由于额定电压高，相间绝缘距离大，一般不会出现三相短路的情况。如果出现三相短路，则各相工频恢复电压的情况与中性点不直接接地系统中三相短路故障的分析结果相同，即首开极（相）系数仍为 1.5。

3. 中性点不直接接地系统中异地两相接地故障

在中性点不直接接地系统中，可能出现异地两相接地故障，简称异地故障。

异地两相接地故障电路图如图 ZY1400301002-3 所示，U 相在 1 处，V 相在 2 处都出现接地故障时，断路器 QF 的 U 相中流过短路电流。断路器开断短路故障，U 相电弧熄灭时的工频恢复电压为相电压的 1.73 倍，即异地两相接地故障时的工频恢复电压为相电压的 1.73 倍。

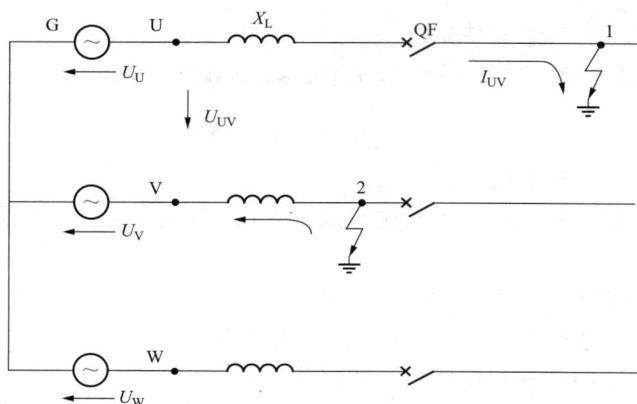

图 ZY1400301002-3　异地两相接地故障电路图

从上面三种情况的分析可以看出，三相断路器开断短路故障时的工频恢复电压除与系统中性点的接地方式、短路故障种类有关外，还因三相断路器各相开断电路的顺序而异，其中首先开断相的工频恢复电压最高。

在中性点直接接地系统中，出现三相短路故障的机会极少，首开极（相）系数 K_1 可取 1.3。

对中性点不直接接地系统，首开极（相）系数 $K_1 =1.5$。

异地两相接地故障时，首开极（相）系数为 $K_1 =1.73$。

利用首开极（相）系数与断路器额定电压 U_N 可求得断路器首相开断时工频恢复电压最大值为 $0.816\,K_1 U_N$。

【思考与练习】

1. 什么是恢复电压？

2. 中性点不直接接地系统的三相短路故障，开断时工频恢复电压是多少？

3. 中性点直接接地系统的三相接地短路故障，开断时工频恢复电压是多少？

4. 中性点不直接接地系统中异地两相接地故障，开断时工频恢复电压是多少？

模块 3　高压断路器负荷电流的关合（ZY1400301003）

【模块描述】本模块介绍高压断路器关合的电容电流特性。通过原理讲解、计算举例，了解各类电容性负荷电流的概念，熟悉关合空载输电线路和关合电容器组的电容电流特性。

【正文】

电容性负荷和电感性负荷在电力系统中都是常见的，断路器在关合和开断这些负荷时常常会产生过电压，无论对断路器或其他电气设备都有可能造成危害。分析断路器在这些操作过程中的物理现象，对于限制过电压和提高断路器的操作性能都有非常重要的意义。

一、电容性负荷的基本情况

关合和开断电容性负荷是高压断路器的一项基本任务，电网中电容性负荷有两种：① 余弦电容器组；② 空载输电线路，包括架空线和电缆。

1. 余弦电容器组

根据电网的运行经验，每发出 1kW 的有功功率，需要有 1.2～1.4kvar 的无功功率才能维持电网的正常工作电压。产生无功功率的方法主要有三种：发电机发无功，安装同步补偿机和安装余弦电容器组。既简便又经济的方法就是安装余弦电容器组。余弦电容器组一般安装在 10、35、60kV 电网中，每组容量约为 5000～40 000kvar。GB 1984《交流高压断路器》中规定了各电压等级断路器的额定单个电容器组开断电流、背对背电容器组开断电流、额定电容器关合涌流的峰值及频率的数值。详细数据见表 ZY1400301003-1。

表 ZY1400301003-1　　　　　　　　　单个电容器组开合性能

额定电压（kV）	开断电流（A）	涌流峰值（kA）	涌流频率（Hz）
12	400	8.0	不大于 1000
	630	12.5	
	800	16.0	
40.5	200	4.0	不大于 1000
	400	8.0	
	630	12.5	
72.5	200	4.0	不大于 1000
	400	8.0	
	630	12.5	

2. 空载输电线路

（1）架空线。架空线的电容包括各相导体之间的电容和导线对地电容。架空线采用导线循环换位后，各相电容可以认为是相等的。三相架空线每相每公里的电容电流主要与线路的额定电压有关，数据见表 ZY1400301003-2。

表 ZY1400301003-2　　　　　　　　三相架空线每相每公里的电容电流

额定电压（kV）	10	35	60	110	220
电容电流 （A/km）	0.017	0.059	0.1	0.185	0.37

10、35kV 架空输电线路短、电容电流很小；电压等级高的输电线路长，电容电流较大。例如 220kV，300km 架空输电线路的电容电流可达 110A，如果架空输电线路采用两分裂导线，电容电流还会加大 20%。GB 1984《交流高压断路器》中规定了各电压等级断路器应能开断的额定线路充电电流（即架空线路的电容电流）的数值，见表 ZY1400301003-3。

表 ZY1400301003-3 　　　　　　　　　　　额定线路充电开断电流 I_c

额定电压（kV）	72.5	126（123）	252（245）	363	550	（800）
I_c（A）	10	31.5	125	315	550	900

（2）电缆。电缆的相间与对地距离都很小，固体、液体绝缘材料的介电常数又比空气大，因此每千米电缆的电容电流比架空线大几十倍。即使电缆线路的电压不高，线路也不长，但电容电流仍不小。GB 1984《交流高压断路器》中规定的各电压等级断路器应能开断的额定电缆充电电流（即电缆线路的电容电流）的数值，见表 ZY1400301003-4。

表 ZY1400301003-4 　　　　　　　　　　　额定电缆充电开断电流 I_c

额定电压（kV）	3.6	7.2	12	（24）	40.5	72.5	126（123）	252（245）	363	550
I_c（A）	10	10	25	31.5	50	125	160	250	315	500

由此可见，要求开合电容性电流的数值不是很大，一般为几十到几百安，最大也不会超过 1kA，与额定短路开断电流相比要小得多。开断电容性电流的主要问题是过电压。

二、关合空载输电线路

电力系统运行时主要在以下两种情况时需要关合空载输电线路：① 正常操作的需要，如输电线路检修后投入运行；② 线路短路故障切除后的自动重合。

如图 ZY1400301003-1 所示的输电线路中，当线路发生短路故障时，断路器 QF1 与 QF2 动作，切除故障，经很短时间后，QF1 与 QF2 又自动重合。若 QF1 先于 QF2 重合，且重合时短路故障已消除，则断路器 QF1 遇到的就是关合空载输电线路。

图 ZY1400301003-1 　输电线路连接图

G1、G2—电源

关合空载线路会产生过电压，若断路器 QF1 三相同期合闸，关合三相空载线路可按单相电路进行分析。通过等值电路及数学计算得出 U_{Cm}（过电压最大值）为

$$U_{Cm}=2U_m\sin\varphi-U_0 \qquad\text{（ZY1400301003-1）}$$

通过分析，可以得出以下结论：

（1）关合空载线路时，U_{Cm} 与合闸瞬间的电源电压 $U_m\sin\varphi$ 及线路的残余电压 U_0（线路上有残余电荷时的电压）有关。当关合线路时，电源电压为峰值 U_m（$\varphi=90°$），若 U_0 与 U_m 极性相同，则 $U_{Cm}<2U_m$，即过电压小于 $2U_m$；反之若 U_0 与 U_m 极性相反，可出现大于 $2U_m$ 的过电压。如 $U_0=-U_m$ 时，有

$$U_{Cm}=3U_m \qquad\text{（ZY1400301003-2）}$$

关合空载线路时，电压变化曲线如图 ZY1400301003-2 所示。

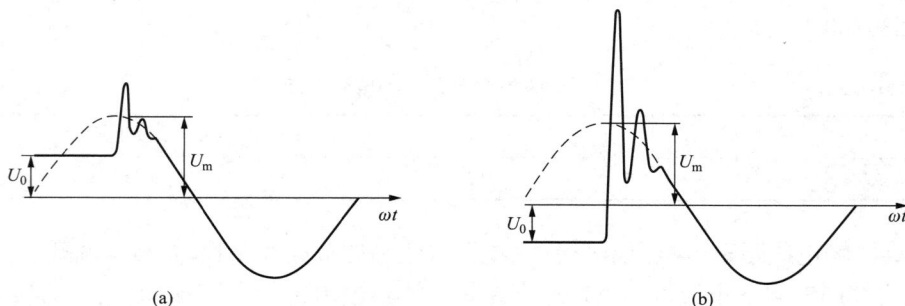

图 ZY1400301003-2 　关合空载线路时的过电压（$\varphi=90°$）

（a）U_0 与 U_m 极性相同；（b）U_0 与 U_m 极性相反

（2）产生过电压的根本原因是由 L 与 C 的振荡造成的。考虑到线路电阻、导线的电晕损耗以及长输电线路末端的电压升高等情况，关合空载线路时的过电压比上面分析的简单情况要复杂。大多数情况下，过电压小于 $3U_m$。这在电压等级不太高的输电线路中不成问题，只有线路额定电压超过 500kV 时才需加以考虑。

当线路额定电压超过 500kV 时，为了限制合闸过电压，在断路器上可采取的措施如下。

1）选相合闸。550kV 及以上电压等级的断路器可以进行分相操作，各相断路器关合时使电源电压的相位角 φ 限制在一定范围内，例如 $\varphi=-30°\sim+30°$，则由式（ZY1400301003-1）可得

$$U_{Cm}=\pm U_m-U_0 \qquad\qquad （ZY1400301003-3）$$

最大过电压不会超过 2 倍，比原来的 3 倍过电压低得多，同样也可采用选极性合闸的方法，使断路器关合时 U_0 与电源电压的极性相同，过电压也能限制在两倍以内。

选相合闸与选极性合闸对限制合闸过电压非常有效，但实行起来还有不少困难，目前仍停留在实验室研究阶段。

2）断路器加装合闸电阻。带合闸电阻的断路器关合空载线路的电路如图 ZY1400301003-3 所示。这种断路器有两个断口，主断口 S1 和辅助断口 S2，合闸电阻 R 与辅助断口 S2 串联后并接在主断口 S1 的两端。关合空载线路时，先合辅助断口 S2，电源经合闸电阻 R 与空载线路相连，只要阻值选择得当，

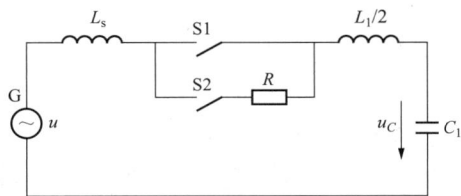

图 ZY1400301003-3　带合闸电阻的断路器关合空载线路

电压就不会出现振荡，从而减小了辅助断口 S2 关合时的合闸过电压。

辅助断口合上后，主断口 S1 接着关合电路，合闸电阻 R 被短接，电路中又会出现振荡过程。但因主断口 S1 关合前，电路已经接通，电源电压与线路电压之间的差别比无合闸电阻时小得多，因此即使出现振荡，过电压也不会太高。合闸电阻的阻值对过电压有较大的影响，确定合闸电阻阻值时要综合考虑电阻对断口 S1 与 S2 的影响。$R=(1\sim3)\sqrt{L_1/C_1}$，阻值约为 $400\sim1200\Omega$。

合闸电阻对降低关合空载线路的过电压十分有效，已广泛应用在额定电压 550kV 及以上电压等级的断路器中。

三、关合电容器组

关合电容器组与关合空载线路的情况相同，也会出现过电压。

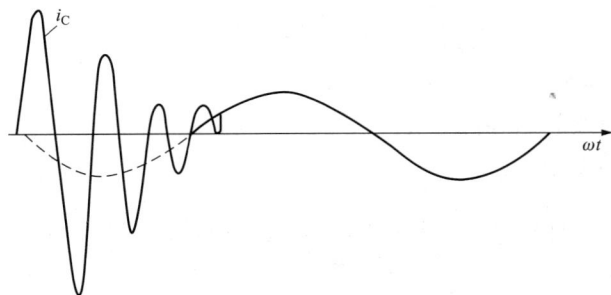

图 ZY1400301003-4　涌流的波形

我国的电容器组一般用于 63kV 以下，在这些电压等级中，设备的绝缘水平较高，电容器组投入时的合闸过电压通常不会给设备造成危害。电容器组投入时的主要问题是涌流，涌流的波形如图 ZY1400301003-4 所示。

涌流的频率较高，可达几百到几千赫，幅值比电容器正常工作电流大几倍至几十倍，但衰减很快且持续时间很短，小于 20ms。涌流过大可能造成断路器触头熔焊、烧损，涌流产生的电动力可能会使零件损坏，还可能造成电流互感器和串联电抗器绝缘损伤等。

1. 单组电容器投入时涌流的计算

单组电容器投入时涌流峰值 I_{Cm} 及其频率 f_0 计算公式为

$$I_{Cm}=I_m\sqrt{\frac{P_s}{P_C}}=I_m\sqrt{\frac{X_C}{X_s}} \qquad\qquad （ZY1400301003-4）$$

$$f_0=f\sqrt{\frac{P_s}{P_C}}=f\sqrt{\frac{X_C}{X_s}} \qquad\qquad （ZY1400301003-5）$$

式中　I_m——电容器组正常工作时额定电流的峰值；

P_s——电容器组安装处的短路容量；

P_C——电容器组额定容量；

f——电源频率。

【例 ZY1400301003-1】　10kV 电网中装有余弦电容器组，容量为 10 000kvar。电容器组安装处的短路容量为 500MVA，计算涌流及其频率。

解　电容器组额定电流的峰值为

$$I_m = \sqrt{2}\ I = \sqrt{2}\ \frac{P_C}{\sqrt{3}U_N} = \frac{\sqrt{2} \times 10\ 000 \times 10^3}{\sqrt{3} \times 10 \times 10^3} = 810\ （A）$$

所以

$$I_{Cm} = I_m \sqrt{\frac{P_s}{P_C}} = 810 \times \sqrt{\frac{500 \times 10^6}{10\ 000 \times 10^3}} = 5728\ （A）$$

$$f_0 = f \sqrt{\frac{P_s}{P_C}} = 50 \times \sqrt{\frac{500 \times 10^6}{10\ 000 \times 10^3}} = 355\ （Hz）$$

2. 并联电容器组投入时的涌流

在变电站中，为了方便运行时调节无功功率，有时将电容器分成几组，每组由一台断路器控制，各组间并联连接，称为并联电容器组，又称背靠背电容器组。

如图 ZY1400301003-5 所示，共有四组电容器，容量相等，经断路器 QF1～QF4 连到母线 B 上。当要求四组电容器全部投入运行时，则顺序投入。投入第一组时的涌流与上面单组电容器投入时的情况相同。投入第二组时，已带电的第一组电容器将向第二组电容器充电，也会出现涌流。由于两组电容器的安装位置相距很近，其间电感很小，所以投入第二组电容器时，由第一组电容器向第二组电容器充电会产生很大的涌流，比第一组电容器投入时严重得多。同理，投入第三组、第四组时的涌流将更大。

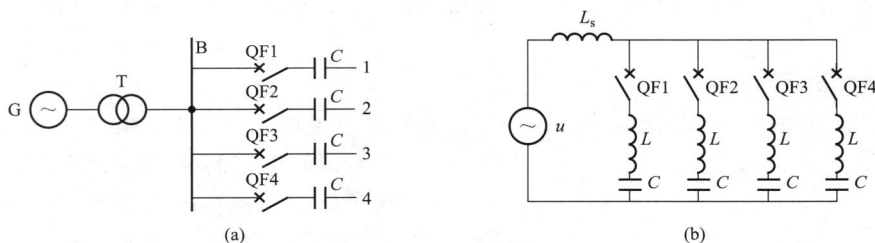

图 ZY1400301003-5　并联电容器组的接线

（a）接线图；（b）等值电路图

现有 n 组电容器（图 ZY1400301003-5 中，$n=4$），计算最后一组即第 n 组投入时的涌流。考虑到在电源电压为峰值时投入，涌流最大，因此计算时取 $u=U_m$，并进行下列简化：

（1）暂不考虑电源提供涌流。

（2）各组电容器的接线电感为 L。

第 n 组投入时涌流峰值和涌流振荡频率计算公式为

$$I_{Cm} = \frac{U_m}{\sqrt{L/C}} \cdot \frac{n-1}{n} \qquad\qquad （ZY1400301003\text{-}6）$$

$$f_0 = \frac{\omega_0}{2\pi} = \frac{1}{2\pi\sqrt{LC}} \qquad\qquad （ZY1400301003\text{-}7）$$

因此，并联电容器组投入时涌流比单相时大很多，涌流的频率也很高。

【例 ZY1400301003-2】　有四组 10kV 电容器，容量各为 10 000kvar，每组连接导线的长度为 10m，计算最后一组电容器投入时的涌流。

解　电源相电压最大值为

$$U_m = \frac{\sqrt{2}}{\sqrt{3}} U_N = \frac{\sqrt{2}}{\sqrt{3}} \times 10 = 8.17 \text{（kV）}$$

连接导线的电感每米按 1μH 考虑，则 $L = 10\mu H$。

每组电容器的电容量为

$$C = \frac{P_C}{U_N^2 \omega} = \frac{10\,000 \times 10^3}{10\,000^2 \times 314} = 318 \text{（μF）}$$

涌流峰值为

$$I_{Cm} = \frac{U_m}{\sqrt{L/C}} \cdot \frac{n-1}{n} = \frac{8170}{\sqrt{\dfrac{10 \times 10^{-6}}{318 \times 10^{-6}}}} \times \frac{4-1}{4} = 34\,600 \text{（A）}$$

涌流频率为

$$f_0 = \frac{1}{2\pi\sqrt{LC}} = \frac{1}{2 \times 3.14 \times \sqrt{10 \times 10^{-6} \times 318 \times 10^{-6}}} = 2820 \text{（Hz）}$$

在［例 ZY1400301003-1］中，单组电容器投入时 $I_{Cm} = 5782A$，$f_0 = 355Hz$，而并联电容器组中第四组电容器投入时的涌流竟达 34 600A（尚未计入电源提供的涌流），可见并联电容器组的涌流问题是很严重的。

3. 涌流的限制

涌流太大会给断路器、电容器等电气设备造成危害，应设法加以限制。

在电容器组上接入串联电抗器可以限制涌流，一般采用的是带间隙的铁芯电抗器，电抗器实质上是一个电感线圈 L_0。串联电抗器限制涌流的效果明显，但接入后，正常工作时电容器电压将升高，因此电感值也不能太大。

对于并联电容器组，串联电抗器限制涌流的效果更为显著。

【思考与练习】

1. 电力系统中产生无功功率的方法有哪些？

2. 10kV 电网中装有余弦电容器组，容量为 12 000kvar，电容器组安装处的短路容量为 600MVA，试计算涌流及其频率。

3. 有四组 10kV 电容器，容量各为 12 000kvar，每组连接导线的长度为 12m，试计算最后一组电容器投入时的涌流。

模块 4　高压断路器负荷电流的开断（ZY1400301004）

【模块描述】本模块介绍高压断路器开断负荷电流的特性。通过原理讲解、图例分析，熟悉开断单相电容器组、开断三相电容器组、开断空载输电线路与开断空载变压器和电抗器时对系统电压的影响。

【正文】

一、开断单相电容器组

高压断路器开断单相电容器组的基本电路如图 ZY1400301004-1 所示。图中 G 为电源，电源电压 u 按正弦变化，C 为电容器组的电容，L_0 为断路器 QF 负载侧电感（连接线电感或串联电抗器电感）。高压断路器开断单相电容器组时，当弧隙介质强度不能耐受恢复电压的作用时，会产生重击穿，电容上将出现振荡电压，即

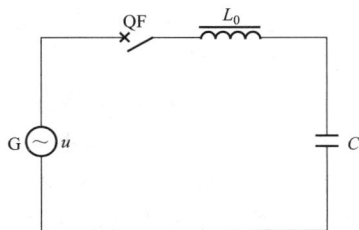

图 ZY1400301004-1　高压断路器开断单相电容器组的基本电路

$$u_C = U_m - 2U_m \cos \omega_0 t \qquad (ZY1400301004\text{-}1)$$

振荡角频率 $\omega_0 = \dfrac{1}{\sqrt{L_0 C}}$。同时，弧隙中将出现高频电流

$$i_C = 2\omega_0 C U_m \sin \omega_0 t \qquad (ZY1400301004\text{-}2)$$

此电压和电流波形如图 ZY1400301004-2 所示。

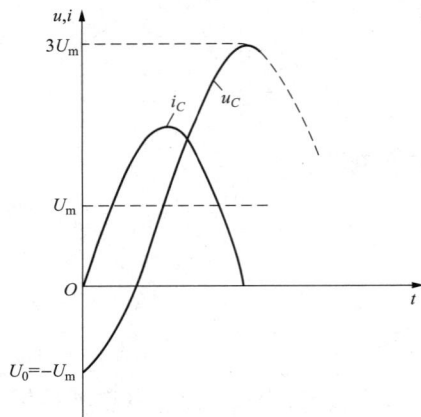

图 ZY1400301004-2　弧隙击穿时
电容器的电流、电压波形

当高频电流 i_C 第一次过零时，电容电压 u_C 恰为最大值，$u_C = 3U_m$（电源电压峰值），即出现三倍过电压。若电弧在高频电流第一次过零时熄灭，u_C 将保持 $3U_m$ 暂时不变。此后断路器的恢复电压又将上升，假如弧隙在此时又出现重击穿，则电容电压的最大值可达 $5U_m$，即电容上出现五倍过电压。依此类推，若每次重击穿都出现在最高恢复电压（$2U_m$，$4U_m$，$6U_m$）时，电容上将出现 3、5、7 倍过电压，使电容器以及电网中其他设备的绝缘受到严重威胁。

上面分析的是理想情况，实际电网中，影响过电压的因素很多，情况也比较复杂，实测过电压的数值有很大分散性，下面仅就断路器工作情况对过电压的影响作简要叙述。

1. 击穿的时刻对过电压的影响

以上分析均假设弧隙重击穿发生在电流过零后 10ms（180°电角度），即恢复电压到达最大值时，在此情况下，过电压最高，可达 $3U_m$。实际上在电流过零后 10ms 内（0°～180°电角度），任何时刻均有击穿的可能，击穿时刻不同，过电压的大小也不同。现在讨论弧隙第一次击穿时过电压的大小与击穿时 φ 电角度之间关系，若发生击穿时电容上的残压为$-U_m$，电源电压的瞬时值为 u，则击穿后过电压的最大值为

$$U_{Cm} = u + U_m \qquad (ZY1400301004\text{-}3)$$

如果弧隙在电流过零后 $\varphi = 0°$～90°电角度内击穿，电源电压 u 在$-U_m$ 与 0 之间变化，则当 $\varphi = 0°$ 时，$u = -U_m$，$U_{Cm} = -2U_m + U_m = -U_m$；当 $\varphi = 90°$，$u = 0$ 时，$U_{Cm} = 0 + U_m = U_m$。即 U_{Cm} 的绝对值不会超过电源电压峰值 U_m，电容上不会出现过电压。用同样方法可以得出，弧隙在电流过零后 $\varphi = 90°$～180°电角度内击穿，电容电压最大值 U_{Cm} 将在 U_m～$3U_m$ 之间变化，即电容上将出现过电压。

通常 $\varphi = 0°$～90°电角度内弧隙发生击穿的现象称为复燃；$\varphi = 90°$～180°电角度内弧隙发生击穿的现象称为重击穿。上述情况简单的说法就是：复燃不产生过电压，重击穿会产生过电压。因此，开合电容器组不会出现重击穿的断路器，开断时就不会出现过电压。

2. 分闸相位与分断速度对过电压的影响

断路器触头分开时，电流的相位角 φ_0 是随机分布的，而电弧总是在电流过零时才能熄灭，因此燃弧时间 t_a 电流过零时触头分开的距离 l 均与触头分开时电流的相位角 φ_0 有关，如图 ZY1400301004-3 所示。

φ_0 愈小，燃弧时间 t_a 愈长，电流过零时触头分开距离 l 愈大，介质强度愈高，不易出现复燃或重击穿。相反，φ_0 较大时，出现复燃或重击穿的机会就较多。因此，即使同一台断路器在开断电容电流时，由于每次触头分离时的电流相位角 φ_0 不同，过电压的大小也将不同。

在同一电流相位角 φ_0 下，增加触头的开断速度

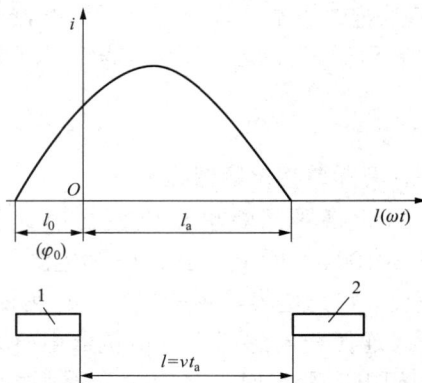

图 ZY1400301004-3　分闸相位与开断速度的影响

1—静触头；2—动触头；0—动静触头分开时刻

v，虽然燃弧时间 t_a 不会改变，但电流过零时动、静触头间的分开距离可以增大，弧隙介质强度增高，就有可能避免弧隙出现重击穿，从而不出现过电压。所以一般来说，提高断路器的开断速度对降低开断电容电流的过电压是有好处的。因此，切合电容器组应选用开断速度高或串联断口较多的断路器。

3. 高频电弧熄灭过程对过电压的影响

电容电流开断过程中如果发生重击穿，触头中将流过频率很高、幅值很大的电流，这个电流可能比电容器组关合时的涌流还大。如果每次发生重击穿后，高频电流总是在它第一次过零时灭弧，而且每次重击穿又都出现在恢复电压达到最大值时，这样的过程多次重复，理论上的过电压将按 3、5、7 倍增长。如果电弧是在高频电流第二次过零时熄灭，则电容电压 u_C 将振荡到电源电压 u 的相反方向，加上电弧电阻的衰减作用，使得电容上的电压减小很多，以后即使再出现重击穿，过电压也不会像原先那样 5、7 倍地增长。

二、开断三相电容器组

实际电网大多是三相的，断路器开断三相电容器组时的恢复电压与电容器组的联结方式（星形或者角形接法）有关，也与电源中性点与电容器组中性点（星形接法时）是否接地有关。典型情况有两种：

（1）电源及电容器组均为星形接法，中性点均接地。三相电容器组接线图如图 ZY1400301004-4 所示，这种情况下，每相形成一个独立回路，恢复电压最大值 U_{trm} 为相电压最大值 U_m 的两倍。

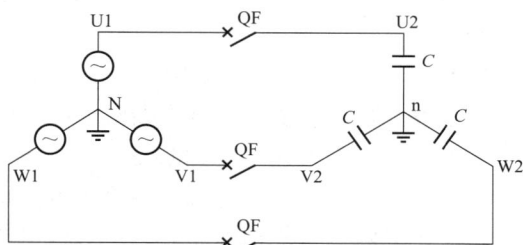

图 ZY1400301004-4　三相电容器组接线图

（2）电源为星形接法，中性点接地，电容器组为三角形接法或中性点不接地的星形接法。三相电容器组的接线如图 ZY1400301004-5 所示，电容器阻的三角形接法可以等效为星形接法，因此只需分析星形接法的情况。

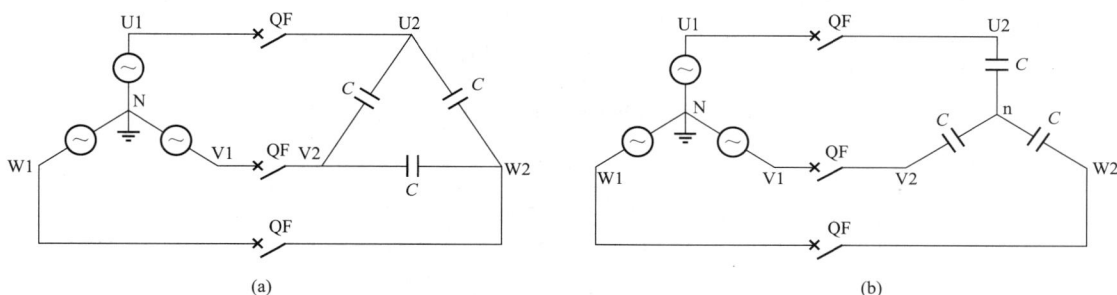

图 ZY1400301004-5　三相电容器组的接线

（a）电容器组三角形联结；（b）电容器组星形联结

根据理论分析，得出各种情况各相触头上的恢复电压最大值，见表 ZY1400301004-1。

表 ZY1400301004-1　　　　　　　各种情况下的恢复电压最大值

首先开断相	不能开断相	恢复电压最大值		
		U 相	V 相	W 相
U	—	$2.5\,U_m$	$1.87\,U_m$	$1.87\,U_m$
U	V	$2.3\,U_m$	—	$3.46\,U_m$
U	W	$4.1\,U_m$	$3.46\,U_m$	
U	V 与 W	$3.0\,U_m$	—	—

由表 ZY1400301004-1 可知，大多数情况下，开断三相电容电路时的恢复电压比单相时高，开断三相电容电路时出现重击穿的可能性比单相时大，而且重击穿的现象也比较复杂，有时出现单相重击

穿，有时又会出现两相重击穿，重击穿后的过电压问题也会更严重些。

在 63kV 电压等级以下，特别在 10kV 电力系统中，广泛采用电容器组进行无功功率补偿，根据负荷的变动情况实现对电容器组进行自动或手动投入或切除。实际运行情况表明，断路器操作次数多，每天投切电容器组的次数少则一次，多则二次或更多。因此对于担负电容器组投切工作的断路器要求具有高的机械寿命，另外还要求断路器在开断电容器组时不应产生高的过电压，以及由过电压产生的巨大涌流，造成对电容器组的损害。

表征断路器开合电容器组性能的技术参数有：

1）额定单组电容器组开断电流，是指断路器在额定电压和其他规定的使用条件下，应能开断的最大电容电流，而开断中的过电压不会超过制造厂规定的数值，如 2.5 倍。

2）额定背对背电容器组开断电流，是指断路器在其额定电压和其他规定的使用条件下，应能开断的最大电容电流，而开断中的过电压不会超过制造厂规定的数值，如 2.5 倍。

3）额定电容器组关合涌流，是指断路器在其额定电压和相应于使用条件的涌流频率下能关合的电流峰值。

20 世纪 70 年代大多采用少油断路器投切电容器组。少油断路器开断电容器组时虽然过电压不高，但多次操作后油质劣化，需要及时更换，给使用带来很大不便。随着真空断路器与六氟化硫断路器在国内市场的大量投入，少油断路器已逐渐被淘汰。真空断路器与六氟化硫断路器的机械寿命和电气寿命长，开断性能好，又能做到少维护或免维护，是比较理想的开合电容器组的断路器。

三、开断空载输电线路

空载输电线路的开断与电容器组的开断情况相近，但也有不同。空载线路较长又属于分布参数，线路首端电压和末端电压也有一定差别。另外在开断空载线路时还常常伴随有甩负荷和一相接地的情况，这些都给分析开断过程带来不少困难。空载输电线路的单相简化电路如图 ZY1400301004-6 所示。图中 L_s 代表母线侧电感，感抗为 X_s，C_s 为母线侧对地电容，输电线路单位长度的电感为 l_1，单位长度电容为 c_1，输电线路长度为 s。

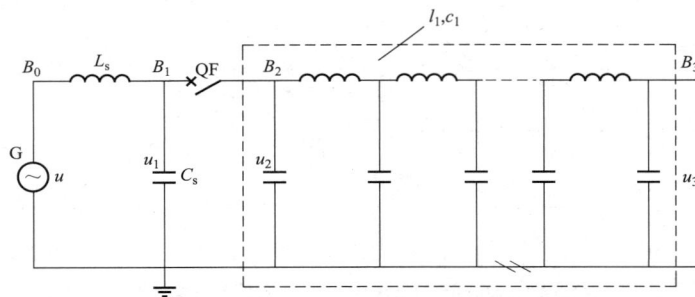

图 ZY1400301004-6　空载线路的单相简化电路

断路器 QF 开断前，不同输电线长度时，U_3 与 U_2 的比值见表 ZY1400301004-2。

表 ZY1400301004-2　　　　　　　不同 s 时的 U_3/U_2

s（km）	0	100	200	300	400	500
U_3/U_2	1	1.005	1.022	1.052	1.095	1.155

断路器开断后，u_1、u_2、u_3 将发生变化。假如电弧在电流过零时熄灭，各点电压正好处在峰值，图 ZY1400301004-6 中 B_1、B_2 的电压变化为：

（1）B_1 点。电流过零，电弧刚熄灭时，u_1 正好到达电压峰值。电弧熄灭后 B_1 点变为稳态电压，B_1 点的电压由电压峰值变化到稳态电压的过程以振荡形式出现。

（2）B_2 点。电弧刚熄灭时，u_2、u_3 电压大小不相同，电弧熄灭后 B_2 点电压将与 B_3 点相同，均为稳态电压。这一变化过程也是以振荡形式出现。

1. 恢复电压

（1）考虑母线侧阻抗后，断路器开断空载线路时的恢复电压如下：

1）在恢复电压起始部分有一个振荡分量，其峰值与开断的电容电流以及电源侧感抗有关。因此进行开断空载线路试验时应对电源侧感抗作出规定，或对断路器切合空载线路前后的母线电压的变动情况作出规定。电源侧感抗不同，恢复电压振荡分量峰值也不同，恢复电压振荡分量峰值对断路器间隙的复燃与重击穿会产生一定的影响。

2）恢复电压最大值。在同一电容电流下，电源侧阻抗对恢复电压起始部分的峰值以及随后的恢复电压最大值都有影响。电源侧阻抗小时，恢复电压起始部分的峰值小而恢复电压最大值大；反之当电源侧阻抗增大时，恢复电压起始部分的峰值较高而恢复电压的最大值则减小。电流过零后电弧是否复燃，决定于恢复电压起始部分的峰值，而是否出现电弧的重击穿则往往与恢复电压最大值有很大的关系。因此在进行断路器切合空载线路试验时，既要在小的电源侧阻抗下进行试验，也应在大的电源侧阻抗下进行试验。

（2）实际运行条件下，恢复电压可能比上面分析的更高，下面两种情况需加考虑：

1）不对称接地，健全相电压升高。断路器有时会遇到一相接地时，开断空载线路的情况，如图 ZY1400301004-7 所示。

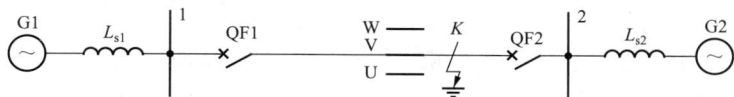

图 ZY1400301004-7　一相接地时，空载线路的开断

当 K 点发生 V 相接地短路故障，若断路器 QF2 先分开，接着 QF1 再分开，此时，断路器 QF1 V 相开断短路电流，U、W 相开断空载线路。若 U、W 相开断时，V 相电弧尚未熄灭，即 V 相对地短路故障仍然存在，则健全相 U、W 相的电压将升高。因此，U、W 相开断空载电路时由于电源电压升高，断口间的恢复电压也升高，给开断空载线路带来不小的困难。

2）由于甩负荷引起的恢复电压升高。如图 ZY1400301004-7 所示，由于 V 相接地短路故障，若 QF2 先动作，动作后对于 1 处的 U、W 相电源来说相当于突然甩去负荷，电流减小到空载电流。此时发电机电动势来不及变化，1 处的母线电压将增加。负荷电流愈大，母线电压增加也愈多。严重情况下，电压升高可达 20%，对断路器开断空载电路带来新的困难。

2. 断路器开断空载线路性能参数

由上面分析可知，实际运行中，开断空载线路时恢复电压最大值比 $2U_m$ 高很多。如果断路器电流过零后的介质强度不高，容易出现重击穿，出现高的过电压。由于超高压电力系统中线路与电器设备的绝缘水平倍数较低，因此要求断路器开断空载线路时尽量做到不出现重击穿，或者至少应将过电压限制在 2 倍以内。表征断路器开断空载线路性能的参数如下：

（1）额定线路充电开断电流。额定线路充电开断电流指断路器在额定电压和规定的使用条件下能够开断的最大（架空）线路充电电流（电容电流）。开断中的过电压不应超过制造厂的规定值。

（2）额定电缆充电开断电流。额定电缆充电开断电流指断路器在其额定电压和规定的使用条件下能够开断的最大电缆线路充电电流（电容电流）。开断中的过电压不应超过制造厂的规定值。

一般制造厂规定，对于 126kV 及以下电压等级的断路器开断电容电流的过电压不应超过 2.5 倍，对于 252kV 及以上电压等级的断路器不应超过 2.0 倍。

压缩空气断路器、压气式六氟化硫断路器采用的是外能式灭弧室，开断小电流的灭弧性能强。自能式六氟化硫断路器带有辅助的压气活塞，开断小电流的性能也不错。一般情况下，它们在开断空载架空线路和电缆线路时不会出现重击穿及较高的过电压。油断路器一般采用自能式灭弧原理，开断小电流的灭弧性能差，介质强度恢复慢，开断空载线路时容易出现复燃与重击穿，产生较高的过电压，因此在结构上必须采取专门的措施。

国产 126、252、363kV 的少油断路器配有压油活塞装置，用以改善小电流的灭弧性能，提高介质强度的恢复速度。只要压油活塞的结构参数选择得当，能够实现无重击穿、无复燃的要求。

四、开断空载变压器和电抗器

开断空载变压器及电抗器也是断路器的一项基本任务。当断路器开断电感性小电流时，由于电弧不稳定，在电流过零前会出现电流截断的现象。这种截流是引起过电压的原因，称为截流过电压。

开断空载变压器的原理电路如图 ZY1400301004-8 所示，图中 u 为电源电压，L_s 为电源侧电感，L 为变压器空载时的电感，C 为变压器对地电容。变压器有电流通过时，电感 L 中储存有磁场能量，出现电流截断时，磁场能量转变为电场能量，从而出现过电压。出现电流截断时电源电压 u 及电流 i 的波形如图 ZY1400301004-9 所示。

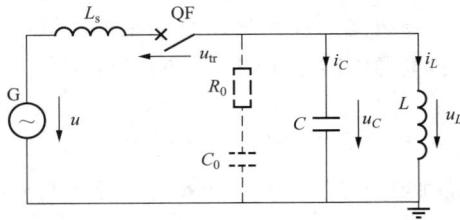

图 ZY1400301004-8　开断空载变压器的原理电路

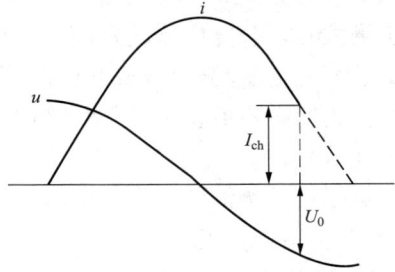

图 ZY1400301004-9　电流截断时的波形

设 $t=0$ 时，断路器 QF 中的电流 i 突然截断。根据能量平衡原理，当出现电流截断时，变压器侧全部磁场能量和电场能量都转变为电场能量时，电容电压达到最大值，即

$$U_{Cm} = \sqrt{(I_{ch}Z_C)^2 + U_0^2} \qquad (ZY1400301004-4)$$

考虑到磁场能量中总有一部分消耗在变压器的铁损和铜损中（特别在数百到数千赫的振荡频率下，变压器的磁滞损失远比工频时大，损耗问题必须考虑），转变为电场能量的只是磁场能量中的一部分，以 η_m 表示，η_m 称为磁能转换效率。这时式（ZY1400301004-4）可改写成

$$U_{Cm} = \sqrt{\eta_m(I_{ch}Z_C)^2 + U_0^2} \qquad (ZY1400301004-5)$$

当截断电流 I_{ch} 较大或 U_0 较小时，式（ZY1400301004-5）可简化为

$$U_{Cm} = \sqrt{\eta_m} \cdot I_{ch}Z_C \qquad (ZY1400301004-6)$$

由此可知，发生截流时的截流过电压最大值 U_{Cm} 决定于下列因素：

（1）断路器开断的电流愈大，截断电流愈大。但当开断的电流增加到一定程度后，截断电流的增加就很缓慢了。若开断电流较小，截流过电压不会太高。近些年，高压变压器的铁芯由高质量的硅钢片制成，空载电流很小（见表 ZY1400301004-3），因此开断空载变压器发生的事故是很少见的。

电抗器的情况却不同，电抗器容量大，额定电流也大，容易出现较大的截流和较高的过电压，需要注意。

表 ZY1400301004-3　　变压器额定电流 I_N 与空载电流 I_0

P_N（kVA）	U_N =110kV		U_N =220kV	
	I_N（A）	I_0（A）	I_N（A）	I_0（A）
31 500	165.3	5.0	82.7	3.5
40 000	210	6.3	105	4.2
50 000	260	6.8	131.2	5.0
63 000	330.7	8.6	165.3	6.1
80 000	419.9	10.1	210	7.4
100 000	524.9	11.5	262.4	8.9
125 000	656.1	14.4	328	10.9

（2）截流过电压与截流时变压器或电抗器内部的能量损耗有关，损耗愈大，η_m 愈小，过电压愈低。空载变压器的 η_m 与截流时的振荡频率、变压器铁芯材料以及截流瞬间铁芯中的磁密有关，一般在 0.2 以下。

电抗器中带有空气间隙，磁滞损失小，$\eta_m \approx 1$。

（3）断路器在开断小电流时的灭弧性能。空气断路器的截断电流最大，可达几十安，油断路器次之，六氟化硫断路器与真空断路器截断电流小，一般在几安以下。

（4）并联电容（见图 ZY1400301004-8 中的 C）愈大，截断电流也愈大。真空断路器除外，它的截断电流受电容的影响较小。

（5）特征阻抗 $\sqrt{L/C}$。特征阻抗越大时截流过电压越高，在变压器侧附加电容，特征阻抗减小，似乎能使过电压减小，但电容加大后，截断电流也将增加，因而单纯增加电容并不能减小变压器的截流过电压。

为了防止增大电容引起截断电流的增加，可以在附加电容上串入电阻（见图 ZY1400301004-8 中虚线），R_0=50～200 Ω。这种采用附加电容 C_0 串以电阻 R_0 的方法对降低过电压比较有效，称为 $R–C$ 保护装置。

【思考与练习】

1. 高压断路器开断单相电容器组时影响过电压的因素有哪些？

2. 表征断路器开合电容器组性能的技术参数有哪些？

3. 断路器开断空载变压器发生截流时的截流过电压最大值 U_{Cm} 决定于哪些因素？

模块 5　高压断路器基本知识（ZY1400301005）

【模块描述】本模块介绍高压断路器的作用、结构、基本技术参数和高压断路器操动机构。通过概念描述、要点归纳、定义讲解，掌握高压断路器的主要功能、种类、结构及其基本技术参数，熟悉高压断路器操动机构知识。

【正文】

一、高压断路器的作用

断路器是指能带电切合正常状态的空载设备，能开断、关合和承载正常的负荷电流，并且能在规定的时间内承载、开断和关合规定的异常电流（如短路电流）的电器。断路器是电力系统中最重要的控制和保护设备，额定电压为 3kV 及以上的断路器为高压断路器。

在关合状态时应为良好的导体，不仅能对正常电流而且对规定的短路电流也应能承受其发热和电动力的作用，断口间、对地及相间要具有良好的绝缘性能。在关合状态的任何时刻，能在不发生危险过电压的条件下，在尽可能短的时间内开断额定短路电流及以下的电流。在开断状态的任何时刻，在短时间内安全地关合规定的短路电流。

二、高压断路器的类型及型号含义

1. 高压断路器的类型

按照灭弧介质的不同，断路器可划分为以下几种类型。

（1）油断路器。采用油作为灭弧介质的断路器，称为油断路器，可分为多油断路器和少油断路器。其触头是在油中开断、接通的。目前这种断路器在电力系统中基本淘汰。

（2）压缩空气断路器。利用高压力压缩空气作为灭弧介质的断路器，称为压缩空气断路器。压缩空气除作为灭弧介质外，还作为触头断开后的绝缘介质。

（3）真空断路器。利用真空的高介质强度来灭弧的断路器，称为真空断路器。触头在真空中开断、接通，在真空条件下灭弧。

（4）SF_6 断路器。采用 SF_6 气体作为灭弧介质的断路器，称为六氟化硫断路器。SF_6 气体具有优良的灭弧性能和绝缘性能。

（5）自动产气断路器和磁吹断路器。利用固体产气材料在电弧高温作用下分解出的气体来熄灭电弧的断路器，称为产气断路器。在空气中由磁场将电弧吹入灭弧栅中，使电弧拉长、冷却而熄灭的断路器，称为磁吹断路器。

2. 高压断路器的型号含义

高压断路器型号含义如下：

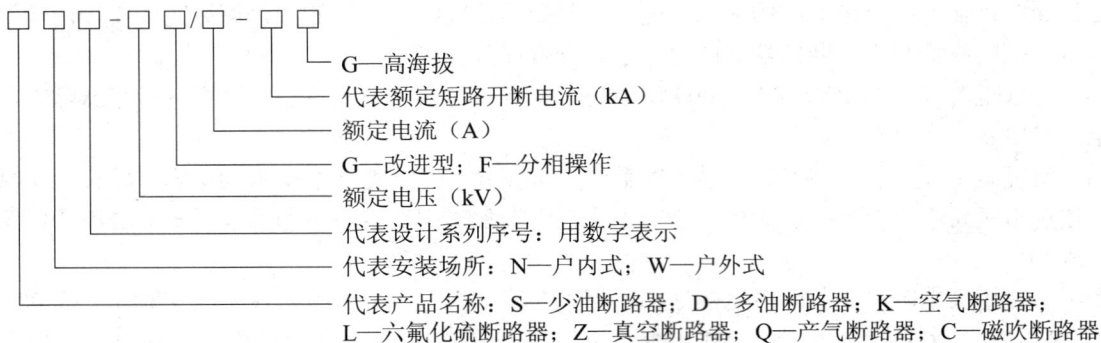

```
□□□-□/□-□
              G—高海拔
              代表额定短路开断电流（kA）
              额定电流（A）
              G—改进型；F—分相操作
              额定电压（kV）
              代表设计系列序号：用数字表示
              代表安装场所：N—户内式；W—户外式
              代表产品名称：S—少油断路器；D—多油断路器；K—空气断路器；
              L—六氟化硫断路器；Z—真空断路器；Q—产气断路器；C—磁吹断路器
```

例如：型号 LW10B-252（H）/4000-50 中，L 表示六氟化硫断路器，W 表示户外式，10B 表示设计系列序号，252（H）表示额定电压（kV）为 252kV，4000 表示额定电流为 4000A，50 表示额定短路开断电流为 50kA。

三、高压断路器基本结构

高压断路器的类型很多，结构比较复杂，但从总体上由以下几部分组成：

（1）开断元件。开断元件包括断路器的灭弧装置和导电系统的动、静触头等。

（2）支持元件。支持元件用来支撑断路器器身，包括断路器外壳和支持瓷套。

（3）底座。底座用来支撑和固定断路器。

（4）操动机构。操动机构用来操动断路器分、合闸。

（5）传动系统。传动系统将操动机构的分、合运动传动给导电杆和动触头。

四、高压断路器主要技术参数和常用术语

1. 主要额定参数

（1）额定电压（最高电压）。额定电压为在规定的使用和性能条件下连续运行的最高电压，并以它来确定高压断路器的有关试验条件。

（2）额定电流。额定电流为在规定的使用和性能条件下，高压断路器主回路能够连续承载的电流数值。

（3）额定峰值耐受电流（额定动稳定电流）。额定峰值耐受电流为在规定的使用和性能条件下，高压断路器在闭合位置所能承受的额定短时耐受电流第一个大半波的峰值电流。

（4）额定短路持续时间（额定热稳定时间）。额定短路持续时间为高压断路器在闭合位置所能承载其额定短时耐受电流的时间间隔。

（5）额定短路关合电流。额定短路关合电流为在额定电压以及规定的使用和性能条件下，高压断路器能保证正常关合的最大短路峰值电流。

（6）额定短路开断电流。额定短路开断电流为在规定条件下，高压断路器能保证正常开断的最大短路电流（以触头分离瞬间电流交流分量有效值和直流分量百分数表示）。

（7）额定短时耐受电流（额定热稳定电流）。额定短时耐受电流为在规定的使用和性能条件下，在确定的短时间内，断路器在闭合位置所能承载的规定电流有效值。

（8）额定操作顺序。额定操作顺序是指在规定的时间间隔内进行的一连串规定的操作。额定操作顺序分为两种：① 自动重合闸操作顺序，即分—θ—合分—t—合分；θ 为无电流时间，取 0.3s 或 0.5s，t 为 180s；② 非自动重合闸操作顺序，即分—t—合分—t—合分，通常 t 取 15s，断路器的开断能力与操作顺序相对应。

（9）合闸线圈、分闸线圈额定电源电压。交流为 220、380V，直流为 48、110、220V，合闸线圈一般配一套，分闸线圈为满足可靠性的要求，一般可配两套及以上，其动作电压为：合闸［85（80）%～

110%］U_N，分闸为［（30～65）%～110%］U_N。

2. 主要调整参数

（1）总行程。总行程为在分、合操作中，高压断路器动触头起始位置到终止位置的距离。

（2）超行程。超行程为合闸操作中，高压断路器触头接触后动触头继续运动的距离。

（3）分闸速度。分闸速度为高压断路器在分闸过程中动触头的运动速度，实施时常以某尽量小区段的平均值表示。

（4）触头刚分速度。触头刚分速度为高压断路器分闸过程中，动触头与静触头分离瞬间的运动速度，测试有困难时，常以刚分后 10ms 内的平均值表示。

（5）合闸速度。合闸速度为高压断路器在合闸过程中，动触头的运动速度。实施时常以某尽量小区段的平均值表示。

（6）触头刚合速度。触头刚合速度为高压断路器合闸过程中，动触头与静触头接触瞬间的运动速度，测试有困难时，常以刚合前 10ms 内的平均值表示。

（7）合闸时间。合闸时间为从接到合闸指令瞬间起到所有极触头都接触瞬间的时间间隔。对装有并联电阻的断路器，需把与并联电阻串联的触头都接触瞬间前的合闸时间和主触头都接触瞬间前合闸时间作出区别。除非另有说明，合闸时间就是指直到主触头都接触瞬间的时间。合闸时间的长短，主要取决于断路器的操动机构及传动机构的机械特性。

（8）分闸时间。分闸时间为从高压断路器分闸操作起始瞬间（即接到分闸指令瞬间）起到所有极的触头分离瞬间的时间间隔。对具有并联电阻的断路器，需把直到弧触头都分离瞬间的分闸时间和直到带并联电阻的串联触头都分离的分闸时间作出区别。除非另有说明，分闸时间就是指直到主触头都分离瞬间的时间，时间的长短主要和断路器及所配操动机构的机械特性有关。

（9）开断时间。开断时间指从高压断路器接到分闸指令瞬间起到各极均熄弧的时间间隔，即等于高压断路器的分闸时间和燃弧时间之和。

（10）合闸相间同步。合闸相间同步是指断路器接到合闸指令，首先接触相的触头刚接触起，到最后相触头刚接触为止的一般时间。一般合闸相间同步不大于 5ms。

同一相内串联几个断口时，有断口间合闸同步要求，断口间合闸同步不大于 2.5ms。

（11）分闸相间同步。分闸相间同步是用来反映三相触头分开时间差异的。这一性能的衡量，是以断路器接到分闸指令，自首先分离相的触头刚分开起，到最后分离相的触头刚分开为止这一段时间的长短来表示。一般分闸相间同步应不大于 3ms。

同一相内串联几个断口时，有断口间分闸同步要求，断口间分闸同步应不大于 2ms。

（12）重合闸时间。高压断路器分闸后经预定时间自动再合闸的操作顺序称自动重合闸。重合闸操作中，从接到分闸指令瞬间起到所有极的动、静触头都重新接触瞬间的时间间隔为重合闸时间。

（13）无电流时间。无电流时间是指在自动重合闸过程中，从断路器所有极的电弧最终熄灭起到随后重合闸时任一极首先通过电流为止的时间间隔。

（14）金属短接时间。金属短接时间是指在合闸操作过程中，从首合极各触头都接触瞬间起到随后的分闸操作时所有极中弧触头都分离瞬间的时间间隔。金属短接时间的长短要满足断路器自卫能力的要求，原则上应大于其分闸时间和预击穿时间之和。

3. 常用术语

（1）复燃。复燃是指高压断路器在开断过程中，在电流过零且熄弧后，在 1/4 工频周期以内触头间非剩余电流的电流重现。

（2）重燃。重燃是指高压断路器在开断过程中，在电流过零且熄弧后，在 1/4 工频周期及以上时间内触头间非剩余电流的电流重现。

（3）动合触头（常开触头）。动合触头是指当高压断路器的主触头合时闭合而主触头分时断开的控制触头或辅助触头。

（4）动断触头（常闭触头）。动断触头是指当高压断路器的主触头合时断开而主触头分时闭合的控制触头或辅助触头。

（5）自能灭弧室。自能灭弧室是指主要利用电弧本身能量灭弧的灭弧室。

（6）外能灭弧室。外能灭弧室是指主要利用外加能量灭弧的灭弧室。

（7）防跳装置。防跳装置是指在合闸操作中，只要引起合闸操作的操动机构仍保持在闭合的位置，如果由于某种原因使高压断路器分闸，也不能再合的保护装置。

（8）脱扣器。脱扣器是指与高压断路器机械连接的一种装置，用它来释放保持装置以使开关分或合。

（9）自由脱扣开关装置。自由脱扣开关装置是指当合闸操作起始后需要立即转为分闸操作时，即使合闸指令继续保持着，其动触头也能返回，且保持在分闸位置的开关装置。

（10）首开相因数。三相电力系统中，三相短路第一相开断后，在高压断路器安装处的完好相和另外两短路相之间的工频电压与短路消除后同一处相电压之比为首开相因数。

五、高压断路器操动机构

1. 高压断路器操动机构种类

断路器的分、合闸动作是靠操动机构来实现的。按操动机构所用操作能源的能量形式不同，操动机构可分为以下几种。

（1）手力操动机构（CS），指用人力合闸的操动机构。

（2）电磁操动机构（CD），指用电磁铁合闸的操动机构。

（3）弹簧操动机构（CT），指事先用人力或电动机使弹簧储能实现合闸的弹簧操动机构。

（4）液压操动机构（CY），指以高压油推动活塞实现合闸与分闸的操动机构。

（5）弹簧储能液压机构（AHMA 或 HMB），这种机构综合了弹簧机构和液压机构的优点，采用差动式工作缸，弹簧储能液压—连杆混合传动方式。

（6）气动操动机构（CQ），指用压缩空气推动活塞实现合闸与分闸的操动机构。

2. 对高压断路器操动机构的要求

断路器的分、合闸动作是通过操动机构来实现的，因此，操动机构的工作性能和质量的优劣，对断路器的工作性能和可靠性起着极为重要的作用。对高压断路器操动机构的主要要求如下。

（1）合闸。正常工作时，用操动机构使断路器合闸，这时电路中流过的是工作电流，关合是比较容易的。但在电网事故情况下，断路器要合到有故障的电路上时，出现短路电流，受到阻碍断路器合闸的电动力，有可能出现不能可靠合闸，即触头合不到位，从而引起触头严重烧伤，甚至会发生断路器爆炸等严重事故。因此，操动机构必须具有克服短路电动力的阻碍能力，即具有关合短路故障的能力。

对于电磁、气动、液压等操动机构，还应考虑到合闸电源电压、气压和液压在一定范围内变化时，仍能可靠工作。当电压、气压和液压在下限值（规定为额定值的 80%或 85%）时，操动机构仍应使断路器具有关合短路故障的能力。而当电压、气压和液压在上限值（规定为额定值的 110%）时，操动机构不应出现由于操作力、冲击力过大等原因使断路器的零部件损坏。

（2）保持合闸。在合闸过程中，合闸命令的持续时间很短，而且操动机构的操作功也只在短时间内提供，因此，操动机构中必须有保持合闸的部分，以保证在合闸命令和操作功消失后，断路器保持在合闸位置。

（3）分闸。操动机构应具有电动和手动分闸功能，当接到分闸指令后，为满足灭弧性能要求，断路器能快速分闸，分断时间尽可能缩短，以减少短路故障存在的时间。为了达到快速分闸和减少分闸功，在操动机构中应有分闸省力机构。

对于电磁、气动、液压等操动机构，还应考虑到分闸电源电压、气压和液压在一定范围内变化时，仍能可靠工作。当电压、气压和液压在下限值（规定为额定值的 30%～65%）时，操动机构仍应使断路器正确分闸，而当电压、气压和液压在上限值（规定为额定值的 110%）时，操动机构不应出现操作力过大，损坏断路器零件。

（4）自由脱扣。自由脱扣的含义是在断路器合闸过程中，如操动机构又接到分闸命令，则操动机构不应继续执行合闸命令而应立即分闸。

当断路器关合有短路故障的电路，若操动机构没有自由脱扣能力，则必须等到断路器的动触头关合到底后才能分闸。对有自由脱扣的操动机构，则不管触头关合到什么位置，也不管合闸命令是否解除，只要接到分闸命令，断路器都应能立刻分闸。

（5）防"跳跃"。当断路器关合有短路故障的电路时，断路器将自动分闸。此时若合闸命令还未解除，则断路器分闸后又将再次合闸，接着又会由于短路而分闸。这样，有可能使断路器连续多次合分短路电流，这一现象称为"跳跃"。出现"跳跃"现象时，断路器将连续多次合分短路电流，造成触头严重烧伤，甚至引发断路器爆炸事故，防"跳跃"措施有机械和电气两种方法。

（6）复位。断路器分闸后，操动机构中的各个部件应能自动地回复到准备合闸的位置。因此，在操动机构中还需装设一些复位用的零部件。

（7）连锁。为了保证操动机构的动作可靠，要求操动机构有一定的连锁装置，常用的连锁装置有分合闸位置连锁，低气（液）压与高气（液）压连锁和弹簧机构中的位置连锁。

（8）缓冲。断路器的分合闸速度很高，要使高速运动的零部件立即停下来，不能简单地采用在行程终止处装设止钉的办法，而必须用缓冲装置来吸收运动部分的动能，防止断路器中某些零部件受到很大的冲击力而损坏。

3. 断路器与操动机构组合

断路器的分合闸要靠操动机构来实现，而操动机构要靠能源才能动作，两者靠机械传动系统连接并传递操作功使断路器分、合闸。

合闸的能源可以是人力、电磁能、弹簧能、气体或液体的压缩能等，分闸的能源可以是在合闸过程中储能的分闸弹簧能，也可以直接用气体或液体的压缩能。

除操动机构外，断路器的机械系统还包括提升机构和传动机构两部分。

（1）提升机构。提升机构是指直接带动断路器触头系统运动的机构，它能使动触头按照一定的轨迹运动，通常为直线运动或近似直线运动。机构由拐臂、连杆和在导向装置中的滑块组成，当拐臂尺寸小于连杆时，称曲柄滑块提升机构，当拐臂尺寸大于连杆时，称摇臂滑块提升机构。滑块提升机构的结构，应考虑使导向装置上受的力尽量小一些，以免运动时的摩擦阻力太大。

（2）传动机构。传动机构是指连接操动机构和提升机构的中间环节。由于操动机构与提升机构之间相隔一定的距离，而且运动方向往往也不一致，因此需要增设一套传动机构。

操动机构是一个独立的产品，一种型号的操动机构可以和几种型号的断路器相配装，同样一种型号的断路器也可以和几种不同型号的操动机构相配装。

【思考与练习】

1. 高压断路器的作用是什么？
2. 高压断路器的额定操作顺序是什么？
3. 什么是高压断路器的总行程、超行程？
4. 高压断路器的操动机构有哪几种？
5. 对高压断路器的操动机构的要求是什么？

第十一章　真空断路器

模块 1　真空断路器基本知识（ZY1400302001）

【模块描述】本模块介绍真空及真空度、影响真空间隙击穿电压的主要因素、真空电弧的特点和真空断路器的过电压。通过概念描述、要点归纳，掌握真空断路器的基本特性。

【正文】

一、真空及真空度

真空断路器中真空开关管的灭弧与绝缘介质是真空，真空断路器的工作原理及真空断路器在使用中出现的许多问题都与真空有关。真空是指在给定的空间内压力低于一个大气压的气体状态，绝对压力等于零的空间称为绝对真空。真空度是表示或度量真空程度的，用气体的绝对压力值表示，绝对压力值越低表明真空度越高。真空度之间的换算关系是：$1Torr=1mmHg=13.6g/mm^2=1.33\times10^3bar=133.32Pa$。

一个工程大气压约等于 0.1MPa，运行和储存的真空断路器的真空度不能低于 6.6×10^2Pa，工厂出厂的新真空灭弧室要求达到 1.32×10^5Pa。

我国通常将真空度划分为以下几个区域：

（1）粗真空。真空压力在 $1.01\times10^5\sim1.33\times10^2Pa$。

（2）低真空。真空压力在 $1.33\times10^2\sim1.33\times10^{-1}Pa$。

（3）高真空。真空压力在 $1.33\times10^{-1}\sim1.33\times10^{-6}Pa$。

（4）超高真空。真空压力在 $1.33\times10^{-6}\sim1.33\times10^{-10}Pa$。

（5）极高真空。真空压力小于 $1.33\times10^{-10}Pa$。

二、真空电弧的种类

真空电弧有小电流下的扩散型和大电流下的集聚型两种。

1. 小电流下的扩散型

在小电流下（如数千安以下），阴极上存在许多高温的小面积称之为阴极斑点。阴极斑点是一些温度很高、电流密度极大的小面积，并处于不断的游动、分裂、熄灭和再生的过程中。这种存在许多阴极斑点且不断向四周扩散的真空电弧叫作扩散型真空电弧。扩散型电弧阴极斑点的高速运动对真空断路器的灭弧性能十分有利，因为就阴极斑点所经过的电极表面的任何一点来说，都被加热极短一段时间，只有极薄的一层金属被熔化，阴极斑点一消失，熔化的金属表层能在微秒级时间内凝固，从而使电弧过零灭弧成为可能。

2. 大电流下的集聚型

真空电弧的电流超过数千安后，电弧外形发生明显变化，阴极斑点不再向四周扩散，它们相互吸引而聚集成一个或几个阴极斑点团。这种阴极斑点团移动速度很慢，阳极和阴极被局部加热，表面严重熔化，这种电弧叫做集聚型真空电弧。这种电弧由于在工频交流电流过零后，过量的金属蒸气仍会发射并存在，使灭弧成为不可能，在设计真空开关管时，要让电流过零之前几微秒时间内电弧处于扩散状态。

三、影响真空间隙击穿电压的主要因素

真空间隙的绝缘强度远比空气的高，理论上真空间隙的击穿强度可达 100kV/mm，实际试验结果为 30～40kV/mm。影响真空间隙击穿电压的主要因素有：

（1）电极的材料。一般高熔点或机械强度较高的材料的绝缘强度亦较高。

（2）电极的形状及表面状况。一般曲率半径大的电极比曲率半径小的电极承受击穿电压的能力高。

（3）电极间隙长度。在均匀电场条件下，真空间隙的击穿电压与间隙长度的关系为

$$U_j = kL^a$$

式中　L——真空间隙距离；

　　　k——与电极材料及表面状况有关的常数；

　　　a——系数（与间隙长度有关，变化范围为 0.4～1，对于几毫米的间隙，$a=1$；对于长间隙，$a=0.4$～0.7）。

（4）真空度。在间隙距离不同时，真空度对击穿的影响有完全不同的情况。对于较短的真空间隙，实验表明，当真空度在 1.33×10^{-6}～1.33×10^{-2}Pa 之间变化时，击穿电压基本上不随真空度的变化而变化；当真空度在 1.33×10^{-2}～1.33Pa 范围内时，击穿电压随着真空度降低而迅速下降。

（5）老炼作用。老炼是使新的真空灭弧室经过若干次击穿或使暴露的表面经受离子轰击的一种过程，是用来消除或钝化表面突起而使之成为无害缺陷的一种手段。经过老炼，消除了电极表面的微观凸起、杂质和其他缺陷，从而提高了间隙的击穿电压并使之接近稳定。

老炼分为电压老炼和电流老炼两种，电压老炼是在高电压作用下间隙产生多次小电流火花放电或长期通过预放电电流，经老炼后的灭弧室如经过一定时期存放，老炼作用会部分甚至全部消失；电流老炼是让间隙之间燃烧直流或交流真空电弧，作用是除气和清洁电极，可以改善开断性能。老炼的物理含义以及什么情况下应采用哪种老炼方法，至今都没有定论。

（6）操作条件的影响。

1）真空断路器带电合闸，而在分闸时电源已被切断，则因合闸时的熔焊现象在分闸时产生的毛刺不能被电流烧去，真空开关管的绝缘下降很大。

2）老炼处理后的断路器备用时间较长，在空载操作时，击穿电压往往明显降低，这是因为触头闭合形成冷焊而分开时又拉出新丝的原因，但对硬金属材料影响不明显。

四、真空断路器的过电压

1. 截流过电压

真空断路器在开断交流小电流时，当电流从峰值下降但尚未到达自然零点时，电流突然被中断，电弧熄灭，这就是截流现象。由于电流突然被中断，电感负载上剩余的电磁能量会产生过电压，这种由截流现象产生的过电压称为截流过电压。影响真空断路器截流水平的因素有：

（1）触头材料的饱和蒸汽压力。饱和蒸汽压力越高，截流水平越低；压力越低，截流水平越高。但是，触头材料的饱和蒸汽压力不能过高，否则将降低触头间隙的介质强度的恢复速度，降低绝缘强度。

（2）触头材料的沸点与导热系数的乘积。乘积越大，截流值越高，反之截流值就低。这是因为触头材料的沸点越高，在相同的温度下，触头间隙的金属蒸气压力越小。触头材料的导热系数高，开断电流时，触头间的温度就会降低，金属蒸气就会减少。从降低截流水平的要求出发，触头应选用沸点低和导热系数小的材料，但这样会影响开断性能和绝缘性能。

（3）开断电流大小和电流过零前的 dI/dt。随着开断电流的增大，平均截流水平降低。

（4）触头的运动速度。触头的分闸速度越高，截流水平可能增大，因此断路器的分闸速度不能太高，但也不能太低，太低可能会导致开断后的重燃。

（5）开断次数。真空断路器使用初期，截流水平偏大，随着开断次数的增加会降低，使用一段时间后将趋近一个稳定值。

（6）线路条件。真空断路器的截流在电感负载上会产生较高的截流过电压。

实际影响真空断路器的截流过电压的因素还很多，在此不一一叙述。

2. 多次重燃过电压

真空断路器在投切电力电容器组或开断较大电感电流时，即使截流过电压没问题，也有可能发生多次重燃，产生过电压（称之为多次重燃过电压），击穿电容器组或电机匝间绝缘。

3. 过电压的防护措施

（1）生产厂应研制低截流水平、低重燃率的真空断路器，使用单位应选用经过各种开断型式试验

的真空断路器。

（2）在感性负载上并联电容器。

（3）在感性负载上并联 *RC* 过电压抑制器。

（4）采用非线性电阻吸收器，例如氧化锌避雷器。

（5）串联电感保护。在真空断路器与电动机供电电缆之间串联 $100\mu H$ 左右的电感，用以降低过电压的上升陡度和峰值，减少重燃时的高频振荡电流。

【思考与练习】

1. 什么是真空？什么是真空度？

2. 影响真空间隙击穿电压的主要因素是什么？

3. 什么是截流现象？什么是截流过电压？

4. 影响真空断路器截流水平的因素有哪些？

模块 2　真空断路器的结构原理（ZY1400302002）

【模块描述】本模块介绍真空断路器的特点和真空灭弧室结构。通过原理讲解、结构分析，掌握真空断路器特性及真空灭弧室的结构原理。

【正文】

一、真空断路器的特点

1. 分断能力高、熄弧能力强

真空介质具有优异的介质强度和灭弧性能，真空介质恢复速率快达 25kV/μs，触头开距间的真空耐压强度达 60kV/mm 以上。

2. 触头电磨损小、电寿命长

（1）真空介质中的燃弧时间短，一般不超过半个周期，电弧电压低，通常为 20～100V，所以电弧能量小，对触头的电磨损小。

（2）分断电路时，触头间形成金属液桥，在高温、高电流密度的作用下金属被熔化和蒸发，向触头间隙喷出大量金属蒸气，继而形成金属蒸气电弧。当电流过零熄灭的瞬间，弧隙间的金属微粒除部分向触头四周扩散，并在屏蔽罩等零部件上附着冷凝以外，大部分金属蒸气微粒溅落在触头表面上，并迅速凝结与复合，形成新的金属层，所以触头材料的损耗较小。

（3）在真空电弧中，触头材料的损耗与负荷电流成正比，而在空气电弧中，触头材料的损耗与负荷电流的平方成正比，所以真空触头的电寿命长。真空断路器触头的电寿命，满容量开断达 30～50 次，额定电流开断达 5000 次以上。

3. 触头开距小、机械寿命长

由于触头开距小，操动机构的操作功就小，机械传动部分行程也小，其机械寿命自然就长，真空断路器的机械寿命已达 10 000 次以上。

4. 结构简单、维修方便

触头完全封闭在真空灭弧室内，所以不需要检修，只需定期对断路器表面除尘，检查连接件的松动情况并给以紧固，定期检查灭弧室的真空度。若触头磨损超过规定、真空度降低和切断短路电流达到规定次数，就应更换灭弧室。

二、真空灭弧室结构原理

真空灭弧室的基本结构如图 ZY1400302002-1 所示，它包括以下几部分。

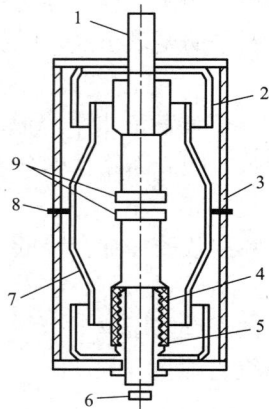

图 ZY1400302002-1　真空灭弧室的基本结构图

1—静电极；2—屏蔽；3—绝缘外壳；4—波纹管屏蔽；5—波纹管；
6—动电极；7—屏蔽罩；8—屏蔽罩法兰；9—电极

1. 气密绝缘系统

气密绝缘系统是由玻璃、陶瓷或微晶玻璃制成的气密绝缘筒、动端盖板、定端盖板、不锈钢波纹管组成的。为了保证气密性，除了在封接时要有严格的操作工艺外，还要求材料本身透气性和内部放气量小。

波纹管的作用不仅能将真空灭弧室内的真空状态与外部的大气状态隔离开来，而且能使动触头连同导电杆在规定范围内运动。波纹管的种类很多，真空开关管中只采用液压成形波纹管和薄片焊接波纹管。

2. 导电系统

定导电杆、定跑弧面、定触头、动触头、动跑弧面、动导电杆构成了灭弧室的导电系统。其中定导电杆、定跑弧面、定触头合称定电极；动导电杆、动跑弧面、动触头合称动电极。

（1）对真空灭弧室触头材料的要求。

1）足够的适合于切断额定电流和短路电流的能力。

2）低截流水平。

3）抗熔焊性好，并要求有小的熔焊强度。

4）耐压性能好。

5）良好的导电性能和导热性能。

6）低含气量。

7）耐电磨损性能好。

8）机械加工性能好。

（2）铜铋铈触头材料。铜铋铈触头材料有一定的优点，但有绝缘水平差、截流水平高、电弧电压高、机械加工性能差等缺点，在大容量真空灭弧室中已经不再采用。目前只在真空接触器的灭弧室和开断容量不大的断路器的灭弧室中采用。

（3）铜铋铝触头材料。广泛使用于国产真空灭弧室的触头材料是铜铋铝。铜铋铝触头材料在真空中冶炼，并在真空中浇铸，其含气量小于 10ppm。这种材料具有良好的开断能力，燃弧时间短，开断前后触头间的绝缘比较稳定。

（4）国内真空灭弧室触头结构种类。国内真空灭弧室触头有圆柱形触头、带有螺旋槽跑弧面的横向磁场触头以及单极纵向磁场触头。

1）圆柱形触头只适用于真空负荷开关、真空接触器和小型断路器的真空灭弧室中，不宜用在大容量真空断路器的灭弧室上。目前国内用真空接触器的灭弧室几乎全部采用圆柱形触头。

用于开断电流 6.3kA 及以下的真空断路器的真空灭弧室也大都采用圆柱形触头，虽然有一定缺点，但制造工艺简单、成本低。

2）螺旋槽型横向磁场触头。我国目前生产的用于真空断路器的真空灭弧室，大多数采用螺旋槽型横向磁场触头结构。这种触头在 8kA 以上和 25kA 以下真空断路器的灭弧室中占主导地位，它的触头尺寸大小和电磨损情况远不如杯状触头和纵向磁场触头。在分断电流过程中，增加了横向磁场的强度，使电弧沿着触头以极高的速度运动，大大减轻了触头的磨损率，从而提高了分断能力。

3）纵向磁场触头。纵向磁场能大大降低电弧电压，有效地限制等离子体，从而极大地提高集聚电流。存在纵向磁场时，电极表面存在均匀的阴极斑点，电弧能量均匀地输入触头的整个端面，不会造成表面局部的严重熔化。利用在触头间隙呈现纵向磁场的结构来提高开断能力的触头称纵向磁场触头。

我国近几年已设计了纵向磁场触头结构的真空灭弧室，并陆续投入了市场。

3. 屏蔽系统

屏蔽罩是真空灭弧室中不可缺少的部件，有围绕触头的主屏蔽罩、波纹管屏蔽罩和均压用屏蔽罩等多种。主屏蔽罩的作用如下：

（1）防止燃弧过程中电弧生成物喷溅到绝缘外壳的内壁，电弧生成物会降低外壳的绝缘强度。

（2）改善灭弧室内部电场分布的均匀性，有利于降低局部场强，促进真空灭弧室小型化。

（3）冷凝电弧生成物，吸收一部分电弧能量，有助于弧后间隙介质强度的恢复。

模块 2

ZY1400302002

主屏蔽罩可用铜或不锈钢两种材料制作，铜具有较高的导热率和优良的凝结能力，但铜熔点低，和电弧生成物有较大的亲和力，且屏蔽罩内壁上附有的金属屑会使燃弧后灭弧室内的电场分布不均匀，选用不锈钢做主屏蔽罩能克服上述缺点。

固定主屏蔽罩的方式有带电和悬浮两种方式，由于带电方式使绝缘外壳上的电位分布极不均匀，因而有可能造成电弧向屏蔽罩转移。此外，燃弧后的介质强度恢复速度与电流极性有关，使开断性能不稳定。因此要多采用悬浮电位固定法，具体方案有中间封接式、瓷柱式、外屏蔽罩式和绝缘端盖式等。主屏蔽罩的固定方式如图 ZY1400302002-2 所示。

试验表明，真空灭弧室中电弧能量的 70%左右消耗在主屏蔽上，因而燃弧时主屏蔽罩的温度升得很高。温度越高表面凝聚电弧生成物的能力就越差，应采用导热性能好的材料来制造主屏蔽罩，如无氧铜、不锈钢、镍或玻璃等材料，其中铜是最常用的主屏蔽罩材料。

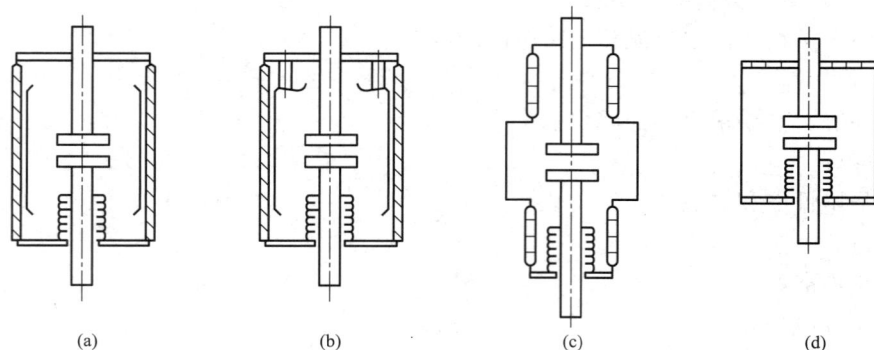

图 ZY1400302002-2　几种常用的主屏蔽罩固定方式
（a）中间封接式；（b）瓷柱式；（c）外屏蔽罩式；（d）绝缘端盖式

4. 波纹管

（1）波纹管的作用。波纹管主要担负保证动电极在一定范围内运动和长期保持高真空功能，要求具有高的机械寿命，是真空灭弧室最重要的部分。

（2）波纹管的结构。波纹管是薄壁元件，其厚度大约为 0.1～0.2mm。选用材料的种类、壁厚的均匀性、结晶状态、材料本身的缺陷（夹杂、微裂纹、划伤）等都影响其寿命。

（3）真空灭弧室的机械寿命。

1）真空断路器为 1 万～8 万次（特殊的要求 10 万次）。

2）负荷开关为 10 万～30 万次。

3）真空接触器为 100 万～500 万次。

这是灭弧室在整体装配上必须满足的寿命，它主要依靠波纹管来保证。

（4）波纹管的种类。波纹管种类很多，在真空灭弧室中只采用液压成形波纹管和薄片焊接波纹管。

1）液压成形波纹管由 1.0～1.2mm 厚的不锈钢管或不锈钢板经过多次延伸加工成为壁厚 0.1～0.2mm 的不锈钢管，再经液压成形为波纹管主坯，最后经过加工修正和热处理等手段制成具有一定弹性和标准尺寸的波纹管。因为液压成形波纹管的长度受到加工技术条件的限制，不能做得很长，同时压缩行程仅为自由长度的 20%～30%，但是此种波纹管加工相对简单，价格便宜。液压成形波纹管如图 ZY1400302002-3 所示。

2）薄片焊接波纹管是用厚度为 0.1～0.15mm 的非导磁不锈钢片冲制成环状薄片，然后将一系列薄片依次逐个用氩弧焊焊接成如图 ZY1400302002-4 所示的波纹管，其长度取决于波纹的数，同时其工作行程可以达波纹管自由行程的 60%以上。由于焊接波纹管的壁厚比较均匀，每片的形变不大，故它的疲劳寿命比液压成形波纹管长的多，一般可达数百万次，但是其焊接工艺比较复杂，价格昂贵。

5. 其他零部件

（1）导电杆。真空灭弧室的导电杆除了考虑在运行中通过额定电流和短路电流外，还要考虑真空断路器在分、合操作时的机械撞击中不发生弯曲和形变，要有一定的导电能力和机械强度。

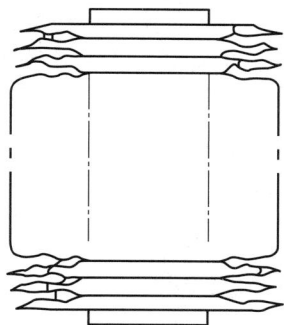

图 ZY1400302002-3　液压成形波纹管外形　　　　图 ZY1400302002-4　薄片焊接波纹管外形

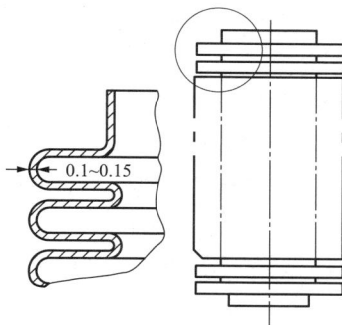

　　真空灭弧室导电杆在导通电流时会发热，但发热情况和其他灭弧室略有不同。因为触头和导电杆一部分在真空中，产生的热量不可能依靠对流散出去，热辐射也只能散去很少。热量主要是通过热传导传到伸出灭弧室外面部分的导电杆，然后以对流方式传递到空气中去，在其他情况相同时，真空灭弧室导电杆比其他介质灭弧室导电杆的温度要高一些。所以，真空灭弧室导电杆的电流密度取的较低，一般为 $1\sim2A/mm^2$，导电杆一般都使用无氧铜制造，而且为满足导电杆与操动机构连接的机械强度，通常会在动导电杆端部加焊一段由不锈钢制造的连接头。

　　（2）固定元件。为了将真空灭弧室固定在真空断路器整机的框架上，并满足一定的机械强度，在真空灭弧室的两端都设置有加强盖板，加强盖板随着整机结构的不同要求有三种固定方式：静触头端固定在框架上、动触头端固定在框架上、将真空灭弧室夹在框架之间，如图 ZY1400302002-5 所示。

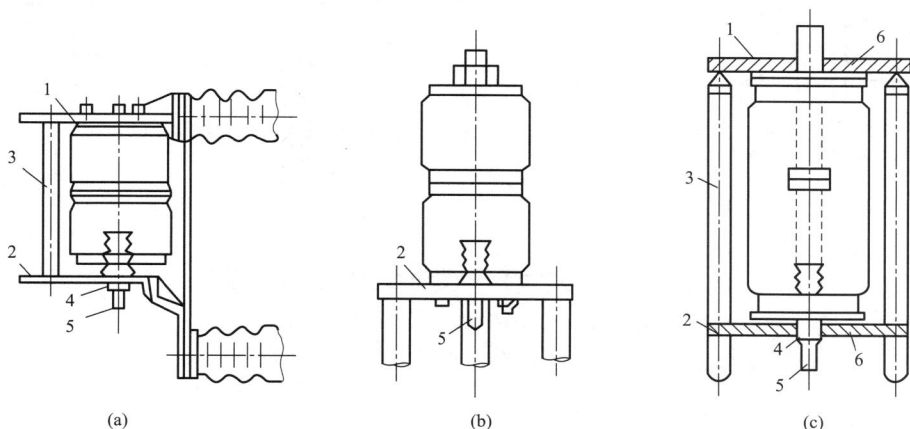

(a)　　　　　　　　(b)　　　　　　　　(c)

图 ZY1400302002-5　真空灭弧室的固定方式

（a）静触头端固定在框架上；（b）动触头端固定在框架上；（c）将真空灭弧室夹在框架之间

1—上支架（夹板）；2—下支架（夹板）；3—绝缘杆；4—导向套；5—动导电杆；6—橡皮垫

　　对于静触头端固定方式，在合闸时触头间的碰撞冲击力直接由静触头传递到开关支架上，真空灭弧室外壳不受操作冲击力的作用，仅受到由触头碰撞引起的振动波作用。分闸时，外壳将受到拉力的作用，但由于通过了弹性波纹管，故拉力值不大。

　　对于动触头固定方式，合闸时，灭弧室外壳受碰撞冲击力的直接作用，要求真空灭弧室外壳必须有足够的机械强度。目前，国外采用浇注成形的硼硅玻璃外壳或玻璃陶瓷外壳，其壁厚约为 8～10mm，具有足够的抗冲击强度，能便于实现动触头端固定方式。这种固定方式在分闸时，由于拉力通过波纹管后再作用到支架上，故外壳基本不受力的作用。

　　对于两端压紧的固定方式，它实际上是上述两种方式的综合，所以无论在分闸或合闸时，灭弧室外壳基本不受操作冲击力的直接作用。采用这种固定方式，真空灭弧室外壳承受较大的静态装配压力，因此应在灭弧室两端加缓冲垫。

　　目前，我国大多数采用两端压紧固定方式和静触头端固定方式。

（3）导向套。导向套的作用是保证真空断路器在分、合闸过程中动导电杆沿灭弧室轴线作直线运动。导向套通常装在动导电杆处，固定在真空灭弧室的动端盖板上，也有装在真空断路器的支架上的。导向套的设计和安装质量，直接影响真空断路器的使用寿命和分、合闸速度。图 ZY1400302002- 6 所示为动导电杆上安置导向套图，动导电杆上装有导向套的情况应注意以下问题：

1）通常导向套要伸到灭弧室波纹管处，为了防止波纹管内壁被导向套擦伤，波纹管和导向套外壁之间的间隙不能太小。

2）为了保证良好的导向，导向套应有一定的长度。

3）在导向套上开设有排气孔。

4）为了防止电流流过波纹管，导向套用绝缘材料制成。同时也要考虑选择与导电杆构成低摩擦阻力的材料，如聚四氟乙烯、石墨尼龙等。

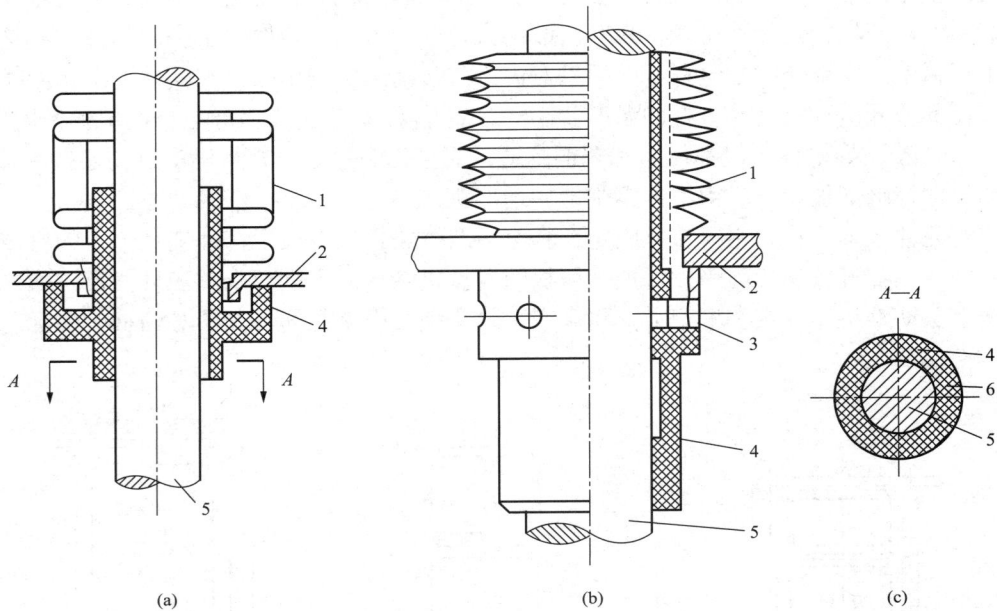

图 ZY1400302002-6　动导电杆上安置导向套图

（a）正视图；（b）剖视图；（c）*A—A* 剖视图

1—波纹管；2—动触头端盖板；3—排气孔；4—导向套；5—动导电杆；6—通气槽

【思考与练习】

1. 真空断路器的特点是什么？

2. 真空断路器的气密绝缘系统由哪些部分组成？

3. 真空断路器的屏蔽系统由哪些部分组成？

4. 真空断路器主屏蔽罩有什么作用？

5. 真空断路器的波纹管的作用是什么？

第十二章　SF₆ 断 路 器

模块 1　SF₆ 气体性能（ZY1400303001）

【模块描述】本模块介绍 SF₆ 气体的物理性能、绝缘性能、灭弧性能，SF₆ 气体的水分与分解气体，SF₆ 气体的毒性和接触 SF₆ 气体的工作人员应注意事项。通过定义讲解、要点归纳，熟悉 SF₆ 气体的各种特性，掌握接触 SF₆ 气体的工作人员应注意事项。

【正文】

一、SF₆ 气体的物理性能

SF₆ 气体（纯净的）是无色、无味、无毒和不可燃的，熔点是 $-50.8℃$，沸点是 $-63.8℃$，气体密度（1 个大气压，25℃时）是 $6.25kg/m^3$（空气是 $1.166kg/m^3$），分子量是 146.07（空气是 28.8），临界温度是 45.6℃，临界压力是 3.85MPa。

1. 临界温度

表示气体可以被液化的最高温度称为临界温度。临界温度越低越好，表示它不易被液化，例如氮气只有低于 $-146.8℃$ 以下才可能被液化，所以在工程实用的环境下就不必考虑液化的问题。SF₆ 气体则不然，只有在 45.6℃ 以上才能为恒定的气态，所以在通常的使用条件是有液化的可能的，因此 SF₆ 气体不能在过低温度和过高压力下使用。

2. 临界压力

在临界温度下出现液化所需的气体压力，也就是该温度下的饱和蒸汽压力。

3. SF₆ 气体的温度压力曲线（饱和蒸汽压力曲线）

如图 ZY1400303001-1 所示，SF₆ 气体温度、压力和密度三个状态参数之间的关系，不同于理想气体的三个状态参数之间的关系，而是用经验公式表述。该曲线簇主要有以下用途：

（1）已知设备的体积和在某一温度下的压力值，查出气体的密度，密度与体积的乘积便是所充气体的质量。

（2）根据温度和压力，可以求出可能液化的温度。

（3）已知在某一温度下的额定压力，可以求出不同温度下的充气压力。

4. SF₆ 气体的传热性能

SF₆ 气体的热传导性能较差，其导热系数只有空气的 2/3。但 SF₆ 气体的比热是氮气的 3.4 倍，其对流散热能力比空气大得多，因此 SF₆ 断路器的温升不会比空气断路器严重。

二、SF₆ 气体的绝缘性能

SF₆ 气体具有优良的绝缘性能，在比较均匀的电场中，压力为 0.1MPa 时，其绝缘强度约为空气的 2~3 倍；在 0.3MPa 时绝缘强度可达绝缘油的水平，这个比率随着压力的增大还会增大。影响 SF₆ 气体绝缘强度的因素有：

1. 电场均匀性的影响

绝缘强度对电场的均匀性特别敏感，在均匀电场下，绝缘强度随触头间距离的增加而线性增加，距离过大，电场会不均匀可使其绝缘强度增加出现饱和现象。在不均匀电场下，甚至会接近空气的水平。

2. 与压力的关系

在较均匀电场下，绝缘强度随气体压力的增加而增加，但并不成正比。

3. 电极表面状态的影响

通常电极表面越粗糙，击穿电压越低。电极面积越大，则由于偶然因素出现的概率越大，因而使击穿电压降低。

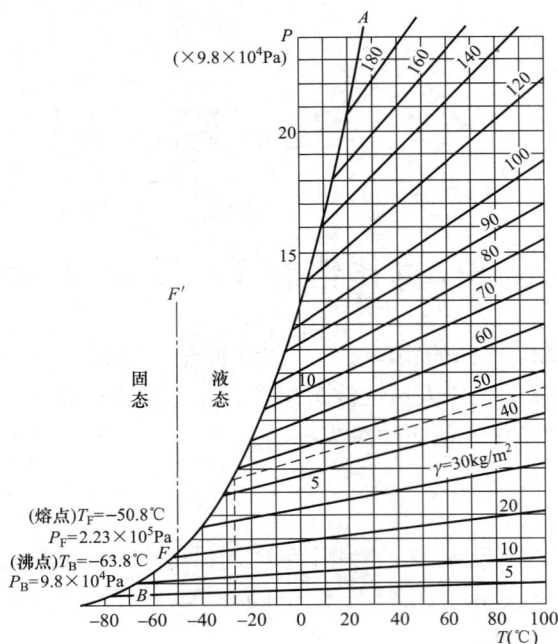

图 ZY1400303001-1　温度压力曲线

A—F—B—SF$_6$饱和蒸汽压力曲线，其右侧是气态区域，*A—F—F′*线上方是液态区域，*F′—F—B*线

上方是固态区域；*F*—SF$_6$的熔点（凝点），参数见图；*B*—SF$_6$的沸点，即饱和蒸汽压力为一个大气压（0.1MPa）时的温度，参数见图；

γ—密度（kg/m^3）；*T*—温度（℃）；*P*—压强（MPa），本图用法：找到压力和温度

对应的坐标交点，画出密度曲线，气体温度变化时，压力沿曲线移动；

*A—F*线右侧为气态区，密度曲线与此线的交点即为出现液态时的*P*、*T*参数

4. 电压极性的影响

电压极性对 SF$_6$ 气体击穿电压的影响和电场的均匀性有关，在均匀电场中，由于电场强度处处相等，所以没有极性效应；在稍不均匀电场中，曲率较大的电极为负时，其附近的场强较大，容易产生阴极电子发射，使气隙的击穿电压降低。

5. 杂质和水分的影响

SF$_6$ 气体含有杂质和水分时，其绝缘强度下降。

三、SF$_6$ 气体的灭弧性能

SF$_6$ 气体具有优良的灭弧性能，其灭弧能力比空气的大 2 个数量级。其优良性能主要表现在以下几方面：

1. 优良的热化学特性

SF$_6$ 气体的电弧结构近似于温度为径向矩形分布的弧芯，弧芯部分温度高导电性好，弧芯外围部分温度下降非常陡峭，而外焰部分温度低，散热好。因此，SF$_6$ 气体的电弧电压低，电弧输入功率小，对熄弧有利。电弧弧芯导电良好，不容易造成电流折断，不会出现过高的截流过电压；电流过零时，弧芯的热体积小，残余弧柱细，过零后的介质恢复特性好。

2. SF$_6$ 气体的负电性强

负电性就是指分子（原子）吸收自由电子形成负离子的特性。SF$_6$ 气体分子捕捉自由电子形成负离子的能力非常强，形成负离子后再与正离子结合造成空间带电离子的迅速减少。

3. SF$_6$ 气体的电弧时间常数小

电弧电流过零后，介质性能的恢复远比空气和油介质为快。

综上所述，用于断路器的 SF$_6$ 气体总的灭弧能力相当于同等条件下空气灭弧能力的 100 倍左右。

四、SF$_6$ 气体的水分与分解气体

1. 水分与绝缘

水分对 SF$_6$ 断路器的正常运行具有决定性的影响，一旦含水量较高，很容易在绝缘材料表面结露，

造成绝缘下降，严重时产生闪络击穿。

为了保证耐压特性，需将 SF_6 气体中的水分控制在 0℃饱和水蒸气压力下，这样即使变成饱和水蒸气，也已变成冰霜，不致绝缘下降。

2. 水分与分解气体

SF_6 气体在常温下是一种极稳定的气体，在接触电弧的情况下，会发生分解，分解后的气体，在灭弧后又急速地结合，大部分又还原为稳定的 SF_6 气体。

SF_6 气体内水分含量不仅影响绝缘性能，也关系到开断后电弧分解物的组成与含量。在电弧作用下，SF_6 气体分解物中 WO_3、CuF_2、WOF_4 等为粉末状绝缘物，其中 CuF_2 具有强烈的吸湿性，附着在绝缘物表面，使沿面闪络电压下降；HF、H_2SO_4 等强腐蚀性物质对固体有机材料及金属件起腐蚀作用。WO_2、SOF_4、SO_2F_2、SOF_2、SO_2 等均为有毒有害物质，随含水量的增加而增加。

3. 对水分和低氟化合物的控制措施

为了控制 SF_6 气体中的水分和电弧分解产生的低氟化合物，在高压电器内放置即能吸附水分，又能吸附低氟化合物的吸附剂，一般吸附剂的质量是气体充入质量的 1/10。特别注意使用过的吸附剂不允许烘燥处理后再使用。

五、SF₆气体的毒性

纯净的 SF_6 气体是无毒的，但 SF_6 气体在合成过程中，会有硫的低氟化物产生，它们中的某些物质是有毒或剧毒的。在电气设备中的电晕、火花、电弧作用下，SF_6 气体会产生多种有毒、腐蚀性气体及固体分解物。一小部分 SF_6 气体主要分解成氟化亚硫酰（SOF_2），氟化硫酰（SO_2F_2）、四氟化硫（SF_4）、四氟化硫酰（SOF_4）、十氟化二硫（S_2F_{10}）等，其中主要为剧毒的 SOF_2、SO_2F_2 气体。产生的多少，主要取决于 SF_6 气体中的水分和含氧量的多少。

SOF_2 对肺部有侵害，可造成剧烈的肺水肿，使动物窒息而死亡，在致命的浓度下对眼睛和鼻内黏膜仍没有特别难受的感觉。硫化氢等气体具有刺鼻和令人恶心的气味，即使在浓度非常低（$1\sim5\mu L/L$）的情况下也能够觉察出来。SF_4 和 SOF_4 所呈现的毒性与 SOF_2 相同，对肺部都有侵害作用。SO_2F_2 是一种导致痉挛的化合物。SO_2F_2 的致命浓度虽高，但其无味，不易发觉，故应给予特别注意。

SF_6 断路器中的固体分解物主要有氟化铜（CuF_2）、二氟二甲基硅 $[Si(CH_3)_2F_2]$、三氟化铝（AlF_3）粉末等，因而多采用吸附剂清除 SF_6 气体中的水分和分解产物。

六、接触SF₆气体的工作人员应注意的事项

（1）SF_6 气体质量比空气重，它在没有与空气充分混合的情况下，SF_6 气体有沉积于低处的倾向。例如电缆沟、室内底层、容器的底部等。在这些可能有大量 SF_6 气体沉积的地方，容易缺氧，存在着使人窒息的危险。

运行维护人员的工作场所，SF_6 气体的最大允许浓度为 $1000\mu L/L$（约 $6g/m^3$）。进入室内工作之前，必须充分通风换气，排气装置必须装在室内的较低位置，以便彻底将可能泄漏的 SF_6 气体排出室外。

（2）SF_6 断路器中的 SF_6 气体在投入运行之后的分解物对人类是极其有害的。如在不适当的检修条件下工作，检修人员暴露在固态和气态的分解物之中，就会使没有保护的皮肤烧伤和引起呼吸系统的伤害，如果暴露的时间不长，这些损伤是可以恢复的；如果长时间吸入高浓度的气体分解物，就会引起呼吸系统的急剧水肿而导致窒息等。

（3）为了防止万一泄漏的气体吸入人体，必须在通风良好的条件下进行操作。如闻到难闻的气味，或发现眼、口、鼻等有刺激症状，务必迅速离开；若操作人员不能离开，则应带上呼吸器。当条件许可时，应到空气新鲜的地方方，现场则必须彻底通风换气。

【思考与练习】

1. SF_6 气体的温度压力曲线的主要用途是什么？

2. SF_6 气体有哪些优良的绝缘性能？影响 SF_6 气体绝缘强度的因素有哪些？

3. SF_6 气体具有优良的灭弧性能，主要表现在哪些方面？

4. 接触 SF_6 气体的工作人员应注意的事项是什么？

5. 在 SF_6 断路器、GIS 设备检修中，如何避免 SF_6 气体毒害人体的事故发生？

模块 2 SF₆ 断路器的结构原理 (ZY1400303002)

【模块描述】本模块介绍 SF₆ 断路器的基本结构和 SF₆ 断路器灭弧室结构原理。通过原理讲解、结构分析，掌握 SF₆ 断路器的性能和灭弧室的结构原理。

【正文】

一、SF₆ 断路器的基本结构

1. SF₆ 断路器的分类

（1）根据 SF₆ 断路器的电压等级，在电力系统中的作用，是否要求单相重合闸，SF₆ 断路器可分为单相操动式和三相联动式 SF₆ 断路器。

（2）根据结构形式的不同，分为支柱式 SF₆ 断路器（简称 P·GCB）、落地罐式 SF₆ 断路器（简称 T·GCB）、气体绝缘金属封闭组合电器（简称 GIS）用断路器、插接式开关系统（简称 PASS）用断路器等。

（3）根据所配置操动机构类型的不同，分为液压机构式、气动机构式、弹簧机构式 SF₆ 断路器等。

（4）根据单相断口的多少，分为单断口、多断口 SF₆ 断路器。在多断口 SF₆ 断路器的灭弧室上，有带并联电容和并联电阻之分。

2. SF₆ 断路器的基本结构

SF₆ 断路器的基本结构和其他断路器相似，功能上是基本相同，主要包括：

（1）导电部分。导电部分包括动、静弧触头和主触头或中间触头以及各种形式的过渡连接等，其作用是通过工作电流和短路电流。

（2）绝缘部分。绝缘部分主要包括 SF₆ 气体、瓷套、绝缘拉杆等，其作用是保证导电部分对地之间、不同相之间、同相断口之间具有良好的绝缘状态。

（3）灭弧部分。灭弧部分主要包括动、静弧触头，喷嘴以及压气缸等部件，其作用是提高熄灭电弧的能力、缩短燃弧时间。既要保证可靠地开断大的短路电流，又要保证开断小电感性电流不截流，或产生的过电压不超过允许值，开断小电容性电流不重燃。

（4）操动机构。操动机构主要指各种型式的操动机构和传动机构，按操作能源分有手动、电磁、气动、弹簧、液压等多种，实现对断路器规定的操作程序，并使断路器能够保持在相应的分、合闸位置。

二、SF₆ 断路器灭弧室的结构原理

1. SF₆ 断路器灭弧室结构的分类

SF₆ 断路器灭弧室结构按灭弧介质压气方式不同，分为双压式和单压式灭弧室；按吹弧方式不同，分为双吹式和单吹式、外吹式、内吹式灭弧室；按触头运动方式的不同，分为变开距和定开距灭弧室。

（1）第一代的双压式灭弧室。由于结构复杂、辅助设备多，需要压气泵和加热装置，环境适应能力差，现在已被淘汰。

（2）第二代的单压式变开距灭弧室和定开距灭弧室。这两种灭弧室仅靠机械运动产生灭弧所需要的气体压力，操动功率较大，机械部件易损坏，使用寿命短，采用液压操动机构或压缩空气操动机构，分闸时间长，虽然现已大量投入运行，但单压式变开距灭弧室逐步被"自能"式灭弧室所代替。

（3）第三代单压变开距"自能"式灭弧室。这种灭弧室开断大电流时，利用电弧自身的热量产生灭弧所需的气体压力吹气；开断小电流时，利用机械辅助压气建立的气压吹气，具有不易产生截流过电压，所需操动功率小，机械部件不易损坏，使用寿命长等特点。宜采用弹簧操动机构，工作可靠、分闸时间短，正常情况下，基本不需要维修。目前国内外广泛使用这种灭弧室。

现在国内外生产的各电压等级的 SF₆ 断路器，主要是采用变开距灭弧室和定开距灭弧室结构，以及在变开距灭弧室基础上进一步改进的，代表着最新发展和研究成就的"自能"式灭弧室。

2. 变开距灭弧室的结构

（1）变开距灭弧室的结构。变开距灭弧室的结构形式是从少油断路器的设计体系中发展起来的。触头系统有主回路工作触头和弧触头组成，工作触头放在外侧有利于改善散热条件，提高断路器的热

稳定性能。灭弧室的可动部分由动触头、喷嘴和压气缸组成。为了使分闸过程中压气缸内的高压气体能集中从喷嘴向电弧吹气，而在合闸过程中不致在压气缸内形成负压力影响合闸速度，故在固定的压气活塞上设置了止回阀。合闸时，止回阀打开，使压气缸与活塞内腔相通，SF₆ 气体从止回阀充入压气缸内；分闸时，止回阀封闭，让 SF₆ 气体集中向电弧吹气。

（2）变开距灭弧室结构的主要特点。触头开距在分闸过程中不断增大，分闸后开距比较大，故断口电压可以做得比较高，介质强度恢复速度较快。喷嘴与触头分开，喷嘴的形状不受限制，可以设计得比较合理，有利于改善吹弧的效果，提高开断能力。

由于电弧是在触头运动过程中熄灭的，触头的开距在整个分闸过程中是变化着的，故有变开距之称。变开距灭弧室的基本结构如图 ZY1400303002-1 所示。

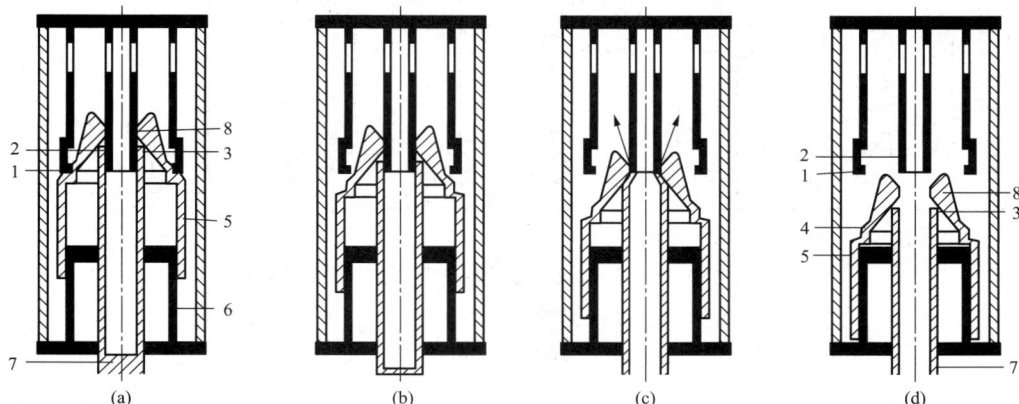

图 ZY1400303002-1 变开距灭弧室的基本结构

（a）合闸状态；（b）压气过程；（c）吹弧过程；（d）分闸状态

1—静主触头；2—静弧触头；3—动弧触头；4—动主触头；5—压气缸；6—压气活塞；7—绝缘拉杆；8—灭弧喷嘴

（3）变开距灭弧室的基本原理。如图 ZY1400303002-1 所示，在开断电流时，由操动机构通过绝缘拉杆 7 使带有动弧触头 3 和绝缘喷嘴 8 的压气缸 5 运动，使其内部的 SF₆ 气体受到压缩，建立高气压，并使高压气体形成高速气流经喷嘴 8 吹向电弧，使电弧强烈冷却而熄灭。

1）合闸状态。如图 ZY1400303002-1（a）所示，静主触头 1 与静弧触头 2 并联，电流基本上经过静主触头 1 流通。

2）压气过程。如图 ZY1400303002-1（b）所示，电流已由静主触头 1 转移到静弧触头 2 上流通，但还没有形成电弧，压气缸 5 中的 SF₆ 气体开始被压缩，而其灭弧喷嘴 8 还没有被打开，这一阶段可称为压气阶段。

3）吹弧过程。如图 ZY1400303002-1（c）所示，动、静弧触头刚刚分离并已产生电弧，随着动弧触头 3 及运动系统继续向下运动，压气缸 5 中的 SF₆ 气体一方面继续被压缩，同时高压气体经被打开的灭弧喷嘴 8 吹向被拉长的电弧，当电流过零时被熄灭。

4）分闸状态。如图 ZY1400303002-1（d）所示，当电弧熄灭之后，动弧触头 3 及运动系统继续运动到分闸位置。

变开距压气式灭弧室 SF₆ 断路器目前在我国投入运行的比较多，例如瑞士 BBC（现在的 ABB）公司的 ELF 系列断路器、日本三菱公司的 SFM 系列断路器、日本日立公司的 OFP 系列断路器、法国 MG 公司的 FA 系列断路器等。

3．定开距灭弧室的结构

（1）定开距灭弧室的基本结构。定开距灭弧室的基本结构如图 ZY1400303002-2 所示，断路器的触头由两个带喷嘴的空心静触头和动触头组成。弧隙由两个静触头保持固定的开距，故称为定开距灭弧室。

在合闸位置时，动触头跨接于两个静触头之间，构成电流的通路。由绝缘材料制成的固定活塞和与动触头连成整体的压气缸围成压气室。当分闸操作时，操动机构通过绝缘拉杆使压气缸随同动触头运动，使压气室内的 SF₆ 气体受到压缩，建立高气压，当喷嘴被打开后，高压气体形成高速气流吹向电弧，使电弧强烈冷却而熄灭。操动机构通过绝缘拉杆，带动动触头和压气缸组成的可动部分继续运动到分闸位置。

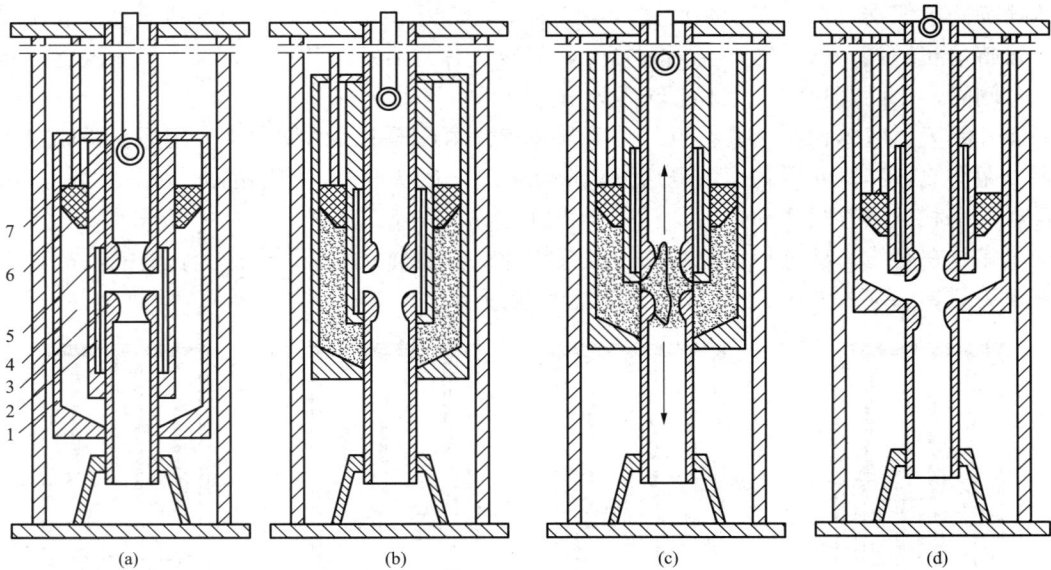

图 ZY1400303002-2　定开距灭弧室的基本结构

（a）合闸状态；（b）压气过程；（c）吹弧过程；（d）分闸状态

1—压气缸；2—动触头；3、5—静触头；4—压气室；6—固定活塞；7—绝缘拉杆

　　（2）定开距灭弧室的特点。由于利用了 SF_6 气体介质绝缘强度高的优点，触头开距设计得比较小，126kV 电压等级的 SF_6 断路器灭弧室静触头开距仅有 30mm。触头从分离位置到熄弧位置的行程很短，因而电弧的能量很小，所以，定开距灭弧室的灭弧能力强，燃弧时间短，但压气室的体积比较大。

　　（3）定开距灭弧室的工作原理。

　　1）断路器合闸状态，如图 ZY1400303002-2（a）所示，动触头 2 跨接于两个静触头 3、5 之间，构成电流的通路。

　　2）压气过程，如图 ZY1400303002-2（b）所示，分闸时由绝缘拉杆 7 带动动触头 2 和压气缸 1 组成的可动部分运动，压气室 4 内的 SF_6 气体被压缩，建立高气压。

　　3）开断短路电流过程，如图 ZY1400303002-2（c）所示，动触头 2 刚刚离开静触头 3 的瞬间，在静触头 3 和动触头 2 之间便形成电弧。同时，将原来动触头密封的压气室 4 打开而产生气流，吹向两个带喷嘴的空心静触头 3、5 内孔，对电弧进行纵吹，使电弧强烈冷却而熄灭。

　　4）分闸状态。断路器熄灭电弧后的分闸状态如图 ZY1400303002-2（d）所示。

　　目前，我国使用的 252、550kV 电压等级的 SF_6 断路器，很多均采用这种型式的灭弧室结构。

　　4. 变开距"自能"式灭弧室

　　依靠短路电流电弧自身的能量来建立熄灭电弧所需的部分吹气压力的灭弧室，称为"自能"式灭弧室。

　　（1）变开距"自能"式灭弧室的结构。变开距"自能"式灭弧室是在变开距灭弧室基础上改进而成，代表着最新发展和研究成果。灭弧的基本原理是：当开断短路电流时，依靠短路电流电弧自身的能量来建立熄灭电弧所需的部分吹气压力，另一部分吹气压力靠机械压气建立；开断小电流时，靠机械压气建立起来的气压熄灭电弧。所以，配置的操动机构基本上仅提供分断短路电流时动触头运动所需的能量。

　　（2）变开距"自能"式灭弧室断路器的特点。

　　1）具有比较好的可靠性。由于需要的操动功率小，可采用故障率比较低的、不受气候、海拔高度、环境条件影响的弹簧操动机构。

　　2）在正常的工作条件下，几乎不需要维修。

　　3）安装容易，体积小，耗材少，对瓷套的强度要求低，轻巧、结构简单。

4）由于需要的操动功率小，因而对构架、基础的冲击力小。

5）具有较低的噪声水平，可安装在居民住宅区。

6）不仅适合于大型变电站，也适合于边远山区和农村小型变电站使用。

（3）变开距"自能"式灭弧室的基本原理。变开距"自能"式灭弧室的基本结构如图 ZY1400303002-3 所示。

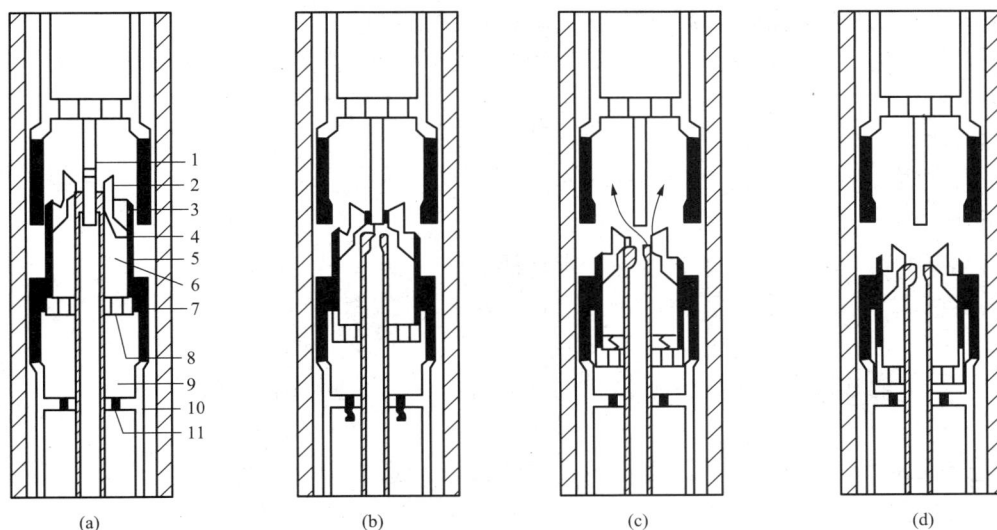

图 ZY1400303002-3　变开距"自能"式灭弧室的基本结构

（a）合闸状态；（b）开断短路电流过程；（c）开断小电流过程；（d）分闸状态

1—静弧触头；2—喷嘴；3—静主触头；4—动弧触头；5—动主触头；6—压气室；

7—主电流触头；8—止回阀；9—辅助压气室；10—圆筒；11—止回阀

1）合闸状态，如图 ZY1400303002-3（a）所示，此时静弧触头 1 和静主触头 3 并联到灭弧室的上部接线端子上，电流主要通过主触头流通。

2）开断短路电流过程，如图 ZY1400303002-3（b）所示，开始分闸时，主触头比弧触头先分开，弧触头刚分开的瞬间，电弧在静、动弧触头之间形成。电弧使压气室 6 里的气体加热，气体压力迅速升高到足以熄灭电弧，止回阀 8 同时关闭。当喷嘴 2 打开时，压气室 6 中储存的高压气体通过喷嘴 2 吹向电弧，当电流过零时使之熄灭。而动触头系统在操动机构带动下，继续向下运动，辅助压气室 9 中的气体压力继续升高到超过止回阀 11 的反作用力时，辅助压气室 9 底部的止回阀 11 打开，使辅助压气室 9 中过高的气体压力释放，而且止回阀 11 一旦打开，要维持分闸的操动力不会很大，故不需要分闸弹簧有太大的能量。

3）开断小电流过程，如图 ZY1400303002-3（c）所示，当开断负荷电流、小电感电流、小电容电流时，由于电弧能量不能产生足以熄灭电弧的压力，这时必须依靠辅助压气室 9 内储存的高压气体经过止回阀 8、压气室 6 辅助吹气熄灭电弧。压气室 6 向固定的圆筒 10 方向运动，使辅助压气室 9 中的 SF₆ 气体受到压缩，压力升高，止回阀 8 打开，使高压气体进入压气室 6，从而通过喷嘴 2 产生不太大的气流吹向电弧，使电弧冷却而熄灭，而不会产生截流过电压。由于喷嘴较大和压气室 6 的存在，使电弧熄灭后，在动、静触头之间保持着较高的介质绝缘强度，不会发生热击穿和电击穿而导致开断的失败。

4）分闸状态，如图 ZY1400303002-3（d）所示，当电弧熄灭之后，动触头继续运动到分闸位置。

5. 变开距灭弧室和定开距灭弧室的特点比较

（1）气体利用率。变开距灭弧室的吹气时间比较长，压气缸内的气体利用率比较高，定开距灭弧室的吹气时间比较短促，压气缸内的气体利用率比较低。

（2）断口情况。变开距灭弧室断口间的电场强度分布稍不均匀，绝缘喷嘴置于断口之间，经电弧高温多次灼伤之后，可能影响断口绝缘性能，故断口开距比较大；定开距灭弧室断口间的电场强度分布比较均匀，绝缘性能比较稳定，故断口开距比较小。

（3）开断电流能力。变开距灭弧室的电弧拉的比较长，弧柱电压比较高，电弧能量大，不利于提高开断电流；定开距灭弧室的电弧长度短而固定，弧柱电压比较低，电弧能量小，有利于熄灭电弧，性能稳定。

（4）喷口设计。变开距灭弧室的触头是与喷嘴分开的，有利于喷嘴最佳形状的设计，提高吹气效果；定开距灭弧室的气流经触头喷嘴内喷，其形状和尺寸均有一定限制，不利于提高吹气效果。

（5）行程与金属短接时间。变开距灭弧室的可动部分行程较小，超行程与金属短接时间较短；定开距灭弧室的可动部分行程较大，超行程与金属短接时间较长。

虽然国内外各生产厂家的变开距灭弧室和定开距灭弧室所采用的原理是基本相同的，但是，各厂家生产的灭弧室结构并不完全相同。

【思考与练习】

1. 变开距灭弧室结构的主要特点是什么？
2. 定开距灭弧室结构的主要特点是什么？
3. 变开距"自能"式灭弧室断路器的特点是什么？
4. 变开距灭弧室和定开距灭弧室的特点比较有什么不同？

模块 3　SF_6 断路器的附件（ZY1400303003）

【模块描述】 本模块介绍 SF_6 断路器的主要附属部件。通过知识讲解和结构分析，掌握 SF_6 断路器压力表和压力继电器、密度表和密度继电器、并联电容、并联电阻、净化装置、压力释放装置的基本结构原理及作用。

【正文】

SF_6 断路器的附件，是指 SF_6 断路器及其操动机构配置的具有一定特殊功能的附属部件。主要有 SF_6 断路器上的压力表、压力继电器、安全阀、气体密度表、气体密度继电器、并联电容、并联电阻、净化装置、防爆装置等。它们虽然是附属部件，但是却起着非常重要的作用。

一、压力表和压力继电器

1. 压力表

（1）压力表的分类。压力表按其结构原理可分为弹簧管式压力表、活塞式压力表、数字式压力表等多种形式。这些压力表又可分为精密压力表和一般压力表。本模块主要介绍 SF_6 断路器上常用的弹簧管式压力表。

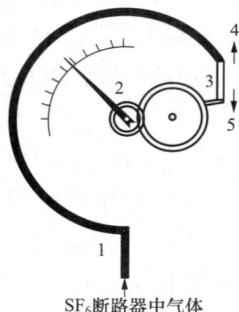

图 ZY1400303003-1　弹簧管式压力表的结构原理

1—弹性金属曲管；2—齿轮机构和指针；3—金属连杆；

4—压力增大时的运动方向；5—压力减小时的运动方向

（2）弹簧管式压力表的结构原理。弹簧管式压力表的结构原理如图 ZY1400303003-1 所示，主要由弹性金属曲管、金属连杆、齿轮机构和指针等组成。弹性金属曲管与断路器相连接，其内部空间与 SF_6 断路器中的 SF_6 气体相通。

1）当没有安装使用时，齿轮机构和指针 2 指向 0MPa（若以绝对压力标示的进口弹簧管式压力表，则指向 0.1MPa），当充入一定压力的气体后，随着气体压力的升高，弹性金属曲管 1 的端部向 4 的方向发生位移，带动金属连杆 3、齿轮机构和指针 2 向读数增大的方向移动，其指示值变大。表的读数只与被测气体的压力有关。

2）当给断路器充入 SF_6 气体后，等待一段时间使 SF_6 断路器内部温度和外部环境温度达到平衡后，调整 SF_6 气体压力在 20℃时至额定压力值。如果环境温度高于 20℃时，内部压力将随着环境温度升高而增大，弹性金属曲管 1 的端部向 4 的方向发生位移，带动金属连杆 3、齿轮机构和指针 2 向读数增大的方向发生移动。相反，如果环境温度低于 20℃时，内部压力将随着温度降低而减小，齿轮机构和指针 2 向读数减小的方向发生移动。

3）当运行中的 SF_6 断路器退出运行时，如果断路器内部 SF_6 气体的温度与外部环境温度达到平衡时，压力表的指针 2 的指示值将随外部环境温度的升高而增大。反之，则减小。

4）当断路器投入运行后，由于断路器导电回路流过负荷电流，负荷电流通过导体电阻和接触电阻时，消耗的电功率将全部转化为热能加热。每相质量不太大的 SF₆ 气体，将产生一定的温升，产生一定的压力增量使其压力增大。这时弹性金属曲管 1 的尾端向 4 的方向发生移动，从而使齿轮机构和指针 2 向读数增大的方向发生移动。

5）当断路器由于某些原因，气体质量减少，在环境温度和负荷条件相同的情况下压力会变小，弹性金属曲管 1 的尾端向 5 的方向发生移动，从而使齿轮机构和指针 2 向读数减小的方向发生移动，其指示值变小。

2. 压力继电器

压力继电器的结构形式多种多样，它主要配置在断路器的液压操动机构和压缩空气操动机构上，带有多对触点，主要用于控制操动机构电动机的启动、停止和断路器的闭锁以及发出相应的信号等。压力继电器各触点的动作值是预先设定的，它的动作只与被测介质的压力有关，而与其温度无关。

（1）液体压力继电器的结构原理。液体压力继电器的结构原理如图 ZY1400303003-2 所示，液体压力继电器有多对触点，分别控制操动机构电动机的启动、停止以及输出闭锁断路器分闸、合闸、重合闸的指令或信号等。当压力升高或降低时，柱塞带动阀针向上或向下运动，在不同的压力值时，使相应的行程开关电触点动作，以实现利用压力来控制有关指令和信号的输出。除此之外，还提供了备用行程开关触点，以供用户的特殊用途。

（2）安全阀。在液压操动机构和压缩空气操动机构中的安全阀，也是压力继电器的一种特殊形式，如图 ZY1400303003-3 所示，不同之处是安全阀不带电触点，动作方式不同。它是电动机液压泵或空气压缩机系统故障引起压力过高时的一种安全保护装置，当油压或气压超过规定的最高压力值时，其内部机构动作，泄压至规定的压力值时，安全阀自动关闭。因此，它是液压操动机构或压缩空气操动机构中不可缺少的重要组成部分。

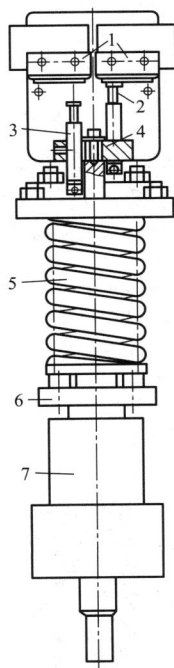

模块 3

ZY1400303003

图 ZY1400303003-2 液体压力继电器的结构原理

1—行程开关；2—阀针；3—阀；4—螺钉；

5—组合弹簧；6—弹簧座；7—阀体

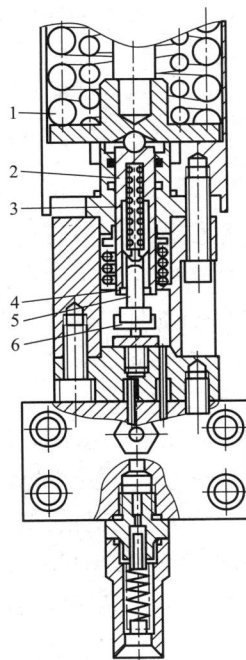

图 ZY1400303003-3 液体压力安全阀的结构

1—组合弹簧；2—弹簧；3—活塞；4—卡簧；

5—导向杆；6—密封垫

液体压力安全阀由组合弹簧、弹簧、活塞、卡簧、导向杆、密封垫等零部件组成。其工作原理是：当压力升高时，推动活塞 3 向上运动，当压力达到某一规定的值时，卡簧 4 带动导向杆 5 向上运动，使密封垫 6 离开阀口放油泄压。这时，活塞 3 则在组合弹簧 1 的作用下又向下运动，导向杆 5 在弹簧 2 的作用下返回。当压力下降到某一规定值时，密封垫重新封住阀口，泄压停止。

二、SF₆气体密度表和气体密度继电器

SF₆断路器中的 SF₆气体在 20℃时的额定压力下，具有一定的密度值，在断路器运行的各种允许条件范围内密度值始终不变。SF₆断路器的绝缘和灭弧性能取决于 SF₆气体的纯度和密度，对 SF₆气体纯度的检测和密度的监视是非常重要的。

SF₆断路器应装设压力表和密度继电器或 SF₆气体密度表，压力表是起监视作用的，密度继电器是起控制和保护作用的，SF₆气体密度表同时具有监视、控制和保护作用。

1. SF₆气体密度表

（1）SF₆气体密度表的结构。本模块以某厂生产的 SF₆气体密度表为例介绍 SF₆气体密度表的结构原理，如图 ZY1400303003-4 所示，主要由指针、双金属补偿装置、SF₆气体进口管、布尔登弹簧、触点和各种杆等组成。

（2）SF₆气体密度表的原理。

1）利用布尔登管测量压力。布尔登弹簧或布尔登管 6 是一个中空的卷弹簧，气体由 SF₆气体进口管 5 进入布尔登弹簧 6 内，迫使弹簧伸开，带动摆杆 7 向左移动，推动齿轮杆 3 逆时针旋转，使指针顺时针方向偏转，指示压力读数。如果压力升高，布尔登弹簧 6 进一步伸开，使指针继续顺时针偏转；如果压力降低，布尔登弹簧 6 收缩，带动摆杆 7 向右移动，使齿轮杆 3 顺时针旋转，使指针逆时针方向偏转。

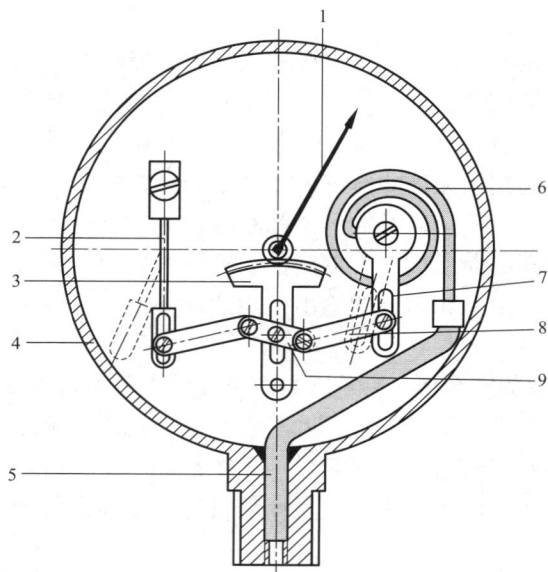

图 ZY1400303003-4 SF₆气体密度表结构原理图
1—指针；2—双金属补偿装置；3—齿轮杆；4—金属外壳；
5—SF₆气体进口管；6—布尔登弹簧（布尔登管）；
7—摆杆；8—连杆；9—中间连杆

2）双金属补偿装置 2 采用叠在一起的具有不同温度膨胀系数的双金属片，左侧的金属膨胀系数大，右侧的金属膨胀系数小。当温度升高引起齿轮杆 3 向左偏移，指针向右偏移时，补偿装置 2 由于膨胀系数不同而向右弯曲，把齿轮杆 3 向右推，从而抵消了齿轮杆 3 向左偏移，保持齿轮杆 3 和指针 1 不动。所以，在设备没有发生漏气的情况下，即使环境温度变化，气体密度表的指针也指向标称压力。只有在发生气体泄漏情况下，指针才发生偏转。

3）SF₆断路器漏气时，指针偏转启动触点，首先启动警报触点发出警报，如果气体继续泄漏，将启动闭锁触点，闭锁断路器的分、合闸操作。

2. SF₆气体密度继电器

SF₆气体密度继电器使用比较广泛，在使用压力表进行监视 SF₆气体的断路器上，一般都配置 SF₆气体密度继电器。

（1）SF₆气体密度继电器的结构原理。SF₆气体密度继电器的结构原理如图 ZY1400303003-5 所示。它主要由外壳、触点、基准 SF₆气室、波纹管与断路器中 SF₆气体连通的气室等组成。

其基本原理是以密封在基准气室内的 SF₆气体的状态为基准，与断路器连通的气室中的 SF₆气体的状态与之相比较。

1）当断路器退出运行时，而且断路器中 SF₆气体在额定密度（或压力）时的温度与外界环境温度相等时，基准 SF₆气室 3 中的 SF₆气体作用于其端面的面积小、压力大，而气室 5 中的 SF₆气体作用于其端面的面积大，压力小。当在某

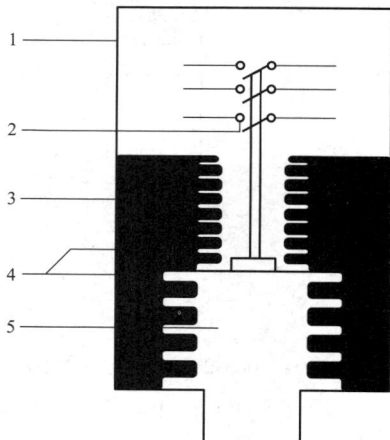

图 ZY1400303003-5 SF₆气体密度继电器
1—外壳；2—触点；3—基准 SF₆气室；
4—波纹管；5—气室

一状态下，波纹管端面两侧承受的总压力相等时，使波纹管 4 的端面和带动触点的连杆及其触点 2 保持在某一平衡位置，触点 2 在打开位置。随着环境温度的变化，基准 SF₆气室 3 和气室 5 两者的温度和压力同时变化，压力变化对波纹管 4 产生的作用互相抵消，触点 2 的位置保持不变。

2）当断路器退出运行时，而且断路器中 SF₆气体的温度与外界环境温度相等时，如果断路器泄漏 SF₆气体，使气室 5 内 SF₆气体的密度减小，因而压力降低。这时，基准 SF₆气室 3 和气室 5 两者作用于波纹管 4 端面上力的平衡被打破，使波纹管 4 的端面和带动触点 2 的连杆向下产生位移。当漏气到一定程度时，就会使触点 2 各个不同功能的触点分别闭合，发出不同的指令或信号，实现其不同的功能。

3）当断路器投入运行后，基准 SF₆气室 3 还是在环境温度下，由于负荷电流通过回路电阻时消耗的电功率转化成热能，使断路器内的 SF₆气体升温，产生压力增量。因此气室 5 中的 SF₆气体作用于波纹管 4 端面的压力也增大，所以就会推动波纹管 4 的端面和带动触点 2 的连杆向上移动，使触点 2 不会闭合。在这种情况下，如果断路器泄漏 SF₆气体，就会使气室 5 内 SF₆气体的密度减小。但是，由于温升的作用，要比断路器退出运行时漏更多的 SF₆气体，触点 2 才会闭合。

4）当基准 SF₆气室 3 与气室 5 之间漏气时，因为气室 5 中的 SF₆气体压力小，基准 SF₆气室 3 中的 SF₆气体压力大，漏气的结果将使两者中 SF₆气体的压力相同。又因为气室 5 中的 SF₆气体作用于波纹管 4 端面上的面积大，总的作用力也大，就会推动波纹管 4 的端面和带动触点 2 的连杆向上移动。这样，在任何运行情况下触点 2 都不会闭合，密度继电器就失去了其应有的保护功能。

SF₆气体密度继电器关键部件是波纹管，波纹管内充入规定压力的 SF₆气体和密度继电器动作压力值的调整等工作都在厂家的恒温室（20℃）内进行，波纹管内 SF₆气体密封好坏直接影响密度继电器的动作压力值，因此密度继电器的内部元件在现场不得随意拆卸。

（2）新型的 SF₆气体密度表和 SF₆气体密度继电器。新型的 SF₆气体密度表带指针，同时也带有供报警和闭锁功能的触点，可兼做密度继电器使用。目前生产的新型 SF₆气体密度表和 SF₆气体密度继电器的特点是：

1）能够在停电时准确测量 SF₆气体的密度。

2）能够在运行中 SF₆断路器内部具有温升的情况下准确测量 SF₆气体的密度。

3）具有表示密度的刻度和单位。

4）具有以断路器 SF₆气体额定密度为 100%的百分刻度数，运行人员可直接看出是否漏气或漏气的百分数。

5）具有较高的准确度，读数误差在最大允许误差范围内。

三、并联电容和并联电阻

并联电容（也称均压电容）和并联电阻（也称合闸电阻）都是与断路器灭弧断口相并联的，是改善断路器分闸或合闸特性的重要附属元件。在高压断路器中，有的灭弧断口上并联电阻，有的灭弧断口上并联电容，在 363、550kV SF₆断路器灭弧断口上，也有的同时并联电容和并联电阻。

1. 并联电容

随着技术的不断发展，高压断路器每相断口也由多断口向单断口发展，但从技术和经济方面进行比较，对于超高压或特高压等级的 SF₆断路器，还是以多断口为主。断路器采用多断口结构后，每个断口在开断位置的电压分配和开断过程中的恢复电压分配并不是均匀的，每个断口的工作条件并不相同。为了使各个断口的工作条件接近相等，在每个断口上并联一个适当电容量的电容 C，此电容称为并联电容。并联电容在高压断路器中的作用如下：

（1）在多断口断路器中，使在开断位置时每个断口的电压均匀分配，开断过程中每个断口的恢复电压均匀分配，每个断口的工作条件接近相等。

（2）在断路器分闸过程中，当电弧电流过零后，降低断路器触头间弧隙的恢复电压速度，提高禁区故障的开断能力。

断路器断口上的并联电容，应能够耐受断路器的 2 倍额定相电压 2h，其绝缘水平应与断路器断口间的耐压水平相同。

2. 并联电阻

为了限制合闸或分闸以及重合闸过程中的过电压，改善断路器的使用性能，有些 SF$_6$ 断路器采用在断口间并联电阻的方式来解决。并联电阻片一般是由碳质烧结而成，外形与避雷器阀片很相似，但其热容量要大得多。

按安装方式并联电阻一般设计为两种：一种是并联电阻片与辅助断口均置于同一瓷套内，也可把并联电阻片布置在辅助断口的两侧，使电阻片在工作发热后更有利于热量扩散；另一种是合闸电阻片与辅助断口不在同一瓷套内，而是各自成独立元件，串联后并联在灭弧室两端。按其工作原理并联电阻可分为两种。

（1）并联电阻在断路器合闸后，其辅助触头退回原位，其工作顺序如图 ZY1400303003-6 所示。

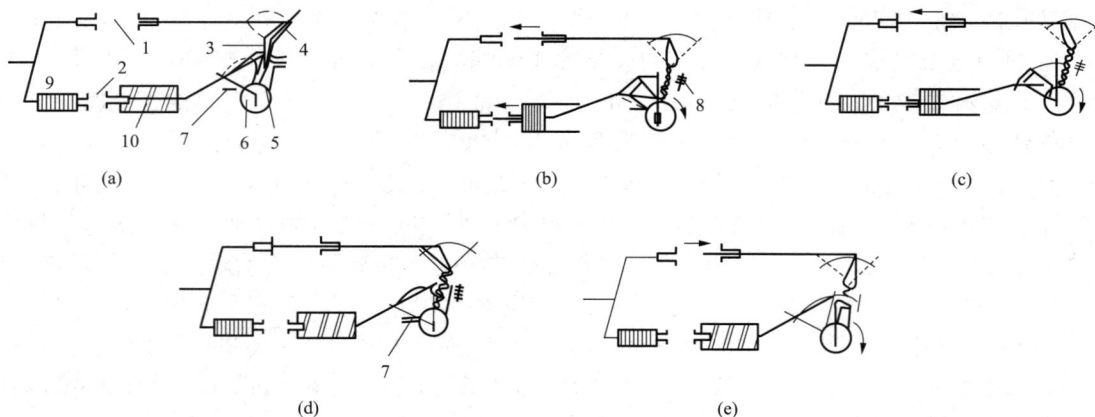

图 ZY1400303003-6　并联电阻的工作顺序

（a）断路器主断口和辅助触头都断开；（b）断路器主断口的动触头和辅助触头向合闸位置移动；

（c）辅助触头接通后，断路器主断口接通；（d）断路器主断口接通，辅助触头断开；

（e）断路器分闸时，主断口的动触头向分闸方向运行

1—主断口；2—并联电阻的辅助触头；3—操动轴；4—连杆；5—锁扣；6—凸轮；

7—偏心轮止挡；8—定位点；9—并联电阻；10—复位弹簧

图 ZY1400303003-6（a）表示断路器处在分闸位置，主断口 1 和并联电阻的辅助触头 2 都在断开位置。图 ZY1400303003-6（b）表示断路器合闸时，工作缸连杆驱动五联箱内的连杆系统，带动主断口 1 的动触头和并联电阻的辅助触头 2 向合闸位置移动，并联电阻辅助触头的复位弹簧 10 被压缩储能。图 ZY1400303003-6（c）表示并联电阻的辅助触头 2 已接通一定时间后，复位弹簧已压缩到储能终止位置，主断口 1 接通，并联电阻被短接退出工作状态。图 ZY1400303003-6（d）表示主断口 1 接通的合闸状态，这时并联电阻的辅助触头 2 在复位弹簧 10 的作用下，回归到合闸动作之前的状态。图 ZY1400303003-6（e）表示断路器分闸时，连杆 4 带动主断口 1 的动触头向分闸方向运动，最后偏心轮回复到原位，锁紧装置带动并联电阻辅助触头的驱动杆再行锁住，为下一次合闸做好准备。

（2）并联电阻在断路器合闸后被短接，但其辅助触头并不分离，断路器分闸后其辅助触头才退回原有状态，等待下一次合闸操作。其工作原理和动作过程如下：具有并联电阻的断路器，每相有两对触头，即主触头和辅助触头。并联电阻与辅助触头串联后再与主触头并联。断路器开断电路时，主触头先开断，并联电阻接入电路，促使主触头断口间的电弧熄灭。主触头断口间的电弧熄灭后，辅助触头接着开断，切断并联电阻中的电流，最终使电路完全开断。其工作顺序如图 ZY1400303003-7 所示。

图 ZY1400303003-7（a）表示断路器的主断口在分闸位置，并联电阻的辅助触头也在断开位置。图 ZY1400303003-7（b）表示在合闸初期，工作缸连杆驱动传动系统，带动主断口和并联电阻的辅助触头向合闸位置移动，并联电阻片被其辅助触头接入回路。图 ZY1400303003-7（c）表示并联电阻的辅助触头已接通一定时间后，断路器的主断口接通，并联电阻被短接。图 ZY1400303003-7（d）表示断路器的主断口完成合闸，并联电阻的辅助触头也在合闸状态。断路器分闸时，传动系统带动断路器主断口的动触头向分闸方向运动，完成分闸，随后并联电阻的辅助触头回归到合闸动作之前的分闸状态，为下一次合闸做好准备。

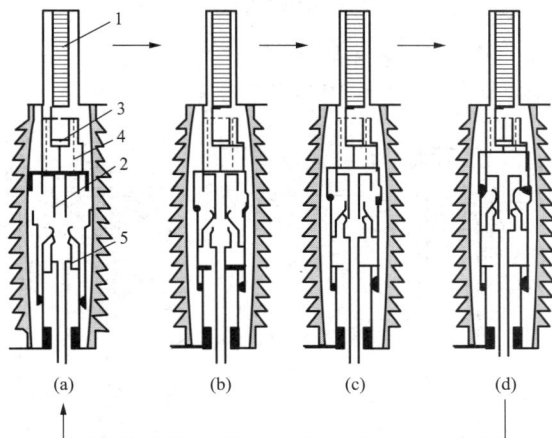

图 ZY1400303003-7　并联电阻的工作顺序

（a）分闸位置；（b）并联电阻片被辅助触头接入回路；（c）并联电阻被短接；（d）合闸完成

1—并联电阻片组；2—并联电阻片组静触头；3—活塞；4—弹簧；5—并联电阻片组动触头

在断路器的主触头合闸前 10ms 左右，辅助触头先接入电路，然后主触头合闸并短接并联电阻，有效地限制了空载合闸过电压。分闸时，当主触头断口间的电弧熄灭后，并联电阻被辅助触头接入电路。辅助触头最后开断时，主触头断口间的电弧很容易熄灭，最终使电路完全开断。

当合辅助触头时，并联电阻值越大，合闸过电压越低；当合主触头时，并联电阻值越小，合闸过电压越低。由此可见，选择并联电阻值的大小对限制合闸过电压影响很大。目前我国 500kV 断路器上使用的并联电阻值一般为 400～450Ω。

合闸电阻值应由制造厂家给定，允许偏差为±5%，提前投入时间为 8～11ms，在最高温度时电阻值变化范围应在±5%之内。

四、净化装置和压力释放装置

1. 净化装置

在每一相 SF₆断路器或 GIS 的气室内都必须装设净化装置。不同制造厂家和断路器的结构不同，净化装置安装的位置也不同，有的安装在灭弧室的上部，也有的安装在灭弧室的下部。净化装置如图 ZY1400303003-8 所示，主要由过滤罐和吸附剂组成。

吸附剂的作用是吸附 SF₆气体中的水分和 SF₆气体经电弧的高温作用后产生的某些分解物，其中主要是吸附 SF₆气体中的水分。因为水分对 SF₆断路器性能的危害最大，直接影响到 SF₆断路器的安全可靠运行，所以国内外制造厂家都把 SF₆气体中的水分含量作为一项重要指标，采取有效措施进行严格控制。

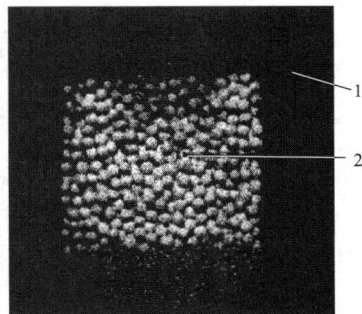

图 ZY1400303003-8　净化装置

1—过滤罐；2—吸附剂

2. 压力释放装置

当 GIS 内部母线管或元件内部发生故障时，如不及时切除故障点，电弧能将外壳烧穿。如果电弧的能量使 SF₆气体的压力上升过高，还可造成外壳爆炸。GIS 外壳被电弧烧穿的时间与外壳的材料、厚度、电弧能量的大小等有关。SF₆气体压力升高的速度与电弧能量的大小、气室体积的大小有关。SF₆气室越大，气体压力升高的速度越慢，升高的幅度越小；SF₆气室越小，气体压力升高的速度越快，升高的幅度越大。因此，对于 GIS 和 SF₆断路器除装设完善的保护装置外，还要根据需要，装设压力释放装置。

压力释放装置是对 SF₆断路器和 GIS 本体进行压力保护的重要装置，其结构比较简单。对于较小 SF₆气室的 GIS 或支柱式 SF₆断路器，由于气体压力升高的速度较快，气体压力的升高幅度也较大，压力释放装置对其较为敏感，使用压力释放装置可靠性较高。

（1）压力释放装置的分类。

1）以开启压力和闭合压力表示其特征的，称为压力释放阀。

2）一旦开启后不能够再闭合的，称为防爆膜。

压力释放装置的几种结构如图 ZY1400303003-9 所示。

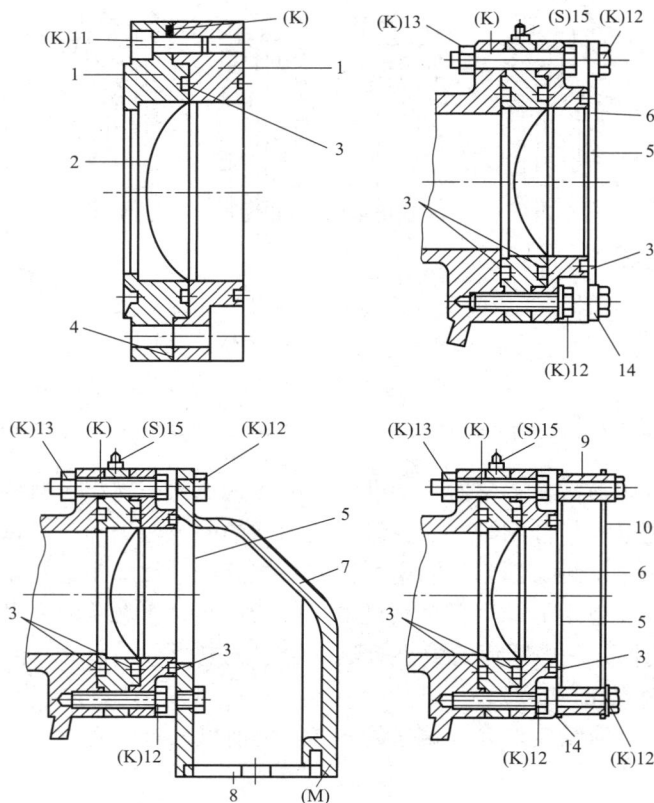

图 ZY1400303003-9　压力释放装置的结构

1—法兰；2—熔断器片；3—密封圈；4—密封口；5—熔断器罩；6—弹簧圈；7—排气装置；8—盖罩；

9—间隔套；10—冲击板；11—内六角螺栓；12—螺栓；13—螺母；14—垫圈；15—黄油嘴

（K）—表示防蚀；（M）—表示密封；（S）—表示润滑

（2）对压力释放装置的要求。

1）当外壳和气源采用固定连接时，所采用的压力调节装置不能可靠地防止过压力时，应装设适当尺寸的压力释放阀，以防止万一压力调节措施失效时外壳内部的压力过高，其压力升高不应超过设计压力的 10%。

2）当外壳和气源不是采用固定连接时，应在充气管道上装设压力释放阀，以防止充气时压力升高到高出外壳设计压力的 10%。此阀也可以装设在外壳本体上。

3）一旦压力释放阀动作，当压力降低到设计压力的 75% 之前，压力释放阀应能够可靠地重新关闭。

4）当采用防爆膜压力释放装置时，其动作压力与外壳设计压力的关系要适当配合好，以减少防爆膜不必要的爆破。

5）防爆膜应能够保证在使用年限内不会老化开裂。

6）制造厂应提供压力释放装置的压力释放曲线。

7）压力释放装置的布置和保护罩的位置，应能确保排出压力气体时，不危及巡视通道上运行人员的安全。SF₆ 断路器上的防爆膜一般装设在灭弧室瓷套顶部的法兰处。

8）若气室的容积足够大，在内部故障电弧发生的允许时限内，压力升高为外壳承受所允许，而不会发生爆炸，可不装设压力释放装置。

9）若用户与制造厂家达成协议时，可不装设压力释放装置。

　　国外早期生产的 SF₆ 断路器一般不装设防爆膜。但是，随着断路器爆炸事故的增多，现在生产的 SF₆ 断路器一般都设计有装设防爆膜的位置，是否要安装防爆膜，根据用户的要求和订货合同而定。

　　（3）防爆膜的作用。防爆膜的作用主要是防止 SF₆ 断路器因其性能极度下降，开断短路电流时，或其他意外原因引起的 SF₆ 气体压力过高时，使断路器本体发生爆炸事故。一旦压力过高达到一定值时，防爆膜破裂将 SF₆ 气体排向大气。

　　在这种情况下，断路器将不能熄灭电弧切除短路故障，将由继电保护装置使其他断路器越级分闸，扩大停电范围，防止该断路器发生爆炸而波及高压场地的其他运行电气设备。

　　【思考与练习】

　　1. SF₆ 断路器的附件主要有哪些？

　　2. SF₆ 气体密度表和 SF₆ 气体继电器的作用是什么？

　　3. 高压断路器的并联电阻和并联电容的作用是什么？

　　4. 对 GIS 和 SF₆ 断路器装设的压力释放装置的要求是什么？

模块 3

ZY1400303003

第十三章　断路器操动机构

模块 1　液压操动机构（ZY1400304001）

【模块描述】本模块介绍液压操动机构的基本知识。通过原理讲解、结构分析，掌握液压操动机构的特点及分类、液压操动机构的结构原理，熟悉液压油的基本性质。

【正文】

一、液压操动机构的特点及分类

1. 液压操动机构的特点

液压操动机构利用液体不可压缩的原理，以液压油作为传递介质，将高压油送入工作缸两侧来实现断路器分、合闸操作，因此，它具有以下特点：

（1）主要优点。

1）体积小、输出功率大、需要的控制能量小，液压机械的工作压力高，一般在 20～40MPa 左右。

2）延时小、动作快。

3）负载特性配合好，噪声小。

4）速度易调节。

5）可靠性高。

6）维修方便等。

（2）主要缺点。

1）加工工艺要求高，如果制造或装配不良，容易造成渗漏油等。

2）速度特性易受环境温度的影响。

2. 液压操动机构的分类

液压操动机构可按照下列不同的方法进行分类：

（1）按液压作用方向，可分为单向传动式和双向传动式两种。

（2）按液压传动方式，可分为间接（机械—液压混合）传动和直接（全液压）传动两种。

（3）按充压方式，可分为瞬时充压式、常高压保持式、瞬时失压—常高压保持式三种。

常高压保持式液压操动机构是目前世界各国采用较为普遍的一种结构形式。

瞬时失压—常高压保持式液压操动机构的最大优点是结构简单、制造维修方便，合闸结束后不需任何连锁装置，由高压油直接保持。由于分闸时只需失压即可动作，因此，固有分闸时间短而稳定。但是，它的工作缸利用率低，对密封元件的质量要求较为严格。

二、液压油的基本性质

液压油有石油基油和合成油两大类。石油基油以石油为原料，经精炼加工并加入适当添加剂（如抗氧化剂、防腐剂、着色剂等）制成，具有良好的黏度、温度特征和防腐、润滑性能。工业设备用液压油一般都采用石油基油，如机械油、锭子油、航空液压油等合成油具有高稳定性及更大的使用温度范围。对断路器液压机构用油的要求是：

（1）黏度小，黏度—温度特性平缓。黏度是液压油的主要指标，液压油的标号是以 50℃时的运动黏度值来表示，黏度过大则流动时内摩擦大，能量损耗大。断路器的液压操动机构工作流量大、流速高，要求油的黏度要小，为适应户外环境条件，液压油黏度随温度的变化越小越好。

（2）杂质少。液压油中气体杂质、机械杂质、酸碱含量等越少越好，以免工作中磨损或腐蚀机件。

（3）化学性能稳定，长期使用不变质。

断路器液压机构多采用10号航空液压油（YH-10），属石油基油。石油基油主要性能参数见表ZY1400304001-1。

表 ZY1400304001-1　　　　　　　　　　　　石油基油主要性能参数

主要参数	10号航空液压油 YH-10	10号机械油 HJ-10	30号机械油 HJ-30	锭子油	变压器油	
					绝缘用	开关用
运动黏度（50℃时，cm）	10	7～13	27～30	12～14	9.6	9.6
酸值不大于［mg（KOH）/g］	0.05	0.14	0.2	0.07	0.05	0.05
机械杂质（%）		≤0.005	0.007			
闪点（开口）（℃）	92	165	180	163	135	135
凝点（℃）	−70	−15	−10	−45	−10，−25	−45
耐腐蚀性（铜片）	70℃ 24h 以上	100℃ 3h 以上	100℃ 3h 以上			
重度（20℃时，g/cm）	0.888～0.896	0.87～0.93	0.87～0.93			

三、液压操动机构的结构原理

1. 液压操动机构的结构

断路器的液压操动机构有多种型号，其主要构成元件有储能元件、控制元件、操动（执行）元件、辅助元件、电气元件五部分。常高压保持式液压操动机构系统的工作原理如图 ZY1400304001-1 所示，液压操动机构各主要元件构成及各元件主要功能见表 ZY1400304001-2。

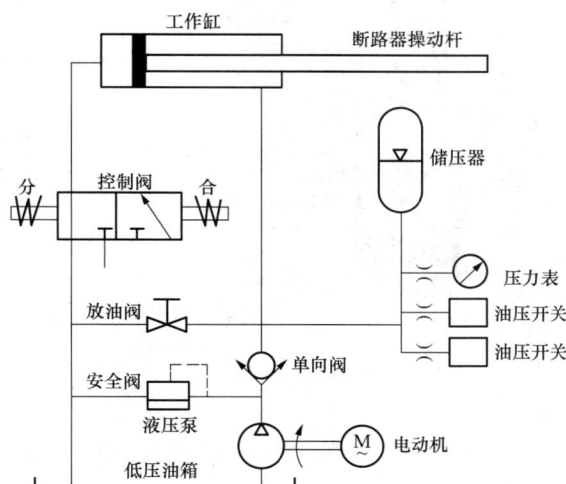

图 ZY1400304001-1　常高压保持式液压操动机构系统的工作原理图

表 ZY1400304001-2　　　　　　液压操动机构主要元件构成及各元件主要功能

主要元件	元件构成	主　要　功　能
储能元件	储压器	由活塞分开，上部一般充入氮气。当电动机驱动液压泵时，油从油箱抽出打压送入储压器，压缩氮气储存能量。当操作时，气体膨胀对外做功，通过液压油传递给工作缸，转变成机械能，实现断路器分、合闸操作
	液压泵	将油从油箱送至储压器及工作缸合闸腔，储存能量
控制元件	阀系统	作为储能元件与操动元件的中间连接，给出分、合闸动作的液压脉冲信号，控制操动元件
操动元件	工作缸	借助连接件与断路器本体连接，受控制元件控制，驱动断路器实现分、合闸动作
辅助元件	压力继电器	控制液压泵电动机启、停，发出信号，作为分、合闸闭锁触点和液压泵启动、停止用触点，同时给主控室转换信号，以便起到监控作用
	安全阀	释放故障情况引起的过高压力，以免损坏液压元件
	滤油器	保证进入高压油路的油无杂质

续表

主要元件	元件构成	主 要 功 能
辅助元件	放油阀	调试和检修时，用以释放油压
	信号缸	带动辅助开关切换电气控制回路，有的还带动分、合闸指示器及计数器
	油 箱	作为储油容器，平时与大气相通，操作时因工作缸排油，将会使它的内部压力瞬时升高
	排气阀	在液压系统压力建立之前，用以排尽工作缸、管道内气体，以免影响动作时间和速度特性
	压力检测器	测量液压系统压力值
	辅助储油器	为了充分利用液压能量，减小工作缸分闸排油时的阻力，提高分闸速度
	分合闸线圈	分别用以操作分、合闸电磁阀（一级阀）
	加热器	在外界低温时，用以保持机构箱内的温度，可以手动或自动投切

2. 液压操动机构的工作原理

液压操动机构生产厂家、型号较多，本模块以 LW10B-252 型高压断路器液压操动机构为例说明其工作原理。其工作原理图如图 ZY1400304001-2 所示。

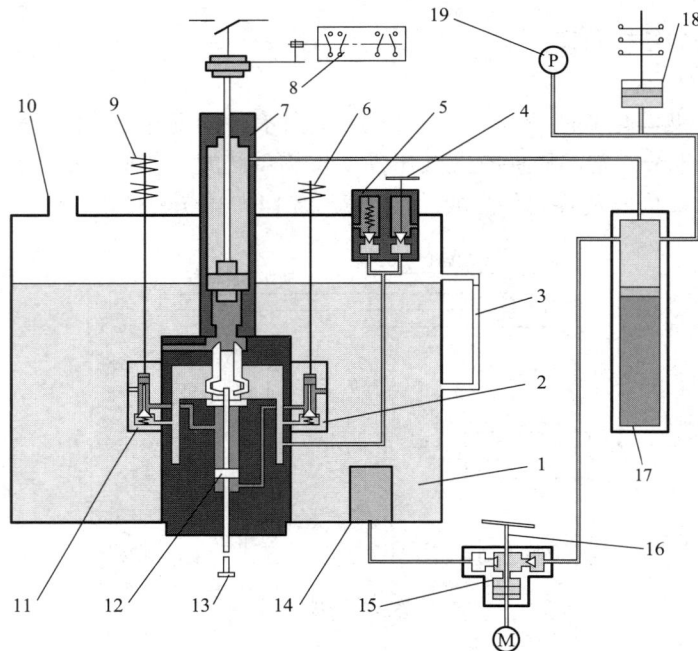

图 ZY1400304001-2 LW10B-252 型高压断路器液压操动机构原理图（分闸状态）

1—油箱；2—合闸一级阀；3—油标；4—高压放油阀；5—安全阀；6—合闸电磁铁；7—工作缸；8—辅助开关；

9—分闸电磁铁；10—油气分离器；11—分闸一级阀；12—二级阀阀杆活塞；13—操纵杆；14—过滤器；

15—液压泵电动机；16—手力打压杆；17—储压器；18—压力开关；19—油压表

（1）储能操作。储压器下部预先充有 15MPa（15℃）的高纯氮，工作时，液压泵电动机 15 接通电源带动液压泵转动，液压泵将油箱 1 中的低压油经过滤器 14、低压油管压入储压器上部，进一步压缩下部的氮气，形成高压油。当油压达到工作压力值时，压力开关 18 的 7、8 节点（控制电动机的启动与停止）断开，切断电动机电源，完成储压操作。

在储压过程中或储压完成后，如果由于温度变化或其他意外原因使得油压升高达到安全阀 5 开启压力时，打开安全阀 5 的阀口泄压，以保护液压系统。当压力泄到规定的压力值时，安全阀阀口在弹簧与油压作用下关闭。

（2）合闸操作。合闸电磁铁 6 接受命令后，打开合闸一级阀 2 阀口，高压油经合闸一级阀 2 进入二级阀阀杆活塞 12 的下部，推动阀杆向上运动，从而带动管阀向上封住工作缸下部的合闸阀口，打开管阀下部的分闸阀口，高压油经管阀内腔进入工作缸下端，由于工作缸活塞下部受力面积大于上部，便产生一个向上的力，推动活塞向上运动实现合闸。当合闸电磁铁电源切断后，合闸一级阀在弹簧力及油压作用下关闭，高压油流入油箱，二级阀阀杆活塞下部与油箱连通成为低压态。

在合闸状态下，因意外因素使得液压系统失压，在重新建压过程中，由于管阀不会受到向下的力（重力远小于摩擦力），反而一旦有油压就会受到一个向上的预封力，因此，管阀一直处于原封不动，封住合闸阀口，高压油便同时进入工作缸活塞的上、下部，使活塞始终受一个向上的力，而不会出现慢分现象。

（3）分闸操作。分闸电磁铁 9 接受命令后，打开分闸一级阀 11 阀口，高压油进入二级阀阀杆活塞 12 的上部，推动阀杆向下运动，从而带动管阀向下，使管阀与工作缸下部的合闸阀口分开，管阀下部进入分闸阀口，阻止高压油通过管阀内腔向上流动；同时，工作缸活塞下部与油箱连通成为低压状态，活塞在上部油压作用下向下运动，实现分闸，同时带动辅助开关 8 转换，主控室内的分闸指示信号接通，合闸回路接通（即可以接受合闸命令），带动辅助开关 8 的滑环指向分、合闸指示牌的"分"，分闸电磁铁电源切断后，分闸一级阀 11 在弹簧力及油压作用下，下阀口关闭，上阀口打开，切断高压油路，高压油流入油箱，二级阀阀杆活塞 12 上部与油箱连通成为低压态。

（4）慢合、慢分。断路器必须在退出运行不承受高电压时，才允许对其进行慢合、慢分操作，此种操作只在调试时进行。

断路器处于分闸位置，把液压系统的压力放至零表压，用手向上推动操纵杆 13 至合闸位置，然后启动液压泵电动机 15 或手力打压杆 16 打压，断路器即实现慢合。

断路器处于合闸位置，把液压系统的压力放至零表压，用手向上拉操纵杆 13 至分闸位置，然后启动液压泵电动机 15 或手力打压杆 16 打压，断路器即实现慢分。

【思考与练习】

1. 液压操动机构的特点是什么？
2. 对断路器液压操动机构用油的性能要求是什么？
3. 液压操动机构主要由有哪些元件组成？各主要元件的作用是什么？

模块 2　弹簧式操动机构（ZY1400304002）

【模块描述】本模块介绍弹簧式操动机构的基本知识。通过原理讲解、结构分析，掌握弹簧式操动机构特点及其结构原理。

【正文】

一、弹簧式操动机构的特点

利用已储能的弹簧为动力使断路器动作的操动机构，称为弹簧式操动机构。弹簧式操动机构有多种形式也同样具备闭锁、重合闸等其他功能，弹簧操动机构成套性强，不需要配置其他附属设备，性能稳定，运行可靠。但是，结构复杂，加工工艺要求高。

随着 SF_6 断路器近年来大量采用"自能"式灭弧室，对操动机构输出功率的需求大大减小，在 252kV 及以下电压等级的断路器中，采用弹簧式操动机构越来越多。

二、弹簧式操动机构结构、原理

1. 弹簧式操动机构的组成

弹簧式操动机构主要由储能机构、电气系统和机械系统组成。

（1）储能机构，包括储能电动机、传动机构、合闸弹簧和连锁装置等。在传动轮的轴上可以套装储能的手柄和储能指示器。全套储能机构用钢板外罩保护或装配在同一铁箱里面。

（2）电气系统，包括合闸线圈、分闸线圈、辅助开关、连锁开关和接线板等。

（3）机械系统，包括合、分闸机构和输出轴（拐臂）等。

操动机构箱上装有手动操作的合闸按钮、分闸按钮和位置指示器，在操动机构的底座或箱的侧面备有接地螺钉。

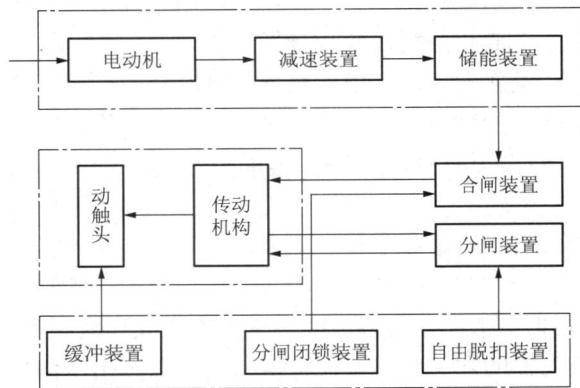

图 ZY1400304002-1　电动储能式弹簧操动机构组成原理框图

2. 电动储能式弹簧操动机构工作原理

电动储能式弹簧操动机构组成原理框图如图 ZY1400304002-1 所示,电动机通过减速装置和储能机构的动作,使合闸弹簧储存机械能,储存完毕后通过闭锁使弹簧保持在储能状态,然后切断电动机电源。当接收到合闸信号时,将解脱合闸闭锁装置以释放合闸弹簧的储能。这部分能量中一部分通过传动机构使断路器的动触头动作,进行合闸操作;另一部分则通过传动机构使分闸弹簧储能,为分闸作准备。当合闸动作完成后,电动机立即接通电源启动,通过储能机构使合闸弹簧重新储能,以便为下一次合闸动作作准备。当接收到分闸信号时,将解脱自由脱扣装置以释放分闸弹簧储存的能量,并使触头进行分闸动作。

弹簧操动机构的制造厂家多、型号多。但动作过程基本相同,下面以某合资厂生产的 LTB 系列 SF$_6$ 断路器配置的 BLG1002A 型弹簧操动机构为例介绍弹簧式操动机构的动作过程,如图 ZY1400304002-2 所示。

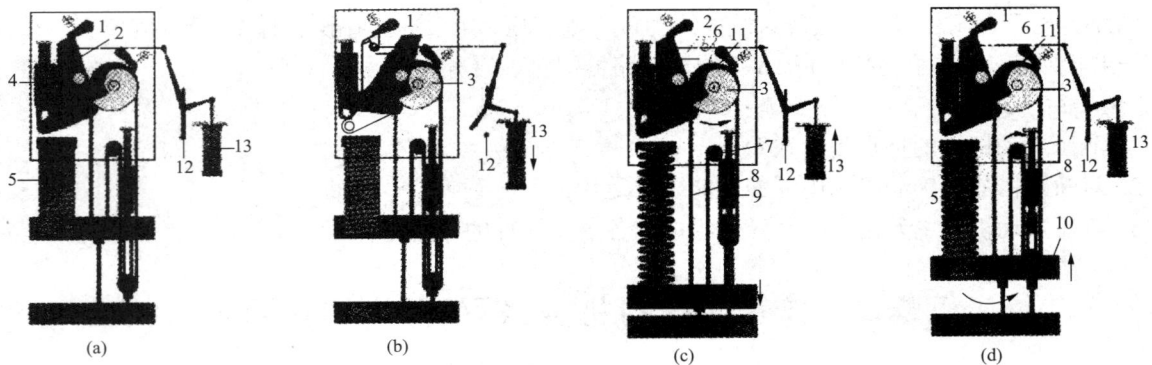

图 ZY1400304002-2　BLG1002A 型弹簧操动机构动作过程

(a) 正常运行位置; (b) 分闸过程; (c) 合闸过程; (d) 合闸弹簧储能

1—分闸掣子;2—操动杠杆;3—凸轮盘;4—分闸缓冲器;5—合闸弹簧;6—合闸掣子;7、11—链轮;
8—链条;9—合闸缓冲器;10—弹簧横担;12—灭弧单元;13—分闸弹簧

该弹簧操动机构的工作原理如下:一个凸轮盘和一套弹簧被一条环形链条连接。此链条盘成两圈,并绕着一个受电动机驱动的链轮转动。当弹簧储能时,链条传递能量,而当断路器合闸时,链条驱动凸轮盘转动。在其转动期间,凸轮盘驱动一条连杆,把旋转运动变成直线运动。其动作过程如下:

(1) 正常运行位置,如图 ZY1400304002-2 (a) 所示,当断路器在正常运行状态时,合闸弹簧 5 和分闸弹簧 13 都已储能。由分闸掣子 1 把断路器保持在合闸位置,分闸掣子 1 的保持力来自于已储能的分闸弹簧 13。此时,操动机构已为随时执行分闸操作做好了准备,而且能够执行一个完整的重合闸操作循环(0—0.3s—CO)。

(2) 分闸过程,如图 ZY1400304002-2 (b) 所示,当分闸线圈接到分闸指令励磁后,使分闸掣子 1 脱扣,并由分闸弹簧 13 释放能量,带动断路器的运动单元向分闸方向运动,使灭弧单元 12 分闸。操动杠杆 2 向右方向运动,并最终停靠在凸轮盘 3 上。当触头系统的运动接近行程末端时,由分闸缓冲器 4 对其进行缓冲。其分闸操作特性只取决于分闸掣子 1 和分闸弹簧 13 的性能,因此,分闸操作极为可靠。

(3) 合闸过程,如图 ZY1400304002-2 (c) 所示,当合闸线圈接到合闸指令励磁后,使合闸掣子 6 脱扣,此时链轮 7 被锁住以防止其转动,从而合闸弹簧的能量通过环形链条 8 传递给自身具有凸轮

模块 2　ZY1400304002

盘 3 的链轮 11。凸轮盘 3 进而把操动杠杆 2 向左方推动，到达此杠杆尾端被分闸掣子 1 锁住的位置，凸轮盘 3 剩余的一部分运动能量被合闸缓冲器 9 所吸收，而在链轮 11 上的一个锁定掣子恢复到其原来的位置，顶住合闸掣子 6。

（4）合闸弹簧的储能，如图 ZY1400304002-2（d）所示，断路器合闸后，电动机的控制回路由限位开关接通，电动机启动，驱动链轮 7，链轮 11 带着它的凸轮盘 3 转至被合闸掣子 6 锁定的位置。于是链条 8 把弹簧横担拉起，合闸弹簧 5 因被压缩而储能。当合闸弹簧 5 到达储满能的位置后，限位开关动作切断电动机的电源，停止储能，操动机构再次处于正常运行位置，如图 ZY1400304002-2（a）所示。

（5）重合闸操作。当断路器在正常运行位置时，继电保护装置动作发出分闸指令后，断路器立即分闸，动作过程如前所述"分闸过程"。当经过重合闸延时时间后，如果自动装置发出重合闸指令，弹簧操动机构就会重复前述的"合闸过程"进行重合闸操作。同时给分闸弹簧 13 储能。如果重合到永久性故障时，再次由继电保护装置动作发出分闸指令，在分闸弹簧 13 的作用下再次分闸。这时，对合闸弹簧 5 进行储能的过程还没有结束。

在检修时，可在切断电动机电源的情况下，使用操动机构箱内的摇把给合闸弹簧手动储能。

【思考与练习】

1. 弹簧操动机构的特点是什么？

2. 弹簧操动机构主要由哪些部件组成？

3. 画出电动储能式弹簧操动机构组成原理框图，其工作原理是什么？

模块 3　弹簧储能液压式操动机构（ZY1400304003）

【模块描述】本模块介绍弹簧储能液压式操动机构的基本知识。通过原理讲解、结构分析，掌握弹簧储能液压式操动机构的特点及其结构原理。

【正文】

一、弹簧储能液压式操动机构的特点

目前，电力系统中使用的弹簧储能液压式操动机构主要有 AHMA 型液压弹簧机构和 HMB 型液压弹簧机构，这种机构采用差动式工作缸，弹簧储能液压—连杆混合传动方式。弹簧储能液压操动机构综合了弹簧机构和液压机构的优点，能量的储存靠碟簧组来完成，使用寿命长、稳定性好、可靠性高、不受温度变化影响、结构简单，可将液压元件集在一起，无液压管道，液压回路与外界完全密封，从而保证液压系统不会渗漏。

HMB 型液压弹簧机构是在 AHMA 型液压弹簧机构的基础上开发的第二代液压弹簧机构，与 AHMA 型液压弹簧机构相比较，这种机构充分发挥了液压对大小功率适应性强和碟簧储能的优势，主要特点是：

（1）采用模块化结构，通用性强，互换性强，常出现故障的元件在易观察、可拆卸位置。

（2）用标准的精密铸铝合金取代 AHMA 型液压弹簧机构的铸钢件，加工制造工艺性较好，制造成本低，重量轻。

（3）分合闸速度特性可通过节流孔平滑调节，十分方便，压力管理采用定油量和定压力兼容方式，机械特性稳定，与环境温度无关。

（4）变截面缓冲系统结构紧凑，使缓冲特性平滑，大大提高了机械可靠性。

（5）采用新型密封系统，性能可靠；相对螺旋弹簧而言，碟簧的力特性较"硬"，因此运动特性变化小。

二、弹簧储能液压式操动机构结构、原理

本模块以 AHMA 型液压弹簧机构为例介绍弹簧储能液压式操动机构的结构、原理，HMB 型液压弹簧机构的结构原理将在其他模块中介绍。

140

1. AHMA 型液压弹簧机构的结构

AHMA 型液压弹簧储能操动机构的结构原理如图 ZY1400304003-1 所示。主要由碟形储能弹簧、高压筒、液压泵、电动机、安全阀、低压油箱、高压油储压腔、机构外壳、辅助开关及各种阀、活塞等组成。

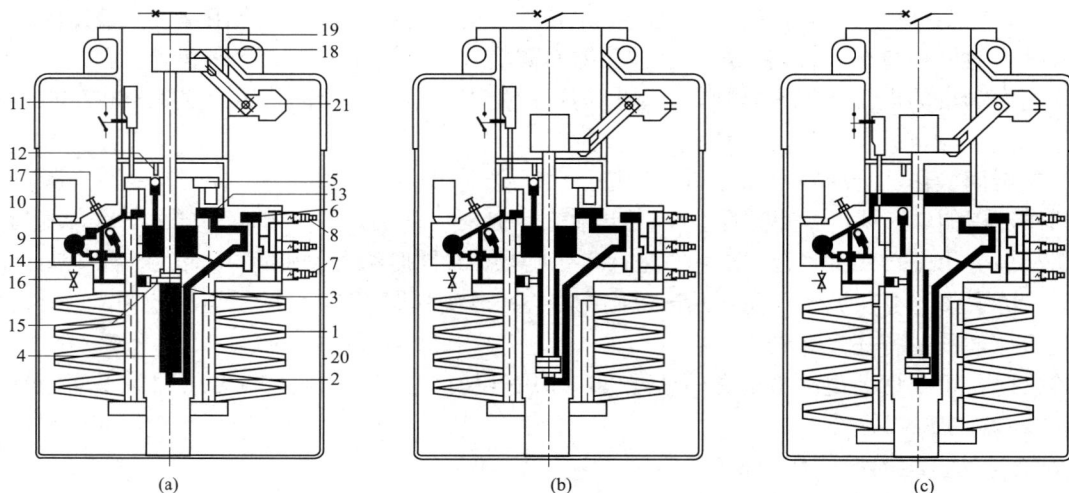

图 ZY1400304003-1　AHMA 型液压弹簧储能操动机构的结构原理

（a）合闸位置；（b）分闸位置；（c）分闸释能位置

1—碟形储能弹簧；2—拉紧螺栓；3—工作缸活塞；4—高压筒；5—储能活塞；6—主控阀；7—合闸电磁阀；

8—分闸电磁阀；9—液压泵；10—电动机；11—压力开关控制连杆；12—安全阀；13—低压油箱；

14—高压油储压腔；15—合闸位置闭锁装置；16—低压放油阀；17—高压油释放阀；

18—联轴器；19—连接法兰；20—机构外壳；21—辅助开关

2. AHMA 型液压弹簧机构的工作原理

（1）液压储能。电动机 10 接通电源，液压泵 9 将低压油箱 13 内液压油打入高压油储压腔 14，将储能活塞 5 向上推动，通过储能活塞 5 上的拉紧螺栓 2，使碟形储能弹簧 1 压缩储能。由储能活塞上的压力开关连杆 11 切换行程开关，切断电动机 10 电源，液压泵 9 停止。当高压油储压腔 14 内油压过高，安全阀 12 自动打开，高压油释放到低压油箱 13 内，如图 ZY1400304003-1（b）所示。储能结束后，工作缸活塞 3 连杆的一侧常充高压油，而另一侧与低压油箱接通，断路器在分闸位置。

（2）合闸操作。合闸电磁铁通电，合闸电磁阀 7 打开，主控阀 6 向上动作，隔断工作缸活塞 3 下面与低压油箱 13 的通路，同时通过主控阀 6，将高压油储压腔 14 与工作缸活塞 3 下面合闸侧接通。这样，工作缸活塞上下两侧都接入高压系统。由于工作缸活塞合闸侧面积大于分闸侧面积，于是差动式工作缸活塞 3 向上运动，断路器合闸。由辅助开关 21 切断合闸电磁铁电源，合闸电磁阀关闭，碟形储能弹簧释放能量，由液压泵补充。如图 ZY1400304003-1（a）所示机构处于合闸位置。

（3）分闸操作。分闸电磁铁通电，分闸电磁阀 8 打开，主控阀 6 向下动作，接通了工作缸活塞 3 下面合闸腔与低压油箱道路，工作缸活塞 3 合闸腔高压油被排放，工作缸活塞向下运动，断路器分闸。辅助开关 21 切断分闸电磁铁电源，分闸电磁阀关闭。如图 ZY1400304003-1（b）所示机构处于分闸位置。

分、合闸速度调整：主要调节进入主控阀 6 的高压或低压油路中的节流阀，借助节流阀，改变管道通流截面积。

（4）防慢分。断路器在合闸位置时，由于某种原因，使液压系统发生渗漏，可能使高压油压力降到零。此时液压泵启动打压，断路器应仍能保持在合闸位置，不应发生慢分。

此液压机构采用合闸位置闭锁装置 15 防断路器慢分，该闭锁装置利用压力油来控制，当液压油释放低于工作压力，合闸位置闭锁装置在弹簧作用下，活塞杆插入工作缸活塞槽内，使断路器保持在合闸位置，此时液压泵打压，断路器不会慢分。当油压建立起来后，到工作压力时，合闸闭锁装置活塞杆复位，从而起到了防慢分的作用。

【思考与练习】

1. 弹簧储能液压式操动机构的特点是什么？

2. AHMA 型液压弹簧储能操动机构主要有哪些部件组成？

模块 4　电磁操动机构（ZY1400304004）

【模块描述】本模块介绍电磁式操动机构的基本知识。通过原理讲解、结构分析，掌握电磁式操动机构的主要组成部件及其特点、电磁式操动机构的结构原理。

【正文】

一、电磁操动机构特点

靠电磁力合闸的操动机构称为电磁操动机构。电磁操动机构的优点是结构简单，工作可靠，制造成本低；缺点是合闸线圈消耗的功率太大，机构结构笨重，合闸时间较长，需要配备容量比较大的直流电源系统，目前，在电力系统中使用越来越少。

二、电磁操动机构的结构、原理

1. 电磁操动机构的结构

电磁操动机构由电磁系统、机械系统、支座和其他元件组成。

（1）电磁系统，包括合闸线圈、合闸电磁铁、分闸线圈、分闸电磁铁以及电源刀闸、熔断器、合闸接触器、辅助开关、切断开关、接线板等。有的操动机构还装有快速开关。

（2）机械系统，包括合闸机构、分闸机构、输出轴（拐臂）和位置指示器。机械系统大多布置在操动机构的上部。

（3）支座用于支持电磁系统和机械系统。通常是铸钢结构，下部是铸钢套，用 4 根长螺栓、连同合闸线圈的钢板圆筒一起固定在铸钢底板下面。铸钢套内有橡皮衬垫，用来缓和合闸电磁铁落下时的冲击。铸钢套上开有缺口，供插进手动操作杆或放进手动操作器。

（4）电磁式操动机构有钢板外罩保护或者整体装在钢板箱内。户外式电磁式操动机构的箱内装有电热器，总容量为 200～600W。在户外式电磁操动机构的箱子外面装有手动脱扣拉环或按钮，支座或机构箱上备有接地螺钉。

2. 电磁操动机构工作原理

电磁操动机构有多种型号，如 CD5 型、CD10 型、CD17 型等。各型电磁式操动机构的电磁系统很相似，差别主要在于机械系统，本模块介绍比较有代表性的 CD17 型电磁式操动机构。CD17 型电磁操动机构结构图如图 ZY1400304004-1 所示。

CD17 型电磁操动机构是我国自行研制开发的新一代产品，是专门为真空断路器设计的操动机构，主要用于 ZN28A-12 真空断路器和 ZN28-12 真空断路器，该操动机构为直推式输出，有 CD17-Ⅰ、CD17-Ⅱ、CD17-Ⅲ三种型号，分别配用分断能力为 20、31.5、40kA 的真空断路器，其体积和重量都比 CD10 型电磁操动机构小得多，合、分闸操作电流也仅是 CD10 型电磁操动机构的 2/3，安装占用空间小。

（1）CD17 型电磁操动机构的结构及特点。CD17 型直流电磁操动机构为平面五连杆机构，半轴脱扣，具备自由脱扣功能，脱扣功率小。机构左侧装有辅助开关，辅助开关下端装有接线端子，右侧装有分闸电磁铁，机构下部分为合闸电磁铁，为了防止铁芯吸合时黏附，合闸铁芯加有黄铜垫和压缩弹簧，以保证铁芯合闸终了时迅速落下。线圈和铁芯间装有铜套，起导向作用并防止铁芯运动时磨损线圈。合闸电磁铁下部由铸铁座和调整缓冲垫组成，座上装有合闸手柄供检修时手动合闸所用，橡胶调整缓冲垫不仅可起铁芯缓冲作用，还可用于调整铁芯顶杆与轮之间隙，以调整合闸速度。合闸手柄仅供停电检修时用，断路器带电时不许用此手柄手力合闸。

（2）CD17 型电磁操动机构的动作过程。CD17 型电磁操动机构动作过程如图 ZY1400304004-2 所示。

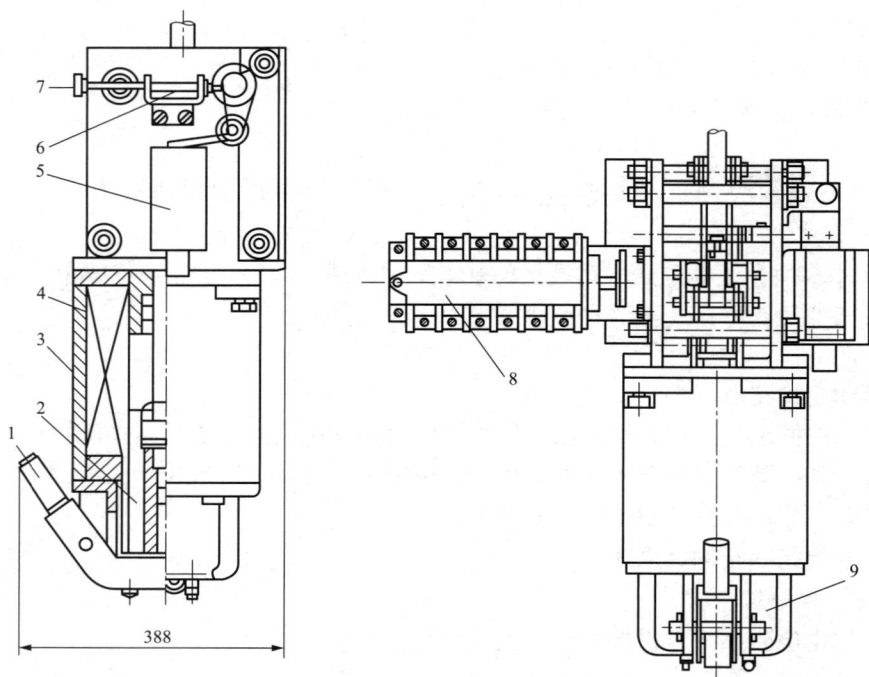

图 ZY1400304004-1　CD17 型电磁操动机构结构图

1—合闸手柄；2—合闸铁芯；3—磁轭；4—合闸线圈；5—分闸电磁铁；

6—调整螺钉；7—分闸按钮；8—辅助开关；9—缓冲法兰

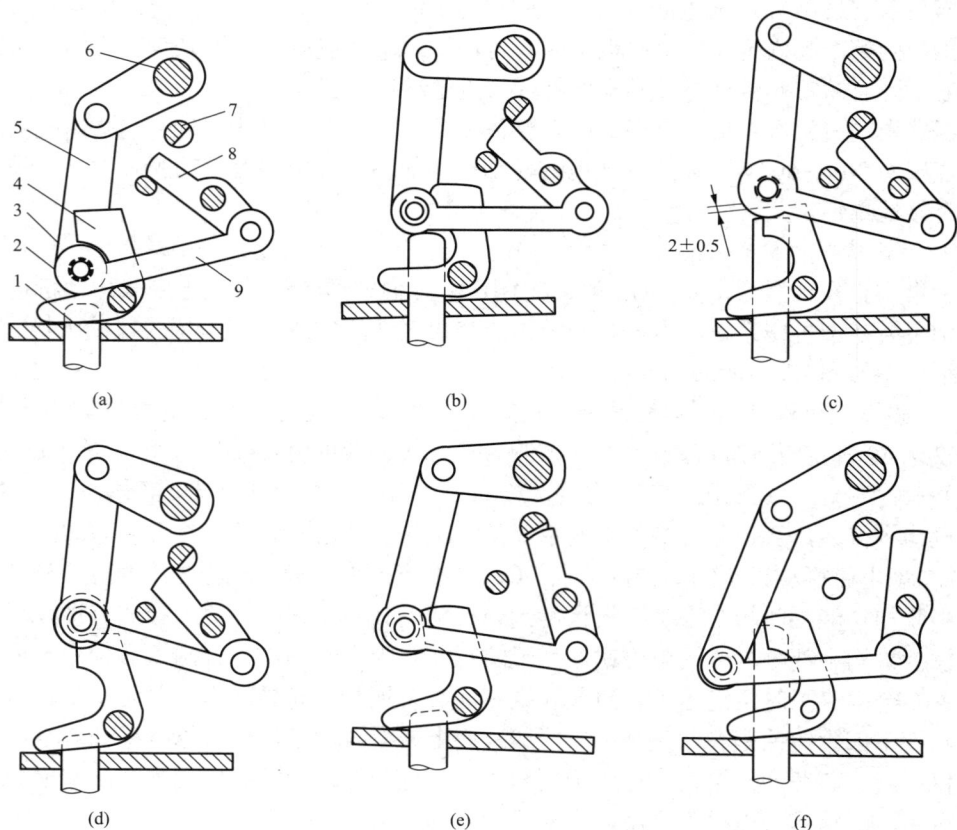

图 ZY1400304004-2　CD17 型电磁操动机构动作过程

（a）分闸状态；（b）合闸过程；（c）合闸到顶点位置；（d）合闸状态；（e）分闸过程；（f）自由脱扣状态

1—合闸铁芯顶杆；2—顶轮；3—环；4—掣子；5—连杆；6—输出轴；7—半轴；8—扣板；9—连板

1）合闸过程。合闸前扣板 8 处于复位状态如图 ZY1400304004-2（a）所示，合闸线圈通电后，铁芯上扣板 8 与半轴 7 扣死，铁芯推动顶轮 2 上移，通过五连杆机构带动输出轴 6 转动约 38°，通过机构处的传动杆，使断路器合闸，如图 ZY1400304004-2（b）所示，此时断路器分闸弹簧储能，触头弹簧压缩。当铁芯升到终点时，环 3（图中虚线）与掣子 4 出现 2mm±0.5mm 间隙，如图 ZY1400304004-2（c）所示，这时因主轴转动，带动辅助开关，使合闸回路动断触点打开，切断合闸线圈电源，铁芯落下，环 3 被掣子 4 撑住，完成合闸动作，如图 ZY1400304004-2（d）所示。

2）分闸过程。分闸线圈通电或用手力分闸时，半轴 7 沿顺时针方向转动，扣板 8 与半轴 7 解扣，使环 3 离开掣子 4，在分闸弹簧与触头弹簧的共同作用下，输出轴 6 逆时针方向转动，完成分闸动作，同时带动辅助开关，使分闸回路动断触点打开，切断分闸线圈的电源，如图 ZY1400304004-2（e）所示。

3）自由脱扣动作。合闸过程中，合闸铁芯顶着顶轮 2 向上运动，一旦接到分闸指令，使分闸铁芯启动，使半轴 7 与扣板 8 解扣，在分闸弹簧和触头弹簧的共同作用下，顶轮 2 从合闸铁芯顶杆 1 的端部滑下，实现自由脱扣，如图 ZY1400304004-2（f）所示。

【思考与练习】

1. 电磁操动机构的特点是什么？

2. 电磁操动机构主要由哪些部件组成？

3. CD17 型电磁操动机构的结构特点是什么？

第十四章 电 容 器

模块 1 电力电容器基本知识（ZY1400305001）

【模块描述】 本模块介绍电力电容器的基本知识。通过要点归纳、结构分析，熟悉并联电力电容器的无功补偿作用，掌握电力电容器基本结构。

【正文】

电力系统中使用的电容器的种类很多，按用途可分为移相（并联）电容器、耦合电容器、串联电容器、电热电容器、均压电容器、滤波电容器、脉冲电容器、标准电容器八个系列，本模块主要介绍移相（并联）电容器。

一、并联电力电容器的无功补偿

1. 无功补偿的必要性

电网中感性负载，在能量转换过程中，一个周波内设备绕组吸收电源的功率和送还给电源的功率相等，没有能量消耗，只有能量转换，这种功率称感性无功功率。感性无功功率的电流相量置后电压相量 90°。如电动机、变压器等。

电容器接入交流电网中，在一个周波内充电吸收的能量和放电放出的能量相等，也不消耗能量，只有能量转换，这种功率称容性无功功率。容性无功功率的电流相量超前电压相量 90°。

电网中的负荷绝大多数属于感性负载，感性负载过多会带来许多问题。利用并联电容器的容性无功来补偿感性无功功率，使电网输送的无功功率减小，达到提高功率因数、提高电能质量、减少电能损耗和提高电网输送电能的目的。

2. 无功补偿的方式

（1）集中补偿。把电容器集中在低压电网的某一处（一般在低压配电室），对整个低压电网进行补偿。

（2）分散补偿。把电容器安装在感性用电设备处，采用与感性负载同时投切的方式进行就地补偿。如电动机、电焊机等。

（3）固定补偿。用固定容量的电容器进行补偿，同时投入，同时切除。

（4）自动补偿。用自动投切装置，随着功率因数的高低自动调整，使低压电力网的功率因数控制在合格范围内。

3. 无功补偿容量的确定

（1）单台电动机补偿容量的确定。单台电动机补偿容量一般是按电动机空载情况下，将其功率因数补偿为 1 或接近 1 来确定。对于机械负荷惯性较小（如风机）的电动机，其补偿容量等于 0.9 倍电动机空载无功功率。其计算方法为

$$Q_0 = \sqrt{3}\, U_N I_0 \qquad\qquad \text{（ZY1400305001-1）}$$
$$Q_C \approx 0.9 Q_0 \qquad\qquad \text{（ZY1400305001-2）}$$

式中 Q_C——补偿电容器容量，kvar；

     Q_0——电动机空载无功功率，kvar；

     U_N——电动机的额定电压，kV；

     I_0——电动机的空载电流，A。

对于机械负荷惯性较大的用电设备（水泵、球磨机等）的电动机，补偿容量可选得较大些，一般可按下式选择

$$Q_C = (1.3 \sim 1.5)Q_0 \qquad\qquad （ZY1400305001\text{-}3）$$

式中　Q_C——补偿电容器容量，kvar；

　　　Q_0——电动机空载无功功率，kvar。

（2）变压器补偿容量的确定。变压器补偿主要用在配电网中，是在配电变压器低压侧安装一组低压并联电容器补偿装置，补偿容量应按不大于配电变压器空载励磁功率选取，一般可按变压器容量的 1/10 配置。

（3）集中补偿容量的确定。集中补偿的并联电容器的容量，可按下式确定

$$Q_C = P_m(\tan\varphi_1 - \tan\varphi_2) \qquad\qquad （ZY1400305001\text{-}4）$$

式中　P_m——用户最高负荷月平均有功功率；

　　　$\tan\varphi_1$——补偿前功率因数角的正切值；

　　　$\tan\varphi_2$——补偿到规定的功率因数角的正切值。

二、电力电容器的基本结构

1. 电力电容器的型号及其含义

电容器型号含义如下：

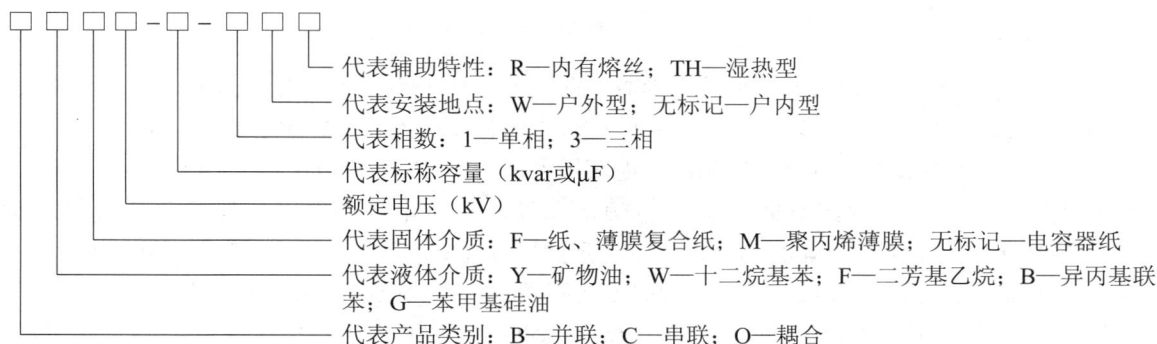

代表辅助特性：R—内有熔丝；TH—湿热型
代表安装地点：W—户外型；无标记—户内型
代表相数：1—单相；3—三相
代表标称容量（kvar或μF）
额定电压（kV）
代表固体介质：F—纸、薄膜复合纸；M—聚丙烯薄膜；无标记—电容器纸
代表液体介质：Y—矿物油；W—十二烷基苯；F—二芳基乙烷；B—异丙基联苯；G—苯甲基硅油
代表产品类别：B—并联；C—串联；O—耦合

如 $\mathrm{BWM11/\sqrt{3}}$-334-1W 表示的含义是：并联、十二烷基苯浸渍、全聚丙烯薄膜介质、额定电压是 $11/\sqrt{3}\,\mathrm{kV}$，标称容量是 334kvar，户外单相电力电容器。

2. 电力电容器的结构

电力电容器的结构，主要由外壳、电容元件、液体和固体绝缘、紧固件、引出线和套管等元件组成，单相移相电容器的结构如图 ZY1400305001-1 所示。

（1）电容器元件。电力电容器元件主要采用卷绕的形式。用铺有铝箔的电容器纸（或薄膜）卷绕成圆柱状卷束，然后压成扁平状，如图 ZY1400305001-2 所示。

由纯度 99.7%以上的铝，压延成厚度为 0.006～0.016mm 的铝箔构成电容器元件的极板，作为载流导体，电流通过时会发热和产生电动力。脉冲电容器为了得到很大的瞬间电流，应尽可能减少极板的有效电阻；电热电容器为了减少发热和更有效地传热，都选用较厚的极板。电容元件在安装中应注意压紧，以免极板和引线因振动而疲劳损坏。

电容元件的绝缘介质，老产品采用油浸纸，即5～6层电容器纸和聚丙烯薄膜复合介质，现在发展为聚丙烯全膜介质。

聚丙烯薄膜的耐压强度和机械强度都很高，介质损耗和吸水性小，化学性能和电老化性能都比较

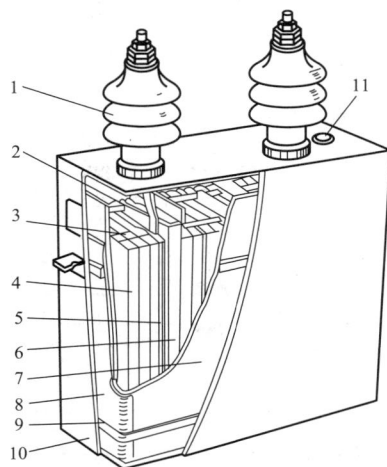

图 ZY1400305001-1　单相移相电容器的结构图

1—出线套管；2—出线连接片；3—连接片；4—电容元件；

5—出线连接片固定板；6—组间绝缘；7—包封件；

8—夹板；9—紧箍；10—外壳；11—封口盖

模块 1

ZY1400305001

好。用它代替电容器纸，介质损耗可降低一半，工作电场强度可提高三倍。而且当电容元件击穿后薄膜熔化而使极间短路，不会产生电弧，可避免因油分解产生高压气体，减少油箱爆炸和扩大事故的可能性，不仅增加了安全可靠性，并可增大单台产品的容量。

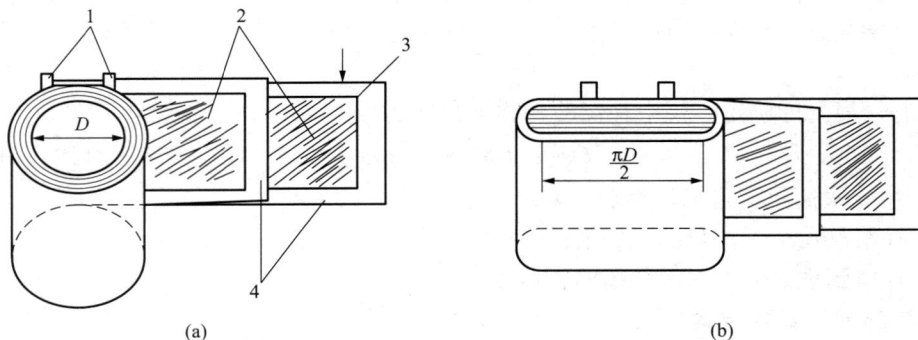

图 ZY1400305001-2 卷绕式电容器元件

（a）绕卷后的元件；（b）压扁后的元件

1—极板引出线；2—极板；3—边缘；4—薄膜

电容元件的极板引出线是由薄铜片搪锡制成，插在元件内与相应的电极连接。引出线应相对连接，如图 ZY1400305001-3（b）所示，使不同极板的电流方向相反，以减少电感的数值；若不同极板上的引出线相互错开，则极板上的电流方向相同，电感很大，如图 ZY1400305001-3（a）所示。

电容器元件在电容器内组合时，应满足额定容量和额定电压的要求，通常采用竖排，如图 ZY1400305001-4 所示。图 ZY1400305001-4（a）所示为 $11/\sqrt{3}$ kV、334kvar 的双套管电容器，它是由电容器元件 3 串 6 并方式连接组成，双套管引出线两端并联有放电电阻 R，可接成星形，用于 10kV 系统。图 ZY1400305001-4（b）所示为 19kV、334kvar 的单套管电容器，由电容器元件 9～10 串 2 并方式连接组成，一条引出线接套管引出，另一条引出线接在油箱壁上。引出线两端并联有放电电阻 R，可采用两段串联后接成星形，用于 63kV 电力系统。

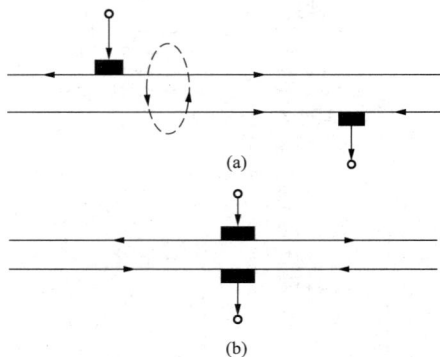

图 ZY1400305001-3 极板引出线的位置和电流方向

（a）引出线位置错开；（b）引出线位置相对

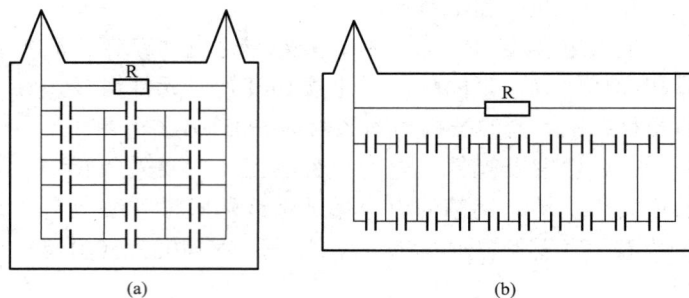

图 ZY1400305001-4 电容器元件的连接方式

（a）3 串 6 并；（b）9～10 串 2 并

（2）外壳和套管。电力电容器外壳有金属外壳和绝缘外壳两种。

1）金属外壳一般采用 1～2mm 的薄钢板焊接而成。电容元件经装配后，装入外壳内由金属夹具与外壳固定。金属外壳导热的性能好，有利于散热。而且由于箱壁薄钢板有弹性，当电容器运行温度上升，绝缘油体积膨胀时，起调节压力的作用，防止油箱爆裂。我国生产的移相、串联、滤波、电热和一部分脉冲电容器，均采用金属外壳。

2）绝缘外壳包括瓷外壳和胶纸筒外壳两种。绝缘外壳不需瓷套管，体积和重量都比金属外壳小得多。但绝缘外壳导热很差，散热困难，而且不能调节内部压力，必须采用特殊的温度补偿装置。

移相电容器的套管有焊接式和装配式两种，如图 ZY1400305001-5 所示。焊接式套管，是在规定的部位表面涂一层由银的氧化物和有机溶剂混合的银膏，在 860℃左右反复焙烧三次，使其还原为紧附在绝缘子表面的银层。银层上再搪以银镉焊料，用高频焊接或用电烙铁在温度不高的状态下将套管焊接在油箱上。装配式套管由内外两个瓷件和铜芯引线螺杆组装而成，为了使密封良好，螺杆上部与套管接触处，装有纸垫圈和铁垫圈各一个，内、外瓷套与油箱的接触面垫有耐油橡胶垫圈，依靠螺杆的紧固压力，使各部分接触紧密。铜锌螺杆在套管内的部分，套以绝缘纸管，以增强其绝缘性能。

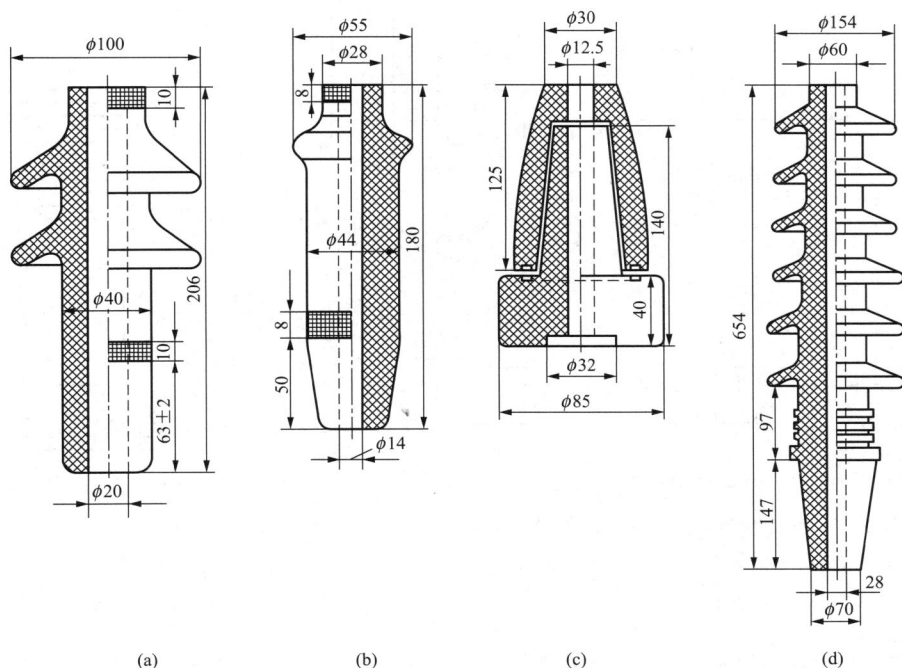

图 ZY1400305001-5　移相电容器的引线瓷套管（单位：mm）

（a）户外式套管；（b）焊接式套管；（c）装配式套管；（d）100kV 脉冲电容器套管

【思考与练习】

1. 电力电容器无功补偿的必要性是什么？
2. 电力电容器无功补偿的方式有哪些？
3. 电力电容器的无功补偿容量是如何确定的？
4. 某电力电容器型号是 BWM11/$\sqrt{3}$-334-1W，试说明各字母及数字所代表的含义是什么？
5. 电力电容器主要由哪些部件组成？

模块 2　耦合电容器基本知识（ZY1400305002）

【模块描述】本模块介绍耦合电容器的基本知识。通过原理讲解、结构分析，掌握耦合电容器的作用及其结构原理。

【正文】

一、耦合电容器的作用

电力系统的调度通信、高频保护、遥控、遥测等高频弱电系统，广泛使用高压输电线路作为电力载波通道，高压输电线路在传输 50Hz 工频电流的同时，还叠加传送一个 50～500Hz 的高频信号（载波信号），供通信和继电保护使用，其通道称为载波通道。

耦合电容器的作用是使强电和弱电两个系统通过电容耦合，给高频信号提供通路，阻止高压工频电流进入弱电系统，使强电系统和弱电系统隔离。带有电能抽取装置的耦合电容器，除了以上用途之外，还可抽取 50Hz 的功率和电压，供继电保护及重合闸用，起到电压互感器的作用。

高频通道的构成如图 ZY1400305002-1 所示，图中 2 为耦合电容器，耦合电容器在工频电压长期作用下运行，并承受高压线路过电压的作用，而且没有保护，所以要求结构性能必须可靠。

二、耦合电容器的结构、原理

耦合电容器可以是单独的电容器，也可以利用电容式电压互感器中电容分压器的电容作为耦合电容器。耦合电容器结构如图 ZY1400305002-2 所示，耦合电容器主要由瓷套、电容高压极引线、电容芯绝缘支撑板、等效电容、电容低压极引线和底座等组成。

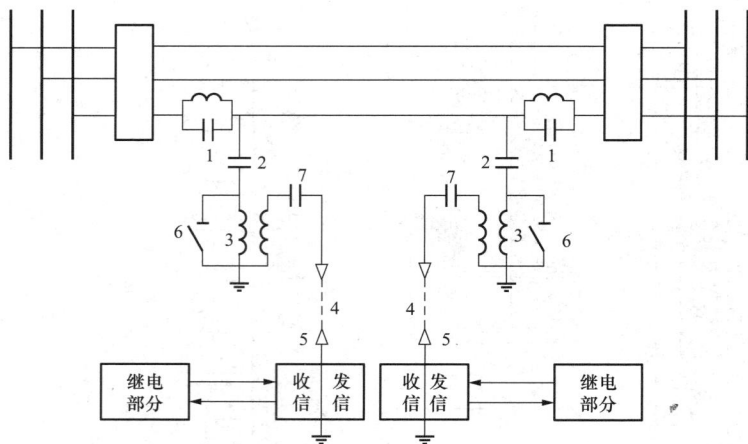

图 ZY1400305002-1 高频通道的构成原理

1—高频阻波器；2—耦合电容器；3—结合滤波器中的变压器；

4—高频电缆；5—高频收发信机；6—接地开关；

7—结合滤波器中的电容

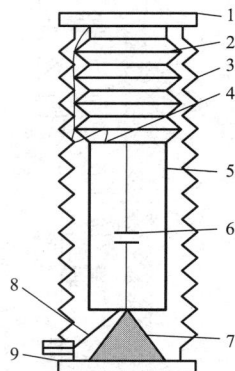

图 ZY1400305002-2 耦合电容器结构图

1—顶盖；2—波纹管；3—瓷套；4—电容高压极引线；

5—电容芯绝缘支撑板；6—等效电容；7—绝缘支撑物；

8—电容低压极引线；9—底座

这种结构的耦合电容器在电力系统中使用越来越少，目前广泛用电容式电压互感器（以下简称 CVT）中的电容作为耦合电容器，它是由电容分压器和电磁单元组成，CVT 的典型结构原理如图 ZY1400305002-3（a）所示，CVT 的典型电气连接原理如图 ZY1400305002-3（b）所示。

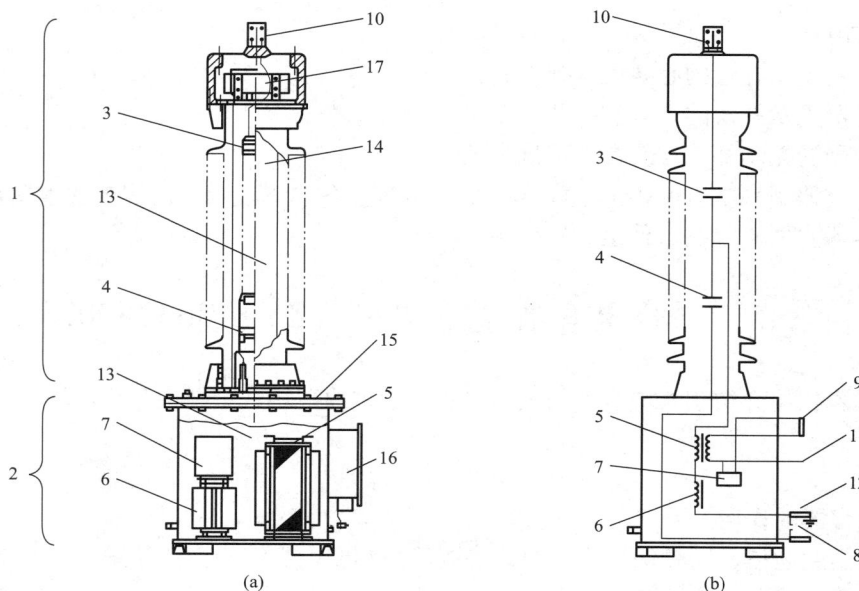

(a) (b)

图 ZY1400305002-3 CVT 典型结构原理和电气连接原理

（a）CVT 典型结构原理图；（b）CVT 典型电气连接原理图

1—电容分压器；2—电磁单元；3—高压电容（C1）；4—中压电容（C2）；5—中间变压器（Tr）；6—谐振电抗器（L）；7—阻尼器（ZD）；

8—电容分压器低压端对地保护间隙；9—阻尼器连接片；10——次侧接线端子；11—二次绕组输出端子；12—接地端；

13—绝缘油；14—瓷套管；15—油箱；16—端子箱；17—外置式金属膨胀器

1．电容分压器

电容分压器由高压电容（C1）和中压电容（C2）组成，位于瓷套内并充满绝缘油（十二烷基苯）。

2．电磁单元

电磁单元由中间变压器、谐振电抗器、阻尼器和避雷器组成位于油箱内，二次绕组端子、CVT 低压端、接地端及保护间隙等位于端子箱内。

3．油密封

电容分压器的电容元件密封子瓷套内，经加热、抽真空干燥后注入已脱气、脱水的绝缘油（十二烷基苯）并保持真空。

由温度变化而引起的油量变化可通过位于瓷套上部的外置金属膨胀器进行调节，使瓷套内部油压始终保持在 $0.005\sim0.05\text{kg/cm}^2$。

电磁单元内的各组成元件密封于箱体后经加热、抽真空干燥后注入已脱气、脱水的绝缘油（变压器油）并密封。

由温度变化而引起的油量变化可通过油箱顶部的空气层进行压力调节。

【思考与练习】

1．什么是载波通道？

2．耦合电容器的作用是什么？

3．耦合电容器主要由哪些部件组成？

4．电容式电压互感器主要由哪些部件组成？

模块 2

ZY1400305002

第十五章　其他高压设备

模块 1　SF₆全封闭组合电器 GIS（ZY1400306001）

【模块描述】 本模块介绍 SF_6 全封闭组合电器（GIS）。通过要点讲解、结构分析、功能介绍，掌握 SF_6 全封闭组合电器（GIS）的特点、内部绝缘结构、出线方式及各部件的作用，了解插接式开关系统（PASS）。

【正文】

SF_6 全封闭组合电器是 20 世纪 50 年代末期出现的一种先进的高压电气配电装置，国际上称这种设备为 Gas-Insulated Switchgear，简称 GIS。

GIS 是指将断路器、隔离开关、检修接地开关、快速接地开关、负荷开关、电流互感器、电压互感器、避雷器、母线等单独元件连接在一起，并封装在金属封闭外壳内，与出线套管、电缆连接装置、汇控柜等共同组成，充以一定压力的 SF_6 气体作为灭弧和绝缘介质，并且只有在这种形式下才能运行的高压电气设备。

PASS（Plug And Switch System）电气设备，即插接式开关装置，也是组合电器的一种，是在 GIS 紧凑、可靠性高、运行维护工作量小优点的基础上，将发生事故概率极低的母线保留为常规的布置，同时也将原常规设备占地面积大、可靠性不高、检修维护工作量大等缺点巧妙地进行了解决。

一、SF₆全封闭组合电器 GIS 的结构特点

（1）采用 SF_6 气体作为绝缘介质，导电体与金属地电位壳体之间的绝缘距离大大缩小。

（2）全部电器元件都被封闭在接地的金属壳体内，带电体不暴露在空气中（除了采用架空引出线的部分），运行中不受自然条件的影响，其可靠性和安全性比常规电器好得多。

（3）SF_6 气体是不燃不爆的惰性气体，所以 GIS 属防爆设备，适合在城市中心地区和其他防爆场合安装使用。

（4）GIS 主要组装调试工作已在制造厂内完成，现场安装和调试工作量较小，因而可以缩短变电站安装周期。

（5）只要产品的制造和安装调试质量得到保证，在使用过程中除了断路器需定期维修外，其他元件几乎无需检修。

（6）GIS 设备结构比较复杂，要求设计制造、安装调试水平高。GIS 价格也比较贵，变电站建设一次性投资大。

（7）GIS 的绝缘件、带电导体封闭在金属壳内，重心较低，因此，抗振能力较强，可安装在室内，也可以安装在室外。

二、SF₆全封闭组合电器 GIS 的分类

SF_6 全封闭组合电器 GIS 的分类方式一般有：按安装场所、按结构型式、按绝缘介质、按主接线方式等。

（1）按安装场所分，可分为户内型和户外型两种。

（2）按结构型式分，根据充气外壳的结构形状，可分为圆筒形和矩形，圆筒形 GIS 依据主回路配置方式的不同，又可分为单相壳型（即分相型）、部分三相一壳型（又称主母线三相共体型）、全三相一壳型、复合三相一壳型等；矩形 GIS 根据柜体结构和元件间是否隔离，还可分为箱型和铠装型两种。

（3）按绝缘介质分，可分为全 SF_6 气体绝缘型和部分 SF_6 气体绝缘型两种。

（4）按主接线方式分。常用的有单母线接线、双母线接线、双母线带旁路接线、3/2 接线、桥形接线、角形接线等多种接线方式。

GIS 的主接线方式取决于具体工程的需要。

三、SF₆全封闭组合电器 GIS 基本结构

一台完整的 GIS 是由若干个不同间隔组成的，一般是在设计时，根据用户提供的主接线方式和要求，将不同的气室或气隔（也称标准模块）组合成不同的间隔，再将这些间隔组成用户所需要的 GIS。一个间隔是指一个具有完整的供电、送电和其他功能（控制、计量、保护等）的一组元件。一个气室（气隔）是指将各种不同作用和功能的元件装在一个独立的封闭壳体内构成的各种标准模块。如：断路器模块、隔离开关模块、电压互感器模块、电流互感器模块、避雷器模块、连接模块、分相模块等。GIS 的总体布局示意图如图 ZY1400306001-1 和图 ZY1400306001-2 所示。

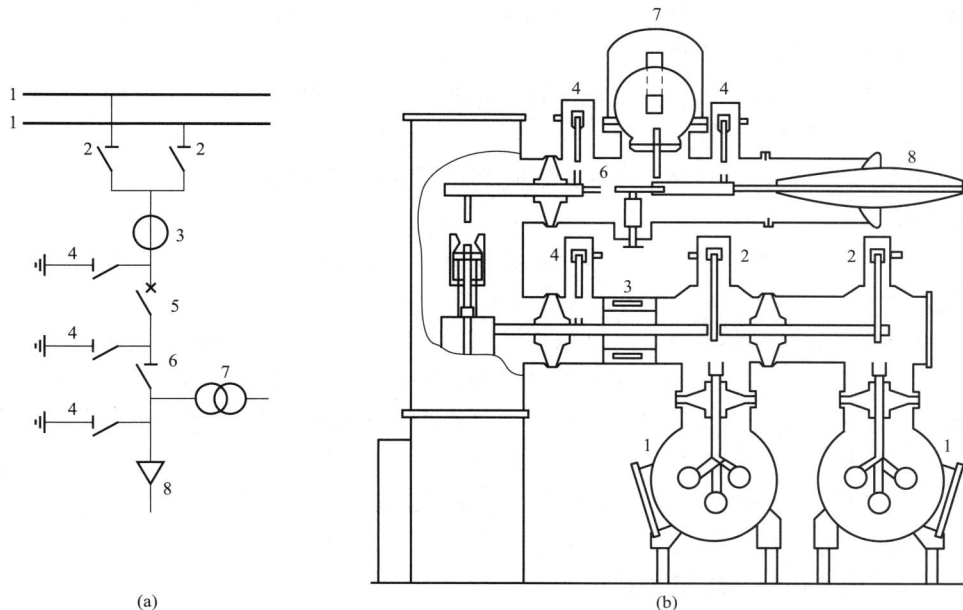

图 ZY1400306001-1 GIS 的总体布局示意图之一

（a）接线图；（b）结构图

1—母线；2、6—隔离开关；3—电流互感器；4—接地开关；5—断路器；7—电压互感器；8—出线电缆

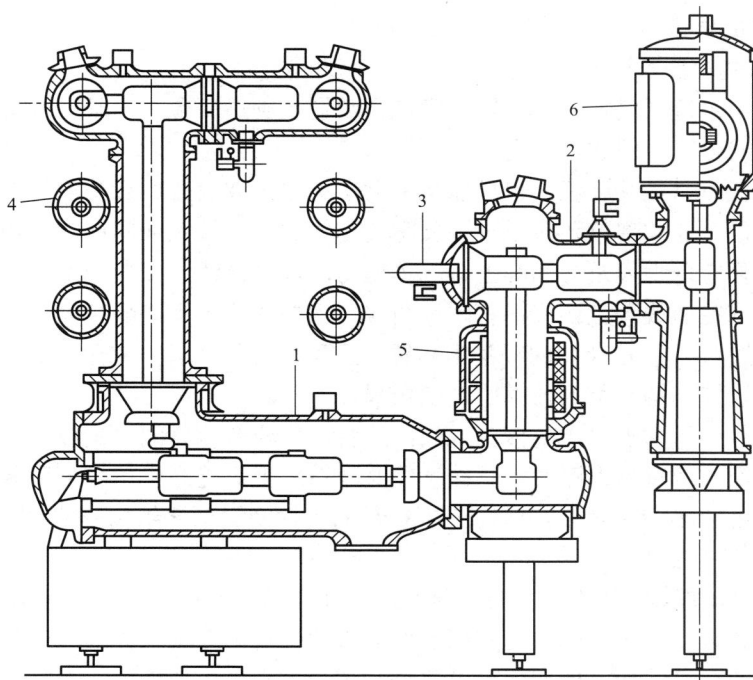

图 ZY1400306001-2 GIS 的总体布局示意图之二

1—断路器；2—隔离开关；3—接地开关装置；4—母线；5—电流互感器；6—电压互感器

模块 1

ZY1400306001

四、SF₆全封闭组合电器GIS内部绝缘结构

SF₆全封闭式组合电器（包括SF₆输电管道），所用的绝缘结构可分为纯SF₆气体间隙绝缘、支持绝缘（即支柱绝缘子）和引线绝缘三种基本类型。

1. SF₆气体间隙绝缘

气体间隙是设备中主要的绝缘结构，要求电场分布尽量均匀，一般都采用同轴圆柱结构，直径较小或具有棱角的部件，如触头等均需加上尺寸较大的屏蔽罩，导体拐弯部分也应做成圆弧形。

2. 支柱绝缘子

支柱绝缘子大量用于组合电器和输电管道作为固定高压导体的绝缘支持物。常用的有下述三种基本类型，一般均用环氧树脂浇注而成。

（1）盆形（或碗形）绝缘子。盆形绝缘子以单相的为多，它用于组合电器和输电管道时，隔离两侧气体。

（2）棒形绝缘子。可将棒形绝缘子用于组合电器的母线筒作为母线的支持绝缘，也可用于输电管道作为导线的支持绝缘。

（3）夹形绝缘。夹形绝缘主要用于母线筒，在支持母线处和绝缘子的根部均带有屏蔽罩。

3. 引线绝缘

引线绝缘作为从SF₆电力设备高压引出线绝缘用，大致有以下三种结构。

（1）SF₆—空气套管，即充气套管。用于组合电器及输电管道和用空气绝缘的母线或架空输电线之间的连接。若用一般电容型胶纸套管则经济性差，且没能充分发挥SF₆气体绝缘的作用。故目前都用SF₆的充气套管，其外绝缘也是瓷，而内绝缘则是SF₆气体。

（2）SF₆—油套管。用于和变压器等充油电力设备相连接。

（3）SF₆电缆头。用于和电缆相连接，其结构和一般电缆头相似。

五、SF₆全封闭组合电器GIS的出线方式

GIS的出线方式主要有下列三种。

（1）架空线引出方式。在母线筒出线端装设充气（SF₆气体）套管。

（2）电缆引出方式。母线筒出线端直接与电缆头组合。

（3）母线筒出线端直接与主变压器对接。此时连接套管的一侧充有SF₆气体，另一侧则有变压器油。

六、对GIS结构的要求

1. 对气体检测系统的要求

（1）每个密闭压力系统（气室）应设置密度监视装置，制造厂应给出补气报警密度值，对断路器室还应给出闭锁断路器分、合闸的密度值。

（2）密度监视装置可以是密度表，也可以是密度继电器，并设置运行中可更换密度表（密度继电器）的自封接头或阀门。在此部位还应设置抽真空及充气的自封接头或阀门，并带封盖。当选用密度继电器时，还应设置真空压力表及在铭牌上有气体压力—温度曲线，在曲线上应标明气体额定值、补气值曲线。在断路器气室曲线图上还应标有闭锁曲线。各曲线应用不同颜色表示。

（3）密度监视装置可以按GIS的间隔集中布置，也可以分散在各气室附近。当采用集中布置时，管道直径要足够大，以提高抽真空的效率及真空极限。

（4）密度监视装置、压力表、自封接头或阀门及管道均应有可靠的固定措施。

（5）应有防止内部故障短路电流发生时在气体监视系统上可能产生的分流现象。

（6）气体监视系统的接头密封工艺结构应与GIS的主件密封工艺结构一致。

2. 对外壳和伸缩节的要求

（1）外壳可以是钢板焊接、铝合金板焊接结构或铸铝结构。并按压力容器标准设计、制造和检验。

（2）GIS的平面布置图及剖视图上，应标明伸缩节的位置和数量。伸缩节一般采用不锈钢波纹管结构，也可以是特殊的套筒结构（运行中可以整个间隔抽出来处理故障）。

（3）应标明GIS外壳局部拆装的部位。

（4）伸缩节（如有时）主要用于装配调整，吸收基础间的相对位移或热胀冷缩的伸缩量等。制造

厂应根据使用的目的、允许的位移量等来选定伸缩节的结构。

3. 对气室和防爆的要求。

（1）GIS 的间隔一次模拟图上应标明气室的具体部位，在设备上应有色标表示。

（2）每个气室应装有适当数量的吸附剂装置。

（3）每个气室应设防爆装置，但满足以下条件之一的也可以不设防爆装置。

1）气室分隔的容积足够大，在内部故障电弧发生的允许时限内，压力升高为外壳承受所允许，而不会发生爆裂；

2）制造厂与用户达成协议。

（4）防爆装置的防爆膜应保证在使用年限内不会老化开裂。

（5）制造厂应提供防爆装置的压力释放曲线。

（6）防爆装置的分布及保护罩的位置，应确保排出压力气体时，不危及巡视通道上执行运行任务人员的安全。

4. 对支撑和底架的要求

（1）GIS 按运输拼装单元设置独立的支撑底架，并设置和标明起吊部位。在运输中需要拆除的部位，必要时应增设运输临时支撑。

（2）GIS 的支撑底架结构若为固定不可调整式，在出厂前应予调整使之符合现场安装要求，在现场安装时不得再用垫块调整。

（3）电缆终端支撑底架应满足电缆现场施工的方便及电缆的固定。

（4）GIS 的所有支撑不得妨碍正常维修巡视通道的畅通。

（5）必要时应设置永久性的高层平台及扶梯，便于操作、巡视及维修。

5. 对接地的要求

（1）GIS 底架上应设置可靠的适用于规定故障条件的接地端子，该端子有一紧固螺钉或螺栓用来连接接地导体。紧固螺钉或螺栓的直径应不小于 12mm。和接地系统连接的金属外壳部分可以看做接地导体。

（2）制造厂提供的 GIS 平面布置图或基础图上，应标明与接地网连接的具体位置及连接的结构。

（3）GIS 的接地连线材料应为电解铜，并标明与地网连接处接地线的截面积要求。

（4）当采用单相一壳式钢外壳结构时，应采用多点接地方式，并确保外壳中感应电流的流通以降低外壳中的涡流损耗。

（5）接地开关与快速接地开关的接地端子应与外壳绝缘后再接地，以便测量回路电阻，校验电流互感器变比，检测电缆故障。

6. 对母线的要求

（1）母线材质为电解铜或铝合金。

（2）铝合金母线的导电接触部位表面应镀银。

（3）导电回路的相互连接其结构上应做到：

1）固定连接应有可靠的紧力补偿结构，不允许采用螺纹部位导电的结构方式。

2）触指插入式连接结构应保证触指接触压力均匀。

7. 对油漆的要求

（1）制造厂应提供色标，供用户选择 GIS 外壳及箱体的油漆颜色。

（2）GIS 的接地、SF_6 气体管道、压缩空气管道等的油漆颜色应按有关标准分别表示，以便区分。

（3）对户内的 GIS 油漆应保证 8～10 年完好。

8. 对压缩机及管道系统的要求

（1）当 GIS 采用气动操作时，若压缩机采用集中布置方式，则一般至少设置 2 组，运行中应同时工作启动，并设置控制保护减压及疏水系统。

（2）管道系统一般推荐双母线管道布置，阀门的设置原则要确保在一根母线管道或一台压缩机检修时仍保证对设备的供气，管道及阀门应采用铜质材料，接头采用卡套式结构。

9. 对扩建接口的要求

GIS 若采用分期建设，订货时应要求制造厂留有扩建接口，扩建接口宜设在分段开关处，扩建接口部位的接头应设置临时屏蔽装置及封盖。

10. 对连锁的要求

GIS 的连锁主要是指：隔离开关、接地开关与有关断路器之间的连锁；隔离开关与接地开关之间的连锁。

所有连锁的二次接线应在制造厂内完成并经过检验。

11. 对二次回路及就地控制柜的要求

（1）就地控制柜可以设在 GIS 底座上与 GIS 一起供货，也可以分开独立设置，当就地控制柜安装在 GIS 底座上，应考虑到 GIS 设备操作振动的影响。当 GIS 为户外布置时，应按户外条件来考虑柜体的设计结构工艺。

（2）GIS 的全部二次线电缆应可靠固定，并全部在专用管道或专用托架中敷设。二次线进出接线盒或柜体部位应可靠封闭并固定。

（3）二次走线应与 GIS 的接地线保持一定距离，要防止内部故障短路电流发生时在二次线上可能产生的分流现象。

12. 对套管的要求

（1）出线套管采用 SF_6 或环氧树脂浸渍电容型，外套采用瓷质或硅橡胶，其伞形应按有关标准规定，爬距按大气污染等级及海拔高度选取。

（2）变压器油气套管采用环氧树脂浸渍电容型，当选用油纸电容型时，应设置温度补偿油膨胀器。

13. 对电缆连接的要求

电缆连接应考虑电缆耐压装设试验套管的可能性和方便性。GIS 的电缆终端壳体上部除出线电压互感器外，不得布置隔离开关与接地开关等元件。如有可能，出线电压互感器的布置方式也应考虑电缆耐压的方便性，具体方式由用户与制造厂协商解决。

七、插接式开关系统

插接式开关系统（Plug and Switch System，PASS）是一种先进的新概念产品，是不包括母线的预装式 SF_6 气体绝缘金属封闭高压开关设备。某型号 PASS 的基本结构如图 ZY1400306001-3 所示。

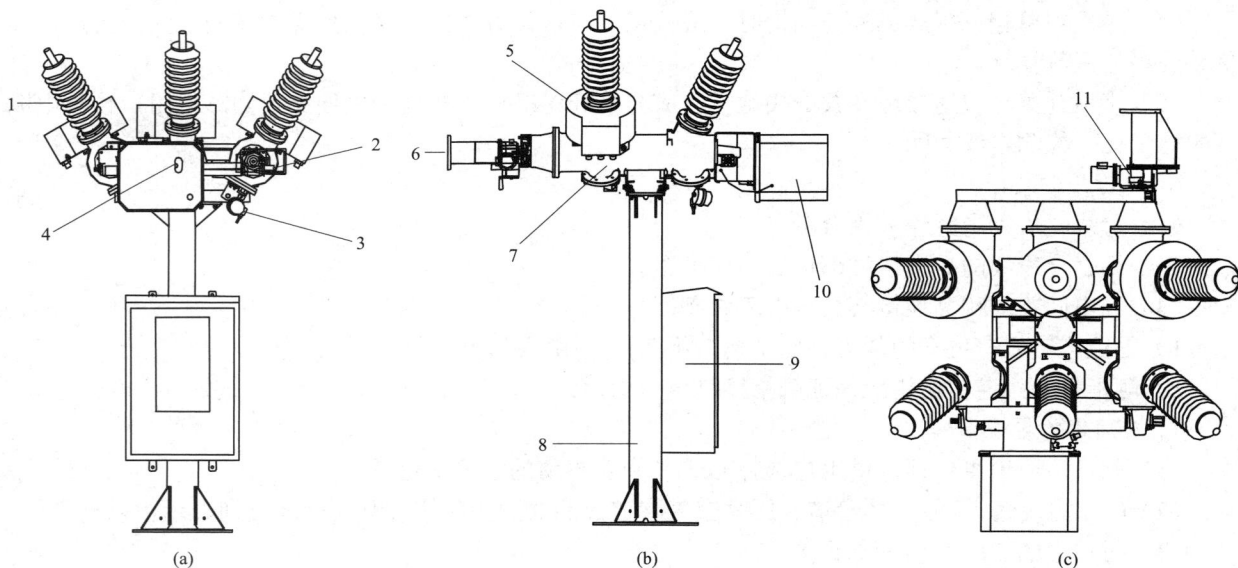

图 ZY1400306001-3　PASS 的基本结构图

（a）正视图；（b）左视图；（c）俯视图

1—电流互感器；2—断路器位置指示；3—密度监视器；4—弹簧储能位置指示；5—电流互感器；

6—隔离开关、接地开关位置指示；7—断路器；8—支架；9—控制箱；

10—断路器的弹簧操动机构箱；11—隔离开关操动机构箱

1. PASS 的组成

（1）一次设备。

1）断路器。PASS 产品中使用的断路器与原 GIS 产品中的断路器相同。

2）隔离/接地开关。隔离开关和接地开关采用同一操动机构，三工位设计。在 GIS 和 PASS 的可靠性日益提高，维护量大大减少的情况下，以免维护设计思想为指导，去掉了一侧的隔离/接地开关。

3）电流/电压传感器。在 PASS 中使用电流/电压传感器来代替传统的电流/电压互感器，它的两个重要功能——测量电流和电压。

4）绝缘套管。PASS 使用具有优良电气和机械性能的复合式绝缘套管。套管内层使用将环氧树脂注入玻璃纤维制成的筒状支柱以保证机械和绝缘强度，在外层包裹以硅橡胶，保证了爬电距离等户外绝缘性能；表面憎水性处理，防止形成潮气膜和固体沉积，免除了清洗工作；避免了爆炸事故；套管的重量减轻了约 40%。

（2）二次部分。

1）智能间隔。智能间隔的主要组成部分有传感器信号处理接口 PISA（Process Interface for Sensors and Actuators），电流/电压传感器 PISA 的测量功能，监控和分析系统等。

① 传感器信号处理接口 PISA。在 PASS 中，有三种分别用于断路器、电流/电压传感器、隔离/接地开关的 PISA 装置。

② 电流/电压传感器 PISA 的测量功能。由于采用 PISA 这样的数字化采样测量装置，所以测量的准确度不再受二次侧负荷的影响。

③ 监控和分析系统。所谓智能间隔，是在建设整个变电站的自动化系统时，就已将间隔的保护功能整合在其中了。同时，这样的间隔也可以为整个变电站的监视和分析系统提供所需的数据。

在 PASS 中，所有的二次设备都具有状态维护的功能，提高了可靠性和工作效率。

2）就地控制单元（REC580）。就地控制单元（REC580）是基于数字技术原理的间隔层控制和保护核心设备。

3）连接。控制和保护系统同断路器本体之间，是通过几条可插接式电缆（包括几条传输模拟或数字信号的光纤）进行连接的，在传输信号的同时，为驱动装置提供控制和保护指令。

4）智能开关控制器（CAT 控制器）。在 PASS 中，利用了可控开关技术制造的智能开关控制器，取消了合闸电阻。在合闸时，要求断路器合闸速度很快，使其耐受电压变化率始终大于系统电压过零时的电压变化率，在检测一相断路器的电压、电流后，经过计算向操动机构发出合闸指令，就可以使断路器在电压过零时合闸；在分闸时，断路器的分闸速度也快，足以使灭弧后第一周波 2.8 倍恢复电压下不发生容性电流重击穿，可以有效地避免断路器灭弧后重燃。

2. PASS 在使用中应注意的几个问题

（1）取消了断路器线路侧的隔离开关和接地开关，对整个 PASS 的可靠性要求很高。一旦组合电器中的一次元件发生故障，可能导致需要上一级的断路器跳闸停电，退出运行，进行整体检修。

（2）电流/电压传感器技术在电磁兼容性等诸多方面，是否足以取代运行多年的电流/电压互感器，还有待在运行中验证。

【思考与练习】

1. GIS 主要由哪些元件组成？

2. SF$_6$ 全封闭组合电器 GIS 的结构特点是什么？

3. SF$_6$ 全封闭组合电器 GIS 内部绝缘结构分为哪几种基本类型？各部分的作用是什么？

4. SF$_6$ 全封闭组合电器 GIS 的出线方式有哪几种？

5. PASS 主要由哪些元件组成？

模块 2　高压隔离开关基本知识（ZY1400306002）

【模块描述】本模块介绍隔离开关的基本知识。通过概念描述、要点归纳，掌握高压隔离开关的用途和结构，隔离开关的基本技术要求；了解高压隔离开关发展方向。

【正文】

一、隔离开关的基本用途

隔离开关又称隔离刀闸，是高压开关的一种，因为它没有专门的灭弧装置，所以，不能用来切断负荷电流和短路电流，使用时应与断路器配合，一般对动触头的开断和关合速度没有规定要求。在电力系统中，隔离开关主要有以下用途。

1. 隔离电源

用隔离开关将需要检修的设备与带电的电网隔开，使其具有明显的断开点，以保证检修工作的安全进行。

2. 改变运行方式

在断口两端接近等电位的条件下，带负荷进行拉、合操作，变换双母线或其他不长的并联线路的接线方式。

3. 接通和断开小电流电路

在运行中可利用隔离开关进行以下操作：

（1）接通和断开正常运行的电压互感器和避雷器。

（2）接通和断开励磁电流不超过 2A 的空载变压器。如 35kV 级 1600kVA 及以下或 10kV 级 320kVA 及以下的空载变压器，但当电压在 20kV 及以上时，应使用户外垂直分、合式的三联隔离开关。

（3）接通和断开电容电流不超过 5A 的空载线路。如 35kV 户内三联隔离开关可分、合 5km 以下的线路，户内三联隔离开关可分、合电压 10kV，长度 1km 以内的空载电力电缆。

（4）接通和断开未带负荷的汇流空载母线。

（5）户外三联隔离开关可分、合电压为 10kV 及以下，且电流在 15A 以下的负荷电流。

（6）与断路器并联的旁路隔离开关，当断路器在合闸位置时可接通和断开断路器的旁路电流。

（7）接通和断开变压器中性点的接地线。但当中性点接消弧线圈时，只有在系统确认无接地故障时才可进行。

（8）户外带消弧角的三联隔离开关可接通和断开电压为 10kV 及以下，电流为 70A 以下的环路均衡电流。

二、隔离开关的分类、型号和基本结构

1. 隔离开关的分类

（1）按安装场所分为屋内式和屋外式两种。

（2）按极数分为单极和三极两种。

（3）按每极支柱绝缘子的数目分为单柱、双柱式和三柱式。

（4）按隔离开关的动作方向分为闸刀式、旋转式、摆动式和插入式四种。

（5）按所配机构分为手动式、电动式、气动式和液压式四种。

（6）按使用环境分为普通型和防污型两种。

（7）按断口两端有无接地装置及附装接地开关的数量不同，分为不接地、单接地和双接地三种。

（8）按使用特性的不同，分为一般用、快分用和变压器中性点接地三类。

2. 隔离开关的型号

隔离开关型号含义如下：

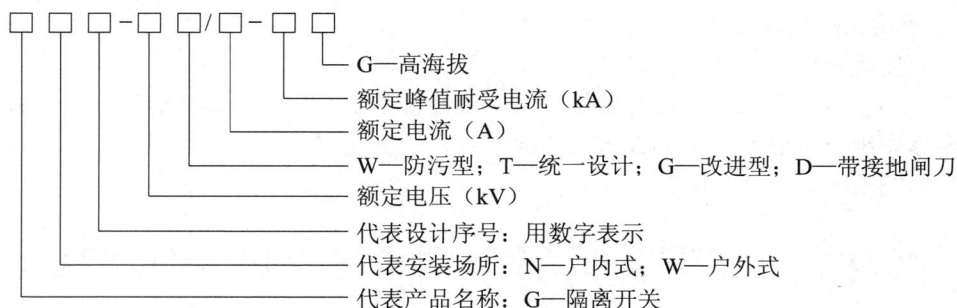

```
 □□□-□□/□-□□
              └── G—高海拔
             ─── 额定峰值耐受电流（kA）
            ──── 额定电流（A）
          ────── W—防污型；T—统一设计；G—改进型；D—带接地闸刀
         ─────── 额定电压（kV）
        ──────── 代表设计序号：用数字表示
       ───────── 代表安装场所：N—户内式；W—户外式
      ────────── 代表产品名称：G—隔离开关
```

如：GW16-252D/3150 中各部分含义是：G 表示隔离开关，W 表示户外，16 是设计序号，额定电压是 252kV，D 是表示有接地刀闸，额定电流是 3150A。

3. 隔离开关的基本结构

隔离开关型号虽然较多，但其基本结构主要由以下几部分组成：

（1）支持底座。支持底座的作用是起支持固定的作用，将导电部分、绝缘子、传动机构、操动机构等连接固定为整体。

（2）导电部分。导电部分包括触头、闸刀、接线座等，其作用是传导电流。

（3）绝缘子。绝缘子包括支持绝缘子、操作绝缘子，其作用是使带电部分对地绝缘。

（4）传动机构。传动机构的作用是接受操动机构的力矩，并通过拐臂、连杆、轴齿或操作绝缘子，将运动传给动触头，以完成分、合闸操作。

（5）操动机构。用手动、电动向隔离开关的动作提供动力。

三、对隔离开关的基本技术要求

1. 有明显的断开点

在隔离开关分开状态下，应具有明显的断开点，以便清楚地鉴别被检修的设备是否已与电网隔离，从而能更好地保证检修工作人员的安全。

2. 有可靠的绝缘

隔离开关同一相的开断触头之间的距离要大于不同相导电部分之间及导电部分对地之间的距离（比绝缘耐受电压大 10%～15%）。当系统出现过电压时，如果一旦发生放电，也只在不同相导电部分之间或导电部分对地之间发生，而不会在同一相的开断触头间发生。从而保证了在过电压作用情况下不带电侧的人身及设备的安全。

3. 有一定破冰能力

户外隔离开关的触头敞露在大气中，经受各种气候的考验，尤其是在寒冷的天气，隔离开关的触头等部位有可能被冰层所覆盖，因此对户外式隔离开关，在分开时要求具有一定的破冰能力。

4. 隔离开关和接地开关间应有可靠的机械连锁

在隔离开关和接地开关操作过程中，必须保证先断开隔离开关后，再合接地开关；先拉开接地开关后，再合隔离开关的操作顺序。所以在隔离开关和接地开关间应有可靠的机械连锁装置。

5. 有锁扣装置

隔离开关在通过短路电流时由于受电动力的作用有可能使隔离开关自动分开，所以在隔离开关本身或其操动机构上应有锁扣装置。

四、高压隔离开关发展方向

高压隔离开关的发展方向主要是向高电压、大容量化、机械设计的可靠性、小型化发展，同时电气参数和机械参数两者要配合逐步默契。

（1）高电压、大容量。随着我国经济的发展，工业中心不断增大负荷密度，要求提高输电能力、提高电压、增大容量。有些国家已研制了 1100～1500kV 输电线路，我国已广泛建设 500kV 的输电线路，1000kV 的输电线路也将大量投入运行，远距离、大容量输送电力逐步增加。

（2）性能可靠、结构紧凑。电力建设的发展，对电力供应可靠性的要求越来越高，同时要求产品结构紧凑，占地面积小。产品设计中改进导电系统，采用新材料、新设计，还采用多接触点触头，以节省用铜，减轻质量，提高导电容量及开关的安全性。

（3）超高压隔离开关向结构组合化、系列化，使部件少、通用性强，以有限的标准基础件组成许多不同规格产品方向发展，既符合用户需要又利于大规模生产。

（4）研究隔离开关的特殊性能要求和特殊使用环境。如：铁道电气用、防污秽、高原型、耐地震、分合小电流等。

【思考与练习】

1. 隔离开关的用途是什么？

2. 在运行中，利用隔离开关可以进行哪些操作？

3. 某隔离开关的型号是 GW16-252D/3150，试说明各字母及数字所代表的含义是什么？

4. 对隔离开关的基本要求是什么？

第四部分

变电设备的状态检修

第十六章　变电设备状态检修的基本知识

模块1　变电设备的状态检修概述（ZY1400401001）

【模块描述】本模块介绍几类检修方式的定义及发展过程，各类检修方式的优缺点及开展状态检修的难点分析。通过定义讲解、要点归纳，熟悉状态检修与其他检修模式的区别，了解开展状态检修需深入研究和解决的问题。

【正文】

一、主要检修方式的定义

电力系统中，对设备的检修是保证电力设备安全、健康运行的必要手段。它关系着设备的利用率、事故率、使用寿命以及人力、物力、财力的消耗等，对电力企业的整体效益的好坏起着举足轻重的作用。而在电力设备检修历史的发展过程中，主要采取的检修方式有以下几种。

1. 事后检修

事后检修也称故障检修，是最早的检修方式。这种检修方式以设备出现功能性故障为判据，在设备发生故障且无法继续运转时才进行维修。显然，这种应急维修需要付出很大的代价和维修费，不但严重威胁着设备或人身安全，而且维修不足。

2. 预防性检修

预防性检修经过多年发展，根据检修技术条件、目标的不同而出现以下几种检修方式。

（1）定期检修。定期检修在保证设备正常工作中确实起到了直接防止或延迟故障的作用，但这种不根据设备的实际状况，单纯按规定的时间间隔对设备进行相当程度解体的维修方法，不可避免地会产生"过剩维修"，不但造成设备有效利用时间的损失和人力、物力、财力的浪费，甚至会引发维修故障。

（2）以可靠性为中心的检修。该检修方式能比较合理地安排大修间隔，有效预防严重故障的发生，以最低的费用来实现机械设备固有可靠性水平。

（3）状态检修。状态检修也称预知性维修，这种维修方式以设备当前的实际工作状况为依据，通过高科技状态检测手段，识别故障的早期征兆，对故障部位、故障严重程度及发展趋势作出判断，从而确定各机件的最佳维修时机。状态检修是当前耗费最低、技术最先进的维修制度。它为设备安全、稳定、长周期、全性能优质运行提供了可靠的技术和管理保障。

二、检修方式发展的主要阶段

纵观变电设备检修策略发展的历史，检修体制的演变主要经历了三个阶段。

1. 事后检修阶段

20世纪50年代以前，检修方式基本上是事后的，即故障检修方式，在设备发生了事故后才进行检修。因为那时候大部分设备都比较简单，设计裕度也比较大，设备比较可靠而且容易修复，且停机时间对经营活动影响不大，所以只进行简单的日常维护和检修，并没有开展系统的维修。

2. 定期检修阶段

20世纪60～70年代，由于设备的生产效率越来越高，突发故障造成的损失也越来越大，因此，如何避免和减少损失就成为十分突出的问题，于是逐步形成了预防性维修系统。在苏联主要发展了定期计划检修，截至目前，这种检修方式仍在我国电力系统中推广应用。

3. 状态检修阶段

20世纪80年代以来，随着电网的飞速发展，新的设备监测技术得到广泛的应用，人们对故障模式及其影响进行了较深入的分析，企业对设备的可靠性，对检修成本效益比的要求也越来越高，随之产生了尽量掌握设备的状态，在设备发生实质性的故障之前及时进行检修的新方式，这就是状态检修。在这时期，计算机开始广泛应用于设备状态的监控和管理，并随着信息处理技术的发展，出现了各种诊断系统，而且其发展趋势是将几个不同的监测技术的诊断综合到一个系统中，对设备的状态进行综合的分析和判断，同时把诊断和检修管理结合起来，对检修工作进行成本效益分析，在此基础上安排合理的检修方式和检修时机。

三、传统检修方式和状态检修方式的优缺点分析及检修策略的选择

1. 传统检修体制及检修方式的局限性和缺点

（1）事后检修模式存在的弊端。这种在故障发生后才进行修换或管理工作的检修方式存在的弊端如下：

1）事后检修是一种被动工作模式，有很大的不可预见性，会使电力企业干部职工经常处于高度紧张状态。任何一起供电事故的发生都会给正常生产、生活带来不便，甚至造成较大经济损失和不利的社会影响。

2）为了使事故在尽量短的时间内处理完，就必须预先准备较多的原材料和零配件，这必然会造成库存增加和资金利用率下降，从而增加检修费用。

3）事后检修时间紧、任务重。抢修人员为了赶时间，经常会简化操作程序，难免会忙中出错。多年来事后检修中发生的人身伤亡事故和其他各类事故是屡见不鲜的。

4）为了赶时间、抢任务，事后检修常常是头痛医头、脚痛医脚，没有更多的时间分析原因、查找根源，常顾此失彼，不仅造成材料的浪费，而且加大了劳动强度。

（2）定期检修模式存在的弊端。这种以时间为依据，预先设定检修工作内容与周期的计划检修模式存在的弊端如下：

1）经济在发展，设备在剧增，使定期检修必须有大量的人力、物力投入，而某种程度上的盲目性，使定期检修性价比不可能太高。从而相对降低了劳动生产率，不适应以经济效益为中心的现代企业运营方式。

2）计划检修必然导致部分运行状态较好的设备周期性停运，使尚不完善的电网承受更大的压力，部分直供线路的停电导致对用户中断频次的增加和电网可靠性的降低。

3）过度检修造成设备的频繁拆卸，增加了在检修过程中产生了新的设备隐患。

4）频繁的停送电操作，客观上增加了操作的概率，不良现场检修条件和落后的检修工艺导致设备损坏的概率加大。

5）大量设备的定期检修，已不可能使每项作业安排在合适的自然环境期间内，而不良环境对设备的影响，使检修质量下降。

6）计划检修导致一定时间内检修工作量骤增，按照设备检修工艺导则去落实每项要求，将使设备所需停电时间远远大于电网调度所能安排的停电时间，此矛盾造成很多检修内容难以落实，影响检修质量。

2. 状态检修的可行性和优越性

（1）电气设备状态检修的可行性。

1）多年来，国产电气设备积累了大量的运行经验，其运行和维护技术日臻完善，这为实施状态检修工作奠定技术基础。同时，国产设备的质量有了很大提高，为状态检修提供一定的物质基础。

2）新型设备投入运行及新技术的应用监测手段的不断提高，使设备的安全运行有了很好的基础。如红外线成像技术在电力生产中的应用，大型变压器油色谱分析在线系统的研制成功，变压器绕组变形探测技术的发展，电容型带电设备集中在线测试技术的投入使用等，使在运行电压下正确诊断设备状态有了可能。

3）随着传感技术、微电子、计算机软硬件和数字信号处理技术、人工神经网络、专家系统、模糊集理论等综合智能系统在状态监测及故障诊断中应用，使基于设备状态监测和先进诊断技术的状态检

修研究得到发展成为电力系统中的一个重要研究领域。

（2）状态检修的优越性。

1）状态检修之前的准备工作——状态管理，不仅减轻了原手工作业的劳动强度，提高了工作效率，更重要的是，能够充分利用已有的状态信息，通过多方位、多角度的分析，最大限度地把握设备的状态，依此制定合理的检修维护策略，为提高设备运行可靠性提供了保障。

2）状态检修可以使检修人员现场定期试验和测量工作量减轻到最小，显然这是一种降低成本的好方法。特别是在对设备的寿命进行正确估计后，提高了设备的最大可用性，可以更有效地储存和安排设备备件，这样可节省大量的备品经费。

3）在实现设备的状态检修后，可以通过适当的维修来避免重要设备故障，同时又避免了不必要的维修作业，降低了由于不必要定期检修引起故障的可能性。

4）通过设备的状态分析，可以发现问题于萌芽状态，限制问题向严重化的方向发展。对于预防类似事故、改进产品质量、提高设备监督管理水平具有重要的指导意义。

5）实现状态检修后，把临时性停电降低到最少，可增加售电收入，提高供电可靠性和用户满意度。

3. 电气设备检修策略的选择

改进现行的检修方式或选择合适的检修策略，不必受哪一种特定的维修体系的约束，不要简单地用某一种方式来完全取代现行的方式，而应分析各种维修方式的具体内容，结合自身的特点和需要，使综合效果最好。

对设备实施状态检修，其对象并不是所有设备，对于那些可以确定寿命周期，或能找出某种类型的故障发生的概率会显著增加的时间点，也就是故障的发生与设备运行时间有比较确定关系的情况下，可以采取定期检修。

对于随机故障，同时设备的状态又是可以监测得到的情况，可以采用状态检修。在实施状态检修中，监测的频度不仅要考虑能发现潜在故障到发生功能性故障的时间间隔，还应考虑故障后果的严重性，如果故障会对安全运行产生严重影响，应考虑加大监测频度。

对于故障既不和时间有比较确定的关系，又不容易用常规手段监测的情况，那只能进行周期性的检查工作。对于比较重要的设备的频发性或后果严重的故障，应采用主动检修的方式，进行重新设计或改造。

如果设备不重要或价值低以至于故障的后果不严重，那就干脆用坏为止，采用故障检修的方式。

对于重要的设备，可同时采用定期检修和状态检修相结合的方式，根据状态监测的结果对故障机理的不断深入了解，调整定期检修的间隔。

总之，合理的检修策略应融故障检修、定期检修、状态检修和主动检修为一体，将各检修方式优化组合，在保证合理的安全可靠性的前提下，降低检修成本。也就是说，推行状态检修，不能局限于状态检修本身，而应有全面的优化检修的思想。

四、开展状态检修的难点分析

1. 开展状态检修的观念更新问题

开展设备的状态检修是一项艰巨而又复杂的系统工程，既要改变传统的思维方式，又要用变化的观念去解决管理和技术的问题。应该认识到在实施状态检修的过程中，不可能找到一种快速的、一次性解决所有问题的方法，这样的系统工程也不可能在短期内迅速完成。对电力设备实施状态检修管理，必须要从系统工程的角度去审视。首先，开展状态检修工作是管理体制的创新，其重点在管理。开展状态检修要建立一套科学、完善、合理的状态检修管理体制，要组织、协调好变电、检修、保自、生技等各专业、各部门、各单位之间的分工、配合、衔接、实施等各项具体工作。因此，在管理上必须有相应的管理制度、实施细则、工作流程、考核办法、责任划分、事故处理等作为开展工作的保障，以使这项工作能顺利地开展。状态检修就要求所有的与生产有关的部门都能有机地联系在一起，各个环节都能各负其责，各尽其能。其次，从技术和设备的角度去考虑实施状态检修，就必须根据设备在系统中的地位和重要程度，确定该设备的优化检修方式，同时又综合考虑经济性、可行性、可靠性、合理性，否则就可能事与愿违。

实施以状态为基础的检修，就是要使检修任务和周期更多地建立在反映设备状态的基础上。

2. 开展状态检修需要考虑设备状态监测、监测技术的先进性和成熟性

开展状态检修，除了对运行中的设备加强常规测试，严格执行 Q/GDW 168—2008《输变电设备状态检修试验规程》中规定的试验项目外，还要配合采用先进的在线监测手段，及时掌握设备的技术状态。目前，绝缘油的色谱分析、用远红外测温、局放测试、容性设备绝缘在线监测等、氧化锌避雷器阻性电流监测等技术已经得到了推广和应用，并在实践中取得了一定的效果。

3. 开展状态检修需要信息系统和决策支持系统

在状态检修必须有一套用于状态检修的管理信息系统和决策支持系统，系统必须是以设备资产为核心，以设备安全可靠运行为主线，涵盖变电运行与检修、试验等专业，涉及变电站运行管理、设备缺陷管理、变电设备检修计划与管理等的计算机综合管理信息系统。系统中不仅包含与生产管理相关的运行、检修、试验及铭牌数据，而且还能利用系统所具有的分析和统计功能，为设备的状态检修提供比较高效的信息。比如断路器的切断短路电流的次数、变压器经受短路冲击的次数、设备检修的时间、历史上设备试验结果的发展趋势等。系统最好能根据在线和离线监测诊断数据、设备寿命预测数据、可靠性评价数据、设计参数、检修历史数据、同类设备统计数据等进行综合分析，并利用状态评价准则体系对设备状态变化趋势进行预测，运用决策模型给出检修什么和何时检修的建议，并制定检修计划。

4. 开展状态检修必须提高人员素质

事实证明，实施状态检修成败的关键之一是人员问题。开展状态检修时对于状态分析、故障诊断技术的立足点应首先是高素质的技术人员。变电设备检修及故障诊断是一项跨多个专业的技术，缺少理论基础和丰富经验的积累，都无法很好胜任这项工作。检修人员除了要了解掌握设备的运行方式、运行特点及工况变化对设备产生的影响外，还要掌握设备原理、结构、零件、材料、装配方法和离线监测、状态监测和故障分析手段，还要掌握设备的维修规律，综合评价设备的健康状况，直接参与检修决策和检修工作，优化检修计划内容、检修程序和工艺等。

【思考与练习】

1. 什么是定期检修？
2. 什么是状态检修？
3. 状态检修的优越性是什么？
4. 现阶段开展状态检修的难点有哪些？

模块 2　决策支持系统（DSS）（ZY1400401002）

【模块描述】本模块介绍变电设备状态检修决策支持系统的基本概念和系统总体结构。通过要点归纳、图表举例，了解状态检修决策支持系统的总体结构及有关业务流程要求。

【正文】

一、决策支持系统的基本知识

1. 决策支持的概念

决策支持系统（Decision Support System，DSS）是辅助决策者通过数据、模型和知识，以人机交互方式进行半结构化或非结构化决策的计算机应用系统。它是管理信息系统（MIS）向更高一级发展而产生的先进信息管理系统。它为决策者提供分析问题、建立模型、模拟决策过程和方案的环境，调用各种信息资源和分析工具，帮助决策者提高决策水平和质量。

2. 决策支持系统的组成

决策支持系统基本结构主要由四个部分组成，即数据部分、模型部分、推理部分和人机交互部分。

（1）数据部分是一个数据库系统。

（2）模型部分包括模型库（Model Base，MB）及其管理系统（Model Base Management System，MBMS）。

（3）推理部分由知识库（Knowledge Base，KB）、知识库管理系统（Knowledge Base Management System，KBMS）和推理机组成。

（4）人机交互部分是决策支持系统的人机交互界面，用以接收和检验用户请求，调用系统内部功能软件为决策服务，使模型运行、数据调用和知识推理达到有机地统一，有效地解决决策问题。

3. 智能决策支持系统

20 世纪 80 年代末 90 年代初，决策支持系统开始与专家系统（Expert System，ES）相结合，形成智能决策支持系统（Intelligent Decision Support System，IDSS）。智能决策支持系统充分发挥了专家系统以知识推理形式解决定性分析问题的特点，又发挥了决策支持系统以模型计算为核心的解决定量分析问题的特点，充分做到了定性分析和定量分析的有机结合，使得解决问题的能力和范围得到了一个大的发展。智能决策支持系统是决策支持系统发展的一个新阶段。

二、状态检修决策支持系统的总体结构及有关业务流程模块

本模块根据国家电网公司《输变电设备状态检修辅助决策系统建设技术原则（试行）》进行介绍。

1. 输变电设备状态检修辅助决策系统的开发原则

状态检修辅助决策系统的开发原则是具有安全性、适应性、开放性、灵活性和可分布性。

（1）安全性。安全性是指系统建设应满足国家电网公司信息安全管理要求，从网络通信、病毒防护、数据存储、角色认证以及评价管理与发布等方面充分考虑系统设计的安全性，并可靠安全地与外部系统互联。

（2）适应性。适应性是指系统建设应能满足国家电网公司系统各单位现有不同管理模式和业务流程要求，具有良好的用户适应能力，并能满足设备管理新技术、新方法和新策略变化发展的要求。

（3）开放性。开放性是指系统作为安全生产管理系统的高级应用，在平台建设中应充分考虑与外界信息系统交换的需求分析，保证既能满足基本功能的需要，又具有与外界系统进行信息交换与处理的能力，可通过二次开发或配置从外部系统获取数据，其分析过程和结果可方便地被其他外部系统调用。

（4）灵活性。灵活性是指系统应遵循组件化设计原则，满足总体布局，分步实施的要求，可通过组件和系统参数的灵活配置满足不同业务层面的功能需求。

（5）可分布性。可分布性是指系统软件应采用分布式数据库和应用服务平台，既可以满足分析中心集中管理模式，也可以根据不同重要等级和管辖范围实施分层分布式管理。

2. 状态检修辅助决策系统的建设框架

状态检修辅助决策系统业务功能框架如图 ZY1400401002-1 所示，国家电网公司输变电设备状态检修分析的业务功能划分为数据获取、数据处理、监测预警、状态评价、状态诊断、预测评估、风险评价和决策建议八个逻辑层。在具体的业务实施过程中，部分功能模块层可作适当调整或分步实施，满足不同用户的实际需求。

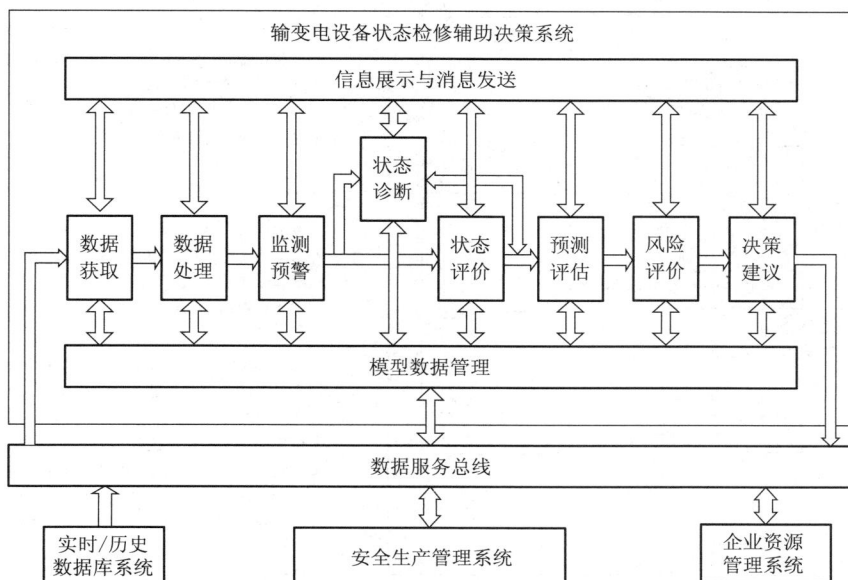

图 ZY1400401002-1 状态检修辅助决策系统业务功能框架

3. 状态检修辅助决策系统业务流程说明

设备状态检修辅助决策系统的数据获取、分析、处理和决策管理的业务流程如图 ZY1400401002-2 所示。

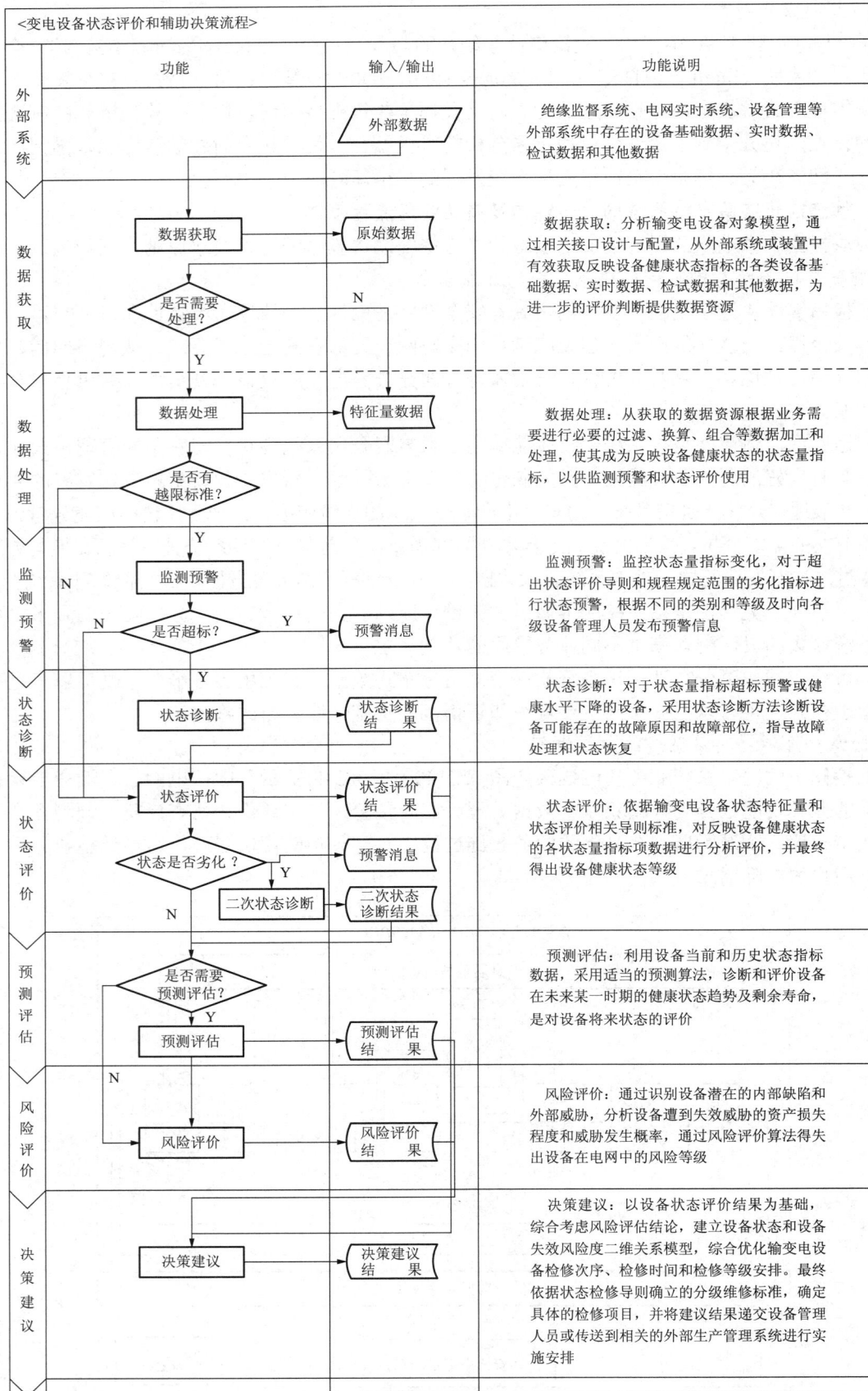

<变电设备状态评价和辅助决策流程>

	功能	输入/输出	功能说明
外部系统		外部数据	绝缘监督系统、电网实时系统、设备管理等外部系统中存在的设备基础数据、实时数据、检试数据和其他数据
数据获取	数据获取　是否需要处理?	原始数据	数据获取：分析输变电设备对象模型，通过相关接口设计与配置，从外部系统或装置中有效获取反映设备健康状态指标的各类设备基础数据、实时数据、检试数据和其他数据，为进一步的评价判断提供数据资源
数据处理	数据处理　是否有越限标准?	特征量数据	数据处理：从获取的数据资源根据业务需要进行必要的过滤、换算、组合等数据加工和处理，使其成为反映设备健康状态的状态量指标，以供监测预警和状态评价使用
监测预警	监测预警　是否超标?	预警消息	监测预警：监控状态量指标变化，对于超出状态评价导则和规程规定范围的劣化指标进行状态预警，根据不同的类别和等级及时向各级设备管理人员发布预警信息
状态诊断	状态诊断	状态诊断结果	状态诊断：对于状态量指标超标预警或健康水平下降的设备，采用状态诊断方法诊断设备可能存在的故障原因和故障部位，指导故障处理和状态恢复
状态评价	状态评价　状态是否劣化?　二次状态诊断	状态评价结果　预警消息　二次状态诊断结果	状态评价：依据输变电设备状态特征量和状态评价相关导则标准，对反映设备健康状态的各状态量指标项数据进行分析评价，并最终得出设备健康状态等级
预测评估	是否需要预测评估?　预测评估	预测评估结果	预测评估：利用设备当前和历史状态指标数据，采用适当的预测算法，诊断和评价设备在未来某一时期的健康状态趋势及剩余寿命，是对设备将来状态的评价
风险评价	风险评价	风险评价结果	风险评价：通过识别设备潜在的内部缺陷和外部威胁，分析设备遭到失效威胁的资产损失程度和威胁发生概率，通过风险评价算法得出设备在电网中的风险等级
决策建议	决策建议	决策建议结果	决策建议：以设备状态评价结果为基础，综合考虑风险评估结论，建立设备状态和设备失效风险度二维关系模型，综合优化输变电设备检修次序、检修时间和检修等级安排。最终依据状态检修导则确立的分级维修标准，确定具体的检修项目，并将建议结果递交设备管理人员或传送到相关的外部生产管理系统进行实施安排

图 ZY1400401002-2　设备状态检修辅助决策系统业务流程

4．状态检修辅助决策系统主要业务功能描述

（1）数据获取。数据获取模块为输变电设备状态检修分析系统的输入和外部接口模块，依据国家电网公司相关设备评价导则的要求，建立输变电设备对象模型，主要任务是从外部系统或装置中有效获取反映设备健康状态指标的各类设备基础数据、实时数据、检试数据和其他数据，为数据处理与判断提供完整的信息资源。数据获取模块功能如图 ZY1400401002-3 所示。

（2）数据处理。数据处理是对数据获取层获得的分析对象原始数据，根据评价业务需要进行必要的过滤、换算、组合等数据加工和处理过程，使其成为反映设备健康状态的状态量数据，以供监测预警和状态评价使用。数据处理模块功能如图 ZY1400401002-4 所示。

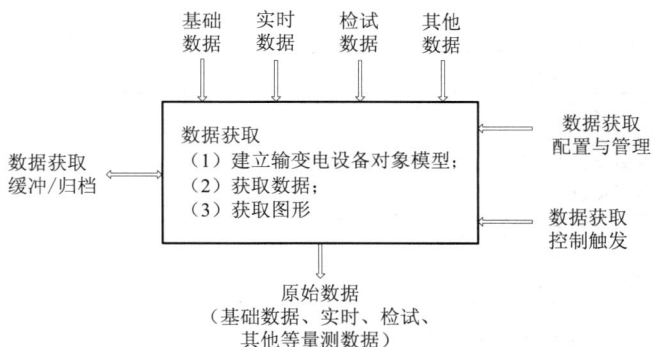

图 ZY1400401002-3　数据获取模块功能简图

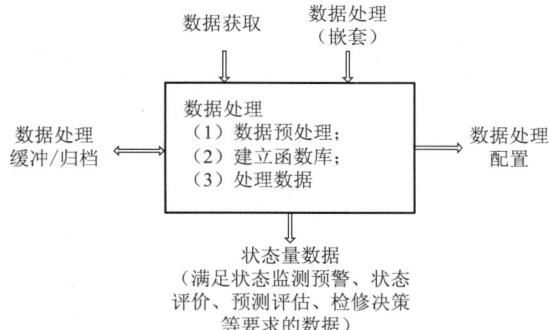

图 ZY1400401002-4　数据处理模块功能简图

对于数据获取层获取的包含完整信息的对象数据包，应根据业务需求进行必要的数据处理，使其成为可使用的状态量。主要表现在：

1）过滤。对于在线监测数据，在其连续采集的过程中由于电磁干扰或装置特性变化，会产生一些噪点，有必要采取合理的数字过滤技术加以处理。如处理相对平稳的信息量可采用傅里叶变换方法，对处理突变量信息可采用小波变换等方法。

2）换算。对某些采集量应经过换算方可使用，如主变压器本体介损需要把实际油温下的介损值换算成 20℃ 的介损值方可使用。

3）组合。对于某些测量数据需经过组合方可使用，如主变压器绕组直流电阻，其直阻偏差状态量需要组合分析计算三相直阻偏差后方可进行判断。再如绕组绝缘电阻状态量涉及吸收比（极化指数）与绝缘电阻两个采集量，同时需要组合考虑。

由于数据处理算法的不确定性，有必要建立一套完整的函数库，并可不断扩充。既可以满足算法的重用（如通用的函数运算），又可以满足新技术新方法的应用。

（3）监测预警。监测预警模块实时监控状态量指标变化，对于超出国家电网公司相关设备评价导则和规程规定阈值范围的劣化指标，根据不同的类别和等级及时向各级设备管理人员发布预警信息，同时启动设备状态诊断模块，辅助分析具体部位和故障原因。监测预警模块功能如图 ZY1400401002-5 所示。

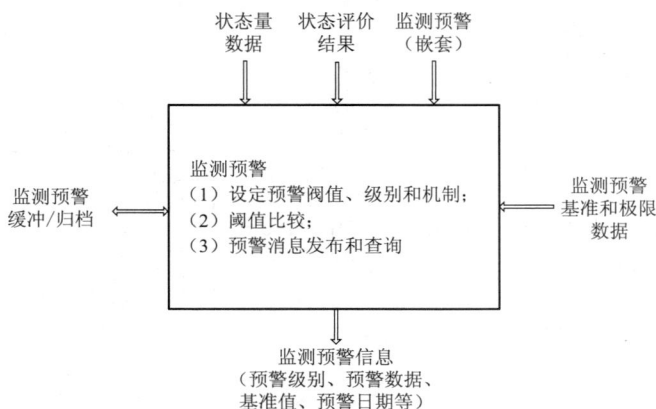

图 ZY1400401002-5　监测预警模块功能简图

监测预警应根据状态量劣化的严重程度可设置不同的等级，其分级见表 ZY1400401002-1。

表 ZY1400401002-1 监测预警级别和判断标准

预警级别	色 标	监测量测/状态量数据
一级	红色	（1）设备周期超过规定周期 6 个月。 （2）设备状态重大异常。 （3）设备有紧急缺陷。 （4）500kV 电压等级设备运行巡视数据超过基准值。 （5）500kV 及以上电压等级设备检试数据不合格
二级	橙色	（1）设备周期超过规定周期 3 个月。 （2）设备状态异常。 （3）设备有重大缺陷。 （4）220kV 电压等级设备运行巡视数据超过基准值。 （5）220kV 电压等级设备检试数据不合格
三级	黄色	（1）设备周期超过规定周期，但未超过 3 个月。 （2）设备状态注意。 （3）设备在线监测数据超过基准值 3 倍。 （4）110kV 电压等级设备运行巡视数据超过基准值。 （5）110kV 电压等级设备检试数据不合格
四级	蓝色	（1）设备周期在规定周期时间 3 个月内。 （2）设备有一般性质的缺陷。 （3）设备在线监测数据超过基准值。 （4）35kV 及以下电压等级设备运行巡视数据超过基准值。 （5）35kV 及以下电压等级设备检试数据不合格。 （6）设备超负荷运行
正常	绿色	（1）设备周期未超期（离周期时间 3 个月外）。 （2）设备状态正常或良好。 （3）设备无缺陷。 （4）设备在线监测数据不超基准值。 （5）设备运行巡视数据不超基准值。 （6）设备检试数据合格。 （7）设备不超负荷运行

其中一级预警实时触发，其他级别预警可以日报、周报、月报的形式汇总，根据设备对象不同及重要程度，配置不同的设备相关责任人，可通过办公自动化、短信平台发布。

（4）状态评价。状态评价依据国家电网公司各种设备评价导则进行。经数据获取和数据处理后进入状态评价，业务功能如图 ZY1400401002-6 所示。

（5）状态诊断。状态诊断模块是对监测预警模块发出预警信息或状态评价结果表明健康状态明显下降（可靠性下降状态、缺陷状态、危急状态）的设备，采用状态诊断方法诊断设备可能存在的故障原因和故障部位。

（6）预测评估。预测评估模块利用设备当前和历史状态指标数据，采用适当的预测算法，诊断和评价设备的今后某一时期健康状态发展趋势，并得出将来状态的评价结果。

（7）风险评价。依据国家电网公司《输变电设备风险评估导则（试行）》进行风险评价，风险评价模块功能简图如图 ZY1400401002-7 所示。

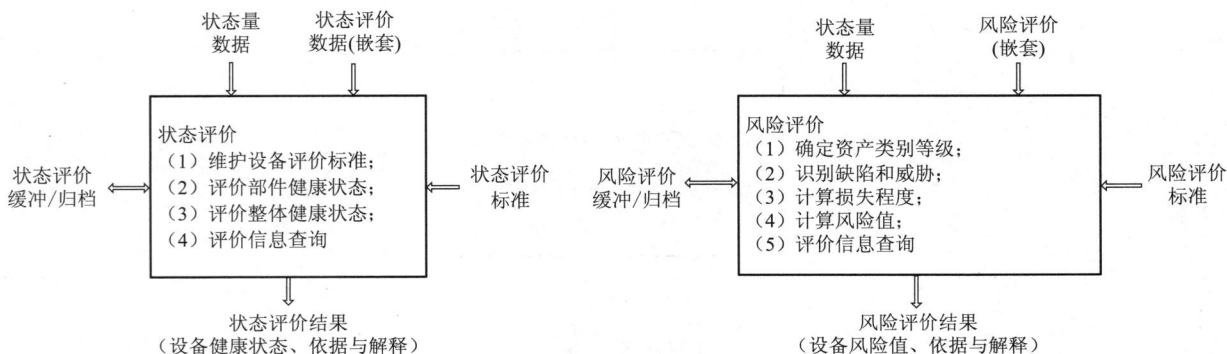

图 ZY1400401002-6 状态评价模块功能简图   图 ZY1400401002-7 风险评价模块功能简图

国家电网公司《输变电设备风险评估导则（试行）》中以风险值为指标，综合考虑资产、资产损失程度及设备发生故障的概率三者的作用，风险值按下式计算

$$R(t) = A(t) \times F(t) \times P(t) \qquad \text{（ZY1400401002-1）}$$

式中　t——某个时刻（Time）；

　　　A——资产（Assets）；

　　　F——资产损失程度（Failure）；

　　　P——设备平均故障率（Probability）；

　　　R——设备风险值（Risk）。

（8）决策建议。决策建议模块以设备状态评价结果为基础，综合考虑风险评估结论，建立设备状态和设备失效风险度二维关系模型，综合优化设备检修次序、检修时间和检修等级安排。并依据国家电网公司各种设备状态检修导则确立的分级维修标准，确定具体的检修项目和检修时间，最终将建议结果递交设备管理人员或传送到相关的外部生产管理系统进行实施安排。决策建议模块功能如图ZY1400401002-8所示。

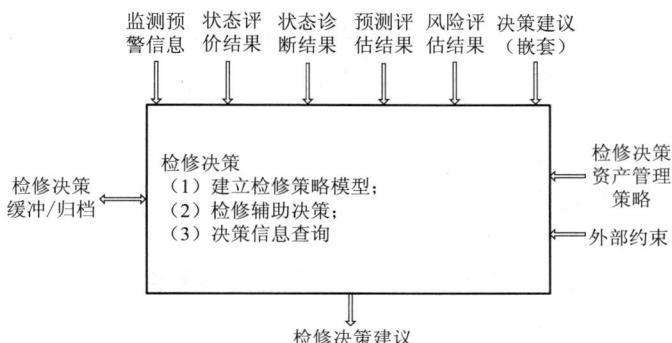

图 ZY1400401002-8　决策建议模块功能简图

可参考的设备状态和设备失效风险度二维（R–H）关系模型如图 ZY1400401002-9 所示。R 轴为设备风险等级值，数据来源风险评价结果，R 值越大说明越重要；H 轴为设备健康状态等级值，数据来源于状态评价结果，H 值越大设备状态越差；O 轴为过原点的参考轴，O 轴与 R 轴间的夹角为 φ。定义 P 为由设备风险值 R 和设备健康状态值 H 在 R–H 图上对应的点到 O 轴的归一化距离（折算到 100 内），表示设备需要进行维修的紧迫程度，P 值越大，设备越需要优先安排检修。φ 为权重因子，改变

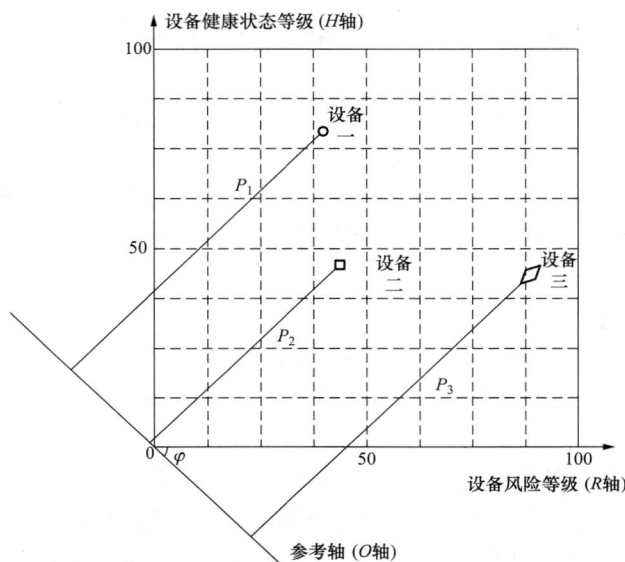

图 ZY1400401002-9　R–H 关系模型

夹角 φ，可以改变设备的重要性 R 和设备的健康状态 H 对确定维修策略的影响权重。夹角 φ 增大，设备的重要性 R 对维修策略的影响增大，同时设备的健康状态 H 对维修策略的影响减小；相反，夹角 φ 减小，设备的重要性 R 对维修策略的影响减小，同时设备的健康状态 H 对维修策略的影响增大。

决策系统的应用，给电力系统开展状态检修工作带来的效益决不仅仅是体现在经济上，更重要的是提高状态检修的决策能力，改善决策效果，提高管理决策水平。

【思考与练习】

1. 什么是决策支持系统？决策支持系统由哪些部分组成？
2. 决策支持系统的开发原则是什么？
3. 画出状态检修辅助决策系统业务功能框架图。
4. 状态检修辅助决策系统应包含哪些必备的功能模块，其作用是什么？

模块 3　状态检修的基本思路和方法（ZY1400401003）

【模块描述】本模块介绍开展状态检修的指导思想和基本原则、状态检修的基本流程和工作体系等。通过定义讲解、要点归纳，掌握状态检修的基本流程；熟悉状态检修的工作体系、各级职责及开展状态检修工作必须注意的环节。

【正文】

一、开展状态检修的指导思想和基本原则

1. 开展状态检修的指导思想

开展状态检修的指导思想是在充分保证电网安全运行和可靠供电的条件下，以制度建设为基础，以安全水平提升为目标，以设备状态评价为核心，以加强基础管理为手段，规范设备管理流程，落实安全责任，强化设备运行监视和状态分析，提高设备检修、维护工作的针对性和有效性，推进状态检修工作规范、有序开展。

2. 开展状态检修的基本原则

（1）开展状态检修工作必须在保证安全的前提下，综合考虑设备状态、运行可靠性、环境影响以及成本等因素。

（2）实施状态检修必须建立相应的管理体系、技术体系和执行体系，明确状态检修工作对设备状态评价、风险评估、检修决策制定、检修工艺控制、检修绩效评估等环节的基本要求，保证设备运行安全和检修质量。

（3）开展状态检修应依据国家、行业相关设备技术标准，制定适应输变电设备状态检修工作的相关技术标准和导则。

（4）开展状态检修工作应遵循试点先行、循序渐进、持续完善的原则，制定工作长远目标和总体规划，分步实施。

（5）状态检修应体现设备全寿命成本管理思想，依据《国家电网公司资产全寿命管理指导性意见》，对设备的选型、安装、运行、退役四个阶段进行综合优化成本管理，并指导设备检修策略的制定。

二、状态检修的基本流程

状态检修的基本流程包括设备信息收集、设备状态评价、设备风险评估、检修策略制定、年度检修计划制定、检修实施及绩效评估七个部分，如图 ZY1400401003-1 所示。

1. 信息收集

设备信息收集是开展状态检修的基础，要在设备制造、投运、运行、维护、检修、试验等全过程中，通过对投运前基础信息、运行信息、试验检测数据、历次检修报告和记录、同类型设备的参考信息等特征参量进行收集、汇总，为设备状态的评价奠定基础。设备信息收集应包括投运前信息、运行中信息和同类型设备参考信息等。

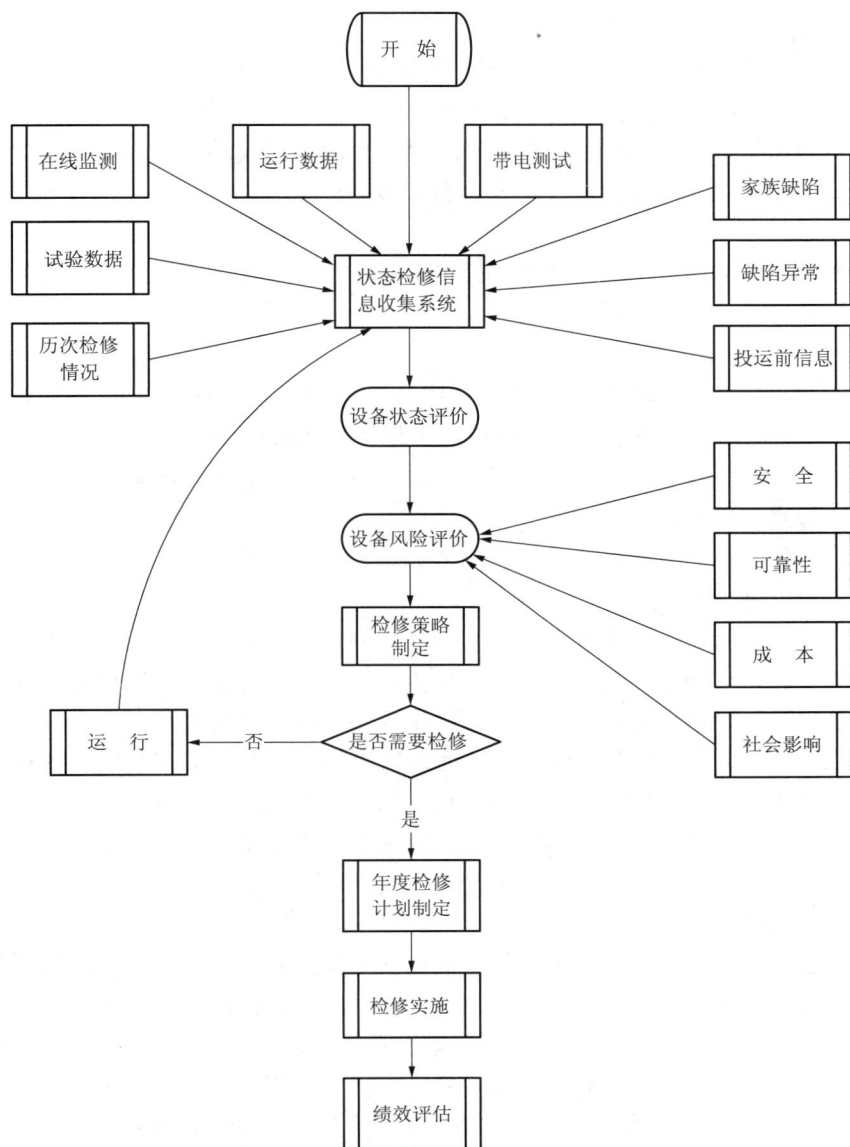

图 ZY1400401003-1　状态检修工作流程图

2. 设备状态评价

设备状态评价是开展状态检修工作的关键，设备状态评价必须通过对设备离线、在线测试数据和运行、检修等基础资料进行持续、规范的特征参量收集、跟踪管理并综合分析、判断，才能够准确掌握设备运行状态、健康水平和发展趋势。设备状态评价应实行动态管理，每年至少一次，设备状态评价必须通过，为开展状态检修下一阶段工作创造条件。

3. 设备风险评估

设备风险评估是开展状态检修工作的重要环节，其目的就是要按照国家电网公司《输变电设备风险评估导则（试行）》的要求，利用设备状态评价结果，综合考虑安全、环境和效益等三个方面的风险，确定设备运行存在的风险程度，为检修策略和应急预案的制定提供依据。设备风险评估每年至少一次。

4. 检修策略制定

以设备状态评价结果为基础，参考风险评估结果，在充分考虑电网发展、技术进步等情况下，对设备检修的必要性和紧迫性进行排序，并依据国家电网公司相关输变电设备状态检修导则等技术标准确定检修方式、内容，并制定具体检修方案。

5. 年度检修计划制定

年度检修计划主要依据设备检修策略制定，主要分为以下两个部分：

（1）覆盖整个设备寿命周期内的长期检修、维护计划，用于指导设备全寿命周期内的检修、维护工作。

（2）与国家电网公司资金计划相对应的年度检修计划和多年滚动计划、规划，用于指导年度检修工作的开展，以及未来一定时期内检修工作安排和资金需求。

6. 检修实施

设备检修的实施应依据国家电网公司相关输变电设备状态检修导则等技术标准和年度检修计划并按照各单位相关设备标准化作业指导书进行。

7. 绩效评估

绩效评估是在状态检修工作开展过程中，依据国家电网公司《输变电设备状态检修绩效评估标准》，对工作体系的有效性、检修策略的适应性、工作目标实现程度、工作绩效等进行评估，确定状态检修工作取得的成效，查找工作中存在的问题，提出持续改进的措施和建议。

三、开展状态检修工作的体系

开展状态检修工作的体系包括管理体系、技术体系和执行体系三个部分。

1. 开展状态检修的管理体系

管理体系是为了保证状态检修顺利开展所必须建立的管理规定和管理标准，主要对各级状态检修工作组织机构的成立、职责分工，工作范围、工作内容、程序、方法、检查和考核等进行规范。主要依据包括《国家电网公司设备状态检修管理规定（试行）》、国家电网公司《输变电设备状态检修绩效评估标准》、《国家电网公司资产全寿命管理指导性意见》、国家电网公司《变电设备在线监测系统管理规范》等以及各单位依据以上文件制定的本单位相关的管理规定、文件等。

（1）《国家电网公司设备状态检修管理规定（试行）》提出了状态检修的基本概念，规定了开展状态检修组织管理、职责分工、管理内容、保障措施、技术培训、检查与考核等方面的工作要求，是状态检修工作的纲领性管理文件。

（2）国家电网公司《输变电设备状态检修绩效评估标准》建立了状态检修绩效评估的指标体系，规定了状态检修绩效评估的实施范围、评估机构、评估方法、评估流程和评估内容，提出了评估报告的规范格式要求。绩效评估是企业实施状态检修策略后，从安全、环境、效益等方面对取得的成绩与效果进行评估，检查状态检修工作开展的实效，并从中找出偏差和问题，以达到持续改进的目的。

（3）《国家电网公司资产全寿命管理指导性意见》对开展资产全寿命管理工作，建立规范的、符合实际的资产全寿命管理体系提出了指导性意见，明确了规划设计、基建、运行维护和退役处置四个寿命周期阶段，确定了技术、经济、社会三个层面递进评估资产管理策略决策方法，提出了由组织机构、信息、流程和战略四个要素组成的资产全寿命管理基本框架，以及由战略、计划、实施、检查和评价五个要素组成的持续改进资产管理过程。

（4）国家电网公司《变电设备在线监测系统管理规范》规定了输变电设备在线监测系统的全过程管理，包括在线监测系统的管理职责、设备选型和使用、安装和验收、运行、维护、培训和技术文件的管理要求。

2. 开展状态检修的技术体系

技术体系是指支撑状态检修工作的一系列技术标准和导则，是开展状态检修的技术保证。主要包括 Q/GDW 168—2008《输变电设备状态检修试验规程》、国家电网公司《输变电设备风险评估导则（试行）》、国家电网公司《输变电设备状态检修辅助决策系统建设技术原则（试行）》、国家电网公司《变电设备在线监测系统技术导则》以及各类设备状态检修导则、状态评价导则检修工艺和作业指导书等。

（1）Q/GDW 168—2008《输变电设备状态检修试验规程》规定了 110～750kV 变压器、开关、线路等各类高压电气设备巡检、检查和试验的项目、周期和技术要求，以巡检、例行试验、诊断性试验替代了原有定期试验，明确了基于设备状态的试验周期和项目双向调整方法，提出了警示值和不良工况、家族缺陷等新概念以及显著性差异和纵横比分析的新方法。该规程内容涵盖巡检、例行试验、诊断性试验、在线监测、带电检测、家族缺陷、不良工况等状态信息，吸收了最新的现场试验项目和分析方法，充分考虑了各单位设备状态、地域环境、电网结构等特点，是状态检修工作的基础性技术文件。

（2）国家电网公司各种设备评价导则规定了对输变电设备状态进行量化评价的方法，内容主要包括状态参量的选取、权重的定义、评分标准、设备分部件的划分以及根据状态参量评价设备状态的方法等。

（3）国家电网公司相关输变电设备状态检修导则明确了根据设备状态评价确定具体检修等级、内容并制定针对性检修方案的过程和方法。

（4）国家电网公司《输变电设备风险评估导则（试行）》明确了开展风险评估工作的基本方法，包括评价的数学模型及影响风险值的资产、损失程度、设备平均故障率等要素的评价方法，给出了不同风险值设备的处理原则。

（5）国家电网公司《输变电设备状态检修辅助决策系统建设技术原则（试行）》是指导和规范输变电设备状态评价系统建设的主要技术依据，规定了输变电设备状态检修辅助系统应具备的统一业务功能模型、接口规范、系统平台、软件设计等技术要求。

（6）国家电网公司《变电设备在线监测系统技术导则》规定了输变电设备在线监测参数的选取、监测系统的选型、试验和检验、现场交接验收、包装、运输和储存等方面的技术要求，强调监测系统的有效性和实用性。

（7）各类设备检修工艺导则和作业指导书。各类检修工艺导则和作业指导书用以具体指导设备检修工作，确定相应的检修程序和基本工艺标准。

3. 开展状态检修的执行体系

执行体系是包括组织机构在内的状态检修流程中各环节的具体实施，它包括设备信息收集、设备评价和风险分析、制定检修策略并实施、检修后评价和人员培训等。

在执行体系中，把握设备的状态是关键：① 要控制设备的初始状态，要通过对设计、选型、制造、建设、交接等各环节的技术监督，对设备初始状态有清晰、准确的了解和掌握；② 要通过加强运行监视、认真开展设备检测、试验等工作，及时收集、归纳、处理设备运行信息，确切掌握设备运行状态；③ 要采取有针对性的设备维护、检修措施，及时处理设备缺陷和隐患，恢复设备健康水平，保持设备具有良好的运行状态。

执行体系的重点是落实人员责任制，状态检修工作比设备定期检修更依赖人的责任心和主人公意识。在加强对各级设备管理人员进行教育培训的同时，要明确各级人员责任，落实责任制，强化考核力度，坚决杜绝放任自流、主观臆断等现象的发生。

执行体系中另一个重要环节是加强对各级生产人员的培训和检测、试验装备的配备。通过培训，使设备管理人员准确掌握设备的原理、性能、重要指标等参数，提高设备管理人员对设备状态进行有效监视和分析的综合技能。

四、开展状态检修工作的组织层次划分及其职责

各单位开展状态检修工作应先建立相应的组织机构，并在国家电网公司统一管理规定、技术标准指导下制定本单位实施细则，各级生产管理部门是状态检修工作归口管理部门。各单位应成立以单位主管领导牵头的组织领导机构，全面负责状态检修的组织、实施、检查、考核等工作，开展状态检修管理层次应分为以下三层。

1. 决策层

决策层一般由局（公司）级领导（生产局长总工）、技术专家（副总工）及有关部门负责人组成。其职责主要有：确定本单位开展状态检修的具体目标；审批本单位设备状态检修工作计划、实施方案以及有关的规章、规程、制度、工作流程、作业手册或作业指导书等；建立本单位设备状态检修组织机构，配备专业层称职人员并明确职责；协调解决状态检修工作中的问题；审批专业层提出的状态检修有关报告及方案；审批（或审查）重要设备周期调整方案并报上级备案（或审批）；检查设备状态检修工作进度和质量，并进行状态检修工作效果评估；组织领导状态检修的宣传和培训以及技术交流。

2. 专业层

专业层一般由生技部、农电部、基建部、安监部的专业技术管理人员组成。其主要职责有：起草本企业设备状态检修工作计划和实施方案；制定实施设备状态检修相关的规章制度和工作流程、作业手册或作业指导书等；编制设备状态检修工作方案、状态检测方案；审查设备状态评估报告及依据状态提出的检修建议及方案；评估状态检修效果，不断改进和完善状态检修方法；负责状态检修工作总结；组织状态检修技能培训和经验交流。

3. 执行层

执行层具体负责设备管理（含全过程管理）的基层单位，一般由修试安装单位、运行单位、设计单位等组成。主要职责有：按规定完成设备的巡视、检查、检测、状态信息的采集、设备状态及其趋势综合分析等工作；一般由修试单位负责起草设备状态检修工作方案、状态检测方案，待批准后组织实施，负责整理分析设备状态信息，提供设备状态一览情况表、重点设备的状态评估报告、根据设备状态提出的检修建议及其检修方案，具体实施设备的检修及其管理工作；运行单位主要负责设备的运行维护、档案资料管理、缺陷管理、运行信息的收集、分析和整理积累，对运行设备的状态进行综合评价并提出状态检修工作的建议；设计单位负责对设备正确合理的设计选型，禁止选用落后、淘汰、可靠性不高的设备，尤其要注重设备的免维性能和运行后的经济性能。

五、开展状态检修工作必须注意的环节

1. 编制本单位状态检修实施细则及有关标准、导则、规范

国家电网公司颁布的各类关于状态检修的管理规定和技术标准，是各单位开展状态检修工作的指导性文件，各地区可根据当地的实际情况，并结合运行实际，制定实施细则和有关技术标准。

2. 确保设备良好的初始状态

初始状态是指包括设备招标、制造、装配以及交接试验等环节在内的前期管理工作，初始状态"健康"与否，对日后的安全运行状况、检修工作量以及设备运行寿命等产生重要的甚至决定性的影响。因此，必须把好设备选型关、出厂验收关、交接试验关。

3. 制定本地区停电预防性试验的周期和项目

根据运行设备总体水平和特殊性，根据试验项目的有效性、实用性（工作量大小，是否停电）合理制定预防性试验的周期和项目。

4. 以设备状态为主线制定检修计划

状态检修管理应掌握所管辖设备的档案、安装、调试、改造等历史情况，并动态掌握运行现状、缺陷、检修、试验及消缺等情况，并按设备状态评价和检修导则在对设备评价、审视的基础上，评定所管辖每件设备状态属于四类的哪一类。针对设备的具体状态，选择、制定 A、B、C、D 类合理的检修策略。评价设备状态及制定停电工作计划时要充分考虑第一线专业室及检修班组的意见，因为他们直接接触设备，对设备的评价及处理最有发言权。

制定检修计划还要考虑到与周期性的预防性试验停电相结合，避免重复停电。

5. 加强各环节人员的状态检修管理培训和专业技术培训

对收集、管理、处理大量的设备状态信息的有关负责人、专责人员进行必要的管理及考核方面的培训；对第一线的检修人员和运行人员应强调进行设备结构、维护、使用以及缺陷形成规律和消除办法方面的技术培训；对试验人员强调进行设备诊断方面的技术培训。

【思考与练习】

1. 开展状态检修的指导原则是什么？

2. 状态检修的基本流程由哪些主要部分组成？

3. 开展状态检修必须建立和完善的体系有哪些？

4. 开展状态检修工作必须注意的环节是什么？

第十七章 变电设备的状态评估及检修

模块 1 变压器的状态检修（ZY1400402001）

【模块描述】本模块介绍变压器状态检修各个流程的有关内容，在线监测和检测技术在变压器状态检修中的应用。通过定义讲解、要点归纳、图表示例，熟悉变压器的在线监测和检测技术，掌握开展变压器状态检修各个流程的主要工作及变压器实施状态检修应注意的几个问题。

【正文】

一、在线监测和检测技术在变压器状态检修中的应用

变压器状态评估的关键是状态信息的收集，变压器的运行工况状态信息可通过巡视检查和定期试验项目获得。但是，日常巡视和常规测量技术无法满足及时获取变压器状态信息的需要，开展变压器状态检修应积极应用一些先进的在线监测技术，及时掌握和跟踪变压器状态参量的变化。目前，变压器红外测温故障诊断、油中溶解气体、局部放电、铁芯电流、套管介损、器身振动等一些成熟的在线监测技术得到了较为广泛的发展和应用。

1. 变压器红外监测

目前，设备事故在全部事故中占的比率最高，而在众多的停电事故中，因设备局部过热引起的停电检修时有发生。传统监测温度的老办法是"接触式"的，工作量大，浪费时间且不经济，且测温范围狭窄，结果不准确，操作不方便、不安全。基于以上所述，电力设备的温度监测必须改变测温的接触方式，寻找新途径，开展遥感遥测技术，在不接触运行设备的前提下，进行不停电、不停机的测温。目前的非接触红外测温技术，恰好满足了电力系统的要求。

通过对变压器红外测温，可以直观、明了地发现诸如接头发热、本体局部过热、冷却系统堵塞，油枕、套管虚假油位、油路堵塞、套管受潮介损增大等缺陷，对变压器状态评价起着不可估量的作用。

2. 色谱在线监测

在变压器故障诊断中，变压器油色谱分析是最灵敏和有效的方法。变压器油中气体离线色谱分析的基本做法是在现场从变压器中提取试油样，将试油样送到化学分析实验室，由专家进行分析和评价，试验环节较多，操作手续较烦琐，检测周期较长，而且难以即时发现类似匝间绝缘缺陷等突发性故障。因而国内外都致力于在线监测装置的研制，以实现连续检测，及时发现故障。目前国内一些厂家和院校已经研制并开发出在线分离和分别检测变压器油中 H_2、CO、CH_4、C_2H_2、C_2H_4、C_2H_6 六种溶解气体的在线监测装置并在电力系统中得到广泛的应用。

3. 变压器局部放电监测

变压器油纸绝缘中如含有气隙，由于气体介质的介电常数小而击穿场强比油、纸都低，因而在外施交流高压下气隙将是最薄弱环节。但刚放电时，一般放电量较小，如不超过几百皮库；当外施高压下油中也出现局部放电时，放电量可能有几千到几十万皮库。强烈的局部放电（如 106pC 以上），即使时间很短（如几秒钟），就会引起纸层损坏。而持续时间较短强度不大的局部放电，并不会马上损伤纸层；但如果局部放电在工作电压下不断发展，会加速油质老化、气泡扩大、形成高分子量的蜡状物等，更促使局部放电的加剧。

目前，取得较好应用效果的局部放电在线监测方法主要有脉冲电流法、超声法和超高频法等三种方法。

4. 变压器器身振动在线监测

运行中变压器器身的振动是由于变压器本体（铁芯、绕组等的统称）的振动及冷却装置的振动产

生的，国内外的研究表明，变压器本体振动的根源在于：① 硅钢片的磁致伸缩引起的铁芯振动；② 硅钢片接缝处和叠片之间存在着因漏磁而产生的电磁吸引力，从而引起铁芯的振动；③ 当绕组中有负载电流通过时，负载电流产生的漏磁引起绕组的振动。

由于变压器在制造过程中已采取了必要的措施来减小冷却装置的振动，冷却装置的振动引起的变压器器身振动可忽略不计，可以看出变压器器身表面的振动与变压器绕组及铁芯的压紧状况、绕组的位移及变形密切相关。因此，利用振动在线监测电力变压器夹件、绕组、铁芯等松动故障是可能的。

5. 变压器的其他在线监测技术

目前国内变压器开展的在线监测技术还有套管绝缘参数、铁芯对地电流的监测，对于套管绝缘参数的监测，其监测的参数和方法与电容性电流互感器一样，同属于容性设备的绝缘监测内容。对于铁芯电流的监测，方法相对简单，即在铁芯入地回路中安装一穿芯电流互感器即可实现。

二、变压器状态信息的收集与管理

设备信息收集与管理是开展状态检修评估的基础，要在设备制造、投运、运行、维护、检修、试验等全过程中，通过对投运前基础信息、运行信息、试验检测数据、历次检修报告和记录、同类型设备的参考信息等特征参量进行收集、汇总，为设备状态的评价奠定基础。

1. 变压器状态信息的必备的资料

变压器的状态信息源包括设备的静态信息、动态信息和环境信息三大类。静态信息是指运行前的原始资料信息，可作为判断设备状态所提供的原始"指纹"信息，也是状态检修的基础信息；动态信息来源于设备运行和检修等各环节的信息，该信息是判断设备状态和检修决策的直接依据；环境信息是判断设备状态的重要基础参考信息。静态信息与动态信息组合分析，可以描述设备的变化趋势，对状态判断与检修决策具有重要意义。而通过环境信息的收集和积累，逐步找出其影响设备健康状况的内在规律，可以更加科学地指导状态检修的开展。

依据 Q/GDW 169—2008《油浸式变压器（电抗器）状态评价导则》，变压器状态信息的资料主要如下：

（1）原始资料。原始资料包括铭牌参数、型式试验报告、订货技术协议、设备监造报告、出厂试验报告、运输安装记录、交接验收报告等。

（2）运行资料。运行资料包括运行工况记录信息、历年缺陷及异常记录、巡检情况、不停电检测记录等。

（3）检修资料。检修资料包括检修报告、例行试验报告、诊断性试验报告、有关反措执行情况、部件更换情况、检修人员对设备的巡检记录等。

（4）其他资料。其他资料包括同型（同类）设备的运行、修试、缺陷和故障的情况、相关反措执行情况、其他影响变压器安全稳定运行的因素等。

2. 变压器状态信息的管理

设备状态信息的管理应做到准确、完整、及时，由于反映设备状态的信息量庞大并且处在动态的变化、更新过程中，涉及选型、订货、安装、调试、运行、检修、维护的全过程，因此，设备状态信息只有在计算机网络管理下才能充分高效地发挥作用，开展设备状态检修应及时建立相应的计算机管理信息系统，应不断推进设备状态信息与生产管理信息系统（MIS）的关联性，不断提高设备信息的共享程度。只有这样才能大力降低一线检修运行人员收集、整理、分析设备状态信息的工作量和提高工作效率，确保信息收集的及时性、完整性和准确性，为变压器状态评价打下坚实的基础。

三、变压器状态的划分、评价及状态量

1. 变压器状态的划分

正确划分变压器的运行状态是选择检修策略的基础，变压器的状态分为正常状态、注意状态、异常状态和严重状态。

（1）正常状态。正常状态表示变压器各状态量处于稳定且在相关规程规定的警示值、注意值（或称标准限值）以内，可以正常运行。

（2）注意状态。注意状态表示单项（或多项）状态量变化趋势朝接近标准限值方向发展，但未超过标准限值，仍可以继续运行，应加强运行中的监视。

（3）异常状态。异常状态表示单项重要状态量变化较大，已接近或略微超过标准限值，应监视运行，并适时安排停电检修。

（4）严重状态。严重状态表示单项重要状态量严重超过标准限值，需要尽快安排停电检修。

2. 变压器状态评价

变压器状态评价分为部件状态评价和整体状态评价两部分。

（1）变压器部件状态评价。变压器有许多功能相对独立的单元或部件，它们能否正常运行直接影响变压器的健康运行水平。变压器部件可分为本体、套管、分接开关、冷却系统以及非电量保护（包括轻重瓦斯、压力释放阀以及油温油位等）五个部件。所以对变压器的状态量的评价可按部件划分分别确定评价标准。变压器各部件的范围划分见表 ZY1400402001-1。

表 ZY1400402001-1　　　　　　　　　　变压器各部件的范围划分

部　件	评价范围
本体	油枕密封元件（胶囊、隔膜、金属膨胀器）、压力释放阀、气体继电器、呼吸器、其他
套管	瓷套、接线板、其他
冷却系统	冷却装置控制系统、液压泵及电动机、风扇及电动机、油流指示器、其他
有载分接开关	呼吸器、机构、控制回路、电动机、位置指示器、其他
非电量保护装置	温度计、油位指示计、压力释放阀、气体继电器、其他

（2）变压器整体状态评价。变压器的整体评价应综合其部件的评价结果，当所有部件评价为正常状态时，整体评价为正常状态；当任一部件状态为注意状态、异常状态或严重状态时，整体评价应为其中最严重的状态。

（3）变压器状态量评价周期。

1）设备的状态评价分为定期评价和动态评价，定期评价在编制年度检修计划之前进行一次，一般在 8 月进行。动态评价在设备状态量（巡检、红外检测、高压试验、油化验等数据）及运行工况（系统短路冲击和过电压）发生异常时，对具体设备有针对性地进行。

2）新设备投运后（即经过投运前的全项目高压试验、各部位检查和投运后的巡检及红外检测）第 40 天进行一次初始评价。

3）停运 6 个月以上的备用设备重新投运后，并经巡检及红外检测，第 10 天进行一次评价。

4）对列入当年检修计划的设备，在检修前 30 天及检修完成后 10 天内各评价一次。

（4）变压器部件的状态评价方法。变压器（电抗器）部件的评价应同时考虑单项状态量的扣分和部件合计扣分情况，变压器各部件状态评价标准见表 ZY1400402001-2。

表 ZY1400402001-2　　　　　　　　　　变压器各部件状态评价标准

评价标准 部件	正常状态		注意状态		异常状态	严重状态
	合计扣分	单项扣分	合计扣分	单项扣分	单项扣分	单项扣分
本体	≤30	≤10	>30	12～20	>20～24	>30
套管	≤20	≤10	>20	12～20	>20～24	>30
冷却系统	≤12	≤10	>12	12～20	>20～24	>30
分接开关	≤12	≤10	>12	12～20	>20～24	>30
非电量保护	≤12	≤10	>20	12～20	>20～24	>30

当任一状态量单项扣分和部件合计扣分同时达到表 ZY1400402001-2 规定时，视为正常状态。

当任一状态量单项扣分或部件所有状态量合计扣分达到表 ZY1400402001-2 规定时，视为注意状态。

当任一状态量单项扣分达到表 ZY1400402001-2 规定时，视为异常状态或严重状态。

3. 变压器状态量

（1）状态量权重。设备的状态量是直接或间接表征设备状态的各类信息，如数据、声音、图像、现象等。状态量分为一般状态量和重要状态量，一般状态量是对设备的性能和安全运行影响相对较小的状态量。重要状态量是对设备的性能和安全运行有较大影响的状态量。变压器运行的状态量视状态量对变压器安全运行的影响的重要程度，从轻到重分为四个等级，对应的权重分别为权重 1、权重 2、权重 3、权重 4，其系数为 1、2、3、4。权重 1、权重 2 与一般状态量对应，权重 3、权重 4 与重要状态量对应。

（2）状态量劣化程度。视状态量的劣化程度从轻到重分为Ⅰ、Ⅱ、Ⅲ和Ⅳ级，其对应的基本扣分值为 2、4、8、10 分。

（3）状态量扣分值。状态量应扣分值由状态量劣化程度和权重共同决定，即状态量应扣分值等于该状态量的基本扣分值乘以权重系数，状态量正常时不扣分。状态量的权重、劣化程度及对应扣分值见表 ZY1400402001-3。

表 ZY1400402001-3　变压器状态量的权重、劣化程度及对应扣分值表

状态量劣化程度 ＼ 基本扣分值	权重系数			
	1	2	3	4
Ⅰ　2	2	4	6	8
Ⅱ　4	4	8	12	16
Ⅲ　8	8	16	24	32
Ⅳ　10	10	20	30	40

四、变压器的风险评估

风险评估在设备状态评价之后进行，通过风险评估，确定变压器面临的和可能导致的风险，为状态检修决策提供依据。风险评估所需要的初始信息有：

（1）设备状态评价结果（设备状态评价分值）。

（2）设备故障案例（设备故障、损失程度及可能性）。

（3）设备相关信息，包括设备台账、电网结构及供电用户信息。

设备风险评估应按照国家电网公司《输变电设备风险评估导则（试行）》，利用设备状态评价结果，综合考虑安全性、经济性和社会影响等三个方面的风险，确定设备风险程度。设备风险评估每年至少一次。

五、变压器状态检修策略的选择

检修策略以设备状态评价结果为基础，参考风险评估结果，在充分考虑电网发展、技术进步等情况下，对设备检修的必要性和紧迫性进行排序，并依据国家电网公司相关输变电设备状态检修导则等技术标准确定检修方式、内容，并制定具体检修方案。

（1）变压器检修工作分为 A 类检修、B 类检修、C 类检修、D 类检修四类。各地区应根据检修工作实际情况，对照分类原则确定检修类别。

1）A 类检修。A 类检修指吊罩、吊芯检查，本体油箱及内部部件的检查、改造、更换、维修，返厂检修，相关试验。

2）B 类检修。① B1（油箱外部主要部件更换）：套管或升高座、油枕、调压开关、冷却系统、非电量保护装置和绝缘油。② B2（主要部件处理）：套管或升高座、油枕、调压开关、冷却系统、绝缘油。③ 其他：现场干燥处理，停电时的其他部件或局部缺陷检查、处理、更换工作，相关试验。

3）C 类检修。① C1：按 Q/GDW 168—2008《输变电设备状态检修试验规程》规定进行试验。② C2：清扫、检查、维修。

4）D 类检修。① D1：带电测试（在线和离线）。② D2：维修、保养。③ D3：带电水冲洗。④ D4：检修人员专业检查巡视。⑤ D5：冷却系统部件更换（可带电进行时）。⑥ D6：其他不停电的部件更换处理工作。

（2）变压器状态检修策略包括缺陷处理、试验、不停电的维修和检查等。检修策略应根据设备状态评价的结果动态调整。

（3）对于设备缺陷，根据缺陷性质，按照缺陷管理有关规定处理。同一设备存在多种缺陷，也应尽量安排在一次检修中处理，必要时，可调整检修类别。

（4）凡需检修人员进入变压器本体内部的检修工作，一般应确定为 A 类检修。根据评价结果进行的缺陷处理，处理时检修人员无需进入变压器本体的检修工作为 B 类检修。例行的设备维护工作为 C 类检修。不停电进行的设备部件更换、检查等检修工作，一般定为 D 类检修。

（5）根据设备评价结果，制定相应的检修策略。

1）正常状态检修策略。被评价为正常状态的变压器（电抗器），执行 C 类检修。根据设备实际状况，C 类检修可按照正常周期或延长一年执行。在 C 类检修之前，可以根据实际需要适当安排 D 类检修。

2）注意状态检修策略。被评价为注意状态的变压器（电抗器），执行 C 类检修。如果单项状态量扣分导致评价结果为注意状态时，应根据实际情况提前安排 C 类检修。如果仅由多项状态量合计扣分导致评价结果为注意状态时，可按正常周期执行，并根据设备的实际状况，增加必要的检修或试验内容。

注意状态的设备应适当加强 D 类检修。

3）异常状态检修策略。被评价为异常状态的变压器（电抗器），根据评价结果确定检修类型，并适时安排检修。实施停电检修前应加强 D 类检修。

4）严重状态的检修策略。被评价为严重状态的变压器（电抗器），根据评价结果确定检修类型，并尽快安排检修。实施停电检修前应加强 D 类检修。

（6）新投运设备的状态检修。根据运行经验，新设备投运后在投运初期（一般为 1～3 年）较易发生制造及质量问题，在条件许可时变压器投运后 1 年内安排一次试验及日常维护，且此次试验项目可不局限于例行试验项目，以便收集较多的状态量信息，并根据状态量信息对设备进行一次状态评价。

（7）老旧设备的状态检修。老旧设备是指接近其运行寿命的设备或运行表明存在较多缺陷的设备。经验表明电力设备的缺陷发生一般遵循浴盆曲线，即在设备投运的初期和寿命终了期是缺陷发生概率较高的时期，这也比较符合运行经验。因此，对于接近其运行寿命的变压器，制定检修策略时应偏保守，一般推荐的做法是，即使该类设备评价为正常状态，其检修周期在正常周期的基础上也不宜延长，而评价为注意状态的设备，其检修周期应缩短。

（8）在确定检修类别时，应根据实际情况，在确保安全和检修质量的前提下，选择恰当的检修方式。如是否带电进行部件更换、是否需要检修人员进入设备本体进行工作等，各地区的习惯做法可能有所不同。

（9）分接开关检修列为 B 类检修，该检修内容主要针对有载分接开关的切换开关，当检修涉及无励磁分接开关或有载分接开关时，由于需进入变压器内部，应确定为 A 类检修。

（10）检修策略的制定应从设备及电网可靠性考虑，做好各相关设备的统一协调工作，避免重复安排检修。

（11）设备在开展相应类别的检修时，不应仅限于处理状态评价所暴露的问题，对其他可能进行的检查、检修工作也应尽量安排，避免因考虑不周造成缺陷处理不彻底而重复检修。

六、变压器状态检修计划的编制

（1）要根据运行设备总体水平和特殊性，根据试验项目的有效性、实用性合理制定预防性试验的周期和项目。

（2）对于通过停电检测、不停电检测或运行状况反映有任何不正常（可疑）迹象的设备，不受正常设备检修周期的约束，应加强不停电检测、停电检测、巡视检查的频度和力度，直至转为正常状态。

（3）状态检测周期年限的确定还须顾及到同间隔的二次系统设备，即继电保护及其自动化设备、测试仪表设备、综合自动化设备的定检周期，应解决好各专业定期检验时相互制约的问题，应尽量使它们同步到期检测和试验，以减少系统重复停电。

（4）以设备状态为主线制定检修计划。

（5）制定检修计划还要考虑到与周期性的预防性试验停电相结合，避免重复停电。

七、变压器状态检修的实施

（1）按照批准的检修计划及状态评价结果所确定的检修内容和项目，根据有关状态检修导则、检修工艺规程及标准化作业指导书的要求，组织检修工作。

（2）提前做好施工所需的材料、备品备件、工器具准备。

（3）对于大型、复杂作业必须在年初编制出施工方案及相应的安全技术组织措施，并报相关部门进行审批。

八、变压器状态检修绩效评估

（1）绩效评估是在状态检修工作开展过程中依据国家电网公司《输变电设备状态检修绩效评估标准》对执行体系的有效性、检修策略的适应性、工作目标实现程度、工作绩效等进行评估，确定状态检修工作取得的成效，查找工作中存在的问题，提出持续改进的措施和建议。

（2）绩效评估工作由绩效评估小组每年组织一次。

（3）状态检修绩效评估采用自评、检查、互查、审核相结合的方式。

（4）状态检修绩效自评估主要采用分项和综合评分的方法，每年对变压器状态评价的有效性、检修策略的正确性、计划实施、检修效果、检修效益进行分项评估。

九、变压器实施状态检修应注意的几个问题

1. 编制实施细则

Q/GDW 169—2008《油浸式变压器（电抗器）状态评价导则》与 Q/GDW 170—2008《油浸式变压器（电抗器）状态检修导则》是各单位开展状态评价和检修的指导性文件，状态量的选择、状态量的权重、状态量的劣化程度分级等仅为推荐，各地区可根据当地的实际情况，并结合运行实际，制定实施细则，适当加以调整。可根据需要增加或减少部分状态量，或调整状态量的权重。也可针对不同电压等级或不同型式的设备设置不同的状态量表，以更好地适应当地电网的实际需要。

2. 状态评价周期

建立应用广泛的设备信息系统，实现各有关部门的状态检修信息登录共享并根据评价标准自动评价，根据国家电网公司《输变电设备状态检修辅助决策系统建设技术原则（试行）》编制相应的计算机辅助决策系统。

开展状态检修的不同目的决定了开展设备评价的周期要求，从提高设备可靠性角度出发，一旦开展了设备维护工作，就应根据工作结果对设备进行评价，尤其当发现问题后，评价工作更应及时进行。从制定年度检修计划角度出发，每年在制定检修计划前，对设备进行一次全面评价，可较好地满足制定年度检修计划的需要。

3. 状态评价应实行动态评价与定期评价相结合

从现行的设备维护经验看，日常开展的设备运行维护及测试工作应根据所得到的状态量信息进行初步判断，如无异常按现有管理规定处理，不必将每次状态量录入状态检修评价中。

日常设备维护工作中，一旦发现异常，根据评价标准判断问题的严重程度，如属注意状态，可将缺陷情况（单项或部分项）录入留存，一旦异常根据评价标准判断可能为异常或严重状态时，则应立即启动全面评价。

最后，年终或年度检修计划制定前，对所有设备进行一次定期评价，根据评价结果制定检修计划。

4. 停电检修计划安排

在安排检修计划时，应根据设备评价结果和设备缺陷管理情况，协调相关变电设备的检修周期，尽量统一安排，避免重复停电。

同一间隔多个（类）设备存在缺陷，或一个设备存在多种缺陷时，应尽量安排在一次检修中处理，必要时，可调整检修类别，适当延长一次停电时间，减少停电次数。

制定检修计划时，还应兼顾协调其他专业以及基建、技改工作，以尽量减少停电。

【思考与练习】

1. 在线监测技术在变压器状态检修中有哪些应用？

2. 依据 Q/GDW 169—2008《油浸式变压器（电抗器）状态评价导则》，变压器状态信息的资料主要有哪些？

3. 如何对变压器的状态进行评价？

4. 变压器检修工作分为哪四类？各包含的内容是什么？

5. 变压器实施状态检修应注意哪些问题？

模块 2　互感器的状态检修（ZY1400402002）

【模块描述】本模块介绍互感器开展状态检修知识。通过要点讲解、图表归纳，熟悉互感器开展状态检修的信息收集与管理、状态的划分与评价标准、检修策略的制定原则等相关知识。

【正文】

互感器运行状况的好坏、可靠性的高低，主要取决于产品的内在质量，或者说完全取决于厂家的工艺水平和质量控制，在互感器寿命期内，一般不需要用户解体检修。开展互感器状态检修主要的工作是对互感器进行监视、维护、测试以及状态评估和有限的维修和更新，只要不发生二次短路（或开路）、不发生超过标准的内外过电压，不发生接头过热，设备就可放心大胆地运行。

由于国家电网公司还没有发布相应的关于互感器的状态评价和状态检修的导则，在开展互感器的状态检修时，可参考 Q/GDW 169—2008《油浸式变压器（电抗器）状态评价导则》与 Q/GDW 170—2008《油浸式变压器（电抗器）状态检修导则》关于变压器状态评价和检修的程序和方法，并结合本地实际情况进行实施。

一、在线监测技术在互感器状态检修中的应用

电力系统中运行着大量的电容性互感器，而电容量和介质损耗角正切值 $\tan\delta$ 是反映该型设备最重要的电气参数，也是试验规程中规定的必试项目。同时，在运行电压下如何获得真实、准确的电容性互感器介质损耗角正切值 $\tan\delta$ 一直是电力系统和国内外有关专家关注的焦点。

在运行电压下测量电容性互感器介质损耗角正切值 $\tan\delta$ 有电桥法、过零检测法和数字波形法等方法，目前应用最广泛的是数字波形法。

二、互感器状态信息的收集

设备信息收集与管理是开展状态检修评估的基础，要在设备制造、投运、运行、维护、检修、试验等全过程中，通过对投运前基础信息、运行信息、试验检测数据、历次检修报告及记录、同类型设备的参考信息等特征量进行收集、汇总，为设备状态的评价奠定基础。互感器状态信息必备的资料如下：

1. 原始资料

原始资料包括铭牌参数、订货技术协议、设备监造报告、出厂试验报告、运输安装记录、交接验收报告等。

2. 运行资料

运行资料包括运行工况记录信息、历年缺陷及异常记录、巡检情况、不停电检测记录等。

3. 检修资料

检修资料包括检修报告、例行试验报告、诊断性试验报告、有关反措执行情况、部件更换情况、检修人员对设备的巡检记录等。

4. 其他资料

其他资料包括同型（同类）设备的运行、修试、缺陷和故障的情况、相关反措执行情况、其他影响互感器安全稳定运行的因素等。

三、互感器状态的划分、评价及状态量

1. 互感器状态的划分

（1）正常状态。正常状态表示互感器状态量处于稳定且在相关规程规定的警示值、注意值（或称标准限值）以内可以正常运行。

1）各种试验数据正常、运行正常。预试未超周期或超周期在一年以内。

2）铭牌或资料齐全。

3）无任何缺陷。

（2）注意状态。注意状态表示设备的一个主状态量接近标准限值或超过标准限值，或几个辅助状态量不符合标准，但不影响设备运行。

1）油浸式互感器渗油，油位偏低，但未见滴流；SF_6电流互感器气体压力降低，但未到报警状态。

2）互感器（含末屏）介损、绝缘电阻、电容量等电气参数测试结果有增长趋势，但未超过相关规程注意值。

3）色谱分析气体含量有增长趋势，未超过规程注意值，但不含乙炔。

4）外部引线接头发热，但低于80℃，或顶部铁罩发热，但温度低于60℃。

（3）异常状态。设备的几个主状态量超过标准限值，或一个主状态量超过标准限值并几个辅助状态量明显异常，已影响设备的性能指标或可能发展成重大异常状态，设备仍能继续运行。

1）互感器（含末屏）介损、绝缘电阻、电容量等电气参数测试结果有增长趋势，已接近或略微超过规程注意值或标准值。

2）色谱分析气体含量有增长趋势，已接近或略微超过规程注意值或标准值，但不含乙炔。

（4）严重状态。设备的一个或几个状态量严重超出标准或严重异常，设备只能短期运行或立即停役。

1）金属膨胀器明显变形。

2）声音或气味异常。

3）油浸式互感器漏油且油位低于视窗以下，SF_6互感器漏气且报警。

4）电容式电压互感器的电容元件漏油。

5）金属膨胀器变形或喷油。

6）电压互感器二次电压不稳定或三相严重不平衡，且经证实不是外部原因。

2. 互感器状态评价

本模块以电流互感器状态评价为例，依据 Q/GDW 446—2010《电流互感器状态评价导则》，电流互感器的状态评价分为部件状态评价和整体状态评价两部分。

（1）电流互感器部件状态评价。电流互感器部件分为本体、绝缘介质、引线三个部件。所以对电流互感器的状态量的评价可按部件划分分别确定评价标准。电流互感器各部件的范围划分见表 ZY1400402002-1。

表 ZY1400402002-1　　　　　　　　　　电流互感器各部件的范围划分

部　件	评　价　范　围	部　件	评　价　范　围
本体	绕组、电容屏、瓷套、膨胀器、底座、二次接线盒	引线	连接端子、引流线、接地引下线
绝缘介质	绝缘油、SF_6气体		

（2）电流互感器整体状态评价。电流互感器的整体评价应综合其部件的评价结果。当所有部件评价为正常状态时，整体评价为正常状态；当任一部件状态为注意状态、异常状态或严重状态时，整体评价应为其中最严重的状态。

（3）电流互感器状态量评价周期。

1）设备的状态评价分为定期评价和动态评价，定期评价在编制年度检修计划之前进行一次，一般在8月进行；动态评价在设备状态量（巡检、红外检测、高压试验、油化验等数据）及运行工况（系统短路冲击和过电压）发生异常时对具体设备有针对性地进行。

2）新投运设备投运后（即经过投运前的全项目高压试验、各部位检查和投运后的巡检及红外检测）第40天进行一次初始评价。

3）停运6个月以上的备用设备重新投运后，并经巡检及红外检测，第10天进行一次评价。

4）对列入当年检修计划的设备，在检修前30天及检修完成后10天内各评价一次。

（4）电流互感器部件的状态评价方法。电流互感器部件的评价应同时考虑单项状态量的扣分和部件合计扣分情况，各部件状态评价标准见表 ZY1400402002-2。

表 ZY1400402002-2　　　　　　　电流互感器各部件状态评价标准

评价标准 部件	正常状态		注意状态		异常状态	严重状态
	合计扣分	单项扣分	合计扣分	单项扣分	单项扣分	单项扣分
本体	≤30	≤10	>30	12～16	20～24	≥30
绝缘介质	<20	≤10	>20	12～16	20～24	≥30
引线	≤12	≤10	>20	12～16	20～24	≥30

当任一状态量单项扣分和部件合计扣分同时达到表 ZY1400402002-2 正常状态规定分值时，视为正常状态。

当任一状态量单项扣分或部件所有状态量合计扣分达到表 ZY1400402002-2 注意状态规定分值时，视为注意状态。

当任一状态量单项扣分达到表 ZY1400402002-2 异常状态和严重状态规定分值时，视为异常状态或严重状态。

3. 互感器状态量

（1）状态量权重。视状态量对电流互感器安全运行的影响程度，从轻到重分为四个等级，对应的权重分别为权重1、权重2、权重3、权重4，其系数为1、2、3、4。权重1、权重2与一般状态量对应，权重3、权重4与重要状态量对应。

（2）状态量劣化程度。视状态量的劣化程度从轻到重分为Ⅰ、Ⅱ、Ⅲ和Ⅳ级，其对应的基本扣分值为2、4、8、10分。

（3）状态量扣分值。状态量应扣分值由状态量劣化程度和权重共同决定，即状态量应扣分值等于该状态量的基本扣分值乘以权重系数，状态量正常时不扣分。状态量的权重、劣化程度及对应扣分值见表 ZY1400402002-3。

表 ZY1400402002-3　　　　　　互感器状态量的权重、劣化程度及对应扣分值表

状态量 劣化程度　　基本扣分值	权重系数			
	1	2	3	4
Ⅰ	2	2	4	6	8
Ⅱ	4	4	8	12	16
Ⅲ	8	8	16	24	32
Ⅳ	10	10	20	30	40

四、互感器状态检修策略的选择

检修策略以设备状态评价结果为基础，参考风险评估结果，在充分考虑电网发展、技术进步等情况下，对设备检修的必要性和紧迫性进行排序，并依据 Q/GDW 445—2010《电流互感器状态检修导则》等技术标准确定检修方式、内容，并制定具体检修方案。

（1）电流互感器检修工作分为 A 类检修、B 类检修、C 类检修、D 类检修四类。各地区应根据检修工作实际情况，对照分类原则确定检修类别。

1）A 类检修。A 类检修是指电流互感器整体性检查、维修、更换。

2）B 类检修。B 类检修是指电流互感器局部性检修，部件的解体检查、维修、更换。

3）C 类检修。C 类检修是对常规性检查、维护和试验。

4）D 类检修。D 类检修是对电流互感器在不停电状态下进行的带电测试、外观检查和维修。

（2）状态检修策略既包括年度检修计划的制定，也包括试验、不停电的维护等。检修策略应根据设备状态评价的结果动态调整。

（3）年度检修计划每年至少修订一次。根据最近一次设备状态评价结果，考虑设备风险评估因素，并参考厂家的要求，确定下一次停电检修时间和检修类别。在安排检修计划时，应协调相关设备检修周期，尽量统一安排，避免重复停电。

（4）对于设备缺陷，应根据缺陷的性质，按照有关缺陷管理规定处理。同一设备存在多种缺陷，也应尽量安排在一次检修中处理，必要时，可调整检修类别。C 类检修正常周期宜与试验周期一致。不停电的维护和试验根据实际情况安排。

（5）根据设备评价结果，制定相应的检修策略。

1）正常状态检修策略。被评价为正常状态的电流互感器，执行 C 类检修。根据设备实际状况，C 类检修可按照基准周期或延长一年执行。在 C 类检修之前，可以根据实际需要适当安排 D 类检修。

2）注意状态检修策略。被评价为注意状态的电流互感器，执行 C 类检修。如果单项状态量扣分导致评价结果为注意状态时，应根据实际情况提前安排 C 类检修。如果仅由多项状态量合计扣分导致评价结果为注意状态时，可按不大于基准周期执行，并根据设备的实际状况，增加必要的检修或试验内容。

注意状态的设备应适当加强 D 类检修。

3）异常状态检修策略。被评价为异常状态的电流互感器，根据评价结果确定检修类型，并适时安排检修。实施停电检修前应加强 D 类检修。

4）严重状态的检修策略。被评价为严重状态的电流互感器，根据评价结果确定检修类型，并尽快安排检修。实施停电检修前应加强 D 类检修。

（6）新投运设备状态检修。新设备投运初期按 Q/GDW 168—2008《输变电设备状态检修试验规程》及其实施细则规定（66～110kV 的新设备投运后 1～2 年，220kV 及以上的新设备投运后 1 年），应安排例行试验，同时还应对设备及其附件（包括电气回路）进行全面检查，收集各种状态量，并进行一次状态评价。

（7）老旧设备的状态检修。对于运行 20 年以上的设备，宜根据设备运行及评价结果，对检修计划及内容进行调整。

（8）目前，检修运行单位主要是对互感器进行监视、维护、测试、有限的维修和更新，互感器一般不进行现场解体大修，因此对于达到注意状态和异常状态的，应适当缩短监视、测试周期，以加强监视和跟踪测试为主，一旦设备状态有突变的迹象，应立即安排停电处理或检修。达到异常状态的，应视情况轻重缓急尽快安排停电检修或更换。

互感器部分故障出现后的检修策略如下：

1）电容式电压互感器电容元件渗油。外观检查可看出，应尽快退出运行。

2）电容式电压互感器电容元件与中间变压器产生谐振。表现为电磁声音大，电压不符合规律，从该二次回路的电压故障录波可看出波形畸变。应重新检查调整阻尼电阻。

3）电容式电压互感器内部元件局部放电，串联电容开路或短路。一般在周期性停电检测电容量及介损时发现，也有的在出现异常响声后和线路跳闸后检测发现此类问题。电容量超标时，立即退出运行并更换。

4）油浸式电磁互感器顶部密封垫渗漏油。停电、少量放油、更换或调整密封垫，应测试绕组介损和作油耐压试验。

5）油浸式电磁电流互感器二次端子板密封垫渗漏油。停电或不停电拧紧螺帽，或全部放油更换密封垫。

6）油浸式电磁电流互感器内部一次接头局部过热和电压互感器内部间歇放电。色谱分析乙炔、乙烯、氢气增长显著，必须停电查明进行相应处理，必要时予以更换。

7）油浸式电磁电流互感器末屏或二次绕组受潮。通过末屏介损试验或末屏绝缘测出此类问题。停电，处理端子板外表面；或放出全部油，处理末屏；或加热二次绕组、抽真空、滤油。

8）SF_6 互感器微水超标，可回收气体，干燥并重新充气至额定压力并经试验合格。

9）SF_6 互感器漏气，可查找露点，回收气体，处理砂眼或更换密封垫，重新补气至额定压力并经试验合格。

【思考与练习】

1. 互感器状态信息资料有哪些？
2. 互感器状态是如何划分的？
3. 如何对互感器状态进行评价？
4. 互感器状态检修策略是什么？

模块 3 断路器的状态检修（ZY1400402003）

【模块描述】本模块介绍断路器开展状态检修知识。通过定义讲解、要点归纳，熟悉断路器状态检测技术在状态检修中的应用，以及断路器开展状态检修的信息收集与管理、状态的划分与评价标准、检修策略的制定原则等相关知识。

【正文】

由于目前油断路器基本上已经淘汰，结合国家电网公司颁布的有关断路器状态检修的有关规程和导则，所以本模块主要针对 66kV 及以上 SF$_6$ 断路器进行阐述。

一、断路器的状态监测技术在状态检修中的应用

断路器状态检修的关键在于如何及时、正确判断其性能和状态，利用在线监测技术，可以实时监测和预知断路器的运行状态，可以为断路器的状态检修提供最真实可靠的依据，这样就可以实现预警式检修，减少停电、操作和检修次数，降低检修和维护费用，彻底摆脱因无检测手段所呈现的不该修也修，该修不修和出事以后再修的盲目被动局面，将断路器的隐患控制在萌芽之中，保证断路器始终处于完好状态。目前，断路器在线监测的项目和内容主要如下：

（1）灭弧室电寿命的监测与诊断动作次数，记录合分次数，过限报警。

（2）断路器机械故障的监测与诊断。

1）合分线圈电流波形监测，非正常报警。

2）合分线圈回路断线路监测。

3）监测行程，过限报警。

4）监测合分速度，过限报警。

5）机械振动，非正常报警。

6）液压机构打压次数、打压时间、压力。

7）弹簧机构弹簧压缩状态，电动机工作时间。

8）关键部分的机械振动信号。

9）合、分闸线圈电流和电压波形的测检。线圈电流波形中包含着许多操作系统的信息，如线圈是否接通、铁芯是否卡涩，脱扣是否有障碍等。

10）合、分闸机械特性，即速度、过冲、弹跳、撞击等，这些信息也可从振动波形中有所反映。

11）控制回路通断状态监测。这对因辅助开关不到位或接触不良造成的拒分、拒合故障有很好的监视作用。

12）操动机构储能完成状况。

（3）绝缘状态的监测。绝缘状态的监测内容包括气体断路器气体压力、过限报警、闭锁、局部放电。

（4）载流导体及接触部位温度的监测。

（5）SF$_6$ 其他成分的监测。主要通过测量 SF$_6$ 分解物判断内部的放电情况。

二、断路器状态信息的收集

重视断路器运行、检修、试验数据的积累和分析，建立一套包括交接验收资料、运行情况资料、检修试验资料等在内完整的断路器档案，并最好实行设备档案的动态电脑化管理，是开展断路器状态检修工作的基础和首要任务。依据 Q/GDW 171—2008《SF$_6$ 高压断路器状态评价导则》和 Q/GDW 172—2008《SF$_6$ 高压断路器状态检修导则》，SF$_6$ 高压断路器状态信息必备的资料如下：

1. 原始资料

原始资料主要包括铭牌参数、型式试验报告、订货技术协议、设备监造报告、出厂试验报告、运输安装记录、交接验收报告等。

2. 运行资料

运行资料主要包括运行工况记录信息、历年缺陷及异常记录、巡检情况、不停电检测记录等。

3. 检修资料

检修资料主要包括检修报告、例行试验报告、诊断性试验报告、有关反措执行情况、部件更换情况、检修人员对设备的巡检记录等。

4. 其他资料

其他资料主要包括同型（同类）设备的运行、修试、缺陷和故障的情况、相关反措执行情况、其他影响断路器安全稳定运行的因素等。

三、断路器状态的划分、评价及状态量

1. 断路器状态的划分

正确判断断路器的状态是选择断路器检修策略的依据。断路器及其部件的状态分为正常状态、注意状态、异常状态和严重状态四种。

（1）正常状态。正常状态表示各状态量均处于稳定且良好的范围内，设备可以正常运行。

（2）注意状态。注意状态表示单项（或多项）状态量变化趋势朝接近标准限值方向发展，但未超过标准限值，或部分一般状态量超过标准值，仍可以继续运行，但应加强运行中的监视。

（3）异常状态。异常状态表示单项重要状态量变化较大，已接近或略微超过标准限值，在运行中应重点监视，并适时安排停电检修。

（4）严重状态。严重状态表示单项重要状态量严重超过标准限值，需要尽快安排停电检修。

2. 断路器状态的评价

断路器状态的评价分为部件状态评价和整体状态评价两部分。

（1）断路器部件状态评价。断路器有许多功能相对独立的单元或部件，它们能否正常运行直接影响断路器的健康运行水平。根据 SF$_6$ 高压断路器各部件的独立性，将断路器分为本体、操动机构（液压机构、弹簧机构、液压弹簧机构、气动机构等）、并联电容、合闸电阻四个部件。所以对断路器的状态量的评价可按部件划分分别确定评价标准。断路器各部件范围划分见表 ZY1400402003-1。

表 ZY1400402003-1　　　　　　　　　　断路器各部件的范围划分

部　件	评　价　范　围
本　体	高压引线及端子板连接、接地连接、基础及支架、瓷套、均压环、相间连杆、SF$_6$压力表及密度继电器、密封件
操动机构	液压机构：分合闸线圈、储能电动机、机构箱、二次元件、端子排及二次电缆、油压力表、液压泵、阀、压力开关、工作缸、储压器、其他
	弹簧机构：分合闸线圈、储能电动机、机构箱、二次元件、端子排及二次电缆、合闸弹簧、分闸弹簧、弹簧机构操作、缓冲器、其他
	液压弹簧机构：动力模块、工作模块、储能模块、监视模块和控制模块、机构箱、二次元件、端子排及二次电缆、油压力表、其他
	气动机构：分合闸线圈、储能电动机、机构箱、二次元件、端子排及二次电缆、压力表、压力继电器、其他
并联电容	瓷套、电容器本体
合闸电阻	瓷套、合闸电阻本体

（2）断路器整体状态评价。断路器整体评价应综合其部件的评价结果。当所有部件评价为正常状态时，整体评价为正常状态；当任一部件状态为注意状态、异常状态或严重状态时，整体评价应为其中最严重的状态。

（3）断路器的状态评价周期。

1）设备的状态评价分为定期评价和动态评价，定期评价在编制年度检修计划之前进行一次，动态

评价在设备状态量及运行工况发生异常时对具体设备有针对性地进行。

2）新设备投运后（即经过投运前的全项目高压试验、各部位检查和投运后的巡检及红外检测）第40天进行一次初始评价。

3）停运6个月以上的备用设备重新投运后，并经巡检及红外检测，第10天进行一次评价。

4）对列入当年检修计划的设备，在检修前30天及检修完成后10天内各评价一次。

（4）SF_6高压断路器部件的状态评价方法。SF_6高压断路器部件的评价应同时考虑单项状态量的扣分和该部件所有状态量的合计扣分情况，各部件状态评价标准见表ZY1400402003-2。

表 ZY1400402003-2　　　　　　　　SF_6高压断路器各部件状态评价标准

评价标准 部件	正常状态	注意状态		异常状态	严重状态
	合计扣分	合计扣分	单项扣分	单项扣分	单项扣分
断路器本体	<30	≥30	12~16	20~24	≥30
操动机构	<20	≥20	12~16	20~24	≥30
并联电容器	<12	≥12	12~16	20~24	≥30
合闸电阻	<12	≥12	12~16	20~24	≥30

当任一状态量单项扣分和部件合计扣分同时符合表 ZY1400402003-2 中正常状态扣分规定时，视为正常状态。

当任一状态量单项扣分或部件所有状态量合计扣分达到表 ZY1400402003-2 中注意状态扣分规定时，视为注意状态。

当任一状态量单项扣分符合表 ZY1400402003-2 中异常状态或严重状态扣分规定时，视为异常状态或严重状态。

3．断路器的状态量

（1）状态量权重。视状态量对 SF_6 高压断路器安全运行的影响程度，从轻到重分为四个等级，对应的权重分别为权重1、权重2、权重3、权重4，其系数为1、2、3、4。权重1、权重2与一般状态量对应，权重3、权重4与重要状态量对应。

（2）状态量劣化程度。根据状态量的劣化程度从轻到重分为Ⅰ、Ⅱ、Ⅲ和Ⅳ级，其对应的基本扣分值为2、4、8、10分。

（3）状态量扣分值。状态量应扣分值由状态量劣化程度和权重共同决定，即状态量应扣分值等于该状态量的基本扣分值乘以权重系数，状态量正常时不扣分。状态量的权重、劣化程度及对应扣分值见表 ZY1400402003-3。

表 ZY1400402003-3　　　　　　　断路器状态量的权重、劣化程度及对应扣分值表

状态量 劣化程度	权重系数 基本扣分值	1	2	3	4
Ⅰ	2	2	4	6	8
Ⅱ	4	4	8	12	16
Ⅲ	8	8	16	24	32
Ⅳ	10	10	20	30	40

四、断路器状态检修策略的选择

（1）SF_6高压断路器检修工作分为 A 类检修、B 类检修、C 类检修、D 类检修四类。其中 A、B、C 类是停电检修，D 类是不停电检修。

1）A 类检修。A 类检修指 SF_6 高压断路器的整体解体性检查、维修、更换和试验。主要包括现场全面解体检修、返厂检修。

2）B 类检修。B 类检修指 SF₆ 高压断路器局部性的检修，部件的解体检查、维修、更换和试验。主要包括本体部件更换、本体主要部件处理、操动机构部件更换等。

3）C 类检修。C 类检修指对 SF₆ 高压断路器常规性检查、维护和试验。主要包括预防性试验、清扫、维护、检查、修理、检查等。

4）D 类检修。D 类检修指对 SF₆ 高压断路器在不停电状态下进行的带电测试、外观检查和维修。主要包括绝缘子外观目测检查、对有自封阀门的充气口进行带电补气工作、对有自封阀门的密度继电器/压力表进行更换或校验工作、防锈补漆工作（带电距离够的情况下）、更换部分二次元器件。

（2）状态检修策略既包括年度检修计划的制定，也包括试验、不停电的维护等。检修策略应根据设备状态评价的结果动态调整。

（3）年度检修计划的制定。年度检修计划每年至少修订一次。根据最近一次设备状态评价结果，考虑设备风险评估因素，并参考厂家的要求，确定下一次停电检修时间和检修类别。在安排检修计划时，应协调相关设备检修周期，尽量统一安排，避免重复停电。

（4）对于设备缺陷，应根据缺陷的性质，按照有关缺陷管理规定处理。同一设备存在多种缺陷，也应尽量安排在一次检修中处理，必要时，可调整检修类别。C 类检修正常周期宜与试验周期一致，不停电的维护和试验根据实际情况安排。

（5）根据设备评价结果，制定相应的检修策略。

1）正常状态的检修策略。被评价为正常状态的 SF₆ 高压断路器，执行 C 类检修。C 类检修可按照正常周期或延长一年并结合例行试验安排，在 C 类检修之前可以根据实际需要适当安排 D 类检修。

2）注意状态的检修策略。被评价为注意状态的 SF₆ 高压断路器，执行 C 类检修。如果单项状态量扣分导致评价结果为注意状态时，应根据实际情况提前安排 C 类检修。如果仅由多项状态量合计扣分导致评价结果为注意状态时，可按正常周期执行，并根据设备的实际状况，增加必要的检修或试验内容。在 C 类检修之前可以根据实际需要适当加强 D 类检修。

3）异常状态的检修策略。被评价为异常状态的 SF₆ 高压断路器，根据评价结果确定检修类型，并适时安排检修。实施停电检修前应加强 D 类检修。

4）严重状态的检修策略。被评价为严重状态的 SF₆ 高压断路器，根据评价结果确定检修类型，并尽快安排检修。实施停电检修前应加强 D 类检修。

（6）新投运设备状态检修。新设备投运初期按 Q/GDW 168—2008《输变电设备状态检修试验规程》规定（110kV 的新设备投运后 1～2 年，220kV 及以上的新设备投运后 1 年）安排例行试验，同时还应对设备及其附件（包括电气回路及机械部分）进行全面检查，收集各种状态量，并进行一次状态评价。

（7）老旧设备的状态检修实施原则。对于运行 20 年以上的设备，宜根据设备运行及评价结果，对检修计划及内容进行调整。

（8）断路器状态检修策略选择的注意事项。

1）装配和安装不当是造成断路器运行故障的因素。因此，断路器状态监测应从产品监造、施工监理及验收等环节抓起，重视工频耐压等出厂、交接试验，确保投入运行的断路器处于良好状态。

2）SF₆ 气体含水量超标，应更换吸附剂、换气及干燥处理。必要时检查气室密封情况。

3）SF₆ 气体异常泄漏时，应确定泄漏部位，视漏气严重程度作相应处理。

4）断路器等效开断次数或累计开断的电流值达到标准极限值时应进行解体检修，必要应更换本体。

5）当断路器等效开断次数或累计开断电流值达到极限值时，应进行预防性试验项目检查，在有条件的情况下，可采用新的测试方法检查触头磨损量，如动态电阻测试等以确定是否需要检修。

6）当断路器、隔离开关导电回路电阻值超标时，应结合负荷电流、故障电流大小及开断情况综合分析，以确定开关的检修方案。

7）当断路器操动机构机械特性不符合要求，或机构变形、卡涩、拒分、拒合、泄漏、压力异常及其他缺陷时，应检查、检修机构。

8）断路器投运一年后，宜进行机械特性的测试和机构的维护、检查，开关本体大修时，应同时进行机构的检修，机构的全面检查一般不宜超过 5 年，或按制造厂要求进行。

【思考与练习】

1. 断路器在线监测的项目和内容有哪些？
2. 断路器状态是如何划分的？
3. 如何对断路器的状态进行评价？
4. SF$_6$ 断路器检修工作分为哪四类？各包含的内容是什么？
5. 断路器状态检修策略是什么？

模块 4　隔离开关的状态检修（ZY1400402004）

【模块描述】本模块介绍隔离开关开展状态检修知识。通过定义讲解、要点归纳，熟悉隔离开关开展状态检修的信息收集与管理、状态的划分与评价标准、检修策略的制定原则等相关知识。

【正文】

一、隔离开关状态信息的收集

隔离开关状态信息的收集应包括：

1. 原始资料

原始资料包括铭牌参数、订货技术协议、设备监造报告、出厂试验报告、交接验收报告等。

2. 运行资料

运行资料包括运行工况记录信息、历年缺陷及异常记录、巡检情况、不停电检测记录等。

3. 检修资料

检修资料包括检修报告、有关反措执行情况、部件更换情况、检修人员对设备的检修记录等。

4. 其他资料

其他资料包括同型（同类）设备的运行、修试、缺陷和故障的情况、相关反措执行情况、其他影响隔离开关安全稳定运行的因素等。

二、隔离开关状态的划分、评价及状态量

1. 隔离开关状态划分

隔离开关及其部件的状态分为正常状态、注意状态、异常状态和严重状态。

（1）正常状态。正常状态指各状态量均处于稳定且良好的范围内，设备可以正常运行。

1）铭牌完整、标志清晰，技术档案齐全。

2）运行正常，上次合或分闸操作无异常。

3）外观无严重锈蚀。

4）红外测温情况正常。

5）上次预试停电期间进行了检查维护且无遗留缺陷。

（2）注意状态。注意状态单项（或多项）状态量变化趋势朝接近标准限值方向发展，但未超过标准限值，仍可以继续运行，应加强运行中的监视。

1）红外测温触头或引线接头发热但低于 85℃。

2）回路直流电阻接近标准值。

3）虽然当前合闸位置无问题，但合闸时曾多次合闸不能到位或合分明显不同期。

4）同批次其他隔离开关相当多存在弹簧锈蚀或失去弹力或折断脱落情况。

（3）异常状态。异常状态指单项重要状态量变化较大，已接近或略微超过标准限值，应监视运行，并适时安排停电检修。

1）卡涩严重，合分闸特别费力。

2）经常操作失灵，回路有接触问题或元器件有软故障，未得到彻底处理。

3）应当实现的闭锁功能不能实现。

4）分闸不能完全到位，其隔离空间的距离不符合要求。

5）隔离开关操作不同期超过标准，但勉强可操作。

6）接地开关损坏，无法操作。

7）外观严重锈蚀。

（4）严重状态。严重状态指单项重要状态量严重超过标准限值，需要尽快安排停电检修。

1）在故障不能执行分合闸操作。如连杆或万向节断裂、电气回路元件故障等。

2）完全合闸到位，暂时勉强运行。

3）运行年限在 15 年以上，同批次隔离开关曾发生绝缘子断裂，且未经超声波探伤鉴定属良好状态。

4）绝缘子裂纹或严重破损。

5）温度超过 85℃、直流电阻超标 50%。

2. 隔离开关状态评价

隔离开关的状态评价分为部件状态评价和整体状态评价两部分。

（1）隔离开关部件状态评价。根据隔离开关各部件的独立性，将隔离开关分为导电回路、操动系统（电动、手动）、绝缘子、辅助部件四个部件，对隔离开关的状态量的评价可按部件划分分别确定评价标准。各部件的范围划分见表 ZY1400402004-1。

表 ZY1400402004-1　　　　　　　　　　隔离开关各部件的范围划分

部　件	评　价　范　围
导电回路	进出线端子、软连接、出线座、导电臂、触头
操动系统	操动机构（电动、手动），传动部件（连杆、轴承、销、拐臂），机械闭锁
绝缘子	支柱绝缘子、旋转绝缘子
辅助部件	底座、支架、基础、电气闭锁装置

（2）隔离开关整体状态评价。隔离开关的整体评价应综合其部件的评价结果。当所有部件评价为正常状态时，整体评价为正常状态；当任一部件状态为注意状态、异常状态或严重状态时，整体评价应为其中最严重的状态。

（3）隔离开关状态量评价周期。

1）设备的状态评价分为定期评价和动态评价。定期评价在编制年度检修计划之前进行一次，一般在 8 月进行。动态评价在设备状态量（巡检、红外检测、高压试验等数据）及运行工况（系统短路冲击和过电压）发生异常时，对具体设备有针对性地进行。

2）新设备投运后（即经过投运前的全项目高压试验、各部位检查和投运后的巡检及红外检测）第 40 天进行一次初始评价。

3）停运 6 个月以上的备用设备重新投运后，并经巡检及红外检测，第 10 天进行一次评价。

4）对列入当年检修计划的设备，在检修前 30 天及检修完成后 10 天内各评价一次。

（4）隔离开关部件的状态评价方法。隔离开关部件的评价应同时考虑单项状态量的扣分和部件合计扣分情况，各部件状态评价标准见表 ZY1400402004-2。

表 ZY1400402004-2　　　　　　　　　　隔离开关各部件状态评价标准

评价标准 部件	正常状态		注意状态		异常状态	严重状态
	合计扣分	单项扣分	合计扣分	单项扣分	单项扣分	单项扣分
导电回路	<30	≤10	≥30	12～16	20～24	≥30
操动系统	<20	≤10	≥20	12～16	20～24	≥30
绝缘子	<12	≤10	≥20	12～16	20～24	≥30
辅助部件	<12	≤10	≥20	12～16	20～24	≥30

当任一状态量单项扣分和部件合计扣分同时达到表 ZY1400402004-2 正常状态规定分值时，视为正常状态。

当任一状态量单项扣分或部件所有状态量合计扣分达到表 ZY1400402004-2 注意状态规定分值时，视为注意状态。

当任一状态量单项扣分达到表 ZY1400402004-2 异常状态和严重状态规定分值时，视为异常状态或严重状态。

3. 隔离开关状态量

（1）状态量权重。视状态量对隔离开关安全运行的影响程度，从轻到重分为四个等级，对应的权重分别为权重 1、权重 2、权重 3、权重 4，其系数为 1、2、3、4。权重 1、权重 2 与一般状态量对应，权重 3、权重 4 与重要状态量对应。

（2）状态量劣化程度。视状态量的劣化程度从轻到重分为四级，分别为Ⅰ、Ⅱ、Ⅲ和Ⅳ级。其对应的基本扣分值为 2、4、8、10 分。

（3）状态量扣分值。状态量应扣分值由状态量劣化程度和权重共同决定，即状态量应扣分值等于该状态量的基本扣分值乘以权重系数，状态量正常时不扣分。状态量的权重、劣化程度及对应扣分值见表 ZY1400402004-3。

表 ZY1400402004-3　　　　　　隔离开关状态量的权重、劣化程度及对应扣分值表

状态量劣化程度 \ 权重系数 / 基本扣分值		1	2	3	4
Ⅰ	2	2	4	6	8
Ⅱ	4	4	8	12	16
Ⅲ	8	8	16	24	32
Ⅳ	10	10	20	30	40

三、隔离开关的检修策略

（1）隔离开关检修工作分为 A 类检修、B 类检修、C 类检修、D 类检修四类。其中 A、B、C 类是停电检修，D 类是不停电检修。

1）A 类检修。A 类检修是指隔离开关的整体解体性检查、维修、更换和试验。主要包括现场全面解体检修。

2）B 类检修。B 类检修是指隔离开关局部性的检修，部件的解体检查、维修、更换和试验。主要包括本体部件更换、本体主要部件处理、操动机构部件更换等。

3）C 类检修。C 类检修指对隔离开关常规性检查、维护和试验。主要包括预防性试验、清扫、维护、检查、修理、检查等。

4）D 类检修。D 类检修指对隔离开关在不停电状态下进行的带电测试、外观检查和维修。主要包括绝缘子外观目测检查、红外测试、防锈补漆工作（带电距离够的情况下）、更换部分二次元器件，检修人员专业巡视、带电检测项目。

（2）由于隔离开关的停电检修可能直接造成对外供电损失，因此在选择隔离开关的检修策略时，应综合设备状态及供电可靠性进行综合评估，选择最佳检修策略。当然在隔离开关的选型订货初期，加大投资力度，选择合资或维护工作量少的产品，不失为保证隔离开关安全可靠稳定运行的一种更好的决策。

（3）年度检修计划的制定。年度检修计划每年至少修订一次，根据最近一次设备状态评价结果，考虑设备风险评估因素，并参考厂家的要求，确定下一次停电检修时间和检修类别。在安排检修计划时，应协调相关设备检修周期，尽量统一安排，避免重复停电。

（4）缺陷处理。对于设备缺陷，应根据缺陷的性质，按照有关缺陷管理规定处理。同一设备存在多种缺陷，也应尽量安排在一次检修中处理，必要时可调整检修类别。C 类检修正常周期宜与试验周期一致，不停电的维护和试验根据实际情况安排。

（5）根据设备评价结果，制定相应检修策略。

1）正常状态检修策略。被评价为正常状态的隔离开关执行 C 类检修。C 类检修可按照正常周期或延长一年并结合例行试验安排，在 C 类检修之前可以根据实际需要适当安排 D 类检修。

2）注意状态检修策略。被评价为注意状态的设备，若用 D 类检修可将设备恢复到正常状态可适时安排 D 类检修，否则应执行 C 类检修。

如果单项状态量扣分导致评价结果为注意状态时，应根据实际情况提前安排 C 类检修。

如果仅由多项状态量合计扣分或总体评价导致评价结果为注意状态时，可按正常周期执行，并根据线路的实际状况，增加必要的检修或试验内容。

3）异常状态检修策略。被评价为异常状态的设备，根据评价结果确定检修类型，并适时安排检修。

4）严重状态检修策略。被评价为严重状态的设备，根据评价结果确定检修类型，并尽快安排检修。

（6）新投运设备状态检修。新设备投运初期按 Q/GDW 168—2008《输变电设备状态检修试验规程》及其实施细则规定，新设备投运后 1～2 年应安排例行试验，同时还应对设备及其附件（包括电气回路及机械部分）进行全面检查，收集各种状态量，并进行一次状态评价。

（7）老旧设备的状态检修。对于运行 20 年以上的设备，宜根据设备运行及评价结果，对检修计划及内容进行调整。

【思考与练习】

1. 隔离开关状态是如何划分的？
2. 如何对隔离开关的状态进行评价？
3. 隔离开关检修工作分为哪四类？各包含的内容是什么？
4. 隔离开关状态检修的策略是什么？

模块 5　避雷器的状态检修（ZY1400402005）

【模块描述】本模块介绍避雷器开展状态检修知识。通过要点讲解、图表归纳，熟悉避雷器状态检测技术在状态检修中的应用，以及避雷器开展状态检修的信息收集与管理、状态的划分与评价标准、检修策略的制定原则等相关知识。

【正文】

避雷器状态检修实际上是指对避雷器进行状态监测，其状态（性能）在变坏期间以及出现事故之前能被及时检测出来，及时地进行更换，防止出现避雷器性能变坏后的爆炸事故是避雷器状态监测乃至绝缘监督的最终目标。本模块主要介绍无间隙氧化锌避雷器的状态检修。

一、在线监测技术在避雷器状态检修中的应用

氧化锌避雷器的监测主要是测量它在运行电压下的泄漏电流，阀片的老化以及因避雷器结构不良引起的内部受潮，都反映为泄漏电流的增加，最后会因功耗增大、发热而导致破坏和事故。

1. 氧化锌避雷器在线监测的项目

（1）监测总泄漏电流。由于氧化锌避雷器的泄漏电流的容性分量基本不变，因此可以简单地认为其总泄漏电流 I_x 的增加能在一定程度上反映其阻性分量电流的增长情况。利用测量总泄漏电流来了解避雷器性能的劣化情况，虽然其灵敏度较低，但不失为一种简便的监测方法。

测量总泄漏电流，可以在避雷器放电记录器两端并接低内阻的交流微安表。目前，避雷器出厂时，厂家配套提供的放电计数器已全部带有监测避雷器泄漏电流的微安表，因此，避雷器安装投运后，可实时监测总泄漏电流。

（2）监测阻性电流分量。用补偿法测量阻性电流，氧化锌避雷器阀片的劣化反映为阻性电流增大，因此，直接测量阻性电流，反映氧化锌避雷器的劣化最为灵敏。

2. 测试数据的判别

当全电流或阻性电流、有功损耗与出厂值和初始值有明显差别时应安排停电测试。

二、氧化锌避雷器状态信息的收集

1. 原始资料

原始资料包括铭牌参数、订货技术协议、出厂试、验报告、交接验收报告等。

2. 运行资料

运行资料包括运行工况记录信息、历年缺陷及异常记录、巡检情况、不停电检测记录等。

三、氧化锌避雷器状态的划分、评价及状态量

1. 氧化锌避雷器状态的划分

（1）正常状态。正常状态指设备运行数据稳定，所有状态量符合标准要求。

（2）注意状态。注意状态指设备的一个主状态量接近标准限值或超过注意值，或几个辅助状态量不符合标准，但不影响设备运行。

（3）异常状态。异常状态指设备的几个主状态量超过标准限值，或一个主状态量超过标准限值，并且几个辅助状态量明显异常，已影响设备的性能指标或可能发展成重大异常状态。异常状态时设备仍能继续运行。

（4）严重状态。严重状态指设备的一个或几个状态量严重超出标准或严重异常，设备只能短期运行或立即停役。

2. 氧化锌避雷器的状态评价

金属氧化物避雷器的状态评价分为部件状态评价和整体状态评价两部分。

（1）氧化锌避雷器部件状态评价。氧化锌避雷器部件分为本体、均压环和接地连接以及在线检测装置（包括动作指示、泄漏电流指示表及绝缘底座）三个部件。各部件的范围划分见表 ZY1400402005-1。

表 ZY1400402005-1　　　　　　　　氧化锌避雷器各部件范围划分

部　件	评　价　范　围
本　体	阀片、并联电容、瓷套、法兰
附　件	底座、在线监测泄漏电流表、放电计数器
引　线	均压环、高压引线、接地引下线

（2）氧化锌避雷器整体状态评价。氧化锌避雷器的整体评价应结合其部件的评价结果，当所有部件评价为正常状态时，整体评价为正常状态；当任一部件状态为注意状态、异常状态或严重状态时，整体评价应为其中最严重的状态。

（3）氧化锌避雷器状态量评价周期。

1）设备的状态评价分为定期评价和动态评价，定期评价在编制年度检修计划之前进行一次，一般在 8 月进行。动态评价在设备状态量（巡检、红外检测、高压试验等数据）及运行工况（系统短路冲击和过电压）发生异常时对具体设备有针对性地进行。

2）新设备投运后（即经过投运前的全项目高压试验、各部位检查和投运后的巡检及红外检测）第 40 天进行一次初始评价。

3）停运 6 个月以上的备用设备重新投运后，并经巡检及红外检测，第 10 天进行一次评价。

4）对列入当年检修计划的设备，在检修前 30 天及检修完成后 10 天内各评价一次。

（4）氧化锌避雷器部件的状态评价方法。氧化锌避雷器部件的评价应同时考虑单项状态量的扣分和部件合计扣分情况，各部件状态评价标准见表 ZY1400402005-2。

表 ZY1400402005-2　　　　　　　　氧化锌避雷器各部件状态评价标准

部件　＼　评价标准	正常状态		注意状态		异常状态	严重状态
	合计扣分	单项扣分	合计扣分	单项扣分	单项扣分	单项扣分
本体	≤30	≤10	>30	12～20	24～30	>30
均压环和接地连接	≤20	≤10	>20	12～20	24～30	>30
在线检测装置	≤12	≤10	>20	12～20	24～30	>30

当任一状态量单项扣分和部件合计扣分同时达到表 ZY1400402005-2 规定时，视为正常状态。

当任一状态量单项扣分或部件所有状态量合计扣分达到表 ZY1400402005-2 规定时，视为注意状态。

当任一状态量单项扣分达到表 ZY1400402005-2 规定时，视为异常状态或严重状态。

3. 氧化锌避雷器状态量

（1）状态量权重。视状态量对氧化锌避雷器安全运行的影响程度，从轻到重分为四个等级，对应的权重分别为权重1、权重2、权重3、权重4，其系数为1、2、3、4。权重1、权重2与一般状态量对应，权重3、权重4与重要状态量对应。

（2）状态量劣化程度。视状态量的劣化程度从轻到重分为Ⅰ、Ⅱ、Ⅲ和Ⅳ级，其对应的基本扣分值为2、4、8、10分。

（3）状态量扣分值。状态量应扣分值由状态量劣化程度和权重共同决定，即状态量应扣分值等于该状态量的基本扣分值乘以权重系数，状态量正常时不扣分。状态量的权重、劣化程度及对应扣分值见表 ZY1400402005-3。

表 ZY1400402005-3　　　　　氧化锌避雷器状态量的权重、劣化程度及对应扣分值表

状态量劣化程度 / 权重系数 / 基本扣分值		1	2	3	4
Ⅰ	2	2	4	6	8
Ⅱ	4	4	8	12	16
Ⅲ	8	8	16	24	32
Ⅳ	10	10	20	30	40

四、氧化锌避雷器的检修策略

氧化锌避雷器状态检修策略既包括年度检修计划的制定，也包括缺陷处理、试验、不停电的维修和检查等。检修策略应根据设备状态评价的结果动态调整。

（1）氧化锌避雷器检修工作分为 A 类检修、B 类检修、C 类检修、D 类检修四类。其中 A、B、C 类是停电检修，D 类是不停电检修。

1）A 类检修。A 类检修指氧化锌避雷器的整体更换和试验。

2）B 类检修。B 类检修指氧化锌避雷器的检修，如部件维修、更换和试验。包括均压环、计数器更换等。

3）C 类检修。C 类检修指对氧化锌避雷器常规性检查、维护和试验。包括预防性试验、清扫、维护、检查、修理、检查项目。

4）D 类检修。D 类检修指对氧化锌避雷器在不停电状态下进行的带电测试、外观检查和维修。包括绝缘子外观目测检查、红外测试、防锈补漆工作，检修人员专业巡视、带电检测等。

（2）年度检修计划每年至少修订一次，根据最近一次设备状态评价结果，考虑设备风险评估因素，并参考厂家的要求，确定下一次停电检修时间和检修类别。在安排检修计划时，应协调相关设备检修周期，尽量统一安排，避免重复停电。

（3）对于设备缺陷，应根据缺陷的性质，按照有关缺陷管理规定处理，同一设备存在多种缺陷，也应尽量安排在一次检修中处理，必要时，可调整检修类别。

（4）C 类检修正常周期宜与试验周期一致，不停电的维护和试验根据实际情况安排。

（5）根据设备评价结果，制定相应的检修策略。

1）正常状态检修策略。被评价为正常状态的隔离开关，执行 C 类检修。C 类检修可按照正常周期或延长一年并结合例行试验安排。在 C 类检修之前，可以根据实际需要适当安排 D 类检修。

2）注意状态检修策略。被评价为注意状态的设备，若用 D 类检修可将设备恢复到正常状态，则

可适时安排 D 类检修，否则应执行 C 类检修。如果单项状态量扣分导致评价结果为注意状态时，应根据实际情况提前安排 C 类检修。如果仅由多项状态量合计扣分或总体评价导致评价结果为注意状态时，可按正常周期执行，并根据线路的实际状况，增加必要的检修或试验内容。

3）异常状态检修策略。被评价为异常状态的设备，根据评价结果确定检修类型，并适时安排检修。

4）严重状态检修策略。被评价为严重状态的设备，根据评价结果确定检修类型，并尽快安排检修。

（6）新投运设备的状态检修。新设备投运初期按 Q/GDW 168—2008《输变电设备状态检修试验规程》及其实施细则规定，新设备投运后 1～2 年应安排例行试验，同时还应对设备及其附件（包括电气回路）进行全面检查，收集各种状态量，并进行一次状态评价。

（7）老旧设备的状态检修。对于运行 20 年以上的设备，宜根据设备运行及评价结果，对检修计划及内容进行调整。

【思考与练习】

1. 在线监测技术在避雷器状态检修中有哪些应用？

2. 氧化锌避雷器状态是如何划分的？

3. 如何对氧化锌避雷器的状态进行评价？

4. 氧化锌避雷器检修工作分为哪四类？各包含的内容是什么？

5. 氧化锌避雷器状态检修策略是什么？

模块 6　电力电缆的状态检修（ZY1400402006）

【模块描述】本模块介绍电力电缆开展状态检修知识。通过要点讲解、图表归纳，熟悉电力电缆开展状态检修的信息收集与管理、状态的划分与评价标准、检修策略的制定原则等相关知识。

【正文】

电缆的状态检修工作主要是收集运行中信息、巡视检查（设施、电缆头、外观）及带电测试（温度）的信息，以及分析定期试验数据。

一、在线监测技术在电力电缆状态检修中的应用

电力电缆在线监测的主要项目包括绝缘监测和温度监测，绝缘监测的内容主要有绝缘电阻、介质损耗、局部放电；温度监测主要是利用红外热像仪或温度传感器监测本体、附件在运行状态下的温度，因此相比绝缘监测更容易和方便。通过开展电缆的在线监测可以实时掌握电缆的绝缘受潮、老化、内部放电、过热等故障信息，为准确判断电缆的运行状态和选择检修策略提供依据。

二、电力电缆状态信息的收集

电力电缆状态信息的收集应包括：

1. 原始资料

原始资料包括设计图、竣工图、铭牌参数、订货技术协议、设备监造报告、出厂试验报告、交接验收报告等。

2. 运行资料

运行资料包括运行工况记录信息、历年缺陷及异常记录、巡检情况、不停电检测记录等。

3. 检修资料

检修资料包括例行试验报告、诊断性试验报告、有关反措执行情况、附件更换情况、运行检修人员对设备的巡检记录等。

4. 其他资料

其他资料包括同型（同类）设备的运行、修试、缺陷和故障的情况、相关反措执行情况、其他影响电缆线路安全稳定运行的因素如通道、环境等信息因素等。

三、电力电缆状态的划分、评价及状态量

1. 电力电缆状态的划分

（1）正常状态。正常状态表示设备运行数据稳定，所有状态量符合标准要求。

（2）注意状态。注意状态表示设备的一个主状态量接近标准限值或超过标准限值，或几个辅助状态量不符合标准，但不影响设备运行。

（3）异常状态。异常状态表示设备的几个主状态量超过标准限值，或一个主状态量超过标准限值并几个辅助状态量明显异常，已影响设备的性能指标或可能发展成重大异常状态。异常状态时设备仍能继续运行。

（4）严重状态。严重状态表示设备的一个或几个状态量严重超出标准或严重异常，设备只能短期运行或立即停役。

2. 电力电缆状态的评价

电力电缆状态的评价分为部件状态评价和整体状态评价两部分。

（1）电力电缆部件状态评价。根据电力电缆各部件的独立性，将电力电缆分为电缆本体、电缆终端、电缆中间接头、辅助设施、电缆通道、接地系统六个部件。所以对电力电缆的状态量的评价可按部件划分分别确定评价标准，各部件的范围划分见表 ZY1400402006-1。

表 ZY1400402006-1 电力电缆各部件的范围划分

部 件	评 价 范 围
电缆本体	外护套绝缘、主绝缘
电缆终端	终端套管、设备线夹、支撑绝缘子、法兰盘
电缆中间接头	中间接头温度
辅助设施	终端支架、电缆抱箍、防火措施
电缆通道	电缆中间接头井、操作工井、电缆沟体、电缆隧道、电缆桥架、电缆线路保护区
接地系统	接地电缆、接地线、接地电流、接地体、接地电缆固定装置

（2）电力电缆整体状态评价。电力电缆整体评价应综合其部件的评价结果，当所有部件评价为正常状态时，整体评价为正常状态；当任一部件状态为注意状态、严重状态或危急状态时，整体评价应为其中最严重的状态。

（3）电力电缆状态量评价周期。

1）设备的状态评价分为定期评价和动态评价，定期评价在编制年度检修计划之前进行一次，一般在 8 月进行。动态评价在设备状态量（巡检、红外检测、高压试验、油化验等数据）及运行工况（系统短路冲击和过电压）发生异常时对具体设备有针对性地进行。

2）新设备投运后（即经过投运前的全项目高压试验、各部位检查和投运后的巡检及红外检测）第 40 天进行一次初始评价。

3）停运 6 个月以上的备用设备重新投运后，并经巡检及红外检测，第 10 天进行一次评价。

4）对列入当年检修计划的设备，在检修前 30 天及检修完成后 10 天内各评价一次。

（4）电力电缆部件的状态评价方法。电力电缆评价应同时考虑单项状态量的扣分和部件合计扣分情况，各部件状态评价标准见表 ZY1400402006-2。

表 ZY1400402006-2 电力电缆各部件状态评价标准

评价标准 部件	正常状态		注意状态		异常状态	严重状态
	合计扣分	单项扣分	合计扣分	单项扣分	单项扣分	单项扣分
电缆本体	≤30	≤10	>30	12～16	20～24	≥30
电缆终端	≤30	≤10	>30	12～16	20～24	≥30
电缆中间接头	≤30	≤10	>30	12～16	20～24	≥30
辅助设施	≤12	≤10	>20	12～16	20～24	≥30
电缆通道	≤12	≤10	>20	12～16	20～24	≥30
接地系统	≤12	≤10	>20	12～16	20～24	≥30

当任一状态量单项扣分和部件合计扣分同时达到表 ZY1400402006-2 规定时，视为正常状态。

当任一状态量单项扣分或部件所有状态量合计扣分达到表 ZY1400402006-2 规定时，视为注意状态。

当任一状态量单项扣分达到表 ZY1400402006-2 规定时，视为异常状态或严重状态。

3．电力电缆状态量

（1）状态量权重。视状态量对高压电力电缆安全运行的影响程度，从轻到重分为四个等级，对应的权重分别为权重 1、权重 2、权重 3、权重 4，其系数为 1、2、3、4。权重 1、权重 2 与一般状态量对应，权重 3、权重 4 与重要状态量对应。

（2）状态量劣化程度。视状态量的劣化程度从轻到重分为 Ⅰ、Ⅱ、Ⅲ和Ⅳ级，其对应的基本扣分值为 2、4、8、10 分。

（3）状态量扣分值。状态量应扣分值由状态量劣化程度和权重共同决定，即状态量应扣分值等于该状态量的基本扣分值乘以权重系数，状态量正常时不扣分。状态量的权重、劣化程度及对应扣分值见表 ZY1400402006-3。

表 ZY1400402006-3　　　　　　　电力电缆状态量的权重、劣化程度及对应扣分值表

状态量劣化程度 \ 权重系数（基本扣分值）		1	2	3	4
Ⅰ	2	2	4	6	8
Ⅱ	4	4	8	12	16
Ⅲ	8	8	16	24	32
Ⅳ	10	10	20	30	40

四、电力电缆的检修分类及检修策略

（1）电力电缆检修工作分为 A 类检修、B 类检修、C 类检修、D 类检修四类。其中 A、B、C 类是停电检修，D 类是不停电检修。

1）A 类检修。A 类检修指电力电缆的整体更换和试验。

2）B 类检修。B 类检修指电力电缆的附件检修，如部件维修、更换和试验。主要包括电缆头、接地箱更换等。

3）C 类检修。C 类检修指对电力电缆常规性检查、维护和试验。主要包括预防性试验、清扫、维护，电缆附件、避雷器的检查，金具、接头紧固修理等。

4）D 类检修。D 类检修指对电力电缆在不停电状态下进行的带电测试、外观检查和维修。主要包括外观目测检查、红外测试、检修人员专业巡视、带电检测等。

（2）年度检修计划每年至少修订一次，根据最近一次设备状态评价结果，考虑设备风险评估因素，并参考厂家的要求，确定下一次停电检修时间和检修类别。在安排检修计划时，应协调相关设备检修周期，尽量统一安排，避免重复停电。

（3）对于设备缺陷，应根据缺陷的性质，按照有关缺陷管理规定处理。同一设备存在多种缺陷，也应尽量安排在一次检修中处理，必要时，可调整检修类别。

（4）C 类检修正常周期宜与试验周期一致，不停电的维护和试验根据实际情况安排。

（5）根据电力电缆评价结果，制定相应的检修策略。

1）正常状态检修策略。被评价为正常状态的电缆，执行 C 类检修，C 类检修可按照正常周期或延长一年并结合例行试验安排。在 C 类检修之前，可以根据实际需要适当安排 D 类检修。

2）注意状态检修策略。被评价为注意状态的电缆，若用 D 类检修可将设备恢复到正常状态，则可适时安排 D 类检修，否则应执行 C 类检修。如果单项状态量扣分导致评价结果为注意状态时，应根据实际情况提前安排 C 类检修。如果仅由多项状态量合计扣分或总体评价导致评价结果为注意状态时，可按正常周期执行，并根据线路的实际状况，增加必要的检修或试验内容。

3）异常状态检修策略。被评价为异常状态的设备，根据评价结果确定检修类型，并适时安排检修。

4）严重状态检修策略。被评价为严重状态的设备，根据评价结果确定检修类型，并尽快安排检修。

【思考与练习】

1. 在线监测技术在电力电缆状态检修中有哪些应用？

2. 电力电缆状态是如何划分的？

3. 如何对电力电缆的状态进行评价？

4. 电力电缆检修工作分为哪四类？各包含的内容是什么？

5. 电力电缆状态检修的策略是什么？

第五部分

倒闸操作

第十八章　电气设备倒闸操作基础知识

模块 1　倒闸操作的内容和一般程序（ZY1400501001）

【模块描述】 本模块介绍电力系统倒闸操作的内容和一般程序。通过概念描述、要点归纳，了解电力系统倒闸操作的内容、一般程序以及倒闸操作的制度规定和注意事项。

【正文】

一、电力系统倒闸操作的内容和程序

在电力系统中，为了电气设备的运行和检修的需要，常常要求改变电气设备的运行状态和运行方式，将电气设备由一种运行状态变换到另一种运行状态的操作称为电气设备的倒闸操作。

1. 电气设备的运行状态

（1）运行状态。运行状态指设备相应的断路器和隔离开关（不包括接地刀闸）在合上位置。

（2）冷备用状态。冷备用状态泛指设备处于完好状态，随时可以投入运行。

（3）热备用状态。热备用状态是指电气设备的断路器及相关的接地刀闸断开，断路器两侧相应隔离开关处于合上位置。

（4）检修状态。检修状态是指电气设备的断路器和隔离开关（不包括接地刀闸）均处于断开位置，并按《国家电网公司电力安全工作规程》要求已做好安全措施。

2. 倒闸操作的内容

电力系统倒闸操作的主要内容如下：

（1）电力线路的停、送电操作。

（2）发电机的启动、并列和解列操作。

（3）电力变压器的停、送电操作。

（4）网络的合环与解环操作。

（5）中性点接地方式的改变和消弧线圈的调整操作。

（6）母线接线倒换操作。

（7）继电保护和自动装置使用状态的改变。

（8）接地线的安装与拆除操作等。

倒闸操作其实是一项比较复杂的工作，它不仅包括高压一次回路上的断路器、隔离开关等设备的操作，而且还包括与高压回路有关的直流控制回路、继电保护和自动装置回路上的操作。当设备进行停电检修时，还要包括装设各种安全措施，测量设备的绝缘电阻等。尤其是在电气接线比较复杂的发电厂、变电站和电网中一个操作任务，常常会包括有几十项，甚至更多的操作。如某枢纽变电站在进行母线切换倒闸操作时，操作项目达 100 多项。

3. 倒闸操作的步骤和一般程序

在电力系统中进行的倒闸操作，其基本的操作步骤如下：

（1）准备阶段。

1）接受命令票。

2）审查命令票。

3）填写操作票。

4）审查操作票。

5）向上级或调度汇报准备就绪。

（2）执行阶段。

1）接受操作命令。

2）模拟预演。

3）现场操作。

4）操作结束。

5）向上级或调度汇报操作完毕。

在倒闸操作中能否保证安全，除了操作的内容和项目必须正确外，在很多情况下与具体的操作程序也有很大的关系。实践证明，当采取了正确的操作程序，即使发生操作错误，也有可能使事故的范围和损失大大减小，或者可能避免事故的发生。基本倒闸操作程序，可归纳为下列几个方面。

（1）送电操作的一般程序。送电操作通常容易发生的事故是带地线合闸，这是一种性质严重、影响较大的误操作事故。为了防止这种错误，一般可采取下面的操作程序：

1）检查设备上装设的各种临时安全措施和接地线确已完全拆除。

2）检查有关的继电保护和自动装置确已按规定投入。

3）检查断路器确在分闸位置。

4）合上断路器操动机构控制电源回路的熔断器和开关。

5）合上电源侧隔离开关。

6）合上负荷侧隔离开关。

7）合上断路器。

8）检查送电后负荷、电压应正常。

（2）停电操作的一般程序。停电操作一般容易发生的事故是带负电荷拉隔离开关和带电挂接地线，这是性质十分严重、影响很大的误操作事故。为防止这种错误，应采用下列操作程序：

1）检查有关表计指示是否允许拉闸。

2）断开断路器。

3）检查断路器确在分闸位置。

4）拉开负荷侧隔离开关。

5）拉开电源侧隔离开关。

6）切除断路器的操动能源。

7）拉开断路器控制回路熔断器。

8）按检修工作票要求布置安全措施。

电气设备的倒闸操作是值班运行工作中一项重要的工作，它关系着电力系统的安全运行，也关系着许多在电气设备上工作、检修人员的生命和操作人员本身的安全。

二、电力系统调度管理规程对倒闸操作的规定

（1）调度室模拟图板任何时候均应正确标出所有断路器和隔离开关的分、合位置和接地点的实际情况。

（2）在决定倒闸操作前，值班调度员应充分考虑对系统运行方式、潮流、稳定、频率、电压、继电保护和自动装置的整定以及系统中性点接地方式等方面的影响。

（3）执行倒闸操作时，当一单位执行某一操作后，如需要另一单位进行相应的操作才能进行下一项操作时，值班调度员必须在得到另一单位对相应的操作已执行完毕的报告后，才能下令给该单位进行下一项操作。不涉及两个单位的操作或不必观察对系统影响的操作，可以下达综合命令，或一次下达几项操作命令。

（4）为了保证倒闸操作的正确性，值班调度员对一切正常操作应填写操作票（处理事故时允许不填写操作票），并互相进行审核。

（5）值班调度员在发布倒闸操作命令前，应按调度模拟图板检查操作程序，务使程序正确；在操作过程中，应遵守监护（有条件时实行）、录音、记录和听取对方重复命令等制度。上述操作命令只有在得到接受命令的值班人员完成命令的报告后，才算执行完毕。操作完毕后应立即校正模拟图板，使其符合实际情况。

（6）允许用隔离开关进行操作的范围，应经主管局总工程师批准，并在现场规程中明确规定。

（7）值班调度员在许可电力线路或电气设备开始检修工作和再行送电时应遵守《国家电网公司电力安全工作规程》的有关规定。

三、倒闸操作中的操作制度规定及注意事项

（1）调度员在指挥操作前必须对检修票做到五查：内容、时间、单位、停电范围、检修运行方式（结线、保护、潮流分布）。检修票虽然经过审核、批准，但为了保证操作的正确性，调度员还应该把好操作前的最后一关。实践证明，调度员在操作前经过认真仔细检查，能够发现漏洞、避免误操作。

（2）对于逐项操作指令，调度员在操作前要填好操作票。填写操作票要做到"四对照"：对照现场、对照检修票、对照实际系统运行方式、对照典型操作票。

操作票一般应由负责指挥操作的调度员来填写，然后由当值调度长和几个班互审及按"四对照"方法检查操作票的正确性。如果下一值调度员接班后即执行操作，当值调度员有责任将事先填写好的操作票发给现场，为下一值调度员的操作做好准备。

操作票填写要严密而明确，文字清晰、述语标准化、规范化，不得修改、倒项。设备必须用双重名称，即设备名称和编号，缺一不可。为保证有关现场操作中协调配合，设备停、送电必须做统一步骤的操作票，不允许做成各单位分开各自顺序的操作票。停电和送电的操作票应分别编制，不允许写在一张操作票上。操作项目中的注意事项，应记在该项目之后，不得记在操作票最后的备注中。

（3）每一个操作要由一个调度员统一指挥，操作过程中必须严格贯彻复诵、录音、记录和监护制度。

调度员指挥操作时，除采用专用的调度术语外，还应采用复诵制度。所谓复诵，系指调度员发布执行命令的指令或现场运行人员汇报执行操作的结果时双方均应重复一遍。严格贯彻复诵制度可以及时纠正由于听错而造成的误操作，当未听清楚时不能操作。

调度员在操作时要彼此通报全名，逐项记录发令时间及操作完上报时间。调度员在指挥操作过程中必须录音，录音的作用在于录下操作的真实对话情况，提高工作的严肃性，还可以在录音中检查调度员的工作质量和纪律性。

负责操作的调度员在整个指挥操作过程中应由另一名有监护权的调度员负责监护。当发现调度员下令不正确或混乱时应及时提出纠正。经验证明，调度员一个指挥操作一个监护发令的方法可以防止误下令事故。当操作任务全部完成后，监护人还应审查一遍操作票，避免有遗漏或不妥之处。

（4）按操作票执行的操作必须逐项进行，不允许跳项操作。在操作中更不允许不按操作票而凭经验和记忆进行操作，遇有临时变更，必须经调度长同意，修改操作票后，才能继续操作。

操作时应利用现有的调度自动化设备，检查开关位置及潮流变化，检查操作的正确性，并及时变更调度盘，使其符合实际情况。

（5）对于操作中的保护和自动装置，不应只考虑时间而忽视配合问题。如某地区，因为试验改变了运行方式，调度员考虑时间不长，重合闸没有使用，结果发生了跳闸事故，造成向用户晚送电。

（6）电力系统的一切倒闸操作应避免在雷雨、大风等恶劣天气和交接班或高峰负荷时进行，除必须送电的线路送电操作和系统事故情况下操作外，一般操作均应尽量在负荷较小时进行。如果正在交接班时遇到必须进行的操作，只有当操作全部结束或告一段落后，方可进行交接班，因为调度员在交接班或系统高峰负荷时工作比较紧张，在此时间内指挥操作很容易考虑不周，同时，如果在高峰时出现事故，对系统的影响和对用户造成的损失也是较严重的。

（7）当电力系统进行复杂操作和重大试验时，应制定详细计划和试验方案。必须事先对运行方式、继电保护及操作步骤做周密安排。

【思考与练习】

1. 什么叫倒闸操作？电气设备有哪些运行状态？

2. 电力系统倒闸操作的内容有哪些？

3. 倒闸操作的步骤和一般程序有哪些?

4. 倒闸操作中的操作制度及注意事项有哪些?

模块 2　倒闸操作的安全技术 （ZY1400501002）

【模块描述】 本模块介绍倒闸操作的安全技术。通过定义讲解、要点归纳，掌握隔离开关、高压断路器、验电、挂拆接地线操作的安全技术要求及安全操作的制度规定。

【正文】

一、隔离开关操作的安全技术

（1）在合闸操作时，无论是用手动操作或用绝缘棒操作，都要迅速、果断地进行。在操作终了时，不应有撞击现象。在合闸操作的过程中，即使是发生电弧，在任何情况下也不应将已经合上或将要合上的闸刀拉回来。否则会使弧光扩大，甚至造成设备损坏和人身触电灼伤事故。

（2）在进行拉闸操作时，应缓慢进行。通常拉闸的动作分两步：① 将闸刀从固定触头的闸口中拉出，当闸刀刚刚脱离闸口，若未发生异常的弧光，即可进行下一步操作。② 将闸刀全部拉开，若出现强烈的电弧，应立即将闸刀合上，然后停止操作，查明原因。

（3）用绝缘棒操作单相的隔离开关时，不论隔离开关采用并列排列或者垂直排列，一般都是先拉开中间一相闸刀，然后再拉开两侧的闸刀。合闸操作则采取相反的程序，即先合上两边的或顶上与底下的闸刀，然后再合上中间一相闸刀。当室外进行拉闸操作时，在中间一相拉开后，如隔离开关为并行排列时应先拉开背风的一相，最后拉开迎风的一相。若隔离开关为垂直排列时，应先拉开顶上的一相，最后拉开底下的一相。

二、断路器操作的安全技术

（1）在进行断路器分、合闸操作时，不论是什么操动机构，都应迅速果断。

（2）在断路器分闸以后，如果还要将两侧的隔离开关拉开，操作前应在断路器的操作把手上悬挂"不可合闸"的警告牌，然后到安装该断路器的处所，检查分、合闸指示器和其他能表示断路器分、合闸状态的部件，确认断路器已断开后方可操作隔离开关。

（3）停电拉闸操作应按照断路器→负荷侧隔离开关→电源侧隔离开关的顺序依次进行，送电合闸操作应按与上述相反的顺序进行，严禁带负荷拉合隔离开关。

（4）在下列情况下应将断路器的操作电源断开。

1）断路器停用检修或在有关的二次线及继电保护自动装置回路上进行工作时。

2）断路器的操作不在主控室内，也不在配电装置室内时，为了防止在操作隔离开关过程中误将断路器合闸而发生事故，一般在操作前应先断开断路器的操作电源，并在操作把手上悬挂"不可合闸"的警告牌。

3）当系统接线从一组母线倒换到另一组母线时，应切断母联断路器的操作电源，防止在倒闸操作过程中误操作或由于直流系统接地致使母联断路器合闸。

三、验电操作的安全技术

（1）高压验电时，操作人员必须戴绝缘手套，穿绝缘鞋。

（2）验电时必须使用电压等级合适，试验合格的验电器。

（3）雨天室外验电时，禁止使用普通（不防水）的验电器或绝缘杆，以免其受潮闪络或沿面放电，引起人身触电。

（4）验电前，先在有电的设备上检查验电器，应确认验电器良好。

（5）在停电设备的各侧（如断路器的两侧，变压器的高压、中压、低压三侧等）以及需要短路接地的部位，分相进行验电。

四、挂、拆接地线操作的安全技术

（1）装设接地线应由两人进行（经批准可以单人装设接地线的项目及运行人员除外）。必须使用合格接地线。

（2）挂接地线时，必须先验电，验明设备无电压后，立即将停电设备接地并三相短路，操作时，先装接地端，后挂导体端。

（3）挂接地线时，操作人员必须戴绝缘手套，以免受感应电（或静电）电压的伤害。

（4）所装接地线与带电部分应考虑接地线摆动时仍符合安全距离的规定。

（5）拆除接地线时，先拆导体端，再拆接地端。

（6）装、拆接地线均应使用绝缘棒和戴绝缘手套。人体不得碰触接地线或未接地的导线，以防止感应电触电。

五、安全操作制度

一般操作制度的内容有以下几个方面：

1. 操作指令的发受

在发电厂、变电站和电力网中，电气设备的倒闸操作是根据系统值班调度员或电厂、变电站值长的指令执行的。一个操作指令，只能由一人下达，统一指挥。每次下操作指令，只能给一个操作任务，执行完了后再下达第二个操作指令。

发布指令应准确、清晰，使用规范的调度术语和设备双重名称，即设备名称和编号。发令人和受令人要先互报单位和姓名，发布指令的全过程（包括对方复诵指令）和听取指令的报告时双方都要录音并做好记录。操作人员（包括监护人）应了解操作目的和操作顺序，对指令有疑问时应向发令人询问清楚无误后才能执行。

在发生火灾、人身事故和自然灾害等紧急情况时，为了及时进行抢救，可以不经上级值班人员的许可，立即进行倒闸操作，但在事后应迅速将情况汇报上级值班员。

2. 填写操作票

在发电厂和变电站中，一般电气倒闸操作的项目往往很多，因此，要将内容复杂的操作项目，按先后顺序填写在"操作票"上，操作时按写好的顺序逐项进行，这样，既可防止项目记错或遗漏，又可避免顺序颠倒。每张操作票只能填写一个操作任务。操作票一般应包括下列内容：

（1）应拉合的设备（断路器、隔离开关等），验电，装拆接地线，安装或拆除控制回路或电压互感器回路的熔断器，切换保护回路和自动化装置及检验是否确无电压等。

（2）拉合设备（断路器、隔离开关等）后检查设备的位置。

（3）进行停、送电操作时，在拉、合隔离开关，手车式开关拉出、推入前，检查断路器确在分闸位置。

（4）在进行倒负荷或解、并列操作前后，检查相关电源运行及负荷分配情况。

（5）设备检修后合闸送电前，检查送电范围内接地刀闸已拉开，接地线已拆除。

操作票由担任操作的人负责填写，这样可以使其加深对操作任务的理解，更好地熟悉操作的设备系统，全面、细致地考虑操作的内容、要求和执行程序。操作票填写完后，由另一技术水平不低于操作人的值班员（监护人）审核。操作人和监护人应根据模拟图或接线图按顺序逐项核对所填写的操作项目，并分别签名，然后经运行值班负责人（检修人员操作时由工作负责人）审核签名。

3. 倒闸操作监护人的工作

在操作时，对操作人进行监护和实行复诵制，为了避免发生错误，比较有效的办法是对操作人的行动进行监护。也就是说，操作由两人进行，一人监护，一人操作，要求监护人不仅在技术上高于操作人，而且要有较高的责任感。

在操作时，由监护人拿着写好的操作票，按操作顺序逐项向操作人发出操作指令，每次发令给予一项操作，执行完了确认无误后再发布下一项操作命令。如此继续往下执行，直到全部任务完成为止。操作人接到监护人发出的操作指令后，复诵一遍，接着会同监护人一起按设备上的标志，核对名称和编号正确无误，在监护人下达命令"执行"后才进行操作。监护人始终监视着操作人的每一个动作，发现错误立即纠正。

在操作过程中，对每一项操作的正确性发生任何疑问时，都应立即停止操作进行核对检查，必要时报告上级值班员。只有经过核对检查确认无误后，方可继续往下操作。

　　在操作过程中，虽然使用了操作票，执行了监护制，但有时仍然发生由于监护人看错操作票而发生的误操作事故。为了防止在操作过程中遗漏操作项目，在使用操作票时要求每操作完一项就在该项的操作编号前用红笔划一个记号"√"，然后再进行下一个项目，这样就可以使下项操作准确地按顺序进行。

　　操作完成后，按照系统实际情况更改模拟系统图上的设备位置，并将操作任务、要点和时间记录在值班记录簿上，作为以后安排操作时的参考。

　　4. 可以由检修人员完成的操作

　　（1）经设备运行管理单位考试合格、批准的本企业的检修人员，可进行 220kV 及以下的电气设备由热备用至检修或由检修至热备用的监护操作，监护人应是同一单位的检修人员或设备运行人员。

　　（2）检修人员进行操作的接、发令程序及安全要求应由设备运行管理单位总工程师（技术负责人）审定，并报相关部门和调度机构备案。

　　【思考与练习】

　　1. 隔离开关操作的安全技术有哪些？

　　2. 断路器操作的安全技术有哪些？

　　3. 验电、装设接地线操作的安全技术有哪些？

　　4. 操作票中一般包括哪些内容？

第十九章　高压开关类设备、线路停送电

模块 1　高压开关类设备停送电操作（ZY1000301001）

【模块描述】本模块介绍高压开关类设备停送电的操作原则、注意事项、操作异常处理原则。通过操作要点和案例介绍，掌握高压开关类设备停送电操作和异常处理的方法。

【正文】

一、高压开关类设备操作原则及注意事项

1. 断路器操作一般原则

（1）断路器操作前，断路器本体、操动机构（手车断路器其机械闭锁应灵活可靠）及控制回路应完好，有关继电保护及自动装置已按规定投停。

（2）断路器停电时如无特殊要求，其继电保护装置应处于投入状态。母联断路器装设的线路保护在运行时除调度下令投入外，均不投入；母联断路器的线路保护只能作一次性有效使用，在带其他断路器时，必须重新调整或核对定值。

（3）运行中的断路器停电时，应先拉开该断路器，后拉开其负荷侧隔离开关，再拉开其电源侧隔离开关，送电时顺序相反；若为线路断路器停电时，应先拉开该断路器，后拉开其线路侧隔离开关，再拉开其母线侧隔离开关，送电时顺序相反。若断路器检修，应在该断路器两侧验明三相无电后挂接地线（或合上接地刀闸），并断开该断路器的合闸电源和控制电源。

断路器在某些情况下可进行单独操作，即断路器操作不影响线路和其他设备时，可直接由运行转检修或由检修转运行；反之，操作视断路器与保护配合情况分步进行：即运行→热备用→冷备用→检修，恢复送电时顺序相反。对于双母线接线，断路器恢复时应明确运行于哪条母线。

（4）操作主变压器断路器，停电时应先拉开负荷侧，后拉开电源侧，送电时顺序相反。拉合主变压器电源侧断路器前，主变压器中性点必须直接接地。

（5）断路器检修时，其母差二次电流回路上有工作时，在断路器投入运行前，应先停用母差保护，再合上断路器。母差保护只有在带负荷测相量正确后方可投入。

（6）系统的并列、解列操作。

1）并列操作。正常情况下的并列操作，一般采取准同期法。只有经过计算、试验、分析并经本单位主管生产的领导（总工程师）批准后，才允许采用非同期法。准同期并列的条件：相序相同；频率相等，但在事故情况下允许经长距离输电的两个系统频率差不超过 0.5Hz 并列；电压相等，220kV 系统允许电压差不大于 10% 时并列，在特殊情况下，允许电压差不超过 20% 时并列。系统内各主要联络线断路器应装设并列装置。

2）解列操作。系统在进行解列操作时，应将解列点的有功潮流调至零、无功潮流调至最小，一般为小容量的系统向大容量的系统输送少量负荷，然后拉开解列断路器。220kV 系统，进行解列操作时应考虑到限制操作过电压的措施，使操作过程中 220kV 电压波动不大于 10%。当系统需解列成几个部分时，事先应平衡有功和无功负荷，使解列后的每个部分系统频率和电压的变动都在允许范围以内。

（7）系统的解环、合环操作。

环路（或双回路）中必须相位相同才可以合环操作，新建或大修后的环网线路，必须核相正确，才允许合环操作。

1）合环操作前，应调整环路内的潮流分布。在 220、110kV 环路阻抗较大的环路中，合环点两侧

电压差最大不超过 30%，相角差不大于 30°（或经过计算确定其最大允许值）。合环前检查开环处两侧的相角差，合环或解环前应考虑合环或解环后的潮流及电压变化。

2）解环、合环操作前，应考虑环网内所有断路器继电保护和安全自动装置的整定值变更和使用状态，各设备潮流的变化不超过系统稳定、继电保护的限额，电压的变动不应超过规定范围，变压器中性点接地方式及时调整。必要时先调整潮流，减少解环、合环的波动。用母联断路器解环时要注意解环后，继电保护电压应取本母线电压互感器。

2. 断路器操作注意事项

（1）断路器停电操作。

1）对终端线路应先检查负荷是否为零；对并列运行的线路，在一条线路停电前应考虑有关保护定值的调整，并注意在该线路拉开后另一线路是否过负荷；对联络线应考虑拉开后是否会引起本站电源线过负荷。如有疑问应问清调度后再操作。

2）断路器分闸后，若发现绿灯不亮而红灯已熄灭，应立刻断开该断路器的控制电源开关（或取下熔断器），以防跳闸线圈烧毁。

3）对于手车断路器拉出后，应观察隔离挡板是否可靠封闭。

4）断路器检修时，必须断开该断路器二次回路所有电源开关（或取下熔断器），停用相应的母差跳该断路器及断路器失灵启动压板。

（2）断路器送电操作。

1）断路器检修后恢复运行操作前，应检查送电范围内所有安全措施确已拆除，断路器分闸位置指示正确且确在分闸位置，断路器二次回路所有电源开关已合上（或放上熔断器）；油断路器油色、油位应正常，SF_6 断路器气体压力应在规定范围之内；断路器为液压、气压操动机构的，储能装置压力应在允许范围内。

2）断路器合闸前，必须检查有关继电保护已恢复至停电前状态，其母差电流互感器端子已可靠接入差动回路，并投入相应的母差跳闸及断路器失灵启动压板。

3）长期停运超过 6 个月的断路器，在正式执行操作前应向调度申请在冷备用（或检修）状态下远方试操作 2～3 次，无异常后，方能按调度操作指令填写操作票进行实际操作。

4）用断路器对终端线路送电时，如发现电流表指示到最大刻度（或电流显示过大），说明合于故障，继电保护应动作跳闸，如未跳闸应立即手动拉开该断路器；对联络线送电时，有一定数值的电流是正常的；对主变压器进行充电合闸时，电流表会瞬间指示（或电流瞬间显示）较大数值后马上又返回，这是变压器正常励磁涌流所引起的。

3. 隔离开关操作一般原则

（1）严禁用隔离开关拉合带负荷设备及带负荷线路。在不能用或没有断路器操作的回路中允许利用隔离开关进行以下操作：

1）拉、合 220kV 及以下空母线。

2）拉、合励磁电流不超过 2 安培的空载变压器和电容电流不超过 5 安培的空载线路。

3）拉、合无接地指示的电压互感器以及变压器中性线上的消弧线圈。

4）拉、合无雷雨时的避雷器。

5）拉、合变压器中性点接地刀闸。

6）同一个变电站内同一电压等级的环路中可进行隔离开关解合环操作，但环路中的所有断路器应暂时改为"非自动"。例如：正常倒母线操作；断路器跳合闸闭锁，用旁路开关代路的操作过程中，用隔离开关拉、合旁路断路器与被代路断路器间的环路电流；拉合 3/2 接线方式的母线环流。

7）通过计算或试验，主管单位总工程师批准的其他专项操作。

必须利用隔离开关进行特殊操作时，应尽可能在天气好、空气湿度小和风向有利的条件下进行。

（2）隔离开关与断路器或母线回路停送电操作时，应遵循断路器或母线操作的一般原则。

（3）对于分相操动机构的隔离开关，在合闸操作时应先合 U、W 相，最后合 V 相；在分闸操作时应先拉开 V 相，再拉开其他两相。

（4）装有微机五防闭锁的隔离开关操作时，应使用微机防误闭锁装置，禁止随意解锁进行操作。

4. 隔离开关操作注意事项

（1）操作隔离开关时，断路器必须在分闸位置，并经核对编号无误后，方可操作。

（2）手动操作隔离开关前，应先拔出操动机构的定位销子再进行分合闸；操作后应及时检查定位销子已销牢，以防止隔离开关自动分合闸而造成事故。

（3）电动操作隔离开关前，应先合上该隔离开关的控制电源，操作后应及时断开，以防止隔离开关自动分合闸而造成事故。若电动操作失灵而改为手动操作时，应在手动操作前断开该隔离开关的控制电源，方可操作。

（4）隔离开关分闸操作时，如动触头刚离开静触头时就发生弧光，应迅速合上并停止操作，检查是否为误操作而引起的电弧。操作人员在操作隔离开关前，应先判断拉开该隔离开关时是否会产生弧光，切断环流或充电电流时产生的弧光是正常现象。

（5）隔离开关合闸操作时，当合到底时发现有弧光或为误合时，不准再将隔离开关拉开，以免由于误操作而发生带负荷拉隔离开关，扩大事故。

（6）隔离开关操作后，应检查操作良好，合闸时三相同期且接触良好；分闸时三相断口张开角度或拉开距离符合要求。正常后及时加锁，以防止误操作。

5. 组合电器操作一般原则

组合电器是由断路器、母线侧隔离开关、线路（或主变压器）侧隔离开关、接地刀闸、三相母线、电流互感器、电压互感器、母线（或线路）避雷器等组成，其操作应遵循断路器、隔离开关等设备操作的一般原则。

6. 组合电器操作注意事项

（1）组合电器中的断路器、隔离开关、接地刀闸之间无机械闭锁，正常情况下其电气连锁装置应投入，其钥匙按紧急解锁钥匙管理。在操作中若发生拒分或拒合时，应查明原因后方可继续操作，不准随意解除闭锁装置操作。

（2）对于室内 SF_6 组合电器，为防止气体渗漏，要注意进入室内操作前进行有效的通风。

（3）其他参照断路器、隔离开关等设备操作的注意事项。

二、高压开关类设备操作要求

1. 断路器操作要求

（1）一般情况下，运行中的断路器，凡能够电动操作的，不应就地手动操作。断路器无自由脱扣的机构，严禁就地操作。

特殊情况下如遇远方操作断路器分闸失灵，方可允许手动机械分闸或者手动就地操作按钮分闸；需注意的是对于装有自动重合闸的断路器，为防止手动分闸后重合，应先停用重合闸再进行手动分闸。

（2）正常操作断路器时必须在远方采用三相操作。分相操作只允许对空载线路的充电和切断，如新设备启动时的定相操作。

（3）远方用控制开关（或按钮）操作断路器时，不要用力过猛，以免损坏控制开关（或按钮），操作时不要返回太快，应待相应的位置指示灯亮时，才能松开控制开关（或按钮）自动返回，以免断路器操作失灵。

（4）断路器操作后的位置检查，应通过断路器红绿灯指示、电流表（电压表、功率表）指示、断路器（三相）机械位置指示以及各种遥测、遥信信号的变化等方面判断。遥控操作的断路器，至少应有 2 个及以上元件指示位置已同时发生对应变化，才能确认该断路器已操作到位。装有三相表计的断路器应检查三相电流基本平衡。

（5）断路器切断故障电流次数，比现场规程规定的次数少一次时，若需再合闸运行可根据现场要求停用该断路器的自动重合闸装置。

（6）操作中若发现断路器本体有明显故障或严重缺陷，当跳闸可能导致断路器爆炸时，应立即切除该断路器的跳闸电源或能源，报告当值调度员和上级有关领导。

2. 隔离开关操作要求

（1）用绝缘棒拉合隔离开关或经传动机构拉合隔离开关时，均应戴绝缘手套；雨天操作室外高压设备时，绝缘棒应有防雨罩，还应穿绝缘靴。

1）无论用手动或绝缘棒操作隔离开关分闸时，都应果断而迅速。先拔出定位销子再进行分闸，当刀片刚离开固定触头时应迅速，以便迅速消弧；但在分闸终了时要缓慢些，防止操动机构和支持绝缘子损坏，最后应检查定位销子已锁牢。

2）不论用手动或绝缘棒操作隔离开关合闸时，都应迅速而果断。先拔出定位销子再进行合闸，开始可缓慢一些，当刀片接近刀嘴时要迅速合上，以防止发生弧光。但在合闸终了时要注意用力不可过猛，以免发生冲击而损坏瓷件，最后应检查定位销子已锁牢。

（2）隔离开关与接地刀闸之间的机械闭锁应灵活可靠。

（3）远方操作的隔离开关，不得带电压就地手动操作，以免失去电气闭锁或因分相操作引起非对称开断，而影响继电保护的正常运行。

（4）操作时若发现隔离开关支持绝缘子严重破损、传动杆严重损坏等严重缺陷时，严禁对其进行操作，报告当值调度员和上级有关领导。

3. 组合电器操作要求

（1）操作前应检查各气室 SF$_6$ 压力指示正常，断路器、隔离开关、接地刀闸的控制电源正常，信号正确。

（2）操作后应间接检查断路器、隔离开关、接地刀闸的实际位置，与后台监控系统一致。

（3）其他参照断路器、隔离开关等设备操作的要求。

三、高压开关类设备操作中异常情况的处理原则

1. 断路器操作中异常情况的处理原则

（1）断路器操作中异常处理的注意事项。

1）利用 220kV 断路器进行并列或解列操作，因操动机构失灵造成两相断路器断开，一相断路器合上的情况时，不准将断开的两相再合上，而应迅速将原合上的一相断路器拉开。如断路器合上两相，则应将断开的一相再合一次，若不成即拉开合上的两相断路器。

2）断路器分闸遥控失灵，检查断路器运行正常，如现场规定允许进行近控操作时，必须进行三相同步操作，不得进行分相操作。如合闸遥控失灵，则禁止进行现场近控合闸。

3）接入系统中的断路器由于某种原因造成操作压力下降，并低于规定值时，严禁对断路器进行停、送电操作。运行中的断路器如发现有严重缺陷而不能跳闸的（如断路器已处于闭锁分闸状态），应立即改为非自动（装设非自动压板的断路器投入非自动压板，无非自动压板的断路器拉开断路器的直流控制电源），并迅速报告值班调度员后进行处理。

4）断路器出现非全相分闸时，应立即设法将未分闸相拉开，如仍拉不开应利用母联或旁路切除，之后通过隔离开关将故障断路器隔离。

（2）断路器操作中异常情况的处理。

1）断路器操作时，如不能进行分合闸，说明分合闸回路有问题。这时应首先检查分合闸指示灯，分闸前红灯应亮，合闸前绿灯应亮。如灯不亮则应检查指示灯是否损坏，若未损坏则说明分合闸回路中断。如灯亮而不能分合闸，则可能是由于分闸时控制开关⑥⑦触点或合闸时⑤⑧触点未接通的缘故。

2）当断路器的控制开关在分闸后位置时，发现红绿灯均不亮，但断路器实际位置在合上状态，则表示由于断路器操动机构原因不能分闸。这时由于防跳继电器动合触点闭合，使其自保持而跳闸线圈常通电，为防止烧坏跳闸线圈，运行人员应立即断开断路器控制电源，使防跳继电器失磁而返回。

2. 隔离开关操作中异常情况的处理原则

（1）隔离开关操作中异常处理时的注意事项。

1）装有电动操动机构的隔离开关如遇电动失灵，应检查原因，查明与此隔离开关有连锁关系的

所有断路器、隔离开关、接地刀闸的实际位置，确认允许进行操作时，必须履行解锁申请手续并执行解锁操作规定，才可解锁进行手动操作。手动操作时应拉开该隔离开关的控制电源。

2）若刚一拉错隔离开关，刀口上就发现电弧时应急速合上；若隔离开关已全部拉开，不允许再合上。若是单极隔离开关，操作一相后发现拉错，而其他两相不应继续操作。

3）若合错隔离开关，甚至在合闸时产生电弧，也不允许再拉开，否则将会造成三相弧光短路。

（2）隔离开关操作中异常情况的处理。

1）隔离开关合闸不到位。隔离开关合闸不到位，主要是检修调试时未调试好或隔离开关操动机构有卡涩现象等原因而引起的。隔离开关合闸不到位，可重新合闸一次，如无效，对手动操作的隔离开关则可用绝缘棒推入。若为电动操动机构的，则可用手柄朝合闸方向摇上，但不能用力过猛，以免机构断裂。隔离开关合闸不到位，在必要时可申请检修。

2）隔离开关分闸不到位。隔离开关分闸不到位，主要是检修调试时未调试好或隔离开关操动机构有卡涩现象等原因而引起的。隔离开关分闸不到位，对手动操作的隔离开关则可用绝缘棒拉开。若为电动操动机构的，则可用手柄朝分闸方向摇上，但不能用力过猛，以免机构断裂。隔离开关分闸不到位，在必要时可申请检修。

3）隔离开关电动操作失灵。首先应检查操作无差错；然后检查本回路断路器三相均在分闸位置，断路器母线侧接地刀闸已拉开；如母联断路器不在运行状态，还应检查另一母线隔离开关已拉开；检查断路器控制电源正常，本回路断路器动断辅助触点应闭合，断路器母线侧接地刀闸动断辅助触点应闭合，另一母线隔离开关动断辅助触点应闭合；近控、远控停止按钮动断触点应接通，分闸或合闸接触器应完好，隔离开关位置开关应接通，机构本身应无故障等。

如母联断路器合上在进行倒母线操作时母线隔离开关电动操作失灵，则应先检查本回路另一母线隔离开关在合上位置，母联断路器、隔离开关也确实在合上位置，然后检查母联隔离开关控制电源已合上，使母线隔离开关操作闭锁小母线带电（如不带电则应检查母联断路器、隔离开关的动合辅助触点应闭合，本回路另一母线隔离开关的动合辅助触点应闭合，最后检查近控、远控停止按钮动断触点应接通；分闸或合闸接触器应完好；隔离开关位置开关应接通，机构本身应无故障等。

3. 组合电器操作中异常情况的处理原则

参照断路器、隔离开关等设备操作的处理原则。

四、高压开关类设备操作案例

1. 操作任务：220kV 仿东线 241 开关由运行转检修

一次接线和运行方式如图 ZY1000301001-1 所示。

220kV 仿东线 241 开关保护配置：RCS-931A 第一套微机光纤纵差保护、CZX-12R 操作继电器箱；PSL-603G 第二套微机光纤纵差保护、PSL-631A 断路器失灵及辅助保护。

220kV 母线保护配置：RCS-915AB 微机母差保护。

操作步骤见表 ZY1000301001-1。

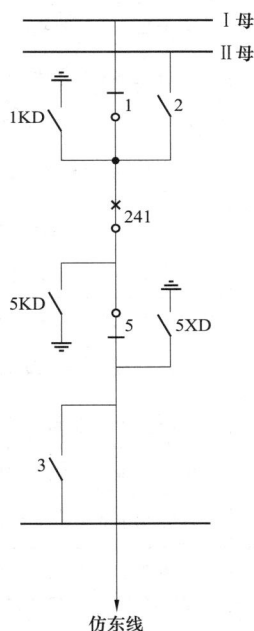

图 ZY1000301001-1　220kV 仿东线 241 开关一次接线示意图

表 ZY1000301001-1　　　　　操 作 步 骤

顺序	操 作 项 目	操 作 目 的
1	将 220kV 仿东线 241 开关"远方—就地"切换开关由"远方"切至"就地"位置	将 241 开关由运行转热备用
2	拉开 220kV 仿东线 241 开关	
3	检查 220kV 仿东线 241 开关三相确已拉开	
4	断开 220kV 仿东线 241 开关合闸电源开关	断开 241 开关合闸电源

续表

顺序	操 作 项 目	操 作 目 的
5	合上 220kV 仿东线 241-5 刀闸控制电源开关	
6	拉开 220kV 仿东线 241-5 刀闸	
7	检查 220kV 仿东线 241-5 刀闸三相确已拉开	
8	断开 220kV 仿东线 241-5 刀闸控制电源开关	
9	合上 220kV 仿东线 241-1 刀闸控制电源开关	
10	拉开 220kV 仿东线 241-1 刀闸	
11	检查 220kV 仿东线 241-1 刀闸三相确已拉开	将 241 开关由热备用转冷备用，检查相关保护屏上指示灯
12	检查 220kV 仿东线 241 开关操作继电器箱"L1"指示灯灭	
13	检查 220kV 母差保护"仿东线 241-1 刀闸"位置指示灯灭	
14	检查 220kV 母差保护位置报警灯亮	
15	将 220kV 母差保护"刀闸位置确认"按钮按下	
16	断开 220kV 仿东线 241-1 刀闸控制电源开关	
17	检查 220kV 仿东线 241-2 刀闸三相确已拉开	
18	在 220kV 仿东线 241 开关与 220kV 仿东线 241-1 刀闸之间验明三相确无电压	
19	合上 220kV 仿东线 241-1KD 接地刀闸	
20	检查 220kV 仿东线 241-1KD 接地刀闸三相确已合上	合上 241 开关两侧接地刀闸
21	在 220kV 仿东线 241 开关与 220kV 仿东线 241-5 刀闸之间验明三相确无电压	
22	合上 220kV 仿东线 241-5KD 接地刀闸	
23	检查 220kV 仿东线 241-5KD 接地刀闸三相确已合上	
24	停用 220kV 母差保护"仿东线 241 开关失灵启动"压板	
25	停用 220kV 母差保护"跳仿东线 241 开关 I 跳圈"压板	停用 241 开关母差和失灵保护等压板
26	停用 220kV 母差保护"跳仿东线 241 开关 II 跳圈"压板	
27	停用 220kV 仿东线 241 开关"遥控"压板	
28	断开 220kV 仿东线 241 开关控制电源 I 开关	断开 241 开关控制电源
29	断开 220kV 仿东线 241 开关控制电源 II 开关	
30	汇报调度	

注　220kV 仿东线 241 开关由检修转运行的操作顺序反之，合开关之前应注意检查主保护通道正常。其他 220kV 及以下开关的停送电操作，除保护配置不同外，其操作顺序基本相同。由于一次方式调整使变电站成为受电端，其进线开关的保护应在一次方式调整后进行改变，恢复则在一次方式调整前进行。

2. 操作任务：10kV 仿春线 542 开关由检修转运行（中置柜）

一次接线和运行方式如图 ZY1000301001-2 所示。

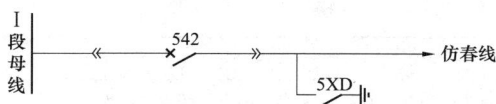

图 ZY1000301001-2　10kV 仿春线 542 开关一次接线示意图

10kV 仿春线 542 开关保护配置：RCS-9612A II 三段式过电流保护及三相一次重合闸等。

操作步骤见表 ZY1000301001-2。

表 ZY1000301001-2　　　　　　　　　　操 作 步 骤

顺序	操 作 项 目	操 作 目 的
1	合上 10kV 仿春线 542 开关控制电源开关	合上 542 开关控制电源
2	投入 10kV 仿春线 542 开关"遥控"压板	投入 542 开关"遥控"压板
3	检查 10kV 仿春线 542 开关×号手车"分合闸指示器"为"分"	将 542 开关×号手车由"检修位"推入"试验位",并间接检查设备位置
4	将 10kV 仿春线 542 开关×号手车由"检修位"推入"试验位"	
5	接上 10kV 仿春线 542 开关×号手车控制电缆航空插头	
6	检查 10kV 仿春线 542 开关"工作位"指示灯灭	
7	检查 10kV 仿春线 542 开关"试验位"指示灯亮	
8	检查 10kV 仿春线 542 开关×号手车已处于"试验位"	将 542 开关×号手车由"试验位"推入"工作位",并间接检查设备位置
9	将 10kV 仿春线 542 开关×号手车由"试验位"推入"工作位"	
10	检查 10kV 仿春线 542 开关"试验位"指示灯灭	
11	检查 10kV 仿春线 542 开关"工作位"指示灯亮	
12	检查 10kV 仿春线 542 开关×号手车已处于"工作位"	
13	合上 10kV 仿春线 542 开关合闸电源开关	合上 542 开关合闸电源
14	检查 10kV 仿春线 542 开关"远方—就地"切换开关在"就地"位置	将 542 开关由热备用转运行,前、后间接检查设备位置
15	检查 10kV 仿春线 542 开关微机线路保护"负荷电流"显示为零	
16	检查 10kV 仿春线 542 开关"分位"指示灯亮	
17	合上 10kV 仿春线 542 开关	
18	检查 10kV 仿春线 542 开关"合位"指示灯亮	
19	检查 10kV 仿春线 542 开关微机线路保护"负荷电流"显示为×A	
20	检查 10kV 仿春线 542 开关×号手车"分合闸指示器"为"合"	
21	将 10kV 仿春线 542 开关"远方—就地"切换开关由"就地"切至"远方"位置	
22	汇报调度	

注　10kV 仿春线 542 开关由运行转检修(中置柜)的操作顺序反之。其他 35kV 及以下开关(中置柜)的停送电操作,其操作顺序基本相同。

【思考与练习】

1. 断路器操作后的位置检查是如何进行的?

2. 用手动或绝缘拉杆操作隔离开关时,有哪些要求?

3. 解、合环操作有哪些规定?

4. 在不能用或没有断路器操作的回路中,允许利用隔离开关进行哪些操作?

5. 误合、误分隔离开关时,应如何处理?

模块 2　高压开关类设备停送电操作危险点源分析(ZY1000301002)

【模块描述】本模块介绍高压开关类设备停送电操作的危险点源。通过案例介绍,能正确分析高压开关设备停送电操作危险点源,并制定预控措施。

【正文】

(1)220kV 仿东线 241 开关由运行转检修,危险点分析及预控措施见表 ZY1000301002-1。

表 ZY1000301002-1　　　　220kV 仿东线 241 开关由运行转检修，危险点分析及预控措施

序号	操作目的	危险点	预控措施
1	将 220kV 仿东线 241 开关由运行转热备用	（1）误拉开关	认真核对设备编号，严格执行监护唱票复诵制度
		（2）开关未拉开	检查开关时不能只看表计，应现场检查开关的机械位置指示器和拐臂位置，来确认开关已拉开，以防止带负荷拉刀闸
		（3）开关机构销子脱落	应现场检查开关的机械位置指示器和拐臂位置，来确认开关已拉开，防止断路器实际位置与机械位置指示器不符，造成断路器触头没有断开，而使下一步操作带负荷拉刀闸
2	将 220kV 仿东线 241 开关由热备用转冷备用	（1）带负荷拉刀闸	在操作刀闸前，首先应检查开关三相已拉开，其次应判断拉该刀闸时是否会产生弧光，在确保不发生差错的前提下，对于会产生弧光的操作，则操作时应迅速而果断，尽快使电弧熄灭，以免触头烧坏
		（2）错拉刀闸	手动拉刀闸时，应先慢而谨慎，如触头刚分离时发生弧光，则应迅速合上，这时应立即检查，是否由于误操作而引起弧光；若刀闸已拉开严禁再次合上
		（3）电动刀闸分闸失灵	应查明原因，检查是否由于机构异常引起失灵，只有在确保操作正确（即该刀闸相关联的设备状态正确）的前提下，才能手动操作分闸，操作前应断开电动刀闸控制电源
		（4）电动刀闸操作后未断开控制电源	若刀闸电动机等回路异常或人为误碰，可能造成刀闸自合闸而导致事故，因此电动刀闸操作后，应及时断开开刀闸控制电源
		（5）手动分闸操作方法不正确	无论用手动或绝缘拉杆操作隔离开关分闸时，都应果断而迅速。先拔出连锁销子再进行分闸，当刀片刚离开固定触头时应迅速，以便迅速消弧；但在分闸终了时要缓慢些，防止操动机构和支持绝缘子损坏，最后应检查连锁销子是否销好
		（6）解锁操作刀闸	刀闸闭锁打不开时，应严格履行解锁申请和批准手续，解锁操作前，应认真核对设备编号和闭锁钥匙以及设备的实际状态，方可进行实际操作
		（7）刀闸分闸不到位	刀闸拉开后要注意认真检查，确认刀闸端口张开角或刀闸断开的距离应符合要求
3	将 220kV 仿东线 241 开关由冷备用转检修	（1）不试验验电器，使用不合格的验电器	验电器应进行检查试验合格，验电时必须戴绝缘手套
		（2）验电时站位不合适	验电时应根据现场情况站在便于操作和安全的地方，不能使验电器或绝缘杆的绝缘部分过分靠近设备构架，以免造成绝缘部分被短接
		（3）验电方法错误	验电时要使验电器的触头接触导体，三相逐相进行验电；在验电前应在带电的设备上进行试验，在带电设备上进行试验时应在线路侧进行，不能在靠近母线侧进行试验
		（4）误合线路接地刀闸	认真核对设备编号，严格执行监护唱票复诵制度
		（5）误停或漏停压板	操作前认清保护屏及压板名称，防止将不该停用的压板停用，对经母差保护跳本开关的压板停用，将经本开关失灵保护启动母差保护的压板停用，并停用本开关"遥控"压板
		（6）误断或漏断开关的控制电源和合闸电源开关	认清设备位置，防止与就近的电源开关混淆；若为熔断器一般应先取下正极，然后再取负极

（2）10kV 仿春线 542 开关由检修转运行，危险点分析及预控措施（中置柜）见表 ZY1000301002-2。

表 ZY1000301002-2　　　　10kV 仿春线 542 开关由检修转运行，危险点分析及预控措施（中置柜）

序号	操作目的	危险点	预控措施
1	将 10kV 仿春线 542 开关由检修转冷备用（即×号手车由"检修位"推入"试验位"）	（1）误合或漏合开关的控制电源和合闸电源开关	认清设备位置，防止与就近的电源开关混淆；若为熔断器一般应先放负极，然后再放正极
		（2）误投或漏投压板	操作前认清开关柜（或保护屏）及压板名称，根据运行方式、继电保护及自动装置定值通知单，核对本开关有关保护投入正确，装置运行正常，投入的压板接触良好
		（3）漏接航空插头或航空插头接触不良	手车推入"试验位"后，应立即接上航空插头并将卡环卡好，且检查"分闸"位置指示灯亮，发平光

续表

序号	操 作 目 的	危 险 点	预 控 措 施
2	将 10kV 仿春线 542 开关由冷备用转热备用（即×号手车由"试验位"推入"工作位"）	（1）手车卡涩	应查明原因，检查是否由于机构异常使手车卡涩，只有在确保操作正确（即该手车相关联的设备状态正确）的前提下，才能将手车推入
		（2）手车推入不到位	手车推入前后，应进行间接检查，至少应有两个及以上元件指示位置已同时发生对应变化，才能确认该手车已操作到位
		（3）带负荷推入手车	手车推入前，首先应检查开关三相已拉开，其次应判断推入该手车时是否会产生弧光，在确保不发生差错的前提下，对于会产生弧光的操作，则操作时应迅速而果断，尽快使电弧熄灭，以免触头烧坏
3	将 10kV 仿春线 542 开关由热备用转运行	（1）保护异常	开关停电检修，保护同时断开电源，在直流恢复后，有时保护并不能同时启动正常，有的需要按"复位"按钮。如果不注意检查保护情况，那么在开关合闸后，此保护就不能正常投入运行
		（2）误合开关	认真核对设备编号，严格执行监护唱票复诵制度

【思考与练习】

1. 如何防止带负荷拉刀闸？
2. 解锁操作应注意哪些事项？

模块 3 线路停送电操作（ZY1000301003）

【模块描述】 本模块包含线路停送电的操作原则、注意事项以及异常处理原则。通过操作要点和案例介绍，掌握线路停送电操作和异常处理的方法。

【正文】

一、线路操作原则及注意事项

1. 线路操作一般原则

（1）线路停电操作顺序应从各端按以下步骤进行：

1）拉开线路断路器。

2）拉开断路器线路侧隔离开关、母线侧隔离开关及线路电压互感器隔离开关。

3）在线路侧验电并三相接地短路（合上线路接地刀闸），悬挂"禁止合闸，线路有人工作！"标示牌。恢复送电时操作顺序与上述步骤相反，有支接负荷的线路或变电站也应按照上述停送电顺序操作。

（2）110kV 线路停电操作顺序：应先拉受电端断路器，后拉送电端断路器。恢复送电时顺序相反，即：应先合送电端断路器，后合受电端断路器。

（3）220kV 联络线路停电操作（或并联双回线电源停用一回线的操作），一般应先拉送电端断路器，后拉受电端断路器，恢复送电时顺序相反。为防止误操作和过电压，终端线停电操作时，应先拉受电端断路器，后拉送电端断路器。恢复送电时顺序相反。

联络线路停电操作一般分三步进行：即两侧运行→两侧热备用→两侧冷备用→两侧检修，恢复送电时顺序相反。为安全起见，在操作过程中一般不要一侧由检修转热备用状态，而另一侧还在检修状态。

（4）母线为 3/2 接线方式的线路停电时，一般应先拉开中断路器，后拉开边断路器，恢复送电时顺序相反。带有隔离开关的线路停役时，如断路器无工作，在利用断路器将线路停下并转冷备用后，应及时恢复完整串运行。

（5）在线路停送电操作中，若调度没有下令停投保护及重合闸装置时，保护及重合闸应保持原状态。在任何情况下利用完整保护的断路器向线路送电过程中，其保护必须投入。

2. 线路操作注意事项

（1）电缆线路停电检修和挂接地线前，必须经过多次放电，才能接地。

（2）110kV 及以上的长距离输电线停、送电操作，应注意以下几点：

1）对线路充电的断路器，应具有完备的继电保护，小电源侧应考虑继电保护的灵敏度。为了防止空载长线充电时线路末端电压的升高，对线路有电抗器的要求线路送电时应先合电抗器断路器，后合线路断路器。

2）防止送电到故障线路上时，造成其他正常运行线路的暂态稳定破坏。

3）送电端必须有变压器中性点接地。

4）防止切除空载线路时，造成电压低于允许值。

5）线路停、送电操作中，涉及系统解列、并列或解环、合环时，应按断路器操作一般原则中的规定处理。

6）可能使线路相序发生紊乱的检修，在恢复送电前应进行核相工作。

7）线路停、送电操作，应考虑对继电保护及安全自动装置、通信、调度自动化系统的影响。

二、线路操作要求

（1）线路停电前，应先将线路的负荷（包括 T 接负荷）倒由备用电源带；对于联络线或双回线，要注意潮流已调整好再断断路器，免得过负荷或电压异常波动。

（2）针对只有两路电源的 220kV 变电站，当一条线路停电后，应将运行线路保护定值按保护配置情况调整为弱馈方式；送电时应先将运行线路保护定值调整为联络线方式，再恢复联络线路（或双回线）运行。当切断联络线（或并列运行的双回路或多回路的一路）时，应注意检查继续运行线路的继电保护、潮流及对系统稳定的影响。

1）对于 LFP（RCS）-900 或 LFP（RCS）-900+FOX 光纤接口系列微机保护，在线路以终端馈线方式运行时，保护调整为弱馈方式。

2）对于一侧电源的馈电线路，包括正常或检修出现的馈电线路以及有机组经 110kV 及以下系统并入 220kV 系统变压器运行，不论机组容量大小，终端线路配的是 LFP（RCS）-900 或 LFP（RCS）-900+FOX 光纤接口系列微机保护，保护调整为弱馈方式。

3）对于一套 RCS-931A（或 PSL-603）光纤纵差保护，另一套高频（或光纤闭锁、方向光纤）保护配置的线路，线路运行于终端馈线方式时，需改变保护方式（即将高频保护、光纤闭锁、方向光纤保护调整为弱馈方式）。

4）对于 RCS-931A、PSL-603 微机光纤纵差保护，既适应于两侧有电源的联络线方式，又适应于终端馈线运行方式，不需改变保护方式。

5）其他类型的线路保护，按照调度指令或现场运行规程执行。

（3）母线为 3/2 接线方式的线路停电后需要恢复完整串运行时，要求投入短引线保护，用以保护两断路器间的引线；线路停电后不需要恢复完整串运行时，要注意保护的变动，此时应投入相关线路的停讯并联压板。

（4）联络线路恢复送电前，即两侧断路器在热备用状态时，两侧值班人员必须进行纵联保护通道交换试验以检验是否正常后，方可决定断路器是否合闸。

三、线路操作中异常情况的处理原则

1. 线路断路器非全相运行的处理

220kV 线路断路器，为了实现单相重合闸，其操动机构是分相设置的。当断路器的电气控制回路或机械传动部分有缺陷，拉合断路器时极易发生非全相分合故障。线路断路器非全相运行，将引起系统电流三相不平衡，严重时还会造成零序电流保护装置误动作，发电机负序电流超标，给电网安全带来危害。当线路断路器发生非全相分合故障时，可参考以下办法进行处理。

（1）尽快使系统恢复三相对称运行。

1）尽可能使故障断路器三相全断开或全合上。具体的做法是：

① 合闸时，断路器出现一相或两相未合上，再断开，保持三相全断开。

② 拉闸时，断路器出现一相或两相未断开，应将已断开相再合上，保持三相全合上。

2）为了减小三相不平衡电流的影响，条件允许时也可采取以下措施：

① 故障发生在联络线的断路器上，应调整两系统的出力，尽量减小联络线的功率交换，保持电流不平衡度最小。

② 如果允许故障断路器所带的线路停电，则可将线路对端的断路器断开。

（2）按照设备及接线的不同情况，故障断路器的切除可选择下列方法之一。

1）对 3/2 断路器接线的线路，可断开与故障断路器相邻的断路器，必要时再断线路对端的断路器。

2）经旁路母线使旁路断路器与线路故障断路器并联后，用故障断路器线路侧隔离开关拉环路，最后拉开母线侧隔离开关切除故障断路器。

3）将母联断路器或分段断路器与故障断路器串联，由母联断路器或分段断路器切除故障断路器。

2. 线路断路器拒分的处理

断路器防跳装置不同，拒分的现象也不同。跳闸线圈烧毁主要发生在装有电气防跳而拒绝分闸的断路器上。电气防跳是通过防跳闭锁继电器来实现的。

（1）机械防跳的断路器拒分时：红灯闪光，电流表仍有指示，应到现场手动紧急脱扣使其分闸。

（2）电气防跳的断路器拒分时：分闸前红灯亮，分闸后红灯灭，绿灯也不亮，电流表仍有指示。这种情况操作经验少的人看到红灯灭后，往往认为断路器已断开，不留心绿灯及电流表，以致到现场才发现跳闸线圈已冒烟烧毁，而断路器还未分闸。

装有电气防跳的断路器，发现拒分，要尽快把直流控制电源瞬间断开一下，使防跳闭锁继电器自保持复归，免得烧毁跳闸线圈；然后，尽快到现场手动紧急脱扣使断路器分闸（此项做法有争议）。

四、线路操作案例

1. 操作任务：220kV 仿东 241 线路由检修转运行（联络线）

一次接线和运行方式如图 ZY1000301003-1 所示。

220kV 仿东线 241 开关保护配置：RCS-931A 第一套微机光纤纵差保护、CZX-12R 操作继电器箱；PSL-603G 第二套微机光纤纵差保护、PSL-631A 断路器失灵及辅助保护。

220kV 母线保护配置：RCS-915AB 微机母差保护。

操作步骤见表 ZY1000301003-1。

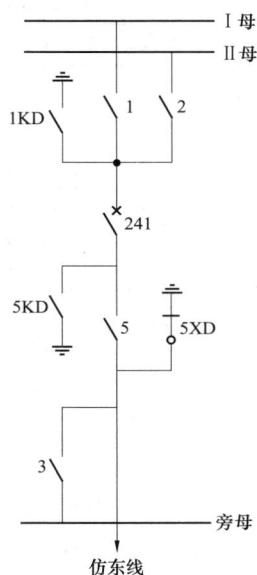

图 ZY1000301003-1　220kV 仿东 241 线路一次接线和运行方式示意图

表 ZY1000301003-1　　　　操 作 步 骤

顺序	操 作 项 目	操 作 目 的
1	摘除 220kV 仿东线 241-3 刀闸把手上"禁止合闸，线路有人工作！"标示牌一块	摘除 241 线路来电侧刀闸把手上标示牌
2	摘除 220kV 仿东线 241-5 刀闸把手上"禁止合闸，线路有人工作！"标示牌一块	
3	拉开 220kV 仿东线 241-5XD 接地刀闸	将 241 线路由检修转冷备用
4	检查 220kV 仿东线 241-5XD 接地刀闸三相确已拉开	
5	合上 220kV 仿东线 241 线路电压互感器二次开关	合上 241 线路电压互感器二次开关
6	汇报调度	
7	检查 220kV 仿东线 241 开关间隔接地刀闸三相确已拉开	检查 241 开关送电范围内接地刀闸已拉开
8	检查 220kV 仿东线 241 开关确在分闸位置	
9	合上 220kV 仿东线 241-1 刀闸控制电源开关	
10	合上 220kV 仿东线 241-1 刀闸	
11	检查 220kV 仿东线 241-1 刀闸三相确已合上	将 241 开关由冷备用转热备用检查相关保护屏上指示灯
12	检查 220kV 仿东 241 开关操作继电器箱"L1"指示灯亮	
13	检查 220kV 母差保护"仿东线 241-1 刀闸"位置指示灯亮	
14	检查 220kV 母差保护位置报警灯亮	

续表

顺序	操 作 项 目	操 作 目 的
15	将 220kV 母差保护"刀闸位置确认"按钮按下	
16	断开 220kV 仿东线 241-1 刀闸控制电源开关	
17	合上 220kV 仿东线 241-5 刀闸控制电源开关	将 241 开关由冷备用转热备用检查相关保护屏上指示灯
18	合上 220kV 仿东线 241-5 刀闸	
19	检查 220kV 仿东线 241-5 刀闸三相确已合上	
20	断开 220kV 仿东线 241-5 刀闸控制电源开关	
21	汇报调度	
22	检查 220kV 仿东线 241 开关第一套微机光纤纵差保护"通道异常"指示灯灭	检查 241 开关光纤纵差保护通道正常
23	检查 220kV 仿东线 241 开关第二套微机光纤纵差保护"通道异常"指示灯灭	
24	将 220kV 仿东线 241 开关同期切换开关由"断开"切至"同期"位置	
25	检查 220kV 仿东线 241 开关"远方—就地"切换开关在"就地"位置	
26	合上 220kV 仿东线 241 开关	
27	检查 220kV 仿东线 241 开关三相已合上	用 241 开关同期合环
28	检查 220kV 仿东线 241 开关"负荷电流"显示为×A	
29	将 220kV 仿东线 241 开关"远方—就地"切换开关由"就地"切至"远方"位置	
30	将 220kV 仿东线 241 开关同期切换开关由"同期"切至"断开"位置	
31	汇报调度	

注 220kV 仿东 241 线路由运行转检修的操作顺序反之。其他 220kV 及以下线路的停送电操作，除保护配置不同外，其操作顺序基本相同。由于一次方式调整使变电站成为受电端的，其进线开关的保护应在一次方式调整后进行改变，恢复则在一次方式调整前进行。

2. 操作任务：10kV 仿春 542 线路由运行转检修（馈电线路）

一次接线和运行方式如图 ZY1000301003-2 所示。

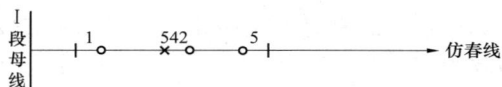

图 ZY1000301003-2 10kV 仿春 542 线路一次接线和运行方式示意图

10kV 仿春线 542 开关保护配置：RCS-9612AⅡ三段式过电流保护及三相一次重合闸等。

操作步骤见表 ZY1000301003-2。

表 ZY1000301003-2 操 作 步 骤

顺序	操 作 项 目	操 作 目 的
1	将 10kV 仿春线 542 开关"远方—就地"切换开关由"远方"切至"就地"位置	
2	拉开 10kV 仿春线 542 开关	将 542 开关由运行转热备用
3	检查 10kV 仿春线 542 开关三相确已拉开	
4	拉开 10kV 仿春线 542-5 刀闸	
5	检查 10kV 仿春线 542-5 刀闸三相确已拉开	将 542 开关由热备用转冷备用
6	拉开 10kV 仿春线 542-1 刀闸	
7	检查 10kV 仿春线 542-1 刀闸三相确已拉开	
8	在 10kV 仿春线 542-5 刀闸线路侧验明三相确无电压	在 542 线路上挂接地线
9	在 10kV 仿春线 542-5 刀闸线路侧挂 1 号接地线一组	
10	在 10kV 仿春线 542-5 刀闸把手上悬挂"禁止合闸，线路有人工作！"标示牌一块	在 542 线路来电侧刀闸把手上挂标示牌
11	汇报调度	

注 10kV 仿春 542 线路由检修转运行的操作顺序反之。其他 10kV 线路的停送电操作，其操作顺序基本相同。

【思考与练习】

1. 对线路停电操作的顺序是如何规定的？
2. 对联络线路停电操作，有哪些规定？
3. 110kV 及以上的长距离输电线停、送电操作时，应注意哪些事项？
4. 当断路器分、合闸时，若发生非全相运行应如何处理？
5. 怎样对电气设备位置进行间接检查？

模块 4　线路停送电操作危险点源分析（ZY1000301004）

【模块描述】本模块介绍线路停送电操作的危险点源。通过案例介绍，能正确分析线路停送电操作危险点源，并制定预控措施。

【正文】

（1）220kV 仿东 241 线路由检修转运行（联络线），危险点分析及预控措施见表 ZY1000301004-1。

表 ZY1000301004-1　　220kV 仿东 241 线路由检修转运行（联络线），危险点分析及预控措施

序号	操作目的	危险点	预控措施
1	将 220kV 仿东 241 线路由检修转冷备用	（1）漏投压板	线路停电检修，保护有可能工作，因此操作前要认清保护屏及压板名称，根据运行方式、继电保护及自动装置定值通知单，核对本开关有关保护投入正确，装置运行正常
		（2）漏拉接地刀闸	容易造成带接地刀闸合刀闸而损坏设备，恢复备用前，应详细检查送电回路接地刀闸已全部拉开
		（3）漏放电压互感器二次熔丝（或漏合开关）	严格按照操作票逐步操作，以防装置失去电压而使装置误动或拒动
2	将 220kV 仿东线 241 开关由冷备用转热备用于 I 母线	（1）电动刀闸合闸失灵	应查明原因，检查是否由于机构异常引起失灵，只有在确保操作正确（即该刀闸相关联的设备状态正确）的前提下，才能手动操作合闸，操作前应断开电动刀闸控制电源
		（2）电动刀闸操作后未断开控制电源	若刀闸电动机等回路异常或人为误碰，可能造成刀闸自分闸而导致事故，因此电动刀闸操作后，应及时断开刀闸控制电源
		（3）手动合闸操作方法不正确	不论用手动或绝缘拉杆操作隔离开关合闸时，都应迅速而果断。先拔出连锁销子再进行合闸，开始动慢一些，当刀片接近刀嘴时要迅速合上，以防止发生弧光。但在合闸终了时要注意用力不可过猛，以免发生冲击而损坏瓷件，最后应检查连锁销子是否销好
		（4）刀闸合闸不到位	刀闸合上后要注意认真检查，确认刀闸三相已全部合好；对于母线侧刀闸合好后，应检查本保护二次电压切换正常，微机型母差保护刀闸位置正确、切换正常
		（5）解锁操作刀闸	刀闸闭锁打不开时，应严格履行解锁申请和批准手续，解锁操作前，应认真核对设备编号和闭锁钥匙以及设备的实际状态，方可进行实际操作
		（6）带负荷合刀闸	在操作刀闸前，首先应检查开关三相已拉开，其次应判断合上该刀闸时是否会产生弧光，在确保不发生差错的前提下，对于会产生弧光的操作，则操作时应迅速而果断，尽快使电弧熄灭，以免触头烧坏
3	将 220kV 仿东线 241 开关由热备用转运行	（1）通道异常	线路停电检修，光纤通道可能工作，因此在开关合闸前，两侧值班人员必须检查光纤纵差保护"通道异常"灯灭后，方可合闸
		（2）误合开关	认真核对设备编号，严格执行监护唱票复诵制度
		（3）开关非同期合闸	合开关前应询问调度，充电时用非同期方式，合环时用同期方式

（2）10kV 仿春 542 线路由运行转检修（馈电线路），危险点分析及预控措施见表 ZY1000301004-2。

表 ZY1000301004-2　　10kV 仿春 542 线路由运行转检修（馈电线路），危险点分析及预控措施

序号	操作目的	危险点	预控措施
1	将 10kV 仿春线 542 开关由运行转热备用	（1）线路有电流，甩负荷	检查该线路的表计，确认该线路负荷已转移；如发现线路有电流，应与调度进行核对，确认该线路是否可以操作
		（2）误拉开关	认真核对设备编号，严格执行监护唱票复诵制度

续表

序号	操 作 目 的	危 险 点	预 控 措 施
1	将 10kV 仿春线 542 开关由运行转热备用	（3）开关未拉开	检查开关时不能只看指示灯，应现场检查开关的机械位置指示器和拐臂位置，来确认开关已拉开，以防止带负荷拉刀闸
		（4）开关机构销子脱落	应现场检查开关的机械位置指示器和拐臂位置，来确认开关已拉开，防止断路器实际位置与机械位置指示器不符，造成断路器触头没有断开，而使下一步操作带负荷拉刀闸
2	将 10kV 仿春线 542 开关由热备用转冷备用	（1）操作顺序错误	停电时，先拉线路侧刀闸，后拉母线侧刀闸，以防开关未拉开，带负荷拉刀闸时，扩大停电范围
		（2）刀闸分闸不到位	刀闸拉开后要注意认真检查，确认刀闸端口张开角或刀闸断开的距离应符合要求
		（3）手动分闸操作方法不正确	无论用手动或绝缘拉杆操作隔离开关分闸时，都应果断而迅速。先拔出连锁销子再进行分闸，当刀片刚离开固定触头时应迅速，以便迅速消弧；但在分闸终了时要缓慢些，防止操动机构和支持绝缘子损坏，最后应检查连锁销子是否销好
		（4）带负荷拉刀闸	在操作刀闸前，首先应检查开关三相确已拉开，其次应判断拉该刀闸时是否会产生弧光，在确保不发生差错的前提下，对于会产生弧光的操作，则操作时应迅速而果断，尽快使电弧熄灭，以免触头烧坏
		（5）错拉刀闸	手动拉刀闸时，应先慢而谨慎，如触头刚分离时发生弧光，则应迅速合上，这时应立即检查，是否由于误操作而引起弧光；若刀闸已拉开严禁再次合上
		（6）解锁操作刀闸	刀闸闭锁打不开时，应严格履行解锁申请和批准手续，解锁操作前，应认真核对设备编号和闭锁钥匙以及设备的实际状态，方可进行实际操作
3	将 10kV 仿春 542 线路由冷备用转检修	（1）不试验验电器，使用不合格的验电器	验电器应进行检查试验合格，验电时必须戴绝缘手套
		（2）验电时站位不合适	验电时应根据现场情况站在便于操作和安全的地方，不能使验电器或绝缘杆的绝缘部分过分靠近设备构架，以免造成绝缘部分被短接
		（3）验电方法错误	验电时要使验电器的触头接触导体，三相逐相进行验电；在验电前应在带电的设备上进行试验，在带电设备上进行试验时应在线路侧进行，不能在靠近母线侧进行试验
		（4）使用不合格的接地线	使用接地线前应认真检查接地线各部分有无断股，螺钉连接处有无松动，截面是否符合要求
		（5）装设接地线时站位不合适	装接地线时应根据现场情况站在便于操作和安全的地方，防止在装设接地线过程中操作杆摆动造成对带电设备距离不够发生事故
		（6）接地线装设错误	在装设接地线时要戴绝缘手套，手不能接触接地线，以防止带电挂接地线时造成对人更大的伤害。装设接地线要先装接地端再装导体端

【思考与练习】

1. 如何防范电动刀闸操作后未断开控制电源所产生的后果？
2. 如何防范验电时站位不合适所产生的后果？
3. 如何防范开关机构销子脱落所产生的后果？
4. 220kV 线路开关合闸前，为什么要测试高频保护通道？

第二十章　母线停送电

模块 1　母线停送电操作（ZY1000303001）

【模块描述】 本模块包含母线停送电的操作原则、注意事项以及异常处理原则。通过操作要点和案例介绍，掌握母线停送电操作和异常处理的方法。

【正文】

一、母线操作原则及注意事项

1. 母线操作一般原则

（1）运行中的双母线，当将一组母线上的部分或全部断路器（包括热备用）倒至另一组母线时（冷倒除外），应确保母联断路器及其隔离开关在合闸状态。

1）对微机型母差保护，在倒母线操作前应作出相应切换（如投入互联或单母线方式压板等），要注意检查切换后的情况（指示灯及相应光字牌亮），然后短时将母联断路器改非自动。倒母线操作结束后应自行将母联断路器恢复为自动、母差保护改为与一次方式相一致。

2）操作隔离开关时，应遵循"先合、后拉"的原则（即热倒）。其操作方法有两种：一种是"先合上全部应合的隔离开关、后拉开全部应拉的隔离开关"，另一种是"先合上一组应合的隔离开关、后拉开相应的一组应拉的隔离开关"。具体采用哪一种方法，应视母线长短以及设备布置方式等而定。

3）在倒母线操作过程中，要严格检查各回路母线侧隔离开关的位置指示情况（应与现场一次运行方式相一致），确保保护回路电压可靠；对于不能自动切换的，应采用手动切换，并做好防止保护误动作的措施，即切换前停用保护，切换后投入保护。

（2）对于母线上热备用的线路，当需要将热备用线路由一组母线倒至另一组母线时，应先将该线路由热备用转为冷备用，然后再操作调整至另一组母线上热备用，即遵循"先拉、后合"的原则（冷倒），以免发生通过两条母线侧隔离开关合环或解环的误操作事故，这种操作无需将母联断路器改非自动。

（3）运行中的双母线并列、解列操作必须用断路器来完成。倒母线应考虑各组母线的负荷与电源分布的合理性。一组运行母线及母联断路器停电，应在倒母线操作结束后，拉开母联断路器，再拉开停电母线侧隔离开关，最后拉开运行母线侧隔离开关。

（4）双母线双母联带分段断路器接线方式倒母线操作时，应逐段进行。一段操作完毕，再进行另一段的倒母线操作。不得将与操作无关的母联、分段断路器改非自动。

（5）单母线停电时，应先拉开停电母线上所有负荷断路器，后拉开电源断路器，再将所有间隔设备（含母线电压互感器、站用变压器等）转冷备用、最后将母线三相短路接地。恢复时顺序相反。

2. 母线操作注意事项

（1）检修完工的母线在送电前，应检查母线设备完好，无接地点。

（2）用断路器向母线充电前，应将空母线上只能用隔离开关充电的附属设备，如母线电压互感器、避雷器先行投入。

（3）运行中的双母线当停用一组母线时，要做好防止运行母线电压互感器对停用母线电压互感器二次反充电的措施，即母线转热备用后，应先断开该母线上电压互感器的所有二次电压空气开关（或取下熔断器），再拉开该母线上电压互感器的高压隔离开关（或取下熔断器）。

（4）运行中的双母线倒母线操作时，应注意线路的继电保护、自动装置（如按频率减负荷）及电能表所用的电压互感器电源的相应切换；如不能切换到运行母线的电压互感器上，则在操作前将这些保护停用。

（5）无论是回路的倒母线还是母线停电的倒母线操作，在合上（或拉开）某回路母线侧隔离开关后，应及时检查该回路保护电压切换箱所对应的母线指示灯以及微机型母差保护回路的位置指示灯指示正确。

母线停电倒母线操作后，在拉开母联断路器之前，应再次检查回路是否已全部倒至另一组运行母线上，并检查母联断路器电流指示为零；当拉开母联断路器后，应检查停电母线上的电压指示为零。

（6）在母线侧隔离开关的合上（或拉开）过程中，如可能发生较大火花时，应依次先合靠母联断路器最近的母线侧隔离开关；拉开的顺序反之，以尽量减小母线侧隔离开关操作时的电位差。

（7）110～220kV 母线操作可能出现的谐振过电压，应根据运行经验和试验结果采取防止措施。

1）可能出现谐振的变电站，在母线和母线电压互感器同时停电时，待停母线转为空母线后，应先拉母线电压互感器隔离开关，后拉母联断路器；母线和母线电压互感器同时恢复运行时，母线和母线电压互感器转冷备用后，先对母线送电，后送母线电压互感器（对母线电压互感器应详细检查，确认无接地）。

2）在母线停送电操作过程中，应尽量避免两个断路器同时热备用于该母线。

35kV 及以下母线停送电操作时，一般采用带一条线路停送电来防止谐振过电压。

（8）带有电容器的母线停送电时，停电前应先拉开电容器断路器，送电后合上电容器断路器，以防母线过电压，危及设备绝缘。

二、母线操作要求

（1）对母线送电时，应使用具有速断保护的断路器（母联、母联兼旁路或线路断路器）进行；若只能用隔离开关向母线送电时，应进行必要的检查确认其设备正常、绝缘良好、连接母线的所有接地线和接地刀闸已拆除或拉开。

（2）母联断路器微机保护中配有充电保护和过流保护，如 RCS-923 等。但因其充电保护不具备手合接点控制及短时退母差保护功能，所以有些单位要求在母线停电再送电或对空母线上开关冲击时，应投入母差保护中的母联充电保护，送电正确后退出母联充电保护。

（3）用外部电源对母线试送时，需将试送线路本侧方向高频保护（或高频闭锁保护）改停用，若线路配置双光纤保护，线路两侧保护正常投入，将线路送电侧后备保护距离Ⅱ段时间定值调至 0.5s。

（4）用变压器向 220、110kV 母线充电时，变压器中性点必须接地。

（5）用变压器向不接地或经消弧线圈接地系统的母线充电时，应防止出现铁磁谐振或母线三相对地电容不平衡而产生异常过电压；如有可能产生铁磁谐振，应先带适当长度的空线路或采用其他消谐措施。

（6）对 GIS 母线操作，一般情况下与常规母线相同，现场应检查 SF_6 的充气压力和密度在规定值内。对 GIS 母线及相关设备有特殊操作要求时，应事先得到有关部门认可，具体操作方案应得到调度机构同意后方可执行。

三、母线操作中异常情况的处理原则

（1）在合、拉隔离开关时，若发现微机线路保护或微机母差保护屏上隔离开关位置指示不正确时，应停止操作，查明原因（若为 RCS-915AB 型微机母线保护，应先将屏上强制开关切至强制接通或强制断开）。

（2）当拉开某一工作母线隔离开关后，若发现合上的备用母线隔离开关接触不好、拉弧，应立即将拉开的隔离开关再合上，再拉开备用母线隔离开关查明原因。

（3）当某一备用母线隔离开关合上后，若发现工作母线隔离开关拉不开时，应待其他回路倒母线结束后，用旁路断路器带该断路器运行，再拉开备用母线隔离开关，然后用母联断路器隔离工作母线隔离开关查明原因。

四、母线操作案例

1. 操作任务：220kV Ⅰ母线由运行转检修，负荷倒由Ⅱ母线带

一次接线和运行方式如图 ZY1000303001-1 所示，1 号、2 号变压器中、低压侧不考虑合环运行。

220kV 母线保护配置：RCS-915AB 微机母差保护。

220kV 电压并列装置配置：YQX-12PS。

220kV 仿东 I 、II 241、242 开关保护配置：RCS-931A 第一套微机光纤纵差保护、CZX-12R 操作继电器箱；PSL-603G 第二套微机光纤纵差保护、PSL-631A 断路器失灵及辅助保护。

220kV 仿西 244 开关、仿南 245 开关、仿北 247 开关保护配置：RCS-901A 微机方向高频保护、LFX-912 收发信机、CZX-12R 操作继电器箱；RCS-902A 微机高频闭锁保护、LFX-912 收发信机、RCS-923A 失灵启动和辅助保护。

220kV 1 号变压器保护配置：PST-1202A 差动及后备保护、PST-1206A 失灵保护、PST-1212 操作箱（高压侧）；PST-1202B 差动及后备保护、PST-1210C 本体保护、PST-1211 中压操作箱、PST-1210 低压操作箱。

220kV 2 号变压器保护配置：RCS-978 差动及后备保护、RCS-974A 非电量及失灵辅助保护、LFP-974B 电压切换及操作回路（中、低压侧）；RCS-978 差动及后备保护、LFP-974E 操作继电器箱（高压侧）。

操作步骤见表 ZY1000303001-1。

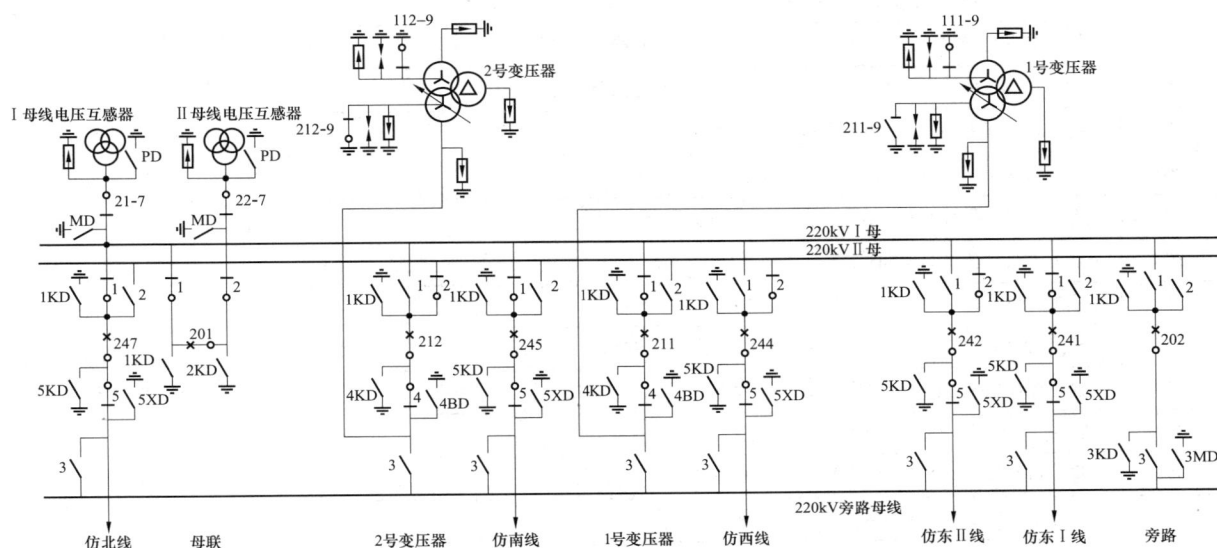

图 ZY1000303001-1　220kV 母线一次接线示意图（正常方式）

表 ZY1000303001-1　　　　　操　作　步　骤

顺序	操　作　项　目	操　作　目　的
1	检查 220kV 母联 201 开关三相确已合上	确认 201 开关在合闸位置
2	检查 220kV 母联 201 开关负荷分配正常，电流显示为×××A	
3	投入 220kV 母差保护"投单母方式"压板	母差保护改单母方式
4	断开 220kV 母联 201 开关控制电源开关	201 开关改非自动
5	合上 220kV 仿北线 247-2 刀闸控制电源开关	
6	合上 220kV 仿北线 247-2 刀闸	
7	检查 220kV 仿北线 247-2 刀闸三相确已合上	
8	检查 220kV 仿北线 247 开关操作继电器箱"L2"指示灯亮	合上 247-2 刀闸，检查相关保护屏上指示灯
9	检查 220kV 母差保护"仿北线 247-2 刀闸"位置指示灯亮	
10	检查 220kV 母差保护"仿北线 247-2 刀闸"位置报警灯亮	
11	将 220kV 母差保护"刀闸位置确认"按钮按下	
12	断开 220kV 仿北线 247-2 刀闸控制电源开关	

续表

顺序	操 作 项 目	操 作 目 的
13	合上 220kV 仿南线 245-2 刀闸控制电源开关	
14	合上 220kV 仿南线 245-2 刀闸	
15	检查 220kV 仿南线 245-2 刀闸三相确已合上	
16	检查 220kV 仿南 245 开关操作继电器箱"L2"指示灯亮	合上 245-2 刀闸，检查相关保护屏上指示灯
17	检查 220kV 母差保护"仿南线 245-2 刀闸"位置指示灯亮	
18	检查 220kV 母差保护"仿南线 245-2 刀闸"位置报警灯亮	
19	将 220kV 母差保护"刀闸位置确认"按钮按下	
20	断开 220kV 仿南线 245-2 刀闸控制电源开关	
21	合上 220kV 1 号变压器 211-2 刀闸控制电源开关	
22	合上 220kV 1 号变压器 211-2 刀闸	
23	检查 220kV 1 号变压器 211-2 刀闸三相确已合上	
24	检查 220kV 1 号变压器 211 开关操作箱"Ⅱ母运行"指示灯亮	合上 211-2 刀闸，检查相关保护屏上指示灯
25	检查 220kV 母差保护"1 号变压器 211-2 刀闸"位置指示灯亮	
26	检查 220kV 母差保护"1 号变压器 211-2 刀闸"位置报警灯亮	
27	将 220kV 母差保护"刀闸位置确认"按钮按下	
28	断开 220kV 1 号变压器 211-2 刀闸控制电源开关	
29	合上 220kV 仿东Ⅰ线 241-2 刀闸控制电源开关	
30	合上 220kV 仿东Ⅰ线 241-2 刀闸	
31	检查 220kV 仿东Ⅰ线 241-2 刀闸三相确已合上	
32	检查 220kV 仿东Ⅰ线 241 开关操作继电器箱"L2"指示灯亮	合上 241-2 刀闸，检查相关保护屏上指示灯
33	检查 220kV 母差保护"仿东Ⅰ线 241-2 刀闸"位置指示灯亮	
34	检查 220kV 母差保护"仿东Ⅰ线 241-2 刀闸"位置报警灯亮	
35	将 220kV 母差保护"刀闸位置确认"按钮按下	
36	断开 220kV 仿东Ⅰ线 241-2 刀闸控制电源开关	
37	合上 220kV 仿东Ⅰ线 241-1 刀闸控制电源开关	
38	拉开 220kV 仿东Ⅰ线 241-1 刀闸	
39	检查 220kV 仿东Ⅰ线 241-1 刀闸三相确已拉开	
40	检查 220kV 仿东Ⅰ线 241 开关操作继电器箱"L1"指示灯灭	拉开 241-1 刀闸，检查相关保护屏上指示灯
41	检查 220kV 母差保护"仿东Ⅰ线 241-1 刀闸"位置指示灯灭	
42	检查 220kV 母差保护"仿东Ⅰ线 241-1 刀闸"位置报警灯亮	
43	将 220kV 母差保护"刀闸位置确认"按钮按下	
44	断开 220kV 仿东Ⅰ线 241-1 刀闸控制电源开关	
45	合上 220kV 1 号变压器 211-1 刀闸控制电源开关	
46	拉开 220kV 1 号变压器 211-1 刀闸	
47	检查 220kV 1 号变压器 211-1 刀闸三相确已拉开	
48	检查 220kV 1 号变压器 211 开关操作箱"Ⅰ母运行"指示灯灭	拉开 211-1 刀闸，检查相关保护屏上指示灯
49	检查 220kV 母差保护"1 号变压器 211-1 刀闸"位置指示灯灭	
50	检查 220kV 母差保护"1 号变压器 211-1 刀闸"位置报警灯亮	
51	将 220kV 母差保护"刀闸位置确认"按钮按下	
52	断开 220kV 1 号变压器 211-1 刀闸控制电源开关	

模块 1　ZY100030001

顺序	操 作 项 目	操 作 目 的
53	合上 220kV 仿南线 245-1 刀闸控制电源开关	拉开 245-1 刀闸，检查相关保护屏上指示灯
54	拉开 220kV 仿南线 245-1 刀闸	
55	检查 220kV 仿南线 245-1 刀闸三相确已拉开	
56	检查 220kV 仿南 245 开关操作继电器箱"L1"指示灯灭	
57	检查 220kV 母差保护"仿南线 245-1 刀闸"位置指示灯灭	
58	检查 220kV 母差保护"仿南线 245-1 刀闸"位置报警灯亮	
59	将 220kV 母差保护"刀闸位置确认"按钮按下	
60	断开 220kV 仿南线 245-1 刀闸控制电源开关	
61	合上 220kV 仿北线 247-1 刀闸控制电源开关	拉开 247-1 刀闸，检查相关保护屏上指示灯
62	拉开 220kV 仿北线 247-1 刀闸	
63	检查 220kV 仿北线 247-1 刀闸三相确已拉开	
64	检查 220kV 仿北线 247 开关操作继电器箱"L1"指示灯灭	
65	检查 220kV 母差保护"仿北线 247-1 刀闸"位置指示灯灭	
66	检查 220kV 母差保护"仿北线 247-1 刀闸"位置报警灯亮	
67	将 220kV 母差保护"刀闸位置确认"按钮按下	
68	断开 220kV 仿北线 247-1 刀闸控制电源开关	
69	检查 220kV Ⅰ 母线上所有出线刀闸三相确已全部拉开	确认 Ⅰ 母线空母运行
70	合上 220kV 母联 201 开关控制电源开关	201 开关改自动
71	将 220kV 母差保护电压切换开关由"双母"切至"Ⅱ母"位置	母差保护电压切换
72	断开 220kV 母差保护 Ⅰ 母交流电压开关	
73	检查 220kV 母联 201 开关"负荷电流"显示为零	将 Ⅰ 母线由运行转热备用
74	将 220kV 母联 201 开关"远方—就地"切换开关由"远方"切至"就地"位置	
75	拉开 220kV 母联 201 开关	
76	检查 220kV 母联 201 开关三相确已拉开	
77	检查 220kV Ⅰ 母线电压显示为零	
78	合上 220kV 母联 201-1 刀闸控制电源开关	将 201 开关由热备用转冷备用，检查相关保护屏上指示灯
79	拉开 220kV 母联 201-1 刀闸	
80	检查 220kV 母联 201-1 刀闸三相确已拉开	
81	检查 220kV 母差保护"母联 201-1 刀闸"位置指示灯灭	
82	检查 220kV 母差保护"母联 201-1 刀闸"位置报警灯亮	
83	将 220kV 母差保护"刀闸位置确认"按钮按下	
84	断开 220kV 母联 201-1 刀闸控制电源开关	
85	合上 220kV 母联 201-2 刀闸控制电源开关	
86	拉开 220kV 母联 201-2 刀闸	
87	检查 220kV 母联 201-2 刀闸三相确已拉开	
88	检查 220kV 母差保护"母联 201-2 刀闸"位置指示灯灭	
89	检查 220kV 母差保护"母联 201-2 刀闸"位置报警灯亮	
90	将 220kV 母差保护"刀闸位置确认"按钮按下	
91	断开 220kV 母联 201-2 刀闸控制电源开关	
92	断开 220kV Ⅰ 母线电压互感器二次保护交流电压开关	将 Ⅰ 母线电压互感器由运行转冷备用，检查相关信号
93	断开 220kV Ⅰ 母线电压互感器二次计量交流电压开关	
94	合上 220kV Ⅰ 母线电压互感器 21-7 刀闸控制电源开关	

续表

顺序	操作项目	操作目的
95	拉开 220kV I 母线电压互感器 21-7 刀闸	将 I 母线电压互感器由运行转冷备用，检查相关信号
96	检查 220kV I 母线电压互感器 21-7 刀闸三相确已拉开	
97	检查 220kV 电压并列装置"PT I 合"指示灯灭	
98	断开 220kV I 母线电压互感器 21-7 刀闸控制电源开关	
99	在 220kV I 母线与 220kV I 母线电压互感器 21-7 刀闸之间验明三相确无电压	合上 I 母线上接地刀闸
100	合上 220kV I 母线 21-7MD 接地刀闸	
101	检查 220kV I 母线 21-7MD 接地刀闸三相确已合上	
102	汇报调度	

注　220kV I 母线由检修转运行的操作顺序反之。220kV II 母线停送电操作，其操作顺序基本相同。

2. 操作任务：110kV I 母线由检修转运行，恢复正常运行方式

一次接线和运行方式如图 ZY1000303001-2 所示，1 号、2 号变压器中、低压侧不考虑合环运行。

110kV 母线保护配置：WMZ-41A 微机母差保护。

110kV 电压并列装置配置：YQX-12PS。

110kV 线路开关保护配置：RCS-941A 三段相间和接地距离保护、四段零序方向过流保护和三相一次重合闸等。

220kV 1 号变压器保护配置：PST-1202A 差动及后备保护、PST-1206A 失灵保护、PST-1212 操作箱（高压侧）；PST-1202B 差动及后备保护、PST-1210C 本体保护、PST-1211 中压操作箱、PST-1210 低压操作箱。

220kV 2 号变压器保护配置：RCS-978 差动及后备保护、RCS-974A 非电量及失灵辅助保护、LFP-974B 电压切换及操作回路（中、低压侧）；RCS-978 差动及后备保护、LFP-974E 操作继电器箱（高压侧）。

操作步骤见表 ZY1000303001-2。

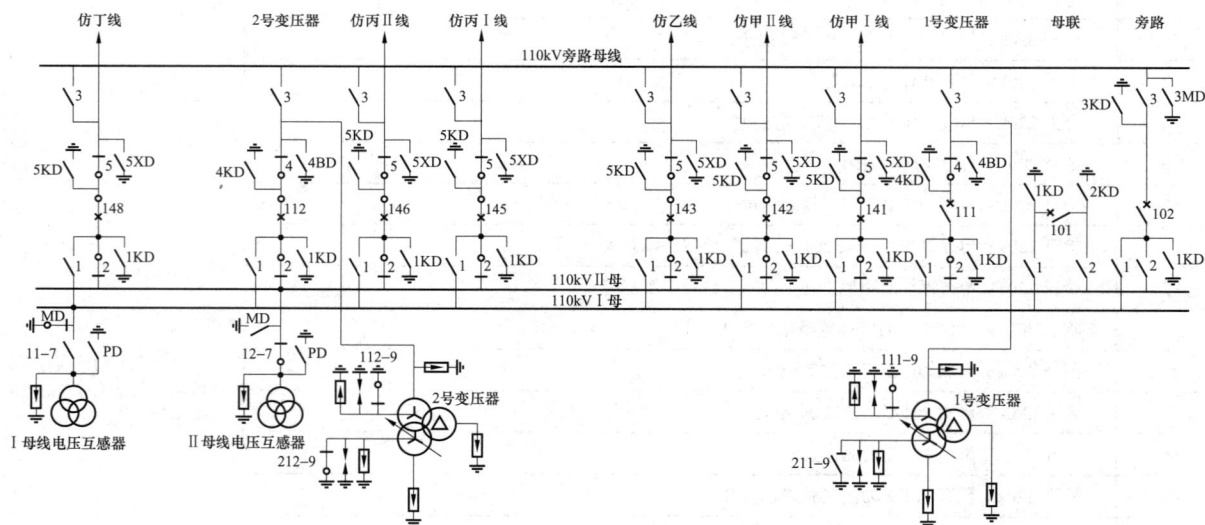

图 ZY1000303001-2　110kV 母线一次接线示意图（I 母线检修）

表 ZY1000303001-2　　　　　操 作 步 骤

顺序	操作项目	操作目的
1	检查 110kV 母联 101 开关间隔接地刀闸三相确已拉开	检查送电范围内接地刀闸已拉开
2	拉开 110kV I 母线 11-7MD 接地刀闸	拉开 I 母线上接地刀闸

续表

顺序	操　作　项　目	操　作　目　的
3	检查 110kV I 母线 11-7MD 接地刀闸三相确已拉开	拉开 I 母线上接地刀闸
4	合上 110kV I 母线电压互感器 11-7 刀闸控制电源开关	将 I 母线电压互感器由冷备用转运行，检查相关信号
5	合上 110kV I 母线电压互感器 11-7 刀闸	
6	检查 110kV I 母线电压互感器 11-7 刀闸三相确已合上	
7	检查 110kV 电压并列装置"PT I 合"指示灯亮	
8	断开 110kV I 母线电压互感器 11-7 刀闸控制电源开关	
9	合上 110kV I 母线电压互感器二次保护交流电压开关	
10	合上 110kV I 母线电压互感器二次计量交流电压开关	
11	检查 110kV 母联 101 开关确在分闸位置	将 101 开关由冷备用转热备用
12	合上 110kV 母联 101-2 刀闸控制电源开关	
13	合上 110kV 母联 101-2 刀闸	
14	检查 110kV 母联 101-2 刀闸三相确已合上	
15	检查 110kV 母差保护"母联 101-2 刀闸"位置指示灯亮	
16	断开 110kV 母联 101-2 刀闸控制电源开关	
17	合上 110kV 母联 101-1 刀闸控制电源开关	
18	合上 110kV 母联 101-1 刀闸	
19	检查 110kV 母联 101-1 刀闸三相确已合上	
20	检查 110kV 母差保护"母联 101-1 刀闸"位置指示灯亮	
21	断开 110kV 母联 101-1 刀闸控制电源开关	
22	将 110kV 母差保护中的"充电保护"切换开关由"退"切至"投充电 1"位置	投入母差保护中的充电保护
23	投入 110kV 母差保护中的"充电保护跳母联 101 开关"压板	
24	检查 110kV 母差保护"跳母联 101 开关"压板已投入	
25	将 110kV 母联 101 开关同期切换开关由"断开"切至"不同期"位置	用 101 开关对 I 母线充电
26	检查 110kV 母联 101 开关"远方—就地"切换开关在"就地"位置	
27	合上 110kV 母联 101 开关	
28	检查 110kV 母联 101 开关三相确已合上	
29	检查 110kV I 母线电压显示正常	
30	将 110kV 母联 101 开关同期切换开关由"不同期"切至"断开"位置	
31	检查 110kV I 母线充电正常	
32	停用 110kV 母差保护中的"充电保护跳母联 101 开关"压板	停用母差保护中的充电保护
33	将 110kV 母差保护中的"充电保护"切换开关由"投充电 1"切至"退"位置	
34	合上 110kV 母差保护 I 母线交流电压开关	合上母差保护 I 母线电压
35	将 110kV 母差保护"I 母线电压互感器"切换开关由"退"切至"投"位置	
36	将 110kV 母差保护"互联"切换开关由"退"切至"投"位置	母差保护改为互联方式
37	检查 110kV 母差保护"互联状态"指示灯亮	
38	断开 110kV 母联 101 开关控制电源开关	101 开关改非自动
39	合上 220kV 1 号变压器 111-1 刀闸控制电源开关	合上 111-1 刀闸，检查相关保护屏上指示灯
40	合上 220kV 1 号变压器 111-1 刀闸	
41	检查 220kV 1 号变压器 111-1 刀闸三相确已合上	
42	检查 220kV 1 号变压器 111 开关操作箱"I 母运行"指示灯亮	
43	检查 110kV 母差保护"1 号变压器 111-1 刀闸"位置指示灯亮	
44	断开 220kV 1 号变压器 111-1 刀闸控制电源开关	

续表

顺序	操 作 项 目	操 作 目 的
45	合上 110kV 仿甲Ⅰ线 141-1 刀闸控制电源开关	
46	合上 110kV 仿甲Ⅰ线 141-1 刀闸	
47	检查 110kV 仿甲Ⅰ线 141-1 刀闸三相确已合上	合上 141-1 刀闸，检查相关保护屏上指示灯
48	检查 110kV 仿甲Ⅰ线 141 开关微机线路保护"Ⅰ母"指示灯亮	
49	检查 110kV 母差保护"仿甲Ⅰ线 141-1 刀闸"位置指示灯亮	
50	断开 110kV 仿甲Ⅰ线 141-1 刀闸控制电源开关	
51	合上 110kV 仿乙线 143-1 刀闸控制电源开关	
52	合上 110kV 仿乙线 143-1 刀闸	
53	检查 110kV 仿乙线 143-1 刀闸三相确已合上	合上 143-1 刀闸，检查相关保护屏上指示灯
54	检查 110kV 仿乙 143 开关微机线路保护"Ⅰ母"指示灯亮	
55	检查 110kV 母差保护"仿乙线 143-1 刀闸"位置指示灯亮	
56	断开 110kV 仿乙线 143-1 刀闸控制电源开关	
57	合上 110kV 仿丙Ⅰ线 145-1 刀闸控制电源开关	
58	合上 110kV 仿丙Ⅰ线 145-1 刀闸	
59	检查 110kV 仿丙Ⅰ线 145-1 刀闸三相确已合上	合上 145-1 刀闸，检查相关保护屏上指示灯
60	检查 110kV 仿丙Ⅰ线 145 开关微机线路保护"Ⅰ母"指示灯亮	
61	检查 110kV 母差保护"仿丙Ⅰ线 145-1 刀闸"位置指示灯亮	
62	断开 110kV 仿丙Ⅰ线 145-1 刀闸控制电源开关	
63	合上 110kV 仿丙Ⅰ线 145-2 刀闸控制电源开关	
64	拉开 110kV 仿丙Ⅰ线 145-2 刀闸	
65	检查 110kV 仿丙Ⅰ线 145-2 刀闸三相确已拉开	拉开 145-2 刀闸，检查相关保护屏上指示灯
66	检查 110kV 仿丙Ⅰ线 145 开关微机线路保护"Ⅱ母"指示灯灭	
67	检查 110kV 母差保护"仿丙Ⅰ线 145-2 刀闸"位置指示灯灭	
68	断开 110kV 仿丙Ⅰ线 145-2 刀闸控制电源开关	
69	合上 110kV 仿乙线 143-2 刀闸控制电源开关	
70	拉开 110kV 仿乙线 143-2 刀闸	
71	检查 110kV 仿乙线 143-2 刀闸三相确已拉开	拉开 143-2 刀闸，检查相关保护屏上指示灯
72	检查 110kV 仿乙 143 开关微机线路保护"Ⅱ母"指示灯灭	
73	检查 110kV 母差保护"仿乙线 143-2 刀闸"位置指示灯灭	
74	断开 110kV 仿乙线 143-2 刀闸控制电源开关	
75	合上 110kV 仿甲Ⅰ线 141-2 刀闸控制电源开关	
76	拉开 110kV 仿甲Ⅰ线 141-2 刀闸	
77	检查 110kV 仿甲Ⅰ线 141-2 刀闸三相确已拉开	拉开 141-2 刀闸，检查相关保护屏上指示灯
78	检查 110kV 仿甲Ⅰ线 141 开关微机线路保护"Ⅱ母"指示灯灭	
79	检查 110kV 母差保护"仿甲Ⅰ线 141-2 刀闸"位置指示灯灭	
80	断开 110kV 仿甲Ⅰ线 141-2 刀闸控制电源开关	
81	合上 220kV 1 号变压器 111-2 刀闸控制电源开关	
82	拉开 220kV 1 号变压器 111-2 刀闸	
83	检查 220kV 1 号变压器 111-2 刀闸三相确已拉开	拉开 111-2 刀闸，检查相关保护屏上指示灯
84	检查 220kV 1 号变压器 111 开关操作箱"Ⅱ母运行"指示灯灭	
85	检查 110kV 母差保护"1 号变压器 111-2 刀闸"位置指示灯灭	
86	断开 220kV 1 号变压器 111-2 刀闸控制电源开关	

续表

顺序	操　作　项　目	操　作　目　的
87	检查 220kV 1 号变压器 111-4 刀闸三相确已合上	检查 1 号变压器 110kV 侧相关刀闸已合上
88	检查 220kV 1 号变压器 110kV 侧中性点 111-9 接地刀闸确已合上	
89	合上 110kV 母联 101 开关控制电源开关	101 开关改自动
90	将 110kV 母差保护"互联"切换开关由"投"切至"退"位置	母差保护改为正常方式
91	检查 110kV 母差保护"互联状态"指示灯灭	
92	检查 220kV 1 号变压器、220kV 2 号变压器有载调压台步差不大于 4	111 开关合环前检查变压器电压比差以及负荷分配
93	检查 220kV 2 号变压器 112 开关"负荷电流"显示为×××A	
94	将 220kV 1 号变压器 111 开关"远方—就地"切换开关由"远方"切至"就地"位置	用 111 开关合环，检查负荷分配
95	合上 220kV 1 号变压器 111 开关	
96	检查 220kV 1 号变压器 111 开关三相确已合上	
97	检查 220kV 1 号变压器 111 开关负荷分配正常，电流显示为×××A	
98	检查 220kV 2 号变压器 112 开关负荷分配正常，电流显示为×××A	
99	将 220kV 1 号变压器 111 开关"远方—就地"切换开关由"就地"切至"远方"位置	
100	拉开 110kV 母联 101 开关	用 101 开关解环，检查负荷分配
101	检查 110kV 母联 101 开关三相确已拉开	
102	检查 220kV 1 号变压器 111 开关"负荷电流"显示为×××A	
103	将 110kV 母联 101 开关"远方—就地"切换开关由"就地"切至"远方"位置	
104	投入 220kV 1 号变压器微机保护 A 屏"中压侧复压元件"压板	投入 1 号变压器微机保护"中压侧复压元件"
105	投入 220kV 1 号变压器微机保护 B 屏"中压侧复压元件"压板	
106	汇报调度	

注　110kV Ⅰ 母线由运行转检修的操作顺序反之。110kV Ⅱ 母线停送电操作，其操作顺序基本相同。

3. 操作任务：10kV Ⅰ 段母线由运行转检修

一次接线和运行方式如图 ZY1000303001-3 所示，1 号、2 号变压器中、低压侧不考虑合环运行。

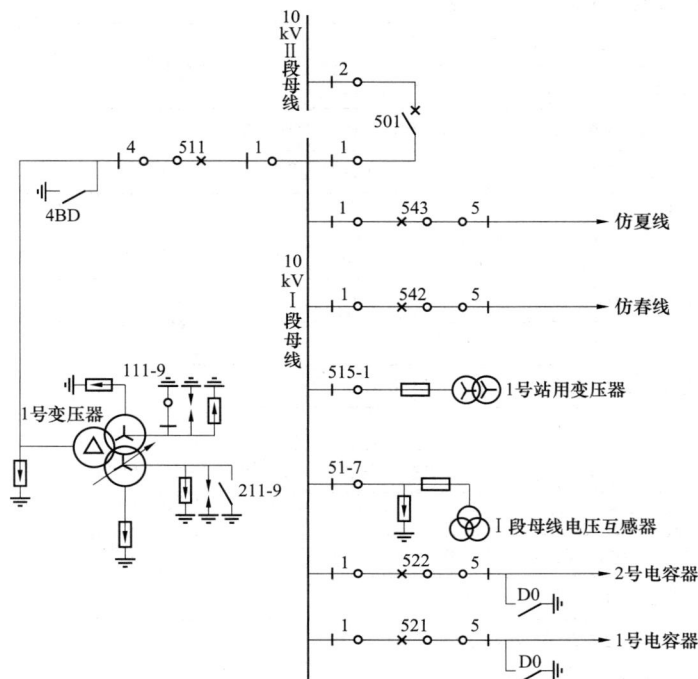

图 ZY1000303001-3　10kV Ⅰ 段母线一次接线示意图（正常方式）

10kV 电压并列装置配置：YQX-12PS。

10kV 线路开关保护配置：RCS-9612A Ⅱ三段式过流保护及三相一次重合闸等。

10kV 电容器保护配置：RCS-9633C 二段式定时限过流保护、过电压保护、低电压保护、不平衡电压保护和不平衡电流保护等。

站用电系统装有站用电源自动切换装置，正常运行时，低压Ⅰ、Ⅱ段母线分列运行。

220kV 1 号变压器保护配置：PST-1202A 差动及后备保护、PST-1206A 失灵保护、PST-1212 操作箱（高压侧）；PST-1202B 差动及后备保护、PST-1210C 本体保护、PST-1211 中压操作箱、PST-1210 低压操作箱。

220kV 2 号变压器保护配置：RCS-978 差动及后备保护、RCS-974A 非电量及失灵辅助保护、LFP-974B 电压切换及操作回路（中、低压侧）；RCS-978 差动及后备保护、LFP-974E 操作继电器箱（高压侧）。

操作步骤见表 ZY1000303001-3。

表 ZY1000303001-3　　　　　　　　　操 作 步 骤

顺序	操 作 项 目	操 作 目 的
1	将站用交流屏上站用电源自动切换装置切换开关由"自动"切至"手动"位置	站用电切换至"手动"
2	检查站用交流屏上低压Ⅰ段母线电压指示为×V	断开 1 号站用变压器低压开关，Ⅰ段母线停电，间接检查 1 号站用变压器低压开关位置
3	检查站用交流屏上 10kV 1 号站用变压器低压开关"合闸"指示灯亮	
4	按下站用交流屏上 10kV 1 号站用变压器低压开关"分闸"按钮	
5	检查站用交流屏上 10kV 1 号站用变压器低压开关"分闸"指示灯亮	
6	检查站用交流屏上低压Ⅰ段母线电压指示为零	
7	检查站用交流屏上 10kV 1 号站用变低压开关三相确已拉开	
8	检查站用交流屏上低压母线联络刀闸三相确已合上	合上低压母线联络开关，向Ⅰ段母线供电，间接检查低压母线联络开关位置
9	检查站用交流屏上低压母线联络开关"分闸"指示灯亮	
10	按下站用交流屏上低压母线联络开关"合闸"按钮	
11	检查站用交流屏上低压母线联络开关"合闸"指示灯亮	
12	检查站用交流屏上低压Ⅰ段母线电压指示为×V	
13	检查站用交流屏上低压母线联络开关三相确已合上	
14	拉开站用交流屏上 10kV 1 号站用变压器低压母线侧刀闸	拉开 1 号站用变压器低压母线侧刀闸
15	检查站用交流屏上 10kV 1 号站用变压器低压母线侧刀闸三相确已拉开	
16	将 10kV 1 号电容器 521 开关"远方—就地"切换开关由"远方"切至"就地"位置	将 521 开关由运行转冷备用
17	拉开 10kV 1 号电容器 521 开关	
18	检查 10kV 1 号电容器 521 开关三相已拉开	
19	拉开 10kV 1 号电容器 521-5 刀闸	
20	检查 10kV 1 号电容器 521-5 刀闸三相确已拉开	
21	拉开 10kV 1 号电容器 521-1 刀闸	
22	检查 10kV 1 号电容器 521-1 刀闸三相确已拉开	
23	将 10kV 2 号电容器 522 开关"远方—就地"切换开关由"远方"切至"就地"位置	将 522 开关由运行转冷备用
24	拉开 10kV 2 号电容器 522 开关	
25	检查 10kV 2 号电容器 522 开关三相确已拉开	
26	拉开 10kV 2 号电容器 522-5 刀闸	
27	检查 10kV 2 号电容器 522-5 刀闸三相确已拉开	
28	拉开 10kV 2 号电容器 522-1 刀闸	
29	检查 10kV 2 号电容器 522-1 刀闸三相确已拉开	

续表

顺序	操作项目	操作目的
30	将 10kV 仿春线 542 开关"远方—就地"切换开关由"远方"切至"就地"位置	将 542 开关由运行转冷备用
31	拉开 10kV 仿春线 542 开关	
32	检查 10kV 仿春线 542 开关三相确已拉开	
33	拉开 10kV 仿春线 542-5 刀闸	
34	检查 10kV 仿春线 542-5 刀闸三相确已拉开	
35	拉开 10kV 仿春线 542-1 刀闸	
36	检查 10kV 仿春线 542-1 刀闸三相确已拉开	
37	将 10kV 仿夏线 543 开关"远方—就地"切换开关由"远方"切至"就地"位置	将 543 开关由运行转冷备用
38	拉开 10kV 仿夏线 543 开关	
39	检查 10kV 仿夏线 543 开关三相确已拉开	
40	拉开 10kV 仿夏线 543-5 刀闸	
41	检查 10kV 仿夏线 543-5 刀闸三相确已拉开	
42	拉开 10kV 仿夏线 543-1 刀闸	
43	检查 10kV 仿夏线 543-1 刀闸三相确已拉开	
44	将 10kV 分段 501 开关"远方—就地"切换开关由"远方"切至"就地"位置	将 501 开关由热备用转冷备用
45	检查 10kV 分段 501 开关三相确已拉开	
46	拉开 10kV 分段 501-1 刀闸	
47	检查 10kV 分段 501-1 刀闸三相确已拉开	
48	拉开 10kV 分段 501-2 刀闸	
49	检查 10kV 分段 501-2 刀闸三相确已拉开	
50	停用 220kV 1 号变压器微机保护 A 屏"低压侧复压元件"压板	停用 1 号变压器微机保护"低压侧复压元件"
51	停用 220kV 1 号变压器微机保护 B 屏"低压侧复压元件"压板	
52	将 220kV 1 号变压器 511 开关"远方—就地"切换开关由"远方"切至"就地"位置	将 I 段母线由运行（空载）转热备用
53	拉开 220kV 1 号变压器 511 开关	
54	检查 220kV 1 号变压器 511 三相确已拉开	
55	检查 10kV I 段母线电压显示为零	
56	拉开 220kV 1 号变压器 511-1 刀闸	将 511 开关由热备用转冷备用
57	检查 220kV 1 号变压器 511-1 刀闸三相确已拉开	
58	拉开 220kV 1 号变压器 511-4 刀闸	
59	检查 220kV 1 号变压器 511-4 刀闸三相确已拉开	
60	拉开 10kV 1 号站用变压器 515-1 刀闸	将 1 号站用变压器由运行（空载）转冷备用
61	检查 10kV 1 号站用变压器 515-1 刀闸三相确已拉开	
62	取下 10kV 1 号站用变压器高压熔断器	
63	断开 10kV I 段母线电压互感器二次保护交流电压开关	将 I 段母线电压互感器由运行转冷备用，检查相关信号
64	断开 10kV I 段母线电压互感器二次计量交流电压开关	
65	拉开 10kV I 段母线电压互感器 51-7 刀闸	
66	检查 10kV I 段母线电压互感器 51-7 刀闸三相确已拉开	
67	检查 10kV 电压并列装置"PT I 合"指示灯灭	
68	取下 10kV I 段母线电压互感器高压熔断器	
69	在 10kV I 段母线与 10kV I 段母线电压互感器 51-7 刀闸之间验明三相确无电压	在 I 段母线上装设接地线
70	在 10kV I 段母线与 10kV I 段母线电压互感器 51-7 刀闸之间挂 1 号接地线一组	
71	汇报调度	

注　10kV I 段母线由检修转运行的操作顺序反之。10kV II 段母线停送电操作，其操作顺序基本相同。

模块 1

ZY100030300l

【思考与练习】

1. 用变压器向母线充电时，在操作方面有哪些要求？

2. 对运行中的双母线，当将一组母线上的部分或全部断路器倒至另一组母线时，在倒闸操作方面有哪些规定？

3. 在倒母线操作后，拉开母联断路器之前，应注意哪些事项？

4. 如何防止220kV母线倒闸操作过程中的谐振过电压？

模块 2　母线停送电操作危险点源分析（ZY1000303002）

【模块描述】本模块介绍母线停送电操作的危险点源。通过案例介绍，能正确分析母线停送电操作危险点源，并制定预控措施。

【正文】

（1）220kVⅠ母线由运行转检修，负荷倒由Ⅱ母线带，危险点分析及预控措施见表ZY1000303002-1。

表 ZY1000303002-1　　220kVⅠ母线由运行转检修，负荷倒由Ⅱ母线带，危险点分析及预控措施

序号	操作目的	危险点	预控措施
1	检查220kV母联201断路器，确认开关在合闸位置	断路器状态与方式不符	认真核对设备编号，严格执行监护唱票复诵制度。检查断路器时不能只看表计，应现场检查断路器位置指示器及拐臂位置，确认断路器确在合闸位置，且其两侧母线侧隔离开关确在合闸位置，以防止倒母线时用隔离开关合、解环，而造成事故
2	220kV母差保护方式切换	误投或漏投压板	操作前认清保护屏及压板名称，防止将不该投入的压板投入；现场经确认后，投入母差保护"投单母方式"压板强制互联，以防止倒母线过程中隔离开关辅助触点接触不良或未接触，且母差保护识别错误的情况下而使母差保护误动
3	将220kVⅠ母线上所有开关倒至Ⅱ母线运行	（1）母联断路器未改为非自动	倒母线过程中，若母联断路器偷跳，可能造成用隔离开关解、合环操作而导致事故；另外若母差保护未强制互联，一条母线故障跳闸，可能造成隔离开关合故障母线，因此倒母线前应先断母联断路器控制电源或取下熔断器，取熔断器时，应先取下正极，后取下负极
		（2）带负荷拉隔离开关	操作方法错误，倒母线隔离开关操作应采用先全合（或合一）、再全拉（或拉一）的操作方法
		（3）电动隔离开关操作后未断开控制电源	若隔离开关电动机等回路异常或人为误碰，可能造成隔离开关带负荷分、合闸或解、合环而导致事故，因此电动隔离开关操作后，应及时断开隔离开关控制电源
		（4）电动隔离开关合、分闸失灵	应查明原因，检查是否由于机构异常引起失灵，只有在确保操作正确（即该隔离开关相关联的设备状态正确）的前提下，才能手动操作合、分闸，操作前应断开电动隔离开关控制电源
		（5）解锁操作隔离开关	隔离开关闭锁打不开时，应严格履行解锁申请和批准手续，解锁操作前，应认真核对设备编号和闭锁钥匙以及设备的实际状态，方可进行实际操作
		（6）手动合闸操作方法不正确	不论用手动或绝缘拉杆操作隔离开关合闸时，都应迅速而果断。先拔出连锁销子再进行合闸，开始可缓慢一些，当刀片接近刀嘴时要迅速合上，以防止发生弧光。但在合闸终了时要注意用力不可过猛，以免发生冲击而损坏瓷件，最后应检查连锁销子是否销好
		（7）隔离开关合闸不到位	隔离开关合上后要注意认真检查，确认隔离开关三相已全部合好；对于母线侧隔离开关合好后，应检查本保护二次电压切换正常，微机型母差保护隔离开关位置正确、切换正常
		（8）手动分闸操作方法不正确	无论用手动或绝缘拉杆操作隔离开关分闸时，都应果断而迅速。先拔出连锁销子再进行分闸，当刀片刚离开固定触头时应迅速，以便迅速消弧；但在分闸终了时要缓慢些，防止操动机构和支持绝缘子损坏，最后应检查连锁销子是否销好
		（9）隔离开关分闸不到位	隔离开关拉开后要注意认真检查，确认隔离开关端口张开角或隔离开关断开的距离应符合要求

续表

序号	操 作 目 的	危 险 点	预 控 措 施
4	将 220kV I 母线由运行转冷备用	（1）甩负荷	回路漏倒，造成线路（或变压器）失压，对外停电。拉母联开关之前，应仔细检查母线上所有出线刀闸三相确已全部拉开，且检查母联开关"负荷电流"显示为零，方可将母联开关拉开
		（2）母差保护失去电压闭锁	在母联开关断前，应及时将母差保护电压切换开关切至"II母"运行，以防母联开关拉开后一条母线差动保护失去电压闭锁。（部分单位无此要求）
		（3）误分开关	认真核对设备编号，严格执行监护唱票复诵制度
		（4）开关未拉开	仔细检查 I 母线上电压已显示为零，同时到现场检查开关的机械位置指示器和拐臂位置，来确认开关已拉开，尽量避免用刀闸拉电压互感器或空母线
		（5）谐振过电压	对于电磁式母线电压互感器，为防止谐振过电压，待停母线转为空母线后，应先拉电压互感器刀闸，后拉母联开关
		（6）漏断母线电压互感器二次小开关（或漏取熔断器）	应将电压互感器端子箱内二次小开关全部断开、熔断器全部取下，以防止反充电，危及人身安全
		（7）母联刀闸操作顺序错误	母联开关停电时，为防止母联开关未拉开而扩大事故范围，操作时应先拉无电母线侧刀闸，后拉有电母线侧刀闸
5	将 220kV I 母线由冷备用转检修	（1）不试验电器，使用不合格的验电器	验电器应进行检查试验合格，验电时必须戴绝缘手套
		（2）验电时站位不合适	验电时应根据现场情况站在便于操作和安全的地方，不能使验电器或绝缘杆的绝缘部过分靠近设备构架，以免造成绝缘部分被短接
		（3）误合电压互感器接地刀闸	认真核对设备编号，严格执行监护唱票复诵制度

（2）110kV I 母线由检修转运行，恢复正常运行方式，作业中危险点分析及预控措施见表ZY1000303002-2。

表 ZY1000303002-2 作业中危险点分析及预控措施

序号	操 作 目 的	危 险 点	预 控 措 施
1	将 110kV I 母线由检修转冷备用	漏拉接地刀闸	容易造成带接地刀闸合刀闸而损坏设备，恢复备用前，应详细检查送电回路接地刀闸已全部拉开
2	将 110kV I 母线由冷备用转热备用	（1）母联刀闸操作顺序错误	为防止母联开关未拉开而扩大事故范围，操作时应先合有电母线侧刀闸，后合无电母线侧刀闸
		（2）刀闸合闸不到位	刀闸合上后要注意认真检查，确认刀闸三相确已全部合好，以防母联开关带电后，过热而被迫停运
		（3）谐振过电压	对于电磁式母线电压互感器，母线和电压互感器同时恢复运行时，先对母线送电，后送电压互感器（电压互感器经详细检查确认无接地）
		（4）漏合母线电压互感器二次小开关（或漏放熔断器）	应将电压互感器端子箱内二次小开关全部合上、熔断器全部放上，以防护失压
3	将 110kV I 母线由热备用转运行（充电）	（1）漏投压板	母联停电，保护可能工作，为防止漏投保护压板，应根据运行方式、继电保护及自动装置定值通知单，核对本开关有关保护投入正确，装置运行正常
		（2）无保护充电	母线故障时会越级跳闸，而扩大停电范围，因此用母联开关冲击母线时，需调整部分保护和临时投入充电保护，充电完毕后恢复原状，以防误动
		（3）忘停充电保护	充电保护容易误动，充电完成后应迅速停用
		（4）开关未合上	检查开关时不能只看表计，应现场检查开关的机械位置指示器和拐臂位置，来确认开关已合上，以防止倒母线时，用刀闸冲击母线
		（5）母线异常运行	母线充电后，应到现场对母线外观进行检查，以防母线投运后，而被迫停运
		（6）母差保护失去电压闭锁	在母联开关合上后，应及时将母差保护电压切换开关切至"投"位置，以防母联开关合上后一条母线差动保护失去电压闭锁
4	将 110kV 母线恢复双母线正常运行方式（恢复到调度下达的正常运行方式下的联接方式）	（1）母联开关未改为非自动	倒母线过程中，若母联开关偷跳，可能造成刀闸解、合环操作而导致事故；另外若母差保护未强制互联，一条母线故障跳闸，可能造成用刀闸合故障母线，因此倒母线前应将母联开关改为非自动
		（2）带负荷拉刀闸	操作方法错误，倒母线刀闸操作应采用先全合（或合一）、再全拉（或拉一）的操作方法

序号	操作目的	危险点	预控措施
4	将110kV母线恢复双母线正常运行方式（恢复到调度下达的正常运行方式下的联接方式）	（3）电动刀闸操作后未断开控制电源	若刀闸电动机等回路异常或人为误碰，可能造成刀闸带负荷分、合闸或解、合环而导致事故，因此电动刀闸操作后，应及时断开刀闸控制电源
		（4）电动刀闸合、分闸失灵	应查明原因，检查是否由于机构异常引起失灵，只有在确保操作正确（即该刀闸相关联的设备状态正确）的前提下，才能手动操作合、分闸，操作前应断开电动刀闸控制电源
		（5）解锁操作刀闸	刀闸闭锁打不开时，应严格履行解锁申请和批准手续，解锁操作前，应认真核对设备编号和闭锁钥匙以及设备的实际状态，方可进行实际操作
		（6）手动合闸操作方法不正确	不论手动或绝缘拉杆操作隔离开关合闸时，都应迅速而果断。先拔出连锁销子再进行合闸，开始可缓慢一些，当刀片接近刀嘴时要迅速合上，以防止发生弧光。但在合闸终了时要注意用力不可过猛，以免发生冲击而损坏瓷件，最后应检查连锁销子是否销好
		（7）刀闸合闸不到位	刀闸合上后要注意认真检查，确认刀闸三相已全部合好；对于母线侧刀闸合好后，应检查本保护二次电压切换正常，微机型母差保护刀闸位置正确、切换正常
		（8）手动分闸操作方法不正确	无论手动或绝缘拉杆操作隔离开关分闸时，都应果断而迅速。先拔出连锁销子再进行分闸，当刀片刚离开固定触头时应迅速，以便迅速消弧；但在分闸终了时要缓慢些，防止操动机构和支持绝缘子损坏，最后应检查连锁销子是否销好
		（9）刀闸分闸不到位	刀闸拉开后要注意认真检查，确认刀闸端口张开角或刀闸断开的距离应符合要求
		（10）漏将母联开关改为自动	倒母线结束后，应及时合上母联开关控制电源，以防一条母线故障，而扩大停电范围
		（11）误切或漏切母差保护切换开关	操作前认清保护屏及切换开关名称，防止将不该切换的切换开关切换；现场经确认后，将母差保护"互联"切换开关切至"退"，以防止母差保护失去选择性
5	用1号主变压器111开关合环，母联101开关解环	（1）电压差过大	电压差过大，将造成主变压器合环时环流增大。在合环前，应及时调整两台主变压器的分接头，使其有载调压台步差不大于4，若为无载调压变压器应检查台步差不大于2
		（2）甩负荷	变压器中压侧开关合环前后，应仔细检查负荷分配情况，并现场检查开关实际位置与开关机械位置指示一致，以防止开关触头没有合上，而造成下一步拉开母联开关时甩负荷
		（3）误合误分开关	认真核对设备编号，严格执行监护唱票复诵制度
		（4）开关未拉开	检查开关时不能只看表计，应现场检查开关的机械位置指示器和拐臂位置，来确认开关已拉开，以防止电磁环网运行
		（5）误投或漏投中压侧复压元件压板	操作前认清保护屏及压板名称，防止将不该投入的压板投入；现场经确认后，投入220kV 1号主变压器微机保护"中压侧复压元件"压板，以防止保护灵敏度降低

（3）10kVⅠ段母线由运行转检修，作业中危险点分析及预控措施见表ZY1000303002-3。

表 ZY1000303002-3　　　　　　作业中危险点分析及预控措施

序号	操作目的	危险点	预控措施
1	10kV站用电方式切换	方式漏切换	为确保站用电系统手动切换正常，操作前应将方式切换开关切至"手动"位置。若不切换操作站用变压器低压开关将拒分，即使操作时强行断开，但由于站用变压器低压侧存在电压，自投装置也会拒动，造成分段开关拒合
2	10kV站用电停电倒负荷	（1）倒负荷方法错误	正常运行时，站用电系统Ⅰ、Ⅱ段母线分列运行，且10kV分段开关在分闸位置。若在站用变压器高压侧未并联的情况下采用不停电倒负荷，将会在站用变压器回路中产生很大的环流，轻者站用变压器低压开关跳闸，重者将会使站用电系统设备损坏；即使将站用电系统并列前，将站用变压器高压侧并联，但如果电压差过大，也不能并列运行。因此，在正常方式下的站用电系统倒负荷，应采用停电倒负荷，即应先断开待停站用变压器低压开关，再合上分段开关
		（2）误合误分开关	认真核对设备编号，严格执行监护唱票复诵制度，防止误合误分开关
		（3）分段刀闸合不到位	易造成刀闸发热，而被迫停运，导致站用电系统一条母线失电

续表

序号	操 作 目 的	危 险 点	预 控 措 施
2	10kV 站用电停电倒负荷	（4）开关未拉开	开关分闸操作前后、均要检查表计以及开关的位置指示器同时发生对应变化，来确认开关已拉开，以防开关未拉开，导致站用电系统 I、II 段母线并列运行，而损坏设备
		（5）开关未合上	开关合闸操作前后、均要检查表计以及开关的位置指示器同时发生对应变化，来确认开关已合上，以防开关未合上，导致站用电系统一条母线失电
3	将 10kV I 段母线由运行转冷备用	（1）误拉开关	认真核对设备编号，严格执行监护唱票复诵制度
		（2）开关未拉开	检查开关时不能只看表计，应现场检查开关的机械位置指示器和拐臂位置，来确认开关已拉开，以防止带负荷拉刀闸
		（3）开关机构销子脱落	应现场检查开关的机械位置指示器和拐臂位置，来确认开关已拉开，防止开关实际位置与机械位置指示器不符，造成开关触头没有断开，而使下一步操作带负荷拉刀闸
		（4）带负荷拉刀闸	在操作刀闸前，首先应检查开关三相已拉开，其次再判断拉该刀闸时是否会产生弧光，在确保不发生差错的前提下，对于会产生弧光的操作，则操作时应迅速而果断，尽快使电弧熄灭，以免触头烧坏
		（5）错拉刀闸	手动拉刀闸时，应先慢而谨慎，如触头刚分离时发生弧光，则应迅速合上，这时应立即检查，是否由于误操作而引起弧光；若刀闸已拉开严禁再次合上
		（6）手动分闸操作方法不正确	无论用手动或绝缘拉杆操作隔离开关分闸时，都应断而迅速。先拔出连锁销子再进行分闸，当刀片刚离开固定触头时应迅速，以便迅速消弧；但在分闸终了时要缓慢些，防止操动机构和支持绝缘子损坏，最后应检查连锁销子是否销好
		（7）解锁操作刀闸	刀闸闭锁打不开时，应严格履行解锁申请和批准手续，解锁操作前，应认真核对设备编号和闭锁钥匙以及设备的实际状态，方可进行实际操作
		（8）刀闸分闸不到位	刀闸拉开后要注意认真检查，确认刀闸端口张开角或刀闸断开的距离应符合要求
4	将 10kV I 段母线由冷备用转检修	（1）不试验验电器，使用不合格的验电器	验电器应进行检查试验合格，验电时必须戴绝缘手套
		（2）验电时站位不合适	验电时应根据现场情况站在便于操作和安全的地方，不能使验电器或绝缘杆的绝缘部分过分靠近设备构架，以免造成绝缘部分被短接
		（3）验电方法错误	验电时要使验电器的触头接触导体，三相逐相进行验电；在验电前应在带电的设备上进行试验，在带电设备上进行试验时应在线路侧进行，不能在靠近母线侧进行试验
		（4）使用不合格的接地线	使用接地线前应认真检查接地线各部分有无断股，螺钉连接处有无松动，截面是否符合要求
		（5）装设接地线时站位不合适	装设接地线时应根据现场情况站在便于操作和安全的地方，防止在装设接地线过程中操作杆摆动造成对带电设备距离不够发生事故
		（6）接地线装设错误	在装设接地线时要戴绝缘手套，手不能接触接地线，以防止带电挂接地线时造成对人更大的伤害。装设接地线要先装接地端再装导体端

【思考与练习】

1. 倒母线时母联开关未改为非自动，会产生什么后果？

2. 母线送电时，漏投或忘停充电保护，会产生什么后果？

第六部分

35kV 及以下隔离开关的检修、安装和调试

第二十一章　35kV 及以下隔离开关的检修

模块 1　35kV 及以下隔离开关安装及本体检修工作的基本要求（ZY1400601001）

【**模块描述**】本模块介绍 35kV 及以下隔离开关安装及本体检修工作的基本要求。通过定义讲解、要点归纳，熟悉 35kV 及以下隔离开关检修工作的内容、基本要求和主要工作流程。

【**正文**】

一、隔离开关检修作业的内容

隔离开关是高压电气装置中使用最广泛的开关电器，在电力网中用量约为断路器用量的 3～4 倍，也是变电维护和检修的主要设备之一。

1. 隔离开关的小修

隔离开关的小修是对设备不全部解体进行的检查与修理，一般应结合设备的预防性试验进行，但周期一般不应超过半年。小修时，进行清扫、触头检修、机构注油和调整。

（1）检查隔离开关外部。

（2）清扫绝缘子上的油泥和灰尘。

（3）检查隔离开关导电触头及弹簧，清除烧损点及氧化物。

（4）检查隔离开关接线座并润滑转动机构。

（5）检查隔离开关的接地线。

（6）检查各连接点的接触情况及绝缘子、母线、支架。

（7）油漆隔离开关构架。

2. 隔离开关的大修

隔离开关的大修是对设备的关键零部件进行全面解体的检查、修理或更换，使之重新恢复到技术标准要求的正常功能。大修时，导电回路和传动、操动机构应进行分解、清洗、检查、修理和调整。

（1）按小修规定项目检查并更换损坏件。

（2）检修或更换过热的导电触头。

（3）必要时解体检修转动机构。

（4）调整试验。

3. 隔离开关的临时性检修

隔离开关的临时性检修是针对设备在运行中突发的故障或缺陷而进行的检查与修理，其项目应根据设备缺陷情况而定，对有明显过热和超过允许最高温度的发热，严重卡涩，分、合闸不能正确到位，瓷柱裂纹及元件破损等情况时，影响安全运行的必须进行临时性检修。

4. 隔离开关的安装更换

隔离开关的安装更换是在原有回路单元中拆除旧隔离开关，再重新安装新的隔离开关。主要步骤如下：

（1）拆除原隔离开关。

（2）安装新的隔离开关。

（3）整体调整和试验。

二、隔离开关检修作业的基本要求

（一）检修作业的安全要求

检修作业人员必须严格执行《国家电网公司电力安全工作规程》及相关规程规定，明确停电范围、工作内容、停电时间。

（1）施工用电设施安装完毕后，应有专业班组或指定专人负责运行及维护。

（2）现场如需进行电、气焊工作，要办理动火手续，由专业人员操作。

（3）隔离开关检修前必须对检修作业危险点进行分析。每次检修作业前，应针对被检修隔离开关的具体情况，对危险点进行详细分析，做好充分的预防措施，并组织所有检修人员共同学习。

（4）在隔离开关转动前，要进行认真检查；隔离开关转动时，应密切注视设备的动作情况，防止绝缘子断裂等造成人身伤害和设备损坏。

（二）检修作业的技术要求

1. 导电部分

（1）主触头接触面无过热、烧伤痕迹，镀银层应无脱落现象。

（2）触头弹簧无锈蚀、分流现象。

（3）导电杆应无锈蚀、起层现象。

（4）接线座无腐蚀，转动灵活，接触可靠。

（5）接线板应无变形、无开裂，镀层应完好。

2. 机构和传动部分

（1）轴承座应采用全密封结构，加优质二硫化钼锂基润滑脂。

（2）轴套应具有自润滑措施，应转动灵活，无锈蚀，新换轴销应采用防腐材料。

（3）传动部件应无变形、无锈蚀、无严重磨损，水平连杆端部应密封，内部无积水，传动轴应采用装配式结构，不应在施工现场进行切焊配装。

（4）机构箱应达到防雨、防潮、防小动物等要求，机构箱门无变形。

（5）二次元件及辅助开关接线无松动，端子排无锈蚀，辅助开关与传动杆的连接可靠。

（6）机构输出轴与传动轴的连接紧密，定位销无松动。

（7）主刀闸与接地刀闸的机械连锁可靠，具有足够的机械强度，电气闭锁动作可靠。

3. 绝缘子

（1）绝缘子完好、清洁，无掉瓷现象，上下节绝缘子同心良好。

（2）法兰无裂开，无锈蚀，油漆完好。法兰与绝缘子的结合部位应涂防水胶。

三、隔离开关检修作业的主要工作流程

1. 准备工作

（1）接受任务后进行现场勘察，收集技术资料，并熟悉图纸和安装检修工艺。

（2）编制作业指导书或"三措"（安全措施、技术措施和组织措施），危险点分析及预控措施，并审批。

（3）准备工器具，编制材料计划，并领取。

（4）场地准备。

（5）在开工前召开班前会，学习作业指导书，进行安全和技术交底，落实危险点分析及预控措施。

2. 开工作业

（1）办理工作票。

（2）安装或检修前的设备检查。

（3）作业中的工艺流程及质量标准应符合技术规范要求。

（4）作业中应严格执行安全措施要求。

3. 收尾工作

（1）工作结束后应进行班组自检并会同验收人员验收对各项检修、试验项目进行验收。

（2）按相关规定，关闭检修和试验电源。

（3）清理工作现场，将工器具全部收拢并清点，废弃物按相关规定处理，材料及备品备件回收清点。

（4）会同验收人员对现场安全措施及检修设备的状态进行检查，要求恢复至工作许可时状态。

（5）工作人员全部撤离工作现场。

（6）填写记录报告，并提交技术文件资料，办理工作票终结手续。

（7）班会总结，验收资料整理，并存档保管。

【思考与练习】

1. 隔离开关小修作业的内容有哪几些？

2. 隔离开关大修作业的内容有哪几些？

3. 隔离开关检修作业的技术要求是什么？

4. 隔离开关检修作业的主要工作流程是什么？

模块 2 GW4–35 型隔离开关本体检修（ZY1400601002）

【模块描述】 本模块包含 GW4–35 型隔离开关本体检修的作业流程及工艺要求。通过知识要点的归纳讲解、图例展示、操作技能训练，掌握 GW4–35 型隔离开关本体的基本结构、修前准备、危险点预控、作业步骤、工艺要求及质量标准等操作技能。

【正文】

一、GW4–35 型隔离开关的结构原理

GW4–35 型隔离开关是由三个独立的单相隔离开关组成的三相高压电气设备，采用联动操作，主刀闸由电动（或手力）操动机构操动，接地刀闸由手力操动机构操动。主刀闸与接地刀闸间设有防止误操作的机械闭锁装置，同时手力操动机构可配置电磁锁闭锁构成电气防误装置，以实现机械闭锁和电气连锁，达到防止误操作的目的。

1. 结构

GW4–35 型隔离开关为户外双柱式水平布置隔离开关，主要结构包括底座、支柱绝缘子、接线座、导电部分、接地刀闸、传动系统、操动机构等。其单相结构如图 ZY1400601002-1 所示。根据使用需要，可在单侧或两侧安装接地刀闸，也可以不安装接地刀闸。

2. 动作原理

当操动机构旋转 180°，传动轴带 U 相绝缘子旋转 90°，并通过交叉连杆使另一侧绝缘子反向旋转 90°，同时通过水平连杆联动 V、W 两相绝缘子同步旋转，三相隔离开关导电管便在水平面上转动，向同一侧分开或闭合，从而达到 U、V、W 三相同时实现分、合闸。

二、GW4–35 型隔离开关本体检修的作业内容

（1）GW4–35 型隔离开关本体分解。

（2）GW4–35 型隔离开关支柱绝缘子检修。

（3）GW4–35 型隔离开关基座检修。

（4）GW4–35 型隔离开关导电系统检修。

（5）GW4–35 型隔离开关出线座分解检修。

（6）GW4–35 型隔离开关接地刀闸及其手动机构的检修。

（7）GW4–35 型隔离开关检修后的整体调试。

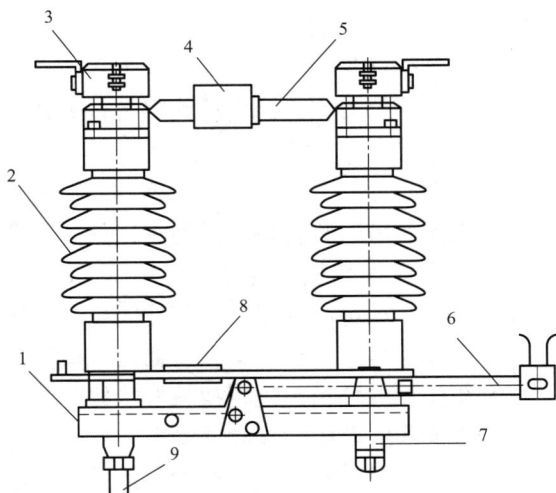

图 ZY1400601002-1 GW4–35 型隔离开关单相结构

1—底座；2—支柱绝缘子；3—接线座；4—防雨罩；5—导电杆；
6—接地刀闸；7—轴承座；8—连接杆；9—机构连接轴

三、作业中危险点分析及控制措施

作业中危险点分析及控制措施见表 ZY1400601002-1。

表 ZY1400601002-1 作业中危险点分析及控制措施

序号	危险点	控 制 措 施
1	高处坠落及落物伤人	（1）进入作业现场必须正确佩戴安全帽，高处作业按规定系好安全带，安全带不得绑在隔离开关瓷柱上。 （2）拆卸引线时，要使用升降平台或梯子，并有人扶持，不得攀登隔离开关瓷柱，梯子不得以隔离开关瓷柱作为支撑点。 （3）使用升降车（平台）按说明书进行，支撑点稳固防止升降车（平台）倾斜。 （4）使用临时检修平台时，跳板应绑扎牢固。 （5）传递工具、物件应用传递绳，不得抛掷
2	防止起重伤害	（1）吊装工作时应专人指挥，起吊重物下严禁站人。 （2）吊装重物要有合格的绳索，绑扎牢固。 （3）背风绳、拉绳可靠，起吊重物移动时防止碰撞脚手架及其他物体。 （4）绝缘子吊下后平放于地面
3	防止触电伤害	（1）工作前检查工作点是否在接地有效保护范围内。 （2）工作前应向每个作业人员交代清楚邻近带电设备，并加强监护，不允许单人作业。 （3）抱杆、起吊所用绳索等，在起吊全过程都应与带电部分保持足够的安全距离。 （4）拆放引线时，应用绳索拴牢，保持足够的安全距离，且不得失去原有的接地保护。 （5）高层布置的隔离开关在拆卸垂直连杆时要保证足够的安全距离，要采取可靠措施防止靠近带电部位。 （6）严禁跨越遮栏，严禁攀登运行构架。 （7）现场搬运长物件应由两人平放搬运。 （8）搭接检修电源需两人操作，检修电源具有明显的断开点，且带有漏电保护器。 （9）工作前断开操作、信号电源，闭锁回路连接点需切断，电动操作前必须经值班人员同意后方可接通电源。 （10）试验仪器、电动工器具等设备外壳有保护接地的，必须接地且接地可靠
4	防止机械伤害	（1）严格执行工器具使用规定，使用前严格检查，不完整、不合格的工器具禁止使用。 （2）调试隔离开关时统一指挥，进行隔离开关操作时相互呼应，且工作人员必须离开传动部位

四、检修作业前的准备

1. 检修前的资料准备

（1）检修前应认真查阅设备安装、检修记录、设备运行记录、故障情况记录、缺陷情况记录和红外测温结果。对所查阅的资料进行详细、全面的调查分析，以判定隔离开关的综合状况，为现场具体的检修方案的制定打好基础。

（2）准备好设备使用说明书、记录本、表格、检修报告等。

2. 检修方案的确定

（1）编制作业指导书。

（2）拟订检修方案，确定检修项目，编排工期进度。

3. 备品备件、工器具、材料准备

在开工前必须预先准备检修工器具、材料、备品备件、试验仪器和仪表等，并运至检修现场。仪器仪表、工器具应试验合格，满足本次施工的要求，材料应齐全。

4. 检修环境（场地）的准备

（1）在检修现场四周设一留有通道口的封闭式遮栏，并在周围背向带电设备的遮栏上挂适当数量的"止步，高压危险"标示牌，在通道入口处挂"从此进出"标示牌。

（2）在作业现场指定位置摆放好检修工具、量具、材料、备品备件和测试仪器及垃圾箱。

五、检修作业前的检查和试验

为了解高压隔离开关设备在检修前的状态以及为检修后试验数据进行比较，在检修前，应对被修隔离开关进行检查，必要时可作测试。

（1）检查触头接触面无过热、烧伤痕迹，镀银层无脱落现象。

（2）检查导电臂无锈蚀、起层现象。

（3）检查接线座无锈蚀、转动灵活、接触可靠；接线板无变形、开裂现象，且镀层应完好。

（4）检查支柱绝缘子清洁、完好且无裂纹现象。

（5）检查基座固定良好，隔离开关无摇晃现象。

（6）检查传动系统和操动机构是否存在卡涩、费力等现象，闸刀开距是否符合要求。

（7）检查接地刀闸触头接触面否符合要求、无锈蚀、机械闭锁是否可靠。

（8）检查机构箱密封良好，内部元器件是否有异常情况。

（9）测量主回路电阻是否超过规定值要求。

六、GW4–35 型隔离开关检修作业步骤及质量标准

1. 隔离开关本体分解

（1）拆下隔离开关两端引线并固定牢靠。

（2）拆下主刀闸交叉连杆及水平拉杆。注意对极柱、出线座以及左、右导电杆等位置，必要时要做好记号。

（3）拆除基座下端平面固定螺栓将单相隔离开关整体吊装至地面再进行分解。

（4）依次拆去出线座、导电杆、支柱绝缘子、接地刀闸、轴承座等进行检查修理。

（5）质量标准。

1）拆卸时勿损伤导电接触面，起吊操作时有防止碰撞的措施，瓷柱平放在预定位置。

2）瓷柱及触头分相放置，并做好标记。

3）引线完整，无断股、散股。

2. 支柱绝缘子检修

（1）用水或清洗剂清洗绝缘子表面并擦干。

（2）检查绝缘子有无开裂或损坏，如有破损、裂纹，应予以更换。

（3）检查铸铁法兰与绝缘子浇装处有无松动、开裂和脱落，若有松动应予以更换，如铁法兰与绝缘子间浇装物脱落应进行处理，并涂防水胶。

（4）检查法兰盘有无开裂，若有开裂应更换。

（5）检查上、下法兰螺孔情况，清除灰尘和铁锈，孔内涂黄油，上、下法兰刷防锈漆。

（6）检查支柱绝缘子瓷裙有无损坏，如损坏严重应更换。

（7）质量标准。绝缘子无损伤、裂纹，与法兰结合牢固有防水层 。

3. 基座检修

轴承座采用全密封结构，如图 ZY1400601002-2 所示，轴承座内装圆锥滚子轴承，两端设计有密封装置确保轴承防雨、防尘。

（1）拆下底盖，拧下螺母，取出密封垫，双手握住支座，顺瓷柱轴的方向，向外拨动使下轴承脱落，双手握住下轴承内圈，将其平行缓缓向上退出。

（2）清洗上、下轴承，检查滚柱是否磨损及锈蚀等情况，一手握住轴承内圈，另一手转动花篮，感觉有无卡涩等现象。将轴承用汽油清洗干净后甩掉汽油，晾干轴承后，涂抹适量润滑脂。

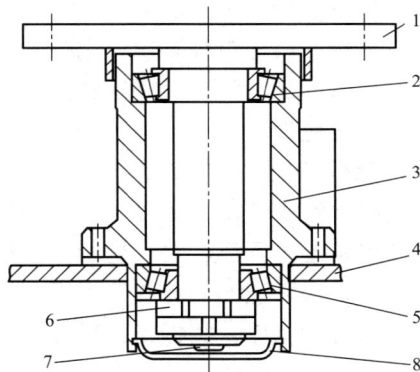

图 ZY1400601002-2　轴承座

1—转动板；2—上轴承；3—支座；4—槽钢底座；
5—下轴承；6—垫；7—螺母；8—底盖

注意：基座检修主要确保轴承完好、无卡涩现象，装配时确保轴、轴承、轴承座无倾斜现象，确保轴承有合适间隙及密封良好。注入润滑脂时应从一面注入，这样杂物将会从另一面渗出。紧固底部并紧螺帽时应紧度适当，既考虑转动灵活，又考虑不松动。考虑轴承属低速转动，且操作次数较少，注入的润滑脂应以 2/3 轴承内腔为宜。

（3）质量标准。

1）轴承内外圈滚珠完好无锈蚀、破损、残缺。

2）轴芯无锈蚀。

3）用清洗剂清洗内部，待干后涂上合适的润滑脂。

4）组装过程中不能用坚硬金属工具加在外圈或滚动体上，组装后转动灵活无卡涩。

4. 导电系统检修

GW4 型隔离开关导电系统如图 ZY1400601002-3 所示。

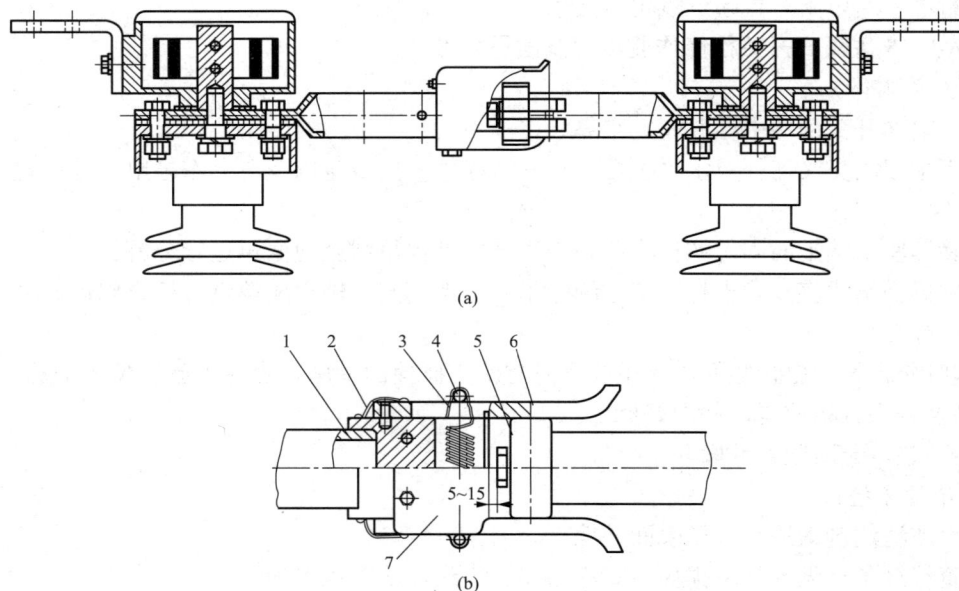

图 ZY1400601002-3 GW4 型隔离开关导电系统

（a）导电系统装配图；（b）左、右触头

1—导电管；2—镀银软导电带；3—弹簧；4—弹簧销；5—右触头触指；6—触指；7—槽形卡板

（1）旋下防雨罩上的固定螺钉，取下防雨罩。

（2）拧下槽形卡板上的 4 个 M8 螺钉，用手按住触指加力，使触指根部张开到触指定位销刚离开导电杆，另一手将导电杆拿出，则弹簧、弹簧销和触指等部件即可拆下。

（3）检查和清洗弹簧，确定弹簧无过热退火且弹性良好，无锈蚀和变形，检查弹簧两端黄蜡管无破损，必要时更换。

（4）触指接触面在电流和电弧的热作用下，以及长期暴露在空气中会产生烧伤痕迹和氧化膜，检修时应用细锉锉去凸出部分，用 00 号砂布放在平板锉下面进行细加工，使接触面平整并具有金属光泽，尽量保持镀银层少损坏。对完好触指和触头用汽油、白洁布或铜丝刷清洗接触面，并用白棉布在接触面表面抽擦，去除表面氧化膜及污垢，触指及触头表面镀银层应尽量保持光亮的镀银层。

（5）组装触指座，按拆卸相反顺序进行。

（6）导电杆与接线座的接触部分及圆形导电头，用白布或绸布条来回抽动，彻底清除氧化膜，直至表面呈现光亮的镀银层。如圆形导电头部分有灼伤痕迹，按照触指修正方法修正。

（7）所有活动接触面涂适量中性凡士林。

注意：组装触指座将触指、弹簧、弹簧销配对。将一对触指圆头销卡入触指外侧弹簧拉钩内，圆头销卡入触指座圆槽后，再略为张开一些，用槽形卡板卡住，待几对触指上完后，将槽形卡板推向触指根部，用手掌根按住触指一侧向下加力使其张开，另将导电杆塞入，使触指销进入导电杆定位孔内，拧紧 4 个 M8 螺钉即可。安装完毕用手按压触指检查各触指拉紧力一致。

（8）装上防雨罩，略紧固好固定螺钉，待整组装配后调整紧固。

注意：检查触指有无灼伤痕迹，如有轻微烧伤痕迹，应用细平板锉，轻锉去凸出部分，然后将 00 号砂布垫在细平板下轻轻打磨，接触面凹陷深度超过触指厚度 1/5，烧伤面积超过 2/5 时应宜更换触指。检修过程中应检查弹簧是否拉伸变形，如有应更换。装配时弹簧两端绝缘套管应完好，触指排列整齐，拉紧力应一致，触指圆头销应进入触指的凹痕处，弹簧钩应处在圆柱销凹痕处，装配后拉簧式触头与右触头顶部保持 3.8mm 间隙。中间触头装孔时应上下对称，上下差不大于 5mm。触指与触头间应紧密，两侧的接触压力均匀，接触部分用 0.05mm×10mm 塞尺检查应塞不进去。

（9）质量标准。

1）导电铜管无弯曲变形，触头与导电管结合处焊接牢固，无开裂。

2）触头无严重烧伤，烧损面不大于 10%，烧伤深度不大于 1mm，触头接触面光滑、平整、清洁。

3）防雨罩完好无锈蚀，开裂。

4）触指镀银层完好无脱落。

5）导电杆与触指架间焊接完好，无开裂。

6）销、卡板等无变形、损坏、锈蚀。

7）弹簧无锈蚀和永久变形。

8）触指安装平整，触头压力符合要求。

9）导电结合处平整，无污垢、杂质，清洗待干后涂抹电力脂（或中性凡士林）。

5. 出线座分解检修

GW4–35 型隔离开关接线座（630～1250A）装配如图 ZY1400601002-4 所示。

（1）拆下防雨罩螺栓，取下防雨罩，检查是否锈蚀、破损。

（2）拆下接线板与垂直导电杆之间软连接。

（3）软连接拆装注意方向如图 ZY1400601002-5 所示，避免损坏铜带。

检查清除各连接处氧化膜及锈斑，并将各接触面打磨平整，清洁后涂一层导电脂。

注意：修正各接触面用铜丝刷对各接触面轻轻刷净并清洗干净，保证接触面平整无氧化膜。然后在各接触面涂抹导电脂，导电脂厚度不应超过 0.15mm。软连接应无断丝、无锈蚀、无烧损，无严重发热退火现象，组装时按拆除相反顺序装复。在垂直导电杆与防雨罩之间转动处应涂适量掺有二硫化钼的润滑脂，装配后接线板按逆时针方向 92° 范围内应转动灵活，如右接线端子应在顺时针 92° 范围内转动灵活。

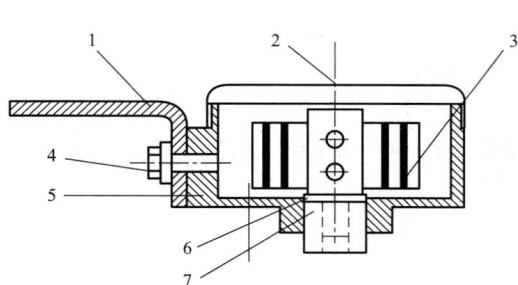

图 ZY1400601002-4　GW4–35 型隔离开关接线座
（630～1250A）装配图

1—接线板；2—防雨罩；3—导电带；4—六角螺钉；

5—出线罩；6—垫圈；7—导电头

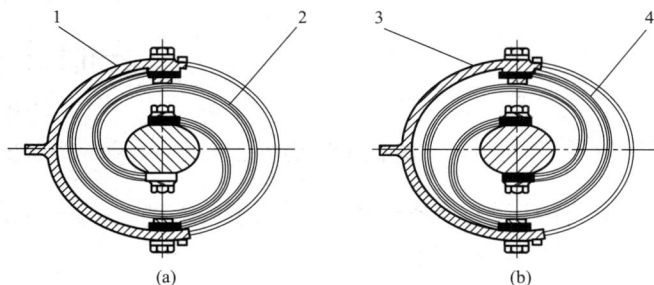

图 ZY1400601002-5　导电带连接

（a）软连接顺时针绕接于左触头装配；

（b）软连接逆时针绕接于右触头装配

1、3—接线座；2、4—软导线

（4）质量标准。

1）软铜带无过热、烧伤、折断，断裂面超过总截面 10% 应更换，组装的方式无误。

2）出线座与导电管接触面无氧化、污垢。

3）导电部分涂抹电力脂或中性凡士林，螺栓紧固，导电良好，镀银层完好。

4）旋转灵活，无卡涩。

6. 接地刀闸及其手动机构的检修

（1）检查接地刀闸弹簧是否变形、锈蚀等情况，如有应调换。

（2）接地刀闸是否变形、弯曲、锈蚀。锈蚀严重穿孔在不影响机械强度情况下可修补，严重应调换。

模块 2

ZY1400601002

（3）接地刀闸紧固件是否松动，确保在操作时不发生位移。

（4）接地刀闸轴、销无变形锈蚀，孔光滑无磨损、无毛刺等情况，必要时应调换或处理。

（5）接地刀闸与本体软连接应接触良好，软连接无断股及严重锈蚀情况，其截面应符合短路电流要求。

（6）接地刀闸与主刀闸的连锁应牢固可靠，在主刀闸合闸时接地刀闸不应合上，连锁应确保主刀闸分→接地刀闸合→接地刀闸分→主刀闸合的顺序动作，确保安全。

在装配前应将各变形拉杆校直，装配后检查与带电部分的距离应符合相关标准。在装配时各销孔应涂适量润滑脂，润滑脂应选用满足运行环境境温度要求、不滴流且黏度不太高的材料，保证在一个小修周期内不流失。

（7）质量标准。

1）静触头导电接触面清洁、完好；弹簧无锈蚀及永久变形。

2）接地刀闸的杆无变形，锈蚀，焊接处牢固、无裂纹。

3）各紧固件牢固。

4）导电部分涂抹电力脂或中性凡士林，丝牙、轴、销、弹簧涂抹防锈及润滑脂。

5）软铜带断裂面积不超过总面积 10%，组装后表面涂抹防护脂。

7. GW4–35 型隔离开关检修后的整体调试

（1）调整项目及质量标准。用手动操作缓慢进行合闸及分闸，观察三相水平传动杆与拐臂板的连接轴销转动是否灵活，主刀闸系统动作是否灵活，有无卡涩，辅助开关切换位置是否正确；三相并能同步到位；合闸终止，检查三相主刀闸是否在同一水平线上；检查机械连锁可靠；检查隔离开关主刀闸合闸后触头插入深度，左、右触头合闸位置如图 ZY1400601002-6 所示，并调整以下项目符合检修质量标准。

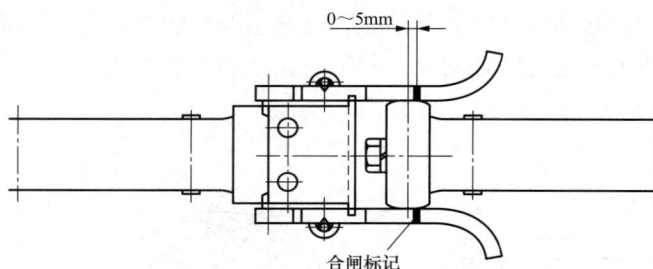

图 ZY1400601002-6　GW4–35 型隔离开关左、右触头合闸位置示意图

1）绝缘子与底座钢槽垂直，绝缘子垂直偏差≤6mm。

2）中间触头接触对称，上下差≤5mm。

3）合闸到终点，触头中心线与触指合闸标记向内偏移 0～5mm。

4）三相合闸不同期性≤10mm。

5）隔离开关主刀闸转角应为 90°±1°。

6）主刀闸和接地刀闸分、合闸相互闭锁的间隙 0～3mm。

7）主刀闸合闸时在同一轴线上。

8）接线板与导电杆转动角度 92°范围转动灵活。

9）接地刀闸初始位置与基座夹角≤20°。

（2）试验项目。

1）测量主刀闸的回路电阻：630A 的≤150μΩ，1250A 的≤110μΩ。

2）测量接地刀闸回路电阻≤180μΩ。

3）机构电动分、合闸时间为 6s±1s。

4）手动操作主刀闸合、分各 5 次动作可靠。用手柄操作电动机构，使主刀闸分、合 5 次，当电动操动机构限位开关刚刚切换时，检查机构限位块与挡钉之间的间隙是否符合要求。

5）手动操作接地刀闸合、分各 5 次动作可靠。

6）电动操作主刀闸合、分各 5 次动作可靠。通电前要手动将主刀闸处于半分、半合位置，接通电源，慎重按下合闸或分闸按钮，随之按下急停按钮，模拟点动操作，注意观察主轴转向，确认正确的操动方向。如果方向相反，则须调整电动机的旋转方向，进行电动分、合操作，检查电动机转向与主刀闸分、合闸运动方向是否对对应。

7）电动机构分合闸线圈及二次回路绝缘是否良好。用 1000V 绝缘电阻表测量，其绝缘电阻应不小于 2MΩ。

8）1min 工频耐压合格。

七、GW4–35 型隔离开关本体检修验收

（1）隔离开关和操动机构所有固定件螺栓紧固可靠。

（2）触头接触表面良好、无污垢，接触表面涂有中性凡士林或导电硅脂。

（3）支柱绝缘子瓷质部分清洁，无裂纹、胶装接口处无缺陷、浇铸连接情况良好，绝缘子的绝缘电阻满足要求。

（4）各转动部分轴销完整，转动灵活，无卡涩现象，且均已加注了合适的润滑脂。

（5）操动机构操作灵活，分、合位置正确，辅助开关切换可靠。

（6）隔离开关检修项目无遗漏，各项调整和试验符合技术要求。

（7）提交技术文件资料，并存档保管。

【思考与练习】

1. GW4–35 型隔离开关检修前的检查与试验内容有哪些？

2. 简述 GW4–35 型隔离开关本体检修作业步骤，其质量标准是什么？

3. GW4–35 型隔离开关导电带连接方向有什么规定？

4. GW4–35 型隔离开关检修后要进行哪些调试？

模块 3　GW5–35 型隔离开关本体检修（ZY1400601003）

【模块描述】本模块包含 GW5–35 型隔离开关本体检修的作业流程及工艺要求。通过知识要点的归纳讲解、图例展示、技能操作训练，掌握 GW5–35 型隔离开关本体的基本结构、修前准备、危险点预控、作业步骤、工艺要求及质量标准等操作技能。

【正文】

一、GW5–35 型隔离开关结构原理

GW5–35 型隔离开关为户外双柱水平断口 V 形水平旋转式三相交流高压隔离开关。隔离开关制成单相形式，每相为 V 形双柱式结构，两个绝缘支柱呈 50°角，分别装在与底座相连的轴承座上，以一对伞形齿轮实现啮合传动。

1. 结构

GW5–35 型隔离开关的主要结构包括转动支座、支柱绝缘子、接线座、导电部分、接地刀闸、传动系统、操动机构等。单相结构如图 ZY1400601003-1 所示。根据使用需要，可在单侧或两侧安装接地刀闸，也可以不安装接地刀闸，隔离开关与接地开关间设有机械连锁装置。

2. 动作原理

GW5–35 型隔离开关三个单相通过相间连杆可实现三相机械联动操作，操动机构通过传动箱与主刀闸相连。手力或电动操动机构通过传动杆件，将力矩传递给刀闸本体，带动主刀闸中的一个绝缘子转动，并通过底座伞形齿轮的转动带动另一侧绝缘子转动，同时通过水平带动另两相同步旋转，从而实现三相同时分、合闸。主刀闸的分、合闸转角为 90°，其分、合状态由传动机构在传动中的机械限位实现，电动操动的机构亦可通过行程开关的切换来实现电气限位。

二、GW5–35 型隔离开关本体检修作业内容

（1）GW5–35 型隔离开关本体分解。

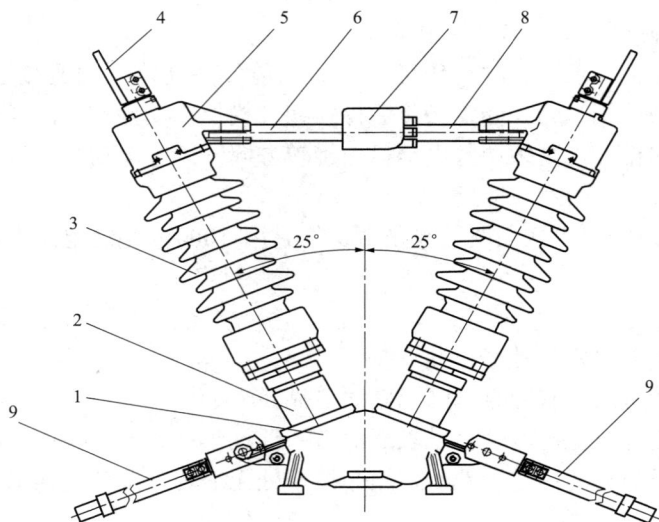

图 ZY1400601003-1 GW5-35 型单相隔离开关结构图

1—转动支座；2—轴承座；3—支柱绝缘子；4—接线夹；5—接线座；6—左触头；7—罩；8—右触头；9—接地刀闸

（2）GW5-35 型隔离开关支柱绝缘子检修。

（3）GW5-35 型隔离开关转动支座检修。

（4）GW5-35 型隔离开关导电系统检修。

（5）GW5-35 型隔离开关出线座分解检修。

（6）GW5-35 型隔离开关接地刀闸及其手动机构的检修。

（7）GW5-35 型隔离开关检修后的整体调试。

三、GW5-35 型隔离开关本体检修作业中危险点分析及控制措施

参见 GW4-35 型隔离开关本体检修作业中危险点分析及控制措施（模块 ZY1400601002）。

四、GW5-35 型隔离开关本体检修作业前准备

参见 GW4-35 型隔离开关本体检修中作业前准备（模块 ZY1400601002）。

五、GW5-35 型隔离开关本体检修作业前的检查和试验

参见 GW4-35 型隔离开关本体检修中的检修作业前的检查和试验（模块 ZY1400601002）。

六、GW5-35 型隔离开关本体检修作业步骤及质量标准

1. 隔离开关本体分解

（1）断开电动操动机构箱内电动机启动电源、加热器电源及有关电气连锁回路电源、继电保护回路和电压回路电源。

（2）将每相引下线用绳捆好，绳的另一端固定在基座槽钢上，拧下接线夹连接螺栓，将引下线缓慢放下，防止引下线及接地线甩下伤及人员及设备。

（3）拆下主刀闸机构上部联轴器（或抱夹）的连接螺栓，使主刀闸机构主轴与垂直传动杆脱离。

（4）拆下主刀闸垂直传动杆上部连接套的定位螺栓（或抽出万向接头上的圆柱销），取下垂直传动杆。

（5）拆除水平拉杆与两边相主刀闸连接的圆柱销，取下水平拉杆。

（6）拆除主刀闸传动箱拐臂与操作相隔离开关连接拉杆。

（7）松开主刀闸底座与槽钢的固定螺栓，将主刀闸平稳地放至平整的地面上，并做好防倾倒措施。

（8）拆下固定接线座 4 个螺栓，取下接线座和触头装配。

（9）拆下支持绝缘子与轴承座装配固定的 4 个螺栓，取下支持绝缘子，并放置在枕木上。

（10）拆下 2 个轴承座装配之间固定用双头螺栓，然后拆下轴承座装配与底座固定螺栓，取下轴承座装配。

（11）拆下主刀闸传动箱装配与槽钢的固定螺栓，取下主刀闸传动箱装配。

2. 支柱绝缘子检修

参见 GW4–35 型隔离开关本体检修中的支柱绝缘子检修项目（模块 ZY1400601002）。

3. 转动支座检修

GW5–35 型隔离开关的转动支座结构如图 ZY1400601003-2 所示，轴承支座装配如图 ZY1400601003-3 所示。

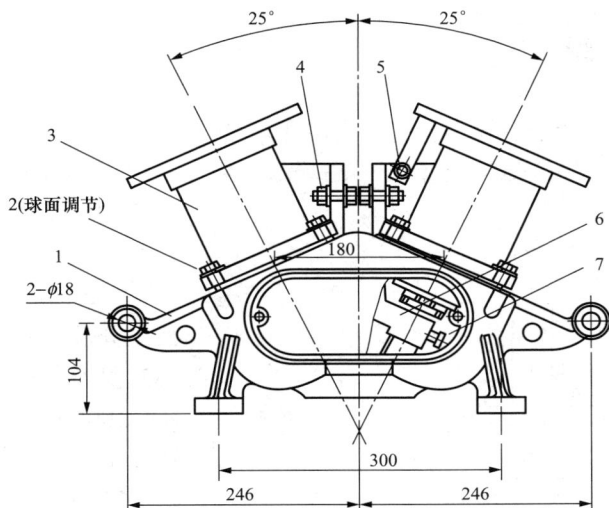

图 ZY1400601003-2 GW5–35 型隔离开关的转动支座结构

1—底座；2—M12 球面调节螺栓；3—轴承支座；4—M12 双头调节螺栓；5—分、合闸定块；6—伞形齿轮；7—伞形齿轮调节螺栓

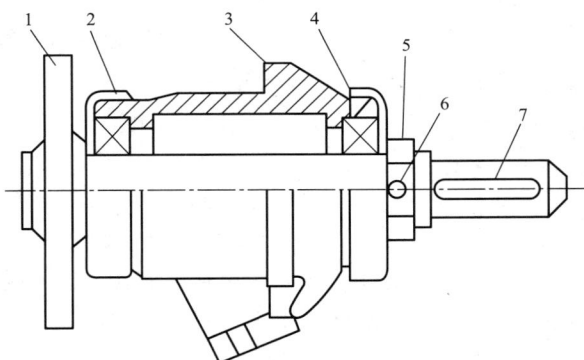

图 ZY1400601003-3 轴承支座装配

1—轴承座；2—罩；3—支座；4—圆锥滚子轴承；5—螺母；6—紧固螺钉；7—圆头平键

（1）转动支座装配分解。拧松伞形齿轮的顶丝，取下伞形齿轮，圆头平键；拧松螺帽的顶丝，拆下螺帽，取下轴承封盖、平垫、轴承及轴承支座。

（2）检查清洗。

1）所拆下零件用汽油清洗干净并用布擦净。

2）检查轴承应无损坏，转动是否灵活，轴承内径与轴承座的公差配合符合。

3）检查轴承座体内、外部表面，如表面有锈蚀，应用 00 号砂布进行处理，存在严重损伤的要更换。

4）检查伞形齿轮应完整、无损坏。

5）检查防雨罩，如锈蚀严重应更换，如轻微锈蚀用钢丝刷清除，并刷防锈漆。

6）检查底座螺孔丝扣完好，无锈蚀，并用丝锥套攻，清除灰尘和铁锈，孔内涂黄油。

7）检查圆头平键表面，如表面有锈蚀，应用 00 号砂布进行处理，存在严重损伤的要更换。

（3）转动支座装配装复。按分解相反顺序进行装复，装复时应注意以下几点：

1）轴承内应涂适合的润滑脂，涂的量应以轴承内腔的 2/3 为宜。

2）轴承与轴是紧配合，所以装复轴承要用专用工具进行或用比轴承内径稍大的铁管，用手锤慢慢打入。

3）两个齿轮咬合准确、间隙适当，咬合深度为齿高的 2/3 为宜，间隙可调整齿轮上下位置来改变间隙的大小。

4）装复后，转动轴承座应灵活。

（4）质量标准。

1）圆锥滚子轴承内外圈滚珠完好无锈蚀、破损、残缺。

2）轴芯无锈蚀。

3）用清洗剂清洗内部，待干后涂上合适的润滑脂。

4）组装过程中不能用坚硬金属工具加在外圈或滚动体上，组装后转动灵活无卡涩。

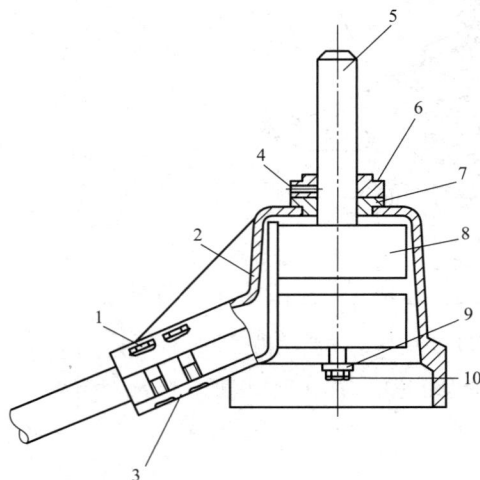

图 ZY1400601003-4　GW5-35 型隔离开关
接线座（630、1000A）结构图

1—M10 螺栓；2—接线座；3—夹板；4—紧固螺钉；5—导电杆；
6—罩；7—轴套；8—软导电带；9—固定板；10—开口销

4. 导电系统检修

参见 GW4-35 型隔离开关本体检修中的导电系统检修（模块 ZY1400601002）。

5. 出线座分解检修

GW5-35 型隔离开关接线座（630、1000A）结构如图 ZY1400601003-4 所示。

（1）隔离开关接线座分解。

1）拆下接线夹 2 个螺栓，取下接线夹。

2）拧松罩的顶丝，取下罩。

3）拆下固定板的 2 个螺栓，取下固定板和导电带装配。

4）拆下导电带两端各 4 个固定螺栓，取下导电带、夹板、导电杆。

5）取下轴套。

（2）将所拆下零件用汽油清洗并用布擦净。

（3）检查夹板、接线座与导电管的接触面有无氧化、损坏情况。如有氧化应将氧化膜清除干净，装复时应涂中性凡士林油。夹板、接线座有损坏的应更换；导电管与夹板连接长度不应小于 70mm。

（4）检查导电带两端接触面有无氧化，如有氧化应将氧化膜除净，装复时涂中性凡士林油；检查导电带的铜片有无损坏，导电带的铜片损坏超过 5 片时应更换。

（5）检查轴套与导电杆的公差配合，间隙要求为 0.2～0.3mm 为宜。

（6）接线夹外观应完整，接触面应清洁、无氧化膜。

（7）接线座装复按分解相反顺序进行装复。导电带组装时要注意方向，可参见 GW4-35 型隔离开关出线座分解检修部分的内容（模块 ZY1400602002），以免损坏铜片。

（8）质量标准。

1）软铜带无过热、烧伤、折断，断裂面超过总截面 10%应更换，组装的方式无误。

2）出线座与导电管接触面无氧化、污垢。

3）导电部分涂抹电力脂或中性凡士林，螺栓紧固，导电良好，镀银层完好。

4）旋转灵活，无卡涩。

6. 接地刀闸及其手动机构的检修

参见 GW4-35 型隔离开关本体检修接地刀闸及其手动机构的检修（模块 ZY1400602002）。

7. GW5-35 型隔离开关检修后的整体调试

（1）调整项目及质量标准。GW5-35 型隔离开关调整参数可按图 ZY1400601003-5 所标示的尺寸位置进行测量，其标准应符合产品规格使用说明书要求。

1）三相隔离开关装复后，相间距离为1200mm，装横拉杆之前调整两个接线夹端部的距离。调整方法：利用底座上的球面调整环节，调整 4 个 M12 螺栓的松紧来实现。当调节合格后必须注意底座内的伞齿轮的啮合的情况，必要时重新调节伞齿轮的位置，以保证咬合的准确，操作灵活；然后测量每个绝缘子的接线夹端部至底座的下平面水平线的距离，此距离为尺寸 E，这样才能保证两绝缘子的夹角为 50°。

2）用手动操作缓慢合闸及分闸，观察主刀闸系统动作是否灵活，无有卡涩，辅助开关切换位置是否正确；三相并能同步到位。并调试图 ZY1400601003-5 所示的标注尺寸，应符合产品安装要求。

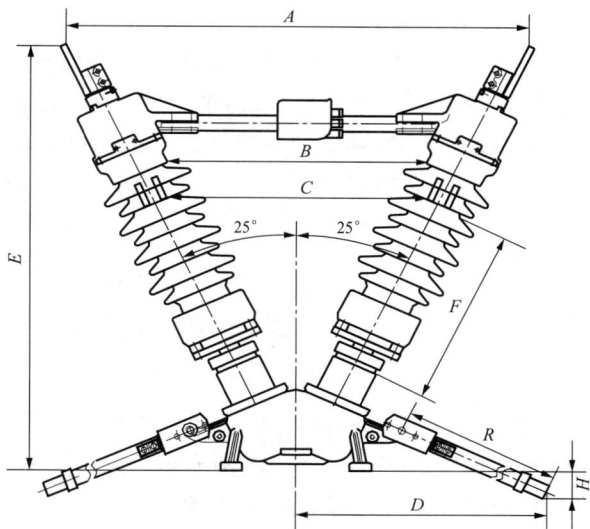

图 ZY1400601003-5　GW5-35 型单相隔离开关装配尺寸图

3）隔离开关主刀闸合闸后左、右触头间隙为15～20mm，接触后应上、下对称，允许上、下偏差≤5mm，夹紧度用 0.05mm×10mm 的塞尺进行检查。

4）主刀闸分闸后断口距离≥530mm。

5）两个接线夹端的距离为尺寸 A，应符合要求。

6）隔离开关绝缘子上部两铁法兰之间的距离为尺寸 B，应符合要求。

7）每个绝缘子的接线夹端部至底座的下平面水平线的距离为尺寸 E，应符合要求。

8）同相两个触头的最小空气距离为尺寸 C，应符合要求。

9）左触头对拉杆的距离要大于或等于尺寸 F 符合要求。

10）相间距离误差≤5mm。

11）三相合闸不同期性≤6mm。

12）接地刀闸分闸位置闸刀端部（动触头）与隔离开关底座中心水平距离为尺寸 D，应符合要求。

13）接地刀闸闸刀端部至刀闸杆连接轴销中心之间的距离为尺寸 R，应符合要求。

14）测量隔离开关底座下平面至接地刀闸分闸位置闸刀端部（动触头）之间的垂直距离为尺寸 H，应符合要求。

15）接地刀闸分闸后断口距离（垂直距离）≥560mm。

（2）试验项目。

1）测量主刀闸的回路电阻：600A 的≤200μΩ，1000A 的≤110μΩ。

2）测量接地刀闸回路电阻≤180μΩ。

3）机构电动分、合闸时间为 6s±1s。

4）手动操作主刀闸合、分各 5 次动作可靠。用手柄操作电动机构，使主刀闸分、合 5 次，当电动操动机构限位开关刚刚切换时，检查机构限位块与挡钉之间的间隙是否符合要求。

5）手动操作接地刀闸合、分各 5 次动作可靠。

6）电动操作主刀闸合、分各 5 次动作可靠。通电前要将手动将主刀闸处于半分、半合位置，接通电源，慎重按下合闸或分闸按钮，随之按下急停按钮，模拟点动操作，注意观察主轴转向，确认正确的操动方向。如果方向相反，则须调整电动机的旋转方向，进行电动分、合操作，检查电动机转向与主刀闸分、合闸运动方向是否对对应。

7）电动机构分合闸线圈及二次回路绝缘是否良好。用 1000V 绝缘电阻表测量，其绝缘电阻应不小于 2MΩ。

8）1min 工频耐压合格。

七、GW5-35 型隔离开关本体检修验收

参见 GW4-35 型隔离开关本体检修（模块 ZY1400601002）中验收。

【思考与练习】

1. 简述 GW5–35 型隔离开关的接线座检修步骤。

2. GW5–35 型隔离开关转动支座装复应注意什么？

3. GW5–35 型隔离开关检修后调试项目的质量标准是什么？

4. 简述 GW5–35 型隔离开关检修后试验项目。

模块 4　GW4–35 型隔离开关传动系统及手力机构的检修（ZY1400601004）

【模块描述】本模块包含 GW4–35 型隔离开关传动系统及手力机构检修的作业流程与工艺要求。通过知识要点的归纳讲解、图例展示、操作技能训练，掌握 GW4–35 型隔离开关传动系统及手力机构的基本结构、修前准备、危险点预控、作业步骤、工艺要求及质量标准等操作技能。

【正文】

一、GW4–35 型隔离开关传动系统及手力操动机构的结构原理

1. GW4–35 型隔离开关传动系统及手力操动机构的结构

（1）GW4–35 型隔离开关传动系统的结构。GW4–35 型隔离开关传动系统主要由连杆、转轴及传动连接构件等组成，如图 ZY1400601004-1 所示。

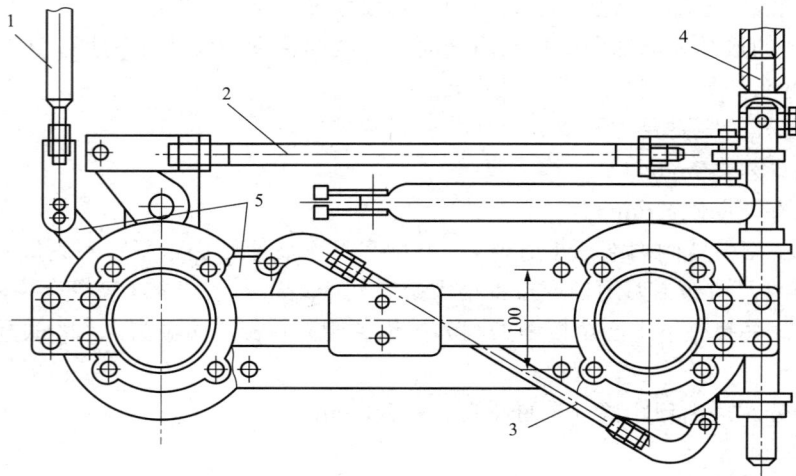

图 ZY1400601004-1　GW4–35 型隔离开关传动系统图

1—三相水平连杆；2—接地刀闸连杆；3—同相交叉连杆；4—接地刀闸水平连杆；5—转动板

（2）CS11–G 型和 CS14–G 型手力操动机构的结构。CS11–G 型手力操动机构的结构如图 ZY1400601004-2 所示，CS14–G 型手力操动机构如图 ZY1400601004-3 所示，其转动角度为 180°。

手力操动机构的转动角度为 90°～180°，手力操动机构一般在输出轴上设有机械连锁功能，有的还可配置电磁锁，以保证按规定的程序（主刀闸分—接地刀闸合—接地刀闸分—主刀闸合）进行操作。

2. 动作原理

当操作操动机构（手力或电动）旋转时，传动轴通过垂直连杆带动 U 相的左侧绝缘子旋转 90°，并通过转动板上连接的交叉连杆使另一侧绝缘子反向旋转 90°，同时通过转动板上连接的三相水平连杆联动 V、W 两相同步转动 90°，于是三相隔离开关的导电杆便向同一侧分开或闭合，实现主刀闸 U、V、W 三相同步分、合闸。

二、传动系统和手力机构检修作业内容

（1）GW4–35 型隔离开关传动系统检修。

（2）CS14–G 型手力机构检修。

（3）调试。

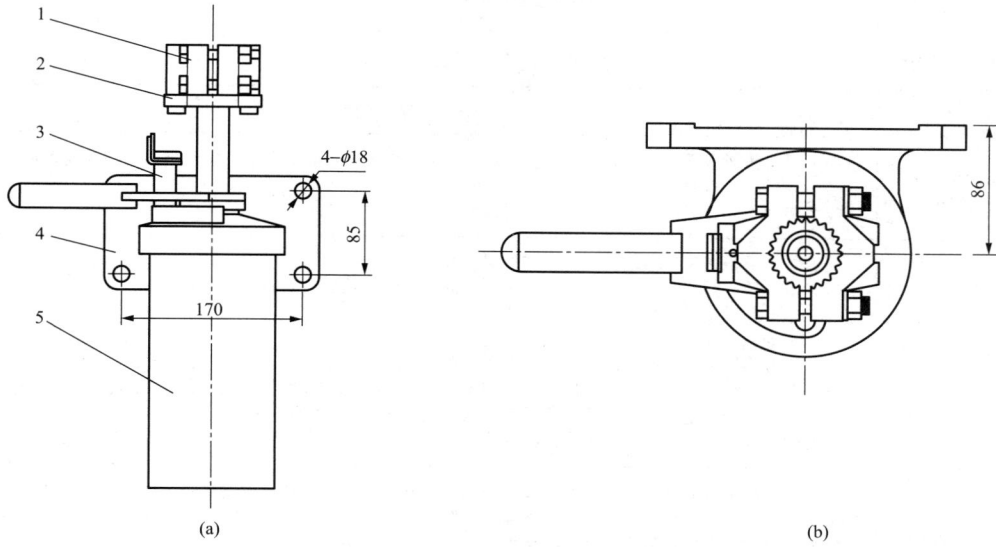

图 ZY1400601004-2　CS11-G 型手力操动机构结构图

（a）主视图；（b）俯视图

1—齿形抱箍；2—锁板；3—手柄；4—底座；5—罩

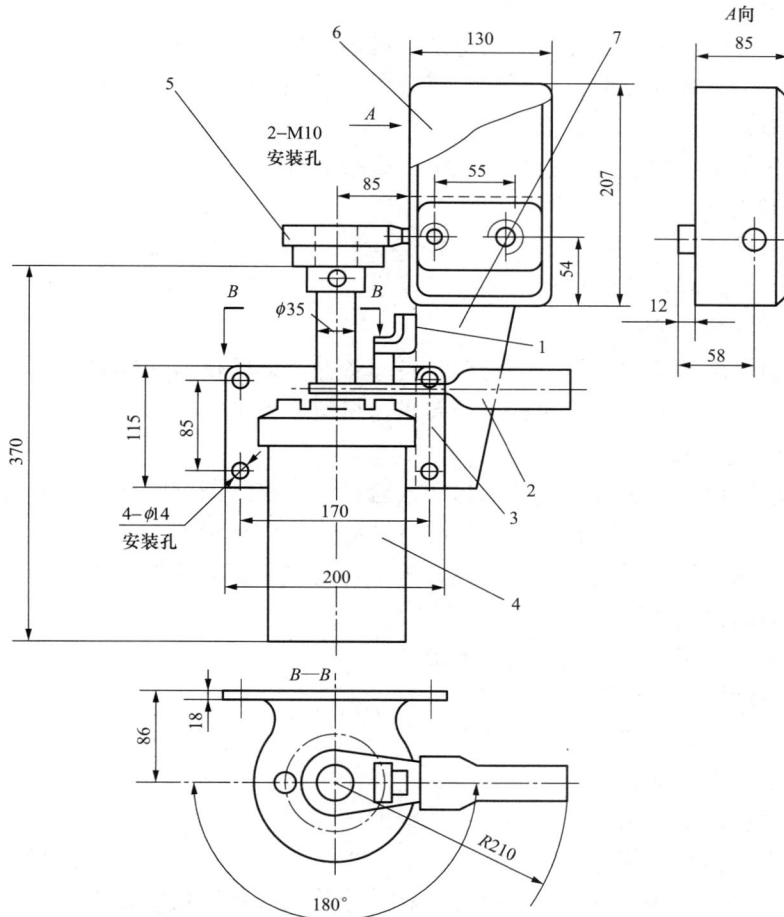

图 ZY1400601004-3　CS14-G 型手力操动机构结构图

1—锁板；2—手柄；3—基座；4—罩；5—转轴上安装的附件；6—DSW3 外电磁锁；7—安装板

三、作业中危险点分析及控制措施

作业中危险点分析及控制措施见表 ZY1400601004-1。

表 ZY1400601004-1　　　　　　作业中危险点分析及控制措施

序号	危险点	控 制 措 施
1	高处坠落及落物伤人	（1）进入作业现场必须正确佩戴安全帽，高处作业按规定系好安全带，安全带不得绑在隔离开关瓷柱上。 （2）使用临时检修平台时，跳板应绑扎牢固。 （3）传递工具、物件应用传递绳，不得抛掷
2	防止触电伤害	（1）工作前检查工作点是否在接地有效保护范围内。 （2）工作前应向每个作业人员交代清楚邻近带电设备，并加强监护，不允许单人作业。 （3）严禁跨越遮栏，严禁攀登运行构架。 （4）现场搬运长物件应由两人平放搬运。 （5）搭接检修电源需两人操作，检修电源具有明显的断开点，且带有漏电保护器。 （6）工作前断开操作、信号电源，闭锁回路连接点需切断，电动操作前必须经值班人员同意后方可接通电源。 （7）试验仪器、电动工器具等设备外壳有保护接地的，必须接地且接地可靠。 （8）中断检修每次重新开始工作，应认清工作地点，设备名称和编号，严禁无监护单人工作
3	防止机械伤害	（1）调试机构应时统一指挥，得到上部检修人员许可，进行手动和电动操作前必须呼唱，并确认人员已离开传动部件和转动范围以及触头的运动方向，操作时相互呼应。 （2）调整人站立位置应躲开触头动作半径，防止动触头伤人。 （3）检修调整防误装置时，应暂停其他作业。 （4）水平连杆拆装时，设专人扶持接地刀闸动触头，防止接地刀闸掉落伤人
4	防火措施	焊工应穿帆布工作服，戴工作帽，口袋需有遮盖，脚面应有脚罩，应戴防护手套，现场应配备灭火器

四、检修作业前的准备

1. 检修前的资料准备

（1）检修前应认真查阅设备安装、检修记录、设备运行记录、故障情况记录、缺陷情况记录和红外测温结果。对所查资料进行详细、全面的调查分析，以判定隔离开关的综合状况，为现场具体的检修方案的制定打好基础。

（2）准备好设备使用说明书、记录本、表格、检修报告等。

2. 检修方案的确定

（1）编制作业指导书。

（2）拟订检修方案，确定检修项目，编排工期进度。

3. 备品备件、工器具、材料准备

在开工前必须预先准备检修工器具、材料、备品备件、试验仪器和仪表等，并运至检修现场。仪器仪表、工器具应试验合格，满足本次施工的要求，材料应齐全。

4. 检修环境（场地）的准备

（1）在检修现场四周设一留有通道口的封闭式遮栏，并在周围背向带电设备的遮栏上挂适当数量的"止步，高压危险"标示牌，在通道入口处挂"从此进出"标示牌。

（2）在作业现场指定位置摆放好检修工具、量具、材料、备品备件和测试仪器及垃圾箱。

五、检修作业前的检查和试验

（1）检查连接杆和连接构件有无锈蚀、变形。

（2）检查轴销、螺栓、开口销是否缺损。

（3）检查手力操动机构箱的密封有无异常。

（4）测量分、合闸不同期。

（5）测量主刀闸和接地刀闸分、合闸相互闭锁的间隙。

（6）测量接地刀闸初始位置与基座夹角。

六、GW4-35 型隔离开关传动系统及手力机构检修作业步骤及质量标准

1. 传动系统检修

（1）拆卸各连杆连接头的防松螺母或开口销，取下连杆（应对连杆原长度做好记录，以便恢复时

参考）。

（2）清洗回转板上的拐臂轴销，检查各销、孔有无锈蚀变形，磨损等情况。

（3）清洗相间连杆和水平拉杆的轴孔和螺纹，铜套内圈如有拉毛或毛刺现象应用金相砂纸打磨，所有转动部分加润滑脂。

（4）清洗垂直连杆上端的轴承座，并涂适量润滑脂。

（5）检查底座槽钢，接地螺栓，机械闭锁板等元件，有无变形、磨损及伤痕。

（6）组装按拆卸相反的顺序依次装回。

（7）检查接地刀闸与主刀闸互锁正确，主刀闸处于分闸状态时，接地刀闸才能合闸；接地刀闸处于分闸状态时，主刀闸才能合闸。

（8）质量标准。

1）在分解拐臂、连杆、拉杆及各铜套、销、孔时，应检查其是否变形、是否锈蚀，铜套或销孔是否磨损，必要时应予更换或修整各销、孔。

2）拉杆应校直，焊接处牢固，且与带电部分安全距离符合规定。

3）拉杆内径与操动机构轴的直径配合良好。两者之间的间隙不能大于 1mm，连接部分的销子不应松动。

4）连接销与销孔配合间隙为 0.4～0.5mm。

5）延长轴、轴承、联轴器、中间轴承及拐臂等转动部分安装位置正确，并应涂抹适合的润滑脂及防护脂。

6）连接螺杆拧入接头的深度不应小于 20mm。

（9）注意事项。

1）操作费力不一定是机构问题，有可能是隔离刀闸本身问题，应分清原因。

2）当相间和同相的水平转动和传动连杆未在中心线上或发生弯曲时将造成三相不同步的现象。

2. CS14-G 型手力操动机构检修

（1）手力操动机构的检修应在确认辅助电源（信号、闭锁）断开后进行。

（2）拆除电磁锁连接器及锁。

（3）拆除辅助开关外罩及辅助开关，用毛刷清扫并检查辅助开关的动、静触点是否良好。在触点未接触时检查触点表面是否锈蚀或被电弧烧伤，并推动、静触点，检查弹性是否正常。

（4）拆下手力操动机构与垂直连杆上的圆锥销，取下主轴，进行清洗修整，如铜套有锈污或机构主轴上镀锌层腐蚀，可用金相砂纸打磨光滑，并涂润滑脂后装复。

（5）锁板检查，检查弹簧是否锈蚀变形、轴销是否磨损严重或弯曲。弹簧锈蚀、轴销弯曲或磨损严重时应更换。在受到各种外力冲击或意外碰撞其连杆时，应确保隔离开关位置的可靠锁定。

（6）按分解相反顺序进行装复，并固定牢靠。

（7）质量标准。

1）辅助开关应转动灵活、切换正确、接触可靠、绝缘良好、接线牢固、外壳无锈蚀进水现象。

2）触点未接触时静触点与动触点胶木圆盘应有 0.2～2mm 间隙，并切换灵活。

3）装配好的主轴转动应轻便、灵活无卡涩，主轴与铜套间隙不应大于 0.4mm。

4）手柄转动 180°后定位可靠。

3. 调试

装配完成后应采用手力操动分合隔离开关和接地开关 3～5 次，操作应平稳，接触良好，分、合闸位置正确。并调试达到以下标准：

（1）机构与隔离开关同时处于合闸或分闸状态。

（2）隔离开关主刀转角应为 90°±1°，且定位螺钉距限位板应有 0～3mm 间隙。

（3）三相合闸不同期性≤10mm。

（4）接地刀闸初始位置与基座夹角≤20°。

【思考与练习】

1. GW4-35 型隔离开关传动系统主要由哪些构件组成？
2. GW4-35 型隔离开关传动系统及手力操动机构检修前应进行哪些检查和试验？
3. 手动操作费力就一定是传动系统有问题吗？为什么？
4. 简述 CS14-G 型手力操动机构检修步骤。

模块 5　GW4-35 型隔离开关电动操动机构的检修（ZY1400601005）

【模块描述】本模块介绍 GW4-35 型隔离开关的 CJ6 电动操动机构检修的作业流程及工艺要求。通过知识要点的归纳讲解、图例展示、操作技能训练，掌握 GW4-35 型隔离开关的 CJ6 电动操动机构的基本结构、修前准备、危险点预控、作业步骤、工艺要求及质量标准等操作技能。

【正文】

一、CJ6 电动操动机构的结构原理

1. CJ6 电动操动机构的结构

CJ6 电动操动机构主要由电动机、机械减速系统、电气控制系统及箱壳组成，其结构如图 ZY1400601005-1 所示。电气控制部分包括低压断路器、控制按钮（分、合、停各一个）、旋钮开关（就地/远方选择）、交流接触器、行程开关、温度控制器、加热器及辅助开关等。

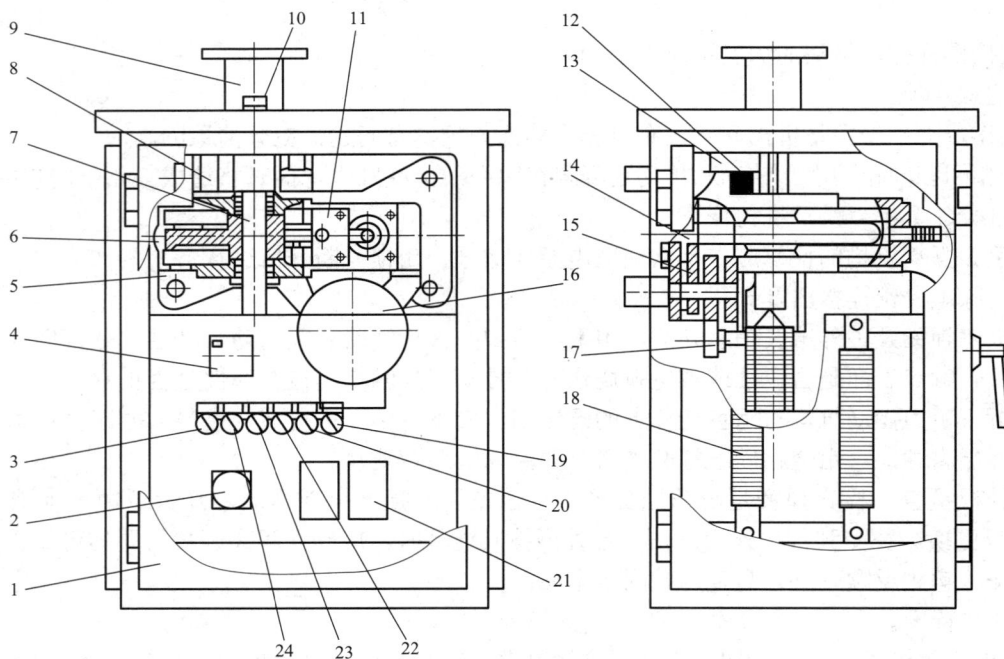

图 ZY1400601005-1　CJ6 电动操动机构结构

1—机构箱；2—温度控制器；3—就地/远方选择开关；4—低压熔断器；5—框架；6—蜗轮；7—主轴；8—定位件；

9—法兰盘；10—分、合指示器；11—手动闭锁开关；12—限位缓冲装置；13—行程开关；14—蜗杆；

15—齿轮；16—交流电动机；17—辅助开关；18—接线端子；19—照明开关；20—加热器开关；

21—交流接触器；22—合闸按钮；23—分闸按钮；24—停止按钮

2. CJ6 电动操动机构的动作原理

CJ6 电动操机构的电气控制系统控制电动机，电动机通过两级齿轮减速及一级蜗杆与蜗轮减速，带动输出主轴转动。从而控制转动连杆，进行隔离开关的分、合闸操作。由于齿轮减速机构箱使用规格不同的齿轮可组成两种传动比，故使总的传动也有两种，第一种传动使电动机机构分闸或合闸一次动作时间为 7.5s（180°）或 3.75s（90°），第二种传动使电动机机构分闸或合闸一次动作时间为 3.5s（180°）。其控制特点为：

（1）机构箱上的分、合闸按钮（或远方控制）控制接触器，接触器控制电动机，终止位置依靠行程开关切断控制电路。"停"按钮供异常情况时紧急停止使用。

（2）操作就地/远方选择旋钮，可以实现就地操作时不能进行远方控制操作及远方控制操作时不能进行就地操作的转换。

（3）为了避免当电动机过载、机械卡死或发生其他意外情况时烧坏电动机，该机构装有磁力启动器，可以对电动机进行短路、过载保护，磁力启动器的热保护功能还具有缺相保护。磁力启动器的电流整定值范围为 1.6～2.5A，使用时应将磁力启动器整定为电动机的额定电流值。

二、作业内容

（1）CJ6 电动操动机构分解检修。

（2）CJ6 电动操动机构内部其他电器元件的检修。

（3）CJ6 电动操动机构检修后的调试。

三、作业中危险点分析及控制措施

作业中危险点分析及控制措施见表 ZY1400601005-1。

表 ZY1400601005-1　　　　　　　作业中危险点分析及控制措施

序号	危险点	控　制　措　施
1	高处坠落及落物伤人	（1）进入作业现场必须正确佩戴安全帽，高处作业按规定系好安全带，安全带不得绑在隔离开关瓷柱上。 （2）使用临时检修平台时，跳板应绑扎牢固。 （3）传递工具、物件应用传递绳，不得抛掷
2	防止触电伤害	（1）工作前检查工作点是否在接地有效保护范围内。 （2）工作前应向每个作业人员交代清楚邻近带电设备，并加强监护，不允许单人作业。 （3）严禁跨越遮栏，严禁攀登运行构架。 （4）现场搬运长物件应由两人平放搬运。 （5）搭接检修电源需两人操作，检修电源具有明显的断开点，且带有漏电保护器。 （6）工作前断开操作、信号电源，闭锁回路连接点需切断，电动操作前必须经值班人员同意后方可接通电源。 （7）试验仪器、电动工器具等设备外壳有保护接地的，必须接地且接地可靠。 （8）中断检修每次重新开始工作，应认清工作地点，设备名称和编号，严禁无监护单人工作
3	防止机械伤害	（1）调试机构应时统一指挥，得到上部检修人员许可，进行手动和电动操作前必须呼唱，并确认人员已离开传动部件和转动范围以及触头的运动方向，操作时相互呼应。 （2）调整人站立位置应躲开触头动作半径，防止动触头伤人。 （3）检修调整防误装置时，应暂停其他作业。 （4）水平连杆拆装时，设专人扶持接地刀闸动触头，防止接地刀闸掉落伤人。 （5）检修过程中将垂直连杆脱离，电动操作及远方操作时应确认刀闸上部人员已全部撤离
4	防火措施	焊工应穿帆布工作服，戴工作帽，口袋需有遮盖，脚面应有脚罩，应戴防护手套，现场应配备灭火器

四、CJ6 电动操动机构检修作业前的准备

1. 检修前的资料准备

（1）检修前应认真查阅设备安装、检修记录、设备运行记录、故障情况记录、缺陷情况记录和红外测温结果。对所查阅资料进行详细、全面的调查分析，以判定操动机构的综合状况，为现场具体的检修方案的制定打好基础。

（2）准备好设备使用说明书、记录本、表格、检修报告等。

2. 检修方案的确定

（1）编制作业指导书。

（2）拟订检修方案，确定检修项目，编排工期进度。

3. 备品备件、工器具、材料准备

在开工前必须预先准备检修工器具、材料、备品备件、试验仪器和仪表等，并运至检修现场。仪器仪表、工器具应试验合格，满足本次施工的要求，材料应齐全。

4. 检修环境（场地）的准备

（1）在检修现场四周设一留有通道口的封闭式遮栏，并在周围背向带电设备的遮栏上挂适当数量的"止步，高压危险"标示牌，在通道入口处挂"从此进出"标示牌。

（2）在作业现场指定位置摆放好检修工具、量具、材料、备品备件和测试仪器及垃圾箱。

五、CJ6 电动操动机构检修作业前的检查和试验

（1）检查操动机构箱的密封有无异常、固定是否牢固。

（2）检查联轴销、螺栓有无锈蚀和缺损。

（3）检查接线端子和电气元件有无烧损。

（4）检查箱门关闭是否可靠。

（5）检查二次回路和电动机绝缘电阻。

六、CJ6 电动操动机构检修作业步骤及质量标准

1. 分解检修

（1）断开机构箱内全部电源，用毛刷清除灰箱内尘。

（2）松开机构输出轴连接头上的止动螺钉，敲出 2 个圆锥销，取下连接头。

（3）松开轴上密封圈压板的 4 个螺钉，取下压板、封垫和护罩。

（4）拧下机构箱内两个固定辅助开关的螺母及螺杆，将辅助开关悬放到机构箱外（辅助开关上的二次线头可不拆）。

（5）拆下固定电动机的 4 个螺钉，取出电动机进行检查。

（6）拧下减速箱齿轮护罩螺钉，拆下护罩后，将千斤顶放在机构箱的木条上，升起千斤顶杆托住减速箱的重心处，用套筒扳手拧下固定减速箱的 4 个螺钉后，平稳放下千斤顶杆，抬出机构箱并使有固定螺孔的一侧平放在地面上进行分解检修。

（7）拧出输出轴限位块的沉头螺钉，取下限位块和平键。拧下减速箱上盖 4 个螺钉，用紫铜棒轻叩主轴与辅助开关连接的端部，使上盖和 2 个定位钉脱离箱体后取出主轴、蜗轮及平键。

（8）将减速箱平放在垫块上，拧下齿轮组后端盖的 2 个 M8 螺钉，取下端盖并用铜棒、手锤将齿轮组的轴向后端盖方向敲出，取下大小两个齿轮和附件。

（9）拧下蜗杆前、后两个端盖螺钉，取下端盖、推力轴承外套和蜗杆。

（10）检查轴承、齿轮、蜗轮、蜗杆和油杯环应无变形、断齿并清洗，对不能修复的部件应更换。

（11）加足适合的润滑脂后按拆卸减速箱相反顺序装复。

（12）在固定减速箱之前，应打开行程开关的盖，检查触点接触是否良好，切换时触点弹性是否正常。

（13）机构箱组装按与分解相反顺序进行。电动机固定时应调整与减速箱座之间的垫片厚度，使齿轮啮合良好；限位块被限止时行程开关触点应切换并在切换后仍有 4mm 左右的剩余行程；齿轮啮合应无过松过紧及半边咬合现象。

2. 其他元件检修

机构内的其他电器元件主要进行检查，发现有问题的元件应更换。

（1）检查接触器触点有无烧伤，动作是否正确可靠。

（2）检查热继电器及控制按钮有无卡涩和接触不良。

（3）检查电源控制开关分合应可靠，端子接线牢固。

（4）检查电缆引入口封堵、输出轴与箱体防水良好。

（5）检查二次接头无锈蚀、连接牢固。

（6）检查加热器和控温器是否完好。

（7）检查电动机有无卡涩和摩擦等异常现象。电动机一般情况下不需要全部解体检修，损坏后只需更换，如为直流电动机，可拆卸更换碳刷架及碳刷。拆出电动机时应做好其相对位置及接线端子的标记；更换时应换相同规格的电动机，并作相应的电气试验和通电试运转。

3. 调试

机构全部装复后，将出输出轴与传动轴连接好，先用手动操作慢分慢合，并检查手动、电动操作相互闭锁开关是否动作，辅助开关的切换是否在分合闸进行到 4/5 时可靠切换。确定运转良好，应用 1000V 绝缘电阻表测量二次元件绝缘电阻，应大于 2MΩ。

通电操作前，应先用手动操作将刀闸摇至中间位置才能进行电动分合操作。防止电动分合闸因方向反向而过力矩。调试质量标准为：

（1）限位挡板（即行程开关）以及辅助开关其通断位置与主刀闸通断位置一致。调节时应将电动机运动惯性考虑在内。

（2）隔离开关主刀闸转角应为 $90°±1°$ 且定位螺钉距限位板应有 $0～3mm$ 间隙。

（3）电动操作主刀闸合、分各 5 次动作可靠。

【思考与练习】

1. CJ6 电动操动机构主要由哪些元件组成？

2. CJ6 电动操动机构检修过程中，如何将减速箱从机构箱取出？

3. CJ6 电动操动机构检修过程中，如何调节限位挡板？

第二十二章 35kV 及以下
隔离开关的更换安装

模块 1 GN19–10 型隔离开关安装（ZY1400602001）

【模块描述】本模块介绍 GN19–10 型隔离开关安装的作业流程及工艺要求。通过知识要点的归纳讲解、图例展示、操作技能训练，掌握 GN19–10 型隔离开关的基本结构、装前准备、危险点预控、作业步骤、工艺要求及质量标准等操作技能。

【正文】

一、GN19–10 型隔离开关的结构

GN19–10 型高压隔离开关由底座、支柱绝缘子、操作绝缘子、导电部分组成，其外形结构和安装尺寸如图 ZY1400602001-1 所示。GN19–10 型隔离开关配 CS6–1T 型手力操动机构进行三相联动操作，如图 ZY1400602001-2 所示。

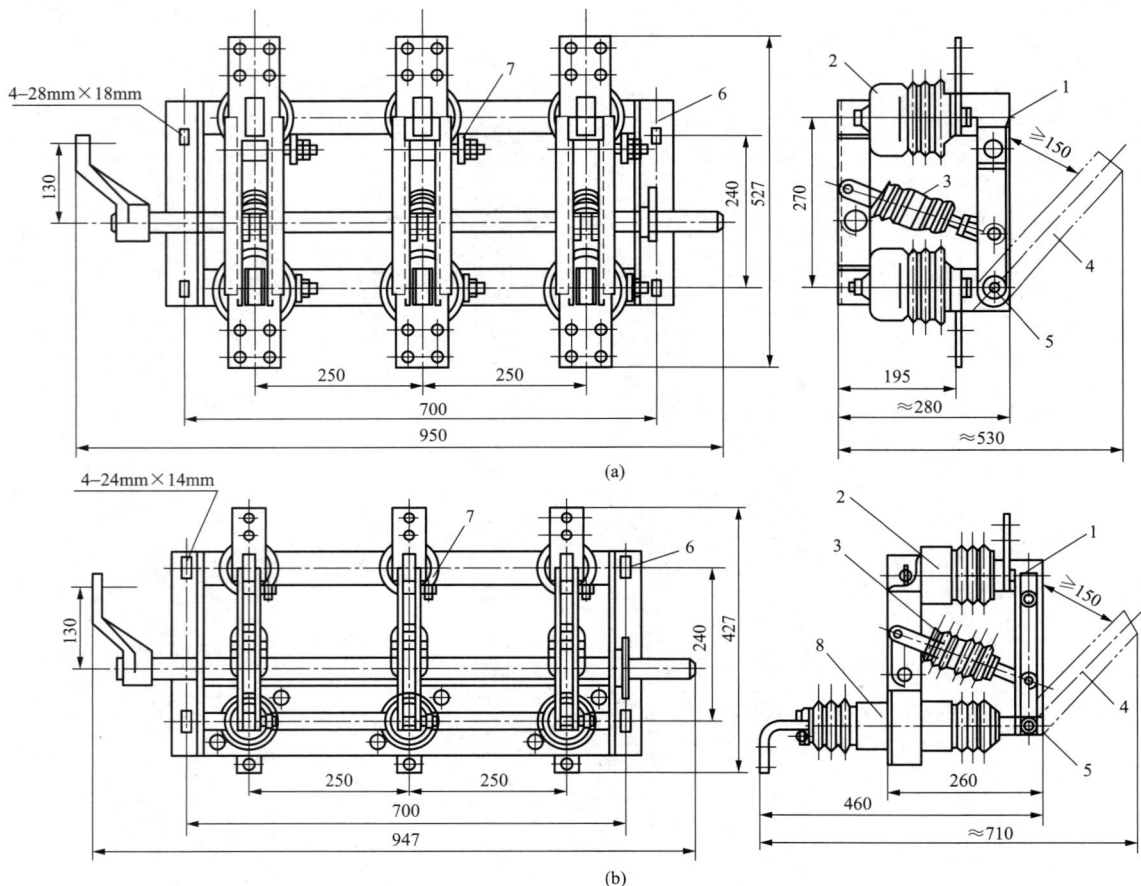

图 ZY1400602001-1 GN19–10 型隔离开关外形结构及安装尺寸

（a）GN19–10 型（平装型）；（b）GN19–10C1 型（穿墙型）

1—静触头；2—支柱绝缘子；3—操作绝缘子；4—触刀；5—主轴；6—底座；7—弹簧；8—穿墙套管

二、作业内容

（1）GN19-10型隔离开关本体安装。

（2）CS6-1T型手力操动机构的安装。

（3）GN19-10型隔离开关和CS6-1T型手力操动机构安装后的调试。

三、作业中危险点分析及控制措施

作业中危险点分析及控制措施见表ZY1400602001-1。

四、安装作业前的准备

1. 安装前的资料准备

（1）安装前应认真查阅设备安装使用说明书、设备基础制作报告图纸和设计院设计图纸。对所查阅的资料进行详细、全面的调查分析，为现场具体安装方案的制定打好基础。

（2）准备好设备使用说明书、设计图纸、记录本、表格、安装报告等。图纸及资料应符合现场实际情况。

2. 安装方案的确定

（1）现场勘察。项目总负责人应组织有关人员深入现场，仔细勘察，了解现场设备及基础的实际情况，落实施工设备布置场所，检查安全措施是否完备。

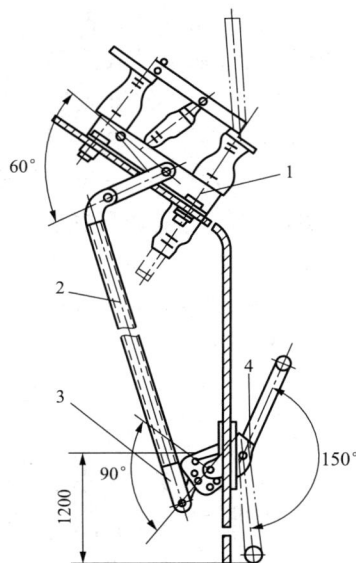

图 ZY1400602001-2 CS6-1T型手力操动机构与GN19-10型隔离开关配合的一种安装方式

1—GN19-10型隔离开关；2—传动连杆；

3—调节杆；4—CS6-1T型手力操动机构

表 ZY1400602001-1　　　　　作业中危险点分析及控制措施

序号	危险点	控　制　措　施
1	高处坠落及落物伤人	（1）高处作业系好安全带；不得攀登及在瓷柱上绑扎安全带。 （2）使用的检修平台或梯子应坚固完整、安放牢固，使用梯子有人扶持。 （3）传递物件必须使用传递绳，不得上、下抛掷
2	起重伤害	（1）采用吊架拆、装隔离开关有专人指挥，吊物下严禁站人。 （2）起重工具使用前认真检查，并进行强度核验，严禁使用不合格的工具。 （3）拆、装设备时必须绑扎牢固，吊物起吊后应系好拉绳，防止摆动碰伤人员
3	触电伤害	（1）搬动梯子等大物体时，需两人放倒搬运，与带电部位保持1.5m的安全距离。 （2）拆下的引线不得失去原有接地线保护。 （3）使用电气工具时，按规定接入漏电保护装置、接地线
4	误入、误登带电间隔	（1）工作前向作业人员交代清楚临近带电设备，并加强监护。 （2）工作人员应走指定通道，在遮栏内工作，不得移动和跨越遮栏。 （3）严禁攀登运行设备构架
5	机械伤害	（1）严格执行一般工具的使用规定，使用前严格检查，不完整的工具禁止使用。 （2）调试隔离开关时专人监护，进行操作时工作人员必须离开隔离开关传动部位

（2）编制作业指导书。

（3）拟订安装方案，确定安装项目，编排工期进度。

3. 备品备件、工器具、材料准备

在开工前必须预先准备安装工器具、材料、备品备件、试验仪器和仪表等，并运至安装现场。

4. 安装环境（场地）的准备

（1）在安装现场四周设一留有通道口的封闭式遮栏，并在周围背向带电设备的遮栏上挂适当数量的"止步，高压危险"标示牌，在通道入口处挂"从此进出"标示牌。

（2）在作业现场指定位置摆放好安装工具、量具、材料、备品备件和测试仪器及垃圾箱。

五、安装作业前的开箱检查

（1）安装前应按照装箱单检查零部件及附件、备件是否齐全。

（2）检查铭牌数据是否与订货合同一致。

（3）检查产品外表面有无损伤。仔细检查每支绝缘子是否有破损，胶装处是否松动。

262

（4）检查各部紧固件是否牢固。

（5）检查接线端子及载流部分是否清洁，接触是否良好。

（6）检查厂家提供的安装使用说明书、合格证、出厂试验报告、安装图纸等文件资料是否齐全。并妥善保管，不得丢失。

（7）填写开箱检查记录和设备验收清单。

六、GN19–10 型隔离开关安装作业步骤及质量标准

1. 隔离开关本体安装

按照图纸的设计方式将隔离开关安装在间隔墙上或支架钢构架上，如图 ZY1400602001-3 所示。图中的 *a*、*b* 为安装尺寸。

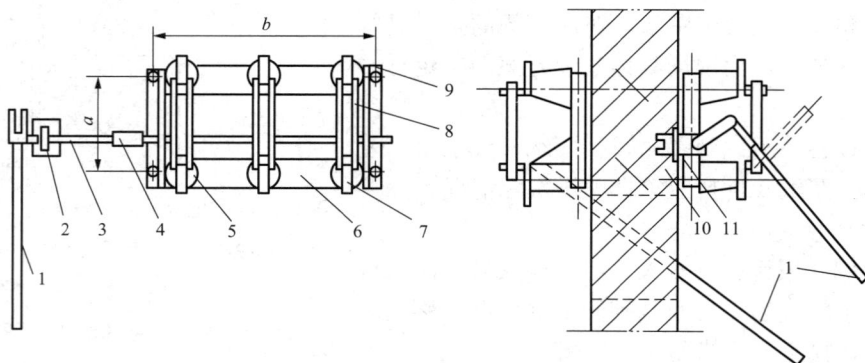

图 ZY1400602001-3　装于间隔墙两侧的隔离开关图

1—操作连杆；2—支持轴承；3—延长轴；4—连轴套；5—隔离开关支持绝缘子；6—底板；

7—静触头；8—触刀；9—开关静触头；10—埋入墙里的双头螺栓；11—预埋铁件

在墙上安装隔离开关时，应在墙内预先埋好底脚螺栓。在墙两面安装时，可用共同的双头螺栓紧固，但应保证其中一组拆除后不影响另一组的固定。若装设在钢构架上，应先在构架上钻孔，再用螺栓固定。

户内隔离开关可以立装、斜装或卧装，但安装位置应使闸刀打开时，趋向下方。安装高度应符合手力操动机构的要求，一般为 2.5～10m，若不符合此高度，需通过改变机构后舌头的长度来调整。操动机构的安装高度为 1～1.3m。

2. CS6–1T 型手力操动机构的安装

根据设计图纸，安装操动机构和制作隔离开关与机构之间的连杆。调试连杆的长度，使隔离开关合、分闸时，开度以及拉杆与带电部分的最小距离符合安全净距要求。同时，机构向上操作达到终点时，隔离开关必须到达合闸的终点；手柄向下操作达到终点时，隔离开关必须到达分闸终点。

配置连杆应先点焊，待调好后再焊牢固。需要配制延长轴、支持轴承、联轴器及拐臂等其他传动部件时，安装位置要准确可靠。

3. 安装后的调试

当隔离开关及操动机构安装后，应进行联合调试，使分、合闸符合标准。

（1）辅助触点的调整。辅助触点应安装在操作手柄的旁边，固定后，要配制手柄与辅助触点的连杆。调整触点转臂上的一排斜孔（即调整该臂的精确角度）及连杆的长度，使发分闸信号的触点在触刀通过全部行程的 75% 后开始动作，而发合闸信号的触点不得在触刀与静触头闭合前动作。

（2）调节机构扇形板上的连接杠杆孔的位置和连杆的长度，如图 ZY1400602001-4 所示。改变调节杠杆的方位，可使隔离开关的触刀合闸时合足，分闸时，触头打开的净距和开度应符合要求，并将分合闸限位螺栓调到相应的位置。

（3）调整三相的触头合闸同期性。可以通过调整触刀中间支持绝缘子的高度，使不同期程度不超过 3mm。

（4）调整触刀两边的弹簧压力，使接触情况符合要求。用 0.05mm×10mm 的塞尺检查，线接触的应塞不进去，面接触的塞入深度不超过 4～6mm。

（5）回路电阻符合要求。采用回路电阻仪测试每相回路电阻不应大于 80μΩ。

（6）用 2500V 绝缘电阻表测量瓷瓶的绝缘电阻，应大于 1200MΩ。

隔离开关调试完毕后，应接上导线，并将底座接地。先进行粗调，再经几次试操作进行细调，完全合格后，才能固定隔离开关转轴上的拐臂位置，然后钻孔，打入圆锥销，使转轴和拐臂永久紧固。

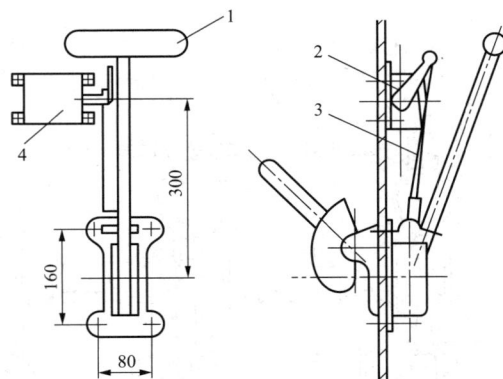

图 ZY1400602001-4　CS6-1T 型操动机构及辅助触点

1—手柄；2—辅助触点转臂；3—连杆；4—辅助触点

七、验收

（1）隔离开关所有固定件螺栓紧固可靠。

（2）触头接触表面良好、无污垢，接触表面涂有中性凡士林或导电硅脂。

（3）支柱绝缘子瓷质部分清洁，无裂纹、胶装接口处无缺陷、浇铸连接情况良好，绝缘子的绝缘电阻满足要求。

（4）各转动部分轴销完整，转动灵活，无卡涩现象，且均已加注了合适的润滑油。

（5）操动机构操作灵活，分、合位置正确，辅助开关切换可靠。

（6）隔离开关安装项目无遗漏，各项调整和试验符合技术要求。

（7）提交安装的技术文件资料，并存档保管。

【思考与练习】

1. GN19-10 型隔离开关主要由哪些部分组成？

2. GN19-10 型隔离开关安装前的开箱检查项目有哪些？

3. CS6-1T 型手力操动机构辅助触点如何安装？

4. GN19-10 型隔离开关和 CS6-1T 型手力操动机构安装后应如何进行调试？

模块 2　GW4-35 型隔离开关更换安装（ZY1400602002）

【模块描述】本模块介绍 GW4-35 型隔离开关更换安装作业流程及工艺要求。通过知识要点的归纳讲解、图例展示、操作技能训练，掌握 GW4-35 型隔离开关更换安装前准备、危险点预控、作业步骤、工艺要求及质量标准等操作技能。

【正文】

一、GW4-35 型隔离开关的结构

GW4-35 型隔离开关结构及安装尺寸如图 ZY1400602002-1 所示。

二、作业内容

（1）GW4-35 型隔离开关构支架安装。

（2）GW4-35 型隔离开关本体安装。

（3）GW4-35 型隔离开关接地刀闸的安装。

（4）GW4-35 型隔离开关传动系统和操动机构安装。

（5）GW4-35 型隔离开关安装后的整体调试。

三、作业中危险点分析及控制措施

作业中危险点分析及控制措施见表 ZY1400602002-1。

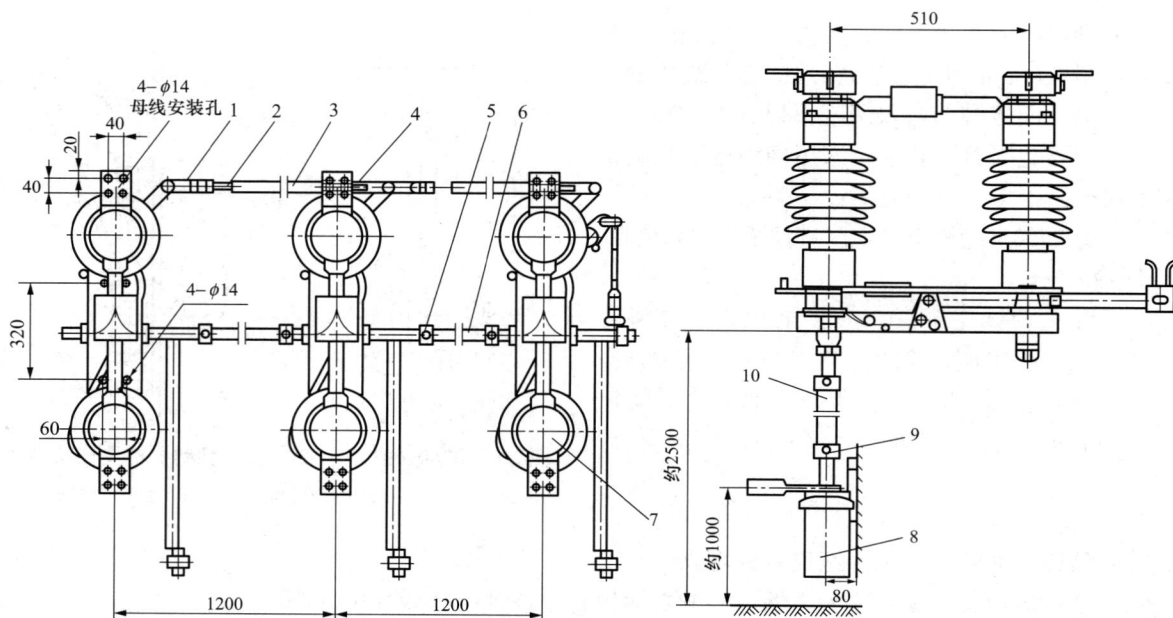

图 ZY1400602002-1 GW4-35 型隔离开关结构及安装尺寸图

1—接头及开口销；2—螺杆及 M16 螺母；3—主刀闸水平连杆；4—螺杆；5—连接套；6—接地刀闸水平连杆；

7—单相隔离开关；8—手力操动机构；9—连接套；10—机构垂直连杆

表 ZY1400602002-1   作业中危险点分析及控制措施

序号	危 险 点	控 制 措 施
1	高处坠落及落物伤人	（1）高处作业系好安全带，不得攀登及在瓷柱上绑扎安全带。 （2）使用的检修平台或梯子应坚固完整、安放牢固，使用梯子有人扶持。 （3）传递物件必须使用传递绳，不得上、下抛掷
2	起重伤害	（1）采用吊架拆、装隔离开关有专人指挥、吊物下严禁站人。 （2）起重工具使用前认真检查，并进行强度核验，严禁使用不合格的工具。 （3）拆、装设备时必须绑扎牢固，吊物起吊后应系好拉绳，防止摆动碰伤人员
3	触电伤害	（1）搬动梯子等大物体时，需由两人放倒搬运，与带电部位保持足够的安全距离。 （2）拆下的引线不得失去原有接地线保护。 （3）使用电气工具时，按规定接入漏电保护装置、接地线
4	误入、误登带电间隔	（1）工作前向作业人员交代清楚临近带电设备，并加强监护。 （2）工作人员应走指定通道，在遮栏内工作，不得移动和跨越遮栏。 （3）严禁攀登运行设备构架
5	机械伤害	（1）严格执行一般工具的使用规定，使用前严格检查，不完整的工具禁止使用。 （2）调试隔离开关时专人监护，进行操作时工作人员必须离开隔离开关传动部位

四、更换安装作业前的准备

1. 安装前的资料准备

（1）安装前应认真查阅设备安装使用说明书、设备基础制作报告图纸和设计院设计图纸等。对所查阅的资料进行详细、全面的调查分析，为现场具体安装方案的制定打好基础。

（2）准备好设备使用说明书、设计图纸、记录本、表格、安装报告等。图纸及资料应符合现场实际情况。

2. 安装方案的确定

（1）现场勘察：项目总负责人应组织有关人员深入现场，仔细勘察，了解现场设备及基础的实际情况，落实施工设备布置场所，检查安全措施是否完备。

（2）编制作业指导书。

（3）拟订安装方案，确定安装项目，编排工期进度。

3. 备品备件、工器具、材料准备

在开工前必须预先准备安装工器具、材料、备品备件、试验仪器和仪表等，并运至安装现场。

4. 安装环境（场地）的准备

（1）在安装现场四周设一留有通道口的封闭式遮栏，并在周围背向带电设备的遮栏上挂适当数量的"止步，高压危险"标示牌，在通道入口处挂"从此进出"标示牌。

（2）在作业现场指定位置摆放好安装工具、量具、材料、备品备件和测试仪器及垃圾箱。

五、更换安装作业前的开箱检查

（1）安装前应按照装箱单检查零部件及附件、备件是否齐全。

（2）检查铭牌数据是否与订货合同一致。

（3）检查产品外表面有无损伤。仔细检查每支绝缘子是否有破损，胶装处是否松动。

（4）检查各部紧固件是否牢固。

（5）检查接线端子及载流部分是否清洁，接触是否良好，触头镀银层无脱落。

（6）检查厂家提供的安装使用说明书、合格证、出厂试验报告、安装图纸等文件资料齐全，并妥善保管，不得丢失。

（7）填写开箱检查记录和设备验收清单。

六、GW4-35 型隔离开关安装作业步骤及质量标准

原隔离开关拆除时，应根据更换的计划项目有针对性地拆除，不能盲目地大拆大卸，特别要防止在拆卸过程中伤及需要继续使用的设备和部件。一般来说，更换可分为：单相更换、本体更换、操动机构更换、原隔离开关整体更换。对于整体更换的项目必须要考虑基架的安装位置和尺寸，安装前应将旧断路器全部拆除，并事先完成基础浇注施工。

1. 隔离开关构支架安装

（1）将 GW4-35 型隔离开关构支架与基础固定螺栓连接好，待支架垂直度及水平找好后，将螺帽紧固；如基础水泥杆需更换，可将水泥杆放入基础坑中，找好垂直度及水平后，在坑中进行二次灌浆。

（2）将底座槽钢与水泥杆杆头钢板或构支架用螺栓连接好（焊接好），待水平找好后，将螺母紧固。

（3）隔离开关构支架安装工艺质量标准。

1）隔离开关本体及操动机构安装固定用的支架、铁件加工制作应按施工图纸和制造厂要求尺寸进行。

2）支架、铁件制作用的槽钢、封顶板等应平直，封顶板、槽钢等焊接固定时，其上部端面应保持水平，误差不得超过 2mm，可用铁平尺检查。相间高度误差：三相联动户内隔离开关应不大于 1mm；户外隔离开关应不大于 2mm；分相操作应不大于 5mm。可用水平仪及 U 形软管水准尺检查。

3）加工件相间距离与设计要求之差：三相联动户内型应不大于 3mm；户外型应不大于 5mm；分相操作的隔离开关应不大于 10mm。可以用钢卷尺测量。

4）型钢孔径与螺栓配合应符合设计要求，一般型钢孔径比螺栓要大 0.5～1mm。

5）焊接应符合设计及有关标准。

2. 隔离开关本体安装

（1）安装前应先将动触头和触指之间接触部位擦干净后，再涂适量导电脂，各旋转部位也应涂适量润滑脂。

（2）本体就位。将单相隔离开关本体吊装在构支架上固定，找正水平及相间距离。

（3）吊装时应区别主动相与从动相，主动相有连接拉杆。

（4）如三相整体更换可三相联装后整体起吊。

（5）三相隔离开关安装完毕后应满足：

1）吊装就位时，隔离开关主刀闸和接地刀闸的打开方向必须符合设计的要求。

2）三相间连杆中心线误差可用拉线与钢卷尺来检查，其误差应≤1mm。

3）同相各支柱绝缘子的中心线应在同一垂直平面内，垂直误差可用线垂和钢板尺检查，应不大于 2mm。

4）合闸后，左右触头应接触完好，插入深度应符合要求。

5）隔离开关在分合闸终点位置，绝缘子下部的限位螺钉与挡板之间的间隙应调到0～3mm。

6）调节本相的水平连杆，使两侧支持绝缘子分合闸同步；变动水平连杆位置，使隔离开关处于合闸位置；检查触头合闸接触情况，不应发生没有备用行程的情况，使触头的相对位置及备用行程符合技术规定。

3．接地刀闸的安装

接地刀闸的安装与调试应在主刀闸的安装与调试完毕后进行。

（1）使主刀闸处于分闸状态，接地刀闸处于合闸状态，连接相间水管，并调整拐臂杠杆及操作连杆。

（2）固定并调整接地刀闸支架轴上的扭力弹簧及定位件，以手动分、合操作力相近为宜。

（3）机构与隔离开关同时处于合闸或分闸状态，用连接套及垂直连杆连接好操作杠杆和机构输出轴，并达到以下要求：

1）操作3～5次后隔离开关主刀闸转角应为90°±1°，且定位螺钉距限位板应有0～3mm间隙，分合闸位置正确。

2）接地刀闸与主刀闸互锁正确，主刀闸处于分闸状态时，接地刀闸才能合闸；接地刀闸处于分闸状态时，主刀闸才能合闸。

（4）安装调整只允许用手动操作。

（5）产品安装好后，应对各个外部转动部分的轴（套）进行润滑处理。

4．传动系统和操动机构安装

（1）将主动相隔离开关置于合闸位置，在操作隔离开关的拐臂拉杆与轴承座相连接的轴上穿上开口销，将该拐臂拉杆的拐臂调整到与主动臂平行，把套的一端用圆头键装在拐臂拉杆中的传动轴上，另一端装上轴。

（2）将操动机构安装在操作方便的高度，将调角联轴器圆头键装在机构的输出轴上。取适当一段镀锌钢管，一端插入摩擦联轴器上，另一端插入轴中，然后焊牢。松开摩擦联轴器上的6个M10×35六角螺栓，用手柄将机构摆至合闸位置再倒转1～2圈后，拧紧6个M10×35六角螺栓。然后用手力操动观察主刀闸的运动情况，若分、合不到位，可调整拐臂拉杆中的主动臂长度，直至分、合到位。

（3）使三相隔离开关均处于合闸位置，把接头装配分别装在轴承座下方的轴上，用M16螺母、垫圈、弹簧垫圈压紧，穿上开口销，选取适当长度的两段镀锌钢管，与接头焊在一起。

5．GW4-35型隔离开关安装后的整体调试

参见GW4-35隔离开关本体检修（模块ZY1400601002）中的整体调试。

七、验收

参见GW4-35隔离开关本体检修（模块ZY1400601002）中验收。

【思考与练习】

1．简述GW4-35型隔离开关本体安装步骤。

2．GW4-35型隔离开关安装后要进行哪些调试？

3．GW4-35型隔离开关安装调整后如何进行验收？

模块3　GW5-35型隔离开关更换安装（ZY1400602003）

【模块描述】本模块包含GW5-35型隔离开关更换安装的作业流程及工艺要求。通过知识要点的归纳讲解、图例展示、操作技能训练，掌握GW5-35型隔离开关更换安装前准备、危险点预控、作业步骤、工艺要求及质量标准等操作技能。

【正文】

由于GW5-35型隔离开关安装前的准备、检查、危险点分析及控制措施、绝缘子检查等方面与GW4-35型隔离开关的项目相同，因此安装作业中可以借鉴GW4-35型隔离开关安装的相关内容。

一、GW5–35Ⅱ（1600A）型隔离开关的结构

GW5–35Ⅱ（1600A）型隔离开关安装结构尺寸如图 ZY1400602003-1 所示。按安装方式可分为水平安装和特殊安装。

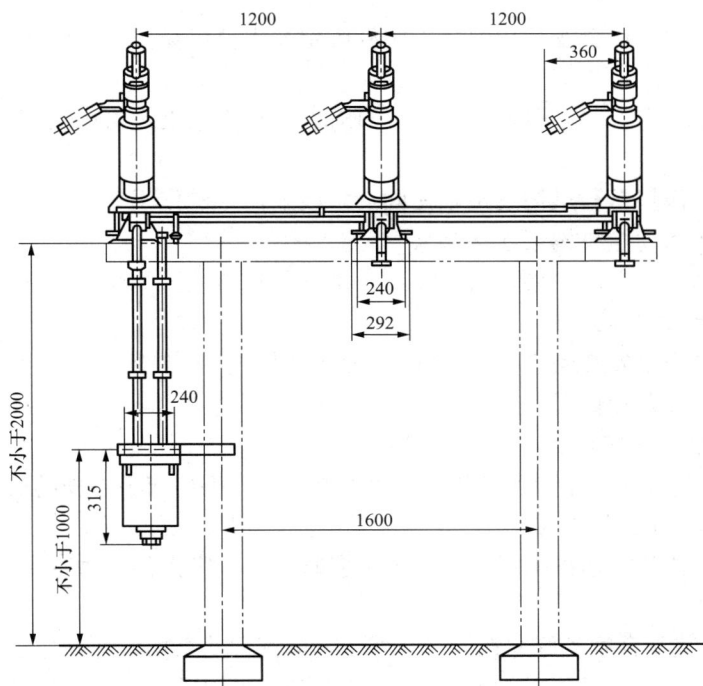

图 ZY1400602003-1 GW5–35Ⅱ（1600A）型隔离开关安装结构尺寸图

二、作业内容

（1）GW5–35 型隔离开关构支架安装。

（2）GW5–35 型隔离开关本体安装。

（3）GW5–35 型隔离开关接地刀闸的安装。

（4）GW5–35 型隔离开关传动系统和操动机构安装。

（5）GW5–35 型隔离开关安装后的整体调试。

三、作业中危险点分析及控制措施

参见 GW4–35 型隔离开关更换安装作业中危险点及控制措施（模块 ZY1400602002）。

四、更换安装作业前准备

参见 GW4–35 型隔离开关更换安装作业中作业前的准备（模块 ZY1400602002）。

五、更换安装作业前的开箱检查

参见 GW4–35 型隔离开关更换安装作业中安装前的开箱检查（模块 ZY1400602002）。

六、GW5–35 型户内隔离开关安装作业步骤及质量标准

1. 隔离开关构支架安装

参见 GW4–35 型隔离开关更换安装作业中的构支架安装（模块 ZY1400602002）。

2. 隔离开关本体安装

（1）测量隔离开关支架上平面是否水平，必要时进行调整。

（2）安装前应将右触头和左触指之间接触部位擦干净后，再涂适量导电脂，各旋转部分也应涂适量润滑脂。

（3）将单相隔离开关本体吊装在构支架上固定，找正水平及相间距离，用螺栓固定好。

（4）将主刀闸传动箱装配安放在底座槽钢的相应位置上（传动箱的安装位置，可以根据需要置于一端或任意两相之间），用螺栓固定好。

3. 接地刀闸的安装

（1）将接地刀闸操动机构（CS）固定在基础支架相应的位置上，安装时必须注意：操动机构正面要便于操作人员检查接地开关分、合位置；安装高度同隔离开关。

（2）将隔离开关主刀闸分闸。

（3）将三相接地刀闸手动合闸（用绳将刀闸杆固定在支持绝缘子上，防止自由脱落伤人及损坏设备）。

（4）将接头用 M12 螺栓、螺母固定在接地刀闸的 U 形支架上，再用连接管通过接头将各相接地刀闸连接起来焊接（点焊）。

（5）接地刀闸的操作拐臂与机构连接轴在同一垂线上，将操作拐臂焊接在相间连杆上（点焊）。

（6）用拉杆将操作拐臂与机构轴连接起来。

（7）操作接地刀闸分、合闸，接地刀闸操作正常，并且与主刀闸闭锁正常。

（8）将点焊部位全部焊牢。

（9）按安装使用说明书安装闭锁装置，观察闭锁装置的动作是否正常，检查机构内的辅助开关动作是否于接地刀闸分合位置相协调。

4. 传动系统和操动机构安装

（1）将三个单相隔离开关处于合闸位置，然后将电动操动机构或手力操动机构安装在传动箱下方，安装高度一般为距地面 1.1m 左右为宜。

（2）将隔离开关本体和操动机构均处于合闸位置时，用厂家提供的垂直拉杆与传动箱主轴臂连接起来。

（3）检查左、右手装配合闸良好并在同一直线上，再将传动箱拐臂与操作相隔离开关用拉杆连接。然后进行单相分合闸操作检查分、合闸位置是否符合要求，无问题后用拉杆将其他两相隔离开关连接。

（4）进行隔离开关各部分尺寸初核。

（5）三相隔离开关安装完毕后，各单相隔离开关应满足：

1）合闸后，左、右触头应接触完好，右触头中心位置对正左触指缺口处。

2）左、右触头分合同步，同期差不大于厂家规定。

5. GW5-35 型隔离开关安装后的整体调试

参见 GW5-35 型隔离开关本体检修（模块 ZY1400601003）中整体调试。

七、验收

参见 GW4-35 型隔离开关本体检修（模块 ZY1400601002）中验收。

【思考与练习】

1. GW5-35 型和 GW4-35 型隔离开关安装的主要区别是什么？

2. 简述 GW5-35 型隔离开关接地刀闸的安装步骤。

3. GW5-35 型隔离开关安装后的调试项目有哪些？

国家电网

国家电网公司

STATE GRID

国家电网公司
生产技能人员职业能力培训专用教材

变电检修 下

国家电网公司人力资源部　组编

王树声　主编

中国电力出版社

CHINA ELECTRIC POWER PRESS

内 容 提 要

　　《国家电网公司生产技能人员职业能力培训教材》是按照国家电网公司生产技能人员模块化培训课程体系的要求，依据《国家电网公司生产技能人员职业能力培训规范》（简称《培训规范》），结合生产实际编写而成。

　　本套教材作为《培训规范》的配套教材，共72册。本册为专用教材部分的《变电检修》，全书共10个部分37章129个模块，主要内容包括机械基础，变电检修常用材料和试验仪器，高压设备的原理，变电设备的状态检修，倒闸操作，35kV及以下隔离开关的检修、安装和调试，66kV及以上隔离开关的检修及故障处理，断路器检修、调试和故障处理，其他变电设备的检修与故障处理，互感器、电抗器、消弧线圈和接地变压器的维护、检修技能。

　　本书可作为供电企业变电检修工作人员的培训教学用书，也可作为电力职业院校教学参考书。

图书在版编目（CIP）数据

变电检修.下/国家电网公司人力资源部组编. —北京：中国电力出版社，2010.12（2025.11重印）
　国家电网公司生产技能人员职业能力培训专用教材
　ISBN 978-7-5123-0857-2

　Ⅰ.①变…　Ⅱ.①国…　Ⅲ.①变电所–检修–技术培训–教材
Ⅳ.①TM63

中国版本图书馆 CIP 数据核字（2010）第 189283 号

中国电力出版社出版、发行

（北京市东城区北京站西街 19 号　100005　http://www.cepp.sgcc.com.cn）

北京铭成印刷有限公司印刷

各地新华书店经售

*

2010 年 12 月第一版　　2025 年 11 月北京第十六次印刷

880 毫米×1230 毫米　16 开本　41.125 印张　1294 千字

定价 **150.00** 元（上、下册）

国家电网公司
生产技能人员职业能力培训专用教材

目 录

第三部分　高压设备的原理

第四部分　变电设备的状态检修

第八部分　断路器检修、调试和故障处理

第九部分　其他变电设备的检修与故障处理

第十部分　互感器、电抗器的维护、检修

第七部分

66kV 及以上隔离开关的检修及故障处理

第二十三章　隔离开关本体检修

模块 1　GW4 型隔离开关本体检修（ZY1400701001）

【模块描述】本模块包含 GW4 型隔离开关本体检修的作业流程及工艺要求。通过知识要点的归纳讲解、图例展示、操作技能训练，掌握 GW4 型隔离开关本体的基本结构、修前准备、危险点预控、作业步骤、工艺要求及质量标准等操作技能。

【正文】

一、GW4 型隔离开关的结构

GW4 型隔离开关是由三个独立的单相隔离开关组成的三相高压电气设备。采用联动操作，主刀闸由电动（或手力）操动机构操动，接地刀闸由手力操动机构操动。主刀闸与接地刀闸间设有防止误操作的机械闭锁装置，以及手力操动机构可配置有电磁锁和辅助开关，构成电气防止误操作连锁回路，以实现机械闭锁或电气连锁，达到防止误操作的目的。

GW4 型隔离开关为户外双柱式隔离开关，由接线座装配、触头臂装配、触指臂装配、绝缘子、底座装配、轴承座装配、接地刀杆和接地开关底座、传动系统、操动机构等组成。根据使用需要可在单侧或两侧安装接地刀闸，也可以不安装接地刀闸。

1. GW4 型隔离开关单相装配

GW4 型隔离开关（126kV）单相装配如图 ZY1400701001-1 所示。

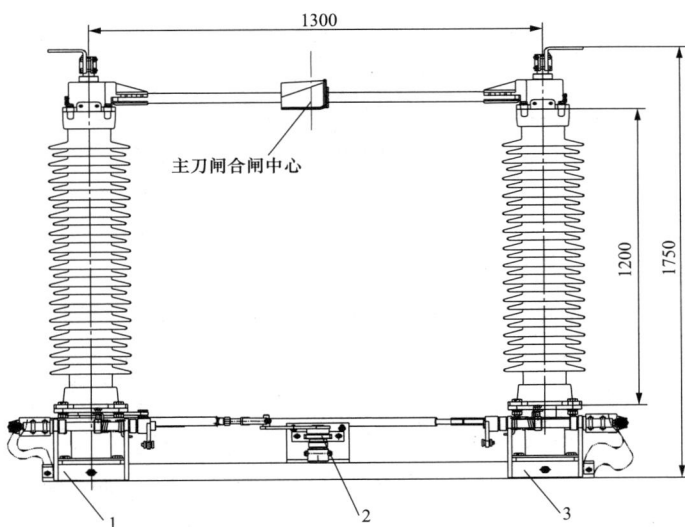

图 ZY1400701001-1　GW4 型隔离开关（126kV）单相装配图

1—左接地支架；2—主刀闸操作杠杆；3—右接地支架

2. 底座装配

底座装配为槽钢做成，每相底架两端装有轴承座装配、槽钢上有安装主刀闸操作底座和接地刀闸操作底座安装孔，可根据用户需要安装一个或两个接地刀闸，左、右接地可以任意组合。GW4 型隔离开关底座装配如图 ZY1400701001-2 所示。

3. 轴承座装配

轴承座采用全密封组合式结构，可任意配置成 U、V、W 三相的各种结构，轴承座内装圆锥滚子

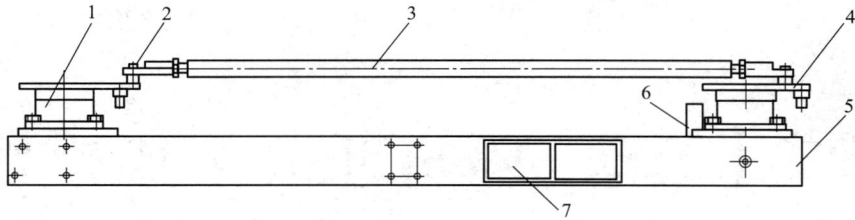

图 ZY1400701001-2　GW4 型隔离开关底座装配

1—轴承座装配；2—接头；3—交叉连杆；4—转轴；5—槽钢；6—限位钉；7—铭牌

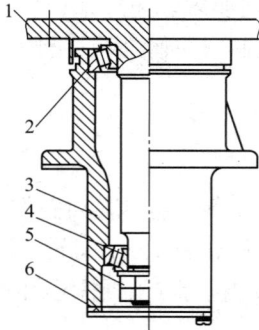

图 ZY1400701001-3　GW4 型
隔离开关轴承座装配

1—转动板；2—上端圆锥滚子轴承；3—轴承座；

4—下端圆锥滚子轴承；5—并紧螺母；6—防尘罩

轴承，加二硫化钼锂，两端设有密封装置，可确保防雨、防潮、防凝露。金属表面全部热镀锌处理，可确保 20 年不生锈。能承受较大的径向负荷及隔离开关的轴向重力且不产生间隙，稳定性好、旋转灵活。GW4 型隔离开关轴承座装配如图 ZY1400701001-3 所示。

4. 导电系统

导电系统分成左、右两部分，分别固定在支柱绝缘子的顶端。导电系统由接线夹、接线座、导电杆、软铜导电带、触指臂导电管、触指（左触头）、触头（右触头）、触头臂导电管、软铜导电带、接线座、导电杆、接线夹组成。GW4 型隔离开关导电系统装配如图 ZY1400701001-4 所示。

（1）接线座装配。GW4 型隔离开关接线座装配如图 ZY1400701001-5 所示。

（2）左触头装配。GW4 型隔离开关（126kV）左触头装配如图 ZY1400701001-6 所示。

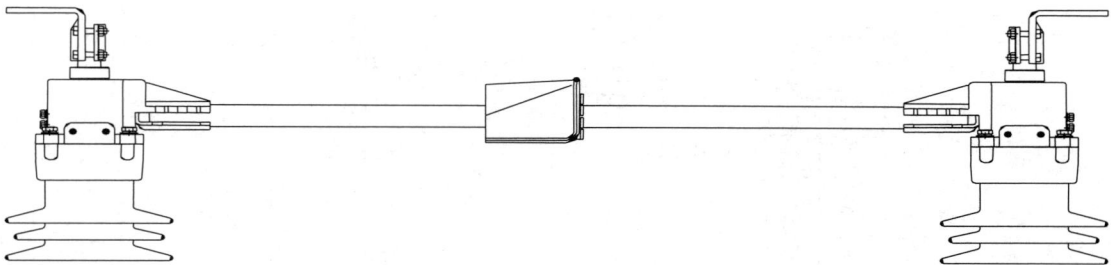

图 ZY1400701001-4　GW4 型隔离开关导电系统装配

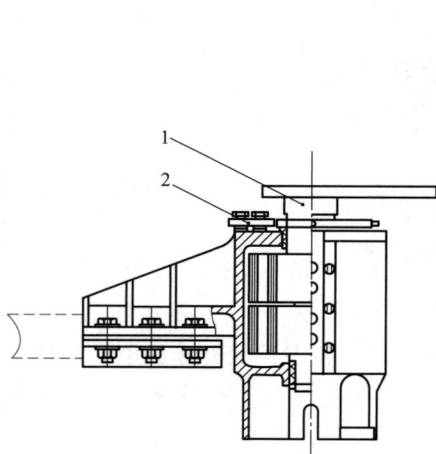

图 ZY1400701001-5　GW4 型隔离开关接线座装配

1—接线端子；2—螺钉

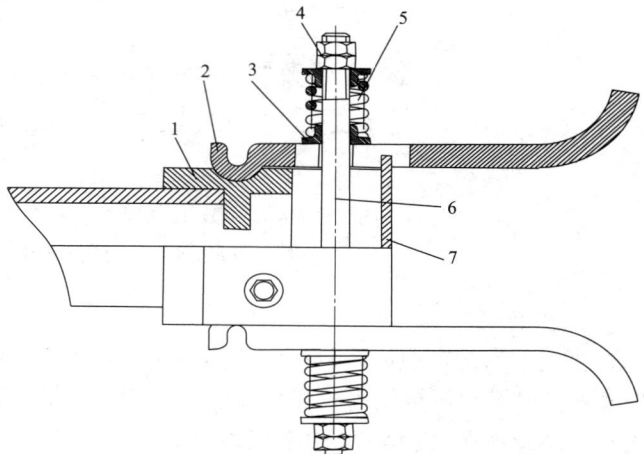

图 ZY1400701001-6　GW4 型隔离开关（126kV）左触头装配

1—触指座；2—触指；3—垫圈；4—螺母；5—弹簧；6—螺杆；7—定位板

二、作业内容

（1）GW4 型隔离开关本体分解。

（2）GW4 型隔离开关支柱绝缘子检查及探伤。

（3）GW4 型隔离开关转动底座装配分解检修。

（4）GW4 型隔离开关左、右触头装配分解检修。

（5）GW4 型隔离开关接线座装配分解检修。

（6）GW4 型隔离开关各部分连接。

三、作业中危险点分析及控制措施

作业中危险点分析及控制措施见表 ZY1400701001-1。

表 ZY1400701001-1　　　　　作业中危险点分析及控制措施

序号	危 险 点	控 制 措 施
1	高处坠落及落物伤人	（1）高处作业系好安全带，不得攀登及在瓷柱上绑扎安全带。 （2）使用的检修平台或梯子应坚固完整、安放牢固，使用梯子有人扶持。 （3）传递物件必须使用传递绳，不得上、下抛掷
2	起重伤害	（1）采用吊架拆、装隔离开关有专人指挥，吊物下严禁站人。 （2）起重工具使用前认真检查，并进行强度核验，严禁使用不合格的工具。 （3）拆、装设备时必须绑扎牢固，吊物起吊后应系好拉绳，防止摆动碰伤人员
3	触电伤害	（1）搬动梯子等长大物件时，需两人放倒搬运，与带电部位保持足够的安全距离。 （2）使用电气工具时，按规定接入漏电保护装置和接地线
4	误入、误登带电间隔	（1）工作前向作业人员交代清楚临近带电设备，并加强监护。 （2）工作人员应走指定通道，在遮栏内工作，严禁擅自移动和跨越遮栏。 （3）严禁攀登运行设备构架
5	机械伤害	（1）严格执行一般工具的使用规定，使用前严格检查，不合格的工具禁止使用。 （2）调试隔离开关时专人监护，进行操作时工作人员必须离开隔离开关传动部位

四、检修作业前的准备

1. 检修技术资料的准备

（1）检修前应认真查阅设备安装记录、大修记录、设备运行记录、故障情况记录、缺陷情况记录和红外测温结果。对所查阅的结果进行详细、全面的调查分析，以判定隔离开关的综合状况，为现场具体的检修方案的制定打好基础。

（2）准备好设备使用说明书、记录本、表格、检修报告等。

（3）编制标准化作业指导书。

（4）拟订检修方案，确定检修项目，编排工期进度。

2. 工器具、材料、备品备件、试验仪器、仪表和场地的准备

（1）准备工器具、材料、备品备件、试验仪器和仪表等，并运至检修现场。仪器仪表、工器具应检验合格，满足本次施工的要求，材料应齐全，图纸及资料应符合现场实际情况。

（2）场地准备。在检修现场四周设一留有通道口的封闭式遮栏，并在周围背向带电设备的遮栏上挂适当数量的"止步，高压危险"标示牌，在通道入口处挂"从此进出"标示牌；在作业现场按定置图摆放检修工具、量具、材料、备品备件和测试仪器及垃圾箱。

五、检修作业前检查项目及检查标准

为了解隔离开关在检修前的状态以及检修前后测量数据进行比较，在检修前，应对隔离开关进行以下项目的检查及测量。

（1）隔离开关主回路电阻测量。

（2）隔离开关手动、电动分合操作是否良好、有无卡滞、接触是否正常。

（3）接地刀闸分合操作是否良好、有无卡滞、接触是否正常。

（4）电动操动机构急停、限位、闭锁等功能试验，动作是否可靠。

（5）各种测量数据及尺寸是否符合工艺要求。

六、GW4 型隔离开关检修作业步骤、工艺要求及质量标准

1. GW4 型隔离开关本体分解

（1）断开电动操动机构箱内电动机启动电源、加热器电源和有关电气连锁回路电源；断开继电保护回路和电压回路电源。

（2）用绳索固定主刀闸触头两端的连接导线，绳的另一端固定在基座槽钢上，拆除连接导线线夹与接线板（或线夹）的连接螺栓，将连接导线缓慢放下并用绳索固定。连接导线在放下前，对其导电接触面应采取防护措施。

（3）手动操作使三相主刀闸合闸。

（4）拔出主刀闸相间水平连杆上连接头与绝缘子底部中相及边相拐臂相连的开口销，取下相间水平连杆及铜套。

（5）拔（敲）出同相水平拉杆的连接头与绝缘子底部拐臂相连的开口销，取下拉杆及铜套。

（6）分别拔（敲）出主刀闸拉杆两端连接头与绝缘子底部中相拐臂及操动机构主轴拐臂连接的开口销，取下主刀闸拉杆。

（7）分别拆除垂直连杆的上下两端连接法兰的各 4 个连接螺栓，或抽出万向接头圆柱销，平高集团有限公司（简称平高）产品取下调角联轴器，取出垂直连杆。

（8）敲出操动机构主轴上法兰的紧固锥销，取出法兰。

（9）敲出主轴拐臂上连接法兰（万向接头）及套的紧固圆锥销，拆除螺栓，取下上连接法兰套，抽出主轴拐臂。

（10）对外侧布置的接地刀闸，应先拆出机械闭锁板，合上接地刀闸，用绳索将接地刀闸导电管牢固绑扎在绝缘子上。

（11）对内侧布置的接地刀闸，就将导电管绑扎在底座槽钢上，拆除接地刀闸水平连杆两端连接法兰间的连接螺栓，取下接地刀闸水平连杆。

（12）拔出拉杆两端与杠杆固定的开口销，取出拉杆。

（13）拆除垂直连杆两端连接法兰之间的各 4 个连接螺栓（或拔出万向接头圆柱销），取下垂直连杆。

（14）敲出连接法兰的圆锥销拆除螺栓，取下连接法兰，抽出拐臂，用同样的方法取下机构输出轴上的法兰。

（15）主刀闸及接地刀闸的拆卸。

1）在底座槽钢两端挂好起吊绳，将起吊绳放置于吊钩上，用起吊工具使起吊绳稍微受力。

2）松开底座槽钢两端与基础相连的各 4 个螺栓，检查主刀闸重心是否与起吊点相对应后，在绝缘子上端第三裙与挂钩间绑扎好牵引绳。

3）拆除底座槽钢两端与基础相连的各 4 个连接螺栓，将主刀闸系统平稳地吊至地面，并做好防倾倒措施。

4）松开起吊绳及接地刀闸导电管的绑扎绳，使隔离开关及接地刀闸导电管均处于分闸位置，分别拆下固定接线座装配的 4 个螺栓，将接线座装配触头臂（触指臂）装配分别整体拆出，并分相放置。对平高产品，可将接地静触头装配一并取下，置于检修平台上，并对其导电接触面做好防护措施。

5）在绝缘子上端第三裙上固定好起吊绳，拧下绝缘子与轴承座装配的连接螺栓，将绝缘子吊起并分相放置于枕木上或垫上。

6）拆除接地软铜导电带两端的连接螺栓，取下软铜导电带。

7）拆除接地刀闸架与底槽钢相连的螺栓，将接地刀闸支架与底座槽钢分离。

2. GW4 型隔离开关支柱绝缘子检查及探伤

松开上、下节支柱绝缘子间的连接螺栓，拆除连接螺栓，将上、下节支柱绝缘子分解。

（1）GW4 型隔离开关支柱绝缘子检查及质量标准。

1）用水或清洗剂清洗绝缘子表面并抹干。

2）检查绝缘子有无开裂或损坏，如有破损、裂纹，应予以更换。

3）检查铸铁法兰与绝缘子浇装处有无松动、开裂和脱落，若有松动应予以更换，如铁法兰与绝缘子间浇装物脱落应进行处理，并涂防水胶；检查法兰盘有无开裂，若有开裂应更换。

4）检查上、下法兰螺孔情况，并用丝锥套攻，清除灰尘和铁锈，孔内涂黄油，上、下法兰刷防锈漆。

5）检查支柱绝缘子瓷裙有无损坏，如有轻微缺块，可用环氧树脂或硅橡胶补齐，如损坏严重应更换。

6）新更换的瓷柱上必须烧制上不可磨损的厂家标志、生产年、月和产品代号。

（2）GW4 型隔离开关支柱绝缘子探伤。以支柱瓷绝缘子爬波探伤法为例，用 1mm 割口 DAC 曲线作为检测灵敏度，依据 JB/T 9674—1999《超声波探测瓷件内部缺陷》和《超声波检测柱形瓷瓶暂行规定》进行判断。

1）选择爬波探头，通过专用连接线与探伤仪连接，并设定具体参数。

2）将爬波探头沾适当量的耦合剂，置于支柱绝缘子与上、下铁法兰口移动一周。

3）观察超声波检测仪上的波形进行分析、判断，波形如图 ZY1400701001-7 和图 ZY1400701001-8 所示。如发现不合格的应进行更换。

4）填写高压支柱绝缘子超声波检测报告。

5）用测厚仪测量支柱绝缘子与上、下铁法兰结合部位的声速，声速必须在 6200m/s 及以上。

6）隔离开关支柱绝缘子无裂纹的超声探伤检测波形如图 ZY1400701001-7 所示。

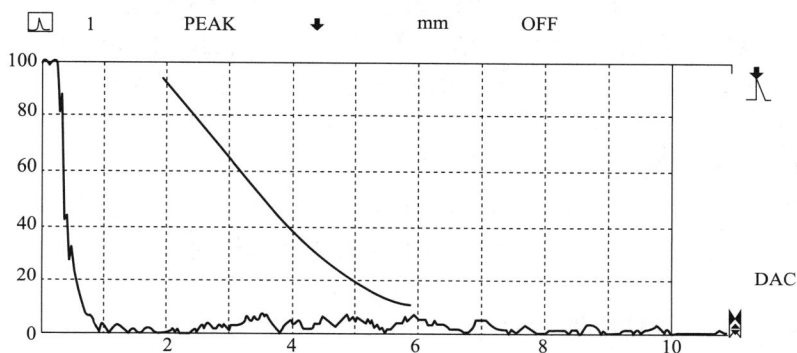

图 ZY1400701001-7　隔离开关支柱绝缘子无裂纹的超声探伤检测波形

7）隔离开关支柱绝缘子有裂纹的超声探伤检测波形如图 ZY1400701001-8 所示。

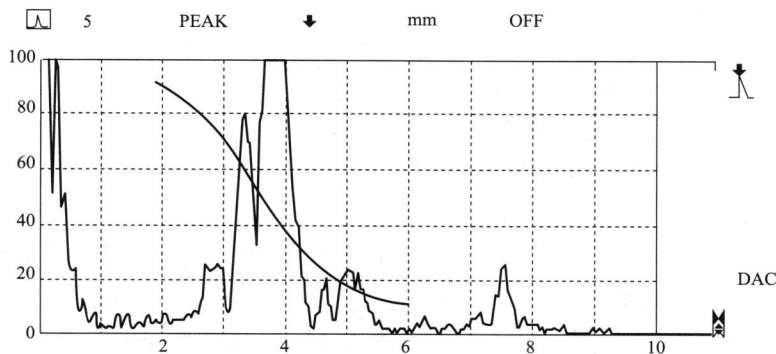

图 ZY1400701001-8　隔离开关支柱绝缘子有裂纹的超声探伤检测波形

3. GW4 型隔离开关转动底座装配分解检修

（1）GW4 型隔离开关转动底座装配分解。

1）拆除轴承座装配与底座槽钢相连接的 4 个螺栓，取出轴承座装配放置在工作平台上，拆出防尘罩。

2）拧下轴芯下端的并紧螺母，取出毡垫，用铜棒对正轴芯丝杆尾部，用锤子敲打铜棒（敲打时用力不宜过猛），使轴芯连同转动板与轴承座分离，同时拆除定位螺栓。

3）分别取出轴承座上端圆锥滚子轴承和下端圆锥滚子轴承，剩下轴承座。

4）分解轴承装配，将内圈、滚子保持架、滚子及外圈子放于油盘中。

（2）GW4 型隔离开关转动底座装配检修工艺要求。

1）所拆下零件用清洗剂清洗干净并用布擦净。

2）检查轴承有无损坏，转动是否灵活；检查轴承内径与轴承座的公差配合。

3）检查轴承座体内、外部表面，如表面有锈蚀，应用 00 号砂布进行处理，修理时不能损坏配合表面，存在严重损伤应更换。

4）检查保持架、滚珠，如锈蚀或损坏严重应更换。

5）检查轴承座，用钢丝刷除去锈蚀。

6）检查转动板及焊接其上的轴芯表面，如焊缝有损伤应补焊，转动板如有裂纹应更换，用 00 号砂布除去锈蚀。

7）检查防雨罩。如有轻微锈蚀用钢丝刷清除，并刷防锈漆，如锈蚀严重应予更换。

8）检查圆头平键表面。如表面有锈蚀，应用 00 号砂布进行处理，存在严重损伤应更换。

9）检查底座螺孔情况，并用丝锥套攻，清除灰尘和铁锈，孔内涂黄油。

（3）GW4 型隔离开关转动底座装配装复。

按分解相反顺序进行装复，装复时应注意以下几点：

1）轴承内应涂−40℃的二硫化钼锂，涂的量应以轴承内腔的 2/3 为宜。

2）轴承与轴是紧配合，所以装复轴承要用专用工具进行或用比轴承内径稍大的铁管，用手锤慢慢打入；不能用坚硬的金属工具将作用力加在外圈或滚动体上，以免损伤外圈或滚动体。

3）更换失效的毡垫。

4）装复后，检查轴承座转动板转动是否灵活。

5）装复过程中，必须注意轴承座转动拐臂的位置与主刀闸分、合闸位置相对应。

6）检查各相两轴承座转动板是否在同一水平面（相对底部槽钢），如达不到要求，则可通过增减调节垫片来调整。

7）调试合格后，所有金属表面除锈刷漆。

（4）GW4 型隔离开关转动底座装配检修质量标准。

1）轴承工作面光洁，无锈蚀，无损伤。

2）轴承保持架及滚珠完好，无锈蚀，轴承转动板应完整，转动应灵活。

3）底座法兰盘及焊接其上的轴芯无锈蚀。

4）防尘罩完好，无锈蚀。

5）底座各零部件完整、干净。

6）轴承座完好无锈蚀，底座螺孔丝扣完好，无锈蚀。

4. GW4 型隔离开关左、右触头装配分解检修

（1）GW4 型隔离开关左、右触头装配分解。

1）将单相导电回路装配放于工作平台上，在右触头（左触头）导电管上作上标记（便于装复），拆除导电管的连接螺栓，取下导电管及夹板。

2）右触头分解。拆除固定右触头 M12 螺栓，取下 M12 螺栓、弹簧垫、平垫、触头。

3）左触头分解。

① 拆除 2 个 M6 固定螺栓，取下（防雨）罩。

② 拆除定位板上的 4 个 M8 固定螺栓，取下定位板、销、弹簧、触指。

③ 拆除固定触指座的 M12 螺栓，取下触指座。

（2）GW4 型隔离开关右触头装配检修工艺要求。

1）焊接式右触头装配的检修。

① 检查触头臂。如有轻微弯曲应校正，检查触头导电接触面是否烧伤，如有轻微烧伤，用扁锉修整，如烧损严重应更换。

② 将触头臂装配擦干净，检查触头与导电管的铜焊处是否有开裂、脱焊等情况，如有开裂或脱焊

则应重新焊牢。

③ 用清洗剂清洗干净，待干后在导电接触面涂适量导电脂。

2）组装式右触头装配的检修。

① 检查导电管有无损伤，如有轻微变形应校正，用 00 号砂布除去两端导电接触面的氧化层。

② 检查触头的导电接触面。如有轻微烧伤用扁锉修整，用 00 号砂布除去触头与导电管接触面上的氧化层。

③ 检查螺孔内螺纹。如损伤，应用丝锥套攻。

④ 检查圆柱销是否完好。如锈蚀严重或变形应更换。

（3）GW4 型隔离开关左触头装配检修工艺要求。

1）压簧结构左触头装配的检修。

① 检查防雨罩是否完好，如锈蚀严重或开裂应更换。

② 检查触指。如触指内、外导电接触面轻微烧伤用扁锉修理，如镀银层脱落或烧伤严重应更换。

③ 检查导电管与触指架的焊接是否完好，如焊缝开裂应采取补焊措施。

④ 检查卡板有无锈蚀，如锈蚀严重应更换。

⑤ 检查导电管、触指架等导电接触面有无过热情况，用 00 号砂布清除接触面氧化层。

⑥ 检查圆柱销有无锈蚀、变形，用 00 号砂布除去锈蚀，如严重锈蚀或变形应予更换。

2）拉簧结构触指臂装配的检修。

① 检查塞。如其螺孔内螺纹损伤应用丝锥套攻。

② 检查防雨罩是否完好，如锈蚀严重或开裂应更换。

③ 检查触指。如触指内、外导电接触面轻微烧伤用扁锉修理，如镀银层脱落或烧伤严重应更换。

④ 检查导电管与触指架的焊接是否完好。如焊缝开裂应采取补焊措施。

⑤ 检查卡板有无锈蚀。如锈蚀严重应更换。

⑥ 检查导电管、触指架等导电接触面有无过热情况，用 00 号砂布清除接触面氧化层。

⑦ 检查圆柱销及开口销，有无锈蚀、变形，用 00 号砂布除去锈蚀，如严重锈蚀或变形应予以更换。

（4）GW4 型隔离开关左、右触头装配检修质量标准。

1）GW4 型隔离开关右触头装配检修质量标准。

① 触头烧损面积不大于 10%，深度不大于 1mm。

② 触头与导电管焊接面完好平整，焊接牢固。

③ 触头导电接触面平整无烧伤、无氧化，接触面光滑、清洁。

④ 导电管与触头接触端面应平整，无氧化；触头相应接触面镀银层应完整，氧化膜应清洗干净。

⑤ 塞应无损坏、锈蚀，塞螺孔内螺纹完好。

⑥ 圆柱销无断裂、无锈蚀。

2）GW4 型隔离开关左触头装配检修质量标准。

① 防雨罩完好无锈蚀、无开裂。

② 触指镀银层完好、无脱落。

③ 导电管与触指架间焊接完好，焊缝无开裂。

④ 卡板无锈蚀。

⑤ 导电管、触指架等导电接触面光滑，无过热、无氧化，端面应平整，氧化膜应清洗干净。

⑥ 圆柱销无锈蚀、无变形。

⑦ 触指安装平整。

⑧ 触指应完整，触指表面应平整、清洁、无氧化膜，触指与触指座接触部分应平整，无凹陷及氧化。

⑨ 触指弹簧应无锈蚀、过热失效，弹簧拉力应符合要求（$P=350N\pm50N$）。

⑩ 触指弹簧大修时必须更换。

（5）GW4 型隔离开关左、右触头装配装复。

1）GW4 型隔离开关右触头装配装复。按分解时的相反顺序装复，并注意以下几点：

① 装复前，用清洗剂清洗各零部件，待干后，在导电接触面涂导电脂，螺纹孔洞涂润滑脂。

② 更换锈蚀的连接、紧固件，潮湿或腐蚀较严重的地区应使用不锈钢螺栓。

③ 装复后，检查所有连接件紧固良好、可靠。

2）GW4 型隔离开关左触头装配装复。按分解时的相反顺序装复，并注意以下几点：

① 装复前，各零部件应用清洗剂清洗干净，待干后，对导电连接处涂导电脂，螺纹孔洞涂润滑脂。

② 更换锈蚀的紧固件及弹簧。

③ 装复时，注意其触指是否在同一平面上。

④ 装复后，检查所有连接件紧固良好、可靠。

⑤ 全部装复、调整合格后，测量触指压力。

（6）GW4 型隔离开关左、右触头装配装复质量标准。

1）右触头、左触头座与导电管连接的 M12 螺栓一定要拧紧，螺栓必须带有平垫、弹簧垫。

2）左右触头在合闸位置时，用 0.05mm 的塞尺检查触头与触指接触情况，以塞不进为合格。

3）触头的宽度小于规定值 0.5mm 时应更换。

4）各种型号的 GW4 型隔离开关，主导电回路的零件尺寸要对照进行检查。

5）触头与触指接触面的镀银层应完整，无油垢、无明显沟痕。

5. GW4 型隔离开关接线座装配分解检修

（1）GW4 型隔离开关触头式导电接线座装配的分解检修。

1）触头式导电接线座装配的分解。

① 拔出轴的开口销，拆下垫圈、弹簧及上锥形触头。

② 拆下导电杆、环、下锥形触头及轴。

③ 取下轴套。

2）触头式导电接线座装配的检修。

① 检修罩。如有变形应校正，如开裂或锈蚀严重应更换，轻微锈蚀应除锈、刷防锈漆。

② 检查出线座。出线座与上锥形触头的接触凸面及与接线板的接触面，如轻微烧损或氧化，用 00 号砂布修理，严重者则应更换。

③ 检查锥形触头接触面有无烧损。如烧损严重或镀银层脱落应更换。

④ 检查导电杆的导电接触面有无过热、烧伤。用 00 号砂布除去氧化层，用扁锉除去毛刺，如烧伤严重应更换。

⑤ 检查轴套有无磨损、氧化。用 00 号砂布除去氧化层，如损坏应更换。

⑥ 检查弹簧损伤情况。如有锈蚀或变形应更换。

⑦ 检查环。如锈蚀严重应更换。

⑧ 检查支持件。如损伤严重应予更换，用 00 号砂布除去其与导电管接触面的氧化层。

3）触头式导电接线座装配检修质量标准。

① 罩无锈蚀、开裂。

② 出线座、出线座与上锥形触头的接触凸面及与接线板的接触面无烧伤或氧化。

③ 锥形触头镀银层完好。

④ 导电杆无烧损，接触面光滑，与铜套的配合表面光洁。

⑤ 轴套无磨损，氧化。

⑥ 弹簧无锈蚀、变形。

⑦ 支持件接触面光滑、无烧损。

4）触头式导电接线座装配的装复。按分解时的相反顺序装复，并注意以下几点：

① 装复应在右触头或左触头检修完后一起进行。

② 用清洗剂清洗各零部件，待干后，在所有导电接触面涂导电脂。

③ 更换密封圈及损坏的标准件。

④ 装复过程中应注意调节黄铜垫圈的高度。

⑤ 装复后应保证出线座转动灵活，但不能沿导电杆轴向窜动。

⑥ 检查所有连接螺栓的紧固情况。

5）触头式导电接线座装配的装复质量标准。

① 各零部件清洁，完好。

② 出线座转动灵活，导电杆不窜动。

③ 各连接螺栓紧固。

（2）GW4 型隔离开关软铜带导电型接线座装配的分解检修。

1）软铜带导电型接线座装配的分解。

① 拆除底座与出线座相连的螺栓，抽出底座。

② 拆除出线座与导电带间螺栓，抽出导电杆，取下导电带、罩。

③ 拆除导电杆与导电带相连的螺栓或螺钉，取下导电带或复合轴套。

2）软铜带导电型线座装配的检修。

① 检查夹板有无损伤，与导电杆的导电接触面有无氧化、过热，用 00 号砂布除去其导电接触面的氧化层，对有严重过热或损伤的应予以更换。

② 检查软铜导电带是否有过热、烧伤、折断现象，对其接触面用 00 号砂布除去氧化层，如有烧伤、严重过热或断裂，应予以更换。

③ 检查导电杆的导电接触面有无氧化、过热及烧伤，用 00 号砂布除去导电接触面的氧化层，对有严重过热或损伤的应予以更换，检查导电杆上连接软铜导电带的内螺纹有无损伤，如损伤应用丝锥套攻。

④ 检查出线座与导电管的接触面有无氧化、过热、烧伤，用 00 号砂布除去导电接触面氧化层，检查座体连接软铜导电带的内螺纹有无损坏，如损坏应用丝锥套攻。

3）软铜带导电型接线座装配检修质量标准。

① 夹板完好，与导电管的接触面应无氧化层，无过热、损伤。

② 软铜导电带完好，无烧伤、过热现象，其断裂不超过总截面的 10%。

③ 导电杆的导电接触面完好，无氧化层、无过热、损伤，连接软铜导电带的内螺纹完好。

④ 出线座与导电管接触面无氧化、过热、烧伤，连接软铜导电带的螺孔完好。

4）软铜带导电型接线座装配的装复。按分解时的相反顺序装复，并应注意以下几点：

① 用清洗剂清洗所有零部件，待干后，在所有导电接触面涂导电脂。

② 对用于潮湿地区的产品，装复时所使用的螺栓应为不锈钢质的或选用热镀锌螺栓，开口销应更换。

③ 对使用复合轴套产品，应更换复合轴套。

④ 软铜导电带装复时必须注意按原旋转方向进行安装，并将螺钉拧紧，装复后，手力转动检查导电杆是否灵活，软铜导电带的旋转方向是否正确。

⑤ 检查所有连接件是否紧固。导电带连接如图 ZY1400701001-9 所示。

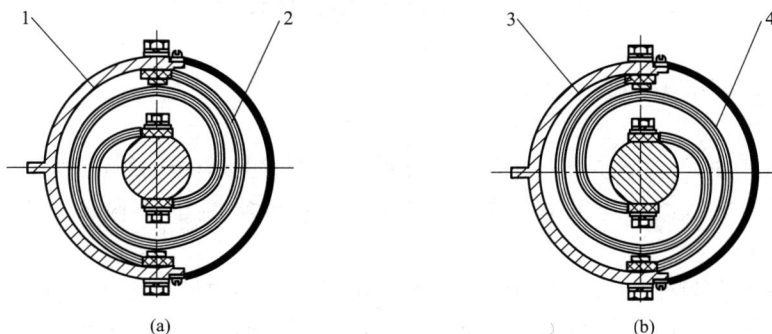

图 ZY1400701001-9　导电带连接

（a）右触头装配；（b）左触头装配

1、3—接线座；2、4—软导线

模块 1

ZY1400701001

5）软铜带导电型接线座装配的装复质量标准。

① 各零部件完好、清洁。

② 连接、紧固螺栓完好。

③ 软铜导电带安装的旋转方式无误，与触指臂装配的出线座的软铜导电带要沿导电杆逆时针旋绕，与触头臂装配的接线座的软铜导电带要沿导电杆顺时针旋绕，且导电杆能在 90°范围内灵活转动、无卡涩。

④ 连接螺栓（钉）紧固、完好。

6. GW4 型隔离开关各部分连接

（1）按分解相反顺序进行单相隔离开关组装。

（2）将三相隔离开关及传动箱装配吊装到基座槽钢并用螺栓固定好。

（3）用水平拉杆将本体三相装配连接好（防松螺母不用紧固，便于整体调试）。

【思考与练习】

1. GW4 型隔离开关主要由哪些部分组成？

2. 如何对 GW4 型隔离开关支柱绝缘子进行探伤？

3. 简述 GW4 型隔离开关右触头装配检修步骤。

4. 简述 GW4 型隔离开关左触头装配检修步骤。

5. 软铜带导电型接线座装配的检修质量标准是什么？

模块 2 GW5 型隔离开关本体检修（ZY1400701002）

【模块描述】本模块包含 GW5 型隔离开关本体检修的作业流程及工艺要求。通过知识要点的归纳讲解、图例展示、操作技能训练，掌握 GW5 型隔离开关的基本结构、修前准备、危险点预控、作业步骤、工艺要求及质量标准等操作技能。

【正文】

一、GW5 型隔离开关的结构

GW5 型隔离开关是由三个独立的单相隔离开关组成（特殊用途除外）的三相高压电气设备，采用联动操作，有电动和手动两种操作方式，其手动机构装有电磁锁，便于实现电气连锁，防止误操作。隔离开关按机构的输出轴转角可分为 180°传动或 90°传动两种方式。90°传动方式采用电动或手力操动机构，180°传动方式采用手力式操动机构。

GW5 型隔离开关由接线座装配、触头臂装配、触指臂装配、绝缘子、底座装配、轴承座装配、传动箱装配、接地刀闸、传动系统、操动机构等组成。根据使用需要，可在单侧或两侧安装接地刀闸，也可以不安装接地刀闸。

1. GW5 型隔离开关单相装配

GW5–72.5 型隔离开关单相装配如图 ZY1400701002-1 所示。

2. 底座装配

底座装配如图 ZY1400701002-2 所示。

3. 轴承座装配

底座上夹角为 50°的两孔上有 45°斜面，与轴承座上的对应球面组成可调环节。伞齿轮可沿轴承座上的轴上、下移动，以调节两齿轮的啮合状态。轴承座装配如图 ZY1400701002-3 所示。

4. 导电系统

导电系统分成左、右两部分，分别固定在支柱绝缘子的顶端，导电系统由接线夹、接线座、导电杆、软铜导电带、触指臂导电管、触指（左触头）、触头（右触头）、触头臂导电管、软铜导电带、接线座、导电杆、接线夹组成。

（1）接线座装配。接线座装配（1600、2000A）如图 ZY1400701002-4 所示。

（2）左触头装配。完善化后的左触头装配（630、1000、1250A）如图 ZY1400701002-5 所示。

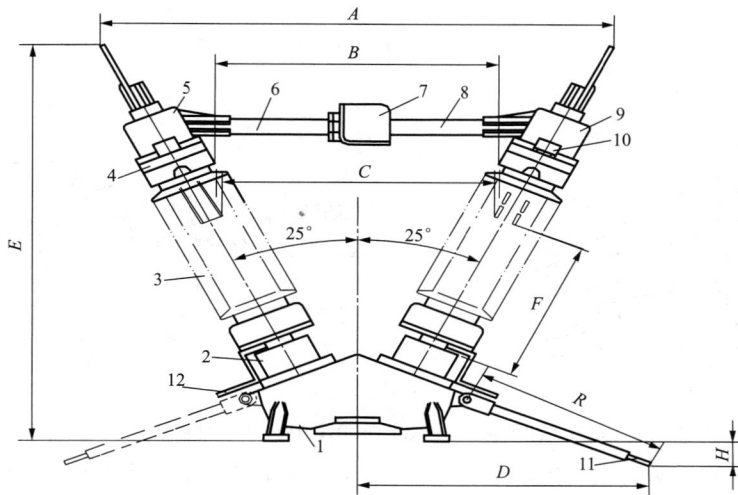

图 ZY1400701002-1　GW5-72.5 型隔离开关单相装配图

1—底座；2—支座；3—棒型支柱绝缘子；4—垫；5—接线座；6—右触头；7—罩；8—左触头；9—接线座；

10—接地静触头；11—接地动触头（单接地在右侧）；12—闭锁板

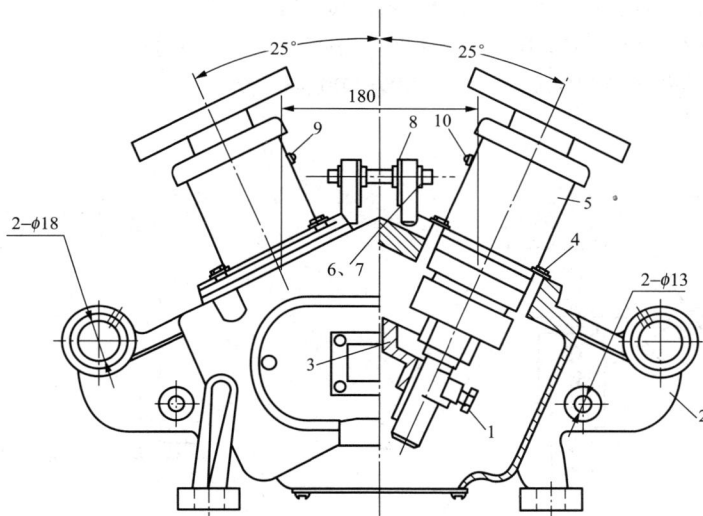

图 ZY1400701002-2　底座装配

1—伞齿轮螺钉；2—底座；3—伞齿轮；4—调节螺钉；5—轴承座；

6—双头螺栓；7—M12 螺母；8—垫；9、10—注油嘴

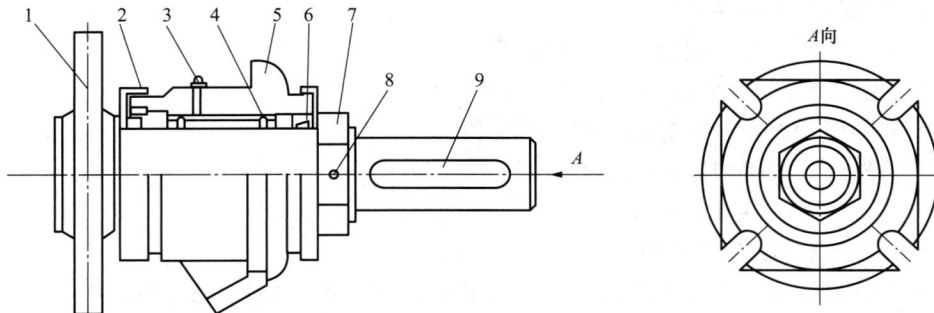

图 ZY1400701002-3　轴承座装配

1—轴承座；2—罩；3—注油嘴；4—密封胶圈；5—支座；6—7207、7209 单列圆锥滚子轴承；

7—螺母；8—紧固螺钉；9—圆头平键

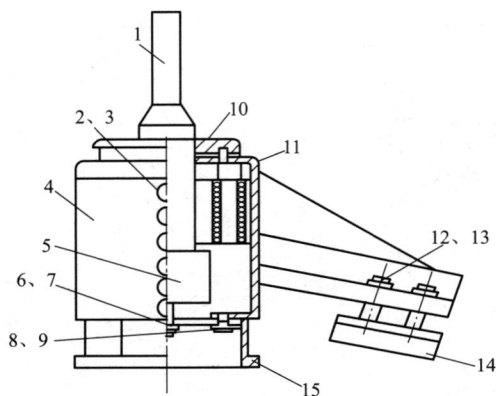

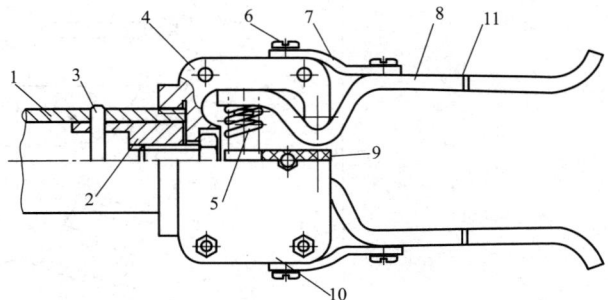

图 ZY1400701002-4　接线座装配（1600、2000A）　图 ZY1400701002-5　完善化后的左触头装配（630、1000、1250A）

1—导电杆；2、3、8、9—M8 螺栓、弹簧垫圈；4—接线座；
5—导电带；6、7—铁垫圈、开口销；10—罩；11—盖；
12、13—M12 螺栓、垫圈；14—夹板；15—底座

1—导电管；2—塞；3—圆柱销；4—触指座；5—触指弹簧；
6—M5 螺钉；7—镀银软连接；8—触指；9—绝缘支架；
10—盖板；11—左右触头接触位置

5. 传动系统

传动系统由传动箱、轴承座、连臂及连杆等组成。传动箱供 180° 传动的隔离开关使用。当隔离开关采用 90° 传动时，无传动箱。传动箱中的臂直接与隔离开关的传动拉杆相连，ϕ10 圆锥销与 CS17 型操动机构输出轴连接。传动箱装配如图 ZY1400701002-6 所示。

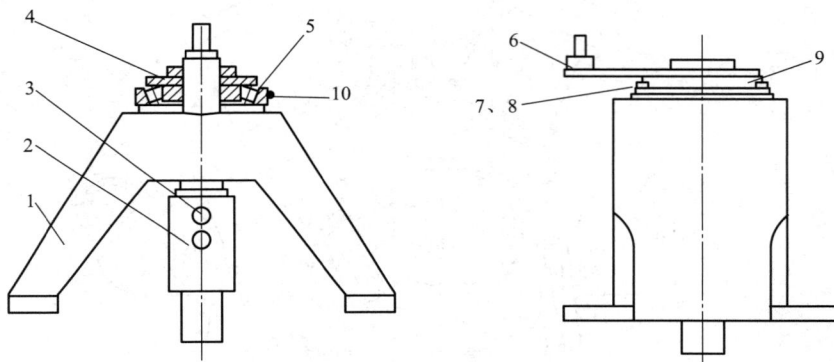

图 ZY1400701002-6　传动箱装配

1—支架；2—联轴套；3—ϕ10 圆锥销；4—铁垫圈；5—轴承；6—臂；7、8—M12 螺栓、弹簧垫圈；9—罩；10—注油嘴

二、作业内容

（1）GW5 型隔离开关本体分解。

（2）GW5 型隔离开关支柱绝缘子检查及探伤。

（3）GW5 型隔离开关转动底座装配分解检修。

（4）GW5 型隔离开关左、右触头装配分解检修。

（5）GW5 型隔离开关接线座装配分解检修。

（6）GW5 型隔离开关各部分连接。

三、作业中危险点分析及控制措施

参见 GW4 型隔离开关本体检修作业危险点分析及控制措施（模块 ZY1400701001）。

四、GW5 型隔离开关检修作业前的准备

参见 GW4 型隔离开关本体检修前的准备工作（模块 ZY1400701001）。

五、GW5 型隔离开关检修作业前检查项目及检查标准

参见 GW4 型隔离开关本体检修作业前检查项目及检查标准（模块 ZY1400701001）。

六、GW5 型隔离开关检修作业步骤、工艺要求及质量标准

1. GW5 型隔离开关本体分解

（1）断开电动操动机构箱内电动机启动电源、加热器电源和有关电气连锁回路电源，断开继电保护回路和电压回路电源。

（2）将每相连接导线用绳捆好，绳的另一端固定在基座槽钢上，拆除连接导线线夹连接螺栓，将连接导线缓慢放下，防止连接导线与接地线甩下伤到人员和设备。

（3）拆除下主刀闸机构上部联轴器（或抱夹）的连接螺栓，使主刀闸机构主轴与垂直传动杆脱离。

（4）拆除主刀闸垂直传动杆上部连接套的定位螺栓（或抽出万向接头上的圆柱销），取下垂直传动杆。

（5）拆除水平拉杆与两边相主刀闸连接的圆柱销，取下水平拉杆。

（6）拆除主刀闸传动箱拐臂与操作相隔离开关连接拉杆。

（7）将吊装绳固定在支持绝缘子上部第二、三节瓷裙中间，并挂在起吊挂钩上，并注意系好牵引绳，使吊装绳微微受力。

（8）松开主刀闸底座与槽钢的固定螺栓，检查主刀闸起吊重心是否与起吊挂钩位置相对应后，拆除固定螺栓，将主刀闸平稳地吊至平整的地面上，并做好防倾倒措施。

（9）拆除固定接线座 4 个螺栓，取下接线座和触头装配。

（10）拆除支持绝缘子与轴承座装配固定的 4 个螺栓，取下支持绝缘子，并放置在枕木上。

（11）拆除两个轴承座装配之间固定用双头螺栓，然后拆下轴承座装配与底座固定螺栓，取下轴承座装配。

（12）拆下主刀闸传动箱装配与槽钢的固定螺栓，取下主刀闸传动箱装配。

2. GW5 型隔离开关支柱绝缘子检查及探伤

参见 GW4 型隔离开关本体检修中支柱绝缘子检查及探伤内容（模块 ZY1400701001）。

3. GW5 型隔离开关转动底座装配分解检修

（1）GW5 型隔离开关转动底座装配分解。

1）拧松伞齿轮的顶丝，取下伞齿轮，圆头平键。

2）拧松螺帽的顶丝，拆下螺母，取下轴承封盖，平垫，轴承座 7207、7209 单列圆锥滚子轴承，支座。

（2）GW5 型隔离开关转动座装配检修工艺要求。

1）所拆下零件用清洗剂清洗干净并用布擦净。

2）检查轴承有无损坏，转动是否灵活；检查轴承内径与轴承座的公差配合。

3）检查轴承座体内、外部表面，如表面有锈蚀，应用 00 号砂布进行处理，存在严重损伤应更换。

4）检查伞齿轮有无损坏。

5）检查防雨罩。如轻微锈蚀用钢丝刷清除，并刷防锈漆，如锈蚀严重应予更换。

6）检查底座螺孔情况，并用丝锥套攻，清除灰尘和铁锈，孔内涂黄油。

7）检查圆头平键表面。如表面有锈蚀，应用 00 号砂布进行处理，存在严重损伤应更换。

（3）GW5 型隔离开关转动底座装配装复。

按分解相反顺序进行装复，装复时应注意以下几点：

1）轴承内应涂−40℃的二硫化钼锂，涂的量是轴承应以内腔的 2/3 为宜。

2）轴承与轴是紧配合，所以装复轴承要用专用工具进行或用比轴承内径稍大的铁管，用手锤慢慢打入。

3）两个齿轮咬合准确，间隙适当，间隙大可调整齿轮上下位置来改变间隙的大小。

4）装复后，转动轴承座应灵活。

5）调试合格后，所有金属表面除锈刷漆。

（4）GW5 型隔离开关转动座装配检修质量标准。

1）轴承应完整，转动应灵活，轴承及轴承座工作面无锈蚀。

2）伞齿轮应完整、无损坏。

3）两个齿轮咬合深度为齿高的 2/3 为宜。

4）底座螺孔丝扣完好，无锈蚀。

4. GW5 型隔离开关左、右触头装配分解检修

（1）GW5 型隔离开关左、右触头装配分解。

1）拆除固定导电管 4 个螺栓，取下左、右触头装配。

2）右触头分解。拆除固定右触头螺栓，取下螺栓、弹簧垫、平垫、触头。

3）左触头分解。

① 拆除 4 个固定螺栓，取下防尘罩。

② 拆除定位板上的 4 个固定螺栓，取下定位板、销、弹簧、触指。

③ 拆除固定触指座螺栓，取下触指座。

（2）GW5 型隔离开关左、右触头装配检修工艺要求。

1）将所拆下零件用清洗剂清洗并用布擦净。

2）检查右触头与导电管的配合及接触情况，装复时接触面应涂导电脂，螺栓要拧紧；检查塞有无损坏，锈蚀，若有锈蚀的应除锈刷漆处理；检查圆柱销有无松动，如有松动应铆紧。

3）检查触指接触面有无氧化，明显沟痕；检查触指弹簧有无过热失效，锈蚀现象，弹簧性能应符合要求。

4）左触头的触指座与导电管的接触检查，同右触头检查方法。

（3）GW5 型隔离开关左、右触头装配检修质量标准。

1）导电管与触头接触端面应平整、无氧化；触头接触面镀银层应完整，氧化膜应清洗干净。

2）触头与触指接触面的镀银层应完整，无油垢、无明显沟痕。

3）塞应无损坏、锈蚀，圆柱销应牢固。

4）触指应完整。触指表面应平整、清洁、无氧化膜；触指与触指座接触部分应平整，无凹陷及氧化。

5）触指弹簧应无锈蚀、过热失效，弹簧拉力应符合要求（P=350N±50N）。

6）触指弹簧大修时必须更换。

（4）GW5 型隔离开关左、右触头装配装复。按分解相反顺序进行装复。

（5）GW5 型隔离开关左、右触头装配装复质量标准。

1）右触头、左触指座与导电管连接的螺栓一定要拧紧，螺栓必须带有平垫、弹簧垫。

2）左右触头在合闸位置时，用 0.05mm 的塞尺检查触头与触指接触情况，以塞不进为合格。

3）触头的宽度小于规定值 0.5mm 时应更换。

4）各种型号的 GW5 型隔离开关，主导电回路的零件尺寸要对照进行检查。

5. GW5 型隔离开关接线座装配分解检修

（1）GW5 型隔离开关接线座装配分解。

1）拆除接线夹固定螺栓，取下接线夹。

2）拧松罩的顶丝，取下罩。

3）拆除固定板的两个螺栓，取下固定板和导电带装配。

4）拆除导电带两端固定螺栓，取下导电带、夹板、导电杆。

5）取下轴套。

（2）GW5 型隔离开关接线座装配检修工艺要求。

1）将所拆下零件用清洗剂清洗并用布擦净。

2）检查夹板。接线座与导电管的接触面有无氧化，损坏情况。如有氧化应将氧化膜清除干净，装复时应涂导电脂。夹板、接线座有损坏的应更换。

3）检查导电带两端接触面有无氧化。如有氧化应将氧化膜除净，装复时涂导电脂；检查导电带的铜片有无损坏，损坏的片数超过规定时应更换。

4）检查轴套与导电杆的公差配合。

5）检查接线夹有无裂纹、损坏。

（3）GW5 型隔离开关接线座装配检修质量标准。

1）导电管与夹板、接线座的接触面应清洁，无氧化膜；导电管与夹板连接长度不应小于 70mm。

2）导电带的两端接触面应平整、清洁，无氧化膜。

3）导电带的铜片损坏超过 5 片时应更换。

4）轴套与导电杆间隙要求为 0.2～0.3mm 为宜。

5）接线夹外观应完整，接触面应清洁、无氧化膜。

（4）GW5 型隔离开关接线座装配装复。

1）按分解相反顺序进行装复。

2）导电带组装时要注意方向（见图 ZY1400701001-9），以免损坏铜片。

（5）软铜带导电型接线座装配的装复质量标准。

1）各零部件完好、清洁。

2）连接、紧固螺栓完好。

3）软铜导电带安装的旋转方式无误，与触指臂装配的出线座的软铜导电带要沿导电杆逆时针旋绕，与触头臂装配的接线座的接线座的软铜导电带要沿导电杆顺时针旋绕，且导电杆能在 90°范围内灵活转动、无卡涩。

4）连接螺栓（钉）紧固、完好。

6. GW5 型隔离开关各部分的连接

（1）按分解相反顺序进行单相隔离开关组装。

（2）将三相隔离开关及传动箱装配吊装到基座槽钢上并用螺栓固定好。

（3）用水平拉杆将本体三相及传动箱装配连接好（防松螺母不用紧固，便于整体调试）。

【思考与练习】

1. GW5 型隔离开关导电系统主要由哪些部分组成？

2. GW5 型隔离开关两绝缘子夹角及主刀闸的分合闸转角各为多少？

3. GW5 型隔离开关转动座装配检修工艺要求是什么？

4. GW5 型隔离开关转动底座装配装复时应注意的问题是什么？

模块 3　GW6 型隔离开关本体检修（ZY1400701003）

【模块描述】本模块包含 GW6 型隔离开关本体检修的作业流程及工艺要求。通过知识要点的归纳讲解、图例展示、操作技能训练，掌握 GW6 型隔离开关的基本结构、修前准备、危险点预控、作业步骤、工艺要求及质量标准等操作技能。

【正文】

一、GW6 型隔离开关的结构

GW6 型隔离开关是由三个单相组成一组使用的隔离开关，其相间用水平连杆连接。每组隔离开关配一台电动操动机构（或手力操动机构）。每组隔离开关主要由静触头、动触头、导电折架、传动装置、接地刀闸静触头、操作绝缘子、支柱绝缘子、接地刀闸导电管和底座装配等组成。主刀闸的操动机构分手动和电动两种工作方式，正常工作时采用电动（或手动）操作，检修调试及事故状态时可采取以手动操作手柄进行操作。GW6 型隔离开关单相装配图如图 ZY1400701003-1 所示。

1. 动触头

动触头为镀银的异形铜管，备有 4 个接触面，可以更换使用，动触头的顶端有屏蔽罩，此罩上有限位钩，使静触头不致在异常情况下滑离动触头，有的动触头上还装有消弧触头，当隔离开关切合母线转换电流和小电感、电容电流时，避免烧损动触头。动触头固定在导电折架上，通过操作瓷柱和传动机构操动导电折架，使导电折架上下运动。GW6 型隔离开关动静触头示意图如图 ZY1400701003-2 所示。

2. 静触头

静触头为镀银铜管，它的两端有接线板，用于与上层母线连接，动静触头的接触压力，由传动机构中的弹性装置保持稳定的数值。静触头由母线接线夹、连接导线、静触头接线夹、静触头装配等组成。GW6型隔离开关静触头装配（消振型）如图 ZY1400701003-3 所示，GW6型隔离开关静触头装配（软母线单列型）　如图 ZY1400701003-4 所示。

3. 导电折架

隔离开关主刀闸的导电折架不仅是主刀闸分合的直接传动原件，同时也是电流的通道。导电折架由调节拉杆、撑杆及上、下导电管组成。在传动装置的带动下，导电折架向合闸方向运动，实现合闸。GW6型隔离开关导电折架示意图如图 ZY1400701003-5 所示。

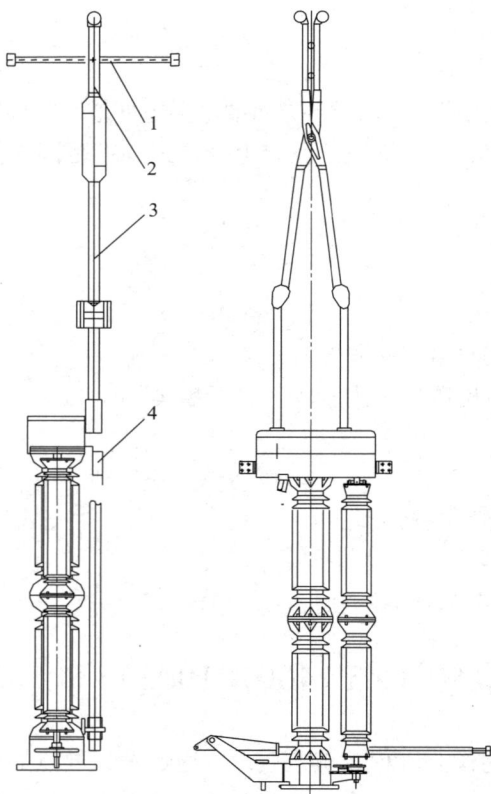

图 ZY1400701003-2　GW6 型隔离开关动静触头示意图

1—动触头；2—消弧触头；3—静触头；4、5—弹簧板及导电片

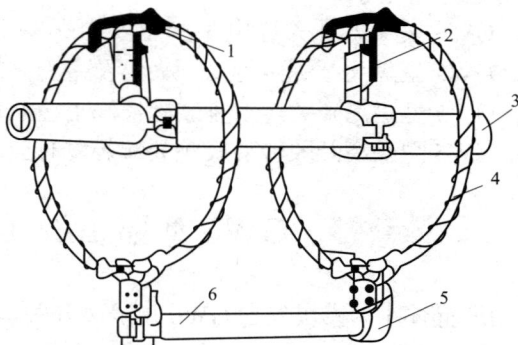

图 ZY1400701003-1　GW6 型隔离开关单相装配图

1—静触头；2—动触头；

3—导电闸刀；4—接地静触头

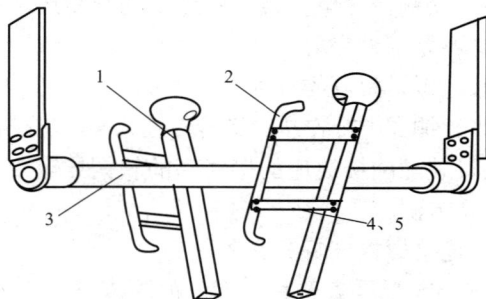

图 ZY1400701003-3　GW6 型隔离开关静触头装配（消振型）

1—并沟线夹；2—母线接线夹；3—母线；4—连接导线

5—静触头接线夹；6—静触头装配

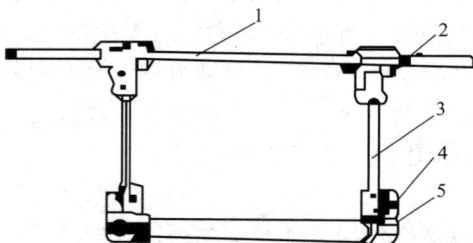

图 ZY1400701003-4　GW6 型隔离开关静触头装配

（软母线单列型）

1—母线；2—母线接线夹；3—连接导线；

4—静触头接线夹；5—静触头装配

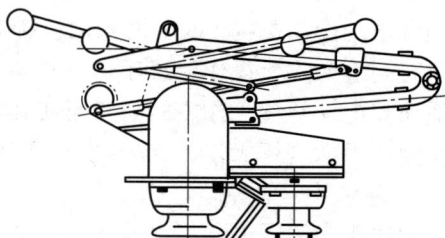

图 ZY1400701003-5　GW6 型隔离开关

导电折架示意图

4. 传动装置

导电折架的分、合闸操作是通过传动装置的推动来实现。它与操作绝缘子直接相连，由左臂、右臂和传动连杆以及连板、转轴、平衡弹簧等组成。传动装置在操作绝缘子的推动下，带动导电折架实现分、合闸操作。传动机构中的 2 个可在轴上自由转动的转动臂借反向连杆达到两臂动作的对称性。平衡弹簧用以抵消闸刀重力所产生的合闸阻力，使操作轻便。操作绝缘子顶部的转臂经弹性装置与左侧转动臂相连，弹性装置在接近合闸终了约 20° 范围内，其长度被转臂压缩 6mm 左右，使闸刀承受稳定的推力，合闸终了，转臂被挡块限位，此时弹性装置保持在被压缩状态。

二、作业内容

（1）GW6 型隔离开关本体分解。

（2）GW6 型隔离开关绝缘子检查及探伤。

（3）GW6 型隔离开关底座装配分解检修。

（4）GW6 型隔离开关静触头装配分解检修。

（5）GW6 型隔离开关导电折架分解检修。

（6）GW6 型隔离开关传动装置分解检修。

（7）GW6 型隔离开关导电折架和传动装置的连接与调整。

（8）GW6 型隔离开关各部分连接。

三、作业中危险点分析及控制措施

作业中危险点分析及控制措施见表 ZY1400701003-1。

表 ZY1400701003-1　　　　　　　　作业中危险点分析及控制措施

序号	危险点	控制措施
1	高处坠落及落物伤人	（1）高处作业系好安全带，不得攀登及在瓷柱上绑扎安全带。 （2）使用的检修平台或梯子应坚固完整、安放牢固，使用梯子有人扶持。 （3）传递物件必须使用传递绳，不得上、下抛掷
2	起重伤害	（1）采用吊架拆、装隔离开关有专人指挥、吊物下严禁站人。 （2）起重工具使用前认真检查，并进行强度核验，严禁使用不合格的工具。 （3）拆、装设备时必须绑扎牢固，吊物起吊后应系好拉绳，防止摆动碰伤人员
3	触电伤害	（1）搬动梯子等长大物件时，需由两人放倒搬运，与带电部位保持足够的安全距离。 （2）使用电气工具时，按规定接入漏电保护装置和接地线
4	误入、误登带电间隔	（1）工作前向作业人员交代清楚临近带电设备，并加强监护。 （2）工作人员应走指定通道，在遮栏内工作，严禁擅自移动和跨越遮栏。 （3）严禁攀登运行设备构架
5	机械伤害	（1）严格执行一般工具的使用规定，使用前严格检查，不合格的工具禁止使用。 （2）调试隔离开关时专人监护，进行操作时工作人员必须离开隔离开关传动部位
6	拆下的导电底座未绑扎，动触头弹出伤人	导电底座必须绑扎牢固

四、检修作业前的准备

1. 检修技术资料的准备

（1）检修前应认真查阅设备安装记录、大修记录、设备运行记录、故障情况记录、缺陷情况记录和红外测温结果。对所有查阅资料进行详细、全面的调查分析，以判定隔离开关的综合状况，为现场具体的检修方案的制定打好基础。

（2）准备好设备使用说明书、记录本、表格、检修报告等。

（3）编制作业指导书。

（4）拟订检修方案，确定检修项目，编排工期进度。

2．工器具、材料、备品备件、试验仪器、仪表和场地的准备

（1）准备工器具、材料、备品备件、试验仪器和仪表等，并运至检修现场。仪器仪表、工器具应试验合格，满足本次施工的要求，材料应齐全，图纸及资料应符合现场实际情况。

（2）场地准备。在检修现场四周设置留有通道口的封闭式遮栏，并在周围背向带电设备的遮栏上挂适当数量的"止步，高压危险"标示牌，在通道入口处挂"从此进出"标示牌；在作业现场指定位置摆放好检修工具、量具、材料、备品备件和测试仪器及垃圾箱。

五、检修作业前检查项目及检查标准

为了解高压隔离开关在检修前的状态以及对检修前后测量数据进行比较，在检修前，应对隔离开关进行检查及测量。

（1）隔离开关主回路电阻测量。

（2）隔离开关手动、电动分合操作是否良好、有无卡滞、接触是否正常。

（3）接地刀闸分合操作是否良好、有无卡滞、接触是否正常。

（4）电动操动机构急停、限位、闭锁等功能试验，动作是否可靠。

（5）各种测量数据及尺寸是否符合工艺要求。

（6）检查动静触头夹紧力是否符合要求。

六、GW6 型隔离开关检修作业步骤、工艺要求及质量标准

1．GW6 型隔离开关本体分解

（1）断开电动操动机构箱内电动机启动电源、加热器电源和有关电气连锁回路电源，断开继电保护回路和电压回路电源。

（2）采用专用作业车或梯子将每相连接导线用绳捆好，绳的另一端固定在基座上，拆除接线夹连接螺栓，将连接导线缓慢放下，防止连接导线与接地线甩下伤到人员和设备。

（3）拆除刀闸机构上部联轴（或抱夹）的连接螺栓，使刀闸机构主轴与垂直传动杆脱离。

（4）拆除刀闸垂直传动杆上部连接套的定位螺栓（或抽出万向接头上的圆柱销），取下垂直传动杆。

（5）拆除转动绝缘子轴承座传动臂上短拉杆及相间水平拉杆两端圆柱销上的开口销，取下短拉杆及相间水平拉杆。

（6）静触头装配的拆卸。

1）利用专用登高作业车，用牵引绳绑紧静触头装配，将绳翻过母线，由地面人员稍微拉紧。

2）拆除连接导线上接线板与母线接线夹相连的各 4 个螺栓，消振型静触头装配应先拆除环状连接导线与并沟线夹连接螺栓，打开环状连接导线，将静触头装配拆下缓慢吊下，放在检修平台上。

3）拆下的静触头装配应分相做好标记和记录。

4）GW6 型隔离开关静触头装配及吊装如图 ZY1400701003-6 所示。

（7）主刀闸的拆卸。

1）GW6 型隔离开关主刀闸绑扎、吊装示意如图 ZY1400701003-7 所示，用 10 号铁丝将处于分闸位置的导电折架两端分别绑扎 2～3 圈。

2）在传动装置底板的四角挂好吊装绳，并用起吊钩将吊装绳拉紧，使吊装绳稍微受力，检查主刀闸重心是否基本保持平衡，在操作绝缘子和支柱绝缘子间用木方支撑后，用绳索捆绑，以防碰撞。

3）拆除传动装置底部法兰和支柱绝缘子连接的螺栓及与操作绝缘子相连接的螺栓，将主刀闸系统用起吊装置吊下，起吊时应拉紧牵引绳，以免碰撞损伤绝缘子。

4）GW6 型隔离开关传动装置固定座如图 ZY1400701003-8 所示，将主刀闸系统固定在所示检修专用平台的传动装置固定座上，平台不小于 1.8m×1.8m，其固定方式必须与实际安装方式一致。

5）在上节操作绝缘子第三裙上固定好吊装绳（GW6-110G 型隔离开关只限于一节），用起吊工具将起吊绳稍微受力，解开与支柱绝缘子之间的保护绳，取出木方，拆除操作绝缘子与底座装配相连的 4 个螺栓，将操作绝缘子缓缓吊至地面，平放于事先准备好的枕木上（吊装时应防止碰撞）。

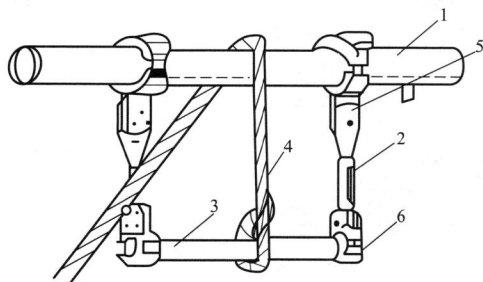

图 ZY1400701003-6　GW6 型隔离开关
静触头装配及吊装

1—母线；2—连接导线；3—静触头装配；

4—牵引绳；5—母线接线夹；6—静触头接线夹

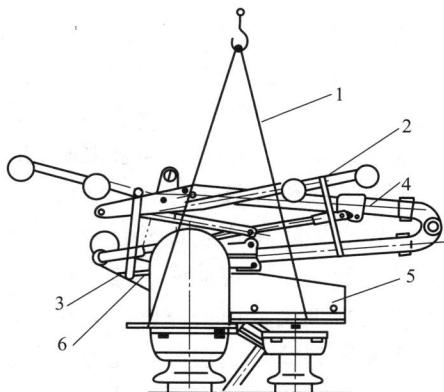

图 ZY1400701003-7　GW6 型隔离开关
主刀闸绑扎、吊装示意图

1—吊装绳；2、3—绑扎铁丝；4—导电折架；

5—传动装置；6—接线板

6）在上节支柱绝缘子第三裙上固定好吊装绳（GW6–110G 型隔离开关只限于一节）且稍微受力。拆除支柱绝缘子与底座装配相连的 4 个螺栓，将支柱绝缘子平衡地吊至地面，平放在事先准备好的枕木上。

7）拆除底座装配与基础槽钢相连的紧固螺栓，将底座装配吊至检修平台上。

2. GW6 型隔离开关绝缘子检查及探伤

参见 GW4 型隔离开关本体检修中支柱绝缘子检查及探伤内容（模块 ZY1400701001）。

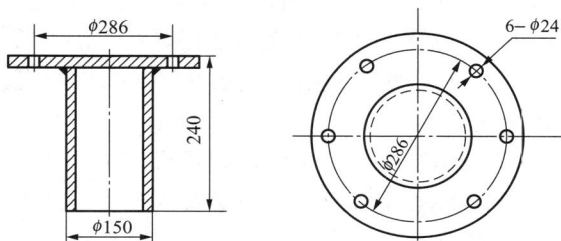

图 ZY1400701003-8　GW6 型隔离开关传动装置固定座

3. GW6 型隔离开关底座装配分解检修

（1）GW6 型隔离开关底座装配分解。

1）从主轴承装配上拆除转动轴下部分的定位螺钉，取出定位环，将轴、轴铜套从轴承座上分离。拆卸轴承时，不能损坏轴承的配合表面，不能将作用力加在外圈或滚动体上。

2）拆除机械闭锁板装配轴套上的定位螺栓，由底座装配上抽出 2 个机械连锁板和转轴、轴套。

（2）GW6 型隔离开关底座装配检修工艺要求。

1）所有零件用清洗剂清洗干净并用布擦净。

2）检查轴承有无损坏，转动是否灵活。检查轴承内径与轴承座的公差配合。

3）检查主轴承座装配、轴承座、轴、轴套及定位环。如有裂纹应更换。用扁锉清除轴及轴上键槽毛刺。修理轴承时，不能损坏配合表面精度，如平键磨损严重应更换，用 00 号砂布清除轴承座中心内孔及轴套内的锈蚀。

4）检查底座装配。用铲刀或钢丝刷清除其上的锈蚀，发现裂纹应更换，用丝锥套攻底座上各螺孔后，在孔内涂黄油。底座外表面清除铁锈和灰尘后刷防锈漆。

5）检查传动臂及轴套。用 00 号砂布清除轴套内孔表面锈蚀。

6）检查转动盘焊装、锁条。如有轻微锈蚀，用 00 号砂布进行处理。用扁锉修整键槽上的毛刺。

7）检查防尘罩。如锈蚀严重应更换；轻微锈蚀用钢丝刷清除，并刷防锈漆。

8）检查衬套。用 00 号砂布清除衬套表面的氧化层，如果是复合衬套应更换。

9）检查机械闭锁板及转轴。如轻微变形应校正，用 00 号砂布清除机械闭锁板及转轴上的锈蚀。

（3）GW6 型隔离开关底座装配装复。按分解相反顺序进行装复，装复时应注意以下几点。

1）检查轴承座及机械闭锁板装配上轴与轴套配合间隙是否符合要求，转动是否灵活。

2）检查所有传动杆件上轴孔与轴销配合间隙是否符合要求。

3）轴承内应涂−40℃二硫化钼锂，涂的量应以轴承内腔的 2/3 为宜。

4）更换所有锈蚀严重的紧固件及复合轴套。

5）装复后，转动轴承座应灵活，有无卡涩，拧紧所有紧固件。

6）调试合格后，所有金属表面除锈刷漆。

7）所有连接件连接可靠。

（4）GW6 型隔离开关底座装配检修质量标准。

1）轴承应完整，转动应灵活，轴承及轴承座工作面无锈蚀。

2）转动盘焊接、锁条完好，无锈蚀，键槽无毛刺。

3）底座无裂纹，无锈蚀，孔内无杂物。

4）传动臂轴套内孔表面无锈蚀。

5）防尘罩、衬套完好、无锈蚀。

6）机械闭锁板及转轴完好、无锈蚀。

4. GW6 型隔离开关静触头装配分解检修

（1）GW6 型隔离开关静触头装配分解。

1）分解前应检查静触头装配各导电接触部分是否有过热、烧伤痕迹，钢芯铝绞线是否有散股、断股现象，接线板是否有开裂、变形，并做好记录，确定应更换的零部件。

2）拆除静触头接线夹与连接导线上的连接螺栓，使静触头装配与连接导线分开。

3）拆除静触头装配两端部的静触头接线夹，使静触头装配的导电杆与静触头接线夹分开，并取下铜铝过渡片。

4）分解静触头装配时，要注意勿损伤导电接触面，导电接触面要有防护措施。

（2）GW6 型隔离开关静触头装配检修工艺要求。

1）将所有零部件用清洗剂清洗并用布擦净。

2）检查连接导线，如断股应更换，变形应校正，用 00 号砂布清除连接导线导电接触处表面的氧化层。

3）检查母线接线夹、并沟线夹（对消振型硬母线结构而言）、静触头接线夹上导电接触面。如有轻微烧伤，可用扁锉修整，烧伤严重应更换。

4）检查静触头装配导电杆接触处。如有轻微烧伤，可用扁锉修整，如严重过热应更换，静触头导电杆轻微变形应校正。

5）检查静触头接线夹是否过热。如接线夹严重过热使表面异常应更换，导电接触面如有轻微烧伤，可用扁锉修整。

6）检查铜铝过渡片及两导电接触面。如有轻微氧化，用 00 号砂布清除，严重应更换。

（3）GW6 型隔离开关静触头装配检修质量标准。

1）连接导线无散股、断股现象，导电接触面无氧化层。

2）母线接线夹、并沟线夹、接线板接触面平整，无烧伤痕迹。

3）导电接触处应整洁、无氧化膜，烧伤程度小于 1mm，静触头导电杆无变形。

4）静触头接线夹无异常过热现象，导电接触面平整光滑。

5）铜铝过渡片平整且与之相连的导线接触面无氧化层。

（4）GW6 型隔离开关静触头装配装复。按分解相反顺序进行装复，并注意以下几点。

1）装配时，勿损伤导电接触面，且连接紧固。

2）更换各锈蚀紧固件。

3）静触头与动触头接触处烧伤深度超过规定值，装复时可采用转动静触头导电杆角度的方法变更接触位置。

4）用 100A 回路电阻测试仪测量静触头装配的整体电阻值是否符合要求。

5）如果需要更换钢芯铝绞线，可按以下步骤进行：

① 在切断钢芯铝绞线前必须用 10 号铁丝绑扎接近切口处，并在距离第一个绑扎点 120mm 处再补扎一次，然后进行切断。

② 切断导线的钢芯截面应涂保护清漆防锈漆，与设备线夹接触表面用钢丝刷除掉氧化层后，用清洗剂清洗，待晾干后立即涂导电脂。

③ 将钢芯铝绞线一端缠铝包带后放入已处理好的线夹中，拧紧螺栓。

6）装复时，在导电接触面涂导电脂，螺纹孔洞涂黄油。

（5）GW6 型隔离开关静触头装配装复质量标准。

1）各零部件完好，清洁。

2）各种标准件完好。

3）导电接触面平整，洁净。

4）导电接触面应连接可靠。

5）其接触处烧伤深度不大于 1mm。

6）母线接线夹至静触头导电杆的回路电阻不大于 30μΩ。

7）导线完整，且无松散现象。

8）连接导线接触处表面无氧化层。

9）所有连接件连接可靠。

5. GW6 型隔离开关导电折架分解检修

（1）GW6 型隔离开关导电折架分解。

1）观察整个导电部分是否有过热及烧损部位，检查撑杆、调节拉杆是否变形或锈蚀，做好记录。如需要更换的零件，同时测量折架有关尺寸，做好记录。

2）拆除传动装置防雨罩上紧固螺钉，取下防雨罩。

3）拆除引弧环与固定盘相连的螺栓，拆下两个引弧环。

4）拆除固定盘中部固定螺栓，取下固定盘及连接销。

5）拆除固定动触头的螺栓，取下动触头，并抽出其中动触头固定方条。

6）拆除弹簧板两端固定螺栓，取出轴销、尼龙垫，拆下弹簧板。

7）拆下撑杆中部固定调节拉杆的圆轴销，取下调节拉杆。

8）拆除上导电管上端与导电关节相连的螺栓，从上导电管上抽出导电关节。

9）拆除撑杆两端分别与左臂及上导电管固定夹上的螺栓，抽出圆轴销，取下撑杆。

10）分别拧下上、下导电管固定软铜导电带的 4 个螺栓，取下 2 根软铜导电带。

11）拆除上导电管与活动关节相连的螺栓，取下上导电管。拆除导电管与活动关节间的连接螺栓，取下活动关节。拆下与接线板相连的导电带，拆除右臂上管夹的紧固螺栓，抽出下导电管。

（2）GW6 型隔离开关导电折架检修工艺要求。

1）将所有零件用清洗剂清洗并用布擦净。

2）检查防雨罩。用钢丝刷除锈后刷漆，如锈蚀严重应更换。

3）检查引弧环表面。如有轻微烧损，应用扁锉修整，严重应更换。

4）检查引弧环固定盘及连接销锈蚀情况，用扁锉清除其表面锈蚀。

5）检查动触头烧损情况。如有轻微烧伤，可用扁锉修整，如按以上方法处理后仍达不到要求，在装复时应注意将导电杆旋转 180°，以改变其接触面（或者更换）。

6）检查动触头固定方条。如表面锈蚀，用扁锉修整后，进行防锈处理。

7）检查弹簧板及固定圆柱销。如有轻微锈蚀，用扁锉或 00 号砂布清除。

8）检查导电关节。如有裂纹应更换。

9）检查调节拉杆和圆柱销表面。如有轻微锈蚀，可用 00 号砂布或扁锉清除；如拉杆及接叉变形应校正，损坏严重应更换。

10）检查撑杆。如有轻微锈蚀，用扁锉或 00 号砂布清除；轻微变形应校正；严重锈蚀应更换。

11）检查管夹及其所连的软铜导电带。如管夹有裂纹、软铜导电带折损严重应更换，其两者导电接触面用 00 号砂布清除氧化层。

12）检查上、下导电管两端及其接触面。如有轻微氧化，应用扁锉修整。如导电管变形应校正。如过热严重而引起表面异常者应更换。

13）检查活动关节。如有轻微锈蚀，用扁锉清除，变形应校正。检查上、下导电管间连接的软铜导电带有无折损，如不符合要求应更换。用 00 号砂布清除导电接触面氧化层。

（3）GW6 型隔离开关导电折架检修质量标准。

1）防雨罩完好，无锈蚀。

2）引弧环表面完整，无严重烧伤。

3）引弧环固定盘表面无毛刺，连接销表面光滑，无锈蚀。

4）动触头导电杆接触处无严重烧损，接触面良好，烧伤不大于 1mm。

5）固定方条表面无锈蚀，无变形。

6）弹簧板及固定圆柱销表面无锈蚀。

7）导电关节无裂纹。

8）杆件无锈蚀，杆件及接叉无锈蚀变形。

9）撑杆应平直，撑杆及接叉无锈蚀变形。

10）导电带无损伤和严重过热现象，软铜导电带损坏部分不超过总截面的 10%，接触面清洁、平整。

11）导电管两端导电接触面应光滑、无氧化，导电管应无变形、过热现象。

12）活动关节无锈蚀、变形，软铜导电带截面折损不超过 10%，接触面清洁、平整。

（4）GW6 型隔离开关导电折架装复。按分解相反顺序进行装复，并注意以下几点。

1）装复前，所有转动部分涂上二硫化钼锂，导电接触面涂导电脂。

2）如导电杆烧伤深度超过规定值时，装复时可将导电杆旋转 180°，以改变导电接触面。

3）各调节尺寸必须按规定数值进行调整。

4）检查导电折架全部尺寸，调整符合要求后紧固所有连接螺栓。

5）更换有锈蚀的螺栓。

6）导电接触面连接螺栓应拧紧以保证可靠接触。

7）装复后的导电折架放置于检修平台上。

（5）GW6 型隔离开关导电折架装复质量标准。

1）各零部件清洁、完整。

2）导电杆接触面烧伤深度不大于 1mm。

3）各连接螺栓紧固。

4）各连接、固定螺栓无锈蚀。

5）所有连接件连接可靠。

6. GW6 型隔离开关传动装置分解检修

（1）GW6 型隔离开关传动装置分解。

1）拆除接线板与传动装置相连的 4 个螺栓，取下接线板。

2）拆除左臂端部连接螺栓，拆下左臂板。

3）拆除左臂、右臂、连板与传动连杆两端接叉连接的螺栓并抽出传动连杆端头的圆柱销，拆下两根传动连杆。

4）拆除框架底部转轴轴套定位螺栓，抽出操作绝缘子固定盘及平键。拆除转轴与传动装置框架相连的螺栓，取出轴承座装置和转轴承。

5）拆除传动连杆两端万向接头上的定位螺钉，记录尺寸，取下连杆。

6）拆除轴两端轴承座端盖固定螺栓，使轴从传动装置框架轴承座孔中退出，然后分别从轴上抽出轴承、轴承挡圈、定位套、左臂、右臂及平键，拆卸轴承时，不能损坏轴承的配合表面，不能将作用力加在外圈或滚动体上。

7）测量传动装置框架上的分闸限位螺钉和合闸限位螺钉外露部分长度，并做好记录，然后拆下分闸限位螺钉和合闸限位螺钉。

8）分、合闸限位螺钉有效工作长度在拧下前应作标记。

（2）GW6型隔离开关传动装置检修工艺要求。

1）将所有零件用清洗剂清洗并用布擦净。

2）检查接线板导电接触面。如有轻微氧化，用00号砂布清除，过热严重而引起表面异常则应更换。

3）检查左臂臂板、右臂及管夹。如有轻微变形应校正，轻微锈蚀用扁锉或00号砂布清除后作防锈处理，管夹如损伤应更换。

4）检查传动连杆及传动连杆两端万向接头。如轻微变形应校正，连杆端部调节螺纹及万向接头如锈蚀应用钢丝刷清除，并对传动连杆及两端万向接头进行防锈处理。检查万向接头活动销转动部分的磨损情况，如磨损严重则应更换。

5）检查转轴轴承座、轴承防尘罩、转轴焊缝是否有裂纹，轴承座及轴承有无破损、裂纹，如破损应更换。检查操作绝缘子固定盘及平键，如平键变形应更换。

6）检查左臂及右臂轴孔中键槽磨损情况。用扁锉除去毛刺。

7）检查轴、轴承、轴套、挡圈。轴有轻微变形应校正。轻微锈蚀，可用钢丝刷或00号砂布清除。如轴上键槽有轻微磨损，用扁锉修整。如轴承挡圈、轴承钢珠及平键磨损严重，应更换。

8）检查合闸限位螺钉及分闸限位螺钉。如变形、锈蚀应更换。

9）检查传动装置框架。如外观变形应校正，锈蚀部位用钢丝刷或铲刀清除其锈迹，同时用丝锥套攻其上所有螺纹孔洞，清除铁锈和灰尘后刷防锈漆。

（3）GW6型隔离开关传动装置检修质量标准。

1）导电接触面应平整、光洁、无氧化、无过热现象。

2）左、右臂板、管夹完好，表面无锈蚀，无变形。

3）螺杆及万向接头无变形，无锈蚀，连接活动销转动灵活，销与接叉孔公差不大于0.5mm。

4）轴承、轴承座无锈蚀、无损伤，轴承与轴承座配合应紧密，转轴焊缝应无裂纹。

5）左、右臂及轴孔中键槽无严重磨损。

6）各部件表面无锈蚀、无变形，轴及轴上键槽无毛刺、光滑，轴承转动灵活。

7）分、合闸限位螺钉应无变形，无锈蚀。

8）框架无变形，表面无锈蚀，螺纹孔洞完好。

（4）GW6型隔离开关传动装置装复。按分解相反顺序装复，并注意以下几点：

1）装复前，在转动部位涂二硫化钼锂，导电接触面涂导电脂。

2）检查轴承与轴承座配合是否紧密，轴与轴承间转动是否灵活。

3）装复时，应检查轴与左臂右臂的孔、轴配合间隙是否符合规定。

4）检查各种尺寸是否符合要求。

5）各部分尺寸调整好后，紧固所有连接件。

6）更换有锈蚀的连接和固定螺栓。

7）导电接触面连接螺栓应拧紧以保证可靠接触。

（5）GW6型隔离开关传动装置装复质量标准。

1）各零件清洁、完整。

2）轴与轴承转动灵活。孔、轴配合间隙不大于0.2mm。

3）各连接螺栓紧固。

4）各连接、固定螺栓无锈蚀。

5）所有连接件连接可靠。

7. GW6型隔离开关导电折架和传动装置的连接与调整

（1）将装配好的导电折架的下导电管、撑杆分别与传动装置左臂、右臂连接牢固，装复时注意核对尺寸是否符合要求，各连接部分连接必须牢固。

（2）手动将导电折架向合闸方向抬起，装复两根平衡弹簧。

（3）调节平衡弹簧一端紧固螺栓长度，加大或减小弹簧的预拉力，使导电折架在 550～1000mm 范围内，达到轻轻一抬可上升，轻压可下落，向上、下的推力基本一致，平衡弹簧与导电折架的重力矩基本平衡。

（4）在分闸位置时，检查导电折架的高度是否符合有关尺寸规定，若此尺寸偏大，除调整外，还应检查分闸限位螺钉外露长度。GW6 型隔离开关调整折架高度示意如图 ZY1400701003-9 所示。

（5）死点位置的调整，用手力将导电折架送入合闸位置，检查转轴的拐臂，越过死点尺寸是否符合生产厂家规定（图 ZY1400701003-10 中 b 点过 ac 连线），如不符合，应调整图 ZY1400701003-11 所示中合闸定位螺钉的外露部分的长度，过死点 4mm±1mm。GW6 型隔离开关死点位置调整如图 ZY1400701003-10 所示。

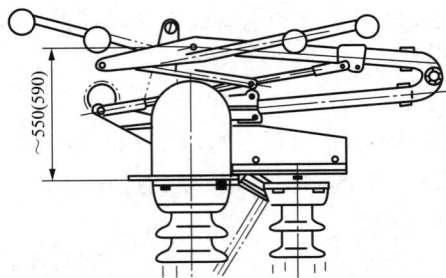

图 ZY1400701003-9　GW6 型隔离开关
调整折架高度示意图

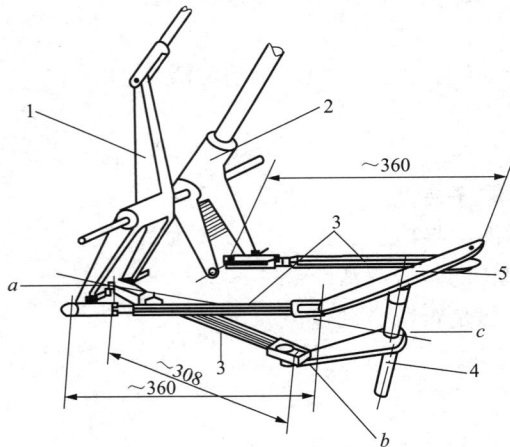

图 ZY1400701003-10　GW6 型隔离开关死点位置调整

1—左臂；2—右臂；3—传动连杆；4—转轴；5—连板

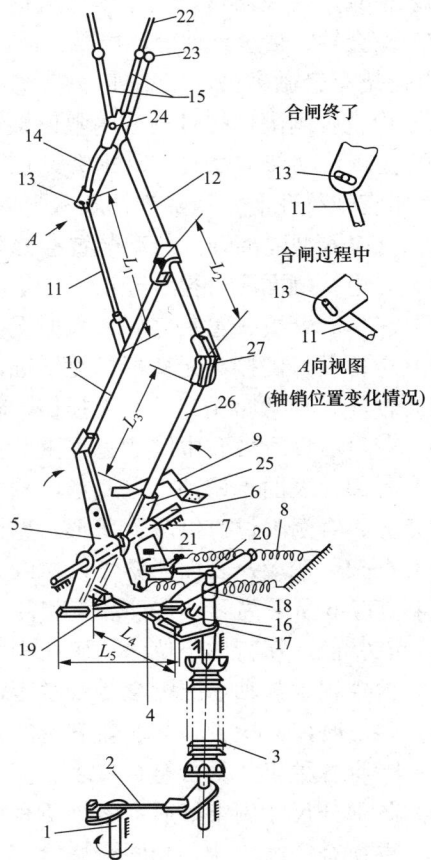

图 ZY1400701003-11　GW6 型隔离开关机械传动原理图

1—操作轴；2—连杆；3—操作绝缘子；4、19、20—传动连杆；

5—左臂；6—轴；7—右臂；8—平衡弹簧；9—接线板；

10—撑杆；11—调节拉杆；12—上导电管；13—轴销；

14—弹簧板；15—动触头；16—合闸定位螺钉；17—转轴；

18—连板；21—分闸限位螺钉；22—引弧环；

23—固定盘；24—导电关节；25—管夹；

26—下导电管；27—活动关节

（6）接触压力的测量。

1）以手力将导电折架送入合闸位置，测量其触头的接触压力，测得的触头接触压力应符合规定。

2）检查图 ZY1400701003-11 弹簧板末端轴销，能自动移至长孔中部或另一端，则压力符合要求。如接触压力不合格，可适当伸长或缩短图 ZY1400701003-10 中传动连杆 3 使之达到要求。

3）动触头每侧压力：110kV≥295N、220kV≥259N。

8. GW6 型隔离开关各部分连接

（1）按分解相反顺序进行单相隔离开关组装。

（2）主刀闸静触头装配的安装。

1）静触头装配的安装，可与主刀闸安装同时进行。

2）将组装好的静触头装配运至母线下面。

3）将母线安装部位及母线接线夹导电接触面用 00 号砂布清除氧化层，用清洗剂清洗干净后涂导电脂。

4）将静触头装配吊起，将连接导线上端与母线上的母线夹连接，使静触头装配固定于母线上。

（3）主刀闸静触头装配的安装质量标准。

1）母线安装部位及母线接线夹导电接触面板无氧化、清洁。

2）安装位置正确。

（4）底座及操作、支柱绝缘子的安装。

1）将组装好的底座装配分相吊于基础槽钢上，核实三相水平后固定好地脚螺栓。

2）将支持绝缘子擦净，用螺栓将上、下绝缘子连接，组合好。

3）将旋转绝缘子擦净，用螺栓将上、下绝缘子连接，组合好。

4）将组装好的上、下节支柱绝缘子分相吊装于底座的支柱绝缘子法兰盘上，用垫片调节绝缘子垂直度，使其中心线处于铅垂位置。

5）分别将组装好的上、下节操作绝缘子分相吊装于操作绝缘子法兰盘上，紧固连接螺栓，同时用木方隔离支柱与操作绝缘子，并用绳子捆牢，以防操作绝缘子发生倾倒与支柱绝缘子发生碰撞，然后拆下起吊绳。

（5）底座及操作、支柱绝缘子的安装质量标准。

1）起吊应首先检查吊具是否符合要求，捆绑牢固。

2）绝缘子铅垂线偏差不超过 6mm，瓷套干净，连接牢固。

3）操作及支柱绝缘子安装垂直，与底座连接盘连接牢固且受力均匀。

（6）导电折架和传动装置的安装。

1）分别将组装好的导电折架和传动装置吊至三相支柱绝缘子的上法兰盘上（吊装前，主刀闸系统应捆绑好），用水平仪测试水平后紧固连接螺栓。如水平度达不到要求时，在传动装置框架与支柱绝缘子上的法兰盘间增、减垫片调节。

2）将传动装置转轴下部法兰与操作绝缘子上法兰用螺栓连接（调整绝缘子垂直偏差前，松开操作、支柱绝缘子间绑扎绳索，取出木方），垂直度调好后，紧固法兰连接螺栓，随后，剪断导电折架绑扎铁丝。

（7）导电折架和传动装置的安装质量标准。

1）吊具符合起吊安全要求，捆绑牢固，传动装置框架要求基本水平。

2）螺栓连接紧固，垂直偏差不大于 6mm。

【思考与练习】

1. GW6 型隔离开关主要由哪些部分组成？

2. 简述 GW6 型隔离开关本体分解步骤。

3. GW6 型隔离开关底座装配检修工艺要求是什么？

4. GW6 型隔离开关导电折架装复质量标准是什么？

5. 简述 GW6 型隔离开关导电折架和传动装置的连接与调整方法。

模块 4 GW7 型隔离开关本体检修（ZY1400701004）

【模块描述】 本模块包含 GW7 型隔离开关本体检修作业流程及工艺要求。通过知识要点的归纳讲解、图例展示、操作技能训练，掌握 GW7 型隔离开关本体的基本结构、修前准备、危险点预控、作业步骤、工艺要求及质量标准等操作技能。

【正文】

一、GW7 型隔离开关的结构

GW7 型隔离开关由三个独立的单相组成（一个主相和两个边相）。每个单相由底座装配、支柱（操作）绝缘子、导电管及动触头、静触头、接线座以及接地刀闸等组成。主刀闸由电动（或手动）操动机构操动，主刀闸与接地刀闸间设有防止误操作的机械闭锁装置，手力操动机构均可配置电磁锁和辅助开关，构成电气防误连锁回路，以实现机械闭锁或电气连锁，达到防止误操作的目的。根据使用需要，可在单侧或两侧安装接地刀闸，也可以不安装接地刀闸。GW7-220 型隔离开关单相装配（翻转型带操动机构）如图 ZY1400701004-1 所示。

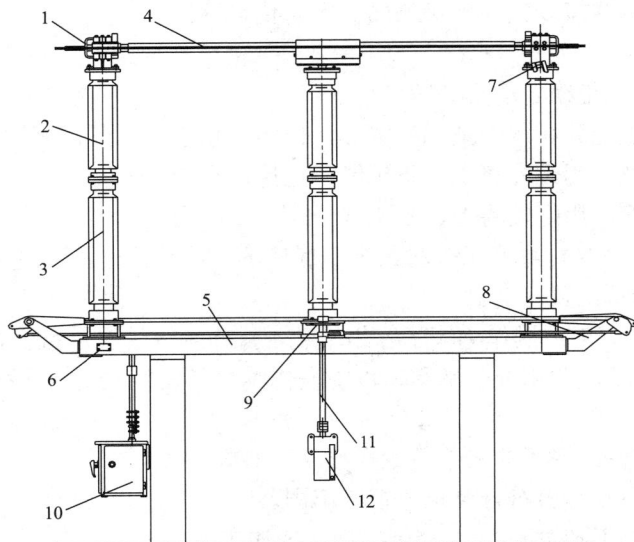

图 ZY1400701004-1 GW7-220 型隔离开关单相装配（翻转型带操动机构）

1—静触头；2—上节绝缘子；3—下节绝缘子；4—主刀闸；5—底座；6—铭牌；7—接地静触头；

8—接地开关；9—转动底座；10—电动操动机构；11—垂直竖拉杆；12—手力操动机构

1. 底座装配

底座由槽钢和钢板焊接而成，在槽钢上装有三个支持绝缘子固定底座，中间底座可以转动。槽钢内腔装有传动连杆及机械闭锁板，槽钢下焊有安装板，以便与现场基础固定。底座可分为无接地刀闸、单侧装有接地刀闸及双侧装有接地刀闸三种。单侧接地刀闸和双侧接地刀闸底座一端或两端焊有接地刀闸底座，底座上装接地刀闸。GW7-220 型隔离开关主刀闸合闸时拐臂及连杆状态如图 ZY1400701004-2 所示。

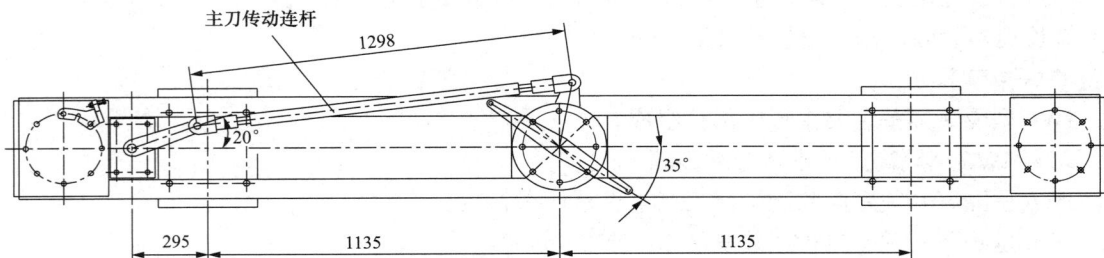

图 ZY1400701004-2 GW7-220 型隔离开关主刀闸合闸时拐臂及连杆状态

2. 轴承座装配

轴承座采用圆锥滚子轴承，同时增加了密封装置，避免灰尘及雨水的进入，GW7-220 型隔离开关轴承座装配如图 ZY1400701004-3 所示。

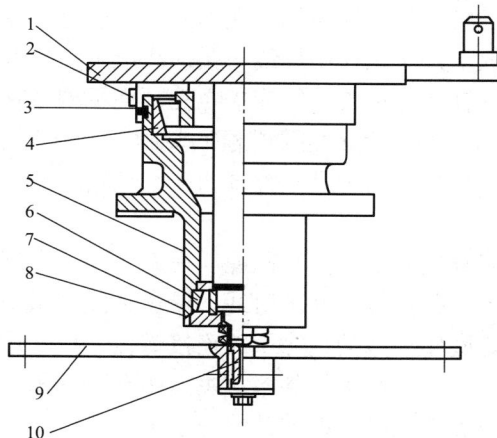

图 ZY1400701004-3　GW7-220 型隔离开关轴承座装配

1—转轴；2—堵头；3、8—O 形密封圈；4、6—圆锥滚子轴承；5—轴承座；7—垫圈；9—主动拐臂；10—圆头键

3. 导电回路

导电回路由接线板、静触头、动触头导电管组成。导电管的端部固定（或焊接）有动触头，使导电管及其动触头进入（或离开）静触头，实现合闸（或分闸）。GW7-220 型隔离开关（翻转）导电回路如图 ZY1400701004-4 所示。

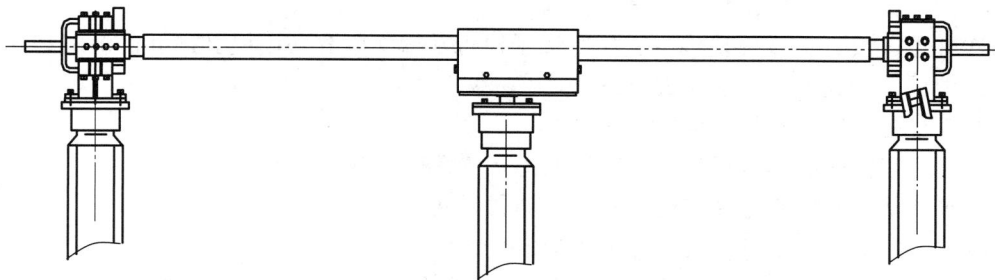

图 ZY1400701004-4　GW7-220 型隔离开关（翻转）导电回路

二、作业内容

（1）GW7 型隔离开关本体分解。

（2）GW7 型隔离开关支柱绝缘子检查及探伤。

（3）GW7 型隔离开关转动支座装配分解检修。

（4）GW7 型隔离开关静触头装配分解检修。

（5）GW7 型隔离开关导电闸刀装配分解检修。

（6）GW7 型隔离开关主刀传动箱检修（翻转式闸刀）。

（7）GW7 型隔离开关各部分连接。

三、作业中危险点分析及控制措施

参见 GW4 型隔离开关本体检修作业危险点分析与控制措施（模块 ZY1400701001）。

四、GW7 型隔离开关检修作业前的准备

参见 GW4 型隔离开关本体检修前的准备（模块 ZY1400701001）。

五、GW7 型隔离开关检修作业前检查项目及检查标准

参见 GW4 型隔离开关本体检修前检查项目及检查标准（模块 ZY1400701001）。

六、GW7 型隔离开关检修作业步骤、工艺要求及质量标准

1. GW7 型隔离开关本体分解

（1）断开电动操动机构箱内电动机启动电源、加热器电源和有关电气连锁回路电源，断开继电保护回路和电压回路电源。

（2）采用专用作业车或梯子将每相连接导线用绳捆好，绳的另一端固定在基座槽钢上。拆除接线夹连接螺栓，将连接导线缓慢放下，防止连接导线与接地线甩下伤到人员和设备。

（3）拆除主刀闸机构上部联轴（或抱夹）的连接螺栓，使机构主轴与垂直传动杆脱离。

（4）拆除主刀闸垂直传动杆上部连接套的定位螺栓（或抽出万向接头上的圆柱销），取下垂直传动杆。

（5）拆除中相转动绝缘子短拉杆及相间水平拉杆两端圆柱销上的开口销，取下短拉杆及相间水平拉杆。

（6）将吊装绳固定在主刀闸导电杆上，两根吊绳应在主刀闸导电杆中心两侧，使主刀闸导电杆保持起吊水平，并挂在起吊挂钩上，并注意系好牵引绳，使吊装绳微微受力。

（7）松开主刀闸导电杆固定底座与转动绝缘子的连接螺栓，拆除连接螺栓，将主刀闸导电杆平稳地吊至平整的地面上，用同样的方法分别将另外两相主刀闸导电杆吊到地面上。

（8）将吊装绳牢固地固定在支持绝缘子或转动绝缘子上、下节连接的铁法兰下部，并挂在起吊挂钩上，并注意系好牵引绳及保护绳，使吊装绳微微受力。

（9）松开绝缘子与底座的固定螺栓，检查绝缘子起吊重心是否与起吊挂钩位置相对应后，拆除固定螺栓，将绝缘子平稳地吊至平整的地面上，并放在两根枕木上。用同样的方法分别将另外 8 个绝缘子分别吊到地面上，并放在两根枕木上。

（10）拆除固定静触头 4 个 M12 螺栓，取下静触头装配。用同样的方法分别将另外 5 个静触头装配取下。

（11）拆除轴承座装配及固定底座与槽钢固定的 4 个螺栓，吊下轴承座装配及固定底座。

2. GW7 型隔离开关支柱绝缘子检查及探伤

参见 GW4 型隔离开关本体检修中支柱绝缘子检查及探伤内容（模块 ZY1400701001）。

3. GW7 型隔离开关转动支座装配分解检修

（1）GW7 型隔离开关转动支座装配分解。

1）拆除轴承座转动盘焊装下部固定螺母上的止位螺钉，旋出螺母。

2）拆除传动臂或杠杆的连接螺栓，取出传动臂或杠杆。

3）拆除防尘罩上定位螺钉，取下轴承防尘罩。

4）取下键槽。从轴承座中抽出转动轴，取下 7209 单列圆锥滚子轴承及钢球。

5）拆除转动盘焊装与拉板及锁条相连的螺栓，取下拉板及锁条。

（2）GW7 型隔离开关转动支座装配检修工艺要求。

1）所拆下零件用清洗剂清洗干净并用布擦净。

2）检查轴承有无损坏，转动是否灵活；检查轴承内径与轴承座的公差配合。

3）检查轴承座腔内、外部表面。如表面有锈蚀，用 00 号砂布进行处理，存在严重损伤应更换。

4）检查轴承座上部配用钢球锈蚀和磨损情况。如锈蚀、磨损严重应更换。

5）检查轴承座和转动盘焊装上的钢球槽应无锈蚀。如轻微锈蚀，用 00 号砂布进行处理。

6）检查传动臂及轴套。用 00 号砂布清除轴套内孔表面锈蚀。

7）检查转动盘焊装、锁条。如轻微锈蚀，用 00 号砂布进行处理，用扁锉修整键槽上的毛刺。

8）检查防雨罩。如轻微锈蚀用钢丝刷清除，并刷防锈漆，如锈蚀严重应予更换。

9）检查衬套。用 00 号砂布清除衬套表面的氧化层，如果是复合衬套应更换。

10）检查机械闭锁板及转轴。如轻微变形应校正，用 00 号砂布清除机械闭锁板及转轴上的锈蚀。

（3）GW7 型隔离开关转动支座装配装复。按分解相反顺序进行装复，装复时应注意以下几点：

1）轴承内应涂－40℃的二硫化钼锂，涂的量应以轴承内腔的 2/3 为宜。

2）装复后，转动轴承座应灵活，无卡涩，拧紧所有紧固件。

3）调试合格后，所有金属表面除锈刷漆。

（4）GW7 型隔离开关转动支座装配检修质量标准。

1）轴承应完整，转动应灵活，轴承及轴承座工作面无锈蚀。

2）转动盘焊接、锁条完好，无锈蚀，键槽无毛刺。

3）钢球总数为 41 粒，直径为 12.7mm。

4）传动臂轴套内孔表面无锈蚀。

5）防尘罩、衬套完好、无锈蚀。

6）机械闭锁板及转轴完好、无锈蚀。

4. GW7 型隔离开关静触头装配分解检修

（1）GW7 型隔离开关静触头装配分解。

1）拆除固定防尘罩的 M6 螺栓，取下防雨罩。

2）拆除静触座上固定支持架的 M8 螺栓，取下支持架、触指、触头弹簧。

3）拆除支架转动轴与静触座上的止位螺钉，取出支架。

4）拆除静触座与底板的连接螺栓，取出静触座。

5）拆除静触座底板上定位螺栓，同时取下定位螺钉拉力弹簧。

（2）GW7 型隔离开关静触头装配检修工艺要求。

1）将所有零件用清洗剂清洗并用布擦净。

2）拆下防雨罩。若有开裂应更换，用钢丝刷除锈后作防锈处理。

3）检查 U 形架有无锈蚀、过热、变形及缺齿情况。若有轻微锈蚀，用 00 号砂布除锈后刷防锈漆，若严重锈蚀或过热变形、缺齿，应更换。

4）检查触指的转动接触面磨损或烧伤情况以及触指有无退火变形。如轻微烧伤，应用扁锉修整，轻微变形应校正，若严重烧伤或过热变形则应更换。

5）检查触指两个拉簧和圆柱销有无变形、锈蚀。若锈蚀、变形或未受力不复位，则应更换。

6）检查支架板是否完整。若锈蚀严重应更换，检查支架上螺孔螺纹是否完好，如轻微烧伤，先用丝锥套攻，用 00 号砂布清除锈蚀。

7）静触座的检修。

① 检查与触指接触部分的圆弧表面磨损情况。

② 检查静触座与线夹连接的接触面是否平整，有无氧化膜。如有不平则用扁锉修整。

③ 检查静触座转动轴孔内有无损伤，孔内是否光滑，止位孔内螺纹是否完好，用丝锥套攻，清除其锈蚀后涂黄油。

8）检查底板，用 00 号砂布清除锈蚀。

（3）GW7 型隔离开关静触头装配检修质量标准。

1）防雨罩无裂纹，无锈蚀。

2）U 形架无锈蚀，无过热变形，无缺齿。

3）U 形架螺孔的螺纹完好、清洁，无锈蚀。

4）触指无烧伤，无变形。烧伤、磨损深度不大于 0.5mm。

5）触指、拉簧及圆柱销无锈蚀，无变形。拉簧圈间无间隙。

6）支架及转动杆完好无锈蚀，螺孔螺纹完好。

7）静触座光滑，无明显沟痕，沟痕深度≤0.3mm。

8）静触座接触圆弧面平整，无氧化膜。

9）静触座转动轴孔光滑完好，无磨损，止位孔内螺纹完好，且均无锈蚀。

10）底板完好，无锈蚀。

（4）GW7 型隔离开关静触头装配装复。按分解相反顺序进行装复，并注意以下几点。

1）装复时，在导电接触面涂导电脂，螺纹孔洞涂二硫化钼锂，弹簧内、外表面涂黄油。

2）更换各锈蚀的标准件。

3）防雨罩在调试完毕后进行装复。

4）装复后，检查其两侧触指安装是否平整、触指复位是否良好。

（5）GW7型隔离开关静触头装配装复质量标准。

1）各零部件完好，清洁。

2）触指安装平整，弹簧作用正常，触指复位良好。

5．GW7型隔离开关导电闸刀装配分解检修

（1）GW7型隔离开关导电闸刀装配分解。

1）拆除屏蔽罩的固定螺栓，取下屏蔽罩。

2）拆除U形夹板的螺母，取出U形夹板和导电管及铜铝过渡片。

3）拆除导电管两头动触头的固定螺栓，取出动触头。

（2）GW7型隔离开关导电闸刀装配检修工艺要求。

1）将所有零件用清洗剂清洗并用布擦净。

2）检查动触头圆弧接触面有无磨损，动触头与导电管的导电接触面有无烧损、过热和氧化现象，如轻微烧损可用扁锉修理。

3）检查U形夹板有无裂纹、锈蚀，如断裂应更换。

4）检查导电管有无过热、变形。如轻微变形应校正。若其两端导电接触面轻微锈蚀，用00号砂布清除。

5）检查铜铝过渡片。有轻微锈蚀，用00号砂布清除其氧化层，如破损应更换。

6）检查支板与螺栓固定处的焊缝有无开裂脱焊现象，底座螺栓有无锈蚀。如锈蚀严重应更换，如有开裂应补焊，用钢丝刷清除其锈蚀。

7）检查软铜导电带两端接触面有无氧化。如有氧化应将氧化膜除净，装复时涂导电脂；检查导电带的铜片有无损坏，损坏的片数超过规定时应更换。

8）检查接线夹有无裂纹，损坏。

（3）GW7型隔离开关导电闸刀装配检修质量标准。

1）动触头及导电管无磨损，无烧损，其导电接触面无氧化层。

2）U形夹板无锈蚀，无裂纹。

3）导电管无过热、变形，其弯曲度不大于3‰，导电接触面无锈蚀。

4）过渡片无过热，无破损，无氧化。

5）支板无开裂，无脱焊，无锈蚀。

6）导电接触面无氧化，软铜导电带折损面积不大于截面面积的10%。

7）动触头与导电杆连接长度不小于35mm。

（4）GW7型隔离开关导电闸刀装配装复。按分解相反顺序进行装复，并注意以下几点。

1）固定面接触部位涂薄薄一层导电脂，转动部位涂薄薄一层二硫化钼锂。

2）更换有锈蚀的连接件和固定螺栓。

3）装复后，对由两截组成的导电管应注意其两端动触头的插入凹形夹板中的位置应基本一致。

4）装复后，检查导电管两端的动触头上端面是否处于同一平面上。

5）导电接触面连接螺栓应拧紧以保证可靠接触。

（5）GW7型隔离开关导电闸刀装配装复质量标准。

1）各零部件完好、清洁。

2）各连接、固定螺栓无锈蚀。

3）动触头插入凹形板位置基本一致。

4）动触头上端面处于同一平面上。

6．GW7型隔离开关主刀传动箱检修（翻转式闸刀）

（1）检查定位弹簧弹有无变形、锈蚀。若锈蚀、变形，弹力不足，则应更换。

（2）检查定位弹簧弹转动轴有无锈蚀。如有锈蚀，应用00号砂布清除。

（3）检查定位板有无裂纹、锈蚀。如有裂纹应更换。

（4）检查操作盘，用 00 号砂布清除锈蚀。

（5）检查球轴转动是否灵活。球轴有无裂纹、锈蚀，轻微锈蚀用 00 号砂布清除，球轴有裂纹或锈蚀严重应更换。

（6）GW7 型隔离开关主刀传动箱检修（翻转式闸刀）检修质量标准。

1）各零部件完好、清洁。

2）各连接、固定螺栓无锈蚀。

3）定位板无裂纹、锈蚀、断裂。

4）定位弹簧弹无变形、锈蚀。

5）球轴转动灵活，无裂纹、锈蚀。

7. GW7 型隔离开关各部分连接

（1）按分解相反顺序进行单相隔离开关组装。

（2）用水平拉杆将本体三相连接好（防松螺母不用紧固，便于整体调试）。

【思考与练习】

1. GW7 型隔离开关导电回路主要由哪些部分组成？

2. GW7 型隔离开关转动支座装配检修工艺要求是什么？

3. GW7 型隔离开关转动支座装配装复时应注意哪些问题？

4. 简述 GW7 型隔离开关静触头装配分解检修步骤。

5. 简述 GW7 型隔离开关导电闸刀装配检修步骤。

模块 5　GW16（20）型隔离开关本体检修（ZY1400701005）

【模块描述】 本模块包含 GW16（20）型隔离开关本体检修的作业流程及工艺要求。通过知识要点的归纳讲解、图例展示、操作技能训练，掌握 GW16（20）型隔离开关本体的基本结构、修前准备、危险点预控、作业步骤、工艺要求及质量标准等操作技能。

【正文】

一、GW16（20）型隔离开关的结构

GW16（20）-252 型隔离开关由三个单相组成，相间用水平传动杆相连接。每组隔离开关配一台 CJ7 电动操动机构，正常工作时采用电动机操动，检修、调试及事故状态时可采用操作手柄进行手动操作，每相隔离开关可配 1 台或 2 台接地刀闸及其 CS17 手力操动机构，接地刀闸的分、合闸只能采用手力操动机构操作。隔离开关由静触头装配、主刀闸装配、转动绝缘子及支持绝缘子、组合底座装配、传动系统以及 CJ7 电动操动机构组成。隔离开关主刀闸装配包括上导电杆装配、中间接头装配、下导电杆装配和接线底座装配。GW16-252 型隔离开关及 GW20-252 型隔离开关因制造厂家不同而叫法不同，其结构基本相同。GW16-252 型隔离开关主刀闸的结构如图 ZY1400701005-1 所示。

1. 静触头

GW16-252 型隔离开关静触头由母线夹、导电板、上夹板、钢芯铝绞线、夹块、静触头杆等组成。GW16-252 型隔离开关管形母线静触头装配如图 ZY1400701005-2 所示。

2. 上导电杆装配

GW16-252 型隔离开关上导电杆装配由动触片、动触头座、复位弹簧、顶杆、导电管、夹紧弹簧等组成。GW16-252 型隔离开关上导电杆装配如图 ZY1400701005-3 所示。

3. 中间接头装配

GW16-252 型隔离开关中间接头装配由齿轮箱、齿轮、滚轮等组成。GW16-252 型隔离开关中间接头装配如图 ZY1400701005-4 所示。

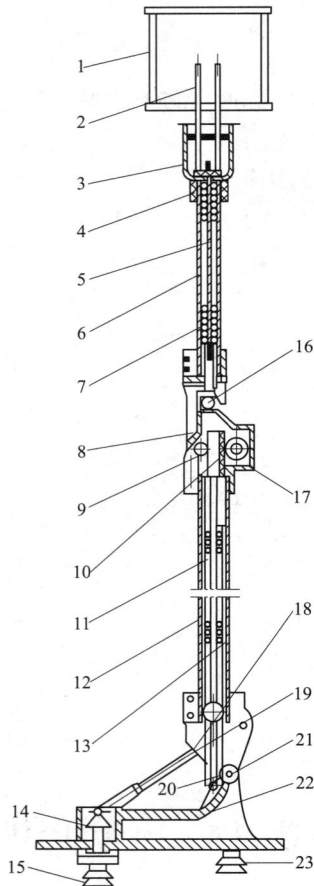

图 ZY1400701005-1 GW16–252 型隔离开关主刀闸的结构

1—静触杆；2—动触片；3—动触头座；4—复位弹簧；5—顶杆；

6—上导电杆；7—夹紧弹簧；8—支轴；9—齿条；10—齿轮；

11—操作杆；12—下导电杆；13—平衡弹簧；14—相啮合的伞齿轮；

15—旋转绝缘子；16—滚子；17—齿轮箱；18—丝杆装配；

19—平面双四连杆；20—Q1；21—Q2；22—底座；23—支持绝缘子

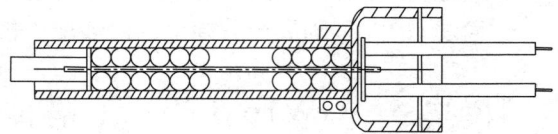

图 ZY1400701005-2 GW16–252 型
隔离开关管形母线静触头装配

1—母线夹板装配；2—上夹头装配；

3—导电杆装配

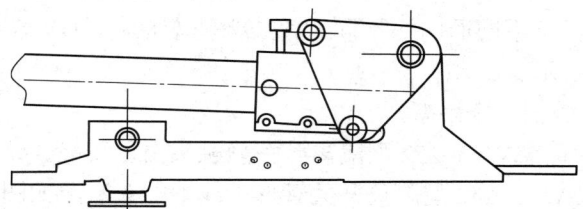

图 ZY1400701005-3 GW16–252 型
隔离开关上导电杆装配

4. 接线底座装配

GW16–252 型隔离开关接线底座装配由转动座、丝杆装配、底座、平面双四连杆、相啮合的伞齿轮等组成。GW16–252 型隔离开关接线底座装配如图 ZY1400701005-5 所示。

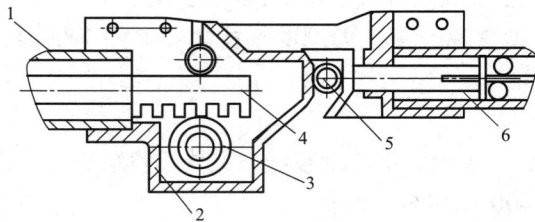

图 ZY1400701005-4 GW16–252 型隔离开关中间接头装配

1—下导电杆；2—齿轮箱；3—齿轮；4—齿条；5—滚轮；6—上导电杆

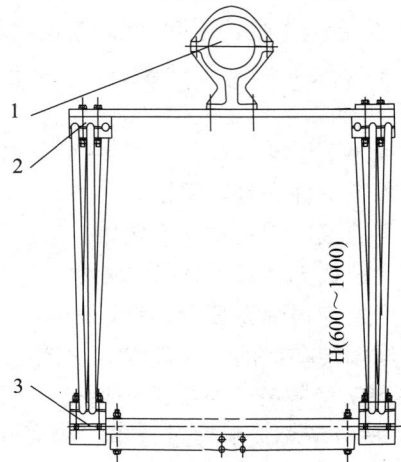

图 ZY1400701005-5 GW16–252 型
隔离开关接线底座装配

5. 底座

底座分不接地与接地两种，不接地底座仅由槽钢、弯板、连接旋转绝缘子的法兰和传动轴等组成，而接地底座除这些部件外，还有接地刀闸支座。接地刀闸支座由门形支架、转轴焊装、夹头、支持板等组成。GW16–252 型隔离开关底座装配如图 ZY1400701005-6 所示。

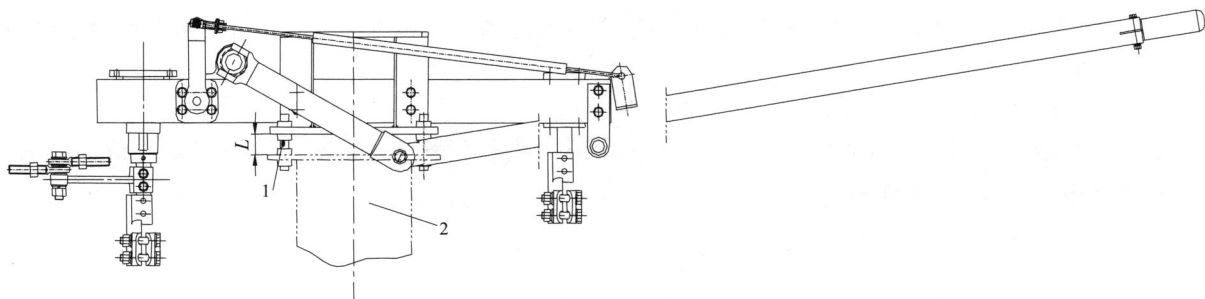

图 ZY1400701005-6　GW16–252 型隔离开关底座装配

1—螺杆（M20 全螺纹）；2—基础

二、作业内容

（1）GW16 型隔离开关本体分解。

（2）GW16 型隔离开关支柱绝缘子检查及探伤。

（3）GW16 型隔离开关静触头装配分解检修。

（4）GW16 型隔离开关底座装配分解检修。

（5）GW16 型隔离开关主刀闸系统分解。

（6）GW16 型隔离开关上导电管装配分解检修。

（7）GW16 型隔离开关中间触头装配分解检修。

（8）GW16 型隔离开关下导电管装配分解检修。

（9）GW16 型隔离开关接线底座装配分解检修。

（10）　GW16 型隔离开关各部分连接。

三、作业中危险点分析及控制措施

参见 GW6 型隔离开关本体检修作业危险点分析及控制措施（模块 ZY1400701003）。

四、GW16 型隔离开关检修作业前的准备

参见 GW6 型隔离开关本体检修前的准备（模块 ZY1400701003）。

五、GW16 型隔离开关检修作业前检查项目及检查标准

参照 GW6 型隔离开关本体检修前检查项目及检查标准（模块 ZY1400701003）。

六、GW16 型隔离开关检修作业步骤、工艺要求及质量标准

1. GW16 型隔离开关本体分解

（1）断开电动操动机构箱内电动机启动电源、加热器电源和有关电气连锁回路电源，断开继电保护回路和电压回路电源。

（2）采用专用作业车或梯子将每相连接导线用绳捆好，绳的另一端固定在基座上，拧下接线夹连接螺栓，将连接导线缓慢放下。

（3）拆除刀闸机构上部调角联轴器（或抱夹）的连接螺栓，使刀闸机构主轴与垂直传动杆脱离。

（4）拆除刀闸垂直传动杆上部连接套的定位螺栓（或抽出万向接头上的圆柱销），取下垂直传动杆。

（5）拆除垂直转动杆、主动拐臂、被动拐臂与三相水平传动杆的连接螺栓轴，取下水平传动杆。

（6）松开垂直传动杆主动拐臂上的 2 个定位螺栓，取下主动拐臂，取下圆头键。

（7）松开两边相轴下端的 U 形螺栓，取出被动拐臂和月形键。

（8）静触头装配的拆卸。

1）利用专用登高作业车，用牵引绳绑紧静触头装配，将绳翻过母线，由地面人员稍微拉紧。

2）拆除连接导线上接线板与母线接线夹相连的各 4 个螺栓，将静触头装配拆下缓慢吊下，放在检修平台上。

3）拆下的静触头装配应分相做好标记和记录。

（9）静触头装配的拆卸安全注意事项。

1）麻绳应无散股、断股，捆绑牢固。

2）放置静触头的地面应铺草垫和塑料布，吊下后的静触头分相作标记；同时在整个检修过程中，应注意保护电气接触面。

（10）主刀闸的拆卸。

1）用 10 号铁丝将处于分闸位置的导电折架动触头端分别绑扎 3～4 圈。GW16–252 型隔离开关主刀闸吊装如图 ZY1400701005-7 所示。

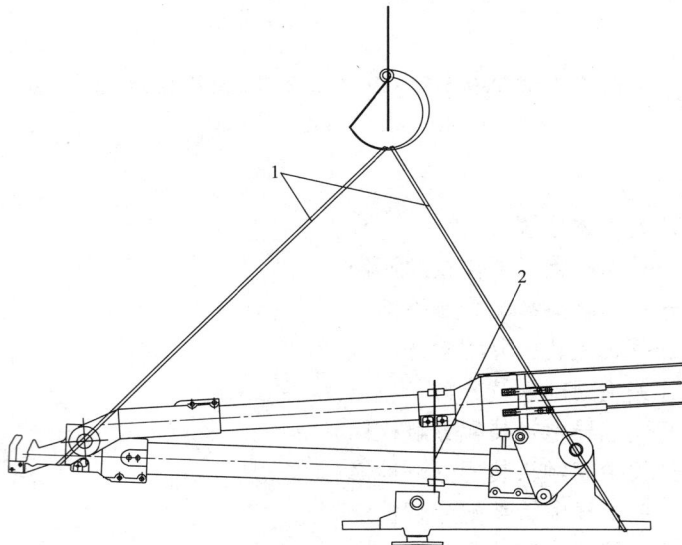

图 ZY1400701005-7　GW16–252 型隔离开关主刀闸吊装

1—吊装绳索；2—绑扎铁丝

2）在传动装置底板的四角挂好吊装绳，并用起吊钩将吊装绳拉紧，使吊装绳稍微受力，检查主刀闸重心是否基本保持平衡。在操作绝缘子和支柱绝缘子间用木方支撑后，以绳索捆绑，以防碰撞。

3）拆除传动装置底部法兰和支柱绝缘子连接的螺栓及与操作绝缘子相连接的螺栓，将主刀闸系统用起吊装置吊下，起吊时应拉紧牵引绳，以免碰撞损伤绝缘子。

4）将主刀闸系统固定在检修专用平台的传动装置固定座上，平台不小于 1.8m×1.8m，其固定方式必须与实际安装方式一致，待固定牢固后，方能剪断绑扎铁丝。使隔离开关慢慢释放至合闸位置后，打开下导电杆外壁平衡弹簧调整窗盖板，将下导电杆内平衡弹簧完全放松。释放过程中应注意控制导电杆释放速度，防止击伤作业人员。

（11）绝缘子的拆卸。

1）在上节操作绝缘子第三裙上固定好吊装绳，用起吊工具将起吊绳稍微受力，解开与支柱绝缘子之间的保护绳，取出木方，拧下操作绝缘子与底座装配相连的 4 个螺栓，将操作绝缘子缓缓吊至地面，平放于事先准备好的枕木上（吊下时应防止碰撞）。

2）在上节支柱绝缘子第三裙上固定好吊装绳且稍微受力，拆除支柱绝缘子与底座装配相连的 4 个螺栓，将支柱绝缘子缓缓吊至地面，平放在事先准备好的枕木上。

（12）底座装配的拆卸。

1）在底座装配的四角挂好吊装绳，并用起吊钩将吊装绳拉紧，使吊装绳稍微受力，检查底座装配重心是否基本保持平衡。

2）拧下底座装配与基础槽钢相连的紧固螺栓，将底座装配吊至检修平台上。GW16–252 型隔离开关底座装配的吊装如图 ZY1400701005-8 所示。

2. GW16 型隔离开关支柱绝缘子检查及探伤

参见 GW4 型隔离开关本体检修中支柱绝缘子检查及探伤内容（模块 ZY1400701001）。

3. GW16 型隔离开关静触头装配分解检修

（1）GW16 型隔离开关静触头装配分解。

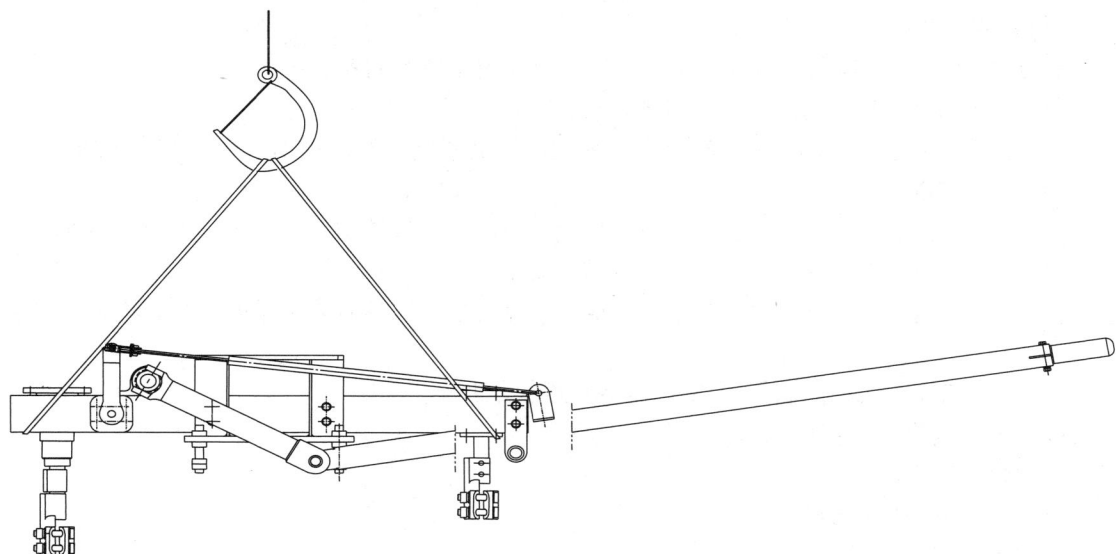

图 ZY1400701005-8　GW16–252 型隔离开关底座装配的吊装

1）分解前应检查静触头装配各导电接触部分是否有过热、烧伤痕迹，钢芯铝绞线是否有散股、断股现象，接线板是否有开裂、变形，并做好记录，确定需更换的零部件。

2）分别松开静触头杆两端夹块的 4 个紧固螺栓，取下夹块、铜铝过渡套及 2 个夹块。

3）松开母线夹装配与导电板相连的 4 个螺栓，取下母线夹。分别松开导电板两端的 4 个螺栓，取下上夹板和下夹板及钢芯铝绞线（注意在此之前应将钢芯铝绞线环的两端头用铁丝绑扎紧，以防散股）。

4）分解静触头装配时，要注意勿损伤导电接触面；导电接触面要有防护措施。

（2）GW16 型隔离开关静触头装配检修工艺要求。

1）将所有零部件用清洗剂清洗并用布擦净。

2）检查连接导线。有断股应更换，如变形应校正，用 00 号砂布清除连接导线导电接触处表面的氧化层。

3）检查母线接线夹、静触头接线夹上导电接触面。如有轻微烧伤，可用扁锉修整，如烧伤严重应更换。

4）用 00 号砂纸打磨所有非镀银导电接触面，将钢芯铝绞线与夹块、夹板的接触部分用钢丝刷和清洗剂清洗，除去污垢。

5）检查静触头装配导电杆接触处。如有轻微烧伤，可用扁锉修整，如严重过热使静触头表面异常应更换，静触头导电杆轻微变形应校正。

6）检查静触头接线夹是否过热。如接线夹严重过热使表面异常应更换，导电接触面如有轻微烧伤，可用扁锉修整。

7）检查铜铝过渡片及两导电接触面。如有轻微氧化，用 00 号砂布清除，如严重氧化应更换。

（3）GW16 型隔离开关静触头装配检修质量标准。

1）静触头杆平直，镀银层良好夹块无开裂，铜铝过渡套无损伤、变形，铝绞线无散股、断股，接触面清洁、光亮。

2）导电板平直，镀银层良好，母线夹、夹块无开裂、变形，铝绞线无断股、散股，铜铝过渡套无损伤，接触面清洁、光亮。

3）所有零部件清洁、完好，导电接触面光滑、平整，无严重烧伤和过热现象。

4）各连接部分紧固牢靠，导电接触面接触可靠，导电性能良好，静触杆的烧伤深度≤2mm。

5）静触杆、铜铝过渡片与接线夹的端面整齐，接触可靠，导电性能好。

（4）GW16 型隔离开关静触头装配装复。按分解相反顺序进行装复，并注意以下几点。

1）装复时注意将铜铝过渡套的缺口朝下呈 90°，如静触头杆与动触头接触处的烧损超过规定值装复时可采用将静触头杆转动角度的方法变更接触位置。

2）装配时，勿损伤导电接触面，且连接牢固。

3）更换各锈蚀紧固件。

4）用 100A 回路电阻测试仪测量静触头装配的整体电阻值是否符合要求。

5）如果要更换钢芯铝绞线，按以下步骤进行。

①在切断铝绞线之前，必须用铁丝紧紧绑扎住切口的两侧，并在距第一个绑扎线 120mm 处再扎一次，然后再进行切断。

②导线中的钢芯铝绞线，由于切割而露出截面，应涂保护清漆防锈，并将与夹块、夹板相接触的表面用 00 号砂布擦去氧化层后立即在其表面涂导电脂。

③将钢芯铝绞线放入已处理好的夹块、夹板中，使两个圆均等后方可紧固螺栓，然后可取消扎紧铁丝。

6）装复时，在导电接触面涂导电脂，螺纹孔洞涂黄油。

（5）GW16 型隔离开关静触头装配装复质量标准。

1）各零部件完好，清洁。

2）导电接触面平整，洁净。

3）导电接触面应连接可靠。

4）其接触处烧伤深度不大于 2mm。

5）母线接线夹至静触头导电杆的回路电阻不大于 40μΩ。

6）导线完整，且无松散现象。

7）连接导线接触处表面无氧化层。

8）所有连接件连接可靠。

4. GW16 型隔离开关底座装配分解检修

（1）GW16 型隔离开关底座装配分解。

1）取下机构上方双拐臂装配上的销轴，取出联轴器下部及双四连杆被动拐臂、拉杆、调节杆。

2）用专用工具从联轴器下部拔出垂直传动轴上被动拐臂和圆头键。

3）松开机构箱输出轴顶部螺钉，取下固定端盖。

4）用两爪专用工具将机构输出轴主动拐臂取出，卸下防雨罩。

5）取下垂直传动轴上法兰与垂直传动轴相连的弹性圆柱销，取下法兰、轴和垫片。

6）将三角支架与调节顶杆相连的 3 个螺栓取下，取出三角支架、轴套、弹性圆柱销。

7）将槽钢与上部的弯板以及与角铁相连接的螺栓全部松开，使三者分离。

8）将主动拐臂上螺帽取下，将所有零件分解。

9）将被动拐臂上螺帽取下，将所有零件分解。

（2）GW16 型隔离开关底座装配检修工艺要求。

1）将所有零部件除锈并用清洗剂清洗，将轴套及与其相接触的表面涂二硫化钼锂。如轴套损坏，则予以更换。

2）检查防雨罩有无开裂、变形，必要时应更换。如锈蚀严重应更换，轻微锈蚀用钢丝刷清除，并刷防锈漆。

3）检查轴套、弹性圆柱销有无变形、锈蚀。如轻微锈蚀。可用钢丝刷或 00 号砂布清除。如有轻微磨损，用扁锉修整；磨损严重，应更换。

4）检查三脚支架框架。如外观变形应校正，锈蚀部位用钢丝刷或铲刀清除其锈迹，同时用丝锥套攻其上所有螺纹孔洞，清除铁锈和灰尘后刷防锈漆。

5）检查底座螺孔情况，并用丝锥套攻，清除灰尘和铁锈，孔内涂黄油。

6）检查传动连杆。如轻微变形应校正，连杆端部调节螺纹如锈蚀应用钢丝刷清除，并对传动连杆进行防锈处理；检查活动销转动部分的磨损情况，如磨损严重则应更换。

（3）GW16 型隔离开关底座装配检修质量标准。

1）所有零部件无锈蚀和开裂变形。

2）三脚支架无变形和锈蚀，轴套转动灵活，配合公差小于 0.5mm。

3）转动件无卡涩，轴销孔光滑，销轴转动自如，丝扣内涂二硫化钼锂。

4）轴及轴上键槽无毛刺，光滑，转动灵活。

5）轴承座无锈蚀、无损伤，轴承座配合应紧密，转轴焊缝应无裂纹。

（4）GW16型隔离开关底座装配装复。按分解相反顺序装复，并注意以下几点。

1）检查轴承与轴承座配合是否紧密，轴与轴承间转动是否灵活。

2）检查各种尺寸是否符合要求。

3）所有零部件无锈蚀和开裂变形。

4）各部分尺寸调整好后，紧固所有连接件。

5）更换有锈蚀的连接和固定螺栓。

6）装配正确，双拐臂装配的备帽及连接头转动自如，丝扣扣入深度大于20mm。

7）转动件无卡涩，轴销孔光滑，销轴转动自如，丝扣内涂二硫化钼锂。

8）将组合底座的所有螺栓紧固，清除底座上面的污垢和锈蚀，先刷防锈漆，再刷灰漆。

（5）GW16型隔离开关底座装配装复质量标准。

1）各零件清洁、完整。

2）轴与轴承转动灵活。孔、轴配合间隙不大于0.5mm。

3）各连接螺栓紧固。

4）各连接、固定螺栓无锈蚀。

5）所有连接件连接可靠。

5. GW16型隔离开关主刀闸系统分解

（1）用人力使刀闸合闸，将上导电杆装配下端部的滚子和橡胶波纹管取下，把上导电杆装配与中间接头装配相连的2个夹紧螺栓及定位螺钉放松，用斜铁把缺口楔开，抽出上导电杆装配。斜铁楔缺口时，应防止损伤导电杆。

（2）把下导电杆装配与中间接头装配相连的2个夹紧螺栓和定位螺钉松开，用斜铁把缺口楔开，将中间接头越过合闸位置，旋转一定角度，使齿轮齿条脱离啮合，取下中间接头装配，防止斜铁损伤中间接头和下导电杆。

（3）取出下导电杆装配上的4个定位螺栓，同时用手扶住下导电杆，将接线底座装配与两侧的调节拉杆拆下，慢慢地将下导电杆放倒，把下导电杆下端与转动座相连的2个螺栓及两侧的定位螺钉放松，用斜铁把缺口楔开，取下下导电杆装配。防止斜铁损伤下导电杆和转动座。

（4）取下拉杆装配与接线底座之间的开口销和圆柱销，将拉杆装配和平衡弹簧等从底座上卸下来。

6. GW16型隔离开关上导电管装配分解检修

（1）GW16型隔离开关上导电管装配分解。

1）松开动触头座与上导电管相连的4个螺栓及定位螺钉，用斜铁把缺口楔开，将上导电杆与动触头座分离。

2）用专用工具将操作杆下部的夹紧弹簧固定，打出上部弹性圆柱销，取出夹紧弹簧。

3）打出操作杆下部的圆柱销，使操作杆、接管、复合轴套、防雨罩分离。

（2）GW16型隔离开关上导电管装配检修工艺要求。

1）检查并清洗所有零部件，将所有镀银导电金属接触面用清洗剂洗净。非镀银导电金属接触面用00号砂纸砂光后洗净，再用卫生纸抹干，并立即涂上一层导电脂，将运动摩擦面用清洗剂擦洗干净后涂二硫化钼锂。

2）检查防雨罩有无开裂、变形，必要时应更换。如锈蚀严重应更换，轻微锈蚀用钢丝刷清除，并刷防锈漆。

3）检查所有圆柱销，如生锈和开裂变形，应更换。

4）检查并测量夹紧弹簧，除锈、清洗、刷防锈漆并涂以黄油。

5）检查轴套，用清洗剂清洗并用卫生纸擦净，涂以二硫化钼锂。如果是复合轴套应进行更换。

6）检查动触片烧损情况。如有轻微损伤，可用00号砂纸打磨或采取改变接触位置的方法进行处理。

7）检查引弧角烧损情况。如有严重烧伤，则予以更换。

（3）GW16型隔离开关上导电管装配检修质量标准。

1）各接触点在合闸位置均能可靠接触。

2）引弧角无严重烧伤或断裂情况。

3）导电带完好，无折断等损伤现象。

4）防雨罩防雨性能良好，内部零件无锈蚀。

5）操作杆、复位弹簧等无锈蚀、变形，复位弹簧自由长度为8mm左右。

6）所有零部件干净、无锈蚀和严重变形，动触片无锈蚀、变形、开裂等。

7）夹紧弹簧无锈蚀和严重变形，其自由长度为340mm±5mm。

8）所有圆柱销无生锈、开裂、变形。

9）导电管两端导电接触面应光滑、无氧化，导电管应无变形、过热现象。

10）导电带无损伤和严重过热现象。软铜导电带损坏部分不超过总截面的10%，接触面清洁、平整。

11）动触片导电杆接触处无严重烧损，接触面良好，烧伤深度不大于1mm。

12）杆件无锈蚀，杆件及接叉无锈蚀变形。

（4）GW16型隔离开关上导电管装配装复。按分解相反顺序进行装复，并注意以下几点。

1）注意将动触头座和上导电管的导电接触面用00号砂纸砂光后，清洗干净并立即涂上一层导电脂。

2）装复前，所有转动部分涂上二硫化钼锂，导电接触面涂导电脂。

3）各调节尺寸必须按规定数值进行调整，调整符合要求后紧固所有连接螺栓。

4）更换有锈蚀的连接和固定螺栓。

5）导电接触面连接螺栓应拧紧以保证可靠接触。

6）装复后放置于检修平台上。

7）如动触片需要更换，按以下步骤进行：

① 拆除引弧角和导电带。

② 拆除动触头座上部的橡胶防雨罩，并检查其防雨性能。

③ 将连接复位弹簧的操作杆上部弹性圆柱销用冲子打出，卸下操作杆和复位弹簧并进行检查。

④ 用长冲子将动触座上部的弹性圆柱销打出，用手把动触片、连板、接头及端杆一同拉出。

⑤ 将连板与动触片间的圆柱销打掉，使动触片与连板分离，拆卸过程中，要注意零部件之间的相互位置和方向，以及标准件的规格和长度，以免装复时发生错误。

⑥ 用清洗剂清洗所有零部件，更换弹性圆柱销和动触片，复位弹簧及操作杆刷灰漆、涂二硫化钼锂。

⑦ 换上新动触片，按照拆卸时的逆顺序装复。

（5）GW16型隔离开关上导电管装配装复质量标准。

1）各零件清洁、完整。

2）导电杆接触面烧伤深度不大于1mm。

3）各连接螺栓紧固。

4）各连接、固定螺栓无锈蚀。

5）所有连接件连接可靠。

7. GW16型隔离开关中间触头装配分解检修

（1）GW16型隔离开关中间触头装配分解。

1）取下转动触头装配上的玻璃纤维防雨罩。

2）用专用工具逐个压下转动触头的弹簧，分别取出压片、弹簧、触指，并用清洗剂逐件清洗干净，用卫生纸抹干并涂上导电脂。

3）取下齿轮箱上部的盖板。

4）把连接叉与轴相连的两个弹性圆柱销打出，取下齿轮箱内部的4个弹性挡圈以及轴、键和齿轮。

5）将连接叉与外触块连接的6个不锈钢六角螺栓松开，取下外触块和外过渡板，然后将内触块上的6个不锈钢六角螺栓松开，取下内触块及内过渡板。

6）松开齿条支轴两端的螺栓及挡板，打出支轴取出轴套。

（2）GW16 型隔离开关中间触头装配检修工艺要求。

1）检查连接叉、齿轮箱的损伤和开裂变形情况。如有开裂及严重变形，应予更换。

2）检查连接叉、齿轮箱有无锈蚀。如有锈蚀，用 00 号砂布进行处理。

3）检查防雨罩有无开裂、变形，必要时应更换；如锈蚀严重应更换，轻微锈蚀用钢丝刷清除，并刷防锈漆。

4）检查并用清洗剂清洗轴、键、齿轮、弹性挡圈、弹性圆柱销和绝缘垫，如有裂纹应更换。用扁锉清除轴及轴上键槽毛刺。修理时，不能损坏配合表面和精度，如平键磨损严重应更换，用 00 号砂布清除锈蚀。

5）用 400 号～600 号砂布将铜铝双金属过渡板、触块、触指和铸件接触面砂光，用清洗剂清洗干净，并抹干，涂上导电脂，立即按拆卸时的逆顺序进行装复，拧紧六角螺钉，注意绝缘垫应在弹性挡圈和齿轮箱之间。

6）检查支轴半圆面及轴套的磨损及变形情况，用清洗剂清洗所有零部件，并抹干，将支轴与轴套的接触面涂以二硫化钼锂。

（3）GW16 型隔离开关中间触头装配检修质量标准。

1）连接叉铸件无开裂及严重损伤。

2）防雨罩无开裂。

3）转动触头弹簧无开裂变形，触指表面镀银层良好、光亮，压块无开裂损坏。

4）轴无变形，弹性圆柱销无锈蚀和开裂，弹性挡圈弹力适中、无损伤，齿轮无锈蚀，丝扣完整，无严重磨损。

5）螺栓齐全、规格正确，丝扣完整，触块无严重磨损，双金属过渡板无明显电腐蚀和机械磨损。

6）各零部件完好、洁净。

7）支轴半圆面及复合轴套接触面光滑、轴套完好。

8）更换复合轴套。

（4）GW16 型隔离开关中间触头装配装复。按分解相反顺序进行装复，并注意以下几点：

1）装复前，在转动部位涂二硫化钼锂，导电接触面涂导电脂。

2）测量中间接头装配两铸件端面的回路电阻，回路电阻值小于 $12\mu\Omega$。

3）更换有锈蚀的连接和固定螺栓。

4）导电接触面连接螺栓应拧紧以保证可靠接触。

（5）GW16 型隔离开关中间触头装配装复质量标准。

1）各零件清洁、完整。

2）导电杆接触面烧伤深度不大于 1mm。

3）各连接螺栓紧固。

4）各连接、固定螺栓无锈蚀。

5）所有连接件连接可靠。

8. GW16 型隔离开关下导电管装配分解检修

（1）GW16 型隔离开关下导电管装配分解。

1）将拉杆装配上的调节螺母从齿条侧旋出，取出平衡弹簧等零件，并将导向轮和连板分解。

2）打出齿条与拉杆之间的弹性圆柱销。

（2）GW16 型隔离开关下导电管装配检修工艺要求。

1）检查平衡弹簧的疲劳、锈蚀及损坏情况。测量其自由长度，脱漆部分重新刷防锈漆，涂二硫化钼锂。

2）检查蝶形垫片有无开裂变形情况。用清洗剂清洗、抹干。

3）检查弹性圆柱销。如开裂、变形、生锈应更换。

4）检查齿条损坏情况。如缺齿、断齿应予以更换。

5）检查拉杆的生锈及变形情况。除锈并刷防锈漆。

6）检查导向轮的磨损及变形情况。如开裂或严重损坏应予更换。

（3）GW16 型隔离开关下导电管装配检修质量标准。

1）平衡弹簧无锈蚀，自由长度符合厂家要求，长度为 2×480mm。

2）碟形弹簧性能良好，无开裂、变形。

3）圆柱销无开裂、变形、生锈。

4）齿条平直，无变形、断齿等。

5）拉杆无生锈，变形。

6）滚轮无开裂及严重变形。

7）导电管两端导电接触面应光滑、无氧化，导电管应无变形、过热现象。

（4）GW16 型隔离开关下导电管装配装复。按分解相反顺序进行装复，并注意以下几点：

1）注意将上导电管的导电接触面用 00 号砂纸砂光后，清洗干净并立即涂上一层导电脂。

2）装复前，所有转动部分涂上二硫化钼锂，导电接触面涂导电脂。

3）装复前，应将调节螺母等零部件用清洗剂清洗干净，并应注意蝶形垫片的装配方向，拉杆涂二硫化钼锂。

4）各调节尺寸必须按规定数值进行调整。

5）检查全部尺寸，调整符合要求后紧固所有连接螺栓。

6）更换有锈蚀的连接和固定螺栓。

7）导电接触面连接螺栓应拧紧以保证可靠接触。

8）装复后放置于检修平台上。

（5）GW16 型隔离开关下导电管装配装复质量标准。

1）各零件清洁、完整。

2）导电杆接触面烧伤深度不大于 1mm。

3）各连接螺栓紧固。

4）各连接、固定螺栓无锈蚀。

5）所有连接件连接可靠。

6）装配正确，零部件干净整洁。

9. GW16 型隔离开关接线底座装配分解检修

（1）GW16 型隔离开关接线底座装配分解。

1）拆除调节拉杆连接的圆柱销，取下调节拉杆。

2）拆除调节拉杆接头的防松螺母，拧下接头。拆卸前，记录好拉杆有效工作尺寸。

3）取下接线底座与转动座相连的转动触头装配的防雨罩。

4）用专用工具逐个压下转动触头上的弹簧，分别取出压片、压紧弹簧、触指。

5）松开主轴后面紧固螺钉，拧下紧固螺套，用手托住转动座，取出主轴，同时抽出转动座。

6）拆除过渡板两面固定螺钉，取下 2 块过渡板。

7）取下齿轮箱上部的盖板，打掉拐臂两侧的弹性圆柱销，取下两端拐臂。

8）拆除伞齿轮轴和小伞齿轮上的弹性圆柱销，取下轴和小伞齿轮及其两端的复合轴套。

9）拆除大伞齿轮下部的弹性圆柱销，取下大伞齿轮和法兰以及复合轴套。

10）松开接线底座上接线板的紧固螺栓，取下接线板。

（2）GW16 型隔离开关接线底座装配检修工艺要求。

1）所拆下零件用清洗剂清洗干净并用布擦净。

2）检查调节拉杆的反顺接头以及并紧螺母的螺纹是否完好，旋动是否灵活，轴孔是否光洁，可用扁锉和 00 号砂布进行修整。

3）检查防雨罩有无开裂、变形，必要时应更换。如锈蚀严重应更换，轻微锈蚀用钢丝刷清除，并刷防锈漆。

4）检查压片、压紧弹簧、触指应无变形、生锈，触指镀银层良好、光洁，压片无开裂、折断，如表面有锈蚀，应用00号砂布进行处理，存在严重损伤更换。触指镀银层有严重磨损时应进行更换，压片开裂、折断必须更换。

5）检查主轴和转动座有无锈蚀、损坏，转动是否灵活。如表面有锈蚀，应用00号砂布进行处理，存在严重损伤应更换。

6）检查过渡板无锈蚀、损坏。如表面有锈蚀，应用00号砂布进行处理，存在严重损伤应更换。

7）检查拐臂、弹性圆柱销无锈蚀、损坏。如表面有锈蚀，应用00号砂布进行处理。

8）检查伞齿轮轴和小伞齿轮轴有无变形、锈蚀、断裂。如有锈蚀，应用00号砂布进行处理，存在严重损伤、断裂应更换。

9）检查衬套。用00号砂布清除衬套表面的氧化层，如果是复合衬套应更换。存在严重损伤、断裂应更换。

10）检查接线板无锈蚀、损坏。如表面有锈蚀，应用00号砂布进行处理，存在严重损伤应更换。

11）检查轴承有无损坏，转动是否灵活；检查轴承内径与轴承座的公差配合。

12）检查主轴承座装配、轴承座、轴、轴套及定位环。如有裂纹更换。用扁锉清除轴及轴上键槽毛刺。修理轴承时，不能损坏配合表面和精度，如平键磨损严重应更换，用00号砂布清除轴承座中心内孔及轴套内的锈蚀。

13）检查底座装配。用扁锉、钢丝刷清除其上的锈蚀，发现裂纹应更换，用丝锥套攻底座上各螺孔后，在孔内涂满黄油，底座外表面清除铁锈和灰尘后刷防锈漆。

14）检查传动臂及轴套。用00号砂布清除轴套内孔表面锈蚀。

15）检查转动盘焊装。如轻微锈蚀，用00号砂布进行处理，用扁锉修整键槽上的毛刺。

16）检查机械闭锁板及转轴。如轻微变形应校正，用00号砂布清除机械闭锁板及转轴上的锈蚀。

（3）GW16型隔离开关接线底座装配检修质量标准。

1）轴承应完整，转动应灵活，轴承及轴承座工作面无锈蚀。

2）转动盘焊接完好，无锈蚀，键槽无毛刺。

3）底座无裂纹，无锈蚀，孔内无杂物。

4）传动臂轴套内孔表面无锈蚀。

5）防雨罩完好、无锈蚀。装复时应将其排水孔朝下。

6）机械闭锁板及转轴完好、无锈蚀。

7）轴与轴套接触面涂二硫化钼锂。

8）齿轮上涂抹二硫化钼锂。

9）过渡接触面光洁，缺口位置及方向的必须正确，并测量其导电回路电阻值。

10）所有导电接触面应涂导电脂。

（4）GW16型隔离开关接线底座装配装复。按分解相反顺序进行装复，装复时应注意以下几点：

1）检查轴承座及机械闭锁板装配上轴与轴套配合间隙是否符合要求，转动是否灵活。

2）检查所有传动杆件上轴孔与轴销配合间隙是否符合要求。

3）轴承内应涂-40℃的二硫化钼锂，涂的量应以轴承内腔的2/3为宜。

4）更换所有锈蚀严重的紧固件及复合轴套。

5）装复后，转动轴承座应灵活，有无卡涩，拧紧所有紧固件。

6）调试合格后，所有金属表面除锈刷漆。

7）所有连接件连接可靠。

（5）GW16型隔离开关接线底座装配装复质量标准。

1）各零件清洁、完整。

2）轴与轴承转动灵活。孔、轴配合间隙不大于0.2mm。

3）各连接螺栓紧固。

4）各连接、固定螺栓无锈蚀。

5）所有连接件连接可靠。

10. GW16 型隔离开关主刀闸系统组装

（1）按分解相反顺序装复，并注意以下几点：

1）将接线底座固定在专用检修平台上。

2）将转动座的内孔用 00 号砂纸砂光，用清洗剂清洗干净，立即涂上导电脂。

3）将下导电杆拉杆装配等，按原拆卸时的逆顺序装复在接线底座上，注意蝶形垫片呈 <><>型装配以及齿条的齿面朝上导电杆分闸弯折方向。

4）将下导电管的插入部分用 00 号砂纸砂光，用清洗剂清洗后，立即涂上导电脂，用专用工具楔开转动座的开口，将下导电管插入，紧固好夹紧螺栓，注意导电管上下不能颠倒，下部定位孔的位置相互对准转动座的顶丝孔，旋进定位螺钉，弹簧暂不预压。

5）调节转动座两侧拉杆，使下导电管摆在垂直位置。扶住导电管，此时两个调节拉杆应等长，旋转拉杆装配上的固定套，使其 4 个螺孔对准下导电管上部的 4 个孔，并拧紧 4 个螺栓，但管内弹簧暂不预压。中间接头的连接接触面用 00 号砂纸砂光，用清洗剂清洗干净并立即涂导电脂。

6）将中间接头的连接叉越过合闸位置一定角度，把中间接头的齿轮箱装入下导电杆上部，此时将连接叉向分闸方向转动（约 45°），边转动边把齿轮箱插入下导电管上部，齿轮箱的定位螺孔应对准导电管的上定位孔，同时观察连接叉的圆柱部分是否与下导电管基本上在一条直线上（为铅垂方向一条直线）。如果差别不大，可稍微上下移动齿轮箱，如果差别大，则应退出齿轮箱重新挂齿。如果导电管的定位孔已经对准齿轮箱的定位螺孔，而差别仍然很大，则松动下导电杆的下紧固螺栓，并将下导电管旋转约 20°后拧紧下导电管的下紧固螺栓，重新安装中间接头部分。使之达到垂直要求，然后拧紧紧固螺栓。重新配钻定位孔。

7）拧紧下导电管上的上、下定位螺钉。

8）将连接叉上部与上导电管的下部的接触部分用 00 号砂纸砂光，用清洗剂清洗干净，用卫生纸抹干，并立即涂上导电脂。

9）将上导电杆装配装入连接叉，使导电管的孔对准定位后，紧固夹紧螺栓和定位螺钉。

10）使导电系统处于分闸位置，装复橡胶防雨罩和滚轮，滚轮上涂二硫化钼锂。

11）慢慢抬起导电系统使其处于合闸位置检查：

① 上下导电杆是否基本成一直线。

② 用一根 $\phi40mm\pm0.2mm$ 的铜管（或铜棒）夹在动触片之间，在合闸终了时，检查每一动触片能否夹紧该圆管（棒）。如果其中某一片夹不紧铜管，则应重新把上导电管取下进行分解和处理，如果四片都夹不紧铜管，应测量滚轮中心的直线行程，按要求，从动触片开始夹紧到最后夹紧铜管，滚轮中心的直线行程为 3～5mm，所达不到的行程由增加上导电管插入连接叉或动触头座中的深度来增加，此时上导电管最好旋转约 20°并重新配钻定位孔，如果滚轮中心的直线行程大于 5mm，则应由拔出上导电管来达到要求。

③ 测量从下接线端到静触头杆之间的回路电阻。

12）调节平衡弹簧压力，并测量分、合闸的操作力矩，同时比较两者之差值如果达不到质量标准要求，则可能是：

① 弹簧与导电管内壁严重摩擦。此时应重新放松、摆正和调节平衡弹簧。

② 弹簧已经失效，应予以更换。

13）拧紧平衡弹簧上部固定套的 4 个螺栓，注意将长的定位螺栓装在窗口处，装上下导电杆管壁上的窗口盖板，并涂上密封胶。

14）检查所有螺栓是否紧固，将主刀闸分闸，并把上下导电杆捆绑在一起，等待吊装。

（2）GW16 型隔离开关主刀闸系统组装质量标准。

1）固定螺栓紧固良好。

2）转动座内孔光滑无杂质。

3）齿条完好、弹簧无永久变形，齿条装设方向正确。

4）下导电管的导电接触面光滑，下导电管插入位置正确、适度。

5）下导电杆垂直，两个连杆等长，下导电管上部和齿轮箱内孔清洁、光滑无杂质并涂导电脂。

6）齿轮箱定位螺孔对准下导电管定位孔，连接叉圆柱部分与下导电管呈一直线，重新配钻定位孔时须将导电管旋转约 20°。

7）下导电管上的上、下定位螺钉紧固可靠。

8）连接叉上部与上导电管的下部的导电接触部分清洁、光滑无毛刺，并涂导电脂。

9）上导电管插入位置正确，定位和夹紧螺栓紧固可靠。

10）上下导电杆成一直线。

11）动触片各触点牢靠接触铜管（铜棒）接线底座装配上两侧的调节拉杆应等长且应在死点位置，限位螺栓应与其保持 1～2mm 的间隙。

12）回路电阻小于 100μΩ。

13）分合闸最大操作力矩不大于 250N·m，其差值不大于 50N·m。

14）所有零部件无锈蚀和开裂变形。

15）各部分尺寸调整好后，紧固所有连接件。

16）更换有锈蚀的连接和固定螺栓。

17）转动件无卡涩，轴销孔光滑，销轴转动自如，丝扣内涂二硫化钼锂。

11. GW16 型隔离开关各部分连接

（1）按分解相反顺序进行单相隔离开关组装。

（2）主刀闸静触头装配的安装。

1）安装时，应考虑安装地点的气候条件（风力、温度、霜冻）确定静触头的位置。

2）将组装好的静触头装配抬至母线下面。

3）在母线上测量安装点的位置，使之对准安装基础的中心线。

4）将母线安装点用钢丝刷清除氧化层，用清洗剂清洗干净后涂上导电脂。

5）将静触头装配吊起，装好接线夹，紧固安装螺栓。

6）观察安装好的静触头杆，应与母线呈 90°，同时保持水平。

（3）主刀闸静触头装配的安装质量标准。

1）母线安装部位及母线接线夹导电接触面板无氧化，无损伤，清洁。

2）在各种环境下，应满足接触区范围规定的要求。

3）安装好的静触头杆，在无风的条件下，当触头进入初期，动静触头中心偏差不大于 5mm。

4）在外温 15～20℃时，静触头杆在合闸位置时离动触头端面（防雨罩）距离为 50mm±10mm。

（4）底座及操作、支柱绝缘子的安装。

1）将组装好的底座装配分相吊于基础槽钢上，核实三相水平后固定好地脚螺栓。

2）将支持绝缘子擦净，用螺栓将上、下绝缘子连接，组合好。

3）将旋转绝缘子擦净，用螺栓将上、下绝缘子连接，组合好。

4）将组装好的上、下节支柱绝缘子分相吊装于底座的支柱绝缘子法兰盘上，用垫片调节绝缘子垂直度，使其中心线处于铅垂位置。

5）分别将组装好的上、下节操作绝缘子分相吊装于操作绝缘子法兰盘上，紧固连接螺栓，同时用木方隔离支柱与操作绝缘子，并用绳子捆牢，以防操作绝缘子发生倾倒与支柱绝缘子发生碰撞，然后拆下起吊绳。GW16-252 型隔离开关绝缘子的安装如图 ZY1400701005-9 所示。

（5）底座及操作、支柱绝缘子的安装质量标准。

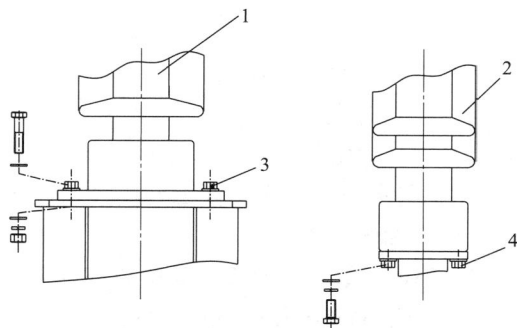

图 ZY1400701005-9　GW16-252 型
隔离开关绝缘子的安装

1—支持绝缘子；2—旋转绝缘子；
3—M16×65 六角螺栓；4—M16×35 六角螺栓

1）起吊应首先检查吊具是否符合要求，捆绑牢固。

2）绝缘子铅垂线偏差不超过 6mm，瓷套干净，连接牢固。

3）操作及支柱绝缘子安装垂直，与底座连接盘连接牢固且受力均匀。

（6）主刀闸的安装与调整。

1）分别将组装好的主刀闸系统和传动装置吊至三相支柱绝缘子的上法兰盘上（吊装前，主刀闸系统应捆绑好），用水平仪测试水平。

2）将接线底座与支持绝缘子用螺栓连接并紧固。

3）在旋转绝缘子法兰与主刀闸接线座法兰之间置橡皮垫，根据实际情况，调整旋转绝缘子高度，然后固定与旋转绝缘子相连的螺栓。

4）用手轻压动触头座，以便把转动座两边的调节拉杆拉出，再用一只手把住旋转绝缘子的伞裙并旋转，如旋转自如即可，否则需拧动旋转绝缘子下面的调整顶杆，使之达到要求，随后将调整顶杆的锁紧螺母拧紧，这时可把捆绑主刀闸的铁丝剪断。

5）托起中间接头部分，用手力使主刀闸缓慢合闸，观察主刀闸是否垂直或水平，否则可用垫片在组合底座下进行调整。

6）检查动、静触头相对位置，将主刀闸多次慢分、慢合，不要让动静触头夹紧，以进行观察和调整，直到符合要求时为止。GW16–252 型隔离开关主刀闸与绝缘子的连接如图 ZY1400701005-10 所示。

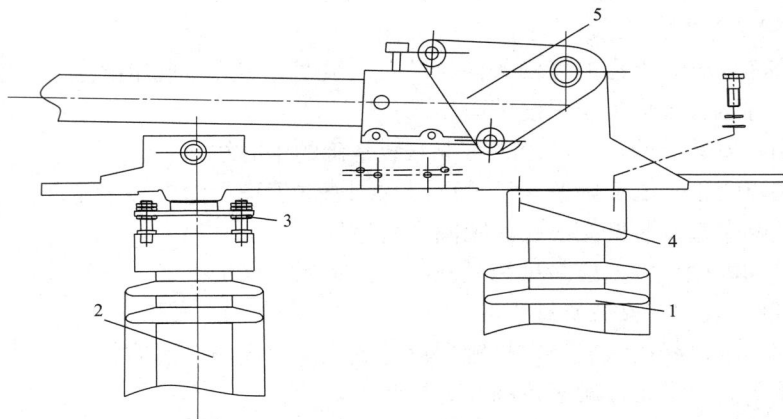

图 ZY1400701005-10　GW16–252 型隔离开关主刀闸与绝缘子的连接

1—支持绝缘子；2—旋转绝缘子；3—M16 六角薄螺母；4—M16×60 六角螺栓；5—主刀闸

（7）主刀闸的安装与调整质量标准。

1）吊具安全可靠，捆绑牢固。

2）紧固牢靠，转动灵活。

3）旋转瓷套转动灵活。

4）合闸时主刀闸垂直。

5）动、静触头中心偏差不大于 5mm，动触杆与动触座防雨罩上端面距离为 50mm±10mm。

（8）用水平拉杆将本体三相连接好（防松螺母不用紧固，便于整体调试）。

【思考与练习】

1. GW16 型隔离开关主要由哪些部分组成？

2. 简述 GW16 型隔离开关本体检修步骤。

3. 简述 GW16 型隔离开关静触头装配检修步骤。

4. GW16 型隔离开关底座装配检修质量标准是什么？

5. 简述 GW16 型隔离开关主刀闸的安装与调整方法。

模块 6　GW17（21）型隔离开关本体检修（ZY1400701006）

【模块描述】本模块包含 GW17（21）型隔离开关本体检修的作业流程及工艺要求。通过知识要点的归纳讲解、图例展示、操作技能训练，掌握 GW17（21）型隔离开关本体的基本结构、修前准备、危险点预控、作业步骤、工艺要求及质量标准等操作技能。

【正文】

一、GW17（21）型隔离开关的结构

GW17（21）-252 型隔离开关由三个单相组成，相间用水平传动杆连接。每组隔离开关配一台 CJ11 电动操动机构，正常工作时采用电动机操动，检修、调试及事故状态时可采用操作手柄进行手动操作，同时，每相隔离开关可配 1 台或 2 台接地刀闸和 1 台或 2 台 CS17 手力操动机构，接地刀闸的分、合闸只能采用手力操动机构操作。隔离开关由静触头装配、主刀闸装配、转动绝缘子及支持绝缘子、组合底座装配、传动系统以及 CJ11 电动操动机构组成。隔离开关主刀闸装配包括上导电杆装配、中间接头装配、下导电杆装配和接线底座装配。GW17-252 型隔离开关及 GW21-252 型隔离开关因制造厂家不同而叫法不同，其结构基本相同。GW17-252 型隔离开关主刀闸的结构如图 ZY1400701006-1 所示。

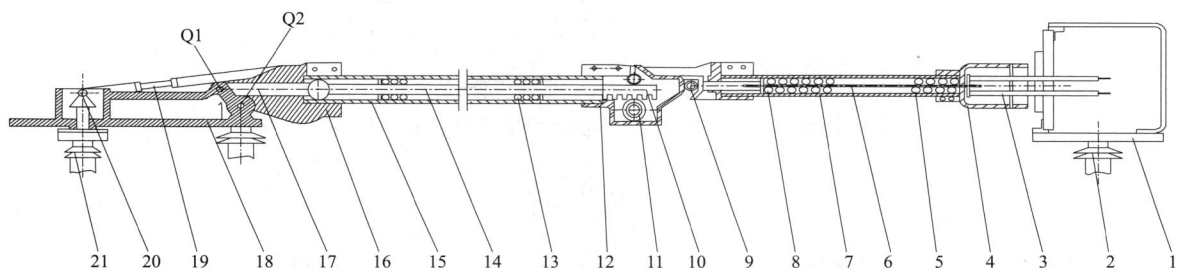

图 ZY1400701006-1　GW17-252 型隔离开关主刀闸的结构

1—静触头装配；2—支持绝缘子；3—动触片；4—动触头座；5—复位弹簧；6—顶杆；7—上导电管；

8—夹紧弹簧；9—滚轮；10—齿条；11—齿轮；12—齿轮箱；13—平衡弹簧；14—操作杆；15—下导电管；

16—转动座；17—丝杆装配；18—底座；19—平面双四连杆；20—相啮合的伞齿轮；21—旋转绝缘子

1. 静触头

GW17-252 型隔离开关静触头，它有由镀银层的紫铜静触头杆、铝制支架等组成。GW17-252 型隔离开关静触头装配如图 ZY1400701006-2 所示。

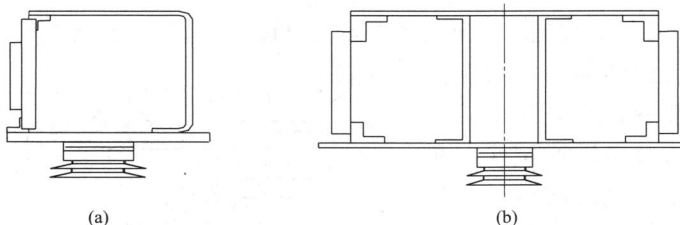

图 ZY1400701006-2　GW17-252 型隔离开关静触头装配

（a）单静触头装配；（b）双静触头装配

2. 上导电杆装配

GW17（21）-252 型隔离开关上导电杆装配由动触片、动触头座、复位弹簧、顶杆、导电管、夹紧弹簧等组成。动触头座用来支撑动触片和操作杆等，复位弹簧、夹紧弹簧、接管均与操作杆相连接。当隔离开关接近合闸时，滚子开始进入齿轮箱斜面，并沿着斜面向上运动，由于滚轮与接管连为一体，从而接管也向前运动。夹紧弹簧进一步被压缩（该弹簧预压力 1470N），推动操作杆向前运动使动触座内两连板夹角张开，从而使动触片向内平行夹紧静触头杆而合闸。当隔离开关分闸时，滚轮沿斜面向外运动，直到脱离斜面，这时操作杆在复位弹簧力的作用下向后运动，使动触片张开，脱离静触头杆而分闸。GW17（21）–252 型隔离开关上导电杆装配如图 ZY1400701006-3 所示。

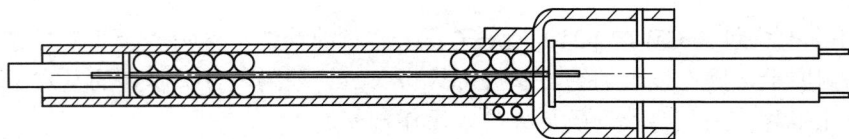

图 ZY1400701006-3　GW17（21）–252 型隔离开关上导电杆装配

3. 隔离开关合闸位置

（1）GW17（21）–252 型隔离开关合闸位置（单触头）如图 ZY1400701006-4 所示。

（2）GW17（21）–252 型隔离开关合闸位置（双触头）如图 ZY1400701006-5 所示。

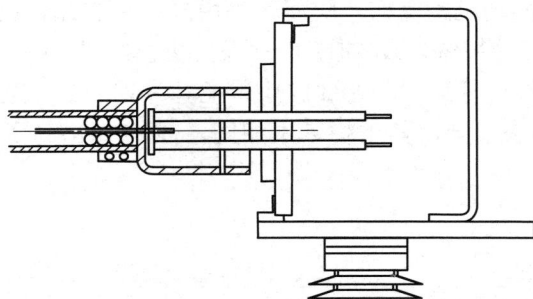

图 ZY1400701006-4　GW17（21）–252 型隔离开关合闸位置（单触头）

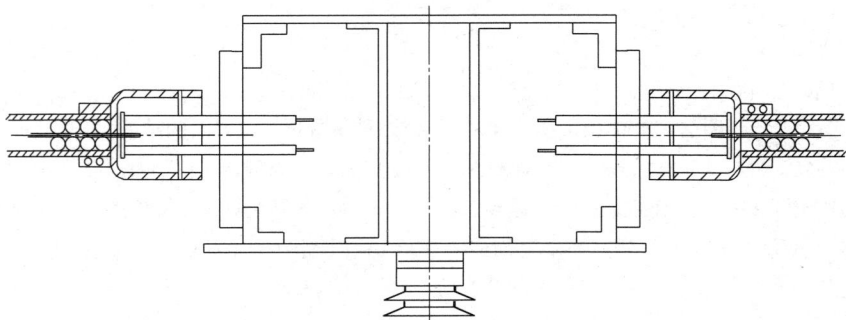

图 ZY1400701006-5　GW17（21）–252 型隔离开关合闸位置（双触头）

4. 中间接头装配

中间接头装配由齿轮箱、齿轮、滚轮等组成。中间接头起上、下导电杆的连接作用，并使上导电杆随下导电杆的转动而转动。齿轮箱内有一支轴托住齿条，能保证齿条与齿轮的可靠传动。齿轮通过转轴带动连接叉，从而带动上导电杆作往复运动。转动触头的每一个触指都由一个弹簧压紧，使之保持良好的电接触，并且被密封在防雨罩中。GW17（21）–252 型隔离开关中间接头装配如图 ZY1400701006-6 所示。

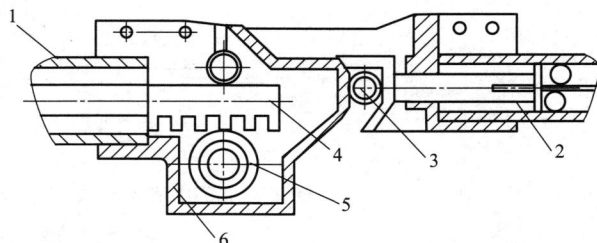

图 ZY1400701006-6　GW17（21）–252 型隔离开关中间接头装配

1—上导电杆；2—下导电杆；3—滚轮；4—齿条；5—齿轮；6—齿轮箱

5. 下导电杆装配

下导电杆装配由平衡弹簧、操作杆、导电管等组成。其中操作杆上的齿条与齿轮箱中的齿轮始终相啮合，且随着下导电管运动。但因齿条和拉杆相连而与下导电管的转动中心不同，如图 ZY1400701006-1 所示（前者为 Q1，后者为 Q2），当下导电杆处在不同的角度时，齿轮侧的啮合点到 Q1 的距离始终不变，而齿条侧的啮合点到 Q2 的距离不断改变，这样就迫使齿轮绕着自身的中心旋转。

而上导电杆通过中间接头与齿轮中心轴相连为一个整体,这就带动上导电杆随下导电杆的转动而转动。管内的平衡弹簧是起平衡主刀闸的重力而协助外力进行分、合闸操作的。当隔离开关合闸时,它把吸收的能量释放出来,推动运动部分向上运动,这样就大大降低了操作力。调整螺母是用来调节平衡弹簧压缩量的,使隔离开关合闸与分闸的最大操作力矩接近。GW17(21)-252 型隔离开关下导电杆装配如图 ZY1400701006-7 所示。

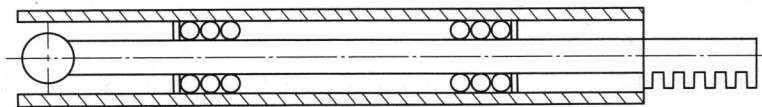

图 ZY1400701006-7　GW17(21)-252 型隔离开关下导电杆装配

6. 接线底座装配

接线底座装配由转动座、丝杆装配、底座、平面双四连杆、相啮合的伞齿轮等组成。GW17-252 型隔离开关接线底座装配如图 ZY1400701006-8 所示。

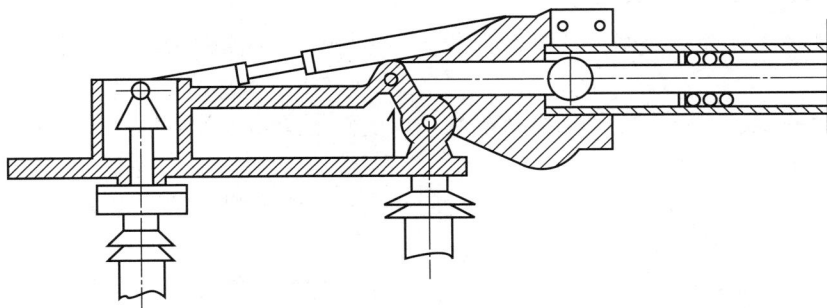

图 ZY1400701006-8　GW17-252 型隔离开关接线底座装配

7. 底座

底座分不接地与接地两种,不接地底座仅由槽钢、弯板、连接旋转绝缘子的法兰和传动轴等组成,接地底座除这些部件外,还有接地刀闸支座。接地刀闸支座由门型支架、转轴焊装、夹头、支持板等组成。GW17(21)-252 型隔离开关底座装配如图 ZY1400701006-9 所示。

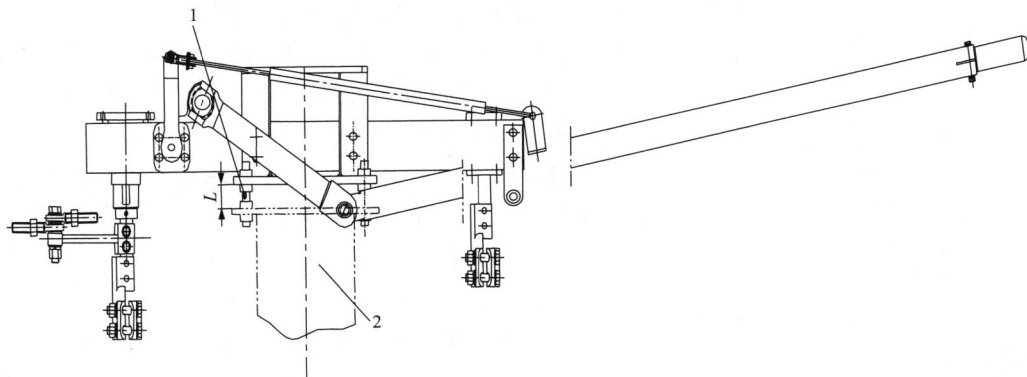

图 ZY1400701006-9　GW17(21)-252 型隔离开关底座装配

1—螺杆(M20 全螺纹);2—基础

二、作业内容

(1)GW17 型隔离开关本体分解。

(2)GW17 型隔离开关支柱绝缘子检查及探伤。

(3)GW17 型隔离开关静触头装配分解检修。

(4)GW17 型隔离开关底座装配及分解检修。

(5)GW17 型隔离开关主刀闸系统分解。

模块
6

ZY1400701006

（6）GW17 型隔离开关上导电管装配分解检修。

（7）GW17 型隔离开关中间触头装配分解检修。

（8）GW17 型隔离开关下导电管装配分解检修。

（9）GW17 型隔离开关接线底座装配分解检修。

（10）GW17 型隔离开关主刀闸系统组装。

（11）GW17 型隔离开关各部分连接。

三、作业中危险点分析及控制措施

参见 GW6 型隔离开关本体检修作业危险点分析及控制措施（模块 ZY1400701003）。

四、GW17 型隔离开关检修作业前的准备

参见 GW6 型隔离开关本体检修前的准备（模块 ZY1400701003）。

五、GW17 型隔离开关检修作业前检查项目及检查标准

参见 GW6 型隔离开关本体检修前检查项目及检查标准（模块 ZY1400701003）。

六、GW17 型隔离开关检修作业步骤、工艺要求及质量标准

1. GW17 型隔离开关本体分解

（1）GW17 型隔离开关在分闸位置时，打开下导电杆外壁平衡弹簧调整窗盖板，将下导电杆内平衡弹簧完全放松。

（2）断开电动操动机构箱内电动机启动电源、加热器电源和有关电气连锁回路电源，断开继电保护回路和电压回路电源。

（3）采用专用作业车或梯子将每相连接导线用绳捆好，绳的另一端固定在基座上，拆除接线夹连接螺栓，将连接导线缓慢放下。

（4）拆除刀闸机构上部调角联轴器（或抱夹）的连接螺栓，使刀闸机构主轴与垂直传动杆脱离。

（5）拆除刀闸垂直传动杆上部连接套的定位螺栓（或抽出万向接头上的圆柱销），取下垂直传动杆。

（6）拆除垂直转动杆、主动拐臂、被动拐臂与三相水平传动杆的连接螺栓轴，取下水平传动杆。

（7）松开垂直传动杆主动拐臂上的 2 个定位螺栓，取下主动拐臂及圆头键。

（8）松开两边相轴下端的 U 形螺栓，取出被动拐臂和月形键。

（9）静触头装配的拆卸。

1）利用登高作业车，拆除连接引线。

2）利用登高作业车，松开单（双）静触头装配与支持瓷套相连的 4 个螺栓，将静触头装配及接地静触头装配抬至作业车内，缓慢降至地面，并放置于固定地点。

（10）静触头装配的拆卸安全注意事项。放置静触头的地面应铺草垫和塑料布，吊下后的静触头分相作标记；同时在整个检修过程中，应注意保护电气接触面。

（11）主刀闸的拆卸。

1）用 10 号铁丝将处于分闸位置的导电折架动触头端分别绑扎 3～4 圈。GW17-252 型隔离开关主刀闸吊装如图 ZY1400701006-10 所示。

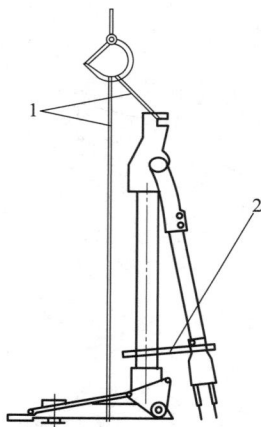

图 ZY1400701006-10　GW17-252 型
隔离开关主刀闸吊装

1—吊装绳索；2—绑扎铁丝

2）在传动装置底板的四角挂好吊装绳，并用起吊钩将吊装绳拉紧，使吊装绳稍微受力，检查主刀闸重心是否基本保持平衡。在操作绝缘子和支柱绝缘子间用木方支撑后，以绳索捆绑，以防碰撞。

3）拆除传动装置底部法兰和支柱绝缘子连接的螺栓及与操作绝缘子相连接的螺栓，将主刀闸系统用起吊装置吊下，起吊时应拉紧牵引绳，以免碰撞损伤绝缘子。

4）将主刀闸系统固定在检修专用平台的传动装置固定座上，平台不小于 1.8m×1.8m，其固定方式必须与实际安装方式一致，待固定牢固后，方能剪断绑扎铁丝。

（12）绝缘子的拆卸。参见 GW16 型隔离开关本体检修绝缘子拆卸内容（模块 ZY1400701005）。

（13）底座装配的拆卸。参见 GW16 型隔离开关本体检修底座装配拆卸内容（模块 ZY1400701005）。

2. GW17 型隔离开关支柱绝缘子检查及探伤

参见 GW4 型隔离开关本体检修中支柱绝缘子检查及探伤内容（模块 ZY1400701001）。

3. GW17 型隔离开关静触头装配分解检修

（1）GW17 型隔离开关静触头装配分解。

1）将单（双）静触头装配放置在铺好塑料布的地面上，检查接触部分是否有过热及烧伤痕迹。接线板是否有开裂、变形，并做好记录，确定需更换的零部件。

2）分别松开静触头杆和弯板两端的紧固螺栓，拆下静触头杆和弯板。

3）分解静触头装配时，要注意勿损伤导电接触面，导电接触面要有防护措施。

（2）GW17 型隔离开关静触头装配检修工艺要求。

1）将零部件用清洗剂清洗并用布擦净。

2）用 00 号砂纸打磨所有非镀银导电接触面。

3）检查静触头装配导电杆接触处。如有轻微烧伤，可用扁锉修整，如严重过热使静触头表面异常应更换，如静触头导电杆轻微变形应校正。

4）检查静触头接线夹是否过热。如接线夹严重过热使表面异常应更换，导电接触面如有轻微烧伤，可用扁锉修整。

（3）GW17 型隔离开关静触头装配检修质量标准。

1）静触头杆平直，镀银层良好、无开裂，接触面清洁、光亮。

2）导电板平直，镀银层良好，接触面清洁、光亮。

3）所有零部件清洁、完好，导电接触面光滑、平整，无严重烧伤和过热现象。

4）各连接部分紧固牢靠，导电接触面接触可靠，导电性能良好，静触杆的烧伤深度≤2mm。

5）静触杆、接线夹的端面整齐，接触可靠，导电性能好。

（4）GW17 型隔离开关静触头装配装复。按分解相反顺序进行装复，并注意以下几点：

1）装复时注意，如果静触头杆与动触头接触处的烧损超过规定值时可采用将静触头杆转动角度的方法变更接触位置。

2）装配时，勿损伤导电接触面，且连接牢固。

3）更换各锈蚀紧固件。

4）用 100A 回路电阻测试仪测量静触头装配的整体电阻值是否符合要求。

5）装复时，在导电接触面涂导电脂，螺纹孔洞涂黄油。

（5）GW17 型隔离开关静触头装配装复质量标准。

1）各零部件完好，清洁。

2）导电接触面平整，洁净。

3）导电接触面应连接可靠。

4）其接触处烧伤深度不大于 2mm。

5）接线夹至静触头导电杆的回路电阻不大于 15μΩ。

6）所有连接件连接可靠。

4. GW17 型隔离开关底座装配及分解检修

参见 GW16 型隔离开关底座装配分解检修（模块 ZY1400701005）。

5. GW17 型隔离开关主刀闸系统分解检修

参见 GW16 型隔离开关主刀闸系统分解检修（模块 ZY1400701005）。

6. GW17 型隔离开关上导电管装配分解检修

参见 GW16 型隔离开关上导电管装配分解检修（模块 ZY1400701005）。

7. GW17 型隔离开关中间触头装配分解检修

参见 GW16 型隔离开关中间触头装配分解检修（模块 ZY1400701005）。

8. GW17 型隔离开关下导电管装配分解检修

参见 GW16 型隔离开关下导电管装配分解检修（模块 ZY1400701005）。

9. GW17 型隔离开关接线底座装配分解检修

参见 GW16 型隔离开关接线底座装配分解检修（模块 ZY1400701005）。

10. GW17 型隔离开关主刀闸系统组装

（1）按分解相反顺序装复，并注意以下几点。

1）将接线底座固定在专用检修平台上。

2）将转动座的内孔用 00 号砂纸砂光，用清洗剂清洗干净，立即涂上导电脂。

3）将下导电杆拉杆装配等，按原拆卸时的逆顺序装复在接线底座上，齿条的齿面朝上导电杆分闸弯折方向。

4）将下导电管的插入部分用 00 号砂纸砂光，用清洗剂清洗后，立即涂上导电脂，用专用工具楔开转动座的开口，将下导电管插入，紧固好夹紧螺栓，注意导电管上下不能颠倒，下部定位孔的位置相互对准转动座的顶丝孔，旋进定位螺钉，弹簧暂不预压。

5）调节转动座两侧拉杆，使下导电管摆在垂直位置。扶住导电管，此时两个调节拉杆应等长，旋转拉杆装配上的固定套，使其 4 个螺孔对准下导电管上部的 4 个孔，并拧紧 4 个螺栓，但管内弹簧暂不预压，中间接头的连接接触面用 00 号砂纸砂光，用清洗剂清洗干净并立即涂导电脂。

6）将中间接头的连接叉越过合闸位置一定角度，把中间接头的齿轮箱装入下导电杆上部，此时将连接叉向分闸方向转动（约 45°），边转动边把齿轮箱插入下导电管上部，齿轮箱的定位螺孔应对准导电管的上定位孔，同时观察连接叉的圆柱部分是否与下导电管基本上在一条直线上（为水平方向一条直线）。如果差别不大，可稍微上下移动齿轮箱；如果差别大，则应退出齿轮箱重新挂齿。如果导电管的定位孔已经对准齿轮箱的定位螺孔，而差别仍然很大，则松动下导电杆的下紧固螺栓，并将下导电管旋转约 20° 后拧紧下导电管的下紧固螺栓，重新安装中间接头部分，使之达到水平要求，然后拧紧紧固螺栓，重新配钻定位孔。

7）拧紧下导电管上的上、下定位螺钉。

8）将连接叉上部与上导电管的下部的接触部分用 00 号砂纸砂光，用清洗剂清洗干净，用卫生纸抹干，并立即涂上导电脂。

9）将上导电杆装配装入连接叉，使导电管的孔对准定位后，紧固夹紧螺栓和定位螺钉。

10）使导电系统处于分闸位置，装复橡胶防雨罩和滚轮，滚轮上涂二硫化钼锂。

11）慢慢抬起导电系统使其处于合闸位置检查。

① 上下导电杆是否基本成一直线。

② 用一根 $\phi 40mm \pm 0.2mm$ 的铜管（或铜棒）夹在动触片之间，在合闸终了时，检查每一动触片能否夹紧该圆管（棒）。如果其中某一片夹不紧铜管，则应重新把上导电管取下进行分解和处理，如果四片都夹不紧铜管，应测量滚轮中心的直线行程，按要求从动触片开始夹紧到最后夹紧铜管，滚轮中心的直线行程为 3～5mm，所达不到的行程由增加上导电管插入连接叉或动触头座中的深度来增加，此时上导电管最好旋转约 20° 并重新配钻定位孔，如果滚轮中心的直线行程大于 5mm，则应由拔出上导电管来达到。

③ 测量从下接线端到静触头杆之间的回路电阻。

12）调节平衡弹簧压力，并测量分、合闸的操作力矩，同时比较两者之差值，如果达不到质量标准要求，则可能是：

① 弹簧与导电管内壁严重摩擦。此时应重新放松、摆正和调节平衡弹簧。

② 弹簧已经失效，应予以更换。

13）拧紧平衡弹簧上部固定套的 4 个螺栓，注意将长的定位螺栓装在窗口处，装上下导电杆管壁上的窗口盖板，并涂上密封胶。

14）检查所有螺栓是否紧固。将主刀闸分闸，并把上下导电杆捆绑在一起，等待吊装。

（2）GW17 型隔离开关主刀闸系统组装质量标准。

1）固定螺栓紧固良好。

2）转动座内孔光滑无杂质。

3）齿条完好、弹簧无永久变形，齿条装设方向正确。

4）下导电管的导电接触面光滑，电管插入位置正确、适度。

5）下导电杆垂直，两个连杆等长，下导电管上部和齿轮箱内孔清洁、光滑无杂质并涂导电脂。

6）齿轮箱定位螺孔对准下导电管定位孔，连接叉圆柱部分与下导电管呈一直线，重新配钻定位孔时须将导电管旋转约 20°。

7）下导电管上的上、下定位螺钉紧固可靠。

8）连接叉上部与上导电管的下部的导电接触部分清洁、光滑无毛刺，并涂导电脂。

9）上导电管插入位置正确，定位和夹紧螺栓紧固可靠。

10）上下导电杆成一直线。

11）动触片各触点牢靠，接触铜管（铜棒）接线底座装配上两侧的调节拉杆应等长且应在死点位置，限位螺栓应与其保持 1～2mm 的间隙。

12）回路电阻小于 100μΩ。

13）分合闸最大操作力矩不大于 250N·m，其差值不大于 50N·m。

14）所有零部件无锈蚀和开裂变形。

15）各部分尺寸调整好后，紧固所有连接件。

16）更换有锈蚀的连接和固定螺栓。

17）转动件无卡涩，轴销孔光滑，销轴转动自如，丝扣内涂二硫化钼锂。

11. GW17 型隔离开关各部分连接

（1）单相隔离开关的组装。按分解相反顺序进行单相隔离开关组装。

（2）主刀闸静触头装配的安装。

1）将组装好的静触头装配抬至安装处下面。

2）将组装好的单（双）静触头连同接地静触头装配一并吊起，装复在支持瓷套法兰上，紧固固定螺栓。

3）装好接线夹，紧固安装螺栓。

（3）主刀闸静触头装配的安装质量标准。

1）静触头装配安装水平，静触头杆垂直。

2）静触头安装位置正确。

（4）底座及操作、支柱绝缘子的安装。参见 GW16 型隔离开关底座及操作、支柱绝缘子的安装（模块 ZY1400701005）。

（5）底座及操作、支柱绝缘子的安装质量标准。参见 GW16 型隔离开关底座及操作、支柱绝缘子的安装质量标准（模块 ZY1400701005）。

（6）主刀闸的安装与调整。

1）分别将组装好的主刀闸系统和传动装置吊至三相支柱绝缘子的上法兰盘上（吊装前，主刀闸系统应捆绑好），用水平仪测试水平。

2）将接线底座与支持绝缘子用螺栓连接并紧固。

3）在旋转绝缘子法兰与主刀闸接线座法兰之间置橡皮垫，根据实际情况，调整旋转绝缘子高度，然后固定与旋转绝缘子相连的螺栓。GW17-252 型隔离开关主刀闸与绝缘子的连接如图 ZY1400701006-11 所示。

4）用手轻压动触头座，以便把转动座两边的调节拉杆拉出，再用一只手把住旋转绝缘子的伞裙并旋转，如旋转自如即可，否则需拧动旋转绝缘子下面的调整顶杆，使之达到要求，随后将调整顶杆的锁紧螺母拧紧，这时可把捆绑主刀闸的铁丝剪断。

5）托起中间接头部分，用手力使主刀闸缓慢合闸，观察主刀闸是否垂直或水平，否则可用垫片在组合底座下进行调整。

322

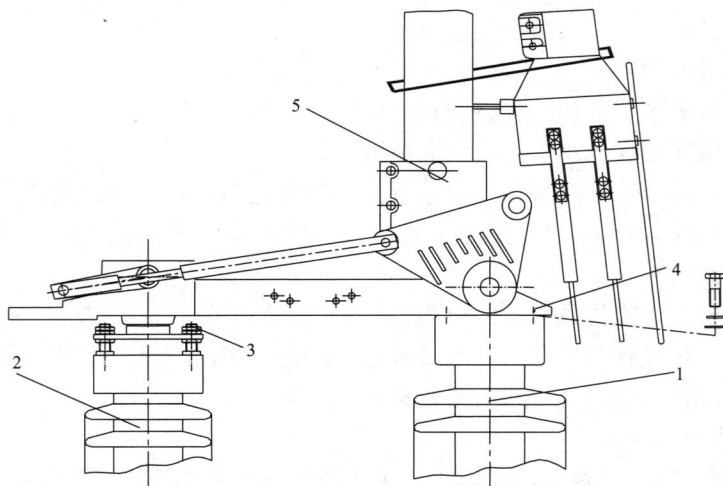

图 ZY1400701006-11　GW17–252 型隔离开关主刀闸与绝缘子的连接

1—支持绝缘子；2—旋转绝缘子；3—M16 六角薄螺母；4—M16×60 六角螺栓；5—主刀闸

6）检查动、静触头相对位置，将主刀闸多次慢分、慢合，不要让动静触头夹紧，以进行观察和调整，直到符合要求时为止。

（7）主刀闸的安装与调整质量标准。

1）吊具安全可靠，捆绑牢固。

2）紧固牢靠，转动灵活。

3）旋转瓷套转动灵活。

4）合闸时主刀闸水平。

5）动、静触头中心偏差不大于 5mm，动触杆与动触座防雨罩上端面距离为 50mm±10mm。

（8）三相连接。用水平拉杆将本体三相连接好（防松螺母不用紧固，便于整体调试）。

【思考与练习】

1. GW17（21）–252 型隔离开关主要由哪些部分组成？

2. 简述 GW17 型隔离开关本体检修步骤。

3. GW17 型隔离开关主刀闸系统组装时应注意哪些问题？

4. GW17 型隔离开关静触头装配装复质量标准是什么？

5. 简述 GW17 型隔离开关主刀闸静触头装配的安装方法。

第二十四章 操动机构检修

模块 1 GW4 型隔离开关传动系统及 CJ5 电动操动机构检修（ZY1400702001）

【模块描述】本模块包含 GW4 型隔离开关传动系统及 CJ5 电动操动机构检修作业流程及工艺要求。通过知识要点的归纳讲解、操作技能训练，掌握 GW4 型隔离开关传动系统及 CJ5 电动操动机构的基本结构、修前准备、危险点预控、作业步骤、工艺要求及质量标准等操作技能。

【正文】

一、GW4 型隔离开关传动系统及 CJ5 电动操动机构的结构

1. GW4 型隔离开关传动系统的结构

GW4 隔离开关传动系统主要由竖拉杆、水平拉杆及传动装配等组成。隔离开关主刀闸操作，由操动机构旋转 180°，通过垂直连杆和水平连杆带动 U 相的左侧杠杆旋转 90°，并通过交叉连杆使另一侧绝缘子反向旋转 90°，再通过三相连杆联动 V、W 两相同步分合。GW4 型隔离开关传动系统结构如图 ZY1400702001-1 所示。

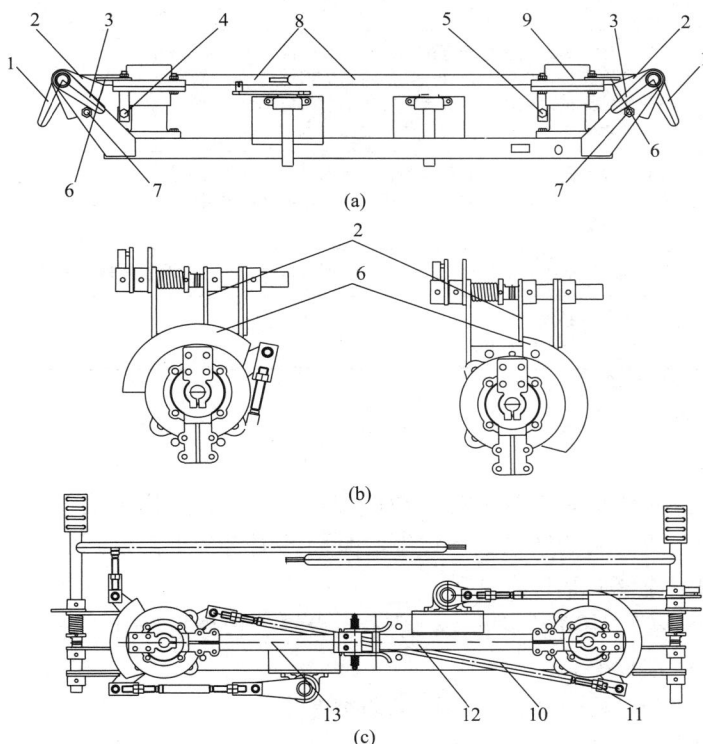

图 ZY1400702001-1 GW4 型隔离开关传动系统结构图

（a）传动系统正视图；（b）主刀闸分闸位置俯视图；（c）主刀闸合闸位置俯视图

1—接地刀闸合闸限位拐臂 A；2—机械连锁拐臂 B；3—接地刀闸合闸限位拐臂 C；4—主刀闸合闸限位螺杆 D；

5—主刀闸分闸限位螺杆 E；6—机械连锁拐臂 F；7—接地刀闸分闸限位螺杆 G；8—双接地接地刀闸 H；

9—绝缘子下附件 I；10—调节螺杆 J；11—调节螺母 K；12—导电管 L；13—导电管 M

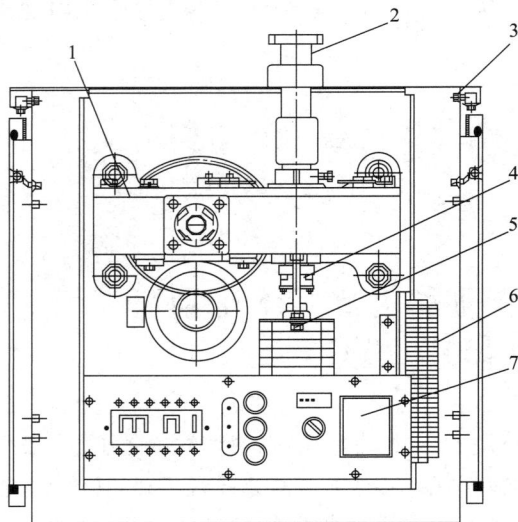

图 ZY1400702001-2 CJ5 电动操动机构的结构图

1—减速箱；2—输出轴；3—箱体；4—辅助开关连接头；

5—辅助开关；6—接线端子；7—电路板

2. CJ5 电动操动机构的结构

CJ5 电动操动机构主要由电动机、机械减速传动系统、电气控制系统和箱体等组成。由电动机驱动，通过齿轮、蜗杆蜗轮减速后将转矩传至输出轴。

这种机构设有远方/停止/当地开关，当机构调整或检修时拨到当地位置，可在机构前操作（此时远动电力已切断）。拨至远动位置时，机构分合按钮不起作用，只可远动。机构箱内装有加热器，可以驱散箱内潮湿空气，防止电器元件受潮。CJ5 电动操动机构的结构如图 ZY1400702001-2 所示。

二、作业内容

（1）GW4 隔离开关传动系统分解检修。

（2）CJ5 电动操动机构分解检修。

（3）CJ5 电动操动机构二次回路交流耐压试验。

（4）CJ5 电动操动机构二次回路绝缘试验。

三、作业中危险点分析及控制措施

作业中危险点分析及控制措施见表 ZY1400702001-1。

表 ZY1400702001-1　　　　作业中危险点分析及控制措施

序号	危 险 点	控 制 措 施
1	触电	（1）工作人员之间做好相互配合，拉、合电源开关时发出相应口令。 （2）使用完整合格的安全开关，装合适的熔丝。 （3）接、拆试验电源必须在电源开关拉开的情况下进行。 （4）要正确操作绝缘电阻表，防止感电伤人
2	误入、误登带电间隔	（1）工作前向作业人员交代清楚临近带电设备，并加强监护。 （2）工作人员应走指定通道，在遮栏内工作，严禁擅自移动和跨越遮栏。 （3）严禁攀登运行设备构架
3	机械伤害	严格执行一般工具的使用规定，使用前严格检查，不合格的工具禁止使用
4	作业空间窄小，碰伤头部和手脚	（1）工作中必须戴好安全帽。 （2）统一指挥，注意作业配合和动作呼应

四、检修作业前的准备

1. 技术资料的准备

（1）检修前应认真查阅传动系统及电动操动机构安装记录、大修记录、设备运行记录、故障情况记录和缺陷情况记录。对所查阅的结果进行详细、全面的调查分析，以判定传动系统及电动操动机构的综合状况，为现场制定检修方案打好基础。

（2）准备好电动操动机构使用说明书、记录本、表格、检修报告等。

（3）编制标准化作业指导书。

（4）拟订检修方案，确定检修项目，编排工期进度。

2. 工具、机具、材料、备品备件、试验仪器、仪表和场地的准备

（1）准备工具、机具、材料、备品备件、试验仪器和仪表等，并运至检修现场。仪器仪表、工器具应检验合格，满足本次施工的要求，材料应齐全，图纸及资料应符合现场实际情况。

（2）场地准备。在检修现场四周设一留有通道口的封闭式遮栏，并在周围背向带电设备的遮栏上挂适当数量的"止步，高压危险"标示牌，在通道入口处挂"从此进出"标示牌；在作业现场按定置图摆放检修工具、量具、材料、备品备件和测试仪器及垃圾箱。

五、检修作业前的检查

1. 传动系统检查项目及标准

（1）竖拉杆、水平拉杆及传动箱装配操作是否灵活、可靠。

（2）主刀闸开、合是否正常。

2. CJ5 电动操动机构检查项目及标准

（1）电动机、传动齿轮、蜗轮、蜗杆、转轴、辅助开关及电动机控制附件等操作是否灵活、可靠。

（2）行程开关、按钮、交流接触器是否能正常动作，辅助开关是否正常转换，电动机是否有异常响声，各转动部位有无松动，电动、手动是否相互闭锁等。

六、检修作业步骤、工艺要求及质量标准

1. GW4 隔离开关传动系统分解检修

（1）GW4 隔离开关传动系统分解。

1）拧松各水平连杆连接头的防松螺母，拆下连接头（应对连杆原长度做好记录，以便恢复时参考）。

2）拆除底座槽钢与主轴轴承座装配的连接螺栓，取出轴承座装配套，用铜棒轻轻敲打出铜套。

（2）GW4 隔离开关传动系统检修工艺要求。

1）所有拆下的零件用清洗剂清洗并擦干。

2）检查拉杆件有无变形。如变形应校正，用钢丝刷或铲刀清除其锈蚀。

3）检查连接头是否变形，内螺纹有无锈蚀。如锈蚀严重或变形应更换。

4）检查各拉杆两端螺纹是否完好，有无锈蚀，连杆与螺栓焊接处有无裂纹。如开裂应补焊，螺纹锈蚀严重应更换。

5）检查主轴拐臂。如锈蚀用 00 号砂布清除。如拐臂变形应校正，连接头转动轴磨损严重应更换。

6）检查圆柱销有无变形、锈蚀。如变形或锈蚀严重应更换。

7）检查轴承座体内、外部表面。如表面有锈蚀，应用 00 号砂布进行处理，存在严重损伤应更换。

8）用 00 号砂布清除铜套表面的氧化层。

9）检查轴承有无损坏，转动是否灵活。检查轴承内径与轴承座的公差配合。

10）检查防雨罩。如锈蚀严重应更换。如轻微锈蚀用钢丝刷清除，并刷防锈漆。

11）检查底座槽钢。用钢丝刷除锈，刷防锈漆。

12）检查底座槽钢接地螺栓是否锈蚀。如锈蚀应更换。

13）检查机械闭锁板，用 00 号砂布除锈。如有变形应校正。

（3）GW4 隔离开关传动系统装复。按分解相反顺序进行装复，装复时应注意以下几点：

1）轴承内应涂−40℃的二硫化钼锂，涂的量应以轴承内腔的 2/3 为宜。

2）轴承与轴是紧密配合，所以装复轴承要用专用工具进行或用比轴承内径稍大的铁管，用手锤慢慢打入。

3）拉杆装复时接头上面应有平垫后再上开口销，装复前应校直；按各拉杆分解时所作的标记的有效工作长度恢复，在转动部位及销孔涂二硫化钼锂。

4）装复过程，必须注意轴承座转动板杠杆的位置与主刀闸分、合位置的相对应。

5）检查各相间两轴承座转动板是否在同一水平面（相对底部槽钢），如达不到要求，则可通过增减调节垫片来调整。

6）检查竖拉杆锥型销子有无松动。

（4）GW4 隔离开关传动系统检修质量标准。

1）轴承应完整，工作面无锈蚀，转动应灵活，无卡涩。连接、固定螺栓已拧紧。

2）拉杆应完整、无损坏。

3）各连接销应无磨损、变形。

4）连接销与销孔配合间隙为 0.4～0.5mm 为宜。

5）拉杆端头螺纹完好，无损伤。

6）连接头或接叉无变形，内螺纹完好。

7）接套无锈蚀、变形、焊缝完好。

8）螺杆、螺母应完整，无锈蚀，公差配合适当。

9）螺杆拧入接头的深度不应小于 20mm。

2. CJ5 电动操动机构分解检修

（1）CJ5 电动操动机构各单元分解。

1）断开电动机电源及控制电源。

2）拆除二次元件装配接线端子与进线电缆导线的固定螺钉，拆下与电动机相连的电源线，松开电缆线夹，从机构箱中抽出进线电缆。在拆下进线电缆前，应做好相应记录。

3）拆除机构箱与基础相连的 4 个螺栓，将机构箱拆下并放置在检修平台上。

4）拆除接线端子板与辅助开关相连的二次接线的螺钉，抽出二次接线。

5）拆除电动机接线盒上 2 个固定螺栓，取下罩。拧下其与接线端子板间二次接线固定螺钉，抽出电缆线。

6）拧下分、合闸接触器上与行程开关相连接的二次接线螺钉，拆下二次接线。

7）拆除电动机与减速器箱底座下部相连的 4 个紧固螺栓，从机构箱中取出电动机，调整垫片、橡皮垫及一级主动齿轮。

8）松开 L 形二次接线板与机构箱体相连的 4 个 M6 螺栓，从机构箱内拆下 L 形接线板装配。

9）松开机构箱内连接套螺栓，取下输出连接轴。

10）松开机构箱上盖固定螺栓，取下机构箱上盖。

11）取出输出轴连接套。

12）拆除输出轴限位挡板 M8 螺栓。

13）取下 2 个限位开关。

14）拆除电动机固定螺栓，取出电动机。

（2）CJ5 电动操动机构二次元件分解。

1）拆除接线端子板与分、合闸按钮，急停按钮，分、合闸接触器，组合开关，刀开关（空气开关）相连接的二次接线螺钉，拆除二次接线。

2）从 L 形接线板上分别拆下接线端子板，分、合闸按钮，急停按钮，分、合闸接触器，组合开关，刀开关（空气开关）。

3）拆除辅助开关上的二次接线固定螺钉，拆下二次接线，拆卸前应做好记录。

4）拆除辅助开关与减速器箱底座下部间的固定螺栓，拆下辅助开关传动板，取出辅助开关，拧下辅助开关转动盘分、合闸切换块的 2 个螺钉，取出分、合闸切换块。

（3）CJ5 电动操动机构二次元件检修工艺要求。

1）检查行程开关，分、合闸按钮，急停按钮等动作是否灵活、正确，触点是否烧伤，如有烧伤痕迹，可用 00 号砂布处理。如破损应更换。

2）检查二次线接线端子是否紧固，绝缘是否良好。

3）检查接线端子板端子排编号，缺的应补齐。端子排如有破损、裂纹应更换，压线螺钉锈蚀应更换。

4）检查分、合闸接触器的外观有无破损，如破损严重应更换；检查其动作情况，调整好触头开距和超行程后用万用表测试接触器通、断是否可靠，同时检查线圈有无烧伤，必要时更换。

5）检查接触器触点是否烧伤痕迹，必要时更换。

6）检查行程开关，分、合闸按钮，急停按钮、交流接触器、热继电器、辅助开关等弹簧及弹片，用手轻压弹簧及弹片，检查复位情况，如永久疲劳应更换。

7）检查热继电器，如破损应更换，并用清洗剂清洗热继电器外表面。

8）检查热继电器整定设置是否正确。

9）检查加热器是否良好，自动控制装置动作是否准确可靠，用 1000V 绝缘电阻表测量其绝缘电阻应符合要求。

10）检查 L 形接线板，除去锈蚀，校正变形及作防锈处理，锈蚀严重者应更换。

11）用清洗剂清洗所有零部件，待干后，在所有元件导电接触面涂少量的中性凡士林油。

（4）CJ5 电动操动机构二次元件检修后装复。分、合闸接触器，行程开关，分、合闸按钮，组合开关，空气断路器及其接线端子板的装复，按分解相反的顺序进行。装复时应注意以下几点：

1）更换锈蚀的紧固件及弹簧。

2）用万用表检查行程开关，分、合闸，急停按钮，接触器触点通、断情况，并检查切换是否可靠，通、断位置是否正确。

3）装复后，核对二次接线是否正确。

（5）CJ5 电动操动机构二次元件检修质量标准。

1）行程开关，分、合闸，急停按钮，接触器等触点分合闸位置切换应正确、灵活、无卡涩。触点接触良好，弹簧及弹片的弹性良好。

2）拆下的二次回路端子线及电缆线头应有标记。

3）端子排编号清晰、完整，端子排无破损。

4）用 1000V 绝缘电阻表测量二次元件绝缘电阻应大于 2MΩ。

（6）辅助开关分解。拧下连接螺杆，取下轴承板，从转动轴上依次取下带动触点的绝缘块、静触点、静触点夹块及复位弹簧。

（7）辅助开关检修。

1）检查辅助开关动、静触点的氧化情况，用 00 号砂布除去氧化层。

2）检查辅助开关转动轴及绝缘块，磨损严重应更换。

3）检查辅助开关触点弹簧有无变形，如变形应更换。

4）检查辅助开关传动拐臂及连杆，如轻微变形应校正；用 00 号砂布清除快分弹簧的锈蚀。

5）轴承涂二硫化钼锂。

6）更换已经淘汰的 F1 系列辅助开关。

（8）辅助开关装复。按分解时的相反顺序装复，并注意以下几点。

1）装复前，用清洗剂清洗所有零部件，待干后，在动、静触点上涂导电脂。

2）装复后的辅助开关轴向窜动应符合规定。

3）用万用表检查动、静触点通、断情况，检查切换是否可靠，通、断相应位置是否正确。

4）检查辅助开关切换是否灵活，有无卡涩现象。

（9）辅助开关的检修质量标准。

1）动、静触点表面光洁。

2）转动轴与动、静点夹块配合良好，转轴无损伤。

3）触点弹簧无变形。

4）传动拐臂及连杆无变形，无锈蚀。

5）装复后的辅助开关轴向窜动量不大于 0.5mm。

6）动、静触点接触良好，通、断位置正确。

7）辅助开关转动灵活。

（10）CJ5 电动操动机构的减速器装配分解。

1）拆除减速器箱与箱体固定的 4 个螺栓，将减速器与箱体分离，取出机座放置在检修平台上。

2）拆除减速器箱盖板上的行程开关的各 4 个螺栓，取出行程开关。

3）拆除与主轴相连的限位块上的定位螺钉，从主轴上退出限位块，取出平键。

4）拆除减速器箱盖板的 4 个紧固螺栓，从主轴上抽出盖板，取下铜套及调节垫。

5）拆除蜗杆两头轴承压盖上的固定螺栓，取出轴承压盖及调节垫片。

6）将蜗杆连同两端滚动轴承、二级被动齿轮一并拆下。

7）从蜗杆上取出两端滚动轴承及二级被动齿轮，取出平键，剩下蜗杆。

8）从减速器箱中取出蜗轮、轴套及调节垫片，分离蜗轮及其主轴，取出平键。

9）拆除中间轴装配两端轴承端盖的固定螺栓，取出端盖。

10）取出中间轴装配两端轴承，退出一级被动齿轮、二级主动齿轮，同时取下平键。

（11）CJ5电动操动机构的减速器装配检修工艺要求。

1）检查大齿轮轮齿表面及齿轮中心孔键槽，如稍有磨损，用扁锉修整。

2）检查蜗轮、蜗杆轴、蜗杆、轴套、主轴及轴上键槽和平键及挡钉，如轻微变形应校正，用扁锉修整磨损处，如磨损严重应更换。

3）分解轴承，取下内圈、滚针保持架、滚针及外圈，检查轴承工作面，如有锈蚀用00号砂布打磨，修理时不能损坏配合表面及精度；如保持架、滚针锈蚀（损坏）严重应更换。用清洗剂清洗以上零件，待干后，将涂满二硫化钼锂的保持架放在内圈上；装入滚针后，套上外圈。检查装复的轴承、滚动体与内、外圈接触是否良好，转动是否灵活后，放在检修平台上待用。

4）用清洗剂除去轴承表面污垢，检查其磨损及锈蚀情况，用00号砂布除去轴承工作面的锈蚀，处理时不能损坏配合表面及精度，滚珠损坏的应更换，用清洗剂清洗干净后，在轴承工作面涂满二硫化钼锂，放在检修平台上待用。

5）检查机座、轴承座、轴承端盖外表有无损伤，用扁锉修理。

6）检查机构箱体通风、密封及驱潮措施是否良好，如密封填料失效应处理（或更换），然后除去机构箱体上锈蚀，刷防锈漆。

（12）CJ5电动操动机构的减速器装配检修后装复。按分解时的相反顺序装复，并注意以下几点：

1）装复前，用清洗剂清洗所有零、部件，待干后，在转动件上涂二硫化钼锂。

2）装复蜗轮、蜗杆时，应在蜗轮、蜗杆轴两端加入适量调节垫片，以减小蜗轮、蜗杆轴向窜动量。

3）检查蜗轮中心平面与蜗杆轴线是否在同一平面。

4）检查蜗轮与蜗杆轴线是否相互垂直。

5）手力转动蜗杆轴，检查蜗轮、蜗杆动作是否平稳、灵活，有无卡涩。

6）在装复后的蜗轮、蜗杆轮齿表面涂二硫化钼锂。

（13）CJ5电动操动机构的减速器装配检修质量标准。

1）各零件无损伤，零件表面清洁。

2）蜗轮、蜗轮杆、蜗杆、轴套、主轴、键槽及平键完好，无变形，无锈蚀。

3）轴承及配合表面完好，转动灵活，无卡涩。

4）壳体及端盖无变形，无裂纹，各部无损伤。

5）机构箱体无锈蚀，密封良好。

6）轴向窜动量不大于0.5mm。

7）蜗轮中心平面与蜗杆轴线在同一平面。

8）蜗轮与蜗杆的轴线互相垂直。

9）蜗轮、蜗轮杆动作平稳，灵活，无卡涩。

（14）CJ5电动操动机构的电动机装配检修。电动机一般情况下不需要全部解体检修，只是拆下电动机端盖进行检查。如为直流电动机，在拆下碳刷架及碳刷之前，除先做好其相对位置及接线极性的标记外，并做好记录，然后拆除碳刷架及碳刷。

（15）CJ5电动操动机构检修后装复。按分解时的相反顺序装复，并注意以下几点：

1）装复前，用清洗剂清洗各零部件，待干后，在转动件上涂二硫化钼锂。

2）装复时，注意辅助开关转动盘与分、合闸切换块的相对位置。

3）检查各连接、固定螺栓（钉）是否紧固。

4）检查一、二级齿轮啮合位置是否正确。

5）用手柄转动机构，检查传动系统动作是否灵活，蜗杆及中间轴有无轴向窜动。

6）复核二次接线是否正确。

7）用手柄操作机构，检查机构分、合闸位置与辅助开关切换位置是否对应，接触是否可靠。

8）检查行程开关通断是否可靠。

9）更换密封条，检查机构密封情况。

（16）CJ5 电动操动机构检修质量标准。

1）零部件完好、清洁。

2）转动盘与分、合闸切换块相对位置正确。

3）连接、固定螺栓、钉紧固良好。

4）啮合位置正确。

5）传动系统动作灵活，蜗杆及中间轴轴向窜动量不大于 0.5mm。

6）二次接线正确，接线端子牢固。

7）旋转方向与切换位置对应。

8）行程开关通断是否可靠。

9）辅助开关切换位置正确，接触可靠。

10）电动机电源线相序正确。

11）机构密封良好。

3. CJ5 电动操动机构二次回路交流耐压试验

用交流电压 2000V 对操动机构二次辅助回路及控制回路进行 1min 工频耐压试验，耐压试验合格。如果现场没有耐压试验仪器，也可用 2500V 绝缘电阻表代替进行耐压试验。

4. CJ5 电动操动机构二次回路绝缘试验

用 1000V 绝缘电阻表对操动机构二次辅助回路及控制回路进行绝缘电阻测试，绝缘电阻不低于 2MΩ。

【思考与练习】

1. CJ5 电动操动机构主要由哪些部分组成？

2. GW4 型隔离开关传动系统检修工艺要求是什么？

3. 简述 CJ5 电动操动机构的电动机装配分解步骤。

4. CJ5 电动操动机构的电动机装配检修质量标准是什么？

模块 2 GW5 型隔离开关传动系统及 CJ6 电动操动机构检修（ZY1400702002）

【模块描述】本模块包含 GW5 型隔离开关传动系统及 CJ6 电动操动机构检修的作业流程及工艺要求。通过知识要点的归纳讲解、图例展示、操作技能训练，掌握 GW5 型隔离开关传动系统及 CJ6 电动操动机构的基本结构、修前准备、危险点预控、作业步骤、工艺要求及质量标准等操作技能。

【正文】

一、GW5 型隔离开关传动系统及 CJ6 电动操动机构的结构

1. GW5 型隔离开关传动系统的结构

GW5 型隔离开关传动系统主要由竖拉杆、水平拉杆及传动箱装配等组成。GW5 型隔离开关传动系统结构如图 ZY1400702002-1 所示，GW5 型隔离开关传动箱装配如图 ZY1400702002-2 所示。

2. CJ6 电动操动机构的结构

CJ5 电动操动机构主要由电动机、机械减速传动系统、电气控制系统和箱体等组成。由电动机驱动，通过齿轮、蜗杆蜗轮减速后将转矩传至输出轴。箱体由钢板或不锈钢板制成，起支撑及保护作用，为便于安装和检修，在正面和侧面各开一门。CJ6 电动操动机构外部结构如图 ZY1400702002-3 所示。

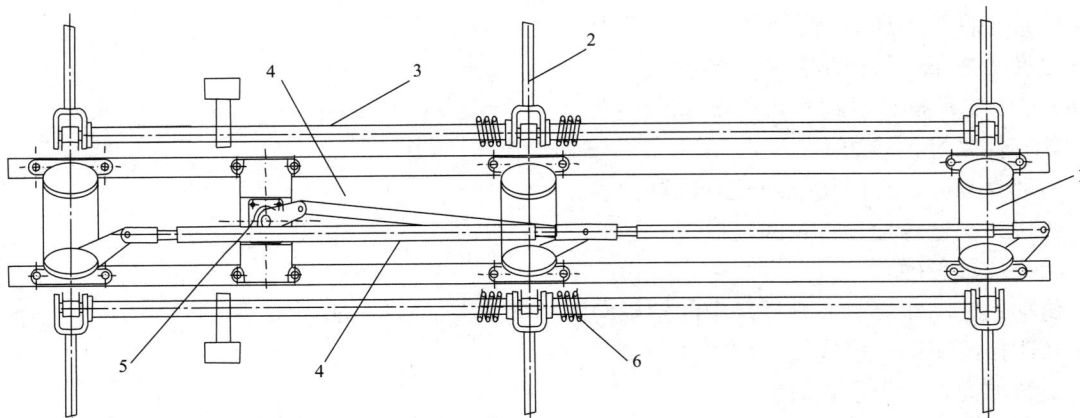

图 ZY1400702002-1 GW5 型隔离开关传动系统结构图

1—轴承座；2—接地刀闸导电杆；3、4—连杆；5—传动箱；6—弹簧

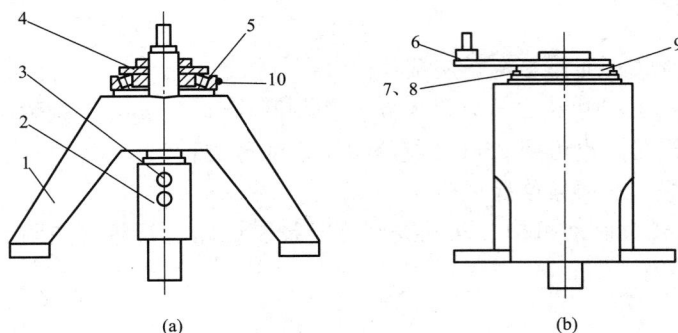

图 ZY1400702002-2 GW5 型隔离开关传动箱装配

1—支架；2—联轴套；3—ϕ10 圆锥销；4—铁垫圈；5—轴承；6—臂；7、8—M12 螺栓、弹簧垫圈；9—罩；10—注油嘴

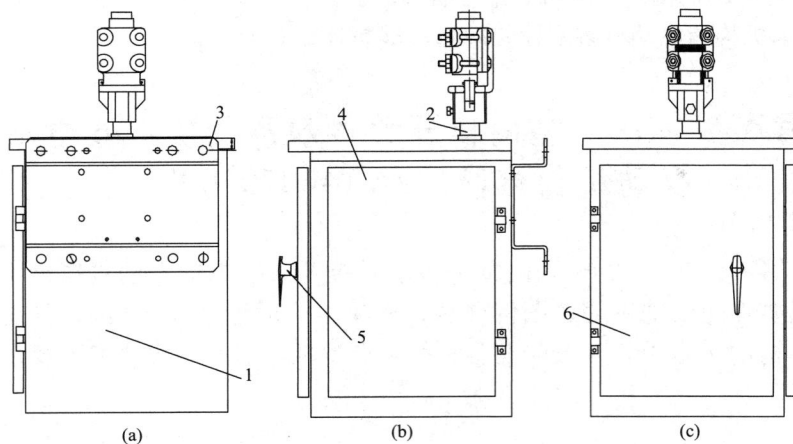

图 ZY1400702002-3 CJ6 电动操动机构外部结构

1—箱体；2—输出轴；3—挂架；4—侧门；5—手柄；6—正门

二、作业内容

（1）GW5 隔离开关传动系统分解检修。

（2）CJ6 电动操动机构分解检修。

（3）CJ6 电动操动机构二次回路交流耐压试验。

（4）CJ6 电动操动机构二次回路绝缘试验。

三、作业中危险点分析及控制措施

参见 GW4 型隔离开关传动系统及 CJ5 电动操动机构检修作业危险点分析及控制措施（模块 ZY1400702001）。

四、GW5 型隔离开关传动系统及 CJ6 电动操动机构检修作业前的准备

参见 GW4 型隔离开关传动系统及 CJ5 电动操动机构检修前的准备项目（模块 ZY1400702001）。

五、GW5 型隔离开关传动系统及 CJ6 电动操动机构检修作业前的检查

参见 GW4 型隔离开关传动系统及 CJ5 电动操动机构检修前的检查项目（模块 ZY1400702001）。

六、检修作业步骤、工艺要求及质量标准

1. GW5 型隔离开关传动系统分解检修

（1）GW5 型隔离开关传动系统分解。

1）传动箱装配。拧松连轴套上的螺栓，用手锤和冲子将连轴套上的两个 ϕ10 圆锥销打出，取下竖拉杆、拐臂、防尘罩、铁垫圈、轴承。拆下固定轴承法兰的 4 个 M12 螺栓，取下法兰。

2）拉杆的分解。拧下拉杆连接头（接叉）的防松螺母，拧下接头（接叉）。拆卸前，记录好拉杆有效工作尺寸。

（2）GW5 型隔离开关传动系统检修工艺要求。

1）所有零件用清洗剂清洗并擦干。

2）检查轴承有无损坏，转动是否灵活；检查轴承内径与轴承座的公差配合。

3）检查轴承座腔内、外部表面。如表面有锈蚀，应用 00 号砂布进行处理，存在严重损伤更换。

4）检查防雨罩，如锈蚀严重应更换，如轻微锈蚀用钢丝刷清除，并刷防锈漆。

5）检查拉杆件有无变形，如变形应校正，用钢丝刷或扁锉清除其锈蚀。

6）检查拉杆端头螺纹，如损坏严重应更换，如轻微损伤应修整，用钢丝刷清除其锈蚀。

7）检查连接头或接叉，如轻微变形应校正，如内螺纹损坏应用丝锥套攻并清除锈蚀。

8）检查焊接在拉杆上的接套，如有变形应更换，检查焊缝有无开裂，如开裂应补焊。

（3）GW5 型隔离开关传动系统装复。按分解相反顺序进行装复，装复时应注意以下几点：

1）轴承内应涂−40℃的二硫化钼锂，涂的量应以轴承内腔的 2/3 为宜。

2）轴承与轴是紧配合，所以装复轴承要用专用工具进行或用比轴承内径稍大的铁管，用手锤慢慢打入。

3）拉杆装复时接头上面应有平垫后再上开口销，拉杆装复前应校直，其与带电部分的距离应符合各种型号的规定。

4）检查竖拉杆锥型销子有无松动。

（4）GW5 型隔离开关传动系统检修质量标准。

1）轴承应完整，转动应灵活，轴承及轴承座工作面无锈蚀。

2）拉杆应完整、无损坏。

3）轴承转动灵活，无卡涩，连接、固定螺栓已拧紧。

4）各连接销应无磨损、变形。

5）连接销与销孔配合间隙为 0.4～0.5mm 为宜。

6）拉杆端头螺纹完好，无损伤。

7）连接头或接叉无变形，内螺纹完好。

8）接套无锈蚀、变形、焊缝完好。

9）螺杆、螺母应完整，无锈蚀，公差配合适当。

10）螺杆拧入接头的深度不应小于 20mm。

2. CJ6 电动操动机构分解检修

参见 CJ5 电动操动机构分解检修（模块 ZY1400702001）。

3. CJ6 电动操动机构二次回路交流耐压试验

参见 CJ5 电动操动机构二次回路交流耐压试验（模块 ZY1400702001）。

4. CJ6 电动操动机构二次回路绝缘试验

参见 CJ5 电动操动机构二次回路绝缘试验（模块 ZY1400702001）。

【思考与练习】

1. GW5 型隔离开关传动系统主要由哪些部分组成？
2. 简述 GW5 型隔离开关传动系统分解步骤。
3. GW5 型隔离开关传动系统检修工艺要求是什么？
4. GW5 型隔离开关传动系统检修质量标准是什么？

模块 3 GW6 型隔离开关传动系统及 CJ6A 电动操动机构检修（ZY1400702003）

【模块描述】 本模块包含 GW6 型隔离开关传动系统及 CJ6A 电动操动机构检修的作业流程及工艺要求。通过知识要点的归纳讲解、图例展示、操作技能训练，掌握 GW6 型隔离开关传动系统及 CJ6A 电动操动机构的基本结构、修前准备、危险点预控、作业步骤、工艺要求及质量标准等操作技能。

【正文】

一、GW6 型隔离开关传动系统及 CJ6A 电动操动机构的结构

1. GW6 型隔离开关传动系统的结构

GW6 型隔离开关传动系统主要由竖拉杆、水平拉杆及传动底座等部分组成。GW6 型隔离开关底座传动部分及机械闭锁图如图 ZY1400702003-1 所示。

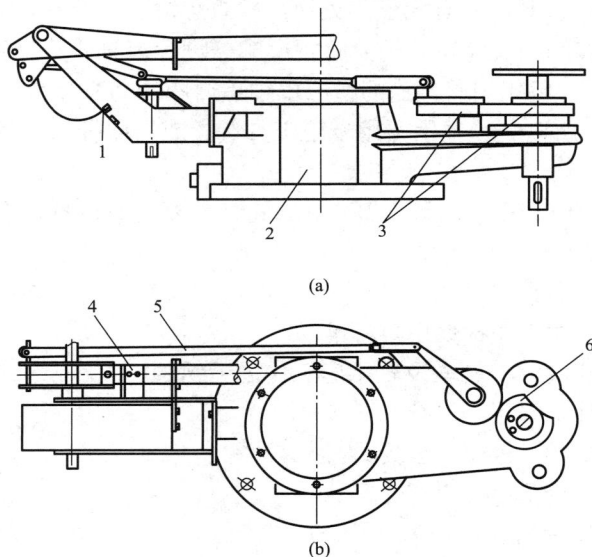

(a)

(b)

图 ZY1400702003-1 GW6 型隔离开关底座传动部分及机械闭锁图

（a）正视图；（b）俯视图

1—接线孔；2—底座；3—闭锁板；4—接地刀闸管；5—连锁连杆；6—闭锁状态

2. CJ6A 电动操动机构的结构

CJ6A 电动操动机构箱体用钢板制成，正面设有内、外两道门，内门正面装有就地、远动选择开关，装有分、合闸按钮，并有分、合闸指示灯。内门正面还装有凝露器；外门装有锁具，运行中可锁闭。

CJ6A 电动操动机构采用减速机、电动机为一体的结构，机构配有手力操动手柄，可供安装调试用，也可在停电时进行必要的操动。CJ6A 电动操动机构传动原理图如图 ZY1400702003-2 所示。

二、作业内容

（1）GW6 型隔离开关传动系统分解检修。

图 ZY1400702003-2　CJ6A 电动操动机构传动原理图

1—减速器箱；2—螺栓垫圈；3—盖板；4—弹簧；5—限位块；6—上法兰；7—垂直连杆；8—摩擦盘轴；

9—螺栓；10—下法兰；11—定位螺栓；12、16—平键；13—定位螺钉；14—铜套；15—调整垫片；

17、28—滚动轴承；18—二级被动齿轮；19—二级主动齿轮；20—中间轴；21—一级被动齿轮；

22—一级主动齿轮；23—蜗杆；24—螺杆；25—调整垫片；26—电动机；27—蜗轮；29—手柄；

30—轴承压盖；31—主轴；32—衬套；33—垫片；34—螺孔；35—触动开关

（2）CJ6A 电动操动机构分解检修。

（3）CJ6 电动操动机构二次回路交流耐压试验。

（4）CJ6 电动操动机构二次回路绝缘试验。

三、作业中危险点分析及控制措施

参见 GW4 型隔离开关传动系统及 CJ5 电动操动机构检修作业危险点分析及控制措施（模块 ZY1400702001）。

四、检修作业前的准备

参见 GW4 型隔离开关传动系统及 CJ5 电动操动机构检修前的准备项目（模块 ZY1400702001）。

五、检修作业前的检查

参见 GW4 型隔离开关传动系统及 CJ5 电动操动机构检修前的检查项目（模块 ZY1400702001）。

六、检修作业步骤、工艺要求及质量标准

1. GW6 型隔离开关传动系统分解检修

（1）GW6 型隔离开关传动系统分解。

1）拧下拉杆连接头（接叉）的防松螺母，拧下接头（接叉）。拆卸前，记录好拉杆有效工作尺寸。

2）拧松连轴套上的螺栓顶丝，取下竖拉杆。拧松固连臂轴的 4 个螺栓，取下连臂轴。

（2）GW6 隔离开关传动系统检修工艺要求。

1）所有拆下的零件用清洗剂清洗并擦干。

2）检查连臂轴有无开焊；检查连臂轴与衬套的公差配合。

3）检查连臂轴表面，如表面有锈蚀，应用 00 号砂布进行处理，存在严重损伤应更换。

4）检查拉杆件有无变形，如变形应校正，用钢丝刷或铲刀清除其锈蚀。

5）检查拉杆端头螺纹，如损坏严重应更换，如轻微损伤应修整，用钢丝刷清除其锈蚀。

6）检查连接头或接叉，如轻微变形应校正，如内螺纹损坏应用丝锥套攻并清除锈蚀。

7）检查焊接在拉杆上的接套，如有变形应更换，检查焊缝有无开裂，如开裂应补焊。

8）检查连轴套有无裂纹及与竖拉杆焊接处有无开焊，如表面有锈蚀，应用 00 号砂布进行处理，存在严重损伤应更换。

9）检查圆头平键表面，如表面有锈蚀，应用 00 号砂布进行处理，存在严重损伤应更换。

10）检查各螺孔情况，并用丝锥套攻，清除灰尘和铁锈，孔内涂黄油。

（3）GW6 隔离开关传动系统装复。按分解相反顺序进行装复，装复时应注意以下几点：

1）连臂轴与衬套接触面处应涂−40℃的二硫化钼锂。

2）拉杆装复时接头上面应有平垫后再上开口销，拉杆装复前应校直。

3）检查固定竖拉杆螺栓顶丝有无松动。

（4）GW6 隔离开关传动系统检修质量标准。

1）连臂轴应完整，连臂轴及衬套工作面无锈蚀。

2）拉杆应完整、无损坏。

3）各连接销应无磨损、变形。

4）连接销与销孔配合间隙为 0.4～0.5mm 为宜。

5）拉杆端头螺纹完好，无损伤。

6）连接头或接叉无变形，内螺纹完好。

7）接套无锈蚀、变形、焊缝完好。

8）螺杆、螺母应完整，无锈蚀，公差配合适当。

9）螺杆拧入接头的深度不应小于 20mm。

2. CJ6A 电动操动机构分解检修

参见 CJ5 电动操动机构分解检修（模块 ZY1400702001）。

3. CJ6A 电动操动机构二次回路交流耐压试验

参见 CJ5 电动操动机构二次回路交流耐压试验（模块 ZY1400702001）。

4. CJ6A 电动操动机构二次回路绝缘试验

参见 CJ5 电动操动机构二次回路绝缘试验（模块 ZY1400702001）。

【思考与练习】

1. GW6 型隔离开关传动系统主要由哪些部分组成？

2. GW6 型隔离开关传动系统检修工艺要求是什么？

3. GW6 型隔离开关传动系统检修质量标准是什么？

模块 4 GW7 型隔离开关传动系统及 CJ2 电动操动机构检修（ZY1400702004）

【模块描述】本模块包含 GW7 型隔离开关传动系统及 CJ2 电动操动机构检修的作业流程及工艺要求。通过知识要点的归纳讲解、图例展示、操作技能训练，掌握 GW7 型隔离开关传动系统及 CJ2 电动操动机构的基本结构、修前准备、危险点预控、作业步骤、工艺要求及质量标准等操作技能。

【正文】

一、GW7 型隔离开关传动系统及 CJ2 电动操动机构的结构

1. GW7 型隔离开关传动系统的结构

GW7 型隔离开关传动系统主要由竖拉杆、水平拉杆及传动底座等部分组成。GW7 型隔离开关底座传动部分及机械闭锁如图 ZY1400702004-1 所示，GW7 型隔离开关底座传动部分及机械闭锁俯视图如图 ZY1400702004-2 所示。

2. CJ2 电动操动机构的结构

CJ2 电动操动机构主要由机械传动系统、电气控制回路及箱体三部分组成。其中机械传动系统主要由电动机、多置式减速机等部分组成。电气控制部分由电源开关、按钮、近控、远控选择开关、接触器、行程开关、辅助开关、手动电动闭锁装置、接线板及电热器等部分组成。箱体由钢板或不锈钢板制成，正面和侧面各开一门。CJ2 电动操动机构结构如图 ZY1400702004-3 所示，CJ2 电动操动机构传动原理如图 ZY1400702004-4 所示。

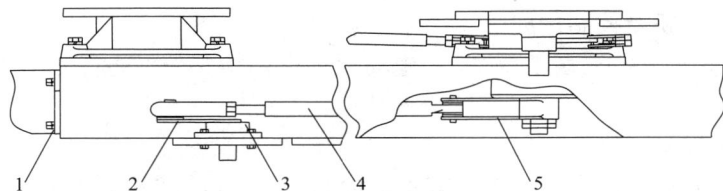

图 ZY1400702004-1　GW7 型隔离开关底座传动部分及机械闭锁图

1—接地开关；2—拐臂；3—轴承；4—连杆；5—拐臂焊接装配

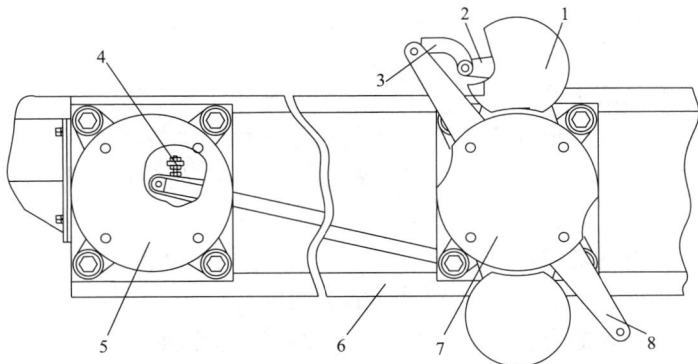

图 ZY1400702004-2　GW7 型隔离开关底座传动部分及机械闭锁俯视图

1—连锁板；2—连臂；3—接头；4—限位螺栓；5—绝缘子底座；6—底座；7—轴承座；8—连板

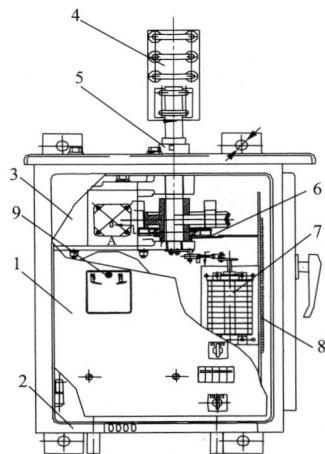

图 ZY1400702004-3　CJ2 电动操动机构结构

1—接线装配；2—机构箱体；3—减速机构；

4—抱夹装配；5—分合指示器；6—终端限位开关；

7—辅助开关；8—接线座；9—手动电动闭锁开关

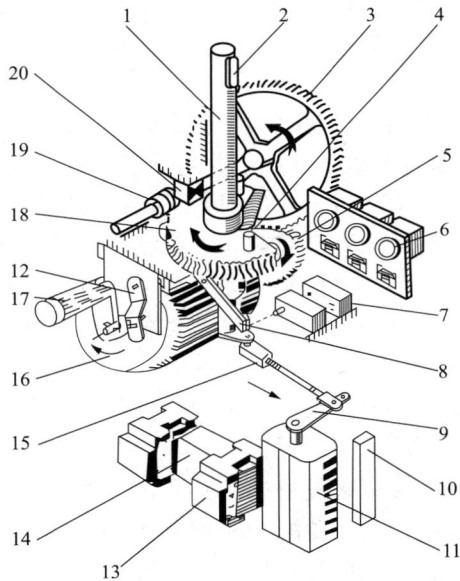

图 ZY1400702004-4　CJ2 电动操动机构传动原理

1—主轴；2—键；3—大齿轮；4—挡钉；5—小齿轮；6—按钮；

7—终端限位开关；8—弹性压片；9—连板；10—接线座；11—辅助开关；

12—手动、电动闭锁装置；13—接触器；14—热继电器；15—连杆；

16—电动机；17—手柄；18—蜗轮；19—蜗杆；20—限位块

二、作业内容

（1）GW7 型隔离开关传动系统分解检修。

（2）CJ2 电动操动机构分解检修。

（3）CJ2 电动操动机构二次回路交流耐压试验。

（4）CJ2 电动操动机构二次回路绝缘试验。

三、作业中危险点分析及控制措施

参见 GW4 型隔离开关传动系统及 CJ5 电动操动机构检修作业危险点分析及控制措施（模块 ZY1400702001）。

四、检修作业前的准备

参见 GW4 型隔离开关传动系统及 CJ5 电动操动机构检修前的准备项目（模块 ZY1400702001）。

五、检修作业前的检查

参见 GW4 型隔离开关传动系统及 CJ5 电动操动机构检修前的准备项目（模块 ZY1400702001）。

六、检修作业步骤、工艺要求及质量标准

1. GW7 隔离开关传动系统分解检修

（1）GW7 隔离开关传动系统分解。

1）拆下拉杆连接头（接叉）的防松螺母，拧下接头（接叉）。拆卸前，记录好拉杆有效工作尺寸。

2）拧松连轴套上的螺栓顶丝，取下竖拉杆。拧松固连臂轴的 4 个螺栓，取下连臂轴。

（2）GW7 隔离开关传动系统检修工艺要求。

1）所有拆下的零件用清洗剂清洗并擦干。

2）检查连臂轴有无开焊；检查连臂轴与衬套的公差配合。

3）检查连臂轴表面，如表面有锈蚀，应用 00 号砂布进行处理，存在严重损伤应更换。

4）检查拉杆件有无变形，如变形应校正，用钢丝刷或铲刀清除其锈蚀。

5）检查拉杆端头螺纹，如损坏严重应更换，如轻微损伤应修整，用钢丝刷清除其锈蚀。

6）检查连接头或接叉，如轻微变形应校正，如内螺纹损坏应用丝锥套攻并清除锈蚀。

7）检查焊接在拉杆上的接套，如有变形应更换，检查焊缝有无开裂，如开裂应补焊。

8）检查连轴套有无裂纹及与竖拉杆焊接处有无开焊，如表面有锈蚀，应用 00 号砂布进行处理，存在严重损伤应更换。

9）检查圆头平键表面，如表面有锈蚀，应用 00 号砂布进行处理，存在严重损伤更换。

10）检查各螺孔情况，并用丝锥套攻，清除灰尘和铁锈，孔内涂黄油。

（3）GW7 隔离开关传动系统装复。按分解相反顺序进行装复，装复时应注意以下几点：

1）连臂轴与衬套接触面处应涂–40℃的二硫化钼锂。

2）拉杆装复时接头上面应有平垫后再上开口销，拉杆装复前应校直。

3）检查固定竖拉杆螺栓顶丝有无松动。

（4）GW7 隔离开关传动系统检修质量标准。

1）连臂轴应完整，连臂轴及衬套工作面无锈蚀。

2）拉杆应完整、无损坏。

3）各连接销应无磨损、变形。

4）连接销与销孔配合间隙为 0.4～0.5mm 为宜。

5）拉杆端头螺纹完好，无损伤。

6）连接头或接叉无变形，内螺纹完好。

7）接套无锈蚀、变形、焊缝完好。

8）螺杆、螺母应完整，无锈蚀，公差配合适当。

9）螺杆拧入接头的深度不应小于 20mm。

2. CJ2 电动操动机构分解检修

（1）CJ2 电动操动机构各单元分解。

1）断开电动机电源及控制电源。

2）拆下二次元件装配接线端子与进线电缆导线的固定螺钉，拆下与电动机相连的电源线。松开电缆线夹，从机构箱中抽出进线电缆。在拆下进线电缆前，应做好相应记录。

3）拆除机构箱与基础相连的 4 个螺栓，将机构箱拆下并放置在检修平台上。

4）拆除接线端子板与辅助开关相连的二次接线的螺钉。

5）拆除电动机接线盒上 2 个固定螺栓，取下罩。拧下其与接线端子板间二次接线固定螺钉。

6）拆下二次接线板上端子排与分、合闸限位开关间二次接线端子螺钉，拆下二次控制线。

7）拔出机构主轴下端与辅助开关相连的拐臂连杆两端的开口销，取下拐臂连杆。

8）拆除减速箱与分、合闸切换开关装配相连的两个螺钉，取下分、合闸切换开关装配。

（2）CJ2 电动操动机构二次元件分解。

1）拆除机构箱与二次元件装配板相连的 4 个螺钉，将二次元件装配板从机构箱中抽出。

2）分别拆下分、合闸接触器上的二次接线紧固螺钉，拆下二次接线，同时拆除分、合闸接触器与二次接线板相连的螺钉，取下分、合闸接触器。

3）拆下热继电器上的二次接线，拆除与二次接线板相连的螺钉，取下热继电器。

4）拆下三相刀闸上的二次接线，拆除与二次接线相连的螺钉，取下三相闸刀。

5）拆下端子排上二次接线，拧出端子排紧固螺钉，取下端子排。

6）拆下辅助开关上的二次接线，取下辅助开关端头拐臂上的切换弹簧，拆除与二次元件装配板的紧固螺钉，取下辅助开关。

7）轻轻敲出辅助开关固定架上方外拐臂固定圆柱销，从固定架上分离内、外拐臂。

8）拆下分、合闸限位开关与固定板相连的螺钉，取下限位开关。

9）拧下机构箱与分、合闸操作按钮相连的 2 个螺钉，取下分、合闸操作按钮和端子排上二次接线，从固定板上取下分、合闸操作按钮和端子排。

10）拆除机构主轴下端的 2 个螺钉，取下 L 形转换拐臂。

11）拧下机构主轴下端与弹性压片相连的 2 个螺钉，取下弹性压片。

（3）CJ2 电动操动机构二次元件检修工艺要求。

1）检查行程开关，分、合闸按钮，急停按钮等动作是否灵活、正确，触点是否烧伤，如有烧伤痕迹，可用 00 号砂布处理。如破损应更换。

2）检查行程开关，分、合闸按钮，急停按钮，交流接触器，热继电器，辅助开关等弹簧及弹片，用手轻压弹簧及弹片，检查复位情况，如永久疲劳应更换。

3）检查分、合闸接触器的外观有无破损，如破损严重应更换。检查其动作情况，调整好触头开距和超行程后用万用表测试接触器通、断是否可靠，同时检查线圈有无烧伤，必要时更换。

4）检查接触器触点是否烧伤痕迹，必要时更换。

5）检查二次线接线端子是否紧固，绝缘是否良好。

6）检查接线端子板端子排编号，缺的应补齐。端子排如有破损、裂纹应更换，压线螺钉锈蚀应更换。

7）检查热继电器，如破损应更换，并用清洗剂清洗热继电器外表面。

8）检查热继电器整定设置是否正确。

9）检查加热器是否良好，自动控制装置动作是否准确可靠，用 1000V 绝缘电阻表测量其绝缘电阻应符合要求。

10）检查分、合闸限位开关，如破损应更换，并用手轻压检查触点动作情况。

11）用手轻压弹性压片，检查复位情况，如永久疲劳应更换。

12）检查三相刀闸绝缘件损坏情况，损坏严重应更换。用扁锉除去刀闸刀片及触片上的烧伤斑点，并检查三相刀闸分、合闸动作是否灵活，接触是否良好。

13）检查分、合闸操作按钮，用万用表测试按钮的通、断是否正常。

14）用 00 号砂布除去二次接线板上的锈蚀后，刷防锈漆。

（4）CJ2 电动操动机构二次元件检修后装复。

分、合闸接触器，行程开关，分、合闸按钮，组合开关，热继电器，刀开关及其接线端子板的检修及装复，按分解相反的顺序进行。装复时应注意以下几点：

1）检查 L 形转换拐臂，除去锈蚀，校正变形及作防锈处理，锈蚀严重者应更换。

2）用清洗剂清洗所有零部件，待干后，在所有元件导电接触面涂少量的中性凡士林油。

3）更换锈蚀的紧固件及弹簧。

4）用万用表检查行程开关，分、合闸按钮，急停按钮，接触器，热继电器，辅助开关等动、静触点通、断情况，并检查切换是否可靠，通、断位置是否正确。

5）装复后，核对二次接线是否正确。

（5）CJ2 电动操动机构二次元件检修质量标准。

1）行程开关，分、合闸按钮，急停按钮，接触器，热继电器，辅助开关等触点分合闸位置切换应正确、灵活、无卡涩。触点接触良好。弹簧及弹片的弹性良好。

2）拆下的二次回路端子线及电缆线头应有标记。

3）端子排编号清晰、完整，端子排无破损。

4）用 1000V 绝缘电阻表测量二次元件绝缘电阻应大于 $2M\Omega$。

（6）辅助开关分解、检修、装复及检修质量标准。参见 CJ5 电动操动机构辅助开关相关内容（模块 ZY1400702001）。

（7）CJ2 电动操动机构的减速器装配分解。

1）拆除机座与机构箱顶连接的 4 个螺栓，使机座与机构箱分离，取出机座放置在检修平台上。

2）拆除蜗杆轴端部大齿轮中心定位螺钉，取下大齿轮及平键。

3）拆除蜗轮与主轴的蜗轮定位螺栓，使主轴与蜗轮分离，拆卸前，应记录各调节垫片数量，取出蜗轮及平键、滚针轴承，拧下蜗轮上的 2 个挡钉。拆卸轴承时，不能损坏轴承的配合表面，不能将作用力加在外圈滚动体上。

4）拆除机座上端 3 个螺栓，取下分、合闸限位块。

5）拆除挡板与机座相连的紧固螺钉，取下挡板。

6）拆除下蜗杆轴的轴承端盖上 4 个螺栓，取下端盖、蜗杆轴，敲出蜗杆轴套上定位销，从轴上退出两端轴承、轴套及蜗杆。

（8）CJ2 电动操动机构的减速器装配检修工艺要求。

1）检查大齿轮轮齿表面及齿轮中心孔键槽，如稍有磨损，用扁锉修整。

2）检查蜗轮、蜗杆轴、蜗杆、轴套、主轴及轴上键槽和平键及挡钉，如轻微变形应校正，用扁锉修整磨损处，如磨损严重应更换。

3）分解轴承，取下内圈、滚针保持架、滚针及外圈，检查轴承工作面，如有锈蚀用 00 号砂布打磨，修理时不能损坏配合表面及精度；如保持架、滚针锈蚀（损坏）严重应更换。用清洗剂清洗以上零件，待干后，将涂满二硫化钼锂的保持架放在内圈上。装入滚针后，套上外圈。检查装复的轴承、滚动体与内、外圈接触是否良好，转动是否灵活后，放在检修平台上待用。

4）用清洗剂除去轴承表面污垢，检查其磨损及锈蚀情况，用 00 号砂布除去轴承工作面的锈蚀，处理时不能损坏配合表面及精度，损坏的应更换，用清洗剂清洗干净后，在轴承工作面涂满二硫化钼锂，放在检修平台上待用。

5）检查机座、轴承座、轴承端盖外表有无损伤，用扁锉修理。

6）检查机构箱体通风、密封及驱潮措施是否良好，如密封填料失效应处理（或更换），然后除去机构箱体上锈蚀，刷防锈漆。

（9）CJ2 电动操动机构的减速器装配检修后装复。按分解时的相反顺序装复，并注意以下几点：

1）装复前，用清洗剂清洗所有零、部件，待干后，在转动件上涂二硫化钼锂。

2）装复蜗轮、蜗杆时，应在蜗轮、蜗杆轴两端加入适量调节垫片，以减小蜗轮、蜗杆轴向窜动量。

3）检查蜗轮中心平面与蜗杆轴线是否在同一平面。

4）检查蜗轮与蜗杆轴线是否相互垂直。

5）手力转动蜗杆轴，检查蜗轮、蜗杆动作是否平稳、灵活，有无卡涩。

6）在装复后的蜗轮、蜗杆轮齿表面涂二硫化钼锂。

（10）CJ2 电动操动机构的减速器装配检修质量标准。

1）各零件无损伤，零件表面清洁。

2）蜗轮、蜗轮杆、蜗杆、轴套、主轴、键槽及平键完好，无变形，无锈蚀。

3）轴承及配合表面完好，转动灵活，无卡涩。

4）壳体及端盖无变形，无裂纹，各部无损伤。

5）机构箱体无锈蚀，密封良好。

6）轴向窜动量不大于 0.5mm。

7）蜗轮中心平面与蜗杆轴线在同一平面。

8）蜗轮与蜗杆的轴线互相垂直。

9）蜗轮、蜗杆动作平稳、灵活，无卡涩。

（11）CJ2 电动操动机构的电动机装配检修。电动机一般情况下不需要全部解体检修，只是拆下电动机端盖进行检查。如为直流电动机，在拆下碳刷架及碳刷之前，除先做好其相对位置及接线极性的标记外，并做好记录，然后拆除碳刷架及碳刷。

（12）CJ2 电动操动机构的装复。将已检修好的机构各部件按分解时的相反顺序装入机构箱内，组装好的机构应进行以下检查和测试：

1）检查机构箱内二次接线是否正确，接线端子连接是否牢固。

2）以手动操作，检查蜗轮、蜗杆的旋转方向与辅助开关切换位置是否对应。

3）以手动操作，检查机构传动部分是否灵活，工作是否平稳。

4）以手动进行分、合操作，检查辅助开关切换是否可靠。

5）测试驱潮器通、断情况，检查加热器是否完好无损。

6）用 1000V 绝缘电阻表测量二次回路绝缘应符合要求。

7）更换密封条，检查机构密封情况。

（13）CJ2 电动操动机构检修质量标准。

1）传动系统动作灵活，蜗杆及中间轴轴向窜动量不大于 0.5mm。

2）二次接线正确，接线端子牢固。

3）旋转方向与切换位置对应。

4）机构转动灵活，无卡涩，无异音。

5）辅助开关切换可靠，驱潮回路完好。

6）绝缘电阻大于 2MΩ。

7）机构密封良好。

3. CJ2 电动操动机构二次回路交流耐压试验

用交流电压 2000V 对操动机构二次辅助回路及控制回路进行 1min 工频耐压试验，耐压试验合格。如果现场没有耐压试验仪器，也可用 2500V 绝缘电阻表代替进行耐压试验。

4. CJ2 电动操动机构二次回路绝缘试验

用 1000V 绝缘电阻表对操动机构二次辅助回路及控制回路进行绝缘电阻测试，绝缘电阻不低于 2MΩ。

【思考与练习】

1. GW7 型隔离开关传动系统主要由哪些部分组成？

2. GW7 型隔离开关传动系统检修工艺要求是什么？

3. CJ2 电动操动机构的减速器装配检修质量标准是什么？

4. CJ2 电动操动机构检修组装后应进行哪些检查和测试？

模块 5　GW16（20）型隔离开关传动系统及 CJ7 电动操动机构检修（ZY1400702005）

【模块描述】本模块包含 GW16（20）型隔离开关传动系统及 CJ7 电动操动机构检修的作业流程及工艺要求。通过知识要点的归纳讲解、图例展示、操作技能训练，掌握 GW16（20）型隔离开关传动系统及 CJ7 电动操动机构的基本结构、修前准备、危险点预控、作业步骤、工艺要求及质量标准等操作技能。

【正文】

一、GW16 型隔离开关传动系统及 CJ7 电动操动机构的结构

1. GW16 型隔离开关传动系统的结构

GW16 型隔离开关传动系统主要由竖拉杆、水平拉杆及组合底座等组成。GW16–252 型隔离开关组合底座装配如图 ZY1400702005-1 所示。

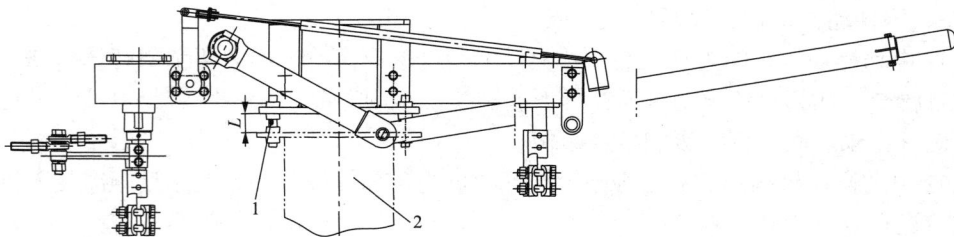

图 ZY1400702005-1　GW16–252 型隔离开关组合底座装配

1—螺杆（M20 全螺纹）；2—基础

2. CJ7 电动操动机构的结构

CJ7 电动操动机构主要由机构箱体、机械传动、控制回路三部分组成。其中机构箱体由箱体、正门、侧门、上盖等部分组成。机械传动主要由电动机、减速箱、调角联轴器组成。CJ7 电动操动机构减速箱装配图（俯视图）如图 ZY1400702005-2 所示，CJ7 电动操动机构调角联轴器结构原理如图 ZY1400702005-3 所示。

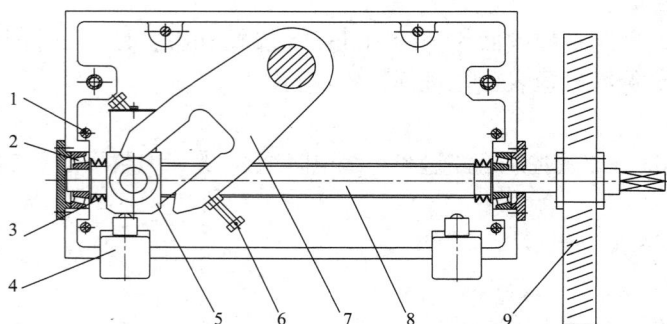

图 ZY1400702005-2　CJ7 电动操动
机构减速箱装配图（俯视图）

1—连接螺栓；2—轴承；3—碟形弹簧；4—行程开关；5—丝母；

6—限位螺栓；7—叉杆焊装；8—丝杆；9—大齿轮

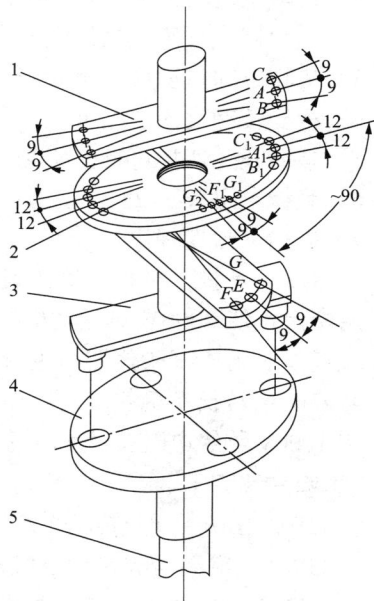

图 ZY1400702005-3　CJ7 电动操动机构
调角联轴器结构原理

1—接头焊装；2—圆板；3—拨动器；

4—连轴板焊装；5—减速箱输出轴

二、作业内容

（1）GW16 隔离开关传动系统分解检修。

（2）CJ7 电动操动机构分解检修。

（3）CJ7 电动操动机构二次回路交流耐压试验。

（4）CJ7 电动操动机构二次回路绝缘试验。

三、作业中危险点分析及控制措施

参见 GW4 型隔离开关传动系统及 CJ5 电动操动机构检修作业危险点分析及控制措施（模块 ZY1400702001）。

四、检修作业前的准备

参见 GW4 型隔离开关传动系统及 CJ5 电动操动机构检修作业前的准备项目（模块 ZY1400702001）。

五、检修作业前的检查

参见 GW4 型隔离开关传动系统及 CJ5 电动操动机构检修作业前的检查项目（模块 ZY1400702001）。

六、检修作业步骤、工艺要求及质量标准

1. GW16 隔离开关传动系统分解检修

（1）GW16 隔离开关传动系统分解。

1）松开两边相轴下端的 U 形螺栓，取出被动拐臂和月形键。

2）拧下拉杆连接头（接叉）的防松螺母，拧下接头（接叉），拆卸前，记录好拉杆有效工作尺寸。

3）拧松连轴套上的螺栓顶丝，取下竖拉杆。拧松固连臂轴的 4 个螺栓，取下连臂轴。

（2）GW16 隔离开关传动系统检修工艺要求。

1）所有拆下的零件用清洗剂清洗并擦干。

2）检查连臂轴有无开焊；检查连臂轴与衬套的公差配合。

3）检查连臂轴表面，如表面有锈蚀，应用 00 号砂布进行处理，存在严重损伤应更换。

4）检查拉杆件有无变形，如变形应校正，用钢丝刷或铲刀清除其锈蚀。

5）检查拉杆端头螺纹，损坏严重应更换，如轻微损伤应修整，用钢丝刷清除其锈蚀。

6）检查焊接在拉杆上的接套，如有变形应更换，检查焊缝有无开裂，如开裂应补焊。

7）检查连轴套有无裂纹及与竖拉杆焊接处有无开焊，如表面有锈蚀，应用 00 号砂布进行处理，存在严重损伤应更换。

8）检查圆头平键表面，表面有锈蚀，应用 00 号砂布进行处理，存在严重损伤应更换。

9）检查各螺孔情况，并用丝锥套攻，清除灰尘和铁锈，孔内涂黄油。

（3）GW16 隔离开关传动系统检修质量标准。

1）连臂轴应完整，连臂轴及衬套工作面无锈蚀。

2）拉杆应完整、无损坏。

3）各连接销应无磨损、变形。

4）连接销与销孔配合间隙为 0.4～0.5mm 为宜。

5）拉杆端头螺纹完好，无损伤。

6）连接头或接叉无变形，内螺纹完好。

7）接套无锈蚀、变形、焊缝完好。

8）螺杆、螺母应完整，无锈蚀，公差配合适当。

9）螺杆拧入接头的深度不应小于 20mm。

（4）GW16 隔离开关传动系统装复。按分解相反顺序进行装复，装复时应注意以下几点：

1）连臂轴与衬套接触面处应涂–40℃的二硫化钼锂。

2）拉杆装复时接头上面应有平垫后再上开口销，拉杆装复前应校直。

3）检查固定竖拉杆螺栓顶丝有无松动。

2. CJ7 电动操动机构分解检修

首先打开正门及侧门，断开电动机电源及控制电源。记下电缆进线及用于外部连锁等功能线的端子编号，松开接线点，并作标记。拧下机构内二次元件装配接线端子上与进线电缆导线的固定螺钉，松开电缆线夹，从机构箱中抽出进线电缆，同时拆出与电动机相连的电源线，以上接线在拆卸前应做好记录，电缆抽出后应做好防潮措施；拆除机构箱与基础相连的 4 个螺栓，将机构拆出并安放在检修平台上。

（1）CJ7 电动操动机构各单元分解。

1）检查调角轴器、机构输出轴上的平键及防雨罩确已拆卸后，拧下上盖与机构箱间 4 个连接螺栓，

取出上盖。

2）拔出机构输出轴与辅助开关相连的拐臂连板两端的开口销，取下拐臂连板。

3）拆出门控开关上的二次接线（拆卸前应做好记录），拧下机构箱与门控开关间的连接螺栓，取下门控开关。

4）拆出分、合闸限位开关上的二次接线（拆卸前应做好记录），拧下减速器装配与分、合闸限位开关固定板的连接螺栓，取出分、合闸限位开关。

5）拆除机构箱、减速器箱装配与二次元件装配相连的螺栓，取出二次元件装配。

6）拆除减速箱装配与齿轮护罩相连的螺栓，取出齿轮护罩。

7）拆除电动机与减速装配相连的4个螺栓，从机构箱中取出电动机，并放至检修平台上。

8）拆下减速箱装配与机构箱相连的4个固定螺栓，将减速箱装配从机构箱中取出，放至检修平台上。

（2）CJ7电动操动机构二次元件分解。

1）拆下二次线路固定在接线端子的螺钉，抽出二次接线（拆卸前应做好记录），抽出接线端子卡轨两端固定卡，从卡轨上拆下接线端子。

2）拆下辅助触头、交流接触器、两个小型断路器以及热继电器上二次接线固定螺钉，抽出二次接线（拆卸前应做好记录），将辅助触头、交流接触器、小型断路器和两个热继电器从卡轨上抽出。

3）拆下按钮上二次接线固定螺钉，抽出二次接线（拆卸前应做好记录），从安装板上拆下按钮。

4）拆下辅助开关上二次接线固定螺钉，抽出二次接线（拆卸前应做好记录），拧下安装板与辅助开关相连的4个螺钉，从安装板上取出辅助开关。

5）拆下驱潮电阻二次接线，拧下安装板与驱潮电阻相连接的卡子固定螺栓，取出驱潮电阻。

6）拆下安装板与卡轨相连接的螺钉，使卡轨与安装板分离。

（3）CJ7电动操动机构二次元件检修工艺要求。

1）检查接线端子外表，如有破损应更换，用00号砂布清除二次接线接触处的氧化层。

2）检查二次线接线端子是否紧固，绝缘是否良好。

3）检查接线端子板端子排编号，缺的应补齐。端子排如有破损、裂纹应更换，压线螺钉锈蚀应更换。

4）检查行程开关，分、合闸按钮，急停按钮等动作是否灵活、正确，触点是否烧伤，如有烧伤痕迹，可用00号砂布处理。如破损应更换。

5）检查行程开关，分、合闸按钮，急停按钮，交流接触器，热继电器等弹簧及弹片，用手轻压弹簧及弹片，检查复位情况，如永久疲劳应更换。

6）检查按钮外表完好情况，如有破损应更换。手动试验按钮，检查其通、断切换是否可靠，接触是否良好。

7）检查辅助触头、交流接触器、小型断路器及热继电器、门控开关等，如严重损伤应更换。检查辅助触头、交流接触器、小型断路器及门控开关通、断是否正常，切换位置是否正确、可靠，接触是否良好。

8）检查分、合闸接触器的外观有无破损，如破损严重应更换；检查其动作情况，调整好触头开距和超行程后用万用表测试接触器通、断是否可靠，同时检查线圈有无烧伤，必要时更换。

9）检查接触器触点是否有烧伤痕迹，必要时更换。

10）检查热继电器，如破损应更换，并用清洗剂清洗热继电器外表面。

11）检查热继电器整定设置是否正确。

12）检查加热器是否良好，自动控制装置动作是否准确可靠，用1000V绝缘电阻表测量其绝缘电阻应符合要求。

13）用00号砂布清除驱潮电阻碍表面的锈蚀，用万用表检测驱潮电阻值，并测量电阻值是否符合厂家要求。

14）检查安装板、卡轨，用00号砂布清除其锈蚀，如卡轨轻微变形应校正。

15）辅助开关分解、检修、装复及检修质量标准参见CJ5电动操动机构辅助开关相关内容（模块ZY1400702001）。

模块 5　ZY1400702005

（4）CJ7 电动操动机构二次元件检修后装复。分、合闸接触器，行程开关，分、合闸按钮、组合开关、热继电器等装复，按分解相反的顺序进行，装复时应注意以下几点：

1）装复前，将安装板与导轨刷防锈漆，同时更换所有锈蚀的连接紧固件。

2）用清洗剂清洗所有零部件，待干后，在所有元件导电接触面涂少量的中性凡士林油。

3）更换锈蚀的紧固件及弹簧。

4）装复后的辅助开关轴向窜动量不大于 0.5mm。

5）用万用表检查行程开关，分、合闸按钮，急停按钮，接触器，热继电器，辅助开关等动、静触点通、断情况，并检查切换是否可靠，通、断位置是否正确。

6）二次线及元件装复过程中，应核查接线是否正确，接触是否良好。

7）二次元件装配组装完成后，应检查各元件与安装板固定是否牢固。

8）用 1000V 绝缘电阻表摇测二次元件装配绝缘电阻是否符合要求。

（5）CJ7 电动操动机构二次元件检修质量标准。

1）行程开关，分、合闸按钮，急停按钮，接触器，热继电器，辅助开关等触点分合闸位置切换应正确、灵活、无卡涩。触点接触良好。弹簧及弹片的弹性良好。

2）拆下的二次回路端子线及电缆线头应有标记。

3）端子排编号清晰、完整，端子排无破损。

4）用 1000V 绝缘电阻表测量二次元件绝缘电阻应大于 2MΩ。

（6）CJ7 电动操动机构的减速器装配分解。

1）拆下减速箱装配端部大齿轮外侧端盖上的 4 个半圆头螺钉，分别从螺杆上取出大齿轮端盖、大齿轮及平键。

2）拆下螺杆两个端盖上固定螺栓，取下端盖。

3）从机构输出轴上取出辅助开关拐臂后，拧下机构输出轴上、下端盖上的各 3 个螺栓，取下端盖。

4）拆下上减速箱与下减速箱相连的 6 个双头螺母，打开上、下减速箱体，将螺杆连同轴承、调整垫片、碟形弹簧、螺杆螺母及其上的油杯一并拆出。

5）从下减速箱中取出叉杆焊装、复合轴套，在拧下叉杆焊接上的限位螺栓前应记录好螺纹外露部分的尺寸。

6）拆下油杯的螺钉，从螺杆螺母上取出油杯盖及油杯筒。

7）拔出螺杆螺母上滚轮轴两端的弹簧卡，取出滚轮。

（7）CJ7 电动操动机构的减速器装配检修工艺要求。

1）检查螺杆，如有轻微扭曲、变形应校正。

2）检查螺杆及螺杆螺母内、外梯形螺纹及螺杆端头键槽，如有轻微损伤，应用扁锉修理，如损伤严重应更换。

3）如螺杆螺母上滚轮轴轻微变形应校正，用 00 号砂布清除螺杆及螺杆螺母外表的锈蚀，检查螺杆螺母与螺杆及螺杆螺母外表的锈蚀。

4）检查螺杆螺母与螺杆的配合，转动是否灵活，轴向窜动量是否符合要求。

5）检查大齿轮的轮齿，用扁锉修整轮齿及键槽上毛刺，用 00 号砂布清除齿轮外表锈蚀。

6）检查叉杆焊装，如有轻微变形应校正，用 00 号砂布清除其表面锈蚀。

7）检查油杯、杯筒及盖，如轻微锈蚀用 00 号砂布清除，稍有变形应校正。

8）检查滚轮，如轻微变形应校正，用 00 号砂布清除锈蚀。

9）检查上减速箱、下减速箱，箱体上螺纹孔洞如有轻微损坏用丝锥套攻修理，箱体表面如损坏严重应更换。

10）检查端盖，轻微变形应校正，用 00 号砂布清除其上锈蚀。

11）检查碟形弹簧，当两片呈◇形后，用手轻轻按压，释放后，检查弹簧是否复位正常，如有损坏或永久变形应更换。

12）检查位置开关，如损坏应更换，用万用表检查触点的通、断和接触情况。

13）分解滚针轴承，取下内圈、滚针保持架、滚针及外圈。

14）轴承的检修。

① 用清洗剂清洗轴承表面污垢，检查其磨损及锈蚀情况，用 00 号砂布清除轴承表面的锈蚀。

② 如保持架、滚针锈蚀损坏严重应更换。

③ 将涂满二硫化钼锂的保持架放在内圈上。

15）轴承按分解时的相反顺序装复，装复调整合格后，放在检修平台上待用。

16）轴承的检修质量标准。

① 修理时不能损坏配合表面精度。

② 检查装复的轴承，滚动体与内、外圈接触良好，转动灵活。

③ 轴承及配合表面完好，转动灵活、无卡涩。

（8）CJ7 电动操动机构的减速器装配检修后装复。按分解时的相反顺序装复，并注意以下几点：

1）装复前，用清洗剂清洗除轴外的所有零部件，待干后，在转动件上涂二硫化钼锂；在上、下减速箱上所有螺孔中涂黄油。

2）装复前：更换所有锈蚀的连、固定件及叉杆焊装上的复合轴套。

3）装复前：螺杆螺母上的油杯中液压注满二硫化钼锂。

4）装复过程中，注意检查零部件的装复位置和尺寸。

5）注意螺杆螺母上油杯的安放位置。

6）碟形弹簧的装配方向呈◇形。

7）叉杆焊装上的限位螺栓外露长度应与原始尺寸相近。

8）装复后：手力转动螺杆，检查螺杆螺母及被带动的叉杆焊装运动是否灵活，有无卡涩，轴向窜动是否合格。

9）装复后：检查螺杆螺母能否自由脱扣及搭扣，如有偏差，可通过增减碟形弹簧及端头调整垫片的数量来解决。

10）装复后：检查螺杆螺母行至杠端头时，限位螺栓与箱体限位点间隙是否符合要求。

（9）CJ7 电动操动机构的减速器装配检修质量标准。

1）各零件无损伤，零件表面清洁。

2）轮齿及中心孔键槽无毛刺，表面无锈蚀。

3）轴承及配合表面转动灵活，无卡涩。

4）叉杆焊装无锈蚀，无变形。

5）油杯、杯筒及盖等部件无锈蚀，无变形。

6）滚轮无锈蚀，无变形。

7）上下减速箱体无损伤，无锈蚀，表面完好。

8）碟形弹簧完好，无永久变形。

9）位置开关动作正确，接触可靠。

10）连接、固定螺栓（钉）及复合轴套无锈蚀。

11）零部件装复位置和尺寸正确。

（10）CJ7 电动操动机构的电动机装配检修。电动机一般情况下不需要全部解体检修，只是拆下电动机端盖进行检查。如为直流电动机，在拆下碳刷架及碳刷之前，除先做好其相对位置及接线极性的标记外，并做好记录，然后拆除碳刷架及碳刷。

（11）CJ7 电动操动机构检修后装复。按分解时的相反顺序装复，并注意以下几点：

1）将已组装好的各部件装配按分解时的相反顺序装复。

2）用手柄操作，检查传动部分动作是否灵活，有无卡涩。

3）用手柄操作，使机构处于分、合闸位置时，检查位置开关与限位螺栓、辅助开关切换位置均是否对应，接触是否可靠。

4）复核二次接线是否正确。

5）检查行程开关通断是否可靠。

6）更换密封条，检查机构密封情况。

7）检查机构箱体通风、密封及驱潮措施是否良好，如密封填料失效应处理（或更换），然后除去机构箱体上锈蚀，刷防锈漆。

（12）CJ7 电动操动机构检修质量标准。

1）零部件完好、清洁。

2）转动盘与分、合闸切换块相对位置正确。

3）连接、固定螺栓（钉）紧固良好。

4）二次接线正确，接线端子牢固。

5）旋转方向与切换位置对应。

6）机构转动灵活，无卡涩，无异音。

7）辅助开关切换可靠，驱潮回路完好。

8）绝缘电阻大于 $2M\Omega$。

9）驱潮器、加热器工作正常。

（13）调角联轴器的分解。

1）拧下接头焊装与圆板间连接的 2 个螺栓，取出接头焊接。

2）拧下拨动器与圆板相连的 2 个螺栓，取出圆板。

3）从连轴板焊装上抽出拨动器。

4）从机构减速箱输出轴取出联轴板焊装及平键。

（14）调角联轴器的检修。

1）检查接头焊装接头与焊板间焊缝是否牢固，焊板是否扭曲变形，如轻微变形，校正后，用钢丝刷清除外表锈蚀。

2）检查圆板上孔洞损伤情况，用扁锉修理后，校正其扭曲变形，用钢丝刷清除锈蚀。

3）检查拨动器，用扁锉清除孔洞毛刺，校正拨动器上、下两焊板的扭曲变形后，用钢丝刷清除其上锈蚀。

4）检查连轴板焊装，用扁锉清除孔洞、键及键槽上的毛刺，用 00 号砂布清除其锈蚀。

（15）调角联轴器的装复。按分解时相反顺序装复，并注意以下几点：

1）装复前，用清洗剂清洗所有零部件，待干后，在各零部件外表面刷防锈漆。

2）装复时，检查圆板与接头焊装与拨动器间连接是否牢固。

3）注意检查联轴板焊装上孔与拨动器轴间的间隙是否符合标准。

4）检查角度是否符合厂家要求。

（16）调角联轴器的检修质量标准。

1）接头焊接牢固，无变形，无锈蚀。

2）圆板上的孔洞无损伤，无变形，无锈蚀。

3）拨动器上孔洞无毛刺，焊板无变形，无锈蚀。

4）联轴板焊装孔洞、键、键槽无毛刺，联轴板焊装无锈蚀。

5）各零、部件完好、清洁。

6）圆板、接头焊装及拨动器间连接牢固。

7）孔、轴间间隙不大于 0.1mm。

3. CJ7 电动操动机构二次回路交流耐压试验

用交流电压 2000V 对操动机构二次辅助回路及控制回路进行 1min 工频耐压试验，耐压试验合格。如果现场没有耐压试验仪器，也可用 2500V 绝缘电阻表代替进行耐压试验。

4. CJ7 电动操动机构二次回路绝缘试验

用 1000V 绝缘电阻表对操动机构二次辅助回路及控制回路进行绝缘电阻测试，绝缘电阻不低于 $2M\Omega$。

【思考与练习】

1. GW16 型隔离开关传动系统主要由哪些部分组成？

2. GW16 型隔离开关传动系统检修质量标准是什么？

3. 简述 CJ7 电动操动机构各单元分解步骤。

4. CJ7 电动操动机构的减速器装配检修质量标准是什么？

模块 6　GW17（21）型隔离开关传动系统及 CJ11 电动操动机构检修（ZY1400702006）

【模块描述】 本模块包含 GW17（21）型隔离开关传动系统及 CJ11 电动操动机构检修的作业流程及工艺要求。通过知识要点的归纳讲解、图例展示、操作技能训练，掌握 GW17（21）型隔离开关传动系统及 CJ11 电动操动机构的基本结构、修前准备、危险点预控、作业步骤、工艺要求及质量标准等操作技能。

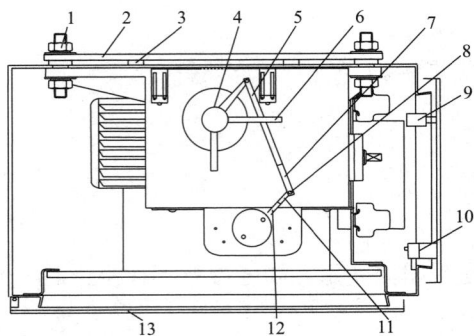

图 ZY1400702006-1　CJ11 电动操动机构总装配

1—机构安装螺母；2—安装被板；3—接地螺孔；4—启动盘焊装；

5—连杆；6—铜带；7—连杆套；8—销；9—门控开关；

10—侧门机械连锁插销；11—被动拐臂套；

12—被动拐臂焊装；13—前门

【正文】

一、GW17 型隔离开关传动系统及 CJ11 电动操动机构的结构

1. GW17 型隔离开关传动系统的结构

GW17 型隔离开关传动系统和 GW16 型隔离开关传动系统基本一样，参见 GW16 型隔离开关传动系统的结构（模块 ZY1400702005）。

2. CJ11 电动操动机构的结构

CJ11 电动操动机构主要由传动部分、操动部分、辅助开关、机构箱体四大部分组成。CJ11 电动操动机构总装配（不含控制面板）如图 ZY1400702006-1 所示。

二、作业内容

（1）GW17 隔离开关传动系统分解检修。

（2）CJ11 电动操动机构分解检修。

（3）CJ11 电动操动机构二次回路交流耐压试验。

（4）CJ11 电动操动机构二次回路绝缘试验。

三、作业中危险点分析及控制措施

参见 GW4 型隔离开关传动系统及 CJ5 电动操动机构检修作业危险点分析及控制措施（模块 ZY1400702001）。

四、GW17 型隔离开关传动系统及 CJ11 电动操动机构检修作业前的准备

参见 GW4 型隔离开关传动系统及 CJ5 电动操动机构检修作业前的准备项目（模块 ZY1400702001）。

五、检修作业前的检查

参见 GW4 型隔离开关传动系统及 CJ5 电动操动机构检修作业前的检查项目（模块 ZY1400702001）。

六、检修作业步骤、工艺要求及质量标准

1. GW17 隔离开关传动系统分解检修

（1）GW17 隔离开关传动系统分解。

1）松开两边相轴下端的 U 形螺栓，取出被动拐臂和月形键。

2）拧下拉杆连接头（接叉）的防松螺母，拧下接头（接叉）。拆卸前，记录好拉杆有效工作尺寸。

3）拧松连轴套上的螺栓顶丝，取下竖拉杆。拧松固定连臂轴的 4 个螺栓，取下连臂轴。

（2）GW17 隔离开关传动系统检修工艺要求。

1）所有拆下的零件用汽油清洗并擦干。

2）检查连臂轴有无开焊；检查连臂轴与衬套的公差配合。

3）检查连臂轴表面，如表面有锈蚀，应用 00 号砂布进行处理，存在严重损伤应更换。

4）检查拉杆件有无变形，如变形应校正，用钢丝刷或铲刀清除其锈蚀。

5）检查拉杆端头螺纹，损坏严重应更换，轻微损伤应修整，用钢丝刷清除其锈蚀。

6）检查焊接在拉杆上的接套，如有变形应更换，检查焊缝有无开裂，如开裂应补焊。

7）检查连轴套有无裂纹及与竖拉杆焊接处有无开焊，如表面有锈蚀，应用 00 号砂布进行处理，存在严重损伤应更换。

8）检查圆头平键表面，表面有锈蚀，应用 00 号砂布进行处理，存在严重损伤应更换。

9）检查各螺孔情况，并用丝锥套攻，清除灰尘和铁锈，孔内涂黄油。

（3）GW17 隔离开关传动系统检修质量标准。

1）连臂轴应完整，连臂轴及衬套工作面无锈蚀。

2）拉杆应完整、无损坏。

3）各连接销应无磨损、变形。

4）连接销与销孔配合间隙为 0.4～0.5mm 为宜。

5）拉杆端头螺纹完好，无损伤。

6）连接头或接叉无变形，内螺纹完好。

7）接套无锈蚀、变形、焊缝完好。

8）螺杆、螺母应完整，无锈蚀，公差配合适当。

9）螺杆拧入接头的深度不应小于 20mm。

（4）GW17 隔离开关传动系统装复。按分解相反顺序进行装复，装复时应注意以下几点：

1）连臂轴与衬套接触面处应涂–40℃的二硫化钼锂。

2）拉杆装复时接头上面应有平垫后再上开口销，拉杆装复前应校直。

3）检查固定竖拉杆螺栓顶丝有无松动。

2. CJ11 电动操动机构分解检修

断开电动机电源及控制电源，拆下机构内二次元件装配接线端子上与进线电缆导线的固定螺钉，松开电缆线夹，从机构箱中抽出进线电缆，同时拆出与电动机相连的电源线，以上接线在拆卸前应做好记录，电缆抽出后应做好防潮措施，拆除机构箱与基础相连的 4 个螺栓，将机构拆出并安放在检修平台上。

（1）CJ11 电动操动机构各单元分解。

1）检查联轴板装配、限位件及防雨罩确已拆卸后，拆除上盖与机构箱连接螺栓，取出上盖。

2）拔出启动盘焊装与辅助开关相连的连杆两端的开口销，取下连杆及连杆套。

3）拆除启动盘焊装的固定螺栓，取下启动盘焊装。

4）拆除辅助开关上二次接线固定螺钉，抽出二次接线（拆卸前应做好记录），拧下固定辅助开关相连的 4 个螺栓，取出辅助开关装配。

5）拆出门控开关上的二次接线（拆卸前应做好记录），拧下机构箱与门控开关间的连接螺栓，取下门控开关。

6）拆出分、合闸限位开关上的二次接线（拆卸前应做好记录），拧下减速器装配与分、合闸限位开关固定板的连接螺栓，取出分、合闸限位开关。

7）拆除机构箱、减速箱装配与二次元件装配相连的螺栓，取出二次元件装配。

8）拧下减速箱装配与齿轮护罩相连的螺栓，取出齿轮护罩。

9）拆除电动机与减速装配相连的 4 个螺栓，从机构箱中取出电动机，并放至检修平台上。

10）拆除减速箱装配与机构箱相连的 4 个固定螺栓，将减速箱装配从机构箱中取出，放至检修平台上。

（2）CJ11 电动操动机构二次元件分解。

1）拆下二次线路固定在接线端子的螺钉，抽出二次接线（拆卸前应做好记录），抽出接线端子卡轨两端固定卡，从卡轨上拆下接线端子。

2）拆下电动机启动器、微型断路器、万能转换开关、辅助触头、交流接触器及热继电器上二次接线固定螺钉，抽出二次接线（拆卸前应做好记录），将电动机启动器、微型断路器、万能转换开关、辅助触头、交流接触器及热继电器从卡轨抽出。

3）拆下按钮上二次接线固定螺钉，抽出二次接线（拆卸前应做好记录），从控制面板上拆下按钮。

4）拆下驱潮电阻（加热器）二次接线，拧下控制面板与驱潮电阻相连接的卡子固定螺栓，取出驱潮电阻（加热器）。

5）拧下控制面板与卡轨相连接的螺钉，使卡轨与控制面板分离。

（3）CJ11 电动操动机构二次元件检修工艺要求。

1）检查接线端子外表，如有破损应更换，用 00 号砂布清除二次接线接触处的氧化层。

2）检查二次线接线端子是否紧固，绝缘是否良好。

3）检查接线端子板、端子排编号，缺的应补齐。端子排如有破损、裂纹应更换，压线螺钉锈蚀或过热应更换。

4）检查行程开关，分、合闸按钮，急停按钮等动作是否灵活、正确，触点是否烧伤，如有烧伤痕迹，可用 00 号砂布处理。如破损应更换。

5）检查行程开关，分、合闸按钮，急停按钮，电动机启动器，微型断路器，万能转换开关，辅助触头，交流接触器及热继电器等弹簧及弹片，用手轻压弹簧及弹片，检查复位情况，如永久疲劳应更换。

6）检查按钮外表完好情况，如有破损应更换。手动试验按钮，检查其通、断切换是否可靠，接触是否良好。

7）检查电动机启动器、微型断路器、万能转换开关、辅助触头、交流接触器及热继电器、门控开关等，如严重损伤应更换。检查电动机启动器、微型断路器、万能转换开关、辅助触头、交流接触器及热继电器及门控开关通、断是否正常，切换位置是否正确、可靠，接触是否良好。

8）检查分、合闸接触器的外观有无破损，如破损严重应更换；检查其动作情况，调整好触头开距和超行程后用万用表测试接触器通、断是否可靠，同时检查线圈有无烧伤，必要时更换。

9）检查接触器触点是否有烧伤痕迹，必要时更换。

10）检查热继电器，如破损应更换，并用清洗剂清洗热继电器外表面。

11）检查热继电器整定设置是否正确。

12）检查加热器是否良好，自动控制装置动作是否准确可靠，用 1000V 绝缘电阻表测量其绝缘电阻应符合要求。

13）用 00 号砂布清除驱潮电阻表面的锈蚀，用万用表检测驱潮电阻值，并测量电阻值是否符合厂家要求。

14）检查控制面板、卡轨，用 00 号砂布清除其锈蚀，如卡轨轻微变形应校正。

（4）CJ11 电动操动机构二次元件检修后装复。行程开关，分、合闸按钮，电动机启动器，微型断路器，万能转换开关，辅助触头，交流接触器及热继电器、门控开关等装复，按分解相反的顺序进行，装复时应注意以下几点。

1）装复前，将控制面故与卡轨刷防锈漆，同时更换所有锈蚀的连接紧固件。

2）用清洗剂清洗所有零部件，待干后，在所有元件导电接触面涂少量的中性凡士林油。

3）更换锈蚀的紧固件及弹簧。

4）用万用表检查行程开关，分、合闸按钮，急停按钮，接触器，热继电器等动、静触点通、断情况，并检查切换是否可靠，通、断位置是否正确。

5）二次线及元件装复过程中，应核查接线是否正确，接触是否良好。

6）二次元件装配组装完成后，应检查各元件与安装板固定是否牢固。

7）用 1000V 绝缘电阻表摇测二次元件装配绝缘电阻是否符合要求。

（5）CJ11 电动操动机构二次元件检修质量标准。

1）行程开关，分、合闸按钮，急停按钮，接触器，热继电器等触点分合闸位置切换应正确、灵活、无卡涩。触点接触良好。弹簧及弹片的弹性良好。

2）拆下的二次回路端子线及电缆线头应有标记。

3）端子排编号清晰、完整，端子排无破损。

4）用 1000V 绝缘电阻表测量二次元件绝缘电阻应大于 $2M\Omega$。

（6）辅助开关分解、检修、装复及检修质量标准。参见 CJ5 电动操动机构辅助开关相关内容（模块 ZY1400702001）。

（7）CJ11 电动操动机构的减速箱装配分解。

1）拧下减速箱一、二级齿轮观察孔的盖板固定螺栓，取下盖板。

2）拧下减速箱电动机安装侧的盖板固定螺栓，取下盖板。

3）分别从减速箱取出一、二级齿轮，蜗杆，蜗轮及轴承，垫片。

（8）CJ11 电动操动机构的减速器装配检修工艺要求。

1）检查一、二级齿轮，用扁锉修整轮齿及键槽上毛刺，用 00 号砂布清除齿轮外表锈蚀。

2）检查蜗杆、蜗轮的配合情况，转动是否灵活，轴向窜动量是否符合要求。

3）检查启动盘焊装有无裂纹及开焊，如表面有锈蚀，应用 00 号砂布进行处理，存在严重损伤、裂纹及开焊应更换。

4）检查铜带无变形，如变形应校正，用钢丝刷清除其锈蚀。

5）检查蜗杆，如轻微变形应校正，用 00 号砂布清除锈蚀。

6）检查箱体上螺纹孔洞如有轻微损坏用丝锥套攻修理，箱体表面如损坏严重应更换。

7）检查盖板，校正轻微变形后，用 00 号砂布清除锈蚀。

8）轴承的分解。分解滚针轴承，取下内圈、滚针保持架、滚针及外圈。

9）轴承的检修。

① 用清洗剂清洗轴承表面污垢，检查其磨损及锈蚀情况，用 00 号砂布清除轴承表面的锈蚀。

② 如保持架、滚针锈蚀损坏严重应更换。

③ 将涂满二硫化钼锂的保持架放在内圈上。

10）轴承的装复。按分解时的相反顺序装复，装复调整合格后，放在检修平台上待用。

11）轴承的检修质量标准。

① 修理时不能损坏配合表面精度。

② 检查装复的轴承，滚动体与内、外圈接触良好，转动灵活。

③ 轴承及配合表面完好，转动灵活、无卡涩。

（9）CJ11 电动操动机构的减速器装配检修后装复。按分解时的相反顺序装复，并注意以下几点：

1）装复前，用清洗剂清洗除轴外的所有零部件，待干后，在转动件上涂二硫化钼锂；在减速箱上所有螺孔中涂黄油。

2）装复前：更换所有锈蚀的连、固定件及轴套。

3）装复过程中，注意检查零、部件的装复位置和尺寸。

4）装复后：手力转动蜗杆，检查蜗杆运动是否灵活，有无卡涩，轴向窜动是否合格。

（10）CJ11 电动操动机构的减速器装配检修质量标准。

1）各零件无损伤，零件表面清洁。

2）轮齿及中心孔键槽无毛刺，表面无锈蚀。

3）轴承及配合表面转动灵活，无卡涩。

4）启动盘焊装无锈蚀，无变形、无开裂。

5）滚轮无锈蚀，无变形。

6）减速箱体无损伤，无锈蚀，表面完好。

7）连接、固定螺栓（钉）及轴套无锈蚀。

8）零部件装复位置和尺寸正确。

（11）CJ11 电动操动机构的电动机装配检修。电动机一般情况下不需要全部解体检修，只是拆下电动机端盖进行检查。如为直流电动机，在拆下碳刷架及碳刷之前，除先做好其相对位置及接线极性的标记外，并做好记录，然后拆除碳刷架及碳刷。

（12）CJ11 电动操动机构检修后装复。按分解时的相反顺序装复，并注意以下几点：

1）将已组装好的各部件装配按分解时的相反顺序装复。

2）用手柄操作，检查传动部分动作是否灵活，有无卡涩。

3）用手柄操作，使机构处于分、合闸位置时，检查位置开关与限位螺栓、辅助开关切换位置均是否对应，接触是否可靠。

4）复核二次接线是否正确。

5）检查行程开关通断是否可靠。

6）更换密封条，检查机构密封情况。

7）检查机构箱体通风、密封及驱潮措施是否良好，如密封填料失效应处理（或更换），然后除去机构箱体上锈蚀，刷防锈漆。

（13）CJ11 电动操动机构检修质量标准。

1）零部件完好、清洁。

2）转动盘与分、合闸切换块相对位置正确。

3）连接、固定螺栓（钉）紧固良好。

4）二次接线正确，接线端子牢固。

5）旋转方向与切换位置对应。

6）机构转动灵活，无卡涩，无异音。

7）辅助开关切换可靠。驱潮回路完好。

8）绝缘电阻大于 2MΩ。

9）驱潮器、加热器工作正常。

3. CJ11 电动操动机构二次回路交流耐压试验

用交流电压 2000V 对操动机构二次辅助回路及控制回路进行 1min 工频耐压试验，耐压试验合格。如果现场没有耐压试验仪器，也可用 2500V 绝缘电阻表代替进行耐压试验。

4. CJ11 电动操动机构二次回路绝缘试验

用 1000V 绝缘电阻表对操动机构二次辅助回路及控制回路进行绝缘电阻测试，绝缘电阻不低于 2MΩ。

【思考与练习】

1. CJ11 电动操动机构主要由哪些部分组成？

2. GW17 型隔离开关传动系统检修质量标准是什么？

3. 简述 CJ11 电动操动机构分解检修步骤。

4. CJ11 电动操动机构检修后装复要注意哪些问题？

模块 7　接地刀闸及其操动机构检修（ZY1400702007）

【模块描述】本模块包含隔离开关接地刀闸检修作业流程及工艺要求。通过知识要点的归纳讲解、图例展示、操作技能训练，掌握隔离开关接地刀闸的基本结构、修前准备、危险点预控、作业步骤、工艺要求及质量标准等操作技能。

【正文】

一、隔离开关接地刀闸及其操动机构的结构

1. Ⅰ型隔离开关接地刀闸的结构

Ⅰ型隔离开关接地刀闸主要由操动机构、垂直竖拉杆、水平拉杆、接地刀杆、接地闸刀等组成。Ⅰ型接地刀闸分、合闸位置示意图如图 ZY1400702007-1 所示。

2. Ⅱ型隔离开关接地刀闸的结构

Ⅱ型隔离开关接地刀闸主要由操动机构、垂直竖拉杆、水平拉杆、导电管、动触头、静触头及平衡弹簧等组成。静触头安装在隔离开关静触头的底板上，动触头、导电管及传动部件附装在隔离开关底座上。Ⅱ型接地刀闸传动系统装配如图 ZY1400702007-2 所示，Ⅱ型接地刀闸动作原理示意图如图 ZY1400702007-3 所示。

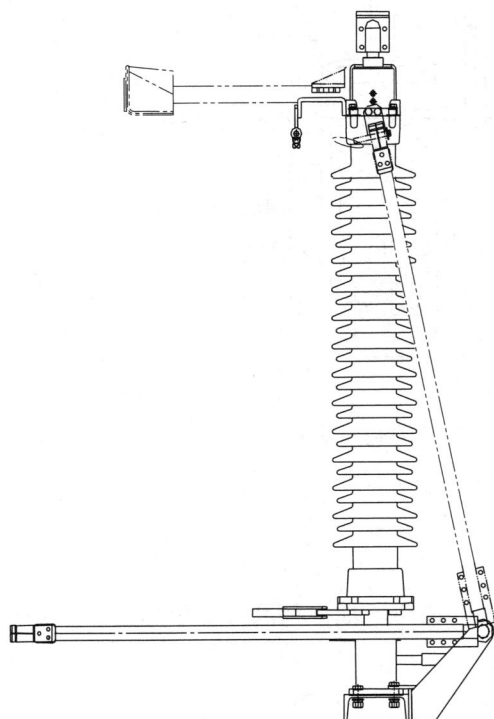

图 ZY1400702007-1　Ⅰ型接地刀闸分、合闸位置示意图

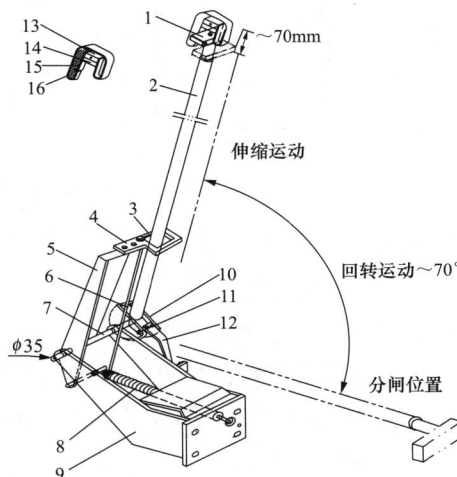

图 ZY1400702007-2　Ⅱ型接地刀闸传动系统装配

1—动触头；2—导电管；3—定位弹簧；4—托板；5—托架；

6—止位钉；7—转轴；8—平衡弹簧；9—底架；10—转板；

11—轴销；12—导电带；13—触头块；14—触头弹簧；

15—触指；16—卡罩

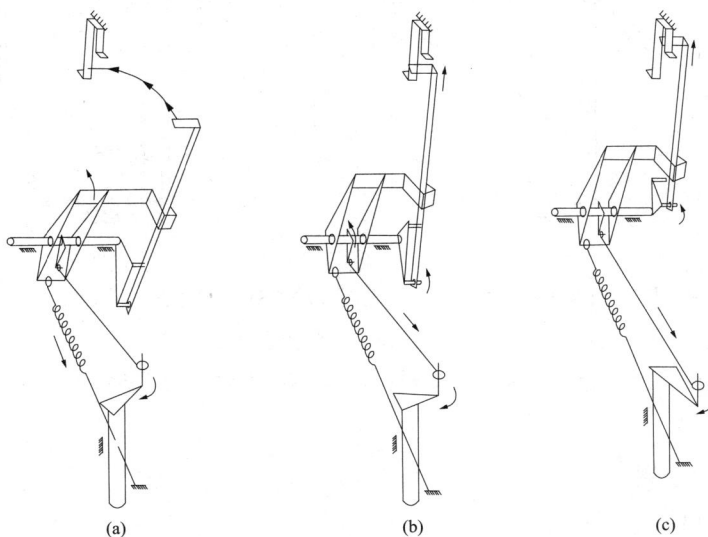

图 ZY1400702007-3　Ⅱ型接地刀闸动作原理示意图

（a）导电管回转运动；（b）导电管回转终了，开始上伸运动；（c）导电管插进静触头中，合闸终了

3. CS17-G 手力操动机构的结构

CS17-G 手力操动机构由操作手柄、辅助开关、轴销和机械闭锁拨杆等组成，可分为水平操作和垂直操作两种；也可分为不带电器原件和带电器原件两种。CS17-G 手力操动机构的结构如图

ZY1400702007-4 所示。

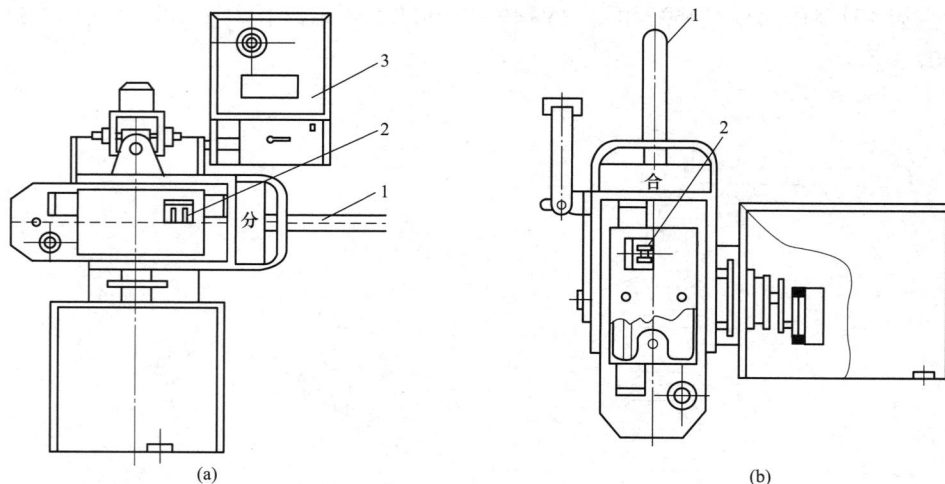

图 ZY1400702007-4 CS17–G 手力操动机构的结构

（a）水平安装带电磁锁、辅助开关；（b）垂直安装带电磁锁、辅助开关

1—手柄；2—拨杆；3—电磁锁

4. CS9 手力操动机构的结构

CS9 手力操动机构由抱夹、管接套、电磁锁、蜗轮箱、操作手柄、辅助开关等组成。附装电磁锁的 CS9 手力操动机构结构如图 ZY1400702007-5 所示。

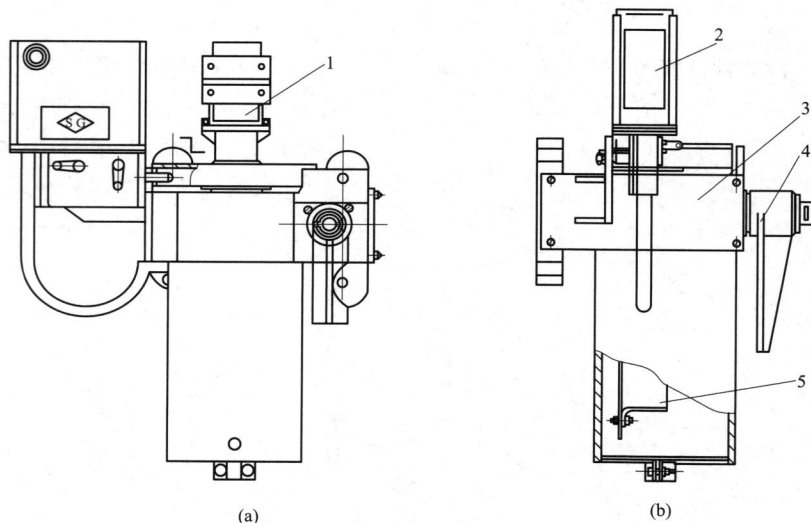

图 ZY1400702007-5 附装电磁锁的 CS9 手力操动机构结构

（a）正视图；（b）右视图

1—抱夹及管接套；2—电磁锁；3—蜗轮箱；4—手柄；5—辅助开关

二、作业内容

（1）Ⅰ型接地刀闸检修。

（2）Ⅱ型接地刀闸检修。

（3）CS17–G 手力操动机构分解检修。

（4）CS9 手力操动机构分解检修。

（5）隔离开关接地刀闸操动机构二次绝缘测试。

三、作业中危险点分析及控制措施

参见 GW4 型隔离开关本体检修作业危险点分析及控制措施（模块 ZY1400701001）。

四、隔离开关接地刀闸及其操动机构检修作业前的准备

接地刀闸及其操动机构检修备品备件可根据现场检修需要进行准备，并参照 GW4 型隔离开关本体检修前的准备工作（模块 ZY1400701001）。

五、检修作业前的检查

1. Ⅰ型接地刀闸的检查项目及标准

竖拉杆、水平拉杆装配操作应灵活、可靠，接地刀闸开、合应正常。

2. Ⅱ型接地刀闸的检查项目及标准

竖拉杆、水平拉杆装配操作应灵活、可靠，动触头插入静触头深度应符合要求，接地刀闸开、合应正常。

3. CS17–G 手力操动机构的检查项目及标准

转轴、辅助开关、机械闭锁装置及附件等操作应灵活、可靠，辅助开关应正常转换，各转动部位无松动，机械闭锁装置正常，手动操作机构无卡滞。

4. CS9 手力操动机构的检查项目及标准

转轴、辅助开关及附件等操作应灵活、可靠，电磁锁工作正常，辅助开关正常转换，各转动部位无松动，手动操作机构无卡滞，电磁锁应可靠工作。

六、检修作业步骤、工艺要求及质量标准

1. Ⅰ型接地刀闸检修

（1）Ⅰ型接地刀闸的分解。

1）拔出接地刀闸相间水平连杆及机械闭锁连杆两端接叉圆柱销上的开口销（或弹簧卡），抽出圆柱销，取下接地刀闸水平连杆及机械闭锁杆，拆卸前应测量杆件长度并做好记录。

2）拆除接地刀闸传动轴下端连接盘的连接螺栓，取下连接盘，拔出接地刀闸手力操动机构上垂直传动杆两端万向接头上圆柱销两端的弹簧卡，抽出圆柱销（或松开抱夹螺栓），取下接地刀闸垂直传动杆、万向接头及平键。

3）拆除接地刀闸支架与底座装配相连紧固螺栓，将接地刀闸吊至地面，放在检修平台上。

（2）Ⅰ型接地刀闸的静触头拆卸。拆除接地刀闸静触头的固定螺栓，将静触头座从 L 形固定板上拆下。

（3）Ⅰ型接地刀闸水平连杆及垂直传动杆的检修、装复。

1）Ⅰ型接地刀闸水平连杆及垂直传动杆的检修。

① 检查相间水平连杆、垂直传动杆及接叉。有轻微变形应校正，用钢丝刷或铲刀清除其上锈蚀并刷防锈漆；检查平键及键槽有无变形、损伤，用扁锉修整，如平键损坏应更换。

② 检查万向接头。用钢丝刷清除锈迹，接叉轻微变形应校正，焊缝裂纹应焊接牢固，损坏应更换。

③ 检查接地刀闸转动轴、连臂、铜套有无变形，如锈蚀用 00 号砂布打磨。检查平键及键槽有无损伤，用扁锉修整，如平键损坏应更换。

2）Ⅰ型接地刀闸水平连杆及垂直传动杆装复。按分解相反顺序进行装复，装复时应注意以下几点：

① 装复前，用清洗剂清洗各连杆、万向节、轴及键槽，对键槽涂二硫化钼锂，对易锈蚀件作防锈处理。

② 更换已锈蚀的连接、紧固件。

③ 装复时，应注意核对各水平连杆及垂直传动杆的使用有效工作长度是否与拆卸前原记录近似。

④ 拉杆装复时接头上面应有平垫后再上开口销，装复前应校直，在转动部位及销孔涂二硫化钼锂。

3）Ⅰ型接地刀闸水平连杆及垂直传动杆的检修质量标准。

① 拉杆应完整、无损坏。

② 各连接销应无磨损、变形。

③ 连接销与销孔配合间隙为 0.4～0.5mm 为宜。

④ 连接头或接头无变形，内螺纹完好。

⑤ 接套无锈蚀、变形、焊缝完好。

⑥ 螺杆、螺母应完整，无锈蚀，公差配合适当。

（4） Ⅰ型接地刀闸装配的分解、检修、装复。

1） Ⅰ型接地刀闸装配的分解。

① 剪断接地刀闸导电管绑扎铁丝，并用手力送入合闸位置，取下支架内的平衡弹簧，拧出平衡两端的固定柱销。

② 拆下转动轴与接地刀闸支架相连的软铜导电带。

③ 拔出转动轴端部的开口销，将焊接在转动轴上的接地刀闸导电管和转动轴从支架上抽出，同时取下调整垫片和轴套。

2） Ⅰ型接地刀闸装配的检修。

① 检查平衡弹簧，如有轻微锈蚀用钢丝刷清除干净，如永久性变形应更换。

② 检查软铜导电带有无折损，如折损严重应更换，软铜导电带两端接触面用 00 号砂布清除氧化层。

③ 检查转动轴及焊接其上的接地刀闸导电管，如有轻微变形应校正，如转动轴和接地刀闸导电管焊接处开裂，应补焊，用 00 号砂布打磨转动轴及轴套上的锈蚀。

④ 检查接地刀闸动触头，用 00 号砂布清除导电接触面氧化层。

⑤ 检查支架，如稍有变形应校正，用 00 号砂布除掉支架锈蚀后刷防锈漆。

3） Ⅰ型接地刀闸装配的装复。按分解相反顺序装复，并注意以下几点：

① 装复前，用清洗剂清洗所有零、部件，待干后在所有转动部件上涂二硫化钼锂，在导电接触面涂导电脂。

② 装复后，检查各部件连接是否可靠、牢固，转动部分是否灵活。

4） Ⅰ型接地刀闸装配的检修质量标准。

① 连杆、传动杆接头无锈蚀，无变形，键及键槽无毛刺，无变形。

② 万向接头无变形、无锈蚀，螺纹及触头完好。

③ 传动轴、连臂及轴套无变形，平键完好无损。

④ 各零、部件完整、清洁。

⑤ 转动部分无卡涩。

（5） Ⅰ型接地刀闸静触头装配的分解、检修、装复。

1） Ⅰ型接地刀闸静触头装配的分解。

① 将静触头座从 L 形固定板上拆下。

② 拧下弯板与静触头座相连的沉头螺钉，取下弯板。

③ 从静触头座中抽出静触指，取出弹簧。

2） Ⅰ型接地刀闸静触头装配的检修。

① 检查静触头座上固定销及静触头座表面，如损坏严重应更换，检查静触头座上螺孔，如轻微损伤用丝锥套攻，用 00 号砂布清除氧化层。

② 检查静触指及弯板，用 00 号砂布清除其氧化层。

③ 检查弹簧，观察其用手力按压再释放后是否复位良好，如锈蚀严重或永久变形应更换。

3） Ⅰ型接地刀闸静触头装配的装复。按分解时的相反顺序装复，并注意以下几点：

① 装复前，用清洗剂清洗所有零、部件，待干后，在所在导电接触面涂薄层导电脂。

② 更换锈蚀的连接、紧固件及变形的弹簧。

③ 装复后，用手力按压静触指，检查释放后复位是否正常。

4） Ⅰ型接地刀闸静触头的装配检修质量标准。

① 静触头座及固定销无损坏，无氧化层，静触头座螺孔完好。

② 静触指及弯板无氧化，导电接触面完好。

③ 弹簧复位良好，表面无锈蚀，无永久变形。

④ 各零、部件清洁。

⑤ 连接、紧固件及弹簧完好，无锈蚀。

⑥ 按压释放后，触指复位正常。

（6）Ⅰ型接地刀闸检修后各部分连接。按分解相反顺序进行连接，连接时应注意以下几点：

1）连接前各轴及转动部位应涂二硫化钼锂。

2）将静触头装配按分解时的相反顺序固定在接线座装配上。

3）装复时应保证触面光滑、接触可靠，并在接触面涂一层导电脂。

4）用水平拉杆将本体三相接地刀闸导电管连接好（调整用的螺栓不用紧固，便于整体调试）。

2．Ⅱ型接地刀闸检修

（1）Ⅱ型接地刀闸的分解。

1）拔出接地刀闸相间水平连杆及机械闭锁连杆两端接头圆柱销上的开口销（或弹簧卡），抽出圆柱销，取下接地刀闸水平连杆及机械闭锁杆，拆卸前应测量杆件长度并做好记录。

2）拆除接地刀闸传动轴下端连接盘的连接螺栓，取下连接盘，拔出接地刀闸手力操动机构上垂直传动杆两端方向接头上圆柱销两端的弹簧卡，抽出圆柱销（或松开抱夹螺栓），取下接地刀闸垂直传动杆、万向接头及平键。

3）拆除接地刀闸支架与底座装配相连紧固螺栓，将接地刀闸吊至地面，放在检修平台上。

（2）Ⅱ型接地刀闸的静触头拆卸。拆除接地刀闸静触头的固定螺栓，将静触头装配取下。

（3）Ⅱ型接地刀闸水平连杆及垂直传动杆的检修、装复。

1）Ⅱ型接地刀闸水平连杆及垂直传动杆的检修。

① 检查相间水平连杆、垂直传动杆及接叉。有轻微变形应校正，用钢丝刷或铲刀清除其上锈蚀并刷防锈漆；检查平键及键槽有无变形、损伤，用扁锉修整，如平键损坏应更换。

② 检查万向接头。用钢丝刷清除锈迹，接头轻微变形应校正，焊缝裂纹应焊接牢固，损坏应更换。

③ 检查接地刀闸传动轴、连臂、铜套有无变形，如锈蚀用 00 号砂布打磨；检查平键及键槽有无损伤，用扁锉修整，如平键损坏应更换。

2）Ⅱ型接地刀闸水平连杆及垂直传动杆装复。按分解相反顺序进行装复，装复时应注意以下几点：

① 装复前，用清洗剂清洗各连杆、万向节、轴及键槽，对键槽涂二硫化钼锂，对易锈蚀件作防锈处理。

② 更换已锈蚀的连接、紧固件。

③ 装复时，应注意核对各水平连杆及垂直传动杆的使用有效工作长度是否与拆卸前原记录近似。

④ 拉杆装复时接头上面应有平垫后再上开口销，装复前应校直；在转动部位及销孔涂二硫化钼锂。

3）Ⅱ型接地刀闸水平连杆及垂直传动杆的检修质量标准。

① 拉杆应完整、无损坏。

② 各连接销应无磨损、变形。

③ 连接销与销孔配合间隙为 0.4～0.5mm 为宜。

④ 连接头或接叉无变形，内螺纹完好。

⑤ 接套无锈蚀、变形、焊缝完好。

⑥ 螺杆、螺母应完整，无锈蚀，公差配合适当。

（4）Ⅱ型接地刀闸装配的分解、检修、装复。

1）Ⅱ型接地刀闸装配的分解。

① 剪断固定在检修平台上的接地刀闸绑扎铁丝，将接地刀闸导电管送入合闸位置。

② 拆除平衡弹簧一端的螺栓，取出一端的固定圆柱销，取下平衡弹簧。

③ 拆除导电管尾端与转动板相连的拔锥螺栓，抽出导电管。

④ 拆除软铜导电带两端紧固螺栓，取下软铜导电带。

⑤ 敲出转动轴上拐臂的定位锥销，抽出转动轴及其上面的转动板及调节垫片和铜套，从托架上拆下定位弹簧、托板。

⑥ 抽出转动板上的圆轴销，以及导电块。

⑦ 拆除导电管上端动触头上 4 个螺栓，取下动触头上的铜铝过渡片，同时将导电管端部固定动触

头的螺栓拧下，取下动触头及导电管内拔锥。

2）Ⅱ型接地刀闸装配的检修。

① 检查平衡弹簧除掉锈蚀，检查弹簧端头固定卡上螺孔，如螺纹损伤应用丝锥攻丝，如弹簧永久变形应更换。

② 检查导电管，如变形应校正。

③ 用00号砂布清除动触头铜铝过渡片的氧化层。

④ 检查软铜导电带，如折损严重就更换，用00号砂布清除导电接触面氧化层。

⑤ 检查动触头与导电管连接拔锥孔完好情况，如表面损坏或掉瓣、裂纹应更换。

⑥ 检查托架、底架及转动轴，用钢丝刷清除托架、底架和盖板的锈蚀后刷防锈漆；用00号砂布清除转动轴的锈蚀。

⑦ 检查导电块及转动轴套，用00号砂布清除其氧化层。

3）Ⅱ型接地刀闸装配的装复。按分解时相反顺序装复，并注意以下几点：

① 装复前，用清洗剂清洗所有零、部件，转动部分涂二硫化钼锂，导电接触面涂导电脂。

② 安装时应将平衡弹簧调至重力矩基本平衡。

③ 检查转动轴装复后动作是否灵活。

④ 装复、调整合格后，将各连接件螺栓拧紧。

4）Ⅱ型接地刀闸装配的检修质量标准。

① 卡板应无锈蚀。

② 拉力弹簧在自由状态圈间无间隙，无锈蚀。

③ 触块及触指光洁、无氧化层。

④ 各零、部件均完好、清洁，各部件连接螺栓应紧固。

⑤ 触指表面安装平整，复位可靠。

⑥ 弹簧圈间无间隙、无变形，弹簧端头固定卡螺孔螺纹无损伤。

⑦ 导电管无变形。

⑧ 铜铝过渡片光洁、无氧化层。

⑨ 软铜导电带截面折损不超过10%，导电接触面无氧化层。

⑩ 拔锥及锥孔完好无损。

⑪ 托架、底架及转动轴完好，无锈蚀。

⑫ 导电块、转动轴套完好，无锈蚀。

⑬ 转动轴动作灵活。

（5）Ⅱ型接地刀闸静触头装配的分解、检修、装复。

1）Ⅱ型接地刀闸静触头装配的分解。

① 拧下固定卡板装配的两个螺栓，取下卡板。

② 拆下销及拉力弹簧，分离触指、触块。

2）Ⅱ型接地刀闸静触头装配的检修。

① 清除卡板上的锈蚀，如变形应校正。

② 检查拉力弹簧，如变形或锈蚀应更换。

③ 用扁锉修整触块及触指，除去氧化层。

3）Ⅱ型接地刀闸静触头装配的装复。按分解时的相反顺序装复，并注意以下几点：

① 装复前，用清洗剂清洗所有零、部件，待干后，在所在导电接触面涂薄层导电脂。

② 更换锈蚀的连接、紧固件及变形的弹簧。

③ 装复中，检查触指表面是否平整，复位是否可靠。

4）Ⅱ型接地刀闸静触头的装配检修质量标准。

① 静触头座及固定销无损坏，无氧化层，静触头座螺孔完好。

② 静触指及弯板无氧化，导电接触面完好。

③ 弹簧复位良好，表面无锈蚀，无永久变形。

④ 各零、部件清洁。

⑤ 连接、紧固件及弹簧完好，无锈蚀。

⑥ 按压释放后，触指复位正常。

（6）Ⅱ型接地刀闸检修后各部分连接。按分解相反顺序进行连接，连接时应注意以下几点：

1）连接前各轴及转动部位应涂二硫化钼锂。

2）将静触头装配按分解时的相反顺序固定在接线座装配上。

3）装复时应保证接触面光滑、接触可靠，并在接触面涂一层导电脂。

4）用水平拉杆将本体三相接地刀闸导电管连接好（调整用的螺栓不用紧固，便于整体调试）。

3. CS17-G 手力操动机构分解检修

（1）CS17-G 手力操动机构分解。

1）拆除辅助开头盒面板上的螺钉，抽出面板。

2）记录好进线电缆二次接线连接位置后，拆下二次接线，松开电缆夹，从机构箱中抽出进线电缆并做好防雨、防潮措施。

3）拆除操动机构与基础槽钢间 2 个螺栓，拆下机构，放在检修平台上。

4）拆除接线端子排，拧出 4 个螺钉，取下辅助开关盒。

5）拆除分、合闸操作手柄上方 2 个螺栓，取下半圆形分、合闸定位块，拆除机构座上 2 个螺钉，打开端盖，抽出分、合闸闭锁拨杆，取出机构转动轴及壳体上轴套。

6）拆除操动机构下部转动轴端头上的 2 个螺钉，取下转向端块。

（2）CS17-G 手力操动机构检修。

1）辅助开关检修。

① 辅助开关的分解。

a. 分解前应注意各触点的位置及顺序，并做好记录。

b. 拆下连接螺杆，取出轴承板，从转动轴上依次取出夹件带动触点的绝缘块、静触点、静触点夹块及复位弹簧。

② 辅助开关的检修。

a. 检查动、静触点的氧化情况，用 00 号砂布清除其氧化层。

b. 检查转动轴及绝缘块磨损情况，如磨损严重应更换。

c. 检查触点弹簧有无变形，如变形应更换。

d. 检查传动拐臂及连杆，如轻微变形应校正，用 00 号砂布清除快分弹簧的锈蚀。

e. 轴承涂二硫化钼锂。

③ 辅助开关的装复。按分解时的相反顺序装复，并注意以下几点：

a. 装复前，用清洗剂清洗所有零部件，待干后，在动、静触点上涂导电脂。

b. 装复后的辅助开关轴向窜动应符合规定。

c. 用万用表检查动、静触点通、断情况，检查切换是否可靠，通、断相应位置是否正确。

d. 检查辅助开关切换是否灵活，有无卡涩现象。

④ 辅助开关的检修质量标准。

a. 动、静触点表面光洁。

b. 转动轴与动、静点夹块配合良好，转轴无损伤。

c. 触点弹簧无变形。

d. 传动拐臂及连杆无变形，无锈蚀。

e. 装复后的辅助开关轴向窜动量不大于 0.5mm。

f. 动、静触点接触良好，通、断位置正确。

g. 辅助开关转动灵活。

2）检查手动操动机构框架，用钢丝刷或 00 号砂布清除表面及轴孔内锈蚀，然后刷防锈漆。

3）检查轴销和机械闭锁拨杆，如轻微变形应校正，用钢丝刷除去锈蚀，刷防锈漆。

4）检查分、合闸手柄及与之相连的转动轴是否变形、锈蚀，如轻微变形应校正，锈蚀用 00 号砂布清除干净。

5）检查转向端块及转动轴的轴套，用 00 号砂布除去锈蚀及氧化层后，转向端块作防锈处理。

（3）CS17–G 手力操动机构装复。按分解时相反顺序装复，并注意以下几点：

1）装复前，用清洗剂清洗所有零部件，转动部分涂二硫化钼锂。

2）检查转轴与轴套间配合间隙是否符合要求。

3）检查辅助开关接通或切断位置与机构分、合闸位置是否对应，切换是否可靠，接触是否良好。

4）用手柄进行分、合闸操作，检查操动机构是否可靠。

5）装复后，检查连接体是否紧固、可靠。

（4）CS17–G 手力操动机构检修质量标准。

1）手力操动机构框架、轴孔无锈蚀，防锈漆完好。

2）机械闭锁拨杆无变形，无锈蚀。

3）分、合闸手柄及转动轴无变形，无锈蚀。

4）各零部件完好、清洁。

5）转轴与轴套间配合间隙≤0.2mm。

6）机构分、合闸时辅助开关相应的切换位置对应正确且动作可靠，接触良好。

7）机构操作灵活、可靠。

8）机构各连接件连接紧固、可靠。

4. CS9 手力操动机构分解检修

（1）CS9 手力操动机构分解。

1）断开手力操动机构辅助开关连锁电源。

2）拆除防雨罩连接螺母，轻轻落下防雨罩筒。

3）拆除辅助开关上二次接线，并做好记录，同时从机构箱中抽出进线电缆，并做好防雨、防潮措施。

4）拆除机座与基础构件相连的 4 个螺栓，将机座放置在检修平台上。

5）松开辅助开关转换轴、传动拐臂端头与机构主轴下端连接的弹簧，拆除辅助开关 L 形固定板上 4 个螺钉，取下辅助开关。

6）拆除电缆进线夹上 3 个双头螺栓，卸下辅助开关盒底盘及进线夹。

7）拆除辅助开关 L 形固定板上方 4 个螺钉，取下 L 形固定板。

8）拆除机构主轴下端 2 个螺钉，取下辅助开关的传动拐臂。

9）拔出操作手柄端头蜗杆轴上开口销，取下操作手柄及调节垫片、平键。

10）拆除机构机座上左右端盖各 4 个螺钉，取下两端盖。

11）取下蜗杆轴的减速箱端盖上 3 个沉头螺钉，抽出端盖。

12）敲出机构机座内蜗杆两端定位锥销，抽出蜗杆轴，取出蜗杆、密封圈及蜗杆的轴套、调节垫片。

13）拆除蜗轮上的定位螺栓，抽出主轴及轴上分、合闸限位块，取出蜗轮及主轴端面铜套，剩下机构机座。

（2）CS9 手力操动机构检修。

1）辅助开关的分解检修。

① 辅助开关的分解。

a. 分解前应注意各触点的位置及顺序，并做好记录。

b. 拧下连接螺杆，取出轴承板，从转动轴上依次取出夹件带动触点的绝缘块、静触点、静触点夹块及复位弹簧。

② 辅助开关的检修。

a. 检查动、静触点的氧化情况，用 00 号砂布清除其氧化层。

b. 检查转动轴及绝缘块磨损情况，如磨损严重应更换。

c. 检查触点弹簧有无变形，如变形应更换。

d. 检查传动拐臂及连杆，如轻微变形应校正，用 00 号砂布清除快分弹簧的锈蚀。

e. 轴承涂二硫化钼锂。

③ 辅助开关的装复。按分解时的相反顺序装复，并注意以下几点：

a. 装复前，用清洗剂清洗所有零部件，待干后，在动、静触点上涂导电脂。

b. 装复后的辅助开关轴向窜动应符合规定。

c. 用万用表检查动、静触点通、断情况，检查切换是否可靠，通、断相应位置是否正确。

d. 检查辅助开关切换是否灵活，有无卡涩现象。

④ 辅助开关的检修质量标准。

a. 动、静触点表面光洁。

b. 转动轴与动、静点夹块配合良好，转轴无损伤。

c. 触点弹簧无变形。

d. 传动拐臂及连杆无变形，无锈蚀。

e. 装复后的辅助开关轴向窜动量不大于 0.5mm。

f. 动、静触点接触良好，通、断位置正确。

g. 辅助开关转动灵活。

2）检查防雨罩筒，用钢丝刷清除锈蚀，刷防锈漆，如变形应校正。

3）检查底盘及进线夹，用钢丝刷除去锈蚀，刷防锈漆，底盘变形应校正，损坏应更换。

4）检查 L 形固定板锈蚀情况，除去锈蚀，变形应校正。

5）检查传动拐臂是否变形，变形应校正。

6）检查分、合闸限位块，清除其上的锈蚀，刷防锈漆。

7）检查操作手柄及端盖，用 00 号砂布清除锈蚀，刷防锈漆。

8）检查平键磨损情况，如损伤应更换。

9）检查蜗杆轮齿磨损情况，用 00 号砂布除锈。

10）检查主轴及端面轴套，用 00 号砂布清除主轴及端面轴套内表面的锈蚀，用扁锉修整键槽上毛刺。

11）检查蜗杆轴，如轻微变形应校正，用 00 号砂布磨轴及轴套上锈蚀。

（3）CS9 手力操动机构检修装复。

1）装复前，用清洗剂清洗所有零部件，在辅助开关动、静触点上涂一薄层导电脂，更换密封圈。

2）装复蜗轮、蜗杆时，应在蜗轮、蜗杆轴两端加入适量调节垫片，以防止分、合闸过程中蜗轮、蜗杆轴轴向窜动量过大。

3）装复后，检查蜗轮中心平面与蜗杆轴轴线是否在同一平面上。

4）装复后，检查蜗轮与蜗杆的轴线是否互相垂直。

5）装复后，检查蜗杆端头是否漏装密封圈。

6）装复后，检查机构动作是否灵活，有无卡涩。

7）装复后，检查操动机构在分、合闸位置时与辅助开关相应的切换位置是否对应。

8）装复后，蜗轮、蜗杆轮齿间涂二硫化钼锂。

9）调整合格后，紧固机构上所有连接件螺栓。

（4）CS9 手力操动机构检修质量标准。

1）防雨罩筒无锈蚀，无变形。

2）底盘、进线夹无锈蚀，无变形。

3）L 形固定板无锈蚀，无变形。

4）传动拐臂无变形。

5）分、合闸限位块完好，无锈蚀。

6）手柄、端盖均完好，无锈蚀，平键无损伤。

7）蜗杆的齿轮无磨损，无锈蚀。

8）主轴及端面轴套完好，无锈蚀，蜗轮无磨损。

9）蜗杆轴及轴套完好，无变形，无锈蚀。

10）各零件无损伤，零件表面清洁。

11）蜗轮、蜗杆轴套窜动量不大于 0.5mm。

12）蜗轮中心平面与蜗杆轴同线在同一平面。

13）蜗轮与蜗杆的轴线互相垂直。

14）机构动作灵活，无卡涩。

15）机构分、合闸时辅助开关相应的切换位置切换正确。

（5）隔离开关接地刀闸操动机构二次绝缘测试。

用 1000V 绝缘电阻表对操动机构二次辅助回路进行绝缘电阻测试，绝缘电阻不低于 2MΩ。

【思考与练习】

1. Ⅱ型隔离开关接地刀闸主要由哪几部分组成？

2. 简述Ⅰ型接地刀闸检修步骤。

3. Ⅱ型接地刀闸水平连杆及垂直传动杆的检修质量标准是什么？

4. CS17–G 手力操动机构的检修质量标准是什么？

5. 简述 CS9 手力操动机构检修装复步骤。

第二十五章　隔离开关整体调试及试验

模块1　GW4型隔离开关整体调试及试验（ZY1400703001）

【模块描述】本模块包含 GW4 型隔离开关整体调试及试验作业流程与工艺要求。通过知识要点的归纳讲解、操作技能训练，掌握 GW4 型隔离开关整体调试及试验的危险点预控、作业步骤、工艺要求及质量标准等操作技能。

【正文】

一、作业内容

1. GW4 型隔离开关调试项目

（1）隔离开关主刀闸合闸后触头插入深度。

（2）动、静触头相对高度差。

（3）检查机械连锁。

（4）三相不同期。

（5）每相两个支持绝缘子中线之间的距离。

（6）隔离开关分闸时触指与触头之间的最小电气距离。

（7）接线夹对底座下平面的垂线距离。

2. GW4 型隔离开关试验项目

（1）测量主刀闸的回路电阻。

（2）机构电动分、合闸时间。

（3）手动操作主刀闸合、分各 5 次。

（4）电动操作主刀闸合、分各 5 次。

3. GW4 型隔离开关接地刀闸调试项目

接地刀闸合闸后触头插入深度。

4. GW4 型隔离开关接地刀闸试验项目

（1）检修后接地刀闸回路电阻测量。

（2）手动操作接地刀闸合、分各 5 次。

5. GW4 型隔离开关和接地刀闸连锁调试项目

（1）主刀闸合闸时，接地刀闸合不上闸。

（2）接地刀闸合闸时，主刀闸合不上闸。

二、作业中危险点分析及控制措施

参见 GW4 型隔离开关本体检修作业危险点分析及控制措施（模块 ZY1400701001）。

三、GW4 型隔离开关整体调试及试验前的准备

1. 检修技术资料的准备

（1）检修前应认真查阅设备安装记录、大修记录、设备运行记录。对所查阅的结果进行详细、全面的调查分析，以判定隔离开关的综合状况，为现场具体调整及试验打好基础。

（2）准备好设备使用说明书、记录本、表格、检修报告等。

2. 工具、试验仪器、仪表和场地的准备

（1）准备工具、试验仪器和仪表等，并运至检修现场。试验仪器和仪表应检验合格，资料应满足本次调整及试验的要求。

（2）场地准备。在检修现场四周设一留有通道口的封闭式遮栏，并在周围背向带电设备的遮栏上挂适当数量的"止步，高压危险"标示牌，在通道入口处挂"从此进出"标示牌；在作业现场按定置图摆放好工具、试验仪器和仪表。

四、GW4 型隔离开关调试及试验前的检查

1. GW4 型隔离开关检查项目及标准

（1）隔离开关检修后组装完毕。

（2）隔离开关检修后各部螺栓均紧固良好。

（3）手动操作隔离开关能正常分、合闸。

2. GW4 型接地刀闸检查项目及标准

（1）接地刀闸检修后组装完毕。

（2）接地刀闸检修后各部螺栓均紧固良好。

（3）手动操作接地刀闸能正常分、合闸。

五、GW4 型隔离开关调试及试验步骤、方法及质量标准

1. GW4 型隔离开关本体与操动机构的连接

（1）将电动操动机构用连接螺栓将机构与基础连接起来，检查机构水平后，拧紧机构与基础的连接螺栓。

（2）手动操动机构，使电动操动机构行程开关处于合闸刚切换位置，在主刀闸处于合闸位置时，连接主刀闸与机构间垂直传动杆。

（3）垂直传动杆与机构间用抱夹连接，装复时注意检查其圆锥销是否牢固、可靠。

（4）将电动操动机构的二次接线电缆接入机构箱内相关二次端子排上，接线必须正确，并对电缆入口进行封堵。

（5）在主刀闸底座转动盘上装复机械闭锁板。

2. GW4 型隔离开关主刀闸手动慢分慢合试验

（1）手动操作机构缓慢合闸及分闸，观察三相水平传动杆与拐臂板的连接轴销转动是否灵活，主刀闸系统动作是否灵活，有无卡涩，辅助开关切换位置是否正确。三相能同步到位。

（2）以手动操作主刀闸进行分、合闸，若主刀闸与机构两者的终了位置不一致时，可改变连接器两连板间 θ 角度（连接器改抱夹的，可松开抱夹，机构与主刀闸分、合闸位置对应后紧固抱夹螺栓）。

（3）合闸终止，检查三相主刀闸是否在同一水平线上。

（4）用手柄操作电动机构，使主刀闸分、合 3～4 次，当电动操动机构限位开关刚刚切换时，检查机构限位块与挡钉之间的间隙是否符合要求。

（5）质量标准。

1）传动杆与拐臂板的连接轴销转动灵活、无卡涩。

2）辅助开关切换位置正确。

3）主刀闸动作灵活，无卡涩。

4）三相操作能同步到位。

5）合闸终了，三相均在同一水平线上。

6）每相两个支持绝缘子中线之间的距离符合各种型号的规定。

7）隔离开关分闸时触指与触头中线之间的距离符合各种型号的规定。

8）接线夹对底座下平面的垂线距离符合各种型号的规定。

9）左触指两侧的接触压力应均匀。

10）主刀闸动作灵活，无卡涩，辅助开关切换位置正确。

3. GW4 型隔离开关测量主刀闸合闸同期性

（1）手动操作机构缓慢合闸，测量主刀闸合闸同期性。

（2）如果同期不合格，可改变相间拉杆的长度来实现，调整合格后将拉杆接头备帽拧紧。

（3）质量标准。三相不同时接触差应符合各种型号的规定。

4. 测量主刀闸触头插入深度、夹紧度及动静触头相对高度差

（1）手动操作机构缓慢合闸，测量左、右触头插入深度、夹紧度及动静触头相对高度差。

（2）检查右触头接触面中心是否对准左触指标记缺口处。

（3）左、右触头插入深度不合格，可改变导电管与接线座的接触长度来实现，但是导电管与接线座接触长度不应该小于 70mm。

（4）测量左、右触头夹紧度：隔离开关调整合格后，用 0.05mm×10mm 的塞尺进行检查左、右触头夹紧度。不合格应更换弹簧或重新检修处理，直到合格时为止。

（5）测量左、右触头相对高度差：用钢板尺在左、右触头合闸位置测量右触头上下外露部分，上、下外露部分应基本一致，如左、右触头相对高度差不合格，可在接线座与瓷柱连接处加垫片来实现。

GW4 型隔离开关左、右触头合闸位置如图 ZY1400703001-1 所示。

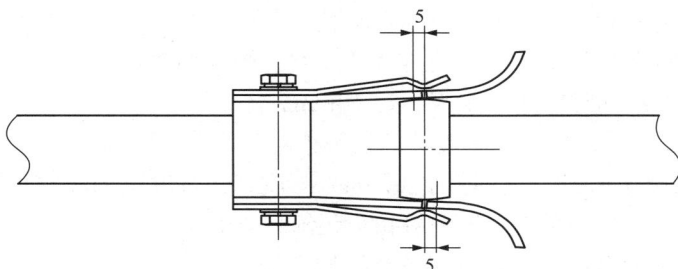

图 ZY1400703001-1　GW4 型隔离开关左、右触头合闸位置

（6）质量标准。

1）左、右触头间应接触紧密；对于线接触塞尺塞不进去为合格，对于面接触，其塞入深度：在接触面宽度为 50mm 及以下时，不应超过 4mm；在接触面宽度为 60mm 及以上，不应超过 6mm。

2）左、右触头接触后应上、下对称，允许上、下偏差符合各种型号的规定。

5. 测量主刀闸分闸时触头断开距离

（1）隔离开关在分闸位置测量左、右触头中线之间的距离，如果距离不合格，可通过调节同相水平连杆来完成。

（2）质量标准。同相两个触头中线之间的距离符合各种型号的规定。

6. 测量主刀闸操动机构电动分、合闸时间

（1）用手动合闸和分闸，当终点限位开关刚刚切换时，检查限位件与挡板之间的间隙，由此位置到终点位置，交流操动机构手柄应能摇动 4.8 圈±1 圈，直流操动机构手柄应能摇动 8 圈±1 圈。

（2）手动将主刀闸处于半分、半合位置，接通电源，慎重按下合闸或分闸按钮，随之按下急停按钮，模拟点动操作，注意观察主轴转向，确认正确的操动方向。如果方向相反，则须调整电动机的旋转方向，进行电动分、合操作，检查电动机转向与主刀闸分、合闸运动方向是否对应。

（3）以上各步均调整好后，操作电动机构电动机运转正常，正反向旋转自如，无异音。分、合闸停位准确，闭锁可靠。

（4）电动操作隔离开关分、合闸，并记录分、合闸时间；分、合闸时间符合各种型号的规定。

7. 测量主刀闸导电回路电阻

将隔离开关合闸，分别测量三相导电回路电阻，回路电阻值应符合规定。

8. GW4 型隔离开关接地刀闸本体与操动机构的连接

（1）将三相接地刀闸分别合闸。

（2）将三相接地刀闸水平拉杆连接好。

（3）将接地刀闸操动机构用连接螺栓将机构与基础连接起来，检查机构水平后，拧紧机构与基础的连接螺栓。

（4）手动操作接地刀闸机构，使机构合闸。

（5）将接地刀闸竖拉杆与水平拉杆及操动机构连接。

（6）质量标准。

1）各转动部位涂二硫化钼锂。

2）转轴与轴套间配合间隙不应大于 1mm。

3）螺杆、螺母应完整，无锈蚀，公差配合适当。

4）螺杆拧入接头的深度不应小于 20mm。

5）连接水平连杆时，操作小拐臂方向必须处于合闸位置。

9. GW4 型隔离开关接地刀闸手动慢分慢合试验

（1）手动操作机构缓慢分、合闸，检查操动机构是否操作灵活、可靠。

（2）检查连接件是否紧固、可靠。

（3）检查其合闸终了动、静触头是否接触良好，分闸终了接地刀闸导电管是否处于水平偏下位置。

10. GW4 型隔离开关接地刀闸合闸同期性

（1）手动操作机构将接地刀闸合闸，测量接地刀闸合闸同期性。

（2）质量标准。三相不同时接触差不应超过 10mm。

11. 接地刀闸触头插入深度、夹紧度及动静触头相对高度差

（1）手动操作将接地刀闸合闸，测量动触头插入深度、夹紧度及动静触头相对高度差。

（2）检查动触头接触面中心是否对准静触指标记缺口处。

（3）如动触头插入深度不合格，可改变竖拉杆长度来实现。

（4）测量动静触头夹紧度：用 0.05mm×10mm 的塞尺进行检查动静触头夹紧度。不合格应更换弹簧或重新检修处理，直到合格时为止。

（5）测量动静触头相对高度差：用钢板尺在动、静触头合闸位置测量动触头上下外露部分，外露部分应基本一致，如动静触头相对高度差不合格，可加长或缩短接地刀闸导电管的长度来实现。

（6）质量标准。动、静触头间应接触紧密；动、静触头接触后应上、下对称，允许上、下偏差不大于 5mm。

12. 测量接地刀闸接触电阻

将接地刀闸合闸，分别测量接地刀闸三相接触电阻，接触电阻≤180μΩ。

13. GW4 型隔离开关本体和接地刀闸连锁调试

（1）机械闭锁的检查，应分别在主刀闸和接地刀闸三相联动调整好后进行。

（2）将主刀闸合闸，检查机械闭锁板位置，接着合接地刀闸，观察机械闭锁是否可靠。

（3）将接地刀闸合闸，检查机械闭锁板间位置；接着合主刀闸，观察机械闭锁是否可靠。

（4）以上两种机械闭锁防止误操作功能验证，应连续试验 5 次以上，来证实机械闭锁措施是否可靠，如发现有失灵，应重新进行调整。

（5）质量标准。主刀闸处于合闸位置，接地刀闸合不上闸；接地刀闸处于合闸位置，主刀闸合不上闸。

14. GW4 型隔离开关本体 1min 工频耐压试验

（1）新装、大修后或更换绝缘子时应对隔离开关本体进行 1min 工频耐压试验。

（2）质量标准。1min 工频耐压合格。

15. 隔离开关在检修、调整、试验合格后，在投运前必做的工作

工作终结前做好自验收，其步骤如下：

（1）对所有紧固件进行检查。

（2）接好隔离开关连接导线，相位正确，接线端子及导线对隔离开关不应产生附加拉伸和弯曲应力。

（3）金属件外表面除锈、补漆。

（4）拆除工作台，清理工作现场，将工器具全部收拢并清点，废弃物按相关规定处理，材料及备品备件回收清点。

（5）做好检修记录，记录本次检修内容，反措或技改情况，有无遗留问题。

自验收标准是无漏检项目，做到修必修好，隔离开关及操作电源、切换开关等恢复至工作许可时状态。

【思考与练习】

1. GW4 型隔离开关主刀闸手动慢分慢合试验方法是什么？

2. 在 GW4 型隔离开关整体调试及试验中，如何测量主刀闸触头插入深度、夹紧度及动静触头相对高度差？其质量标准是什么？

3. 在 GW4 型隔离开关整体调试及试验中，如何测量主刀闸操动机构电动分、合闸时间？其质量标准是什么？

4. 在 GW4 型隔离开关整体调试及试验中，如何进行本体和接地刀闸连锁调试？

模块 2　GW5 型隔离开关整体调试及试验（ZY1400703002）

【模块描述】 本模块包含 GW5 型隔离开关整体调试及试验作业流程与工艺要求。通过知识要点的归纳讲解、操作技能训练，掌握 GW5 型隔离开关整体调试及试验前准备、危险点预控、作业步骤、工艺要求及质量标准等操作技能。

【正文】

一、作业内容

1. GW5 型隔离开关调试项目

（1）隔离开关主刀闸合闸后触头插入深度。

（2）动、静触头相对高度差。

（3）检查机械连锁。

（4）三相不同期。

（5）每相两个接线夹顶端之间的距离。

（6）隔离开关绝缘子上部两铁法兰之间的距离。

（7）隔离开关分闸时触指与触头间的空气间隙。

（8）接线夹对底座下平面的垂线距离。

（9）隔离开关分闸时左触头对横拉杆的距离。

2. GW5 型隔离开关试验项目

（1）测量主刀闸的回路电阻。

（2）机构电动分、合闸时间。

（3）手动操作主刀闸合、分各 5 次。

（4）电动操作主刀闸合、分各 5 次。

3. GW5 型隔离开关接地刀闸调试项目

（1）接地刀闸合闸后触头插入深度。

（2）接地刀闸分闸位置闸刀端部至隔离开关底座中心水平距离。

（3）接地刀闸闸刀端部至刀闸杆连接轴销中心之间的距离。

（4）隔离开关底座下平面至接地刀闸闸刀端部（动触头）之间的垂直距离。

4. GW5 型隔离开关接地刀闸试验项目

（1）检修后接地刀闸回路电阻测量。

（2）手动操作接地刀闸合、分各 5 次。

5. GW5 型隔离开关和接地刀闸连锁调试

（1）主刀闸合闸时，接地刀闸合不上闸。

（2）接地刀闸合闸时，主刀闸合不上闸。

二、作业中危险点分析及控制措施

参见 GW4 型隔离开关本体检修作业危险点分析及控制措施（模块 ZY1400701001）。

三、GW5 型隔离开关整体调试及试验的准备

参见 GW4 型隔离开关整体调试及试验的准备工作（模块 ZY1400703001）。

四、GW5型隔离开关调试及试验前的检查

参见GW4型隔离开关调试及试验前的检查项目（模块ZY1400703001）。

五、GW5型隔离开关调试与试验步骤、方法及质量标准

1. GW5型隔离开关本体与操动机构的连接

（1）将电动操动机构用连接螺栓将机构与基础连接起来，检查机构水平后，拧紧机构与基础的连接螺栓。

（2）手动操作机构，使电动操动机构行程开关处于合闸刚切换位置，在主刀闸处于合闸位置时，连接主刀闸与机构间垂直传动杆。

（3）垂直传动杆与机构间用抱夹连接，装复时注意检查其圆锥销是否牢固、可靠。

（4）将电动操动机构的二次接线电缆接入机构箱内相关二次端子排上，接线必须正确，并对电缆入口进行封堵。

（5）在主刀闸底座转动盘上装复机械闭锁板。

2. GW5型隔离开关主刀闸手动慢分慢合试验

（1）三相隔离开关装复后，相间距离必须符合各种型号的规定，横拉杆没装之前调整两个接线夹端部的距离。调整方法：利用底座上的球面调整环节，调整4个M12螺栓的松紧来实现。当调节合格后必须注意底座内的伞齿轮的齿合的情况，必要时重新调节伞齿轮的位置，以保证咬合的准确，操作灵活；然后测量每个绝缘子的接线夹端部至底座的下平面水平线的距离，此距离必须符合各种型号的规定时才能保证两绝缘子夹角为50°。

（2）手动操作机构缓慢合闸及分闸，观察主刀闸系统动作是否灵活，有无卡涩，辅助开关切换位置是否正确；三相能同步到位。

（3）质量标准。

1）相间距离符合各种型号的规定。

2）两个接线夹端的距离 A：72.5kV为1300mm；126kV为1660mm。

3）隔离开关绝缘子上部两铁法兰之间的距离 B：72.5kV为785mm；126kV为1140mm。

4）每个绝缘子的接线夹端部至底座的下平面水平线的距离 E：72.5kV为1330mm；126kV为1720mm。

5）左触指两侧的接触压力应均匀。

6）主刀闸动作灵活，无卡涩，辅助开关切换位置正确。

3. GW5型隔离开关测量主刀闸合闸同期性

（1）手动操作机构缓慢合闸，测量主刀闸合闸同期性。

（2）如果同期不合格，可改变相间拉杆的长度来实现，调整合格后将拉杆接头备帽拧紧。

（3）质量标准。三相不同时接触差必须符合各种型号的规定。

4. 测量主刀闸触头插入深度、夹紧度及动静触头相对高度差

（1）手动操作机构缓慢合闸，测量左、右触头插入深度、夹紧度及动静触头相对高度差。

（2）检查右触头接触面中心是否对准左触指标记缺口处。

（3）左、右触头插入深度不合格，可改变导电管与接线座的接触长度来实现，但是导电管与接线座接触长度不应该小于70mm。

（4）测量左、右触头夹紧度。隔离开关调整合格后，用0.05mm×10mm的塞尺进行检查左、右触头夹紧度。不合格应更换弹簧或重新检修处理，直到合格时为止。

（5）测量左、右触头相对高度差。用钢板尺在左、右触头合闸位置测量右触头上下外露部分，上、下外露部分应基本一致，如左、右触头相对高度差不合格，可在接线座与瓷柱连接处加垫片来实现。

（6）质量标准。

1）左、右触头间应接触紧密；对于线接触塞尺塞不进去为合格，对于面接触，其塞入深度：在接触面宽度为50mm及以下时，不应超过4mm；在接触面宽度为60mm及以上，不应超过6mm。

2）左、右触头接触后应上、下对称，允许上、下偏差不大于 5mm。

5. 测量主刀闸分闸时触头断开距离

（1）隔离开关在分闸位置测量左、右触头的最小空气距离及左触头对拉杆的距离，当左触头对拉杆的距离小于各种型号的规定时，允许弯曲拉杆，但应弯成与原拉杆平行。

（2）质量标准。

1）同相两个触头的最小空气距离 C：72.5kV 为 715mm；126kV 为 1040mm。

2）左触头对拉杆的距离要大于或等于 F：72.5kV 为 650mm；126kV 为 1000mm。

6. 测量主刀闸操动机构电动分、合闸时间

（1）用手动合闸和分闸，当终点限位开关刚刚切换时，检查限位件与挡板之间的间隙，由此位置到终点位置，交流操动机构手柄应能摇动 4.8 圈±1 圈，直流操动机构手柄应能摇动 8 圈±1 圈。

（2）手动将主刀闸处于半分、半合位置，接通电源，慎重按下合闸或分闸按钮，随之按下急停按钮，模拟点动操作，注意观察主轴转向，确认正确的操动方向。如果方向相反，则须调整电动机的旋转方向，进行电动分、合操作，检查电动机转向与主刀闸分、合闸运动方向是否对应。

（3）以上各步均调整好后，操作电动机构电动机运转正常，正反向旋转自如，无异音。分、合闸停位准确，闭锁可靠。

（4）电动操作隔离开关分、合闸，并记录分、合闸时间；分、合闸时间应符合各种型号的规定。

7. 测量主刀闸导电回路电阻

将隔离开关合闸，分别测量三相导电回路电阻，回路电阻值应符合要求。

8. GW5 型隔离开关接地刀闸本体与操动机构的连接

（1）将三相接地刀闸分别合闸。

（2）将三相接地刀闸水平拉杆连接好。

（3）将接地刀闸操动机构用连接螺栓将机构与基础连接起来，检查机构水平后，拧紧机构与基础的连接螺栓。

（4）手动操作接地刀闸机构，使机构合闸。

（5）将接地刀闸竖拉杆与水平拉杆及操动机构连接。

（6）质量标准。

1）各转动部位涂二硫化钼锂。

2）转轴与轴套间配合间隙不应大于 1mm。

3）螺杆、螺母应完整，无锈蚀，公差配合适当。

4）螺杆拧入接头的深度不应小于 20mm。

5）连接水平连杆时，操作小拐臂方向必须处于合闸位置。

9. GW5 型隔离开关接地刀闸手动慢分慢合试验

GW5 型隔离开关接地刀闸手动慢分慢合试验必须在主刀闸分闸时进行。

（1）手动操作机构缓慢分、合闸，检查操动机构是否操作灵活、可靠。

（2）检查连接件是否紧固、可靠。

（3）检查其合闸终了动、静触头是否接触良好，分闸终了接地刀闸导电管是否处于水平偏下位置。

10. GW5 型隔离开关接地刀闸合闸同期性

（1）手动操动机构将接地刀闸合闸，测量接地刀闸合闸同期性。

（2）质量标准。三相不同时接触不应超过 10mm。

11. 接地刀闸触头插入深度、夹紧度及动静触头相对高度差

（1）手动操作将接地刀闸合闸，测量动触头插入深度、夹紧度及动静触头相对高度差。

（2）检查动触头接触面中心是否对准静触指标记缺口处。

（3）如动触头插入深度不合格，可改变竖拉杆长度来实现。

（4）测量动静触头夹紧度：用 0.05mm×10mm 的塞尺进行检查动静触头夹紧度。不合格应更换弹簧或重新检修处理，直到合格时为止。

（5）测量动静触头相对高度差：用钢板尺在左、右触头合闸位置测量动触头上下外露部分，外露部分应基本一致，如动静触头相对高度差不合格，可加长或缩短接地刀闸导电管的长度来实现。

（6）质量标准。动、静触头间应接触紧密；动、静触头接触后应上、下对称，允许上、下偏差不大于 5mm。

12. 接地刀闸分闸时触头断开距离

（1）手动操作将接地刀闸分闸。

（2）测量接地刀闸分闸位置闸刀端部（动触头）与隔离开关底座中心水平距离 D。

（3）接地刀闸闸刀端部至刀闸杆连接轴销中心之间的距离 R。

（4）测量隔离开关底座下平面至接地刀闸分闸位置闸刀端部（动触头）之间的垂直距离 H。

（5）质量标准。

1）尺寸 D：72.5kV 为 1330mm；126kV 为 1530mm。

2）尺寸 R：72.5kV 为 530mm；126kV 为 700mm。

3）尺寸 H：72.5kV 为 180mm；126kV 为 400mm。

13. 测量接地刀闸接触电阻

（1）将接地刀闸合闸，分别测量接地刀闸三相接触电阻。

（2）质量标准。接触电阻≤180μΩ。

14. GW5 型隔离开关本体和接地刀闸连锁调试

（1）机械闭锁的检查，应分别在主刀闸和接地刀闸三相联动调整好后进行。

（2）将主刀闸合闸，检查机械闭锁板位置，接着合接地刀闸，观察机械闭锁是否可靠。

（3）将接地刀闸合闸，检查机械闭锁板间位置；接着合主刀闸，观察机械闭锁是否可靠。

（4）以上两种机械闭锁防止误操作功能验证，应连续试验 5 次以上，来证实机械闭锁措施是否可靠，如发现有失灵，应重新进行调整。

（5）质量标准。主刀闸处于合闸位置，接地刀闸合不上闸；接地刀闸处于合闸位置，主刀闸合不上闸。

15. GW5 型隔离开关本体 1min 工频耐压试验

新装、大修后或更换绝缘子时应对隔离开关本体进行 1min 工频耐压试验，1min 工频耐压合格。

16. 隔离开关更换、调整、试验合格后，在投运前必做的工作

参见 GW4 型隔离开关检修、调整、试验合格后，在投运前必做的工作内容（模块 ZY1400703001）。

【思考与练习】

1. GW5–72.5 型隔离开关尺寸 A、C、D 分别是多少？

2. 在 GW5 型隔离开关整体调整及试验中，如何进行 GW5 型隔离开关主刀闸手动慢分慢合试验？其质量标准是什么？

3. 在 GW5 型隔离开关整体调整及试验中，如何测量主刀闸触头插入深度、夹紧度及动静触头相对高度差？其质量标准是什么？

4. 简述 GW5–72.5 型隔离开关整体调试与试验步骤。

模块 3 GW6 型隔离开关整体调试及试验（ZY1400703003）

【模块描述】本模块包含 GW6 型隔离开关整体调试及试验作业流程与工艺要求。通过知识要点的归纳讲解、图例展示、操作技能训练，掌握 GW6 型隔离开关整体调试及试验前准备、危险点预控、作业步骤、工艺要求及质量标准等操作技能。

【正文】

一、作业内容

1. GW6 型隔离开关调试项目

（1）隔离开关分闸后断口距离。

（2）隔离开关主刀闸接触范围。

（3）检查机械连锁。

（4）隔离开关三相合闸同期性。

（5）刀闸合入时是否在过死点位置。

（6）合闸后动触头上端偏移。

2. GW6 型隔离开关试验项目

（1）测量主刀闸的回路电阻。

（2）合闸终了时触头间压力。

（3）机构电动分、合闸时间。

（4）手动操作主刀闸合、分各 5 次。

（5）电动操作主刀闸合、分各 5 次。

3. GW6 型隔离开关接地刀闸调试项目

接地刀闸合闸后触头插入深度。

4. GW6 型隔离开关接地刀闸试验项目

（1）检修后接地刀闸回路电阻测量。

（2）手动操作接地刀闸合、分各 5 次。

5. GW6 型隔离开关和接地刀闸连锁调试

（1）主刀闸合闸时，接地刀闸合不上闸。

（2）接地刀闸合闸时，主刀闸合不上闸。

二、作业中危险点分析及控制措施

参见 GW4 型隔离开关本体检修作业危险点分析及控制措施（模块 ZY1400701001）。

三、GW6 型隔离开关整体调试及试验前的准备

参见 GW4 型隔离开关整体调试及试验的准备工作（模块 ZY1400703001）。

四、GW6 型隔离开关调试及试验前的检查

参见 GW4 型隔离开关调试及试验前的检查项目（模块 ZY1400703001）。

五、GW6 型隔离开关调试和试验步骤、方法及质量标准

1. GW6 型隔离开关本体与操动机构的连接

（1）将电动操动机构用连接螺栓将机构与基础连接起来，检查机构水平后，拧紧机构与基础的连接螺栓。

（2）将检修好的主轴承座装配用连接螺栓牢固地装在中相底座装配上。

（3）将导电折架处于分闸位置，装复主刀闸三相水平连杆，核对在拆卸时所记下的各连杆的连接尺寸。

（4）从中相底座上轴承座装配里抽出主刀闸操作轴及平键。

（5）主刀闸与机构连接前，先将焊有垂直传动杆的调角联轴器装入操动机构主轴上，检查两连板倾角 θ 是否调至合格（抱夹无须此过程）。电动操动机构调角联轴器结构如图 ZY1400703003-1 所示。

（6）将主刀闸操作轴插入垂直传动杆上接套中，紧固接套定位螺钉，注意平键不要漏装。

（7）GW6 型隔离开关主刀闸与操动机构的连接如图 ZY1400703003-2 所示。

（8）使主刀闸、操动机构均在分闸位置，用短连杆将机构与主刀闸连接起来。

（9）将操动机构的进线电缆接入机构箱内端子排紧固螺钉上，并对电缆入口处进行封堵。

（10）质量标准。拐臂中心线与水平传动杆中心线装配角度符合要求；各种转动轴销及螺纹处均涂润滑油。

2. GW6 型隔离开关主刀闸手动慢分慢合试验

（1）手动操作机构缓慢合闸及分闸，观察主刀闸系统动作是否灵活，有无卡涩，辅助开关切换位置是否正确；三相能同步到位。

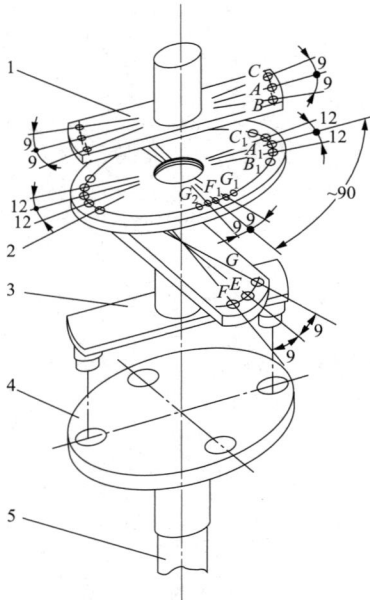

图 ZY1400703003-1 电动操动机构
调角联轴器结构

1—接头焊装；2—圆板；3—拨动器；

4—连轴板焊装；5—减速箱输出轴

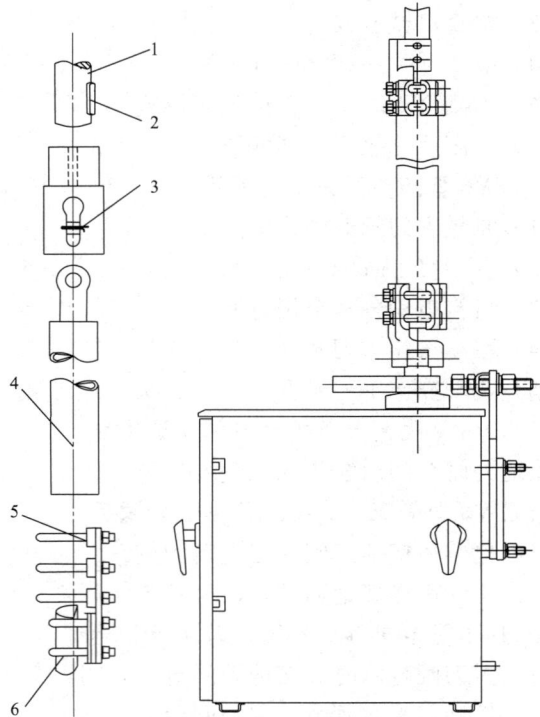

图 ZY1400703003-2 GW6型隔离开关主刀闸与
操动机构的连接

1—开关操作轴；2—键；3—键开口销；

4—连杆；5—抱夹；6—操动机构轴

（2）以手力操作主刀闸进行分、合闸，若主刀闸与机构两者的终了位置不一致时，可改变连接器两连板间θ角度（连接器改抱夹的，可松开抱夹，机构与主刀闸分、合闸位置对应后紧固抱夹螺栓）。

（3）用手柄操作电动机构，使主刀闸分、合3～4次，当电动操动机构限位开关刚刚切换时，检查机构限位块与挡钉的间隙是否符合要求。

（4）质量标准。定位螺钉定位牢固可靠，限位块与挡钉的间隙为8mm±3mm；主刀闸动作灵活，无卡涩，辅助开关切换位置正确。

3. GW6型隔离开关测量主刀闸合闸同期性

（1）导电折架高度的调整。

1）主刀闸在处于分闸位置时，检查折架折叠高度是否符合规定尺寸，以保证断口间的绝缘距离。

2）如三相超高，说明主刀闸未分到底，可适当调节连杆。

3）中相合格、边相偏高，适当调节偏高相的主刀闸水平连杆，使该相主刀闸能分到底，同时检查该相分闸限位螺钉是否伸出过长，限制了折架的下落，应注意过分缩短分闸限位螺钉会失去限位作用而增大合闸力矩。

4）质量标准。折架折叠高度绝缘距离有关规定，在保证分闸位置时导电折架的有效开距符合有关要求后，允许折架略为偏高。

（2）合闸终了位置动触头上端偏斜的调整。GW6型隔离开关校正主刀闸偏斜示意图如图ZY1400703003-3所示。

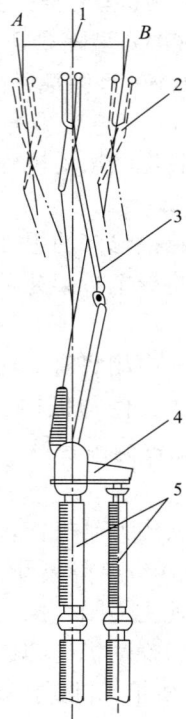

图 ZY1400703003-3 GW6型隔离
开关校正主刀闸偏斜示意图

1—导电杆；2—动触头；3—导电折架；

4—传动装置；5—绝缘子

1）在合闸终了位置，如动触头偏离导电折架中心垂线 A 侧且超过 50mm，则可适当伸长传动连杆。

2）动触头偏离导电折架中心垂线 B 侧且超过 50mm，则适当缩短传动连杆长度应基本一致。

3）动触头偏斜调整好后，检查合闸终了动、静触头接触点是否在规定接触区内，合格后紧固静触头装配连接导线的接线板与母线夹接线连接螺栓。

4）质量标准。动触头合闸终了位置允许偏斜 50mm；动、静触头接触位置合乎规定。

（3）合闸不同期的调整。三相合闸不同期的调整在动触头合闸偏斜调整好后进行，调整方法与之相同，三相合闸不同期允许偏差应不大于 30mm。

4. 传动装置死点位置的调整

（1）调整 GW6 型隔离开关死点位置。

（2）以手动进行三相联动分、合闸，检查其死点位置，如未达到要求，应检查主刀闸合闸是否到位。

（3）若未到位，适当缩短主刀闸水平连杆及短连杆。

（4）若主刀闸已合到底而仍未达到死点位置，则可适当缩短传动连杆来达到，同时检查合闸定位螺钉外露部分是否过长。

（5）质量标准。B 点过 AC 连线 4mm±1mm。

5. 测量动、静触头的接触压力

（1）以手力将导电折架送入合闸位置，测量其触头的接触压力，测得的触头接触压力应符合规定。

（2）检查弹簧板末端轴销，能自动移至长孔中部或另一端，则压力符合要求；如接触压力不合格，可适当伸长或缩短传动连杆使之达到要求。

（3）动触头每侧压力：110kV≥295N、220kV≥259N。

6. 测量主刀闸分闸时触头断开距离

（1）隔离开关在分闸位置测量每个断口动、静触头的最小空气距离应符合规定。

（2）质量标准。同相两个断口的最小空气距离：110kV≥1350（1750）、220kV≥2200（2550）。

7. 测量主刀闸操动机构电动分、合闸时间

（1）用手动合闸和分闸，当终点限位开关刚刚切换时，检查限位件与挡板之间的间隙，由此位置到终点位置，交流操动机构手柄应能摇动 4.8 圈±1 圈，直流操动机构手柄应能摇动 8 圈±1 圈。

（2）手动将主刀闸处于半分、半合位置，接通电源，慎重按下合闸或分闸按钮，随之按下急停按钮，模拟点动操作，注意观察主轴转向，确认正确的操动方向。如果方向相反，则须调整电动机的旋转方向，进行电动分、合操作，检查电动机转向与主刀闸分、合闸运动方向是否对应。

（3）手力及电动分、合闸 2～3 次，检查电动操动机构及主刀闸动作情况。

（4）进行 85% 额定电压电动分、合闸动作试验，检验动作是否可靠。

（5）以上各步均调整好后，操作电动机构电动机运转正常，正反向旋转自如，无异音。分、合闸停位准确，闭锁可靠。

（6）电动操作隔离开关分、合闸，并记录分、合闸时间；分、合闸时间应符合各种型号的规定。

（7）质量标准。

1）辅助开关切换位置正确，接触可靠。限位开关切换正确、可靠。

2）机构及主刀闸动作平稳，无卡涩，分、合闸到位。

8. 测量主刀闸导电回路电阻

将隔离开关合闸，分别测量三相导电回路电阻，回路电阻值应符合规定。

9. GW6 型隔离开关接地刀闸本体与操动机构的连接

（1）将接地刀闸操动机构用连接螺栓将机构与基础连接起来，检查机构水平后，拧紧机构与基础的连接螺栓。

（2）将传动底座用螺栓连接在基础上。

（3）将导电拆架下导电管和支撑管分别插入连接架及传动架中，同时拧入平衡弹簧调节螺栓。

（4）装复完成后，调整平衡弹簧调节螺栓的旋入深度，调整下导电管在连接架中的位置，同时检查导电拆架重力矩与平衡弹簧力矩是否平衡。

（5）将三相接地刀闸水平拉杆连接好。

（6）手动操作接地刀闸机构，使机构合闸。

（7）将接地刀闸竖拉杆与水平拉杆及操动机构连接。

（8）质量标准。

1）各转动部位涂二硫化钼锂。

2）转轴与轴套间配合间隙不应大于 1mm。

3）螺杆、螺母应完整，无锈蚀，公差配合适当。

4）螺杆拧入接头的深度不应小于 20mm。

5）连接水平连杆时，操作小拐臂方向必须处于合闸位置。

10. GW6 型隔离开关接地刀闸手动慢分慢合试验

（1）主刀闸在分闸位置时，手动缓慢分开接地刀闸，观察传动系统运动情况。

（2）对接地刀闸进行操作，检查其合闸终了动、静触头是否接触良好，分闸终了接地刀闸导电管是否处于水平位置。

（3）对 Ⅱ 型接地刀闸手动合闸过程中，观察导电管先作回转运动，再作上升运动，如达不到要求可调整平衡弹簧预拉力，继续手动合闸操作，观察导电管上升运动是否正常，三相接触是否一致。

（4）质量标准。

1）手力操动机构安装正确、牢固。部件完整，安装正确。传动系统动作灵活。

2）合闸终了，动、静触头接触良好、可靠；分闸终了，接地刀闸导电管处于水平位置。

3）合闸终了，动触头接触面中心基本与触指刻线重合。

11. GW6 型隔离开关接地刀闸合闸同期性

（1）手动操作机构将接地刀闸合闸，测量接地刀闸合闸同期性。

（2）质量标准。三相不同时接触不应超过 30mm。

12. 接地刀闸触头插入深度、夹紧度及动静触头相对高度差

（1）用手柄操作使主刀闸分闸，然后将接地刀闸合闸，检查上导电管与静触头中心是否出现偏差，如有偏差，可调节机座上 4 个螺栓来实现。

（2）在合闸位置时，检查动触头插入静触头深度是否满足要求，触头与触指接触是否良好。

（3）如动触头插入深度不合格，可改变导电管长度来实现。

（4）测量动静触头夹紧度：用 0.05mm×10mm 的塞尺进行检查动静触头夹紧度。不合格应更换弹簧或重新检修处理，直到合格时为止。

（5）测量动静触头相对高度差：用钢板尺在动、静触头合闸位置测量静触头上下外露部分，外露部分应基本一致。

（6）调整完成后，检查所有连接件是否紧固。

（7）质量标准。

1）重力矩与弹簧力矩基本平衡。

2）动、静触头间应接触紧密。

3）接地刀闸合闸时，导电管动触头已合至静触头中心位置。

4）合闸时导电管处于铅垂位置。

5）动触头插入深度为 85mm，触头触指间接触良好。

6）连接件紧固合格。

13. 测量接地刀闸接触电阻

将接地刀闸合闸，分别测量接地刀闸三相接触电阻，接触电阻≤290μΩ。

14. GW6 型隔离开关本体和接地刀闸连锁调试

（1）机械闭锁的检查，应分别在主刀闸和接地刀闸三相联动调整好后进行。

（2）将主刀闸合闸，检查机械闭锁板位置，接着合接地刀闸，观察机械闭锁是否可靠。

（3）将接地刀闸合闸，检查机械闭锁板间位置；接着合主刀闸，观察机械闭锁是否可靠。

（4）以上两种机械闭锁防止误操作功能验证，应连续试验 5 次以上，来证实机械闭锁措施是否可靠，如发现有失灵，应重新进行调整。

（5）质量标准。主刀闸处于合闸位置，接地刀闸合不上闸；接地刀闸处于合闸位置，主刀闸合不上闸。

15. GW6 型隔离开关本体 1min 工频耐压试验

新装、大修后或更换绝缘子时应对隔离开关本体进行 1min 工频耐压试验，1min 工频耐压合格。

16. 隔离开关更换、调整、试验合格后，在投运前必做的工作

参见 GW4 型隔离开关检修、调整、试验合格后，在投运前必做的工作内容（模块 ZY1400703001）。

【思考与练习】

1. GW6 型隔离开关调试及试验前的检查项目及标准有哪些？

2. 在 GW6 型隔离开关整体调试及试验中，如何进行 GW6 型隔离开关主刀闸手动慢分慢合试验？

3. GW6 型隔离开关接地刀闸本体与操动机构连接的质量标准是什么？

4. 在 GW6 型隔离开关整体调试及试验中，如何进行本体和接地刀闸连锁调试？

模块 4　GW7 型隔离开关整体调试及试验（ZY1400703004）

【模块描述】 本模块包含 GW7 型隔离开关整体调试及试验作业流程与工艺要求。通过知识要点的归纳讲解、操作技能训练，掌握 GW7 型隔离开关整体调试及试验前准备、危险点预控、作业步骤、工艺要求及质量标准等操作技能。

【正文】

一、作业内容

1. GW7 型隔离开关调试项目

（1）隔离开关主刀闸合闸后触头插入深度。

（2）动、静触头相对高度差。

（3）检查机械连锁。

（4）隔离开关三相合闸同期性。

（5）隔离开关分闸后断口距离（两断口之和）。

2. GW7 型隔离开关试验项目

（1）测量主刀闸的回路电阻。

（2）机构电动分、合闸时间。

（3）手动操作主刀闸合、分各 5 次。

（4）电动操作主刀闸合、分各 5 次。

3. GW7 型隔离开关接地刀闸调试项目

（1）接地刀闸合闸后触头插入深度。

（2）接地开关分闸后断口距离。

4. GW7 型隔离开关接地刀闸试验项目

（1）检修后接地刀闸回路电阻测量。

（2）手动操作接地刀闸合、分各 5 次。

5. GW7 型隔离开关和接地刀闸连锁调试

（1）主刀闸合闸时，接地刀闸合不上闸。

（2）接地刀闸合闸时，主刀闸合不上闸。

二、作业中危险点分析及控制措施

参见 GW4 型隔离开关本体检修作业中危险点分析及控制措施（模块 ZY1400701001）。

三、GW7 型隔离开关整体调试及试验前的准备

参见 GW4 型隔离开关整体调试及试验的准备工作（模块 ZY1400703001）。

四、GW7 型隔离开关调试及试验前的检查

参见 GW4 型隔离开关调试及试验前的检查项目（模块 ZY1400703001）。

五、GW7 型隔离开关调试和试验步骤、方法及质量标准

1. GW7 型隔离开关本体与操动机构的连接

参见 GW6 型隔离开关本体与操动机构的连接方法（模块 ZY1400703003）。

2. GW7 型隔离开关主刀闸手动慢分慢合试验

（1）手动操作机构缓慢合闸及分闸，观察主刀闸系统动作是否灵活，有无卡涩，辅助开关切换位置是否正确；三相能同步到位。

（2）质量标准。

1）相间距离误差应符合各种型号的规定。

2）静触头触指两侧的接触压力应均匀。

3）主刀闸动作灵活，无卡涩，辅助开关切换位置正确。

3. GW7 型隔离开关测量主刀闸合闸同期性

（1）手动操作机构缓慢合闸，测量主刀闸合闸同期性。

（2）如果同期不合格，可改变相间拉杆的长度来实现，调整合格后将拉杆接头备帽拧紧。

（3）质量标准。三相不同时接触差应符合各种型号的规定。

4. 测量主刀闸触头插入深度、夹紧度及动静触头相对高度差

GW7（普通）型隔离开关动、静触头合闸位置如图 ZY1400703004-1 所示。

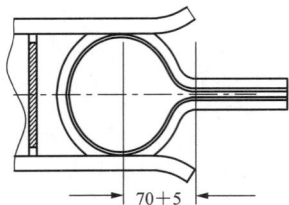

图 ZY1400703004-1 GW7（普通）型隔离开关动、静触头合闸位置

（1）手动操作机构缓慢合闸，测量动触头插入深度、夹紧度及动静触头相对高度差。

（2）动触头插入静触头深度及相对高度差不合格，可调节固定导电杆的螺栓来实现，将 4 个固定螺母松开，导电杆便能上、下、前、后移动，由此可改变动、静触头间的插入深度及相对高度差，并使两端触头接触情况一致。如此时动静触头插入静触头深度仍然不合格，可将导电杆上固定动触头的 4 个螺栓松开，动触头便可在导电杆上转动和前后移动，使之达到动静触头插入深度的要求。

（3）测量动、静触头夹紧度：隔离开关调整合格后，用 0.05mm×10mm 的塞尺进行检查动、静触头夹紧度。不合格应更换弹簧或重新检修处理，直到合格时为止。

（4）质量标准。

1）动、静触头间应接触紧密；对于线接触塞尺塞不进去为合格，对于面接触，其塞入深度：在接触面宽度为 50mm 及以下时，不应超过 4mm；在接触面宽度为 60mm 及以上，不应超过 6mm。

2）动、静触头接触后应上、下对称，允许上、下偏差不大于 5mm。

3）动触头与导电杆连接长度不小于 35mm。

5. 测量主刀闸分闸时触头断开距离

（1）隔离开关在分闸位置测量每个断口动、静触头的最小空气距离不小于 1.15m。

（2）质量标准。同相两个断口的最小空气距离应不小于 2.3m。

6. 测量主刀闸操动机构电动分、合闸时间

（1）用手动合闸和分闸，当终点限位开关刚刚切换时，检查限位件与挡板之间的间隙，由此位置到终点位置，交流操动机构手柄应能摇动 4.8 圈±1 圈，直流操动机构手柄应能摇动 8 圈±1 圈。

（2）手动将主刀闸处于半分、半合位置，接通电源，慎重按下合闸或分闸按钮，随之按下急停按钮，模拟点动操作，注意观察主轴转向，确认正确的操动方向。如果方向相反，则须调整电动机的旋转方向，进行电动分、合操作，检查电动机转向与主刀闸分、合闸运动方向是否对应。

（3）手力及电动分、合闸 2～3 次，检查电动操动机构及主刀闸动作情况。

（4）进行 85%额定电压电动分、合闸动作试验，检验动作是否可靠。

（5）以上各步均调整好后，操作电动机构电动机运转正常，正反向旋转自如，无异音。分、合闸停位准确，闭锁可靠。

（6）电动操作隔离开关分、合闸，并记录分、合闸时间；分、合闸时间应符合各种型号的规定。

（7）质量标准。辅助开关切换位置正确，接触可靠。限位开关切换正确、可靠；机构及主刀闸动作平稳，无卡涩，分、合闸到位。

7. 测量主刀闸导电回路电阻

将隔离开关合闸，分别测量三相导电回路电阻，回路电阻：1600A 的≤140μΩ；2000A 的≤95μΩ。

8. GW7 型隔离开关接地刀闸本体与操动机构的连接

参见 GW6 型隔离开关接地刀闸本体与操动机构的连接步骤（模块 ZY1400703003）。

9. GW7 型隔离开关接地刀闸手动慢分慢合试验

参见 GW6 型隔离开关接地刀闸手动慢分慢合试验项目（模块 ZY1400703003）。

10. GW7 型隔离开关接地刀闸合闸同期性

（1）手动操作机构将接地刀闸合闸，测量接地刀闸合闸同期性。

（2）质量标准。三相不同时接触不应超过 30mm。

11. 接地刀闸触头插入深度、夹紧度及动静触头相对高度差

参见 GW6 型隔离开关接地刀闸触头插入深度、夹紧度及动静触头相对高度差测量项目（模块 ZY1400703003）。

12. 接地刀闸分闸时触头断开距离

手动操作将接地刀闸分闸；测量接地开关分闸后断口距离，断口距离不小于 1800mm。

13. 测量接地刀闸接触电阻

将接地刀闸合闸，分别测量接地刀闸三相接触电阻，接触电阻≤290μΩ。

14. GW7 型隔离开关本体和接地刀闸连锁调试

参见 GW6 型隔离开关本体和接地刀闸连锁调试项目（模块 ZY1400703003）。

15. GW7 型隔离开关本体 1min 工频耐压试验

新装、大修后或更换绝缘子时应对隔离开关本体进行 1min 工频耐压试验，1min 工频耐压合格。

16. 隔离开关更换、调整、试验合格后，在投运前必做的工作

参见 GW4 型隔离开关检修、调整、试验合格后，在投运前必做的工作内容（模块 ZY1400703001）。

【思考与练习】

1. 在 GW7 型隔离开关整体调试及试验中，如何进行主刀闸手动慢分、慢合试验？

2. 在 GW7 型隔离开关整体调试及试验中，如何测量主刀闸合闸同期性？

3. 在 GW7 型隔离开关整体调试及试验中，如何测量主刀闸触头插入深度、夹紧度及动静触头相对高度差？

4. 在 GW7 型隔离开关整体调试及试验中，如何测量主刀闸操动下机构电动分、合闸时间？

模块 5　GW16（20）型隔离开关整体调试及试验（ZY1400703005）

【模块描述】本模块包含 GW16（20）型隔离开关整体调试及试验作业流程与工艺要求。通过知识要点的归纳讲解、操作技能训练，掌握 GW16（20）型隔离开关整体调试及试验前准备、危险点预控、作业步骤、工艺要求及质量标准等操作技能。

【正文】

一、作业内容

1. GW16（20）型隔离开关调试项目

（1）隔离开关分闸后断口距离。

（2）隔离开关主刀闸接触范围。

（3）检查机械连锁。

（4）隔离开关三相合闸同期性。

（5）刀闸合入时是否在过死点位置。

（6）合闸后动触头上端偏移。

2. GW16（20）型隔离开关试验项目

（1）测量主刀闸的回路电阻。

（2）合闸终了时触头间压力。

（3）机构电动分、合闸时间。

（4）手动操作主刀闸合、分各 5 次。

（5）电动操作主刀闸合、分各 5 次。

3. GW16（20）型隔离开关接地刀闸调试项目

接地刀闸合闸后触头插入深度。

4. GW16（20）型隔离开关接地刀闸试验项目

（1）检修后接地刀闸回路电阻测量。

（2）手动操作接地刀闸合、分各 5 次。

5. GW16（20）型隔离开关和接地刀闸连锁调试

（1）主刀闸合闸时，接地刀闸合不上闸。

（2）接地刀闸合闸时，主刀闸合不上闸。

二、作业中危险点分析及控制措施

参见 GW4 型隔离开关本体检修作业危险点分析及控制措施（模块 ZY1400701001）。

三、GW16（20）型隔离开关整体调试及试验前的准备

参见 GW4 型隔离开关整体调试及试验的准备工作（模块 ZY1400703001）。

四、GW16（20）型隔离开关调试及试验前的检查

参见 GW4 型隔离开关调试及试验前的检查项目（模块 ZY1400703001）。

五、GW16 型隔离开关调试和试验步骤、方法及质量标准

1. GW16 型隔离开关本体与操动机构的连接

参见 GW6 型隔离开关本体与操动机构的连接方法（模块 ZY1400703003）。

2. GW16 型隔离开关主刀闸手动慢分慢合试验

（1）手动操作机构缓慢合闸及分闸，观察三相水平传动杆与拐臂板的连接轴销转动是否灵活，主刀闸系统动作是否灵活，有无卡涩，辅助开关切换位置是否正确；三相能同步到位。

（2）以手力操作主刀闸进行分、合闸，若主刀闸与机构两者的终了位置不一致时，可改变连接器两连板间 θ 角度。

（3）合闸终了，检查三相主刀闸是否在一垂线上。

（4）用手柄操作电动机构，使主刀闸分、合 3～4 次，当电动操动机构限位开关刚刚切换时，检查机构限位块与挡钉之间的间隙是否符合要求。

（5）质量标准。

1）传动杆与拐臂板的连接轴销转动灵活、无卡涩。

2）辅助开关切换位置正确。

3）主刀闸动作灵活，无卡涩。

4）三相操作能同步到位。

5）合闸终了，三相均在一条垂线上。

3. GW16 型隔离开关测量主刀闸合闸同期性

（1）导电折臂高度的调整。

1）分闸后断口距离小于 2600mm，是由于垂直传动杆与双四连杆的连接位置不当或摩擦法兰盘

（联轴器）连接不当造成，此时应该重新调整垂直操动杆的焊接位置或改变联轴器的连接位置。

2）分闸后断口距离大于 2600mm，加长两偏心轴的距离，并保证三相合闸同期的要求：

① 合闸时主刀闸在同一条垂直线，分闸时断口距离不小于 2600mm。

② 折臂折叠高度绝缘距离有关规定。

③ 在保证分闸位置时导折臂架的有效开距符合有关要求后，允许折臂略为偏高。

（2）合闸终了位置动触头上端偏斜的调整。

1）在合闸终了位置，如动触头偏离导电折臂中心垂线且超过规定值，是由于垂直传动杆与双四连杆的连接位置不当或摩擦法兰盘（联轴器）连接不当造成，此时应该重新调整垂直操动杆的焊接位置或改变联轴器的连接位置。

2）动触头偏斜调整好后，检查合闸终了动、静触头接触点是否在规定接触区内，合格后紧固静触头装配连接导线的接线板与母线夹接线连接螺栓。

3）质量标准。

① 动触头合闸终了位置偏斜不超过厂家规定值。

② 动、静触头接触位置符合规定。

（3）合闸不同期的调整。

1）用手柄操动机构，观察三相主刀闸运动情况，如两边相的初始角度和主操作相不同期，可适当调整三相水平传动杆的长度，如两边相所需的角度不够或过大，即操作时边相对于主操作相较快或较慢（分、合闸两边相与主操作相不同期），可调整拐臂装配上齿板的位置，调试的方法是：松开拐臂装配上紧固螺栓，将动作较快一相的拐臂适当放长，将动作较慢一相的拐臂适当缩短，然后拧紧螺栓。通过调整，使三相主刀闸的动作速度基本一致。

2）质量标准。三相合闸不同期允许偏差应不大于 20mm。

4. 传动装置死点位置的调整

（1）以手动进行三相联动分、合闸，检查其死点位置，如未达到要求，应检查主刀闸合闸是否到位。

（2）若未到位，适当缩短主刀闸水平连杆及短连杆。

（3）若主刀闸已合到底而仍未达到死点位置，则可适当缩短传动连杆来达到，同时检查合闸定位螺钉外露部分是否过长。

（4）质量标准。距限位螺钉 0～2mm。

5. 测量动、静触头的接触压力

（1）以手力将导电折臂送入合闸位置，测量其触头的接触压力，测得的触头接触压力应符合规定。

（2）检查弹簧板末端轴销，能自动移至长孔中部或另一端，则压力符合要求；如接触压力不合格，可适当伸长或缩短传动连杆使之达到要求。

6. 测量主刀闸分闸时触头断开距离

隔离开关在分闸位置测量每个断口动、静触头的最小空气距离，同相两个断口的最小空气距离不小于 2600mm。

7. 测量主刀闸操动机构电动分、合闸时间

（1）用手动合闸和分闸，当终点限位开关刚刚切换时，检查限位件与挡板之间的间隙，由此位置到终点位置，交流操动机构手柄应能摇动 4.8 圈±1 圈，直流操动机构手柄应能摇动 8 圈±1 圈。

（2）手动将主刀闸处于半分、半合位置，接通电源，慎重按下合闸或分闸按钮，随之按下急停按钮，模拟点动操作，注意观察主轴转向，确认正确的操动方向。如果方向相反，则须调整电动机的旋转方向，进行电动分、合操作，检查电动机转向与主刀闸分、合闸运动方向是否对应。

（3）手动及电动分、合闸 2～3 次，检查电动操动机构及主刀闸动作情况。

（4）进行 85% 额定电压电动分、合闸动作试验，检验动作是否可靠。

（5）操作电动机构电动机运转正常，正反向旋转自如，无异音。分、合闸停位准确，闭锁可靠。

（6）电动操作隔离开关分、合闸，并记录分、合闸时间；分、合闸时间应符合各种型号的规定。

（7）质量标准。辅助开关切换位置正确，接触可靠。限位开关切换正确、可靠；机构及主刀闸动作平稳，无卡涩，分、合闸到位。

8. 测量主刀闸导电回路电阻

将隔离开关合闸，分别测量三相导电回路电阻，应符合规定值。

9. GW16 型隔离开关接地刀闸本体与操动机构的连接

参见 GW6 型隔离开关接地刀闸本体与操动机构的连接步骤（模块 ZY1400703003）。

10. GW16 型隔离开关接地刀闸手动慢分慢合试验

参见 GW6 型隔离开关接地刀闸手动慢分慢合试验项目（模块 ZY1400703003）。

11. GW16 型隔离开关接地刀闸合闸同期性

手动操作机构将接地刀闸合闸，测量接地刀闸合闸同期性，三相不同时接触不应超过 30mm。

12. 接地刀闸触头插入深度、夹紧度及动静触头相对高度差

参见 GW6 型隔离开关接地刀闸触头插入深度、夹紧度及动静触头相对高度差测量项目（模块 ZY1400703003）。

13. 测量接地刀闸接触电阻

将接地刀闸合闸，分别测量接地刀闸三相接触电阻，接触电阻≤290μΩ。

14. GW16 型隔离开关本体和接地刀闸连锁调试

参见 GW6 型隔离开关本体和接地刀闸连锁调试项目（模块 ZY1400701003）。

15. GW16 型隔离开关本体 1min 工频耐压试验

新装、大修后或更换绝缘子时应对隔离开关本体进行 1min 工频耐压试验，1min 工频耐压应合格。

16. 隔离开关更换、调整、试验合格后，在投运前必做的工作

参见 GW4 型隔离开关检修、调整、试验合格后，在投运前必做的工作内容（模块 ZY1400703001）。

【思考与练习】

1. 在 GW16 型隔离开关整体调试及试验中，如何进行主刀闸手动慢分慢合试验？

2. 在 GW16 型隔离开关整体调试及试验中，传动装置死点位置如何调整？

3. 在 GW16 型隔离开关整体调试及试验中，如何测量动、静触头的接触压力？

4. 在 GW16 型隔离开关整体调试及试验中，测量主刀闸操动机构电动分、合闸时间？

模块 6　GW17（21）型隔离开关整体调试及试验（ZY1400703006）

【模块描述】本模块包含 GW17（21）型隔离开关整体调试及试验作业流程与工艺要求。通过知识要点的归纳讲解、操作技能训练，掌握 GW17（21）型隔离开关整体调试及试验前准备、危险点预控、作业步骤、工艺要求及质量标准等操作技能。

【正文】

一、作业内容

1. GW17（21）型隔离开关调试项目

（1）隔离开关分闸后断口距离。

（2）隔离开关主刀闸接触范围。

（3）检查机械连锁。

（4）隔离开关三相合闸同期性。

（5）刀闸合入时是否在过死点位置。

（6）合闸后动触头上端偏移。

2. GW17（21）型隔离开关试验项目

（1）测量主刀闸的回路电阻。

（2）合闸终了时触头间压力。

（3）机构电动分、合闸时间。

（4）手动操作主刀闸合、分各 5 次。

（5）电动操作主刀闸合、分各 5 次。

3. GW17（21）型隔离开关接地刀闸调试项目

接地刀闸合闸后触头插入深度。

4. GW17（21）型隔离开关接地刀闸试验项目

（1）检修后接地刀闸回路电阻测量。

（2）手动操作接地刀闸合、分各 5 次。

5. GW17（21）型隔离开关和接地刀闸连锁调试

（1）主刀闸合闸时，接地刀闸合不上闸。

（2）接地刀闸合闸时，主刀闸合不上闸。

二、作业中危险点分析及控制措施

参见 GW4 型隔离开关本体检修作业中危险点分析及控制措施（模块 ZY1400703001）。

三、GW17（21）型隔离开关整体调试及试验前的准备

参见 GW4 型隔离开关整体调试及试验的准备工作（模块 ZY1400703001）。

四、GW17（21）型隔离开关调试及试验前的检查

参见 GW4 型隔离开关调试及试验前的检查项目（模块 ZY1400703001）。

五、GW17 型隔离开关调试、试验步骤、方法及质量标准

1. GW17 型隔离开关本体与操动机构的连接

参见 GW6 型隔离开关本体与操动机构的连接方法（模块 ZY1400703003）。

2. GW17 型隔离开关主刀闸手动慢分慢合试验

（1）手动操作机构缓慢合闸及分闸，观察三相水平传动杆与拐臂板的连接轴销转动是否灵活，主刀闸系统动作是否灵活，有无卡涩，辅助开关切换位置是否正确；三相能同步到位。

（2）以手动操作主刀闸进行分、合闸，若主刀闸与机构两者的终了位置不一致时，可改变连接器两连板间 θ 角度（连接器改抱夹的，可松开抱夹，机构与主刀闸分、合闸位置对应后紧固抱夹螺栓）。

（3）合闸终了，检查三相主刀闸是否在同一水平线上。

（4）用手柄操作电动机构，使主刀闸分、合 3～4 次，当电动操动机构限位开关刚刚切换时，检查机构限位块与挡钉之间的间隙是否符合要求。

（5）质量标准。

1）传动杆与拐臂板的连接轴销转动灵活、无卡涩。

2）辅助开关切换位置正确。

3）主刀闸动作灵活，无卡涩。

4）三相操作能同步到位。

5）合闸终了，三相均在同一水平线上。

3. GW17 型隔离开关测量主刀闸合闸同期性

（1）导电折臂宽度的调整。

1）分闸后断口距离小于 2600mm，是由于垂直传动杆与双四连杆的连接位置不当或摩擦法兰盘（联轴器）连接不当造成，此时应该重新调整垂直操动杆的焊接位置或改变联轴器的连接位置。

2）分闸后断口距离大于 2600mm，加长两偏心轴的距离，并保证三相合闸同期的要求。

3）质量标准。

① 合闸时主刀闸在同一水平直线，分闸时断口距离不小于 2600mm。

② 折臂折叠宽度绝缘距离符合有关厂家规定。

③ 在保证分闸位置时导折臂架的有效开距符合有关要求后，允许折臂略为偏宽。

（2）合闸终了位置动触头上端偏斜的调整。

模块 6

ZY1400703006

1）在合闸终了位置，如动触头偏离导电折臂中心垂线且超过规定值，是由于垂直传动杆与双四连杆的连接位置不当或摩擦法兰盘（联轴器）连接不当造成，此时应该重新调整垂直操动杆的焊接位置或改变联轴器的连接位置。

2）动触头偏斜调整好后，检查合闸终了动、静触头接触点是否在规定接触区内，合格后紧固静触头装配连接导线的接线板与母线夹接线连接螺栓。

3）质量标准。动触头合闸终了位置偏斜不超过厂家规定值；动、静触头接触位置符合规定。

（3）合闸不同期的调整。

1）用手柄操动机构，观察三相主刀闸运动情况，如两边相的初始角度和主操作相不同期，可适当调整三相水平传动杆的长度，如两边相所需的角度不够或过大，即操作时边相对于主操作相较快或较慢（分、合闸两边相与主操作相不同期），可调整拐臂装配上齿板的位置，调试的方法是：松开拐臂装配上紧固螺栓，将动作较快一相的拐臂适当放长，将动作较慢一相的拐臂适当缩短，然后拧紧螺栓。通过调整，使三相主刀闸的动作速度基本一致。

2）质量标准。三相合闸不同期允许偏差应不大于 20mm。

4. 传动装置死点位置的调整

（1）以手动进行三相联动分、合闸，检查其死点位置，如未达到要求，应检查主刀闸合闸是否到位。

（2）若未到位，适当缩短主刀闸水平连杆及短连杆。

（3）若主刀闸已合到底而仍未达到死点位置，则可适当缩短传动连杆来达到，同时检查合闸定位螺钉外露部分是否过长。

（4）质量标准。距限位螺钉 0~2mm。

5. 测量动、静触头的接触压力

（1）以手动将导电折臂送入合闸位置，测量其触头的接触压力，测得的触头接触压力应符合规定。

（2）检查弹簧板末端轴销，能自动移至长孔中部或另一端，则压力符合要求；如接触压力不合格，可适当伸长或缩短传动连杆使之达到要求。

6. 测量主刀闸分闸时触头断开距离

（1）隔离开关在分闸位置测量每个断口动、静触头的最小空气距离应符合厂家规定。

（2）质量标准。同相两个断口的最小空气距离不小于 2600mm。

7. 测量主刀闸操动机构电动分、合闸时间

（1）用手动合闸和分闸，当终点限位开关刚刚切换时，检查限位件与挡板之间的间隙，由此位置到终点位置，交流操动机构手柄应能摇动 4.8 圈±1 圈，直流操动机构手柄应能摇动 8 圈±1 圈。

（2）手动将主刀闸处于半分、半合位置，接通电源，慎重按下合闸或分闸按钮，随之按下急停按钮，模拟点动操作，注意观察主轴转向，确认正确的操动方向。如果方向相反，则须调整电动机的旋转方向，进行电动分、合操作，检查电动机转向与主刀闸分、合闸运动方向是否对应。

（3）手力及电动分、合闸 2~3 次，检查电动操动机构及主刀闸动作情况。

（4）进行 85%额定电压电动分、合闸动作试验，检验动作是否可靠。

（5）以上各步均调整好后，操作电动机构电动机运转正常，正反向旋转自如，无异音。分、合闸停位准确，闭锁可靠。

（6）电动操作隔离开关分、合闸，并记录分、合闸时间；分、合闸时间应符合各种型号的规定。

（7）质量标准。辅助开关切换位置正确，接触可靠。限位开关切换正确、可靠；机构及主刀闸动作平稳，无卡涩，分、合闸到位。

8. 测量主刀闸导电回路电阻

将隔离开关合闸，分别测量三相导电回路电阻，回路电阻值符合规定要求。

9. GW17 型隔离开关接地刀闸本体与操动机构的连接

参见 GW6 型隔离开关接地刀闸本体与操动机构的连接步骤（模块 ZY1400703003）。

10. GW17 型隔离开关接地刀闸手动慢分慢合试验

参见 GW6 型隔离开关接地刀闸手动慢分慢合试验项目（模块 ZY1400703003）。

11. GW17 型隔离开关接地刀闸合闸同期性

手动操作机构将接地刀闸合闸，测量接地刀闸合闸同期性，三相不同时接触差符合规定。

12. 接地刀闸触头插入深度、夹紧度及动静触头相对高度差

参见 GW6 型隔离开关接地刀闸触头插入深度、夹紧度及动静触头相对高度差测量项目（模块 ZY1400703003）。

13. 测量接地刀闸接触电阻

将接地刀闸合闸，分别测量接地刀闸三相接触电阻，接触电阻≤290μΩ。

14. GW17 型隔离开关本体和接地刀闸连锁调试

参见 GW6 型隔离开关本体和接地刀闸连锁调试项目（模块 ZY1400703003）。

15. GW17 型隔离开关本体 1min 工频耐压试验

新装、大修后或更换绝缘子时应对隔离开关本体进行 1min 工频耐压试验，1min 工频耐压合格。

16. 隔离开关更换、调整、试验合格后，在投运前必做的工作

参见 GW4 型隔离开关检修、调整、试验合格后，在投运前必做的工作内容（模块 ZY1400703001）。

【思考与练习】

1. 在 GW17（21）型隔离开关整体调整及试验中，如何进行主刀闸手动慢分慢合试验？

2. 在 GW17（21）型隔离开关整体调整及试验中，导电折臂宽度如何调整？

3. 在 GW17（21）型隔离开关整体调整及试验中，如何测量动、静触头的接触压力？

4. 在 GW17（21）型隔离开关整体调整及试验中，如何测量主刀闸操动机构电动分、合闸时间？

第二十六章 故障处理及填写检修报告

模块 1 隔离开关常见故障处理（ZY1400704001）

【模块描述】本模块介绍隔离开关常见故障的处理。通过知识要点归纳讲解、案例分析，掌握隔离开关及各部件常见故障的类型、现象、原因及处理方法。

【正文】

一、隔离开关常见故障

隔离开关故障从整体结构分类可分为四种：导电回路故障、支柱式绝缘子故障、传动部分故障、操动机构故障。

（一）导电回路故障

1. GW4、GW5 型隔离开关导电回路故障

（1）触头过热。

1）触指与触头接触不良，引起触头过热。

2）触指、触头烧损严重，接触不良引起过热。

3）触指弹簧失效，压力不够引起过热。

4）各连接部分松动引起过热。

（2）接线座过热。

1）导电管与接线座接触不良引起过热。

2）接线座内导电带两端接触面接触不良引起过热。

3）出线端子与接线板接触不良引起过热。

2. GW7 型隔离开关导电回路故障

（1）触指与触头接触不良，引起触头过热。

（2）触指、触头烧损严重，接触不良引起过热。

（3）触指弹簧失效，压力不够引起过热。

（4）导电管与动触头接触不良引起过热。

（5）触指与静触座接触不良引起过热。

（6）静触座与接线板接触不良引起过热。

（7）各连接部分松动引起过热。

3. GW6 型隔离开关导电回路故障

（1）触头过热。

1）动、静触头烧损严重引起过热。

2）动、静触头接触不良引起过热。

3）动、静触头各侧接触压力不够引起过热。

4）静触头装配接线板连接不紧引起过热。

5）各连接部分松动引起过热。

（2）传动装置接线板过热。

1）软铜导电带两端电接触面连接松动引起过热。

2）主刀闸接线板表面氧化、接触不良引起过热。

3）软铜导电带折断引起过热。

（3）导电折架过热。

1）上、下导电管两端导电接触面氧化严重或连接不紧。

2）活动关节软铜带接触面氧化严重或连接不紧。

3）软铜导电带折断引起过热。

4）导电系统过负荷引起过热。

4. GW16、GW17、GW20、GW21 型隔离开关导电回路故障

（1）触头过热。

1）动、静触头烧损严重引起过热。

2）动、静触头接触不良引起过热。

3）动、静触头各侧接触压力不够引起过热。

4）静触头装配接线板连接不紧引起过热。

5）各连接部分松动引起过热。

（2）上导电管装配过热。

1）导电带折断、损伤引起过热。

2）导电管两端导电接触面氧化引起过热。

3）导电管变形接触不良引起过热。

4）各连接部分松动引起过热。

（3）中间触头装配过热。

1）转动触头、触指接触不良引起过热。

2）双金属过渡板、触块接触不良引起过热。

3）各连接部分松动引起过热。

（4）下导电管装配过热。

1）导电管两端导电接触面氧化引起过热。

2）导电管变形接触不良引起过热。

3）各连接部分松动引起过热。

（5）线底座装配过热。

1）触指接触不良引起过热。

2）接线板接触不良引起过热。

3）各连接部分松动引起过热。

（二）支柱式绝缘子故障

（1）支柱式绝缘子外绝缘闪络。

（2）支柱式绝缘子断裂。

（三）传动部分故障

1. GW4、GW5 型隔离开关传动部分故障

（1）传动连杆轴销生锈卡死。

（2）转动轴承生锈损坏卡死。

（3）主刀闸与接地刀闸闭锁板卡死。

（4）伞形齿轮脱齿。

（5）垂直连杆进水冬天冻冰，严重时使操动机构变形，无法操作。

2. GW7 型隔离开关传动部分故障

（1）传动连杆轴销生锈卡死。

（2）转动轴承生锈损坏卡死。

（3）主刀闸与接地刀闸闭锁板卡死。

（4）垂直连杆进水冬天冻冰，严重时使操动机构变形，无法操作。

3. GW6 型隔离开关传动部分故障

（1）传动连杆轴销生锈卡死。

（2）转动轴承生锈损坏卡死。

（3）主刀闸与接地刀闸闭锁板卡死。

（4）转动绝缘子断裂。

（5）传动杆件弯曲、变形。

（6）垂直连杆进水冬天冻冰，严重时使操动机构变形，无法操作。

4. GW16、GW17、GW20、GW21 型隔离开关传动部分故障

（1）传动连杆轴销生锈卡死。

（2）转动轴承生锈损坏卡死。

（3）主刀闸与接地刀闸闭锁板卡死。

（4）转动绝缘子断裂。

（5）传动杆件弯曲、变形。

（6）垂直连杆进水冬天冻冰，严重时使操动机构变形，无法操作。

（四）操动机构故障

1. 电动机主回路故障

（1）电动机缺相。

（2）电动机匝间或相间短路。

（3）分、合闸交流接触器主触点断线或松动，可动部分卡住。

（4）热继电器主触点断线或松动。

（5）电动机用小型断路器触点断线或松动。

2. 控制回路公用部分故障

（1）控制用小型断路器触点断线或松动接触不良。

（2）急停按钮动断触点断线或松动接触不良。

（3）热继电器辅助动断触点断线或松动接触不良。

（4）手动机构辅助开关动断触点断线或松动接触不良。

3. 控制回路分闸部分故障

（1）分闸回路不通。

1）分闸行程开关接线断线或松动接触不良。

2）合闸交流接触器动断触点接线断线或松动接触不良。

3）分闸交流接触器启动线圈触点接线断线或松动接触不良。

4）分闸按钮触点接线断线或松动接触不良。

5）转换开关就地操动触点接线断线或松动接触不良。

6）热继电器控制用触点卡滞。

（2）分闸回路通，但保持不住。

1）分闸交流接触器动合触点接线断线或松动接触不良。

2）热继电器电流动作值调整的太小，通电后马上就切断控制回路。

3）就地、远方切换开关连接线断线或松动接触不良。

4. 控制回路合闸部分故障

（1）合闸回路不通。

1）合闸行程开关接线断线或松动接触不良。

2）分闸交流接触器动断触点接线断线或松动接触不良。

3）合闸交流接触器启动线圈触点接线断线或松动接触不良。

4）合闸按钮触点接线断线或松动接触不良。

5）转换开关就地操动触点接线断线或松动接触不良。

6）热继电器控制用触点卡滞。

（2）合闸回路通但保持不住。

1）合闸交流接触器动合触点接线断线或松动接触不良。

2）热继电器电流动作值调整的太小，通电后马上就切断控制回路。

3）就地、远方切换开关连接线断线或松动接触不良。

5. 分闸终了时电动机不停止或分闸不到位

（1）分闸定位行程开关动断触点短路。

（2）分闸定位行程开关弹片调整不合理（动作太灵敏，开关没有完全分开时就把分闸控制回路切断）。

6. 合闸终了时电动机不停止或合闸不到位

（1）合闸定位行程开关动断触点短路。

（2）合闸定位行程开关弹片调整不合理（动作太灵敏，开关没有完全合上闸时就把合闸控制回路切断）。

二、常见故障处理前的原因分析

隔离开关运行中，主要存在的缺陷和故障有锈蚀严重、操作卡涩以及分、合闸不到位、导电回路发热、绝缘子断裂等。在各种缺陷和故障中，比较普遍发生的是机构问题，包括锈蚀、进水受潮、润滑干涸、机构卡涩、辅助开关失灵等，这些缺陷不同程度上导致开关分、合闸不正常。因此，拒动和分、合闸不到位发生最多。其次是导电回路接触不良，正常运行时发热，严重时可使隔离开关退出运行。其主要原因是隔离开关触头弹簧失效，使接触面接触不良。对安全运行威胁最大的是绝缘子断裂故障。发生合闸后自动分闸故障也有发生，但后果却很严重。从种类来看，GW4、GW5、GW6 和 GW7型隔离开关发生的问题最多。另外，以 GW16、GW17、GW20、GW21 型隔离开关的缺陷和问题也比较突出。

1. 绝缘子断裂故障

发生这种故障的隔离开关有 GW4、GW5、GW6、GW7、GW16、GW17、GW20、GW21 等型号，有的造成重大事故，影响极大。支柱绝缘子和旋转绝缘子断裂问题每年都有发生，运行多年的老产品居多，也有是刚投运的新产品。

除了支持绝缘子外，旋转绝缘子断裂故障时有发生，旋转绝缘子操作时主要受扭力作用，例如 GW6、GW16、GW17、GW20、GW21 开关操作时都发生过转动绝缘子断裂事故。绝缘子断裂事故至今仍不能有效的予以防止。支柱绝缘子断裂，特别是母线侧支柱绝缘子断裂，会引发母差保护动作，使变电站全停，造成重大事故。

2. 传动机构问题

传动机构问题多为操作失灵，如拒动或分、合闸不到位，往往在倒闸操作时易发生。很多情况下故障不会扩大，现场可以进行临时检修和处理，当然会耽误停送电时间。发生问题的以老旧的 GW4、GW5、GW6、GW7 型隔离开关居多。还有 GW6 隔离开关曾发生合闸后自动分闸故障（主要是平衡弹簧材质和工艺不良，甚至在运行中平衡弹簧断裂）。

隔离开关在出厂时或安装后刚投运时，分、合闸操作还比较正常。但运行几年后，就会出现各种各样问题。有的因机构进水，操作时转不动，有的会发生操作时连杆扭弯，还有的在连杆焊接处断裂而操作不动，由于机构卡涩问题会引起各种故障。操作失灵首先是机械传动问题，早期使用的机构箱容易进水、凝露和受潮，转动轴承防水性能差，又无法添加润滑油。隔离开关长期不操作，机构卡涩，轴承锈死时强行操作往往导致部件损坏变形。

隔离开关大修解体，发现底座内的轴承均有不同程度的生锈和干涩现象：

（1）有的轴承出厂时根本就没有涂黄油，锈蚀非常严重，几乎锈死。

（2）有的黄油已成块儿，且藏污严重，轴承运转阻力非常大。

（3）仅有少数能够勉强转动，但也不够灵活。

因而可以肯定，底座内轴承的严重锈蚀和干涩是造成隔离开关拒动的主要原因，其他与传动系统相连部位（如机构主轴、转动臂、连杆的活动位置等）的锈蚀只是引起操作的困难。

3. 导电回路发热

GW4、GW5、GW7 型隔离开关为转动水平开启式，动触头插入静触头后，靠静触指压紧弹簧保持合闸接触状态。运行中常常发生导电回路异常发热，可能是静触指压紧弹簧压力（拉力）达不到要求，也可能是静触指接触不良造成的，还有是长期运行后，接触面氧化、锈蚀使接触电阻增加而造成。运行中弹簧长期受压缩（拉伸），并由于工作电流引起发热，使弹性变差，恶性循环，最终造成烧损。有些触头镀银层工艺差，厚度得不到保证，易磨损露铜，导电杆被腐蚀等。此外，还有合闸不到位或剪刀式钳夹结构夹紧力达不到要求等问题。导电回路接触不良发热的主要原因是弹簧锈蚀、变细、变形，以致弹力下降。机构操作困难引起分、合位置错位及插入不够。接线板螺钉年久锈死，接触压力下降。接触面藏污纳垢，清理不及时等。

涂抹导电物质不当造成隔离开关接触电阻增大发热。查资料可知，早期检修安装中经常使用的中性凡士林滴点太低，只有 54℃，在夏天正常的运行温度 70℃时就已经液化，使隔离开关接触部位间产生间隙，灰尘和水分随之进入间隙中，增加了接触电阻，引起接头发热。而近年来使用的电力复合脂，当涂抹过厚时，经过运行操作，将在触指表面产生堆积，由此引起对触头放电，导致触头烧损露铜发热。

GW4、GW5 型隔离开关触头接触处是过热发生频率较高的部位，而左触头发热一般不被人们注意，因为左触头紧靠接头接触处，其发热现象容易被接头接触处发热所掩盖。在现场测量时经常发现左触头温度明显高于触头接触处，这两处发热的主要原因有：合闸不到位或合闸过度，造成接触面接触压力不够，导致发热。因过热或锈蚀等原因引起左触头弹簧弹性下降，造成左触指与触指座、右触头之间的接触压力不够，导致发热。左右触头烧伤，表面不平整，造成有效接触面减小，导致发热等。

4. 进水与防锈问题

隔离开关机构箱（传动箱）进水以及轴承部位进水现象很普遍。金属零部件的锈蚀问题也十分严重。老产品，凡是金属部件，大多会发生不同程度的锈蚀，锈蚀包括外壳、连杆、轴销等。曾发生 GW6 开关的中间机构箱上的防雨罩竟会锈蚀到不能碰的情况。加之连杆、轴销润滑措施不当，导致机械传动失灵。

隔离开关运行中，雨水顺着连接头的键槽流入垂直连杆内。因连杆下部与连接头焊死不通，进入垂直连杆内的雨水，日积月累后造成管内壁生锈严重，致使钢管强度大幅度降低，操作中造成多起垂直连杆扭裂的故障。又冬季来临时管内结冰，体积的膨胀可能造成钢管破裂，致使本体与机构脱离。此时隔离开关失去闭锁能力，有可能在运行中自动分闸，形成严重的误分事故。

三、常见故障处理

（一）接触部分过热处理

（1）应停电处理，处理时应认真执行导电回路检修工艺及质量标准。

（2）解体检修时，严禁使用有缺陷的劣质线夹、螺栓等零部件，用压接式设备线夹替换螺栓式设备线夹，接头接触面要清洗干净并及时涂抹导电脂，螺栓使用正确、紧固力度适中。

（3）对过热频率较高的母线侧隔离开关，要保证检修到位、保证检修质量。对接线座部位，要重点检查导电带两端的连接情况，保证两端面清洁、平整、涂抹导电脂、压接紧密。对触头部位，要保证触头的光洁度，并涂抹中性凡士林，检查触头的烧伤情况，必要时要更换触头、触指，左触头的触指座要打磨干净，有过热、锈蚀现象的弹簧应更换。要保证三相分合闸同期，右触头的插入深度符合要求和两侧触指压力均匀。为检验检修质量，还应测量回路接触电阻，保证各接触面接触良好。

（4）对老型号的 GW4、GW5 型隔离开关左触头处过热，应采取加装分流带的处理方法，即在每个触指和触指座相应的地方，各钻一个 6mm 螺孔，然后用螺钉将叠起的铜质软连接片固定在触指与触指座之间。

（5）对老型号的 GW4、GW5 型隔离开关左触头更换为新式触头，新式触头弹簧中间有绝缘块，消除了弹簧分流的可能性，使弹簧不易退火变形，弹性减弱。

（6）涂在隔离开关动触头及静触杆上导电膏的量不易掌握，致使开关发热。处理方法是针对这种活动导电接触面，应严格控制导电膏的涂抹量。首先将活动接触面使用无水酒精清洗干净，在导电面上抹一层均匀少量的导电膏，马上用布擦干净，使导电面上只留下微量的薄层导电膏。

（二）支柱式绝缘子断裂和闪络放电处理

（1）应停电处理，处理时应认真执行支柱式绝缘子检修工艺及质量标准。

（2）新支柱式绝缘子采用是高强度瓷柱，使用超声波无损探伤仪对瓷柱进行检测，测试合格后方可使用。

（3）对运行中的支柱式绝缘子加强维护工作，在探伤诊断良好的基础上，在瓷柱所在水泥结合面处涂敷绝缘子专用防护胶。

（4）更换新的瓷柱，增加爬电距离和瓷柱高度、提高整体绝缘水平。采取带电清扫，加强清扫力度，给隔离开关绝缘子增加硅橡胶伞裙以增大爬距和利用 RTV 涂料的憎水性喷涂 RTV。

（三）拒绝拉、合闸处理

1. 传动机构及传动系统造成的拒分拒合

（1）原因。机构箱进水，各部轴销、连杆、拐臂、底架甚至底座轴承锈蚀卡死，造成拒分拒合。

（2）处理方法。对传动机构及锈蚀部件进行解体检修，更换不合格元件。加强防锈措施，涂润滑脂，加装防雨罩。传动机构问题严重或有先天性缺陷时应更换。

2. 电气问题造成的拒分拒合

（1）原因。三相电源开关未合上、控制电源断线、电源熔丝熔断、热继电器误动切断电源、二次元件老化损坏使电气回路异常而拒动、电动机故障等原因都会造成电动机构分、合闸时，电动机不启动，隔离开关拒动。

（2）处理方法。电气二次回路串联的控制保护元器件较多，包括小型断路器、转换开关、交流接触器、限位开关及连锁开关、热继电器等。任一元件故障，就会导致隔离开关拒动。当按分合闸按钮不启动时，要首先检查操作电源是否完好，然后检查各相关元件。发现元件损坏时应更换，并查明原因。二次回路的关键是各个元件的可靠性，必须选择质量可靠的二次元件。

（四）分、合闸不到位

1. 机构及传动系统造成的分、合闸不到位

（1）原因。机构箱进水，各部轴销、连杆、拐臂、底架甚至底座轴承锈蚀，造成分合闸不到位。连杆、传动连接部位、闸刀触头架支撑件等强度不足断裂，造成分合闸不到位。

（2）处理方法。对机构及锈蚀部件进行解体检修，更换不合格元件。加强防锈措施，采用二硫化钼锂。更换带注油孔的传动底座。

2. 隔离开关分、合闸不到位或三相不同期

（1）原因。分、合闸定位螺钉调整不当。辅助开关及限位开关行程调整不当。连杆弯曲变形使其长度改变，造成传动不到位等。

（2）处理方法。检查定位螺钉和辅助开关等元件，发现异常进行调整，对有变形的连杆，应查明原因及时消除。此外，在操作现场，当出现隔离开关合不到位或三相不同期时，应拉开重合，反复合几次，操作时应符合要求，用力适当。如果还未完全合到位，不能达到三相完全同期，应安排计划停电检修。

（五）电动操动机构不动作

（1）机构问题主要表现为操作失灵，如拒动或分合闸不到位，往往发生在倒闸操作时，影响系统的安全运行。由于机构箱密封不好或进水造成机构锈蚀严重，润滑干涸，操作阻力增大，在操作困难的同时，还会发生零部件损坏，如变速齿轮断裂，连杆扭弯等。

（2）二次回路的可靠性将直接影响高压隔离开关的动作可靠性，辅助开关和行程开关切换不到位或者触点接触不良均会造成隔离开关拒动。接线端子接触不良、接触器不吸合、电动机烧坏、二次线绝缘破坏等会造成远方操作失灵。二次回路的关键是各个元件的可靠性，必须选用质量可靠的二次元件。

（3）应停电处理，处理时应认真执行操动机构检修工艺及质量标准。

四、隔离开关故障处理案例

某变电站红外测温人员到 66kV 进行红外诊断，室外温度 28℃，发现 66kV 主进线甲刀闸 W 相线路侧线夹与接线板 136℃（160A）。同时发现主进线甲 U 相线路侧线夹与接线板 45℃，V 相线路侧线夹与接线板 49℃。经过对比属于过热故障。

1. 原因分析

2009 年 6 月 5 日上午经过检修人员结合红外热像图片及现场分析，确认隔离开关线夹过热原因为可能为两个固定螺栓松动造成接触不良。

2. 故障处理

2009 年 6 月 5 日下午进行停电检修，发现为两个固定螺栓松动造成两接触面接触不良，主要原因是两个固定螺栓没有弹簧垫圈，经过长时间的运行造成螺栓氧化松动。对两接触面进行打磨处理并更换带有弹簧垫圈的螺栓。

3. 防范与感悟

螺栓松动与接触面积不足是质量问题，不是疑难技术问题，设备安装时，检修人员要有强烈的质量意识和责任心，对每个部位严格把关、严格要求，首先保证设备的第一道工序合格。

【思考与练习】

1. GW4、GW5 型隔离开关导电回路故障有哪些？
2. GW7 型隔离开关传动部分故障有哪些？
3. 隔离开关电动操动机构故障有哪些？
4. 隔离开关绝缘子断裂的原因是什么？
5. 隔离开关主导电回路接触部分过热如何处理？
6. 结合实际工作，举出隔离开关实际发生故障的一个案例，分析发生故障的原因，实际是如何处理的？你对防范该类故障有何建议？

模块 2　隔离开关检修报告的填写（ZY1400704002）

【模块描述】 本模块介绍填写隔离开关检修报告的相关知识。通过要点归纳、案例讲解，掌握隔离开关检修报告填写的内容及要求。

【正文】

一、隔离开关检修报告概述

1. 隔离开关检修报告的作用

（1）落实检修责任制。每个检修项目中都有检修员工签字栏，使每名检修员工都要对自己的检修项目负责。便于以后查找检修责任人，进行考核，增强员工的责任感，提高设备的检修质量。

（2）为下次检修及同类设备检修提供依据。检修参数的填写便于在下次检修时进行查找及核对，找出参数变化的原因，为同型号、同厂家、同批次产品检修时提供参考。

（3）为家族缺陷的确定提供依据。对主要部件缺陷应记录详细，便于进行统计重复性出现缺陷。例如：同厂家、同型号、同批次设备数量在 3 台及以下的，特别是出现影响其设备功能的缺陷时应统计上报，为家族缺陷的确定提供依据。

2. 隔离开关检修报告的形成

（1）非正式检修报告的形成。

1）在检修准备阶段查找设备资料（含技术数据、设备调整项目、试验项目和标准值等），并填入报告内。

2）确定主要检修项目，并填入报告内。

3）形成除需要检修现场填写内容以外的检修报告。

4）检修工每检修完一项主要检修项目应在报告内进行签名。

5）调整、试验项目数值测量后将合格的数值填入报告内。对不合格的参数进行调整直到合格为止方可填入报告内。严谨将不合格的数值填入报告内，如有特殊情况需要将不合格的数值填入报告内，必须由主管副总工程师批准，并记录在副页中。

6）检修中发现的缺陷、处理情况及遗留问题等记录在报告中。

7）完善检修报告其他内容并进行检修总结。

（2）正式检修报告的形成。

1）检修班组技术员应根据非正式检修报告内容进行重新整理，形成一份或几份同一格式的正式检修报告，并要求检修项目责任人重新签字。

2）班组技术员将正式检修报告交给检修负责人审核并签字。

3）检修负责人将正式检修报告交给检修设备验收负责人审核并签字。

4）检修负责人将正式检修报告交给检修单位负责人审核并签字。

5）检修负责人将正式检修报告交给运行单位主管领导或专工进行质量评价并签字。

6）根据相关要求进行归档。

二、隔离开关检修报告的内容

隔离开关检修报告各省格式有所不同，但一般应包括隔离开关本体技术数据、操动机构技术数据、本次检修记载事项、验收、隔离开关检修项目、隔离开关调整及试验参数记录和副页等七项内容。附录1是某省电力有限公司系统所使用的隔离开关检修报告，供参考。

三、隔离开关检修报告的填写内容和要求

（一）隔离开关技术数据

检修设备的型号、额定电压、额定电流、制造厂、制造编号、出厂日期等均按设备名牌及说明书填写。

（二）操动机构

主刀闸机构型号、制造厂、制造编号等均按设备名牌及说明书填写。接地刀闸操动机构不必填写。

（三）本次检修记载事项

1．检修工期

按照实际发生的检修工期填写，例如："2009年6月15日至2009年6月16日"。

2．检修原因

（1）对隔离开关的整体解体性检查、维修、更换和试验，使其符合运行要求。

（2）隔离开关局部性的检修，部件的解体检查、维修、更换和试验，使其符合运行要求。

3．检修中发现的缺陷、处理情况及遗留问题

（1）填写检修过程中新发现的设备缺陷及处理情况。

（2）填写不影响设备运行的遗留问题。例如：电动机损坏不能进行电动操作等问题。

（3）没有可填写"无"。

（四）验收

1．检修负责人意见

由检修负责人填写检修情况及检修结论。例如：按工艺标准对隔离开关本体进行全面解体检修，并对操动机构进行了整体更换，检修后各种调试及试验数值符合厂家规定，可以投入运行。

2．运行负责人意见

由运行验收负责人填写验收情况及验收结论。例如操作良好，接触可靠，可以投入运行。

3．检修单位负责人意见

由检修单位负责人填写检修情况及检修结论。例如检修良好，可以投入运行。

4．质量评价等栏目

由运行单位主管领导或专工填写，填写质量等级。例如合格、良好、优等。

（五）隔离开关检修项目

隔离开关检修项目主要有以下内容。

1. 隔离开关本体检修项目

（1）支柱绝缘子检查及探伤。

（2）转动及支持座装配检修。

（3）动、静触头装配检修。

（4）导电杆装配检修。

（5）机械闭锁装置的检修。

（6）传动装置及杆件的检修。

（7）防误闭锁的检查。

（8）接地装置的检查。

2. 操动机构检修项目

（1）二次元件检修。

（2）减速器装配检修。

（3）电动机装配检修。

（4）电磁锁的分解检修。

3. 接地刀闸的检修项目

（1）动触头的检修。

（2）静触头的检修。

（3）传动装置及杆件的检修。

（4）手力操动机构检修。

（六）隔离开关调整、试验参数记录

根据各种型号的不同要求填写：调整、试验项目及标准值等。

（1）主刀闸断口断开距离。

（2）接地刀闸断口断开距离。

（3）隔离开关主刀闸合入时动触头插入深度。

（4）接地刀闸合入时触头插入深度。

（5）检修后隔离开关主导电回路电阻测量。

（6）电动操动机构二次回路绝缘电阻。

（7）电动机绝缘电阻。

（8）三相合闸时不同期差。

（9）机构电动分、合闸时间。

（七）副页

1. 填写本次检修更换的零部件

在副页中应填写本次检修所更换的零部件，例如：

（1）对U相静触头弹簧进行了全部更换。

（2）对电动操动机构电动机进行了整体更换。

（3）对主刀闸竖拉杆连接套进行更换。

2. 检修总结

（1）总结检修质量情况。

（2）总结检修过程中流程情况。

（3）总结检修标准化作业执行情况。

（4）总结其他方面情况。

【思考与练习】

1. 隔离开关检修报告的作用是什么？

2. 隔离开关检修报告是如何形成的？

3. 结合具体工作，填写一份隔离开关检修报告。

附录1　　　　　　　　　220kV GW7 型隔离开关检修报告

220kV GW7 型隔离开关

检 修 报 告

检修单位：××检修工区　××检修班

　2009　年　4　月　20　日

_____×××××× _____变电站　　　　　　××　间隔　××　隔离开关

一、隔离开关技术数据

型　　　号：__GW7–220__　　　　　　额定电压：__220__千伏

额定电流：__1600__安　　　　　　　　制 造 厂：__×××××__

制造编号：__×××××__　　　　　　　出厂日期：__×××××__

二、操动机构

型号：__CJ7 电动及 CSB 手力操动机构__　　制 造 厂：__×××××__

制造编号：__×××××__

三、本次检修记载事项

1. 检修工期：__2009__年__4__月__20__日至__2009__年__4__月__20__日

2. 检修原因：__按检修周期进行_____

3. 检修中发现的缺陷、处理情况及遗留问题：__无_____

四、验收

1. 检修负责人意见：__按标准化作业指导书要求内容进行检修，修后各种试验参数均满足设备制造厂要求，可以投入运行_____　签字：__×××__

2. 运行负责人意见：__操作良好，接触可靠，可以投入运行__
　　　　　　　　　　　　　　　　　　　　　　　　　　　　签字：__×××__

3. 检修单位负责人意见：__检修良好，可以投入运行__
　　　　　　　　　　　　　　　　　　　　　　　　　　　　签字：__×××__

4. 质量评价（运行单位主管领导或专工）：__合格__
　　　　　　　　　　　　　　　　　　　　　　　　　　　　签字：__×××__

五、GW7 型隔离开关检修项目的填写

序号	检 修 项 目	项别	检修结果	检修人员
隔离开关本体检修：				
1	支柱绝缘子检查及探伤	U 相	合格	×××
		V 相	合格	×××
		W 相	合格	×××
2	转动及支持座装配检修	U 相	合格	×××
		V 相	合格	×××
		W 相	合格	×××
3	动、静触头装配检修	U 相	合格	×××
		V 相	合格	×××
		W 相	合格	×××
4	导电杆装配检修	U 相	合格	×××
		V 相	合格	×××
		W 相	合格	×××
5	机械闭锁装置的检修		合格	×××
6	底座槽钢的检修		合格	×××
7	传动装置及杆件的检修		合格	×××
8	防误闭锁的检查		合格	×××
9	接地装置的检查		合格	×××

ZY1400704002

模块 2

续表

序号	检 修 项 目	项别	检修结果	检修人员
电动操动机构检修：				
1	二次元件检修		合格	×××
2	减速器装配检修		合格	×××
3	电动机装配检修		合格	×××
4	电磁锁的分解检修		合格	×××
接地刀闸的检修：				
1	动触头的检修		合格	×××
2	静触头的检修		合格	×××
3	传动装置及杆件的检修		合格	×××
4	手力操动机构检修		合格	×××

六、GW7 型隔离开关调整、试验参数记录

序号	项 目	标准值	单位	相别	实测值	测量人
1	动、静触头相对高度差	≤5	mm	U	4	×××
				V	3	×××
				W	4	×××
2	主刀闸断口断开距离	≥2.4	m	U	2.5	×××
				V	2.6	×××
				W	2.6	×××
3	接地刀闸断口断开距离	≥1.8	mm	U	2.0	×××
				V	1.9	×××
				W	1.9	×××
4	隔离开关主刀闸合入时动触头插入深度	主刀闸：140±5	mm	U	142	×××
				V	138	×××
				W	140	×××
5	接地刀闸合入时触头插入深度	动触头顶端应超过刻度线不小于5mm	mm	U	7	×××
				V	8	×××
				W	7	×××
6	检修后隔离开关主导电回路电阻测量	≤126（1600A）	μΩ	U	120	×××
				V	118	×××
				W	109	×××
7	电动操动机构二次回路绝缘电阻	≥2	MΩ		200	×××
8	电动机绝缘电阻	≥2	MΩ		50	×××
9	三相合闸不同期差	≤30	mm		20	×××
10	机构电动分、合闸时间	符合制造厂技术条件要求（CJ2-XG 电动操动机构时间为6±1）	s		6	×××

副　页

1. 本次检修更换的零部件

（1）对 U 相静触头弹簧进行了全部更换。

（2）对电动操动机构电动机进行了整体更换。

（3）对主刀闸竖拉杆连接套进行更换。

2. 检修总结

本次检修作业完成得很好，特别是在检修质量方面把关比较严，对所有接触面全部进行了打磨处理，基本上消除了过热隐患。工作中认真执行标准化作业流程，每道工序都符合标准化要求，一次性通过运行人员验收。

第二十七章 隔离开关更换

模块 1 GW4 型隔离开关更换（ZY1400705001）

【模块描述】本模块包含 GW4 型隔离开关更换的作业流程及工艺要求。通过知识要点的归纳讲解、操作技能训练，掌握 GW4 型隔离开关更换前的准备、危险点预控、作业步骤及质量标准等操作技能。

【正文】

一、作业内容

（1）旧 GW4 型隔离开关本体及操动机构拆除。

（2）旧 GW4 型隔离开关支架（水泥杆）及槽钢拆除。

（3）新 GW4 型隔离开关本体支架（水泥杆）安装。

（4）新 GW4 型隔离开关本体安装。

（5）新 GW4 型隔离开关操动机构及传动系统安装。

（6）新 GW4 型隔离开关接地刀闸安装。

（7）新 GW4 型隔离开关支柱绝缘子检查及探伤。

（8）新 GW4 型隔离开关整体调试。

二、作业中危险点分析及控制措施

作业中危险点分析及控制措施见表 ZY1400705001-1。

表 ZY1400705001-1　　　　　　　作业中危险点分析及控制措施

序号	危险点	控 制 措 施
1	高处坠落及落物伤人	（1）高处作业系好安全带，不得攀登及在瓷柱上绑扎安全带。 （2）使用的检修平台或梯子应坚固完整、安放牢固，使用梯子有人扶持。 （3）传递物件必须使用传递绳，不得上、下抛掷
2	起重伤害	（1）采用吊架拆、装隔离开关有专人指挥、吊物下严禁站人。 （2）起重工具使用前认真检查，并进行强度核验，严禁使用不合格的工具。 （3）拆、装设备时必须绑扎牢固，吊物起吊后应系好拉绳，防止摆动碰伤人员
3	触电伤害	（1）搬动梯子等长大物件时，需两人放倒搬运，与带电部位保持足够的安全距离。 （2）使用电气工具时，按规定接入漏电保护装置和接地线
4	误入、误登带电间隔	（1）工作前向作业人员交代清楚临近带电设备，并加强监护。 （2）工作人员应走指定通道，在遮栏内工作，严禁擅自移动和跨越遮栏。 （3）严禁攀登运行设备构架
5	机械伤害	（1）严格执行一般工具的使用规定，使用前严格检查，不合格的工具禁止使用。 （2）调试隔离开关时应有专人监护，进行操作时工作人员必须离开隔离开关传动部位

三、GW4 型隔离开关更换作业前的准备

1. 技术资料的准备

（1）检修前应认真查阅设备安装使用说明书、设备基础制作报告图纸和设计院设计图纸等。对所查阅的结果进行详细、全面的调查分析，为现场具体安装方案的制定打好基础。

（2）准备好设备使用说明书、设计图纸、记录本、表格、安装报告等。

（3）编制标准化作业指导书。

（4）拟订安装方案，确定安装项目，编排工期进度。

2．工器具、材料、备品备件、试验仪器、仪表和场地的准备

（1）准备工器具、材料、试验仪器和仪表等，并运至安装现场。仪器仪表、工器具应检验合格，满足本次施工的要求，材料应齐全，图纸及资料应符合现场实际情况。

（2）场地准备。在检修现场四周设一留有通道口的封闭式遮栏，并在周围背向带电设备的遮栏上挂适当数量的"止步，高压危险"标示牌，在通道入口处挂"从此进出"标示牌；在作业现场按定置图摆放检修工具、量具、材料、备品备件和测试仪器及垃圾箱。

四、新 GW4 型隔离开关更换作业前开箱检查项目及检查标准

（1）安装前应按照装箱单检查零部件及附件、备件应全。

（2）检查铭牌数据与订货合同一致。

（3）检查产品外表面无损伤，检查每支绝缘子无破损，胶装处无松动。

（4）检查轴承座及各传动部分应转动灵活。

（5）检查各部紧固件紧固良好。

（6）检查操动机构操作应灵活，分、合位置应正确，辅助开关切换正常；装有电磁锁的，应检查电磁锁开、闭正常。

（7）检查接线端子及载流部分应清洁，接触良好，触头镀银层无脱落。

（8）检查厂家提供的安装使用说明书、合格证等出厂文件、资料应齐全。

（9）对有导电要求的接触面（有镀层的除外），应先涂上一层医用凡士林，用砂纸或钢刷去掉表面的氧化层后，用布擦掉油污，再迅速涂一层医用凡士林后方可进行安装。

五、GW4 型隔离开关更换作业步骤及质量标准

1．旧 GW4 型隔离开关本体及操动机构拆除

（1）断开电动操动机构箱内电动机启动电源、加热器电源和有关电气连锁回路电源；断开继电保护回路和电压回路电源。

（2）用绳索固定主刀闸触头两端的连接导线，绳的另一端固定在基座槽钢上，拧下连接引线夹与接线板（或线夹）的连接螺栓，将连接导线缓慢放下并用绳索固定。连接导线在放下前，对其导电接触面应采取防护措施。

（3）手动操作使三相主刀闸合闸。

（4）拔出主刀闸相间水平连杆上连接头与绝缘子底部中相及边相杠杆相连的开口销，取下相间水平连杆及铜套。

（5）拔（敲）出同相水平拉杆的连接头与绝缘子底部杠杆相连的开口销，取下拉杆及铜套。

（6）分别拔（敲）出主刀闸拉杆两端连接头与绝缘子底部中相杠杆及操动机构主轴拐臂连接的开口销，取下主刀闸拉杆。

（7）分别拧下垂直连杆的上下两端连接法兰的各 4 个连接螺栓（或抽出万向接头圆柱销，平高产品取下调角联轴器），取出垂直连杆。

（8）敲出操动机构主轴上法兰的紧固锥销取出法兰。

（9）敲出主轴拐臂上连接法兰（平高产品为万向接头）及套的紧固圆锥销，拧下螺栓，取下上连接法兰套，抽出主轴拐臂。

（10）对外侧布置的接地刀闸，应先拆出机械闭锁板，合上接地刀闸，用绳索将接地刀闸导电管牢固绑扎在绝缘子上。

（11）对内侧布置的接地刀闸，就将导电管绑扎在底座槽钢上，拧下接地刀闸水平连杆两端连接法兰间的连接螺栓，取下接地刀闸水平连杆。

（12）拔出拉杆两端与杠杆固定的开口销，取出拉杆。

（13）拆除垂直连杆两端连接法兰之间的各 4 个连接螺栓（或拔出万向接头的圆柱销），取下垂直连杆。

（14）敲出连接法兰的圆锥销拧下螺栓，取下连接法兰，抽出拐臂，用同样的方法取下机构输出轴

上的法兰。

（15）主刀闸及接地刀闸的拆除。

1）在底座槽钢两端挂好起吊绳，将起吊绳放置于吊钩上，用起吊工具使起吊绳稍微受力，在绝缘子上端与挂钩间绑扎好牵引绳。

2）拆除底座槽钢两端与基础相连的各4个连接螺栓（如果是焊接的，将焊接点割开），将主刀闸系统平稳地吊至地面，并做好防倾倒措施。

3）松开起吊绳及接地刀闸导电管的绑扎绳，使隔离开关及接地刀闸导电管均处于分闸位置，分别拆除固定接线座装配的4个螺栓，将接线座装配触头臂（触指臂）装配分别整体拆出。对平高产品，可将接地静触头装配一并取下，置于地面上。

（16）电动操动机构拆除。

1）拧下二次元件装配接线端子与进线电缆导线的固定螺钉，拆下与电动机相连的电源线；松开电缆线夹，从机构箱中抽出进线电缆；在拆下进线电缆前，应做好相应记录。

2）拆除机构箱与基础相连的4个螺栓，将机构箱拆下并放置在地面上。

（17）将旧GW4型隔离开关本体各部分及操动机构运出施工作业现场。

2. 旧GW4型隔离开关支架（水泥杆）及槽钢拆除

（1）更换如果还用原有支架（水泥杆）及槽钢，可不必拆除。

（2）拆除底座槽钢与水泥杆或支架的连接螺栓，取下底座槽钢。

（3）拆除支架与基础之间的固定螺栓，取下支架（为水泥杆的，拆除水泥杆）。

（4）拆除水泥杆时不能伤害原有基础。

3. 新GW4型隔离开关本体支架（水泥杆）安装

（1）基础工作已完成后，具备设备安装条件。

（2）将支架与基础固定螺栓连接好，支架垂直度及水平找好后，将螺帽紧固。

4. 新GW4型隔离开关本体安装

（1）不接地隔离开关的安装。

1）安装前应将动触头和触指之间接触部位擦干净后，再涂适量导电脂，各旋转部位也应涂适量润滑脂。

2）先将主刀闸系统（左、右触头不需要再从接线座拆下，直接拆下接线座），从隔离开关底座的转轴上拆下，再将隔离开关底座安装在底座槽钢上。

3）用M16×70的螺栓将上节绝缘子固定在下节绝缘子上，然后吊装在隔离开关底座上，用M16×80的螺栓将绝缘子固定在隔离开关底座上，然后用M12×35螺栓（1250、1600、2000A）或M12×45螺栓（2500、3150A）将新的左右触头分别固定在左右绝缘子上，注意新的左右触头（包括接线座）安装位置必须正确，不可调换左右触头及接线座的位置，然后调整同相底座上的交叉连杆，使左右触头分合同步。

4）三相隔离开关安装完毕后，各单相隔离开关应满足：

① 合闸后，左右触头应接触完好，插入深度应保证80mm+3mm。

② 隔离开关在分合闸终点位置，绝缘子下部的限位螺钉与挡板之间的间隙应调到1～2mm。

（2）单接地、双接地隔离开关的安装。

1）隔离开关本体部分安装同上。

2）安装接地刀杆装配，具体方法如下：先将接地刀杆装配插入到接地刀闸底座的夹头中，调整接地刀杆长度，使接地闸刀插入接地静触头深度为40mm+10mm，然后把接地刀杆装配中软导电带用螺栓连接在接地刀闸底座上的3个孔处，若接地刀闸合闸时，闸刀与接地静触头不对中或未完全接触时，可调整接地刀闸底座的位置，必要时加调解垫，以保证接地闸刀顺利地插入静触头中。

5. 新GW4型隔离开关操动机构及传动系统安装

（1）将中相的隔离开关置于合闸位置，在操作隔离开关的拐臂拉杆与轴承座相连接的轴上穿上4×36开口销，将该拐臂拉杆的拐臂调整到与主动臂平行，把套的一端用10×50圆头键装在拐臂拉杆中的传动轴上，另一端装上轴。

（2）将 CJ5 电动操动机构安装在操作方便的高度，将调角联轴器用 10×50 圆头键装在 CJ5 电动操动机构的输出轴上。取适当一段镀锌钢管，一端插入摩擦联轴器上，另一端插入轴中，然后焊牢。松开摩擦联轴器上的 6 个 M10×35 六角螺栓，用手柄将机构摆至合闸位置再倒转 1～2 圈后，拧紧 6 个 M10×35 六角螺栓。然后用手力操动 CJ5 电动操动机构观察主刀闸的运动情况，若分合不到位，可调整拐臂拉杆中的主动臂长度，直至分合到位。

（3）使三相隔离开关均处于合闸位置，把接头装配分别装在轴承座下方的轴上，用 M16 螺母、垫圈、弹簧垫圈压紧，穿上开口销，选取适当长度的两段镀锌钢管，与接头焊在一起。

（4）手力操动 CJ5 电动操动机构观察三相隔离开关分合闸情况，若分合不到位，可调整三相连动杆及拐臂拉杆，使三相合闸同期性不超过 20mm；合闸终了，各相的两导电管基本成一直线；分闸终了，断口距离不小于 2.4m。

6. 新 GW4 型隔离开关接地刀闸安装

（1）使三相接地开关均处于合闸位置（此时隔离开关必须分闸到位），把接头用 10×40 圆头键固联在拐臂拉杆上。

（2）把万向接头一端用 10×50 圆头键安装在中相操作接地开关拐臂拉杆中的传动轴上。

（3）将 CSA 手力操动机构安装在操作方便的高度上，用 10×50 圆头键把摩擦联轴器装在 CSA 手力操动的输出轴上，截取适当长度镀锌钢管，一端插入摩擦联轴器上，一端插入万向接头中然后焊牢。调整摩擦联轴器使机构合闸到位，刀闸也相应合闸到位。

（4）截取适当长度两段镀锌钢管与接头焊接在一起，调整接地刀闸三相连动杆及拐臂拉杆，使三相合闸同期性误差不大于 10mm。

（5）按 CSA 手力操动安装使用说明书安装电磁锁，观察电磁锁的动作是否正常，CSA 手力操动机构内的辅助开关动作是否于接地开关分合位置相协调。

（6）质量标准。

1）各转动部位涂二硫化钼锂。

2）转轴与轴套间配合间隙不应大于 1mm。

3）螺杆、螺母应完整，无锈蚀，公差配合适当。

4）螺杆拧入接头的深度不应小于 20mm。

5）连接水平连杆时，操作小拐臂方向必须处于合闸位置。

7. 新 GW4 型隔离开关支柱绝缘子检查及探伤

参见 GW4 型隔离开关本体检修中支柱绝缘子检查及探伤内容（模块 ZY1400701001）。

8. 新 GW4 型隔离开关整体调试

参见 GW4 型隔离开关整体调整及试验模块（模块 ZY1400703001）。

六、隔离开关更换、调整、试验合格后，在投运前必做的工作

1. 工作终结前的自验收

（1）对所有紧固件进行检查。

（2）接好隔离开关连接导线，相位正确，接线端子及连接导线对隔离开关不应产生附加拉伸和弯曲应力。

（3）金属件外表面除锈、补漆。

（4）拆除工作台，清理工作现场，将工器具全部收拢并清点，废弃物按相关规定处理，材料及备品备件回收清点。

（5）做好安装记录，记录本次安装内容，反措或技改情况，有无遗留问题。

（6）自验收标准。安装无漏项目，隔离开关及操作电源、切换开关等恢复至工作许可时状态。

2. 办理工作终结手续

向运行人员交代所安装项目、发现的问题、试验结果和存在问题等，并与运行人员共同检查设备状况、状态，有无遗留物件，是否清洁等，然后在工作票上填明工作结束时间。经双方签名后，表示工作终结。

【思考与练习】

1. 新隔离开关更换前开箱检查项目及检查标准是什么？
2. 简述新 GW4 型隔离开关本体安装过程。
3. 隔离开关更换、调整、试验合格后，在投运前必做的工作有哪些？

模块 2　GW5 型隔离开关更换（ZY1400705002）

【模块描述】本模块包含 GW5 型隔离开关更换的作业流程及工艺要求。通过知识要点的归纳讲解、操作技能训练，掌握 GW5 型隔离开关更换前的准备、危险点预控、作业步骤及质量标准等操作技能。

【正文】

一、作业内容

（1）旧 GW5 型隔离开关本体及操动机构拆除。

（2）旧 GW5 型隔离开关支架（水泥杆）及槽钢拆除。

（3）新 GW5 型隔离开关本体支架（水泥杆）安装。

（4）新 GW5 型隔离开关本体安装。

（5）新 GW5 型隔离开关操动机构及传动系统安装。

（6）新 GW5 型隔离开关接地刀闸安装。

（7）新 GW5 型隔离开关支柱绝缘子检查及探伤。

（8）新 GW5 型隔离开关整体调试。

二、作业中危险点分析及控制措施

参见 GW4 型隔离开关更换作业中危险点分析及控制措施（模块 ZY1400705001）。

三、GW5 型隔离开关更换作业前的准备

参见 GW4 型隔离开关更换前的准备工作（模块 ZY1400705001）。

四、新 GW5 型隔离开关更换作业前开箱检查项目及检查标准

参见新 GW4 型隔离开关更换前开箱检查项目（模块 ZY1400705001）。

五、GW5 型隔离开关更换作业步骤及质量标准

1. 旧 GW5 型隔离开关本体及操动机构拆除

（1）断开电动操动机构箱内电动机启动电源、加热器电源和有关电气连锁回路电源，断开继电保护回路和电压回路电源。

（2）将每相连接导线用绳捆好，绳的另一端固定在基座槽钢上，拆除接线夹连接螺栓，将连接导线缓慢放下，防止连接导线与接地线甩下伤到人员和设备。

（3）拆除主刀闸机构上部联轴器（或抱夹）的连接螺栓，使主刀闸机构主轴与垂直传动杆脱离。

（4）拆除主刀闸垂直传动杆上部连接套的定位螺栓（或抽出万向接头上的圆柱销），取下垂直传动杆。

（5）拆除水平拉杆与两边相主刀闸连接的圆柱销；取下水平拉杆。

（6）拆除主刀闸传动箱拐臂与操作相隔离开关连接拉杆。

（7）将吊装绳固定在支持绝缘子上部第二、三节瓷裙中间，并挂在起吊挂钩上，并注意系好牵引绳，使吊装绳稍微受力。

（8）拆除主刀闸底座与槽钢的固定螺栓，检查主刀闸起吊重心是否与起吊挂钩位置相对应后，拧下固定螺栓，将主刀闸平稳地吊至平整的地面上，并做好防倾倒措施。

（9）拆除主刀闸传动箱装配与槽钢的固定螺栓，取下主刀闸传动箱装配。

（10）电动操动机构拆除。

1）拆除二次元件装配接线端子与进线电缆导线的固定螺钉，拆下与电动机相连的电源线；松开电缆线夹，从机构箱中抽出进线电缆；在拆下进线电缆前，应做好相应记录。

ZY1400705002

模块 2

2）拆除机构箱与基础相连的四个螺栓，将机构箱拆下并放置在地面上。

（11）将旧 GW5 型隔离开关本体各部分及操动机构运出施工作业现场。

2. 旧 GW5 型隔离开关支架（水泥杆）及槽钢拆除

参见 GW4 型隔离开关支架（水泥杆）及槽钢拆除内容（模块 ZY1400705001）。

3. 新 GW5 型隔离开关更换本体支架（水泥杆）安装

（1）此时基础工作已完成，具备设备安装条件。

（2）将 GW5 型隔离开关支架与基础固定螺栓连接好，支架垂直度及水平找好后，将螺帽紧固。

4. 新 GW5 型隔离开关本体安装

（1）测量隔离开关支架上平面是否水平，必要时进行调整。

（2）安装前应将右触头和左触指之间接触部位擦干净后，再涂适量导电脂，各旋转部分也应涂适量润滑脂。

（3）将吊装绳牢固地固定在单相两个支持绝缘子上部第二、三节瓷裙中间，并挂在起吊挂钩上，并注意系好牵引绳，使吊装绳稍微受力；检查吊装绳受力情况无问题，主刀闸起吊重心是否与起吊挂钩位置相对应后，将三相隔离开关分别吊装在底座槽钢的相应位置上，用螺栓固定好。

（4）将主刀闸传动箱装配安放在底座槽钢的相应位置上（传动箱的安装位置，可以根据需要置于一端或任意两相之间），用螺栓固定好。

5. 新 GW5 型隔离开关操动机构及传动系统安装

（1）将三个单相隔离开关处于合闸位置，然后将电动操动机构或手动操动机构安装在传动箱下方，安装高度一般为距地面 1.1m 左右为宜。

（2）将隔离开关本体和操动机构均处于合闸位置时，用厂家提供的垂直拉杆与传动箱主轴臂连接起来（厂家不提供时自行准备）。

（3）检查左、右手装配合闸后接触良好并在同一直线上，再将传动箱拐臂与操作相隔离开关用拉杆连接。然后进行单相分合闸操作检查分、合闸位置是否符合要求，无问题后用拉杆将其他两相隔离开关连接。

（4）进行隔离开关各部分尺寸初核。

（5）三相隔离开关安装完毕后，各单相隔离开关应满足：

1）合闸后，左右触头应接触完好，右触头中心位置对正左触指缺口处；

2）左右触头分合同步，同期差不大于厂家规定。

6. 新 GW5 型隔离开关接地刀闸安装

（1）将接地开关操动机构（CS17–G 型）固定在基础支架相应的位置上，安装时必须注意：操动机构正面要便于操作人员检查接地开关分、合位置；安装高度同隔离操动机构开关。

（2）将隔离开关主刀闸分闸。

（3）将三相接地开关手动合闸（用绳将刀闸杆固定在支持绝缘子上，防止自由脱落伤人及损坏设备）。

（4）将接头用 M12 螺栓、螺母固定在接地刀闸的 U 形支架上，再用连接管通过接头将各相接地刀闸连接起来焊接（点焊）。

（5）接地开关的操作拐臂与机构连接轴在同一垂线上，将操作拐臂焊接在相间连杆上（点焊）。

（6）手动操作接地刀闸机构，使机构合闸。

（7）用拉杆将操作拐臂与机构轴连接起来。

（8）质量标准。

1）各转动部位涂二硫化钼锂。

2）转轴与轴套间配合间隙不应大于 1mm。

3）螺杆、螺母应完整，无锈蚀，公差配合适当。

4）螺杆拧入接头的深度不应小于 20mm。

5）连接水平连杆时，操作小拐臂方向必须处于合闸位置。

7. 新 GW5 型隔离开关支柱绝缘子检查及探伤

参见 GW4 型隔离开关本体检修支柱绝缘子检查及探伤内容（模块 ZY1400701001）。

8. 新 GW5 型隔离开关整体调试

参见 GW5 型隔离开关整体调整及试验模块（模块 ZY1400703002）。

六、隔离开关更换、调整、试验合格后，在投运前必做的工作

参见 GW4 型隔离开关更换、调整、试验合格后，在投运前必做的工作内容（模块 ZY1400705001）。

【思考与练习】

1. 简述 GW5 型隔离开关更换作业的步骤。

2. 简述新 GW5 型隔离开关操动机构及传动系统安装步骤。

3. 新 GW5 型隔离开关接地刀闸安装的质量标准是什么？

模块 3　GW6 型隔离开关更换（ZY1400705003）

【模块描述】本模块包含 GW6 型隔离开关更换的作业流程及工艺要求。通过知识要点的归纳讲解、操作技能训练，掌握 GW6 型隔离开关更换前的准备、危险点预控、作业步骤及质量标准等操作技能。

【正文】

一、作业内容

（1）旧 GW6 型隔离开关本体及操动机构拆除。

（2）旧 GW6 型隔离开关支架（水泥杆）及槽钢拆除。

（3）新 GW6 型隔离开关本体支架（水泥杆）安装。

（4）新 GW6 型隔离开关本体安装。

（5）新 GW6 型隔离开关操动机构及传动系统安装。

（6）新 GW6 型隔离开关接地刀闸安装。

（7）新 GW6 型隔离开关绝缘子检查及探伤。

（8）新 GW6 型隔离开关整体调试。

二、作业中危险点分析及控制措施

参见 GW4 型隔离开关更换作业中危险点分析及控制措施（模块 ZY1400705001）。

三、GW6 型隔离开关更换作业前的准备

参见 GW4 型隔离开关更换前的准备工作（模块 ZY1400705001）。

四、新 GW6 型隔离开关更换作业前开箱检查项目及检查标准

参见新 GW4 型隔离开关更换前开箱检查项目（模块 ZY1400705001）。

五、GW6 型隔离开关更换作业步骤及质量标准

1. 旧 GW6 型隔离开关本体及操动机构拆除

（1）断开电动操动机构箱内电动机启动电源、加热器电源及有关电气连锁回路电源，继电保护回路和电压回路电源。

（2）采用专用作业车或梯子将每相连接导线用绳捆好，绳的另一端固定在基座上，拆除接线夹连接螺栓，将连接导线缓慢放下，防止连接导线及接地线甩下伤及人员及设备。

（3）拆除刀闸机构上部联轴器（或抱夹）的连接螺栓，使刀闸机构主轴与垂直传动杆脱离。

（4）拆除刀闸垂直传动杆上部连接套的定位螺栓（或抽出万向接头上的圆柱销），取下垂直传动杆。

（5）拆除转动绝缘子轴承座传动臂上短拉杆及相间水平拉杆两端圆柱销上的开口销，取下短拉杆及相间水平拉杆。

（6）松开垂直传动杆主动拐臂上的 2 个定位螺栓，打下主动拐臂，取下的圆头键。

（7）松开两边相轴下端的 U 形螺栓，取出被动拐臂和月形键。

（8）电动操动机构拆除。

1）拆除二次元件装配接线端子与进线电缆导线的固定螺钉，拆下与电动机相连的电源线；松开电缆线夹，从机构箱中抽出进线电缆；在拆下进线电缆前，应做好相应记录。

2）拆除机构箱与基础相连 4 个螺栓，将机构箱拆下并放在地面上。

（9）静触头装配的拆卸。见 GW6 型隔离开关本体检修静触头装配的拆卸方法。

（10）主刀闸的拆卸。见 GW6 型隔离开关本体检修主刀闸的拆卸方法。

（11）将旧 GW6 型隔离开关本体各部分及操动机构运出施工作业现场。

2. 旧 GW6 型隔离开关支架（水泥杆）及槽钢拆除

（1）更换如果还用原有支架（水泥杆）及槽钢，可不必拆除。

（2）拆除支架与基础之间的固定螺栓，取下支架（为水泥杆的，拆除水泥杆）。

（3）拆除原有基础。

3. 新 GW6 型隔离开关本体支架（水泥杆）安装

（1）此时基础工作已完成，具备设备安装条件。

（2）将 GW6 型隔离开关支架与基础固定螺栓连接好，支架垂直度及水平找好后，将螺母紧固。

4. 新 GW6 型隔离开关本体安装

（1）静触头装配的安装。

1）将组装好的静触头装配运至母线下面。

2）将母线安装部位及母线接线夹导电接触面用 00 号砂布清除氧化层，用清洗剂清洗干净后涂导电脂。

3）将静触头装配吊起，将连接导线上端与母线的母线夹连接，使静触头装配固定于母线上。

4）装配时，勿损伤导电接触面，且连接紧固。

5）用 100A 回路电阻测试仪测量静触头装配的整体电阻值是否符合要求。

6）如果需要安装钢芯铝绞线，可按以下步骤进行：

① 在切断钢芯铝绞线前必须用 10 号铁丝绑扎接近切口处，并在距离第一个绑扎点 120mm 处再补扎一次，然后进行切断。

② 切断导线的钢芯截面应涂防锈漆，与设备线夹接头接触表面用钢丝刷除掉铝绞线部分的氧化层后，用清洗剂清洗，待干后立即涂导电脂。

③ 将钢芯铝绞线一端缠铝包带后放入已处理好的线夹中，拧紧螺栓。

7）安装前，在导电接触面涂导电脂，螺纹孔洞涂黄油。

（2）GW6 型隔离开关静触头装配安装质量标准。

1）各零部件完好，清洁。

2）各种标准件完好。

3）导电接触面平整，洁净。

4）导电接触面应连接可靠。

5）母线接线夹至静触头导电杆的回路电阻不大于 30μΩ。

6）导线完整，且无松散现象。

7）所有连接件连接可靠。

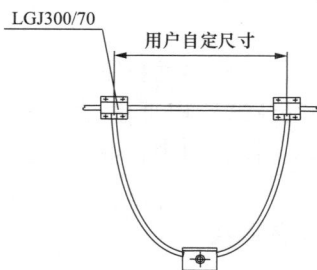

图 ZY1400705003-1　隔离开关
A 形静触头装配

8）安装位置正确。隔离开关 A 形静触头装配如图 ZY1400705003-1 所示。

（3）GW6 型隔离开关底座及支柱绝缘子的安装。

1）测量隔离开关支架上平面是否水平，必要时进行调整。

2）将组装好的底座装配分相吊于基础槽钢上，核实三相水平后固定好地脚螺栓。

3）将支持瓷套擦净，用螺栓将上、下绝缘子连接，组合好。

4）将旋转瓷套擦净，用螺栓将上、下绝缘子连接，组合好。

5）将组装好的上、下节支柱绝缘子分相吊装于底座的支柱绝缘子法兰盘上，用垫片调节绝缘子垂直度，使其中心线处于铅垂位置。

6）分别将组装好的上、下节操作绝缘子分相吊装于操作绝缘子法兰盘上，紧固连接螺栓，同时用木方隔离支柱与操作绝缘子，并用绳子捆牢，以防操作绝缘子发生倾倒与支柱绝缘子发生碰撞，然后拆下起吊绳。

（4）GW6 型隔离开关底座及绝缘子的安装质量标准。

1）起吊应首先检查吊具符合要求，捆绑牢固。

2）绝缘子铅垂线偏差不超过 6mm，瓷套干净，连接牢固。

3）操作及支柱绝缘子安装垂直，与底座连接盘连接牢固且受力均匀。

（5）GW6 型隔离开关导电折架和传动装置的安装。

1）分别将组装好的导电折架和传动装置吊至三相支柱绝缘子的上法兰盘上（吊装前，主刀闸系统应捆绑好），用水平仪测试水平后紧固连接螺栓。如水平度达不到要求时，在传动装置框架与支柱绝缘子上的法兰盘间增、减垫片调节。

2）将传动装置转轴下部法兰与操作绝缘子上法兰用螺栓连接（调整绝缘子垂直偏差前，松开操作、支柱绝缘子间绑扎绳索，取出木方），垂直度调好后，紧固法兰连接螺栓，随后，剪断导电折架绑扎铁丝。

（6）GW6 型隔离开关导电折架和传动装置的安装质量标准。

1）吊具符合起吊安全要求。捆绑牢固，传动装置框架要求基本水平。

2）螺栓连接紧固，垂直偏差不大于 6mm。

5. 新 GW6 型隔离开关操动机构及传动系统安装

（1）将电动操动机构用连接螺栓将机构与基础连接起来，检查机构水平后，拧紧机构与基础的连接螺栓。

（2）将主轴承座装配用连接螺栓牢固地装在中相底座装配上。

（3）将导电折架处于分闸位置，连接主刀闸三相水平连杆。

（4）从中相底座上轴承座装配里抽出主刀闸操作轴及平键。

（5）主刀闸与机构连接前，先将焊有垂直传动杆的连接器装入操动机构主轴上，检查两连板倾角 θ 是否调至合格（抱夹无须此过程）。

（6）将主刀闸操作轴插入垂直传动杆上接套中，紧固接套定位螺钉，注意平键不要漏装。

（7）使主刀闸、操动机构均在分闸位置，用短连杆将机构与主刀闸连接起来。

（8）将操动机构的进线电缆接入机构箱内端子排紧固螺钉上，并对电缆入口处进行封堵。

（9）质量标准。拐臂中心线与水平传动杆中心线装配角度符合要求；各种转动轴销及螺纹处均涂润滑油。

6. 新 GW6 型隔离开关接地刀闸安装

（1）用螺栓将接地刀闸静触头连接于传动装置底板下侧并紧固，其触指开口方向向下。隔离开关接地刀闸静触头的安装如图 ZY1400705003-2 所示。

（2）将组装好的接地刀闸支架装配牢固地安装在底座装配上（安装前接地刀闸导电管必须用 10 号铁丝与支架绑扎牢固）。

（3）将接地刀闸手力操动机构（CS9–G 型、CS17–Ⅱ型）安装在基础槽钢上，并连接牢固。

（4）主刀闸处于分闸位置时，剪断接地刀闸导电管的绑扎铁丝，在三相接地刀闸及手力操动机构处于合闸位置时，安装接地刀闸水平连杆（分相操作无此连杆），连接接地刀闸垂直传动杆，即完成接地刀闸安装。

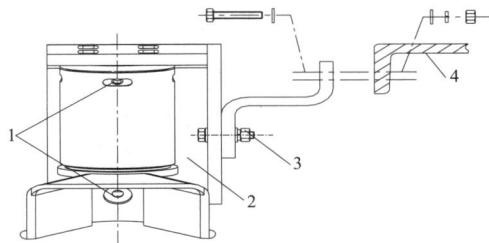

图 ZY1400705003-2　隔离开关接地刀闸静触头的安装

1—U 形长孔，用于接地刀闸静触头左右方向的调节；2—接地静触头装配；
3—U 形长孔，用于接地刀闸动触头插入深度的调节；4—隔离开关底座

（5）质量标准。

1）各转动部位涂二硫化钼锂。

2）转轴与轴套间配合间隙不应大于 1mm。

3）螺杆、螺母应完整，无锈蚀，公差配合适当。

4）螺杆拧入接头的深度不应小于 20mm。

5）连接水平连杆时，操作小拐臂方向必须处于合闸位置。

6）Ⅱ型接地刀闸装配如图 ZY1400702007-2 所示。

7. 新 GW6 型隔离开关绝缘子检查及探伤

参见 GW4 型隔离开关本体检修中支柱绝缘子检查及探伤内容（模块 ZY1400701001）。

8. 新 GW6 型隔离开关整体调试

参见 GW6 型隔离开关整体调整及试验模块（模块 ZY1400703003）。

六、隔离开关更换、调整、试验合格后，在投运前必做的工作

参见 GW4 型隔离开关更换、调整、试验合格后，在投运前必做的工作内容（模块 ZY1400705001）。

【思考与练习】

1. GW6 型隔离开关静触头装配安装质量标准是什么？

2. 简述 GW6 型隔离开关底座及支柱绝缘子的安装步骤。

3. 简述新 GW6 型隔离开关接地刀闸安装步骤。

模块 4　GW7 型隔离开关更换（ZY1400705004）

【模块描述】本模块包含 GW7 型隔离开关更换的作业流程及工艺要求。通过知识要点的归纳讲解、操作技能训练，掌握 GW7 型隔离开关更换前的准备、危险点预控、作业步骤及质量标准等操作技能。

【正文】

一、作业内容

（1）旧 GW7 型隔离开关本体及操动机构拆除。

（2）旧 GW7 型隔离开关支架（水泥杆）及槽钢拆除。

（3）新 GW7 型隔离开关本体支架（水泥杆）安装。

（4）新 GW7 型隔离开关本体安装。

（5）新 GW7 型隔离开关操动机构及传动系统安装。

（6）新 GW7 型隔离开关接地刀闸安装。

（7）新 GW7 型隔离开关绝缘子检查及探伤。

（8）新 GW7 型隔离开关整体调试。

二、作业中危险点分析及控制措施

参见 GW4 型隔离开关更换作业中危险点分析及控制措施（模块 ZY1400705001）。

三、GW7 型隔离开关更换作业前的准备

参见 GW4 型隔离开关更换前的准备工作（模块 ZY1400705001）。

四、新 GW7 型隔离开关更换作业前开箱检查

参见新 GW4 型隔离开关更换前开箱检查项目（模块 ZY1400705001）。

五、GW7 型隔离开关更换作业步骤及质量标准

1. 旧 GW7 型隔离开关本体及操动机构拆除

（1）断开电动操动机构箱内电动机启动电源、加热器电源和有关电气连锁回路电源，断开继电保护回路和电压回路电源。

（2）采用专用作业车或梯子将每相连接导线用绳捆好，绳的另一端固定在基座槽钢上。拆除接线夹连接螺栓，将连接导线缓慢放下，防止连接导线与接地线甩下伤到人员和设备。

（3）拆除主刀闸机构上部联轴器（或抱夹）的连接螺栓，使机构主轴与垂直传动杆脱离。

（4）拆除主刀闸垂直传动杆上部连接套的定位螺栓（或抽出万向节上的圆柱销），取下垂直传动杆。

（5）拆除中相转动绝缘子轴承座传动臂上短拉杆及相间水平拉杆两端圆柱销上的开口销，取下短拉杆及相间水平拉杆。

（6）主刀闸及接地刀闸的拆除。

1）在底座槽钢两端挂好起吊绳，将起吊绳放置于吊钩上，用起吊工具使起吊绳稍微受力，在绝缘子上端与挂钩间绑扎好牵引绳。

2）拆除底座槽钢两端与基础相连的各 4 个连接螺栓（如果是焊接的，将焊接点割开），将主刀闸系统平稳地吊至地面，并做好防倾倒措施。

（7）电动操动机构拆除。

1）拆除二次元件装配接线端子与进线电缆导线的固定螺钉，拆除与电动机相连的电源线；松开电缆线夹，从机构箱中抽出进线电缆；在拆下进线电缆前，应做好相应记录。

2）拆除机构箱与基础相连的 4 个螺栓，将机构箱拆下并放置在地面上。

（8）将旧 GW7 型隔离开关本体各部分及操动机构运出施工作业现场。

2. 旧 GW7 型隔离开关支架（水泥杆）及槽钢拆除

（1）更换如果还用原有支架（水泥杆）及槽钢，可不必拆除。

（2）松开支架与基础之间的固定螺栓，取下支架（为水泥杆的，拆除水泥杆）。

（3）拆除原有基础。

3. 新 GW7 型隔离开关本体支架（水泥杆）安装

（1）基础工作完成后，具备设备安装条件。

（2）将 GW7 型隔离开关支架与基础固定螺栓连接好，支架垂直度及水平找好后，将螺帽紧固。

4. 新 GW7 型隔离开关本体安装

（1）新 GW7 型隔离开关底座及支柱绝缘子的安装。

1）测量隔离开关支架上平面是否水平，必要时进行调整。

2）将底座槽钢吊装在基础水泥杆或支架上，待找好水平后用螺栓固定或焊接好。

3）将组装好的转动及固定底座装配分别吊于基础槽钢上（转动底座安装在每相的中间），核实三相水平后固定好地脚螺栓。

4）将支持（转动）瓷套擦净，用螺栓将上、下节绝缘子连接，组合好。

5）将组装好的上、下节支柱（转动）绝缘子分相吊装于底座上，用垫片调节绝缘子垂直度，使其中心线处于铅垂位置。

6）同相三个绝缘子上法兰安装平面应处于同一水平面，稍有偏差可在绝缘子下法兰与底座之间加调节垫片。

（2）新 GW7 型隔离开关底座及支柱绝缘子的安装质量标准。

1）起吊应首先检查吊具是否符合要求，捆绑牢固。

2）绝缘子铅垂线偏差不超过 6mm，瓷套干净，连接牢固。

3）转动及支柱绝缘子安装垂直，与底座连接盘连接牢固且受力均匀。

（3）新 GW7 型隔离开关静触头及导电杆的安装。

1）将静触头分别安装在支持绝缘子上；如装有接地静触头，应注意接地静触头的开口方向朝向接地动触杆合闸方向一致。

2）将导电杆装配吊起并安装在每相中间转动绝缘子上，并固定好。

3）手动慢慢转动导电杆使之和静触头相接触、检查动触头是否在两侧静触头中间。

5. 新 GW7 型隔离开关操动机构及传动系统安装

（1）将电动操动机构用连接螺栓将机构与基础连接起来，检查机构水平后，拧紧机构与基础的连接螺栓。

（2）将主轴承座装配用连接螺栓牢固地装在中相底座装配上。

（3）从中相底座上轴承座装配里抽出主刀闸操作轴及平键。

（4）主刀闸与机构连接前，先将焊有垂直传动杆的连接器装入操动机构主轴上，检查两连板倾角 θ 是否调至合格（抱夹无须此过程）。

（5）手动操作机构，使电动操动机构行程开关处于合闸刚切换位置。

（6）在主刀闸处于合闸位置时，将主刀闸操作轴插入垂直传动杆上接套中，紧固接套定位螺钉，注意平键不要漏装；操动机构及垂直连杆部分的安装如图 ZY1400703003-2 所示。

（7）垂直传动杆与机构间用抱夹连接，装复时注意检查竖拉杆螺栓顶丝是否拧紧。

（8）将电动操动机构的二次接线电缆接入机构箱内相关二次端子排上，接线必须正确，并对电缆入口进行封堵。

（9）质量标准。

1）拐臂中心线与水平传动杆中心线装配角度符合要求。

2）各种转动轴销及螺纹处均涂润滑油。

6. 新 GW7 型隔离开关接地刀闸安装

参见 GW6 型隔离开关整体调试及试验中接地刀闸安装步骤（模块 ZY1400703003）。

7. 新 GW7 型隔离开关绝缘子检查及探伤

参见 GW4 型隔离开关本体检修中支柱绝缘子检查及探伤内容（模块 ZY1400701001）。

8. 新 GW7 型隔离开关整体调试

参见 GW7 型隔离开关整体调试及试验中隔离开关整体调试（模块 ZY1400703004）。

六、隔离开关更换、调整、试验合格后，在投运前必做的工作

参见 GW4 型隔离开关更换、调整、试验合格后，在投运前必做的工作内容（模块 ZY1400705001）。

【思考与练习】

1. 新 GW7 型隔离开关底座及支柱绝缘子的安装质量标准是什么？

2. 简述新 GW7 型隔离开关静触头及导电杆的安装步骤。

3. 简述新 GW7 型隔离开关操动机构及传动系统安装步骤。

模块 5　GW16（20）型隔离开关更换（ZY1400705005）

【模块描述】本模块包含 GW16（20）型隔离开关更换的作业流程及工艺要求。通过知识要点的归纳讲解、操作技能训练，掌握 GW16（20）型隔离开关更换前的准备、危险点预控、作业步骤及质量标准等操作技能。

【正文】

一、作业内容

（1）旧 GW16 型隔离开关本体及操动机构拆除。

（2）旧 GW16 型隔离开关支架（水泥杆）及槽钢拆除。

（3）新 GW16 型隔离开关本体支架（水泥杆）安装。

（4）新 GW16 型隔离开关本体安装。

（5）新 GW16 型隔离开关操动机构及传动系统安装。

（6）新 GW16 型隔离开关接地刀闸安装。

（7）新 GW16 型隔离开关绝缘子检查及探伤。

（8）新 GW16 型隔离开关整体调试。

二、作业中危险点分析及控制措施

参见 GW4 型隔离开关更换作业中危险点分析及控制措施（模块 ZY1400705001）。

三、GW16 型隔离开关更换作业前的准备

参见 GW4 型隔离开关更换前的准备工作（模块 ZY1400705001）。

四、GW16 型新隔离开关更换作业前开箱检查项目及检查标准

参见 GW4 型新隔离开关更换前开箱检查项目（模块 ZY1400705001）。

五、GW16 型隔离开关更换作业步骤及质量标准

1. 旧 GW16 型隔离开关本体及操动机构拆除

（1）GW16 型隔离开关在合闸位置时，打开下导电杆外壁平衡弹簧调整窗盖板，将下导电杆内平衡弹簧完全放松。

（2）断开电动操动机构箱内电动机启动电源、加热器电源及有关电气连锁回路电源、继电保护回路和电压回路电源。

（3）采用专用作业车或梯子将每相连接导线用绳捆好，绳的另一端固定在基座上，拆除接线夹连接螺栓，将连接导线缓慢放下，防止连接导线及接地线甩下伤及人员及设备。

（4）拆除刀闸机构上部联轴器（或抱夹）的连接螺栓，使刀闸机构主轴与垂直传动杆脱离。

（5）拆除刀闸垂直传动杆上部连接套定位螺栓（或抽出万向接头的圆柱销），取下垂直传动杆。

（6）拆除垂直转动杆、主动拐臂、被动拐臂与三相水平传动杆的连接螺栓轴，取下水平传动杆。

（7）松开垂直传动杆主动拐臂上的两个定位螺栓，打下主动拐臂，取下的圆头键。

（8）松开两边相轴下端的 U 形螺栓，取出被动拐臂和月形键。

（9）电动操动机构拆除。

1）拆除二次元件装配接线端子与进线电缆导线的固定螺钉，拆下与电动机相连的电源线；松开电缆线夹，从机构箱中抽出进线电缆；在拆下进线电缆前，应做好相应记录。

2）拆除机构箱与基础相连 4 个螺栓，将机构箱拆下并放在地面上。

（10）静触头装配的拆卸。

1）利用专用登高作业车，用牵引绳绑紧静触头装配，将绳翻过母线，由地面人员稍微拉紧。

2）拆除连接导线上接线板与母线接线夹相连的各 4 个螺栓，将静触头装配拆下缓慢吊下，放在地面上。

（11）主刀闸的拆卸。

1）用 10 号铁丝将处于分闸位置的导电折架两端分别绑扎 3～4 圈。

2）在传动装置底板的四角挂好吊装绳，并用起吊钩将吊装绳拉紧，使吊装绳稍微受力，检查主刀闸重心是否基本保持平衡，在操作绝缘子和支柱绝缘子间用木方支撑后，以绳索捆绑，以防碰撞。

3）拆除传动装置底部法兰和支柱绝缘子连接的螺栓及与操作绝缘子相连接的螺栓，将主刀闸系统用起吊装置吊至地面上，起吊时应拉紧牵引绳，以免碰撞损伤绝缘子。

（12）绝缘子的拆卸。参见 GW16（20）型隔离开关本体检修绝缘子的拆卸内容（模块 ZY1400701005）。

（13）底座装配的拆卸。参见 GW16（20）型隔离开关底座装配拆卸内容（模块 ZY1400701005）。

（14）将旧 GW16 型隔离开关本体各部分及操动机构运出施工作业现场。

2. 旧 GW16 型隔离开关支架（水泥杆）及槽钢拆除

（1）更换如果还用原有支架（水泥杆）及槽钢，可不必拆除。

（2）拆除支架与基础之间的固定螺栓，取下支架（为水泥杆的，拆除水泥杆）。

（3）拆除原有基础。

3. 新 GW16 型隔离开关本体支架（水泥杆）安装

（1）此时基础工作已完成，具备设备安装条件。

（2）将 GW16 型隔离开关支架与基础固定螺栓连接好，支架垂直度及水平找好后，将螺帽紧固。

4. 新 GW16 型隔离开关本体安装

（1）新 GW16 型隔离开关静触头装配安装。参见 GW6 型隔离开关本体检修中静触头装配安装内容（模块 ZY1400701003）。

（2）新 GW16 型隔离开关静触头装配安装质量标准。参见 GW6 型隔离开关本体检修中静触头装配安装质量标准内容（模块 ZY1400701003）。

（3）新 GW16 型隔离开关底座及操作、支柱绝缘子安装。

1）测量隔离开关支架上平面是否水平，必要时进行调整。

2）将组装好的底座装配分相吊于基础槽钢上，核实三相水平后固定好底脚螺栓。

3）将支柱（旋转）绝缘子擦净，用螺栓将上、下绝缘子连接，组合好。

4）将组装好的上、下节支柱绝缘子分相吊装于底座的支柱绝缘子法兰盘上，用垫片调节绝缘子垂直度，使其中心线处于铅垂位置。

5）分别将组装好的上、下节操作绝缘子分相吊装于操作绝缘子法兰盘上，紧固连接螺栓，同时用木方隔离支柱与操作绝缘子，并用绳子捆牢，以防操作绝缘子发生倾倒与支柱绝缘子碰撞，然后拆下起吊绳。

6）吊装绳索均应采用软绳，以避免零件的表面损伤。

（4）GW16 型隔离开关底座及操作、支柱绝缘子的安装质量标准。

1）起吊应首先检查吊具是否符合要求，捆绑牢固。

2）绝缘子铅垂线偏差不超过 6mm，瓷套干净，连接牢固。

3）操作及支柱绝缘子安装垂直，与底座连接盘连接牢固且受力均匀。

4）吊装绳索均应采用软绳，以避免零件的表面损伤。

（5）GW16 型隔离开关主刀闸的安装。

1）分别将组装好的主刀闸系统和传动装置吊至三相支柱绝缘子的上法兰盘上（吊装前，主刀闸系统应捆绑好），用水平仪测试水平。

2）将接线底座与支持绝缘子用 4 个螺栓连接并紧固。

3）在旋转绝缘子法兰与主刀闸接线座法兰之间置橡皮垫，根据实际情况，调整旋转绝缘子高度，然后固定与旋转绝缘子相连的螺栓。

4）用手轻压动触头座，以便把转动座两边的调节拉杆拉出，再用一只手把住旋转绝缘子的伞裙并旋转它，如旋转自如即可，否则需拧动旋转绝缘子下面的调整顶杆，使之达到要求，随后将调整顶杆的锁紧螺母拧紧，这时可把捆绑主刀闸的铁丝剪断。

5）托起中间接头部分，用手力使主刀闸缓慢合闸，观察主刀闸是否垂直或水平，否则可用垫片在组合底座下进行调整。

6）检查动、静触头相对位置，将主刀闸多次慢分、慢合，不要让动静触头夹紧，以进行观察和调整，直到符合要求时为止。

（6）GW16 型隔离开关主刀闸的安装质量标准。

1）吊具安全可靠，捆绑牢固。

2）紧固牢靠，转动灵活。

3）旋转瓷套转动灵活。

4）合闸时主刀闸垂直或水平。

5）动、静触头中心偏差不大于 5mm，动触杆与动触座防雨罩上端面距离为 50mm±10mm。

5. 新 GW16 型隔离开关操动机构及传动系统安装

参见 GW6 型隔离开关本体与操动机构的连接方法（模块 ZY1400700303）。

6. 新 GW16 型隔离开关接地刀闸安装

参见 GW6 型隔离开关接地刀闸本体与操动机构的连接步骤（模块 ZY1400700303）。

7. 新 GW16 型隔离开关绝缘子检查及探伤

参见 GW4 型隔离开关本体检修中支柱绝缘子检查及探伤内容（模块 ZY1400701001）。

8. 新 GW16 型隔离开关整体调试

参见 GW16（20）型隔离开关整体调整及试验模块（模块 ZY1400703005）。

六、隔离开关更换、调整、试验合格后，在投运前必做的工作

参见 GW4 型隔离开关更换、调整、试验合格后，在投运前必做的工作内容（模块 ZY1400705001）。

【思考与练习】

1. 简述旧 GW16 型隔离开关主刀闸的拆卸步骤。

2. GW16 型隔离开关底座及操作、支柱绝缘子的安装质量标准是什么？

3. 简述 GW16 型隔离开关主刀闸的安装步骤。

模块 6 GW17（21）型隔离开关更换（ZY1400705006）

【模块描述】本模块包含 GW17（21）型隔离开关更换的作业流程及工艺要求。通过知识要点的归纳讲解、操作技能训练，掌握 GW17（21）型隔离开关更换前的准备、危险点预控、作业步骤及质量标准等操作技能。

【正文】

一、作业内容

（1）旧 GW17 型隔离开关本体及操动机构拆除。

（2）旧 GW17 型隔离开关支架（水泥杆）及槽钢拆除。

（3）新 GW17 型隔离开关本体支架（水泥杆）安装。

（4）新 GW17 型隔离开关本体安装。

（5）新 GW17 型隔离开关操动机构及传动系统安装。

（6）新 GW17 型隔离开关接地刀闸安装。

（7）新 GW17 型隔离开关绝缘子检查及探伤。

（8）新 GW17 型隔离开关整体调试。

二、作业中危险点分析及控制措施

参见 GW4 型隔离开关更换作业中危险点分析及控制措施（模块 ZY1400705001）。

三、GW17 型隔离开关更换作业前的准备

参见 GW4 型隔离开关更换前的准备工作（模块 ZY1400705001）。

四、新 GW17 型隔离开关更换作业前开箱检查项目及检查标准

参见 GW4 型隔离开关更换前开箱检查项目（模块 ZY1400705001）。

五、GW17 型隔离开关更换作业步骤及质量标准

1. 旧 GW17 型隔离开关本体及操动机构拆除

（1）GW17（21）型隔离开关在分闸位置时，打开下导电杆外壁平衡弹簧调整窗盖板，将下导电杆内平衡弹簧完全放松。

（2）断开电动操动机构箱内电动机启动电源、加热器电源及有关电气连锁回路电源，继电保护回路和电压回路电源。

（3）采用专用作业车或合梯将每相连接导线用绳捆好，绳的另一端固定在基座上，拆除接线夹连接螺栓，将连接导线缓慢放下，防止连接导线及接地线甩下伤及人员及设备。

（4）拆除刀闸机构上部联轴器（或抱夹）的连接螺栓，使刀闸机构主轴与垂直传动杆脱离。

（5）拆除刀闸垂直传动杆上部连接套定位螺栓（或抽出万向接头的圆柱销），取下垂直传动杆。

（6）拆除垂直转动杆、主动拐臂、被动拐臂与三相水平传动杆的连接螺栓轴，取下水平传动杆。

（7）松开垂直传动杆主动拐臂上的 2 个定位螺栓，打下主动拐臂，取下的圆头键。

（8）松开两边相轴下端的 U 形螺栓，取出被动拐臂和月形键。

（9）电动操动机构拆除。

1）拆除二次元件装配接线端子与进线电缆导线的固定螺钉，拆下与电动机相连的电源线；松开电缆线夹，从机构箱中抽出进线电缆；在拆下进线电缆前，应做好相应记录。

2）拆除机构箱与基础相连 4 个螺栓，将机构箱拆下并放在地面上。

（10）静触头装配拆卸。

1）利用登高作业车，拆除连接引线。

2）利用登高作业车，松开单（双）静触头装配与支持瓷套相连 4 个螺栓，将静触头装配及接地静触头装配抬至作业车内，缓慢降至地面，并放置于固定地点。

（11）主刀闸的拆卸。

1）用 10 号铁丝将处于分闸位置的导电折架动触头端分别绑扎 3～4 圈。

2）在传动装置底板的四角挂好吊装绳，并用起吊钩将吊装绳拉紧，使吊装绳稍微受力，检查主刀闸重心是否基本保持平衡，在操作绝缘子和支柱绝缘子间用木方支撑后，以绳索捆绑，以防碰撞。

3）拆除传动装置底部法兰和支柱绝缘子连接的螺栓及与操作绝缘子相连接的螺栓，将主刀闸系统用起吊装置吊下放至地面上，起吊时应拉紧牵引绳，以免碰撞损伤绝缘子。

（12）绝缘子的拆卸。

参见 GW16（20）型隔离开关绝缘子拆卸内容（模块 ZY1400701005）。

（13）底座装配的拆卸。

参见 GW16（20）型隔离开关底座装配拆卸内容（模块 ZY1400701005）。

（14）将旧 GW17 型隔离开关本体各部分及操动机构运出施工作业现场。

2. 旧 GW17 型隔离开关支架（水泥杆）及槽钢拆除

（1）更换如果还用原有支架（水泥杆）及槽钢，可不必拆除。

（2）拆除支架与基础之间的固定螺栓，取下支架（为水泥杆的，拆除水泥杆）。

（3）拆除原有基础。

3. 新 GW17 型隔离开关本体支架（水泥杆）安装

（1）基础工作完成后，具备设备安装条件。

（2）将 GW17 型隔离开关支架与基础固定螺栓连接好，支架垂直度及水平找好后，将螺帽紧固。

4. 新 GW17 型隔离开关本体安装

（1）静触头装配安装。

1）将组装好的静触头装配抬至安装处下面。

2）将组装好的单（双）静触头连同接地静触头装配一并吊起，装复在支持瓷套法兰上，紧固固定螺栓。

3）装好接线夹，紧固安装螺栓。

（2）GW17 型隔离开关静触头装配安装质量标准。

1）静触头装配安装水平，静触头杆垂直。

2）静触头安装位置正确。

（3）GW17 型隔离开关底座及操作、支柱绝缘子安装。

参见 GW16（20）型隔离开关底座及操作、支柱绝缘子安装方法（模块 ZY1400701005）。

（4）GW17 型隔离开关底座及操作、支柱绝缘子的安装质量标准。

参见 GW16（20）型隔离开关本体检修底座及操作、支柱绝缘子的安装质量标准（模块 ZY1400705005）。

（5）GW17 型隔离开关主刀闸的安装。

1）分别将组装好的主刀闸系统和传动装置吊至三相支柱绝缘子的上法兰盘上（吊装前，主刀闸系统应捆绑好），用水平仪测试水平。

2）将接线底座与支持绝缘子用 4 个螺栓连接并紧固。

3）在旋转绝缘子法兰与主刀闸接线座法兰之间置橡皮垫，根据实际情况，调整旋转绝缘子高度，然后固定与旋转绝缘子相连的螺栓。

4）用手轻压动触头座，以便把转动座两边的调节拉杆拉出，再用一只手把住旋转绝缘子的伞裙并旋转它，如旋转自如即可，否则需拧动旋转绝缘子下面的调整顶杆，使之达到要求，随后将调整顶杆的锁紧螺母拧紧，这时可把捆绑主刀闸的铁丝剪断。

5）托起中间接头部分，用手动使主刀闸缓慢合闸，观察主刀闸是否垂直或水平，否则可用垫片在组合底座下进行调整。

6）检查动、静触头相对位置，将主刀闸多次慢分、慢合，不要让动静触头夹紧，以进行观察和调整，直到符合要求时为止。

（6）GW17 型隔离开关主刀闸的安装质量标准。参见 GW17 型隔离开关本体检修主刀闸的安装质量标准（模块 ZY1400701006）。

5. 新 GW17 型隔离开关操动机构及传动系统安装

参见 GW6 型隔离开关本体与操动机构的连接方法（模块 ZY1400703003）。

6. 新 GW17 型隔离开关接地刀闸安装

参见 GW6 型隔离开关接地刀闸本体与操动机构的连接步骤（模块 ZY1400703003）。

7. 新 GW17 型隔离开关绝缘子检查及探伤

参见 GW4 型隔离开关本体检修中支柱绝缘子检查及探伤内容（模块 ZY1400701001）。

8. 新 GW17 型隔离开关整体调试

参见 GW17（21）型隔离开关整体调整及试验模块（模块 ZY1400703006）。

六、隔离开关更换、调整、试验合格后，在投运前必做的工作

参见 GW4 型隔离开关更换、调整、试验合格后，在投运前必做的工作内容（模块 ZY1400705001）。

【思考与练习】

1. 简述旧 GW17 型隔离开关本体及操动机构拆除步骤。

2. GW17 型隔离开关静触头装配安装质量标准是什么？

3. 简述 GW17 型隔离开关主刀闸的安装步骤。

第八部分

断路器检修、调试和故障处理

第二十八章　油　断　路　器

模块 1　SN10–12Ⅱ（Ⅲ）型少油断路器大小修（ZY1400801001）

【模块描述】本模块包含 SN10–12Ⅱ（Ⅲ）型少油断路器大小修的主要作业内容及质量标准。通过结构分析、图例展示、要点归纳、操作技能训练，掌握 SN10–12Ⅱ（Ⅲ）型少油断路器的基本结构、作业步骤、工艺要求及质量标准等操作技能。

【正文】

一、SN10–12Ⅱ（Ⅲ）型少油断路器的结构

SN10–12Ⅱ（Ⅲ）型少油断路器采用了纵、横吹灭弧原理，利用绝缘油作为灭弧介质，因此用油量较少。该类断路器主要配用 CD10 系列直流电磁操动机构，可以配装成固定式或手车式开关柜。SN10–12 断路器分为Ⅰ、Ⅱ、Ⅲ三种型号。

1. SN10–12Ⅱ（Ⅲ）型少油断路器的结构

SN10–12Ⅱ（Ⅲ）型少油断路器由本体、框架、传动系统、操动机构等部分组成。SN10–12Ⅱ型断路器结构剖面图如图 ZY1400801001-1 所示，SN10–12Ⅲ型（3000A）少油断路器结构剖面图如图 ZY1400801001-2 所示。

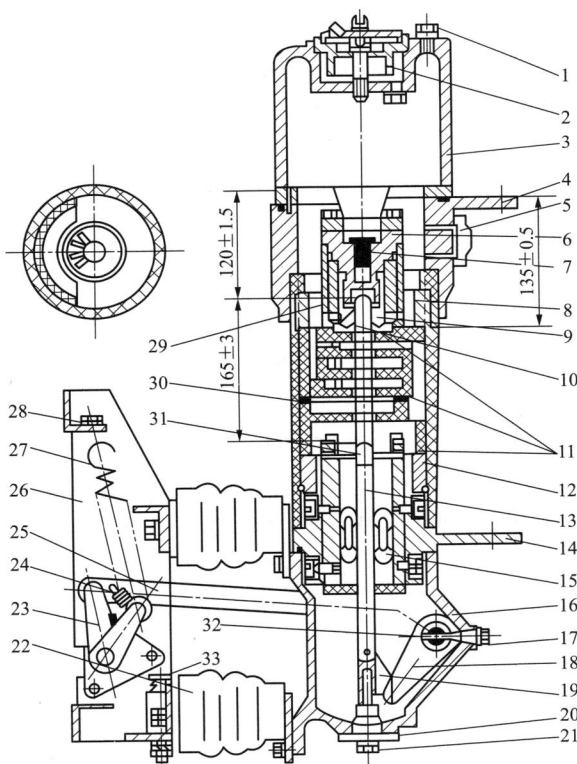

图 ZY1400801001-1　SN10–12Ⅱ型断路器结构剖面图

1—注油螺钉；2—油气分离器；3—上帽；4—上接线端子；5—油标；6—静触座；7—逆止螺钉；8—螺纹压圈；9—指形触头；10—弧触指；

11—灭弧片；12—下压环；13—动导电杆；14—下接线端子；15—滚动触头；16—基座；17—特殊螺钉；18—拐臂；19—连杆；

20—分闸缓冲器；21—放油螺钉；22—绝缘子；23—大轴；24—分闸限位器；25—绝缘拉杆；26—框架；27—分闸弹簧；

28—螺帽；29—小绝缘筒；30—绝缘衬垫；31—动触头；32—小转轴；33—合闸缓冲器

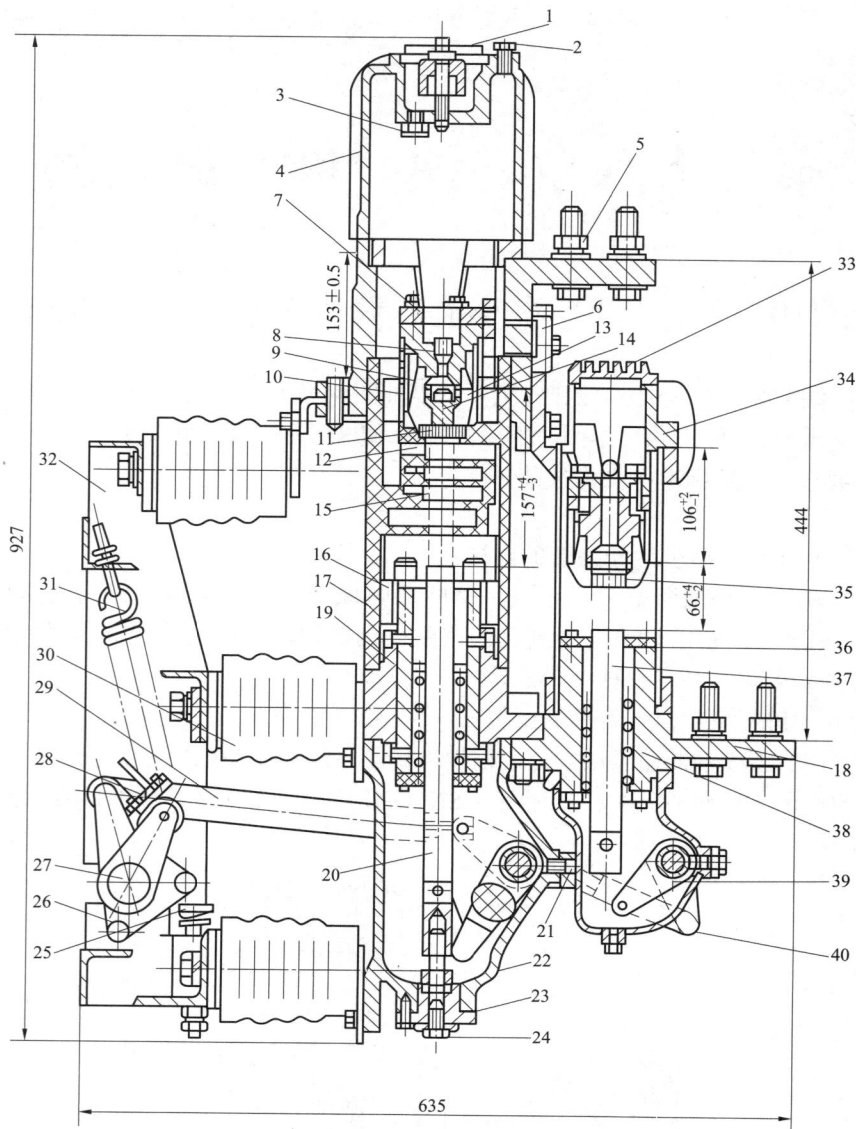

图 ZY1400801001-2　SN10−12Ⅲ型（3000A）少油断路器结构剖面图

1—帽盖；2—注油螺钉；3—活门；4—上帽；5—上出线座；6—油位指示器；7—静触座；8—止回阀；9—弹簧片；10—绝缘套筒；

11、16—压圈；12—绝缘环；13、35—触指；14—弧触指；15—灭弧室；17—绝缘筒；18—下出线座；19—滚动触头；

20—导电杆；21—螺栓；22—基座；23—阻尼器；24—放油螺钉；25—合闸缓冲器；26—轴承座；27—转轴；

28—分闸限位器；29—绝缘拉杆；30—支持绝缘子；31—分闸弹簧；32—框架；33—上盖；34—触头架；

36—副绝缘筒；37—副导电杆；38—副下出线座；39—副基座；40—拉杆

2. CD10 电磁操动机构

CD10 电磁操动机构主要由分、合闸电磁机构，四连杆机构，脱扣器，辅助开关等部分组成，CD10 电磁操动机构结构如图 ZY1400801001-3 所示。

二、作业内容

（1）SN10 型少油断路器本体小修。

（2）SN10−12Ⅱ（Ⅲ）型少油断路器大修。

1）灭弧室解体。

2）触头检修。

3）油箱的检修。

4）传动机构检修。

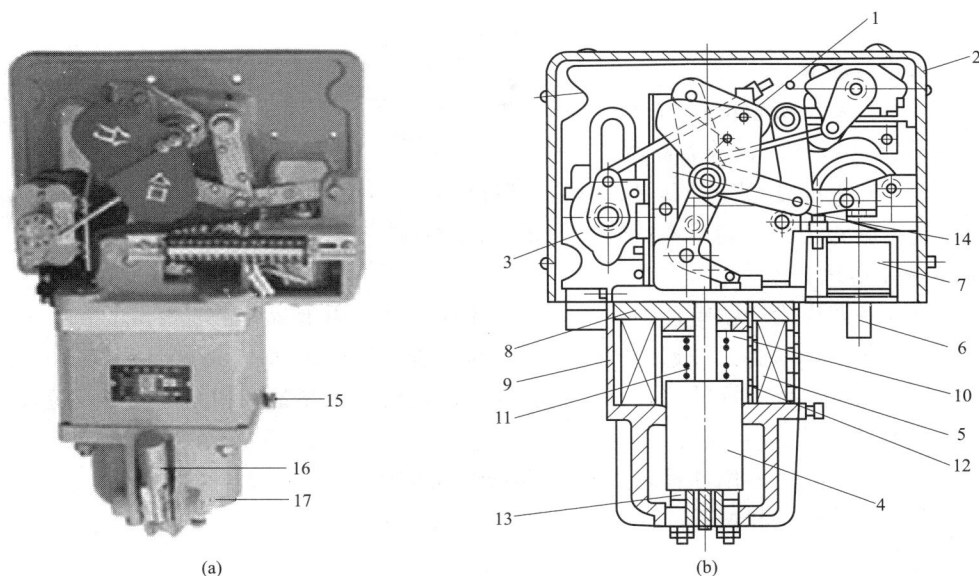

图 ZY1400801001-3　CD10 电磁操动机构结构图

（a）外形图；（b）内部结构图

1—主轴；2、3—辅助开关；4—合闸铁芯；5—合闸线圈；6—分闸铁芯；7—分闸线圈；8—方板；

9—铸铁外壳；10—黄铜垫；11—压缩弹簧；12—金属衬圈；13—缓冲器；14—死点调整螺钉；

15—接地螺钉；16—手动操作杆；17—缓冲法兰

5）CD10 电磁操动机构的检修。

（3）SN10-12Ⅱ（Ⅲ）及 CD10 操动机构整体调试。

1）燃弧距离的调整。

2）超行程调整。

3）导电杆行程（即总行程）的调整。

4）三相不同期性调整。

三、作业中危险点分析及控制措施

作业中危险点分析及控制措施见表 ZY1400801001-1。

表 ZY1400801001-1　　　　　　　作业中危险点分析及控制措施

序号	危险点	控制措施
1	防止触电伤害	（1）工作前应向每个作业人员交代清楚邻近带电设备并加强监护，不允许单人作业。 （2）进入柜子工作人员，不允许触动隔离开关连杆。 （3）拆除引线时，不应失去接地保护。 （4）开关两侧接线有防止误碰合刀闸时触电的措施，如绝缘挡板、绝缘罩。不许穿越围栏。 （5）对柜下面有出线带电的固定柜，应有加锁等防止误入的措施。 （6）对于施工电源、直流操作、合闸电源应有防止触电的措施
2	防止机械伤害	（1）调整操作时，相互呼应，以免断路器动作时伤人。 （2）操作时，工作人员应远离运动部位
3	防止摔伤	工作人员进出柜子应有木椅（梯）上下

四、检修作业前的准备

1. 检修前的资料准备

（1）检修前应认真查阅设备安装、检修记录、设备运行记录、故障情况记录、缺陷情况记录和红外测温结果。对所查阅的资料进行详细、全面的调查分析，以判定隔离开关的综合状况，为现场具体的检修方案的制定打好基础。

（2）准备好设备使用说明书、记录本、表格、检修报告等。

模块 1

ZY1400801001

2. 检修方案的确定

（1）编制作业指导书。

（2）拟订检修方案，确定检修项目，编排工期进度。

3. 备品备件、工器具、材料准备

在开工前必须预先准备检修工器具、材料、备品备件、试验仪器和仪表等，并运至检修现场。仪器仪表、工器具应试验合格，满足本次施工的要求，材料应齐全。

4. 检修环境（场地）的准备

（1）在检修现场四周设一留有通道口的封闭式遮栏，并在周围背向带电设备的遮栏上挂适当数量的"止步，高压危险"标示牌，在通道入口处挂"从此进出"标示牌。

（2）在作业现场指定位置摆放好检修工具、量具、材料、备品备件和测试仪器及垃圾箱。

5. 废旧物处理措施准备

准备废变压器油回收用专用油桶，油桶应能密封和运输。

五、检修作业前的检查和试验

1. 外部检查

（1）检查引线发热情况。

（2）检查油箱本体渗漏油部位。

（3）检查油标及油位。

（4）检查排气孔的方向。

2. 机构和传动装置检查

（1）检查绝缘拉杆螺钉扣入的深度。

（2）进行手动和电动合闸、分闸操作，观察操动机构和传动机构动作是否准确可靠。

（3）检查分闸限位器的到位情况。

（4）检查合闸缓冲器的压缩位置。

3. 检修前的试验项目

（1）测量总行程、超行程及三相不同期性。

（2）每相导电回路电阻测量。

六、SN10–12Ⅱ（Ⅲ）型少油断路器检修作业步骤及质量标准

1. SN10 型少油断路器本体小修

（1）各相油标的油位及断路器的渗漏点的检查。

1）油标的油位，夏季不高于 3/4 位置，冬季不低于 1/4 位置。

2）防止油标有假油面，加油时须加合格的 45 号变压器油。

3）若断路器有渗漏点应及时清擦紧固，必要时更换密封垫。

（2）检查底架固定螺栓。底座无损坏和裂纹，螺栓紧固（紧螺栓应对角均匀地紧固）。

（3）检查传动部件。各传动部分轴销应齐全，传动部分应灵活，无卡滞现象，应对各传动部分加注机油。

（4）绝缘子、绝缘筒清扫。绝缘子表面应清洁无垢、完整无裂纹。

（5）接线端子螺栓紧固。

1）接线端子螺栓应紧固。若有发热现象，应将接线端子用 00 号砂纸打磨清擦并涂导电膏后接牢。

2）紧固断路器与母线侧隔离开关的接线端子时，应均匀紧固，不可用力过猛，以防把绝缘子损坏。

（6）分断 4 次故障后需要换油。

（7）动静触头的检查。

（8）分、合闸线圈启动电压试验。

2. SN10-12Ⅱ（Ⅲ）型少油断路器大修

（1）灭弧室解体。

1）检修绝缘筒：绝缘筒完好，无损坏，起层，裂纹情况。丝扣完整。SN10-12Ⅲ/3000型少油断路器还应检查副筒完好。

2）检查灭弧片完好情况：灭弧片完好，表面碳化黑迹应擦洗干净。如喷口损坏过多，有破裂起层现象必须更换。

3）清洗组装灭弧室：灭弧片组装时，注意位置不能装错。各灭弧片间的定位销必须完全插入，灭弧触指与喷口同侧，测量尺寸 A 应符合要求。

（2）触头检修。

1）检修动触杆：动触杆表面光洁平整，无弯曲变形，镀银层完好，触头烧损达 2mm 时应更换。铜钨触指应拧紧。

2）检查中间滚动触头：接触面无氧化膜，接触可靠，镀银层不得脱落。

3）检修静触头：触指表面应光滑烧损轻微的可锉磨修理，烧损严重的应更换，弹簧拉片应完好若弯曲度超过 0.2mm 时应更换。触指座上的止回阀动作应灵活。行程调整结束应复装好，静触头的主导电回路接触面每次拆开后应用砂布将氧化层或油膜除掉。

（3）油箱的检修。

1）检查油箱安装尺寸：油箱安装应垂直，相间中线距 250mm 相间电气距离不小于 125mm。

2）检查油箱密封：油箱外壳各密封垫圈应完好，无渗漏油现象。

3）检查油箱外绝缘：油箱的绝缘筒应完整，表面无其污渍或严重伤痕。

4）检查油气分离器：油气分离器清洁，排气畅通，止回阀动作灵活。安装上帽时注意三相排气孔方向（中间相正对底架，左右两相分别向外侧转 45°）。

5）检查支柱绝缘子：支柱绝缘子表面应清洁，无裂纹，螺钉紧固。

（4）注意事项。

1）组装前要确认无漏修和漏试项目后方可进行组装。

2）组装时要避免密封圈漏装和灭弧片的方向错装。灭弧室纵吹口的方向，应与引弧触指相对应。

3）灭弧片装完后应测量灭弧室上端面距大绝缘筒（Ⅱ型上接线座端面）的距离符合要求后才能继续组装。

4）断路器组装后在没有装油时不能进行快分、合操作试验。

（5）传动机构检修。

1）检查传动拉杆拐臂及转轴：水平拉杆及垂直拉杆平直无弯曲变形接头处的螺帽及圆锥紧固拐臂完好，无裂纹与轴固定的圆锥销紧固，转轴的开口销完好，开口转动部位加润滑油，拉杆清洁完好。

2）检查分闸弹簧及分闸限位缓冲器：分闸弹簧完好，固定螺钉紧固，分闸限位缓冲器的橡皮应完好，无损坏（投运前应对断路器分闸速度进行测量，投运后 5 年应再复查一次，如分闸速度有较明显的降低，则说明弹簧已疲劳应更换）。

（6）CD10 操动机构的检修。

1）检查各转轴支架及连板：转轴、支架、连板无变形弯曲，轴孔及轴销无太大磨损，润滑良好，转动灵活，开口销齐全并开口复位弹簧完好，弹力足够，手动合闸时，铁芯顶至最高点，滚轮与支架间隙为 1.5～2.5mm。

2）检查辅助触点：传动灵活，正确。触点表面清洁，无氧化及烧坏，接触良好。

3）检查直流接触器：分合应灵活，无卡涩现象，触点应接触良好、平稳，同期触片的表面应平整，无明显的突出点。

4）检查分合闸线圈：线圈绝缘良好，线圈的直流电阻应符合标准值。应用电压等级为 1000V 的绝缘电阻表，绝缘不得小于 2MΩ，潮湿地区绝缘不得小于 0.5MΩ，分闸铁芯应完好，无阻涩现象，顶杆应为非导磁材料，不变形，端部光滑，断路器处在合闸状态时，轻轻托起分闸铁芯，应无被向上吸起的感觉，放下铁芯，应自由下落为合格。

3. SN10–12 Ⅱ（Ⅲ）型少油断路器及 CD10 操动机构整体调试

（1）燃弧距离的调整。燃弧距离是指弧触指至灭弧室内第一个横吹口的距离，这一距离通过调整灭弧室第一块灭弧片上平面的位置（即 M 尺寸）来保证的，燃弧距离太小，则吹弧压力不够，影响断路器的开断能力；燃弧距离太大，有可能造成喷油或损坏灭弧室。

（2）超行程调整。断路器超行程是指在合闸操作中，断路器动导电杆从动、静刚接触后（刚合点）动触头继续运动的距离，超行程的大小将影响动、静触头间的接触电阻，从而影响断路器的发热。超行程的测量可以采用通灯法来进行，方法如下：将通灯接入被测断路器上下位置，将测量杆有螺纹一端旋入动触头逆止螺钉孔内，然后手动慢合闸，当动、静触头刚好接触时灯亮，此时，用钢直尺量出测量杆上端高度，合闸终止位置，再测出测量杆上端高度（两次测量的基准面必须相同），两次测量高度差即为超行程。

另外，还可以通过测量、调整 H 尺寸的大小来满足超行程的要求。H 尺寸满足要求后，超行程可保证在标准范围内。

（3）导电杆行程（即总行程）的调整。导电杆行程是指断路器动触头从分闸位置至合闸位置所运动的距离。总行程的大小影响着断路器的开断能力。如果行程不符合要求可调整垂直连杆的长度，测量方法是：选一基准面，用深度游标尺分别测出分闸和合闸导电杆的距离，然后计算差值在与标准进行比较。

（4）三相不同期性调整。三相不同期是指断路器合闸时 U、V、W 三相导电杆与静触头接触的先后误差。其测量方法同样可采用通灯法，但应选择其中一相为基准测量。当误差超标准时可调绝缘拉杆的长度。

注意：超行程和三相不同期性调整时应与行程配合进行，在保证行程的基础上完成其他调整。

4. 调试质量标准

（1）SN10–12 系列少油断路器调试质量标准。SN10-12 系列少油断路器调试质量标准见表 ZY1400801001-2。

表 ZY1400801001-2　　　　　SN10–12 系列少油断路器调试质量标准

序号	项目		单位	标准			
				SN10–12 Ⅰ型少油断路器	SN10–12 Ⅱ型少油断路器	SN10–12Ⅲ型少油断路器	
				630A	1000A	1250A	3000A
1	导电杆行程	主筒	mm	145^{+4}_{-3}	155^{+4}_{-3}	157^{+4}_{-3}	
		副筒				—	66^{+4}_{-3}
2	电动合闸位置时导电杆上端距（尺寸 H）	上出线上端面	mm	130 ± 1.5	—	—	
		触头架上端面		—	120 ± 1.5	136^{+1}_{-2}	
		副筒上法兰上端面		—	—	106^{+2}_{-1}	
3	灭弧室上端面距（尺寸 A）	上出线上端面	mm	—	135 ± 0.5	153 ± 0.5	
		绝缘筒上端面		63 ± 0.5	—	—	
4	三相分闸不同期性		ms	不大于 2			
5	副触头比主触头提前分开时间			—			不小于 10
6	最小空气绝缘距离		mm	不小于 100			
7	每相导电回路电阻		μΩ	不大于 100	不大于 60	不大于 40	不大于 17

（2）CD10 操动机构测试质量标准。配 CD10 操动机构测试质量标准见表 ZY1400801001-3。

表 ZY1400801001-3　　　　　　　　　配 CD10 操动机构测试质量标准

项　目	单位	质　量　标　准			
		SN10–12Ⅰ/630 型少油断路器 配 CD10Ⅰ操动机构	SN10–12Ⅱ/1000 型少油断路器 配 CD10Ⅱ操动机构	SN10–12Ⅲ/1250 型少油断路器 配 CD10Ⅱ操动机构	SN10–12（Ⅲ）/3000 型少油断路器 配 CD10Ⅲ操动机构
刚合速度	m/s	不小于 3.5	不小于 4	不小于 4	不小于 4
刚分速度	m/s	3+0.3	3+0.3	3+0.3	3+0.3
合闸滚轮与支架间隙	mm	1.5～2.5	1.5～2.5	1.5～2.5	1.5～2.5
最低分闸电压	V	30%～65%U_N	30%～65%U_N	30%～65%U_N	30%～65%U_N
接触器动作电压	V	30%～65%U_N	30%～65%U_N	30%～65%U_N	30%～65%U_N
接触器返回电压	V	≥15%U_N	≥15%U_N	≥15%U_N	≥15%U_N
合闸线圈电阻	Ω	1.82±0.15	1.82±0.15	1.82±0.15	1.5±0.12
分闸线圈电阻	Ω	88±4.4	88±4.4	88±4.4	88±4.4
合闸闸铁芯行程	mm	75	75	75	75
分闸闸铁芯行程	mm	20～30	20～30	20～30	20～30

七、收尾工作

（1）检修工作结束，应处理引线接触面，涂上适量导电膏，然后恢复引线，并确保接触良好。

（2）对支架、基座、连杆等铁质部件进行除锈防腐处理，对导电部分的适当部分涂以相应的相序标志（黄绿红）。

（3）拆除检修架，整理清扫工作现场，检查接地线。

（4）填写检修报告及有关记录，召开班会总结，整理技术文件资料，并存档保管。

（5）接受现场验收，办理工作票终结手续，检修人员全部撤离工作现场。

【思考与练习】

1. SN10–12Ⅱ（Ⅲ）型少油断路器主要由哪些部分组成？

2. SN10 型少油断路器本体小修项目有哪些？

3. 简述 CD10 操动机构检修步骤。

4. SN10–12Ⅱ（Ⅲ）型少油断路器及 CD10 操动机构整体调试项目有哪些？

模块 2　DW13–35 型多油断路器大修（ZY1400801002）

【模块描述】 本模块包含 DW13–35 型多油断路器检修的作业流程及工艺要求。通过结构分析、图例展示、要点归纳、操作技能训练，掌握 DW13–35 型多油断路器的基本结构、修前准备、危险点预控、作业步骤、工艺要求及质量标准等操作技能。

【正文】

一、DW13–35 型多油断路器的结构

1. 本体结构

多油断路器主要由大支架、油箱、电容套管、分合箱、操动机构和油箱升降机构等组成，其内部结构主要有绝缘部分、导电部分、传导机构、灭弧装置、油箱及测量装等部分组成如图 ZY1400801002-1 和图 ZY1400801002-2 所示。

（1）绝缘部分包括电容套管、变压器油、导向管、绝缘提升杆等。

（2）导电回路包括导电杆、静触头、动触头。

（3）传动机构是使触头作上下直线运动的机械装置。

（4）灭弧装置有横吹灭弧和纵横吹灭弧两种方式。

（5）油箱包括油箱体、油箱盖、注油孔、放油阀、油标、安全阀和电热器等。

（6）测量装置主要有套管式电流互感器。

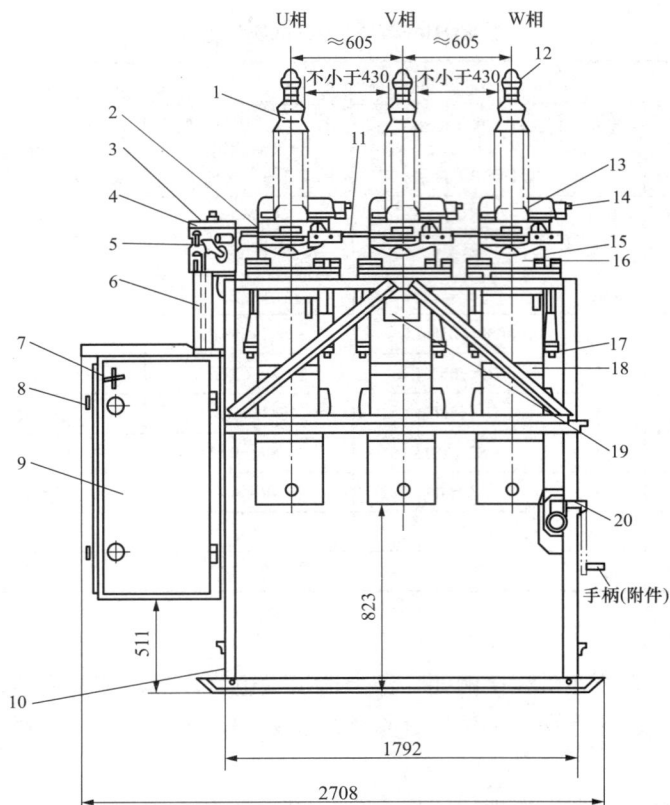

图 ZY1400801002-1 DW13-35 型断路器外形结构

1—电容套管；2—横拉杆；3—管状法兰；4—分合箱；5—分合闸指针；6—竖拉杆；7—手动分闸手柄；8—箱门开闭手轮；

9—CDⅡ-ⅩⅡ操动机构；10—接地螺栓（M16×45）；11—相间拉杆；12—接线夹（附件）；13—铝盖；

14—排气阀及安全阀；15—箱盖螺钉；16—油箱盖；17—大支架；18—油箱；19—铭牌；20—油箱升降机构

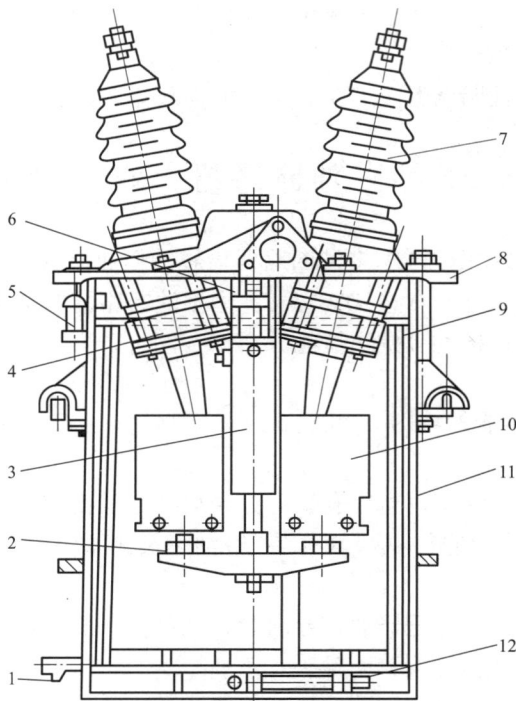

图 ZY1400801002-2 DW13-35 型多油断路器的内部结构

1—放油阀；2—动触头；3—导向管；4—套管式电流互感器；5—油位指示计；6—传动机构；7—电容套管；

8—油箱盖；9—油平面；10—灭弧室；11—油箱；12—电热器

2. 分合箱内部结构

分合箱内部结构如图 ZY1400801002-3 所示。

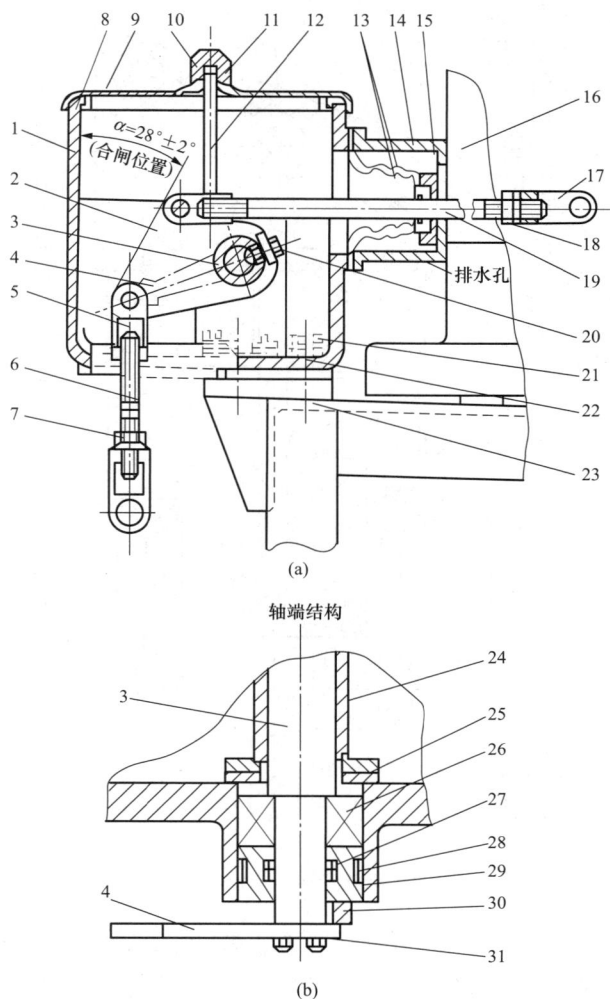

图 ZY1400801002-3　分合箱内部结构

1—分合箱；2—杠杆；3—轴；4—分合闸指针；5—接头；6—竖拉杆；7—锁紧螺母 M16；

8—密封垫；9—盖；10—特制螺母；11—橡皮垫圈；12—双头螺栓；13—橡皮套；

14—管状法兰；15、24、29、30—轴套；16—油箱盖；17—接头；18—锁紧螺母 M20；

19—横拉杆；20—螺栓 M10×20；21—螺栓（M16）；22—通风；23—大支架；

25—垫圈；26—滚动轴承；27、28—密封圈；31—螺钉 M6×1

3. CD11–XⅡ操动机构

CD11–XⅡ操动机构如图 ZY1400801002-4 所示。

二、作业内容

（1）DW13–35 型多油断路器油箱及本体检修。

（2）DW13–35 型多油断路器传动机构的检修。

（3）DW13–35 型多油断路器操动机构检修。

（4）DW13–35 型及 CD11–XⅡ操动机构整体调试。

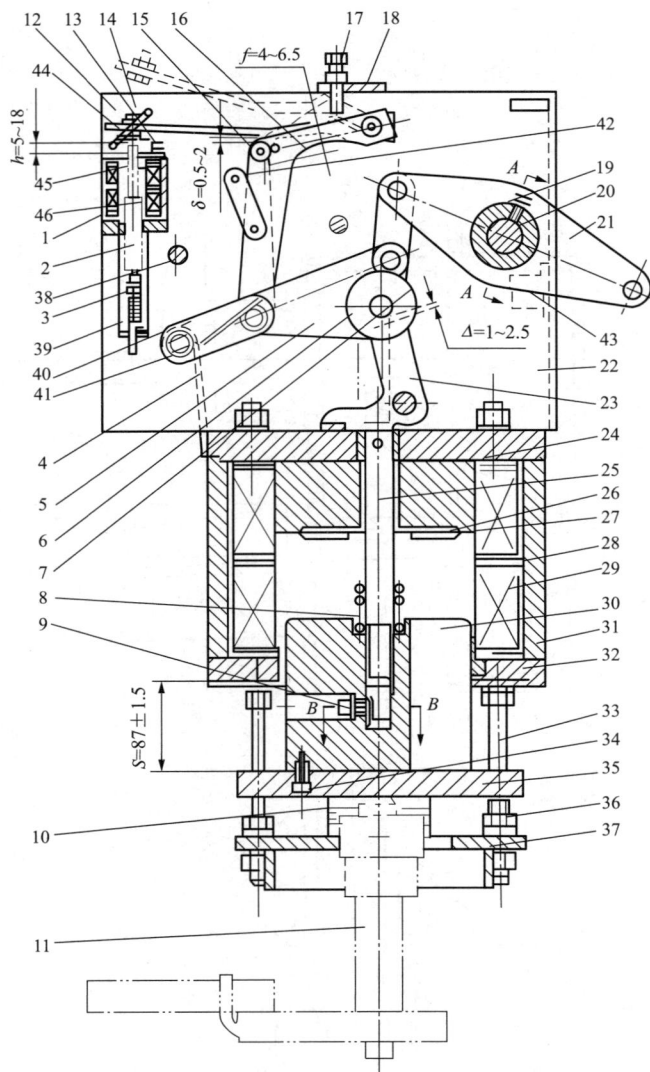

图 ZY1400801002-4　CD11-XⅡ操动机构

1—分闸线圈；2—分闸铁芯；3—螺母 M8；4—复位弹簧；5—三角杠杆；6—合闸滚轮；7—滚轮轴；

8—弹簧；9—特制内六角螺钉（M10 端头）；10—缓冲垫；11—手力升降机构（附件、供调整用）；

12—螺母 M10；13—特制螺栓（Mb）；14—手动分闸杠杆；15—脱扣滚轮；16—脱扣掣子；

17—止位螺栓；18—复位弹簧Ⅱ；19—螺栓（M10×20）；20—机构主轴；21—杠杆；

22—机构大支架；23—托架；24—静铁芯；25—合闸顶杆；26—合闸缓冲垫；

27—铜垫；28—绝缘垫圈；29—合闸线圈；30—合闸铁芯；31—磁轭；

32—下方板；33—螺杆；34—内六角螺钉（M10×25）；35—吸力圆盘；

36—螺母 M20；37—底座；38—限位轴；39—弯板；

40—连板；41、42—轴；43—计数器；44—调节螺钉；

45—分闸顶头；46—非磁性垫片（铜垫）

三、作业中危险点分析及控制措施

作业中危险点分析及控制措施见表 ZY1400801002-1。

表 ZY1400801002-1　　　　　　　作业中危险点分析及控制措施

序号	危险点	控 制 措 施
1	高处坠落及落物伤人	（1）进入作业现场必须正确佩戴安全帽，高处作业按规定系好安全带。 （2）在断路器上搭设梯子要有防滑措施，捆绑牢固。 （3）拆卸套管时要站在专用的检修平台上

续表

序号	危险点	控 制 措 施
2	防止触电伤害	（1）工作前应向每个作业人员交代清楚邻近带电设备并加强监护，不允许单人作业。 （2）现场搬运长物件应两人平放搬运。 （3）不许跨越遮栏，防止误登带电开关。 （4）断开交、直流电源，确保机构无电，电动操作前须经值班人员同意。 （5）搭接施工电源必须两人一起工作，检修电源箱应有明显断开点，且装有漏电保护装置。 （6）电动工具、仪器、仪表使用时，外壳必须可靠接地
3	防止机械伤害	（1）严格执行工机具使用规定，使用前严格检查，不完整的工机具禁止使用。 （2）检修前，机构的安全止钉拧到位，以防止开关快速误动伤人。 （3）操作时相互呼应，快速分合闸时人员离开运动部位

四、检修作业前的准备

1. 检修前的资料准备

（1）检修前应认真查阅设备安装、检修记录、设备运行记录、故障情况记录、缺陷情况记录和红外测温结果。对所查阅的资料进行详细、全面的调查分析，以判定隔离开关的综合状况，为现场具体的检修方案的制定打好基础。

（2）准备好设备使用说明书、记录本、表格、检修报告等。

2. 检修方案的确定

（1）编制作业指导书。

（2）拟订检修方案，确定检修项目，编排工期进度。

3. 备品备件、工器具、材料准备

在开工前必须预先准备检修工器具、材料、备品备件、试验仪器和仪表等，并运至检修现场。仪器仪表、工器具应试验合格，满足本次施工的要求，材料应齐全。

4. 检修环境（场地）的准备

（1）在检修现场四周设一留有通道口的封闭式遮栏，并在周围背向带电设备的遮栏上挂适当数量的"止步，高压危险"标示牌，在通道入口处挂"从此进出"标示牌。

（2）在作业现场指定位置摆放好检修工具、量具、材料、备品备件和测试仪器及垃圾箱。

5. 废旧物处理措施准备

准备废变压器油回收用专用油桶，油桶应能密封和运输。

五、检修作业前的检查

1. 外部检查

（1）检查升降油箱的钢丝绳是否可靠。

（2）检查油箱有无渗漏。

（3）检查油表面位置。

（4）检查电容套管瓷套有无破损及严重脏污。

（5）检查合闸指针的指示位置。

（6）检查通风孔有无堵塞现象。

2. 操动机构和传动装置检查

（1）检查断路器操动机构的控制电源是否可靠断开。

（2）检查机构动作是否正常。

（3）接触器及辅助开关是否良好。

六、DW13–35型多油断路器大修作业步骤及质量标准

1. 断路器油箱及本体检修

（1）拆装步骤。

1）检查断路器机构在分闸位置，电磁机构安全止钉已到位。

2）对断路器放油。打开底座放油阀及灭弧室放油阀，放出绝缘油并观察有无积水。

3）拆引线。拆引线时要防止导电杆转动。

4）检查油箱的升降机构钢丝绳有无断股、锈蚀，用升降器钢丝绳吊住油箱，拧下8个螺栓，摇动升降器将油箱落下，在放油箱时，应防止油位指示计和放油阀与断路器支架卡碰。放下、移出油箱应匀速、平稳进行。

5）分解油位指示计，拧下油位指示计盖，取下玻璃管，用布擦净，修完后装复。

6）取出油箱隔板，并用布将油垢擦净，绝缘隔板采取防潮措施。装复后两隔板的接缝用长木插入塞牢。

7）用合格油将油箱刷洗干净。

8）分解灭弧室、动静触头、横拉杆、提升杆、缓冲器、导向筒、电流互感器、提升机构等油箱内部部件并分别进行检修。

9）油箱内部部件检修完成后按分解时的相反顺序进行组装，组装后要按工艺质量标准逐一调试，并检查有无漏装和漏试项目最后才能调装油箱和注油。

10）套管、机构检修可在油箱解体后分别进行，同时进行绝缘油的处理。

（2）检修工艺和质量标准。

1）升降机构。

① 钢丝绳不应锈蚀断股，在升降器内排列整齐，不互相绞连，不脱出轮外，升降机构动作应灵活、无卡涩，滑轮槽内表面油泥必须除掉，并涂上黄油。

② 清扫升降器的油垢及尘土，可动轴加润滑油，蜗杆、蜗轮应拆开清洗换油。

2）连接引线。

① 导线无抛股，断股，线夹无损坏、接触面导电良好。

② 搭头拆开后，导线必须用铅丝绑扎、固定牢靠。

3）油位计玻璃管。应清晰，管道无堵塞，更换橡皮垫，油位指示计不漏油。油标重装时，油标杆不得装反，有长缺口的一端向下，以免油标失效，油表玻璃管油缺口的一端必须向上。

4）油箱。油箱内清洗洁净、无锈蚀，油箱口密封垫有严重变形及缺损应更换，放油闸门开闭良好，无渗漏。

5）灭弧室检修。

① 灭弧片光滑平整，无碳化颗粒，无裂纹损伤。表面轻微烧伤，可将烧伤和碳化部分用500号砂布处理或用刮刀修整。

② 烧损严重的从上至下，第一灭弧片内孔扩大至$\phi 31\text{mm}$，第二、三灭弧片内孔扩大至$\phi 25.5\text{mm}$或喷口宽度在到31.5mm时，应该予以更换。

③ 灭弧室装妥后，静触头不得再行转动；灭弧室喷口方向应朝向油箱圆弧中部，并处在绝缘筒的长方孔内灭弧室尺寸$d=5\text{mm}\pm 4\text{mm}$。

④ 检查绝缘筒螺纹有无损坏，起层、裂纹受潮等现象。必要时作泄漏试验，绝缘筒施加40kV直流电压，泄漏电流不超过$5\mu A$。

6）静触头检修。

① 调整动触头环状间隙要均匀。调整前要松动电流互感器螺母，对正完毕，再锁紧。

② 主接触面烧损部分的长度小于4mm，否则应更换。

③ 触头弹簧要摆正，不得歪斜、扭曲。

7）动触头检修。

① 铜钨合金头烧损达1/3以上或黄铜座有明显沟痕时更换。

② 导电杆不直度不大于0.3mm，与铜钨头结合良好、光滑无棱角，而且两者外径相等。

8）提升杆、导向管、油缓冲器及横梁的检修。

① 检查提升杆、导向管、油缓冲器、横梁完好、无变形、无裂痕。

　　② 缓冲橡皮垫与周围接触处涂凡士林，也可浇变压器油润滑。

　　③ 提升杆无受潮，主回路不小于 1000MΩ，同相断口间不小于 2500MΩ（2500V 绝缘电阻表）。

　　9）套管的检修。

　　① 绝缘胶无开裂、变质现象。

　　② 套管与断路器顶部接合处严密不漏水。

　　2. 传动机构的检修

　　（1）传动机构箱盖主轴的轴向窜动不应大于 1.2mm，转动要灵活。

　　（2）竖拉杆和横拉杆伸进各接头长度不应小于 19mm。

　　（3）卸下竖拉杆、横拉杆及相间拉杆的轴销。

　　（4）擦净轴销及销孔后涂抹润滑脂重装。

　　（5）相间拉杆铜套内孔的槽应充满润滑脂。

　　3. 操动机构检修

　　本模块以 CD11-XⅡ操动机构为例。

　　（1）各平行杆件无歪斜，轴同心，滚轮及轴套应无损伤。检查各轴销、垫、开口销等齐全。

　　（2）合闸铁芯动作灵活，弹簧无变形、损坏，支架螺栓无松动，合闸铁芯外圆涂抹润滑脂。

　　（3）合闸铁芯行程：80mm±2mm，空行程为 8mm。

　　（4）脱扣板与小滚轮在分闸位置时的间隙为 0.5～2mm 小滚轮扣入深度 4～6.5mm 分闸铁芯动作灵活。

　　（5）辅助开关用毛刷或吸尘器将灰尘、杂物清除。检查触点弹簧性是否良好，触点是否烧伤，辅助开关应转动灵活。

　　（6）合闸接触器衔铁无卡涩，平垫弹簧垫应齐全，端子无松动、脱焊，触点无烧伤。

　　（7）机构箱无变形、无渗漏。箱门关闭严密。

　　（8）二次回路绝缘不小于 2 MΩ，运行中不小于 0.5 MΩ（用 1000V 绝缘电阻表）。

　　4. DW13-35 型油断路器及 CD11-XⅡ操动机构整体调试

　　（1）行程尺寸的测量与调整。

　　1）转动动触头进行调整：分闸时触头开距应达到 200mm±3mm。在同期、超行程调整完毕后，应将锁紧螺钉拧紧。

　　2）测量动触头上端与静触头保护环下端面间的距离。用改变横拉杆长度的办法进行调整。合闸时动触头行程 50mm±5mm。

　　（2）断路器的慢分、慢合操作。

　　1）合分动作应平稳，不得有卡涩、滞留或跳动等不良现象，尤其要注意慢分时动触头的运动状态。

　　2）慢合时，F4 型辅助开关应在合闸铁芯上升到离最高位置 10～20mm 时切换。

　　3）F2 型辅助开关在 F4 型辅助开关切换前要接通，在合闸位置及分闸位置时 F2 型辅助开关要切断。

　　（3）机械特性试验（速度、时间）的测量与调整。

　　1）用 M12 的螺母调整机构内的分闸调压弹簧的压缩量，不小于 132mm。

　　2）在允许的范围内改变超行程（尽量不用）。

　　3）当 65% 的额定分闸电压操作不能脱扣时可增大分闸调速弹簧长度（h），减小分闸铁芯顶杆伸出高度（f）及脱扣掣子的扣合尺寸；当 30% 额定分闸电压造成分闸时，可减小分闸调速弹簧长度（h），增大分闸铁芯顶杆伸出高度（f）。

　　5. 整体调试质量标准

　　DW13-35 型断路器整体调试质量标准见表 ZY1400801002-2。

表 ZY1400801002-2 　　　　　　DW13-35 型断路器整体调试质量标准

项　目			单位	标　准
断路器本体	分闸时触头断开距离		mm	200 ± 3
	动触头超行程		mm	50 ± 5
	同相触头合闸不同期		mm	≤2
	相同合闸不同期		mm	≤4
	合闸位置分合箱内杠杆与箱壁间夹角		(°)	$\alpha=28\pm2$
	合闸铁芯上升到顶点时，滚轮轴与托架最小间隙		mm	$\Delta=1\sim2.5$
	脱扣掣子靠紧止位螺栓时，与运动的脱扣滚轮间最小间隙		mm	$\delta=0.5\sim2$
	分闸顶头伸出高度（分闸电压正常）		mm	$h=5\sim18$
	脱扣掣子扣合尺寸		mm	$f=4\sim6.5$
	吸力圆盘与下方板圆形凹台间距离		mm	$S=87\pm1.5$
	手动分闸装置连接管与机构箱框架端面距离		mm	$t=11\pm2$
	套管法兰与油箱盖端面间距离		mm	≤16
	灭弧室尺寸		mm	5 ± 4
	合闸时，分闸调速弹簧长度		mm	≥132
CD11-XII 操动机构	二次回路	控制回路绝缘电阻	MΩ	≥2
		电动机回路绝缘电阻	MΩ	≥2
机械特性试验	刚合速度（空载无油）		m/s	4.2 ± 0.4
	刚分速度（空载无油）		m/s	3.6 ± 0.5
	合闸时间		s	≤0.35
	固有分闸时间		s	≤0.07
	每相主回路电阻		μΩ	≤160

七、收尾工作

（1）检修工作结束，应处理引线接触面，涂上适量导电膏，然后恢复引线，并确保接触良好。

（2）对支架、基座、连杆等铁质部件进行除锈防腐处理，对导电部分的适当部分涂以相应的相序标志（黄绿红）。

（3）拆除检修架，整理清扫工作现场，检查接地线。

（4）填写检修报告及有关记录，召开班会总结，整理技术文件资料，并存档保管。

（5）接受现场验收，办理工作票终结手续，检修人员全部撤离工作现场。

八、注意事项

（1）电容套管如需要拆下时必须平放。

（2）绝缘油必须经过处理并试验合格才能加装。

（3）动触头和静触头的同心度为调整到位时不允许合闸操作。

（4）处理绝缘油时要做好防火、防污染措施。

（5）未使用的电流互感器二次绕组要进行短接。

【思考与练习】

1. DW 型多油断路器内部结构主要由哪些部分组成？

2. DW 型多油断路器检修前应检查哪些项目？

3. 简述 DW13-35 型多油断路器大修作业步骤。

4. 在 DW13-35 型多油断路器大修过程中，如何对传动机构进行检修？

5. 在 DW13-35 型多油断路器配 CD11-XII 操动机构进行大修过程中，如何进行整体调试？

第二十九章　真空断路器

模块1　35kV 真空断路器的更换安装（ZY1400802001）

【模块描述】 本模块包含真空断路器更换安装的作业流程及工艺要求。通过知识要点的归纳讲解、操作技能训练，掌握真空断路器的基本结构、更换安装前的准备、危险点预控、作业步骤、工艺要求及质量标准等操作技能。

【正文】

本模块以 ZW39–40.5（W）型户外高压真空断路器为例介绍真空断路器的更换安装。

一、ZW39–40.5（W）型真空断路器结构原理

1. 结构及安装尺寸

ZW39–40.5（W）型户外高压交流真空断路器配用 CT10–A 弹簧操动机构，该真空断路器采用支柱式结构，三相装在一个共用的底架上，其外形尺寸如图 ZY1400802001-1 所示。主要由上、下套管组成，真空灭弧室装在上套管内，下套管为支柱，套管内有绝缘拉杆，保证带电部分对地绝缘。三相通过拐臂及相间连杆与居中布置的机构相连。

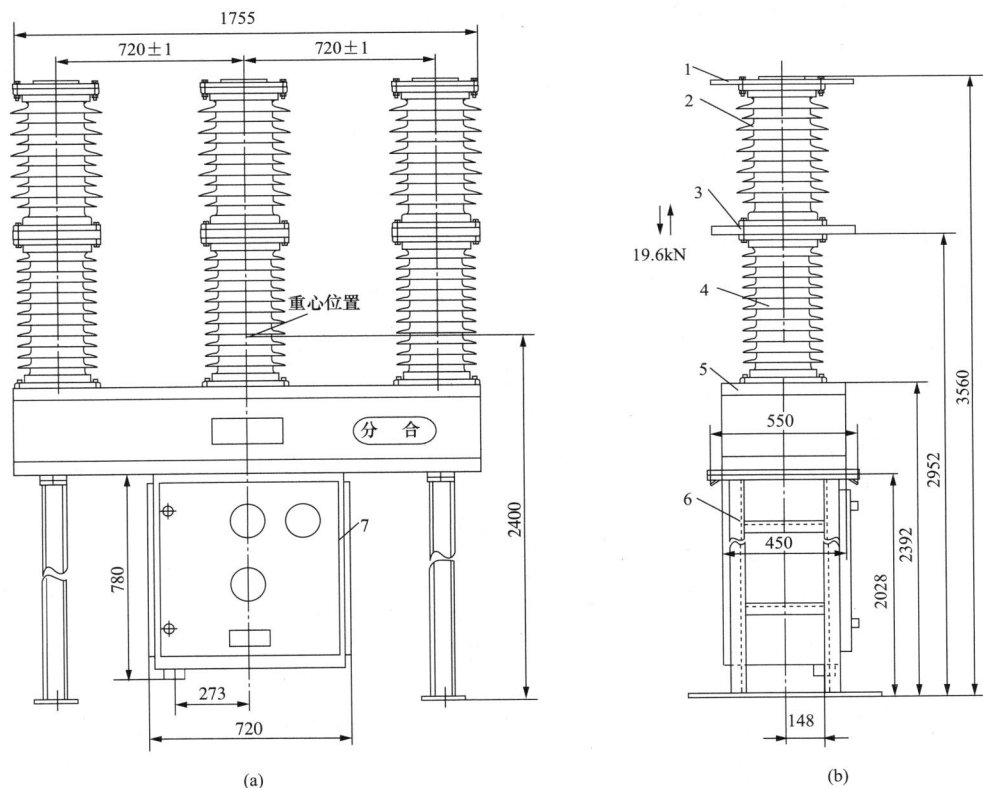

图 ZY1400802001-1　ZW39–40.5（W）型户外高压真空断路器的结构和安装尺寸

（a）三相；（b）单相

1—上出线端子；2—真空灭弧室；3—下出线端子；4—支柱绝缘子；5—基座；6—构支架；7—操动机构

2. 动作原理

当操动机构分、合闸操作时，由传动部分（即拐臂、连杆、触头弹簧装置、绝缘拉杆等）传递给真空灭弧室进行分、合闸操作。

二、作业内容

（1）ZW39—40.5（W）型真空断路器构支架的安装。

（2）ZW39—40.5（W）型真空断路器的整体安装。

（3）ZW39—40.5（W）型真空断路器调整试验。

三、作业中危险点分析及控制措施

作业中危险点分析及控制措施见表 ZY1400802001-1。

表 ZY1400802001-1　　　　作业中危险点分析及控制措施

序号	危险点	控 制 措 施
1	高处坠落及落物伤人	（1）高处作业系好安全带；不得攀登及在瓷柱上绑扎安全带。 （2）使用的检修平台或梯子应坚固完整、安放牢固，使用梯子有人扶持。 （3）传递物件必须使用传递绳，不得上、下抛掷
2	起重伤害	（1）采用吊架拆、装断路器关有专人指挥、吊物下严禁站人。 （2）起重工具使用前认真检查，并进行强度核验，严禁使用不合格的工具。 （3）拆、装设备时必须绑扎牢固，吊物起吊后应系好拉绳，防止摆动碰伤人员
3	触电伤害	（1）搬动梯子等大物体时，需两人放倒搬运，与带电部位保持足够的安全距离。 （2）拆下的引线不得失去原有接地线保护。 （3）接临时电源时，必须有专用刀闸和漏电保护器，由运行人员来接引，从现场动力箱中取电源，严禁在开关动力箱中取临时电源
4	误入、误登带电间隔	（1）工作前向作业人员交代清楚临近带电设备，并加强监护。 （2）工作人员应走指定通道，在遮栏内工作，不得移动和跨越遮栏。 （3）严禁攀登运行设备构架
5	机械伤害	（1）严格执行一般工具的使用规定，使用前严格检查，不完整的工具禁止使用。 （2）调试断路器时专人监护，进行操作时工作人员必须断路器传动部位

四、更换安装作业前的准备

1. 安装前的资料准备

（1）安装前应认真查阅设备安装使用说明书、设备基础制作报告、图纸和设计院设计图纸。对所查阅的资料进行详细、全面的调查分析，为现场具体安装方案的制定打好基础。

（2）准备好设备使用说明书、设计图纸、记录本、表格、安装报告等。图纸及资料应符合现场实际情况。

2. 安装方案的确定

（1）现场勘察。项目总负责人应组织有关人员深入现场，仔细勘察，了解现场设备及基础的实际情况，落实施工设备布置场所，检查安全措施是否完备。

（2）编制作业指导书。

（3）拟订安装方案，确定安装项目，编排工期进度。

3. 备品备件、工器具、材料准备

在开工前必须预先准备安装工器具、材料、备品备件、试验仪器和仪表等，并运至安装现场。

4. 安装环境（场地）的准备

（1）在安装现场四周设一留有通道口的封闭式遮栏，并在周围背向带电设备的遮栏上挂适当数量的"止步，高压危险"标示牌，在通道入口处挂"从此进出"标示牌。

（2）在作业现场指定位置摆放好安装工具、量具、材料、备品备件和测试仪器及垃圾箱。

五、更换安装作业前的开箱检查

产品到达目的地后，应将其放在干燥通风场所，不宜倒置，并尽快进行验收检查。如检查中发现异常情况应及时做好记录、报告并及时与制造厂联系尽快处理更换或补供。

（1）检查厂家提供的安装使用说明书、合格证、出厂试验报告、安装图纸等文件资料齐全。并妥善保管，不得丢失。

（2）检查零部件、附件及备件应齐全。

（3）核对产品铭牌、产品合格证中技术参数是否与订货单相符，装箱单内容是否与实物相符。

（4）打开包装箱后，产品外表面无损伤、瓷套有无破损、胶装处无松动。

（5）检查断路器各紧固件是否牢靠、传动件是否灵活。

（6）填写开箱检查记录和设备验收清单。

六、ZW39–40.5（W）型真空断路器更换安装作业步骤及质量标准

更换安装前应将旧断路器全部拆除，并已完成了基础浇注施工。真空断路器出厂时其技术参数已调至最佳工作状态，整体安装时不得随意调整和分解断路器与机构的任何零部件。

1. 构支架的安装

安装 ZW39–40.5（W）型真空断路器固定用的构支架应符合如图 ZY1400802001-2 中设计要求，其主要检查项目为：

（1）基础的中心距离及高度的误差符合设计要求。

（2）预留孔或预埋铁板中心线的误差符合设计要求。

（3）预埋螺栓中心线的误差符合设计要求。

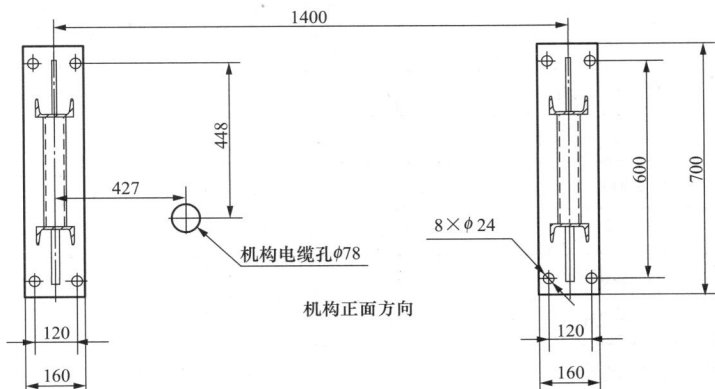

图 ZY1400802001-2 ZW39–40.5（W）型真空断路器固定用的构支架安装图

2. 真空断路器的整体安装

（1）整体安装应按产品的技术规定和重量选用吊装器具、吊点及吊装程序。吊装时应注意：

1）使用吊车必须有安全检验合格证，特殊工种人员证件齐全，持证上岗。

2）吊车位置选择要适当，活动范围与带电部分保持在安全距离（不同电压等级不同）以上，工作前负责人会同吊车司机应到工作现场进行勘查，确定吊车的最佳站位和走向。

3）吊车的使用由专人负责指挥，起重臂下严禁站人。

4）起吊物件应绑扎牢固，保证起吊点在物件的重心垂线上。

（2）其他部件安装工艺要求如下：

1）按制造厂的部件编号和规定进行组装，不可混装。

2）所有部件的安装位置正确，并按制造厂规定要求保持其应有的水平或垂直误差。

3）设备接线端子的接触面应平整、清洁、无氧化膜（用 120 号纱布去除，并用高级手纸擦净表面），并涂以电力复合脂；镀银部分不得搓磨、折损、表面凹陷及锈蚀。

4）传动机构箱盖主轴的轴向窜动不应大于 1.2mm，转动要灵活。

5）竖拉杆和横拉杆伸进各接头长度不应小于 19mm。

6）相间拉杆铜套内孔的槽应充满润滑脂。

7）各平行杆件无歪斜，轴同心，滚轮及轴套应无损伤。

8）检查各轴销、垫、开口销等齐全。

3. 调整试验

ZW39–40.5 型户外高压真空断路器调试标准见表 ZY1400802001-2。

表 ZY1400802001-2 ZW39-40.5 型户外高压真空断路器调试标准

项 目		单位	标准值
储能电动机和机构	储能电动机在 85% 和 110% 额定电压下操作		可靠储能
	合闸半轴与合闸掣子的扣接量调整	mm	1.8～2.5
	分闸半轴和扇形板的扣接量	mm	1.8～2.5
	保证在分闸已储能情况下扇形板 2 与分闸半轴 3 间的间隙	mm	1.5～3
机械操作试验	合闸线圈在 85% 和 110% 额定电压下操作		可靠合闸
	分闸线圈在 65% 和 120% 额定电压下操作		可靠分闸
	过流脱扣器（若安装）在 90%～110% 额定电流分闸操作		可靠分闸
	分闸线圈在 30% 额定电压下操作		不能分闸
	额定电压下操作"分—0.3s—合分"各 10 次		动作正常
特性试验	触头开距	mm	25_{-2}^{0}
	触头超程		6±1
	触头合闸弹跳时间	ms	≤3
	三相合分闸不同期性		≤2
	合闸时间		≤120±10
	分闸时间		≤50±10
	平均合闸速度	m/s	0.8±0.2
	平均分闸速度		2.0±0.3
回路电阻测量	回路电阻测量	μΩ	≤50（无 TA）
绝缘试验	断路器断口间施加工频电压 92kV/min		无闪络击穿
	断路器相间、对地施加工频电压 92kV/min		无闪络击穿

4. 验收检查

（1）检查真空断路器各紧固件是否牢靠、传动件是否灵活、外表清洁完整。

（2）检查储能电动机应在规定时间内范围可靠储能。

（3）检查机构机械操作（10 次）应动作可靠，分、合闸指示正确，辅助开关动作应准确可靠，触点无电弧烧损。

（4）检查电气连接应可靠且接触良好。

（5）检查绝缘部件、瓷件应完整无损。

（6）检查油漆应完整、相色标志正确，接地良好。

（7）电气试验符合要求。

七、收尾工作

1. 收尾工作

（1）本体和机构安装工作结束后，应连接引线。引线连接应紧密，组装时螺钉连接牢固、可靠，导电接触面涂电力脂，螺孔内注入中性凡士林，确保接触良好。

（2）对支架、基座、连杆等铁质部件进行除锈防腐处理，对导电适当部分涂以相应的相序标志（黄、绿、红）。

（3）拆除安装架，清点工器具，整理清扫工作现场，检查接地线。

（4）安装人员全部撤离工作现场，并接受现场验收，办理工作票终结手续。

（5）提交安装的技术文件资料，并存档保管。

2．在验收时应提交的资料文件

（1）工程竣工图。

（2）变更设计的证明文件。

（3）制造厂提供的产品说明书、合格证件、设备出厂试验报告、厂家图纸等技术文件。

（4）根据合同提供的备品备件清单。

（5）施工记录、安装报告。

【思考与练习】

1．ZW39–40.5（W）型户外高压交流真空断路器主要由哪些部分组成？

2．ZW39–40.5（W）型户外高压交流真空断路器安装作业前开箱检查的内容是什么？

3．简述 ZW39–40.5（W）型真空断路器安装作业步骤。

4．真空断路器更换后验收检查项目是什么？

模块 2　35kV 真空断路器及操动机构检修（ZY1400802002）

【模块描述】本模块包含真空断路器及操动机构检修的作业流程及工艺要求。通过结构分析、知识要点的归纳讲解、操作技能训练，掌握真空断路器及操动机构的基本结构、修前准备、危险点预控、作业步骤、工艺要求及质量标准等操作技能。

【正文】

本模块以户内 ZN65A–12T/4000 型真空断路器为例介绍真空断路器的检修工艺流程。

一、ZN65A–12T/4000 型真空断路器结构原理

1．ZN65A–12T/4000 型真空断路器结构

ZN65A–12T/4000 型真空断路器的操动机构与本体安装在同一骨架上，如图 ZY1400802002-1 所示，主要由真空灭弧室、操动机构及绝缘支撑部分等组成。ZN65A–12T/4000 型真空断路器采用弹簧操动机构，如图 ZY1400802002-2 所示，弹簧操动机构主要由储能电动机、锁定机构、分闸弹簧、开关主轴、缓冲器及控制装置等组成。

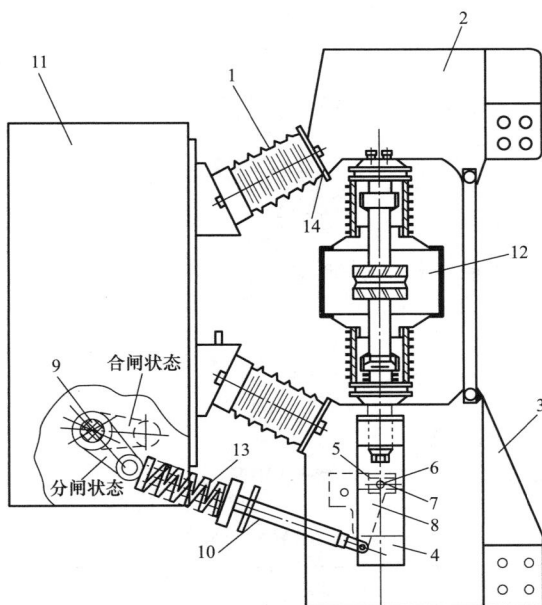

图 ZY1400802002-1　ZN65A–12/T4000 型户内高压真空断路器结构图

1—绝缘子；2—上出线端；3—下出线端；4—软连接；5—导电夹；6—万向杆端轴承；7—轴销；8—杠杆；

9—主轴；10—绝缘拉杆；11—机构箱；12—真空灭弧室；13—触头弹簧；14—均匀环

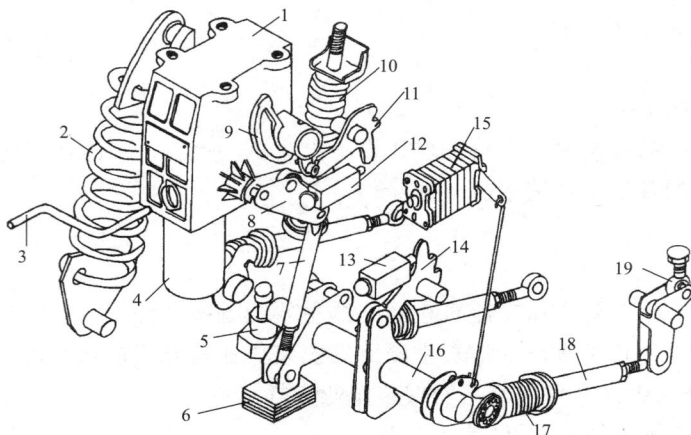

图 ZY1400802002-2 操动机构结构原理图

1—减速箱；2—合闸弹簧；3—手动摇把；4—电动机；5—油缓冲器；6—橡皮缓冲器；7—连杆；8—杠杆；

9—凸轮；10—分闸弹簧；11—合闸掣子；12—合闸电磁铁；13—分闸电磁铁；14—分闸掣子；

15—辅助开关；16—主轴；17—触头弹簧；18—绝缘拉杆；19—万向杆端轴承

2. 动作原理

（1）储能。电动储能：接通电动机电源，轴套由减速箱中的大蜗轮带动使其转动，轴套上安装着棘爪迅速进入凸轮上的缺口，这时，带动储能轴转动，合闸弹簧被拉起而储上能；手动储能：将手摇把插入减速箱前方孔中，顺时针摇转，棘爪进入了凸轮缺口带动储能轴转动进行合闸储能。储能完毕应卸下手把。

（2）合闸。接通合闸电磁铁电源或用手按压合闸钮（黑色）。合闸掣子被解脱，储能轴在合闸弹簧力的作用下逆时针转动，这时，凸轮压在三角杆上的滚针轴承上，杠杆上的连杆将力传给开关主轴，导电杆向上运动，主轴转约 60° 时被分闸掣子锁住，开关合闸。在合闸的同时，分闸弹簧被储上能，绝缘拉杆上安装的触头弹簧被压缩。给触头施加了一个压力。"合闸指示"显示在面板孔中。

（3）分闸。接通分闸电磁铁电源或用手按压分闸按钮（红色），分闸掣子解脱，主轴在分闸弹簧和触头弹簧力的作用下逆时针旋转，断路器处于分闸状态，"分闸指示"显示在面板孔中。断路器在合闸后，电动机立即给合闸弹簧储能，也可用手动再储能。

二、作业内容

（1）真空断路器的检修。

（2）ZN65A–12T/4000 型真空断路器操动机构的检修。

1）机构元器件检查。

2）减速箱检修。

3）储能电动机检修。

（3）ZN65A–12T/4000 型真空断路器整体调试。

1）触头开距调试。

2）超行程调试。

3）触头开距、超行程测试。

三、作业中危险点分析及控制措施

作业中危险点分析及控制措施见表 ZY1400802002-1。

表 ZY1400802002-1　　　　　　　　作业中危险点分析及控制措施

序号	危险点	控 制 措 施
1	防止触电伤害	（1）断路器两侧装设接地线位置适当，不得随意移动或拆下接地线。 （2）在断路器两侧隔离断路器开口处加装绝缘罩或绝缘隔板，检查接地线是否牢固、可靠，并加强监护。 （3）进入断路器间隔处的检修人员不得触动隔离断路器连杆。 （4）将其他运行中的设备门锁死并在相邻间隔挂"止步，高压危险"标示牌，在检修间隔挂"在此工作"标示牌。

续表

序号	危险点	控 制 措 施
1	防止触电伤害	（5）使用电气工具，其外壳要可靠接地；施工电源线绝缘良好，按规定串接漏电保护装置。 （6）对于施工电源、直流操作、合闸电源应有防止触电的措施
2	防止机械伤害	（1）事前把所有储能部件能量释放掉。 （2）进行参数测试调整时，严禁将手、脚踩放在断路器的传动部分和框架上。 （3）在进行机械调整时，将控制、保护回路电源断开
3	碰伤头和面部	（1）工作中必须戴安全帽。 （2）工作负责人（监护人）随时提醒作业人员可能碰到的部位

四、检修作业前的准备

1．检修前的资料准备

（1）检修前应认真查阅设备安装记录、检修记录、设备运行记录、故障记录、缺陷记录和红外测温结果。对所查阅的资料进行详细、全面的调查分析，以判定隔离开关的综合状况，为现场具体的检修方案的制定打好基础。

（2）准备好设备使用说明书、记录本、表格、检修报告等。

2．检修方案的确定

（1）编制作业指导书。

（2）拟订检修方案，确定检修项目，编排工期进度。

3．备品备件、工器具、材料准备

在开工前必须预先准备检修工器具、材料、备品备件、试验仪器和仪表等，并运至检修现场。仪器仪表、工器具应试验合格，满足本次施工的要求，材料应齐全。

4．检修环境（场地）的准备

（1）在检修现场四周设一留有通道口的封闭式遮栏，并在周围背向带电设备的遮栏上挂适当数量的"止步，高压危险"标示牌，在通道入口处挂"从此进出"标示牌。

（2）在作业现场指定位置摆放好检修工具、量具、材料、备品备件和测试仪器及垃圾箱。

五、检修作业前的检查和试验

1．外部检查项目

（1）核实分合闸指示器和储能指示是否正确。

（2）检查有无部件损伤、碎片脱落、裂纹、放电痕迹。

（3）检查导电回路和接线端子有无过热变色，连接是否可靠。

（4）检查绝缘外壳和支持绝缘子有无破损。

（5）检查各元件是否固定牢靠，有无锈蚀现象。

2．修前的试验

（1）测量触头开距、超行程。

（2）测量各相导电回路电阻。

（3）断路机械特性测试。

（4）断路器的低电压动作试验。

六、真空断路器的检修作业步骤及质量标准

对真空断路器进行检修时，应采用手动合分断路器一次确保开关在分闸位置未储能，同时还必须断开真空断路器的主回路和控制回路，并将主回路接地。

1．真空断路器的检修

（1）真空灭弧室的更换。

1）拆除真空灭弧室传动拐臂后，取掉防尘圆盖。

2）先拆下绝缘支杆，然后拧下上出线端与灭弧室连接的4个螺栓，同时拧下绝缘子压板与上出线连接的螺母，然后卸下上出线。拆上出线端示意图如图ZY1400802002-3所示。

3）拆下绝缘拉杆与拐臂连接的轴销，拧下软连接与下出线端、导电夹连接的螺栓，再将固定板拆下。然后，将灭弧室下的万向杆端轴承与拐臂连接的带槽销卸下，将定位板的 4 个螺栓松开，最后，双握住灭弧室往上提即可卸下，如图 ZY1400802002-4 所示。

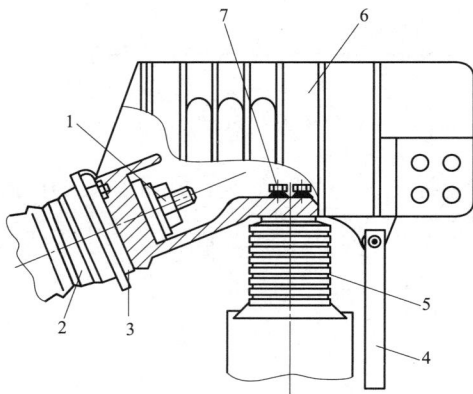

图 ZY1400802002-3　拆上出线端示意图

1—螺母；2—绝缘子；3—绝缘子压板；

4—绝缘支杆；5—灭弧室；6—上出线端；

7—螺栓

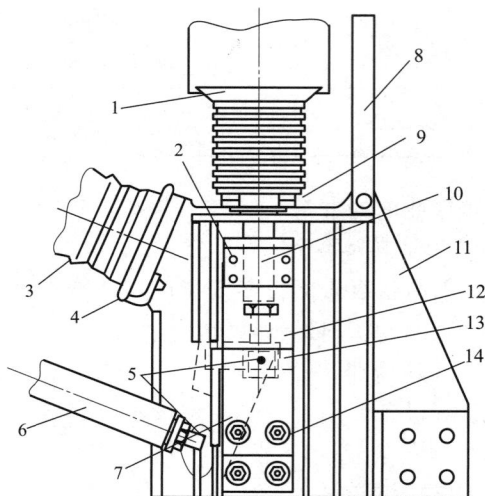

图 ZY1400802002-4　拆真空灭弧室示意图

1—灭弧室；2、14—螺栓；3—绝缘子；4—均压环；5—带槽销；6—绝缘拉杆；

7—拐臂；8—绝缘支杆；9—定位板；10—导电板；11—下出线座；

12—软连接；13—固定板

4）更换新灭弧室的导电杆应采用钢丝刷出金属光泽后涂上工业凡士林油。

5）双手握紧新灭弧室装入固定板及导电夹的孔中。

6）装上上出线端，注意三相垂直及水平位置不超过 1 mm，拧紧螺钉及螺母。

7）装上轴销。

8）拧紧固定板及导电夹螺钉。

9）装上两侧软连接。

2. 操动机构的检修

（1）机构元器件检查。

1）检查各弹簧销、定位销有无断裂脱落，连接螺栓及紧固件无松动，分合闸电磁铁外观良好，手推分、合电磁铁芯无卡滞、异常现象。

2）检查合闸、分闸弹簧定位螺钉应紧固。

3）检查油缓冲器、橡皮缓冲器应完好。

4）检查凸轮、主轴转动灵活，无卡滞。

5）检查辅助开关和微动开关接线端子连接牢固、可靠，辅助开关切换灵活、接触良好。

6）检查储能机构应完好。

7）检查合闸、分闸掣子无磨损变形、动作可靠。

（2）减速箱检修。

1）手动摇把是否灵活。

2）蜗轮、蜗轮杆、蜗杆、轴套、主轴、键槽及平键完好，无变形，无锈蚀。

3）轴承及配合表面完好、转动灵活、动作平稳、无卡涩。

4）轴向窜动量不大于 0.5mm。

5）机构箱体无锈蚀，密封良好。

6）壳体及端盖无变形，无裂纹，各部无损伤。

（3）储能电动机检修。电动机一般情况下不需要解体检修，只是进行检查。

1）零部件完好、清洁。

2）连接、固定螺栓、螺钉紧固良好。

3）传动系统动作灵活，蜗杆及中间轴轴向窜动量不大于 0.5mm。

4）二次接线正确，接线端子牢固。

5）旋转方向与切换位置对应。

6）电动机电源线相序正确。

7）密封良好。

8）电动机的绝缘电阻大于 2MΩ（用 1000V 绝缘电阻表）。

3. 整体调试

（1）触头开距。

1）导电杆的总行程一般通过调节分闸限位螺钉的高度来达到规定值。

2）触头开距及调整。开距太小会引起开断能力和耐压水平的下降，开距太大则会引起开断能力的下降。对于额定电压 10kV 的真空断路器触头开距一般选择 9～15mm，35kV 真空断路器触头开距一般选择 20～35mm。

（2）超行程。真空断路器的超行程通常取触头开距的 15%～40%左右。触头开距加上超行程即是操动机构的总行程。超行程一般是通过调节绝缘拉杆连接头与灭弧室动导电杆的连接螺纹来达到要求的。调整时，用专用扳手操作断路器，拔出绝缘子端上的金属销，通过旋转与灭弧室动导电杆连接头来调整。

（3）触头开距、超行程测试。用游标卡尺分别测出合闸和分闸的 X、L 数据，如图 ZY1400802002-5 所示。

1）$X_合 - X_分$=触头开距。

2）$L_合 - L_分$=超行程。

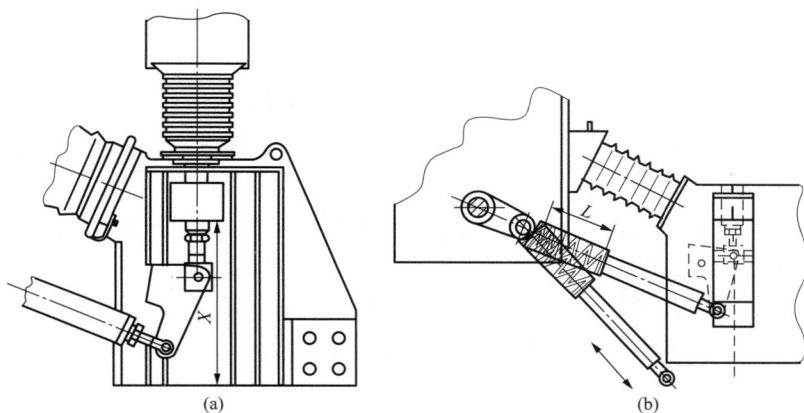

图 ZY1400802002-5　触头开距、超行程测试

（a）X 测量图；（b）L 测量图

4. 验收检查

（1）回路电阻。用回路电阻测试仪或用电压降法测量。采用电压降法测量时通过被测相上下出线端主回路中不应小于 100A 的直流电流，测量该相断路器上下出线端之间电压降，通过换算得出该项回路电阻值。测量时应注意不应使回路通电时间太长，否则会影响测量值的准确性。要特别提示的是：用电桥法测量的回路电阻值通常是不准确的。大修后的标准应符合制造厂规定。

（2）分、合闸速度和三相触头同期性。

1）分、合闸速度用分闸弹簧来调整。分闸弹簧力大，分闸速度快，而合闸速度相应变慢；分闸弹簧力小，分闸速度减慢，而合闸速度相应加快。

2）三相不同期性的调整。真空断路器三相分、合闸同期性最大误差不应超过 2ms，触头超行程和相间不同期性应同时调整。调节水平拉杆或垂直导杆的长度，可使触头超行程和三相不同期性达到标准尺寸，调节时要保证水平拉杆或垂直导杆螺纹部分旋入螺母的深度不小于 15mm。

3）分、合闸速度和三相触头同期性的测量。

接触行程和触头开距调好以后，还要测量三相分合闸时间、同期性和弹跳等机械性能，并满足表 ZY1400802002-2 的质量标准。如不能满足，则应分别调整压缩行程和开距，使之满足要求。

表 ZY1400802002-2　　　ZN65A-12 真空断路器测量质量标准

序号	项　目	单位	标　准
1	触头开距	mm	11±1
2	超行程		4±1
3	相间中心距离		275±1.5
4	触头合闸弹跳时间	ms	≤4
5	三相分合闸不同期性		≤2
6	分闸时间		50±10
7	合闸时间		50±10
8	平均分闸速度	m/s	1.0～1.4，1.0～1.8 （40kA）
9	平均合闸速度		0.5～1.0，0.7～1.2 （40kA）
10	每相回路电阻	μΩ	≤40
11	合闸线圈在 85%和 110%额定电压下操作		可靠合闸
12	分闸线圈在 65%和 120%额定电压下操作		可靠分闸
13	过流脱扣器（若安装）在 90%～110%额定电流分闸操作		可靠分闸
14	额定电压下操作"分—0.3s—合分"		可靠动作
15	断路器断口间施加工频电压 42kV/min		无闪络击穿
16	断路器相间、对地施加工频电压 42kV/min		无闪络击穿

（3）绝缘检测。真空断路器的整体绝缘电阻应参照制造厂的规定，符合产品说明书要求。二次回路绝缘电阻应≥2MΩ（采用 1000V 绝缘电阻表）。

（4）分、合闸低电压值的测试。检修后进行低电压值测试，其测试标准为：在电压≥65%额定电压时，应能可靠分合闸，<30%额定电压值时应不能动作。

七、收尾工作

（1）检修工作结束，应处理引线接触面，涂上适量导电膏，然后恢复引线，并确保接触良好。

（2）对支架、基座、连杆等铁质部件进行除锈防腐处理，对导电部分的适当部分涂以相应的相序标志（黄绿红）。

（3）拆除检修架，整理清扫工作现场，检查接地线。

（4）填写检修报告及有关记录，召开班会总结，整理技术文件资料，并存档保管。

（5）接受现场验收，办理工作票终结手续，检修人员全部撤离工作现场。

【思考与练习】

1. ZN65A-12T/4000 型真空断路器主要由哪些部分组成？

2. 如何更换真空灭弧室？

3. 简述 ZN65A-12T/4000 型真空断路器操动机构的检修步骤。

4. 怎样测量真空断路器的触头开距和超行程？

5. 如何调整真空断路器的三相不同期性？

模块 3 真空断路器的常见故障处理 (ZY1400802003)

【模块描述】本模块介绍真空断路器常见故障的处理。通过要点归纳、典型案例列举，掌握真空断路器常见故障的类型、现象，产生的原因及常见故障的处理方法。

【正文】

一、真空断路器常见故障类型

真空断路器的常见故障主要有真空断路器本体故障和操动机构故障。真空断路器本体故障率是比较低的，故障产生时会影响真空断路器开断过电流的能力，并导致断路器的使用寿命急剧下降，严重时会引起开关爆炸。而真空断路器本身没有定性、定量监测真空度特性的装置，所以真空度降低故障为隐性故障，其危险程度远远大于显性故障。

1. 真空断路器本体故障

（1）真空灭弧室真空度降低。

（2）回路电阻超标。

（3）本体绝缘降低。

2. 操动机构故障

（1）二次回路电气故障。

（2）储能电动机、分闸线圈、合闸线圈和行程开关等机械元件故障。

二、真空断路器常见故障原因分析

1. 真空度降低的原因

（1）真空灭弧室的材质或制作工艺存在问题，真空灭弧室本身存在微小漏点。

（2）真空灭弧室内波纹管的材质或制作工艺存在问题，多次操作后出现漏点。

2. 回路电阻超标的原因

（1）真空断路器触头烧损。

（2）导电回路接触不良。

三、真空断路器故障查找前的检查、试验和故障处理要求

1. 故障查找前的检查

（1）绝缘部件表面，检查有无裂纹、明显划痕、闪络痕迹等现象，绝缘子固定螺钉有无松动。

（2）检查引线有无发热现象，连接螺栓有无松动。

（3）检查断路器外观有无异常外观。

（4）检查操动机构应完好、无明显机械元件变形和线圈烧坏等。

2. 故障查找前的试验

（1）测量真空灭弧室的真空度。当真空灭弧室有下列情况之一时应予以更换。

1）真空度明显下降或工频耐压试验不合格。

2）灭弧室的机械寿命已达到规定值。

3）动静触头的磨损已达到规定值。

4）灭弧室受到损伤已不能正常工作。

（2）测量回路电阻。回路电阻应符合制造厂规定值，回路电阻超标时，首先检查断路器上、下接线端子、软连接和导电夹等真空灭弧室触头外围连接部件是否接触紧密、可靠，必要时可拆下清扫、打磨后，按工艺要求重新装配。如果不是触头外围连接部件问题则只能更换真空灭弧室。

（3）绝缘电阻测量。测量主回路对地、断口及相间的绝缘电阻，其阻值应符合制造厂的规定；测量辅助回路的绝缘电阻，其阻值不应小于 $2M\Omega$。当绝缘降低时可先清洁绝缘子、绝缘提升杆及灭弧室表面、检查有无裂纹。必要时进行干燥和更换处理。

3. 故障处理要求

（1）必须正确的判断故障位置后才能进行处理，不可盲目的乱拆乱动。

（2）不允许将真空断路器当做踏脚平台，也不许把东西放在真空断路器上面。

（3）不许用湿手、脏手触摸真空断路器。

（4）更换故障部件时应先做好标记，防止更换位置和接线错误。

（5）使用表计和仪器检查时，要注意检查开关的状态，并熟悉仪器仪表的使用的功能。

（6）故障处理工作结束后，一定要查清理有没有遗忘使用过的工具和器材。

四、ZN28-12 型真空断路器的故障现象、原因及处理方法

本模块以 ZN28-12 型真空断路器为例，其故障现象、原因及处理方法见表 ZY1400802003-1。

表 ZY1400802003-1　　　ZN28-12 型真空断路器的故障现象、原因及处理方法

项目	故障现象	故障原因	故障处理方法
断路器本体部分	真空度降低，导电回路增大	测试检查不合格	更换真空灭弧室
	同期及接触行程合格，三相开距不合格	调整垫片厚度不当	增减垫片片数，使之合格
	同期不合格	绝缘拉杆调整不当	调整绝缘拉杆长度使之合格同时应考虑接触行程
	接触行程及开距不合格	传动拉杆调整不当	调整传动拉杆长度
电磁机构	电动合闸跳跃	（1）掣子卡滞。 （2）掣子与环间隙达不到 2mm±0.5mm 要求。 （3）合闸辅助触点断开过早	（1）检查掣子转轴润滑及其复位弹簧情况。 （2）卸下底座，取下铁芯，调整铁芯顶杆高度。 （3）调整辅助开关拉杆长度使辅助开关触点在断路器动、静触头闭合后断开
	分闸速度合格合闸速度低	合闸母线电压低导线压降大使合闸线圈端电压低	调整母线电压或增大导线线径
	分闸速度合格合闸速度低	传动系统卡滞	转动摩擦部位涂润滑油
	合闸速度合格分闸速度低	分闸拉力小	调整分闸弹簧长度
弹簧机构	拒合、拒分	分、合闸半轴与扣板扣接量过大	调节分合闸半轴上各自调节螺钉使扣接量在 1.8～2.5mm 之间
	分合闸不可靠	分、合闸半轴与扣板扣接量过大	
	分闸速度合格合闸速度低	合闸弹簧拉力小	调整合闸弹簧拉长度
	分闸速度低	分闸拉力小	调整分闸弹簧长度

五、真空断路器故障处理案例

某 220kV 变电站在更换了十多台 ZN48A-40.5 型真空断路器后，初期情况运行良好，几个月后相继出现了 3 次拒合现象，并同时烧毁断路器 2 根合闸线。于是该供电公司组织有关专业技术人员和厂家对断路器拒动进行了认真分析，查找原因，制定出相应的技术处理措施。

1. 故障分析

（1）设备基本情况。ZN48A-40.5 型真空断路器为手车式，配用中间封接式纵磁场真空灭弧室和弹簧操动机构，但该机构多了一个在操作断路器小车时必须按下的紧急分闸连锁板，操动机构和真空灭弧室采用前后布置，通过杠杆机构及绝缘拉杆与真空灭弧室导电杆连接，带动真空灭弧室动触头分合运动。该类型断路器具有维护简单、绝缘性能好、适用频繁操作等优点。

（2）初步分析。机构拒合是断路器常见故障之一，不同型号的断路器拒合的原因各有不同。拒合故障有可能是电气控制部分，也有可能是机械元件部分。但大多数电气部分故障除继电保护装置和接线端子松动外，在多数情况下也是由于机械传动部分不到位而引起的。

经过对电气控制部分的检查分析，发现断路器拒合的原因可能是操动机构的紧急分闸连锁板的 V 形槽倒角太小，导致分闸锁扣拉杆的滚轮不能完全下降至 V 形槽内，如图 ZY1400802003-1 所示。

2. 故障处理

（1）连锁板的 V 形槽倒角处理。根据以上故障判断，对紧急分闸连锁板的 V 形槽倒角进行了锯割、打磨处理，使分闸锁扣拉杆的滚轮能可靠、完全地下降至 V 形槽内，确保机构动作灵活、可靠。将改后连锁板就位并进行断路器机械特性试验，断路器多次分合后，仍然存在拒合现象。由此可知紧急分闸连锁板的 V 形槽倒角太小并不是造成断路器拒合的主要原因。

（2）深入分析。经过对设计图纸、使用说明书和分闸连锁板的反复多次试验，发现拒合的真正原因是分闸连锁板的材料强度不够，对断路器多次操作之后，分闸连锁板发生了弯曲变形，最终导致分闸锁扣拉杆的滚轮不能完全下降至 V 形槽内，如图 ZY1400802003-2 所示。

图 ZY1400802003-1　紧急分闸连锁板

1—V 形槽倒角太小区

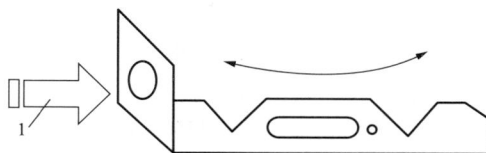

图 ZY1400802003-2　分闸连锁板变形示意图

1—操作力

（3）连锁板强度处理。原紧急分闸连锁板的材料太薄，将原材料加厚并在 90° 拐角处加焊一块加强小钢板，防止连锁板再次弯曲变形。

经过 V 形槽略微加大，连锁板材料加厚和焊接加强小钢板的技术改进措施后，彻底消除了分闸连锁板材料强度不够而引起的分闸锁扣拉杆的滚轮不能完全下降至 V 形槽内的现象。

为了防范故障再次出现，对改进后的断路器进行了多次电气特性和机械特性试验，并反复论证及操作试验，断路器已完全恢复正常状态。投运至今，没有再出现断路器拒合现象。

从以上故障处理案例可以看到故障处理不能只处理表面现象，治标不治本，真空断路器的故障有时也和设计有关，出现故障时应深入分析。选择新设备时尽量防范产品的设计缺陷，并对新设备同样应加强运行维护。

【思考与练习】

1. 真空度降低的主要原因有哪些？

2. 真空断路器故障查找前的试验项目有哪些？

3. 真空断路器电磁操动机构电动合闸发生跳跃故障，如何进行处理？

4. 真空断路器弹簧操动机构发生拒分、拒合故障，如何进行处理？

模块 3

ZY1400802003

第三十章 SF₆ 断 路 器

模块 1　SF₆ 气体回收、处理（ZY1400803001）

【模块描述】本模块包含 SF₆ 气体回收、处理和充装的全项内容。通过要点归纳、图例展示，掌握 SF₆ 气体回收、处理、存放、抽真空、氮洗、充装等的基本操作技能及作业注意事项。

【正文】

一、SF₆ 气体回收、处理和存放

充装于电气设备中的 SF₆ 气体，其质量能否达到标准要求，对 SF₆ 电气设备能否达到应有的使用性能和要求至关重要。SF₆ 气体的运输和储存是以高压力的状态充装在压力容器中的，使用过的 SF₆ 气体中又可能含有多种杂质和毒气以及毒性固态分解物。因此，对 SF₆ 气体的回收、处理、存放、充装的要求都是比较严格的，必须按照有关标准和规定严格执行。

1. SF₆ 气体的回收

（1）SF₆ 气体回收装置。使用专门设备对电气设备中的 SF₆ 气体进行收取，以液态形式储存到储气罐或钢瓶中，称之为 SF₆ 气体的回收。这种专门的设备称为回收装置，如图 ZY1400803001-1 所示，为某厂家生产的 SF₆ 气体回收装置。

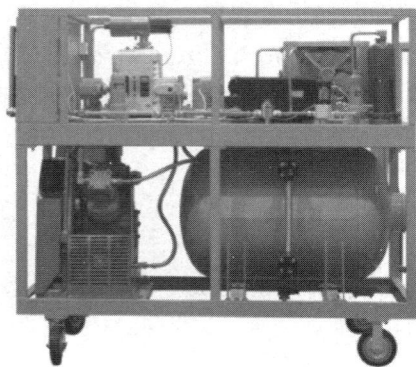

图 ZY1400803001-1　SF₆ 气体回收装置

SF₆ 气体回收装置主要由气路系统、储气罐、气体回收系统、抽真空系统、过滤器、阀门、面板控制系统、相序指示器及电源开关等部分组成。

1）气路系统。整个气路系统密封良好，不给 SF₆ 气体带入空气、粉尘等杂质；跟外部设备相连的接头结构，与电气设备充气接口配套。

2）储气罐。安装有压力指示器、超压监视器、安全释放装置、液位监视装置、手孔及排污孔等，有的还配备加热装置。

3）气体回收系统。包括气体压缩机、缓冲器、分离器、过滤器、热交换器、安全阀、止回阀、气体压力表等。有些气体回收系统还包括真空泵、真空表、冷冻装置。

4）抽真空系统。包括真空泵、真空表，具有防止真空泵油倒流的措施，还有排气接头，以便连接排气管。

5）过滤器。有效地过滤气体中水分和微量固体杂质，使之不重新进入净化后的气体。回收系统和充气系统分别用各自的过滤器装置。

（2）操作步骤。不同的 SF₆ 气体回收装置操作程序和要求是不同的，在使用之前应该仔细阅读操作说明书，严格按照要求进行操作，一般的 SF₆ 气体回收操作步骤如下：

1）对 SF₆ 气体回收装置本身抽真空。如图 ZY1400803001-2 所示，SF₆ 气体回收装置对电气设备抽真空之前，要把回收装置本身的管道、元件都抽真空，以保证装置内没有水分、杂物，保持清洁。

2）回收和存储 SF₆ 气体。如图 ZY1400803001-3 所示，将电气设备、储气罐连至回收装置，打开储气罐的球阀，对 SF₆ 气体回收和存储，注意连接管路必须抽真空或充入 SF₆ 气体。

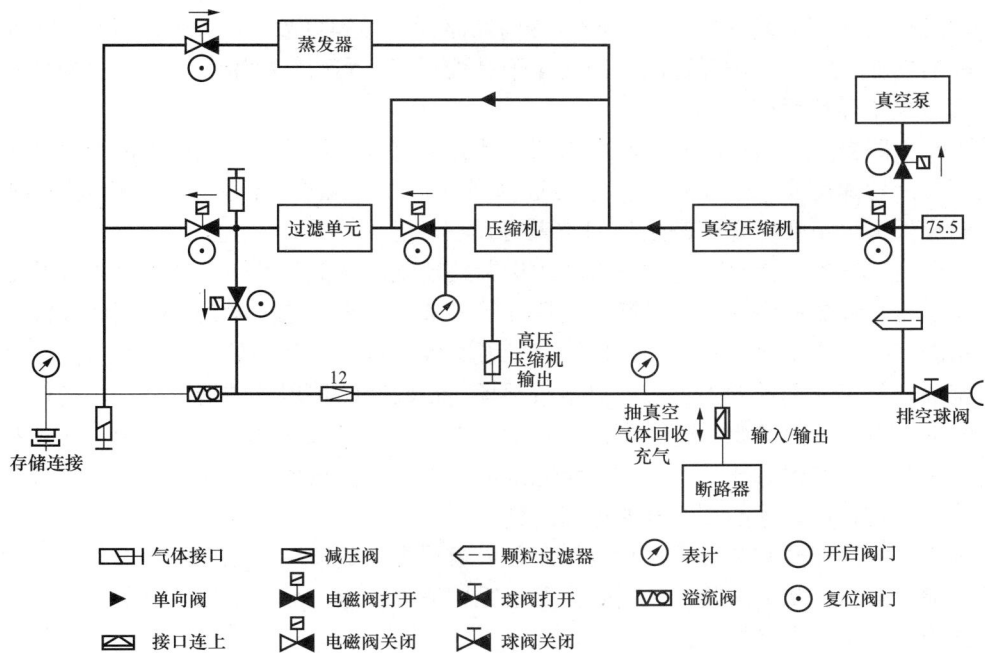

图 ZY1400803001-2　对 SF₆ 气体回收装置本身抽真空的连接

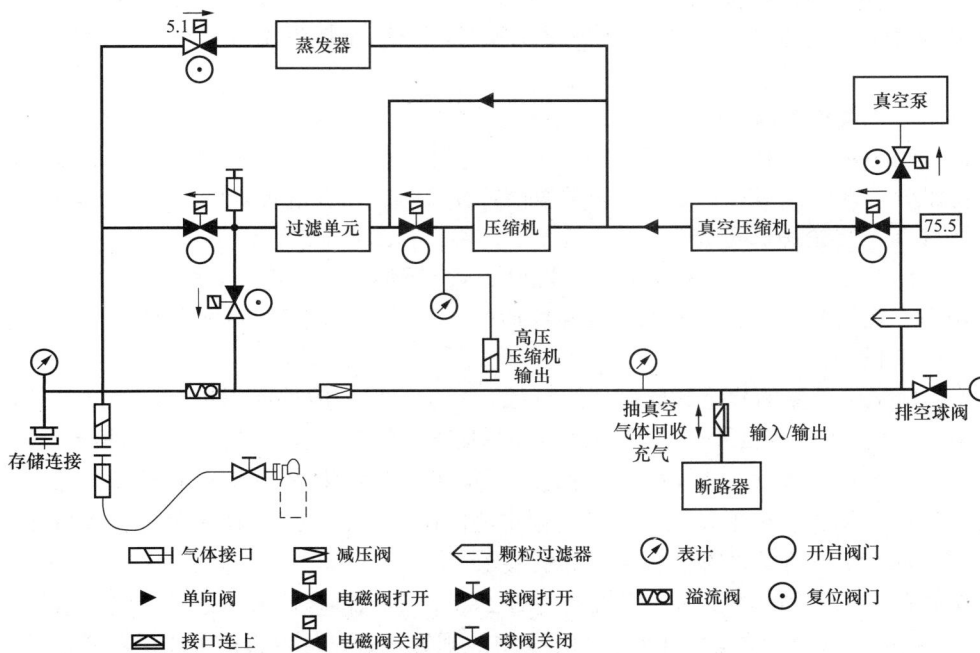

图 ZY1400803001-3　回收和存储 SF₆ 气体的连接

（3）注意事项。利用 SF₆ 气体回收装置抽真空时，必须由专人监视真空泵的运转情况，以防止因运转中停电、停泵，而导致真空泵中的油倒吸入 SF₆ 电气设备内，造成严重后果。

2. SF₆ 气体的处理

充装于断路器中的 SF₆ 气体在电弧的作用下，部分将进行分解，成为各种有毒的气体和固体分解物，具有相当大的毒性和腐蚀作用。此外，SF₆ 气体的物理和化学性质非常稳定，排放出来将长期存在，且具有温室效应。因此断路器进行检修和报废时，应严格按照有关规定和操作程序对 SF₆ 气体进行处理。

SF₆ 气体中的毒性气体和分解物，有的可以用吸附剂吸收去除，有的可以与酸性或碱性溶液进行化学反应去除，用各种方法去除 SF₆ 气体中毒性分解物的过程，称作 SF₆ 气体的净化处理。

（1）SF₆断路器大修和报废时的气体处理。SF₆断路器大修和报废时，应使用专用的SF₆气体回收装置，将断路器内的 SF₆ 气体进行过滤、净化、干燥处理，达到新气标准后，可以重新使用。这样既节省资金，又减少了环境污染。

对于从 SF₆ 断路器中清出的吸附剂和粉末状固体分解物等，可放入酸或碱溶液中处理至中性后，进行深埋处理。深埋深度应大于 0.8m，地点应选择在野外边远地区、下水处。所有废物都是活性的，很快就会分解和消失，不会对环境产生长期的影响。

（2）断路器内部发生事故时的气体处理。由于断路器绝缘降低或开断能力不足以及其他原因引起的防爆膜破裂、压力释放阀释放，或者断路器爆炸等事故时，将造成大量的 SF₆ 气体泄漏，应立即采取紧急防护措施，并报告上级主管部门。同时，应及时停电进行适当的处理。

若是在室外，与工作无关的人员应撤离事故现场，在没有防护用具的情况下，不能停留在能闻到有刺激性气味的地方，一直等到 SF₆ 气体消失在大气中为止。投入处理事故的人员，必须穿戴防护衣帽及其他防护用品。断路器爆炸的，应首先清除地面上被破坏的设备碎片和残存的设备部件，彻底清除粉末状固体分解物之后，才能重新开始抢修工作。

若是在室内，应立即开起全部通风设备，工作人员根据事故情况，佩戴防毒面具和呼吸器进入现场进行处理。喷出的粉末状分解物，应用吸尘器或毛刷清理干净，集中深埋。事故处理后，应将所有防护用品清洗干净，工作人员要洗澡。

SF₆气体中存在的有毒气体和断路器内产生的粉尘，对人体呼吸系统和黏膜等有一定的危害，中毒后会出现不同程度的流泪、流鼻涕、打喷嚏、鼻腔、咽喉有热辣感，发音嘶哑、咳嗽、头晕、恶心、胸闷、颈部不适等症状。若发生上述中毒现象时，应迅速将中毒者移至空气新鲜处，并及时进行治疗。

3. SF₆气体的验收和存放

（1）SF₆气体的验收。SF₆气体应充装在洁净、干燥的气瓶中，充装前要进行抽真空干燥处理，使之无油污、无水分，气瓶应带有安全帽和防振胶圈，存放时气瓶要竖放，标志向外，运输时可以卧放，搬运时应轻装轻卸，严禁抛掷溜放。

充装 SF₆ 气体前应检查气瓶的检验期限、外观缺陷、阀体与气瓶连接处的密封性，每批出厂的 SF₆ 气瓶都必须附有一定格式的质量证明书，内容包括：生产厂名称、产品名称、批号、气瓶编号、净重、生产日期、执行的标准编号等。

SF₆ 气体应由生产厂家的质量检验部门进行检验，生产厂家应保证每批出厂的产品都符合有关标准的要求。SF₆ 气体生产厂家应提供产品的化学分析报告，报告中应包括的 8 项指标是：① 四氟化碳（CF₄）；② 空气（Air）；③ 水（H₂O）；④ 酸度；⑤ 可水解氟化物；⑥ 矿物油；⑦ 纯度；⑧ 生物试验无毒性合格证。化学分析报告应放在气瓶帽中随同产品一起出厂。使用单位有权按照有关标准的规定检验所收到的 SF₆ 气体是否符合有关标准的要求。

SF₆ 气体在常温常压下的密度约为空气密度的 5 倍，其气体有使人窒息的危险。取样场所必须通风良好，SF₆ 气体抽样瓶数按表 ZY1400803001-1 中的规定执行，从每批产品中随机选取，每瓶 SF₆ 气体构成单独的样品，也可在产品充装线管线上随机取样，取样气瓶上要粘贴标签，注明产品名称、批号、生产厂名称和取样日期等。

表 ZY1400803001-1　　　　　　　　　　SF₆气体抽样瓶数的规定

每批 SF₆ 气瓶数量	最少选取的 SF₆ 气瓶数量	每批 SF₆ 气瓶数量	最少选取的 SF₆ 气瓶数量
1	1	41～70	3
2～40	2	71 以上	4

检验结果如有一项不符合标准要求时，则应以两倍选取的 SF₆ 气瓶数量重新抽样进行复检。复检结果即使有一项不符合标准要求时，整批产品不能验收。

（2）SF₆气体的存放。对 SF₆ 气瓶的搬运和存放，应符合下列要求。

ZY1400803001

模块 1

1）储存场所必须保持敞开、通风良好。

2）SF$_6$气体应放在防晒、防潮和通风良好的地方。

3）不得靠近热源和有油污的地方，不准有水分和油污黏在阀门上。

4）气瓶的安全帽、防振圈齐全，安全帽应旋紧。

5）存放气瓶要使其竖起，标志向外，运输时可以卧放。

6）搬运时，把气瓶帽旋紧，轻装轻卸，严禁抛滑或敲击、砸撞。

7）SF$_6$不得与其他气瓶混放。

二、吸附剂的更换

SF$_6$断路器需要大修或解体时，应根据生产厂家的规定更换吸附剂。

1．吸附剂的介绍

用于 SF$_6$断路器的吸附剂有活性炭、活性氧化铝和分子筛，这些吸附剂都是多孔性物质，具有强吸附能力。SF$_6$气体中的水分以及在电弧作用下产生的气态分解物都可以用吸附剂来吸收，实践经验表明，在灭弧室中放置适当的吸附剂，有毒气体可大大减少。

关于吸附剂的吸附效果，国内外看法不甚一致，通常认为活性氧化铝效果最好，国外有些人认为分子筛最好。在选择分子筛时要注意不同型号，即分子筛的孔隙尺寸，以 5A 型（孔隙直径 5A）效果好，能吸附较大的分子，此外人工沸石目前也有广泛应用。我国生产的 SF–1 型吸附剂具有强度高和在高温下吸附量高的特点，特别适用于振动大、电弧温度高的 SF$_6$断路器中作为静态吸附法使用的吸附剂。

吸附剂装入量是吸附分解气和吸附水分需要量的总和。美国 Allied Chemical 公司推荐，活性氧化铝的加入量可取为 SF$_6$气体重量的 10%。

2．吸附剂的配置、安装

（1）吸附剂的配置。由于一种吸附剂对某一成分吸附饱和后，仅能再吸附另一成分允许吸附量的一半乃至几分之一，因此与其用一种吸附剂同时吸附两种以上物质，不如根据各种吸附剂的不同吸附特性采用两种以上的吸附剂分担不同的作用，即做成几个吸附层。在 SF$_6$设备中，一般将分解气吸附剂作上流层，水分吸附剂作下流层，其优点是：

1）分解气在上流层被吸附，从而不会使下流层的吸水能力变化。

2）如有在上层未被吸附完全的气体如 SO$_2$，可选用同时能吸附 SO$_2$等气体和水分吸附剂。例如可先用廉价的活性氧化铝吸附 SF$_4$等气体，再用合成沸石吸附水、SO$_2$等。

3）搭配使用的成本低。

（2）吸附剂的安装。吸附装置的安装方式有两种：

1）静吸附式。指依靠气体自身的扩散对流而产生吸附，装设在断路器或隔离（接地）开关体内的过滤器（装有吸附剂的部件）就是静过滤作用。

2）动吸附式。把装有吸附剂的过滤器装在气体流动通道中，气体强制流动通过时产生吸附作用。例如装在断路器与 SF$_6$充放气装置之间的管路中的过滤器，在回收气体过程中起吸附作用。

动过滤的效果要比静过滤好，在国产 SF$_6$充放气回收装置上现都已装置了过滤器，可以有效地处理污染的 SF$_6$气体。

3．注意事项

（1）吸附剂在安装前原则上应按规定进行活化处理，吸附剂的活化处理，一般用干燥的方法，干燥温度及时间按制造厂规定。

（2）吸附剂从干燥装置或密封包装内取出至安装完毕，在大气中暴露时间应尽量缩短，一般不应超过 15min。吸附剂安装完到开始抽真空的时间，一般不超过 30min。

（3）产生分解气体的设备中更换下来的吸附剂不要再生，应利用 30%的氢氧化钠溶液浸泡后深埋。

（4）吸附剂应防潮、防水，置于阴凉干燥处保管。

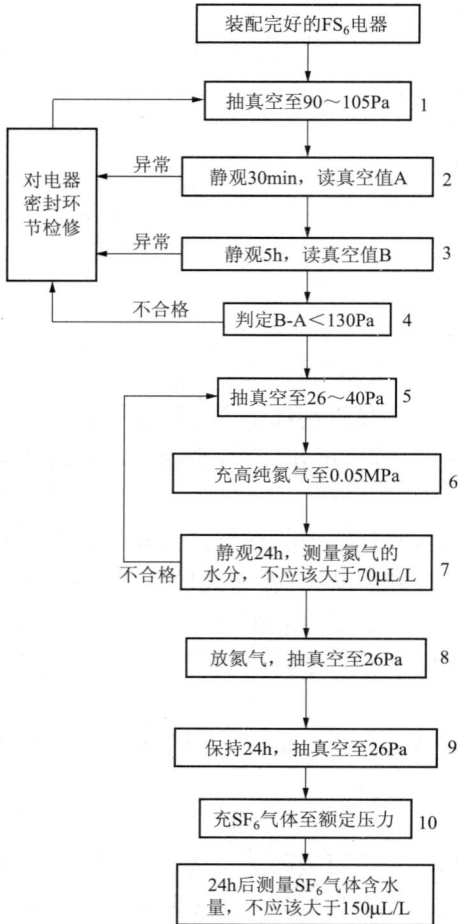

图 ZY1400803001-4 抽真空、氮洗的操作步骤

水量低于 150μL/L。否则，即要循环到程序 5，再用高纯氮气清洗一次，直至氮气的含水量达到要求才可进行下面程序。

三、SF$_6$电气设备的抽真空、氮洗

1. 操作步骤

每一台 SF$_6$设备无论是在制造厂的生产中，还是在现场安装或修理组装中，其内部的水分含量与当时大气中水蒸气含量是相等的。若要使设备充 SF$_6$气体后的含水量值满足要求，则必须将设备内的含水量降至原有的几十分之一，要达到这一目标，通常是按照一定程序采取对设备内部抽真空、充高纯氮气清洗等方法。典型的操作步骤如图 ZY1400803001-4 所示。图中水分处理程序主要分为 10 个步骤，其中第 1～4 步的作用是：

（1）将产品内部含有杂质和水分的空气抽出去。

（2）经过保持 5h 的真空度，使产品内部零件表面附着的水分向内部空间扩散，于是内部零件表面附着的水分大大减少。

（3）检验了产品的密封性能。

如果经过 5h 后的真空度比原来下降值小于 130Pa，则可以认为产品的密封性能良好，从而也可以认为产品的含水量也能够达到了要求，这样可以进行下面程序。反之，则认为产品的密封性能保证不了水分含量的要求，这时水分处理不能进入下面程序，而应当循环到第 1 步骤，再重复程序 1～4，直到真空度保持 5h 下降值在 130Pa 以下为止。

经过程序 1～4 的真空干燥处理合格后，则可进行程序 5～7，充高纯氮气清洁。程序 5 的作用是抽出吸收了产品内部零件表面水分的稀薄残余气体，使内部的水分含量进一步减少。然后进行程序 6，充入 0.05～0.08MPa 的高纯氮气，保持 24h，使原来水量很少的氮气充分吸收一部分水分，此时测量氮气的含水量，其值若低于 70μL/L，则可认为充入 SF$_6$气体后的含

2. 连接

如图 ZY1400803001-5 连接电气设备和装置，进行 SF$_6$电气设备的抽真空、氮洗。

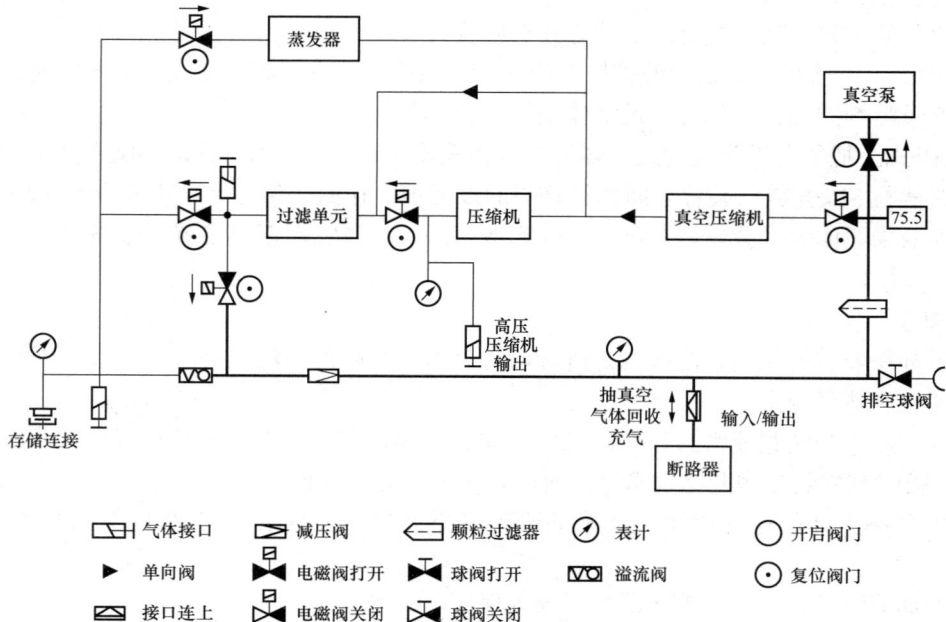

图 ZY1400803001-5 抽真空、氮洗的装置连接

3．注意事项

（1）抽真空时连接管路必须是专用管路，必须有人监护，必须有可以检测设备真空度的仪表。真空泵电源必须可靠使用、不允许抽真空途中突然停电，不能与其他电源混用，必须有可靠的真空电子压差阀（防返油装置）。

（2）SF_6 电气设备经过上面的这个水分处理程序，其密封性能、气体的含水量的大小及增长速度就都能满足要求了，但需要的时间较长。所以对新投运的电气设备最好严格按此程序进行水分处理，而对那些密封性能及含水量均容易达到要求的设备，则可以酌情简化。

四、SF_6 气体的充装

1．SF_6 气体的充装

由于 SF_6 电气设备在制造厂已进行了抽真空处理，并充入了合格的较低压力的 SF_6 气体（一般绝对压力为 $0.125\sim0.13MPa$），设备不漏气，内部就不会受潮。充装 SF_6 气体的连接如图 ZY1400803001-6 所示，具体操作步骤如下。

（1）按照厂家要求进行连接后，依次打开主阀、减压截止阀、减压调节阀，直到软管（尽量缩短软管的长度，以减少充入 SF_6 气体的水分含量）的出口处可听到微弱的气流声。

（2）让气体慢慢流过软管至少 3min 以上，直到软管内壁充分干燥。

（3）关闭减压截止阀，将软管与充气接头连接紧密。

（4）在软管靠近充气接头端安装测温计。

（5）将减压截止阀稍微打开，用减压调节阀调节气流，以免充气过快时温度过低，在软管和配件上产生冷凝结冰现象。

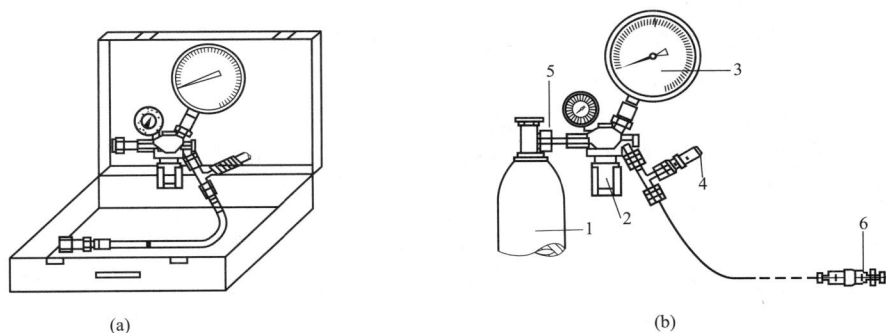

图 ZY1400803001-6　充装 SF_6 气体的连接

（a）SF_6 充气装置；（b）连接

1—气瓶；2—减压调节阀；3—精密压力表（0～10bar，0.6 级）；4—减压截止阀；5—主阀；6—充气接头

（6）根据测温计的读数和"SF_6 气体压力—温度曲线"，将 20℃时的额定压力折算到进气温度下的修正压力 P_t（与环境温度无关，这一方法与各制造厂家的产品安装使用说明书中的说明不同）。

（7）充气过程中，仔细观察精密压力表的读数至对应于进气温度的修正压力 P_t。

（8）关闭减压截止阀和主阀，等待足够的时间使电气设备内部温度与环境温度基本达到平衡后，再根据"SF_6 气体压力—温度曲线"和环境温度进行压力修正，与电气设备上的压力表读数进行比较，调整 SF_6 气体的压力，最终使压力表的指针对准与该环境温度对应的修正压力值。

（9）如果电气设备配置的是 SF_6 气体密度表，与使用压力表时的压力修正方法不同。其压力修正方法是：根据测温计实测的进气温度和环境温度及它们之间的温差 Δt，查"SF_6 气体压力—温度曲线"，得出由 Δt 引起的压力增量 ΔP，再由与 20℃对应的额定压力 P_{20} 减去 ΔP，即：$P_{20}-\Delta P=P_X$ 就是与进气温度对应的修正压力 P_X。

充气过程中，应仔细观察 SF_6 气体密度表的读数至修正压力 P_X 为止，当等待一段时间，由于热传导作用使电气设备内外温度达到平衡后，密度表的读数就会上升到与环境温度对应的密度值。如果使用密度表不进行压力修正，将会产生较大的密度（或压力）误差。误差的大小，与环境温度有关，即环境温度与 SF_6 气体的进气低温之间的温差越大，误差越大；反之，温差越小，误差也就越小。在实际工程中，当对配置密度表的电气设备充 SF_6 气体时，如果按照产品安装使用说明书的方法不进行温度修正，将会带来一定的压力（或密度）读数误差。根据对实际统计数据分析发现，由于安装时的环境温度不同，使用压力表的按环境温度与 20℃ 之间的温差进行压力修正，或者使用密度表的不进行温度修正，其结果是，安装后随着时间的推移，实际读数误差或安装报告上原始记录的充气压力误差可达 0～10% 及以上，大于测量表计最大允许误差的若干倍，这种误差，完全可以通过正确的修正方法得到纠正。

（10）关闭减压截止阀和主阀，等待足够的时间使电气设备内部温度与环境温度达到平衡后，再根据密度表的读数，进行调整 SF_6 气体的压力（或密度），最终使密度表的指针对准额定压力（或密度）值。

一般使用的压力表或密度表，其测量范围为 $-0.1～+1.0MPa$，准确级为 1.0 级，即最大允许误差为 0.01MPa。充气后要等待足够的时间使电气设备内部温度与环境温度基本达到平衡后，经过调整，最终使压力表或密度表的指针对准额定压力（或密度）值。这对于 SF_6 电气设备的安装、检修时充气、运行中巡视检查及正确判断电气设备是否有漏气现象是非常重要的。

（11）当充气满足要求后，关闭减压截止阀和主阀，拆除软管以及其他充气装置，关闭充气接头，拧紧有关的阀盖，锁紧有关的螺母，同时应保持各部件的清洁。

（12）如果三相极柱分别是独立的 SF_6 气体系统，则对其他两相充气时可重复上述步骤。

（13）如果在非常严寒的地区使用 SF_6 断路器，为了避免低温下 SF_6 气体饱和液化，应根据选择要求充入混合气体，混合气体通常由 SF_6 气体和 CF_4 体组成，或者 SF_6 气体和 N_2 气体组成。充气的操作步骤为：

1）首先按照上述步骤充入 SF_6 气体至规定的压力（参照制造厂有关技术规定）。

2）关闭 SF_6 气瓶主阀和减压截止阀。

3）将软管连向其他气瓶（N_2 或 CF_4）的减压阀调节上。

4）然后充气到额定压力（或密度）值，调节方法与上述基本相同。

2. 注意事项

（1）对电气设备充 SF_6 气体，必须由经过专业技术培训的人员操作。

（2）应小心移动和连接气瓶，充气装置中的软管和电气设备的充气接头应连接可靠。

（3）从 SF_6 气瓶中引出 SF_6 气体时，必须使用减压阀降压。

（4）运输和安装后第一次充气时，充气装置中应包括一个安全阀，以免充气压力过高引起绝缘子爆炸。

（5）避免装有 SF_6 气体的气瓶靠近热源或受阳光曝晒。

（6）使用过的 SF_6 气瓶应关紧阀门，戴上瓶帽，防止剩余气体泄漏。

（7）在对户外电气设备充注 SF_6 气体时，工作人员应在上风方向操作；对户内电气设备充注 SF_6 气体时，要开启通风系统，尽量避免和减少 SF_6 气体泄漏到工作区域。要求用检漏仪检测，工作区域空气中 SF_6 气体含量不得超过 $1000μL/L$。

【思考与练习】

1. SF_6 气体回收装置主要由哪些部分组成？

2. SF_6 断路器大修和报废时，如何对气体进行处理？

3. SF_6 气瓶的搬运和存放的要求是什么？

4. 如何对 SF_6 断路器中安放的吸附剂进行配置？

5. 简述 SF_6 电气设备抽真空、氮洗的操作步骤。

6. 对 SF_6 断路器充装 SF_6 气体的注意事项是什么？

模块 2　SF₆气体检漏、密度继电器校验（ZY1400803002）

【模块描述】本模块包含 SF₆气体检漏的意义、方法及密度继电器校验的主要操作步骤。通过要点讲解、计算举例、结构分析、操作技能训练，掌握 SF₆气体检漏原理、方法和密度继电器校验的步骤等操作技能及作业注意事项。

【正文】

一、SF₆断路器的检漏

1. SF₆断路器检漏的意义

对于充装 SF₆气体的断路器，必须具有良好的密封性能，不能产生泄漏，原因是：

（1）SF₆气体担负着绝缘和灭弧的双重任务，所以为了保证设备安全可靠运行，就要求不能漏气。

（2）密封结构越好，设备外部水蒸气往内部渗透量也越小，所充 SF₆气体的含水量的增长就越慢，因此也必须要求漏气量越小越好。

任何一种电气设备，无论密封结构如何优良，也不能达到绝对不漏气，只是程度大小的差别。所以正常使用的气体压力是一个给定的范围，最高值为额定压力，最低值为闭锁压力，两者之差通常不超过 0.1MPa，在接近闭锁压力值的位置给出一个报警压力值。当设备内部气体泄漏到报警压力值时，由密度继电器发出电信号进行报警，这时必须对设备补气。每一种产品的技术条件中都规定了本产品的年漏气量。

从原理上讲，对 SF₆断路器应监视 SF₆气体的密度，而不是监视气体的压力。但是在工程实践中要监视其密度是非常困难的事情。只能测量气体的压力，再通过一定的压力—温度修正，比较粗略地估计 SF₆气体是否漏气。在现行的有关运行规程中规定，运行人员在记录气体压力的同时，要记录环境温度，再根据环境温度下的压力折算到 20℃时的压力是否发生变化，通过比较来判断 SF₆气体是否泄漏。

2. SF₆电气设备的检漏方法

SF₆电气设备的检漏有两种方法：① 定性检测；② 定量检测。

（1）定性检测。定性检漏只能确定 SF₆电气设备是否漏气，判断是大漏还是小漏，不能确定漏气量，也不能判断年漏气率是否合格。定性检测的主要方法是检漏仪检测法，采用校验过的 SF₆气体检漏仪，沿被测面以大约 25mm/s 的速度移动，无泄漏点发现，则认为密封良好。这种方法一般用于 SF₆设备的日常维护。

（2）定量检测。可以判断产品是否合格，确定漏气率的大小，主要用于设备制造、安装、大修和验收。根据国家标准规定，SF₆漏气程度的大小可以用绝对漏气率 F 和相对年漏气率 F_y 表示。绝对漏气率 F，简称漏气率，它是单位时间内的漏气量，以 $MPa \cdot m^3/s$ 为单位。相对年漏气率 F_y，简称年漏气率，它是设备或隔室在额定充气压力下，在一定时间内测定的漏气量换算成一年时间的漏气量与总充气量之比，以年漏气百分率表示。定量检测有四种方法：

1）扣罩法（整体检测法）。扣罩法即用塑料薄膜、塑料大棚、密封房等把试品罩住（塑料薄膜可以制成一个塑料罩，内有骨架支撑，塑料罩不得漏气），也可以采用金属罩。扣罩前吹净试品周围残余的 SF₆气体。试品充 SF₆气体至额定压力后不少于 6～8h 才可以扣罩检漏。扣罩 24h 后用检漏仪测试罩内 SF₆气体的浓度。测试点通常选在罩内上、下、左、右、前、后，每点取 2～3 个数据，最后取得罩内 SF₆气体的平均浓度，计算其累计漏气量、绝对泄漏率、相对泄漏率等。

使用塑料薄膜封闭被检测产品时，罩子的高度尺寸应比试品高度大一些，这样便于用物品将罩子底边压在地面上，同时还应当避免空气流动速度太大，只有这样才能使罩子内部气体不与上部空气产生交换作用，以保证定量检测结果的准确性。多次实践证明，这种用塑料薄膜罩定量检测的方法对安装在露天场所的产品是不适宜的。其原因是罩子的体积较大，重量又轻，就是在微风的天气条件下，塑料薄膜罩也会产生不同程度的摆动，使罩子内外气体不停地交换，使检测结果超出误差范围，甚至达到不可相信的程度。

2）挂瓶法。SF$_6$ 开关设备的密封结构形式主要有三种：① 平面密封，例如瓷套管两端连接处，瓷套管与瓷套管之间连接处以及各种箱、罐的孔盖等的密封形式都是平面密封，在一台设备中大部分属于这种密封形式。② 滑动密封，例如断路器的绝缘拉杆下部伸出支持瓷套外部的连杆处的密封结构就属于此种密封形式。③ 各种测量仪表和控制信号系统的管路密封。一种 SF$_6$ 设备能否使用挂瓶法进行检漏，主要由它的平面密封结构形式决定。下面先分析平面密封结构情况，从而引出挂瓶法检漏法的原理。

图 ZY1400803002-1 所示是一种平面密封结构的剖视图，这种密封结构是在一个法兰盘平面上加工一方形截面的圆槽，通常称为密封槽，槽的加工精度很高。在槽中放置一个光滑的软橡胶圈，当另一个平面很光滑的法兰与之压紧时，起到密封高压力气体的作用。因为这种密封采用两个法兰平面压紧一个橡胶圈，所以称为平面密封。上面已经叙述过，无论密封结构的密封性能多么优良，也会存在程度不同的漏气现象，在这种密封结构情况下，设备内部的 SF$_6$ 气体还是会从密封性能薄弱点透过橡胶圈向各个方向的大气中散发。有的平面密封具有两个密封圈，这种结构的设计意图是，里面的一个密封圈起主要作用，当微量的气体从内部泄漏到两道密封圈之间的小气隙后，外层密封圈又起到密封作用，使从设备内部泄漏过来的气体只有极微量泄漏到大气中去，这样使得总的密封性能在一道密封圈的基础上得到了加强。

另外，还有一种平面密封结构，如图 ZY1400803002-2 所示，它与上面叙述的密封结构基本相同，不同之处是在两个密封圈中间有一个孔通向外部大气。当试品内部的 SF$_6$ 气体的微量部分通过内层密封圈以后，在里外两层密封圈之间的空间聚集并从小孔流向设备外部大气，这时如果在气流出口处连接一个容积数为已知的容器，等待一定时间，用前述的任何一种检漏仪检测该容器内的气体含 SF$_6$ 成分的浓度值，就可以计算出此密封面的漏气率。

这种密封结构只有内层的密封圈起到密封作用，外层密封圈仅仅是为了检测漏气率而设置的，如果一种 SF$_6$ 开关设备的各个平面密封结构都是如此，则可以同时检测出各个密封面的漏气率，这种检测方法称为分部检测方法，又因为通常用一个塑料瓶与所检测部位出气孔连接起来，使 SF$_6$ 气体流入瓶内，再进行检测，所以将此种方法称为挂瓶法。很显然，前面一种平面密封结构的设备不能用挂瓶法检测。

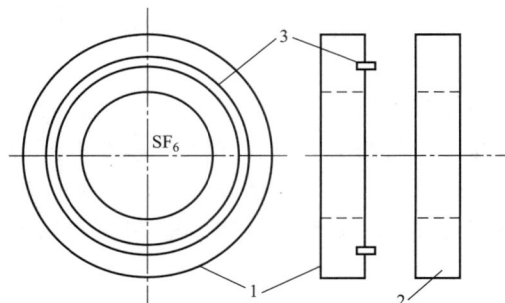

图 ZY1400803002-1 平面密封结构剖视图
（不可使用挂瓶法）
1、2—法兰盘；3—密封槽以及密封圈

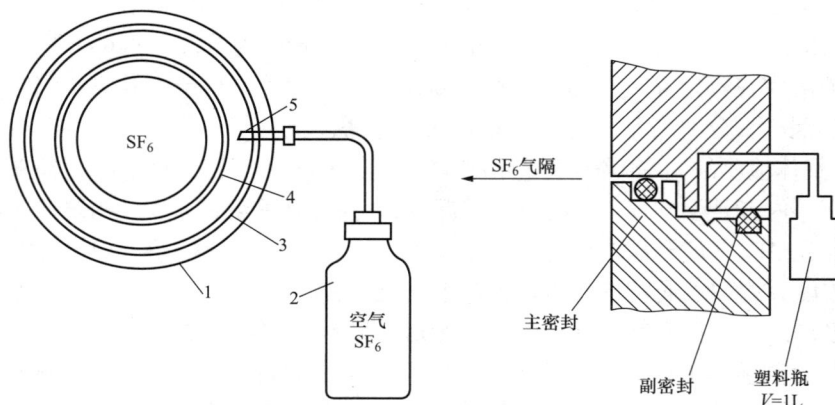

图 ZY1400803002-2 平面密封结构（可使用挂瓶法）
1—法兰；2—检漏瓶；3—外层密封圈；4—内层密封圈；5—与外部相通的孔

挂瓶法所用的检漏瓶，是在一个塑料瓶的瓶盖上钻一个孔，通过塑料瓶接头与一段约 100mm 长的软橡胶管连接，而橡胶管的另一端与被检测部位的螺孔连接上，等待预定的时间 t 后，拆下检漏瓶，用检漏仪的探头吸嘴对准瓶盖上的橡皮管口，测量瓶中的 SF₆ 气体浓度，再计算出漏气率的数值。

现场挂瓶检漏的方法和程序如下：

① 将检漏瓶用氮气或压缩空气吹洗干净并用检漏仪检查确空无 SF₆ 气体，检查瓶盖连接胶管、连接螺钉密封良好。

② 将瓶子挂在试品检漏孔上，拧紧螺钉，并记好挂瓶时间。

③ 挂瓶 33min（约 2000s）后取下瓶子，摇动检漏瓶使瓶内 SF₆ 气体充分搅匀，用灵敏度不低于 0.01×10^{-6}（体积分数）的、经校验合格的检漏仪，测量挂瓶内 SF₆ 气体的浓度。根据测得的浓度计算试品累计的漏气量、绝对泄漏率、相对泄漏率等。

3）局部包扎法。局部包扎法一般用于组装单元和大型产品的情况。其原理跟扣罩法基本相同。包扎时可采用 0.1mm 厚的塑料薄膜按被试品的几何形状围一圈半，使接缝向上，包扎时尽可能构成圆形或者方形。经整形后，边缘用白布带扎紧或用胶带沿边缘粘贴密封。塑料薄膜与被试品间保持一定的间隙，一般为 5mm。包扎一段时间（一般为 24h）后，用检漏仪测量包扎腔内 SF₆ 气体的浓度。根据测得的浓度计算漏气率等指标。

4）压力降法。压力降法适用于设备气室漏气量较大的设备检漏，以及在运行中用于监督设备漏气的情况。它的原理是测量一定时间间隔内设备的压力差，根据压力降低的情况来计算设备的漏气率。方法是：先测定压降前的 SF₆ 气体压力 p_1，根据 p_1 和当时的温度（T_1）换算出 SF₆ 气体密度 ρ_1，过一段较长的时间间隔，如 2～3 个月或半年，再测压降后的 SF₆ 气体压力 p_2，根据 p_2 和当时的温度（T_2）换算出 SF₆ 气体密度 ρ_2，根据 SF₆ 气体在一定时间间隔内密度的改变计算漏气率。

3. 泄漏量计算

SF₆ 电气设备中气体的泄漏直接影响电网的安全运行和人身安全，所以 SF₆ 气体泄漏量检查是 SF₆ 电气设备交接和运行监督的主要项目。依据 GB/T 8905—1996《六氟化硫电气设备中气体管理和检测导则》，SF₆ 电气设备中气体的泄漏量是以设备中每个气室的年漏气率来衡量的，规定年漏气率应≤0.5%。

（1）相关名词。

1）检漏：检测设备泄漏点和泄漏气体浓度的手段。

2）累计泄漏量：整台设备所有漏气量的总和。

3）绝对泄漏率：单位时间内气体的泄漏量，以 Pa·m³/s 或 g/s 表示。

4）相对泄漏率：设备在额定充气压力下的绝对泄漏量与总充气量之比，以每年的泄漏百分率表示（%/年）。

5）补气间隔时间：从充至额定压力起到下次必须补充气体的间隔时间。

（2）漏气量以 Pa·m³/s 表示的计算法。若用扣罩法检查设备的泄漏情况，以 F_0 表示单位时间的漏气量，F_y 表示年漏气率，则计算如下

$$F_0 = \frac{\varphi(V_m - V_1)p_s}{\Delta t} \qquad (\text{ZY1400803002-1})$$

式中　F_0——单位时间漏气量，Pa·m³/s；

φ——扣罩内 SF₆ 气体的平均浓度（体积分数），10^{-6}；

V_m——扣罩体积，m³；

V_1——SF₆ 设备的外形体积，m³；

Δt——扣罩至测量的时间间隔，s；

p_s——扣罩内的气体压力，MPa。

$$F_y = \frac{F_0 t}{V(p_r + 0.1)} \times 100\% \qquad (\text{ZY1400803002-2})$$

式中　F_y——年泄漏率，%；

V——设备内充装 SF₆ 气体的容积，m³；

p_r——SF₆ 设备气体充装压力（表压），MPa；

t——以年计算的时间，每年等于 31.5×10^6s。

ZY1400803002

模块 2

（3）漏气量以 g/s 表示的计算法。若用局部包扎法来检查设备的泄漏情况，假设共包扎了 n 个部位，单位时间内的漏气量以 F_0 表示，年泄漏率以 F_y 表示，计算如下

$$F_0 = \frac{\sum\limits_{i=1}^{n} \varphi_i V_i \rho}{\Delta t} \qquad \text{（ZY1400803002-3）}$$

式中　ρ——SF$_6$ 气体的密度（6.16g/L）；

$\quad\quad\varphi_i$——每个包扎部位测得的 SF$_6$ 气体泄漏浓度（体积分数），10^{-6}；

$\quad\quad V_i$——每个包扎腔的体积，m^3；

$\quad\quad\Delta t$——包扎至测量的时间间隔，s。

$$F_y = \frac{F_0 t}{Q} \times 100\% \qquad \text{（ZY1400803002-4）}$$

式中　t——以年计算的时间，每年等于 31.5×10^6s；

$\quad\quad Q$——设备内充入 SF$_6$ 的气体总量，g。

（4）压力降法检查泄漏的计算法。若以压力降法检查设备的漏气情况，要考虑 SF$_6$ 的温度、压力和密度三者的关系，按两次检查记录的设备 SF$_6$ 气体压力和检查时的环境温度算出 SF$_6$ 气体的密度，据此计算年泄漏率 F_y 如下

$$F_y = \frac{\Delta \rho}{\rho_1} \times \frac{t}{\Delta t} \times 100\% \qquad \text{（ZY1400803002-5）}$$

$$\Delta \rho = \rho_1 - \rho_2$$

式中　$\Delta \rho$——SF$_6$ 气体在两次检查时间间隔内的密度变化；

$\quad\quad\rho_1$——第一次检查设备压力时换算出的气体密度；

$\quad\quad\rho_2$——第二次检查设备压力时换算出的气体密度；

$\quad\quad\Delta t$——两次检查之间的时间间隔，月；

$\quad\quad t$——以年计算的时间，每年等于 12 个月。

（5）计算举例。采用局部包扎法检测 SF$_6$ 电气设备年漏气率。已知包扎部位与检测浓度见表 ZY1400803002-1。

表 ZY1400803002-1　　　　　　　　　包扎部位与检测浓度

项　目	V_1	V_2	V_3	V_4	V_5	V_6	V_7
体积（L）	10	10	10	10	10	1	1
浓度（10^{-6}）	40	30	36	60	80	20	30

设备内 SF$_6$ 气体填充量为 24kg，间隔时间 24h，则

$$F_0 = \frac{\sum\limits_{i=1}^{n} \varphi_i V_i \rho}{\Delta t}$$

$$= \frac{2510 \times 10^{-6} \times 6.16}{60 \times 60 \times 24} = 1.78 \times 10^{-7} \text{ (g/s)}$$

$$F_y = \frac{F_0 t}{Q} \times 100\%$$

$$= \frac{1.78 \times 10^{-7} \times 31.5 \times 10^6}{24 \times 10^3} \times 100\% = 0.02 \text{ （%/年）}$$

4．注意事项

（1）现场检测方法的选择。通过以上论述和举例，可以看到，目前 SF$_6$气体泄漏检测，其方法还比较粗略，检测的精度还比较低。

就几种检测方法相对比较而言，扣罩法比较准确，但由于被测设备体积大，在现场应用有一定难度。扣罩体积大，泄漏气体浓度相应降低，对检漏仪的精度要求相应提高，因此扣罩法一般只适用于生产厂家对出厂产品做密封试验时使用。

压力降法受压力表精度限制，要求两次检测时间间隔要长，这对设备安装大修后要求立即进行检漏是不适用的，只能作为一般的日常监测。

挂瓶法作为检漏的一种方法，也比较准确，但对电气设备的密封结构有特殊要求。这种方法仅仅适用于法兰面有双道密封槽并留有检漏孔的 SF$_6$电气设备，一般电气设备无法应用。所以现场 SF$_6$电气设备的检漏目前应用较多的还是局部包扎法。

局部包扎法在现场使用简单易行，包扎体积紧凑，泄漏气体易于检测。但包扎法的密封性差，检测精度相对较低。

（2）现场检测误差来源。扣罩法、局部包扎法、挂瓶法、压力降法测得的结果与实际泄漏值都有一定的误差。引起误差的主要原因有：

1）收集泄漏 SF$_6$气体的腔体不可能做到绝对密封，泄漏气体有外泄的可能。

2）扣罩法、局部包扎法在估算收集腔体积时存在误差，包扎腔不规则，估算体积不准确。

3）环境中残余的 SF$_6$气体带来影响。

4）检漏仪的精度影响造成检测误差。

（3）现场检测注意事项。为了减少测量误差，在现场进行 SF$_6$电气设备气体泄漏检测时，要求做到以下事项。

1）SF$_6$电气设备充气至额定压力，经过 12~24h 之后方可进行气体泄漏检测。

2）为了消除环境中残余的 SF$_6$气体的影响，检测前应该吹净设备周围的 SF$_6$气体，双道密封圈之间残余的气体也要排尽。

3）采用包扎法检漏时，包扎腔尽量采用规则的形状，如方形、柱形等，使易于估算包扎腔的体积。在包扎的每一部位，应进行多点检测，取检测的平均值作为测量结果。

4）采用扣罩法检漏时，由于扣罩体积较大，应特别注意扣罩的密封，防止收集气体的外泄。检测时应在扣罩内上下、左右、前后多点测量，以检测的平均值作为测量结果。

5）定性检漏可以比较直观的观察密封性能，对于定性检漏有疑点的部位，应采用定量检漏确定漏气的程度。经检查，如发现某一部位漏气严重，应进行处理，直到合格。

6）定量检漏的标准是按每台设备年漏气率小于 0.5%来控制的。这个标准是比较宽的。设备生产厂家一般对每个密封部位的密封性能有不同的要求。现场检漏可参照生产厂家要求执行。

二、密度继电器校验

由于 SF$_6$气体密度继电器是通过设备内 SF$_6$气体与一个密封在小气室内的纯 SF$_6$气体的压力比较，而得到控制信息的。同时 SF$_6$电气设备绝对禁油，也不允许混入其他气体，因此，使用油或其他气体校验 SF$_6$气体密度继电器是不允许的，只能以 SF$_6$气体作为检测介质。为避免采用设备本体中的气体，要求校验仪器能自带 SF$_6$气罐，并且压力可调。同时，又要求仪器最好能对现场校验结果自动进行温度换算。

1．密度继电器校验台的基本构造

密度继电器校验台主要由储气缸、压力显示屏、气路连接部分和触点连接部分四部分组成。如图 ZY1400803002-3所示，为某型号 SF$_6$气体密度继电器校验台。

（1）储气缸。储气缸内充有一定的气体（压力在 0.7MPa

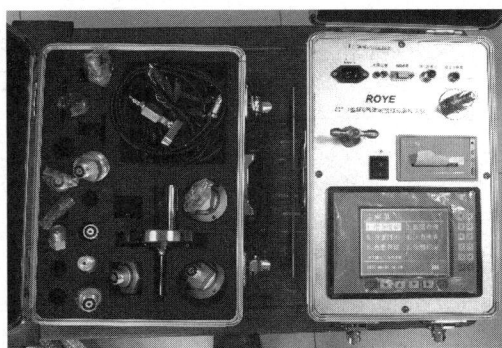

图 ZY1400803002-3　某型号 SF$_6$
气体密度继电器校验台

左右），调节缸内的气体压力可以上升或者下降。

（2）压力显示屏。指示气体压力，同时可提供换算到20℃时的气体压力。

（3）气路连接部分。与密度继电器的气路连接。

（4）触点连接部分。与密度继电器的触点连接。

2. 校验步骤

密度继电器校验台与SF₆电气设备的气路和触点的连接如图ZY1400803002-4所示。

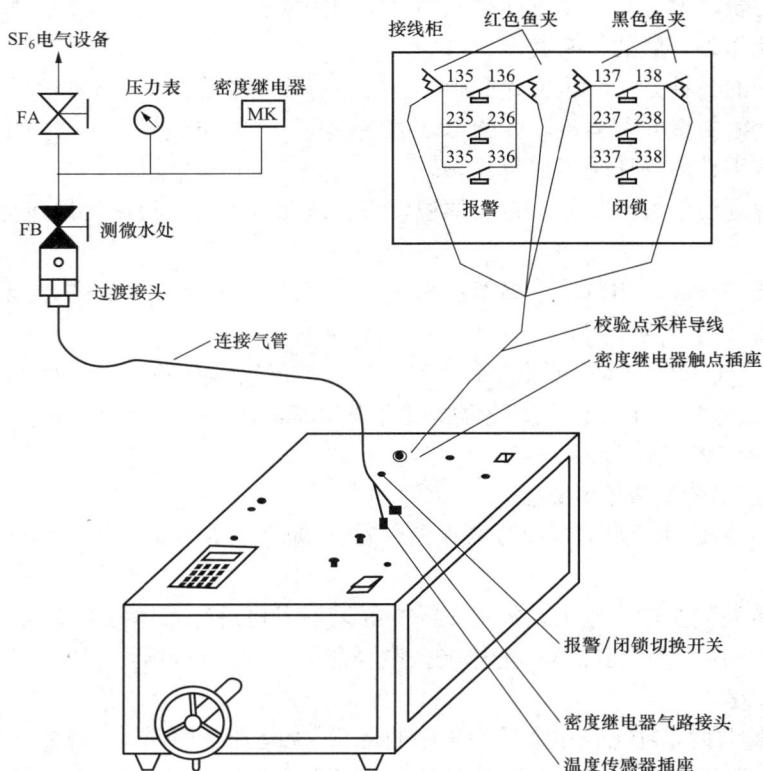

图 ZY1400803002-4　密度继电器校验台与SF₆电气设备的气路和触点的连接

（1）将被测设备的密度继电器气路与设备本体气路切断。

（2）将被测设备的密度继电器控制回路电源切断。

（3）将密度继电器校验台气路连接部分与被测密度继电器的气路连接。

（4）将密度继电器校验台触点插座接到被测密度继电器的相应触点上。

（5）调节密度继电器校验台储气缸的压力，使其达到被测密度继电器的报警或闭锁压力。

（6）记录密度继电器达到报警或闭锁的动作值或返回值（记录数值应校正到20℃时的压力值）。

（7）对于同时安装有压力表的设备，校验报警或闭锁的动作值或返回值时，可同时记录压力表的示值，与密度继电器校验台的给出压力值比对（另外可按需要增校2~4点不同压力值）。每块压力表应校验5~8点。

（8）没有安装的密度继电器校验按（3）～（6）执行。

3. 注意事项

（1）密度继电器的校验可以在现场进行，也可以把密度继电器拆下来校验。但建议在条件允许时最好现场校验，这是因为：现场的安装检修时间一般都安排比较紧张，从设备上拆下密度继电器拿到试验室检测相对浪费时间，而且这样做破坏了设备原有的密封情况，校验后重新安装不能保证原有的密封性能；密度继电器属于精密器件，校验后经过运送达到现场，安装后不一定能保持准确性和稳定性。

（2）在现场校验的密度继电器，由于是利用校验台的气缸中气体的压缩来升高或降低气体的压力，所以校验前应该首先断开密度继电器与设备主体的气路联系。没有断开可能的设备无法在现场校验。

（3）密度继电器校验台利用了SF₆气体的$p-V-T$的关系，在显示压力的同时，还可以将校验数据换算成20℃的压力值。所以可以同时对密度继电器的压力表进行校验。

（4）校验时应该注意的问题是触点的连接。应该根据设备继电保护图，选择适当的连接位置。避开动合或动断的位置。

（5）密度继电器校验台本身的校验可以创造条件，利用经计量部门检定合格的高精度的压力表来传递校验。

【思考与练习】

1. 为什么要对SF₆断路器进行检漏？
2. 定量检测主要有哪几种方法？
3. 简述现场挂瓶检漏的步骤。
4. 简述现场对SF₆气体密度继电器进行校验的步骤。
5. 对SF₆气体密度继电器进行校验的注意事项是什么？

模块3 SF₆气体微水量测试（ZY1400803003）

【模块描述】本模块包含SF₆气体微水量的测试方法、测试结果超标的原因分析和相应的处理工艺。通过知识要点的归纳讲解、操作技能训练，掌握SF₆气体微水量测试的操作技能。

【正文】

一、SF₆电气设备中水分的来源和危害

1. SF₆电气设备中气体水分的主要来源

（1）SF₆新气中含有的水分。主要是生产过程中混入的，另外SF₆气瓶存放时间过长，气体密封不严，大气中水分也会向瓶内渗透。

（2）SF₆高压电气设备生产装配中混入的水分。生产装配时，附着在设备腔中内壁上的水分不可能完全排除干净；另外设备中的固体绝缘材料（主要是环氧树脂浇注品）中的水分随时间延长也可以逐步地释放出来。

（3）大气中的水汽通过SF₆电气设备密封薄弱环节渗透到设备内部。

2. SF₆气体中的水分对设备的危害

SF₆电气设备中气体含有的水分可与SF₆分解产物发生水解反应产生有害物质，可能影响设备性能，并危及运行人员的安全，因此国内外对于SF₆气体中微量水分的分析、监测和控制都十分重视。

（1）水解反应生成氢氟酸、亚硫酸，严重腐蚀电气设备。

（2）加剧低氟化物分解。

（3）使金属氟化物水解，并进一步水解成剧毒物质。

（4）在设备内部结露，容易产生沿面放电（闪络）而引起事故。

二、危险点分析及控制措施

作业中危险点分析及控制措施见表ZY1400803003-1。

表ZY1400803003-1　　　　作业中危险点分析及控制措施

序号	危险点	控 制 措 施
1	误入、误登带电间隔	（1）工作前向作业人员交代清楚临近带电设备，并加强监护。 （2）工作人员应走指定通道，在遮栏内工作，严禁擅自移动和跨越遮栏。 （3）严禁攀登运行设备构架
2	有毒气体毒害作业人员	（1）周围环境相对湿度≤80%；工作区空气中SF₆气体含量不得超过1000μL/L。 （2）如果室内工作，需在工作前开启强力通风装置，工作人员需做好防护措施，如穿好防护服
3	高空坠落	在装、拆试验接线时，必须系好安全带。使用绝缘梯子时，必须有人扶持或绑牢

续表

序号	危险点	控 制 措 施
4	带电设备 出现故障	（1）尽量避免对带电设备进行测试，特别是对于止回阀结构的设备，建议在停电状态下进行微水量的检测。 （2）必须带电检测时，如发现SF₆气体压力异常，应立即关闭控制阀门
5	触电	在设备带电情况下进行检测时，试验人员应了解带电区域和范围，注意安全距离；临近高压电测试时，工作地点附近隔离并接地

三、测试前的准备

1. 资料准备

查阅被试设备历年试验数据、设备运行情况记录和编写作业指导书。

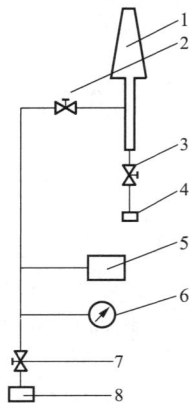

图 ZY1400803003-1　SF₆
高压断路器的气路系统

1—断路器本体；2—截止阀（常开）；
3、7—截止阀（常闭）；4—SF₆充放气口；
5—SF₆密度继电器；6—SF₆压力表；
8—气体检查口

2. 测试仪器、设备的准备

选择合适的水分仪、测试线、温度表、湿度表、梯子、安全带、安全帽等。

3. 办理工作票并做好试验现场安全和技术措施

向其余试验人员交代工作内容、带电部位、现场安全措施、现场作业危险点，明确人员分工及试验程序。

四、现场测试步骤及要求

1. 测试仪器和设备的连接

本模块以 SF₆ 高压断路器为例，其气路系统如图 ZY1400803003-1 所示。

2. 测试步骤

（1）将仪器与被测设备经设备检测口、连接管路、接口相连接。

（2）接通气路，用 SF₆ 气体短时间的吹扫和干燥连接管路与接口。

（3）测试仪器开机检测，待仪器读数稳定后读取结果，同时记录检测时的环境温度和湿度。

五、测试结果分析

1. 测试标准

SF₆ 电气设备在 20℃时气体湿度的允许值见表 ZY1400803003-2。

表 ZY1400803003-2　　　　SF₆ 电气设备气体湿度的允许值（20℃时）

隔　室	有电弧分解物的隔室（μL/L）	无电弧分解物的隔室（μL/L）
交接验收值	≤150	≤250
运行允许值	≤300	≤500

注　六氟化硫设备中气体压力在 0.1MPa 表压以下湿度允许值可以放宽。由供需双方商定。

2. 测试结果分析

（1）露点式水分仪读取的露点值，需查冰面的饱和水蒸气压 p_w（MPa），然后通过计算即得体积分数。

（2）将测试值换算到 20℃时的数值。

六、注意事项

（1）检测工作应尽可能安排在环境温度为 20℃左右时进行（至少应考虑在 10～30℃检测），并且每次测量时的季节和环境温度应尽可能接近。

（2）每次检测尽可能使用同一仪器、固定检测人员，以便于测量结果的分析与比较，提高测量数据的准确度和可比性。

（3）对变压器和互感器等有线圈的气室，如用露点仪检测的结果有疑问，应换用其他原理的仪器进行检测（如电解法或阻容法水分仪），以避免其他杂质（如烃类）对测量结果的影响。

（4）必要时，可在采样管道中加装过滤装置，以去除粉尘杂质对测量结果的影响。

（5）注意加强对微水量测试仪这类精密仪器的日常维护与保养。

（6）生产、研制、开发单位应根据现场使用情况进一步改进仪器的性能、连接气管的材质、取样阀、接头的密封性等，以提高测试结果的准确性，真正反映设备的运行情况。

（7）新安装的设备，SF_6 气体充气至额定压力，24h 以上后方可进行气体湿度检测。

（8）推荐在一个大气压下检测。推荐使用不锈钢、铜、聚四氟乙烯材质的连接管路与接口。

（9）由于受 SF_6 的液化温度的影响，对较干燥的气体，露点式水分仪不能得到确切的测试数值，即使在设备压力下测量也无法避免，此时建议不要使用露点式水分仪，推荐使用阻容式水分仪测量。

【思考与练习】

1. SF_6 电气设备中气体水分的主要来源有哪些？

2. SF_6 气体中含有水分对 SF_6 断路器的危害是什么？

3. 简述现场对 SF_6 断路器进行微水量测试的步骤。

4. 对 SF_6 断路器进行微水量测试的注意事项是什么？

模块 4　LW8-35 型 SF₆ 断路器大修（ZY1400803004）

【模块描述】本模块包含 LW8-35 型六氟化硫断路器大修的作业流程及工艺要求。通过结构分析、图例展示、要点讲解、操作技能训练，掌握 LW8-35 型六氟化硫断路器的基本结构、修前准备、危险点预控、作业步骤、工艺要求及质量标准等操作技能。

【正文】

本模块以 LW8 型和 LW16 型断路器的大修作业为例介绍 35kV SF₆ 断路器检修工艺流程。

一、LW8 型和 LW16 型断路器的结构

1. LW8 型断路器的结构

LW8 型断路器为三相分立结构，每相均具有压气式灭弧室，三相气体通过铜管连通。断路器由支柱绝缘子、灭弧室、吸附器、传动箱、连杆、底架及弹簧操动机构等部分组成。如图 ZY1400803004-1 所示。

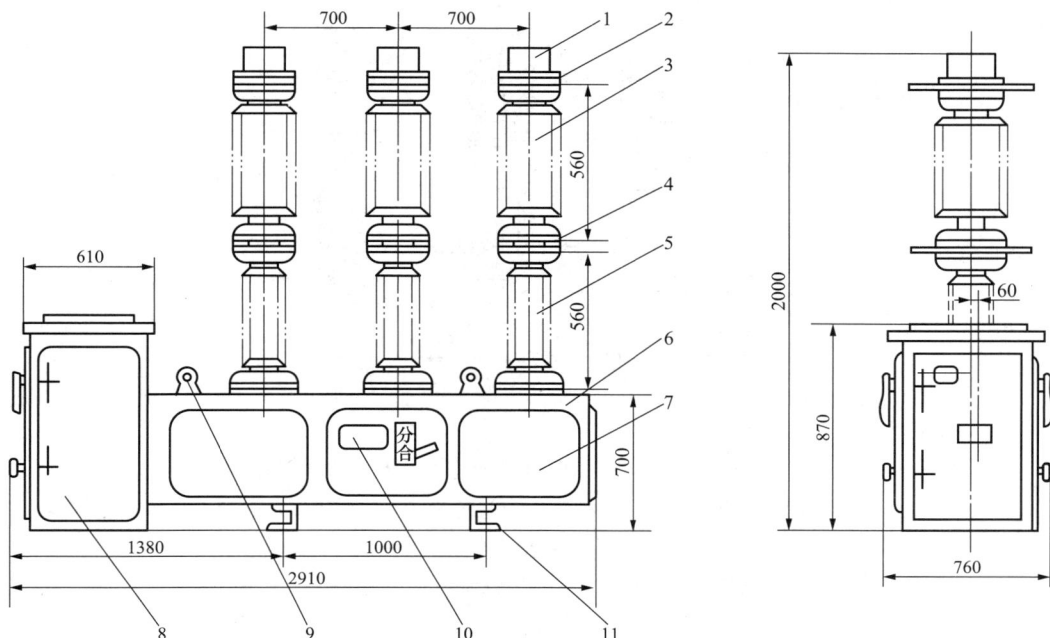

图 ZY1400803004-1　LW8 型断路器（瓷柱式）结构图

1—冷却帽；2—上接线板；3—灭弧室瓷套；4—下接线板；5—支持瓷套；6—底架；7—盖板；

8—弹簧操动机构；9—起吊环；10—铭牌；11—地脚槽钢

LW8 型断路器配用 CT14 平行传动的弹簧操动机构。机构的合闸弹簧的储能方式有电动机储能和手力储能，储能电动机采用 HDZ 型交直流两用单相串激电动机，如图 ZY1400803004-2 所示。

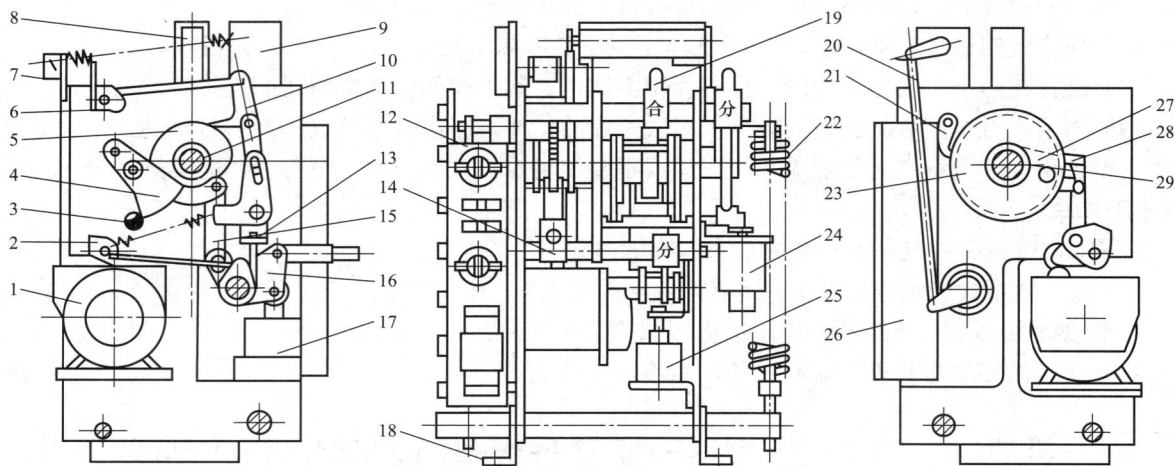

图 ZY1400803004-2　CT14 弹簧操动机构结构

1—储能电动机；2—分合闸指示；3—半轴；4—扇形板；5—凸轮；6—手动分、合按板；7—计数器；8—行程开关；9—辅助开关；

10—定位件；11—储能轴；12—接线板；13—分合闸连锁板；14—驱动块；15—顶杆；16—输出轴；17—缓冲器；18、26—角钢；

19—手动合分按板；20—拉杆；21—保持棘爪；22—储能弹簧；23—棘轮；24—分合电磁铁；25—合闸电磁铁；

27—驱动板；28—靠轮；29—驱动棘爪

2. LW16 型断路器的结构

LW16 型断路器采用自能旋弧式灭弧断路器，每相由底箱，上、下瓷套构成，上瓷套内设有灭弧室，承受断口电压，下瓷套承受对地电压，内部绝缘介质为 SF_6 气体。如图 ZY1400803004-3 所示。

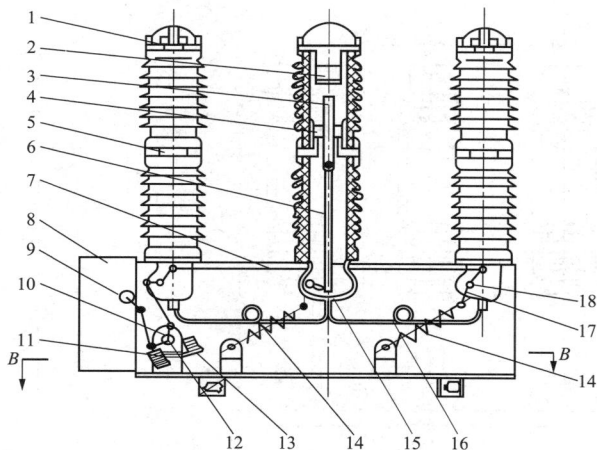

图 ZY1400803004-3　LW16 型断路器（无 TA）结构图

1—上接线板；2—静触头；3—导电杆；4—中间触头；5—下接线座；6—绝缘拉杆；7—连杆；8—弹簧操动机构；

9—机构输出轴；10—拐臂；11—分闸缓冲器；12—过渡轴；13—合闸缓冲器；

14—分闸弹簧；15—内拐臂；16—SF6 气体连接管；17—外拐臂；18—转轴

LW16 型断路器配用 CT10—A 弹簧操动机构。机构的储能驱动部分布置在左、中夹板之间，与合闸驱动的凸轮—四连杆部分和合闸电磁铁等完全隔离，互不影响。如图 ZY1400803004-4 所示。

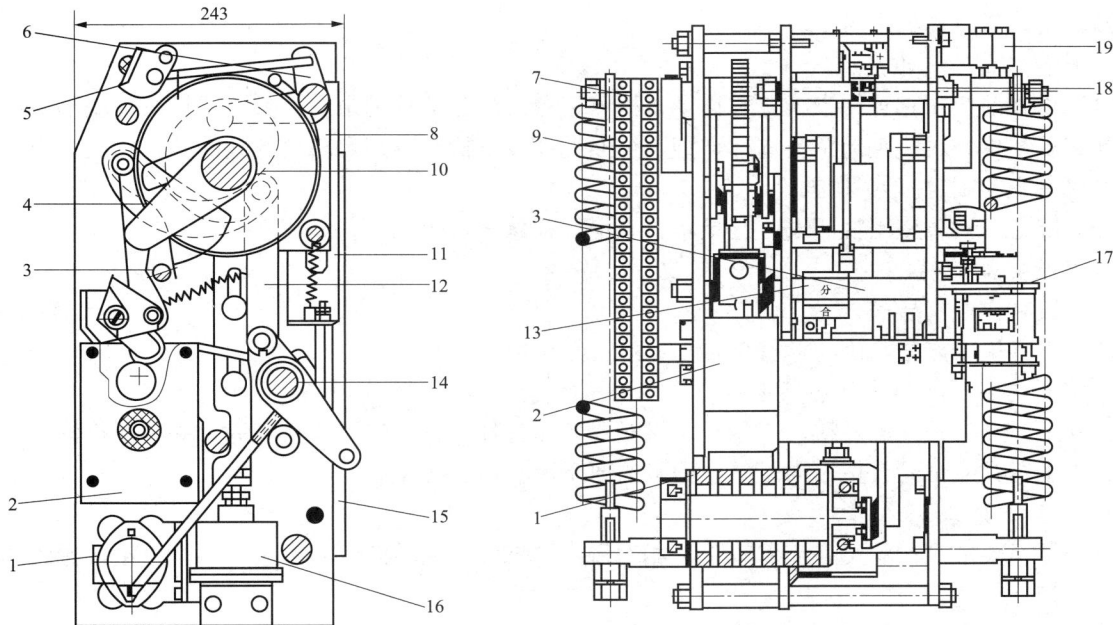

图 ZY1400803004-4　CT10-A 弹簧操动机构结构图

1—辅助开关；2—储能电动机；3—半轴；4—驱动棘爪；5—按钮；6—定位件；7—接线端子；8—保持棘爪；

9—合闸弹簧；10—储能轴；11—合闸连锁板；12—合闸四连杆；13—分合指示牌；14—输出轴；

15—角钢；16—合闸电磁铁；17—过电流脱扣器及分闸电磁铁；18—储能指示；19—行程开关

二、作业内容

（1）LW□-35 型断路器本体检修。

（2）LW□-35 型断路器灭弧室解体及组装。

（3）CT10-A 弹簧操动机构的检修。

（4）机构的调整。

三、作业中危险点分析及控制措施

作业中危险点分析及控制措施见表 ZY1400803004-1。

表 ZY1400803004-1　　　　　　　　　作业中危险点分析及控制措施

序号	危险点	控 制 措 施
1	高处坠落及落物伤人	（1）进入作业现场必须正确佩戴安全帽，高处作业按规定系好安全带。 （2）使用的梯子是否完整坚固、安装牢固，使用梯子有人扶持。 （3）传递工具、材料要使用传递绳，不准抛掷
2	防止误登感应电伤害	（1）工作前向作业人员交代清楚临近带电设备，并加强监护，不允许单人作业。 （2）装设全密封遮栏，不许越遮栏，不许攀登运行设备构架
3	防止触电伤害	（1）工作前检查工作点是否在接地有效保护范围内。 （2）搬动梯子等大物体时，需由两人放倒搬运，并与带电部分保持足够的安全距离。 （3）接取低压电源要专人监护；使用电气工具时，按规定接入漏电保护装置、接地线。 （4）高压试验时，检修人员不得在试验区随意走动。 （5）断开操动机构所有二次电源，需要用电时必须经运行人员同意。 （6）检修电源应有触电保护器，且有明显断开点，搭接电源应两人进行
4	防止机械伤害	（1）严格执行工机具使用规定，使用前严格检查，不完整的工器具禁止使用。 （2）弹簧机构检修前，必须插入分合闸闭锁止钉，并释放弹簧能量
5	防止 SF₆ 气体泄漏伤害	（1）必须按照规定做好防护措施，接触 SF₆ 气体时检修人员应穿工作服、戴上防毒面具。 （2）进入存放有 SF₆ 气体设备的室内，应开启排风扇 15min 以上进行通风。 （3）用检漏仪检测 SF₆ 气体不泄漏。 （4）每次工作结束都应及时清洗双手及所有外露部位

四、检修作业前的准备

1. 检修前的资料准备

（1）检修前应认真查阅设备安装记录、检修记录、设备运行记录、故障情况记录、缺陷情况记录和红外测温结果。对所查阅资料进行详细、全面的调查分析，以判定隔离开关的综合状况，为现场具体的检修方案的制定打好基础。

（2）准备好设备使用说明书、记录本、表格、检修报告等。

2. 检修方案的确定

（1）编制作业指导书。

（2）拟订检修方案，确定检修项目，编排工期进度。

3. 备品备件、工器具、材料准备

在开工前必须预先准备检修工器具、材料、备品备件、试验仪器和仪表等，并运至检修现场。仪器仪表、工器具应试验合格，满足本次施工的要求，材料应齐全。

4. 检修环境（场地）的准备

（1）环境要求是：温度在 5℃以上，相对湿度＜80%，现场检修应考虑采用搭建塑料棚的形式进行防尘保护。

（2）在检修现场四周设一留有通道口的封闭式遮栏，并在周围背向带电设备的遮栏上挂适当数量的"止步，高压危险"标示牌，在通道入口处挂"从此进出"标示牌。

（3）在作业现场指定位置摆放好检修工具、量具、材料、备品备件和测试仪器及垃圾箱。

5. 废旧物处理措施准备

准备好废旧 SF$_6$ 气体回收用专用器具。

五、检修作业前的检查和试验

（1）对断路器本体作外部检查，内容包括瓷套有无裂纹、基础螺栓和接地螺栓是否松动、各个密封部位有无漏气现象，SF$_6$ 气体密度继电器或密度表指示是否正常，六氟化硫气体压力值，并做好记录。

（2）检查操动机构各部件有无损坏变形，可调部位是否产生移动，并进行电动（或手动）分、合操作，观察其动作有无异常情况。

（3）根据需要可进行的试验：

1）测量导电回路的电阻。

2）电气绝缘试验（包括绝缘电阻）。

3）按具体情况测录部分机械特性数据。

（4）断路器在进行检查和试验后，应切除操动机构的分、合闸电源。切除储能电动机的电源，以避免损坏，使断路器处于分闸状态，并且应在弹簧能量均已释放后，才能进行检修。

六、LW□-35 断路器检修作业步骤及质量标准

1. 断路器本体检修

（1）在解体前先测试断路器的机械特性和导电回路的电阻，供解体检修时参考。

（2）对 SF$_6$ 气体回收后，对断路器抽真空至 133.32Pa，充高纯氮气至额定压力，然后排空，再抽真空，再用高纯氮气冲洗，再排空，反复冲洗两次。

（3）开启封盖，检修人员撤离现场，30min 以后方可进行分解工作。

（4）解体后的零件，瓷套或壳体，可用丙酮或无水酒精进行彻底清洗。

（5）清洗后的所有零部件，应进烘房烘燥处理，一般应烘 12～24h，温度控制在 70～80℃，待自然冷却后可进行组装。

（6）在解体拆卸过程中，对连接部件，做好标记，在组装时不可错位。

（7）断路器内的活动件，包括压气活塞、动、静触头等，应使用专用油脂均匀薄涂。注意：与 SF$_6$ 气体接触的活动件，不能使用含硅的油脂。

（8）组装后，在封盖前应仔细检查内部，用真空吸尘器反复仔细地对内部清洁。

ZY1400803004

（9）密封面的处理工艺如下。

1）密封槽面不能有划伤划痕，不能有锈迹，必要时，可用 800 号水砂纸及金相砂纸打磨光洁。

2）用丙酮或无水酒精，清洗密封面，用无纤维高级卫生纸反复揩拭干净。

3）所有拆下的密封圈必须全部更换。新密封圈用无纤维高级卫生纸蘸丙酮或无水酒精清擦，应无气泡和划痕。

4）分别在密封槽内涂适量的密封脂。

5）对密封圈外侧的法兰面薄涂中性凡士林或 2 号低温润滑脂。法兰连接缝及螺栓可用 703 密封胶密封。

6）法兰连接或封盖时，应用力矩扳手对角均匀紧固螺栓。

7）断路器内 SF₆ 气体少或真空状态下不可分、合断路器。

2. 灭弧室解体及组装

（1）灭弧室解体。

1）用起吊装置将灭弧室从传动箱或支持瓷套上拆下，并垂直固定于检修支架上，用厂家提供的专用工具进行分解。

2）解体灭弧室时，应将上、下接线座（法兰）与瓷套的连接作标记，以便组装时能正确复原。

3）静触头与支架取出时不得倾斜，不可碰擦喷口、压气缸，以防损坏灭弧喷口。

4）解体后的零部件，应先将其表面的 SF₆ 气体分解生成的物质（白色粉末）用真空吸尘器吸尽，并用卫生纸清擦干净，再用清洗剂清洗。工作人员必须穿防护服，戴橡胶手套。

5）重点检查的部件有：

① 动、静触头的触指不应变形，弹簧不变形、断裂（弹簧一般应进行更换），触指的镀银层不应脱落，触指磨损不应严重，否则应更换。

② 定开距灭弧室的导电杆应光洁、平直，表面镀银层磨损不应超过 70%，否则应更换。

③ 定开距灭弧室的滑动触头应不变形、无严重磨损，弹簧一般应更换，与压气缸的接触面应光洁，无明显凹痕。

④ 喷嘴是灭弧的关键，如果出现严重烧损、开裂、孔径变大或不圆等情况，应予更换。轻微烧损可用 800 号水砂纸修磨光洁。

⑤ 活塞组件应符合下列要求：止回阀阀片应平整，弹簧不变形、开启、关闭动作灵活。活塞与压气缸不变形、不开裂、内外表面光洁，活塞环（密封圈、聚四氟乙烯环），解体后应更换。内外活塞环及导管组件与压气缸内壁配合应严密，配合后摩擦系数不宜过大，手推拉活塞杆应能拉动。动、静弧触头烧损大于 3mm，外径严重烧损应更换。动、静弧头应紧固，并应有防松顶丝，顶丝上应滴少许黏接剂防松。导向装置表面光洁、无碎裂，与操动杆连接良好，轴销及衬套磨损应不大于 0.2mm，连杆与导向装置的密封应更换，组装时在其空间应涂满专用油脂。连杆与导向装置运动应灵活、无卡滞。变开距灭弧室的喷口、主动触头、弧触头、压气缸与操作连杆的组合装配时，应连接紧密、牢固，相互间应垂直，长度应符合要求。组合中任一零件损坏应整体更换，定开距灭弧室可更换单一零件。

⑥ 仔细检查灭弧室瓷套，应无碎裂损坏，法兰与瓷套浇合处良好，两端的瓷平面应平整、光洁。内壁可用丙酮或无水酒精清洗干净。

⑦ 静触头座法兰和活塞体法兰应清洗干净，油脂、油漆、密封脂均应除去，法兰面与密封槽无划伤痕迹，应不留有尘埃、纤维等。

（2）灭弧室组装。

1）组装要求。

① 组装时按厂家提供的灭弧室装配图进行，并应使用厂家提供的专用工具。

② 动触头组合与压气活塞组合组装时，各活动部件应涂一层薄的专用油脂。

③ 所有零部件或组装的组合件，均应进行烘燥处理，方可进行总装配。

④ 组装时，所有螺栓的紧固应使用力矩扳手。紧固力矩可按表 ZY1400803004-2 进行。

表 ZY1400803004-2　　　　　　　　　　　　螺栓的紧固力矩表

螺栓规格	紧固力矩（N·m）	螺栓规格	紧固力矩（N·m）
M8	20	M16	170
M10	40	M20	340
M12	70	M24	600

2）组装工艺质量标准。

① 组装时，应注意检查测量压气缸相对应的导电杆或活塞桶体与法兰的倾斜度，测量压气缸与导电杆或活塞桶体间的环形间隙，最大和最小尺寸差不得超过 1mm，即倾斜度不大于 0.5mm，否则应检查连接件连接的正确性，接触面的清洁度，也可转动压气缸或更换不合格的零部件，直至倾斜度满足要求。并测量动触头与压气缸、活塞桶体和下法兰座的总装长度，应符合要求。

② 组装中，应保证内部清洁，特别是定开距灭弧室的定开距距离间不应有杂物，否则易发生断口击穿。

③ 静触座及静触座头组装时，应保证与上法兰的垂直度，具体要求与灭弧单元组装要求相同，静触头单位的总装长度应满足要求。

④ 灭弧单元与静触头单元在瓷套上装配时，应测量动、静触头的对中性能，允许中心偏移 1mm，若无测量专用工具，可将动触头放在合闸位置，将静触头插入动触头上，然后紧固静触头法兰螺栓，保证严格对中。

⑤ 动、静触头接触面应涂薄层接触润滑的专用油脂。

⑥ 测量灭弧室内断口的断距离（定开距灭弧室的动、静喷口定开距离），应满足尺寸要求。

（3）断路器充气。充气前应先检查所有密封法兰面的螺栓有否松动，瓷件有无破损，三相气体连通管及 SF$_6$ 密度控制器安装是否完好。充气步骤为：

1）将 SF$_6$ 气瓶横倒放置，接上减压阀，并将充气管与减压阀连接好。

2）先打开气瓶阀门，再开启减压阀，使低压侧压力为 0.02～0.04MPa，然后用一直径 8mm 的紫铜棒将充气管阀芯顶开，放气 5～10s，冲洗管道。

3）对断路器充气，在充气时，减压阀低压侧与断路器的压差不大于 0.05MPa。当断路器内气体压力接近额定压力时，充气应缓慢地进行，以避免断路器压力过高。

4）当断路器内气体充到额定压力时，即关闭减压阀，先将充气管从断路器接口上卸下，并随即用堵头拧到接口上，将接头与充气管连接处旋开。关闭气瓶阀门，卸下减压阀，将减压阀和接头放到干燥的地方存放，以备下次再用。

5）断路器在充气至额定压力后，应对所有密封面进行定性检漏。

6）断路器内 SF$_6$ 气体含水量的查测。水分检测应在断路器充气 12h 后进行，用微量水分检测仪进行水分测量，其数值不应超过 150μL/L（V/V）。

3. 操动机构的检修

以 CT10-A 型弹簧操动机构为例。机构在检修时应将合闸弹簧所储能量释放，释放合闸弹簧能量的办法可以使断路器进行一次"合—分"闸操作（操作时应将电动机电源切断，以防再次储能）。

（1）弹簧操动机构的解体。

1）拆下操动机构的外罩。

2）拆下输出轴拐臂 14 与传动连杆的轴销，使操动机构与断路器脱离。

3）拆下端子排 7、辅助开关 1、行程开关 19。

4）拆下左右侧板外面的合闸弹簧 9 及拐臂。

5）拆下输出轴涨圈，扇形板与凸轮连杆机构的连板间的轴销。

6）拆下左侧半轴 3 的固定螺母、储能轴 10 左侧的固定螺母、定位件轴左侧固定螺母及驱动块轴左侧固定螺母。

7）拆下左侧板与机构连接的螺栓。

8）拆下合闸电磁铁 16、过电流脱扣电磁铁及分闸电磁铁 17。

9）拆下左侧板。

10）打开各有关的调节连杆。

11）抽出储能轴、输出轴、驱动块轴、半轴、定位件轴、扇形板轴等，取下储能机构、凸轮连杆机构、合闸操动机构、脱扣分闸机构、扇形板等。

（2）弹簧操动机构的清洗、检查。

1）用汽油清洗各零件及轴承、滚轮等。

2）检查拆下的各轴销、操动块、偏心轮、棘轮、棘爪、连板、滚轮、齿轮、拐臂、弹簧、扭簧等有无弯曲、变形、锈蚀、严重磨损、焊缝应无开焊，轴销与轴孔配合间隙不应大于 0.3mm，棘轮无打牙掉齿等。

3）检查各轴承及滚针转动应灵活、滚针应无磨偏及破损，然后涂上润滑油。

4）检查端子排接线紧固情况，行程开关动作情况及辅助开关切换情况，然后用毛刷清扫。接线端子排应紧固，行程开关动作可靠，辅助开关切换应准确无卡涩现象。

5）合闸机构铆接部位应牢固、灵活。

（3）弹簧操动机构的装复。

1）将各轴销、轴孔等转动部分涂上润滑油后，按分解相反顺序装复。

2）检查装复后各零件的紧固情况及动作情况：

① 各轴销窜动量不应大于 1mm。

② 各部螺栓应紧固，开口销、垫圈应齐全，开口销应开口。

③ 机构可动部分动作应灵活。

④ 各锁扣扣接及脱离应灵活可靠。

（4）储能电动机的检修。

1）从右侧板上卸下电动机，打开左端盖及变速箱底盖，清洗轴承及传递齿轮。

2）对轴承传递齿轮及偏心轮进行检查。轴承应无磨损，传递齿轮、偏心轮应无损坏，无问题后，重新涂上润滑油。

3）电动机检查。电动机一般不进行解体检修，对有故障问题的电动机可进行整体更换。

① 检查电动机转子转动灵活，无摩擦现象。

② 检查电动机碳刷及整流子磨损情况。碳刷与整流子的接触应良好，如磨损较短时可进行更换碳刷，更换碳刷时新旧牌号必须一致。

③ 用 1000V 绝缘电阻表测量，其绝缘电阻应在 0.5MΩ 以上。

（5）电磁铁检查。

1）电磁铁铁芯上下运动在各方位均应灵活、无卡涩现象。

2）检查线圈及引线绝缘情况，并测量其直流电阻应符合标准。

3）检查顶杆与铁芯结合是否牢固，顶杆有无弯曲、变形等现象。

4）检查铜套应无变形，过电流脱扣器及分闸电磁铁的铁芯应在一条轴线上。

4. 机构的调整

机构在装配完成后要进行一次调整，其主要调整项目有：

（1）在机构处于分闸位置时，调整限位螺钉 1，来达到调整扇形板复位后与半轴之间的间隙 δ_1，δ_1 在 1.5～3.0mm，如图 ZY1400803004-5 所示。

（2）通过调节螺钉 7，来调整合闸位置时半轴 2 和扇形板 8 之间的扣接量在 1.8～2.5mm 之间。如图 ZY1400803004-6（b）所示。

（3）机构可靠脱扣，对半轴 2 与扇形板 8 之间的间隙由脱扣联动杠杆调节来实现。如图

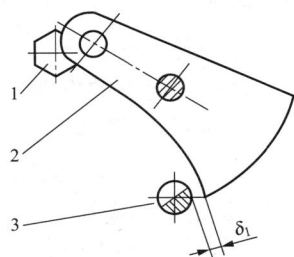

图 ZY1400803004-5　扇形板限位调整
1—限位螺钉；2—扇形板；3—半轴

ZY1400803004-6（c）所示。

（4）机构处于分闸位置时，通过调整手分按钮拉杆来调整手分按钮拉杆 3 与脱扣板 3 之间的相对关系。如图 ZY1400803004-6（d）所示。

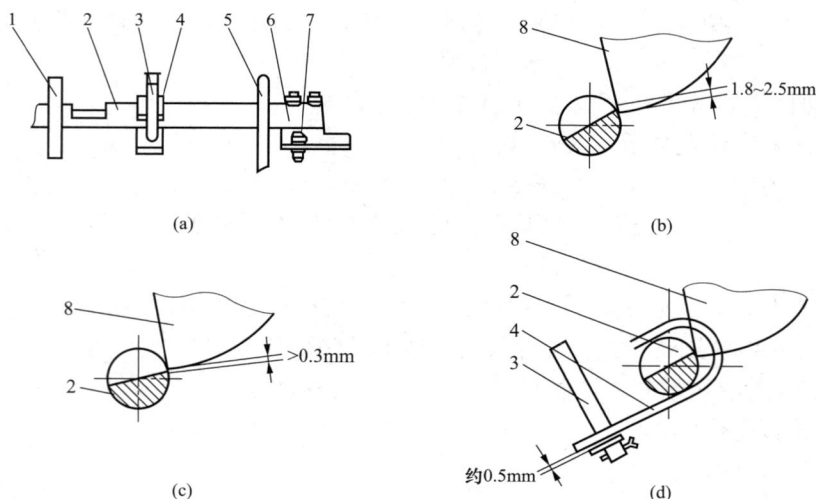

图 ZY1400803004-6　半轴与四连板结构

（a）半轴与脱扣板的相互位置图；（b）扇形板与半轴扣接量调整；（c）扇形板与半轴间的间隙；（d）手分按钮拉杆与脱扣板的间隙

1—左侧板；2—半轴；3—拉杆；4—脱扣板；5—右侧板；6—脱扣器；7—调节螺钉；8—扇形板

（5）合闸连锁板位置的调整。如图 ZY1400803004-4 所示，合闸连锁板 11 位置的调整通过调节与其相连的拉杆长度来实现，要求在机构输出轴处于分闸的极限位置时，连锁板 11 还应能向下推动 1～2mm。

（6）储能维持定位件与滚轮之间扣接量的调整，如图 ZY1400803004-4 所示。此扣接量通过调节定位件 6 与脱扣板 5 之间的拉杆长度来实现，一般应使滚轮中心线向定位件圆弧面的中间靠一些。

（7）辅助开关的调整。辅助开关与输出轴之间的动作关系由调节它们之间的拉杆长度和连接在输出轴上的调节螺钉来实现。

（8）"分"、"合"指示牌的调整。"分"、"合"指示牌的位置调整通过调节连接它和输出轴之间的拉杆来实现。

（9）行程开关的调整。行程开关位置的调整通过行程开关本身及其安装板、安装孔来实现，调整中应保证当挂簧拐臂转到储能位置时，能使行程开关触点动作，同时还应保证行程开关留有一定的超行程约 2mm，以免顶坏行程开关。

5. 验收检查

检修工作完成后应进行下列检查：

（1）断路器及操动机构固定是否牢靠，电气连接接触良好，外表清洁完整。

（2）断路器及其操动机构的联动应正常，无卡阻现象，动作性能符合规定，分、合闸指示正确。

（3）辅助开关动作正确可靠，电气回路传动正确。

（4）密度继电器的报警、闭锁定值应符合规定，六氟化硫气体压力和含水量应符合规定。

（5）油漆应完整，相色应标志正确，接地良好。

（6）操作试验。30%额定分闸电压连续通电 3 次，不应分闸；80%和 110%的额定合闸电压及 65%及 110%的额定分闸电压"合"、"分"各 2 次，能可靠合、分闸。

注意：断路器在真空状态下不允许进行"合"、"分"操作，以免损坏灭弧室零部件，影响断路器的正常运行。断路器只能在额定压力允许范围内进行"合"、"分"操作试验。

（7）测试。LW16 型断路器测试项目及质量标准见表 ZY1400803004-3，LW8 型断路器测试项目及质量标准见表 ZY1400803004-4。

表 ZY1400803004-3　　　　　　　　　**LW16 型断路器测试项目及质量标准**

序号	项　目	单位	标　准
1	SF₆气体额定气压（表压 20℃）	MPa	0.60±0.015
2	SF₆气体补气报警压力（表压 20℃）		0.55±0.015
3	SF₆气体闭锁压力（表压 20℃）		0.52±0.015
4	SF₆气体微量水分含量	V/V	≤150μL/L
5	导电杆行程	mm	65±2
6	合闸位置导电杆上端至绝缘子法兰上端尺寸 A		$233^{-0.5}_{-1.5}$
7	最小空气绝缘距离		440
8	主回路电阻	μΩ	普通≤40 附 TA≤60
9	三相分闸同期性	ms	≤2
10	刚分速度	m/s	2.4±0.2
11	刚合速度		≥2
12	分闸时间	s	≤0.06
13	合闸时间		≤0.15
14	半轴与扇形板的扣合深度	mm	1.8～2.5
15	扇形板复位后与半轴之间的间隙 δ_1		1.5～3.0
16	可靠脱扣对半轴与扇形板之间的间隙		>0.3
17	行程开关动作后的预留行程		2.0
18	合闸线圈最低动作电压	V	30%～65% U_N
19	分线圈最低动作电压		30%～65% U_N

表 ZY1400803004-4　　　　　　　　　**LW8 型断路器测试项目及质量标准**

序号	项　目	单位	标　准
1	合闸时间（额定操作电压下）	s	≤0.1
2	分闸时间（额定操作电压下）		≤0.06
3	六氟化硫气体额定气压（20℃时表压）	MPa	0.50
4	报警压力/最低功能压力（20℃时表压）		0.47/0.45
5	六氟化硫气体水分含量（V/V）	V/V	≤150μL/L
6	合闸线圈最低动作电压	V	30%～65% U_N
7	分线圈最低动作电压		30%～65% U_N
8	动触头行程	mm	95±2
9	触头开距		60±1.5
10	相间合闸同期性	ms	≤3
11	相间分闸同期性		≤2
12	主回路电阻	μΩ	≤120（爬距 2.5cm/kV） ≤130（爬距 3.1cm/kV）

续表

序号	项　目	单位	标　准
13	合闸速度	m/s	3.2 ± 0.2
14	分闸速度		3.4 ± 0.2
15	合闸缓冲行程	mm	$10^{+0.5}_{-0.1}$
16	合闸缓冲的定位间隙		$1\sim2$
17	合闸连锁板位置		应能向下推动 $2\sim3$
18	分闸缓冲器行程		$11\sim14$

七、收尾工作

（1）检修工作结束，应处理引线接触面，涂上适量导电膏，然后恢复引线，并确保接触良好。

（2）对支架、基座、连杆等铁质部件进行除锈防腐处理，对导电部分的适当部分涂以相应的相序标志（黄绿红）。

（3）拆除检修架，整理清扫工作现场，检查接地线。

（4）填写检修报告及有关记录，召开班会总结，整理技术文件资料，并存档保管。

（5）接受现场验收，办理工作票终结手续，检修人员全部撤离工作现场。

【思考与练习】

1. LW8 型断路器主要由哪些部分组成？

2. SF_6 断路器检修作业前的检查和试验内容是什么？

3. 在 LW□–35 型断路器检修作业中，如何对操动机构进行检修？

4. 在 LW□–35 型断路器检修作业中，机构在装配完成后如何进行调整？

模块 5　LW6B 型断路器传动系统和操动机构的检修、调整（ZY1400803005）

【模块描述】本模块包含 LW6B 型断路器传动系统及液压机构检修、调整的作业流程及工艺要求。通过结构分析、图例展示、要点讲解、操作技能训练，掌握 LW6B 型断路器传动系统及液压机构的基本结构、检修调整前准备、危险点预控、作业步骤、工艺要求及质量标准等操作技能。

【正文】

一、LW6B 型断路器液压机构的结构原理

1. LW6B 型断路器液压机构的结构

LW6B–252 型断路器液压操动机构的结构如图 ZY1400803005-1 所示。

（1）储压器。储压器主要由底座、缸体、活塞、弹簧、弹簧座、导向板、塞座、帽及组合密封等组成。LW6B–252 型断路器每相配 2 个相同的储压器，容积为 $2\times5.6L$。储压器储存了液压操作系统的能源，其下部预先充有高纯氮，工作时液压泵将油箱中的油压入储压器上部进一步压缩氮气，从而储存了能量供断路器分、合闸使用。储压器结构如图 ZY1400803005-2 所示。

（2）工作缸。工作缸主要由活塞杆、上螺母、密封圈、合闸缓冲套、缸体、分闸缓冲套、下螺母等部件组成。工作缸是开关的动力装置，它通过支柱里的绝缘拉杆与灭弧室里的动触头相连，带动断路器作分、合闸运动。工作缸结构如图 ZY1400803005-3 所示。

（3）一级阀、二级阀。一级阀主要由阀体、阀针、阀套、阀芯、球阀、阀座及弹簧组成，二级阀主要由二级阀座、阀缸、阀杆、阀套及管阀组成。一级阀、二级阀结构如图 ZY1400803005-4 所示。

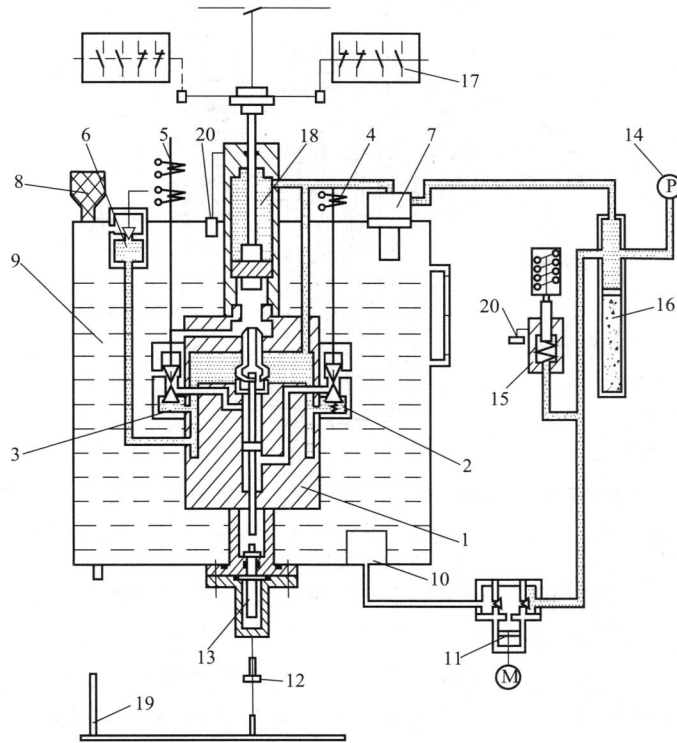

图 ZY1400803005-1　LW6B-252 型断路器液压操动机构结构图（对应断路器分闸状态）

1—二级阀；2—合闸一级阀；3—分闸一级阀；4—合闸电磁铁；5—分闸电磁铁；6—高压放油阀；7—高压安全阀；8—油气分离器；

9—油箱；10—过滤器；11—液压泵；12—操纵杆装配；13—杆；14—油压表；15—油压开关；16—储压器；17—辅助开关；

18—工作缸；19—二级阀分、合专用工具；20—小油杯

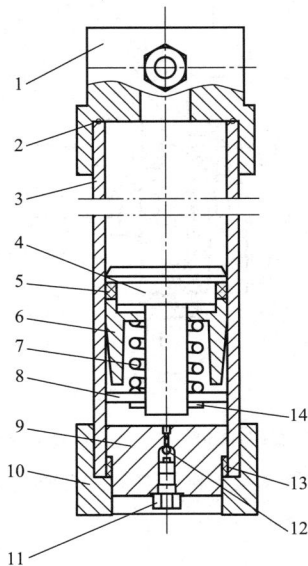

图 ZY1400803005-2　LW6B-252 型断路器

液压操动机构储压器结构

1—底座；2—密封圈；3—缸体；4—活塞；5、13—组合密封圈；6—弹簧座；

7—弹簧；8—导向板；9—塞座；10—帽；11—密封螺堵；12—钢球；14—压环

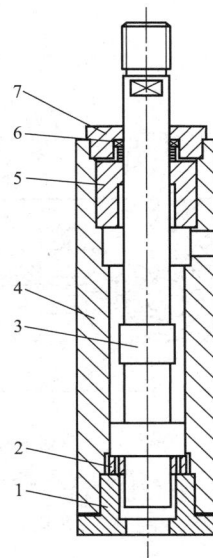

图 ZY1400803005-3　LW6B-252 型断路器

液压操动机构工作缸装配

1—下螺母；2—分闸缓冲套；3—活塞杆；4—缸体；

5—合闸缓冲套；6—密封圈；7—上螺母

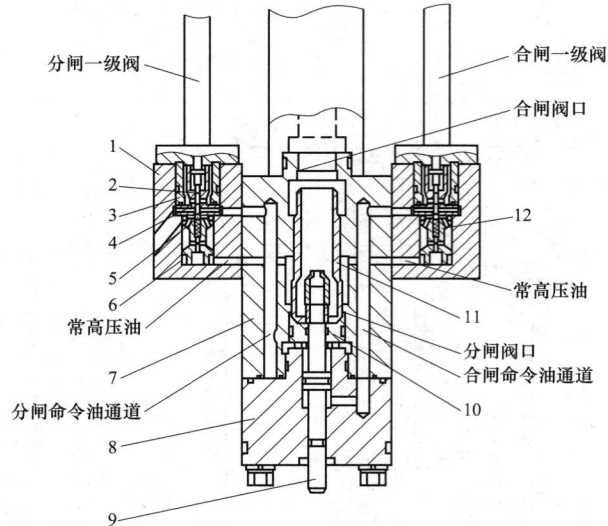

图 ZY1400803005-4　LW6B-252 型断路器液压操动机构一级阀、二级阀结构

1—阀体；2—阀针；3、10—阀套；4—阀芯；5—球阀；6—阀座；7—二级阀座；8—阀缸；9—阀杆；11—管阀；12—弹簧

（4）液压泵。液压泵主要由基座、曲柄转轴、止回阀、柱塞及阀座组成。本机构所用的高压液压泵是径向双柱塞液压泵，它借助柱塞在阀座中作往复运动，造成封闭容积的变化，不断地吸油和压油，将油压到储压器中直至工作压力，柱塞的往复运动是由与电动机转轴相连的曲轴上的偏心轮和柱塞的复位弹簧来实现的，转轴转一周，左、右柱塞各完成一个吸油—排油—压油的工作循环。液压泵的结构如图 ZY1400803005-5 所示。

（6）高压放油阀。高压放油阀主要有手柄、阀座、锥阀、密封元件组成。当液压系统储能时，顺时针旋转手柄，此时锥阀关闭下边的阀口；当调试中液压系统需要泄压时，逆时针旋转手柄，此时锥阀打开下边的阀口，高压油从下边的高压系统泄入油箱。高压放油阀的结构如图 ZY1400803005-6 所示。

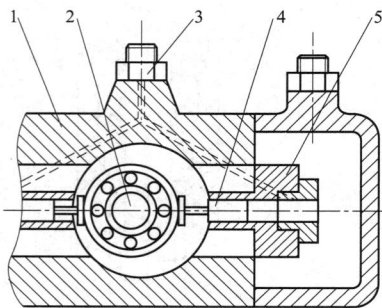

图 ZY1400803005-5　LW6B-252 型断路器
液压操动机构液压泵结构

1—基座；2—曲柄转轴；3—止回阀；4—柱塞；5—阀座

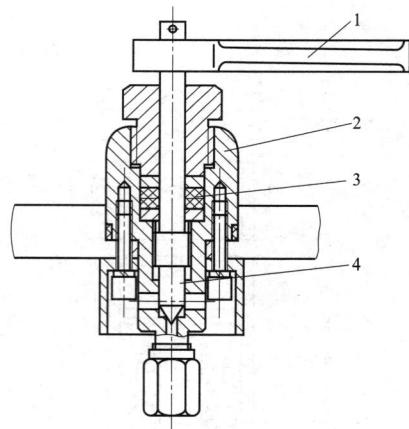

图 ZY1400803005-6　LW6B-252 型断路器
液压操动机构高压放油阀结构

1—手柄；2—阀座；3—密封元件；4—锥阀

（7）压力开关。压力开关主要由微动开关、阀、弹簧、支柱装配、活塞、挡圈、导向杆、阀座等组成。压力开关共有 5 对触点，分别控制电动机的启、停及输出分闸、合闸、重合闸闭锁信号，当压力升高时，活塞向上移动，并压缩弹簧，支柱装配带动阀并分别触动微动开关，发出液压机构的各种压力信号。压力下降时，活塞向下移动，同时带动阀向下移动，使其与微动开关分开，发出信号，实

现电路上的各种控制。除此之外，还提供一对行程开关空触点，以供用户特殊用途。压力开关结构如图 ZY1400803005-7 所示。

（8）分、合闸电磁铁。分、合闸电磁铁主要由按钮、磁轭、铁芯、线圈组成。动铁芯的总行程为 2～4mm，其工作行程为 2.5～3mm，其中分闸电磁铁由主分闸电磁铁和副分闸电磁铁组成，二者的动铁芯叠在一起同步动作。分、合闸电磁铁的结构如图 ZY1400803005-8 所示。

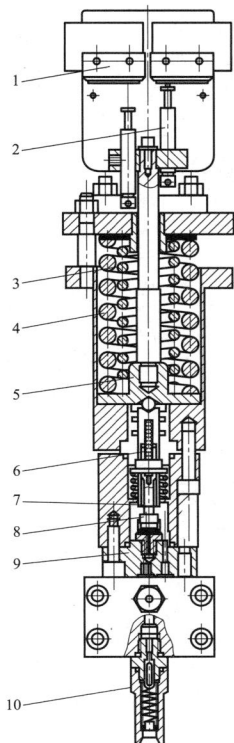

图 ZY1400803005-7　LW6B–252 型断路器
液压操动机构压力开关结构

1—微动开关；2—阀；3、4—弹簧；5—支柱装配；6—活塞；
7—挡圈；8—导向环；9—阀座；10—安全阀

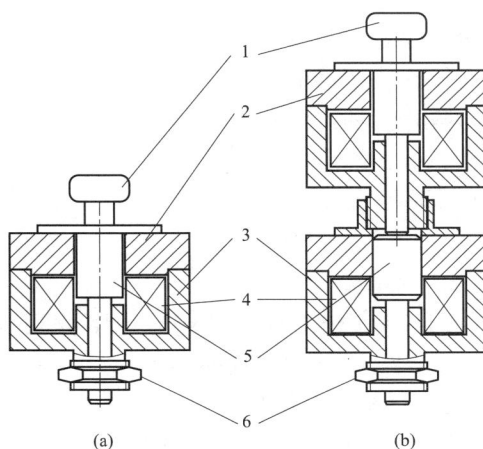

图 ZY1400803005-8　分、合闸电磁铁结构

（a）合闸电磁铁；（b）分闸电磁铁

1—按钮；2、3—磁轭；4—线圈；5—铁芯；6—螺母

2. LW6B 型断路器液压机构的工作原理

如图 ZY1400803005-1 所示，首先启动电动机，液压泵 11 将油箱 9 内的低压油经过滤器 10 吸入，高压油进入储压器 16 内推动活塞压缩氮气，当系统中油压升高到额定工作压力时，液压泵 11 自动停止运转，储能完毕。

（1）合闸。断路器在分闸位置时，合闸命令发出，合闸电磁铁 4 通电，打开合闸一级阀 2 的阀口，高压油从合闸一级阀 2 的下端通过阀口进入二级阀中阀杆的下端推动阀杆向上运动，而阀杆带动管阀同样向上运动，管阀封住工作缸 18 尾部与低压油隔开，管阀的下阀口也随之打开，高压油通过管阀的中心孔进入工作缸 18 的下端，利用活塞面积差产生的力，推动活塞向上运动，从而使断路器合闸实现。

工作缸 18 中的活塞杆往上运动时，带动辅助开关 17 的连杆机构运动，使辅助开关 17 转换。辅助开关 17 转换后，其触点将合闸电磁铁 4 断电。合闸一级阀 2 阀口封住，二级阀 1 中活塞下端的高压油沿原路返回进入油箱 9。

（2）分闸。分闸电磁铁 K1 或 K2，或两者同时接受分闸命令后动作时，均可打开分闸一级阀 3 的阀口，高压油从分阀一级阀 3 的下端经过阀口进入二级阀 1 中阀杆的上腔，推动阀杆向下运动，而阀杆带动管阀也往下运动，使管阀与工作缸 18 尾部的阀口分离，高压油经过阀口处释放进入油箱 9，而管阀的下部阀口关闭，切断高压油回路，工作缸 18 上端的常高压油推动活塞向下运动，从而使断路器分闸实现。

分闸的同时，工作缸 18 中的活塞杆向下运动时，带动辅助开关 17 的连杆机构运动，使辅助开关 17 转换。辅助开关 17 转换后，其触点将分闸电磁铁 5 断电。分闸一级阀 3 返回阀口封住，二级阀 1 中活塞上腔的高压油沿原路返回进入油箱 9。

二、作业内容

（1）LW6B-252 型断路器液压机构的拆卸。

（2）LW6B-252 型断路器液压机构的检修。

（3）LW6B-252 型断路器液压机构的装复，管道清洗。

（4）LW6B-252 型断路器液压机构注油及排气。

（5）调整和试验。

1）检查储压器预压力。

2）低动作电压测试。

3）压力开关各压力值调整。

4）慢分、慢合试验。

5）安全阀动作压力的校验。

6）各项操作后油压降检查。

7）保压试验。

8）液压泵补压时间检查。

9）防慢分功能的检查。

10）压力表校验。

11）辅助回路和控制回路的绝缘电阻值测试。

12）辅助回路和控制回路的交流耐压。

13）机构密封检查及清扫。

三、作业中危险点分析及控制措施

作业中危险点分析及控制措施见表 ZY1400803005-1。

表 ZY1400803005-1　　作业中危险点分析及控制措施

序号	危险点	控制措施
1	误入、误登带电间隔	（1）工作前向作业人员交代清楚临近带电设备，并加强监护。 （2）工作人员应走指定通道，在遮栏内工作，严禁擅自移动和跨越遮栏。 （3）严禁攀登运行设备构架
2	低压触电	（1）工作人员之间做好相互配合，拉、合电源开关时发出相应口令。 （2）使用完整合格的安全开关，装合适的熔丝。 （3）接、拆试验电源必须在电源开关拉开的情况下进行
3	高压油伤人	（1）解体检修前必须将高压油放至零位。 （2）高压管路接头严禁带压紧固

四、检修作业前的准备

1. 检修前资料的准备

（1）检修前应认真查阅设备安装记录、检修记录、设备运行记录、故障情况记录和缺陷情况记录。对所查阅的结果进行详细、全面的调查分析。

（2）准备好设备使用说明书、记录本、表格、检修报告等；编制标准化作业指导书。

2. 备品备件、工器具、材料准备

准备工器具、材料、备品备件、试验仪器和仪表等，并运至检修现场。仪器仪表、工器具应检验合格，满足本次施工的要求，材料应齐全，图纸及资料应符合现场实际情况。

3. 检修人员准备

（1）人员配置。检修人员必须了解 SF₆ 气体的特性和管理知识，熟悉断路器的结构、动作原理及操作方法，应有一定的电工安全知识和机械维修经验。专责监护人具有相关工作经验，熟悉设备。

（2）责任要求。对各检修项目的责任人进行分工明确；对特殊检修项目应在厂家技术人员的指导下进行。

4. 检修环境（场地）的要求

（1）在检修现场四周设一留有通道口的封闭式遮栏，并在周围背向带电设备的遮栏上挂适当数量的"止步，高压危险"标示牌，在通道入口处挂"从此进出"标示牌。

（2）在作业现场按定置图摆放检修工具、量具、材料、备品备件和测试仪器及垃圾箱。

五、检修作业前的检查和试验

1. 断路器修前的检查

（1）外观检查。

（2）检查各高压管路、工作缸、储压器、液压泵、低压油管有无渗漏油。

（3）检查油压表指示情况是否正常，有无渗漏油。

（4）检查各电气元件有无破损。

（5）检查端子排是否完好，接线是否牢固。

（6）检查其他附件情况。

（7）检查机构箱开闭及密封情况。

2. 液压泵补压时间检查

检查补压时间是否在规定范围内。

3. 各项操作后油压降检查

（1）检查在 25.0MPa 油压下分闸油压降数值。

（2）检查在 21.5MPa 油压下合闸油压降数值。

（3）检查在 25.0MPa 油压下重合闸油压降数。

4. 检修前的试验

（1）油压开关测试。检测项目及标准见表 ZY1400803005-2。

表 ZY1400803005-2　　　　　　检 测 项 目 及 标 准　　　　　　（MPa）

序号	检 测 项 目	标　准	备　注
1	储压器预充氮压力（15℃）	15±0.5	
2	液压泵停止压力	26±1 ↑	
3	液压泵启动压力	25±1 ↓	
4	合闸闭锁压力	21.5±0.5 ↓	
5	分闸闭锁压力	19.5±0.5 ↓	
6	重合闸闭锁压力	23.5±0.5 ↓	

（2）电气特性试验。断路器操动机构的试验，分、合闸线圈低电压试验，辅助回路及控制回路绝缘电阻、直流电阻测试等。

（3）机械特性试验。断路器分、合闸速度，分、合闸时间及同期性测量等。

六、LW6B-252 型断路器液压机构检修作业步骤及质量标准

1. 液压机构的拆卸

（1）断开交直流电源，并验明确无电压。

（2）拧开高压放油阀，将机构压力释放至零位。

（3）打开低压放油阀，将油箱内的液压油放入容器中。

（4）拆除与液压泵之间的连管；拆除液压泵及电动机，将电动机与液压泵的连接螺栓松开，使电动机与液压泵分离。

（5）拧开低压油箱固定螺栓，拆除低压油箱。

（6）拆除所有高压油管路；将管接头用干净塑料布包好。

（7）拆除油压开关装配。

（8）拆除储压器装配。

（9）拆除分、合闸线圈及高压放油阀。

（10）拆除转换开关等附件。

（11）拆除分、合闸一级阀装配。

（12）拆除二级阀装配。

（13）拆除工作缸装配。

2. 液压机构的检修

（1）分、合闸线圈的分解检修及质量标准。

1）将分、合闸线圈分解。

2）清洗除线圈外所有零部件。

3）检查线圈引出线有无卡伤，测量线圈直流电阻值，直流电阻值不超过规定±5%；用1000V绝缘电阻测试仪测量线圈绝缘电阻，绝缘电阻不小于0.5MΩ。

4）更换全部密封圈，检查密封圈无损坏和毛边。

5）调整阀杆行程，铁芯总行程。铁芯运动情况应灵活、无卡涩。

6）阀座、阀杆、弹簧无变形，锈蚀。

7）按拆卸相反顺序装复。

（2）工作缸的分解检修及质量标准。

1）工作缸的分解及检修。

① 用专用工具拆除上、下螺塞，依次取出合闸缓冲套、分闸缓冲套和活塞杆。

② 拆卸活塞杆上的卡圈，取出弹簧座、弹簧及组合密封垫圈。

③ 清洗所有零部件。

④ 检查下螺塞金属密封面有无损伤，必要时更换。

⑤ 检查工作缸和活塞杆有无沟痕，活塞与杆是否松动，如有问题则更换新件。

⑥ 检查合闸缓冲套内的钢球动作间隙及密封状况；检查分闸缓冲套有无裂纹，两端面有无变形。

⑦ 用洁净的液压油清洗零部件并吹拂干净，各零部件应无毛刺，各密封接触面清洁、平整。

⑧ 更换密封圈并按相反顺序装复。

2）工作缸的检修质量标准。

① 工作缸缸体内表和活塞外表应光滑、无沟痕。

② 活塞杆应无弯曲，表面无划伤痕迹、无锈蚀。

③ 组装后，活塞杆运动应灵活，无别动现象。

④ 活塞杆拉动应无别劲，拉动力约400～500N。

⑤ 工作缸活塞行程为150mm±1mm。

（3）高压放油阀的分解检修及质量标准。

1）高压放油阀的分解及检修。

① 将高压放油阀分解。

② 用合格的液压油清洗所有零部件。

③ 阀口密封是否严密、完整、无断条。

④ 更换密封圈并按相反顺序装复。

2）高压放油阀的检修质量标准。

① 钢球（阀锥）应无锈蚀、无损坏。

② 钢球（阀锥）与阀口应密封严密，密封线应完整。

③ 阀杆应无变形、无弯曲、无松动，端头应平整。

④ 复位弹簧应无损坏、无锈蚀，弹性应良好。

⑤ 动作灵活。

（4）储压筒的分解检修及质量标准。

1）储压筒的分解及检修。

① 用专用工具将上帽拆下来，把螺钉和球阀取出来，用一个直径小于 2mm 的钢丝顶进，将氮气放尽。

② 拆开上帽、座，拿出活塞，再用装配工具将组合式滑动密封圈取出。

③ 用合格的液压油和白绸布清洗各零部件并保持干净，再用无尘的压缩空气吹干净。

④ 检查储压筒内壁应光滑，无划痕，无锈蚀。

⑤ 检查活塞表面镀铬层完整，无损坏。

⑥ 在比较干净的环境中装配。

⑦ 缸体内壁、螺纹部分密封圈表面涂以润滑脂，装配 ϕ92mm 组合式滑动密封圈时，在干燥的活塞上装上聚四氟乙烯垫圈、密封垫圈、铜垫圈、弹簧、弹簧导向板及卡圈等，弹簧被轻轻压缩在弹簧座内，借助专用工具将滑动密封圈在刚体内压紧。将密封圈放在缸体的密封槽内，然后装上座，将座拧紧，直至座和缸体的平面压紧为止。

⑧ 气密封阀 27 由一个耐油密封条和黄铜的衬套组成，将气密封阀装入铆在塞盖上的圈内，用铜销销上防止掉出。

⑨ 先在充气端内倒入 10mL 的 10 号航空液压油，之后将塞盖的密封垫圈和铜垫圈轻轻推入刚体内，再装上帽并拧紧。

⑩ 用专用工具对储压器预充 15MPa（12℃）氮气，经检查不漏气后，将球阀放入密封孔内，用紧固黄铜螺钉将球阀压紧在密封面上，然后装上帽。

2）储压筒的检修质量标准。

① 储压筒内壁及活塞表面应光滑，无划痕，无锈蚀。

② 充气阀应密封良好，无漏气现象。各紧固件应连接可靠。

③ 用 99.999% 的高纯度氮。

④ 检查铜压圈、垫圈无划痕。

⑤ 止回阀钢球与阀口应密封良好。

⑥ 活塞杆表面应无划伤、镀铬层应完整无脱落，杆体无弯曲、变形现象。

（5）液压泵的分解检修及质量标准。

1）液压泵的分解及检修。

① 拧出 4 个螺钉，取下 2 个罩，拧出阀座的 2 个紧固螺钉，沿抽螺钉方向将圆台从基座中拔出，然后从侧面取出阀座装配及柱塞、弹簧、限制件，注意拆下的柱塞与阀座应保持原配。

② 从基座上取出钢球、弹簧、座，从阀座上拧下低压吸油阀，若吸油阀密封油问题，可继续分解，取下阀罩、塔形弹簧、片阀。拧下出油口止回阀和接头，倒出弹簧和钢球。

③ 转轴，各轴承以及密封装配一般情况下不分解检修。

④ 用洁净的液压油和白绸布清洗所有的零部件。

⑤ 检查柱塞、阀座的光洁度，必要时可用研磨膏进行研磨。检查柱塞与阀座的间隙：用手指堵住阀座底部，压下柱塞，松开手后，柱塞应能返回。

⑥ 检查钢球与阀口的磨损和密封情况，如因磨损密封不良，研磨或重新打磨密封线，严重者进行更换。

⑦ 检查低压吸油阀的密封情况，片阀密封面宽度不大于 0.6mm，用口吸阀座时阀片应给能吸住不掉下来。如片阀和阀口密封不良，研磨。

⑧ 检查端帽应无砂眼。

⑨ 更换全部密封圈和密封垫圈。

⑩ 按分解相反顺序在合格的液压油中进行装复。

⑪ 装配结束后，用手转动转轴，出油接头应有油流出。

2）液压泵的检修质量标准。

① 柱塞间隙配合应良好。

② 高、低压止回阀密封应良好。

③ 弹簧无变形，弹性应良好，钢球无裂纹、无锈蚀，球托与弹簧、钢球配合良好。

④ 油封应无渗漏油现象。

⑤ 各通道应畅通、无阻塞。

（6）电动机的分解检修及质量标准。

1）电动机的分解及检修。

电动机一般情况下不需要全部解体检修，只是拆下电动机端盖进行检查。如为直流电动机，在拆下碳刷架及碳刷之前，除先做好其相对位置及接线极性的标记外，并做好记录，然后拆除碳刷架及碳刷。

① 拆下电动机端盖，检查清洗轴承，重新加润滑油，轴承磨损严重的应更换。

② 用 1000V 绝缘电阻测试仪测量电动机的绝缘电阻不小于 0.5MΩ。

③ 测量交流电动机的三相线圈电阻。

④ 检查电动机碳刷及整流子接触及磨损情况，碳刷应接触良好，有足够的长度。

⑤ 清扫定子和转子。

⑥ 复位后检查电动机运转情况应正常、无卡磨现象。

2）电动机的检修质量标准。

① 轴承应无磨损，转动应灵活。

② 定子与转子间的间隙应均匀，无摩擦现象。

③ 整流子磨损深度不超过规定值。

④ 电动机的绝缘电阻应符合标准要求。

（7）油压开关的分解检修及质量标准。

1）油压开关的分解及检修。

① 将油压开关分解。

② 用合格的液压油清洗除行程开关以外的所有零部件。

③ 检查六个行程开关动作良好。

④ 用万用表导通动合、动断触点，均接触正常。

⑤ 检查弹簧应无裂纹，弹性良好。

⑥ 检查阀和阀体密封面密封良好，无磨损。

2）油压开关的检修质量标准。

① 柱塞与导向套配合适当，动作灵活。

② 各密封处均密封良好。

（8）分、合闸阀及二级阀的分解检修及质量标准。

1）分、合闸阀及二级阀的分解及检修。

① 将分、合闸阀及二级阀分解。

② 用合格的液压油清洗拆下的零部件及阀体。

③ 检查各阀杆、阀体、阀腔，清理阀口毛刺。

④ 检查阀座和锥阀密封是否良好。

⑤ 检查复位弹簧是否良好。

⑥ 按分解相反顺序进行装复，更换所有密封圈。装配阀杆组合密封时应在阀座孔内进行；装配顶

杆上密封圈和聚四氟乙烯挡圈时应涂凡士林油，以免卡损密封圈和挡圈。

2）分、合闸阀及二级阀的检修质量标准。

① 各部零件应无损伤。

② 弹簧复位应良好。

③ 钢球（阀锥）应无锈蚀、无损坏。

④ 钢球（阀锥）与阀口应密封严密，密封线应完整。

⑤ 阀杆应无变形、无弯曲，复位弹簧应无损坏、无锈蚀，弹性应良好。

⑥ 组装后各阀杆行程应符合要求。

（9）加热和温控装置检修。加热和温控装置应无损坏，接线良好，工作正常。加热器功率消耗偏差在制造厂规定范围以内。

（10）其他部位的检修和检查。

1）二次回路绝缘测试。

2）校验油压力表。

3）检查机构箱，表面无锈蚀，无变形，应无渗漏雨水现象。

4）检查传动连杆及其他外露零件，无锈蚀，连接紧固。

5）检查辅助开关，触点接触良好，切换角度合适，接线正确。

6）检查分合闸指示器，指示位置正确，安装连接牢固。

7）检查端子排是否完好，接线是否牢固，清扫端子排。

8）检查操作计数器，动作应正确。

9）检查微动开关动作是否灵活可靠。

10）检查接触器动作是否灵活可靠，触点有无烧伤痕迹。

3. 液压机构的装复，管道清洗

（1）按机构各部件拆卸相反顺序装复。

（2）检查各连接管道、接头、卡套、螺帽是否有卡伤变形、裂纹。

（3）用氮气冲洗各液压管道。

（4）清洗低压油箱和油过滤器，将管接头擦拭干净。

（5）装配包括到动力元件所有液压管道。

（6）使液压系统处于分闸位置，注入经过滤合格的液压油到最高油位。

（7）连接后的管路及接头应紧固，无渗漏气现象。

4. 液压机构注油及排气

（1）注油。使液压系统处于分闸位置，注入经过滤合格的液压油到最高油位，静止1h以上。

（2）排气。

1）将液压系统放气接头的堵头拧下，接入放气工具，把透明塑料管的另一端放入油箱中，启动液压泵打压，打压时间不少于10min，直到塑料管的另一端无可见气泡及无油流间断为止。

2）退出放气接头，慢合使液压系统处于合闸状态，重复上述放气程序；退出放气接头，使机构分闸，打压至额定压力，通过高压放油阀进行两次高压状态下放气，直到压力为零。

3）合闸，打压至额定油压，通过高压放油阀进行一次放气，直到压力为零。

4）以上放气程序完后，方可正式作操作试验，若速度不稳定，可重复以上放气程序。不得在放气不充分情况下测量。

5）液压系统处于零表压时，历时24h应无渗漏现象：油压为26MPa时，液压系统分别处于分闸和合闸位置、历时12h，压力降不应大于1.0MPa。

5. 调整和试验

（1）检查储压器预压力。机构处于零压时，用液压泵打压，开始时油压上升迅速，当压力升到某一值时，上升速度突然减缓，该值即为储压器的预压力。

（2）低动作电压测试。分闸动作电压标准值为额定操作电压的30%～65%，合闸动作电压标准值为不高于额定操作电压的 80%。

（3）压力开关各压力值调整。通过调整微动开关下的黄铜顶杆长度来实现，各压力值标准见表 ZY1400803005-3。

表 ZY1400803005-3 压力值标准 （MPa）

序号	检测项目	标准	备注
1	液压泵停止压力	26±1 ↑	
2	液压泵启动压力	25±1 ↓	
3	合闸闭锁压力	21.5±0.5 ↓	
4	分闸闭锁压力	19.5±0.5 ↓	
5	重合闸闭锁压力	23.5±0.5 ↓	

（4）慢分、慢合试验。

1）慢合：断路器处于分闸位置，把液压系统的压力放至零表压，用手向上抬操纵杆 19 至合闸位置，然后电动机打压，断路器就慢合。

2）慢分：断路器处于合闸位置，把液压系统的压力放至零表压，用手向下拉操纵杆 19 至分闸位置，然后电动机打压，断路器就慢分。

（5）安全阀动作压力的校验。安全阀压力需调整时，可增、减组合弹簧上部的垫片，增加垫片，泄放压力值升高，反之则降低。

1）安全阀开启压力值 30MPa+2MPa。

2）安全阀关闭压力值＞26MPa。

（6）各项操作后油压降检查。

1）在 25.0MPa 下分闸：≤2.5MPa。

2）在 21.5MPa 下合闸：≤1.4MPa。

3）在 25.0MPa 下重合闸：≤4.5MPa。

（7）保压试验。保压试验在油压为 26MPa 进行，将机构分别处于分、合闸位置历时 2h，压力不降。

（8）液压泵补压时间检查。就地操作液压机构分、合闸至液压泵启动，检查补压时间应不大于 3min。

（9）防慢分功能的检查。将液压机构打压至额定工作压力后合闸，拉开电源开关。打开高压放油阀，将液压机构高压力放至零表压。关闭高压放油阀，合上电源开关建压，机构不慢分。

（10）压力表校验。压力表应校验合验后方可使用。

（11）辅助回路和控制回路的绝缘电阻值测试。用 1000V 的绝缘电阻测试仪进行测试，绝缘电阻值不应该低于 10MΩ。

（12）辅助回路和控制回路的交流耐压。试验电压为 1000V，并且交流耐压试验后的绝缘电阻值不应该降低，也可用 2500V 绝缘电阻测试仪代替。

（13）机构密封检查及清扫。检查机构内无进水痕迹，密封良好；将机构箱内清扫干净。

七、注意事项

（1）操动机构检修前必须处于分闸位置，将储能电动机电源断开，将油压力释放至零表压，方能进行工作。

（2）一、二级阀组件在拆除解体后，其内部阀针、阀球极其细小，不能与坚硬物体碰撞或相挤压，以免变形。

（3）更换新的组件、密封圈前，要用干净的 10 号航空油清洗，液压管要用纯氮气吹干，工作人员的手也应清洗，确保人手、工具、元器件干净无杂质，新更换的 10 号航空液压油必须经过过滤，以保持纯净。

（4）对断路器操动机构的检修调整，必须掌握清洁、密封两个关键性的要求。

【思考与练习】

1. LW6B 型断路器液压机构主要由哪些部分组成？

2. LW6B 型断路器液压机构和传动系统检修前需要作哪些检查和试验项目？

3. LW6B 型断路器液压机构的工作缸检修步骤及其质量标准是什么？

4. LW6B 型断路器液压机构检修装复后，如何对液压机构进行注油和排气？

5. LW6B 型断路器液压机构检修完成后的调整和试验项目有哪些？

模块 6　LW6B 型断路器整体调试（ZY1400803006）

【模块描述】本模块包含 LW6B 型断路器整体调试的作业流程及工艺要求。通过结构分析、要点讲解、操作技能训练，掌握 LW6B 型断路器整体调试前准备、危险点预控、作业步骤、工艺要求及质量标准等操作技能。

【正文】

一、LW6B–252 型 SF₆断路器整体结构及工作原理

LW6B–252 型 SF₆断路器是由三个独立的单相组成，各相之间无机械和液压联系。该断路器可以进行单相或三相电气分、合闸及自动重合闸操作，实现对高压输变电线路和电气设备的控制和保护。

1. LW6B–252 型 SF₆断路器整体结构

LW6B–252 型 SF₆断路器主要由灭弧室、均压电容器、三联箱、支柱、密度继电器、液压操动机构等部分组成。LW6B–252 型 SF₆断路器的单相装配如图 ZY1400803006-1 所示。

2. LW6B–252 型 SF₆断路器的工作原理

工作缸内部的活塞受到来自二级阀的合、分命令后，驱动支柱内绝缘杆作上、下运动，经过三联箱内连杆机构变换后，使灭弧室中的主动触头和弧触头随之运动，实现合闸和分闸。断路器分闸时，压气缸内的 SF₆气体被压缩后向电弧区域喷吹，使电弧冷却和去游离而熄灭。

二、作业内容

1. LW6B–252 型 SF₆断路器调试项目

（1）分、合闸线圈电阻检测。

（2）低动作电压测试。

（3）三相行程及超行程的测量。

（4）三相分、合闸时间及同期的测量及调整。

（5）单相分、合闸速度的测量及调整。

（6）SF₆密度继电器动作值校验。

（7）防跳试验。

2. LW6B–252 型 SF₆断路器试验项目

（1）导电回路电阻的测量。

（2）SF₆气体微水量测试。

（3）SF₆气体检漏。

（4）绝缘电阻的测试。

（5）交流耐压试验。

三、作业中危险点分析及控制措施

作业中危险点分析及控制措施见表 ZY1400803006-1。

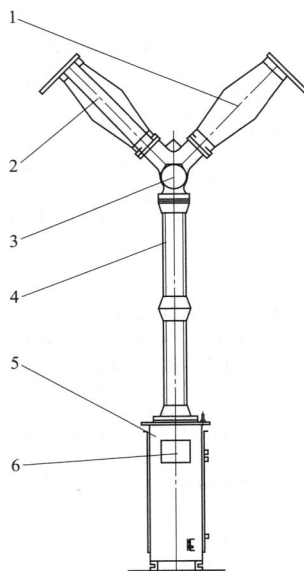

图 ZY1400803006-1　LW6B–252 型 SF₆断路器单相装配图

1—灭弧室；2—均压电容器；3—三联箱；4—支柱；5—机构箱；6—密度控制器

478

表 ZY1400803006-1　　　　　　　　作业中危险点分析及控制措施

序号	危险点	控 制 措 施
1	误入、误登带电间隔	（1）工作前向作业人员交代清楚临近带电设备，并加强监护。 （2）工作人员应走指定通道，在遮栏内工作，严禁擅自移动和跨越遮栏。 （3）严禁攀登运行设备构架
2	低压触电	（1）工作人员之间做好相互配合，拉、合电源开关时发出相应口令。 （2）使用完整合格的安全开关，装合适的熔丝。 （3）接、拆试验电源必须在电源开关拉开的情况下进行
3	高压油伤人	（1）解体检修前必须将高压油放至零位。 （2）高压管路接头严禁带压紧固
4	高处坠落及落物伤人	（1）高处作业系好安全带；不得攀登及在瓷柱上绑扎安全带。 （2）使用的检修平台或梯子应坚固完整、安放牢固，使用梯子有人扶持。 （3）传递物件必须使用传递绳，不得上、下抛掷
5	机械伤害	（1）严格执行一般工具的使用规定，使用前严格检查，不合格的工具禁止使用。 （2）调试隔离开关时专人监护，进行操作时工作人员必须离开隔离开关传动部位

四、整体调试及试验前的准备

1. 检修技术资料的准备

（1）检修前应认真查阅设备安装、大修记录，设备运行记录。对所查阅的资料进行详细、全面的调查分析，以判定断路器的综合状况，为现场具体调整及试验打好基础。

（2）准备好设备使用说明书、记录本、表格、检修报告等。

2. 工具、试验仪器、仪表和场地的准备

（1）工具、试验仪器和仪表准备好，并运至检修现场。试验仪器和仪表应检验合格，资料应满足本次调整及试验的要求。

（2）场地准备。在检修现场四周设一留有通道口的封闭式遮栏，并在周围背向带电设备的遮栏上挂适当数量的"止步，高压危险"标示牌，在通道入口处挂"从此进出"标示牌；在作业现场按定置图摆放好工具、试验仪器和仪表。

五、LW6B-252 型 SF₆ 断路器调试和试验步骤及要求

1. LW6B-252 型 SF₆ 断路器调试

（1）分、合闸线圈电阻检测。测量分、合闸线圈电阻（20℃时），是否在 $100\Omega\pm10\Omega$ 范围内，如不满足应进行更换。

（2）低动作电压测试。分闸动作电压标准值为额定操作电压的 30%～65%，合闸动作电压标准值为不高于额定操作电压的 80%。

（3）三相行程及超行程的测量。利用慢分、慢合，测量行程及超行程，并应符合表 ZY1400803006-2 中的规定值。

表 ZY1400803006-2　　　　　　　　总 行 程 及 超 行 程

项 目 名 称	单 位	参 数
总行程	mm	150±1
超行程		43±4

（4）三相分、合闸时间及同期的测量及调整。将液压机构打压至额定油压，在额定操作电压下，对断路器进行单分、单合各二次，利用专用仪器测量三相分、合闸时间及同期，测得参数应符合表 ZY1400803006-3 规定值。

表 ZY1400803006-3　　　　　　　　分、合闸时间及同期

项 目 名 称	单 位	参 数
分闸时间	ms	≤32

续表

项 目 名 称	单 位	参 数
合闸时间		≤90
相间分闸同期性	ms	≤3
相间合闸同期性		≤5

（5）分、合闸速度的测量。利用专用仪器和速度传感器，测量分、合闸速度，并应符合表 ZY1400803006-4 中的规定值。

表 ZY1400803006-4　　　　　　　　　　分、合 闸 速 度

项 目 名 称	单 位	参 数
分闸速度	m/s	$4^{+1}_{-0.5}$
合闸速度		4±0.6

（6）SF₆ 密度继电器动作值校验。检查密度继电器 SF₆ 气体压力降低报警和闭锁功能，数值要求见表 ZY1400803006-5。

表 ZY1400803006-5　　　　　　　密度继电器 SF₆ 气体报警和闭锁值

额定气压（MPa，20℃）	报　警（MPa）	闭　锁（MPa）
0.4	0.32±0.01	0.30±0.01
0.6	0.52±0.015	0.50±0.015

（7）防跳试验。断路器分别处于分、合闸位置，分合闸操作信号同时给入，断路器应不产生跳跃并最终处于分闸位置。

2. LW6B–252 型 SF₆ 断路器试验

（1）导电回路电阻测量。应确保断路器处于合闸状态，主回路电阻测量值不大于 70μΩ。

注意：电阻值是在环境温度为 20℃时的值，并且允许在 0～20%的范围内变动。测量结果应符合制造厂的规定且不大于交接值的 120%，同时还应注意三相平衡度的比较。

（2）SF₆ 气体的微水量测试。新装、检修完毕，在充 SF₆ 气体后放置 24h 进行微水量检测，水分应小于 150μL/L；运行中水分应小于 300μL/L。

（3）SF₆ 气体的检漏。用检漏仪对密封部件（气体法兰）进行检漏，应无渗漏。

（4）绝缘电阻。

1）用 5000V 绝缘电阻测试仪测量断路器在合闸状态时主回路对地之间的绝缘电阻应大于 2000MΩ。

2）用 5000V 绝缘电阻测试仪测量断路器在分闸状态时接线端子之间的绝缘电阻应大于 2000MΩ。

（5）交流耐压试验。断路器在现场安装、调试完成后，应进行耐压试验。耐压试验应根据国家标准的规定进行，施加电压值为额定绝缘水平的 80%。试验时 SF₆ 气体压力为额定压力，电流互感器的二次端子必须短接并可靠接地。

六、注意事项

（1）在重新装配前对每一种零部件清理后，用塑料薄膜进行独立的防尘密封保护。

（2）调整时工作人员要互相配合好。关键参数必须经二次核对。

（3）试验设备外壳必须可靠接地。

【思考与练习】

1. LW6B–252 型 SF₆ 断路器主要由哪些部分组成？

2. LW6B–252 型 SF₆ 断路器调试项目有哪些？

3. LW6B–252 型 SF$_6$ 断路器试验项目有哪些？

模块 7　GL317 型断路器传动系统和操动机构的检修、调整（ZY1400803007）

【模块描述】本模块包含 GL317 型断路器传动系统及 FK3–4 弹簧机构检修、调整的作业流程及工艺要求。通过结构分析、图例展示、要点讲解、操作技能训练，掌握 GL317 型断路器传动系统及 FK3–4 弹簧机构的基本结构、检修调整前准备、危险点预控、作业步骤、工艺要求及质量标准等操作技能。

【正文】

一、GL317 型断路器配 FK3–4 弹簧机构的结构原理

1. GL317 型断路器配 FK3–4 弹簧机构的结构、特点

本模块以 GL317 型断路器配 FK3–4 弹簧机构为例进行介绍，FK3–4 弹簧机构的结构如图 ZY1400803007-1 所示。

GL317 型断路器配 FK3–4 弹簧机构的特点是：

（1）采用螺旋式分合闸弹簧。

（2）合闸轴系只转动 220°～240°，过剩的能量在完成合闸过程后被分闸弹簧吸收和储能。

（3）带专利设计的凸轮，使滑动杠杆轻缓的落在分闸脱扣器上。

（4）分闸弹簧设在操动机构中，允许分闸能量按需分配。

2. GL317 型断路器弹簧机构的工作原理

（1）合闸操作。如图 ZY1400803007-2 所示，合闸线圈通电时或操作手动合闸杠杆时，合闸掣子就会与惯性飞轮脱开。在合闸弹簧的作用下，合闸轴会旋转 180°。凸轮推动带滚子的拐臂 11 让主轴 1 发生旋转。旋转 60°以后，拐臂 5 就停靠在分闸掣子 6 上。与此同时，通过拐臂 30 的旋转带动链条 31，给分闸弹簧 3 储能。安装在大齿轮 18 上的自由轮可以阻止惯性飞轮 8 启动减速齿轮 13 和电动机 12。如果断路器已在"合闸"的位置上，那么机械装置可以阻止再进行任何合闸操作。

（2）合闸弹簧储能。如图 ZY1400803007-3 所示，电动机一旦通电后，它就会通过惯性飞轮 8 上的减速齿轮 13 以及链条 15 给合闸弹簧储能。合闸弹簧储能到位时，大齿轮 18 停在惯性飞轮 8 上没有齿的位置，而减速齿轮 13 则会停下来，以免合闸掣子 14 受力变形。在合闸弹簧储能的过程中，合闸线圈中的电流将被切断，以免发生意外的合闸操作。

（3）分闸操作。如图 ZY1400803007-4 所示，分闸线圈 24 通电时或手动操作分闸杠杆 25 时，分闸掣子 6 就会脱开拐臂 5。在分闸弹簧 3 的作用下，主轴 1 将沿顺时针方向旋转 60°，直到"分闸"位置。缓冲器 4 将吸收剩余的能量，以便分闸动作能平稳完成。

二、作业内容

（1）FK3–4 弹簧机构箱的检修。

（2）端子排的检修。

（3）加热器、通风口和门框密封条的检修。

（4）储能位置和分合闸指示器的检修。

（5）计数器的检修。

（6）储能电动机的检修。

（7）分、合闸弹簧的检修。

（8）辅助开关和电动机限位开关的检修。

（9）分、合闸电磁铁的检修。

（10）分、合闸掣子及飞轮的检修。

(a)

(b)

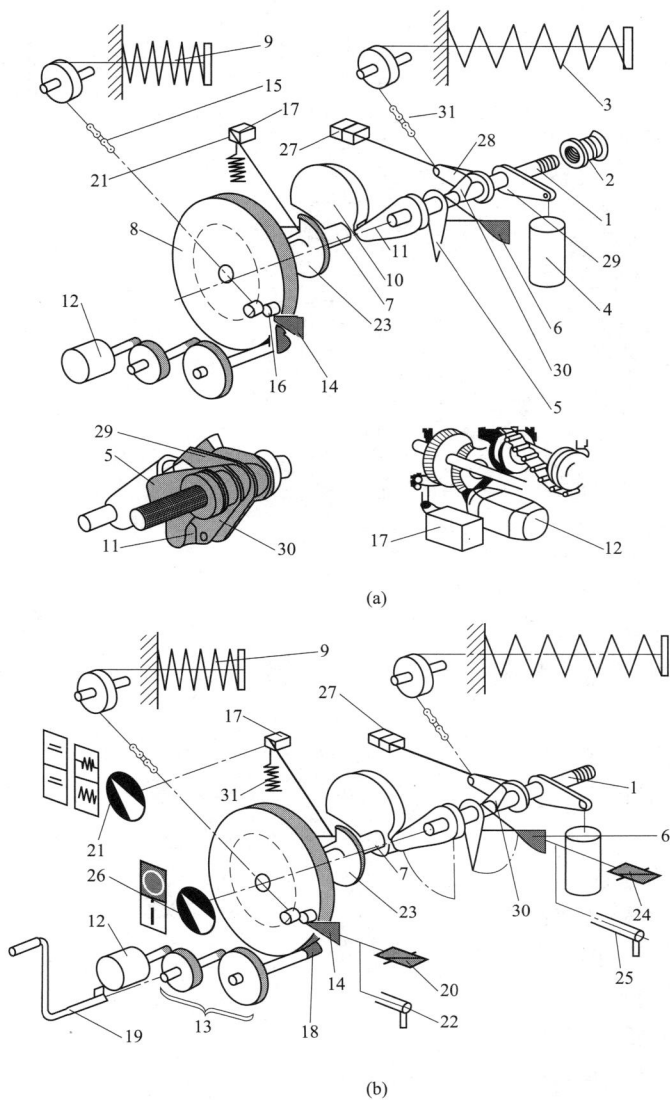

图 ZY1400803007-1　FK3-4 弹簧机构的结构

1—主轴；2—轴套；3—分闸弹簧；4—缓冲器；5、11、28、29、30—拐臂；6—分闸掣子；7—合闸轴；8—惯性飞轮；9—合闸弹簧；

10、23—凸轮；12—电动机；13—减速齿轮；14—合闸掣子；15、31—链条；16—滚子；17—限位开关；18—大齿轮；19—手柄；

20—合闸线圈；21、26—指示器；22—手动合闸杠杆；24—分闸线圈；25—手动分闸杠杆；27—辅助开关

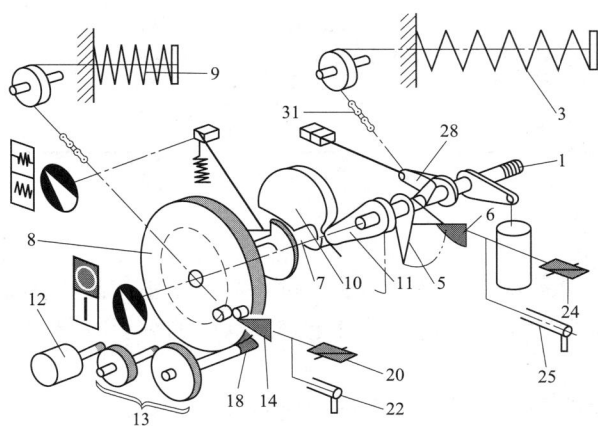

图 ZY1400803007-2　合闸操作

注：图中各序号说明见图 ZY1400803007-1 的图注。

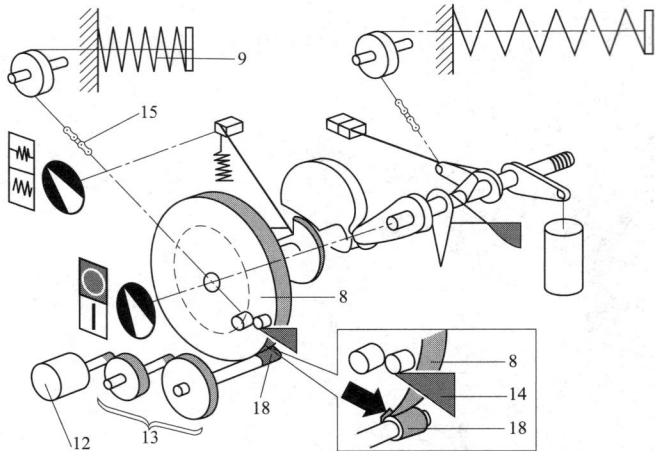

图 ZY1400803007-3　合闸弹簧储能

注：图中各序号说明见图 ZY1400803007-1 的图注。

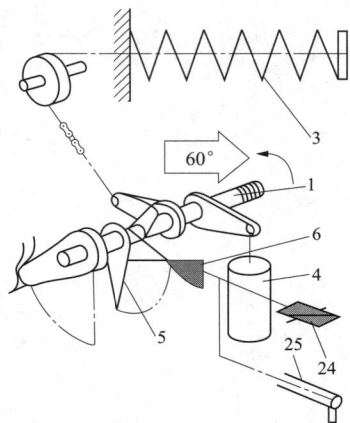

图 ZY1400803007-4　分闸操作

注：图中各序号说明见图 ZY1400803007-1 的图注。

（11）分闸缓冲器的检修。

（12）断路器汇控箱的检查和维护。

（13）FK3−4 弹簧机构调整（检测）。

1）电动机储能时间。

2）机构储能/未储能信号检查。

3）非全相功能及信号检查。

4）就地防跳检查。

5）SF_6 气体闭锁回路检查。

6）辅助回路和控制回路的绝缘电阻值测试。

7）辅助回路和控制回路的交流耐压。

8）机构密封检查及清扫。

三、作业中危险点分析及控制措施

作业中危险点分析及控制措施见表 ZY1400803007-1。

表 ZY1400803007-1　　　　　　　作业中危险点分析及控制措施

序号	危险点	控 制 措 施
1	误入、误登带电间隔	（1）工作前向作业人员交代清楚临近带电设备，并加强监护。 （2）工作人员应走指定通道，严禁擅自移动和跨越遮栏。 （3）严禁攀登运行设备构架
2	低压触电	（1）工作人员之间做好相互配合，拉、合电源开关时发出相应口令。 （2）使用完整合格的安全开关，装合适的熔丝。 （3）接、拆试验电源必须在电源开关拉开的情况下进行
3	防设备损坏	断路器未充入额定压力的 SF_6 气体，禁止操作

四、检修作业前的准备

1. 检修技术资料的准备

（1）检修前应认真查阅设备安装、检修记录，设备运行记录，故障情况记录和缺陷情况记录。对所查阅的结果进行详细、全面的调查分析，以判定隔离开关的综合状况，为现场具体的检修方案的制定打好基础。

（2）准备好设备使用说明书、记录本、表格、检修报告等。

（3）编制标准化作业指导书。

（4）拟订检修方案，确定检修项目，编排工期进度。

2. 工器具、材料、备品备件、试验仪器、仪表和场地的准备

准备工器具、材料、备品备件、试验仪器和仪表等，并运至检修现场。仪器仪表、工器具应检验合格，满足本次施工的要求，材料应齐全，图纸及资料应符合现场实际情况。

3. 场地准备

（1）在检修现场四周设一留有通道口的封闭式遮栏，并在周围背向带电设备的遮栏上挂适当数量的"止步，高压危险"标示牌，在通道入口处挂"从此进出"标示牌。

（2）在作业现场按定置图摆放检修工具、量具、材料、备品备件和测试仪器及垃圾箱。

五、检修作业前的检查和试验

1. 外观检查

（1）检查各电器元件有无破损。

（2）检查端子排是否完好，接线是否牢固。

（3）检查操动机构及辅助开关动作情况。

（4）检查机构密封情况。

（5）观察电动机运转情况。

2. 手动分合闸操作

检查各转动部件的动作是否正常。

3. 电气特性试验

操动机构的试验及分、合闸线圈动作电压试验、辅助回路及控制回路绝缘电阻、直流电阻的测试等。

4. 机械特性试验

分、合闸速度，时间及同期性测量等。

六、FK3—4弹簧机构检修作业步骤、工艺要求及质量标准

FK3—4弹簧机构按厂家有关规定，只对有问题的部件检修、检查、更换。

1. 机构箱的检修

（1）机构箱的检修及工艺要求。检查机构箱表面，包括指示窗表面，要求基本没明显划伤痕迹和脱落的现象。涂有油漆的铝合金，如果有轻度划痕，涂一层清漆；如果有重度划痕或油漆脱落，先用400号砂纸打磨油漆表面，然后涂一层底漆，干燥24h，最后涂一层聚氨酯清漆。

（2）机构箱的检修质量标准。

1）表面基本没明显划伤的痕迹和脱落的现象。

2）表面清洁、干净。

3）力矩为350N·m。

2. 端子排的检修

（1）端子排的检修及工艺要求。目测或用手触摸端子排的表面，要求无灰尘、干净清洁，必要时用吸尘器对其进行清理。如有铁锈、氧化、霉点等，则应更换端子。首先拆除导线，然后拆除端子底下的端子固定片，松开端子，直接用手拆下端子，最后换上新端子，恢复端子固定片和导线。用螺丝刀检查导线是否连接牢固、无脱落。

（2）端子排的检修质量标准。

1）表面无灰尘、干净清洁。

2）表面无铁锈、无氧化、无霉点。

3）导线紧固、无脱落。

3. 加热器、通风口和门框密封条的检修

（1）加热器、通风口和门框密封条的检修及工艺要求。检查加热器的表面，应无铁锈、无氧化。如果有铁锈、氧化严重，应立即进行更换。先切断电源，把加热器下面的电线拆下，然后把它慢慢地从导轨上移下，然后用同样的方式把新的加热器装上。通上电源，检查加热情况。

目测通风口，看是否有脏东西或障碍物，要求干净、无阻碍。

模块 7

ZY1400803007

检查机构门框的密封条，要求无破损、关闭无缝隙。如有破裂或老化无弹性，应立即进行更换。

（2）加热器、通风口和门框密封条的检修质量标准。

1）加热器表面无铁锈，无氧化。

2）正常散热。

3）通风口干净无障碍物。

4）机构门密封条无破损，关闭无缝隙。

4. 储能位置指示器和分合闸指示器的检修

（1）储能位置指示器和分合闸指示器的检修及工艺要求。

1）检查指示器的表面，看是否有裂痕，如有则进行更换；通过断路器分、合闸的操作，检查指示器的指示情况，要求动作灵活。

2）更换分合闸指示器步骤：松开 4 个固定螺钉，取下指示器，安装新的分合闸指示器。

3）更换储能位置指示器：松开 2 个固定螺钉，取下指示器，安装新的储能位置指示器。

（2）储能位置和分合闸指示器的检修质量标准。

1）表面无伤痕。

2）动作灵活。

5. 计数器的检修及工艺要求、质量标准

（1）计数器的检修及工艺要求。检查计数器表面是否有裂痕或破损，必要时进行更换。如果表面较脏，用肥皂水进行清洁。对断路器进行分、合闸操作，反复几次，检查计数器是否能正确计数，如不能则需要进行更换。

1）检查固定计数器的 4 个梅花螺钉是否松动，用扳手将其拧紧。

2）更换计数器步骤：松开螺钉、拆下计数器支架；松开固定计数器的 4 个梅花螺钉，拆下计数器；安装新的计数器；支架复位。

（2）计数器的检修质量标准。表面干净无损伤，计数正确。

6. 储能电动机的检修

（1）储能电动机的检修及工艺要求。将储能电动机通电，检查其运转是否良好，有无卡涩声；目测其表面，看是否生锈、污浊，腐蚀严重的需要进行更换。

1）用螺丝刀检查导线和连接片连接是否牢固。

2）目测用于固定储能电动机的螺钉，检查其标记线是否移位，如有移位，用内六角扳手将其紧固。

3）储能电动机的更换步骤。

① 分别拆下电动机限位开关、导线、机构底部的密封盖板。

② 松开用于固定电动机的螺栓，拆下储能电动机，安装新的储能电动机。

③ 分别恢复导线、辅助开关、密封盖板。

（2）储能电动机的检修质量标准。

1）运转无卡涩声。

2）表面无污浊、生锈。

3）导线及其连接片牢固。

7. 分、合闸弹簧的检修

（1）分、合闸弹簧的检修及工艺要求。打开机构箱的两侧门和顶盖。测量分、合闸弹簧的位置尺寸，并和出厂时的数据进行比较，如果在规定的范围内，则无需调整弹簧的尺寸，否则应在弹簧规定的尺寸内进行调整。在出厂尺寸上下，可调两圈（调整螺母）。

（2）分、合闸弹簧的检修质量标准，应符合功能要求。

8. 辅助开关和电动机限位开关的检修

（1）辅助开关和电动机限位开关的检修及工艺要求。

1）打开机构箱的两侧门和顶盖，检查表面是否有裂痕或损伤，必要时进行更换。

2）检查所有传动连杆是否都有蝴蝶销固定牢固。

3）用螺丝刀检查所有辅助开关和电动机限位开关，看其上的导线是否连接紧固。

4）通过对断路器的分、合闸操作，来检查所有的触点是否可靠转换。

5）辅助开关的更换步骤：

① 拆除所有导线。

② 依次拆除连杆。

③ 拆除螺钉。

④ 取下辅助开关，安装新的辅助开关。

⑤ 恢复，通过断路器分合闸来检查触点，确定安装是否正确。

（2）辅助开关和电动机限位开关的检修质量标准。

1）表面无损伤。

2）各传动连杆固定牢靠。

3）辅助开关上各导线连接牢固。

4）所有触点转换可靠。

9. 分、合闸电磁铁的检修

（1）分、合闸电磁铁的检修及工艺要求。

1）检查分合闸线圈、连接块和支座表面，要求无松动、无损坏、无腐蚀。如有损坏或腐蚀，应当立即进行更换。

2）检查支架的紧固情况。

3）检查分、合闸线圈，要求线圈完好、紧固，电气连接牢固，动作灵活无灰尘杂物附着。用万用表测量分、合闸线圈的阻值，其阻值与标识值的误差应该不大于±8%。

4）更换线圈的步骤：

① 松开两边侧门底侧的M8螺母，然后取下两侧门。

② 松开顶板上的M6螺栓，取下顶盖。

③ 拆除线圈两边的电源线，然后取下弹簧片。

④ 取下电磁铁芯。

⑤ 取下线圈。

⑥ 更换新线。

⑦ 恢复电源线和弹簧片。

（2）分、合闸电磁铁的检修质量标准。

1）表面无损伤。

2）动作灵活。

10. 分、合闸掣子及飞轮的检修

（1）分、合闸掣子及飞轮的检修及工艺要求。

1）检查分、合闸掣子和其上的滚子表面，应该无氧化、无划伤、无裂痕，否则应进行更换。

2）检查飞轮上的螺栓，应该紧固、无松动。

（2）分、合闸掣子及飞轮的检修质量标准。

1）分合闸掣子表面无氧化、无划伤、无裂痕。

2）飞轮紧固螺栓无松动。

11. 分闸缓冲器的检修

（1）分闸缓冲器的检修及工艺要求。

1）检查分闸缓冲器的表面是否有氧化、裂痕，检查分闸缓冲器是否有漏油现象。

2）必要时对其进行更换。

（2）分闸缓冲器的检修质量标准。

1）表面无氧化，无裂痕。

2）无漏油。

12. 断路器汇控箱的检查和维护

（1）汇控箱表面。目视机构箱表面（包括指示窗表面）涂有油漆的铝合金，如果有轻度划痕，用溶剂洗去润滑脂，涂一层清漆；如果有重度划痕或油漆脱落，用400号砂纸摩擦油漆表面，用溶剂洗去润滑脂涂一层底漆，让它干燥24h，涂一层聚氨酯清漆。

（2）接地点表面。目视其表面。已被氧化的镀锌钢，彻底刷去氧化层，用溶剂洗去润滑脂，涂一层含锌的油漆。涂有油漆的镀锌钢，如果有轻度划痕，用溶剂洗去润脂；涂一层清漆；如果有重度划痕或油漆脱落，用400号砂纸摩擦油漆表面，用溶剂洗去润滑脂，涂一层底漆，让它干燥24h，涂一层聚氨酯清漆。

（3）端子排及各二次元件的表面检查。

1）用手触摸其表面，检查其污浊的程度然后用吸尘器对其清扫。

2）如有铁锈、氧化、霉点等，应立即更换。

3）用螺丝刀检查导线连接是否牢固。

（4）加热器及温控加热器。

1）观察加热器的表面，如有铁锈，氧化严重，应立即更换。

2）通上电源，检查加热情况。

3）对于热敏电阻，请利用恒温器检查电源的开和关是否正确（恒温器的温度应当时+5℃）。

13. FK3-4弹簧机构调整（检测）

（1）电动机储能时间。检查电动机储能时间应不大于10s。

（2）机构储能/未储能信号检查。

1）在断路器未储能状态下，用万用表测量相应的相应端子号，看其通断情况。

2）机构储能，用万用表测量相应的相应端子号，看其通断情况。

（3）非全相功能及信号检查。根据不同的需要来选择非全相的时间，厂家出厂时的调整时间为2ms。首先合上断路器，使U相分闸，这时非全相继电器得电，继电器右上角绿灯会不停地闪动，到所调非全相继电器的时间（1，2，3，…）ms，其余的两相同时分闸。同样分别操作V、W相，检查整个非全相功能，同时用万用表测量相应的端子号，看其通断情况。

（4）就地防跳检查。使断路器处于合闸位置，把转换开关选择到就地。按住合闸按钮，不要松开，同时按分闸按钮，断路器从合闸到分闸，然后就处在分闸位置，松开分闸按钮，断路器还处在分位，最后松开合闸按钮。

（5）SF₆气体闭锁回路检查。依次短接每个机构的相应的端子，使闭锁继电器得电，闭锁整个分闸或合闸回路，使断路器无法分闸或合闸。

（6）辅助回路和控制回路的绝缘电阻值测试。用1000V绝缘电阻测试仪进行测试，绝缘电阻值不应该低于10MΩ。

（7）辅助回路和控制回路的交流耐压。试验电压为2000V，并且在交流耐压试验后，绝缘电阻值不应该降低，也可用2500V绝缘电阻测试仪代替。

（8）机构密封检查及清扫。

1）检查机构内无进水痕迹，密封良好。

2）将机构箱内清扫干净。

七、注意事项

（1）对断路器机械零部件的更换和操动机构的调整，需经断路器制造厂家许可。

（2）严禁对操动机构进行空操作。

（3）断路器未充入额定压力的SF₆气体时，禁止操作。

（4）操动机构检修前必须处于分闸位置，将储能电动机电源断开，将弹簧能量释放至零，方能进行工作。

【思考与练习】

1. GL317 型断路器所配的 FK3-4 弹簧机构主要由哪些部分组成？
2. 在 FK3-4 弹簧机构检修作业中，如何对机构箱进行检修？
3. 在 FK3-4 弹簧机构检修作业中，如何对分、合闸电磁铁进行检修？
4. 在 FK3-4 弹簧机构检修作业中，如何对辅助开关和电动机限位开关进行检修？
5. GL317 型断路器弹簧机构检修完成后的调整和试验项目有哪些？

模块 8 GL317 型断路器整体调试（ZY1400803008）

【模块描述】 本模块包含 GL317 型断路器整体调试的作业流程及工艺要求。通过结构分析、图例展示、要点讲解、操作技能训练，掌握 GL317 型断路器的基本结构、整体调试前准备、危险点预控、作业步骤、工艺要求及质量标准等操作技能。

【正文】

一、GL317 型断路器的结构原理

1. GL317 型断路器的结构

（1）单级结构。GL317 型断路器单相都配有各自的弹簧机构，由灭弧室、支柱、传动箱三个部分组成。GL317 型断路器单相结构如图 ZY1400803008-1 所示。

（2）灭弧室结构。GL317 型断路器的灭弧室由瓷套、静触头、动触头等组成。上部外壳内有传动装置，与绝缘拉杆及两个灭弧室的动触头相连。GL317 型断路器灭弧室的结构如图 ZY1400803008-2 所示，GL317 型断路器三联箱结构如图 ZY1400803008-3 所示。

2. GL317 型断路器工作原理

（1）合闸。如图 ZY1400803008-1 所示，发出自动合闸指令或手动发出合闸指令时，操动机构内的合闸弹簧就会释放能量，这些能量将直接传递给相的操作轴，再传递到外壳内的传动机构，以确保完成合闸。合闸弹簧释放的能量推动动触头，关合灭弧室，同时给分闸弹簧储能。

（2）分闸。如图 ZY1400803008-2 所示，发出自动分闸指令或人工发出分闸指令时，操动机构分闸弹簧中的能量就会被释放出来。由分闸弹簧直接推动绝缘拉杆把动作传递给外壳内的传动机构，后者将使两个灭弧室内的触头同时分开。

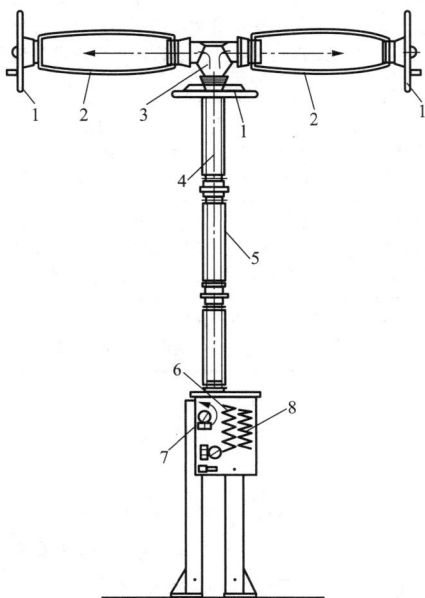

图 ZY1400803008-1　GL317 型断路器单相结构

1—屏蔽环；2—灭弧室；3—传动箱；4—绝缘拉杆；5—支柱；6—分闸弹簧；7—操作轴；8—合闸弹簧

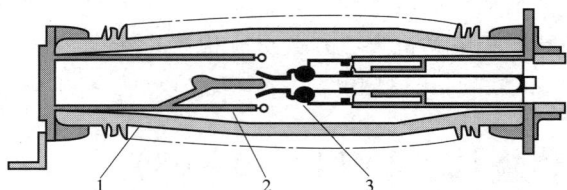

图 ZY1400803008-2　GL317 型断路器灭弧室结构

1—瓷套；2—静触头；3—动触头

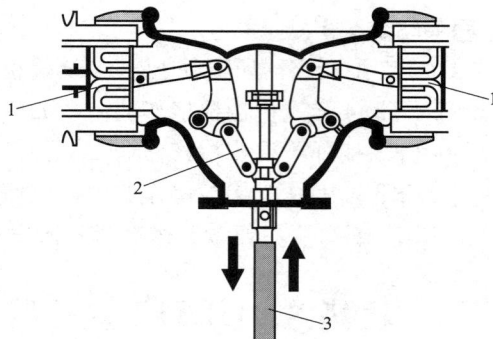

图 ZY1400803008-3　GL317 型断路器三联箱结构

1—动触头；2—传动装置；3—绝缘拉杆

二、作业内容

1. GL317 型断路器整体调试项目

（1）低动作电压测试。

（2）分、合闸线圈直流电阻的测试。

（3）分、合闸速度、时间及同期性的测量及调整。

（4）SF_6 密度继电器动作值校验。

2. GL317 型断路器整体试验项目

（1）导电回路电阻的测量。

（2）SF_6 气体微水量的测试。

（3）SF_6 气体的检漏。

（4）绝缘电阻。

（5）交流耐压试验。

三、作业中危险点分析及控制措施

作业中危险点分析及控制措施见表 ZY1400803008-1。

表 ZY1400803008-1　　　　　　　作业中危险点分析及控制措施

序号	危险点	控　制　措　施
1	误入、误登带电间隔	（1）工作前向作业人员交代清楚临近带电设备，并加强监护。 （2）工作人员应走指定通道，在遮栏内工作，严禁擅自移动和跨越遮栏。 （3）严禁攀登运行设备构架
2	低压触电	（1）工作人员之间做好相互配合，拉、合电源开关时发出相应口令。 （2）使用完整合格的安全开关，装合适的熔丝。 （3）接、拆试验电源必须在电源开关拉开的情况下进行
3	高处坠落及落物伤人	（1）高处作业系好安全带；不得攀登及在瓷柱上绑扎安全带。 （2）使用的检修平台或梯子应坚固完整、安放牢固，使用梯子有人扶持。 （3）传递物件必须使用传递绳，不得上、下抛掷
4	机械伤害	（1）严格执行一般工具的使用规定，使用前严格检查，不合格的工具禁止使用。 （2）调试隔离开关时专人监护，进行操作时工作人员必须离开隔离开关传动部位

四、调试及试验前的准备

1. 检修技术资料的准备

（1）检修前应认真查阅设备安装记录、大修记录，设备运行记录。对所查阅的结果进行详细、全面的调查分析，以判定隔离开关的综合状况，为现场具体调整及试验打好基础。

（2）准备好设备使用说明书、记录本、表格、检修报告等。

2. 工具、试验仪器、仪表和场地的准备

（1）准备工具、试验仪器和仪表等，并运至检修现场，试验仪器和仪表应检验合格，资料应满足本次调整及试验的要求。

（2）场地准备。在检修现场四周设一留有通道口的封闭式遮栏，并在周围背向带电设备的遮栏上挂适当数量的"止步，高压危险"标示牌，在通道入口处挂"从此进出"标示牌。在作业现场按定置图摆放好工具、试验仪器和仪表。

五、GL317 型断路器整体调试及试验

1. GL317 型断路器整体调试（检测）

（1）测量断路器的机械特性。时间、同期、速度以及合闸电阻的预投入时间见表 ZY1400803008-2，这些参数应满足厂家规定。

表 ZY1400803008-2　　　时间、同期、速度以及合闸电阻的预投入时间

项　　目	单位	开　关　类　型			
		GL317	GL317D	GL317X	GL317XD
分闸时间	ms	18～24	18～24	18～24	21～27
合闸时间		92～112	92～112	97～117	97～117
合闸电阻的预投入时间			5～8.5		6～9
分闸时相间最大不同期时间		≤3	≤3	≤3	≤3
分闸时断口间最大不同期时间		≤2	≤2	≤2	≤2
合闸时相间最大不同期时间		≤5	≤5	≤5	≤5
合闸时断口间最大不同期时间		≤3	≤3	≤3	≤3
合闸速度	m/s	2.08～3.08	1.98～2.97	1.89～2.86	1.89～2.86
分闸速度		4.41～6.27	4.41～6.27	4.14～5.94	4.14～5.94

注　1. 合闸速度定义：刚合点到刚合点之前的 8ms 内的平均速度。
　　2. 分闸速度定义：刚分点到刚分点之后的 8ms 内的平均速度。

（2）低动作电压的测试。分闸动作电压标准值为额定操作电压的 30%～65%，合闸动作电压标准值为不高于额定操作电压的 80%。

（3）分、合闸线圈直流电阻的测量。分、合闸线圈直流电阻值见表 ZY1400803008-3，分、合闸线圈的直流电阻值应满足厂家规定。

表 ZY1400803008-3　　　　　　分、合闸线圈直流电阻值

项　目	线圈电压等级	单位	开　关　类　型			
			GL317	GL317D	GL317X	GL317XD
合闸线圈	110/220V DC	Ω	35.5/140（1±8%）	35.5/140（1±8%）	35.5/140（1±8%）	35.5/140（1±8%）
分闸线圈	110/220V DC		35.5/140（1±8%）	35.5/140（1±8%）	35.5/140（1±8%）	35.5/140（1±8%）

（4）SF₆密度继电器动作值校验。在断路器本体充气的同时进行 SF₆密度继电器动作值校验，也可以在 SF₆密度继电器未接入前单独测试，应符合厂家有关规定。

2. GL317 型断路器整体试验

（1）导电回路电阻的测量。导电回路电阻值见表 ZY1400803008-4。

表 ZY1400803008-4　　　　　　导　电　回　路　电　阻　值

项目	灭弧室类型	单位	开　关　类　型			
			GL317	GL317D	GL317X	GL317XD
主回路电阻值	105/4	μΩ	≤90	≤90	≤90	≤90
	105/5		≤93	≤93	≤93	≤93
	105/7		≤95	≤95	≤95	≤95

续表

项目	灭弧室类型	单位	开 关 类 型			
			GL317	GL317D	GL317X	GL317XD
主回路 电阻值	105/11	μΩ	≤93	≤93	≤93	≤93
	105/12		≤95	≤95	≤95	≤95
	105/13		≤93	≤93	≤93	≤93

注　电阻值是在环境温度为20℃时的值，并且允许在0～20%的范围内变动。测量结果不得大于出厂实测值的120%，还应注意三相平衡度的比较。主回路电阻时不带高压接线板。

（2）SF$_6$气体微水量的测试。

1）新装或检修后，在充SF$_6$气体后放置24h进行水分检测，水分应小于150μL/L。

2）运行中水分应小于300μL/L。

（3）SF$_6$气体检漏。用检漏仪对密封部件（气体法兰）进行检漏，应无渗漏。

（4）绝缘电阻。

1）用5000V绝缘电阻测试仪测量断路器在合闸状态时主回路对地之间的绝缘电阻应大于2000MΩ。

2）用5000V绝缘电阻测试仪测量断路器在分闸状态时接线端子之间的绝缘电阻应大于2000MΩ。

（5）交流耐压试验。断路器在现场安装、调试完成后，应进行耐压试验。耐压试验应根据国家标准的规定进行，施加电压值为额定绝缘水平的80%。试验时SF$_6$气体压力为额定压力，电流互感器的端子必须短接并可靠接地。

六、注意事项

（1）在重新装配前对每一种零部件清理后，用塑料薄膜进行独立的防尘密封保护。

（2）调整时工作人员要互相配合好。关键参数必须经二次核对。

（3）仪器外壳必须接地。

【思考与练习】

1. GL317型断路器主要由哪些部分组成？

2. GL317型断路器分闸时间、合闸时间、分闸速度和合闸速度分别是多少？

3. GL317型断路器分、合闸线圈直流电阻值分别是多少？

4. GL317型断路器整体检修需要作哪些调整和试验项目？

模块9　LW56型断路器传动系统和操动机构的检修、调整（ZY1400803009）

【模块描述】本模块包含LW56型断路器传动系统及HMB型液压弹簧机构检修、调整的作业流程及工艺要求。通过结构分析、图例展示、要点讲解、操作技能训练，掌握LW56型断路器传动系统及HMB型液压弹簧机构的基本结构、检修调整前准备、危险点预控、作业步骤、工艺要求及质量标准等操作技能。

【正文】

一、HMB型液压弹簧机构的结构原理

1. HMB型液压弹簧机构的结构、特点

HMB型液压弹簧机构采用模块设计，将五个主要功能模块用螺栓和工作缸连接，便于维修。这些功能模块是动力模块、工作模块、储能模块、监视模块和控制模块。HMB型液压弹簧机构的总体结构如图ZY1400803009-1所示。

（1）动力模块由电动机、齿轮传动装置、偏心转轴及柱塞泵等组成，用法兰装在工作缸外部，油标安装在低压油箱外侧，以便观察油位。

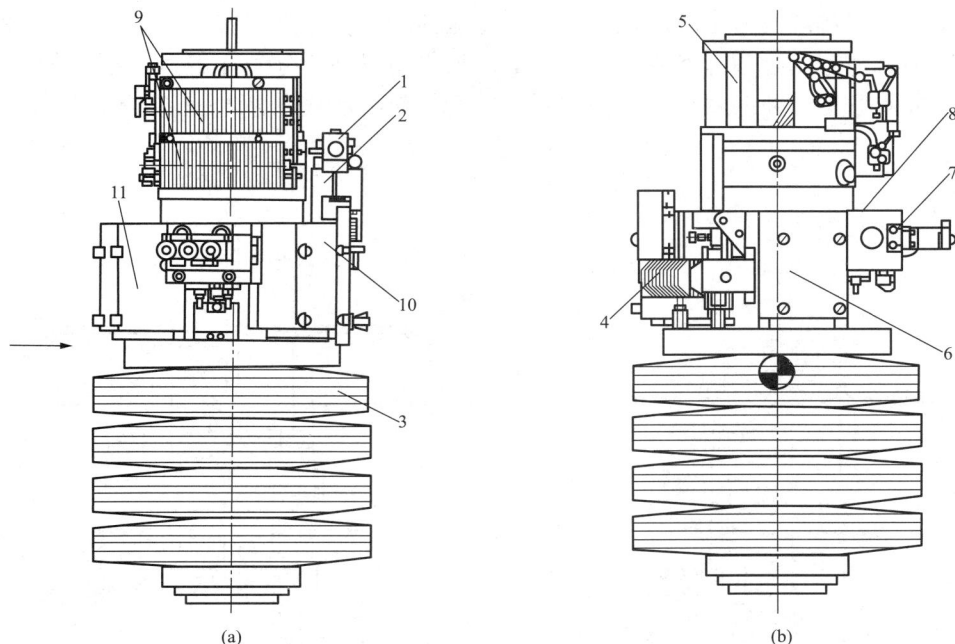

图 ZY1400803009-1　HMB 型液压弹簧机构的总体结构

（a）正视图；（b）侧视图

1—液压泵电动机；2—液压泵；3—碟形弹簧；4—行程开关；5—压力释放阀；6—工作缸；

7——级阀；8—二级阀；9—辅助开关；10—低压加热器；11—储能缸

（2）工作模块包括工作缸、工作缸活塞杆缓冲系统，工作缸是操动机构的关键零件，所有其他模块都用法兰径向装在工作缸的周围，这些模块与工作缸间用密封连接件作为液压油的通道，不需要采用任何管道。

（3）储能模块采用安装在碟簧装置上部的三个蓄能活塞储蓄能量，碟片弹簧装置采用 8 个双片弹簧，正反叠装，以取得较大作用力，三个储能活塞直接作用在碟片弹簧装置上，确保一定的油压，建立一定的碟簧压缩变形量。机械储能的优点是长期稳定、可靠和不受温度影响。

（4）监视模块由带凸轮装置的限位开关、位于碟片弹簧装置圆盘上的齿条齿轮啮合装置、标志碟片弹簧压缩量的信号灯和压力释放阀等组成。限位开关监测碟片弹簧的储能状态，由于限位开关的转动与碟片弹簧的轴向运动关联，可以直接反映后者的储蓄能量值，且这一测量值不受温度影响，限位开关可以对电磁阀分、合闸操作进行闭锁，以防止碟片弹簧压力变形不满足规定值，而出现断路器误操作。断路器进行分、合闸操作造成的油压降低，通过限位开关可控制液压泵自动启动打压，以补充能量。如果因为规定保压时内部泄漏造成的压力降低，液压泵也会自动启动打压。控制压力释放和加压的压力释放阀装在限位开关的上方。

（5）控制模块。一级阀位于控制模块座上，与工作缸、低压油箱、储能模块相连通，一级阀中的活塞动作由电磁铁控制。控制模块装有节流阀，可精密调节断路器的分合闸速度。

2. HMB 型液压弹簧机构的工作原理

低压油箱中的低压油经液压泵打压成高压油，流向配碟形弹簧的三个储能活塞，当液压泵停止打压时，单向阀（止回阀）自动关闭，防止高压油流入低压油箱。

（1）合闸操作。如图 ZY1400803009-2 所示，当合闸电磁铁和一级阀动作，二级阀在高压油作用下，转换到合闸位置，将高压油注入工作缸活塞下方。工作缸活塞上下方均为高压油。由于活塞下方面积大于上方面积，工作缸的向上作用力使断路器转向合闸位置，工作缸活塞的缓冲系统在合闸过程即将终止时产生阻尼作用，以降低合闸冲击力，液压支撑力确保工作缸活塞保持在合闸位置。

（2）分闸操作。如图 ZY1400803009-3 所示，分闸电磁铁和一级阀动作，二级阀在高压油作用下，转换到分闸位置。工作缸活塞下部的高压油注入低压油箱，工作缸活塞向下运动带动断路器转向分闸位置。缓冲系统在分闸过程即将终止时，产生阻尼作用以降低分闸冲击力，液压支撑力确保工作缸活塞保持在分闸位置，断路器处于分闸位置，并在工作缸活塞上下方差动力作用下，保持在分闸位置。

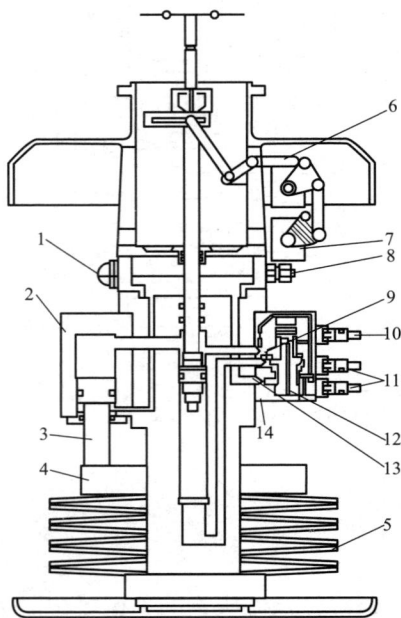

图 ZY1400803009-2 合闸操作

1—油位指示；2—储能单元；3—储能活塞；4—支撑环；

5—碟片弹簧；6—辅助开关连动杆；7—辅助开关；

8—低压油接头；9—合闸节流螺钉；10—合闸按钮；

11—分闸按钮；12—二级阀；13—分闸节流螺钉；

14—控制单元

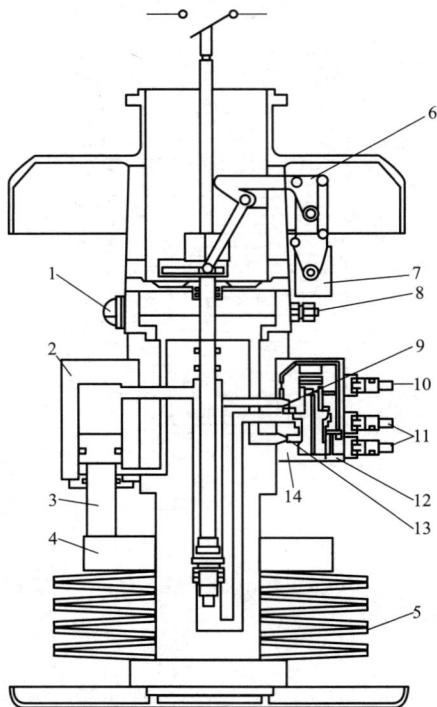

图 ZY1400803009-3 分闸操作

1—油位指示；2—储能单元；3—储能活塞；4—支撑环；

5—碟片弹簧；6—辅助开关连动杆；7—辅助开关；

8—低压油接头；9—合闸节流螺钉；10—合闸按钮；

11—分闸按钮；12—二级阀；13—分闸节流螺钉；

14—控制单元

（3）液压泵启动。液压系统用的密封圈及阀门均有较高的密封性能，金属密封的泄漏率较低，使弹簧储能损耗达到最小，能量损耗主要靠液压泵自动启动补压来完成。在断路器不动作的情况下，液压泵启动允许每天 10～25 次，若启动 25 次以上，应通知制造厂家。

（4）手动操作。按动分、合闸按钮，可以手动操作断路器。手动操作的目的仅仅是为了检查断路器运行的可靠性及维修工作的需要，而不能反映断路器的任何正常操作情况。只有在碟片弹簧储能和断路器的 SF_6 气室高于闭锁压力时，才可以操作断路器。注意：在这种情况下，应取消电气连锁，并应严格遵守操作程序。

二、作业内容

（1）检查液压油位、排放液压油。

（2）泵芯的更换。

（3）更换分闸导向阀与合闸导向阀。

（4）排放机构内的空气。

（5）向操动机构注油。

（6）更换电动机。

（7）液压系统泄漏检查。

（8）检查泵启动计数器。

（9）手动操作。

（10）调节板载辅助开关。

（11）HMB 型液压弹簧机构调整（检测）。

1）液压弹簧机构的压力参数检测。

2）电动机储能时间（在额定电压下）。

3）防慢分功能的检查。

4）防跳试验。

5）非全相试验。

6）慢分、慢合试验。

7）辅助回路和控制回路的绝缘电阻值测试。

8）辅助回路和控制回路的交流耐压。

9）机构密封检查及清扫。

三、作业中危险点分析及控制措施

作业中危险点分析及控制措施见表 ZY1400803009-1。

表 ZY1400803009-1　　　　　　　　　　作业中危险点分析及控制措施

序号	危险点	控制措施
1	误入、误登带电间隔	（1）工作前向作业人员交代清楚临近带电设备，并加强监护。 （2）工作人员应走指定通道，严禁擅自移动和跨越遮栏。 （3）严禁攀登运行设备构架
2	低压触电	（1）工作人员之间做好相互配合，拉、合电源开关时发出相应口令。 （2）使用完整合格的安全开关，装配适合的熔丝。 （3）接、拆试验电源必须在电源开关拉开的情况下进行
3	高压油伤人	（1）解体检修前必须将高压油放至零位。 （2）高压管路接头严禁带压紧固

四、检修作业前的准备

1. 检修技术资料的准备

（1）检修前应认真查阅设备安装记录、检修记录、设备运行记录、故障情况记录和缺陷情况记录。对所查阅的结果进行详细、全面的调查分析，以判定断路器的综合状况，为现场具体的检修方案的制定打好基础。

（2）准备好设备使用说明书、记录本、表格、检修报告等。

（3）编制标准化作业指导书。

（4）拟订检修方案，确定检修项目，编排工期进度。

2. 工器具、材料、备品备件、试验仪器、仪表和场地的准备

（1）准备工器具、材料、备品备件、试验仪器和仪表等，并运至检修现场。仪器仪表、工器具应检验合格，满足本次施工的要求，材料应齐全，图纸及资料应符合现场实际情况。

（2）场地准备。在检修现场四周设一留有通道口的封闭式遮栏，并在周围背向带电设备的遮栏上挂适当数量的"止步，高压危险"标示牌，在通道入口处挂"从此进出"标示牌；在作业现场按定置图摆放检修工具、量具、材料、备品备件和测试仪器及垃圾箱。

五、检修作业前的检查和试验项目

1. 外观检查

（1）检查各高压管路、工作缸、液压泵、低压油管有无渗漏油。

（2）检查各电气元件有无破损。

（3）检查端子排是否完好，接线是否牢固。

（4）检查其他附件情况。

（5）检查机构密封情况。

（6）观察电动机运转情况。

2. 液压泵补压时间检查

检查补压时间是否在规定范围内。

3. 电气特性试验

操动机构的试验及分、合闸线圈动作电压试验、辅助回路及控制回路绝缘电阻、直流电阻的测试等。

4. 机械特性试验

分、合闸速度，时间及同期性测量等。

六、HMB 型液压弹簧机构检修作业步骤、工艺要求及质量标准

由于 HMB 型液压弹簧机构的维修需要专业人员，因此建议在操动机构出现问题时，由制造厂家的人员来进行处理。本模块主要介绍对液压弹簧机构主要部件进行更换及有关要求。

1. 检查液压油位、排放液压油

HMB 液压弹簧操动机构横截面如图 ZY1400803009-4 所示。

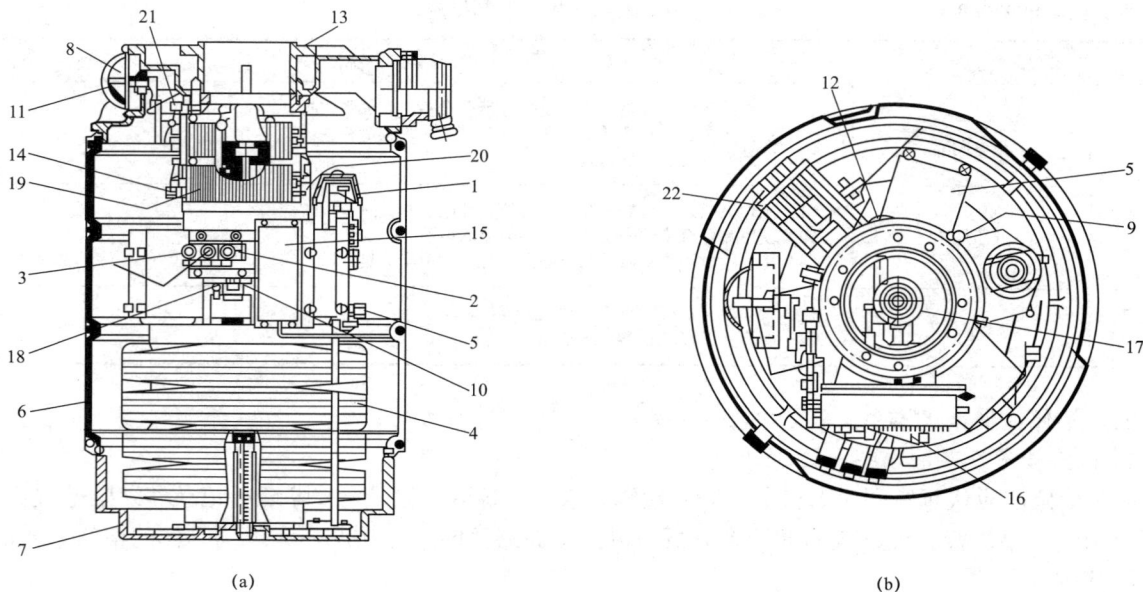

图 ZY1400803009-4 HMB 液压弹簧操动机构横截面图

（a）正视图；（b）俯视图

1—电动机及液压泵；2—导向阀（合闸）；3—导向阀（分闸）；4—盘簧部件；5—放油阀；6—机构盖；7—端部铸件；

8—位置指示器；9—油位指示器；10—节流阀（合闸）；11—位置指示器盖；12—高压部件；13—固定法兰；

14—注油口；15—加热器；16—螺线管件；17—联轴器；18—节流阀（分闸）；19—辅助开关；

20—低压储油器；21—可调的辅助连杆；22—弹簧运动限位开关部件

（1）检查液压油位。在弹簧部件处于完全压缩状态和该断路器处于合闸或分闸位置时，检查油位指示器所示油位。当操动机构水平放置时，该油位不得低于总视窗的 1/3；当操动机构垂直放置时，该油位不得低于总视窗的 1/4。如果油位偏低，需注入液压油。但油位不得高于视窗的 1/2，如需要，可通过放油阀放油。

（2）排放 HMB 型液压弹簧操动机构内的液压油。

1）拆卸机构盖 6。

2）使机构处于开闸位置，对盘簧部件 4 进行泄压。

3）打开放油阀 5 和注油口 14，将液压油排放至干净的 5L 容量的容器内。操动机构装有约 2.1L 的液压油。

4）排放完液压油后，关闭放油阀 5。

5）安装上注油口 14 插塞，防止灰尘和颗粒物进入。

2. 泵芯的更换

电动机及液压泵结构如图 ZY1400803009-5 所示。

（1）拆卸机构盖。确保机构处于分闸位置，并且机构内部的压力实现平衡。排放机构的液压油。

（2）拆卸电动机及液压泵：从盖 6 拆卸 4 个六角螺栓 11，直接从机构铸件上取下该盖。注意盖上的 O 形环 8 可能会妨碍拆卸。偏心轴 3 和内部环也将与该盖一同拆卸下来。直接将泵芯从该铸件上取出，拆卸泵芯 2。在拆卸过程中，注意止回阀上 O 形环的阻碍。

（3）使用新泵芯更换泵芯 2。确保稳固安装该泵芯。

（4）重新安装盖 6，采用新的 O 形环。在六角螺栓 11 上涂抹适量的厌氧胶，重新安装这些螺栓。

3. 更换分闸导向阀与合闸导向阀

导向阀组件如图 ZY1400803009-6 所示。

（1）拆卸机构盖。确保机构处于分闸位置，同时确保机构内部压力实现平衡。排放机构液压油。

（2）将插塞式布线连接器固定到导向阀上的 2 个螺栓上，拆卸该连接器。

（3）松开固定导向阀的 4 个凹头螺栓，拆卸该导向阀。

（4）清洁和去除密封表面上所有残留的油，然后确保将导向阀放在正确的位置。

（5）采用新导向阀更换旧导向阀。

4. 排放机构内的空气

（1）排放液压油或进行其他操作，都有可能将空气带入油内，操动机构在注入液压油前，应采用真空装置抽空。如果排放空气后，断路器定时出现故障，需要重复该项操作。

（2）在对操动机构进行测试时，如果分闸或合闸速度减慢，或者该液压系统的泵打压时间过长、不规律，都表明该液压系统内存在空气。

（3）如图 ZY1400803009-4 所示，拆卸注油口 14 盖，确保放油阀 5 闭合。

（4）将小型两级真空泵与注油口连接，在对机构抽真空的过程中，要想监控从机构内抽出的油量，需要使用最短为 0.9m 长的透明软管。确保将压力平衡阀杆旋转出来，打开减压阀。

（5）采用真空装置，去除操动机构内的空气。使用 10kPa 真空装置，抽取气体约 5min。注意不要让液压油进入真空泵内。在机构中的绝大多数空气被抽出后，为了限制抽出的液压油量，需要采用初始真空度更低的装置。

（6）当使用真空装置时，需要分别按压合闸导向阀和开闸导向阀几秒钟。

（7）如图 ZY1400803009-5 所示，将该泵的大型斜齿轮 5 转动几下。

（8）提示：

1）如果在对操动机构进行真空操作时，机构内存在大量的液压油，需要在真空泵和机构之间插入一个内嵌的阀。利用该阀进行节流，使真空装置从一开始抽取气体的速度就比较慢，防止液压油起沫，进入真空泵。

2）如果操动机构在应用真空装置前，液压油已经被排空，向该装置再次注入液压油，进行排气。

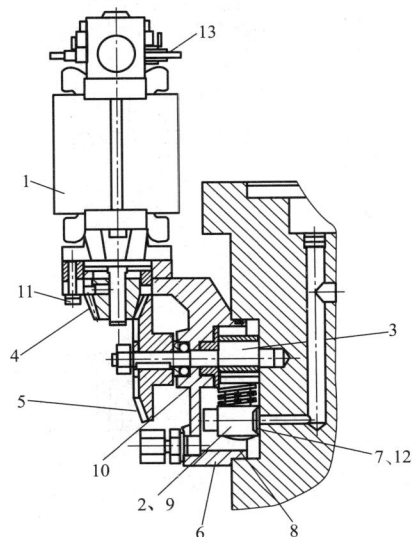

图 ZY1400803009-5 电动机及液压泵

1—电动机及液压泵；2—泵芯；3—偏心轴；4—小型斜齿轮；
5—大型斜齿轮；6—盖；7—止回阀（集成在泵体上）；
8—O 形环；9—过滤器；10—轴的密封装置；
11—六角螺栓（带头帽）；12—O 形环
（12.37mm×2.62mm）；13—碳刷

模块 9

ZY1400803009

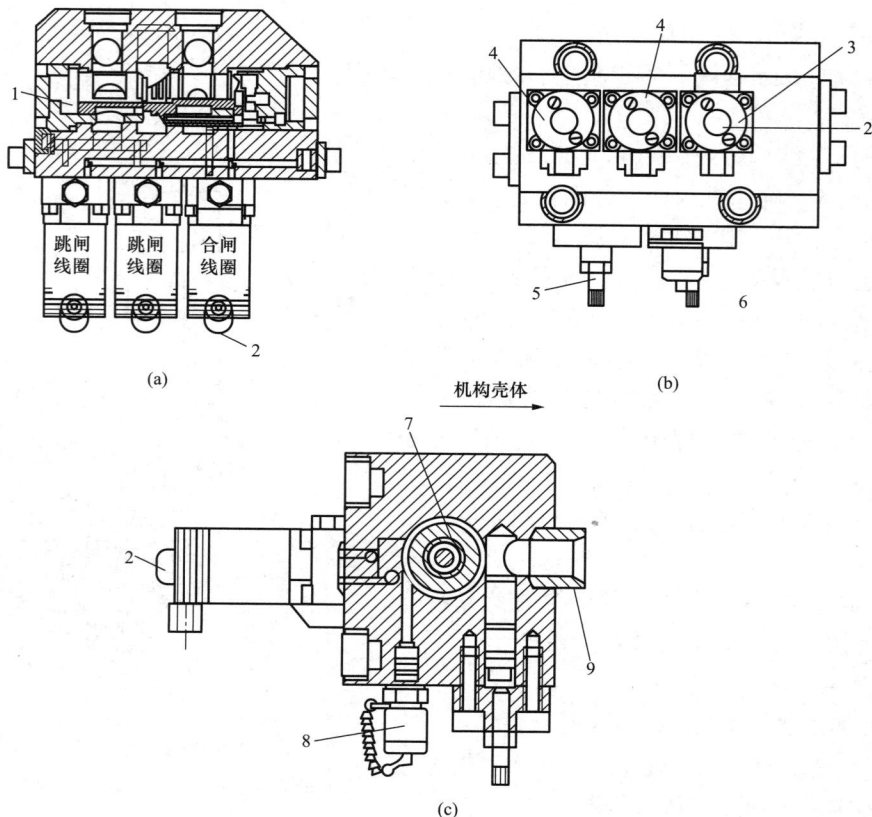

(a)

机构壳体 →

(c)

图 ZY1400803009-6 导向阀组件

1—运动活塞；2—动操作位置；3—合闸导向阀；4—分闸导向阀；5—分闸速度调整；

6—合闸速度调整；7—转换阀；8—高压入口；9—圆柱密封部件

5. 向操动机构注油

（1）为油位偏低的机构注满液压油。拆卸操动机构注油口的盖。向注油口注入经过过滤的清洁液压油，如果操动机构垂直放置，使油位处于视窗的 1/4～1/2 之间，如果操动机构水平放置，使油位处于视窗的 1/3 至 1/2 之间。重新安装注油口盖。

（2）为已排放液压油的机构注油。

1）拆卸操动机构注油口的盖，抽出操动机构内的空气。

2）将干净的软管连接至放油阀的出口，需要采用专用的 Ermetto 液压嘴。将该软管的另一端插入至少装有 3L 经过过滤的清洁液压油的容器内，必须将在线过滤器插入该软管。

3）使用真空装置时，慢慢打开放油阀，使真空装置将容器中的液压油抽入操动机构内。注意需要缓慢抽油，防止油生产泡沫，进入真空泵。加入液压油，操动机构的总油量约为 2L。

4）关闭放油阀。断开真空装置。如需要，为操动机构注满液压油。

5）关闭注油口和低压口。沿机构外侧旋转黑色控制杆，关闭压力平衡阀杆。

6）为操动机构加压，反复操作几次。

7）注意：向操动机构注完油后，在检查操动机构是否漏油前，必须使其在压力状态下至少保持 8h。

6. 更换电动机

（1）如图 ZY1400803009-5 所示，拆卸将电动机固定在盖上的 3 个螺钉，松开小型斜齿轮固定泵用马达轴的固定螺钉。

（2）将小型斜齿轮安装在新的泵用马达轴上，但不要拧紧固定螺钉。将新的泵用马达安装在盖 6 上。将小型斜齿轮安装在新的泵用马达轴上，使小型斜齿轮和大型斜齿轮 5 在大型斜齿轮全程旋转过程中，保持较小的间隙。注意小型斜齿轮与大型斜齿轮不要紧紧啮合在一起，防止齿轮受损。

（3）为小型斜齿轮固定螺钉涂抹厌氧胶，然后拧紧。更换固定泵用马达的3个螺钉。

7. 液压系统泄漏检查

（1）进行泄漏检查前，必须断开泵用马达的电源，防止泵自动启动。

（2）检查断路器在合闸和分闸位置时，操动机构是否出现泄漏现象，进行此项检查大约需要24h。

（3）弹簧加压位置测量如图ZY1400803009-7所示，使断路器处于分闸位置，向操动机构加压，使用卡尺记录盘簧部件2在24h内运行的距离。如果盘簧部件运动的距离超过20mm，立即联系断路器制造厂家的维护人员进行处理。

（4）将断路器置于合闸位置，重复上述操作。

8. 检查泵启动计数器

（1）泵用马达启动计数器用于记录泵启动的次数，如果泵的平均启动次数大幅提高，表明机构内部可能出现液压油泄漏情况。

（2）泵的日启动平均数最大不超过20次为正常情况，否则需要检查是否出现泄漏，必要时联系断路器制造厂家的维护部门。

9. 手动操作

（1）当盘簧部件具备最大压能且断路器处于标准工作气体密体条件下，可以手动操作HMB型液压弹簧操动机构。

（2）拆卸操动机构盖，找到分闸导向阀或合闸导向阀，如图ZY1400803009-4和图ZY1400803009-6所示。快速用力按压分闸或合闸导向阀上的黑钮，然后松开，注意不要慢慢按压黑钮或按压后不松开。

10. 调节板载辅助开关

如图ZY1400803009-4所示，辅助开关19出厂时已经过预置，在整个使用周期内无需重新调节。但是，如果要更换该开关，需要进行安装、调节工作，并需要对辅助联动装置进行调节。重新设定可调的辅助连杆21的长度，完成调节。调节完毕后，采用厌氧胶固定两端的螺钉并拧紧。

11. HMB型液压弹簧机构调整（检测）

（1）液压弹簧机构的压力参数检测。

1）液压弹簧机构的主要压力参数。液压弹簧机构的主要压力参数见表ZY1400803009-2。

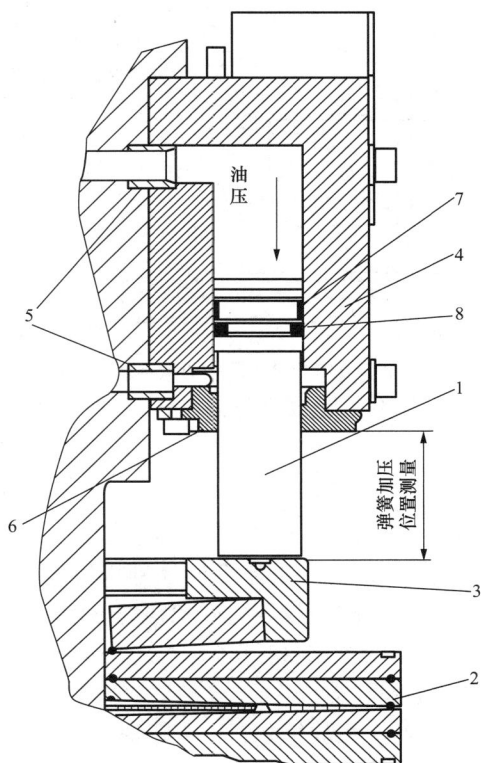

图ZY1400803009-7 弹簧加压位置测量

1—蓄能器活塞；2—盘簧部件；3—装载环；4—高压汽缸；5—圆柱密封部件；6—隔板；7—轴承；8—密封剂

表ZY1400803009-2 液压弹簧机构的主要压力参数

项 目	对应的碟簧压缩量（mm）	项 目	对应的碟簧压缩量（mm）
安全阀动作压力	84.5±0.5	合（合分）闸闭锁压力	51
额定压力（停泵压力及最高压力）	83.5±0.5	合闸闭锁报警压力	52
泵启动压力	81.5	分闸闭锁压力	40
重合闸闭锁压力	77.5	分闸闭锁报警压力	40.5
重合闸闭锁报警压力	78±1.5		

2）机构压力参数的检测。液压弹簧操动机构压力参数的检测如图 ZY1400803009-8 所示。

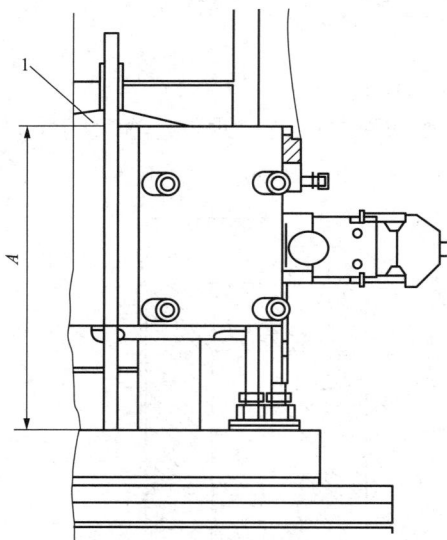

图 ZY1400803009-8 液压弹簧操动
机构压力参数的检测方法

1—测量深度尺

A—对应碟簧压缩量

① 额定操作压力的检测。用深度尺从零表压位置测量至液压泵停止对应的碟簧压缩量为 83.5mm±0.5mm。

② 重合闸闭锁报警压力的检测。缓缓打开释放阀，当对应的碟簧压缩量降为 78mm±1.5mm 时，同时用万用表或电池指示灯测得的重合闸闭锁报警压力的行程开关"触点"断开。

③ 重合闸闭锁压力的检测。缓缓打开释放阀，当对应的碟簧压缩量降为 77.5mm 时，同时用万用表或电池指示灯测得的重合闸闭锁报警压力的行程开关"触点"断开。

④ 合闸闭锁报警压力的检测。缓缓打开释放阀，当对应的碟簧压缩量降为 52mm 时，同时用万用表或电池指示灯测得的重合闸闭锁报警压力的行程开关"触点"断开。

⑤ 合闸闭锁压力的检测。缓缓打开释放阀，当对应的碟簧压缩量降为 51mm 时，同时用万用表或电池指示灯测得的重合闸闭锁报警压力的行程开关"触点"断开。

⑥ 分闸闭锁报警压力的检测。缓缓打开释放阀，当对应的碟簧压缩量降为 40.5mm 时，同时用万用表或电池指示灯测得的重合闸闭锁报警压力的行程开关"触点"断开。

⑦ 分闸闭锁压力的检测。缓缓打开释放阀，当对应的碟簧压缩量降为 40mm 时，同时用万用表或电池指示灯测得的重合闸闭锁报警压力的行程开关"触点"断开。

⑧ 安全阀释放压力的检测。电动机液压泵打压至最高压力后，用手力控制电动机控制回路接触器，使电动机液压泵继续打压，当对应的碟簧压缩量为 84.5mm±0.5mm 时，安全阀突然释放。这一数值即是安全阀释放压力。

⑨ 碟簧释放量测量。断路器单分一次碟簧释放量不大于 25mm；断路器单合一次碟簧释放量不大于 9mm；液压弹簧操动机构在额定操作油压下，分、合闸各静置 24h，储能碟簧释放量应不大于 2mm。

（2）电动机储能时间（在额定电压下）。

1）弹簧完全松弛状态，电动机储能时间<82s。

2）合闸操作后（泵在 1min 后启动），电动机储能时间为 12s。

3）分闸操作后（泵在 1min 后启动），电动机储能时间为 25s。

（3）防慢分功能的检查。将液压机构打压至额定工作压力后合闸，拉开电源开关。打开高压放油阀，将液压机构高压力放至零表压。关闭高压放油阀，合上电源开关建压，机构不慢分。

（4）防跳试验。断路器分别处于分、合位置，分合闸操作信号同时送入，断路器应不产生跳跃并最终处于分闸位置。

（5）非全相试验。当断路器三相分、合闸位置不一致时，应延时（时间大于单相重合闸无电流时间）引起断路器三相分闸并发出信号。

（6）慢分、慢合试验。将液压弹簧操动机构压力降至零位，然后储能电动机重新打压时，手动触发分、合闸电磁铁，断路器将进行慢分、慢合。

（7）辅助回路和控制回路的绝缘电阻值测试。用 1000V 的绝缘电阻测试仪进行测试，绝缘电阻值不应该低于 10MΩ。

（8）辅助回路和控制回路的交流耐压。试验电压为 1000V，并且交流耐压试验后的绝缘电阻值不应该降低。

（9）机构密封检查及清扫。

1）检查机构内无进水痕迹，密封良好。

2）将机构箱内清扫干净。

七、注意事项

（1）由于 HMB 型液压弹簧操动机构具有模块化结构的特点，在检修该机构时，可以对有问题的功能模块不现场解体、拆卸、检修，而是整体进行更换。

（2）对断路器操动机构的检修调整，必须掌握清洁、密封两个关键性的要求。

（3）HMB 型液压弹簧机构属于高能设备，具有高速运动的部件和电子部件，因此机构本身存在一定的危险性。只有完全了解该机构的合格人员才能操作和检修设备。当在机构附近工作时，注意不要让四肢和手脚碰到设备，否则会被运动部件损伤的危险。

【思考与练习】

1. HMB 型液压弹簧机构的结构特点是什么？

2. 在 HMB 型液压弹簧机构检修作业中，如何排放机构内的空气？

3. 在 HMB 型液压弹簧机构检修作业中，如何向操动机构注油？

4. 在 HMB 型液压弹簧机构检修作业中，如何进行液压系统泄漏检查？

5. 在 HMB 型液压弹簧机构检修后的调整中，如何对 HMB 型液压弹簧机构的压力参数进行检测？

模块 10　LW56 型断路器整体调试（ZY1400803010）

【模块描述】本模块包含 LW56 型断路器整体调试的作业流程及工艺要求。通过结构分析、图例展示、要点讲解、操作技能训练，掌握 LW56 型断路器的基本结构、调试前准备、危险点预控、作业步骤、工艺要求及质量标准等操作技能。

【正文】

一、LW56 型罐式断路器的结构

1. LW56 型罐式断路器的总体结构

LW56 型断路器由三个独立操作的单相和一个汇控柜组成，每个断路器单相都配有各自的液压弹簧机构。LW56–550 型罐式六氟化硫断路器的三相结构如图 ZY1400803010-1 所示。

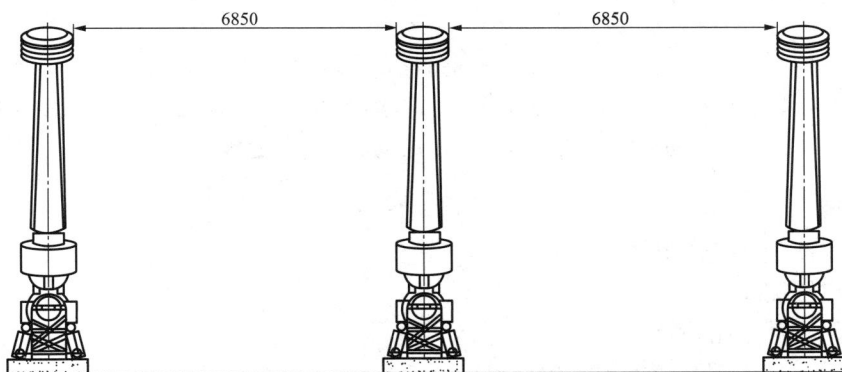

图 ZY1400803010-1　LW56–550 型罐式六氟化硫断路器的三相结构

2. LW56 型罐式断路器的单相结构

LW56 型罐式断路器每个单相由灭弧室、套管、电流互感器、防爆装置、液压机构、密度继电器等元件组成。每个单相有一个罐体，罐内装有两个串联的断口，在罐的斜上方安装有进出线套管，在罐体和瓷套管的连接处，外装环形测量及保护用电流互感器。LW56–550 型罐式六氟化硫断路器的单相结构如图 ZY1400803010-2 所示。

3. LW56 型罐式断路器的灭弧室结构

LW56 型断路器的灭弧室主要由支撑绝缘筒装配、静触座、静主触头、静弧触头、喷口、辅助喷口、动主触头、动弧触头、压气缸、压气活塞和导气管等元件组成。LW56–550 型罐式六氟化硫断路器灭弧室装配如图 ZY1400803010-3 所示。

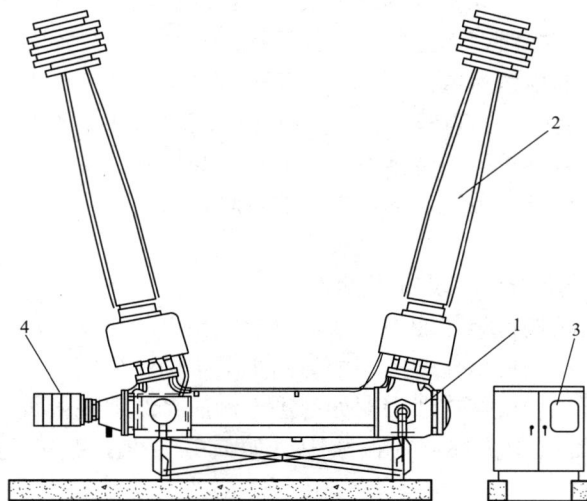

图 ZY1400803010-2 LW56–550 型罐式六氟化硫断路器的单相结构

1—灭弧室；2—套管；3—汇控柜；4—液压弹簧操动机构

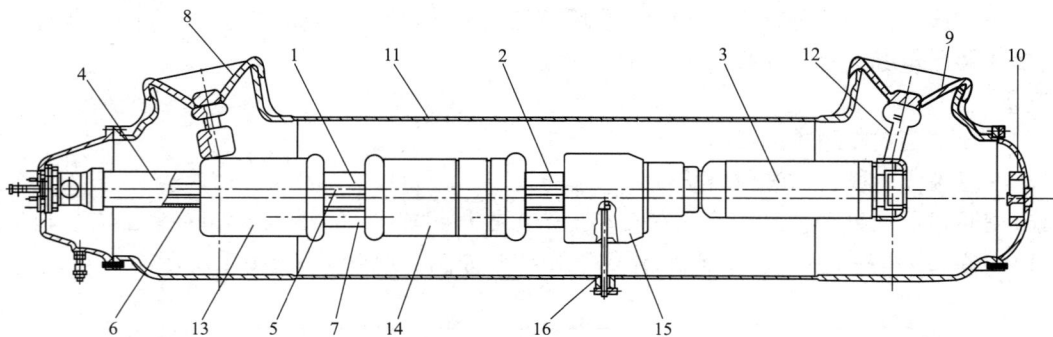

图 ZY1400803010-3 LW56–550 罐式六氟化硫断路器灭弧室装配

1、2—灭弧室；3、12—导体；4—支撑绝缘筒；5、6—绝缘拉杆；7—并联电容器；8、9—盆式绝缘子；

10—吸附剂；11—罐体；13～15—屏蔽罩；16—运输绝缘杆

二、作业内容

1. LW56 型六氟化硫断路器调试项目

（1）低动作电压测试。

（2）分、合闸线圈电阻检测。

（3）分合闸时间、同期和速度的测量调整。

（4）SF_6 密度继电器动作值校验。

2. LW56 型六氟化硫断路器试验项目

（1）导电回路电阻测量。

（2）SF_6 气体微水量测试。

（3）SF_6 气体检漏。

（4）绝缘电阻的测试。

（5）交流耐压试验。

三、作业中危险点分析及控制措施

作业中危险点分析及控制措施见表 ZY1400803010-1。

表 ZY1400803010-1　　　　　　　　　作业中危险点分析及控制措施

序号	危险点	控 制 措 施
1	误入、误登带电间隔	（1）工作前向作业人员交代清楚临近带电设备，并加强监护。 （2）工作人员应走指定通道，在遮栏内工作，严禁擅自移动和跨越遮栏。 （3）严禁攀登运行设备构架
2	低压触电	（1）工作人员之间做好相互配合，拉、合电源开关时发出相应口令。 （2）使用完整合格的安全开关，装合适的熔丝。 （3）接、拆试验电源必须在电源开关拉开的情况下进行
3	高压油伤人	（1）解体检修前必须将高压油放至零位。 （2）高压管路接头严禁带压紧固
4	高处坠落及落物伤人	（1）高处作业系好安全带；不得攀登及在瓷柱上绑扎安全带。 （2）使用的检修平台或梯子应坚固完整、安放牢固，使用梯子有人扶持。 （3）传递物件必须使用传递绳，不得上、下抛掷
5	机械伤害	（1）严格执行一般工具的使用规定，使用前严格检查，不合格的工具禁止使用。 （2）调试隔离开关时专人监护，进行操作时工作人员必须离开隔离开关传动部位

四、整体调试及试验前的准备

1. 检修技术资料的准备

（1）检修前应认真查阅设备安装、大修记录、设备运行记录。对所查阅的结果进行详细、全面的调查分析，以判定断路器的综合状况，为现场具体调整及试验打好基础。

（2）准备好设备使用说明书、记录本、表格、检修报告等。

2. 工具、试验仪器、仪表和场地的准备

（1）准备工具、试验仪器和仪表等，并运至检修现场。试验仪器和仪表应检验合格，资料应满足本次调整及试验的要求。

（2）场地准备。在检修现场四周设一留有通道口的封闭式遮栏，并在周围背向带电设备的遮栏上挂适当数量的"止步，高压危险"标示牌，在通道入口处挂"从此进出"标示牌；在作业现场按定置图摆放好工具、试验仪器和仪表。

五、LW56 型断路器的整体调试及试验

1. LW56 型断路器的整体调试

（1）低动作电压测试。分闸动作电压标准值为额定操作电压的 30%～65%，合闸动作电压标准值为不高于额定操作电压的 80%。

（2）分、合闸线圈电阻检测。测量分、合闸线圈电阻是否在 154Ω±15Ω 范围内（20℃时），如不满足应进行更换。

（3）分、合闸速度、时间和同期性的测量及调整。

1）分、合闸时间及速度调整。在碟形弹簧未储能时进行调整，右旋节流螺钉降低分、合闸时间及速度；左旋节流螺钉增加分、合闸时间及速度。

2）分、合闸同期调整。如果分、合闸同期不合格时，分别拧动控制模块上的节流螺钉可进行调整。如一相过快或高，右旋节流螺钉；如一相过低或过慢，左旋节流螺钉。

3）在没有经过测试重新确认时，不要连续转动调速气门。

4）分、合闸时间及同期和速度标准值见表 ZY1400803010-2。

表 ZY1400803010-2　　　　　　　　分、合闸时间及同期和速度标准值

序号	项　目			规定值
1	分闸时间（t_3，ms）			15～20
2	合闸时间（t_2，ms）			48～60
3	分合闸不同期（m/s）	分闸	同相断口间	≤1.5
			相间	≤2
		合闸	同相断口间	≤2

续表

序号	项　目			规定值
3	分合闸不同期 （m/s）	合闸	相间	≤4
		合闸电阻合闸	单相（相间）	≤2
4	合闸电阻提前接入时间（ms）			8～11
5	分闸速度 （m/s）	v_1（机构闭锁压力）		8.7±0.1
		v_1（机构额定压力）		9.0～9.7
6	合闸速度 （m/s）	v_2（机构额定压力）		4.1～5.0
		v_3（机构额定压力）		2.0～3.5
		v_2 带合闸电阻（机构闭锁压力）		4.1±0.2

注　在额定操作电压，闭锁操作油压下，分闸时间应为 $t_3 \leq 19\text{ms}$。

5）分、合闸速度的计算。分、合闸速度的测试采用专门的测量装置进行，其计算方法如图 ZY1400803010-4 和图 ZY1400803010-5 所示。

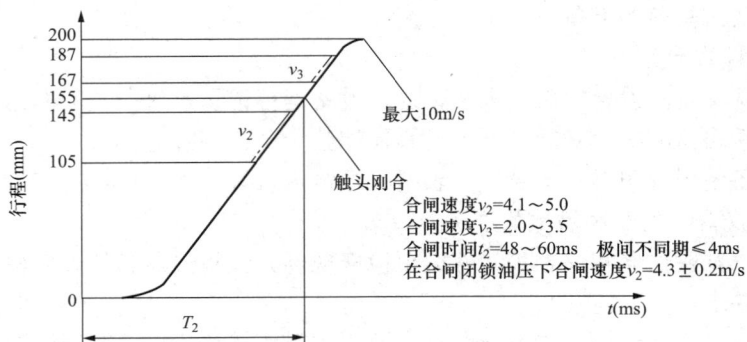

图 ZY1400803010-4　合闸操作

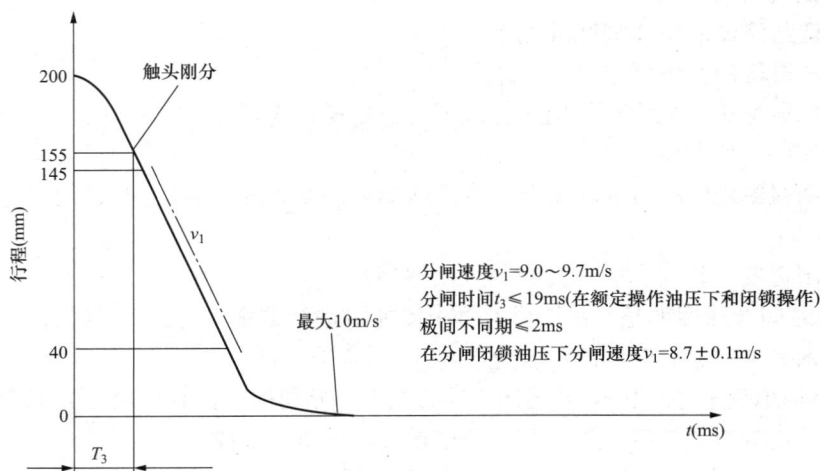

图 ZY1400803010-5　分闸操作

（4）SF_6 密度继电器动作值校验。密度继电器的气体压力校验，按表 ZY1400803010-3 规定值进行。

表 ZY1400803010-3　　　　　　气体压力整定值（20℃表压）

项　目	单位	规定值
SF_6 气体额定压力	MPa	0.06±0.02
SF_6 气体压力降低报警压力		0.52±0.02

续表

项　　　目	单位	规定值
SF₆气体压力降低报警解除压力		0.52±0.02
SF₆气体压力降低闭锁压力	MPa	0.5±0.02
SF₆气体压力降低闭锁解除压力		0.5±0.02

2. LW56 型断路器的整体试验

（1）导电回路电阻测量。

1）测量要求：测量导电回路电阻，应确保断路器处于合闸状态。

2）导电回路电阻参数，见表 ZY1400803010-4 所示。

表 ZY1400803010-4　　　　　　LW56 型断路器导电回路电阻值

测　量　部　位	单位	电阻值
断路器两侧盆式绝缘子嵌件间		≤75
两接线端子间（不带合闸电阻）	μΩ	≤240
两接线端子间（带合闸电阻）		≤260

注　电阻值是在环境温度为 20℃时的值，并且允许在 0～20%的范围内变动。测量结果不得大于出厂实测值的 120%，还应注意三相平衡度的比较。

（2）SF₆气体微水量测试。

1）新装（检修后）在充 SF₆气体后放置 24h 进行水分检测，水分应小于 150μL/L。

2）运行中水分应小于 300μL/L。

（3）SF₆气体检漏。用检漏仪对密封部件（气体法兰）进行检漏，应无渗漏。

（4）绝缘电阻。

1）用 5000V 绝缘电阻测试仪测量断路器在合闸状态时主回路对地之间的绝缘电阻应大于 2000MΩ。

2）用 5000V 绝缘电阻测试仪测量断路器在分闸状态时接线端子之间的绝缘电阻应大于 2000MΩ。

（5）交流耐压试验。断路器在现场安装、调试完成后，应进行耐压试验。耐压试验应根据国家标准的规定进行，施加电压值为额定绝缘水平的 80%。试验时 SF₆气体压力为额定压力，电流互感器的端子必须短接并可靠接地。

六、注意事项

（1）在重新装配前对每一种零部件清理后，用塑料薄膜进行独立的防尘密封保护。

（2）调整时工作人员要互相配合好。关键参数必须经二次核对。

（3）仪器外壳必须接地。

【思考与练习】

1. LW56 型罐式断路器灭弧室主要由哪些部分组成？

2. 对 LW56 型断路器如何进行分、合闸速度、时间和同期性的测量及调整？

3. LW56 型断路器整体检修需要作哪些试验项目？

模块 11　断路器机械特性试验及电气试验（ZY1400803011）

【模块描述】本模块包含断路器机械特性试验及电气试验。通过作业流程的介绍、操作技能训练，掌握断路器机械特性试验及电气试验前准备、危险点预控、试验步骤及要求、测试结果分析及测试注意事项。

【正文】

断路器的试验主要分为机械特性试验和电气试验。本模块主要介绍断路器的低电压动作特性的测试、断路器动作时间的测试和断路器动作速度的测试；电气试验主要介绍绝缘电阻的测量、导电回路电阻的测量、断口并联电容器的电容量和介损值 tanδ 和断路器主回路对地、断口间交流耐压试验。

一、断路器机械特性试验

1. 危险点分析及控制

作业中危险点分析及控制措施见表 ZY1400803011-1。

表 **ZY1400803011-1** 作业中危险点分析及控制措施

序号	危险点	控 制 措 施
1	误入、误登带电间隔	（1）工作前向作业人员交代清楚临近带电设备，并加强监护。 （2）工作人员应走指定通道，严禁擅自移动和跨越遮栏。 （3）严禁攀登运行设备构架
2	触电、仪器损坏	（1）在使用前，将机械特性测试仪接上接地线。 （2）在感应电较强的试验现场，如距离带电母线较近、临近高压设备等场所，应做好安全措施。 （3）接、拆试验电源必须在电源开关拉开的情况下进行
3	误操作损坏仪器设备	测试时，确认测试项目，选择正确的挡位和操作电压
4	触电、损坏断路器二次设备	测试线在接入断路器操作回路时，应断开断路器的操作电源

2. 试验前的准备工作

（1）查阅被试断路器运行情况、了解试验场地等条件。查阅该断路器历年试验报告、相关交接预试规程、断路器运行记录和缺陷情况记录，编写作业指导书。

（2）试验仪器的准备。准备开关机械特性测试仪，测试前应先仔细阅读测试仪的使用说明书，检查所配测试线及其附件是否齐全完好，检查仪器电源工作是否正常等。

（3）办理工作票、做好试验现场安全和技术措施。向其余试验人员交代工作内容、带电部位、现场安全措施、现场作业危险点，明确人员分工及试验程序。

3. 现场测试步骤及要求

（1）断路器低电压动作特性。将直流电源的输出，经刀闸分别接入断路器二次控制线的合闸或分闸回路中，在一个较低电压下迅速合上并拉开直流电源出线刀闸，若断路器不动作，则逐步提高电压值，重复以上步骤，当断路器正确动作时，记录此前的电压值。则分别为合、分闸电磁铁的最低动作电压值。

（2）断路器动作时间的测试。

1）测试接线。测试接线如图 ZY1400803011-1 所示，将断路器机械特性测试仪的合、分闸控制线分别接入断路器二次控制线中，用试验接线将断路器一次各断口的引线接入断路器机械特性测试仪的时间通道。

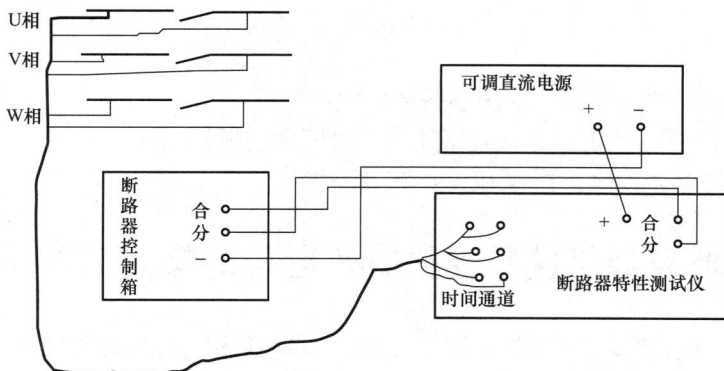

图 ZY1400803011-1 断路器机械特性测试的试验接线

2）测试步骤。

① 将可调直流电源调至断路器额定操作电压，通过控制断路器机械特性测试仪，在额定操作电压

及额定机构压力下对 SF₆断路器进行分、合操作，测得各相合、分闸动作时间。

② 三相合闸时间中的最大值与最小值之差即为合闸不同期；三相分闸时间中的最大值与最小值之差即为分闸不同期。

③ 如果 SF₆断路器每相存在多个断口，则应同时测量各个断口的合、分时间，并得出同相各断口合、分闸的不同期。

④ 如果断路器带有合闸电阻，则应同时测量合闸电阻的预先投入时间。

（3）断路器动作速度的测试。可结合断路器动作时间测试同时进行，将测速传感器固定可靠，并将传感器运动部分牢固连接至断路器机构的速度测量运动部件上。利用断路器机械特性测试仪进行断路器合、分操作，即得测试结果，或根据所得的时间—行程特性计算断路器动作速度。

4. 测试结果分析

（1）断路器低电压动作特性。合闸电磁铁的最低动作电压不应大于额定电压的 80%，在额定电压的 80%～110% 范围内可靠动作；分闸电磁铁的最低动作电压应在额定电压的 30%～65% 的范围内，在额定电压的 65%～120% 范围内可靠动作。当电压低至额定电压的 30% 或更低时不应脱扣动作。

（2）断路器动作时间。合、分闸动作时间、同期性与合闸电阻预先投入时间应符合制造厂家的规定。

（3）断路器动作速度。断路器动作速度的测量方法及结果应符合制造厂家的规定。

5. 测试注意事项

（1）机械特性测试仪的输出电源严禁短路。

（2）机械特性测试仪尽可能使用外接电源作为测试电源，防止因为内部电源的电力不足而影响测试结果。

（3）如果断路器存在第二分闸回路，则应测量第二分闸的低电压动作特性、分闸动作时间和动作速度。

（4）进行断路器低电压特性测试时，加在分、合闸线圈上的操作电压时间不宜过长，防止烧损线圈。

二、断路器电气试验

1. 绝缘电阻的测量

（1）危险点分析及控制措施。作业中危险点分析及控制措施见表 ZY1400803011-2。

表 ZY1400803011-2　　　　　　　　作业中危险点分析及控制措施

序号	危险点	控 制 措 施
1	误入、误登带电间隔	（1）工作前向作业人员交代清楚临近带电设备，并加强监护。 （2）工作人员应走指定通道，严禁擅自移动和跨越遮栏。 （3）严禁攀登运行设备构架
2	触电、损坏仪器	（1）拆、接试验接线前，应将被试设备对地充分放电。 （2）禁止在有雷电时或邻近高压设备时使用绝缘电阻测试仪。 （3）接、拆试验电源必须在电源开关拉开的情况下进行
3	误操作损坏仪器、设备	测试时，确认测试项目，选择正确的挡位和操作电压

（2）测试前准备工作。

1）查阅该断路器历年的绝缘电阻测试报告及相关交接预试规程，以备与测试结果比较。

2）选择合适的绝缘电阻测试仪、测试线、温度表、湿度表、放电棒、接地线、梯子、安全带、安全帽、电工常用工具、试验临时安全遮栏、标示牌等。

3）办理工作票、做好试验现场安全和技术措施，向其余试验人员交代工作内容、带电部位、现场安全措施、现场作业危险点，明确人员分工及试验程序。

（3）现场测试步骤及要求。

1）使用 2500V 绝缘电阻测试仪测量断路器支持绝缘子、拉杆等一次回路绝缘电阻。

2）使用 1000V 绝缘电阻测试仪测量断路器辅助和控制回路绝缘电阻。

3）辅助和控制回路交流耐压试验值为 1000V，可采用普通试验变压器，或 2500V 绝缘电阻测试仪代替。交流耐压试验后的绝缘电阻值不应该降低。

（4）测试结果分析。

1）断路器一次回路绝缘电阻。一次回路绝缘电阻不低于 5000MΩ。在进行交流耐压试验后，绝缘电阻值不应降低。

2）辅助和控制回路绝缘电阻及交流耐压。辅助和控制回路绝缘电阻不低于 10MΩ。在进行交流耐压试验后，绝缘电阻值不应降低。

将所测得的试验数据换算到相同温度下，参照同一设备历史数据，并结合规程标准及其他试验结果进行综合判断。

（5）测试注意事项。

1）测量时宜使用高压屏蔽线且屏蔽层接地。若无高压屏蔽线，测试线不要与地线缠绕，应尽量悬空。测试线不能用双股绝缘线和绞线，应用单股线分开单独连接，以免因绞线绝缘不良而引起误差。

2）测量时应在天气良好的情况下进行，且空气相对湿度不高于 80%，并记录环境温度和湿度。

2. 导电回路电阻的测量

（1）危险点分析及控制措施。作业中危险点分析及控制措施见表 ZY1400803011-3。

表 ZY1400803011-3 作业中危险点分析及控制措施

序号	危险点	控 制 措 施
1	误入、误登带电间隔	（1）工作前向作业人员交代清楚临近带电设备，并加强监护。 （2）工作人员应走指定通道，严禁擅自移动和跨越遮栏。 （3）严禁攀登运行设备构架
2	触电、损坏仪器	（1）在使用前，将回路电阻测试仪接上接地线，防止仪器漏电。 （2）在感应电较强的试验现场，如距离带电母线较近、临近高压设备等场所，应做好安全措施。 （3）接、拆试验电源必须在电源开关拉开的情况下进行
3	误操作损坏仪器、设备	测试时，确认测试项目，选择正确的挡位和操作电压

（2）测试前准备工作。

1）查阅断路器生产厂家的标准、该断路器历年的导电回路电阻测试报告及相关交接预试规程，以备测试结果与之进行比较。

2）根据被测断路器的类型（特殊类型，如发电机出口断路器），选择输出电流合适的微欧计。

3）办理工作票、做好试验现场安全和技术措施。

（3）现场测试步骤及要求。

1）将断路器合闸。

2）将回路电阻测试仪试验线接至断路器一次接线端上，注意电压线接在内侧，电流线接在外侧。

3）将回路电阻测试仪输出电流调至 100A，进行测量，并记录结果。

（4）测试结果分析。检修后，断路器导电回路电阻数值应符合制造厂家的规定，并且不大于交接试验值的 1.2 倍。

（5）测试注意事项。

1）也可以采用直流电压降法（电流—电压表法）进行导电回路电阻的测试，但要求输出电流不小于 100A。

2）不建议采用双臂电桥法测量断路器的导电回路电阻。双臂电桥测量回路通过的是微弱电流，使测量数值比实际值偏大，不能正确地反映断路器的实际工作情况。

3. 断口并联电容器的电容量和介损值 $\tan\delta$ 测量

（1）危险点分析及控制措施。作业中危险点分析及控制措施见表 ZY1400803011-4。

表 ZY1400803011-4 　　　　　　　　　　　作业中危险点分析及控制措施

序号	危险点	控 制 措 施
1	误入、误登带电间隔	（1）工作前向作业人员交代清楚临近带电设备，并加强监护。 （2）工作人员应走指定通道，严禁擅自移动和跨越遮栏。 （3）严禁攀登运行设备构架
2	触电、损坏仪器	（1）介质损耗测试中高压测试线电压约为 10kV，注意测试高压线对地绝缘问题和人身安全。 （2）在感应电较强的试验现场，如距离带电母线较近、临近高压设备等场所，应做好安全措施。 （3）测试介损电桥应良好接地
3	误操作损坏仪器、设备	测试时，确认测试项目，选择正确的挡位和操作电压

（2）测试前准备工作。

1）查阅断路器生产厂家的标准、该断路器电容器电容量和 $\tan\delta$ 历年的测试报告及相关交接预试规程。

2）准备好介损电桥、放电棒、接地线、梯子、安全带、安全帽、电工常用工具、试验临时安全遮栏、标示牌等。

3）办理工作票、做好试验现场安全和技术措施。

（3）现场测试步骤及要求。

1）将断路器分闸。

2）参照各介损测试仪的操作方法进行试验接线。

3）将介损电桥输出电压调至 10kV，进行测量，并记录结果。

（4）测试结果分析。交接时，测量电容器和断口并联后的整体电容值和介质损耗角正切 $\tan\delta$，并作为该设备原始记录，以后试验应与原始值比较，应无明显变化。

电容量无明显变化时，$\tan\delta$ 仅作为参考。

（5）测试注意事项。用介损测试仪测量并联电容器的电容量和 $\tan\delta$，采用正接线法。

4. 断路器主回路对地、断口间交流耐压试验

（1）危险点分析及控制措施。作业中危险点分析及控制措施见表 ZY1400803011-5。

表 ZY1400803011-5 　　　　　　　　　　　作业中危险点分析及控制措施

序号	危险点	控 制 措 施
1	误入、误登带电间隔	（1）工作前向作业人员交代清楚临近带电设备，并加强监护。 （2）工作人员应走指定通道，严禁擅自移动和跨越遮栏。 （3）严禁攀登运行设备构架
2	触电、损坏仪器	（1）必须在试验设备周围设围栏并有专人监护，负责升压的人要随时注意周围的情况，一旦发现异常应立刻断开电源停止试验，查明原因并排除后方可继续试验。 （2）在感应电较强的试验现场，如距离带电母线较近、临近高压设备等场所，应做好安全措施
3	损坏交流耐压设备、试品	（1）交流耐压试验回路电阻要有足够的热容量，并保持稳定。 （2）电感线圈应该能满足电流和绝缘强度的要求

（2）测试前准备工作。

1）查阅断路器运行记录、出厂耐压试验报告、历史试验数据，查阅相关交接预试规程，计算并

确认试品所加试验电压。

2）现场勘查场地情况，并编写作业指导书。

3）测试设备、仪器的准备。测试前，选择合适的交流耐压设备、测试线、接地线、梯子、安全带、安全帽、电工常用工具、试验临时安全遮栏、标示牌等。

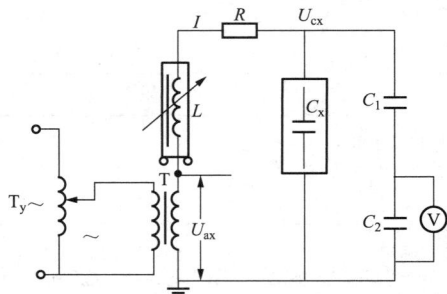

图 ZY1400803011-2　串联谐振
耐压试验接线图（调感）

T_y—调压器；T—试验变压器；R—限流电阻；C_x—被试品；
C_1、C_2—电容分压器；V—电压表；L—可调电抗器

4）办理工作票并做好试验现场安全和技术措施。向其余试验人员交代工作内容、带电部位、现场安全措施、现场作业危险点，明确人员分工及试验程序。

（3）现场测试步骤及要求。本模块以串联谐振耐压试验接线为例进行介绍，串联谐振耐压试验接线如图 ZY1400803011-2 所示。

将断路器合闸，对断路器进行对地的交流耐压试验；将断路器分闸，对断路器进行断口间的交流耐压试验。

（4）测试结果分析。对断路器分别进行合闸对地、断口间的交流耐压试验，耐压时间为 1min，试验中无击穿、闪络为合格。所加试验电压见表 ZY1400803011-6。

表 ZY1400803011-6　　　　　　　　　　　断路器交流耐压试验电压值

断路器额定电压（kV）		10	35	66	110
耐压值（kV）	出厂	42	95	140/185	200/230
	交接	33	76	112/148	160/184
断路器额定电压（kV）		220	330	500	
耐压值（kV）	出厂	395/460	510/630	680/740	
	交接	316/368	408/504	544/592	

（5）测试注意事项。

1）试验电源电压和频率要求稳定，应该避免用电阻器调压。

2）在试验过程中，如果发现电压表指针摆动很大，电流表指示急剧增加，绝缘烧焦气味或冒烟或发生响声等异常现象时，应立即降低电压，断开电源，被试品进行接地放电后再对其进行检查。

3）对于应用串联谐振的交流耐压试验，当试品被击穿时，回路中的电流减小、电压降低，所以除了正常的过流保护以外，还应该有欠压保护。

【思考与练习】

1. 画出断路器机械特性测试的试验接线图。

2. 简述断路器机械特性测试的测试步骤。

3. 对断路器绝缘电阻测试结果如何进行分析？

4. 画出断路器交流耐压试验的接线图。

模块 12　SF₆ 断路器常见故障的处理（ZY1400803012）

【模块描述】本模块介绍断路器常见故障的处理。通过图表归纳、案例分析，掌握断路器本体、各类操动机构的常见故障类型、现象、原因及处理方法。

【正文】

一、断路器的本体故障现象、故障原因及处理方法

断路器本体的故障现象、故障原因及处理方法见表 ZY1400803012-1。

表 ZY1400803012-1　　　断路器本体的故障现象、故障原因及处理方法

故 障 现 象	故 障 原 因	处 理 方 法
SF_6气体密度过低，发出报警	（1）气体密度继电器有偏差。 （2）SF_6气体泄漏。 （3）防爆膜破裂	（1）检查气体密度继电器的报警标准，看密度继电器是否有偏差。 （2）检查最近气体填充后的运行记录，确认SF_6气体是否泄漏，如果气体密度以年0.05%的速度下降，必须用检漏仪检测，更换密封件和其他已损坏部件。 （3）检查是否内部气体压力升高而使防爆膜破裂，如果确认是电弧的原因，必须更换灭弧室
SF_6气体微水量超标、水分含量过大	（1）检测时，环境温度过高。 （2）干燥剂不起作用	（1）检测时温度是否过高，可在断路器的平均温度+25℃时，重新检测。 （2）检查干燥剂是否起作用，必要时更换干燥剂，抽真空，从底部充入干燥的气体
导电回路电阻值过大	（1）触头连接处过热、氧化，连接件老化。 （2）触头磨损	（1）触头连接处过热、氧化或者连接件老化，则拆开断路器，按规定的方式清洁、润滑触头表面，重新装配断路器并检查回路电阻。 （2）触头磨损，则对其进行更换
触头位置超出允许值	弧触头磨损	弧触头磨损，则需更换触头
三相联动操作时相间位置偏差	（1）操作连杆损坏。 （2）绝缘操作杆损坏	更换损坏的操作连杆，检查各触头有无可能的机械损伤

二、断路器的操动机构的故障现象、故障原因及处理方法

SF_6断路器在运行中产生的故障现象，绝大多数是因为操动机构和控制回路的元件故障引起的。所以要求检修人员必须熟悉断路器的操动机构以及控制保护回路，以便在断路器出现故障时能够正确地判断、分析和处理。

1. 液压操动机构故障现象、故障原因及处理方法

液压操动机构故障现象、故障原因及处理方法见表 ZY1400803012-2。

表 ZY1400803012-2　　　液压操动机构常见故障现象、故障原因及处理方法

故 障 现 象		故 障 原 因	处 理 方 法
建压时间过长或建不起压力	液压泵建压时间过长	整个建压时间过长的原因： （1）吸油回路有堵塞，吸油不畅通，滤油器有脏物堵住。 （2）液压泵低压侧空气未排尽。 （3）油箱油位过低，油量少。 （4）液压泵吸油阀钢球密封不严，或只有一个柱塞工作	（1）检查吸油回路是否堵塞而引起吸油不畅通，对其进行清理；检查滤油器是否有脏物堵住，必要时，过滤或更换新的液压油。 （2）排尽液压泵低压侧空气；拧紧接头，防止漏气。 （3）检查油箱油位是否过低，必要时加注油。 （4）检查液压泵吸油阀钢球的密封，修理，或者更换密封圈
		液压泵建立一定压力后，建压时间变长的原因： （1）柱塞座与吸油阀之间的尼龙密封垫封不住高压油。 （2）柱塞和柱塞座配合间隙过大。 （3）高压油路有泄漏。 （4）高压放油阀未关严	（1）修理或者更换柱塞座与吸油阀之间的尼龙密封垫。 （2）检查柱塞和柱塞座配合间隙，重新研磨、或者更换零件。 （3）检查高压油路是否有泄漏，修理或更换密封圈。 （4）检查高压放油阀是否关严，修理或更换零件
	液压泵建不起压力	（1）高压放油阀未关紧，或止回阀钢球没有复位。 （2）合闸二级阀未关严。 （3）液压泵本身有故障，吸油阀密封不严，柱塞与柱塞座配合间隙过大。 （4）安全阀动作未复位	（1）检查高压放油阀是否关紧，止回阀钢球是否复位，修理或更换零件。 （2）检查合闸二级阀，重新研磨、或者更换零件。 （3）检查安全阀动作是否复位，必要时更换安全阀
油压下降到启泵压力但不能自动启泵		（1）电源、电动机是否完好。 （2）停/启泵微动开关触点是否卡涩。 （3）热继电器、延时继电器是否损坏	（1）检查电源和电动机，进行修理或者更换。 （2）检查停/启泵微动开关触点是否卡涩，进行修理；或更换微动开关。 （3）对损坏的热继电器、延时继电器进行修理和更换

模块 12

ZY1400803012

续表

故　障　现　象			故　障　原　因	处　理　方　法
在断路器操作过程中，控制阀发生大量喷油			（1）动作电压过高。 （2）液压油工作压力过低。 （3）手动操作用力不均。 （4）一、二级阀动作不灵活等	（1）调节分合闸线圈的间隙，或者用润滑剂润滑擎子装置，防止断路器动作电压过高。 （2）检查储压器，防止漏氮气；检查控制电动机启动触点，如损坏，进行修理。 （3）检查一、二级阀动作灵活性，修理、或更换零件
高低压油回路管道接头处渗漏油			在紧固接头前应先拧松接头螺帽，检查卡套是否松动和有无弹性，接合面有无损伤与杂质	先拧松接头螺帽，检查卡套是否松动和有无弹性，接合面有无损伤与杂质，如有损坏，进行修理或更换
拒动	拒合	合闸铁芯未启动	合闸线圈端子无电压： （1）二次回路接触不良，连接螺钉松。 （2）熔丝熔断。 （3）辅助开关触点接触不良，或未切换。 （4）SF$_6$气体压力低或液压低闭锁	（1）检查、拧紧连接螺钉，使二次回路接触良好。 （2）修理辅助开关接触不良的触点，或更换辅助开关。 （3）测量合闸线圈端子电压，如果没有电压，检查SF$_6$气体压力，确定原因，必要时补气。 （4）将液压机构储能至额定压力
			合闸线圈端子有电压： （1）合闸线圈断线或烧坏。 （2）铁芯卡住。 （3）二次回路连接过松，触点接触不良。 （4）辅助开关未切换	（1）检查、拧紧连接螺钉，使二次回路接触良好。 （2）修理辅助开关接触不良的触点，或更换辅助开关。 （3）测量合闸线圈端子电压，如果有电压，检查合闸线圈是否断线或烧坏，铁芯是否卡住，必要时更换线圈
		合闸铁芯已启动，工作缸活塞杆不动	（1）合闸线圈端子电压太低。 （2）合闸铁芯运动受阻。 （3）合闸铁芯撞杆变形，或行程不够，合闸一级阀未打开。 （4）合闸控制油路堵塞。 （5）分闸一级阀未复归	（1）修理，或者更换合闸线圈。 （2）清洗，过滤或更换液压油，防止合闸控制油路堵塞。 （3）检查分闸一级阀是否复归，必要时修理分闸一级阀
	拒分	分闸铁芯未启动	分闸线圈端子无电压： （1）二次回路连接过松，触点接触不良。 （2）熔丝熔断。 （3）辅助开关接触不良，或未切换。 （4）SF$_6$气体低压力或液压闭锁	（1）检查、拧紧连接螺钉，使二次回路接触良好。 （2）修理辅助开关接触不良的触点，或更换辅助开关。 （3）测量分闸线圈端子电压，如果没有电压，检查SF$_6$气体压力，确定原因，必要时补气，或进行修理。 （4）将液压机构储能至额定压力
			分闸线圈端子有电压： （1）分闸线圈断线或烧坏。 （2）分闸铁芯卡住。 （3）二次回路连接过松，触点接触不良。 （4）辅助开关未切换	（1）检查、拧紧连接螺钉，使二次回路接触良好。 （2）修理辅助开关接触不良的触点，或更换辅助开关。 （3）测量分闸线圈端子电压，如果有电压，检查分闸线圈是否断线或烧坏，铁芯是否卡住，必要时更换线圈
		分闸铁芯已启动，工作缸活塞杆不动	（1）分闸线圈端子电压太低。 （2）分闸铁芯空程小，冲力不足或铁芯运动受阻。 （3）阀杆变形，行程不够，分闸阀未打开。 （4）合闸保持回路漏装节流孔接头	（1）修理，或者更换分闸线圈。 （2）清洗，过滤或更换液压油，防止闸控制油路堵塞。 （3）检查合闸保持回路是否漏装节流孔接头，如果是，安装节流孔
误动	合闸即分		（1）合闸保持回路节流孔受堵。 （2）分闸一级阀未复归，或密封不严。 （3）分闸二级阀活塞锥面密封不严	检查和清洗分闸一级阀、二级阀；必要时，清洗或更换液压油
液压泵频繁启动打压	分闸位置液压泵频繁启动打压		外泄漏： （1）工作缸活塞出口端密封不良。 （2）储压器活塞杆出口端密封不良。 （3）管路连接头渗漏。 （4）高压放油阀密封不良或未关严	拆下检查工作缸、储压器的活塞出口端密封性，更换接头或者密封圈；检查管路连接头密封性，更换接头或者密封圈；检查高压放油阀密封性，修理、重新研磨或更换密封圈

续表

故　障　现　象		故　障　原　因	处　理　方　法
液压泵频繁启动打压	分闸位置液压泵频繁启动打压	内泄漏： （1）工作缸活塞上密封圈失效。 （2）合闸一级阀密封不良。 （3）合闸二级阀密封不良。 （4）液压泵卸载止回阀关闭不严	检查工作缸活塞出口端和液压泵卸载止回阀的密封性，更换密封圈；检查合闸一级阀、合闸二级阀的密封性，清洗合闸一级、二级阀，必要时更换液压泵
	合闸位置液压泵频繁启动打压	外泄漏： （1）工作缸活塞出口端密封不良。 （2）储压筒塞杆出口端密封不良。 （3）管路连接头渗漏。 （4）高压放油阀密封不良或未关严	拆下检查工作缸、储压器的活塞出口端密封性，更换接头或者密封圈；检查管路连接头密封性，更换接头或者密封圈；检查高压放油阀密封性，修理、重新研磨或更换密封圈
		内泄漏： （1）工作缸活塞上密封圈失效。 （2）分闸一级阀密封不良。 （3）分闸二级阀活塞密封圈失效，或分闸二级阀活塞锥面密封不良。 （4）液压泵卸载止回阀关闭不严	检查工作缸活塞出口端和液压泵卸载止回阀的密封性，更换密封圈；检查分闸一级阀、分闸二级阀的密封性，清洗分闸一级阀、二级阀，必要时更换液压油阀关闭不严
	分、合闸位置液压泵均频繁启动	外泄漏： （1）工作缸活塞出口端密封不良。 （2）储压筒活塞杆出口端密封不良。 （3）管路连接头渗漏。 （4）高压放油阀密封不良或未关严	拆下检查工作缸、储压器的活塞出口端密封性，更换接头或者密封圈；检查管路连接头密封性，更换接头或者密封圈；检查高压放油阀密封性，修理、重新研磨或更换密封圈
		内泄漏： 液压泵卸载止回阀关闭不严	检查液压泵卸载止回阀的密封性，更换密封圈
漏氮报警装置自动发信		漏氮	进行测量，确定原因，如确实发生漏氮，补充气体
加热器不工作		加热器或温湿控制器损坏	更换加热器；修理或更换温湿控制器

2. 弹簧操动机构故障现象、故障原因及处理方法

弹簧操动机构常见故障现象、故障原因及处理方法见表 ZY1400803012-3。

表 ZY1400803012-3　　弹簧操动机构常见故障现象、故障原因及处理方法

故　障　现　象			故　障　原　因	处　理　方　法
拒动	拒合	合闸铁芯未启动	合闸线圈端子无电压： （1）二次回路接触不良，连接螺钉松。 （2）熔丝熔断。 （3）辅助开关触点接触不良，或未切换。 （4）SF₆气体低压力闭锁	（1）检查、拧紧连接螺钉，使二次回路接触良好。 （2）修理辅助开关接触不良的触点，或更换辅助开关。 （3）测量合闸线圈端子电压，如果没有电压，检查 SF₆气体压力，确定原因，必要时补气
			合闸线圈端子有电压： （1）合闸线圈断线或烧坏。 （2）合闸铁芯卡住。 （3）二次回路连接过松，触点接触不良。 （4）辅助开关未切换	（1）检查、拧紧连接螺钉，使二次回路接触良好。 （2）修理辅助开关接触不良的触点，或更换辅助开关。 （3）测量合闸线圈端子电压，如果有电压，检查合闸线圈是否断线或烧坏，铁芯是否卡住，必要时更换线圈
		合闸铁芯已启动	（1）合闸线圈端子电压太低。 （2）合闸铁芯运动受阻。 （3）合闸铁芯撞杆变形，行程不足。 （4）合闸掣子扣入深度太大。 （5）扣合面硬度不够，变形，摩擦力大，"咬死"	（1）修理，或者更换合闸线圈。 （2）检查合闸掣子扣入是否过深、扣合面是否变形，进行修理，必要时更换零件

续表

故 障 现 象		故 障 原 因	处 理 方 法
拒动	拒分（分闸铁芯未启动）	分闸线圈端子无电压： （1）二次回路接触不良，连接螺钉松。 （2）熔丝熔断。 （3）辅助开关触点接触不良，或未切换。 （4）SF₆气体低压力闭锁	（1）检查、拧紧连接螺钉，使二次回路接触良好。 （2）修理辅助开关接触不良的触点，或更换辅助开关。 （3）测量分闸线圈端子电压，如果没有电压，检查 SF₆ 气体压力，确定原因，必要时补气，或进行修理
		分闸线圈端子有电压： （1）分闸线圈断线或烧坏。 （2）分闸铁芯卡住。 （3）二次回路连接过松，触点接触不良。 （4）辅助开关未切换	（1）检查、拧紧连接螺钉，使二次回路接触良好。 （2）修理辅助开关接触不良的触点，或更换辅助开关。 （3）测量分闸线圈端子电压，如果有电压，检查分闸线圈是否断线或烧坏，铁芯是否卡住，必要时更换线圈
	分闸铁芯未启动	（1）分闸线圈端子电压太低。 （2）分闸铁芯空程小，冲力不足或铁芯运动受阻。 （3）分闸掣子扣入深度太浅，冲力不足。 （4）分闸铁芯撞杆变形，行程不足	（1）修理，或者更换分闸线圈。 （2）检查分闸掣子扣入是否过浅，冲力不够，进行修理，必要时更换零件
误动	储能后自动合闸	（1）合闸掣子扣入深度太浅，或扣入面变形。 （2）合闸掣子支架松动。 （3）合闸掣子变形锁不住。 （4）牵引杆过"死点"距离太大，对合闸掣子撞击力太大	检查合闸掣子扣入深度、扣入面、支架、牵引杆过"死点"距离等，进行修理、适当的调整，或者更换零件
误动	无信号自动分闸	（1）二次回路有混线，分闸回路两点接地。 （2）分闸掣子扣入深度太浅，或扣入面变形，扣入不牢。 （3）分闸电磁铁最低动作电压太低。 （4）继电器触点因某种原因误闭合	（1）检查二次回路是否有混线，使之控制良好。 （2）检查分闸掣子扣入深度和扣入面，修理，或者更换零件。 （3）测量分闸电磁铁最低动作电压，如果其值太低，调整分闸线圈的间隙，或者更换线圈。 （4）检查继电器，修理触点，或者进行更换
	合闸即分	（1）二次回路有混线，合闸同时分闸回路有电。 （2）分闸掣子扣入深度太浅，或扣入面变形，扣入不牢。 （3）分闸掣子不受力时，复归间隙调得太大。 （4）分闸掣子未复归	（1）检查二次回路是否有混线，使之控制良好。 （2）检查分闸掣子的扣入深度、复归间隙等情况，修理，或者更换零件
弹簧储能异常	弹簧未储能	（1）电动机过电流时保护动作。 （2）接触器回路不通或触点接触不良。 （3）电动机损坏或虚接。 （4）机械系统故障	（1）检查储能电动机是否过电流保护。 （2）检查接触器回路和触点接触情况，进行修理，使控制良好。 （3）检查机械系统是否故障，进行修理；必要时，更换零件
	弹簧储能未到位	限位开关位置不当	检查限位开关位置，重新进行调整
	弹簧储能过程中打滑	棘轮或大小棘爪损伤	检查棘轮、大小棘爪是否有损伤，处理，必要时更换

3. 液压弹簧操动机构

液压弹簧操动机构常见故障现象、故障原因及处理方法见表 ZY1400803012-4。

表 ZY1400803012-4　　液压弹簧操动机构常见故障现象、故障原因及处理方法

异 常 现 象		故 障 原 因	处 理 方 法
建压时间过长或建不起压力	液压泵建压时间过长	整个建压时间过长： （1）吸油回路有堵塞。 （2）油箱油位过低，油量少	（1）检查吸油回路是否堵塞而引起吸油不畅通，对其进行清理；检查滤油器是否有脏物堵住，必要时，过滤或更换新的液压油。 （2）检查油箱油位是否过低，必要时加注油

续表

异 常 现 象			故 障 原 因	处 理 方 法
建压时间过长或建不起压力	液压泵建压时间过长		液压泵建立一定压力后，建压时间变长： （1）柱塞座与吸油阀之间的尼龙密封垫封不住高压油。 （2）高压放油阀未关严	（1）修理或者更换柱塞座与吸油阀之间的尼龙密封垫。 （2）检查高压放油阀是否关严，修理或更换零件
	液压泵建不起压力		（1）高压放油阀未关紧，或止回阀钢球没有复位。 （2）合闸二级阀未关严。 （3）液压泵本身有故障，吸油阀密封不严，柱塞与柱塞座配合间隙过大。 （4）安全阀动作未复位	（1）检查高压放油阀是否关紧，止回阀钢球是否复位，修理或更换零件。 （2）检查合闸二级阀，重新研磨、或者更换零件。 （3）检查安全阀动作是否复位，必要时更换安全阀
油压下降到启泵压力但不能自动启泵			（1）电源、电动机是否完好。 （2）停/启泵微动开关触点是否卡涩。 （3）热继电器、延时继电器是否损坏	（1）检查电源和电动机，进行修理或者更换。 （2）检查停/启泵微动开关触点是否卡涩，进行修理；或更换微动开关。 （3）对损坏的热继电器、延时继电器进行修理和更换
拒动	拒合	合闸铁芯未启动	合闸线圈端子无电压： （1）二次回路接触不良，连接螺钉松。 （2）熔丝熔断。 （3）辅助开关触点接触不良，或未切换。 （4）SF₆气体压力低或液压低闭锁	（1）检查、拧紧连接螺钉，使二次回路接触良好。 （2）修理辅助开关接触不良的触点，或更换辅助开关。 （3）测量合闸线圈端子电压，如果没有电压，检查SF₆气体压力，确定原因，必要时补气。 （4）将液压机构储能至额定压力
			合闸线圈端子有电压： （1）合闸线圈断线或烧坏。 （2）铁芯卡住。 （3）二次回路连接过松，触点接触不良。 （4）辅助开关未切换	（1）检查、拧紧连接螺钉，使二次回路接触良好。 （2）修理辅助开关接触不良的触点，或更换辅助开关。 （3）测量合闸线圈端子电压，如果有电压，检查合闸线圈是否断线或烧坏，铁芯是否卡住，必要时更换线圈
		合闸铁芯已启动，工作缸活塞杆不动	（1）合闸线圈端子电压太低。 （2）合闸铁芯运动受阻。 （3）合闸铁芯撞杆变形，或行程不够，合闸一级阀未打开。 （4）合闸控制油路堵塞。 （5）分闸一级阀未复归	（1）修理，或者更换合闸线圈。 （2）清洗，过滤或更换液压油，防止合闸控制油路堵塞。 （3）检查分闸一级阀是否复归，必要时修理分闸一级阀
	拒分	分闸铁芯未启动	分闸线圈端子无电压： （1）二次回路连接过松，触点接触不良。 （2）熔丝熔断。 （3）辅助开关接触不良，或未切换。 （4）SF₆气体低压或液压闭锁	（1）检查、拧紧连接螺钉，使二次回路接触良好。 （2）修理辅助开关接触不良的触点，或更换辅助开关。 （3）测量分闸线圈端子电压，如果没有电压，检查SF₆气体压力，确定原因，必要时补气，或进行修理。 （4）将液压机构储能至额定压力
			分闸线圈端子有电压： （1）分闸线圈断线或烧坏。 （2）分闸铁芯卡住。 （3）二次回路连接过松，触点接触不良。 （4）辅助开关未切换	（1）检查、拧紧连接螺钉，使二次回路接触良好。 （2）修理辅助开关接触不良的触点，或更换辅助开关。 （3）测量分闸线圈端子电压，如果有电压，检查分闸线圈是否断线或烧坏，铁芯是否卡住，必要时更换线圈
		分闸铁芯已启动，工作缸活塞杆不动	（1）分闸线圈端子电压太低。 （2）分闸铁芯空程小，冲力不足或铁芯运动受阻。 （3）阀杆变形，行程不够，分闸阀未打开。 （4）合闸保持回路漏装节流孔接头	（1）修理，或者更换分闸线圈。 （2）清洗，过滤或更换液压油，防止分闸控制油路堵塞。 （3）检查合闸保持回路是否漏装节流孔接头，如果是，安装节流孔
误动	合闸即分		（1）合闸保持回路节流孔受堵。 （2）分闸一级阀未复归，或密封不严。 （3）分闸二级阀活塞锥面密封不严	检查和清洗分闸一级阀、二级阀；必要时，清洗或更换液压油
液压泵频繁启动打压	分闸位置液压泵频繁启动打压		外泄漏： （1）工作缸活塞出口端密封不良。 （2）高压放油阀密封不良或未关严	拆下检查工作缸的活塞出口端密封性，更换接头或者密封圈；检查高压放油阀密封性，修理、重新研磨或更换密封圈

续表

异常现象	故障原因	处理方法
分闸位置液压泵频繁启动打压	内泄漏： (1) 工作缸活塞上密封圈失效。 (2) 合闸一级阀密封不良。 (3) 合闸二级阀密封不良。 (4) 液压泵卸载止回阀关闭不严	检查工作缸活塞出口端和液压泵卸载止回阀的密封性，更换密封圈；检查合闸一级阀、合闸二级阀的密封性，清洗合闸一级阀、二级阀，必要时更换液压油
合闸位置液压泵频繁启动打压	外泄漏： (1) 工作缸活塞出口端密封不良。 (2) 高压放油阀密封不良或未关严	拆下检查工作缸的活塞出口端密封性，更换接头或者密封圈；检查管路连接头密封性，更换接头或者密封圈；检查高压放油阀密封性，修理、重新研磨或更换密封圈
合闸位置液压泵频繁启动打压	内泄漏： (1) 工作缸活塞上密封圈失效。 (2) 分闸一级阀密封不良。 (3) 分闸二级阀活塞密封圈失效，或分闸二级阀活塞锥面密封不良。 (4) 液压泵卸载止回阀关闭不严	检查工作缸活塞出口端和液压泵卸载止回阀的密封性，更换密封圈；检查分闸一级阀、分闸二级阀的密封性，清洗分闸一级阀、二级阀，必要时更换液压油阀关闭不严
分、合闸位置液压泵均频繁启动	外泄漏： (1) 工作缸活塞出口端密封不良。 (2) 高压放油阀密封不良或未关严	拆下检查工作缸的活塞出口端密封性，更换接头或者密封圈；检查管路连接头密封性，更换接头或者密封圈；检查高压放油阀密封性，修理、重新研磨或更换密封圈
分、合闸位置液压泵均频繁启动	内泄漏： 液压泵卸载止回阀关闭不严	检查液压泵卸载止回阀的密封性，更换密封圈

(左侧合并单元格标题：液压泵频繁启动打压)

三、SF₆断路器故障处理案例

某变电站 500kV 柱式断路器检修前进行导电回路电阻的测量，分别测得 U、V、W 三相的电阻值为 68、64、102μΩ，该断路器制造厂家规定的标准为≤78μΩ，W 相明显偏大、超标。

1. 分析

查阅该断路器上次的试验报告（三年前），U、V、W 三相的导电回路电阻值分别为 66、65、70μΩ，结果合格。

查阅该断路器的交接试验报告，U、V、W 三相的导电回路电阻值分别为 64、66、68μΩ，结果合格。

按照试验规程规定，断路器导电回路电阻数值应符合制造厂家的规定，并且不大于交接试验值的 1.2 倍。

查阅到该断路器在整个运行周期内，有 6 次开断短路电流的记录。

由以上初步判断，该断路器灭弧室触头可能烧损，或者触头连接处过热氧化。

2. 解体检查

将故障灭弧室返厂解体检查，发现该断路器灭弧室的动触头、静触头在电弧作用下，都有大面积的烧损。

3. 处理

在故障灭弧室返厂解体的同时，制造厂家为该变电站更换了新的灭弧室，安装调试后，断路器重新投入运行。

一般情况下，现场没有条件进行灭弧室的解体检修，甚至没有条件进行灭弧室的内部检查，判断灭弧室能否继续安全可靠运行，只有非常有限的一些试验手段，如测量断路器分、合闸时间和速度等，导电回路电阻的测量是其中很有效的一种手段。

检修前后的试验中，如果发现导电回路电阻值异常或者超标，一定要引起足够的重视，判断出原因所在，进行处理，否则继续运行安全隐患极大，可能会引起断路器触头烧融，甚至灭弧室炸裂等非

模块 12

ZY1400803012

常严重的后果。

【思考与练习】

1. 检测某 SF₆ 断路器的导电回路电阻超标，试分析可能的原因有哪些？怎样进行处理？

2. 配备液压机构的 SF₆ 断路器液压泵建不起压力，或者建压的时间过长，引起的原因是什么?怎样进行处理？

3. 某 SF₆ 断路器的弹簧机构无法进行储能，怎样处理？

4. 某液压弹簧机构在分闸位置，液压泵频繁启动打压，可能原因是什么？

第九部分

其他变电设备的检修与故障处理

第三十一章　高压开关柜的检修及故障处理

模块 1　10kV 真空断路器高压开关柜的更换安装（ZY1400901001）

【模块描述】本模块包含 10kV 真空断路器高压开关柜的更换安装的作业流程及工艺要求。通过知识要点归纳讲解、操作技能训练，掌握 10kV 真空断路器高压开关柜的基本结构、更换安装前的准备、危险点预控、作业步骤、工艺要求及质量标准等操作技能。

【正文】

本模块以 KYN44-12 高压开关柜的更换安装为例介绍高压开关柜的安装作业工艺。

一、KYN44-12 型高压开关柜结构及安装尺寸

1. KYN44-12 型高压开关柜的结构

KYN44-12 型高压开关柜由柜体和中置式可抽出部件（即手车）两大部分组成，具有"五防"机械闭锁功能，可配置 VD4、VS1 和 ZN28（Z）型多种断路器。KYN44-12 型开关柜结构如图 ZY1400901001-1 所示。

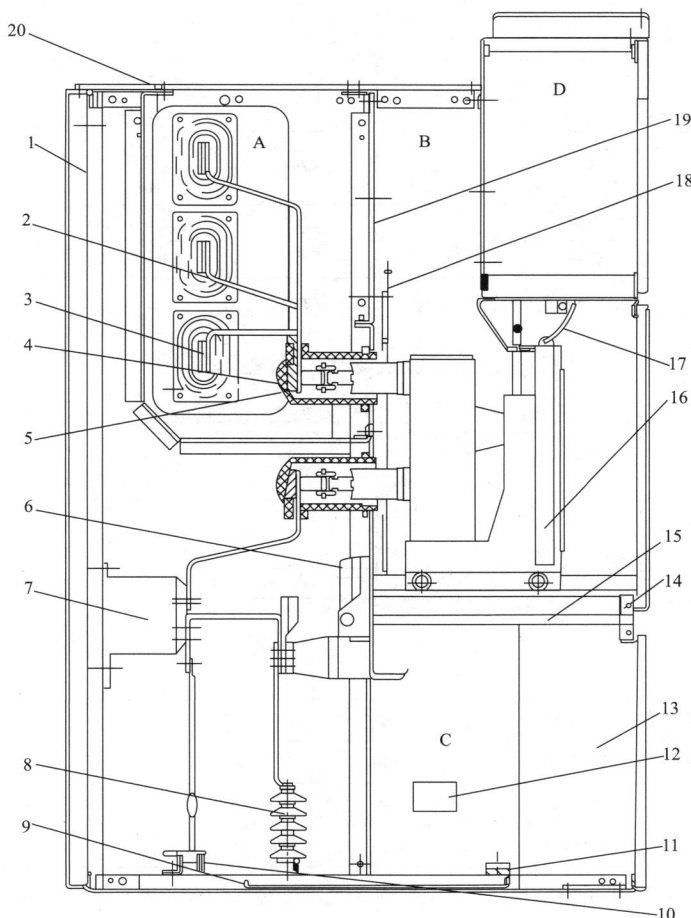

图 ZY1400901001-1　KYN44-12 型开关柜结构示意图

1—外壳；2—分支母线；3—主母线；4—静触头装置；5—静触头盒；6—接地开关；7—电流互感器；8—避雷器；9—底板；
10—电缆夹；11—接地主母线；12—加热器；13—控制小线槽；14—可抽出式水平隔板；15—接地开关操动机构；
16—配有真空断路器手车；17—航空插头；18—活门；19—装卸式隔板；20—泄压盖板

2. KYN44–12 型高压开关柜的安装尺寸

KYN44–12 型高压开关柜外形安装尺寸和基础安装尺寸如图 ZY1400901001-2 和图 ZY1400901001-3 所示。

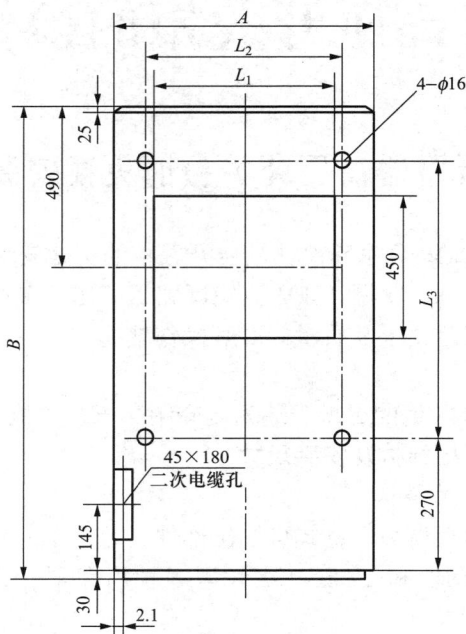

柜宽 A	柜深 B	L_1	L_2	L_3	备注
800	1500 电缆	580	600	1050	VD4；VS1
	1660 架空			1210	
840	1700 电缆	620	640	1260	ZN28
	1900 架空			1460	
1000	1500（1700）电缆	780（820）	800（840）	1050（1060）	括号内尺寸为 ZN28
	1660（1900）架空			1210（1460）	

图 ZY1400901001-2　KYN44–12 型户内交流高压金属铠装中置式开关柜正面尺寸

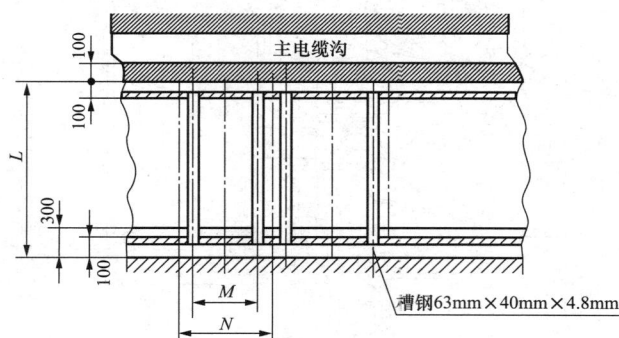

柜宽	柜深 L	M	N	备注
800	1500（1600）	600	800	括号内尺寸为架空进线
840	1700（1900）	640	840	
1000	1500（1660）	800	1000	

图 ZY1400901001-3　KYN44–12 型户内交流高压金属铠装中置式开关柜电缆沟尺寸

二、作业内容

（1）KYN44–12 型中置式开关柜的安装。

1）KYN44–12 型中置式开关柜柜体安装。

2）KYN44-12 型中置式开关柜主母线的安装及电缆连接。

3）KYN44-12 型中置式开关柜二次线的穿接。

4）安装并紧固后封板。

（2）KYN44-12 型中置式开关柜安装后的调试。

三、作业中危险点分析及控制措施

作业中危险点分析及控制措施见表 ZY1400901001-1。

表 ZY1400901001-1　　　　　　　　　　作业中危险点分析及控制措施

序号	危险点	控　制　措　施
1	高处坠落及落物伤人	（1）高处作业系好安全带；不得攀登及在瓷柱上绑扎安全带。 （2）使用的安装平台或梯子应坚固完整、安放牢固，使用梯子有人扶持。 （3）传递物件必须使用传递绳，不得上、下抛掷
2	起重伤害	（1）采用吊架拆、装开关柜关有专人指挥、吊物下严禁站人。 （2）起重工具使用前认真检查，并进行强度核验，严禁使用不合格工具。 （3）拆、装设备时必须绑扎牢固，吊物起吊后应系好拉绳，防止摆动碰伤人员
3	触电伤害	（1）搬动梯子等大物体时，需由两人放倒搬运，与带电部位保持足够的安全距离见《国家电网公司电力安全工作规程》要求。 （2）拆下的引线不得失去原有接地保护。 （3）使用电气工具时，按规定接入漏电保护装置、接地线。 （4）手车柜在手车拉出后，插孔应有防护隔板可靠隔离。 （5）固定柜线路侧刀闸操作手柄应设强制连锁措施，挂警示牌；并设绝缘小车隔离。 （6）固定柜母线侧刀闸带电时，其操作手柄应设强制连锁措施，挂警示牌；刀闸断口应用绝缘板隔离防护
4	误入、误登带电间隔	（1）工作前向作业人员交代清楚临近带电设备，并加强监护。 （2）工作人员应走指定通道，在遮栏内工作，不得移动和跨越遮栏。 （3）严禁攀登运行设备构架
5	机械伤害	（1）严格执行一般工具的使用规定，使用前严格检查，不完整的工具禁止使用。 （2）调试开关柜时专人监护，进行操作时工作人员必须离开开关柜传动部位

四、更换安装作业前的准备

1. 安装前的资料准备

（1）安装前应认真查阅设备安装使用说明书、设备基础制作报告图纸和设计院设计图纸。对所查阅的资料进行详细、全面的调查分析，为现场具体安装方案的制定打好基础。

（2）准备好设备使用说明书、设计图纸、记录本、表格、安装报告等。图纸及资料应符合现场实际情况。

2. 安装方案的确定

（1）现场勘察。项目总负责人应组织有关人员深入现场，仔细勘察，了解现场设备及基础的实际情况，落实施工设备布置场所，检查安全措施是否完备。

（2）编制作业指导书。

（3）拟订安装方案，确定安装项目，编排工期进度。

3. 备品备件、工器具、材料准备

在开工前必须预先准备安装工器具、材料、备品备件、试验仪器和仪表等，并运至安装现场。

4. 安装环境（场地）的准备

（1）在安装现场四周设一留有通道口的封闭式遮栏，并在周围背向带电设备的遮栏上挂适当数量的"止步，高压危险"标示牌，在通道入口处挂"从此进出"标示牌。

（2）在作业现场指定位置摆放好安装工具、量具、材料、备品备件和测试仪器及垃圾箱。

五、更换安装作业前的开箱检查

产品到达目的地后，应将其放在干燥通风场所，并尽快进行验收检查。如检查中发现异常情况应及时做好记录、报告并及时与制造厂联系尽快处理更换或补供。

（1）检查厂家提供的安装使用说明书、合格证、出厂试验报告、安装图纸等文件资料是否齐全。

并妥善保管，不得丢失。

（2）检查零部件、附件及备件应齐全。

（3）核对产品铭牌、产品合格证中技术参数是否与订货单相符，装箱单内容是否与实物相符。元件无损坏，外观无机械损伤，几何尺寸应符合设计要求。特别指出的是柜体的几何尺寸要实测，实测的项目主要是柜体的对角线和垂直度及柜顶的水平度，其误差应不大于 1.5%，凡现场不能矫正的要通知供货单位或制造厂家修复。

（4）打开包装箱后，产品外表面无损伤、无锈蚀、漆层完整无脱落，手柄无扭斜变形，其内部的仪表、灭弧罩、瓷件等应无裂纹、伤痕、螺钉紧固无锈蚀，接地螺栓完整，紧固螺栓的平垫弹垫齐全。

（5）测量柜中带电部件之间、带电部件与地之间的电气间隙和爬电距离的值应符合规定。

（6）填写开箱检查记录和设备验收清单。

六、KYN44-12 型中置式开关柜更换安装作业步骤及质量标准

更换安装前应将旧开关柜全部拆除，并已完成了基础浇注施工。开关柜出厂时其设备的技术参数已调至最佳工作状态，但为了便于运输和吊装没有进行整体拼装。安装时应根据工程需要与图纸说明，将开关柜运至特定的位置，如果一排开关设备排列较长（为 10 台以上），拼柜工作应从中间部位开始。一般情况下，柜体拼装应与主母线的安装交替进行，这样可避免柜体安装好后，安装主母线困难。

（一）安装

1. 柜体安装

（1）卸去开关柜吊装板及开关柜后封板。

（2）松开母线隔室顶盖板（泄压盖板）的固定螺栓，卸下母线隔室顶盖板。

（3）松开母线隔室后封板固定螺栓，卸下母线隔室后封板。

（4）松开断路器隔室下面的可抽出式水平隔板的固定螺栓，并将水平隔板卸下。

（5）在此基础上，依次于水平、垂直方向拼接开关柜，开关柜安装不平度不得超过 2mm。

（6）当开关设备已完全拼接好时，可用 M12 的地脚螺栓将其与基础槽钢相连或用电焊与基础槽钢焊牢。

2. 主母线的安装及电缆连接

（1）用洁净干燥的软布擦拭母线，检查绝缘套管是否有损伤，在连接部位涂上导电膏或者中性凡士林。

（2）按照 U、V、W 三相主母线上的编号依次拼装相邻柜主母线，将主母线和对应的分支母线搭接处用螺栓穿入，上螺母扣牢但不紧固。

（3）按规定力矩紧固主母线及分支母线的连接螺栓。

（4）母线应柔顺地插入套管中绝缘隔板并定位，固定好。

（5）扣上母线搭接处的绝缘盒套。

（6）在连接电缆时，若电缆截面太大，可先拆开电缆盖板，将电缆穿过电缆密封圈后与对应的一次出线排连接，随后将此盖板合并后用螺栓紧固。电缆孔处密封圈开口大小应在安装现场视电缆截面而进行裁定。当电缆头与出线连接好后，需用专配电缆夹将电缆夹紧，以防电缆坠落。

3. 二次线的穿接

（1）将开关柜继电器、仪表室顶端的小母线顶盖板固定螺栓松开，然后移开，留出施工空间。

（2）安装并连接小母线。

（3）当二次线为电缆进出时，移开柜底左侧二次电缆盖板及柜侧走线槽盖板，进行二次电缆连接，随后将二次电缆盖板及柜侧走线槽盖板盖好。

（4）用预制的连接排将各柜的接地主母线连接在一起，并在适当的位置与建筑预设的接地网相连接，如图 ZY1400901001-4 所示。

（5）将所拆卸的开关柜后封板、母线隔室顶盖板（泄压盖板）、可抽出式水平隔板等复原后用螺栓紧固。

图 ZY1400901001-4　接地连接图

4. 安装后封板

安装并紧固后封板，确保防护等级。

5. 质量标准

（1）土建施工的质量标准。土建施工应按设计要求埋设基础型钢，工程质量应符合设备安装规范，并核对土建基础尺寸符合安装要求。基础型钢安装后，其顶部宜高出抹平地面 10mm；手车式成套柜按产品技术要求执行；开关柜单独或成列安装时，其垂直度、水平偏差以及盘、柜面偏差和盘、柜间接缝的允许偏差应符合表 ZY1400901001-2 的规定。基础型钢应有明显的可靠接地。一般在两端引出与主接地网相连，以保证设备接地。

表 ZY1400901001-2　　　　　开关柜单独或成列安装的允许偏差率

项　　目		允许偏差（mm）
垂直度（每米）		<1.5
水平偏差	相邻两盘顶部	<2
	成列盘顶部	<5
盘面偏差	相邻两盘边	<1
	成列盘面	<5
盘间接缝		<2

（2）柜体安装的质量标准。

1）将柜体按编号顺序分别抬（叉或吊）到基础槽钢之上，使之地脚螺孔和基础槽钢上面的开孔对正。先用 4 个螺钉插入孔内，然后找平找正。

2）找平找正应用水平尺、磁性吊线坠和钢板尺，并准备 0.1～1mm 厚的凹型片。先测量柜体正面的垂直度，测量方法是将磁性吊线坠分别置于柜体正面的两个前立柱上，然后把铅锤放下，再用钢板尺分别测量垂线上部和下部与前立柱的距离，如相等则说明柜体前后垂直基础槽钢；如下部距离大，则说明柜体前后面向前倾斜，应该在柜体的下框架前面的螺孔处垫凹型板调整，直至上下相等；反之，柜体向后倾斜，则在下框架后面垫凹型板调整。

3）用同样方法测量并调整柜体的倾面，最后再测量一次正面并细调一次，直至前后左右的铅垂线上下距离相等为止，其误差应不大于 0.5mm。用磁性磁吊线坠测量柜体垂直度的方法如图 ZY1400901001-5 所示。

4）对于多台成列安装时，应先一台一台按顺序测量校正，并调整柜间间隙为 1mm 左右，然后把柜与柜之间侧面上的螺钉上好稍紧；再进

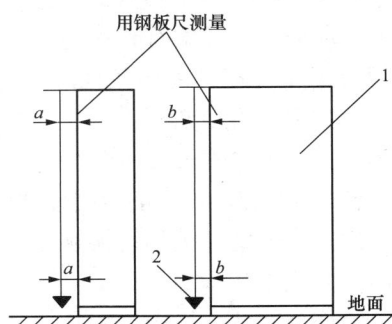

图 ZY1400901001-5　柜体垂直度的测量方法
1—柜体；2—吊线坠

行整体的调整，误差较大的还要作个别调整。最后将柜之间的螺钉上好，放上平垫、弹簧垫拧紧，螺钉的穿过方向应一致。多台柜的安装要保证柜顶的水平度，必要时可用凹形片调整。

5）开关柜应柜面一致，排列整齐。其水平误差不应大于 1/1000，垂直误差不应大于其高度的1.5/1000。

（3）母线安装的质量标准。

1）母线连接用的紧固件应采用符合国家标准的镀锌螺栓、螺母和垫圈。

2）母线平直时，贯穿螺栓应由下向上穿，其余情况，母线应置于维护侧，螺栓长度宜露出螺母2～3 个丝牙。

3）螺栓的两侧均应有垫圈。相邻螺栓的垫圈应有 3mm 以上的净距离，螺母侧应装弹簧垫圈。

4）母线的着色按 U 相为黄色、V 相为绿色、W 相为红色，一般排列顺序为从上到下、从左到右、从里到外。

（4）二次安装工艺。

1）导线束穿越金属构件时，应套绝缘衬管加以保护。

2）二次铠装电缆在进入柜后，应将钢带切断，切断处的端部应扎紧，并将钢带接地。

3）接到端子和设备上的绝缘导线和电缆芯应有标记。

4）导线不应承受减少其正常使用寿命的应力。

5）电缆芯线和导线的端部应标明其正确的回路编号，字迹清晰且不易脱色。

（5）接地线安装的质量标准。外壳及其他不属于主回路或辅助回路的所有金属部件都必须接地；三芯电力电缆终端处的金属护层、控制电缆的金属护层必须接地，塑料电缆每相铜屏蔽和钢铠应锡焊接地线接地。二次回路接地应设专用螺栓，成套柜应装有供检修用的接地装置。

1）接地体（线）的连接应采用焊接，焊接牢固。接至电气设备的接地线，应用镀锌螺栓连接；有色金属接地线不能采用焊接时，可用螺栓连接。

2）接地体引出线的垂直部分和接地装置焊接部位应作防腐处理。

3）柜的接地应牢固良好。装有电器可开启的门，应以裸铜软线与接地的金属构架可靠地连接。

（6）电缆安装的质量标准。电缆头制作方法可分为普通热收缩式、普通冷收缩式和预制式 3 种。其基本要求为：

1）导体连接良好。

2）绝缘可靠。

3）密封良好。

4）有足够的机械强度。

（二）开关柜安装后的调试

（1）调整手车导轨，且应水平、平行，轨距应与轮距相配合，手车推拉应轻便灵活，无阻卡及碰撞现象。

（2）调整隔离静触头的安装位置应正确，安装中心线应与触头中心线一致，且与动触头（推进柜内时）的中心线一致；手车推入工作位置后，动触头与静触头接触紧密，动触头顶部与静触头底部的间隙应符合产品要求，接触行程和超行程应符合产品规定。

（3）调整手车与柜体间的接地触头是否接触紧密，当手车推入柜内时，其触头应比主触头先接触，拉出时应比主触头后断开。

（4）结合操动机构的试验，检查手车在工作和试验位置的定位是否准确可靠。在工作位置隔离动触头与静触头准确可靠接触，且能合闸分闸操作；在试验位置动、静触头分离，且能进行分合闸空操作。

（5）二次回路辅助开关的切换触点应动作准确，接触可靠，柜内控制电缆或导线束的位置不妨碍手车的进出，并应固定牢固。

（6）电气连锁装置、机械连锁装置及其之间的连锁功能的动作准确可靠，符合产品说明书上的各项要求。

（7）按规定项目进行电气设备的试验。

ZY1400901001

（三）验收

开关柜安装完成后应进行分、合闸操动机构机械性能，防误闭锁和连锁试验。不同元件之间设置的各种连锁均应进行不少于 3 次的试验，以检验其功能是否正确。

（1）设备安装水平度、垂直度在规定的合格范围内。

（2）所有辅助设施安装完毕，功能正常。

（3）柜门开闭良好，所有隔板、侧板、顶板、底板的螺栓齐全、紧固。

（4）开关操作顺畅，分合到位，机械指示正确，分、合闸位置明显可见。

（5）防误装置机械、电气闭锁应动作准确、可靠。

（6）外壳、盖板、门、观察窗、通风窗和排气口防护等级符合要求，有足够的机械强度和刚度。

（7）柜内照明齐全。

（8）柜的正面及背面各电器、端子排等编号、名称、用途及操作位置，标字清楚未有损伤脱色。

（9）带电部位的相间、对地、爬电距离、安全距离应符合产品的技术要求。同时检查柜中设备正常时不带电的金属部位及安装构架是否接地可靠。

（10）对照原理接线图仔细检查一次母线和二次控制操作线的接线是否正确、可靠、牢固，同时应用 1000V 绝缘电阻表测试二次线的绝缘电阻，一般应大于 10MΩ。互感器二次是否可靠接地。

（11）对于移开式（手车）柜还要检查以下项目。

1）检查防止电气误操作的"五防"装置齐全，并动作灵活可靠。

2）手车推拉应灵活轻便，无卡阻、碰撞现象，相同型号的手车应能互换。

3）手车推入工作位置后，动触头顶部与静触头底部的间隙应符合产品要求。

4）手车和柜体间的二次回路连接插件应接触良好。

5）安全隔离板应开启灵活，随手车的进出而相应动作。

6）柜内控制电缆的位置不应妨碍手车的进出，并应牢固。

7）手车与柜体间的接地触头应接触紧密，当手车推入柜内时，其接地触头应比主触头先接触，拉出时接地触头比主触头后断开。

七、收尾工作和资料整理

1．结尾工作

（1）开关柜安装工作结束后，应将柜内工具或异物清理完，并清点工具，关好柜门。

（2）对支架、基座、连杆等铁质部件进行除锈防腐处理，对导电适当部分涂以相应的相序标志（黄、绿、红）。

（3）撤离安装使用设备，整理清扫工作现场。

（4）安装人员全部撤离工作现场，并接受现场验收，办理工作票终结手续。

（5）提交安装的技术文件资料，并存档保管。

2．在验收时应提交的资料文件

（1）工程竣工图。

（2）变更设计的证明文件。

（3）制造厂提供的产品说明书、合格证件、设备出厂试验报告、厂家图纸等技术文件。

（4）根据合同提供的备品备件清单。

（5）施工记录、安装报告。

【思考与练习】

1．开关柜数量较多、排列较长时应从何处开始安装？

2．新开关柜在安装前要进行开箱验收检查，其检查项目有哪些？

3．简述中置式开关柜安装步骤。

4．开关柜如何安装接地？

5．开关柜安装完成后，需要进行哪些调试？

6．开关柜安装调试完成后，如何进行验收？

模块 2　"五防"闭锁装置的检修（ZY1400901002）

【模块描述】本模块包含"五防"闭锁装置的维护及检修的作业流程及工艺要求。通过结构分析、图例展示、要点讲解、操作技能训练，掌握"五防"闭锁装置的基本结构、修前准备、危险点预控、作业步骤、工艺要求及质量标准等操作技能。

【正文】

本模块主要以 KYN28（1B）-12 型高压开关柜为例介绍开关柜的"五防"闭锁装置的维护及检修。

一、高压开关柜的结构及闭锁功能

1. 高压开关柜的结构

KYN28 型高压开关柜用隔板分成 4 个不同功能单元，分别是断路器室 A、母线室 B、电缆室 C 和低压仪表室 D，柜体的外壳和各功能单元之间的隔板均采用敷铝锌板弯折而成。KYN28（1B）-12 型开关柜的结构剖面如图 ZY1400901002-1 所示。

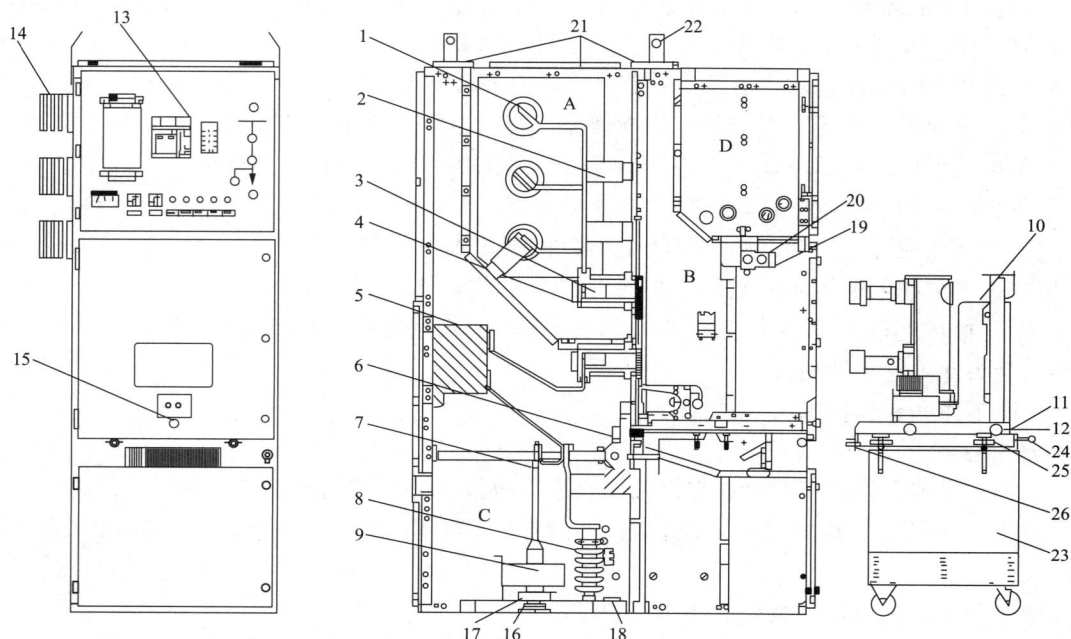

图 ZY1400901002-1　KYN28（1B）-12 型开关柜的结构剖面图

A—母线室；B—断路器室；C—电缆室；D—低压仪表室

1—母线；2—绝缘子；3—静触头；4—触头盒；5—电流互感器；6—接地开关；7—电缆终端；8—避雷器；9—零序电流互感器；

10—断路器手车；11—滑动把手；12—锁键（连到滑动把手）；13—控制和保护单元；14—穿墙套管；15—丝杆机构操作孔；

16—电缆密封圈；17—连接板；18—接地排；19—二次插头；20—连锁杆；21—压力释放板；22—起吊耳；

23—运输小车；24—锁杆；25—调节轮；26—导向杆

2. 高压开关柜的闭锁功能

（1）防止带负荷操作隔离开关。断路器处于合闸状态时，手车不能推入或拉出，只有当手车上的断路器处于分闸位置时，手车才能从试验位置（冷备用位置）移向工作位置（运行位置），反之也一样。该连锁是通过连锁杆及手车底盘内部的机械装置及合、分闸机构同时实现的，断路器合闸通过连锁杆作用于断路器底盘上的机械装置，使手车无法移动。只有当断路器分闸后，连锁才能解除，手车才能从试验位置（冷备用位置）移向工作位置（运行位置）或从工作位置（运行位置）移向试验位置（冷备用位置）。并且只有当手车完全到达试验位置（冷备用位置）或工作位置（运行位置）时，断路器才能合闸。防止开关合闸后的进出连杆与底盘车进出的连锁机构如图 ZY1400901002-2 所示。

（2）防止带电合接地开关。只有当断路器手车在试验位置（冷备用位置）及线路无电时，接地开关才能合闸。

1）采用机械强制连锁。断路器手车处于试验位置（冷备用位置）时，接地开关操作孔上的滑板应能按动自如，同时导轨上的挡板和导轨下的挡块应随滑板灵活运动，如图 ZY1400901002-3 所示。手车处于工作位置（运行位置）或工作与试验中间位置时（运行与冷备用中间位置时），滑板应无法按下。

图 ZY1400901002-2 防止开关合闸后的进出
连杆与底盘车进出连锁机构
1—连锁机构

图 ZY1400901002-3 接地开关闭锁装置
1—连锁挡块；2—接地开关操作孔

2）采用电气强制连锁。只有当接地开关下侧电缆不带电时，接地开关才能合闸。安装强制闭锁型带电指示器，接地开关安装闭锁电磁铁，将带电指示器的辅助触点接入接地开关闭锁电磁铁回路，带电指示器检测到电缆带电后闭锁接地开关合闸，如图 ZY1400901002-4 所示。

（3）防止接地开关合上时送电。接地开关位于合闸位置时，由于操作接地开关时按下了滑板，其传动机构带动柜内手车右导轨上的挡板挡住了手车移动的路线，同时挡板下方的另一块挡块顶住了手车的传动丝杆连锁机构，使手车无法移动；因而实现接地开关合闸时无法将手车移入工作位置（运行位置）的连锁功能，如图 ZY1400901002-3 所示。

图 ZY1400901002-4 接地开关电缆门连锁
1—接地开关传动杆；2—连锁电磁铁

图 ZY1400901002-5 活门与手车连锁
1—母线侧活门连锁；2—线路侧活门连锁

（4）防止误入带电间隔。

1）断路器室门上的开门把手只有用专用钥匙才能开启。

2）断路器手车拉出后，手车室活门自动关上，隔离高压带电部分。

3）活门与手车机械连锁：手车摇进时，手车驱动器压动手车左右导轨传动杆，带动活门与导轨连接杆使活门开启，同时手车左右导轨的弹簧被压缩，手车摇出时，手车左右导轨的弹簧使活门关闭，如图 ZY1400901002-5 所示。

4）开关柜后封板采用内五角螺栓锁定，只能用专用工具才能开启。

5）实现接地开关与电缆室门板的机械连锁。在线路侧无电且手车处于试验位置（冷备用位置）时合上接地开关，门板上的挂钩解锁，此时可打开电缆室门板如图 ZY1400901002-4 和图 ZY1400901002-6 所示。

6）检修后电缆室门板未盖时，接地开关传动杆被卡住，使接地开关无法分闸，如图 ZY1400901002-7 所示。

图 ZY1400901002-6　接地开关未合闸时后门打不开

1—闭锁把手

图 ZY1400901002-7　后门接地连锁机构，后门未关时，接地开关无法分闸

1—连锁挡块

图 ZY1400901002-8　二次插头连锁图

1—二次插头；2—二次插连锁杆

（5）手车式开关柜有防误拔开关柜二次插头功能。手车式开关柜的二次线与手车的二次线联络是通过手动二次插头来实现的。只有当手车处于试验位置（冷备用位置）时，才能插上和拔下二次插头。手车处于工作位置（运行位置）时，二次插头被锁定，不能拔下，如图 ZY1400901002-8 所示。

二、作业内容

（1）KYN28（1B）-12 型高压开关柜活门及活门提升机构的检修。

（2）KYN28（1B）-12 型高压开关柜底盘车的连锁检修。

（3）KYN28（1B）-12 型高压开关柜接地开关连锁功能的检修。

（4）KYN28（1B）-12 型高压开关柜防误拔开关柜二次线插头检修。

（5）开关柜"五防"闭锁装置检修后的验收。

三、作业中危险点分析及控制措施

作业中危险点分析及控制措施见表 ZY1400901002-1。

表 ZY1400901002-1　　　　　　作业中危险点及控制措施

序号	危险点	控 制 措 施
1	防止触电伤害	（1）应由两人进行，一人操作，一人监护。 （2）固定柜母线侧刀闸带电时，其操作手柄应设强制连锁措施，挂警示牌；刀闸断口应用绝缘板隔离防护。 （3）固定柜线路刀闸操作手柄应设强制连锁措施，挂警示牌；并设绝缘小车隔离。 （4）手车柜在手车拉出后，插孔应有防护隔板可靠隔离。 （5）将其他运行中的设备门锁死并在相邻间隔挂"止步，高压危险"标示牌，在检修间隔挂"在此工作"标示牌。 （6）使用电气工具，其外壳要可靠接地；施工电源线绝缘良好，按规定串接漏电保护装置。 （7）对于施工电源、直流操作、合闸电源应有防止触电的措施

序号	危险点	控 制 措 施
2	防止机械伤害	（1）事前把所有储能部件能量释放掉。 （2）进行参数测试调整时，严禁将手、脚踩放在断路器的传动部分和框架上。 （3）在进行机械调整时，将控制、保护回路电源断开。 （4）严禁将手、脚踩放在开关的传动部分和框架上
3	碰伤头和面部	（1）工作中必须戴安全帽。 （2）工作负责人（监护人）随时提醒作业人员可能碰到的部位

四、检修作业前的准备

1. 检修前的资料准备

（1）检修前应认真查阅设备安装记录、检修记录、设备运行记录、故障情况记录、缺陷情况记录和红外测温结果。对所查阅的资料进行详细、全面的调查分析，以判定隔离开关的综合状况，为现场具体的检修方案的制定打好基础。

（2）准备好设备使用说明书、记录本、表格、检修报告等。

2. 检修方案的确定

（1）编制作业指导书。

（2）拟订检修方案，确定检修项目，编排工期进度。

3. 备品备件、工器具、材料准备

在开工前必须预先准备检修工器具、材料、备品备件、试验仪器和仪表等，并运至检修现场。仪器仪表、工器具应试验合格，满足本次施工的要求，材料应齐全。

4. 检修环境（场地）的准备

（1）在检修现场四周设一留有通道口的封闭式遮栏，并在周围背向带电设备的遮栏上挂适当数量的"止步，高压危险"标示牌，在通道入口处挂"从此进出"标示牌。

（2）在作业现场指定位置摆放好检修工具、量具、材料、备品备件和测试仪器及垃圾箱。

五、检修作业前的检查

（1）检查操作电源、电动机储能电源、闭锁电源、照明电源均在断开位置。

（2）检查断路器开关在试验位置且在分闸状态，电动机未储能。采用手动分合断路器一次确保开关在分闸位置未储能。

（3）检查接地（线挂好）刀闸应处在合闸状态。可在开关柜体后观察接地刀闸处于合闸位置。

（4）检查指示模拟指示器在分闸位置状态。

（5）检查表计一次电流表无指示，带电显示器无指示，储能、分合闸指示灯无指示。

（6）检查控制把手各操作能源空开在断开位置。

（7）断路器分、合闸后的位置是否与试验和工作位置对应。

（8）手车处于试验位置时，接地开关操作孔上的滑板应能按动自如。

（9）接地开关联动的闭锁电磁铁应完好。

（10）活门与手车机械连锁正确。

（11）电缆室门板的机械连锁正确。

六、"五防"闭锁装置检修作业步骤及质量标准

1. 开关柜的活门及活门提升机构的检修

（1）检查所有机械件及连接件有无变形、损坏，有变形、损坏的及时进行处理或更换。

（2）活门提升机构的更换步骤。

1）按图 ZY1400901002-9（a）～图 ZY1400901002-9（c）所示，依次拆下拐臂连接处的弹性卡圈、拐臂与转轴连接处的弹性卡圈及垫片。

2）拆下下外拐臂。

3）如图 ZY1400901002-9（d）所示，拆下转轴上的钩簧后，即可更换门控机构。

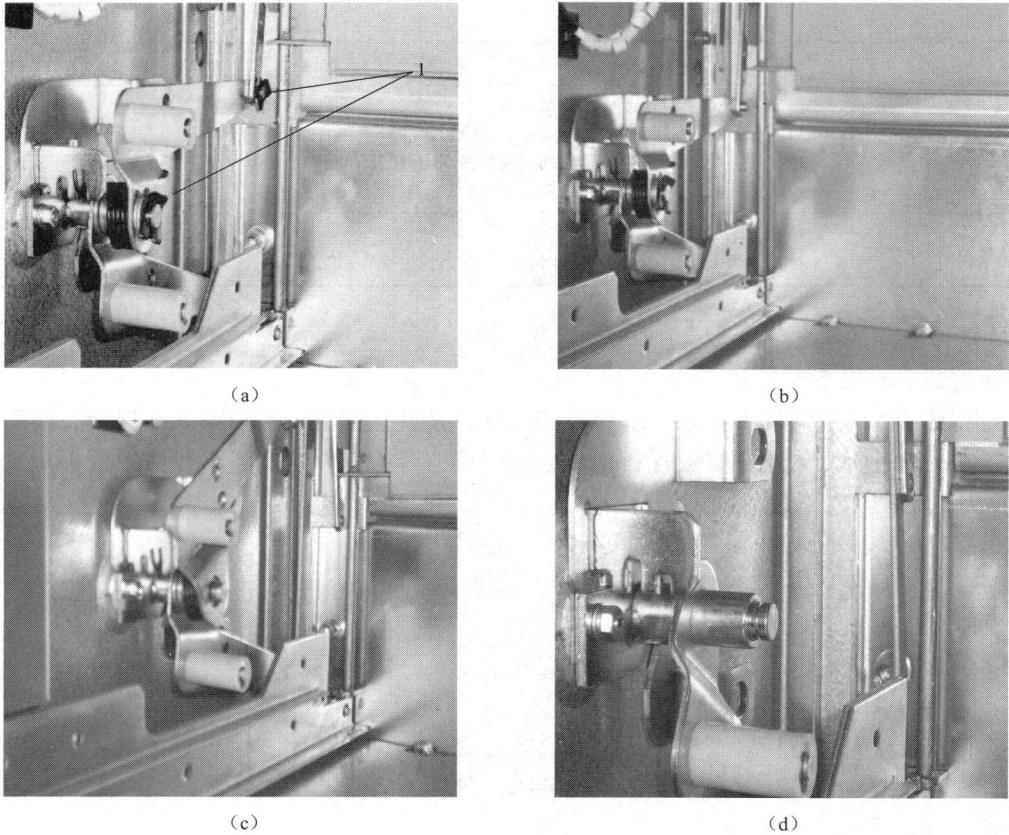

（a）　　　　　　　　　　　　　　　（b）

（c）　　　　　　　　　　　　　　　（d）

图 ZY1400901002-9　活门提升机构拆装图

（a）拆弹性卡圈；（b）拆拐臂；（c）拆转轴连接处的弹性卡圈及垫片；（d）拆下钩簧

1—弹簧卡圈

4）安装时，按与上述相反的程序进行。

（3）检查活门机构及活门提升机构上的紧固件有无松动，弹簧卡圈、弹性挡圈、紧固螺钉等有无振动、断裂、脱落。弹簧卡圈、弹性挡圈如弹性不足应更换。

（4）检查机构运动及摩擦部位，对导杆及转轴清理后涂润滑脂。

（5）检查手车、活门及提门机构。将手车推至柜体试验位置时，活门不应该打开，如图ZY1400901002-10（b）所示。检查手车在推进过程中应运行自如，无卡涩受阻现象；手车动触头与活门之间应有明显间隙，手车与活门无干涉现象。检查活门是否动作自如。活门在打开时是否保持平衡如图 ZY1400901002-10（a）所示，活门复位后是否遮住触头盒，如图 ZY1400901002-10（b）所示。

（a）　　　　　　　　　　　　　　　（b）

图 ZY1400901002-10　活门连锁

（a）手车移开后，活门打开时断路器室内部视图；（b）手车移开后，活门关闭并遮住一次静触头时断路器室内部视图

2. 底盘车的连锁检修

底盘车主要由连杆机构和锁板器构成连锁装置。应检查与底盘车连接的锁板、连锁板、舌板、挡板的固定螺钉是否松脱、各连板有无变形、动作是否可靠。

（1）锁板检查。

1）手车在推进过程中锁板带动四连杆机构锁住合闸机构，使推进过程不能合闸。

2）在合闸状态下，机构上的滚轮压住锁板，使丝杆在试验位置或工作位置时被锁板锁住不能转动，达到手车不能推进或移出的功能。

（2）连锁板检查。

1）接地开关合上后，底盘车在试验位置不能推进到工作位置。

2）在转运过程中底盘车上连锁板如被碰歪不能自由活动，需将其首先校直可自由活动，否则连锁板可能锁住丝杆使其无法运动。

（3）舌板检查。

1）只有当底盘车在试验位置到位后，舌板才能动作，断路器才能退出柜体。

2）底盘车在工作位置时，舌板不能动作，手车不能退出柜体。

（4）挡板检查。只有当操作手柄插入丝杆并扣死时，手柄推动挡板，使六角套与挡板六角孔脱离，丝杆可以转动，手车可以动作。

注意：底盘车在推进过程中，如接地开关处于合闸位置，不能强行推入，否则会破坏导轨连锁；底盘车推进到工作位置后，听到"咔嗒"声或工作位置指示灯亮后需停止推进，不能强行操作，否则丝杆上螺钉断裂不能正常工作。

3. 接地开关连锁功能的检修

（1）检查"防止带电误合接地开关"的连锁功能。

1）断路器手车处于试验位置或移开时，接地开关才能合闸。

2）断路器手车在工作位置时，接地开关操动机构处的操作压板不能动作，接地开关无法合闸，可防止带电关合接地开关的误操作事故。

3）接地开关合闸时，断路器不能合闸。接地开关分合闸指示如图 ZY1400901002-11 所示。

① 通过观察接地开关操动机构处的状态指示标签来确认。若看到绿色的分闸指示标签（O）[见图 ZY1400901002-11（a）]，则确定接地开关处于分闸状态；若看到红色的合闸指示标签（I）[见图 ZY1400901002-11（b）]，则确定接地开关处于合闸状态。

（a）　　　　　　　　　　　　　　　（b）

图 ZY1400901002-11　接地开关分合闸指示

（a）接地开关处于分闸位置；（b）接地开关处于合闸位置

② 观察接地开关位置指示装置来确认。若看到绿色的分闸指示牌（O）（见图 ZY1400901002-12），则确定接地开关处于分闸状态；若看到红色的合闸指示牌（I）[见图 ZY1400901002-13]，则接地开关处于合闸状态。

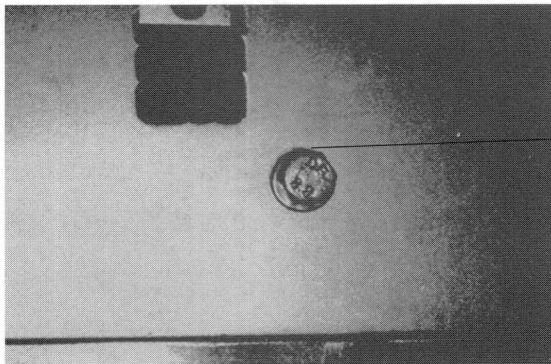

图 ZY1400901002-12 若看到绿色的分闸指示牌（O），
则表明接地开关处于分闸位置

1—绿色的分闸指示牌（O）

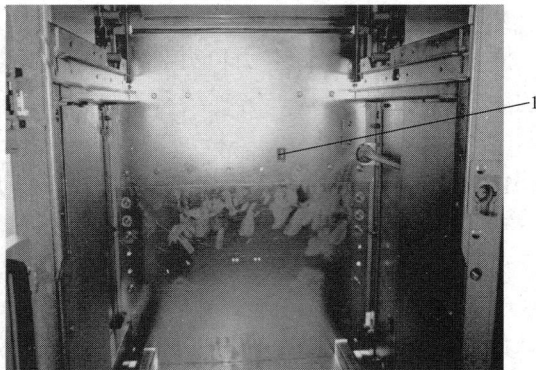

图 ZY1400901002-13 若看到红色的合闸指示牌（I），
则表明接地开关处于合闸位置

1—红色的合闸指示牌（I）

4）采用高压带电显示装置，防止带电关合接地开关时，应观察其电压指示氖灯，若指示氖灯发光时，指示馈线带电，操作人员不得关合接地开关；当指示氖灯熄灭后，接地开关才允许关合。

（2）检查"防止接地开关处在闭合位置时关合断路器"的连锁功能。

1）接地开关合闸后，导轨连锁的挡板伸出，当断路器手车处于试验位置时，挡板挡住手车底盘，使手车不能从试验位置移至工作位置，如图 ZY1400901002-14 所示。

2）当接地开关处于分闸位置时，导轨连锁的挡板缩进，能将断路器手车从试验位置移至工作位置，关合断路器对线路送电；或从工作位置移至试验位置，如图 ZY1400901002-15 所示。

图 ZY1400901002-14 接地开关合闸时导轨
连锁的挡板伸出

1—挡板

图 ZY1400901002-15 接地开关处于分闸位置时
导轨连锁的挡板缩进

1—挡板

图 ZY1400901002-16 接地开关与电缆室门的
机械连锁装置图

1—锁套；2—全盘式伞齿轮

此连锁消除了接地开关接地时送电的可能性，即防止了带接地线合闸的误操作事故。

（3）检查"防止误入带电间隔室"的连锁功能。

1）接地开关与电缆室门的机械连锁装置如图 ZY1400901002-16 所示，图中所示为接地开关合闸时，连锁装置所处的状态。

2）接地开关处于分闸位置时，接地开关连锁机构应能准确连锁，即锁套上的偏心锁钩旋转 90°（拉杆式接地开关）或 180°（伞齿轮式接地开关），卡住电缆室门，此时电缆室门应不能打开。

3）接地开关处于合闸位置时，接地开关连锁机构应能准确解锁，即锁套上的偏心锁钩恢复至图 ZY1400901002-16 所示位置，此时电缆室门应能打开。

4）电缆室门未关闭好时，锁套的方形凸台被卡住，接地开关不能分闸；只有当电缆室门关闭好后，锁套上的方形凸台被压入并让开方形锁孔时，接地开关才能分闸，可有效防止工作人员误入带电的馈线柜。

5）电缆室门装有带电强制闭锁装置的开关柜，母线侧带电时，电缆室门无法打开，只有在母线侧不带电时，电缆室门方可打开，如图 ZY1400901002-17 和图 ZY1400901002-18 所示。

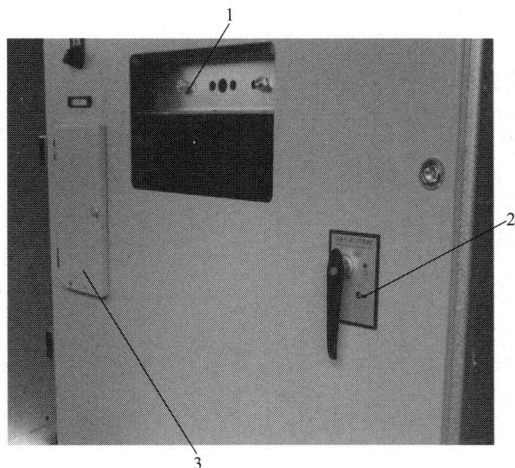

图 ZY1400901002-17　母线侧带电时，位于电缆室门
上的带电强制连锁装置所处的状态

1—电缆室观察窗；2—电磁门锁；3—照明灯室

图 ZY1400901002-18　母线侧不带电时，位于电缆室门
上的带电强制连锁装置所处的状态

1—电缆室观察窗；2—电磁门锁

4. 防误拔开关柜二次插头检修

检查"防止手车在工作位置时，插拔二次插头"的连锁功能。

（1）手车推进至试验位置，手车上的"二次插头连锁推板"推动连锁装置上的尼龙滚轮转动，可带动同轴的锁钩动作，手车上二次航空插头应能轻松插入或拔出航空插座；当手车从试验位置推进至工作位置时，二次插头连锁准确动作，锁杆锁住二次航空插头，此时手车上二次航空插头无法退出航空插座。

（2）此连锁的目的在于保证手车在工作位置时，二次插头不能拔出，在受到强烈振动时，二次插头也不会脱离插座，确保插头可靠动作。

（3）上述连锁功能若存在动作失灵、机构故障等情况，请不要强行操作，应查明原因处理。

5. "五防"闭锁装置检修后的验收

（1）车推入柜内后，只有断路器手车已完全咬合在试验或工作位置时，断路器才能合闸。

（2）断路器在试验位置或工作位置合闸后，断路器手车无法移动。

（3）接地开关合闸后，当断路器手车处于试验位置时，手车不能从试验位置移至工作位置。

（4）手车在试验和工作位置之间移动时，断路器处于分闸状态，接地开关不能合闸。

（5）断路器合闸操作完成后，在断路器未分闸时将不能再次合闸。

（6）断路器手车在试验或工作位置而没有控制电压时，断路器不能合闸，仅能手动分闸等。

（7）电缆室门板未盖时，接地开关传动杆应被卡住。

（8）二次插头被锁定杆位置应正确。

七、收尾工作

（1）检修工作结束，应关闭电缆室门、操作接地开关至分闸位置，并将断路器手车推至试验或工作位置，使开关柜及手车恢复到维护前的状态。

（2）拆除检修围栏，整理清扫工作现场，检查接地线。

（3）填写检修报告及有关记录，召开班会总结，整理技术文件资料，并存档保管。

（4）接受现场验收，办理工作票终结手续，检修人员全部撤离工作现场。

【思考与练习】

1. 开关柜是如何实现"五防"要求的？

2. 开关柜检修作业前要进行哪些检查？

3. 如何进行开关柜底盘车的连锁检修？

4. 如何检查开关柜的"防止带电误合接地开关"的连锁功能？

5. 开关柜"五防"闭锁装置检修完成后，如何进行验收？

模块3　高压开关柜常见故障的查找、分析及处理（ZY1400901003）

【模块描述】本模块介绍开关柜的常见故障处理。通过要点讲解、图表归纳、案例分析，掌握开关柜常见故障的类型、现象、原因及其处理方法。

【正文】

一、高压开关柜的故障类型

1. 电气回路故障

（1）不能电动合闸。

（2）不能电动分闸。

（3）不能储能。

2. 机械故障

（1）手动、电动都合不上闸。

（2）手动能分闸、电动不能分闸。

3. 防误装置故障

（1）断路器位置不对应、不到位。

（2）活门失灵。

（3）接地开关不能分、合闸。

（4）电缆门开闭失控。

4. 其他部件故障

其他部件故障包括绝缘部件、母线、电缆、避雷器、互感器等故障。

二、高压开关柜故障原因分析

1. 高压开关柜电气系统故障

高压开关柜拒分、拒合现象主要原因如下：

（1）合闸熔丝熔断、跳闸熔丝熔断、保护干线断线、控制开关损坏等原因造成的。

（2）储能电动机、储能控制电路故障，造成无法储能。

2. 操动机构及其传动系统机械故障

由于机构调整不到位，造成分、合闸受阻，是导致拒动占比较高的故障。

3. 开关柜防误装置失灵

开关柜防误连锁装置失灵是开关柜故障的重要原因之一，防误连锁失灵既有机械连锁原因，也有电气连锁原因。可以导致不能正常工作，甚至会危及人身和设备安全。

4. 设备绝缘部件故障

设备绝缘部件受潮、表面有裂纹和放电。

5. 母线、电缆等故障

母线、电缆等连接部件接触不良。

三、高压开关柜故障查找前的检查及故障处理要求

1. 故障查找前的检查

在打开高压开关柜柜门前应先对柜体进行安全检查，然后才能打开柜门检查柜内设备，当发现问

题时应做好记录，并用仪器设备作进一步检查判断。

（1）对开关柜柜体检查的内容。

1）检查绝缘部件的表面有无裂纹、明显划痕、闪络痕迹等现象，绝缘子固定螺钉有无松动。

2）检查母线、引线有无发热现象，连接螺栓有无松动，母线接头处的示温片有无变色和脱落。

3）检查开关柜接地装置是否接地完好。

4）检查互感器、避雷器等设备外观有无异常。

5）检查隔离开关或接地开关外观有无异常。

6）检查断路器外观有无异常。

（2）对操动机构检查的内容。操动机构中重点检查的主要元件有分合闸线圈、辅助开关、合闸接触器、二次接线端子、分合闸控制开关、操作电源功率元件、电磁连锁机构的电磁线圈和储能电动机及控制元件等。

其中，分合闸线圈烧损基本上是机械故障引起线圈长时间带电所致；辅助开关及合闸接触器故障虽表现为二次电气故障，实际多为触点转换不灵或不切换等机械原因引起；二次接线故障基本是二次线接触不良、断线及端子松动引起储能电动机不能正常工作。

2. 高压开关柜故障处理要求

（1）对高压开关柜进行故障处理时，要尽量避免带电检查，确实需要带电检查时应做好必要的防护措施。

（2）必须正确地判断故障位置后才能进行处理，不可盲目地乱拆乱动。

（3）不允许将真空断路器当做踏脚平台，也不许把东西放在真空断路器上面。

（4）不许用湿手、脏手触摸真空断路器。

（5）更换故障部件时应先做好标记，防止更换位置和接线错误。

（6）使用表计和仪器检查时，要注意检查开关的状态。

（7）故障处理工作结束后，一定要查清有没有遗忘使用过的工具和器材。

四、KYN1B 型高压开关柜（配 VS1 断路器）的故障现象、故障原因及处理方法

KYN1B 型高压开关柜（配 VS1 断路器）故障现象、故障原因及处理方法见表 ZY1400901003-1。

表 ZY1400901003-1　　KYN1B 高压开关柜（配 VS1 断路器）故障现象、原因及处理方法

部　位		故　障　现　象	故 障 原 因	处　理　方　法
断路器部分	闭锁回路	电动合闸拒合、手动合闸拒合	闭锁线圈不吸合	闭锁线圈短路	用万用表测量开关线路板端子排 A6、A9 脚，阻值为 0
			闭锁线圈不吸合	闭锁线圈断路	用万用表测量开关线路板端子排 A6、A9 脚间不通
			控制电源开关一合闸就跳闸	闭锁回路整流桥击穿	用万用表测量开关线路板端子排 A6、A9 阻值为 4.5kΩ，线路板 V1 整流桥输入端短路
			闭锁线圈不吸合	闭锁回路整流桥断路	用万用表测量开关线路板端子排 A6、A9 阻值为 4.5kΩ，线路板 V1 整流桥输出端断路
			闭锁线圈不吸合	辅助开关触点烧坏	A6、A9 阻值为 4.5kΩ，辅助开关 73/74 脚（接线号 A7/B7 不通）
	合闸回路	电动合闸拒合、手动合闸成功	断路器具备合闸条件（已储能、闭锁完好），转换开关合闸时，断路器无反应	辅助开关 QF 烧损	用万用表测量开关线路板端子排 A3/B3 电阻值为（205Ω）正常，S2 辅助开关（A2/C54）导通，S2 辅助开关（B2/B4）导通 QF 辅助开关 53、54（B1/F33）不通
			断路器具备合闸条件（已储能、闭锁完好），转换开关合闸时控制电源空气断路器跳闸	合闸线圈短路	用万用表测量开关线路板端子排 A3/B3 导通，S2 辅助开关（A2/C54）导通，S2 辅助开关（B2/B4）导通 QF 辅助开关 53、54（B1/F33）导通
			断路器具备合闸条件（已储能、闭锁完好），转换开关合闸时，断路器无反应	合闸线圈断路	用万用表测量开关线路板端子排 A3/B3 电阻值为无穷大，S2 辅助开关（A2/C54）导通，S2 辅助开关（B2/B4）导通 QF 辅助开关 53、54（B1/F33）导通

模块 3　ZY1400901003

续表

部　位		故　障　现　象		故　障　原　因	处　理　方　法
断路器部分	合闸回路	电动合闸拒合、手动合闸成功	转换开关合闸时，控制电源空气断路器跳闸	合闸回路整流桥击穿	用万用表测量开关线路板端子排 A3/B3 电阻值为（205Ω）正常，V2 整流桥输入端短路
			转换开关合闸时，断路器无反应	合闸回路整流桥断路	用万用表测量开关线路板端子排 A3/B3 电阻值为（205Ω）正常，V2 整流桥输出端不通
			断路器具备合闸条件（已储能、闭锁完好），转换开关合闸时，断路器无反应	合闸回路辅助开关 S1 损坏	用万用表测量 A3/B3 电阻值为（205Ω）正常，S2 辅助开关（B2/B4）导通，QF 辅助开关 53、54（B1/F33）导通，S1 辅助开关（A2/C54）不通
	分闸回路	电动分闸拒分、手动分闸成功	断路器在合闸位置，转换开关分闸时，断路器无反应	分闸线圈断路	用万用表测量 B13/B14 电阻值无，QF 辅助开关 11、12（B11/T30）导通
				分闸回路整流桥断路	用万用表测量 B13/B14 电阻值为 220Ω，V3 整流桥输出端不通
				分闸回路辅助开关烧损	用万用表测量/电阻值为（Ω），辅助开关，（/）不通
			转换开关分闸时，控制电源空气开关跳闸	分闸线圈短路	用万用表测量 B13/B14 电阻值为 0，V3 整流桥输入与输出端无短路
				分闸回路整流桥击穿	用万用表测量 B13/B14 电阻值为 220Ω，V3 整流桥输入短路
	断路器储能故障	电动不能储能手动可以储能	储能电源开关一合上就跳	储能回路整流桥击穿	用万用表测量 B8/B9 电阻值为 0，S1 辅助开关能，接线号为（T—35/B6）
			储能电源开关合上后，储能电动机不动作	储能回路整流桥断路	用万用表测量 B8/B9 无电阻值，有电压输出，S1 辅助开关通，接线号为（T—35/B6），V1 整流桥输出端不通
			储能电源开关合上后，储能电动机不动作	储能电动机断路	用万用表测量 B8/B9 无电阻值，有电 S1 辅助开关通，接线号为（T—35/B6）
			储能电源开关一合上就跳	储能电动机短路	用万用表测量 B8/B9 电阻值为 0，S1 辅助开关通，接线号为（T—35/B6）
			储能电源开关合上后，储能电动机不动作	储能回路辅助开关 S1 烧损	测量 B8/B9 无电压输出，S1 辅助开关不通，接线号为（T—35/B6）
		电动可以储能手动不能储能	电动储能正常，手动储能失效	蜗轮内单相轴承失效	使用手动储能时小链轮不动作
		电动不能储能手动可以储能	储能电动机空转，手动储能正常	小链轮内单相轴承失效	检查链条能两方向运动
		储能完成后，电动机不停转	电动储能完成后，电动机不停转	辅助开关 S1 切换不到位	测量 S1 辅助开关（T—35/B6）在储能完成后一直导通（要求出现此现象后，迅速断开储能电源小开关）
	机械故障	电动，手动都合不上闸	扣接量太小	合闸合不上	调整扣接量直到能合闸
		电动不能分闸，手动能分	分闸电磁铁铁芯不能接触脱扣弯板	脱扣弯板与分闸电磁铁铁芯间距离太大，更换脱扣弯板	手动推动分闸电磁铁铁芯到底，检查能不能与弯板接触
柜体部分	防误闭锁装置故障	接地开关在合位，断路器能够从试验位置进入工作位置或断路器在工作位置，可以操作接地开关	底盘车上连锁板不能动作	接地开关与断路器连锁机构失效	用手推动连锁板时不能动作

模块3
ZY1400901003

续表

部 位		故 障 现 象	故 障 原 因	处 理 方 法
柜体部分	防误闭锁装置故障	接地开关在合位，断路器能够从试验位置进入工作位置或断路器在工作位置，可以操作接地开关	柜体导轨上连锁机构	接地开关与断路器连锁机构失效	将开关拉出柜体后，可以观察到连锁机构被拆除
		断路器在试验位置，接地开关小活门按不下	闭锁回路空开合不上或闭锁电磁铁不吸合	接地刀闸小活门闭锁电磁铁短路或断路，应能正确更换闭锁线圈	拆开护线板后用万用表量闭锁线圈两端，完好的线圈电阻在13kΩ左右
		断路器在试验位置，接地开关小活门按不下	闭锁回路空开合不上或闭锁电磁铁不吸合	闭锁电磁铁的整流桥损坏，能够正确更换整流桥	用万用表测量二极管挡测量整流桥，黑表棒测正，红表棒测负，完好的整流桥1000Ω左右
			接地开关机械反闭锁的起始位置正好与正确位置相反	机械闭锁不到位，将机械闭锁紧急解锁装置拆除后，把接地开关轴上的机械闭锁装置反装即可	合上接地开关后观察后门机械反闭锁
		接地开关在合闸位置电缆室门无法打开	接地开关合上后，后门电磁锁仍没电，打不开	后门电磁锁打不开，接地开关辅助开关S10上线接错位，改正接线错位	拆开护线板后，对接线图
			接地开关合上后，后门电磁锁仍没电，打不开	后门电磁锁打不开，接地开关辅助开关S10本身内部触点不通，更换S10	拆开护线板后，对照图纸量电磁锁回路中用到的接地开关辅助开关S10触点，原始位置应为常开

五、高压开关柜故障处理案例

某供电公司新建变电站安装有十几台10kV中置式高压开关柜（配置的VS1真空断路器）运行后不久，发现开关柜储能回路的时间保护继电器大多数都存在发热现象，并有烧损继电器的故障发生。于是，该供电公司的技术专家对故障进行了认真分析查找，制定出了相应的技术处理措施。

1. 故障分析

（1）设备情况。VS1真空断路器采用的是弹簧操动机构，在开关柜上设置的时间保护继电器是为了保护储能电动机，其整定的时间为15s，目的是当弹簧能量释放后，储能控制的微动开关S1触点接通，电动机运转，使开关再次储能以备下次合闸或重合闸使用。

当储能回路发生问题微动开关断不开或电动机运转储不上能时间超过15s后，时间保护继电器保动作，断开电动机控制回路，使电动机停电，防止电动机长时间运转而烧损。电动机储能的时间小于15s，完全符合保护电动机的要求。

经过现场设备和现象观察后，确认了故障的存在，但从开关柜上看时间和中间继电器都是布置在开关外部（即开关柜上门内），其目的是为保护电动机，为何会发热？仔细分析二次回路设计图纸动作原理，如图ZY1400901003-1所示，再核查实际接线后，便分析出了其中的原因是微动开关S2有错。

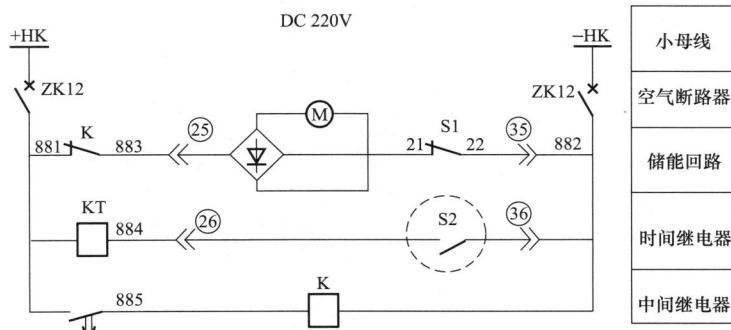

图 ZY1400901003-1 二次回路动作原理

（2）故障原因分析。当空气断路器 ZK12 在合位，电动机回路储能，微动开关 S1 为动断触点，中间继电器 K 为动断触点，储能回路接通储能电动机运转，进行弹簧拉伸储能以备开关合闸用。而时间继电器 KT 回路里串接的 S2 储能位置微动开关接成动合触点时间继电器不启动。中间继电器 K 回路的串接时间继电器 KT 触点，因时间继电器未动作所以也是断开的，中间继电器不启动。

而正常弹簧储能完成后，微动开关 S1 的动断触点断开变成开断触点，储能电动机回路断开，电动机停止运转，与此同时，串接在时间继电器 KT 回路的微动开关 S2 动作变成闭合触点。使时间继电器带电动作，经过 15s 后，时间继电器的触点接通，使中间继电器通电动作，其动断触点打开，之后时间继电器一直通电，保持动作状态，直到下一次开关合闸能量释放，微动开关 S2 转换状态，在弹簧储能电动机运转时才失电返回，但储完能后又一直处于通电动作状态。这就使时间继电器过热及烧损的原因。并且时间继电器未起到保护电动机的作用。它是在正常储能完成后微动开关 S1 转换才启动的 S2 接通，如果非正常储能微动开关不动作，电动机烧损，时间继电器也不会启动，更起不到保护电动机的作用。而时间继电器是不允许长时间通电启动的。

2. 故障处理

从以上分析可以看出在时间保护二次回路上微动开关 S2 是错误接线，应将串接在时间继电器回路里的微动开关 S2 改接成动断触点与 S1 同样状态，就可以实现时间保护的目的，时间继电器也不会长期通电，造成过热、烧损现象，并真正起到保护储能电动机的目的。

经过将 S2 动合触点改成动断触点，并进行了模拟故障和其他试验，设备完全消除了隐患，同时对该批开关柜进行了相应的改造。

通过上述故障案例分析可以发现开关柜的故障是多种多样的，即使是保护回路出问题，如果不及时加以处理也会造成严重隐患，危及安全运行。对于检修人员来说故障处理不能简单地只熟悉一次元件和机械故障，也要学会二次回路检查分析，提高综合能力，才能有效地排查故障。同时，在检修设备时更要注意防止触点接错，完善设备的闭锁保护功能。对于旧设备要进行完善化改造；对于新设备的投入，也应该注重产品的质量选择，建立厂家信誉档案库，尽量防范产品的设计缺陷，并对新设备同样应加强运行维护。

【思考与练习】

1. 高压开关柜常见的故障类型有哪些？

2. 开关柜发生故障时，应重点查找哪些元件？

3. KYN28 型开关柜的断路器手车在试验位置时摇不进，如何进行处理？

4. 开关柜的接地开关无法操作合闸时，如何进行处理？

第三十二章　组合电器的检修及故障处理

模块 1　GIS 常规检修（ZY1400902001）

【模块描述】本模块包含 GIS 常规检修的作业流程及工艺要求。通过知识要点的归纳讲解、操作技能训练，掌握 GIS 常规检修的项目、修前准备、危险点预控、作业步骤、作业要求及作业安全注意事项等操作技能。

【正文】

目前使用的 GIS 型号比较多，生产厂家也较多，主要分为共箱式和分箱式。本模块以某 110kV 三相共箱式组合电器为例，介绍 GIS 的一些常规检修工艺、常见故障处理以及状态检修的方法。

一、作业内容

1. GIS 大修的主要内容

GIS 大修的项目和检修内容见表 ZY1400902001-1。

表 ZY1400902001-1　GIS 大修的项目和检修内容

序号	项 目	检 修 内 容	备 注
1	灭弧室	（1）喷口烧损情况、喉径尺寸是否有变化。 （2）主触头、弧触头的镀银表面是否缺损。 （3）绝缘子表面是否有放电和污损痕迹	
2	操动机构	（1）处理零部件的锈蚀、变形和损坏部分。 （2）调整与行程有关的部分。 （3）各连接部分、销、轴类有无异常。 （4）辅助开关修理检查。 （5）油缓冲器的调整换油。 （6）各类阀的检修。 （7）更换老化、损坏部件	
3	测试	（1）分、合闸操作特性试验。 （2）测定最低动作压力、电压。 （3）防跳跃试验。 （4）密度继电器的试验（六氟化硫气体）。 （5）压力表的校验。 （6）回路电阻测试	
4	密封检查、绝缘清扫	（1）密封胶圈全部更换。 （2）盆式绝缘子、支持绝缘子等清扫检查	

2. GIS 小修的主要内容

在不放气情况下对 GIS 进行外部检查、传动、电气及机械特性试验。GIS 小修的项目和检修内容见表 ZY1400902001-2。

表 ZY1400902001-2　GIS 小修的项目和检修内容

序号	检查项目	检 修 内 容	备 注
1	分、合闸操作试验	（1）分、合闸指示情况。 （2）操作前后压力表的读数。 （3）确认动作信号及其数值是否正确。 （4）轴销检查、传动部位上润滑油。 （5）机械特性测量符合制造厂要求	

续表

序号	检查项目	检 修 内 容	备 注
2	外部一般情况	（1）清洁出线套管，检查套管端子部分的紧固状态。 （2）外观检查是否有锈蚀情况	
3	汇控柜	（1）汇控柜内有无潮湿、锈蚀和污损情况。 （2）清扫并检查低压回路配线有无松动	
4	绝缘电阻测试	测定绝缘电阻（就结构上可能的地方进行测量）	主导电回路 1000MΩ以上，辅助和控制回路 2MΩ以上
5	罐体检查	（1）罐体连接部位的螺栓有无松动。 （2）油漆有无脱落，有无生锈	拧紧螺栓，涂上修补用油漆
6	气体配管（包括充放气阀）	连接螺栓有无松动	拧紧连接螺栓
7	气体压力	检查压力值在正常范围	面对密度继电器，不要斜视
8	辅助开关	检查接触状态良好	确认接触状态要从控制回路接线端子的端头开始进行
9	端子排检查	接线端子排的螺栓无松动	拧紧电线的连接处
10	气体检漏	检查气室及气体管道等气体系统无泄漏	
11	操动机构	详见各种操动机构检修项目及技术要求	

3. GIS 操动机构的检修项目及技术要求

（1）GIS 液压机构的检修项目及技术要求见表 ZY1400902001-3。

表 ZY1400902001-3　　　　GIS 液压机构的检修项目及技术要求

序号	检修部位	检 修 项 目	技 术 要 求
1	储压筒	检查储压筒内壁及活塞表面	应光滑、无锈蚀、无划痕，否则应更换
		检查活塞杆	（1）表面应无划伤、镀铬层应完整无脱落，杆体无弯曲、变形现象。 （2）杆下端的泄油孔应畅通、无阻塞
		检查止回阀	钢球与阀口应密封良好
		检查铜压圈、垫圈	应良好、无划痕
		组装及充氮气	（1）各紧固件应连接可靠。 （2）充氮气后，止回阀应无漏气现象，预充氮气压力符合制造厂要求
2	阀系统	检修分、合闸电磁铁	（1）阀杆应无弯曲、无变形，不直度符合要求。 （2）阀杆与铁芯结合牢固，不松动。 （3）线圈无卡伤、断线现象，绝缘良好。 （4）组装后铁芯运动灵活，无卡滞
		检修分、合闸阀	（1）钢球（阀锥）应无锈蚀、无损坏。 （2）钢球（阀锥）与阀口应密封严密，密封线应完整。 （3）阀杆应无变形、无弯曲，复位弹簧应无损坏、无锈蚀，弹性应良好。 （4）组装后各阀杆行程应符合要求
		检修高压放油阀（截流阀）	（1）钢球（阀锥）应无锈蚀、无损坏。 （2）钢球（阀锥）与阀口应密封严密，密封线应完整。 （3）阀应无变形、无弯曲、无松动，端头应平整。 （4）复位弹簧应无损坏、无锈蚀，弹性应良好
		检查安全阀	安全阀动作及返回值符合要求
3	工作缸	检查缸体、活塞及活塞杆	（1）工作缸缸体内表、活塞外表应光滑、无沟痕。 （2）活塞杆应无弯曲，表面无划伤痕迹、无锈蚀
		检查管接头	应无裂纹和滑扣
		组装工作缸	（1）应更换全部密封垫。 （2）组装后，活塞杆运动应灵活，无别动现象

续表

序号	检修部位	检 修 项 目	技 术 要 求
4	液压泵及电动机	检修液压泵	（1）塞间隙配合应良好。 （2）高、低压止回阀密封应良好。 （3）弹簧无变形，弹性应良好，钢球无裂纹、无锈蚀，球托与弹簧、钢球配合良好。 （4）油封应无渗漏油现象。 （5）各通道应畅通、无阻塞
		检修电动机	（1）轴承应无磨损，转动应灵活。 （2）定子与转子间的间隙应均匀，无摩擦现象。 （3）整流子磨损深度不超过规定值。 （4）电动机的绝缘电阻应符合标准要求
5	油箱及管路	清洗油箱及滤油器	油箱应无渗漏油现象，油箱及滤油器应清洁、无污物
		清洗、检查及连接管路	（1）管路、管接头、卡套及螺帽应无卡伤、无锈蚀、无变形及开裂现象。 （2）连接后的管路及接头应紧固，无渗漏油现象
6	加热和温控装置	检查加热装置	应无损坏，接线良好，工作正常。加热器功率消耗偏差在制造厂规定范围以内
		检查温控装置	温度控制动作应准确，加热器接通和切断的温度范围符合制造厂规定
7	其他部位	检查机构箱	表面无锈蚀，无变形，应无渗漏雨水现象
		检查传动连杆及其他外露零件	无锈蚀，连接紧固
		检查辅助开关	触点接触良好，切换角度合适，接线正确
		检查压力开关	整定值应符合制造厂要求
		检查分合闸指示器	指示位置正确，安装连接牢固
		检查二次接线	接线正确
		校验油压表	油压表指示正确，无渗漏油现象
		检查操作计数器	动作应正确
8	液压油	液压油处理	全部液压油过滤或更换
9	密封圈	部分密封圈更换	液压机构小修时损坏的密封圈更换
		全部密封圈更换	液压机构大修时全部密封圈更换

（2）GIS 弹簧机构的检修项目及技术要求见表 ZY1400902001-4。

表 ZY1400902001-4　　　　　　**GIS 弹簧机构的检修项目及技术要求**

检修部位	检 修 项 目	技 术 要 求
操动机构箱	检查机构箱	表面无锈蚀，无变形，应无渗漏雨水现象
	检查清理电磁铁扣板、掣子	（1）分、合闸线圈安装牢固，无松动、无卡伤、断线现象，直流电阻符合要求，绝缘应良好。 （2）衔铁、扣板、掣子无变形，动作灵活
	检查传动连杆及其他外露零件	无锈蚀，连接紧固
	检查辅助开关	触点接触良好，切换角度合适，接线正确
	检查分合闸弹簧	无锈蚀，拉伸长度应符合要求
	检查分合闸缓冲器	测量缓冲曲线符合要求
	检查分合闸指示器	指示位置正确，安装连接牢固
	检查二次接线	接线正确
	储能开关	动作正确
	检查储能电动机	电动机零储能时间符合要求

（3）GIS 液压弹簧操动机构的检修项目及技术要求见表 ZY1400902001-5。

表 ZY1400902001-5　　　　GIS 液压弹簧操动机构的检修项目及技术要求

序号	检修部位	检修项目	技术要求
1	弹簧储压部分	检查碟形弹簧	表面无锈蚀、压缩和释放的行程量能够符合厂家说明书要求，否则应更换
		检查储能活塞杆	表面应无划伤、镀铬层应完整无脱落，杆体无弯曲、变形现象
		检查储能单元内壁及活塞表面	应光滑、无锈蚀、无划痕，否则应更换
2	阀系统	检修分、合闸电磁铁	（1）一级阀阀杆应无弯曲、无变形，不直度符合要求。 （2）阀杆与铁芯结合牢固，不松动。 （3）线圈无卡伤、断线现象，绝缘应良好。 （4）组装后铁芯运动灵活，无卡滞。 （5）分、合闸电磁铁动作电压应满足要求，否则进行调整
		检修分、合闸阀	（1）换向阀（二级阀）应无锈蚀、无损坏。 （2）阀口应密封严密，密封线应完整。 （3）阀杆应无变形、无弯曲，复位弹簧应无损坏、无锈蚀，弹性应良好。 （4）组装后二级阀行程应符合要求
		检修高压放油阀（截流阀）	（1）阀口应密封严密，密封线应完整。 （2）阀杆应无变形、无弯曲、无松动，端头应平整。 （3）复位弹簧应无损坏、无锈蚀，弹性应良好
		检查安全阀	安全阀的启动压力以及返回值应符合厂家要求
3	工作缸	检查缸体、活塞及活塞杆	（1）工作缸缸体内表、活塞外表应光滑、无沟痕。 （2）活塞杆应无弯曲，表面无划伤痕迹、无锈蚀
		检查管接头	应无裂纹和滑扣
		组装工作缸	（1）应更换全部密封垫。 （2）组装后，活塞杆运动应灵活，无别动现象
4	液压泵及电动机	检修液压泵	（1）柱塞间隙配合应良好。 （2）高压止回阀（单向阀）密封应良好。 （3）弹簧无变形，弹性应良好，钢球无裂纹、无锈蚀，球托与弹簧、钢球配合良好。 （4）油封应无渗漏油现象。 （5）各通道应畅通、无阻塞
		检修电动机	（1）轴承应无磨损，转动应灵活。 （2）定子与转子间的间隙应均匀，无摩擦现象。 （3）检查碳刷磨损情况，若磨损到 11mm 以下时应更换。 （4）电动机的绝缘电阻应符合标准要求
5	加热和温控装置	检查加热装置	应无损坏，接线良好，工作正常。加热器功率消耗偏差在制造厂规定范围以内
		检查温控装置	温度控制动作应准确，加热器接通和切断的温度范围符合制造厂规定
6	其他部位	检查辅助开关	触点接触良好，切换角度合适，接线正确
		检查限位开关	液压泵的启停、分合闸闭锁和报警信号行程开关动作整定值（储能活塞高度）应符合制造厂要求
		检查齿条齿轮传动系统	传动灵活，润滑良好
		检查分合闸指示器	指示位置正确，安装连接牢固
		检查二次接线	接线正确
		检查操作计数器	动作应正确
7	液压油及低压油箱	液压油处理	全部液压油过滤或更换
		清洗油箱	油箱应无渗漏油现象，油箱及滤油器应清洁、无污物。调整油位到厂家要求位置
8	密封圈	部分密封圈更换	液压操动机构小修时损坏的密封圈更换
		全部密封圈更换	液压操动机构大修时全部密封圈更换

（4）GIS 气动弹簧机构的检修项目及技术要求见表 ZY1400902001-6。

表 ZY1400902001-6　　　　　GIS 气动弹簧机构的检修项目及技术要求

序号	检修部位	检 修 项 目	技 术 要 求
1	气罐	检查、清洗储气罐；清理密封面，更换所有密封件	（1）储气罐罐体内外均不得有裂纹等缺陷。 （2）储气罐内部应干燥、无油污、无锈蚀
2	磁阀系统	分、合闸电磁铁的检修	（1）线圈安装牢固，无松动、无卡伤、断线现象，直流电阻符合要求，绝缘应良好。 （2）衔铁、掣子、扣板及弹簧等动作灵活，无卡滞。 （3）衔铁与掣子、扣板与掣子间的扣合间隙符合要求
		分闸一、二级阀的检修（大修时）	（1）阀杆、阀体应无划伤、无变形，密封面无凹陷。 （2）装复后动作灵活，装配紧固
		主阀体的检修（大修时）	（1）活塞、主阀杆无划伤、无变形。 （2）弹簧无变形，弹性良好。 （3）装配紧固，不漏气
		检查安全阀	安全阀动作及返回值符合要求
3	工作缸	检查缸体、活塞及活塞杆（大修时）	（1）工作缸缸体内表、活塞外表应光滑、无沟痕。 （2）活塞杆应无弯曲，表面无划伤痕迹、无锈蚀
		组装工作缸（大修时）	（1）应更换全部密封垫。 （2）组装后，活塞杆运动应灵活，无别动现象
4	缓冲器和传动部分	缓冲器的检修	（1）缸体内表、活塞外表应光滑、无沟痕。 （2）缓冲弹簧（若有）应无锈蚀、无变形。 （3）装配后，缓冲器应无渗漏油、连接无松动
		传动部分的检查	（1）传动连杆与转动轴无松动，润滑良好。 （2）拐臂和相邻的轴销无变形、无锈蚀，转动灵活
5	合闸弹簧	合闸弹簧的检查	（1）弹簧无锈蚀、无变形。 （2）弹簧与传动臂连接无松动
6	压缩机及电动机	压缩机的检修	（1）吸气阀上无积炭和污垢、无划伤，阀弹簧无锈蚀，弹性良好（大修时）。 （2）一级和二级缸零部件无严重磨损，连杆（滚针轴承）与活塞销的配合间隙符合要求（大修时）。 （3）空气滤清器、曲轴箱应清洁。 （4）电磁阀和止回阀应动作正确，无漏气现象。 （5）皮带的松紧度合适，且应成一条直线。 （6）若压缩机补气时间超过制造厂规定，应更换
		气水分离器及自动排污阀的检查	（1）气水分离器应能有效工作。 （2）自动排污阀应动作可靠
		电动机的检修	（1）轴承应无磨损，转动应灵活。 （2）定子与转子间的间隙应均匀，无摩擦现象（大修时）。 （3）整流子磨损深度不超过规定值。 （4）电动机的绝缘电阻应符合标准要求
7	压缩空气管路	检查、清洗及连接管路	（1）管路、管接头、密封面、卡套及螺帽应无卡伤、无锈蚀、无变形及开裂现象。 （2）连接后的管路及接头应紧固，无渗漏气现象
8	加热和温控装置	检查加热装置	应无损坏，接线良好，工作正常。加热器功率消耗偏差在制造厂规定范围以内
		检查温控装置	温度控制动作应准确，加热器接通和切断的温度范围符合制造厂规定
9	其他部位	检查机构箱	表面无锈蚀、无变形，应无渗漏雨水现象
		检查传动连杆及其他外露零件	无锈蚀，连接紧固
		检查辅助开关	触点接触良好，切换角度合适，接线正确
		检查压力开关	整定值应符合制造厂要求
		检查分合闸指示器	指示位置正确，安装连接牢固
		检查二次接线	接线正确
		校验气压表（空气）	气压表指示正确，无渗漏气现象
		检查操作计数器	动作应正确

4. 作业内容

（1）ZF7A-126 型组合电器断路器单元的检修。

（2）ZF7A-126 型组合电器隔离开关单元的检修。

（3）ZF7A-126 型组合电器电流互感器单元的检修。

（4）ZF7A-126 型组合电器电压互感器单元的检修。

（5）ZF7A-126 型组合电器避雷器单元的检修。

（6）ZF7A-126 型组合电器母线单元的检修。

（7）ZF7A-126 型组合电器检修后的调试和试验。

二、作业中危险点分析及控制措施

作业中危险点分析及控制措施见表 ZY1400902001-7。

表 ZY1400902001-7　　　　　作业中危险点分析及控制措施

序号	危险点	控 制 措 施
1	接、拆低压电源	（1）应由两人进行，一人操作，一人监护。 （2）检修电源应有漏电保护器；电动工具外壳应可靠接地。 （3）检修前应断开交、直流操作电源及储能电动机、加热器电源；严禁带电拆、接操作回路电源接头。 （4）螺丝刀等工具金属裸露部分除刀口外包绝缘
2	梯子使用不当	（1）梯子应绑牢、防滑；梯上有人，禁止移动。 （2）登高时严禁手持任何工器具。 （3）使用升降梯前应仔细检查，升到一定高度后应按规定设置横绳
	安全带使用不当	正确使用安全带，严禁低挂高用
3	零部件跌落打击	零部件上、下应用传递绳；不准在架板上存放
4	机构伤人	（1）统一指挥，做好协调配合。 （2）检修前，控制盘控制开关必须放"断开"位置。 （3）检修前，应断开储能电源，将能量全部释放。 （4）保护传动必须得到现场一次负责人许可，传动时本体及机构上禁止任何工作，人员撤离。 （5）严禁空载操作机构。 （6）测试人和操作人配合好，由测试人发令。测量时，作业人员的头、手不得接近测量上方。 （7）电动操作前必须确认手动合闸加长手柄已取下，合闸手柄摆动范围内确无人员。 （8）严禁将手、脚踩放在开关的传动部分和框架上。 （9）拆、装分闸弹簧时，必须使开关处于分闸位置，释放弹簧全部能量
5	SF$_6$设备上工作	（1）室内 SF$_6$ 设备检修前应提前通风 15min。 （2）解体前，应尽量将设备内 SF$_6$ 气体回收干净。 （3）打开封盖后，检修人员应暂离现场通风 30min 以上；工作时应尽量站在上风口，不宜站在电缆沟等低洼区。 （4）解体时，工作人员应穿防护服、戴防护手套；皮肤不得与分解物接触

三、检修作业前的准备

1. 检修前的资料准备

（1）检修前应认真查阅设备安装、检修记录、设备运行记录、故障情况记录、缺陷情况记录和红外测温结果。并进行详细、全面的调查分析，以判定组合电器的综合状况，为现场具体的检修方案制定打好基础。

（2）准备好设备使用说明书、记录本、表格、检修报告等。

2. 检修方案的确定

（1）编制作业指导书。

（2）拟订检修方案，确定检修项目，编排工期进度。

3. 备品备件、工器具、材料准备

在开工前必须预先按要求准备检修工具（包括专用工具）、机具、材料、备品备件、试验仪器和仪表等，并运至检修现场。仪器仪表、工器具应试验合格，满足本次施工的要求，材料应齐全。

4. 检修人员、场地和环境的准备

（1）对检修人员的要求。

1）检修人员必须了解熟悉 GIS 的结构、动作原理及操作方法，并经过专业培训合格。

2）现场机构解体大修需要时，应有制造厂的专业人员指导。

3）对各检修项目的责任人进行明确分工，使负责人明确各自的职责内容。

（2）场地准备。

1）在检修现场四周设一留有通道口的封闭式遮栏，并在周围背向带电设备的遮栏上挂适当数量的"止步，高压危险"标示牌，在通道入口处挂"从此进出"标示牌。

2）在作业现场指定位置摆放好检修工具、量具、材料、备品备件和测试仪器及垃圾箱。

（3）环境的要求。GIS 本体检修对环境的清洁度、湿度的具体要求如下。

1）大气条件：温度为 5℃以上，湿度＜75%（相对）；

2）现场应考虑采取防雨、防尘保护；

3）有充足的施工电源和照明措施。

四、检修作业前的检查、试验与综合诊断项目

1. 修前检查的项目

（1）GIS 本体的外观检查，表面油漆是否有掉落。

（2）压力表、密度计、指示器、指示灯工作是否正常，不正常的要结合检修进行更换。

（3）GIS 各单元如断路器、隔离开关等操动机构分、合闸一次，检查各传动部分有无卡涩现象，操动机构是否正常。

（4）检查后释放操动机构能量，切断各回路电源。

2. 修前试验的项目

（1）各气室漏气率测量。

（2）各气室水分测量。

（3）主回路电阻测量。

（4）各开关的机械特性测量。

（5）电流互感器、电压互感器伏安特性测量。

（6）工频耐压试验。

（7）局部放电测量。

（8）避雷器性能测量。

3. 综合诊断项目

（1）绝缘性能。

（2）机械性能。

（3）二次元件性能。

（4）主导电回路性能。

（5）空气系统性能。

（6）SF_6 气体密封性能。

（7）SF_6 气体状况。

五、ZF7A–126 型组合电器各元件检修步骤及质量要求

1. 断路器单元

（1）检查、维修。在检修前先将断路器置于分闸位置，切断各回路电源，回收断路器气室中的 SF_6 气体（具体操作方法参见模块 ZY1400803001），放掉断路器机构储气罐中的压缩空气。如图 ZY1400902001-1 和图 ZY1400902001-2 所示为 GIS 中断路器灭弧室解体演示图，具体检查、维修步骤如下：

1）用力矩扳手打开断路器顶盖板和下部罐手孔盖。

2）从断路器顶部用专用静弧触头拆装工具拆下静弧触头。

3）用专用喷口拆装工具拆下喷口。

4）用专用动弧触头拆装工具拆下动弧触头。

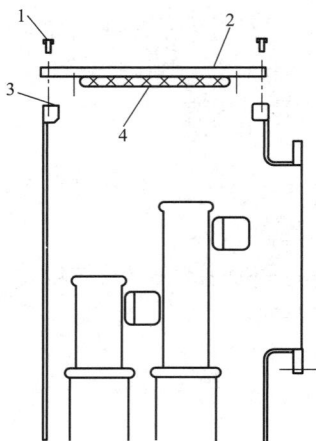

图 ZY1400902001-1 断路器灭弧室解体图一

1—六角螺栓；2—盖板；3—O 形圈；4—吸附剂

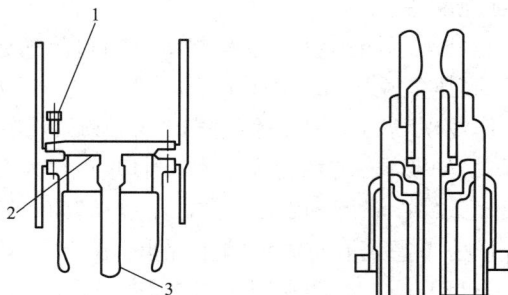

图 ZY1400902001-2 断路器灭弧室解体图二

1—六角螺栓；2—静触头支持导体；3—静弧触头

5）检查拆下的动弧触头、静弧触头是否有明显损伤，如有损伤可按表 ZY1400902001-8 中要求进行更换。

6）对喷口进行检查，如有损伤可按表 ZY1400902001-8 中要求进行更换。

7）用酒精对喷口进行清理，避免有污点。

8）用三氯乙烷清洗动、静触头，并在触头头部涂上微炭润滑脂。

9）安装动、静触头和喷口，并注意将喷口螺纹拧到底部。用酒精或丙酮对断路器气室进行全面清理。

表 ZY1400902001-8　　　　　　　　灭弧室零部件更换标准

零部件名称	更 换 标 准	零部件名称	更 换 标 准
静弧触头	触头端部的磨损量大于 2mm 或者出现裂痕	喷口	喷口内径的磨损量大于 1mm
动触头	触头端部的磨损量大于 1mm 或者出现大的裂痕，发生质变时		

10）更换顶盖用密封圈。

11）更换吸附剂。用烘干的新的吸附剂换掉旧的吸附剂，紧固件的紧固按照规定力矩用力矩扳手紧固。更换下来的吸附剂经过处理后深埋地下。更换吸附剂后，应在 0.5h 之内封盖并开始抽真空，当真空度达到 133Pa 以下时，继续抽真空 30min，停机保持 4h 以上，记录真空度下降的数值应不大于 133Pa，充气前再抽真空 30min，若真空度仍有下降，则应检查密封环节。

12）抽真空。

① 用吸湿率低的管（一般采用不锈钢金属软管较为适宜）把真空泵（或气体回收装置）与 GIS 气隔相连接。关闭 GIS 气隔截止阀，打开真空表两侧截止阀，对管路抽真空 5min 后关闭真空表靠真空泵侧截止阀，观察管路中的真空压力 15min。如果真空压力上升，应检查气体管路的接头。

② 打开 GIS 气隔截止阀，抽真空。当真空度达到 40Pa 后，应继续抽 2h，然后关闭真空表侧截止阀，打开真空泵排气阀并停泵。24h 后，进行真空度复测。真空度合格后，方可充入六氟化硫气体。

③ 抽真空过程中，必须有专人监护。如果真空泵由于电源中断或其他不可预见的原因中途停泵时，应立即关闭真空泵的截止阀，并打开真空泵排气阀，以防真空泵内润滑油进入 GIS 气隔内部。

④ 如果真空泵在工作期间需中途停泵，应先关闭真空泵截止阀。在断开真空泵电源之前，打开真空泵排气阀。

13）六氟化硫气体的充注应符合下列要求：

① 充注前，充气设备及管路应洁净、无水分、无油污；管路连接部分应无渗漏。

② 气体充入前应按产品的技术规定对设备内部进行真空处理。

③ 当气室已充有六氟化硫气体，且含水量检验合格时，可直接补气。

14）充 SF_6 气体及检漏：充 SF_6 气体至 0.25MPa 后，对现场装配的密封面进行检漏，确认无漏点之后再充 SF_6 气体至额定压力，然后再进行全面检漏，并记录环境温度。

15）检修后的断路器进行分合闸特性试验、三相同期试验、30%～65%额定操作电压试验。

（2）检修注意事项。

1）切断操作电源。

2）当检修内部或构件时，必须确认防止合闸销子和防止分闸销子已经插入。而当检修已完成时，必须确认两个销子均已拔出。

3）若必须检查罐体内部时，应切断主回路，断路器两端接地后，抽空外壳内 SF_6 气体，并充分通风，然后才能进行检修工作。

4）使用指定的润滑脂，但不能将润滑脂涂敷到绝缘件上。

5）已取下的 O 形圈，按规定必须更换为新的 O 形圈。

6）液态密封胶应涂敷在 O 形圈和气体密封面的外侧（O 形圈密封槽和 O 形圈接触面）。

7）不得拆卸直动密封轴装配。

8）完成内部检修后，应更换吸附剂，并及时抽真空。

9）所有拆装过的密封环节应进行气体泄漏检测。

10）必须确认，检修前后的所有技术参数没有异常变化。

2. 隔离开关单元

检修前，将隔离开关放到分闸位置，切断各回路电源，必须使用回收装置回收隔离开关单元气室中的 SF_6 气体，具体检修步骤如下：

（1）拆除手孔盖板。

（2）通过手孔，对隔离开关单元内部进行外观检查：动、静触头是否有明显划痕；隔离开关单元内部是否有金属残屑；绝缘拉杆是否有裂痕；梅花触头、自立型触头、轴承等零件是否有变形或损伤。

（3）若在隔离开关单元的内部只有部分金属残屑，则用餐巾纸蘸酒精或丙酮进行清理。

（4）零件更换完后，用吸尘器清理、并用餐巾纸或白布对隔离开关单元内部进行全面清理。

（5）更换解体部分的 O 形圈：将设备上解体部分的 O 形圈全部换掉并作破坏处理，用非金属工具去除密封部位的原有密封胶，用酒精清洗，对密封槽、密封面及新密封圈进行严格检查后，使用规定的密封胶，换上新的 O 形圈。

（6）更换吸附剂、抽真空、充 SF_6 气体及检漏的工艺步骤和要求与前面介绍的一样。

（7）对检修好的隔离开关进行分合闸时间、三相同期试验。

（8）按相反顺序装复好，抽真空，进行密封试验，充 SF_6 气体至额定压力，再作微水试验。

3. 电流互感器单元

电流互感器是高电压、大电流回路的测量设备与保护设备。电流互感器通常与断路器是同一个气室，在断路器进行解体时，同时检查电流互感器的线圈有无异常现象，并测试其特性和测量误差。测试的结果和投运前的相比较，看有无变化。检查完后，应和断路器一起恢复原状态。

4. 电压互感器单元

正常情况下检修时一般不需要解体，应该认真检查电压互感器单元气室 SF_6 气体年泄漏量是否≤1%，是否需要补气；检查电压互感器外接端子是否有松动；检查电压互感器单元的防爆膜是否完好；检查电压互感器的变比是否正确。

5. 避雷器单元

避雷器在投入运行后，要定期进行检查和试验，其项目为：

（1）泄漏电流测量。当避雷器上的电压不超过持续运行电压时，其阻性电流应不大于 $300\mu A$。测量时应在无开关操作及其他异常情况下进行，以保证测试的安全和数据的可靠性。在投运的两年内，应每半年测量一次，以后每年测量一次。测量时应记录测试时间、温度、产品型号、编号、测试时的电压和测量结果。当避雷器的阻性电流大于 300μA 时，要通知制造厂，共同查找原因。

（2）密封性试验。要求避雷器气室 SF_6 气体年泄漏量≤1%。

（3）SF_6 气体水分含量检测。依照 GB/T 8905—1996《六氟化硫电气设备中气体管理和检测导则》的要求进行。运行中允许值为：不大于 300μL/L。

（4）计数器的动作和电流情况。

（5）外观检查。检查螺钉、螺母是否有松动等。

（6）附件安装检查。126kV GIS 的其他外装附件，如电线管、平台等，也应检查其紧固情况，看有无松动，应使其与 GIS 本体连接牢靠。

6. 母线单元

（1）检查盆式绝缘子外观情况及局放的变化情况，根据具体情况判断是否更换盆式绝缘子。

（2）检查导体的镀银面是否有损伤，损伤处重新镀银。

（3）清洁导体、盆式绝缘子的表面及壳体内表面。

（4）更换密封圈。整个部分应按气室解体进行检修并装复。同时应进行密封试验、SF_6 气体试验和母线绝缘等试验。

7. GIS 修后的调试和试验

（1）GIS 修后的调试。

1）组合电器应安装牢靠，外表清洁完整，动作性能符合产品的技术规定。

2）电器连接应可靠，且接触良好。

3）操动机构的各部件螺栓应紧固，轴销及各传动部件转动灵活，机构箱内清洁。

4）组合电器及其传动机构的联动应正常，无卡阻现象；分、合闸指示正确；辅助开关及电气闭锁应动作正确可靠。

5）支架及接地引线应无锈蚀和损伤，接地应良好。

6）密度继电器的报警、闭锁定值应符合规定；用检漏仪对组合电器进行 SF_6 漏气检查应无鸣叫；电气回路传动正确。

7）SF_6 气体漏气率和含水量应符合规定。

8）油漆应完整，相色标志正确。

（2）GIS 修后的试验。GIS 修后的试验项目和标准见表 ZY1400902001-9。

表 ZY1400902001-9　　　　　　　GIS 修后的试验项目和标准

序号	项　目	标　准	说　明
1	GIS 内 SF_6 气体的含水量（20℃ 体积分数）10^{-6} 以及气体的其他检测项目	（1）断路器灭弧室气室：大修后不大于 150μL/L；运行中不大于 300μL/L。 （2）其他气室：大修后不大于 250μL/L；运行中不大于 500μL/L	（1）按 DL/T 506—2007《六氟化硫电气设备中绝缘气体湿度测量方法》进行。 （2）新装及大修后 1 年内复测 1 次，如 SF_6 气体水分含量符合要求，则正常运行中 3 年 1 次
2	SF_6 气体泄漏试验	年漏气率不大于 1%或按制造厂要求	（1）按 GB/T 11023—1989《高压开关设备六氟化硫气体密封试验方法》方法进行。 （2）对电压等级较高的 GIS，因体积大可用局部包扎法检漏，每个密封部位包扎后历时 5h，测得的 SF_6 气体含量（体积分数）不大于 $30×10^{-6}$
3	辅助回路和控制回路绝缘电阻	绝缘电阻不低于 2MΩ	采用 500V 或 1000V 绝缘电阻表
4	耐压试验（大修时）	交流耐压的试验电压为出厂试验电压值的 80%	（1）试验应在 SF_6 气体额定压力下进行。 （2）对 GIS 试验时不包括其中的电磁式电压互感器及避雷器，但在投运前应对它们进行试验电压值为 U_m 的 5min 耐压试验
5	辅助回路和控制回路交流耐压试验	试验电压为 2kV，可用 2500V 绝缘电阻表代替	耐压试验后的绝缘电阻值不应降低

续表

序号	项　目	标　准	说　明
6	断路器的速度特性（大修时）	测量方法和测量结果应符合制造厂规定	制造厂无要求时不测
7	断路器的时间参量（大修时）	除制造厂另有规定外，断路器的分、合闸同期性应满足下列要求：相间合闸不同期不大于5ms；相间分闸不同期不大于3ms	在额定电压（气压、液压）下进行
8	分、合闸电磁铁的动作电压	（1）操动机构分、合闸电磁铁或合闸接触器端子上的最低动作电压应在操作电压额定值的30%～65%。 （2）在使用电磁机构时，合闸电磁铁线圈通流时的端电压为操作电压额定值的80%～110%可靠动作。 （3）进口设备按制造厂规定	
9	导电回路电阻	GIS的回路电阻不大于出厂值的20%	用直流压降法测量，电流不小于100A
10	分、合闸线圈直流电阻	按制造厂规定	
11	SF$_6$气体密度监视器（包括整定值）检验	按制造厂规定	
12	闭锁、防跳跃等的动作性能	按制造厂规定	
13	GIS中的电流互感器、电压互感器（大修时）	按制造厂规定，或按预防性试验规程相关项目进行	
14	检查放电计数器动作情况	测试3～5次，均应正常动作	怀疑有缺陷时

　　整体调试和试验后，拆除检修架，整理清扫工作现场，检查接地线。学员应填写检修报告及有关记录，召开班会总结并写出工作总结，整理技术文件资料，并存档保管。最后接受现场验收，办理工作票终结手续，检修人员全部撤离工作现场。

　　【思考与练习】

　　1. GIS 大修的主要内容有哪些？

　　2. GIS 检修作业前的检查、试验项目有哪些？

　　3. GIS 检修作业前的综合诊断项目有哪些？

　　4. 简述 ZF7A-126 型组合电器断路器单元的检修步骤。

　　5. GIS 检修后如何进行调试？

　　6. GIS 检修后的试验项目有哪些？

模块 2　GIS 状态检修（ZY1400902002）

　　【模块描述】本模块介绍 GIS 实行状态检修包含的主要内容。通过概念描述、要点讲解，了解 GIS 状态检修的信息收集、设备评价、检修策略制定的环节的主要内容及开展 GIS 状态检修工作在管理上应注意的问题。

　　【正文】

　　一、GIS 状态检修概述

　　GIS（包括 Compass 和 Pass 等气体绝缘开关设备）的状态检修是通过掌握其运行状态，并进行综合评价，通过采用合理的检修策略和周期，避免"过修、欠修"，做到"应修必修，修必修好"。所以 GIS 的状态检修并不是简单的减少检修工作量和拉长检修、试验周期，而是使该设备的运行管理工作更科学化、规范化。实行 GIS 状态检修要求运行、检修、预试人员具备高度的责任心和严谨的科学态度，对运行、检修工作提出了更高的要求。

GIS 实施状态检修的过程包括信息收集、设备状态评价、设备风险评估、制定检修策略和检修计划、实施检修、绩效评估等步骤。

二、GIS 的状态信息收集与管理

GIS 的状态信息源包括设备的静态信息、动态信息和环境信息 3 大类。静态信息是指运行前信息，可作为判断设备状态所提供的原始"指纹"信息，也是状态检修的基础信息；动态信息来源于设备运行和检修等各环境的信息，该信息是判断设备状态和检修决策的直接依据；环境信息是判断设备状态的重要基础参考信息。静态信息与动态信息组合分析，可以描述设备的变化趋势，对状态判断与检修决策具有重要意义。而通过环境信息的收集和积累，逐步找出其影响设备健康状况的内在规律，以更加科学地指导状态检修的开展。

1. 静态信息

GIS 涉及的静态信息主要包括：铭牌信息、型式试验报告、订货技术协议、设备监造报告、出厂试验报告、安装调试报告、交接验收报告、设备技改及主要部件更换情况等。GIS 的静态信息，可以由各单位根据国家电网公司《110（66）kV～500kV 气体绝缘金属封闭开关设备评价标准（试行）》对设备进行评价时一并收集。对于新（扩）建工程和实施技术改造的 GIS 可以按"设备投运前性能评价"和"设备技术改造计划制定、执行及效果情况评价"部分，在投运前或相关设备技术标准更改后进行。

2. 动态信息

GIS 的动态信息主要包括 GIS 跳闸记录、继电保护及自动装置提供的故障电流波形、相别、幅值、持续时间等事件记录信息、历年缺陷及异常记录、红外测温记录、设备检修报告、设备预试报告、特殊测试报告、有关反措执行情况、同型（同类）设备的运行、修试、缺陷和故障的情况等。GIS 的动态信息，同样可以由各单位根据国家电网公司《110（66）kV～500kV 气体绝缘金属封闭开关设备评价标准（试行）》对设备进行评价时一并收集。

3. 环境信息

GIS 的环境信息包括环境温度、湿度、污秽信息、雷电活动、雨雪雾等信息。环境信息的收集、记录应每年年终进行一次。

4. SF_6 组合电器状态信息收集

依据 Q/GDW 448—2010《气体绝缘金属封闭开关设备状态评价导则》，高压 SF_6 组合电器状态信息必备的资料主要有：

（1）原始资料。原始资料包括铭牌参数、型式试验报告、订货技术协议、设备监造报告、出厂试验报告、运输安装记录、交接验收报告、交接验收资料、安装使用说明书等。

（2）运行资料。运行资料包括运行工况记录信息、历年缺陷及异常记录、巡检情况、带电检测及在线监测记录等。

（3）检修资料。检修资料包括检修报告、试验报告、设备技改及主要部件更换情况等。

（4）其他资料。其他资料包括同型（同类）设备的异常、缺陷和故障的情况、设备运行环境变化、相关反措执行情况、其他影响 GIS 安全稳定运行的因素等信息。

5. SF_6 组合电器状态信息的管理

GIS 设备状态信息的管理应做到准确、完整、及时，组合电器的相关状态信息表应作为设备的健康档案长期保存，并作为设备状态评价和制定检修策略的重要依据。由于反应设备状态的信息量庞大并且处在动态的变化、更新过程中，涉及选型、订货、安装、调试、运行、检修、维护的全过程，因此，设备状态信息只有在计算机网络管理下才能充分高效地发挥作用，开展设备状态检修应及时建立相应的计算机管理信息系统。应不断推进设备状态信息与生产管理信息系统（MIS）的关联性，不断提高设备信息的共享程度。GIS 的形式种类比较多，结构原理差异较大，组合电器的新产品不断被采用，但是相关的状态检测手段尚未十分完善，因此要求我们在实施 GIS 状态检修的过程中，结合现场实际情况，不断总结经验，把 GIS 的状态检修做得更好。

三、GIS 状态信息分析与评价

1. GIS 的状态信息分析

GIS 的状态信息分析主要依据国家电网公司《110（66）kV～500kV 气体绝缘金属封闭开关设备评价标准（试行）》"设备运行维护情况评价"、"设备检修情况评价"和"设备技术监督情况评价"部分，并结合停电、带电、在线检测结果、设备运行状况和相关设备的运行经验进行综合评定。对 GIS 的设备状态信息进行分析时，可以采用限值比较、纵向比较、逻辑推理、同类设备缺陷分析等方法进行。

2. GIS 状态的划分与状态量权重

（1）GIS 状态的划分。正确划分 GIS 的运行状态是选择合适检修策略的基础，按照 Q/GDW 448—2010《气体绝缘金属封闭开关设备状态评价导则》分为正常状态、注意状态、异常状态和严重状态。

1）正常状态表示 GIS 各状态量处于稳定且在规程规定的警示值、注意值（以下简称标准限值）以内，可以正常运行。

2）注意状态表示设备的单项（或多项）状态量变化趋势朝接近标准限值方向发展，但未超过标准限值，或部分一般状态量超过标准限值，仍可以继续运行，应加强运行中的监视。

3）异常状态表示单项重要状态量变化较大，已接近或略微超过标准限值，应监视运行，并适时安排检修。

4）严重状态表示单项重要状态量严重超过标准限值，需要尽快安排停电检修。

（2）状态量权重。设备的状态量是直接或间接表征设备状态的各类信息，如数据、声音、图像、现象等。状态量分为一般状态量和重要状态量。一般状态量是对设备的性能和安全运行影响相对较小的状态量；重要状态量是对设备的性能和安全运行有较大影响的状态量。GIS 运行的状态量视状态量对安全运行影响的重要程度，从轻到重分为 4 个等级，对应的权重分别为权重 1、权重 2、权重 3、权重 4，其系数为 1、2、3、4。权重 1、权重 2 与一般状态量对应，权重 3、权重 4 与重要状态量对应。

（3）状态量劣化程度。视状态量的劣化程度从轻到重分为 4 级，分别为Ⅰ、Ⅱ、Ⅲ和Ⅳ级。其对应的基本扣分值为 2、4、8、10 分。

（4）状态量扣分值。状态量应扣分值由状态量劣化程度和权重共同决定，即状态量应扣分值等于该状态量的基本扣分值乘以权重系数，状态量正常时不扣分。状态量的权重、劣化程度及对应扣分见表 ZY1400902002-1。

表 ZY1400902002-1　　　　状态量的权重、劣化程度及对应扣分表

状态量劣化程度 / 基本扣分值		权重系数			
		1	2	3	4
Ⅰ	2	2	4	6	8
Ⅱ	4	4	8	12	16
Ⅲ	8	8	16	24	32
Ⅳ	10	10	20	30	40

3. GIS 状态评价

GIS 的状态评价，是以预防性试验、日常运行维护监视、设备检修信息、故障和事故信息、缺陷信息、落实各反措情况、环境因素、设备正常寿命周期等要素为主，以红外检测、带电测试、在线检测等手段为辅的。所以，对 GIS 要严格按规定进行预防性试验，检测的方法应正确可靠、准确，检测结果应做好记录和统计分析。当其他检测手段的结果与电气预防性试验结果出现矛盾时，以电气设备预防性试验结果为准。

高压 SF_6 组合电器的状态评价分为部件评价和整体评价 2 部分。高压 SF_6 组合电器各部件一般具

有独立性，可分为断路器、隔离开关和接地开关、电流互感器、避雷器、电压互感器、套管及母线共七种部件。各部件状态量扣分标准可以参见 Q/GDW 448—2010。

4. 状态评价标准

（1）高压 SF_6 组合电器部件的评价应同时考虑单项状态量的扣分和部件合计扣分情况，部件状态评价标准见表 ZY1400902002-2。

表 ZY1400902002-2　　　　　　设备部件状态总体评价标准

评价标准 部件	正　常　状　态		注　意　状　态		异常状态	严重状态
	合计扣分（1）	单项扣分（2）	合计扣分（3）	单项扣分（4）	单项扣分（5）	单项扣分（6）
断路器	≤30	≤12	≥30	12～16	20～24	≥30
隔离开关和 接地开关	≤20	≤12	≥20	12～16	20～24	≥30
电流互感器	≤20	≤12	≥20	12～16	20～24	≥30
避雷器	≤20	≤12	≥20	12～16	20～24	≥30
电压互感器	≤20	≤12	≥20	12～16	20～24	≥30
套管	≤20	≤12	≥20	12～16	20～24	≥30
母线	≤20	≤12	≥20	12～16	20～24	≥30

（2）高压 SF_6 组合电器整体评价应综合其部件的评价结果。当所有部件评价为正常状态时，整体评价为正常状态；当任一部件状态为注意状态、异常状态或严重状态时，整体评价应为其中最严重的状态。

四、GIS 风险评估

GIS 的风险评估在状态评价之后进行，通过风险评估，确定 GIS 面临的和可能导致的风险，为状态检修决策提供依据。风险评估所需要的初始信息：

（1）设备状态评价结果（设备状态评价分值）；

（2）设备故障案例（设备故障、损失程度及可能性）；

（3）设备相关信息，包括设备台账、电网结构及供电用户信息。

设备风险评估应按照国家电网公司《输变电设备风险评估导则（试行）》，利用 GIS 状态评价结果，综合考虑安全性、经济性和社会影响三个方面的风险，确定设备风险程度。GIS 风险评估每年至少 1 次。

五、GIS 状态检修策略

1. 检修的分类

高压 SF_6 组合电器状态检修工作内容包括停电、不停电测试和试验以及停电、不停电检修维护工作。根据国家电网公司的要求，设备的检修可以分为 A、B、C、D 四类，A 类检修一般指常规意义上的解体大修；B 类检修一般指常规意义上的小修（含更换部件）和特殊试验；C 类检修一般指常规电气、机械试验和检查维护；D 类检修一般指不需要停电进行的正常维护、巡视和带电测试工作。

2. 状态检修策略

（1）检修计划的制定。

1）状态检修策略既包括年度检修计划的制定，也包括试验、不停电的维护等。检修策略应根据设备状态评价的结果动态调整。

2）年度检修计划每年至少修订一次。根据最近一次设备状态评价结果，考虑设备风险评估因素，并参考厂家的要求，确定下一次停电检修时间和检修类别。在安排检修计划时，应协调相关设备检修周期，尽量统一安排，避免重复停电。

3）对于设备缺陷，应根据缺陷的性质，按照有关缺陷管理规定处理。同一设备存在多种缺陷，也应尽量安排在一次检修中处理，必要时，可调整检修类别。

4）C 类检修正常周期宜与试验周期一致。

5）不停电的维护和试验根据实际情况安排。

6）根据设备评价结果，制定相应的检修策略。

（2）正常状态的检修策略。被评价为正常状态的高压 SF₆ 组合电器，执行 C 类检修。C 类检修可按照正常周期或延长一年并结合例行试验安排。在 C 类检修之前，可以根据实际需要适当安排 D 类检修。

（3）注意状态的检修策略。被评价为注意状态的高压 SF₆ 组合电器，执行 C 类检修。如果单项状态量扣分导致评价结果为注意状态时，应根据实际情况提前安排 C 类检修。如果仅由多项状态量合计扣分导致评价结果为注意状态时，可按正常周期执行，并根据设备的实际状况，增加必要的检修或试验内容。在 C 类检修之前，可以根据实际需要适当加强 D 类检修。

（4）异常状态的检修策略。被评价为异常状态的高压 SF₆ 组合电器，根据评价结果确定检修类型，并适时安排检修。实施停电检修前应加强 D 类检修。

（5）严重状态的检修策略。被评价为严重状态的高压 SF₆ 组合电器，根据评价结果确定检修类型，并尽快安排检修。实施停电检修前应加强 D 类检修。

六、检修实施

（1）各检修、施工单位按照批准的 GIS 检修计划及状态评价结果所确定的检修内容和项目，按照有关状态检修导则、检修工艺规程及标准化作业指导书的要求，组织进行检修工作。

（2）各检修、施工单位提前做好施工所需的材料、备品备件、工器具准备。

（3）对于大型、复杂作业必须在年初编制出施工方案及相应的安全技术组织措施，并报相关部门进行审批。

七、检修绩效评估

绩效评估是在 GIS 状态检修工作开展过程中，依据国家电网公司《输变电设备状态检修绩效评估标准》，对执行体系的有效性、检修策略的适应性、工作目标实现程度、工作绩效等进行评估，确定 GIS 状态检修工作取得的成效，查找工作中存在的问题，提出持续改进的措施和建议。

（1）绩效评估工作由绩效评估小组每年组织一次。

（2）GIS 状态检修绩效评估采用自评、检查、互查、审核相结合的方式。

（3）GIS 状态检修绩效自评估主要采用分项和综合评分的方法，每年对 GIS 状态评价的有效性、检修策略的正确性、计划实施、检修效果、检修效益进行分项评估。

八、GIS 状态检修的管理工作（应注意的问题）

（1）断路器开断次数或开断电流累计值的统计应根据本站负荷电流和正常运行方式下的最大短路电流值进行计算。调度部门应每年给定一次变电站正常运行方式下的最大短路电流值。

（2）断路器每次分闸后，运行人员应迅速、准确地做好记录和统计工作。

（3）当断路器开断次数或开断电流累计值接近极限值时，运行人员应迅速报告本单位开关专责人和有关主管领导，以便安排检修。

（4）试验人员应迅速将预试中发现的缺陷报告本单位开关专责人和有关主管领导，以便进行分析及确定是否安排检修。

（5）运行人员应及时将运行中出现的异常情况或缺陷报告本单位开关专责人和有关主管领导，以便进行分析及确定是否安排检修。

（6）运行单位开关专责人应掌握辖内 GIS 设备的性能状态，对出现的异常情况应进行分析，提出处理意见。对需要检修的做好计划安排，检修工作完成后，应做好验收工作。

（7）高压 SF₆ 组合电器的状态评价应实行动态化管理，每次检修或试验后应进行一次状态评价。

【思考与练习】

1. GIS 的状态信息都有哪些？

2. 按照 Q/GDW 448—2010，高压 SF₆ 组合电器可以评定为哪些状态？

3. GIS 状态检修策略是什么？

4. 在 GIS 实施状态检修过程中，如何进行绩效评估？

模块 3 GIS 常见故障处理 (ZY1400902003)

【模块描述】本模块介绍 GIS 常见故障的原因分析和处理方法。通过要点归纳、典型案例，熟悉 GIS 的常见故障现象，掌握各种 GIS 常见故障的处理方法。

【正文】

GIS 金属全封闭 SF_6 绝缘组合电器的故障可以分成两种故障：

（1）GIS 设备控制操作回路故障。包括现地控制柜二次回路接触不良及控制继电器损坏故障；隔离/接地开关机构、快速接地开关机构、断路器操动机构故障等。

（2）GIS 设备本体故障。包括气室密封紧密性、SF_6 气体微水超标、导体接触不良、绝缘击穿等与主回路密切有关的元件的故障等。

本模块仍以 ZF7A–126 型高压 SF_6 组合电器（配用弹簧机构）为例，介绍 GIS 常见故障现象、原因分析和处理方法。

一、ZF7A–126 型高压 SF_6 组合电器常见故障现象、原因分析及处理措施

ZF7A–126 型高压 SF_6 组合电器常见故障现象、原因分析及处理措施见表 ZY1400902003-1。

表 ZY1400902003-1　　ZF7A–126 型高压 SF_6 组合电器常见故障现象、原因分析及处理措施

序号	故障现象	原 因 分 析	处 理 措 施
1	电动操作不动作	控制或电动机回路电压降低或失压	提供正常电压，检查控制电源是否正常
		控制或电动机回路接线松动或断线	接好线，拧紧接线螺钉，更换断线的导线
		控制或电动机回路的开关、接触器的触头接触不良或烧坏	清理、检修或更换有故障的触头或开关
		接触器线圈断线或烧坏	检修或更换线圈
		热继电器动作，切断了接触器线圈回路	卸下热继电器手动复位孔孔盖，按动热继电器复位按钮。必要时检查其动作原因并采取措施
		由于 SF_6 压力低使压力开关不动作	检查 SF_6 压力是否正常，压力开关接触是否良好
		外部连锁回路不通	检查有关的设备、元件的状态是否满足外部连锁条件。检查外部连锁回路及有关设备。元件的连锁开关及其触头是否完好，动作正常
		闭锁杆处于闭锁位置	释放闭锁
2	手动操作不能进行	闭锁杆处于闭锁位置	释放闭锁
		控制回路电压降低或失压，连锁电磁铁不动作	提供正常电压
		外部连锁回路不通，连锁电磁铁不能通电动作	检查有关的设备、元件的状态是否满足外部连锁条件。检查外部连锁回路及有关设备。元件的连锁开关及其触头是否完好、动作正常
		连锁电磁铁线圈断线或烧坏；该回路连锁开关有故障；接线松动或断线	检修或更换线圈或开关，检修该线路
		操作手柄转动方向不对	按指示牌规定的方向操作
3	分闸或合闸不到位或卡涩	定位器调整不当或松动，使得指示盘上小槽与指针未对准	调整定位器调节螺栓，拧紧锁紧螺母
		机构或配用开关有机械故障	慢动作合、分检查，检修排出故障
4	手动操作后，止挡复位不到位	取出操作手柄前，连锁电磁铁已经断电	不插入手柄，转动挡板使连锁电磁铁吸合后释放。或者重新插入手柄随即快速抽出
5	气体压力降低报警，气体压力降低闭锁	SF_6 气体系统漏气	补气到额定压力，可以在运行中补气，在停电时检修漏气部位
		SF_6 气体密度继电器动作值不准	调整 SF_6 气体密度继电器的整定值。在不能调整的情况下，请与制造厂联系
6	局部放电	盆式绝缘子上的颗粒	用局放故障检测仪检测
		自由颗粒	用酒精清洗盆式绝缘子上的颗粒
		导体上或壳体上有毛刺	用三氯乙烷清洗导体、壳体上的毛刺
		盆式绝缘子内部缺陷	消除盆式绝缘子内部缺陷
		悬浮屏蔽	紧固机械屏蔽螺栓

二、SF₆组合电器故障处理案例

某电力公司由沿江变电站送二化区变电站的 110kV 江化Ⅱ线 712 开关距离Ⅰ段、零序Ⅰ段动作，W 相接地故障，重合失败，二化区变电站 110kV 侧为 GIS 内桥接线，二化区变电站 110kV 备自投动作。故障发生后调度通知线路巡线未发现异常，随后试送江化Ⅱ线不成功。根据沿江变电站 110kV 江化Ⅱ线保护及故障录波器信息，故障电流 4700A，测距 2.7km，怀疑二化区变电站 GIS 内部有故障。后解开二化区变电站侧线路进线搭头，线路充电正常，判断故障在 GIS 内部。

1. 故障查找

110kV 江化Ⅱ线 712 间隔组合电器侧面图如图 ZY1400902003-1 所示，通过试验，电压互感器、避雷器试验正常，初步判断故障在进线套管至进线隔离开关 QS 之间桶内，随即通知厂家来人。

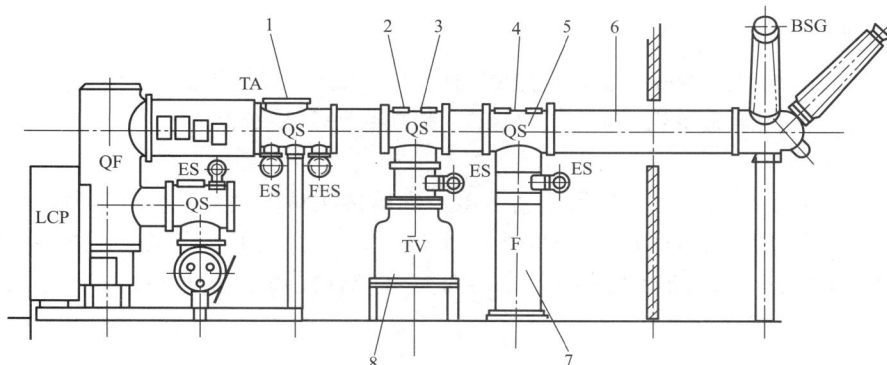

图 ZY1400902003-1   110kV 江化Ⅱ线 712 间隔组合电器侧面图

1～4—检修孔；5—进线隔离开关气室；6—进线气室；7—避雷器隔室；8—电压互感器隔室

回收江化Ⅱ线 712 进线气室内部 SF₆气体，将气体回收至 0 表压，并回大气保持通风后，打开气室 1、2、3、4 检修孔观察检查，发现江化Ⅱ线的避雷器刀闸气室、电压互感器刀闸气室内部有大量黑灰色粉尘，但未发现明显放电点。而从避雷器刀闸进线桶之间绝缘盆孔洞向进线桶望去，发现有大量电弧喷射现象如图 ZY1400902003-2 所示。根据检查情况现场与厂家确认故障部位为进线套管到进线桶之间。

解开进线气室和进线隔离开关气室静触头侧盆式绝缘子，发现静触头侧盆式绝缘子一侧被闪络击穿发黑，如图 ZY1400902003-3 所示。放电部位为 W 相屏蔽罩根

图 ZY1400902003-2   有大量电弧喷射现象图

部沿盆式绝缘子表面对桶壁放电。检查盆式绝缘子表面发现有类似油迹斑点，表面还有轻微划痕。后对故障盆式绝缘子表面用酒精清洗检查，发现有轻微放电痕迹，表面有电弧烧灼的小坑，如图 ZY1400902003-4 所示，沿盆式绝缘子边缘有多处放电烧灼痕迹。

图 ZY1400902003-3   盆式绝缘子表面放电痕迹图

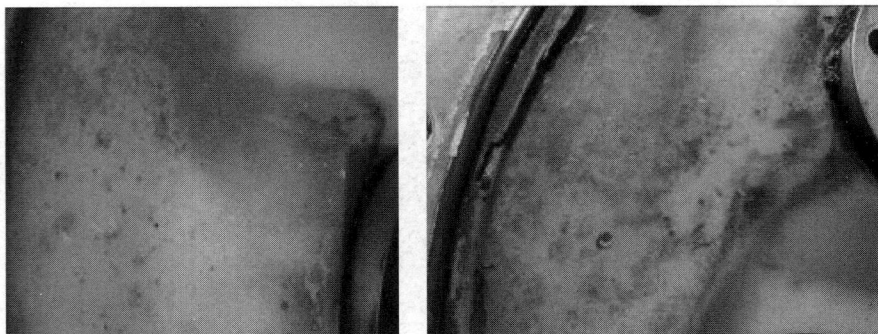

图 ZY1400902003-4　盆式绝缘子表面放电烧灼的痕迹

2. 故障原因分析

通过解体确认，故障原因为进线气室与进线隔离开关气室之间绝缘盆进线桶侧表面因油迹或轻微划痕造成沿面放电，W 相屏蔽罩根部对桶壁放电，造成接地短路故障。

3. 故障处理

厂家重新发备品到现场后，主变压器重新停电，现场再次对各气室进行清洁后，安装进线桶及套管。安装套管完毕，分别测量三相导电回路电阻，均正常，并通过了整组试验。设备投运后，由相关电试人员对二化区变电站 GIS 所有气室进行了 SF$_6$ 气体成分检测，测试结果故障气室的 SO$_2$ 及 H$_2$S 含量都为 0，检测结果正常。

4. 防范与感悟

通过本案例可认识到，在 GIS 的安装、检修过程中一定要保证各气室元件的清洁，仔细地检查每个元件表面有无油污或毛刺，发现情况一定要及时处理，保证组合电器完好，才能安全运行。

【思考与练习】

1. ZF7A-126 型高压 SF$_6$ 组合电器断路器电动操作不动作，如何进行处理？

2. ZF7A-126 型高压 SF$_6$ 组合电器断路器手动操作不能进行，如何进行处理？

3. ZF7A-126 型高压 SF$_6$ 组合电器手动操作后止挡复位不到位，如何进行处理？

4. ZF7A-126 型高压 SF$_6$ 组合电器发生局部放电的可能原因是什么？

第三十三章 进口隔离开关的检修及故障处理

模块 1 进口隔离开关本体检修 （ZY1400903001）

【模块描述】本模块包含进口隔离开关本体检修的作业流程及工艺要求。通过知识要点归纳讲解、图例展示、操作技能训练，掌握进口隔离开关本体的基本结构、修前准备、危险点预控、作业步骤、工艺要求及质量标准等操作技能。

【正文】

目前，在我国电网中采用了很多进口隔离开关，它们的型号比较繁多，结构也比较独特。本模块主要以 AREVA 公司生产的 S2DA（2）（T）–245 型户外隔离开关为例具体介绍本体检修工艺，同时也列出了该公司生产的 SPV（SPO）型 252kV（550kV）隔离开关检修工艺及技术要求，供参考。其他类似的进口隔离开关检修工艺可以借鉴。

一、S2DA（2）（T）–245 型户外隔离开关结构

S2DA（2）（T）–245 型户外隔离开关为户外用中央开断双柱式结构，采用双柱中开、触头转入式结构。三个单相的隔离开关可借助于关节轴承、调节螺杆等组成三相联动的隔离开关，该型隔离开关主刀闸可根据需要配用左、右接地刀闸或双接地刀闸。S2DA（2）（T）–245 型户外隔离开关如图ZY1400903001-1 所示。

图 ZY1400903001-1　S2DA（2）（T）–245 型户外隔离开关

AREVA 公司生产的 SPV（SPO）–252kV（550kV）型隔离开关（折臂式），结构和动作原理与国产的 GW22（23）型隔离开关相似。

二、作业内容

（1）S2DA（2）（T）-245 型隔离开关本体解体。

（2）S2DA（2）（T）-245 型隔离开关支柱绝缘子检查。

（3）S2DA（2）（T）-245 型隔离开关基座检修。

（4）S2DA（2）（T）-245 型隔离开关中间触头检修。

（5）S2DA（2）（T）-245 型隔离开关出线座分解检修。

（6）S2DA（2）（T）-245 型隔离开关本体检修后的装复。

（7）S2DA（2）（T）-245 型隔离开关接地刀闸检修。

三、作业中危险点分析及控制措施

作业中危险点分析及控制措施见表 ZY1400903001-1。

表 ZY1400903001-1　　　　　　作业中危险点分析及控制措施

序号	危险点	控　制　措　施
1	拆接低压电源	（1）应由两人进行，一人操作，一人监护。 （2）检修电源应有漏电保护器，移动电具金属外壳均应可靠接地。 （3）检修前应断开交流操作电源及加热回路电源，严禁带电拆接操作回路电源接头
2	误碰带电设备	（1）搬运长物，应两人放倒搬运。 （2）吊车进入高压设备区必须由专人监护、引导，按照指定路线行走，工作前应划定吊臂和重物的活动范围及回转方向，确保与带电体的安全距离：220kV 不少于 6m
3	感应触电	（1）在强电场下进行部分停电工作应使用个人保安线。 （2）检修人员必须在断开试验电源并放电完毕后才能工作
4	误入带电设备	（1）检修设备与相邻运行设备必须用围栏明显隔离，并悬挂"止步，高压危险"标示牌，标示牌应面对检修设备。 （2）中断检修每次重新开始工作前，应认清工作地点，设备名称和编号，严禁无监护单人工作
5	高处坠落及落物伤人	（1）高处作业系好安全带；不得攀登及在瓷柱上绑扎安全带。 （2）使用的检修平台或梯子应坚固完整、安放牢固，使用梯子有人扶持。 （3）传递物件必须使用传递绳，不得上、下抛掷。 （4）不准在构架上存放物件及工器具
6	引线突然弹出打击及绝缘子突然断落	（1）拆装引线应用绝缘绳传递，引线运动方向范围内不准站人。 （2）拆装绝缘子必须用吊车或专用吊具系好、吊稳，且有专人指挥吊运。吊绳应牢固有足够承载力
7	机械伤害	（1）调整人站立位置应躲开触头动作半径。 （2）调整人发令，操作人配合，上下呼唱。 （3）检修调整防误装置时，暂停其他作业。 （4）水平连杆拆装时，设专人扶持接地刀闸动触头。 （5）检修过程中应将垂直连杆脱离，电动操作及远方操作时应确认闸刀上部人员已全部撤离

四、检修作业前的准备

1. 检修前的资料准备

（1）检修前应认真查阅设备安装、检修记录、设备运行记录、故障情况记录、缺陷情况记录和红外测温结果。对所查询的资料进行详细、全面的调查分析，以判定进口隔离开关的综合状况，为现场具体的检修方案的制定打好基础。

（2）准备好设备使用说明书、记录本、表格、检修报告等。

2. 检修方案的确定

（1）编制作业指导书。

（2）拟订检修方案，确定检修项目，编排工期进度。

3. 备品备件、工器具、材料准备

在开工前必须预先准备检修工器具、材料、备品备件、试验仪器和仪表等，并运至检修现场。仪器仪表、工器具应试验合格，满足本次施工的要求，材料应齐全。

4. 检修环境（场地）的准备

在检修现场四周设一留有通道口的封闭式遮栏，并在周围背向带电设备的遮栏上挂适当数量的"止步，高压危险"标示牌，在通道入口处挂"从此进出"标示牌；在作业现场指定位置摆放好检修工具、量具、材料、备品备件和测试仪器及垃圾箱。

五、检修作业前的检查

（1）检查支柱绝缘子瓷质部分是否清洁，有无裂纹；检查支柱绝缘子胶装接口处有无缺陷，检查水泥浇铸连接情况是否良好。

（2）检查导电部分有无过热或灼伤痕迹，并测量主回路电阻是否超过规定值要求。

（3）检查机构箱密封良好，内部元器件是否有异常情况。

（4）检查各部件锈蚀、松动等异常情况，确定相应措施。

（5）手动合、分隔离开关，观察瓷柱及接线座是否转动灵活，检查各转动部分是否卡涩，操动机构各部件有无损坏变形。经值班员同意临时合上操作电源，然后进行电动分合闸操作，观察其动作情况和电动机构急停、限位、闭锁等功能。

（6）进行接地刀闸分合试验，检查接地刀闸分合操作是否灵活、有无卡滞、接触是否良好，检查机械闭锁是否可靠。

（7）对隔离开关进行上述检查后，做好记录以确定检修重点，切断操作电源，检修工作开始。

六、S2DA（2）（T）–245 型户外隔离开关检修作业步骤及质量标准

1. 隔离开关本体解体

（1）S2DA（2）（T）–245 型户外隔离开关本体由三个单相组成，各单相都由基座（或称为下部组件）、支柱绝缘子、出线座、导电臂、弧触头、弧触指、主触头及主触指等部分组成，两支柱绝缘子相互平行地安装在基座两端的轴承座上，且与基座垂直。主导电部分分别安装在两支柱绝缘子上方，随支柱绝缘子作约 90°转动，使中间触头为转入式结构。

（2）分解时，先固定吊装工具及保险带固定杆（如现场条件许可时可使用吊车）。

（3）拆下隔离开关两端引线。

（4）拆下主刀闸交叉拉（连）杆及水平拉杆，使三相 6 柱支柱绝缘子处于孤立状态，注意做好对极柱、出线座以及左、右导电杆等位置的记录，必要时做好记号。

（5）按起吊方法用吊绳固定好导电臂及出线座，拆去出线座与支柱绝缘子间的紧固螺栓（出线座由 4 个 M12×35 螺栓固定于支柱绝缘子上，如图 ZY1400903001-6 所示），将导电杆连同出线座以及接地刀闸静触头一起吊下来。起吊时防止碰弯导电杆及接地刀闸静触头装配。

（6）按起吊方法用吊绳固定好上节支柱绝缘子，拆除两节支柱绝缘子间的连接螺栓，将上节支柱绝缘子吊下，再用吊绳固定好下节支柱绝缘子，拆除下节支柱绝缘子与基座支柱绝缘子轴承座间的连接螺栓（支柱绝缘子由 4 个 M16×60 螺栓固定于轴承座旋转盘上）。吊放支柱绝缘子时注意应将支柱绝缘子缓缓吊至地面平放在干净的木架内或其他软质材料上，或垂直放在放置平坦地面，并做好防碰倒措施。

（7）拆除基座与下端安装槽钢间的固定螺栓（2 个 M20×70），并将基座吊至地面。

（8）拆除支柱绝缘子轴承座与基座方管形钢体驱（从）动座及接地刀闸托架间的连接螺栓（M12×50）。

2. 支柱绝缘子检查

（1）支柱绝缘子检查分带电情况下的检查和检修状态下的检查。

（2）支柱绝缘子在带电情况下检查其是否有电晕和放电现象，对有明显异常的电晕和放电现象的应立即或尽快安排停电检查处理。此检查由值班运行人员在夜晚熄灯黑暗的环境下检查为宜。

（3）在停电检修中，检查支柱绝缘子瓷质部分是否清洁，有无裂纹；检查支柱绝缘子胶装接口处有无缺陷，检查水泥浇铸连接情况是否良好；对瓷质部分有裂纹、胶装接口处有缺陷、水泥浇铸连接情况不好或绝缘电阻不合格的支柱绝缘子应立即进行更换。对支柱绝缘子瓷质部分污垢进行清除，保证支柱绝缘子清洁。

（4）通过对比支柱绝缘子运行环境下的盐密，检查支柱绝缘子的爬距是否满足运行环境的污秽等级要求，如不满足需更换满足运行环境的污秽等级要求的大爬距支柱绝缘子。

（5）另外，对发生过闪络放电的支柱绝缘子或表面有明显闪络放电痕迹的支柱绝缘子，由于其表面绝缘性能下降很大，也应立即进行更换。

（6）采用超声波检测仪对支柱绝缘子进行探伤，具体操作方法和要求以及分析判断的情况可参见模块 ZY1400701001 中的相关内容。

3. 基座检修

S2DA（2）（T）–245 型隔离开关基座由以下部分组成：主刀闸下部驱动座、主刀闸下部从动座、主刀闸垂直操作轴、主刀闸水平传动杆、接地刀闸垂直操作轴、接地刀闸水平传动杆、接地刀闸动臂、主刀闸操作杆、主刀闸传动杆、连接杆、阴性刀臂旋转盘、阳性刀臂旋转盘、相间连接杆、从动座上的接地刀闸组件（不带平衡弹簧）、带调整槽的盘片、夹具、驱动座上的接地刀闸组件（带平衡弹簧）、垂直传动轴的支撑与导向盘、接地刀闸操作杆、接地刀闸传动杆、接地刀闸托架、连接套管、锁定销和开门销，如图 ZY1400903001-2 所示。

（1）检查基座轴承座有无进水、进灰、油泥过多、润滑脂流失或干涸等现象；检查基座轴承座有无卡阻、锈死造成拒分拒合、分合不到位或操作力矩增加等现象；检查基座有无锈蚀、机械变形等。

（2）拆下主刀闸交叉拉（连）杆及水平拉杆，使三相 6 柱支柱绝缘子处于孤立状态，注意做好对极柱、出线座以及左、右导电杆等位置的记录，必要时做好记号。

（3）需将支柱绝缘子轴承座孤立时先拆除支柱绝缘子轴承座与基座方管形钢体驱（从）动座及接地刀闸托架间的连接螺栓（M12×50），如图 ZY1400903001-3 所示。

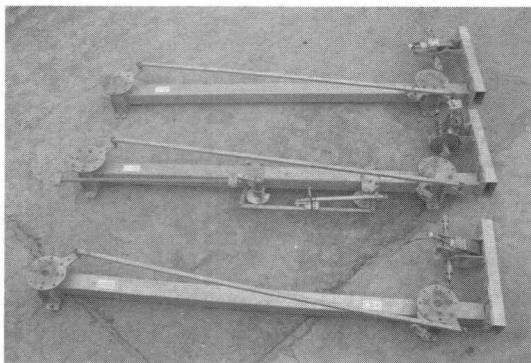

图 ZY1400903001-2 S2DA（2）（T）–245 型
隔离开关基座

图 ZY1400903001-3 S2DA（2）（T）–245 型
隔离开关基座轴承座

（4）拆下底盖螺栓（M12×30），拆下底盖及其密封垫。

（5）拆下上密封装置与轴承座刀臂旋转盘间的 6 个螺栓（M6×12）。

（6）用专用工具从下部向上敲出转轴（转轴与刀臂旋转盘为一体）。

（7）取出下层轴承。

（8）用木榔头将上层轴承从转轴上敲下。

（9）检修时对进水、进灰的上下轴承座应在去除油泥、水分等杂质后用酒精或汽油进行清洗，并检查滚柱是否磨损及锈蚀等情况，检查轴承有无卡涩等现象。将轴承清洗干净甩掉汽油，等轴承晾干后，注入 AREVA 公司专用的润滑脂，亦可注入含二硫化钼锂的润滑脂，注入的润滑脂应注满轴承内腔。

（10）按相反的顺序将以上部件复原。

（11）注意事项：基座检修要确保轴承完好、无卡涩现象，拆卸时避免猛力敲打；装配时确保轴、轴承、轴承座无倾斜现象，确保轴承密封良好。注入润滑脂时应将油从一面注入，这样杂质将会从另一面渗出。

4. 中间触头检修

（1）S2DA（2）（T）–245 型隔离开关中间触头包括阳性触头、阴性触头（不锈钢弹簧加载的铜板指形件）、阳性弧触头及其支架、阴性弧触头及其支架、绝缘盘片、均压帽等部分组成。主触头是弹簧施压的阴性触刀，如图 ZY1400903001-4 和图 ZY1400903001-5 所示。

（2）检查阳性、阴性弧触头有无烧伤痕迹或严重的氧化膜，必要时应用细锉锉去凸出部分，用 0 号水砂纸放在平板锉下面进行细加工，使接触面平整和具有金属光泽，对完好触头用汽油、百洁布或铜丝刷清洗接触面，并用白棉布在接触面表面抽擦，去除表面氧化膜及污垢，并涂上一层中性凡士林。

（3）检查阴性弧触头绝缘盘片有无损伤，必要时更换绝缘盘片，绝缘盘片由 2 个 M6×10 的螺栓固定于阴性弧触头上，可更换。

图 ZY1400903001-4　S2DA（2）（T）−245 型隔离开关阳性触头

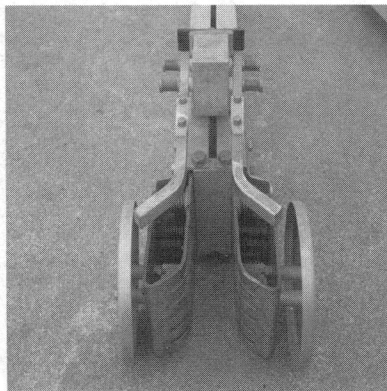

图 ZY1400903001-5　S2DA（2）（T）−245 型隔离开关阴性触头

（4）需更换阴性弧触头时，拆下阴性弧触头支架与阴性导电臂间的连接螺栓（M10×30），整体更换阴性弧触头装配。

（5）需更换阳性弧触头时，先拆下阳性弧触头与阳性导电臂间的连接螺栓（M6×30），再拆下阳性弧触头上的均压帽，然后进行更换。

（6）主触头在电流和电弧的热作用下，以及长期暴露在空气中会产生烧伤痕迹和氧化膜，必要时应用细锉锉去凸出部分，用水砂皮放在平板锉下面进行细加工，使接触面平整和具有金属光泽，尽量不破坏或少损坏镀银层。对完好触头用汽油、百洁布或铜丝刷清洗接触面，并用白棉布在接触面表面抽擦，去除表面氧化膜及污垢，触头表面镀银层应尽量防止被破坏。对烧伤或变形严重的触头应进行更换。

（7）阴性触头为弹簧施压的触头，触指由 6 个弹簧自内部施压，使触指由两侧向内压紧于中间的铝板上。检修时除检查触头外，还要检查弹簧无过热退火、锈蚀和变形，检查弹簧是否弹性良好、检查弹簧内的绝缘座有无破损，必要时更换。

（8）更换阴性触头弹簧或弹簧内的绝缘座时，拆下阴性触头根部中间的触头压紧铝板，该铝板由 2 个 M10×90 螺栓固定于阴性导电臂上。将该铝板取出后两侧触刀自然松开，此时即可更换阴性触头弹簧或弹簧内的绝缘座。

（9）解体阴性触头时，先拆下均压帽与阴性触头间的 M6×40 螺栓，取下均压帽及隔片；再拆下阴性触头根部中间的触头压紧铝板（该铝板由 2 个 M10×90 螺栓固定于阴性导电臂上），然后拆下阴性触头与阴性导电臂上的 6 个 M8×20 螺栓，即可取下阴性触头。复原时的注意事项：由于电流将从阴性触头与阴性导电臂间的接触表面流过，故复原时应进行检查，处理时先用三氯乙烯或氯乙烯去除接触表面上的任何油脂痕迹，再用不锈钢钢丝刷或细砂纸除去氧化物，并立即用 CEMEX 防氧化剂进行涂抹，涂抹导电膏后尽快将两个表面进行连接。

（10）解体阳性触头时，先拆下阳性触头上下侧的均压帽及阳性弧触头（M6×20），再拆下阳性导电臂上的止口板（4 个 M4×10），然后拆下阳性触头与阳性导电臂上的 8 个 M12×40 螺栓，即可取下阳性触头。复原时的注意事项同（9）。

（11）检查均压帽是否完好，有无锈蚀和变形，必要时对均压帽进行整形或更换。

（12）检查阴性、阳性触头在合闸状态下的插入深度，即阳性触头与阴性触头根部中间的触头压紧铝板间的间隙，该间隙应为 8～38mm，正常为 20～25mm。

（13）检查各相阴性、阳性触头在合闸状态下阴性、阳性导电臂在同一水平面，必要时可调整支柱绝缘子上端的垫片。

图 ZY1400903001-6　S2DA（2）（T）-245 型隔离开关出线座

（14）在中间触头的接触表面涂中性凡士林。

5. 出线座分解检修

（1）S2DA（2）（T）-245 型隔离开关出线座中由座体、铝质软连接片、接线板、垂直导电杆等部分组成。垂直导电杆与导电臂间由铝质软连接片连接，接线板供连接出线之用，如图 ZY1400903001-6 所示。

（2）检修时先将接线板上从垂直导电杆上拆下（M8×16），取下接线板。检查接线板上与垂直导电杆连接是否良好，有无发热现象。将接线板复原时需对接触面清洗干净后涂导电膏后复原。

（3）拆下铝质软连接片与垂直导电杆及导电臂间的连接螺栓。

（4）检查软连接应无无锈蚀、无烧损，无严重发热退火现象，检查清除各连接处氧化膜及锈斑，用铜丝刷对各接触面轻轻刷净并清洗干净，保证接触面平整无氧化膜，清洁后涂一层厚度不应超过 0.15mm 的导电膏后复原。

（5）垂直导电杆与座体之间为轴套固定方式，检修时应在转动处涂适量二硫化钼锂润滑脂，装配后接线板按逆时针方向 92°范围内应转动灵活，如右接线端子应在顺时针 92°范围内转动灵活。

6. 隔离开关本体检修后的装复

（1）固定基座：将 S2DA（2）（T）-245 型隔离开关基座分相吊装至设备支架上，对齐紧固螺孔后先临时紧固。用水平尺检验所有的转动盘水平，确认绝缘子的支架在两个直角方向都为水平。确认基座水平且与支架对齐后紧固，紧固过程中不能发生任何变形。注意驱动座的安装位置：当隔离开关不带接地刀闸时，主刀闸驱动座可置于任意一相；当隔离开关带接地刀闸时，主刀闸、接地刀闸的驱动座必须置于中相安装。

（2）吊装每相支柱绝缘子和导电臂。吊装过程中注意对支柱绝缘子和导电臂的保护，以免损坏支柱绝缘子瓷套和导电臂。用水平尺检验支柱绝缘子上缘的水平（要求分别在分、合位检验），同时检查支柱绝缘子在旋转过程中能绕其轴自由转动，如有必要，在支柱绝缘子上边缘和基座旋转盘之间插入专用 C 形垫圈。

（3）使隔离开关每相保持在分闸状态，将刀臂吊装到相应的绝缘子上，然后固定，进行一次手动操作将隔离开关置于合闸位置。注意：组成隔离开关带电部分的两个刀臂并不是对称的，如果两臂装反了的话，隔离开关将不能正常工作，并且任何操作都将有可能损害带电部分。

7. 接地刀闸检修

S2DA（2）（T）-245 型隔离开关可根据需要配备左、右及双接地刀闸，本模块以插入型接地刀闸为例介绍接地刀闸的检查内容和维修工艺。

（1）S2DA（2）（T）-245 型隔离开关插入型接地刀闸的组成部分。

1）静触头部分：接地刀闸静触头、静触头支架、静触头紧固螺栓、静触头内部接触元件、静触头制动器、静触头支架反面紧固片，如图 ZY1400903001-7 所示。

图 ZY1400903001-7　S2DA（2）（T）−245 型隔离开关接地刀闸静触头、触指

2）动触头及其机械部分：接地刀闸阳性动触头、动触头紧固螺栓、接地刀闸动臂、接地刀闸动臂夹头、接地刀闸动臂紧固螺栓、接地刀闸动臂一级控制杆、接地刀闸动臂次级控制杆、接地刀闸支架、软连接、软连接紧固螺栓、平衡弹簧、防覆冰罩，如图 ZY1400903001-8 和图 ZY1400903001-9 所示。

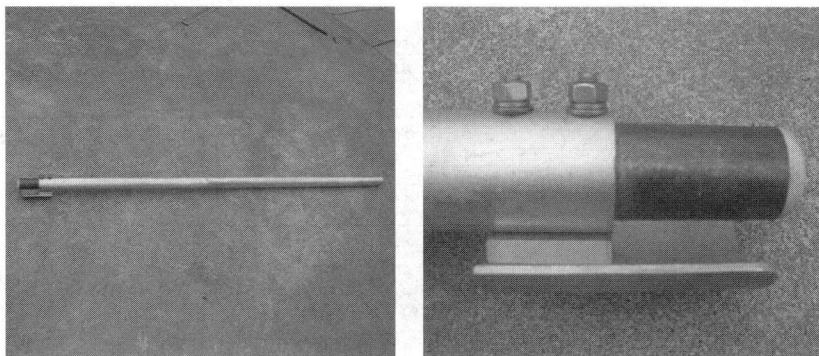

图 ZY1400903001-8　S2DA（2）（T）−245 型隔离开关接地刀闸动臂、动触头

主刀闸与接地刀闸的连锁用位于驱动座上的连锁杆和闭锁盘配合完成，保证在主刀闸合闸时，接地刀闸不可合闸；接地刀闸合闸时，主刀闸不可合闸。

（2）接地刀闸静触头为铜质触指和三圈压紧弹簧组成。检修时检查接地刀闸静触头有无变形、弯曲、弹簧压力有否降低。静触头可解体检修或整体更换。整体更换时，拆下静触头与其支架的连接螺栓即可。静触头解体检修时，拆下静触头顶盖上的 6 个螺栓（M6×50），替打掉静触头触指在触指罩上的销子，取下触指装配作，对触指装配进行检查、清理。若不符合要求则进行更换，按相反程序装复。

（3）检查接地刀闸动导电臂、接地刀闸阳性动触头、防覆冰罩是否变形、弯曲、锈蚀。接地刀闸阳性动触头与接地刀闸动臂连接、防覆冰罩的连接等其他连接件是否紧固。

图 ZY1400903001-9　S2DA（2）（T）−245 型隔离开关接地刀闸动触头机械部分

（4）将接地刀闸动、静触头清洁后涂中性凡士林。

（5）检查接地刀闸两级控制杆的运转是否灵活，控制杆有无变形。如有卡涩现象，需进行解体检修。解体时拔出控制杆接头处销子后拔出控制杆接头处连杆即可。

控制杆连接部位及控制杆水平驱动连杆与接地刀闸支架间的轴套处添加 AREVA 公司专用的润滑脂（GREASE），不可涂抹凡士林，也可用二硫化钼锂润滑脂替代。

（6）接地刀闸与主刀闸的连锁应牢固可靠，确保安全。在装配前应将各变形拉杆校直。

（7）接地刀闸手动操动机构由转轴、辅助开关、操作手柄等组成。检修时，检查垂直驱动杆上的紧固夹头有无松动。需将手动操动机构独立检修时，拆下接地刀闸操动机构垂直连杆与机构间的紧固夹头即可。松开辅助开关防护罩两侧螺栓，松下防护罩，检查辅助开关接线螺栓，更换锈蚀螺栓，检查开关切换时是否有清脆的咔嚓声，切换角是否符合要求。紧固各接线螺栓。

（8）将平衡弹簧上的油泥清理干净（注意不能损伤平衡弹簧上的保护层），添加 ARAVA 公司专用的润滑脂。

七、SPV（SPO）型隔离开关检修工艺及技术要求

AREVA 公司生产的 SPV（SPO）型隔离开关检修工艺及技术要求见表 ZY1400903001-2。

表 ZY1400903001-2　　　　　　SPV（SPO）型隔离开关检修工艺及技术要求

项　目	检　修　工　序		技　术　要　求		
检修前的准备工作	工器具运至工作现场				
	全体工作人员就位		全体工作人员分工明确，任务落实到人，安全措施明了		
	安全器具的检查		保险带等安全工器具完好、符合要求		
	了解缺陷情况		向运行或相关部门了解设备有无发热等缺陷		
	指挥高架车就位		与周围物体保持足够距离，与带电设备保持足够安全距离（220kV）≥6m		
	清扫并检查隔离开关瓷套、法兰表面		隔离开关瓷套表面应无污秽物、无裂纹，法兰应无裂纹，法兰与绝缘子的结合面不应有空洞		
隔离开关本体检查维护	传动部件检查维护	检查设备机械部件锈蚀情况	锈蚀的及时防锈处理		
		检查设备机械部件损伤情况	损伤严重的必要时更换		
		传动部件检查与维护	各连接头无开裂、松动和表面锈蚀现象（如需更换，在更换之前应仔细测量两个接头的轴间距，更换后调节连杆的长度以恢复两个接头间的原始轴间距），连杆无扭曲、变形，转动部位无卡滞		
		传动动部位润滑	加润滑油 MULTI–S–F（SILAN）润滑		
	触头及导电回路检查维护	检查导电软连接有无折断和变形现象	只要有一片折断或变形，必须更换整个组件		
		导电回路检查处理（如端子板和静触头支撑件之间的接触面）	各搭头与导电回路均无发热迹象，搭头螺母无松动。必要时用三氯乙烯或氯乙烯仔细去除上述表面的任何油脂痕迹，并用不锈钢钢丝刷或细砂纸除掉氧化物。立即用导电脂进行涂抹。尽快将两个表面进行连接		
		触头（主刀闸、接地刀闸）的检查	有无烧灼痕迹，严重时应更换。必要时用三氯乙烯或氯乙烯仔细去除上述表面的任何油脂痕迹，必须覆盖一层中性凡士林薄脂		
		检查螺栓是否松动	参照说明书螺栓力矩要求，用力矩扳手紧固		
		检查主触头耦合情况	如发现任何偏差，需予以调整		
		导电回路直流电阻测量。注：环境温度为 20℃，误差为±20%	252kV 主回路的接触电阻标准	2000A	2500A	3150/4000A
				140MΩ	120MΩ	100MΩ
			550kV 主回路的接触电阻标准	3150/4000A		
				115MΩ		
		接地刀闸合闸位置检查	动、静触头无偏斜，接触可靠		
		机械连锁检查	主刀闸在合闸位置时，接地刀闸不能操作，反之则主刀闸不能操作		
隔离开关机构检查维护	对操动机构箱内的二次接线清扫、检查		接线可靠、绝缘良好		
	辅助开关检查维护		连杆无扭曲、变形，切换正确、到位		
	检查垂直连杆与机构相连的螺栓		如有松动，应拆下螺栓，用细砂纸打磨两个夹具内面和垂直连杆下部150mm 处，并在螺栓螺纹上涂润滑油，用80N·m 的紧固力矩紧固螺栓		
	分合指示检查		在完全打开和闭合位置，圆盘中心指示器正好指向固定在操动机构上的表盘上的参考标记		
	转动部分检查维护	检查齿轮润滑情况	转动灵活，手动操作无卡涩现象，必要时加少许合成油润滑		
		检查手动操作情况	动作无卡涩		
		检查就地操作情况	操作正常		

续表

项 目	检 修 工 序		技 术 要 求
隔离开关机构检查维护	闭锁及防潮回路检查	检查主刀闸与接地刀闸之间的电气闭锁是否可靠	当转换开关处在"手动"位置时，按下分、合闸按钮，隔离开关不应动作；当转换开关处在"就地"或"远方"位置时，手柄应不能插入
		检查零线接线是否可靠	在控制回路通电之前，必须检查零线接线是否可靠，否则将会烧坏马达缺相保护继电器
		检查以下电器部件的操作	防凝露和加热电阻
			电动机自动保护开关
			电气连锁情况
外观维护及恢复	恢复引线		
	对支架、基座、连杆等铁质部件进行除锈防腐处理，补漆		去锈蚀，底层处理和上油漆
	对导电部分的适当位置涂相色漆，在操动机构上标出分合位置指示		

隔离开关检修工作结束，应处理引线接触面，涂上适量导电膏，然后恢复引线，并确保接触良好。对支架、基座、连杆等铁质部件进行除锈防腐处理，对导电部分的适当部分涂以相应的相序标志（黄绿红）。最后，应对所有检修项目进行验收，清理现场，再进行下一模块的作业内容，即进口隔离开关的调试及试验。

【思考与练习】

1. S2DA（2）（T）–245 型隔离开关主要由哪些部分组成？
2. 简述 S2DA（2）（T）–245 型户外隔离开关检修作业步骤。
3. 简述 S2DA（2）（T）–245 型户外隔离开关本体解体检修步骤。
4. 在对 S2DA（2）（T）–245 型户外隔离开关进行检修过程中，如何对支柱绝缘子进行检查？

模块 2　进口隔离开关操动机构的检修（ZY1400903002）

【模块描述】本模块包含进口隔离开关手动、电动操动机构检修的作业流程及工艺要求。通过知识要点的归纳讲解、操作技能训练，掌握进口隔离开关手动、电动操动机构的基本结构、修前准备、危险点预控、作业步骤、工艺要求及质量标准等操作技能。

【正文】

本模块以 S2DA（2）（T）–245 型隔离开关为例来介绍进口隔离开关的传动系统及操动机构的检修。

一、作业内容

（1）S2DA（2）（T）–245 型隔离开关操动机构的检修。

（2）S2DA（2）（T）–245 型隔离开关传动系统的检修。

（3）S2DA（2）（T）–245 型隔离开关接地刀闸机构的检修。

二、作业中危险点分析及控制措施

作业中危险点分析及控制措施见表 ZY1400903002-1。

表 ZY1400903002-1　　　　　　作业中危险点分析及控制措施

序号	危 险 点	控 制 措 施
1	触电	（1）工作人员之间做好相互配合，拉、合电源开关时发出相应口令。 （2）使用完整合格的安全开关，装合适的熔丝。 （3）接、拆试验电源必须在电源开关拉开的情况下进行。 （4）绝缘电阻表要正确操作，防止感电伤人

续表

序号	危 险 点	控 制 措 施
2	误入、误登带电间隔	（1）工作前向作业人员交代清楚临近带电设备，并加强监护。 （2）工作人员应走指定通道，在遮栏内工作，严禁擅自移动和跨越遮栏。 （3）严禁攀登运行设备构架
3	机械伤害	严格执行一般工具的使用规定，使用前严格检查，不合格的工具禁止使用
4	作业空间窄小，碰伤 头部和手脚	（1）工作中必须戴好安全帽。 （2）统一指挥，注意作业配合和动作呼应

三、检修作业前的准备

1. 检修前的资料准备

（1）检修前应认真查阅传动系统及电动操动机构安装检修记录、缺陷和故障情况记录以及红外测温结果等。对所查阅的资料进行详细、全面的调查分析，以判定隔离开关传动系统及电动操动机构的综合状况，为现场具体的检修方案的制定打好基础。

（2）准备好设备使用说明书、记录本、表格、检修报告等。

2. 检修方案的确定

（1）编制作业指导书。

（2）拟订检修方案，确定检修项目，编排工期进度。

3. 备品备件、工器具、材料准备

在开工前必须预先准备检修工器具、材料、备品备件、试验仪器和仪表等，并运至检修现场。仪器仪表、工器具应试验合格，满足本次施工的要求，材料应齐全。

4. 检修环境（场地）的准备

（1）在检修现场四周设一留有通道口的封闭式遮栏，并在周围背向带电设备的遮栏上挂适当数量的"止步，高压危险"标示牌，在通道入口处挂"从此进出"标示牌。

（2）在作业现场指定位置摆放好检修工具、量具、材料、备品备件和测试仪器及垃圾箱。

四、检修作业前的检查

1. 进口隔离开关传动系统修前检查项目及标准

传动系统中应检查的项目为：竖拉杆、水平拉杆及传动箱装配操作是否灵活、可靠。检查的标准为：主刀闸开、合是否正常。

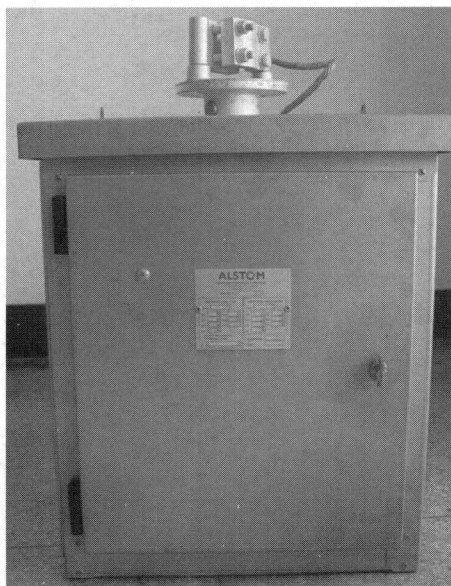

图 ZY1400903002-1　S2DA（2）（T）-245 型
隔离开关配用 CS611 电动操动机构

2. 电动操动机构修前检查项目及标准

检查项目有电动机、传动齿轮、蜗轮、蜗杆、转轴、辅助开关及电动机控制附件等操作是否灵活、可靠。检查标准为：行程开关、按钮、交流接触器是否能正常动作，辅助开关是否正常转换，电动机是否有异常响声，各转动部位有无松动，电动、手动是否相互闭锁等。

五、S2DA（2）（T）-245 型隔离开关传动系统、操动机构和接地刀闸机构检修作业步骤及质量要求

1. 操动机构检修

S2DA（2）（T）-245 型隔离开关配用 CS611 电动操动机构如图 ZY1400903002-1 所示，是由交流电动机通过减速装置驱动的电动机构，由电动机、传动齿轮、蜗轮、蜗杆、转轴、辅助开关、电磁锁及电动机控制附件等组成。机构的控制电路及结构与 CJ5 型机构类似。底座上有定位装置，其转轴与操作手柄相连，操作完毕后可用机构箱内定位装置锁住，以防止

误操作。机构的检查内容和维修工艺如下：

（1）断开电动机电源及控制电源。

（2）松开变速箱上电动机侧的 4 个 M4×10 螺栓，打开变速箱护板，对变速齿轮添加 AREVA 公司专用的润滑脂，也可用二硫化钼锂润滑脂替代。

（3）检查蜗轮蜗杆箱有无漏油现象。如有，则需整体更换（AREVA 公司的该蜗轮蜗杆箱为全密封结构，出现渗漏或其他不可修复的问题时时，只可进行整体更换）。

（4）检查热继电器整定设置是否正确，电加热器是否能正常工作。

（5）检查机构箱密封是否良好，必要时更换密封条。

（6）电动操动机构的检修如果不影响机构箱检修就不要拆二次接线。如果必须拆除二次接线时，一定要核对图纸，并做好记号。二次回路工作后在做电动操作前应将刀闸摇至中间位置，防止电动分合闸因方向反向而过力矩。恢复后所有接线必须接触良好，热继电器整定值正确。

2. 传动系统的检修

S2DA（2）（T）–245 型隔离开关传动系统的组成部分有：主刀闸及接地刀闸操作拐臂、主刀闸及接地刀闸操作拐臂转轴座、传动拉杆、接头、轴套、轴销（或为无油轴承）等部分组成。传动系统的检查内容和维修工艺如下：

（1）检修时先拆下所有接头与轴销连接螺栓及主操作拐臂。

（2）清洗所有轴销、轴套，检查各轴销、轴套有无锈蚀变形、磨损等情况。对锈蚀变形、磨损严重的轴销、轴套应进行更换。

（3）清洗所有拉杆接头的轴套、轴销和螺纹，轴套内圈如有拉毛或毛刺现象应用砂纸打磨，所有转动部分加二硫化钼锂润滑脂。

（4）清洗主刀闸及接地刀闸操作拐臂轴承座，并涂适量二硫化钼锂润滑脂。

（5）检查底座槽钢，接地螺栓，机械闭锁板等元件，有无变形、磨损及伤痕。

3. 接地刀闸机构检修

S2DA（2）（T）–245 型隔离开关可根据需要配备左、右及双接地刀闸，每副接地刀闸配备一台 CML 型手力操动机构（见图 ZY1400903002-2）或配备一台 CS600 系列电动操动机构。

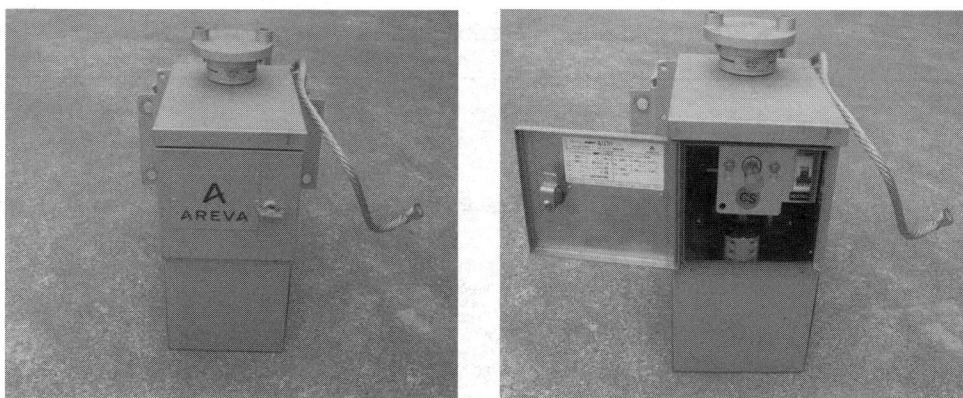

图 ZY1400903002-2　S2DA（2）（T）–245 型隔离开关接地刀闸用 CML 型手力操动机构

接地刀闸手力操动机构由转轴、辅助开关、操作手柄等组成。检修时，检查垂直驱动杆上的紧固夹头有无松动。需将手动操动机构独立检修时，拆下接地刀闸操动机构垂直连杆与机构间的紧固夹头即可。松开辅助开关防护罩两侧螺栓，松下防护罩，检查辅助开关接线螺栓，更换锈蚀螺栓，检查开关切换时是否有清脆的咔嚓声，切换角是否符合要求。紧固各接线螺栓。

【思考与练习】

1. S2DA（2）（T）–245 型隔离开关所配操动机构主要由哪些部分组成？

2. 简述 S2DA（2）（T）–245 型户外隔离开关操动机构检修步骤。

3. 简述 S2DA（2）（T）–245 型户外隔离开关传动系统检修步骤。

模块 3 进口隔离开关整体调试及试验（ZY1400903003）

【模块描述】本模块包含进口隔离开关三相主刀闸、接地刀闸的调整的作业流程及工艺要求。通过知识要点的归纳讲解、操作技能训练，掌握进口隔离开关三相主刀闸、接地刀闸调整前准备、危险点预控、作业步骤、工艺要求及质量标准等操作技能。

【正文】

本模块还是以 S2DA（2）（T）–245 型隔离开关为例来介绍进口隔离开关的整体调试及试验的实际操作训练步骤和工艺要求。

一、作业内容

（1）S2DA（2）（T）–245 型隔离开关合闸状态下的插入深度的调整。

（2）S2DA（2）（T）–245 型隔离开关分、合闸角度的调整。

（3）S2DA（2）（T）–245 型隔离开关慢合操作试验。

（4）S2DA（2）（T）–245 型隔离开关三相同步的调整。

（5）隔离开关主导电回路电阻的测量。

二、作业中危险点分析及控制措施

作业中危险点分析及控制措施见表 ZY1400903003-1。

表 ZY1400903003-1　　　　　　作业中危险点分析及控制措施

序号	危险点	控 制 措 施
1	高处坠落	（1）高处作业系好安全带；不得攀登及在瓷柱上绑扎安全带。 （2）使用检修平台或梯子应坚固完整、安放牢固，使用梯子有人扶持
2	触电伤害	（1）搬动梯子等长大物体时，需由两人放倒搬运，与带电部位保持足够的安全距离。 （2）电阻测试仪的使用要严格按照使用说明书进行。 （3）绝缘电阻表要正确操作，防止感电伤人
3	误入、误登带电间隔	（1）工作前向作业人员交代清楚临近带电设备，并加强监护。 （2）工作人员应走指定通道，在遮栏内工作，严禁擅自移动和跨越遮栏。 （3）严禁攀登运行设备构架
4	机械伤害	（1）严格执行一般工具的使用规定，使用前严格检查，不合格的工具禁止使用。 （2）调试隔离开关时应设专人监护，进行操作时工作人员必须离开隔离开关传动部位

三、检修作业前的准备

1. 资料准备

（1）应认真查阅隔离开关安装、检修记录，了解隔离开关的综合状况，为整体调试及试验打好基础。

（2）准备好设备使用说明书、记录本、表格、检修调试报告等。

2. 工器具、材料、备品备件准备

在隔离开关整体调试及试验现场必须预先准备检修工器具、材料、备品备件、试验仪器和仪表等。仪器仪表、工器具应试验合格，满足要求，材料应齐全。

3. 检修环境（场地）的准备

（1）在检修现场四周设一留有通道口的封闭式遮栏，并在周围背向带电设备的遮栏上挂适当数量的"止步，高压危险"标示牌，在通道入口处挂"从此进出"标示牌。

（2）在作业现场指定位置摆放好检修工具、量具、材料、备品备件和测试仪器及垃圾箱。

四、检修作业前的检查

进口隔离开关检查项目及标准如下：

（1）检修后整体应组装完毕。

（2）检修后隔离开关本体和接地刀闸各部分的螺栓均紧固良好。

（3）手动操作隔离开关和接地刀闸均能正常分、合闸。

五、S2DA（2）（T）–245 型隔离开关整体调试及试验

（1）调整导电臂水平和阴性、阳性触头在合闸状态下的插入深度，即阳性触头与阴性触头根部中间的触头压紧铝板间的间隙，该间隙应为 8～38mm。由于 S2DA（2）（T）–245 型隔离开关导电臂长度不可调，导电臂水平和阴性、阳性触头在合闸状态下的插入深度不满足要求时，可通过在绝缘子下加垫片调整绝缘子垂直度来实现。

（2）使主刀闸合闸而接地刀闸分闸，注意检查机构的序列号与隔离开关上的相同，将电动机构和手动机构就位，然后将机构在分位将其输出轴与驱动座下面的传动轴连接。

（3）将各相主刀闸置于合位，连接三相传动连杆。保证主刀闸分、合闸角度为 90°±4°。如分合角度小于 90°，可以加大拐臂中心距，反之减小中心距。

（4）进行一次慢合操作，检查阳性触头与阴性触头啮合时应位于中央。

（5）检查阳性弧触头在合闸操作结束时位于阴性弧触头的两个绝缘板之间，而不与阴性弧触头接触。否则，松开阴性弧触头在导电臂上的紧固螺栓并沿刀臂滑动阴性弧触头支架直到达到所需条件。

（6）隔离开关三相联动时，三相合闸应满足同步要求，各相主刀闸合闸不同时接触误差不超过 20mm，如同期性不满足要求时，用改变水平连杆插入夹具的深度的方法保证三相同步。

（7）测量隔离开关主导电回路电阻值，电阻值标准见表 ZY1400903003-2。如果测量值超过规定，则需检查导电回路的各固定螺栓是否松动以及中间触头的接触情况，直至处理到满足要求。

表 ZY1400903003-2　　　　S2DA（2）（T）–245 型隔离开关主导电回路电阻值

额 定 电 流	主回路电阻不大于（μΩ）	额 定 电 流	主回路电阻不大于（μΩ）
2000	135	3150	54
2500	84		

（8）安装 S2DA（2）（T）–245 型隔离开关的接地刀闸动臂：将隔离开关手动操作至分闸位置，将动臂插入其支撑轴后固定，注意让夹具滑动到动臂管体下部的校准孔后再固定。

（9）将三相接地刀闸均置于合位，连接接地刀闸的水平连杆。

（10）确保动触头到达垂直位置时正好位于静触头中心，否则可松开接地刀闸基座的紧固螺栓，直到动触头位于中心，然后再重新拧紧螺栓。

（11）检查动触头尖端和静触头外罩下部之间保持 10～13mm 间隙，如果不能达到，由于在静触头底盘上有特殊的开槽，可以通过拧松螺栓，调节静触头上升或下降直到要求高度，然后再重新拧紧螺栓。

（12）在合闸位置检查接地刀闸的两级控制杆到达了停滞位置，如果未能达到，可以在拧松固定球形接头的螺母后调节连杆，沿着操作杆的轴线移动球形接头。

（13）检查接地刀闸处于分闸位置时是否水平，并与带电部位保持足够的安全距离，如有必要，通过调节制动螺栓来进行调节。

（14）调整隔离开关接地刀闸三相合闸同步性（合闸不同时接触误差不超过 20mm），如同时性不满足要求时，用调整水平连杆接头处带调整槽的盘片间加垫片的方法保证三相同步。

（15）检查主刀闸与接地刀闸的机械闭锁良好，不发生误动现象。

（16）操动机构带动辅助开关触头转动情况良好，在主刀闸或接地刀闸完全闭合或断开 80%断口距离时发出相应的合闸与分闸信号。

（17）防氧化、防锈蚀及油漆处理。

六、S2DA（2）（T）–245 型隔离开关检修后的验收标准

（1）隔离开关本体水平，支柱绝缘子安装垂直。

（2）所有螺栓紧固可靠。

（3）触头接触表面良好，无污垢和烧伤痕迹，接触表面涂有中性凡士林或导电硅脂。导流铜带无断股、折断现象。

（4）各转动部分无损伤、锈蚀、松动或脱落等不正常现象，转动灵活，无卡涩现象，且均已加注了合适的润滑油。

（5）隔离开关各部件无锈蚀，对锈蚀部分应进行铲锈、涂防锈漆和面漆。

（6）支柱绝缘子瓷质部分清洁，无裂纹、胶装接口处无缺陷、水泥浇铸连接情况良好，绝缘子的绝缘电阻满足要求。

（7）电气和机械闭锁情况满足要求。

（8）操动机构带动辅助开关触头转动情况良好，在主刀闸或接地刀闸完全闭合或断开80%断口距离时发出相应的合闸与分闸信号。

（9）调试报告的数据要符合表ZY1400903003-3中各项标准要求。

表 ZY1400903003-3　　S2DA（2）（T）–245 型隔离开关调试项目和标准值

项　　　　目		标　准　值	备　　注
底座水平误差		≤1%	
主刀闸三相合闸不同时接触误差		≤20mm	
各相接地刀闸合闸不同时接触误差		≤20 mm	
各相接地刀闸分闸角度误差		≤4°	
阴性、阳性触头在合闸状态下的插入深度（阳性触头与阴性触头根部中间的触头压紧铝板间的间隙）		8～38mm	
动触头尖端和静触头外罩下部之间间隙		10～13mm	
中间触头合闸时上下差		≤5mm	
主刀闸分闸时张开角度		90°±4°	
导电回路电阻不大于（μΩ）（20℃）	I_N=2000A	135	用 100A 回路电阻测试仪测试
	I_N=2500A	84	
	I_N=3150A	54	
接地刀闸与主刀闸机械连锁		连锁可靠	
操动机构二次回路绝缘电阻		≥2MΩ	2500V 绝缘电阻表

整体调试和试验后，拆除检修架，整理清扫工作现场，检查接地线。填写检修报告及有关记录，召开班会总结，整理技术文件资料，并存档保管。最后接受现场验收，办理工作票终结手续，检修人员全部撤离工作现场。

【思考与练习】

1. 简述 S2DA（2）（T）–245 型隔离开关本体、接地刀闸整体调试与试验步骤。

2. 在 S2DA（2）（T）–245 型隔离开关本体、接地刀闸整体调整与试验过程中，如果主导电回路电阻值超标应如何处理？

3. 在 S2DA（2）（T）–245 型隔离开关本体、接地刀闸整体调整与试验过程中，如果主刀闸分、合闸角度不满足要求应如何调整？

模块 4　进口隔离开关常见故障处理（ZY1400903004）

【模块描述】本模块介绍进口隔离开关的常见故障的处理。通过要点讲解，掌握进口隔离开关几种常见故障的类型、现象及处理方法。

【正文】

进口隔离开关的型号较多、结构较独特，在国内使用时间相对较短，对进口隔离开关常见故障的处理可以参考模块 ZY1400704001 的内容，本模块以 S2DA（2）（T）–245 型隔离开关为例，来介绍进口隔离开关常见故障的原因与处理方法。

一、S2DA（2）（T）–245 型隔离开关常见的故障现象

（1）隔离开关主刀闸分合不到位。

（2）中间主触头损坏。

（3）辅助开关不变位。

（4）支柱绝缘子异常放电。

二、S2DA（2）（T）–245 型隔离开关故障的原因和处理方法

1. 主刀闸分、合不到位可能产生的原因和处理方法

（1）传动系统的轴套、轴销、拐臂轴承座锈蚀、变形、磨损或部分螺栓未紧固。处理传动系统故障的方法：主刀闸传动系统由主刀闸操作拐臂及其轴套座、传动拉杆、接头、轴套、轴销等部分组成。处理传动系统故障时，手动慢合、慢分隔离开关，观察各部分转动是否灵活，检查各部分是否锈蚀、变形、磨损，检查润滑油是否流失。轴套内圈如有拉毛或毛刺现象应用砂纸打磨，并加二硫化钼锂润滑脂。对锈蚀变形、磨损严重的轴销、轴套、轴承座应进行更换。

（2）操动机构转动不到位。如电动操动机构转动不到位，可作以下处理：先检查电动操动机构的控制行程的辅助开关是否存在错位、变形等现象而提前关闭电动机电动回路。

（3）基座转动不到位。基座转动不到位处理时，检查基座轴、轴承、轴承座有无倾斜、卡阻、锈死、机械变形、现象，如有则需进行校正。需将支柱绝缘子轴承座孤立时先拆除支柱绝缘子轴承座与基座方管形钢体驱（从）动座及接地刀闸托架间的连接螺栓（M12×50）。拆下底盖螺栓（M12×30），拆下底盖及其密封垫。拆下上密封装置与轴承座刀臂旋转盘间的 6 个螺栓（M6×12）。用专用工具从下部向上敲出转轴（转轴与刀臂旋转盘为一体）。取出下层轴承。用木榔头将上层轴承从转轴上敲下。检修时对进水、进灰的上下轴承座应在去除油泥、水分等杂质后进行清洗，并检查滚柱是否磨损及锈蚀等情况，检查轴承有无卡涩等现象。将轴承清洗干净甩掉汽油，等轴承晾干后，注入AREVA 公司专用的润滑脂，条件不允许时可注入含二硫化钼锂润滑脂，注入的润滑脂应注满轴承内腔。按相反的顺序将以上部件复原。

（4）主刀闸变形。如主刀闸由于种种原因发生变形也会导致主刀闸分合不到位，特别是合闸不到位，此时可对变形的主刀闸进行整形或更换。

2. 中间主触头损坏故障可能产生的原因和处理方法

（1）负荷电流长时间超过隔离开关额定电流造成中间主触头过热损坏。如负荷电流长期过载，需校核隔离开关电流发热效应，必要时更换符合负荷电流要求规格的隔离开关。

（2）中间触头接触电阻过大导致中间主触头发热损坏。中间主触头接触电阻过大是造成中间触头发热损坏的常见原因，该类故障可作以下处理：

1）对触指及触头接触面进行处理：触头接触面在电流和电弧的热作用下，以及长期暴露在空气中会产生烧伤痕迹和氧化膜，导致中间主触头接触电阻过大。处理时应用细锉锉去凸出部分，用水砂皮放在平板锉下面进行细加工，使接触面平整和具有金属光泽，尽量不破坏或少损坏镀银层。对完好触头用汽油、百洁布或铜丝刷清洗接触面，并用白棉布在接触面表面抽擦，去除表面氧化膜及污垢，触指及触头表面镀银层应尽量保持光亮的镀银层。对烧伤或变形严重的触头应进行更换（必要时可用触头压力检测仪进行检测）。更换触头的步骤如前文所述。

2）触头与触指座在合闸状态下的间隙大小（阳性触头与阴性触头根部中间的触头压紧铝板间的间隙）不合适会导致触指压触头压力不够，进而造成中间触头接触电阻过大。该间隙应为 8～38mm。处理时可通过在绝缘子下加垫片调整绝缘子垂直度来实现。

3）触指机械变形也会导致触头压力不够，进而中间触头接触电阻过大。对机械变形的触头需进行调整，对无法修复的触头需进行更换。更换阴性触头时，先拆下均压帽与阴性触头间的 M6×40 螺栓，取下均压帽及隔片；再拆下阴性触头根部中间的触头压紧铝板（该铝板由 2 个 M10×90 螺栓固定于阴性导电臂上），然后拆下阴性触头与阴性导电臂上的 6 个 M8×20 螺栓，即可取下阴性触头；更换阳性触头时，先拆下阳性触头上下侧的均压帽及阳性弧触头（M6×20），再拆下阳性导电臂上的止口板（4 个 M4×10），然后拆下阳性触头与阳性导电臂上的 8 个 M12×40 螺栓，即可取下阳性触

头。复原时对触头与导电臂间的接触表面，由于电流将从此流过，必要时应进行处理，处理时先用三氯乙烯或氯乙烯去除接触表面上的任何油脂痕迹，用不锈钢钢丝刷或细砂纸除去氧化物，并立即用 CEMEX 防氧化剂进行涂抹，涂抹导电膏后尽快将两个表面进行连接。

4）阴性触头为弹簧施压的触头，触刀由 6 个弹簧自内部施压，使触刀由两侧向内压紧于中间的铝板上。当弹簧由于过热退火、锈蚀和变形，导致弹簧弹性不好时，会导致阴性触头压力不足进而导致中间主触头发热。弹簧过热退火的一个重要原因可能是弹簧内的绝缘座破损或失效，导致本不该有电流通过的弹簧导流而发热。此时需更换弹簧和绝缘座。更换阴性触头弹簧或弹簧内的绝缘座时，拆下阴性触头根部中间的触头压紧铝板，该铝板由 2 个 M10×90 螺栓固定于阴性导电臂上。将该铝板取出后两侧触刀自然松开，此时即可更换阴性触头弹簧或弹簧内的绝缘座。

（3）机械原因引起的损坏。机械原因引起的损坏的处理：合闸时触头、触指刚接触位置时的角度不正确会导致触指变形。检修时手动慢合、慢分隔离刀闸，检查触头、触指刚接触位置时的角度，进行调整时检查阴、阳性触头在合闸状态下插入深度。同时检查各相触头与触指在合闸状态下触头露出触指上下两端的距离应基本一致，必要时可调整支柱绝缘子上端的垫片。对无法修复的触头需进行更换。

（4）弧触头不起作用引起中间主触头损坏。当弧触头由于种种原因不起引弧作用时，将引起中间主触头损坏。处理时先修复或更换弧触头后再对中间主触头作出修复或更换处理。

3. 辅助开关不变位故障可能产生的原因与处理方法

（1）机构输出轴不能同步有效拨动辅助开关。处理方法：输出轴不能同步有效拨动辅助开关主要是因为机构输出轴下端拨动辅助开关的压紧弹簧松动或过紧，导致挡圈不能同步有效拨动辅助开关。处理时需调整或更换压紧弹簧。

（2）辅助开关损坏。如检查辅助开关与机构输出轴同步有效转动，但在辅助开关二次线根部测得辅助开关变位不正确，则辅助开关内部故障。对损坏辅助开关修复价值不大，一般应安排更换。更换时注意对拆下的二次线做好标记。复原后要做好二次回路的变位试验。

（3）二次回路的故障。二次回路的故障，会导致辅助开关机械变形而电气输出不变位，此时则需对二次回路进行检查。

4. 支柱绝缘子异常放电故障可能产生原因和处理方法

（1）支柱绝缘子瓷质部分不清洁。处理方法：此时应立即或尽快安排停电，处理时对瓷质部分污垢进行清除，保证支柱绝缘子清洁。注意不得损伤瓷质。

随着运行环境的改变，会出现支柱绝缘子的爬距不满足运行环境的污秽等级要求，从而引起支柱绝缘子异常放电的现象。通过测量支柱绝缘子盐密检查可以知道支柱绝缘子的爬距是否满足运行环境的污秽等级要求，如不满足需更换满足运行环境的污秽等级要求的大爬距支柱绝缘子。

（2）支柱绝缘子瓷质部分出现损伤。用超声波探伤仪检测支柱绝缘子瓷质部分是否出现裂纹而引起支柱绝缘子异常放电，如果是的话，应立即安排更换。

（3）支柱绝缘子与附件连接部分出现损伤。支柱绝缘子与附件的连接会因为瓷柱胶装质量不良造成基座进水，胶装接口处出现裂口等缺陷。对该类支柱绝缘子应立即安排停电更换。

【思考与练习】

1. S2DA（2）（T）–245 型隔离开关常见的故障现象有哪些？

2. S2DA（2）（T）–245 型隔离开关主刀闸分、合不到位的原因是什么？如何进行处理？

3. S2DA（2）（T）–245 型隔离开关支柱绝缘子异常放电故障的原因是什么？如何进行处理？

第三十四章　"五小器"的检修、故障处理及安装

模块 1　氧化锌避雷器的检修和常见故障处理（ZY1400904001）

【模块描述】本模块包含氧化锌避雷器检修的作业流程、工艺要求及常见故障处理。通过知识要点讲解、典型案例分析、操作技能训练，掌握氧化锌避雷器的基本结构、修前准备、危险点预控、作业步骤、工艺要求、质量标准及常见故障处理方法等操作技能。

【正文】

一、作业内容

（1）原氧化锌避雷器的拆除。

（2）新氧化锌避雷器的安装。

（3）氧化锌避雷器整体更换后的试验。

二、作业中危险点分析及控制措施

作业中的危险点分析及控制措施见表 ZY1400904001-1。

表 ZY1400904001-1　　　　　　　　作业中危险点分析控制措施

序号	危险点	控　制　措　施
1	人身触电	（1）接低压电源应有两人进行，一人监护，一人操作。 （2）检修电源必须带有漏电保护器，移动电具金属外壳必须可靠接地。 （3）搬运长物应放倒搬运。 （4）吊车、斗臂车进入现场应有专人监护、引导、按照制定路线行走，工作前应划定吊臂和重物的活动范围和回转方向，确保与带电体的安全距离。吊车、斗臂车外壳应可靠接地。 （5）避雷器引线拆接时应用牢靠的绳索系好拴牢，并与带电体保持安全距离，防止引流脱落摆动引起放电和人身触电。 （6）在强电场下工作，工作人员应加装临时接地线或使用保安地线
2	误入带电设备	（1）检修地点与相邻带电间隔必须用围栏明显隔离，并悬挂"止步，高压危险"标示牌，标示牌应面对检修设备。 （2）检修中断每次重新开始工作前，应认清工作地点，设备名称和编号，严禁无人监护单人工作
3	高空摔跌	（1）避雷器拆接引流应使用人字梯，梯子应绑牢，防滑；梯上有人，严禁攀爬避雷器磁套。 （2）登高时严禁手持任何工具，或利用梯子运送重物。 （3）梯子与地面的夹角应为 60°。 （4）正确使用安全带，禁止低挂高用。 （5）不准将安全带悬挂在避雷器支持绝缘子上或均压环上
4	零部件跌落打击	（1）零部件的上下传递应用绳子和工具袋传递，严禁抛掷。 （2）不准在构架上放置物体和工器具。 （3）吊运材料必须专人监护，上下呼唱，确认吊物下方人员全部撤离方可起吊。 （4）拆装避雷器必须用吊车或专用吊具系好、吊稳，且有专人指挥吊运。吊绳应有足够的承载力
5	机械伤害	使用切割机、焊机、磨光机、弯板机、冲孔机等机械应穿防护服，配灭火器、戴防护手套等

三、检修作业前的准备

1. 检修前技术资料的准备

（1）避雷器整体或元件更换。

1）总装图、基础图、安装使用说明书。

2）避雷器的安装地点及安装高度。

3）避雷器安装地点周围的电气设备分布状况、安装高度及在检修工作中是否带电。

（2）连接部位的检修。

1）缺陷记录。

2）连接部位的连接方式及受力状况，金属材料的名称及性能特性。

3）若为螺钉连接，螺孔的数量、内径、深度及螺纹参数。

4）引流线连接部位检修时，避雷器安装地点周围的电气设备分布状况、安装高度及在检修工作中是否带电。

（3）外绝缘的处理。

1）设备外表面污秽积聚物的特点。

2）如需作涂敷 RTV 涂料的工作，所用 RTV 涂料的使用说明书。

（4）放电动作计数器及在线监测装置的检修。

1）缺陷记录。

2）备品的安装图、安装使用说明书，连接材料及安装参数。

（5）绝缘基座的检修。

1）缺陷记录。

2）绝缘基座外表面污秽积聚物的特点。

3）备品的安装图、基础图、安装使用说明书。

（6）引流线及接地装置的检修

1）缺陷记录。

2）引流线的型号或接地装置的规格。

3）连接参数。

4）变电所地网图。

2. 检修方案的确定

检修前，检修部门应根据检修内容进行详细、全面的调查分析，编制作业指导书或拟定好检修方案。

3. 工器具、材料、试验仪器的准备

（1）检修工作开始前，检修部门应根据检修批准后的检修方案进行人员、工器具、材料、备品、备件的准备。

（2）工器具、材料、备件应按实际需要量进行准备并适当留有裕度。

4. 检修人员的准备

（1）检修人员应熟悉电力生产的基本过程及避雷器工作原理及结构，掌握避雷器的检修技能，并通过年度《国家电网公司电力安全工作规程》考试。

（2）检修人员必须具备电气一次设备的检修资质并熟悉检修方案。检修工作中至少应有一名检修人员具有担任工作负责人的资格并应有避雷器设备检修的工作经验。设备需要吊装时，起重工必须有资质证书并应具有相关的工作经验或经历。

5. 检修环境（场地）的要求

（1）应选择良好的检修场地周围应无可燃或爆炸性气体、液体，或引燃火种，否则应采取有效的防范措施和组织措施。

（2）必要时需做好防雨、防潮、防尘和消防措施，同时应注意与带电设备保持足够的安全距离，准备充足的施工电源，大型机具、拆卸组部件的放置地点和合理布置等。

四、检修作业前的检查和试验

（1）避雷器外部瓷套是否完整，检查瓷表面有无闪络，痕迹。必要时必须进行超声波探伤试验，如有破损和裂纹者以及超声探伤试验不合格则不能使用。

（2）检查密封是否良好，配电用避雷器顶盖和下部引线的密封若是脱落或龟裂，应将避雷器拆开干燥后再装好。高压用避雷器的若密封不良，应进行修理。

（3）检查引线有无松动、断线或断股现象。

（4）摇动避雷器检查有无响声，如有响声表明内部固定不好，应予以检修。

（5）对有放电计数器与磁钢计数器的避雷器，应检查外壳有无破损、计数器动作是否可靠，并记录下相应底数。

（6）避雷器各节的组合及导线与端子的连接，对避雷器不应产生附加应力。

（7）垂直安装的每个元件的中心轴线和安装点中心线垂直偏差不应大于该元件高度的 1.5%。

（8）均压环应水平安装，不应歪斜。

（9）氧化锌避雷器应在检修前测量其直流 1mA 电压和 75%直流 1mA 电压下的泄漏电流，测试数据满足规程要求。

五、氧化锌避雷器更换作业步骤及质量标准

由于目前各电力公司绝大多数检修单位不具备氧化锌避雷器现场的拆解、内部受潮元件、阀片的处理更换以及更换后的烘干密封等技术条件和手段，因此，目前氧化锌避雷器一经检查试验不合格，就予以更换，因此在这里仅介绍氧化锌避雷器的拆除和安装作业流程和工艺。

1. 原避雷器的拆除

（1）拆下避雷器引流线必须固定绑扎牢靠，并与周围带电体保持安全距离（使用人字梯或斗臂车，视现场情况而定），一人进行拆线，一人监护，两人扶梯，两人负责地面工作。人力的安排视现场实际情况确定。

（2）拆除均压环，放置在预定地点，如均压环较重，应使用吊具，严防发生坠落或伤人。

（3）拆除计数器，放置在预定地点。

（4）固定吊装工具，可使用拔杆或吊车，最好使用吊车，将绳套系好避雷器并用吊具轻微调紧。

（5）拆下底座和避雷器之间的紧固螺栓，用吊具将避雷器轻轻吊起并缓慢吊至事先规划好的地面位置上。起吊过程应设专人监护，呼应一致，吊臂下严禁有人工作或穿越，起吊时尽可能降低起吊高度，多节避雷器应从上至下逐节拆除。

（6）拆除避雷器基座并放置预定位置。

2. 新避雷器的安装

（1）避雷器安装前检查。

1）避雷器更换前应先检查备品包装是否受潮，对照包装清单检查备品附件是否缺少或损坏，检查避雷器的外观和铭牌是否缺少或损坏，压力释放板是否完好无损，铭牌与所需更换的避雷器是否一致。说明书、试验报告、合格证等出厂资料完整。

2）瓷件应无裂纹、破损、瓷套与铁法兰间黏合应牢固，法兰泄水孔也应通畅。

3）避雷器各节和计数器按照 DL/T 596—1996《电力设备预防性试验规程》要求经试验合格，底座应良好。

4）金属氧化物防爆片应完整无损，金属氧化物避雷器的安全装置应完整无损。

（2）安装新避雷器基座。按照避雷器使用安装说明书或总装图的要求安装好新避雷器基座如新基座和原基础不对应，根据现场实际情况可在原基础上按照新基座固定螺栓孔距重新打孔，或者按照新基座和旧基础固定螺栓孔距加工槽钢进行过渡，确保新避雷器安装合适到位。

（3）将避雷器吊至避雷器基座。用吊绳系好避雷器，用吊具将避雷器轻轻吊起并缓慢吊至避雷器基座上。注意事项同拆除旧避雷器，但安装时应从下到上逐节安装。

1）穿上紧固螺栓，并用扳手进行紧固。

2）安装计数器并确保计数器上下引线连接牢固。

3）安装均压环。仅适用于 220kV 及以上避雷器。

（4）连接上引流。如果原引流线夹连接螺栓孔距和新避雷器不一，可更换线夹并重新打孔确保引流连接牢固。

3. 避雷器整体更换后的试验

（1）无间隙金属氧化物避雷器整体更换后应进行的试验项目包括：绝缘电阻测量、运行电压下的

模块 1

ZY1400904001

全电流和阻性电流试验、直流参考电压试验、0.75 倍直流参考电压下的漏电流试验、复合外套外观及憎水性检查、放电计数器动作试验等。

（2）带串联间隙金属氧化物避雷器整体更换后应进行的试验项目包括：复合外套及支撑件外观及憎水性检查、直流 1mA 参考电压试验、0.75 倍直流 1mA 参考电压下漏电流试验、支撑件工频耐受电压试验、间隙距离检查、绝缘电阻测量等。

（3）避雷器放电计数器动作试验。

（4）避雷器绝缘基座绝缘电阻试验。

（5）避雷器接地装置接地连通情况检查。可以使用万用表电阻挡测量避雷器接地引下线与其他电气设备接地引下线间的电阻。也可采用其他有效检查接地连通情况的测试仪器进行测量。

4．质量标准

（1）避雷器组装时，其各节位置应符合产品出厂标志的编号。

（2）各连接处的金属接触面应除去氧化膜及油漆，并涂一层中性凡士林或复合脂。

（3）垂直安装，每个元件的中心轴线和安装点中心线垂直偏差不应大于该元件高度的 1.5%。如果歪斜，可在法兰间加金属片校正，并将其缝隙用腻子抹平后涂漆处理。均压环应水平安装，不应歪斜。

（4）放电记录器应密封良好，动作良好，将其串联接在接地引线的回路里。

（5）避雷器上端子应与被保护装置或线路的相线连接，可用铝导线和铝排，避雷器引线的连接不应使端子受到超过允许的外加应力。接地端子下端用不小于 $16mm^2$ 的裸铜线和接地引线可靠连接。垫圈、螺母、弹簧垫圈应使用与避雷器配套供应的紧固件。

（6）计数器安装前，检查它与所安装的避雷器是否相配套，额定电压、型号是否符合设计要求。检查外壳有无破损、计数器动作是否可靠，并记录下相应底数，用放电计数器测试仪模拟避雷器放电，证明其动作确实可靠后方可安装使用。安装时，应轻拿轻放，以免损坏玻璃罩，将计数器的进线端子与避雷器的接线端相连，本身的底座接地线可接在安装板上，接地螺栓连接紧密，并固定牢固；三相应面向一致，一般是面向巡视侧。

（7）如果对外绝缘涂敷 RTV 涂料，则应在外表面清扫干净后方可进行。涂敷工作不应在雨天、风沙天气及环境温度低于 0℃时进行。涂敷方法可参照 RTV 涂料使用说明书。涂敷工作完成后，在涂层表干前（一般为涂料涂敷后 15min 内）不可践踏、触摸，也不可送电。

（8）所有试验项目合格。

六、收尾、验收

全部工作完毕后，应进行现场清理，并由工作负责人进行预验收，无问题后按照本单位有关规定申请正式验收，验收合格并经相关人员签字确认后，全部检修人员撤离工作现场并结束工作票。最后在规定的时间内向上级部门或运行单位提交检修安装的相关资料。

七、氧化锌避雷器常见故障处理

1．氧化锌避雷器常见故障类型及其危害

氧化锌避雷器常见故障类型主要有受潮、参数选择不当、结构设计不合理、操作不当、老化。这些故障轻则会造成避雷器绝缘下降、老化加快，重则会引起避雷器在运行电压下或过电压下爆炸损坏而危及系统安全运行。

2．氧化锌避雷器常见故障原因

（1）避雷器密封不良或漏气，使潮气或水分侵入。主要原因有：

1）金属氧化物避雷器的密封胶圈永久性压缩变形的指标达不到设计要求，装入金属氧化物避雷器后，易造成密封失效，使潮气或水分侵入。

2）金属氧化物避雷器的两端盖板加工粗糙、有毛刺，将防爆板刺破导致潮气或水分侵入。有的金属氧化物避雷器的端盖板采用铸铁件，但铸造质量极差、砂眼多，加工时密封槽因此而出现缺口，使密封胶圈装上后不起作用。潮气或水分由缺口侵入。

3）组装时漏装密封胶圈或将干燥剂袋压在密封圈上，或是密封胶圈位移，或是没有将充氮气的孔封死等。

4）装氮气的钢瓶未经干燥处理，就灌入干燥的氮气，致使氮气受潮，在充氮时将潮气带入避雷器中。

5）瓷套质量低劣，在运输过程中受损，出现不易观察的贯穿性裂纹，致使潮气侵入。

6）总装车间环境不良，或是经长途运输后，未经干燥处理而附着有潮气的阀片和绝缘件装入瓷套内，使潮气被封在瓷套内。

上述两种途径受潮所产生的结果是相同的。从事故后避雷器残骸可以看出，阀片没有通流痕迹，阀片两端喷铝面没有发现大电流通过后的放电斑痕。而在瓷套内壁或阀片侧面却有明显的闪络痕迹，在金属附件上有锈斑或锌白，这就是金属氧化物避雷器受潮的证明。

（2）参数选择不当原因。近年来在 3～66kV 中性点不接地或经消弧线圈接地系统中的金属氧化物避雷器，在单相接地或谐振过电压下动作损坏较多。分析认为造成金属氧化物避雷器动作时损坏的主要原因是对其额定电压和持续运行电压的取值偏低。

金属氧化物避雷器的额定电压是表明其运行特性的一个重要参数，也是一种耐受工频电压的能力指标。在 GB 11032—2000《交流无间隙金属氧化物避雷器》中对它的定义为"施加到避雷器端子间最大允许的工频电压有效值"。众所周知，金属氧化物避雷器的阀片耐受工频电压的能力是与作用电压的持续时间密切相关的。在定义中未给出作用电压的持续时间，所以不够严密，并且取值也偏低。

持续运行电压也是金属氧化物避雷器的重要特性参数，该参数的选择对金属氧化物避雷器的运行可靠性有很大的影响。GB 11032—2000 对持续电压的定义为"在运行中允许持久地施加在避雷器端子上的工频电压有效值"。它应覆盖电力系统运行中可能持续地施加在金属氧化物避雷器上的工频电压最高值。但是，在 GB 11032—2000 中，把持续运行电压等同于系统最高运行相电压，显然是偏低的。

（3）结构设计不合理原因。

1）有些避雷器厂家片面追求体积小、重量轻，造成瓷套的干闪、湿闪电压太低。

2）固定阀片的支架绝缘性能不良，有的甚至用青壳纸卷阀片，复合绝缘的耐压强度难以满足要求。

3）阀片方波通流容量较小，使用在某些场合不配合。

（4）操作不当原因。运行部门操作不当也是造成金属氧化物避雷器损坏或爆炸的一个原因。操作人员误操作，将中性点接地系统变为局部不接地系统，致使施加到某台金属氧化物避雷器两端的电压大大超过其持续运行电压。例某地区有两个变电所发生的两起事故就属于操作不当引起的。当时在变压器与系统分开、中性点不接地的情况下，没有合中性点接地刀闸就进行系统操作，导致金属氧化物避雷器损坏。

（5）老化问题原因。运行统计表明，国产金属氧化物避雷器由于老化引起的损坏极少，而进口金属氧化物避雷器，爆炸的主要原因是阀片的质量差。其质量差主要是老化特性不好，有本公司的产品存在问题；其次是阀片的均一性差，使电位分布不均匀，运行一段时间后，部分阀片首先劣化，造成避雷器参考电压下降，阻性电流和功率损耗增加，由于电网电压不变，则金属氧化物避雷器内其余正常的阀片因荷电率（荷电率为金属氧化物避雷器最大运行相电压的峰值与其直流参考电压或工频参考电压峰值之比）增高，负担加重，导致老化速度加快，形成恶性循环，最终导致该金属氧化物避雷器发生热崩溃。

3．氧化锌避雷器故障预防措施

（1）提高产品质量、高度重视金属氧化物避雷器的结构设计、密封、总装环境等决定质量的因素。

（2）正确选择金属氧化物避雷器，这是保证其可靠运行的重要因素。对金属氧化物避雷器的选择和应用曾有不少争议，现虽有了 GB 11032—2000，但有的问题并没有完全统一和解决。为保证运行在中性点不接地系统中的金属氧化物避雷器不击穿、不爆炸，在 GB 11032—2000 中采用了提高工频电压耐受时间和直流 1mA 电压的方法，但其他参数如 U_R、U_C 还有待于提高，使用条件还有待于完善。

（3）加强监测，及时检出金属氧化物避雷器的缺陷。加强监测是保证金属氧化物避雷器安全、可靠运行的重要措施之一。根据规程规定，新投入运行的 110kV 及以上者，投运 3 个月后测量 1 次运行电压下的交流泄漏电流，以后每半年 1 次；运行 1 年后，每年雷雨季节前 1 次。

八、氧化锌避雷器故障处理案例

某变电站 220kV 1 号主变压器间隔设备检修完毕投运时，变压器保护动作，经检查高压侧 U 相避雷器下端压力释放防爆膜胀开，判断为避雷器在合空载变压器产生的过电压下发生故障损坏，是造成本次变压器投运不成功的主要原因。

1. 原因分析

故障避雷器运行记录表明自运行以来均没有动作过，在本次主变压器操作过程中也没有动作，可以排除避雷器运行以来吸收冲击大电流或工频大电流累积作用的影响。此外避雷器全电流在线检测数据及避雷器预防性试验数据正常，说明避雷器故障前没有明显异常。

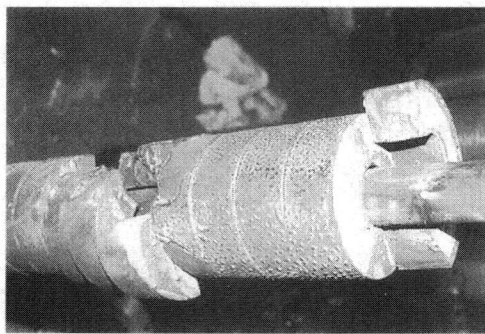
图 ZY1400904001-1　避雷器解体阀片损坏情况

从解体情况看，避雷器各密封位无明显异常，因此避雷器密封不良受潮导致本次故障的可能性不大。

如图 ZY1400904001-1 所示，从阀片损坏情况看，阀片绝大部分被电流击穿、开裂，开裂阀片的开裂面大部分有明显工频电流击穿和流通痕迹，只有少数阀片外观结构基本完好，但检查阀片上下端面发现部分阀片内部有裂纹或存在电流击穿点。可见避雷器故障放电不是阀片沿面闪络造成的，而是因阀片老化损坏内部击穿放电造成的。这进一步排除了避雷器受潮导致故障的可能性。因此避雷器因部分阀片老化本身存在缺陷导致避雷器不能承受正常合空载变压器操作而产生的暂态电压而发生热崩溃是避雷器故障放电的根本原因！

从解体后各结构部件绝缘电阻测试结果看，绝缘杆表面遭受电弧作用后绝缘状态良好，绝缘筒内外表面遭受电弧和烟熏后绝缘尚可，可排除绝缘杆首先内部绝缘击穿或沿面闪络导致避雷器损坏的可能性，也可排除绝缘筒首先损坏的可能性。而阀片绝缘电阻测试为零值，更证明了阀片经受内部电流击穿或外部绝缘层电弧破坏导致避雷器完全损坏。从上述分析可知避雷器损坏的原因是由于避雷器部分阀片老化，避雷器本身存在缺陷，在合空载变压器操作中不能承受或吸收正常暂态能量而出现热崩溃最终导致避雷器阀片击穿损坏。

2. 处理方法

对避雷器进行整组更换。

3. 防范措施

（1）订货时高度重视金属氧化物避雷器的内在品质，综合考虑结构设计、密封、总装环境等决定质量的因素，优先选用信得过、经得起运行考验的厂家的优质产品。

（2）合理选型。一是避雷器应有必要的保护水平；二是避雷器应有足够的使用寿命。对于能够满足绝缘配合要求的，尽量选择较高的额定电压以延缓避雷器的老化过程，提高其工作可靠性。这是保证其可靠运行的重要因素。

（3）加强监测，积极开展红外测温、避雷器运行电压下阻性电流和有功损耗的在线监测，及时检出金属氧化物避雷器的缺陷，是保证金属氧化物避雷器安全、可靠运行的重要措施之一。

【思考与练习】

1. 氧化锌避雷器检修作业前的检查和试验项目有哪些？
2. 简述新氧化锌避雷器安装步骤。
3. 氧化锌避雷器整体更换后的试验项目有哪些？
4. 氧化锌避雷器常见故障类型有哪些？
5. 如何采取措施来预防氧化锌避雷器发生故障？

模块 2　耦合电容器的检修和常见故障处理 (ZY1400904002)

【模块描述】本模块包含耦合电容器检修的作业流程、工艺要求及常见故障处理。通过知识要点讲解、典型案例分析、操作技能训练,掌握耦合电容器的基本结构、修前准备、危险点预控、作业步骤、工艺要求、质量标准及常见故障处理方法等操作技能。

【正文】

一、作业内容

(1) 原耦合电容器的拆除。

(2) 新耦合电容器的安装。

二、作业中危险点分析及控制措施

作业中危险点分析及控制措施见表 ZY1400904002-1。

表 ZY1400904002-1　　　　　　　　作业中危险点分析及控制措施

序号	危 险 点	控 制 措 施
1	人身触电	(1) 接低压电源应有两人进行,一人监护,一人操作。 (2) 检修电源必须带有漏电保护器,移动电具金属外壳必须可靠接地。 (3) 搬运长物应放倒搬运。 (4) 吊车、斗臂车进入现场应有专人监护、引导、按照指定路线行走,工作前应划定吊臂和重物的活动范围和回转方向,确保与带电体的安全距离。吊车、斗臂车外壳应可靠接地。 (5) 耦合电容器引线拆接时应用牢靠的绳索系好拴牢,并与带电体保持安全距离且可靠接地,防止引流脱落摆动引起放电和人身触电。 (6) 在强电场下工作,工作人员应加装临时接地线或使用保安地线
2	误入带电设备	(1) 检修地点与相邻带电间隔必须用围栏明显隔离,并悬挂"止步,高压危险"标示牌,标示牌应面对检修设备。 (2) 检修中断每次重新开始工作前,应认清工作地点,设备名称和编号,严禁无人监护单人工作。
3	高空摔跌	(1) 耦合电容器拆接引流应使用人字梯,梯子应绑牢,防滑;梯上有人,严禁攀爬耦合电容器磁套。 (2) 登高时严禁手持任何工具,或利用梯子运送重物。 (3) 梯子与地面的夹角应为 60°。 (4) 正确使用安全带,禁止低挂高用。 (5) 不准将安全带悬挂在耦合电容器支持绝缘子上或均压环上
4	零部件跌落打击	(1) 零部件的上下传递应用绳子和工具袋传递,严禁抛掷。 (2) 不准在构架上放置物体和工器具。 (3) 吊运材料必须专人监护,上下呼唱,确认吊物下方人员全部撤离方可起吊。 (4) 拆装耦合电容器必须用吊车或专用吊具系好、吊稳,且有专人指吊运。吊绳应有足够的承载力
5	机械伤害	使用切割机、焊机、磨光机、弯板机、冲孔机等机械应穿防护服,配灭火器、戴防护手套等

三、检修作业前的准备

1. 检修前技术资料的准备

(1) 电容器整体或元件更换。

1) 总装图、基础图、安装使用说明书,出厂试验报告。

2) 电容器的安装地点及安装高度。

3) 电容器安装地点周围的电气设备分布状况、安装高度及在检修工作中是否带电。

(2) 连接部位的检修。

1) 缺陷记录。

2) 连接部位的连接方式及受力状况,金属材料的名称及性能特性。

3) 若为螺钉连接,螺孔的数量、内径、深度及螺纹参数。

4) 引流线连接部位检修时,电容器安装地点周围的电气设备分布状况、安装高度及在检修工作中是否带电。

(3) 外绝缘的处理。

1）设备外表面污秽积聚物的特点。

2）如需作涂敷 RTV 涂料的工作，所用 RTV 涂料的使用说明书。

（4）引流线及接地装置的检修。

1）缺陷记录。

2）引流线的型号或接地装置的规格。

3）连接参数。

4）变电所地网图。

2．检修方案的确定

检修前，检修部门应根据检修内容进行详细、全面的调查分析，编制作业指导书或拟订检修方案。

3．工器具、材料、试验仪器的准备

（1）检修工作开始前，检修部门应根据检修批准后的检修方案进行人员、工器具、材料、备品、备件的准备。

（2）工器具、材料、备件应按实际需要量进行准备并适当留有裕度。

4．检修人员的准备

（1）检修人员应熟悉电力生产的基本过程及耦合电容器工作原理及结构，掌握耦合电容器的检修技能，并通过年度《国家电网公司电力安全工作规程》考试。

（2）检修人员必须具备电气一次设备的检修资质并熟悉检修方案。检修工作中至少应有一名检修人员具有担任工作负责人的资格并应有耦合电容器设备检修的工作经验。设备需要吊装时，起重工必须有资质证书并应具有相关的工作经验或经历。

5．检修环境（场地）的要求

（1）应选择良好的检修场地周围应无可燃或爆炸性气体、液体或引燃火种，否则应采取有效的防范措施和组织措施。

（2）应选择良好天气进行，必要时需做好防雨、防潮、防尘和消防措施，同时应注意与带电设备保持足够的安全距离，准备充足的施工电源，大型机具、拆卸组部件的放置地点和合理布置等。

四、检修作业前的检查和试验

（1）耦合电容器外部瓷套是否完整，检查瓷表面有无闪络，痕迹。必要时必须进行超声波探伤试验，如有破损和裂纹者以及超声探伤试验不合格则应立即更换。

（2）检查密封是否良好，是否存在渗漏油，若密封不良，应进行修理。

（3）检查引线有无松动、断线或断股现象。

（4）检查末屏是否接地良好或有放电痕迹。

（5）耦合电容器各节的组合及导线与端子的连接，对耦合电容器不应产生附加应力。

（6）垂直安装的每个元件的中心轴线和安装点中心线垂直偏差不应大于该元件高度的 1.5%。

（7）耦合电容器应在检修前测量其绝缘电阻、电容量、介质损耗，测试数据满足规程要求。

五、耦合电容器的更换作业步骤及质量标准

由于目前各电力公司绝大多数检修单位不具备耦合电容器现场的拆解、内部受潮元件、阀片的处理更换以及更换后的烘干密封等技术条件和手段，因此，目前耦合电容器一经检查试验不合格，就予以更换，因此在这里仅介绍耦合电容器的拆除和安装工作流程和工艺。

1．原耦合电容器的拆除

（1）拆下耦合电容器引流线并固定绑扎牢靠（使用人字梯或斗臂车，视现场情况而定），一人进行拆线，一人监护，两人扶梯，两人负责地面工作。人力的安排视现场实际确定。

（2）固定吊装工具，可使用拔杆或吊车，但最好用吊车，将绳套系好耦合电容器并用吊具轻微调紧。

（3）拆下底座和耦合电容器之间的紧固螺栓以及与滤波器引线，用吊具将耦合电容器轻轻吊起并缓慢吊至事先规划好的地面位置上。起吊过程应设专人监护，呼应一致，吊臂下严禁有人工作或穿越，起吊时尽可能降低起吊高度，多节耦合电容器应从上至下逐节拆除。

2. 新耦合电容器的安装

（1）耦合电容器安装前检查及标准。

1）说明书、试验报告、合格证等出厂资料完整。

2）瓷件应无裂纹、破损并经超声探伤试验合格，瓷套与铁法兰间黏合应牢固。

3）耦合电容器各节经试验合格。

（2）检查核实耦合电容器基座安装尺寸和原基础是否合适并采取合理措施，保证新耦合电容器能在原基础上安装合适到位。耦合电容器基座一般经过槽钢坐落在构架上。一般情况下，新耦合电容器基座的安装尺寸和原构架是不对应的，此时可根据现场实际情况一是在原构架槽钢上按照新基座固定螺栓孔距重新打孔，如果差距较大也可按照新基座和原构架固定螺栓孔距加工槽钢进行过渡，确保新耦合电容器能在原基础上安装合适到位。

（3）用吊绳系好耦合电容器，用吊具将耦合电容器轻轻吊起并缓慢吊至耦合电容器基座上。注意事项同拆除旧耦合电容器，但多节耦合电容器安装时应从下到上逐节安装。

（4）穿上紧固螺栓，并用扳手进行紧固。

（5）接上引流及末屏和滤波器引线。

（6）进行耦合电容器本体清洁。

3. 质量标准

（1）各连接处的金属接触面应除去氧化膜及油漆，并涂一层中性凡士林或复合脂。

（2）垂直安装，每个元件的中心轴线和安装点中心线垂直偏差不应大于该元件高度的 1.5%。如果歪斜，可在法兰间加金属片校正，并将其缝隙用腻子抹平后涂漆处理。均压环应水平安装，不应歪斜。

（3）垫圈、螺母、弹簧垫圈应使用与耦合电容器配套供应的紧固件。

（4）本体、末屏绝缘电阻、各节电容量附和试验规程要求。

六、收尾、验收

全部工作完毕后，应进行现场清理，并由工作负责人进行预验收，无问题后按照本单位有关规定申请正式验收，验收合格并经相关人员签字确认后，全部检修人员撤离工作现场并结束工作票。最后在规定的时间内向上级部门或运行单位提交检修安装的相关资料。

七、耦合电容器常见故障处理

1. 耦合电容器的常见故障类型及其危害

耦合电容器常见故障类型主要有电容芯受潮、密封不良、结构设计不合理、内部元件制造缺陷、绝缘浸渍剂成分不当等。这些故障轻则会造成耦合电容器绝缘下降、渗漏严重、内部放电、电容击穿短路、重则会引起耦合电容器在运行电压下爆炸损坏而危机系统安全运行。

2. 耦合电容器常见故障原因

（1）电容芯子受潮。有的厂家对电容芯子烘干不好，残留较多的水分，有的厂家元件卷制后没有及时转入压装车门压装，造成元件在空气中滞留时间太长，使电容芯子受潮，形成隐患。

（2）密封不良。主要是橡胶密封垫质量不佳，它的油泡溶胀率达不到要求；其次是密封性检查不严；另外是在装配时螺栓紧得不当或经长途运输而松动，从而使密封失效，导致渗漏油，影响绝缘性能。

（3）结构设计不合理。有的出厂成品不能保证在运行温度下恒正压，有的不装或少装扩张器；有的在常压下注油，因而会出现负压，容易受潮。

（4）夹板在制造和加工时有缺陷。现场解剖发现，采用环氧玻璃丝板或酚醛布板作为底衬热压成型时，浸渍性差、黏结力差，容易形成气隙，或在割制加工中严重受潮，这些原因都可能使夹板在运行电压下发生局部放电，从而降低夹板的绝缘性能。夹板缺陷是耦合电容器事故的一个很重要原因。

（5）现用的电容器油所含芳香烃成分偏少。电容器油在高电场作用下发生局部放电时，由于离子撞击作用使油分解而析出气体（主要是氢气），同时生成固体蜡状物（X 蜡）。而芳香烃是环状结构的

模块 2

ZY1400904002

不饱和烃，它可与电容器油中析出的氢气结合，防止气体析出。但由于油中含芳香烃较少，致使气体吸收不掉，这就加剧了局部放电，逐渐使介质老化，以致破坏。

（6）元件开焊。耦合电容器由 100 个左右的元件串联组成，焊头很多、如果有虚焊或脱焊现象时，在运行电压作用下会打火，使油质劣化、介质被腐蚀，造成事故。

另外，在运输过程中，若将设备卧倒放置时，往往容易发生元件错位，这也就有可能造成类似开焊的缺陷。

（7）设备引线有放电现象。早期产品引线未包绝缘，可能与处于悬浮电位的扩张器放电。应当指出，DL/T 596—1996《电气设备预防性试验规程》规定的试验项目对检出耦合电容器缺陷的效果是不够理想的。这是因为：

1）正常测量绝缘电阻对检出绝缘缺陷或开焊的效果不好。对于电容元件间的开焊或未焊，一般认为可用绝缘电阻表在测试过程中是否有充电过程或放电时是否有放电声作出判断，但由于耦合电容器有 100 个左右的元件串联组成，元件间的连接片间隙很小，绝缘电阻表的电压又高，因此，在充放电过程中均因间隙发生稳定火花放电而难以反映出来。

对于电容元件受潮或局部缺陷，只有在串联回路中有部分完好的元件，也很难发现。如某台耦合电容器已严重受潮，其绝缘电阻尚有 750MΩ。

2）测量电容值对检出受潮和缺油的可能性不大。据报道，对发生事故的耦合电容器，其电容量的变化均在合格的范围内；两个别元件击穿所占元件总数的比例也很小。所以在实践中，用电容值的偏差不超过（+10%～−5%）标称值的标准来检出受潮和缺陷的可能性不大。另外，测量结果的准确性还受多种因素的影响，例如：标准电容器受潮；外界强烈的电场干扰；电桥的接线方式；电桥的精度等，这些都影响检出效果。

3）测量介质损耗因数也难于检出绝缘缺陷。由于耦合电容器是由 100 个左右的电容元件串联而成，测量整体的介质损耗因数不能反映个别元件介质损耗因数的变化。

3. 耦合电容器常见故障的预防措施

（1）提高产品质量，消除先天性缺陷。

（2）应按规定的周期进行渗漏油检查，发现渗漏油时停止使用。

（3）应按规定的周期测量电容值、tanδ、相间绝缘电阻、低压端对地绝缘电阻。测量结果应符合 DL/T 596—1996 要求。

（4）积极开展新的测试项目，如带电测量电容电流、局部放电、交流耐压试验和色谱分析等。色谱数据分析，应以特征气体含量分析为主，其注意值可参考互感器和套管的注意值。

（5）对新装的耦合电容器应选用"在运行温度下始终保持正压力"的产品。

（6）建议制造厂在电容器上加装油位指示器、压力释放装置，对扩张器、销子作等电位连接。出厂试验增加"局部放电测量"数据。

八、耦合电容器故障处理案例

某供电局一台 OY110/$\sqrt{3}$–0.006 6，出厂试验 $C = 0.006\ 48\mu F$，$tan\delta = 0.18\%$，在正常停电试验时发现耦合电容器底部大量渗油，测试 $C = 6342pF$，$tan\delta = 8.5\%$，从试验结果和外观检查认为：电容器底部密封不严导致漏油、内部受潮或有放电性故障。

1. 案例分析

（1）解体检查：油全部漏光，内部下底盘上面有水锈痕迹；上端引线已经大部分断裂；最上边三个电容元件边缘有烧损现象。

（2）原因分析。耦合电容器系全密封产品，这种产品的结构是既无放油阀，又无油位指示器，完全是靠上、下法兰间的橡皮垫圈密封，随着时间的推移，由于材料或工艺上的原因，有可能出现密封不良。从理论分析可知，当耦合电容器油全部漏光后，其间介质则由油变为空气，因此其电容量应有所下降。从试验数据也证明这一结论。但由于油量对耦合电容器总体电容量影响甚微，所以往往在试验中已被测量电容器的误差所掩盖，而无法分析出内部是否无油或缺油。

由此可见，耦合电容器的密封破坏是一个值得重视的问题。密封破坏后，内部油会部分或全部流失，芯子容易进水受潮，尽管耦合电容器的设计场强远较一般并联电容器低，留有很大裕度，但其运行多在 110kV 及以上高压系统，当系统内出现过电压，也十分易于引起这类设备运行中的爆炸事故。

2. 解决措施

进行更换。

3. 防范措施

（1）运行中的耦合电容器应注意检查有无渗漏油，对有渗漏油的设备应退出运行，进行处理，必要时进行更换。

（2）加强技术监督。

1）红外热像可发现设备缺油、整体受潮、介损增大故障，应在运行中加强红外测温工作。

2）按规定的周期测量电容值、tanδ、相间绝缘电阻、低压端对地绝缘电阻。测量结果应符合 DL/T 596—1996《电气设备预防性试验规程》要求。

3）积极开展新的测试项目，如带电测量电容电流、局部放电、交流耐压试验和色谱分析等。色谱数据分析，应以特征气体含量分析为主，其注意值可参考互感器和套管的注意值。

【思考与练习】

1. 耦合电容器检修作业前的检查和试验项目是什么？

2. 简述耦合电容器的安装步骤。

3. 耦合电容器常见故障类型有哪些？

4. 预防耦合电容器发生故障所采取的措施有哪些？

模块 3 电力电容器的检修和常见故障处理（ZY1400904003）

【模块描述】本模块包含电力电容器检修的作业流程、工艺要求及常见故障处理。通过知识要点讲解、典型案例分析、操作技能训练，掌握电力电容器的基本结构、修前准备、危险点预控、作业步骤、工艺要求、质量标准及常见故障处理方法等操作技能。

【正文】

一、作业内容

（1）分散式电容器的检修。

（2）集合式电容器的检修。

二、作业中危险点分析及控制措施

作业中危险点分析及控制措施见表 ZY1400904003-1。

表 ZY1400904003-1　　　　　作业中危险点分析及控制措施

序号	危 险 点	控 制 措 施
1	人身触电	（1）接低压电源应有两人进行，一人监护，一人操作。 （2）检修电源必须带有漏电保护器，移动电具金属外壳必须可靠接地。 （3）搬运长物应放倒搬运。 （4）吊车、斗臂车进入现场应有专人监护、引导、按照指定路线行走，工作前应划定吊臂和重物的活动范围和回转方向，确保与带电体的安全距离。吊车、斗臂车外壳应可靠接地。 （5）对电容器检查前必须将电容器两相可靠接地或充分放电，对分散式电容器应逐个放电，避免电容器存留电荷伤人
2	误入带电设备	（1）检修地点与相邻带电间隔必须用围栏明显隔离，并悬挂"止步，高压危险"标示牌，标示牌应面对检修设备。 （2）检修中断每次重新开始工作前，应认清工作地点，设备名称和编号，严禁无人监护单人工作
3	高空摔跌	（1）使用梯子应绑牢，防滑；梯上有人。 （2）登高时严禁手持任何工具，或利用梯子送重物。 （3）梯子与地面的夹角应为60°。 （4）正确使用安全带，禁止低挂高用

续表

序号	危　险　点	控　制　措　施
4	零部件跌落打击	（1）零部件的上下传递应用绳子和工具袋传递，严禁抛掷。 （2）不准在构架或引流母排上放置物体和工器具。 （3）吊运材料必须专人监护，上下呼唱，确认吊物下方人员全部撤离方可起吊。 （4）拆装电容器必须用吊车或专用吊具系好、吊稳，且有专人指挥吊运，吊绳应有足够的承载力
5	机械伤害	使用切割机、焊机、磨光机、弯板机、冲孔机等机械应穿防护服，配灭火器、戴防护手套等

三、检修作业前的准备

1. 检修前技术资料的准备

（1）电容器整体或元件更换。

1）总装图、基础图、安装使用说明书，出厂试验报告。

2）电容器的安装地点及安装高度。

3）电容器安装地点周围的电气设备分布状况、安装高度及在检修工作中是否带电。

（2）连接部位的检修。

1）缺陷记录。

2）连接部位的连接方式及受力状况，金属材料的名称及性能特性。

3）若为螺钉连接，螺孔的数量、内径、深度及螺纹参数。

4）引流线连接部位检修时，电容器安装地点周围的电气设备分布状况、安装高度及在检修工作中是否带电。

（3）外绝缘的处理。

1）设备外表面污秽积聚物的特点。

2）如需作涂敷 RTV 涂料的工作，所用 RTV 涂料的使用说明书。

（4）引流线及接地装置的检修。

1）缺陷记录。

2）引流线的型号或接地装置的规格。

3）连接参数。

4）变电站地网图。

（5）绝缘油的补充或更换。

1）缺陷记录。

2）油化验报告。

2. 检修方案的确定

检修前，检修部门应根据检修内容进行详细、全面的调查分析，编制作业指导书或拟订检修方案。

3. 工器具、材料、试验仪器的准备

（1）检修工作开始前，检修部门应根据检修批准后的检修方案进行人员、工器具、材料、备品、备件的准备。

（2）工器具、材料、备件应按实际需要量进行准备并适当留有裕度。

4. 检修人员的准备

（1）检修人员应熟悉电力生产的基本过程及电容器工作原理及结构，掌握电容器的检修技能，并通过年度《国家电网公司电力安全工作规程》考试。

（2）检修人员必须具备电气一次设备的检修资质并熟悉检修方案。检修工作中至少应有一名检修人员具有担任工作负责人的资格并应有电容器设备检修的工作经验。设备需要吊装时，起重工必须有资质证书并应具有相关的工作经验或经历。

5. 检修环境（场地）的要求

（1）检修场地可以设置在设备运行现场、也可设置在检修间内进行，具体应视检修项目及其实施的可行性来确定，同时应根据场所的具体情况做好防火、防雨、防潮、防尘、防摔落、防触电等措施。储油容器、大型机具、拆卸组部件和消防器材应合理布置。

（2）应选择良好的检修场地周围应无可燃或爆炸性气体、液体，或引燃火种，否则应采取有效的防范措施和组织措施。

（3）应选择良好天气进行，必要时需做好防雨、防潮、防尘和消防措施。

四、检修作业前的检查和试验

（1）电力电容器外部瓷套是否完整，检查瓷表面有无闪络，痕迹。如有破损和裂纹者不合格则应立即更换。

（2）检查密封是否良好，是否存在渗漏油，膨胀、鼓肚现象，若密封不良，应进行修理。

（3）检查引线有无松动、断线或断股现象。

（4）电容器组的接线正确，电压应与电网额定电压相符合。

（5）电力电容器各节的组合及导线与端子的连接，对电力电容器不应产生附加应力。

（6）新装电容器组投入运行前按其交接试验项目试验，应符合 GB 50150—2006《电气装置安装工程　电气设备交接试验标准》。

（7）电容器组三相间容量应平衡，其误差不应超过一相总容量的 5%。

（8）各接点应该接触良好，外壳及构架接地的电容器组与接地网连接应牢固可靠。

（9）放电电阻的阻值和容量应符合规程要求，并经试验合格。

（10）与电容器组连接的电缆、断路器、熔断器等电气元件应完好并经试验合格。

（11）检查电容组安装处，通风设施是否合乎规程要求。

（12）集合式电容器还应进行油化验，测试数据满足规程要求。

五、电力电容器的检修作业步骤及质量标准

1. 分散式电容器的检修

（1）电容器逐个放电。

（2）检查各个电容器，箱壳上面的漏油，可用锡铅焊料修补。

（3）套管焊缝处漏油，可用锡铅焊料修补，但应注意烙铁不能过热，以免银层脱焊。

（4）更换损坏的熔断器。

（5）电容器发生对地绝缘击穿，电容器的损失角正切值增大，箱壳膨胀及开路等故障，需要在有专用修理电容器设备的工厂中才能进行修理或更换。

（6）分散式电容器单个电容器损坏，如电容量超标、渗漏严重、鼓肚、膨胀、绝缘下降时必须更换。

（7）检查引线是否连接牢靠，平整，有发热时进行处理。

（8）检修完毕后试验。

2. 集合式电容器的检修

（1）坚固化电容器。将箱盖与箱壳的橡皮密封改为电焊焊封，在应有的寿命内，一次用完为止，中间不考虑大修。内部故障必须返厂检修。

（2）非坚固化带有油枕和呼吸器的集合式电容器。存在下列缺陷的，可在现场处理：

1）箱体有砂眼，密封不良渗漏油等缺陷，可采取补焊，更换密封垫处理。

2）绝缘冷却油每年取油样进行试验，其击穿电压应不低于 35kV/2.5mm，达不到耐压要求的，可用滤油机进行循环过滤处理，或用合格的变压器油更换。

3）套管开裂损坏的，可更换同类型的套管。

（3）对于箱体内电容单元损坏造成电容量超标的电容器。应通知厂家订购同类型电容单元进行更换，吊芯检查更换电容单元必须在厂家派人协助下修理。具体步骤如下：

1）电容器两相短接对地充分放电。

2）拆除电容器引流线。

3）电容器放油至合适位置。放出的油应储存在专用的油桶中，密封良好防止受潮。

4）松开大盖螺栓。

5）吊出电容芯子，放置在预定的铺有干净塑料布的位置。起吊过程应设专人监护，呼应一致，吊臂下严禁有人工作或穿越，起吊时尽可能降低起吊高度。

6）对电容单元逐个放电检查电容单元是否有渗漏、变形、鼓肚等现象。

7）用电容表测试电容单元，找到损坏的电容单元并更换。

8）检查引线是否连接牢靠，平整，有发热时进行处理。

9）测量相间电容量偏差符合要求。

10）对电容单元逐个用干净白布清擦表面脏污。

11）更换新密封垫。

12）安装电容芯子。

13）上紧大盖螺栓，应对角逐个上紧，严格控制工艺，防止压力不均现象。

14）充入合格的油。

15）试验合格。

16）恢复引线。对各接线板接触面充分打磨并涂导电膏，确保连接牢靠。

17）清洗电容器本体，必要时进行补漆。

3. 质量标准

（1）三相电容量的差值宜调配到最小，其最大值与最小值的差，不应超过三相平均电容值的5%；设计有要求时，应符合设计的规定。

（2）电容器构架应保持其应有的水平及垂直位置，固定应牢靠，油漆应完整。

（3）电容器的配置应使其铭牌面向通道一侧，并有顺序编号。

（4）电容器端子的连接线应符合设计要求，接线应对称一致、整齐美观，母线及分支线应标以相色。

（5）电容器的连接导线宜用软导线，以防热胀冷缩瓷套受力与箱体开焊，渗漏浸渍剂。

（6）凡不与地绝缘的每个电器的外壳及电容器构架均应接地，凡与地绝缘的电容器的外壳均应接到固定的电位上。

六、收尾、验收

全部工作完毕后，应进行现场清理，并由工作负责人进行预验收，无问题后按照本单位有关规定申请正式验收，验收合格并经相关人员签字确认后，全部检修人员撤离工作现场并结束工作票。最后在规定的时间内向上级部门或运行单位提交检修安装的相关资料。

七、电力电容器的故障处理

1. 并联电容器运行中常见的故障及危害

并联电容器常见的故障主要有渗漏油、外壳膨胀变形、温度过高、外绝缘闪络、异常声响、额定电压选择不当等，其主要危害为电容器绝缘下降、电容击穿、保护动作，无功投入不足甚至爆炸起火危及系统安全运行。

2. 并联电容器常见故障的原因

（1）渗、漏油。它是一种常见的异常现象，主要原因是：出厂产品质量不良；运行维护不当；长期运行缺乏维修，以导致外皮生锈腐蚀而造成电容器渗、漏油。处理：若外壳渗、漏油不严重可将外壳渗漏处除锈、焊接、涂漆。

（2）电容器外壳膨胀，说明内部已出现严重的绝缘故障。应更换电容器。

（3）电容器温升高。应改善通风条件，如其他原因，应查明原因进行处理。如系电容器的问题应更换电容器。

（4）电容器绝缘子表面闪络放电。其原因是瓷绝缘有缺陷、表面脏污，应定期检查，清脏污，对分散式电容器，套管绝缘不能恢复时应更换电容器单元。

（5）异常声响。电容器在正常情况下无任何声响，发现有放电声或其他不正确声音，说明电容器内部有故障应立即停止电容器运行，进行检修或更换电容器。

（6）电容器额定电压选择不当。并联电容器一般都带有串联电抗器，由于电抗器电压和电容器电压相位相反，在母线电压一定的情况下，会造成电容器相间电压增大，因此在电容器选型订货时，必须按照串联电抗率选择合适额定电压的电容器。如果电容器额定电压选择较低，则由于电容器过压能力较弱，势必将大大降低电容器的使用寿命。

3. 并联电容器异常及预防措施

（1）投入电容器组时产生的涌流。并联电容器组投入时，不仅会产生过电压，同时产生幅值很大、频率很高的涌流。在电网中，为了调节无功功率，有时将电容器分组，每组电容器由一台断路器来控制。在电容器上串联电抗器可以限制涌流。

（2）投入电容器引起瞬间过渡电压下降。

1）故障原因分析。当无电压的并联电容器投入电路中的瞬间（$t = 0$），电容器的电抗值近似为零，与电容器连接的母线电压降低值将取决于电源侧的电抗和电容器串联的电抗的比例。

2）防止措施。一般在投入并联电容器时，希望过渡电压值限制在 5%～10%，其串联电抗器的规格应根据所允许的瞬间过渡电压降低值来决定，应采用电抗值不变的空心电抗器。

（3）由系统中的高次谐波电压、电流引起的异常处理。

1）故障原因分析。在无串联电抗器的情况下，将电容器投入运行时，回路中的 5 次谐波电压将增大，与谐波电流和基波电流相叠加，引起异常过电流。

2）防止措施。主要是在电容器中串联 6% 的电抗器，此时，对 5 次以上的谐波电容器电路的阻抗必然为感性的，这样使 $E_0 > U_N$，即 5 次谐波波电压减小。

（4）高次谐波引起的谐振过电压。

1）故障原因分析。配电网络的阻抗和电容器组的电容器可以看成一个 RLC 串联电路，这个电路产生串联谐振。

2）防止措施。若安装地点运行电压不高，但过电流严重，则主要考虑波形畸变问题。在电容器回路中串联电抗器，电抗器感抗值选择应该在任一谐波下均使电容器回路的总电抗为感性而不为容性，从根本上清除谐波谐振的可能性；采取必要的分组方式，可避免分组电容器投到谐振点上，同时也可避免出现过大的谐波电流放大倍数。

（5）切断电容器组引起的异常处理。并联电容器运行时，通常分成几组，根据无功负荷的大小或电压的高低，决定投切的组数，并联电容器组切除时常出现过电压。我国 10～63kV 系统为中性点不接地的小电流接地系统，无功补偿用的电容组均采取中性点绝缘的形式。运行经验证明，在切断电容器组时会产生重燃过电压而引起事故。主要限制措施为：

1）采用无重燃断路器。由于切断电容器组的过电压是由断路器重燃引起的，所以采用无重燃断路是一项有效的措施。

2）装设金属氧化物电容器。这是我国使用最多的降压措施。

3）装设阻容限压器。其中电容约 0.5μF，电阻 R 约数百欧至 1kΩ。

4）断路器加装并联电阻。

5）在电抗器两端并联过电压保护器。

6）采用 SF_6 断路器。

4. 并联电容器过负荷的处理

（1）引起并联电容器过负荷的原因。

1）实际运行电压高于电容器的额定电压。

2）谐波电压所引起的过电流。

（2）防止措施。

1）对过电压引起的过负荷应采取措施降低连接电容器的母线电压，如调整变压器的分接头等。若电压波动幅值较大，可装设按电压自动投切电容器的装置。

2）若电容器安装地点运行电压并不高，但电容器过电压严重，则须考虑供电网络高次谐波的影响。

八、电力电容器故障处理案例

某变电站 10kV 2 号电容器组（型号 BFF610.5/$\sqrt{3}$–334–1W），投运时间不长，就多次发生电容单元损坏，不平衡电流保护动作，导致该站无功投入不足。

1. 原因分析

（1）电容器制造质量差。该站选用的电容器为国内某大型电容器厂家产品，且在该供电局运行有数十套之多，故障率极低，经得起运行考验。因此产品质量原因可以基本排除。

（2）电容器频繁投切产生过电压的危害。由于电容器投切比较频繁，在频繁过电压的作用下，电容器的局部放电不断得到激发而加剧，其结果必然对绝缘介质的老化和电容量的衰减起促进作用，一般认为电压升高 10%，电容器寿命降低一半。

GB/T 12747.1—2004《标称电压 1kV 及以下交流电力系统用自愈式并联电容器　第 1 部分：总则——性能、试验和定额——安全要求——安装和运行导则》中规定电容器操作每年不超过 5000 次，原因是投入电容器所产生的过电压虽然是瞬间的，但由于过电压对绝缘介质积累效应，会加速绝缘介质的老化，逐步发展到电击穿甚至爆炸。但根据该电容器在投运时间不长，操作次数不多且过电压测试数据显示未出现较重过电压的事实，可以排除此原因。

（3）高次谐波的危害。谐波能导致系统运行电流、电压正弦波形畸变，加速绝缘介质老化，降低设备使用寿命或因长期过热而损坏，特别是当高次谐波发生谐振时，最易使电容器过负荷、过热、振动甚至损坏。检查系统电压质量测试数据，发现谐波分量较低，未出现较严重的 3 次、5 次及以上谐波分量，同时邀请中试所系统室测试电容器投运涌流倍数最大为 9 倍的额定电流，因而此原因也不成立。

（4）设计不合理、选型不当。由于电容器过电压能力较低，且一般情况下都带有串联电抗器，串联电抗器和电容器的电压相位相反，母线电压和电容器电压及电抗器电压的关系为 $U_N = U_C - U_L$，即 $U_C = U_N + U_L$，可见电抗器起到了抬高电容器相间电压的作用，抬高电压的数值取决于电抗率的大小。此案例中，母线电压为 10kV，电容器的额定电压为 10.5/$\sqrt{3}$ kV，串联电抗率 12%，实际运行中长期加在电容器相间电压为 11.2/$\sqrt{3}$ 可见电容器额定电压选择较低，是造成电容器频繁损坏的主要原因。同时，由于系统中谐波含量较少，但设计时选用 12% 电抗率的串联电抗器，因此电抗器的电抗率选择也不合适。

2. 处理措施

根据原因分析，一是将原电容器更换为额定电压 11.5/$\sqrt{3}$ kV 的电容器，二是根据系统实际谐波分量较小的实测结果，将电抗器更换为 1% 电抗率的电抗器。最后考虑经济性，选择第二种方案更换电抗器后，电容器运行恢复正常。

3. 预防措施

（1）加强变电站无功补偿装置的设计和选型。一是避免电抗器电抗率选择不当，二是根据所配电抗器电抗率的大小正确选择电容器额定电压，防止电容器额定电压选择较低造成运行中电容器频繁损坏事故。

（2）减少投切次数。采取电容器组循环投切，同时延长自动补偿装置控制器的延时时间间隔，从而减少投切次数，使得每组电容器操作每年不超过 5000 次。

（3）加强对电网高次谐波成分的管理。采取加装串联电抗器或滤波装置的办法对谐波加以抑制，提高电网供电质量。

【思考与练习】

1. 电力电容器检修作业前的检查与试验项目有哪些？
2. 简述分散式电容器的检修步骤。
3. 简述集合式电容器的检修步骤。
4. 并联补偿电容器常见的故障主要有哪些？
5. 并联补偿电容器异常现象有哪些？如何进行处理？

模块 4 其他高压电器的更新安装（ZY1400904004）

【模块描述】本模块包含互感器、并联补偿电容器、电抗器的更换安装的作业流程及工艺要求。通过知识要点的归纳讲解、操作技能训练，掌握作业的危险点预控，修前准备，互感器、并联补偿电容器、电抗器的更换的步骤、工艺及质量要求等操作技能。

【正文】

一、作业内容

1. 互感器的更换

（1）原互感器的拆除。

（2）新互感器的安装。

2. 并联补偿电容器的更换

（1）原并联补偿电容器的拆除。

（2）新并联补偿电容器的安装。

3. 电抗器的更换

（1）原电抗器的拆除。

（2）新电抗器的安装。

二、作业中危险点分析及控制措施

作业中危险点分析及控制措施见表 ZY1400904004-1。

表 ZY1400904004-1　　　　　作业中危险点分析及控制措施

序号	危险点	控 制 措 施
1	人身触电	（1）接低压电源应有两人进行，一人监护，一人操作。 （2）检修电源必须带有漏电保护器，移动电具金属外壳必须可靠接地。 （3）搬运长物应放倒搬运。 （4）吊车、斗臂车进入现场应有专人监护、引导、按照指定路线行走，工作前应划定吊臂和重物的活动范围和回转方向，确保与带电体的安全距离。吊车、斗臂车外壳应可靠接地。 （5）对电容器检查前必须将电容器两相可靠接地或充分放电，对分散式电容器应逐个放电，避免电容器存留电荷伤人
2	误入带电设备	（1）检修地点与相邻带电间隔必须用围栏明显隔离，并悬挂"止步，高压危险"标示牌，标示牌应面对检修设备。 （2）检修中断每次重新开始工作前，应认清工作地点，设备名称和编号，严禁无人监护单人工作
3	高空摔跌	（1）使用梯子应绑牢，防滑；梯上有人。 （2）登高时严禁手持任何工具，或利用梯子送运重物。 （3）梯子与地面的夹角应为60°。 （4）正确使用安全带，禁止低挂高用
4	零部件跌落打击	（1）零部件的上下传递应用绳子和工具袋传递，严禁抛掷。 （2）不准在设备顶部、构架或引流母排上放置物体和工器具。 （3）吊运材料必须专人监护，上下呼唱，确认吊物下方人员全部撤离方可起吊。 （4）拆装互感器、电容器、电抗器必须用吊车或专用吊具系好、吊稳，且有专人指吊运。吊绳应有足够的承载力。 （5）SF$_6$互感器严禁充气搬运、吊装

三、更换作业前的准备

1. 技术资料的准备

（1）总装图、基础图、安装使用说明书，出厂试验报告。

（2）互感器、电容器、电抗器的安装地点及安装高度。

（3）互感器、电容器、电抗器安装地点周围的电气设备分布状况及在检修工作中是否带电。

（4）连接部位的连接方式及受力状况，金属材料的名称及性能特性。

（5）若为螺钉连接，螺孔的数量、内径、深度及螺纹参数。

（6）如需作涂敷 RTV 涂料的工作，所用 RTV 涂料的使用说明书。

2．方案的确定

检修前，检修部门应根据检修内容进行详细、全面的调查分析，编制作业指导书或拟订检修方案。

3．工器具、材料、试验仪器的准备

（1）检修工作开始前，检修部门应根据检修批准后的检修方案进行人员、工器具、材料、备品、备件的准备。

（2）工器具、材料、备件应按实际需要量进行准备并适当留有裕度。

4．检修人员的准备

（1）检修人员应熟悉电力生产的基本过程及互感器、电容器、电抗器工作原理及结构，掌握电容器的检修技能，并通过年度《国家电网公司电力安全工作规程》考试。

（2）检修人员必须具备电气一次设备的检修资质并熟悉检修方案。检修工作中至少应有一名检修人员具有担任工作负责人的资格并应有互感器、电容器、电抗器设备检修的工作经验。设备需要吊装时，起重工必须有资质证书并应具有相关的工作经验或经历。

5．检修环境（场地）的要求

（1）场地设置在设备运行现场，具体应根据现场实际情况来确定，同时应注意与带电设备保持足够的安全距离，储油容器、大型机具、拆卸组部件和消防器材应合理布置。

（2）施工场地周围应无可燃或爆炸性气体、液体，或引燃火种，否则应采取有效的防范措施和组织措施。

（3）应选择良好天气进行，同时应根据场所的具体情况做好防火、防风、防雨、防潮、防尘、防摔落、防触电等措施。

四、互感器、电容器、电抗器更换作业步骤及工艺要求

1．互感器的更换

本模块以油浸正立式互感器为例进行介绍，其外形如图ZY1400904004-1所示。

（1）原互感器的拆除。

1）拆下互感器引流线并固定绑扎牢靠（使用人字梯或斗臂车，视现场情况而定），一人进行拆线，一人监护，两人扶梯，两人负责地面工作。人力的安排视现场实际情况确定。

2）固定吊装工具，使用吊车，将绳套系好互感器吊点并用吊具轻微调紧，系绳套应采取防止互感器吊运过程中倾倒的措施。

3）拆下底座和互感器之间的紧固螺栓，用吊具将互感器轻轻吊起并缓慢吊至事先规划好的地面位置上。起吊过程应设专人监护，呼应一致，吊臂下严禁有人工作或穿越，起吊时尽可能降低起吊高度。

图 ZY1400904004-1 油浸正立式电流互感器实体外形图

（2）新互感器的安装。

1）互感器安装前检查及标准。

① 说明书、试验报告、合格证等出厂资料完整并和订货协议要求一致。

② 外观良好，无漏油、漏气问题，瓷件应无裂纹、破损，瓷套与铁法兰间黏合应牢固。

③ 互感器经试验合格。

2）按照互感器安装使用说明书说明将互感器一次变比按照上级部门下达的通知单调整到位。

3）检查核实互感器基座安装尺寸和原基础是否合适并采取合理措施，保证新互感器能在原基础上安装合适到位。一般情况下，新互感器基座的安装尺寸和原构架是不对应的，此时可根据现场实际情况一是在原构架槽钢上按照新基座固定螺栓孔距重新打孔，如果差距较大也可按照新基座和原构架固定螺栓孔距加工槽钢进行过渡，确保新互感器能在原基础上安装合适到位。

4）用吊绳系好互感器，用吊具将互感器轻轻吊起并缓慢吊至互感器基座上。注意事项同拆除旧互感器。

5）穿上紧固螺栓，并用扳手进行紧固。

6）接上引流。如果原引流线线长度不够，应更换引流线。如果原设备线夹螺栓孔距和新互感器接线板孔距不一，可更换线夹并重新打孔确保引流连接牢固，最好使用冷压线夹。

7）如果是 SF_6 互感器应进行充气至额定压力。

8）进行互感器本体清洁。

（3）质量标准。

1）各连接处的金属接触面应除去氧化膜及油漆，涂导电膏并连接牢固。

2）垂直安装，每个元件的中心轴线和安装点中心线垂直偏差不应大于该元件高度的 1.5%。如果歪斜，可在法兰间加金属片校正，并将其缝隙用腻子抹平后涂漆处理。

3）三相互感器安装后其引流线弧垂应一致并满足对周围物体安全距离要求。

4）垫圈、螺母、弹簧垫圈应使用与互感器配套供应的紧固件。

5）外壳接地良好符合安装图要求。

6）按照交接试验标准要求的项目和标准进行试验并试验规程要求，试验数据应和出厂值无明显差别。

2. 并联补偿电容器的更换

并联补偿电容器最常见的分为集合式和分散式，其实体外形如图 ZY1400904004-2 所示。对于分散式电容器，一般主要布置在户内，在绝大多数情况下仅仅是对单个损坏的电容单元的更换，工作较为简单。如果要进行整体的更换，目前也是更换为运行维护更为简单的集合式，所以本部分内容注重介绍集合式并联补偿电容器的更新安装。

（a）　　　　　　　　　　　（b）

图 ZY1400904004-2　电容器实体外形图
（a）集合式电容器；（b）分散式电容器

（1）原并联补偿电容器的拆除。

1）对电容器充分放电，放电应采用两相短接接地的方式。

2）拆下并联补偿电容器引流线并固定绑扎牢靠。1～2 人进行拆线，一人监护，两人负责地面工作。人力的安排视现场实际情况确定。

3）固定吊装工具，使用吊车，将绳套系好并联补偿电容器吊点并用吊具轻微调紧。

4）拆下底座和并联补偿电容器之间的紧固螺栓，用吊具将并联补偿电容器轻轻吊起并缓慢吊至事先规划好的地面位置上。起吊过程应设专人监护，呼应一致，吊臂下严禁有人工作或穿越，起吊时尽可能降低起吊高度。

（2）新并联补偿电容器的安装。

1）并联补偿电容器安装前检查及标准：

① 说明书、试验报告、合格证等出厂资料完整并和订货协议要求一致。

② 外观良好，瓷件应无裂纹、破损并经超声探伤试验合格，瓷套与铁法兰间黏合应牢固。

③ 备品或附件等齐全完好。

④ 并联补偿电容器经电气、油化验或试验合格，温度计（密度继电器）经校验合格。

2）检查新并联补偿电容器基座固定螺栓孔距和原基础是否对应，如果不对应，应采取措施保证新并联补偿电容器能在原基础上安装合适到位。一般情况下，电容器订货时应在技术协议中明确原电容器基座的固定螺栓孔距有关尺寸，以便于厂家按照原基础的相关尺寸生产新电容器，确保新电容器能在原基础上安装合适到位，省去不必要的麻烦。但万一新旧电容器基座的固定螺栓孔距相差较大，此时必须加工合适规格的槽钢进行过渡，槽钢的长度可按新电容器和基础的实际尺寸确定合适，再按照新基座和旧基础固定螺栓孔距分别在槽钢的上下打孔，以确保新并联补偿电容器能在原基础上安装合适到位。

3）用吊绳系好并联补偿电容器吊点，用吊具将并联补偿电容器轻轻吊起并缓慢吊至并联补偿电容器基座上。注意事项同拆除旧并联补偿电容器。

4）穿上紧固螺栓，并用扳手进行紧固。

5）接上引流。原引流如果和新电容器不对应，应重新加工合适规格引流确保安全距离符合要求并连接牢靠。

6）安装温度计、油枕呼吸器等附件。

7）如果是 SF_6 电容器，应进行充气至额定压力。

8）进行并联补偿电容器本体清洁。

（3）质量标准。

1）电容器应保持其应有的水平及垂直位置，固定应牢靠，接地良好，油漆应完整。

2）电容器的配置应使其铭牌面向通道一侧，并有运行编号。

3）电容器端子的连接线应符合设计要求，接线应对称一致、整齐美观，母线及分支线应标以相色。

4）电容器的连接导线宜用软导线，采用硬导体的应安装伸缩节，以防热胀冷缩瓷套受力与箱体开焊，渗漏浸渍剂。

5）垫圈、螺母、弹簧垫圈应使用与并联补偿电容器配套供应的紧固件。

6）外壳接地良好符合安装图要求。

7）按照交接试验标准要求的项目和标准进行试验并试验规程要求，试验数据应和出厂值无明显差别。

3. 电抗器的更换

（1）原电抗器的拆除。

1）拆下电抗器引流线并固定绑扎牢靠。1～2 人进行拆线，一人监护，一人负责地面工作。人力的安排视现场实际确定。

2）固定吊装工具，使用吊车，将绳套系好电抗器吊点并用吊具轻微调紧。

3）拆下支柱绝缘子和电抗器之间的紧固螺栓，用吊具将电抗器轻轻吊起并缓慢吊至事先规划好的地面位置上。起吊过程应设专人监护，呼应一致，吊臂下严禁有人工作或穿越，起吊时尽可能降低起吊高度。

4）三相垂直叠装应从上至下依次拆除，一字安装的电抗器可根据现场情况逐一拆除。

（2）新电抗器的安装。

1）电抗器安装前检查及标准：

① 说明书、试验报告、合格证等出厂资料完整并和订货协议要求一致。

② 电抗器桶壁平整光滑无掉漆、损坏；支柱绝缘子瓷件应无裂纹、破损。

③ 备品或附件等齐全完好。

④ 电抗器、支柱绝缘子经试验合格。

2）剔除基础上原电抗器地脚支铁，并将基础上预埋的地角平铁打磨平整光滑。

3）地脚安装。按电抗器总装图及产品样本有关表中瓷座中心直径栏内标出的尺寸，先在水泥基础上预埋地脚平铁上确定电抗器吊装放置，定位后，将支柱绝缘子下端的地脚支铁与预埋地脚平铁焊牢。

4）支柱绝缘子安装。将支柱绝缘子按电抗器总装图规定的安装要求安装在地角支铁上。

5）电抗器吊装。吊装时，应使用厂家附带的专用吊杠，将吊杠穿过电抗器上、下导电臂中心轴孔，再将穿钉穿入吊杠下端穿孔内，两端露出的长度合适后可以起吊。对于质量大于 2000kg 以上的电抗器，则采用导电臂上的吊孔起吊。用吊具将电抗器轻轻吊起并缓慢吊至电抗器基座上，注意事项同拆除旧电抗器。

6）对准支柱绝缘子和电抗器固定螺栓孔心，穿上紧固螺栓，并用扳手进行紧固。

7）三相垂直叠装应从下至上依次安装，一字安装的电抗器可根据现场情况逐一安装。

8）进出线连接。应平整光滑，消除氧化层，涂好导电膏，搭接后，用规定的螺栓固紧，原引流如果和新电容器不对应，应重新加工合适规格引流确保安全距离符合要求并连接牢靠。

9）进行电抗器本体清洁及引流相色漆涂刷。

（3）质量标准。

1）电抗器应保持其应有的水平及垂直位置，固定应牢靠，油漆应完整。

2）电抗器的配置应使其铭牌面向通道一侧，并有运行编号。

3）电抗器端子的连接线应符合设计要求，接线应对称一致、整齐美观并标以相色。

4）电抗器与天棚、地面、墙壁、相邻电抗器之间的距离应满足安装图给出的距离。

5）垫圈、螺母、弹簧垫圈应使用与电抗器配套供应的紧固件。

6）在电抗器磁场影响范围内，防护围栏，接地线、基座与楼板内金属物体均不得形成闭合环路，以免造成环流损耗。

7）按照交接试验标准要求的项目和标准进行试验并试验规程要求，试验数据应和出厂值无明显差别。

（4）注意事项。采用三叠安装时，考虑到三相之间互感影响及电磁力作用关系，要求一是一定要按产品铭牌顺序安装，首先将最下台稳好地脚后，再从下至上安装其他两台；二是测量每相电抗值（电感值）时必须在叠装后进行。

五、收尾、验收

每种设备更新安装完毕后，应进行现场清理，并由工作负责人进行预验收，无问题后按照本单位有关规定申请正式验收，验收合格并经相关人员签字确认后，全部检修人员撤离工作现场并结束工作票，最后在规定的时间内向上级部门或运行单位提交安装的相关资料。

【思考与练习】

1. 油浸正立式互感器安装质量标准是什么？

2. 简述并联补偿电容器的安装步骤。

3. 在电抗器更新安装过程中，如何拆除旧电抗器？

4. 电抗器安装质量标准是什么？

模块 4

ZY1400904004

第三十五章　母线、接地装置的检修

模块 1　母线的检修（ZY1400905001）

【模块描述】 本模块包含母线检修的作业流程及工艺要求。通过知识要点的归纳讲解、操作技能训练，掌握母线检修的修前准备、危险点预控、作业步骤、工艺要求及质量标准等操作技能。

【正文】

一、作业内容

1. 硬母线的检修

（1）硬母线的一般检修。

（2）硬母线的加工和安装。

2. 软母线的检修

（1）软母线的一般检修项目。

（2）软母线的安装。

3. 母线检修试验

二、作业中危险点分析及控制措施

作业中危险点分析及控制措施见表 ZY1400905001-1。

表 ZY1400905001-1　　　　　　作业中危险点分析及控制措施

序号	危险点	控 制 措 施
1	人身触电	（1）接低压电源应有两人进行，一人监护，一人操作。 （2）检修电源必须带有漏电保护器，移动电具金属外壳必须可靠接地。 （3）搬运长物应放倒搬运。 （4）吊车、斗臂车进入现场应有专人监护、引导、按照指定路线行走，工作前应划定吊臂和重物的活动范围和回转方向，确保与带电体的安全距离。吊车、斗臂车外壳应可靠接地。 （5）在强电场下工作，工作人员应加装临时接地线或使用保安地线
2	误入带电设备	（1）检修地点与相邻带电间隔必须用围栏明显隔离，并悬挂"止步，高压危险"标示牌，标示牌应面对检修设备。 （2）检修中断每次重新开始工作前，应认清工作地点，设备名称和编号，严禁无人监护单人工作
3	高空摔跌	（1）使用梯子应绑牢，防滑；梯上有人。 （2）登高时严禁手持任何工具，或利用梯子运送重物。 （3）梯子与地面的夹角应为60°。 （4）正确使用安全带，禁止低挂高用
4	零部件跌落打击	（1）零部件的上下传递应用绳子和工具袋传递，严禁抛掷。 （2）不准在构架或引流母排上放置物体和工器具。 （3）吊运材料必须专人监护，上下呼唱，确认吊物下方人员全部撤离方可起吊。 （4）拆装绝缘子或母线必须用吊车或专用吊具系好、吊稳，且有专人指吊运，吊绳应有足够的承载力
5	机械伤害	使用切割机、焊机、磨光机、弯板机、冲孔机等机械应穿防护服，配灭火器、戴防护手套等

三、检修作业前的准备

1. 检修前技术资料的准备

（1）根据运行中发现的缺陷及上次检修的情况确定主要的检修项目。

（2）准备有关检修的技术资料报告图纸、记录上次检修报告和作业指导书等。

（3）绝缘子、金具、母线等部件的型号和规格等。

2．工器具、材料、试验仪器的准备

（1）检修工作开始前，检修部门应根据检修批准后的检修方案进行人员、工器具、材料、备品、备件的准备。

（2）工器具、材料、备件应按实际需要量进行准备并适当留有裕度。

3．检修环境（场地）的要求

（1）检修场地设置在运行现场，同时应注意与带电设备保持足够的安全距离，准备充足的施工电源，大型机具、拆卸组部件和消防器材应合理布置。

（2）应选择良好的检修场地周围应无可燃或爆炸性气体、液体，或引燃火种，否则应采取有效的防范措施和组织措施。

四、检修作业前的检查和试验

（1）各连接部分是否接触良好，是否存在发热现象。

（2）检查软母线是否有断股、散股现象。

（3）检查支持绝缘子外观是否良好，是否有破损掉瓷、裂纹或放电痕迹。

（4）对母线按照每年安装位置的短路容量进行动热稳定行校核，对不满足校核要求的应安排更换。

（5）母线绝缘子的检查可结合带电检查情况，对在运行状态下有明显异常电晕和放电现象或零值的应立即安排更换。停电检查母线绝缘子可观察其是否清洁、有裂纹、有无放电痕迹、水泥胶装处是否良好等；对绝缘电阻不满足、污秽等级不满足要求的应予以更换或采取加大爬距的措施。

（6）用绝缘电阻表测试母线绝缘电阻或进行交流耐压试验，试验结果满足有关规程要求。

五、母线检修作业步骤及工艺要求

1．硬母线的检修

（1）硬母线的一般检修。

1）清扫母线，清除积灰和脏污；检查相序颜色，要求颜色鲜明，必要时应重新刷漆或补刷脱漆。

2）检修母线接头，要求接头应接触良好，无过热现象。采用螺栓连接的接头，螺栓应拧紧，平垫圈和弹簧垫圈应齐全。用 0.05mm×10mm 塞尺检查，局部塞入深度不得大于 5mm；采用焊接连接的接头，应无裂纹、变形和烧毛现象，焊缝凸出成圆弧形；铜铝接头应无接触腐蚀；户外接头和螺栓应涂有防水漆。

3）检修母线伸缩节，要求伸缩节两端接触良好，能自由伸缩，无断裂现象。

4）检修绝缘子，要求绝缘子清洁完好，用绝缘电阻表测量母线的绝缘电阻应符合规定，若母线绝缘电阻较低，应找出原因并消除，必要时更换损坏的绝缘子。

5）对涂刷了 RTV 防污涂料和防污伞裙的绝缘子可不进行清扫，但必须进行憎水性试验，憎水能力下降达不到防污要求的必须进行复涂或更换防污伞裙。

6）对 110kV 以上的支柱绝缘子，应进行超声波探伤试验，试验不合格者必须更换。

7）检查母线的固定情况，要求母线固定平整、牢靠，要求螺栓、螺母、垫圈齐全，无锈蚀，片撑条均匀。

（2）硬母线的加工和安装。

1）母线的校正。母线应平直，对于弯曲不平直的母线应进行校正。校正时应采用校正机进行。若无校正机，也可用手工进行。手工校正采用平台或槽用硬质木锤敲打母线来校，扭曲较严重的母线可在弯曲处垫上铜块或铝块用大锤敲打，如有母线校正机械应充分采用。

2）母线的下料。下料前，应到现场测出母线的实际长度。下料时，为了检修时拆卸母线，可在适当地点将母线分段，用螺栓连接，但接头不宜过多。分支线的接头及电气设备间的连接，除需要弯曲外，其余尽量少弯曲。

3）母线的弯曲。矩形母线的弯曲有三种形式：平弯（宽面方向弯曲）、立弯（窄面方向弯曲）和扭弯（麻花弯），见图 ZY1400905001-1。母线弯曲需要专门的设备和工具（如母线平变机、母线立弯机等），变曲尺寸见表 ZY1400905001-2 和表 ZY1400905001-3。

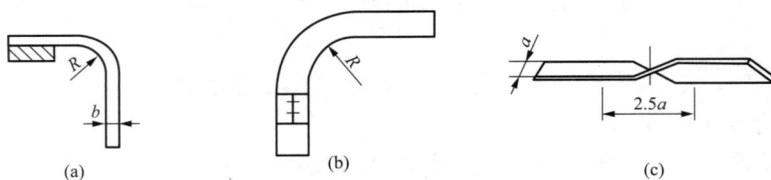

图 ZY1400905001-1　母线的弯曲形状

（a）平弯；（b）立弯；（c）麻花弯

表 ZY1400905001-2　　　　　　　　　　平弯时最小弯曲半径

母线尺寸（mm×mm）	最小弯曲半径		
	铜	铝	钢
50×5 以下	2b	2b	2b
125×10 以下	2b	2.5b	2b

注　表中 b 为母排厚度。

表 ZY1400905001-3　　　　　　　　　　立弯最小容许弯曲半径

母线尺寸（mm×mm）	最小弯曲半径		
	铜	铝	钢
50×5 以下	a	1.5a	0.5a
125×10 以下	1.5a	2a	2a

注　表中 a 为母排宽度。

4）母线钻孔。母线钻孔应首先在母线上按要求划好钻孔位置，并用冲头或打孔机冲眼，孔径一般大于螺栓直径 1mm，钻好后除去孔的毛刺，使它保持光洁。

5）母线的固定。母线在绝缘子上的固结方法有三种：用螺栓直接将母线拧在绝缘子上、用夹板固定、用卡板固定，如图 ZY1400905001-2 所示。

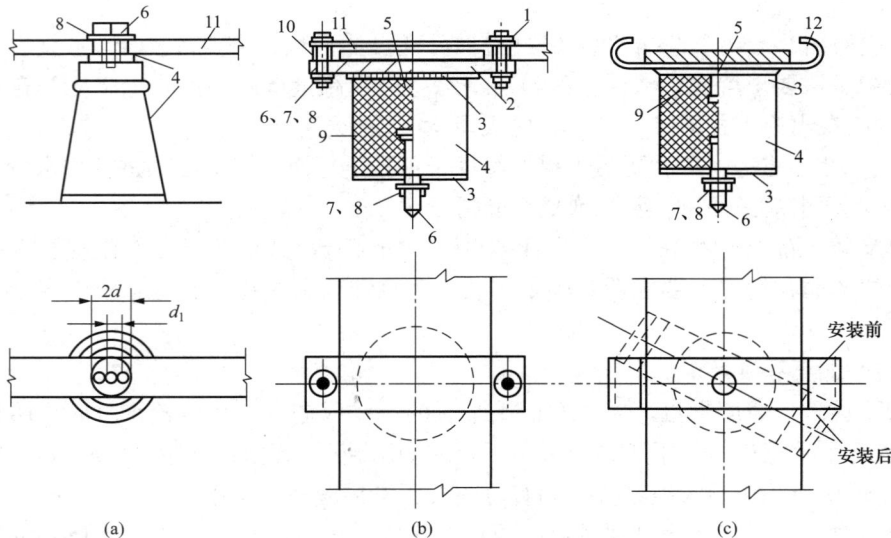

图 ZY1400905001-2　矩形母线在绝缘子上的固定方法

（a）用螺栓固定；（b）用夹板固定；（c）用卡板固定

1—上夹板；2—下夹板；3—红钢纸垫圈；4—绝缘子；5—沉头螺钉；6—螺栓；

7、9—螺母；8—垫圈；10—套筒；11—母线；12—卡板

6）母线的连接。硬母线的连接方法有螺栓连接、焊接两种，母线螺栓连接时要均匀拧紧，铝母线连接不能过分拧紧，过分拧紧易造成母线局部变形，接触面反而减少。

连接母线时应注意以下几点：

① 母线连接要有足够的机械强度，接头的电阻小而且稳定，耐腐蚀。

② 母线螺栓连接时，母线的连接部分接触面应涂一层中性凡士林油，并选用镀锌螺栓，螺栓连接处加弹簧圈及平垫。母线平放时，螺栓由下向上穿。母线与户外设备端子连接时。如母线是铝制，设备端子是铜制，应使用铜铝接头，以免引起接头电化腐蚀和热弹性变形。

7）母线的焊接。铝母线焊接采用对接焊，焊前应将母线对口两侧的氧化膜刷干净，并涂上铝焊药，并在焊条涂上铝焊药。焊接时注意事项是：

① 焊缝应高出焊口（即加强焊）。

② 焊接进行到焊缝全长的 1/3 以后应加快焊接速度，以免温度过高使结尾端母线大片熔化。

③ 焊接过程中，如果电弧突然熄灭或因为换焊条形成重新焊接时，应从焊缝的另一端倒焊过来。若断弧时间较长，焊缝温度已降低到 100℃ 以下，则应铲除旧焊缝重焊。

④ 焊接进行到结尾时，不可收弧过早而造成缺肉，也不可收弧延迟使溶池扩大，造成空缩或凸起。

⑤ 焊件冷却后，需用温水清洗焊接处，清除残留的焊药，以免发生腐蚀。

⑥ 铝液已能与铜板表面熔合，碳精框架凹槽内填焊完后，电弧就移到铜板端头中间的孔眼进行塞焊，塞焊填满，应立即对铜板平面进行堆焊。用大直径焊条伸入熔池，在铜板面擦刮和搅拌，使大量熔化的铝液与铜板能良好地结合，焊接完毕即拉断电弧，并立即用耙子将熔池表面的熔渣扒掉。当熔池沿框架四周开始凝固时，应再次引燃电弧，加热碳精框架，使焊缝金属均匀冷却，保证接头的完整。

8）母线相序排列。各回路的母线相序排列应一致。

9）母线涂漆。按照 U 相—黄色、V 相—绿色、W 相—红色对母线涂漆。

2. 软母线的检修

（1）软母线的一般检修项目。

1）清扫母线各部分，使母线本身清洁并且无断股和松股现象。

2）清扫绝缘子串上的积灰和脏污，更换表面发现裂纹的绝缘子。

3）对涂刷了 RTV 防污涂料的绝缘子可不进行清扫，但必须进行憎水性试验，憎水能力下降达不到防污要求的必须进行复涂。

4）绝缘子串各部件的销子和开口销应齐全，损坏者应无予更换。

5）软母线接头发热的处理。

① 清除导线表面的氧化膜使导线表面清洁，并在线夹内表面涂以工业凡士林或防冻油。

② 更换线夹上失去弹性或损坏的各个垫圈，拧紧已松动的各式螺母。母线在运行一段时间以后，线夹上的螺母还会发生松动，运行中注意螺母松动情况。

③ 对接头的接触面用 0.05mm 的塞尺检查时不应塞入 5mm 以上。

④ 更换已损坏的各种母夹和线夹上钢制镀锌零件。

⑤ 接头检查完毕后，在接头接缝处用油膏填塞后再涂以凡士林油。

（2）软母线的安装。软母线不得有扭结、松股、断股等其他明显的损坏或严重腐蚀等缺陷，采用的金具除有质量合格证外，还应检查其规格应相符、零件配套齐全、表面应光滑、无裂纹、无伤痕、无砂眼、无锈蚀、无滑扣等缺陷，锌层不应剥落。

1）跨距测量。测量时取两侧挂线板或 U 形环的内口之间的距离。测量方法是将绝缘子、金具串组装好并垂直挂起，测量从 U 形环内侧到耐张线夹钢锚内孔处之间的距离。

2）放线与下料。导线测量后，用油漆或锯条在切割点做好标记，并用白胶布标记编号，在断口两侧各 50mm 处用细铁丝扎好，将砂轮机切割面与线股轴线垂直，切割后用锉刀修去毛刺，即可进行线夹压接工作。

3）导线压接。导线压接应按以下规定进行：

① 检查液压设备工作应正常，压力范围与钢模和线夹的要求相匹配，钢模的内模为正六边形，六角形的对角尺寸与受压件外径相符，对边尺寸与对角尺寸比值为 0.866。

② 用汽油清除耐张线夹各部件管内油污，清除锚孔内锌疤和铝管内外的卷边、毛刺。清洗时使用棉布，不用棉纱，防止棉线遗留。清理完后及时整理，防止再次污染。

③ 调整液压工具的压力释放阀，使压接压力与线夹要求压力相符。

④ 正式压接前，要先进行试压，取试件仔细测量耐接管、钢锚或衬管的原始长度，按压接顺序压接，分别计算各受压部件的伸长量，做好记录，以后压接预留该伸长量，试压结果应符合规定。

⑤ 对耐张线夹应进行拉力试验，可使用拉力机或串在吊车前钢丝绳上按轻到重的顺序，依次增加吊物质量，直到达到厂家要求的拉力为止。

⑥ 导线端头剥后应进行清洗，清洗长度应大于线夹长度的两倍。非防腐型钢芯铝绞线用钢丝刷清除导线表面灰尘、泥土等污垢，如有油污用汽油清洗。对防腐型钢芯铝绞线，应用白布蘸少量汽油擦净表面脂垢。钢芯用汽油清理干净。

⑦ 耐线夹应先穿入铝管再穿入钢锚。穿入时，应顺纹线的纹制方向旋转推入。钢锚穿入前，应预先测量内孔的长度，以便能完全推到底，在旋入前应作检查，如有缺陷，用圆锉小心锉平。

⑧ 压接前再次检查压接工具，应放置平稳，使导线与压钳的钢模轴线一致，如有高度偏差和倾斜，均会造成弯曲。

⑨ 钢芯压接时钢芯铝导线的钢芯直接压接钢模压接管即可。压接方向自钢模根部向端部进行。第二模压好后，用 0.02mm 精度的游标卡尺测量压接的六角形的对边尺寸，其最大允许值为 0.086 6D＋0.2mm（D 为压接管外径），如超过此值，应更换钢模重新施压。钢锚压接后，凡发现锌皮剥落伤痕和锉缝边，均必须刷防锈漆予以保护。

⑩ 铝管压接时，将铝管内移出压接部位，用铜丝刷刷去该部分的氧化膜，均匀涂上一层电力复合脂。对钢芯绞线，铝管与钢衬管的间隙较大，直接压接会造成铝管压不实等缺陷，可用剥下来的铝线均匀地绕在衬管上，使其基本与铝绞线平齐。将铝管拉回压接部位，转动线夹，使两侧引流板朝向导线的凸方向，校正钳的角度，使轴线一致即可压接。

⑪ 设备线夹压接时，将导线端部修整后插入线夹管内即可进行压接，其顺序为清理压接区域，涂电力复合脂，穿入压接管，对准引流板压接。

⑫ 压接后，应进行处理和检查。耐张线夹的铝管、钢锚压接后，用钢板尺检查其弯曲度不应大于长度的 2%，超过应校直，不得使压接管口附近导线上发生隆起和松股。耐张线夹外露钢芯的切断断口应涂防锈漆。

4）现场组装。在挂线架下按导线走向将绝缘子串、金具组装好，金具的布置应与图纸要求一致。再与耐张线夹相连接。

连接组装完成后检查各种金具是否齐全，金具连接螺栓，检查防松帽、开销使用是否正确，绝缘子碗口应向上，弹簧卡应齐全，无损坏。

5）架设。导线架设采用钢丝绳、卷扬机、卸卡、手拉葫芦，使用前应检查无缺陷，满足导线牵引最大负荷的要求，卷扬机应使用倒顺开关。

导线端部吊离地面检查绑扎牢固后，即可正式起吊，如该母线与跳线，引下线连接，可一同拉起。引下线、跳线连接检查接触面连接力矩，必须符合规程要求。

6）弧垂调整及距离校验。弧垂测量应用卷尺与水准仪配合进行。将卷尺分别搭接设在母线悬挂点和导线最低处，用水准仪观看零刻度，拉直卷尺，记录零刻度对应的读数，分别记为 LH（最高点）和 LL（最低点）导线弧垂 $f = (LH－LL)/2$。母线弧垂的允许偏差应价于 5%～2.5% 之间，而且同距内三相母线的弧垂应一致，否则应调整螺栓。

导线中相线对地距离一般用竹竿划弧来检验。相线对地及相线间距离必须符合规程要求。

3. 检修后的试验

检修后用绝缘电阻表测量各相绝缘电阻满足要求，必要时对地及相间进行 1min 交流耐压试验，试验标准依照预防性试验规程进行，试验合格后方可投入运行。

4. 质量标准

（1）母线清洁无积灰和脏污；相序正确，颜色鲜明。

（2）母线接头接触良好，平垫圈和弹簧垫圈应齐全。螺栓紧固，用 0.05mm×10mm 塞尺检查，局部塞入深度不得大于 5mm；焊接连接接头无裂纹、变形和烧毛现象，焊缝凸出成圆弧形；铜铝接头无接触腐蚀；户外接头和螺栓无锈蚀。

（3）母线伸缩节两端接触良好，能自由伸缩，无断裂。

（4）绝缘子清洁完好，绝缘子串各部件的销子和开口销应齐全，无裂纹和放电痕迹，探伤试验合格；爬距满足污秽等级要求，绝缘良好；涂刷了 RTV 防污涂料和防污伞群的绝缘子憎水性满足防污要求。

（5）母线固定平整、牢靠，螺栓、螺母、垫圈齐全，无锈蚀，片间撑条均匀。

（6）软母线本身无断股和松股现象。

（7）耐压试验合格。

六、收尾、验收

检修工作完毕后，应进行现场清理，并由工作负责人进行预验收，无问题后按照本单位有关规定申请正式验收，验收合格并经相关人员签字确认后，全部检修人员撤离工作现场并结束工作票。最后在规定的时间内向上级部门或运行单位提交检修的相关资料。

【思考与练习】

1. 硬母线的一般性检修的内容是什么？

2. 硬母线在绝缘子上的固结方法有哪几种？

3. 硬母线焊接时的注意事项是什么？

4. 简述软母线的安装步骤。

5. 软母线导线压接时应按照哪些规定进行？

模块 2　接地装置的检修（ZY1400905002）

【模块描述】本模块包含接地装置的检修的作业流程及工艺要求。通过知识要点的归纳讲解、操作技能训练，掌握接地装置的修前准备、危险点预控、作业步骤、工艺要求及质量标准等操作技能。

【正文】

一、作业内容

（1）接地装置的检修。

1）垂直接地极的检修。

2）水平接地极的检修。

（2）接地装置出现异常现象的检修。

二、作业中危险点分析及控制措施

作业中危险点分析及控制措施见表 ZY1400905002-1。

表 ZY1400905002-1　　　　　　　　作业中危险点及控制措施

序号	危险点	控 制 措 施
1	人身触电	（1）接低压电源应有两人进行，一人监护，一人操作。 （2）检修电源必须带有漏电保护器，移动电具金属外壳必须可靠接地。 （3）搬运长物应放倒搬运。 （4）吊车、斗臂车进入现场应有专人监护、引导、按照指定路线行走，工作前应划定吊臂和重物的活动范围和回转方向，确保与带电体的安全距离。吊车、斗臂车外壳应可靠接地。 （5）在强电场下工作，工作人员应加装临时接地线或使用保安地线。 （6）雷雨天气不准检修地网
2	误入带电设备	（1）检修地点与相邻带电间隔必须用围栏明显隔离，并悬挂"止步，高压危险"标示牌，标示牌应面对检修设备。 （2）检修中断每次重新开始工作前，应认清工作地点，设备名称和编号，严禁无人监护单人工作
3	机械伤害	使用切割机、焊机、磨光机、弯板机、冲孔机等机械应穿防护服，配灭火器、戴防护手套等

三、检修作业前的准备

1. 检修前技术资料的准备

（1）根据运行中发现的缺陷及上次检修的情况确定主要的检修项目。

（2）准备有关检修的技术资料包括地网图纸、试验报告、上次检修报告和作业指导书等。

2. 工器具、材料、试验仪器的准备

准备工器具、材料、备品备件、试验仪器和仪表并用检修前的检查。

四、检修作业前的检查和试验

（1）接地线是否折断、损伤或严重腐蚀。

（2）接地支线与接地干线的连接是否牢固。

（3）接地点土壤是否因外力影响而有松动。

（4）重复接地线，接地体及其连线处是否完好无损。

（5）检查全部连接点的螺栓是否有松动，并应加以紧固。

（6）挖开接地引下线周围的地面，检查地下 0.5m 左右地线受腐蚀的程度，若腐蚀严重时应更换。

（7）检查接地线的连接卡及跨接线等的接触是否完好。

（8）人工接地体周围地面上，不应堆放或倾倒有强烈腐蚀性的物质。

五、接地装置检修作业步骤及工艺要求

1. 接地装置的检修

接地极的材料一般选用结构钢，其规格尺寸见表 ZY1400905002-2，接地体不应有锈蚀，如有锈蚀应清除干净，材料的厚薄和粗细应该一致，脆性铸铁不能用。

表 ZY1400905002-2 　　　　　　　　　　**结构钢接地体的规格**

材 料 类 别		最 小 尺 寸
角钢（厚度）（mm）		4
钢管（管壁厚度）（mm）		3.5
圆钢直径（mm）		8
扁 钢	截面面积（mm²）	48
	厚度（mm²）	4

（1）垂直接地极的检修。把接地体打入大地时，应与地面保持垂直有效深度不低于 2m，多级接地或接地网的接地体与接地体之间在地下应保持 2.5m 以上的直线距离，接地体垂直安装如图 ZY1400905002-1 所示。

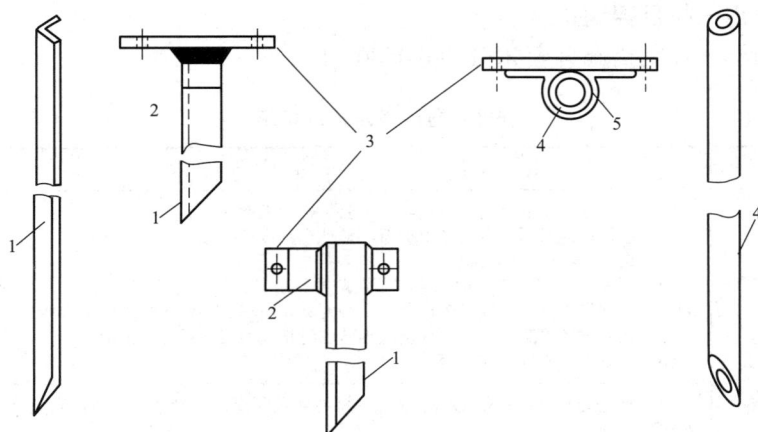

图 ZY1400905002-1　接地体垂直安装

1—角钢接地体；2—加固镶块；3—接地干线连接板；4—钢管接地体；5—骑马镶块

　　垂直接地体应采用角钢或钢管制成，下端削尖，除埋入地下长度外，应留出 100～200mm，以便接地线焊接。凡用螺钉连接的应预先钻好孔。

　　（2）水平接地极的检修。垂直接地极打好后，就可沿沟敷设水平接地极，要求立放接地带。因其散流电阻较小。扁钢与接地体连接要用焊接，可先在管子头部焊上一个 Ω 形卡子，如图 ZY1400905002-2 所示。然后将扁钢与卡子两端焊起来，或者直接将扁钢弯成弧形与接地体焊接。扁钢与钢管连接位置在距离接地体顶端约 100mm 处，引出线应焊接好，并露出地面 0.5m 以上。同时为防腐蚀要将引线涂漆，其他地下部分不需涂漆，但镀锌扁钢焊接部分要涂漆。接地带的连接采用搭接焊，其焊接长度必须为扁钢宽度的 2 倍。至少 3 个棱边焊接，圆钢作为接地时搭焊长度为直径的 6 倍。

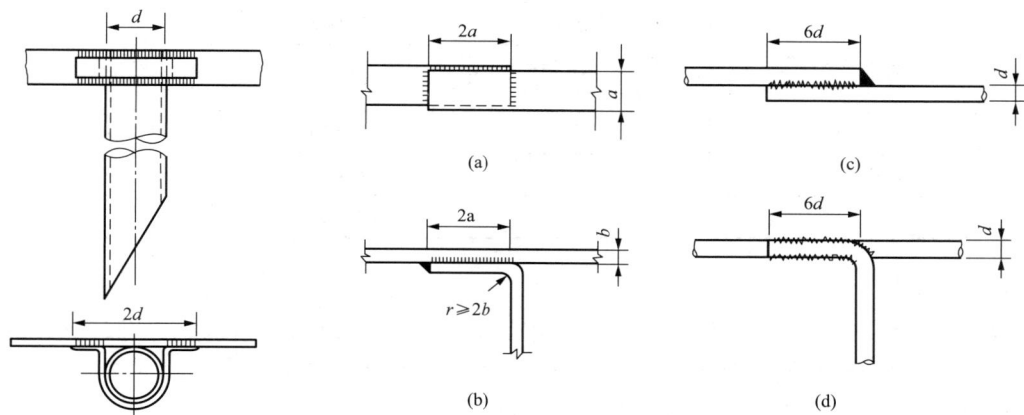

图 ZY1400905002-2　接地体焊接卡子及接地带的搭接焊

（a）扁钢直线搭接；（b）扁钢垂直分支；（c）圆钢直线搭接；（d）圆钢垂直分支

　　2. 接地装置出现异常现象的检修

　　（1）接地体的接地电阻值增大。一般是因为接地体严重锈蚀或接地体与接地干线接触不良引起的，应更换接地体或紧固连接处的螺栓或重新焊接。

　　（2）接地线局部电阻值增大。因为连接点或跨接过渡线轻度松散，连接点的接触面存在氧化层或污垢引起电阻值增大，应重新紧固螺栓或清氧化层和污垢后再拧紧。

　　（3）接地体露出地面。把接地体深埋，并填土覆盖、夯实。

　　（4）遗漏接地或接错位置。在检修中应重新安装时，应补接好或改正接线错误。

　　（5）接地线有机械损伤、断股或化学腐蚀现象。应更换截面积较大的镀锌或镀铜接地线，或在土壤中加入中和剂。

　　（6）连接点松散或脱落。发现后应及时紧固或重新连接。

　　3. 质量标准

　　（1）在接地装置检修结束后，其接地电阻测量结果应符合表 ZY1400905002-3 中的规定。

　　（2）接地线无折断、损伤、开焊或严重腐蚀。

　　（3）接地支线与接地干线的连接牢固。

　　（4）重复接地线，接地体及其连线处完好无损。

　　（5）接地装置焊接良好，搭接面积符合要求。

　　（6）接地线的连接卡及跨接线等的接触完好。

　　（7）人工接地体周围地面上，无强烈腐蚀性的物质。

　　（8）接地线与用电设备压接螺钉无松动、压接不实和连接不良。

　　（9）接地极截面满足热稳定校验要求。

　　（10）地网、接地装置接地电阻值符合表 ZY1400905002-3 中规定值。

表 ZY1400905002-3　　　　　　　　　电力设备接地电阻容许值

接地装置种类			工频接地电阻容许值	备　注
1000V 以上的高压设备	大接地短路电流系统（$I\geqslant$500A）	一般情况	$R = 2000/I$	高土壤电阻系数地区接地电阻容许提高，但不应超过 5Ω
		$I>$4000A	$R<0.5Ω$	
	小接地短路电流系统（$I<$500A）		$R\leqslant120/I$ 一般不应大于 10Ω	高土壤电阻系数地区接地电阻容许提高，但不应超过发变电 15Ω，其余 30Ω
1000V 以下的低压设备	中性点直接接地系统	发电机、变压器的工作接地	$R\leqslant4Ω$	高土壤电阻系数地区接地电阻容许提高，但不应超过 30Ω
		零线上的重复接地	$R\leqslant10Ω$	
	中性点不接地系统	一般情况	$R\leqslant4Ω$	
		发电机、变压器容量于 100kVA 时	$R\leqslant10Ω$	
利用大地作导线的电力设备	永久性工作接地		$R\leqslant50/I$	低压电网禁止使用大地作导线
	暂时性工作接地		$R\leqslant100/I$	
保护接地避雷针			$R\leqslant4Ω$	

六、收尾、验收

接地装置完毕后，应进行现场清理，并由工作负责人进行预验收，无问题后按照本单位有关规定申请正式验收，验收合格并经相关人员签字确认后，全部检修人员撤离工作现场并结束工作票。最后在规定的时间内向上级部门或运行单位提交安装的相关资料。

【思考与练习】

1. 接地装置在检修作业前的检查和试验项目有哪些？

2. 垂直接地体检修工艺要求是什么？

3. 接地装置异常现象有哪些？如何进行处理？

第十部分

互感器、电抗器的维护、检修

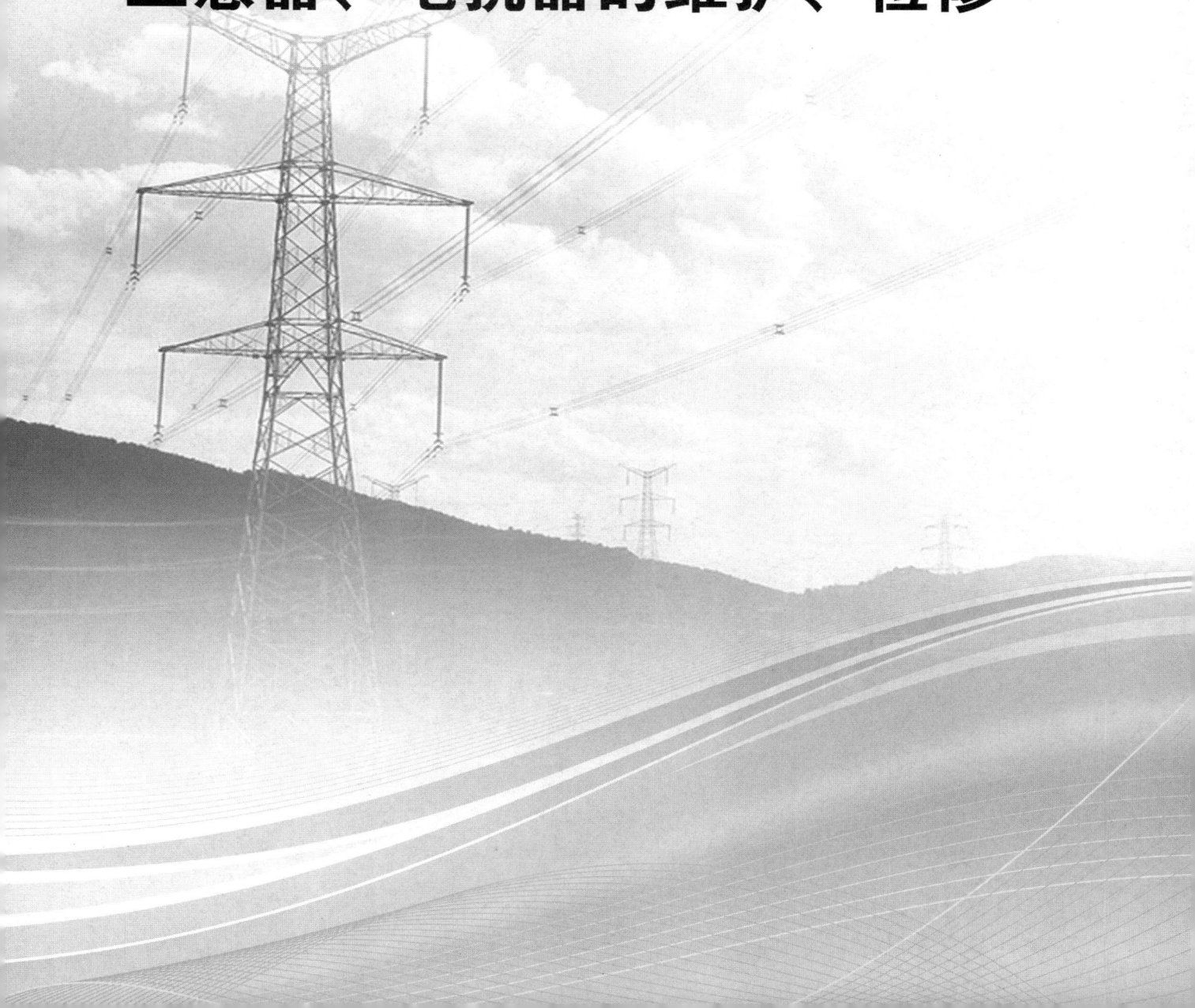

第三十六章 互感器维护、检修、改造、更换

模块 1 互感器检修、更换质量标准（ZY1600401002）

【模块描述】 本模块介绍互感器大修、小修的项目、内容、质量标准以及互感器更换的注意事项。通过概念描述、工艺要求介绍，掌握互感器检修工艺流程及质量要求。

【正文】

一、互感器检修分类及周期

1. 互感器检修的分类

互感器检修应贯彻以预防为主、诊断检修相结合的原则，分为小修、大修和临时性检修。

（1）互感器小修。一般指对互感器不解体进行的检查与修理，在现场进行。

（2）互感器大修。一般指对互感器解体，对内外部件进行的检查和修理。对于 200kV 及以上互感器宜在修试工厂和制造厂进行；SF₆ 互感器不允许现场解体，如有必要应返厂修理；浇注式互感器无大修；电容式电压互感器电容器部分不能在现场检修或补油，必要时应返厂修理。

（3）互感器临时性检修。一般指针对发现的异常现象进行的临时性检查与修理。

2. 互感器检修周期

（1）互感器小修周期。结合预防性试验和实际运行情况进行，1～3 年 1 次。

（2）互感器大修周期。根据互感器预防性试验、在线监测结果进行综合分析判断，认为必要时进行。

（3）互感器临时性检修周期。视运行中发现缺陷的严重程度进行。

二、互感器检修的基本要求

1. 检修人员的要求

（1）检修人员应熟悉电力生产的基本过程及互感器工作原理和结构，掌握互感器的检修技能，并通过年度《国家电网公司电力安全工作规程》考试。

（2）工作负责人应取得变电检修专业高级工以上技能鉴定资格，工作成员应取得变电检修或油务工作或电气试验专业中、初级工以上技能鉴定资格。

（3）现场起重工、电焊工持证电岗。

（4）对参加检修工作的人员应合理分工，一般要求工作负责人 1 人，工作班成员 3～4 人。

2. 工艺的基本要求

（1）互感器拆卸、安装过程中要求在无大风扬沙及其他污染的晴天进行，空气相对湿度不超过 80%，解体检修应在无尘且密封良好的专用检修间进行。

（2）器身暴露在空气中的时间应不超过以下规定：空气相对湿度小于等于 65% 时，器身暴露在空气中的时间应不大于 8h；空气相对湿度在 65%～75% 时，器身暴露在空气中的时间应不大于 6h。

（3）检修场地周围应无可燃爆炸性气体、液体或引燃火种，否则应采取有效的防范措施和组织措施。

（4）在现场进行互感器的检修工作，需做好防雨、防潮、防尘和消防措施，同时应注意与带电设备保持足够的安全距离，准备充足的施工电源及照明，安排好储油容器、拆卸附件的放置地点和消防器材的合理布置等。

（5）设备检修应停电，在工作现场布置好遮栏等安全措施。

（6）最大限度地减少对土地及地下水的污染，同时应最大限度地减少固体废弃物对环境的污染。

3. 检修前的准备

（1）检修前评估。检修前查阅档案，了解互感器的工作原理、结构特点、性能参数、运行年限、例行检查和定期检查及历年检修记录，曾发生的缺陷和异常情况及同类产品的障碍或事故情况等，来确定修理的范围及目标。

（2）制定检修方案。

（3）准备好主要施工器具、合格的材料及备品备件。

三、互感器小修内容及质量要求

1. 电磁式电压互感器和电流互感器小修的内容及质量要求

（1）金属膨胀器的检查。

1）检修内容：渗漏、油位指示、压力释放装置、固定与连接、外观。

2）检查方法：目测、力矩扳手。

3）质量要求：

a）膨胀器密封可靠，无渗漏，无永久变形。

b）油位指示或油温压力指示机构灵活，指示正确。

c）盒式膨胀器的压力释放装置完好正常，波纹膨胀器上盖与外罩连接可靠，不得锈蚀卡死，保证膨胀器内压力异常增高时能顶起上盖。

d）各部螺钉紧固，盒式膨胀器的本体与膨胀器连接管路畅通。

e）无锈蚀，漆膜完好。

（2）储油柜的检查。

1）检修内容：油位计、渗漏、橡胶隔膜、吸湿器、引线、外观。

2）检查方法：目测、力矩扳手。

3）质量要求：

a）油位计完好。

b）各部密封良好，无渗漏。

c）隔膜完好，无外渗油渍。

d）吸湿器完好无损。硅胶干燥，油杯中油质清洁，油量正常。

e）一次引接线连接可靠。

f）无锈蚀。

（3）瓷套的检查。

1）检修内容：外观。

2）检查方法：目测。

3）质量要求：

a）检查瓷套有无破损、裂痕、掉釉现象。瓷套破损可用环氧树脂修补裙边小破损，或用强力胶粘接修复碰掉的小瓷块。如瓷套径向有穿透性裂纹，外表破损面超过单个伞裙10%，或破损总面积虽不超过单个伞裙10%但同一方向破损伞裙多于2个的，应更换瓷套。

b）检查增爬裙的黏着情况及憎水性。若有黏着不良，应补粘牢固，若老化失效应予更换。

c）检查防污涂层的憎水性，若失效应擦净重新涂覆。

（4）油箱底座的检查。

1）检修内容：外观、渗漏、二次部分、压力释放装置、放油阀。

2）检查方法：目测、力矩扳手。

3）质量要求：

a）铭牌、标志牌完备齐全。外表清洁，无积污，无锈蚀，漆膜完好。

b）各部密封良好，无渗漏，螺栓紧固。

c）二次接线板应完整、绝缘良好、标志清晰，无裂纹、起皮、放电、发热痕迹。

d）小瓷套应清洁、无积污、无破损渗漏、无放电烧伤痕迹。

e）油箱式电压互感器的末屏、电压互感器的N（X）端引出线及互感器二次引线的接地端，应与底箱接地端子可靠连接。

f）膜片完好，密封可靠。

g）密封良好，油路畅通、无渗漏。

（5）绝缘电阻测试。

1）检修内容：＞1000MΩ。

2）检查方法：用2500V绝缘电阻表。

3）质量要求：数值比较低于1000MΩ，可能是绕组受潮、变压器油含水量高，如换油后绝缘电阻仍然低则应干燥绕组。

2.电容式电压互感器小修的内容及质量要求

（1）分压电容器的检查。

1）检修内容：参照油浸式互感器瓷套检查的方法检查电容器本体密封情况。

2）检查方法：目测。

3）质量要求：参照油浸式互感器瓷套检查质量要求。分压电容器应密封良好，无渗漏。

（2）电磁单元油箱和底座的检查。

1）检修内容：参照油浸式互感器箱和底座检查的方法检查油位，必要时按工艺要求补油。

2）检查方法：目测。

3）质量要求：参照油浸式互感器油箱和底座检查质量要求。油箱油位应正常。

（3）单独配置阻尼器的检查。

1）检修内容：对单独配置的阻尼器进行检查清扫，紧固各部螺栓。

2）检查方法：目测。

3）质量要求：阻尼器外观完好，接线牢靠。

（4）外表面的检查。

1）检修内容：清洁度。

2）检查方法：目测。

3）质量要求：外面应洁净、无锈蚀，漆膜完整。

3.SF_6互感器小修的内容及质量要求

SF_6互感器用SF_6气体作为主绝缘，互感器为全封闭式，气体密度由密度继电器监控，压力超过限值可通过防爆膜或减压阀释放。SF_6互感器对密封性能要求很高，检修时除更换一些易于装配的密封件外，不允许对密封壳解体，必要时返厂修理。

（1）更换防爆片应在干燥、清洁的室内进行，更换前应将SF_6气体全部回收，然后用干燥的氮气对残余SF_6气体置换若干次，并经吸附剂处理后放置在安全地方。

（2）回收的SF_6气体应进行含水量试验，当含水量超出500μL/L（20℃）时，要进行脱水处理。

（3）清除复合绝缘套管的硅胶伞裙外表积污，一般用肥皂水或酒精控洗，严禁用矿物油、甲苯、氯仿等化学药品。

（4）检查一次引线连接，如有过热，应清除氧化层，涂导电膏或重新紧固。

（5）检查气体压力表和SF_6密度继电器应完好，如有破损应更换新品，SF_6气体压力低于规定值时应补气。

四、互感器大修内容及质量要求

（一）电磁式电压互感器和电流互感器大修的内容及质量要求

1.外部检修内容及质量要求

（1）瓷套的检修。

1）检修内容：清除外表积污；修补破损瓷裙；在污秽地区若爬距不够，可在清扫后涂防污闪涂料或加装硅橡胶增爬裙；查防污涂层的憎水性，若失效应擦净重新涂覆，增爬裙失效时应更换。

2）检查方法：目测。

3）质量要求：

a）瓷套外表清洁无积污。

b）瓷套外表修补良好。如瓷套径向有穿透性裂纹，外表破损面超过单个伞裙 10%，或破损总面积虽不超过单个伞裙 10%但同一方向破损伞裙多于 2 个的，应更换瓷套。

c）检查增爬裙的黏着情况及憎水性。若有黏着不良，应补粘牢固，若老化失效应予以更换。

d）检查防污涂层的憎水性，若失效应擦净重新涂覆。

e）涂料及硅橡胶增爬裙的憎水性良好。

（2）渗漏油的检查。

1）检修内容：储油柜、瓷套、油箱、底座有无渗漏；检查油位计、瓷套的两端面、一次引出线、二次接线板、末屏及监视屏引出小瓷套、压力释放阀及防油阀等部位有无渗漏。

2）检查方法：目测。

3）质量要求：各组件、部件应无渗漏，密封件中尺寸规格与质量符合要求，无老化失效现象；密封部位螺栓紧固。

（3）油位或盒式膨胀器的油温压力指示的检查。

1）检修内容：油温压力指示是否正确。

2）检查方法：目测。

3）质量要求：油位指示值应与环境温度相符。

（4）二次接线板的检查。

1）检修内容：二次接线板的绝缘、外观接地端子是否可靠接地。

2）检查方法：目测，用 2500V 绝缘电阻表测量。

3）质量要求：

a）二次接线板应完整，绝缘良好，标志清晰，无裂纹、起皮、放电、发热痕迹。小瓷套应清洁、无积污，无破损渗漏，无放电烧伤痕迹。

b）油浸式电流互感器的末屏，电压互感器的 N（X）端引出线及互感器二次引线的接地端，应与接地端子可靠连接。

（5）接地端子的检查。

1）检修内容：发现接触不良应清除锈蚀后紧固。

2）检查方法：目测，用力矩扳手。

3）质量要求：接地可靠，接地线良好。

2. 器身大修的内容及质量要求

（1）器身是否清洁的检查。

1）检修内容：检查绕组、铁芯、绝缘支架等表面有无油垢、金属粉末及非金属颗粒等物。可用海绵泡沫塑料块清除或用合格变压器油冲洗。

2）检查方法：目测。

3）质量要求：器身表面清洁，无油污、金属粉末及非金属颗粒等异物。

（2）绕组外包布带的检查。

1）检修内容：发现破损或松包，应予修整或用烘干的直纹布带重新半叠包绕扎紧。

2）检查方法：目测，用手指按压。

3）质量要求：绕组外包布带应完好扎紧，无破损或松包现象。

（3）绕组端环、角环等端绝缘物及绕组表面绝缘的检查。

1）检修内容：发现过热或电弧放电痕迹，应查明原因进行处理；若发现端绝缘受潮变形，应干燥处理或予以更换。

2）检查方法：目测。

3）质量要求：绕组表面绝缘、端绝缘应完好无损，绝缘状况良好，无受潮、绝缘老化及放电现象。

（4）电磁式电压互感器上下绕组的绝缘隔板的检查。

1）检修内容：发现位移应调整后固定，若受潮、损坏或变形，则应干燥处理或予以更换。

2）检查方法：目测。

3）质量要求：绝缘隔板应完好无损，绝缘状况良好，无位移、变形或折断。

（5）一、二次绕组，剩余绕组的引线及平衡绕组连接的检查。

1）检修内容：检查焊接是否牢靠，发现脱焊、断线等现象，应重新焊牢。

2）检查方法：目测。

3）质量要求：各绕组连线及引线应焊接牢靠，无断线、脱焊等现象。

（6）一、二次绕组，剩余绕组的引线及平衡绕组的外包绝缘层的检查。

1）检修内容：发现引线外包绝缘层松脱或破损时，应用电工绸布带、皱纹纸包扎后，再用直纹布带扎紧。

2）检查方法：目测，用手指按压。

3）质量要求：各引线外包绝缘层应完好，无破损、松脱现象。器身绝缘无过热或放电痕迹。

（7）一次上、下绕组的连线及平衡绕组与铁芯的等电位连接的检查。

1）检修内容：检查连接是否可靠。

2）检查方法：目测，用力矩扳手试紧。

3）质量要求：一次上、下绕组的连线及平衡绕组与铁芯等电位连接可靠。

（8）器身绝缘支架绝缘是否完好的检查。

1）检修内容：发现受潮、变形、起层、剥离、开裂或放电痕迹应与更换；若绝缘支架与铁芯连接松动，应拧紧螺母予以紧固。

2）检查方法：目测，用手轻轻晃动支架。

3）质量要求：绝缘支架应无受潮、变形、起层、剥离、开裂或放电痕迹；绝缘支架与铁芯连接牢靠。

（9）铁芯的检查。

1）检修内容：检查铁芯是否完好，有无铁锈，若发现铁芯叠片不规整，硅钢片有翘边，可用木槌或铜锤打平整；若叠片不紧密，应拧紧夹件螺栓将其夹紧；对铁芯外表锈蚀应擦除；如果发现铁芯有过热或电弧烧伤，则应查明原因进行处理。

2）检查方法：目测。

3）质量要求：铁芯叠片平整、紧密，硅钢片绝缘漆膜良好，无脱漆及锈蚀现象；铁芯无过热、电弧烧伤痕迹。

（10）测量穿芯螺杆对铁芯绝缘的检查。

1）检修内容：检查绝缘是否良好，若发现绝缘不良，应检查穿芯螺杆的绝缘套管及绝缘层是否良好，不良者应予更换。

2）检查方法：用1000V绝缘电阻表。

3）质量要求：穿芯螺杆应紧固，其绝缘套管及绝缘垫片应完好无损，绝缘电阻大于1000MΩ。

（11）铁芯与穿芯螺杆连接片的检查。

1）检修内容：连接片与铁芯只有一点连接。如果发现铁芯连接片横搭在铁芯上，硅钢片多点短接，则应用绝缘纸板将其隔离，若连接片松动，应重新插好。

2）检查方法：目测。

3）质量要求：铁芯连接片应可靠插接，保证铁芯与穿芯螺杆仅一点连接，连接片不得将硅钢片多片短接。

（12）油浸式互感器接地的检查。

1）检修内容：铁芯处于地电位的油浸式互感器应保证铁芯一点可靠接地。检查内容及处理方法同上。

2）检查方法：目测。

3）质量要求：油浸式互感器的铁芯连接片应可靠插接，并保证铁芯一点接地。

3．零部件的检修及质量要求

（1）小瓷套管的检修。

1）检修内容：互感器一次、二次引出，末屏与监测屏引出以及一次 N 端引出的小瓷套若无渗漏，则不必拆卸，如渗漏应按以下步骤检修：

a）如有脏物应清擦干净。

b）更换破损压裂的小瓷套。

c）更换老化失效的密封圈。

d）紧固引出导电杆的螺母。

2）检查方法：目测，用力矩扳手试紧。

3）质量要求：

a）小套管表面清洁无脏物。

b）瓷件完好无破损。

c）密封可靠，无渗漏油。

d）导杆螺母紧固不松动。

（2）金属膨胀器的检修。

1）检修内容：参照小修部分。

2）检查方法：与小修相同。

3）质量要求：参照小修部分。

（3）储油柜的检修。

1）检修内容：参照小修部分。

2）检查方法：与小修相同。

3）质量要求：参照小修部分。

（4）油箱、底座的检修。

1）检修内容：除参照小修部分外，还有以下检测项目：

a）检查焊缝，若发现渗漏点应认真查找并补焊。

b）检查内腔是否清洁，若有脏物应先清理，再用热水清洗后烘干；若内壁绝缘漆涂层脱落，应用耐油绝缘漆补漆。

2）检查方法：目测，手试。

3）质量要求：除参照小修部分外，尚有：

a）油箱与底座的接缝焊接可靠，无渗漏油。

b）内腔清洁，绝缘涂层良好。

（5）二次接线板的检查。

1）检修内容：

a）检查二次端子有无渗透漏，如发现渗漏可拧紧导电杆螺母，更换失效密封圈。

b）检查二次接线板上的接线标志，如发现短缺应补全。

c）检查二次接线板表面是否脏污及受潮，如有脏污应清擦干净，如受潮应做干燥处理，如端子间有放电烧伤痕迹，可刮掉后再用环氧树脂修补。

2）检查方法：目测，用力矩扳手。

3）质量要求：

a）二次导电杆处无渗漏。

b）接线标志牌完整，字迹清晰。

c）二次接线板清洁，无受潮、无放电烧伤痕迹。

（6）瓷套的检查。

1）检修内容：

a）检查外表，瓷套清擦及修补参照小修部分。

b）检查内腔是否清洁，若脏污应先清理，再用热水清洗后烘干。

c）检查防污闪涂料的憎水性，大修时应擦除重涂。

d）检查增爬裙的黏着情况及憎水性。若发现黏着不良，应补粘牢固，苦老化失效应更换。

2）检查方法：目测，手试。

3）质量要求：

a）瓷套外表清洁完好，瓷套修补质量标准与小修相同。

b）瓷套内腔应清洁干燥。

c）涂料憎水性良好。

（7）压力释放器的检修。

1）检修内容：

a）换破裂的压力释放器的防爆膜。

b）若有渗漏，可拧紧螺钉或更换老化失效的密封圈。

2）检查方法：目测。

3）质量要求：

a）防爆膜片完好无损。

b）密封可靠、无渗漏。

（8）放油阀的检修。

1）检修内容：

a）修理渗漏油缺陷。

b）加装密封取油样的取样阀。

2）检查方法：目测。

3）质量要求：

a）无渗漏。

b）满足密封取油样的要求。

（9）加装膨胀器密封改造。

1）检修内容：详见 DL/T 727—2000《互感器运行检修导则》附录 B。

2）质量要求：盒（节）数正确，无渗漏，油位或温度压力指示正确。

（二）电容式电压互感器大修的内容及质量要求

1．外部大修内容及质量要求

（1）瓷套的检修。

1）检修内容：参照油浸式互感器。

2）检查方法：参照油浸式互感器。

3）质量要求：参照油浸式互感器。

（2）电磁单元渗漏的检修。

1）检修内容：检查互感器电磁单元及油位计、中压套管、二次接线板、防油阀等密封部位。如有渗漏可参照油浸式互感器渗漏方法排除。

2）检查方法：目测，用力矩扳手试紧。

3）质量要求：油箱及结合处污渗漏。

（3）分压电容器油压指示的检查。

1）检修内容：对于有油压指示的分压电容器，观察油压是否在规定的温度标线上。对于用其他方法测量油压的电容器，应按规定测量油压，如油压过低，应与制造厂联系补油。

2）检查方法：目测。

3）质量要求：油压符合规定。

（4）互感器铭牌及接线标志的检查。

1）检修内容：互感器的铭牌及接线标志如有缺损应补全。

2）质量要求：铭牌及标志齐全清晰。

2. 电磁单元大修内容质量要求

（1）中压变压器一、二次绕组的检查。

1）检修内容：若有脏污应擦除干净，若外包布带松开应修整严实，若有放电痕迹应查明原因并用新布带重新包覆。

2）检查方法：目测。

3）质量要求：绕组表面清洁，无变形、位移；引线长短适宜，无扭曲；接头表面平整、清洁、光滑无毛刺。

（2）阻尼器的检查。

1）检修内容：若发现部件有损坏应予更换。

2）检查方法：试验。

（3）避雷器或放电间隙的检查。

1）检修内容：若有损坏应更换。

2）检查方法：试验、测量。

（4）补偿电抗器的检查。

1）检修内容：有放电痕迹应查明原因并用新布带重新包覆。

2）检查方法：目测。

3）质量要求：绕组表面清洁、无变色，无放电过热痕迹，铁芯坚固严实、无松动。

（5）二次接线板的检查。

1）检修内容：是否密封、清洁，有无放电痕迹，必要时应修复。轻微放电炭化点可刮除，严重时更换。

2）检查方法：目测。

3）质量要求：密封良好，无渗漏，表面清洁，绝缘表面良好。

（6）油箱的检查。

1）检修内容：如焊缝渗漏应补焊，若有脏污应清洗干净，如有锈蚀、漆脱落应补漆。

2）检查方法：目测，手试。

3）质量要求：内部清洁，无锈蚀、无渗漏、无油腻沉积，漆膜完好。

3. 电磁单元绝缘油要求

电磁单元绝缘油要求见表 ZY1600401002-1。

表 ZY1600401002-1　　　　　　　　电磁单元绝缘油要求

绝缘介质	击穿电压（kV/2.5mm）	酸值（mgKOH/g）	介质损耗因数（90℃）
变压器油	>45	<0.015	<0.005
十二烷基苯	>60	<0.015	<0.001 3

五、互感器大修关键工序质量控制

1. 解体

（1）起吊互感器时，应使用强度足够的尼龙绳，避免损伤外绝缘。

（2）互感器的解体应在清洁无尘的室内进行，避免污染器身。

（3）各附件及零件应做好定位标记，以便按原位装复。

（4）拆卸的附件及零件注意密封保存，防止受潮、污染。

2. 检查

（1）检查时切勿将金属物遗留在器身内，不得破坏或随意改变绝缘状态。

（2）所有紧固件应用力矩扳手或液压设备进行定量紧固控制。

（3）专用工具应由专人保管，完工后须清点，如有缺漏应查明原因。

（4）对检修前确定的检修内容认真排查，确保缺陷消除。

（5）应进行检修前后相关的电气试验，以便检验检修质量。

（6）对所有的附件，均要进行检查和测试，只有达到技术标准要求后才能装配。对不合格附件，如经检修仍不能达到技术标准要求，要更换成合格品。

3. 抽真空

根据互感器暴露空气时间，对互感器进行预抽真空，110kV（66kV）1h，220kV 以上 6h，真空残压不大于 133Pa。

（1）注油时应核对油的牌号是否相同，各油化及电气指标是否达到要求。

（2）真空注油时，不宜采用麦氏真空计，以防水银吸入互感器内部。

（3）真空注油时，应采用透明管，并加装止回阀。

（4）真空注油，直到油面浸没器身 10cm 左右，进行真空浸渍脱气，真空残压不大于 133Pa，110kV（66kV）互感器 8h，220kV 及以上 16h。

（5）卸下临时盖板装上膨胀器，接入补油系统，抽真空 30min，残压不大于 133Pa，然后将油补至规定的温度压力指针位置。

4. 干燥

（1）干燥前放尽绝缘油，合上加热电源，使器身温度均匀升至 70℃。

（2）合上真空泵电源闸刀，启动真空泵，均匀提高瓷套内的真空度，升到 53kPa 时维持 3h，继续升至 80kPa 维护 3h，最后升至真空残压不大于 133Pa，进行高真空阶段，直到干燥结束。

（3）监控绕组温度不得超过 80℃。

（4）干燥终止后，应使器身在 40℃ 左右进行真空注油，注油前应放尽干燥过程中从绝缘纸层中逸出的绝缘油，真空注油要符合要求。

（5）测量绝缘电阻，介质损耗因数，结果应符合 DL/T 596—1996 的要求。

（6）真空泵可选用 2X-2 型或 2X-4 型旋片式真空泵，真空管路应选用真空胶管。

（7）抽真空操作程序应先开泵再开启阀门，停止时应先关阀门再停泵。真空泵应有电磁阀以防泵油回抽。

（8）高真空阶段应采用麦氏真空计测量，低真空时用指针式真空表即可。

5. 装配

（1）装配前应确认所有附件、零件均符合技术要求，彻底清理，使外观清洁、无油污和杂物，并用合格的变压器油冲洗与油直接接触的附件、零件。

（2）装配时，应按图纸装配，确保电气距离符合要求，各附件装配到位，固定牢靠。同时应保持油箱内部清洁，防止有杂物掉入油箱内，如有任何东西可能掉入油箱内，都应报告并保证排除。

（3）电容式电压互感器装配完后，需要进行准确度测量，测量按照 GB/T 4703—2007《电容式电压互感器》的规定进行。如测量结果不能满足相应准确等级的要求，可通过调整中压变压器和补偿电抗器的分接头来满足。

（4）对于更换过阻尼元件的电容式电压互感器，应进行铁磁谐振调试，按 GB/T 4703—2007 的要求进行。如测量结果不能满足铁磁谐振特性要求，应调整阻尼元件参数直至满足为止。

（5）结合本体检修更换所有密封件。

（6）所有连接或紧固处均应用锁母紧固。

（7）装配后，应及时清理工作现场，清洁油箱及附件。

6. 绝缘油处理

（1）禁止注入互感器内不同牌号的变压器油。

（2）注入互感器内的变压器油，通过真空滤油机进行再生处理，予以脱气、脱水和去除杂质，其质量应符合 GB/T 7595—2008《运行中变压器油质量》规定。

模块 1

ZY1600401002

（3）注油后，应从互感器底部的放油阀取油样，进行油简化分析、电气试验、气体色谱分析及微水试验。

（4）现场应准备充足清洁的变压器油储存容器。

7. 注油

（1）根据地区最低温度，选用不同牌号的变压器油，但不得使用再生油。检修后注入变压器内的变压器油，其质量应符合相关标准。

（2）真空注油时，应尽量避免使用麦氏真空表，以防麦氏表中的水银吸入互感器本体。

（3）真空注油时应采用透明管，应防止管道破损吸入杂物进箱体，应在箱体接口处加装止回阀等措施。

（4）真空注油过程，应避免在雨天进行，其真空度、持续时间、注油速度等应严格按照制造厂的要求进行。

（5）对于有油压指示的分压电容器测量电压，如油压过低，应与制造厂联系补油。

（6）电磁单元浸渍处理后，应尽快装配，绝缘油应符合要求。

8. 补漆

（1）互感器喷漆部位：膨胀器外罩及上盖、储油柜、油箱、底座等金属部件的外表面。

（2）喷漆前先用金属清洗剂清除表面油垢及污秽。

（3）对漆膜脱落裸露的金属部分，先除锈后补涂防锈底漆。

（4）喷漆前应遮挡瓷表面、油位计、铭牌、接地标志等不应喷漆的部位。

（5）为使漆膜均匀，应采用喷涂的方法，喷枪气压控制在 0.2～0.5MPa 之间。

（6）先喷底漆，漆膜后度为 0.05mm 左右，要求光滑、无流痕、垂珠现象。待底漆干后，再喷涂面漆。若发现斑痕、垂珠，可清除磨光后再补喷。

（7）若原有漆膜仅少量部分脱落，经局部处理后，可直接喷涂面漆一次。

（8）漆膜干后应不黏手，无皱纹、麻点、气泡和流痕，漆膜黏着力、弹性及坚固性应满足要求。

六、互感器更换注意事项

（1）个别互感器在运行中损坏需要更换时，应选用电压等级、变比与原来相同，极性正确，伏安特性或励磁特性相近的互感器，并经试验合格。

（2）因变比变化而需要整组更换电流互感器时，还应注意重新审核保护定值以及计量、仪表倍率。

（3）整组更换电压互感器时，还应注意如二次与其他互感器需要并列运行的，要检查接线组别并核对相位。

（4）更换二次电缆时，应考虑截面、芯数等必须满足要求，并对新电缆进行绝缘电阻测定，更换后应进行必要的核对，防止接错线。

七、电流互感器一次变比调整

电流互感器一次变比调整就是改变一次绕组段间的串、并联关系，从而实现电流比的变换。

1. 几种常见型号电流互感器一次绕组连接示意图

（1）LJW-10（12）电流互感器一次绕组连接示意图，如图 ZY1600401002-1 所示。

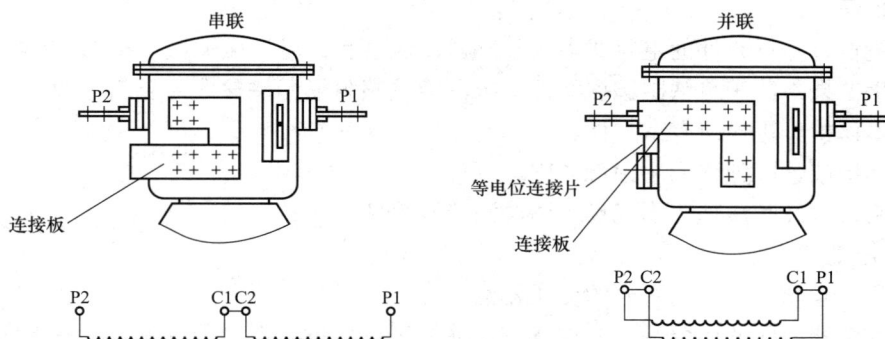

图 ZY1600401002-1　LJW-10（12）电流互感器一次绕组连接示意图

（2）LAB6-35（40.5）电流互感器一次绕组连接示意图，如图 ZY1600401002-2 所示。

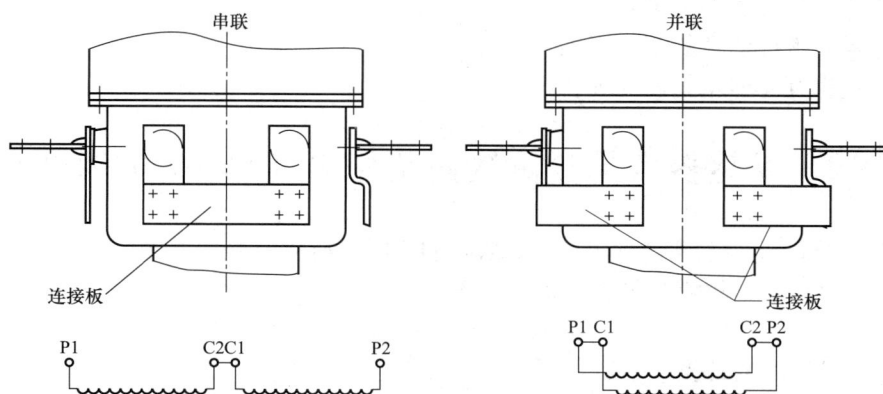

图 ZY1600401002-2 LAB6-35（40.5）电流互感器一次绕组连接示意图

（3）LB7-110（126）电流互感器一次绕组连接示意图，如图 ZY1600401002-3 所示。

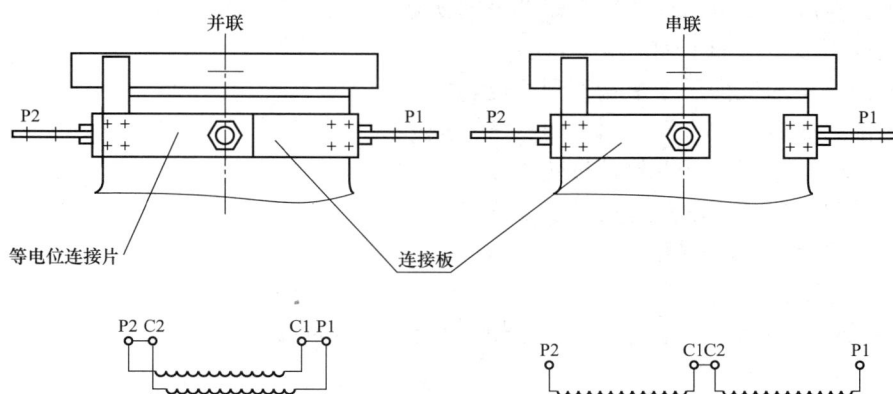

图 ZY1600401002-3 LB7-110（126）电流互感器一次绕组连接示意图

（4）LB7-220（252）电流互感器一次绕组连接示意图，如图 ZY1600401002-4 所示。

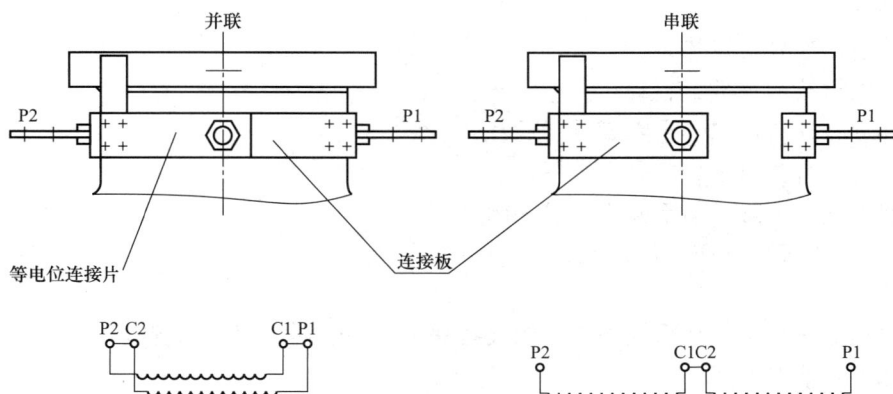

图 ZY1600401002-4 LB7-220（252）电流互感器一次绕组连接示意图

2. 电流互感器一次变比调整注意事项

（1）电流互感器一次变比调整进行换接时，必须按厂家产品说明书示意的连接方式进行相应的换位。

（2）电流互感器一次变比调整进行换接时，必须使用产品出厂时附带的专用等电位连接片，不用的等电位连接片应妥善保管。

（3）电流互感器一次变比调整换接后，必须经变比试验合格满足要求，才能投入运行。

（4）电流互感器一次变比调整时，还应注意保护定值的重新审定，对计量、仪表倍率的相应调整。

【思考与练习】

1. 简述互感器检修工艺的基本要求。

2. 简述互感器更换应注意的基本事项。

3. 简述如何进行互感器检修前的准备。

模块 2　互感器常见故障缺陷及原因（ZY1600401003）

【模块描述】本模块介绍互感器常见故障、缺陷的原因分析以及处理方法。通过原因分析和处理方法的介绍，掌握互感器常见故障缺陷的判断及处理。

【正文】

一、互感器常见缺陷的分类

互感器缺陷常指互感器任何部件的损坏、绝缘不良或不正常的运行状态，分为危急缺陷、严重缺陷和一般缺陷。

1. 危急缺陷

设备发生了直接威胁安全运行并需立即处理的缺陷，否则随时可能造成设备损坏、人身伤亡、大面积停电和火灾等事故。例如下列情况等：

（1）设备漏油，从油位指示器中看不到油位。

（2）设备内部有放电声响。

（3）主导流部分接触不良，引起发热变色。

（4）设备严重放电或瓷质部分有明显裂纹。

（5）绝缘污秽严重，有污闪可能。

（6）电压互感器二次电压异常波动。

（7）设备的试验、油化验等主要指标超过规定不能继续运行。

（8）SF_6 气体压力表为零。

2. 严重缺陷

缺陷有发展的趋势，但可以采取措施坚持运行，列入月计划处理，不致造成事故者。例如下列情况等：

（1）设备漏油。

（2）测量设备内部异常发热。

（3）工作、保护接地失效。

（4）瓷质部分有掉瓷现象，不影响继续运行。

（5）充油设备中有微量水分，呈现淡黑色。

（6）二次回路绝缘下降，但下降不超过 30%。

（7）SF_6 气体压力表指针在红色区域。

3. 一般缺陷

一般缺陷是指上述危急、严重缺陷以外的设备缺陷。指性质一般，情况较轻，对安全运行影响不大的缺陷。例如下列情况。

（1）储油柜轻微渗油。

（2）设备上缺少不重要的部件。

（3）设备不清洁，有锈蚀现象。

（4）二次回路绝缘有所下降。

（5）非重要表计指示不准。

（6）其他不属于危急、严重的设备缺陷。

发现危急和严重缺陷，运行人员必须立即向有关部门汇报，密切监视发展情况，必要时可迅速将有缺陷的设备退出运行。出现一般缺陷，运行人员将缺陷内容记入相关记录，由负责人汇总按月度汇报。一般缺陷可在一个检修周期内结合设备检修、预试等停电机会进行消缺。

二、互感器常见缺陷原因及处理

1. 互感器进水受潮

（1）主要现象。绕组绝缘电阻下降，介质损耗超标或绝缘油微水超标。

（2）原因分析。产品密封不良，使绝缘受潮，多伴有渗漏油或缺油现象，以老型号互感器为多，通过密封改造后，这种现象大为减少。

（3）处理办法。应对互感器进行器身进行干燥处理，如轻度受潮，可用热油循环干燥处理，严重受潮者，则需进行真空干燥。对老型号非全密封结构互感器，应进行更换或加装金属膨胀器。

2. 绝缘油油质不良

（1）主要现象。绝缘油介质损耗超标，含水量大，简化分析项目不合格，如酸值过高等。

（2）原因分析。原制造厂油品把关不严，加入了劣质油；或运行维护中，补油时未作混油试验，盲目补油。

（3）处理办法。新产品返厂更换处理。如是投运多年的老产品，可根据情况采用换油或进行油净化处理。

3. 绝缘油色谱超标

（1）主要现象。设备运行中氢气或甲烷单项含量超过注意值，或者总烃含量超过注意值。

（2）原因分析。对于氢气单项超标可能与金属膨胀器除氢处理或油箱涤化工艺不当有关，如果试验数据稳定，则不一定是故障反映，但当氢气含量增长较快时，应予注意。甲烷单项过高，可能是绝缘干燥不彻底或老化所致。对于总烃含量高的互感器，应认真分析烃类气体成分，对缺陷类型进行判断，并通过相关电气试验进一步确诊。当出现乙炔时应予高度重视，因为它是反映放电故障的主要指标。

（3）处理办法。首先视情况补作相关电气试验，进一步判断缺陷性质。如判断为非故障原因，可进行换油或脱气处理。如确认为绝缘故障，则必须进行解体检修，或返厂处理或更换。

三、电磁式电压互感器常见故障的处理

1. 谐振故障

（1）故障现象。中性点非有效接地系统中，三相电压指示不平衡。一相降低（可为零）而另两相升高（可达线电压），或指针摆动，可能是单相接地故障或基频谐振。如三相电压同时升高，并超过线电压（指针可摆到头），则可能是分频或高频谐振。中性点有效接地系统，母线倒闸操作时，出现相电压升高并以低频摆动，一般为串联谐振现象。

（2）故障处理。操作前应有防谐振预案，准备好消除谐振措施。操作过程中，如发生电压互感器谐振，应采取措施破坏谐振条件以消除谐振。在系统运行方式和倒闸操作中，应避免用带断口电容的断路器投切带有电磁式电压互感器的空母线，运行方式不能满足要求时，应采取其他措施，例如更换为电容式电压互感器。对电容式电压互感器应注意可能出现自身铁磁谐振，安装验收时对速饱和阻尼方式要严格把关，运行中应注意对电磁单元进行认真检查，如发现阻尼器未投入或出现异常，互感器不得投入运行。

2. 二次电压降低

（1）故障现象。二次电压明显降低，可能是下节绝缘支架放电、击穿或下节一次绕组匝间短路。

（2）故障处理。这种互感器的严重故障，从发现到互感器爆炸时间很短，应尽快汇报调度，采取停电措施，在此期间不得靠近异常互感器。

四、电容式电压互感器二次电压异常的主要原因及处理

（1）二次电压波动。引起的主要原因可能为：二次连接松动，分压器低压端子未接地或未接载波线圈，电容单元被间断击穿，铁磁谐振。

（2）二次电压低。引起的主要原因可能为：二次接触不良，电磁单元故障或电容单元 C2 损坏。

（3）二次电压高。引起的主要原因可能为：电容单元 C1 损坏，分压电容接地端未接地。

（4）开口三角电压异常升高。引起的主要原因为：某相互感器电容单元故障。

（5）二次无电压输出。引起的主要原因为：一次接线端子绝缘不良或直接碰及油箱。

上述异常的处理办法为：在安全确保的条件下进行带电检查，必要时停电进行相关电气试验检查，判断引起异常的原因，针对异常原因进行相关处理，必要时进行更换。

五、电流互感器带电异常的处理

（1）电流互感器过热。可能是一次端子内外接头松动，一次过负荷或二次开路。应立即停运，经相关检查、试验，查找过热原因，并进行消除，必要时进行更换、增大变比。

（2）电流互感器产生异常声响。可能是有电位悬浮、末屏开路及内部绝缘损坏，二次开路，铁芯或零件松动。应立即停运，经相关检查、试验，查找原因，必要时进行更换。

六、互感器 SF$_6$ 气体含水量超标处理

运行中应监测互感器 SF$_6$ 气体含水量不超过 300μL/L，若超标应尽快退出运行，并通知厂家处理。如进行脱水处理，其方法如下：

（1）准备好干燥的 SF$_6$ 气体和回收气体的容器。

（2）将气体回收处理装置接入互感器本体上的自密封充气接头，回收互感器内的 SF$_6$ 气体。

（3）对互感器内部残存气体清理，将真空泵连接到互感器本体上的自密封充气接头，抽真空残压 133Pa，持续 0.5h，然后用干燥氮气多次冲洗，残余气体应经过吸附剂处理后排放到不影响人员安全的地方。

（4）将互感器内吸附剂取出，递入干燥箱内进行干燥处理，在 450～550℃温度下干燥 2h 以上，为了防止吸潮，应在 15min 内尽快将干燥好的吸附剂装入互感器内。

（5）对互感器进行真空检漏，抽真空到残压约 133Pa，立即关闭气体出口阀门，保持 4h 再测量互感器残压，起始压力与最终压力差不得超过 133Pa，如不符合要求，则说明互感器存在泄漏应予处理。

（6）向互感器充 SF$_6$ 气体，逐渐打开气体回收处理装置的阀门，缓慢地充入经处理合格的 SF$_6$ 气体，直至达到额定压力，静置 24h 后进行 SF$_6$ 气体含水量测量，直至合格。

【思考与练习】

1. 简述互感器受潮的原因分析及处理方法。
2. 简述电磁式电压互感器谐振故障的现象及处理方法。

第三十七章　电抗器的检查、维护

模块 1　电抗器的检查、维护（ZY1600406001）

【模块描述】本模块介绍电抗器的基本结构、工作原理以及电抗器检修项目、周期及质量标准。通过原理讲解、工艺要求介绍，掌握电抗器的检查、维护的内容和要求。

【正文】

一、电抗器基本结构和原理

（一）电抗器的基本结构

1. 空芯式电抗器

空芯式电抗器的结构形式多种多样。如用混凝土将绕好的电抗器绕组装成一个牢固的整体，则称为水泥电抗器；如用绝缘压板和螺杆将绕好的绕组拉紧，则称为夹持式空芯电抗器；如将绕组用玻璃丝包绕成牢固整体，则称为绕包式空芯电抗器。空芯电抗器通常是干式的，也可以是油浸式结构。

（1）水泥电抗器。它是一个无导磁材料的空芯电感线圈。电抗器的绕组是用导线在同一平面上绕成螺线形的饼式线圈叠成，沿线圈圆周均匀对称的位置上设有支架并浇灌水泥成为水泥支柱作为管架，将饼式线圈固定在管架上。

（2）干式空芯电抗器。干式空芯电抗器的优点是：维护简单，运行安全；无导磁材料，不存在铁磁饱和，电感值不会随电流变化而变化；线性度好；采用铝合金星形吊臂结构，机械强度高，涡流损耗小，可满足绕组分数匝的要求；所有接头全部焊接到上、下吊架的铝接线臂上，一般不用螺栓连接，以保证绕组的高度可靠性；并可避免油浸式电抗器漏油、易燃等缺点。

其结构是：

1）线圈的导线截面可分成许多绝缘的小截面铝导线（$\phi2 \sim \phi4$），多股导线平行绕制可以进一步降低匝间电压；匝间绝缘强度高，可降低由谐波引起的涡流和漏磁损耗，具有高品质因数。

2）采用多层并联绕组结构，层间有通风道，线圈层间采用聚酯玻璃纤维引拔棒作为轴向散热气道，对流自然，冷却散热好，由于电流分布在各层，更能满足动、热稳定的要求。

3）根据需要，电抗器绕组的电感可以做成带抽头可调或者连续可调，电感的变化可达±5%或更大，绕组外部由环氧树脂浸透的玻璃纤维包封整体高温固化，整体性强，噪声水平低于60dB，机械强度比铝、铜高几倍，可耐受大短路电流的冲击。

4）电抗器外表面涂以三层特殊抗紫外线、抗老化的硅有机漆，能承受户外恶劣的气象条件，使用寿命可达30年。

2. 铁芯式电抗器

铁芯式电抗器也有单相与三相、油浸式与干式之分。铁芯带气隙是铁芯电抗器铁芯的特点。由于衍射磁道包括很大的横向分量，它将在铁芯和绕组中引起极大的附加损耗。因此，为减小衍射磁通，需将总气隙用硅钢片卷成的铁饼划分为若干个小气隙，铁饼的高度通常为50～100mm，视电抗器的容量大小而定，与铁轭相连的上下铁芯柱的高度应不小于铁饼的高度。铁芯柱气隙是靠垫在铁饼间的绝缘垫板形成的，绝缘垫板的材质可选用绝缘纸板、玻璃布板、石板等。由于各个铁饼被绝缘垫板隔开，所以必须把它们用接地片连接起来，并把它们连接在下部铁芯柱上，上部铁芯柱与上端第一个铁饼之间不用接地片连接，便于调节气隙大小时拆卸上部铁芯。为了使带气隙的铁芯形成一个牢固的整体，可以采用拉螺杆结构将上下铁轭夹件拉紧，为了使铁饼形成一个整体，通常采用穿芯螺杆结构。铁芯式电抗器铁芯结构如图 ZY1600406001-1 所示。

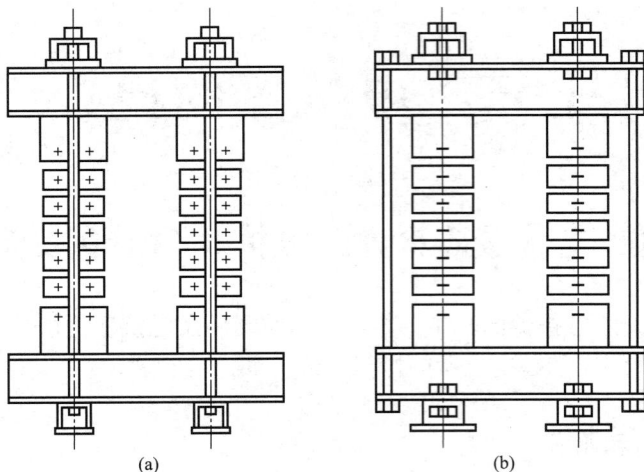

图 ZY1600406001-1　铁芯式电抗器铁芯结构

（a）拉紧螺杆穿过铁柱与绕组之间；（b）拉紧螺杆位于绕组外面

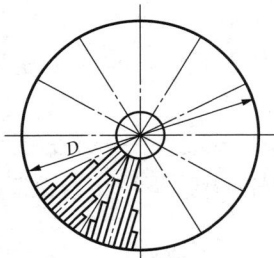

图 ZY1600406001-2　辐射形
铁芯电抗器结构

　　较大容量的铁芯电抗器，为了减少气隙处横向磁通在铁饼中所引起的附加损耗，通常采用辐射形铁芯，如图 ZY1600406001-2 所示。电抗器绕组、器身绝缘、引线及外壳等结构与电力变压器基本相同。

　　3. 饱和电抗器与自饱和电抗器

　　（1）饱和电抗器。

　　1）单相饱和电抗器的两个铁芯可以如图 ZY1600406001-3（a）和图 ZY1600406001-3（b）所示排列。

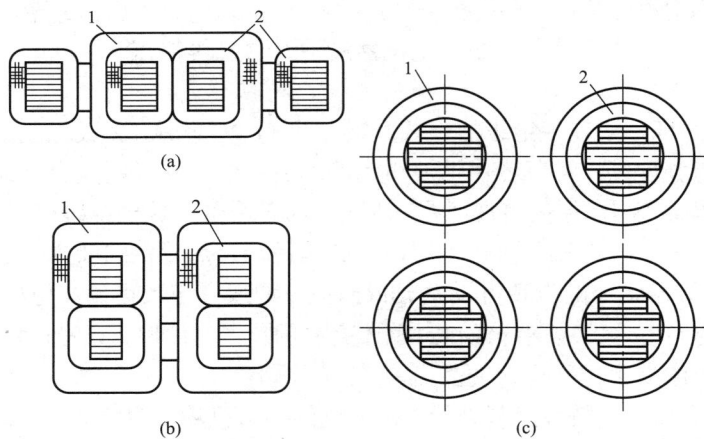

图 ZY1600406001-3　单相双铁芯饱和电抗器的铁芯和绕组布置

（a）铁芯并列与绕组布置；（b）铁芯双叠与绕组布置；（c）各自铁芯与绕组布置

1—直流绕组；2—交流绕组

　　图 ZY1600406001-3（a）和图 ZY1600406001-3（b）中，在两个铁芯的相邻铁柱上绕一个公共的直流绕组，这样可比图 ZY1600406001-4 中双铁芯饱和电抗器的两个分开的直流绕组省铜。但大容量饱和电抗器为了制造方便，每个铁芯有时仍有各自的直流绕组，如图 ZY1600406001-3（c）所示。

　　此时，为了减小单个直流绕组的基波感应电动势，两个铁芯的相邻铁柱上的直流绕组可以分层交叉串联。

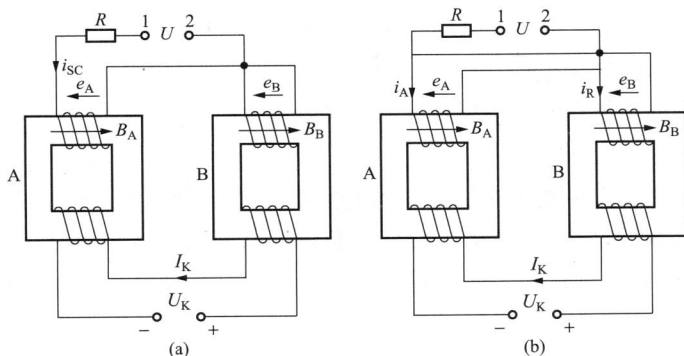

图 ZY1600406001-4 双铁芯饱和电抗器原理

（a）两交流绕组串联；（b）两交流绕组并联

根据饱和电抗器的性能要求，铁芯的 $B-H$ 曲线希望在饱和以前尽量陡、饱和以后尽量平，为此，最好采用冷轧硅钢片的卷铁芯，但大型铁芯一般仍用叠积式。

2）三相饱和电抗器结构如图 ZY1600406001-5 所示。六铁芯式三相饱和电抗器由三个单相双铁芯饱和电抗器组成，三铁芯式三相饱和电抗器由三个单相单铁芯饱和电抗器构成。每个铁芯为单柱旁轭式，三个铁芯中磁通的波形相同而相位彼此相差 120°电角度，由此引起的控制绕组中的基波感应电动势互相抵消，只剩下三次谐波。为削弱三次谐波对控制回路的影响，也可加设一个包绕三个铁芯的短路绕组，使三次谐波电流能在其中流通。

（2）自饱和电抗器。自饱和电抗器结构如图 ZY1600406001-6 所示。自饱和电抗器的铁芯采用冷轧硅钢片卷成环形铁芯卷后退火，为了散热和制造方便，铁芯是分断的，多个铁芯叠在一起。因电流大，所以交流绕组是用铜管做成单匝贯通式。如果交流绕组是多匝的，则采用铜排绕制而成，有时还设偏移绕组。偏移绕组的磁通势方向与交流绕组同向而与控制绕组反向，其目的是为了减小最小压降和改善控制特性。

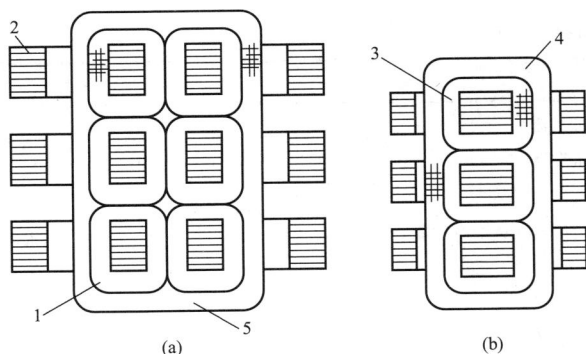

图 ZY1600406001-5 三相饱和电抗器结构示意图

（a）六铁芯式；（b）三铁芯式

1、3—交流绕组；2—铁芯；4、5—直流绕组

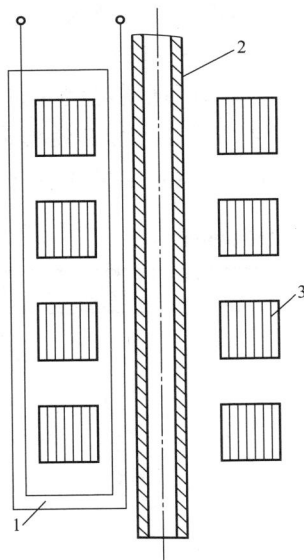

图 ZY1600406001-6 自饱和电抗器结构示意图

1—直流控制绕组；2—交流工作绕组；3—铁芯

（二）电抗器的原理、用途及分类

电抗器在电路中是用做限流、稳流、无功补偿、移相等的一种电感元件。

从用途上看，其主要可分为两种：① 限流电抗器，用于限制系统的短路电流；② 补偿电抗器，用于补偿系统的电容电流。

按电抗器的结构类型可分为三大类：① 带铁芯的电抗器，称为铁芯电抗器；② 不带铁芯的电抗器，称为空芯电抗器；③ 除交流工作绕组外还有直流控制绕组的电抗器，称为饱和电抗器与自饱和电抗器。

电抗器的接线又分串联和并联两种方式。串联连接电抗器的作用是电网发生短路故障时限制短路电流不超过一定的限值，以减轻相应输配电设备的负担，从而可以选择轻型电气设备，节省投资。在母线上装设并联连接电抗器，当发生短路故障时，电压降主要发生在电抗器上，起无功补偿作用，这样使保持母线一定的电压水平。

下面列举常见的几种电抗器：

（1）限流电抗器（XKK）。串联连接在系统上，在系统发生故障时用以限制短路电流，将短路电流降低至其后接设备允许的容许值。

（2）串联电抗器（CKK、CKKT）。它在并联补偿电容器装置中与并联电容器串联连接，用以抑制高次谐波，减少系统电压波形畸变和限制电容器回路投入时的冲击电流。

（3）并联电抗器（BKK）。它并联连接在 220kV 及以上变电站低压绕组侧，用于长距离轻负载输电线路的电容无功补偿。

（4）滤波电抗器（LKK、LKKT、LKKDT）。它与并联电容器组串联使用，组成谐振回路，滤除指定的高次谐波。

（5）中性点接地限流电抗器（ZJKK）。它是接在系统中性点和地之间，用于将系统接地故障时相对地电流限制在适当数值的单相电抗器。

（6）阻尼电抗器（ZKK）。它与电容器串联，专门用来限制电容器组投入交流电网时的涌流。

（7）分裂电抗器（FKK）。在配电系统中，正常运行时分裂电抗器电感很低，一旦出现故障，则对系统呈现出较大的阻抗，以限制故障电流。这种电抗器使用在所有情况下保持隔离的两个分离馈电系统。

（8）均荷电抗器（JKK）。用于平衡并联电路的电流。

（9）防雷线圈（FLQ）。它系小容量变电站雷电防护特种电抗器绕组，与电力线路串联接于变电站线路入口，用以降低雷电侵入波陡度，限制雷电流幅值，同时还兼有限制短路电流的作用。

（三）电抗器各种标志的意义和识别方法

电抗器产品型号字母代表含义见表 ZY1600406001-1。

表 ZY1600406001-1　　　　　　　　电抗器产品型号字母代表含义

序号	分　类	含　义	代表字母
1	类型	"并"联电"抗"器	BK
		"串"联电"抗"器	CK
		"分"裂电"抗"器	FK
		"滤"波电"抗"器（调谐电抗器）	LK
		中性点"接"地电"抗"器	JK
		"限"流电"抗"器	XK
		接地变压器（中性点耦合器）	DK
		"平"波电"抗"器	PK
		"消""弧"线圈	XH
2	相数	"单"相	D
		"三"相	S
3	绕组外绝缘介质	变压器油	—
		空气（"干"式）	G
		浇注"成"型固体	C

续表

序号	分　类	含　义	代表字母
4	冷却装置种类	自然循环冷却装置 "风"冷却装置 "水"冷却装置	— F S
5	油循环方式	自然循环 强"迫"油循环	— P
6	结构特征	铁芯 "空"芯	— K
7	绕组导线材质	铜 "铝"	— L

电抗器的铭牌上标示出它的额定电压、各分接头的额定电流、额定容量、油面温升、工作时限等参数。

电抗器型号组成如下所示：

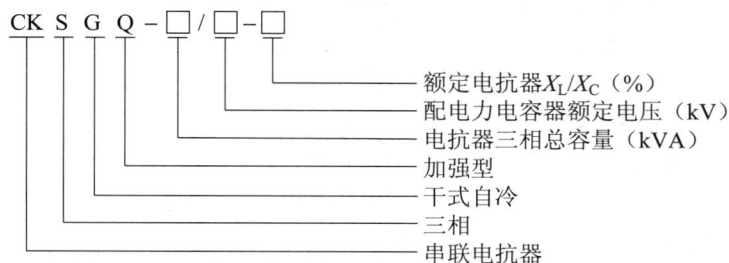

CK S G Q - □ / □ - □

- 额定电抗器X_L/X_C（%）
- 配电力电容器额定电压（kV）
- 电抗器三相总容量（kVA）
- 加强型
- 干式自冷
- 三相
- 串联电抗器

二、电抗器的检修

（一）油浸式电抗器的检修

油浸式电抗器的检修参照油浸式变压器的检修。

（二）干式电抗器的检修

1. 检修周期

干式电抗器的检修周期取决于干式电抗器的性能状况、运行环境，以及历年运行状况和预防性试验等情况。根据干式电抗器的结构特点，本模块所指的检修是电抗器在运行现场的小修和故障处理。若电抗器存在严重故障或产品质量问题，在现场无法处理时，应更换或返厂处理。

2. 检修评估

（1）检修前评估。检修前评估的目的是确定检修性质和范围，干式电抗器有无修复的价值。

1）检修前查阅档案，了解干式电抗器的结构特点、性能参数、运行年限、例行检查、定期检查、历年检修记录、曾发生的缺陷和异常（事故）情况及同类产品的障碍或事故情况。

2）评估现场检修对消除干式电抗器缺陷的可能性。

（2）检修后评估。检修后评估的目的是确定检修的质量，能否安全投入运行及应该注意的问题。

根据检修时发现的异常情况及处理结果，应对干式电抗器进行检修评估，并对今后设备的运行作出相应的规定。评估内容如下：

1）检修是否达到预期目的。

2）检修质量的评估。

3）检修后如果仍存在无法消除的缺陷，应对今后的设备运行提出限制，并纳入现场运行规程和例行检查项目。

4）确定下次检修性质、时间和内容。

3. 检修人员的要求

（1）检修人员应熟悉电力生产的基本过程及干式电抗器工作原理及结构，掌握干式电抗器的检修技能，并通过年度《国家电网公司电力安全工作规程》考试。

（2）工作负责人应取得变电检修专业高级工及以上技能鉴定资格。

（3）现场起重工、电焊工应持证上岗。

4．检修现场的要求

（1）检修场地周围应无可燃或爆炸性气体、液体或引燃火种，否则应采取有效的防范措施和组织措施。

（2）在现场进行干式电抗器的检修工作应注意与带电设备保持足够的安全距离，准备充足的施工照明和检修试验电源，安排好拆卸附件的放置地点等。

（3）检修设备应停电，在工作现场布置好遮栏等安全措施。

5．检修前的准备

主要强调检修工作之前要认真编制详细的检修方案，其中有组织措施、技术措施以及安全措施等，同时准备好检修用的施工设备及材料。

（1）检修作业指导书的准备。检修前应编制完善的检修作业指导书，其中包括检修的组织措施、安全措施和技术措施。主要内容如下：

1）准备工作安排，包括停电申请、工作票等。

2）人员要求及分工。

3）作业流程图，应体现施工项目及进度。

4）消缺项目、检修项目和质量标准。

5）特殊项目的施工方案。

6）试验项目及标准。

7）危险点分析、安全控制措施及注意事项。

8）施工工具明细表、备品备件明细表、材料明细表。

9）图纸资料，包括设备主要技术参数。

10）各种记录表格。

（2）工器具的准备。现场检修应具备充足的合格材料和完备的工器具和测试设备，开工前3天应按作业指导书上的明细表进行清理。以下内容供参考：

1）备品备件：如螺栓、螺钉。

2）材料：生产用汽油、砂布、白布、尼龙刷、酒精等，导电脂、焊接材料、环氧树脂胶。若需要涂喷，应提前准备相应的喷涂材料。

3）工器具：

a）专用工、器具，如力矩扳手、各种规格的扳手等。

b）气割、氧焊设备、电焊设备、空压机、冲洗设备等。

c）安全带、梯子、接地线、水平尺。

d）测试设备，如直流电阻测试仪、绝缘电阻表、工频试验耐压设备等。

6．干式电抗器小修项目及质量要求

本模块所提出的检修项目是干式电抗器在正常工作条件下应进行的检修工作。

（1）不停电时干式电抗器的检查项目和质量要求。

1）检查表面脏污情况及有无异物。要求外观完整无损，外包封表面清洁、无裂纹、无脱落现象，无爬电痕迹，无动物巢穴等异物；支柱绝缘子金属部位无锈蚀，支架牢固，无倾斜变形；基础无塌陷、混凝土脱落情况。

2）检查表面是否明显变色，外观引线、接头应无过热、变色。

3）声音是否正常，应无异常振动和声响。

4）各部件有无过热现象，用红外测温应无过热现象。

（2）停电时干式电抗器检修项目和质量要求。

1）检查导电回路接触是否良好，测量绕组直流电阻，与出厂或历史数据比较，并联电抗器变化不得大于1%，串联电抗器（非叠装的）变化不得大于2%。

2）检查绝缘性能是否良好，绝缘电阻不能低于2500MΩ。

3）检查电抗器上下汇流排应无变形裂纹现象。

4）检查电抗器绕组至汇流排引线是否存在断裂、松焊现象。

5）检查电抗器包封与支架间紧固带是否有松动、断裂现象，应不存在松动、断裂现象。

6）检查接线桩头应接触良好，无烧伤痕迹，必要时进行打磨处理，装配时应涂抹适量导电脂。

7）检查紧固件应紧固无松动现象。

8）检查器身及金属件应变色无过热现象。

9）检查防护罩及防雨隔栅有无松动和破损。

10）检查支座绝缘及支座是否紧固并受力均匀。支座应绝缘良好，支座应紧固且受力均匀。

11）检查通风道及器身的卫生。必要时用内窥镜检查，通风道应无堵塞，器身应卫生无尘土、脏物，无流胶、裂纹现象。

12）检查电抗器包封间导风撑条是否完好牢固。

13）检查表面涂层有无龟裂脱落、变色，必要时进行喷涂处理。

14）检查表面憎水性能，应无浸润现象。

15）检查铁芯有无松动及是否有过热现象。

16）检查绝缘子是否完好和清洁，绝缘子应无异常情况、且干净。

7. 干式电抗器表面涂层处理

涂层处理采用喷涂方法，喷涂技术要求及施工步骤如下：

（1）喷涂前的准备工作。

1）用粗砂布或尼龙丝刷由上而下将电抗器内、外包封表面打磨一遍，清除已粉化的涂层，然后用高压风吹净。

2）使用除漆剂清除表面残余防紫外线油漆（或RTV胶），用浸了无水乙醇的白布将绕组内外擦干净。

3）检查电抗器表面是否有树枝状爬电现象，若有则用工具将树枝状爬电条纹缝内碳化物清除干净，然后用环氧树脂胶注入绕组表面裂痕内并抹平。

4）在喷涂前再次将绕组内、外表面清抹干净，准备喷涂。

（2）喷涂步骤（喷涂的气象条件是不下雨）。

1）在电抗器表面及通风道内喷涂一层专用底漆，晾干一天。

2）在电抗器表面喷涂一层专用偶联剂进行表面活化处理，并晾干。

3）喷涂RTV涂料，应喷涂3遍，喷涂第一遍后，相隔2h以上再喷涂第二遍，喷涂第二遍后，相隔3h以上再喷涂第三遍。涂料喷涂应均匀，无流痕、垂珠现象。

（三）电抗器的故障缺陷处理

1. 电抗器局部发热的处理

若发现电抗器有局部过热现象，则应减少该电抗器的负荷并加强通风，必要时可采取临时措施，加装强力风扇吹风冷却，待有机会停电时，再进行消除缺陷的工作。

2. 电抗器支持绝缘子破裂等故障的处理

发现水泥电抗器支柱损伤、支持绝缘子有裂纹、绕组凸出和接地时，应启用备用电抗器或断开线路断路器，将故障电抗器停用，进行修理，待缺陷消除后再投入运行。

3. 电抗器水泥支柱烧坏故障

发现某电抗器水泥支柱和引线支持绝缘子断裂以及电抗器部分绕组烧坏等现象时，应首先检查继电保护是否动作，如保护未动作，则应立即手动断开电抗器的电源，停用故障电抗器。此时，如有备用电抗器，则将备用电抗器投入运行，如无备用电抗器，应通知检修人员进行抢修，修好后再投入运行。

模块 1

ZY1600406001

（四）检修报告的编写

1. 基本要求

检修报告应结论明确。检修施工的组织措施、技术措施、安全措施、检修记录表以及修前、修后各类检测报告附后，各责任人及检修人员签字齐全。

2. 主要内容

内容包括变电站名称、设备运行编号、产品型号、制造厂、出厂编号、出厂时间、投运时间、检修原因、缺陷处理情况、验收结论、验收人员、验收时间以及对今后运行所作的限制或应注意的事项等。最后还应注明报告的编写、审核及批准人员。

【思考与练习】

1. 概述电抗器分类。

2. 停电时干式电抗器检查的主要项目有哪些？

附录 A 《变电检修》培训模块教材各等级引用关系表

部分名称	章	模块名称 （模块编码）	模块描述	等级 I	等级 II	等级 III
机械基础	公差与配合	公差与配合基本概念 （ZY1400101001）	本模块介绍公差与配合的概念及基本术语定义。通过定义讲解、图例分析，了解零部件的互换性及加工误差的概念，熟悉公差与配合的标准	√		
		公差与配合的标注 （ZY1400101002）	本模块介绍公差与配合的标注。通过要点归纳、图例分析，熟悉零件图和装配图上的公差与配合标注方法	√		
	几何公差	几何公差的基本概念 （ZY1400102001）	本模块介绍几何公差的要素及项目种类与意义。通过要点归纳、图表归类，了解几何公差的基本概念、分类、项目、名称和符号意义	√		
		几何公差的标注 （ZY1400102002）	本模块介绍几何公差的标注。通过概念描述、图形展示，掌握几何公差的代号、几何公差的标注方法	√		
	表面粗糙度	表面粗糙度基本概念 （ZY1400103001）	本模块介绍表面粗糙度定义、术语及评定参数。通过概念描述、定义讲解，了解表面粗糙度对机械零件使用性能的影响	√		
		表面粗糙度的标注 （ZY1400103002）	本模块介绍表面粗糙度的标注。通过图表归纳、要点讲解、图例展示，掌握表面粗糙度的符号、代号和表面粗糙度在图样上的标注方法及其测量要求	√		
	量具的使用及维护	常用量具 （ZY1400104001）	本模块介绍游标卡尺、千分尺等常用量具。通过定义讲解、要点归纳、图例展示，了解长度和平面角单位概念，熟悉游标卡尺、千分尺的结构、规格。掌握正确使用及维护保养方法并掌握其读数方法	√		
	金属材料与热处理	金属材料 （ZY1400105001）	本模块介绍铁碳合金、合金钢、铸铁以及非铁金属材料的性能。通过定义讲解、要点归纳，熟悉常用金属材料的牌号、性能和选用原则		√	
		钢的热处理 （ZY1400105002）	本模块介绍钢的普通热处理、钢的表面热处理、钢的表面处理。通过概念描述、要点归纳，了解钢铁热处理的方法、工艺特点和应用范围		√	
	机械传动	机械传动基础知识 （ZY1400106001）	本模块介绍变电设备中常用到的机械传动的原理与应用。通过原理讲解、要点归纳、图形展示，了解常用的传动方式及机械传动在机器中的运用，熟悉带传动、链传动、齿轮传动、螺旋传动、液压传动的组成、特点及应用场合		√	
变电检修常用材料和试验仪器	绝缘材料	绝缘材料的概述 （ZY1400201001）	本模块介绍绝缘材料的概念、作用及分类、电气性能、耐热性能与老化、理化性能和绝缘材料的机械性能。通过定义讲解、要点归纳，掌握绝缘材料的基本特性		√	
		气体和液体绝缘材料 （ZY1400201002）	本模块介绍常用气体绝缘材料和液体绝缘材料。通过定义讲解、要点归纳，掌握气体绝缘材料和液体绝缘材料的特性		√	
		绝缘树脂、绝缘漆和浇注胶 （ZY1400201003）	本模块介绍绝缘树脂、各类绝缘漆与浇注胶的性能。通过概念描述、要点归纳，掌握绝缘树脂、各类绝缘漆与浇注胶的特性		√	
		绝缘纤维制品、浸渍纤维制品和电工层压制品 （ZY1400201004）	本模块介绍绝缘纤维制品、浸渍纤维制品、电工层压制品的基本性能和主要用途。通过概念描述、要点归纳，掌握绝缘纤维制品、浸渍纤维制品、电工层压制品的特性		√	
		电工用橡胶、塑料、绝缘薄膜及其制品 （ZY1400201005）	本模块介绍电工用橡胶、塑料、绝缘薄膜及其制品基本性能及主要用途。通过概念描述、要点归纳，掌握电工用橡胶、塑料、绝缘薄膜及其制品的特性		√	
		电工用玻璃、陶瓷、云母和石棉 （ZY1400201006）	本模块介绍电工用玻璃、陶瓷、云母和石棉的基本性能和主要用途。通过概念描述、要点归纳，掌握电工用玻璃、陶瓷、云母和石棉的特性		√	

部分名称	章	模块名称 （模块编码）	模块描述	等　级		
				I	II	III
变电检修 常用材料 和试验 仪器	其他材料	润滑材料 （ZY1400202001）	本模块介绍润滑油和润滑脂基本性能及主要用途。通过概念描述、图表归纳，掌握润滑油和润滑脂的特性		√	
		导体材料 （ZY1400202002）	本模块介绍铜、铝、复合金属导体、电热材料、触头材料和熔体材料的基本性能及主要用途。通过概念描述、要点讲解、图表归纳，掌握铜、铝和复合金属导体特性，熟悉电热材料、触头材料和熔体材料的特性		√	
		磁性材料 （ZY1400202003）	本模块介绍磁性材料的基本特性、分类、影响磁性能的外在因素、软磁材料、硬磁材料。通过概念描述、要点讲解，掌握软磁材料和硬磁材料的特性		√	
	变电检修 试验仪器	高压开关机械特性 测试仪的使用与维护 （ZY1400203001）	本模块介绍开关机械特性测试仪的使用维护要求。通过要点归纳、典型装置举例、操作技能训练，掌握开关机械特性测试仪测试开关特性参数的方法及其使用维护注意事项		√	
		回路电阻测试仪的 使用与维护 （ZY1400203002）	本模块介绍回路电阻测试仪的使用维护要求。通过要点归纳、典型装置举例、操作技能训练，掌握回路电阻测试仪测试回路电阻的方法及其使用维护注意事项		√	
		SF_6检漏仪的使用与维护 （ZY1400203003）	本模块介绍 SF_6 检漏仪的使用维护要求。通过要点归纳、典型装置举例、操作技能训练，掌握 SF_6 检漏仪进行检漏的方法及其使用维护注意事项		√	
		微水测试仪的 使用与维护 （ZY1400203004）	本模块介绍微水测试仪的使用维护要求。通过要点归纳、典型装置举例、操作技能训练，掌握微水测试仪测量微水的方法及其使用维护注意事项		√	
高压设备 的原理	断路器的 基本理论	电弧理论 （ZY1400301001）	本模块介绍电弧的基本特性，直流电弧、交流电弧的定义及熄灭条件与熄灭电弧的基本方法。通过原理讲解、要点归纳、图形展示，掌握各类电弧的基本特性及熄灭电弧的基本方法			
		高压断路器短路 电流的开合 （ZY1400301002）	本模块介绍短路故障的关合、恢复电压的基本概念、单相电路开断时的恢复电压和三相电路开断时的恢复电压。通过概念描述、原理讲解，掌握短路故障的关合、恢复电压的基本概念，熟悉高压断路器在开合短路电流时的电压恢复过程			√
		高压断路器负荷 电流的关合 （ZY1400301003）	本模块介绍高压断路器关合的电容电流特性。通过原理讲解、计算举例，了解各类电容性负荷电流的概念，熟悉关合空载输电线路和关合电容器组的电容电流特性			√
		高压断路器负荷 电流的开断 （ZY1400301004）	本模块介绍高压断路器开断负荷电流的特性。通过原理讲解、图例分析，熟悉开断单相电容器组、开断三相电容器组、开断空载输电线路与开断空载变压器和电抗器时对系统电压的影响			√
		高压断路器基本知识 （ZY1400301005）	本模块介绍高压断路器的作用、结构、基本技术参数和高压断路器操动机构。通过概念描述、要点归纳、定义讲解，掌握高压断路器的主要功能、种类、结构及其基本技术参数，熟悉高压断路器操动机构知识	√		
	真空 断路器	真空断路器基本知识 （ZY1400302001）	本模块介绍真空及真空度、影响真空间隙击穿电压的主要因素、真空电弧的特点及真空断路器的过电压。通过概念描述、要点归纳，掌握真空断路器的基本特性	√		
		真空断路器的 结构原理 （ZY1400302002）	本模块介绍真空断路器的特点和真空灭弧室结构。通过原理讲解、结构分析，掌握真空断路器特性及真空灭弧室的结构原理	√		
	SF_6 断路器	SF_6气体性能 （ZY1400303001）	本模块介绍 SF_6 气体的物理性能、绝缘性能、灭弧性能，SF_6 气体的水分与分解气体，SF_6 气体的毒性和接触 SF_6 气体的工作人员应注意事项。通过定义讲解、要点归纳，熟悉 SF_6 气体的各种特性，掌握接触 SF_6 气体的工作人员应注意事项		√	

部分名称	章	模块名称 （模块编码）	模 块 描 述	等 级		
				I	II	III
高压设备 的原理	SF₆ 断路器	SF₆断路器的结构原理 （ZY1400303002）	本模块介绍 SF₆ 断路器的基本结构和 SF₆ 断路器灭弧室结构原理。通过原理讲解、结构分析，掌握 SF₆ 断路器的性能和灭弧室的结构原理		✓	
		SF₆断路器的附件 （ZY1400303003）	本模块介绍 SF₆ 断路器的主要附属部件。通过知识讲解和结构分析，掌握 SF₆ 断路器压力表和压力继电器、密度表和密度继电器、并联电容、并联电阻、净化装置、压力释放装置的基本结构原理及作用			
	断路器 操动机构	液压操动机构 （ZY1400304001）	本模块介绍液压操动机构的基本知识。通过原理讲解、结构分析，掌握液压操动机构的特点及分类、液压操动机构的结构原理，熟悉液压油的基本性质		✓	
		弹簧式操动机构 （ZY1400304002）	本模块介绍弹簧式操动机构的基本知识。通过原理讲解、结构分析，掌握弹簧式操动机构特点及其结构原理		✓	
		弹簧储能液压式 操动机构 （ZY1400304003）	本模块介绍弹簧储能液压式操动机构的基本知识。通过原理讲解、结构分析，掌握弹簧储能液压式操动机构的特点及其结构原理		✓	
		电磁操动机构 （ZY1400304004）	本模块介绍电磁式操动机构的基本知识。通过原理讲解、结构分析，掌握电磁式操动机构的主要组成部件及其特点、电磁式操动机构的结构原理		✓	
	电容器	电力电容器基本知识 （ZY1400305001）	本模块介绍电力电容器的基本知识。通过要点归纳、结构分析，熟悉并联电力电容器的无功补偿作用，掌握电力电容器基本结构			
		耦合电容器基本知识 （ZY1400305002）	本模块介绍耦合电容器的基本知识。通过原理讲解、结构分析，掌握耦合电容器的作用及其结构原理	✓		
	其他高压 设备	SF₆全封闭组合电器 GIS （ZY1400306001）	本模块介绍 SF₆ 全封闭组合电器（GIS）。通过要点讲解、结构分析、功能介绍，掌握 SF₆ 全封闭组合电器（GIS）的特点、内部绝缘结构、出线方式及各部件的作用，了解插接式开关系统（PASS）			✓
		高压隔离开关基本知识 （ZY1400306002）	本模块介绍隔离开关的基本知识。通过概念描述、要点归纳，掌握高压隔离开关的用途和结构，隔离开关的基本技术要求；了解高压隔离开关发展方向	✓		
变电设备 的状态 检修	变电设备 状态检修 的基本 知识	变电设备的状态检修概述 （ZY1400401001）	本模块介绍几类检修方式的定义及发展过程，各类检修方式的优缺点及开展状态检修的难点分析。通过定义讲解、要点归纳，熟悉状态检修与其他检修模式的区别，了解开展状态检修需深入研究和解决的问题			✓
		决策支持系统（DSS） （ZY1400401002）	本模块介绍变电设备状态检修决策支持系统的基本概念和系统总体结构。通过要点归纳、图表举例，了解状态检修决策支持系统的总体结构及有关业务流程要求			✓
		状态检修的基本 思路和方法 （ZY1400401003）	本模块介绍开展状态检修的指导思想和基本原则、状态检修的基本流程和工作体系等。通过定义讲解、要点归纳，掌握状态检修的基本流程；熟悉状态检修的工作体系、各级职责及开展状态检修工作必须注意的环节			✓
	变电设备 的状态评 估及检修	变压器的状态检修 （ZY1400402001）	本模块介绍变压器状态检修各个流程的有关内容，在线监测和检测技术在变压器状态检修中的应用。通过定义讲解、要点归纳、图表示例，熟悉变压器的在线监测和检测技术，掌握开展变压器状态检修各个流程的主要工作及变压器实施状态检修应注意的几个问题			✓
		互感器的状态检修 （ZY1400402002）	本模块介绍互感器开展状态检修知识。通过要点讲解、图表归纳，熟悉互感器开展状态检修的信息收集与管理、状态的划分与评价标准、检修策略的制定原则等相关知识			✓

部分名称	章	模块名称 （模块编码）	模 块 描 述	等 级		
				I	II	III
变电设备的状态检修	变电设备的状态评估及检修	断路器的状态检修 （ZY1400402003）	本模块介绍断路器开展状态检修知识。通过定义讲解、要点归纳，熟悉断路器状态检测技术在状态检修中的应用，以及断路器开展状态检修的信息收集与管理、状态的划分与评价标准、检修策略的制定原则等相关知识			√
		隔离开关的状态检修 （ZY1400402004）	本模块介绍隔离开关开展状态检修知识。通过定义讲解、要点归纳，熟悉隔离开关开展状态检修的信息收集与管理、状态的划分与评价标准、检修策略的制定原则等相关知识			√
		避雷器的状态检修 （ZY1400402005）	本模块介绍避雷器开展状态检修知识。通过要点讲解、图表归纳，熟悉避雷器状态检测技术在状态检修中的应用，以及避雷器开展状态检修的信息收集与管理、状态的划分与评价标准、检修策略的制定原则等相关知识			√
		电力电缆的状态检修 （ZY1400402006）	本模块介绍电力电缆开展状态检修知识。通过要点讲解、图表归纳，熟悉电力电缆开展状态检修的信息收集与管理、状态的划分与评价标准、检修策略的制定原则等相关知识			√
倒闸操作	电气设备倒闸操作基础知识	倒闸操作的内容和一般程序 （ZY1400501001）	本模块介绍电力系统倒闸操作的内容和一般程序。通过概念描述、要点归纳，了解电力系统倒闸操作的内容、一般程序以及倒闸操作的制度规定和注意事项		√	
		倒闸操作的安全技术 （ZY1400501002）	本模块介绍倒闸操作的安全技术。通过定义讲解、要点归纳，掌握隔离开关、高压断路器、验电、挂拆接地线操作的安全技术要求及安全操作的制度规定		√	
	高压开关类设备、线路停送电	高压开关类设备停送电操作 （ZY1000301001）	本模块介绍高压开关类设备停送电的操作原则、注意事项、操作异常处理原则。通过操作要点和案例介绍，掌握高压开关类设备停送电操作和异常处理的方法			
		高压开关类设备停送电操作危险点源分析 （ZY1000301002）	本模块介绍高压开关类设备停送电操作的危险点源。通过案例介绍，能正确分析高压开关设备停送电操作危险点源，并制定预控措施			
		线路停送电操作 （ZY1000301003）	本模块包含线路停送电的操作原则、注意事项以及异常处理原则。通过操作要点和案例介绍，掌握线路停送电操作和异常处理的方法			
		线路停送电操作危险点源分析 （ZY1000301004）	本模块介绍线路停送电操作的危险点源。通过案例介绍，能正确分析线路停送电操作危险点源，并制定预控措施			
	母线停送电	母线停送电操作 （ZY1000303001）	本模块包含母线停送电的操作原则、注意事项以及异常处理原则。通过操作要点和案例介绍，掌握母线停送电操作和异常处理的方法			
		母线停送电操作危险点源分析 （ZY1000303002）	本模块介绍母线停送电操作的危险点源。通过案例介绍，能正确分析母线停送电操作危险点源，并制定预控措施			
35kV及以下隔离开关的检修、安装和调试	35kV及以下隔离开关的检修	35kV及以下隔离开关安装及本体检修工作的基本要求 （ZY1400601001）	本模块介绍35kV及以下隔离开关安装及本体检修工作的基本要求。通过定义讲解、要点归纳，熟悉35kV及以下隔离开关检修工作的内容、基本要求和主要工作流程	√		
		GW4-35型隔离开关本体检修 （ZY1400601002）	本模块包含GW4-35型隔离开关本体检修的作业流程及工艺要求。通过知识要点的归纳讲解、图例展示、操作技能训练，掌握GW4-35型隔离开关本体的基本结构、修前准备、危险点预控、作业步骤、工艺要求及质量标准等操作技能	√		
		GW5-35型隔离开关本体检修 （ZY1400601003）	本模块包含GW5-35型隔离开关本体检修的作业流程及工艺要求。通过知识要点的归纳讲解、图例展示、技能操作训练，掌握GW5-35型隔离开关本体的基本结构、修前准备、危险点预控、作业步骤、工艺要求及质量标准等操作技能	√		

续表

部分名称	章	模块名称 （模块编码）	模块描述	等级		
				I	II	III
35kV 及 以下隔离 开关的检 修、安装 和调试	35kV 及 以下隔离 开关的 检修	GW4-35 型隔离开关传动 系统及手力机构的检修 （ZY1400601004）	本模块包含 GW4-35 型隔离开关传动系统及手 力机构检修的作业流程与工艺要求。通过知识要点 的归纳讲解、图例展示、操作技能训练，掌握 GW4-35 型隔离开关传动系统及手力机构的基本结 构、修前准备、危险点预控、作业步骤、工艺要求 及质量标准等操作技能	√		
		GW4-35 型隔离开关 电动操动机构的检修 （ZY1400601005）	本模块介绍 GW4-35 型隔离开关的 CJ6 电动操 动机构检修的作业流程及工艺要求。通过知识要点 的归纳讲解、图例展示、操作技能训练，掌握 GW4-35 型隔离开关的 CJ6 电动操动机构的基本结 构、修前准备、危险点预控、作业步骤、工艺要求 及质量标准等操作技能		√	
	35kV 及 以下隔离 开关的更 换安装	GN19-10 型隔离开关安装 （ZY1400602001）	本模块介绍 GN19-10 型隔离开关安装的作业流 程及工艺要求。通过知识要点的归纳讲解、图例展 示、操作技能训练，掌握 GN19-10 型隔离开关的 基本结构、装前准备、危险点预控、作业步骤、工 艺要求及质量标准等操作技能	√		
		GW4-35 型隔离开关 更换安装 （ZY1400602002）	本模块介绍 GW4-35 型隔离开关更换安装作业 流程及工艺要求。通过知识要点的归纳讲解、图例 展示、操作技能训练，掌握 GW4-35 型隔离开关 更换安装前准备、危险点预控、作业步骤、工艺要 求及质量标准等操作技能	√		
		GW5-35 型隔离开关 更换安装 （ZY1400602003）	本模块包含 GW5-35 型隔离开关更换安装的作 业流程及工艺要求。通过知识要点的归纳讲解、图 例展示、操作技能训练，掌握 GW5-35 型隔离开 关更换安装前准备、危险点预控、作业步骤、工艺 要求及质量标准等操作技能	√		
66kV 及 以上隔离 开关的检 修及故障 处理	隔离开关 本体检修	GW4 型隔离开关本体检修 （ZY1400701001）	本模块包含 GW4 型隔离开关本体检修的作业流 程及工艺要求。通过知识要点的归纳讲解、图例展 示、操作技能训练，掌握 GW4 型隔离开关本体的 基本结构、修前准备、危险点预控、作业步骤、工 艺要求及质量标准等操作技能			√
		GW5 型隔离开关本体检修 （ZY1400701002）	本模块包含 GW5 型隔离开关本体检修的作业流 程及工艺要求。通过知识要点的归纳讲解、图例展 示、操作技能训练，掌握 GW5 型隔离开关的基本 结构、修前准备、危险点预控、作业步骤、工艺要 求及质量标准等操作技能			√
		GW6 型隔离开关本体检修 （ZY1400701003）	本模块包含 GW6 型隔离开关本体检修的作业流 程及工艺要求。通过知识要点的归纳讲解、图例展 示、操作技能训练，掌握 GW6 型隔离开关的基本 结构、修前准备、危险点预控、作业步骤、工艺要 求及质量标准等操作技能			√
		GW7 型隔离开关本体检修 （ZY1400701004）	本模块包含 GW7 型隔离开关本体检修作业流程 及工艺要求。通过知识要点的归纳讲解、图例展 示、操作技能训练，掌握 GW7 型隔离开关本体的 基本结构、修前准备、危险点预控、作业步骤、工 艺要求及质量标准等操作技能			√
		GW16（20）型隔离 开关本体检修 （ZY1400701005）	本模块包含 GW16（20）型隔离开关本体检修的 作业流程及工艺要求。通过知识要点的归纳讲解、 图例展示、操作技能训练，掌握 GW16（20）型隔 离开关本体的基本结构、修前准备、危险点预控、 作业步骤、工艺要求及质量标准等操作技能			√
		GW17（21）型隔离 开关本体检修 （ZY1400701006）	本模块包含 GW17（21）型隔离开关本体检修的 作业流程及工艺要求。通过知识要点的归纳讲解、 图例展示、操作技能训练，掌握 GW17（21）型隔 离开关本体的基本结构、修前准备、危险点预控、 作业步骤、工艺要求及质量标准等操作技能			√

部分名称	章	模块名称 （模块编码）	模 块 描 述	等 级		
				I	II	III
66kV 及以上隔离开关的检修及故障处理	操动机构检修	GW4 型隔离开关传动系统及 CJ5 电动操动机构检修 （ZY1400702001）	本模块包含 GW4 型隔离开关传动系统及 CJ5 电动操动机构检修作业流程及工艺要求。通过知识要点的归纳讲解、操作技能训练，掌握 GW4 型隔离开关传动系统及 CJ5 电动操动机构的基本结构、修前准备、危险点预控、作业步骤、工艺要求及质量标准等操作技能		✓	
		GW5 型隔离开关传动系统及 CJ6 电动操动机构检修 （ZY1400702002）	本模块包含 GW5 型隔离开关传动系统及 CJ6 电动操动机构检修的作业流程及工艺要求。通过知识要点的归纳讲解、图例展示、操作技能训练，掌握 GW5 型隔离开关传动系统及 CJ6 电动操动机构的基本结构、修前准备、危险点预控、作业步骤、工艺要求及质量标准等操作技能		✓	
		GW6 型隔离开关传动系统及 CJ6A 电动操动机构检修 （ZY1400702003）	本模块包含 GW6 型隔离开关传动系统及 CJ6A 电动操动机构检修的作业流程及工艺要求。通过知识要点的归纳讲解、图例展示、操作技能训练，掌握 GW6 型隔离开关传动系统及 CJ6A 电动操动机构的基本结构、修前准备、危险点预控、作业步骤、工艺要求及质量标准等操作技能		✓	
		GW7 型隔离开关传动系统及 CJ2 电动操动机构检修 （ZY1400702004）	本模块包含 GW7 型隔离开关传动系统及 CJ2 电动操动机构检修的作业流程及工艺要求。通过知识要点的归纳讲解、图例展示、操作技能训练，掌握 GW7 型隔离开关传动系统及 CJ2 电动操动机构的基本结构、修前准备、危险点预控、作业步骤、工艺要求及质量标准等操作技能		✓	
		GW16（20）型隔离开关传动系统及 CJ7 电动操动机构检修 （ZY1400702005）	本模块包含 GW16（20）型隔离开关传动系统及 CJ7 电动操动机构检修的作业流程及工艺要求。通过知识要点的归纳讲解、图例展示、操作技能训练，掌握 GW16（20）型隔离开关传动系统及 CJ7 电动操动机构的基本结构、修前准备、危险点预控、作业步骤、工艺要求及质量标准等操作技能		✓	
		GW17（21）型隔离开关传动系统及 CJ11 电动操动机构检修 （ZY1400702006）	本模块包含 GW17（21）型隔离开关传动系统及 CJ11 电动操动机构检修的作业流程及工艺要求。通过知识要点的归纳讲解、图例展示、操作技能训练，掌握 GW17（21）型隔离开关传动系统及 CJ11 电动操动机构的基本结构、修前准备、危险点预控、作业步骤、工艺要求及质量标准等操作技能		✓	
		接地刀闸及其操动机构检修 （ZY1400702007）	本模块包含隔离开关接地刀闸检修作业流程及工艺要求。通过知识要点的归纳讲解、图例展示、操作技能训练，掌握隔离开关接地刀闸的基本结构、修前准备、危险点预控、作业步骤、工艺要求及质量标准等操作技能		✓	
	隔离开关整体调试及试验	GW4 型隔离开关整体调试及试验 （ZY1400703001）	本模块包含 GW4 型隔离开关整体调试及试验作业流程与工艺要求。通过知识要点的归纳讲解、操作技能训练，掌握 GW4 型隔离开关整体调试及试验的危险点预控、作业步骤、工艺要求及质量标准等操作技能		✓	
		GW5 型隔离开关整体调试及试验 （ZY1400703002）	本模块包含 GW5 型隔离开关整体调试及试验作业流程与工艺要求。通过知识要点的归纳讲解、操作技能训练，掌握 GW5 型隔离开关整体调试及试验前准备、危险点预控、作业步骤、工艺要求及质量标准等操作技能		✓	
		GW6 型隔离开关整体调试及试验 （ZY1400703003）	本模块包含 GW6 型隔离开关整体调试及试验作业流程与工艺要求。通过知识要点的归纳讲解、图例展示、操作技能训练，掌握 GW6 型隔离开关整体调试及试验前准备、危险点预控、作业步骤、工艺要求及质量标准等操作技能		✓	

续表

部分名称	章	模块名称 （模块编码）	模 块 描 述	等 级		
				I	II	III
66kV 及以上隔离开关的检修及故障处理	隔离开关整体调试及试验	GW7 型隔离开关整体调试及试验 （ZY1400703004）	本模块包含 GW7 型隔离开关整体调试及试验作业流程与工艺要求。通过知识要点的归纳讲解、操作技能训练，掌握 GW7 型隔离开关整体调试及试验前准备、危险点预控、作业步骤、工艺要求及质量标准等操作技能		√	
		GW16（20）型隔离开关整体调试及试验 （ZY1400703005）	本模块包含 GW16（20）型隔离开关整体调试及试验作业流程与工艺要求。通过知识要点的归纳讲解、操作技能训练，掌握 GW16（20）型隔离开关整体调试及试验前准备、危险点预控、作业步骤、工艺要求及质量标准等操作技能		√	
		GW17（21）型隔离开关整体调试及试验 （ZY1400703006）	本模块包含 GW17（21）型隔离开关整体调试及试验作业流程与工艺要求。通过知识要点的归纳讲解、操作技能训练，掌握 GW17（21）型隔离开关整体调试及试验前准备、危险点预控、作业步骤、工艺要求及质量标准等操作技能		√	
	故障处理及填写检修报告	隔离开关常见故障处理 （ZY1400704001）	本模块介绍隔离开关常见故障的处理。通过知识要点归纳讲解、案例分析，掌握隔离开关及各部件常见故障的类型、现象、原因及处理方法		√	
		隔离开关检修报告的填写 （ZY1400704002）	本模块介绍填写隔离开关检修报告的相关知识。通过要点归纳、案例讲解，掌握隔离开关检修报告填写的内容及要求		√	
	隔离开关更换	GW4 型隔离开关更换 （ZY1400705001）	本模块包含 GW4 型隔离开关更换的作业流程及工艺要求。通过知识要点的归纳讲解、操作技能训练，掌握 GW4 型隔离开关更换前的准备、危险点预控、作业步骤及质量标准等操作技能		√	
		GW5 型隔离开关更换 （ZY1400705002）	本模块包含 GW5 型隔离开关更换的作业流程及工艺要求。通过知识要点的归纳讲解、操作技能训练，掌握 GW5 型隔离开关更换前的准备、危险点预控、作业步骤及质量标准等操作技能		√	
		GW6 型隔离开关更换 （ZY1400705003）	本模块包含 GW6 型隔离开关更换的作业流程及工艺要求。通过知识要点的归纳讲解、操作技能训练，掌握 GW6 型隔离开关更换前的准备、危险点预控、作业步骤及质量标准等操作技能		√	
		GW7 型隔离开关更换 （ZY1400705004）	本模块包含 GW7 型隔离开关更换的作业流程及工艺要求。通过知识要点的归纳讲解、操作技能训练，掌握 GW7 型隔离开关更换前的准备、危险点预控、作业步骤及质量标准等操作技能		√	
		GW16（20）型隔离开关更换 （ZY1400705005）	本模块包含 GW16（20）型隔离开关更换的作业流程及工艺要求。通过知识要点的归纳讲解、操作技能训练，掌握 GW16（20）型隔离开关更换前的准备、危险点预控、作业步骤及质量标准等操作技能		√	
		GW17（21）型隔离开关更换 （ZY1400705006）	本模块包含 GW17（21）型隔离开关更换的作业流程及工艺要求。通过知识要点的归纳讲解、操作技能训练，掌握 GW17（21）型隔离开关更换前的准备、危险点预控、作业步骤及质量标准等操作技能		√	
断路器检修、调试和故障处理	油断路器	SN10−12 II（III）型少油断路器大小修 （ZY1400801001）	本模块包含 SN10−12 II（III）型少油断路器大小修的主要作业内容及质量标准。通过结构分析、图例展示、要点归纳、操作技能训练，掌握 SN10−12 II（III）型少油断路器的基本结构、作业步骤、工艺要求及质量标准等操作技能	√		
		DW13−35 型多油断路器大修 （ZY1400801002）	本模块包含 DW13−35 型多油断路器检修的作业流程及工艺要求。通过结构分析、图例展示、要点归纳、操作技能训练，掌握 DW13−35 型多油断路器的基本结构、修前准备、危险点预控、作业步骤、工艺要求及质量标准等操作技能	√		

续表

续表

部分名称	章	模块名称 （模块编码）	模块描述	等级		
				I	II	III
断路器检修、调试和故障处理	真空断路器	35kV 真空断路器的更换安装 （ZY1400802001）	本模块包含真空断路器更换安装的作业流程及工艺要求。通过知识要点的归纳讲解、操作技能训练，掌握真空断路器的基本结构、更换安装前的准备、危险点预控、作业步骤、工艺要求及质量标准等操作技能		√	
		35kV 真空断路器及操动机构检修 （ZY1400802002）	本模块包含真空断路器及操动机构检修的作业流程及工艺要求。通过结构分析、知识要点的归纳讲解、操作技能训练，掌握真空断路器及操动机构的基本结构、修前准备、危险点预控、作业步骤、工艺要求及质量标准等操作技能	√		
		真空断路器的常见故障处理 （ZY1400802003）	本模块介绍真空断路器常见故障的处理。通过要点归纳、典型案例列举，掌握真空断路器常见故障的类型、现象，产生的原因及常见故障的处理方法	√		
	SF₆ 断路器	SF₆ 气体回收、处理 （ZY1400803001）	本模块包含 SF_6 气体回收、处理和充装的全项内容。通过要点归纳、图例展示，掌握 SF_6 气体回收、处理、存放、抽真空、氮洗、充装等的基本操作技能及作业注意事项。		√	
		SF₆ 气体检漏、密度继电器校验 （ZY1400803002）	本模块包含 SF_6 气体检漏的意义、方法及密度继电器校验的主要操作步骤。通过要点讲解、计算举例、结构分析、操作技能训练，掌握 SF_6 气体检漏原理、方法和密度继电器校验的步骤等操作技能及作业注意事项		√	
		SF₆ 气体微水量测试 （ZY1400803003）	本模块包含 SF_6 气体微水量的测试方法、测试结果超标的原因分析和相应的处理工艺。通过知识要点的归纳讲解、操作技能训练，掌握 SF_6 气体微水量测试的操作技能		√	
		LW8–35 型 SF₆ 断路器大修 （ZY1400803004）	本模块包含 LW8–35 型六氟化硫断路器大修的作业流程及工艺要求。通过结构分析、图例展示、要点讲解、操作技能训练，掌握 LW8–35 型六氟化硫断路器的基本结构、修前准备、危险点预控、作业步骤、工艺要求及质量标准等操作技能	√		
		LW6B 型断路器传动系统和操动机构的检修、调整 （ZY1400803005）	本模块包含 LW6B 型断路器传动系统及液压机构检修、调整的作业流程及工艺要求。通过结构分析、图例展示、要点讲解、操作技能训练，掌握 LW6B 型断路器传动系统及液压机构的基本结构、检修调整前准备、危险点预控、作业步骤、工艺要求及质量标准等操作技能		√	
		LW6B 型断路器整体调试 （ZY1400803006）	本模块包含 LW6B 型断路器整体调试的作业流程及工艺要求。通过结构分析、要点讲解、操作技能训练，掌握 LW6B 型断路器整体调试前准备、危险点预控、作业步骤、工艺要求及质量标准等操作技能		√	
		GL317 型断路器传动系统和操动机构的检修、调整 （ZY1400803007）	本模块包含 GL317 型断路器传动系统及 FK3–4 弹簧机构检修、调整的作业流程及工艺要求。通过结构分析、图例展示、要点讲解、操作技能训练，掌握 GL317 型断路器传动系统及 FK3–4 弹簧机构的基本结构、检修调整前准备、危险点预控、作业步骤、工艺要求及质量标准等操作技能		√	
		GL317 型断路器整体调试 （ZY1400803008）	本模块包含 GL317 型断路器整体调试的作业流程及工艺要求。通过结构分析、图例展示、要点讲解、操作技能训练，掌握 GL317 型断路器的基本结构、整体调试前准备、危险点预控、作业步骤、工艺要求及质量标准等操作技能		√	
		LW56 型断路器传动系统和操动机构的检修、调整 （ZY1400803009）	本模块包含 LW56 型断路器传动系统及 HMB 型液压弹簧机构检修、调整的作业流程及工艺要求。通过结构分析、图例展示、要点讲解、操作技能训练，掌握 LW56 型断路器传动系统及 HMB 型液压弹簧机构的基本结构、检修调整前准备、危险点预控、作业步骤、工艺要求及质量标准等操作技能		√	

续表

部分名称	章	模块名称 （模块编码）	模 块 描 述	等 级 I	等 级 II	等 级 III
断路器检修、调试和故障处理	SF₆断路器	LW56 型断路器整体调试 （ZY1400803010）	本模块包含 LW56 型断路器整体调试的作业流程及工艺要求。通过结构分析、图例展示、要点讲解、操作技能训练，掌握 LW56 型断路器的基本结构、调试前准备、危险点预控、作业步骤、工艺要求及质量标准等操作技能		√	
		断路器机械特性试验及 电气试验 （ZY1400803011）	本模块包含断路器机械特性试验及电气试验。通过作业流程的介绍、操作技能训练，掌握断路器机械特性试验及电气试验前准备、危险点预控、试验步骤及要求、测试结果分析及测试注意事项		√	
		SF₆断路器常见 故障的处理 （ZY1400803012）	本模块介绍断路器常见故障的处理。通过图表归纳、案例分析，掌握断路器本体、各类操动机构的常见故障类型、现象、原因及处理方法			√
其他变电设备的检修与故障处理	高压开关柜的检修及故障处理	10kV 真空断路器高压 开关柜的更换安装 （ZY1400901001）	本模块包含 10kV 真空断路器高压开关柜的更换安装的作业流程及工艺要求。通过知识要点归纳讲解、操作技能训练，掌握 10kV 真空断路器高压开关柜的基本结构、更换安装前的准备、危险点预控、作业步骤、工艺要求及质量标准等操作技能		√	
		"五防"闭锁装置的检修 （ZY1400901002）	本模块包含"五防"闭锁装置的维护及检修的作业流程及工艺要求。通过结构分析、图例展示、要点讲解、操作技能训练，掌握"五防"闭锁装置的基本结构、修前准备、危险点预控、作业步骤、工艺要求及质量标准等操作技能		√	
		高压开关柜常见故障的 查找、分析及处理 （ZY1400901003）	本模块介绍开关柜的常见故障处理。通过要点讲解、图表归纳、案例分析，掌握开关柜常见故障的类型、现象、原因及其处理方法		√	
	组合电器的检修及故障处理	GIS 常规检修 （ZY1400902001）	本模块包含 GIS 常规检修的作业流程及工艺要求。通过知识要点的归纳讲解、操作技能训练，掌握 GIS 常规检修的项目、修前准备、危险点预控、作业步骤、作业要求及作业安全注意事项等操作技能			√
		GIS 状态检修 （ZY1400902002）	本模块介绍 GIS 实行状态检修包含的主要内容。通过概念描述、要点讲解，了解 GIS 状态检修的信息收集、设备评价、检修策略制定的环节的主要内容及开展 GIS 状态检修工作在管理上应注意的问题			√
		GIS 常见故障处理 （ZY1400902003）	本模块介绍 GIS 常见故障的原因分析和处理方法。通过要点归纳、典型案例，熟悉 GIS 的常见故障现象，掌握各种 GIS 常见故障的处理方法			√
	进口隔离开关的检修及故障处理	进口隔离开关本体检修 （ZY1400903001）	本模块包含进口隔离开关本体检修的作业流程及工艺要求。通过知识要点归纳讲解、图例展示、操作技能训练，掌握进口隔离开关本体的基本结构、修前准备、危险点预控、作业步骤、工艺要求及质量标准等操作技能			√
		进口隔离开关操动 机构的检修 （ZY1400903002）	本模块包含进口隔离开关手动、电动操动机构检修的作业流程及工艺要求。通过知识要点的归纳讲解、操作技能训练，掌握进口隔离开关手动、电动操动机构的基本结构、修前准备、危险点预控、作业步骤、工艺要求及质量标准等操作技能			√
		进口隔离开关整体 调试及试验 （ZY1400903003）	本模块包含进口隔离开关三相主刀闸、接地刀闸的调整的作业流程及工艺要求。通过知识要点的归纳讲解、操作技能训练，掌握进口隔离开关三相主刀闸、接地刀闸调整前准备、危险点预控、作业步骤、工艺要求及质量标准等操作技能			√
		进口隔离开关常 见故障处理 （ZY1400903004）	本模块介绍进口隔离开关的常见故障的处理。通过要点讲解，掌握进口隔离开关几种常见故障的类型、现象及处理方法			√
	"五小器"的检修、故障处理及安装	氧化锌避雷器的检修和 常见故障处理 （ZY1400904001）	本模块包含氧化锌避雷器检修的作业流程、工艺要求及常见故障处理。通过知识要点讲解、典型案例分析、操作技能训练，掌握氧化锌避雷器的基本结构、修前准备、危险点预控、作业步骤、工艺要求、质量标准及常见故障处理方法等操作技能		√	

续表

部分名称	章	模块名称 （模块编码）	模 块 描 述	等　级		
				I	II	III
其他变电设备的检修与故障处理	"五小器"的检修、故障处理及安装	耦合电容器的检修和常见故障处理 （ZY1400904002）	本模块包含耦合电容器检修的作业流程、工艺要求及常见故障处理。通过知识要点讲解、典型案例分析、操作技能训练，掌握耦合电容器的基本结构、修前准备、危险点预控、作业步骤、工艺要求、质量标准及常见故障处理方法等操作技能		√	
		电力电容器的检修和常见故障处理 （ZY1400904003）	本模块包含电力电容器检修的作业流程、工艺要求及常见故障处理。通过知识要点讲解、典型案例分析、操作技能训练，掌握电力电容器的基本结构、修前准备、危险点预控、作业步骤、工艺要求、质量标准及常见故障处理方法等操作技能		√	
		其他高压电器的更新安装 （ZY1400904004）	本模块包含互感器、并联补偿电容器、电抗器的更换安装的作业流程及工艺要求。通过知识要点的归纳讲解、操作技能训练，掌握作业的危险点预控，修前准备，互感器、并联补偿电容器、电抗器的更换的步骤、工艺及质量要求等操作技能		√	
	母线、接地装置的检修	母线的检修 （ZY1400905001）	本模块包含母线检修的作业流程及工艺要求。通过知识要点的归纳讲解、操作技能训练，掌握母线检修的修前准备、危险点预控、作业步骤、工艺要求及质量标准等操作技能	√		
		接地装置的检修 （ZY1400905002）	本模块包含接地装置的检修的作业流程及工艺要求。通过知识要点的归纳讲解、操作技能训练，掌握接地装置的修前准备、危险点预控、作业步骤、工艺要求及质量标准等操作技能	√		
互感器、电抗器的维护、检修	互感器维护、检修、改造、更换	互感器检修、更换质量标准 （ZY1600401002）	本模块介绍互感器大修、小修的项目、内容、质量标准以及互感器更换的注意事项。通过概念描述、工艺要求介绍，掌握互感器检修工艺流程及质量要求			
		互感器常见故障缺陷及原因 （ZY1600401003）	本模块介绍互感器常见故障、缺陷的原因分析以及处理方法。通过原因分析和处理方法的介绍，掌握互感器常见故障缺陷的判断及处理			
	电抗器的检查、维护	电抗器的检查、维护 （ZY1600406001）	本模块介绍电抗器的基本结构、工作原理以及电抗器检修项目、周期及质量标准。通过原理讲解、工艺要求介绍，掌握电抗器的检查、维护的内容和要求			

参 考 文 献

[1] 李培根. 机械基础. 北京：机械工业出版社，2007.

[2] 劳动和社会保障部教材办公室组织编写. 电工材料. 北京：中国劳动社会保障出版社，2002.

[3] 应去非，崔祜林. 常用电工材料及其选用. 北京：机械工业出版社，2003.

[4] 唐继跃，房兆源. 电气设备检修技能训练. 北京：中国电力出版社，2007.

[5] 徐国政，等. 高压断路器原理与应用. 北京：清华大学出版社，2000.

[6] 上海超高压输变电公司. 变电设备检修. 北京：中国电力出版社，2008.

[7] 孙成宝. 变电检修. 北京：中国电力出版社，2003.

[8] 朱宝林. SF_6 断路器技能考核培训教材. 北京：中国电力出版社，2003.

[9] 丁毓山，金开宇. 变电检修. 北京：中国水利水电出版社，2003.

[10] 陈家斌. 电气设备安装及调试. 北京：中国水利电力出版社，2003.

[11] 黄永驹，王天福. 开关电器检修. 北京：中国水利电力出版社，2004.

[12] 余虹云，李以然，蒋丽娟. 10kV 开关站运行、检修与试验. 北京：中国电力出版社，2006.

[13] 李建基. 高压断路器及其应用. 北京：中国电力出版社，2003.

[14] 上海市第一火力发电国家职业技能鉴定站. 变电检修. 北京：中国电力出版社，2003.

[15] 国家电网公司. 高压开关设备管理规范. 北京：中国电力出版社，2006.

[16] 游荣文，黄逸松. 基于 SO_2、H_2S 含量测试的 SF_6 电气设备内部故障的判断. 福建电力与电工，2004，2.

[17] 周永言，姚唯，刘亚芳. 国内外高压 SF_6 断路器运行状况及维修策略综述. 电力设备，2002，3（1）.

[18] 娄银初. 断路器状态检修技术. 大众用电，2006，1.

[19] 胡晓光，孙来军. SF_6 断路器在线绝缘监测方法研究. 电力自动化设备，2006，26（4）.

[20] 黎斌. 断路器电寿命的折算、限值及其在线监测技术. 高压电器，2005，41（6）.

[21] 张元林，王文胜，徐大可，等. 变电站电气设备在线监测综述. 高压电器，2001，37（5）.

[22] 胡文平，等. 高压断路器在线状态监测系统应用. 设备管理与维修，2004，3.

[23] 孟玉蝉，朱芳菲，李帆. 六氟化硫气体绝缘变压器及其监督的探讨. 电力标准化与计量，2002，2.

[24] 毕玉修. 用露点仪现场检测 SF_6 气体湿度中异常现象分析. 江苏电机工程，2006，9.

[25] 韩玉，戚矛，杨明. ZN48A–40.5 断路器出现拒合现象原因分析及处理. 电工技术，2009，2.

[26] 林乐亭. LW6–500 断路器常见故障及大修. 电力设备，2007，8.

[27] 郭贤珊. TM1600/MA61 开关测试方案的研究及应用. 华中电力，2002，2.

[28] 隋玉秋. SF_6 罐式断路器现场耐压及异常情况分析. 黑龙江电力，2001，8.

[29] 黎锋. SF_6 断路器的常见故障及处理方法. 广西电业，2009，3.